中国林业有害生物

2014-2017年
全国林业有害生物普查成果

国家林业和草原局森林和草原病虫害防治总站◎编著

下册

中国林业出版社
China Forestry Publishing House

/目录/

大蚕蛾科 Saturniidae

- **曲缘尾大蚕蛾 *Actias aliena*（Butler）**

寄　　主　柑橘。

分布范围　江苏、江西、广东。

发生地点　广东：云浮市罗定市。

- **短尾大蚕蛾 *Actias artemis*（Bremer et Gray）**

寄　　主　银杏，落叶松，柳杉，柏木，川滇柳，核桃，桤木，蒙古栎，榆树，樟树，杏，樱桃，山楂，梨，乌桕，阔叶槭，椴树，柞木，刺楸。

分布范围　东北，北京、浙江、福建、湖北、重庆、四川、陕西。

发生地点　北京：密云区；

黑龙江：绥化市海伦市国有林场；

浙江：宁波市鄞州区。

发生面积　1021 亩

危害指数　0.3333

- **长尾大蚕蛾 *Actias dubernardi*（Oberthür）**

寄　　主　云杉，马尾松，黄杉，柳杉，杉木，山杨，黑杨，垂柳，旱柳，山核桃，核桃，旱冬瓜，白桦，苦槠栲，栲树，琼崖石栎，栓皮栎，青冈，栎子青冈，猴樟，樟树，柳叶润楠，枫香，杜仲，苹果，重阳木，冬青，杜英，木槿，木荷，柞木，喜树，女贞，泡桐。

分布范围　北京、河北、黑龙江、江苏、安徽、福建、江西、湖北、湖南、广东、广西、重庆、四川、贵州、云南、陕西。

发生地点　江苏：镇江市句容市；

安徽：淮南市大通区；

江西：萍乡市莲花县，南城县；

湖北：荆州市洪湖市，天门市；

湖南：怀化市辰溪县、溆浦县、新晃侗族自治县，娄底市新化县；

重庆：万州区、江津区，巫溪县；

四川：攀枝花市米易县、普威局；

陕西：西安市蓝田县、周至县，咸阳市秦都区，宁东林业局、太白林业局。

发生面积　3658 亩

危害指数　0.5703

- **绿尾大蚕蛾 *Actias ningpoana* Felder**

寄　　主　银杏，杉松，日本落叶松，马尾松，云南松，柳杉，钻天柳，加杨，山杨，黑杨，毛白杨，白柳，垂柳，旱柳，山柳，杨梅，山核桃，薄壳山核桃，野核桃，核桃楸，核桃，化香树，枫杨，桤木，黑桦，锥栗，板栗，苦槠栲，麻栎，蒙古栎，栓皮栎，栎子青冈，黑弹树，榆树，大果榉，构树，桑，玉兰，厚朴，白兰，猴樟，樟树，枫香，杜仲，三球悬铃木，桃，杏，樱桃，樱花，日本樱花，山樱桃，枇杷，垂丝海棠，西府海棠，苹果，海棠花，稠李，石楠，李，红叶李，白梨，沙梨，月季，红果树，云实，刺槐，柑橘，臭椿，楝树，油桐，重阳木，秋枫，山乌桕，乌桕，黄栌，盐肤木，火炬树，铁冬青，冬青卫矛，三角槭，栾树，枣树，葡萄，朱槿，木槿，梧桐，油茶，茶，合果木，柞木，胡颓子，紫薇，石榴，喜树，赤桉，巨尾桉，柳兰，灯台树，山茱萸，红瑞木，毛桉，山柳，杜鹃，野柿，水曲柳，女贞，油橄榄，木犀，南方泡桐，楸，香果树，栀子，椰子。

分布范围 华北、东北、华东、中南、西南、陕西、甘肃、宁夏。

发生地点 北京：石景山区、顺义区、密云区；

河北：唐山市古冶区、丰南区、丰润区、滦南县、乐亭县、玉田县，秦皇岛市海港区，邢台市邢台县、平乡县、临西县、沙河市，保定市阜平县，张家口市怀来县，沧州市吴桥县、黄骅市、河间市，廊坊市大城县、霸州市，衡水市桃城区、武邑县、安平县；

山西：晋中市左权县；

上海：闵行区、宝山区、嘉定区、浦东新区、金山区、松江区、青浦区、奉贤区；

江苏：南京市栖霞区、江宁区、六合区、高淳区，无锡市惠山区、宜兴市，常州市武进区、溧阳市，苏州市高新技术开发区、昆山市、太仓市，盐城市亭湖区、盐都区、大丰区、阜宁县、建湖县，扬州市邗江区、宝应县，镇江市润州区、丹徒区、丹阳市、句容市，泰州市姜堰区、泰兴市；

浙江：杭州市萧山区，宁波市鄞州区、象山县、余姚市、慈溪市，温州市平阳县，嘉兴市嘉善县，衢州市常山县，舟山市岱山县、嵊泗县，丽水市松阳县；

安徽：合肥市包河区、庐江县，淮北市烈山区、濉溪县，滁州市定远县，六安市霍山县；

福建：厦门市同安区，泉州市安溪县，龙岩市新罗区；

江西：萍乡市湘东区、芦溪县，九江市庐山市，新余市分宜县，吉安市遂川县，宜春市高安市，抚州市金溪县；

山东：济南市章丘市，潍坊市坊子区、滨海经济开发区，济宁市任城区、微山县、鱼台县、经济技术开发区，泰安市宁阳县、泰山林场，威海市环翠区，日照市岚山区，临沂市莒南县，菏泽市牡丹区、定陶区、单县、郓城县，黄河三角洲保护区；

河南：许昌市襄城县、长葛市；

湖北：襄阳市枣阳市，荆州市洪湖市，黄冈市罗田县；

湖南：长沙市望城区，湘潭市韶山市，衡阳市祁东县，邵阳市邵阳县、隆回县、武冈市，岳阳市君山区、岳阳县，郴州市嘉禾县，怀化市会同县、芷江侗族自治县、靖州苗族侗族自治县，娄底市新化县，湘西土家族苗族自治州凤凰县、龙山县；

广东：惠州市惠阳区、惠东县，云浮市郁南县、罗定市；

广西：桂林市兴安县，贵港市桂平市；

重庆：北碚区、黔江区，城口县、奉节县、巫溪县、秀山土家族苗族自治县、酉阳土家族苗族自治县；

四川：攀枝花市盐边县，遂宁市船山区、安居区，内江市市中区，乐山市峨边彝族自治县、马边彝族自治县，南充市蓬安县，眉山市仁寿县，宜宾市筠连县，广安市武胜县，雅安市雨城区，巴中市通江县，甘孜藏族自治州泸定县、雅江县；

贵州：黔南布依族苗族自治州三都水族自治县；

云南：临沧市沧源佤族自治县，楚雄彝族自治州南华县，大理白族自治州云龙县；

陕西：西安市灞桥区、临潼区、蓝田县、周至县，宝鸡市凤县，咸阳市长武县，渭南市华州区、潼关县、蒲城县、白水县，延安市洛川县，汉中市汉台区，安康市旬阳县、白河县，商洛市商州区、丹凤县、镇安县，宁东林业局、太白林业局；

甘肃：庆阳市华池县，白水江自然保护区。

发生面积　40955 亩

危害指数　0.3666

● 红尾大蚕蛾 *Actias rhodopneuma* **Röber**

寄　　主　柳树，核桃，板栗，麻栎，猴樟，樟树，杜仲，樱桃，李，梨，乌桕，冬青，栾树，油茶，山茱萸。

分布范围　浙江、福建、湖北、广西、重庆、四川、云南、陕西。

发生地点　浙江：宁波市鄞州区；

四川：巴中市通江县，甘孜藏族自治州泸定县。

发生面积　2671 亩

危害指数　0.3333

● 华尾大蚕蛾 *Actias sinensis*（**Walker**）

拉丁异名　*Actias heterogyna* Mell

寄　　主　柏木，杉木，杨树，柳树，旱柳，核桃，枫杨，桦木，板栗，栎，牡丹，樟树，猴樟，杜仲，三球悬铃木，李，槭，山茱萸，油橄榄。

分布范围　浙江、安徽、福建、江西、湖北、湖南、广东、海南、四川、贵州、云南、陕西。

发生地点　浙江：宁波市象山县；

福建：漳州市诏安县；

云南：楚雄彝族自治州永仁县；

陕西：渭南市华阴市。

发生面积　1546 亩

危害指数　0.3333

● 丁目大蚕蛾 *Aglia tau*（**Linnaeus**）

寄　　主　柳树，桤木，白桦，榛子，辽东栎，蒙古栎，黑桦鼠李，椴树，柞木。

分布范围　东北，河北、内蒙古、陕西、宁夏。

发生地点　河北：张家口市沽源县；

陕西：渭南市华州区。

发生面积　405 亩

危害指数　0.4568

- **钩翅大蚕蛾** *Antheraea assamensis* **Helfer**

中文异名　琥珀蚕、钩翅柞王蛾

寄　　主　青冈，榕树，猴樟，三球悬铃木，云南金合欢，巨尾桉。

分布范围　浙江、湖北、广东、广西、重庆、云南。

发生地点　浙江：宁波市鄞州区；

　　　　　广东：云浮市罗定市；

　　　　　广西：梧州市苍梧县；

　　　　　重庆：巫溪县。

发生面积　1016 亩

危害指数　0.3333

- **明目大蚕蛾** *Antheraea imperator* **Watson**

拉丁异名　*Antheraea frithii javanensis* Bouvier

寄　　主　山杨，柳树，桦木，蒙古栎，猴樟，云南金合欢，乌桕。

分布范围　辽宁、黑龙江、福建、江西、湖南、云南、西藏、陕西。

发生地点　江西：萍乡市莲花县；

　　　　　陕西：西安市蓝田县，宁东林业局。

发生面积　202 亩

危害指数　0.3333

- **柞蚕** *Antheraea pernyi* **Guérin-Méneville**

寄　　主　杨树，山核桃，核桃楸，核桃，枫杨，麻栎，波罗栎，蒙古栎，青冈，栎子青冈，桑，猴樟，樟树，山楂，苹果，柞木。

分布范围　东北，河北、江苏、浙江、福建、江西、山东、河南、湖北、湖南、重庆、四川、贵州、云南、陕西。

发生地点　河北：石家庄市井陉县；

　　　　　吉林：延边朝鲜族自治州大兴沟林业局；

　　　　　黑龙江：伊春市嘉荫县，佳木斯市郊区；

　　　　　江西：萍乡市莲花县、芦溪县；

　　　　　山东：威海市经济开发区；

　　　　　重庆：巫溪县；

　　　　　四川：攀枝花市米易县、普威局；

　　　　　云南：大理白族自治州宾川县；

　　　　　陕西：西安市蓝田县，宁东林业局。

发生面积　2206 亩

危害指数　0.3336

- **半目大蚕蛾** *Antheraea yamamai* **Guérin-Méneville**

中文异名　天蚕

寄　　主　栎，辽东栎，枫香，木荷，柞木，忍冬。

分布范围　辽宁、福建、江西、四川、云南、陕西。

发生地点　江西：萍乡市莲花县，共青城市；

　　　　　四川：巴中市恩阳区；

　　　　　陕西：宁东林业局。

发生面积　1624 亩

危害指数　0.9491

- **冬青大蚕蛾** *Archaeoattacus edwardsii*（White）

　寄　　主　桦木，榕树，樟树，重阳木，冬青，大叶冬青。

　分布范围　云南、西藏、陕西。

- **乌桕大蚕蛾** *Attacus atlas*（Linnaeus）

　中文异名　大乌桕蚕、皇蛾

　寄　　主　银杏，垂柳，桦木，栓皮栎，小檗，白兰，猴樟，樟树，山鸡椒，苹果，石楠，香椿，油桐，重阳木，秋枫，山乌桕，乌桕，冬青，油茶，石榴，白花泡桐。

　分布范围　上海、江苏、浙江、福建、江西、湖南、广东、广西、海南、贵州、云南、陕西。

　发生地点　上海：松江区；

　　　　　　江苏：苏州市高新技术开发区、太仓市；

　　　　　　福建：漳州市诏安县，南平市松溪县，龙岩市新罗区、漳平市，福州国家森林公园；

　　　　　　江西：萍乡市安源区、湘东区、上栗县、芦溪县；

　　　　　　广东：汕尾市陆河县，云浮市郁南县、罗定市；

　　　　　　广西：贺州市富川瑶族自治县；

　　　　　　陕西：商洛市镇安县。

　发生面积　522 亩

　危害指数　0.3352

- **点目大蚕蛾** *Cricula andrei* Jordan

　寄　　主　青冈，桃，苹果，梨。

　分布范围　广东、海南、四川、云南、西藏。

- **小字大蚕蛾** *Cricula trifenestrata* Helfer

　寄　　主　樱桃，李，橄榄，杧果，漆树。

　分布范围　湖南、广东、广西、海南、四川、云南、贵州、西藏、陕西。

- **藤豹大蚕蛾** *Loepa anthera* Jordan

　寄　　主　华山松，藤槐。

　分布范围　浙江、福建、湖北、广东、广西、海南、四川、云南、西藏、陕西。

　发生地点　浙江：宁波市鄞州区，温州市瑞安市；

　　　　　　四川：巴中市通江县；

　　　　　　陕西：商洛市镇安县，宁东林业局。

　发生面积　1034 亩

危害指数　0.3337

- **黄豹大蚕蛾** *Loepa katinka* **Westwood**

  寄　　主　华山松，马尾松，杨梅，枫杨，栎，青冈，台湾藤麻，五味子，藤春，梨，常春油麻藤，葡萄，藤山柳，柞木，紫薇，常春藤，杜仲藤。

  分布范围　天津、河北、浙江、安徽、福建、江西、湖北、湖南、广东、广西、海南、重庆、四川、云南、西藏、陕西、宁夏。

  发生地点　河北：张家口市崇礼区、沽源县、赤城县；

  　　　　　湖南：湘西土家族苗族自治州凤凰县；

  　　　　　重庆：黔江区、江津区、巫溪县；

  　　　　　四川：攀枝花市米易县、盐边县、普威局，乐山市马边彝族自治县，卧龙保护区；

  　　　　　西藏：日喀则市吉隆县；

  　　　　　陕西：西安市蓝田县，渭南市华州区，安康市白河县，商洛市镇安县，宁东林业局。

  发生面积　2912亩

  危害指数　0.3402

- **豹大蚕蛾** *Loepa oberthuri* **Leech**

  寄　　主　木麻黄，栓皮栎，桑，柑橘，常春藤，水曲柳。

  分布范围　福建、江西、湖北、湖南、广东、海南、重庆、四川、贵州、云南、陕西。

  发生地点　福建：泉州市永春县；

  　　　　　四川：乐山市金口河区、峨眉山市；

  　　　　　陕西：西安市蓝田县，渭南市华州区。

  发生面积　171亩

  危害指数　0.3333

- **透目大蚕蛾** *Rhodinia fugax* **Butler**

  寄　　主　柳树，桦木，蒙古栎，青冈，榆树，橡胶树，柞木。

  分布范围　东北，河北、山西、内蒙古、江西、山东、河南、宁夏。

  发生地点　黑龙江：佳木斯市富锦市。

  发生面积　158亩

  危害指数　0.5021

- **鸮目大蚕蛾** *Salassa lola* **Westwood**

  寄　　主　青冈，榕树。

  分布范围　四川、云南、西藏。

  发生地点　西藏：山南市隆子县。

- **猫目大蚕蛾** *Salassa thespis* **Leech**

  中文异名　黄猫鸮目大蚕蛾

  拉丁异名　*Salassa viridis* Naumann

  寄　　主　柳树，核桃，枫杨，桤木，栎，青冈，樟树，檫木，苹果，槐树，花椒，臭椿，漆树。

  分布范围　西南，福建、湖北、陕西。

发生地点　四川：攀枝花市米易县、普威局，凉山彝族自治州盐源县；

陕西：西安市周至县，咸阳市秦都区，渭南市华州区，宁东林业局、太白林业局。

● 樗蚕蛾 *Samia cynthia cynthia*（Drury）

中文异名　樗蚕

寄　　主　银杏，马尾松，柳杉，粗枝木麻黄，山杨，垂柳，旱柳，山核桃，野核桃，核桃楸，核桃，枫杨，桤木，板栗，白栎，蒙古栎，青冈，榆树，桂木，柘树，黄葛树，桑，鹅掌楸，玉兰，紫玉兰，白兰，含笑花，猴樟，樟树，天竺桂，新樟，楠，枫香，三球悬铃木，苹果，梨，刺槐，槐树，柑橘，黄檗，花椒，臭椿，香椿，红椿，乌桕，南酸枣，黄连木，盐肤木，火炬树，冬青，色木槭，七叶树，无患子，枣树，杜英，梧桐，红淡比，石榴，喜树，阔叶桉，巨尾桉，金花树，柿，白蜡树，木犀，黄荆，白花泡桐，毛泡桐，梓，栀子。

分布范围　华东、中南、西南、北京、天津、河北、山西、辽宁、吉林、陕西。

发生地点　北京：顺义区、密云区；

天津：东丽区；

河北：石家庄市井陉县、赞皇县，唐山市古冶区、丰润区、乐亭县、玉田县，秦皇岛市昌黎县，邢台市临城县、沙河市，保定市唐县、博野县、涿州市，沧州市沧县、吴桥县、献县、黄骅市、河间市，廊坊市大城县，衡水市桃城区，定州市；

上海：闵行区、嘉定区、浦东新区、金山区、松江区、青浦区，崇明县；

江苏：南京市栖霞区、雨花台区、江宁区、六合区、高淳区，无锡市宜兴市，常州市武进区、溧阳市，苏州市高新技术开发区、昆山市、太仓市，南通市海门市，盐城市盐都区、大丰区、响水县、建湖县、东台市，扬州市广陵区、江都区，镇江市新区、润州区、丹徒区、丹阳市、扬中市，泰州市姜堰区、兴化市、泰兴市；

浙江：杭州市萧山区，宁波市鄞州区、象山县、余姚市，温州市平阳县、瑞安市，嘉兴市嘉善县，金华市磐安县，台州市仙居县，丽水市松阳县；

安徽：合肥市庐阳区、庐江县，淮南市大通区、潘集区、凤台县，滁州市定远县、明光市，亳州市谯城区；

福建：泉州市安溪县、永春县，龙岩市上杭县，福州国家森林公园；

江西：萍乡市莲花县，吉安市遂川县，宜春市奉新县，抚州市金溪县，上饶市广丰区；

山东：东营市河口区，泰安市泰山林场，威海市环翠区，临沂市莒南县、临沭县，聊城市阳谷县、东阿县、冠县，菏泽市单县；

河南：许昌市鄢陵县，三门峡市陕州区，南阳市南召县，驻马店市泌阳县、遂平县；

湖北：荆州市公安县；

湖南：长沙市长沙县、浏阳市，株洲市芦淞区、云龙示范区，湘潭市韶山市，衡阳市南岳区、祁东县，邵阳市隆回县，常德市安乡县、临澧县，郴州市北湖区、桂阳县、永兴县、临武县，永州市冷水滩区、道县，怀化市会同县、靖州苗族侗族自治县、通道侗族自治县，娄底市新化县、涟源市，湘西土家族苗族自治州凤凰县、保靖县；
广东：惠州市惠东县，云浮市郁南县、罗定市；
广西：南宁市横县，桂林市灵川县；
重庆：涪陵区、大渡口区、南岸区、北碚区、大足区、黔江区、永川区、铜梁区，丰都县、武隆区、奉节县、巫溪县、酉阳土家族苗族自治县、彭水苗族土家族自治县；
四川：自贡市自流井区，攀枝花市盐边县、普威局，绵阳市平武县，遂宁市安居区、蓬溪县、大英县，内江市市中区、威远县，宜宾市江安县、筠连县，雅安市雨城区，凉山彝族自治州德昌县、金阳县；
云南：丽江市永胜县，楚雄彝族自治州南华县，大理白族自治州云龙县；
陕西：西安市蓝田县，咸阳市秦都区、长武县，渭南市华州区、潼关县、大荔县、澄城县，延安市洛川县，汉中市汉台区，商洛市镇安县，宁东林业局、太白林业局。

发生面积　30495 亩
危害指数　0.3931

● **蓖麻蚕** *Samia cynthia ricina*（Donovan）
寄　　主　桑，臭椿，山乌桕，马桑，枣树。
分布范围　全国。
发生地点　河北：唐山市乐亭县；
　　　　　陕西：渭南市华州区，宁东林业局。

● **王氏樗蚕** *Samia wangi* Naumann et Peigler
寄　　主　银杏，榆树，鹅掌楸，紫玉兰，梨，臭椿，乌桕，石榴。
分布范围　上海、浙江、福建、江西、广东、重庆、四川、陕西。
发生地点　上海：宝山区、奉贤区；
　　　　　重庆：万州区；
　　　　　四川：乐山市马边彝族自治县，南充市西充县；
　　　　　陕西：咸阳市旬邑县。
发生面积　213 亩
危害指数　0.3928

● **黄目大蚕蛾** *Saturnia anna*（Moore）
寄　　主　山杨，核桃，板栗，猴樟，刺槐，乌桕。
分布范围　广东、广西、海南、四川、云南、西藏。
发生地点　四川：凉山彝族自治州德昌县、布拖县。
发生面积　2109 亩
危害指数　0.3333

● **合目大蚕蛾** *Saturnia boisduvalii fallax* Jordan
寄　　主　山核桃，核桃楸，核桃，枫杨，桦木，榛子，虎榛子，波罗栎，辽东栎，蒙古栎，榆树，胡枝子，黑桦鼠李，椴树，柞木，兰考泡桐。

分布范围　东北，河北、山西、内蒙古、山东、陕西、甘肃、青海、宁夏。

发生地点　内蒙古：乌兰察布市卓资县；

　　　　　黑龙江：绥化市海伦市国有林场；

　　　　　甘肃：白银市靖远县。

发生面积　100 亩

危害指数　0.3333

● **胡桃大蚕蛾** *Saturnia cachara*（**Moore**）

寄　　主　核桃楸，核桃，枫杨。

分布范围　黑龙江、云南、陕西。

● **江西樟蚕** *Saturnia cognata* **Jordan**

寄　　主　枫杨，樟树，沙梨，番石榴，泡桐。

分布范围　江西。

● **银杏大蚕蛾** *Saturnia japonica* **Moore**

中文异名　白果蚕、核桃楸大蚕蛾

寄　　主　银杏，雪松，马尾松，黄杉，柳杉，杉木，水杉，柏木，红豆杉，山杨，毛白杨，柳树，山核桃，薄壳山核桃，野核桃，核桃楸，核桃，化香树，枫杨，桤木，旱冬瓜，红桦，亮叶桦，榛子，锥栗，板栗，茅栗，甜槠栲，苦槠栲，麻栎，小叶栎，蒙古栎，栓皮栎，青冈，榆树，桑，鹅掌楸，厚朴，猴樟，樟树，天竺桂，油樟，木姜子，檫木，枫香，杜仲，桃，杏，苹果，李，梨，缫丝花，水榆花楸，合欢，紫荆，胡枝子，槐树，油桐，乌桕，南酸枣，盐肤木，漆树，浙江七叶树，栾树，酸枣，杜英，椴树，油茶，木荷，紫薇，喜树，八角枫，桉树，柿，木犀，黄荆，泡桐，楸，梓。

分布范围　东北、华东、中南，北京、河北、重庆、四川、贵州、云南、陕西、甘肃。

发生地点　北京：石景山区；

　　　　　河北：邢台市沙河市；

　　　　　辽宁：抚顺市新宾满族自治县，本溪市本溪满族自治县、桓仁满族自治县，丹东市宽甸满族自治县；

　　　　　吉林：吉林市上营森经局，通化市柳河县、集安市，白山市浑江区、靖宇县、临江市，延边朝鲜族自治州大兴沟林业局，三岔子林业局、湾沟林业局、泉阳林业局、露水河林业局、红石林业局、白石山林业局，龙湾保护区、蛟河林业实验管理局；

　　　　　黑龙江：哈尔滨市五常市，佳木斯市郊区、富锦市；

　　　　　江苏：南京市高淳区，盐城市东台市；

　　　　　浙江：杭州市桐庐县，嘉兴市秀洲区，衢州市常山县；

　　　　　安徽：合肥市庐江县，六安市金寨县；

　　　　　福建：南平市延平区；

　　　　　江西：萍乡市莲花县，九江市武宁县、修水县，宜春市袁州区、靖安县、铜鼓县，上饶市德兴市，鄱阳县；

山东：莱芜市钢城区；

湖北：十堰市郧西县、竹山县、竹溪县、房县，宜昌市夷陵区、兴山县、秭归县、五峰土家族自治县，襄阳市南漳县、谷城县、保康县，黄冈市罗田县、英山县，咸宁市通山县，恩施土家族苗族自治州宣恩县、来凤县，天门市、神农架林区；

湖南：株洲市荷塘区、芦淞区，湘潭市韶山市，衡阳市南岳区、衡山县，邵阳市新邵县、邵阳县、隆回县、绥宁县、武冈市，岳阳市云溪区、平江县，常德市桃源县、石门县，张家界市永定区，郴州市北湖区、苏仙区、桂阳县、永兴县，永州市双牌县、金洞管理区，怀化市鹤城区、中方县、沅陵县、辰溪县、溆浦县、会同县、麻阳苗族自治县、新晃侗族自治县、芷江侗族自治县、靖州苗族侗族自治县、通道侗族自治县，娄底市新化县、冷水江市，湘西土家族苗族自治州泸溪县、凤凰县、花垣县、古丈县、永顺县、龙山县；

广西：桂林市全州县、兴安县；

重庆：万州区、南岸区、北碚区、綦江区、渝北区、黔江区、长寿区、江津区、永川区、南川区、铜梁区、万盛经济技术开发区、梁平区、城口县、丰都县、武隆区、忠县、开县、云阳县、奉节县、巫溪县、秀山土家族苗族自治县、酉阳土家族苗族自治县、彭水苗族土家族自治县；

四川：自贡市大安区，绵阳市游仙区、三台县、梓潼县、平武县，广元市昭化区、旺苍县、青川县、剑阁县，遂宁市安居区、射洪县，眉山市仁寿县，宜宾市宜宾县、筠连县、兴文县、屏山县，达州市开江县、渠县、万源市，巴中市恩阳区、通江县、南江县、平昌县，甘孜藏族自治州泸定县，凉山彝族自治州盐源县；

贵州：贵阳市花溪区、乌当区、白云区、开阳县、息烽县、修文县，遵义市红花岗区、汇川区、正安县、务川仡佬族苗族自治县，毕节市大方县、金沙县，铜仁市德江县、松桃苗族自治县，黔南布依族苗族自治州福泉市；

云南：临沧市沧源佤族自治县，怒江傈僳族自治州福贡县；

陕西：西安市周至县，宝鸡市凤县、太白县，汉中市汉台区、南郑县、城固县、洋县、西乡县、勉县、略阳县、镇巴县、留坝县、佛坪县，安康市汉滨区、汉阴县、石泉县、宁陕县、岚皋县、镇坪县、旬阳县、白河县，商洛市镇安县、柞水县，韩城市，佛坪保护区，宁东林业局、太白林业局；

甘肃：陇南市武都区、成县、文县、康县、西和县、礼县、徽县、两当县，白水江自然保护区管理局让水河保护站；

黑龙江森林工业总局：亚布力林业局、方正林业局、山河屯林业局。

发生面积　791401 亩

危害指数　0.4310

- **弧目大蚕蛾 *Saturnia oliva* Bang-Haas**

拉丁异名　*Neoris haraldi* Schawerda

寄　　主　新疆杨，银灰杨，山杨，胡杨，箭杆杨，榆树，扁桃，杏，苹果，巴旦杏，新疆梨，

　　绣线菊，黄连木，枣树，沙枣，沙棘，白蜡树，枸杞。

分布范围　陕西、甘肃、新疆。

发生地点　陕西：渭南市华州区，宁东林业局；

　　　　　新疆：克拉玛依市乌尔禾区，博尔塔拉蒙古自治州阿拉山口市、艾比湖保护区、甘家湖保护区，喀什地区叶城县、麦盖提县，塔城地区沙湾县；

　　　　　新疆生产建设兵团：农一师 10 团、13 团，农二师 22 团、29 团，农七师 130 团，农八师 121 团。

发生面积　101080 亩

危害指数　0.5561

● **樟蚕** *Saturnia pyretorum* Westwood

寄　　主　银杏，山杨，垂柳，山核桃，核桃，枫杨，桦木，板栗，甜槠栲，麻栎，榆树，构树，桑，鹅掌楸，猴樟，阴香，樟树，檫木，枫香，三球悬铃木，桃，野杏，樱桃，樱花，枇杷，石楠，梨，决明，柑橘，花椒，石栗，秋枫，乌桕，合果木，柞木，喜树。

分布范围　东北、华东、中南，河北、内蒙古、重庆、四川、贵州、云南、陕西、甘肃。

发生地点　上海：嘉定区、金山区、松江区；

　　　　　江苏：南京市玄武区，苏州市高新技术开发区；

　　　　　浙江：杭州市萧山区、桐庐县，宁波市鄞州区、余姚市，温州市苍南县，嘉兴市秀洲区，台州市天台县；

　　　　　安徽：合肥市庐阳区，芜湖市芜湖县，滁州市天长市、明光市；

　　　　　福建：厦门市集美区，泉州市安溪县，南平市延平区，龙岩市上杭县；

　　　　　江西：萍乡市莲花县，九江市都昌县、瑞昌市，新余市渝水区、高新技术开发区，赣州经济技术开发区、赣县、信丰县、宁都县、兴国县，吉安市青原区、新干县、遂川县、永新县、井冈山市，宜春市袁州区、奉新县、宜丰县，抚州市东乡县，上饶市信州区、德兴市、鄱阳县、安福县；

　　　　　湖南：长沙市浏阳市，湘潭市湘潭县，邵阳市邵阳县，岳阳市岳阳县，常德市桃源县、石门县、津市市，张家界市永定区、桑植县，益阳市沅江市，永州市零陵区、冷水滩区、双牌县、道县，怀化市辰溪县、通道侗族自治县，娄底市新化县、冷水江市；

　　　　　广东：广州市天河区，韶关市南雄市，佛山市南海区，肇庆市高要区、四会市，惠州市惠东县，梅州市蕉岭县，汕尾市陆河县、陆丰市，河源市东源县，清远市英德市，中山市，云浮市新兴县；

　　　　　广西：柳州市柳江区，桂林市雁山区、兴安县、永福县、灌阳县，梧州市苍梧县、岑溪市，贺州市八步区，河池市南丹县、天峨县、东兰县、都安瑶族自治县，崇左市大新县，派阳山林场；

　　　　　重庆：北碚区、黔江区、潼南区、荣昌区，武隆区、忠县、云阳县、秀山土家族苗族自治县、酉阳土家族苗族自治县；

　　　　　四川：泸州市叙永县，遂宁市射洪县、大英县，广安市岳池县，巴中市通江县、南江县；

贵州：安顺市镇宁布依族苗族自治县，铜仁市万山区；

云南：保山市昌宁县，普洱市景东彝族自治县、镇沅彝族哈尼族拉祜族自治县，临沧市凤庆县，文山壮族苗族自治州麻栗坡县，怒江傈僳族自治州贡山独龙族怒族自治县。

发生面积　149873 亩

危害指数　0.4308

- **后目大蚕蛾** *Saturnia simla* **Westwood**

寄　　主　杨树，柳树，核桃，栎，桃，苹果，梨。

分布范围　辽宁、福建、湖南、广东、海南、四川。

发生地点　湖南：娄底市新化县。

- **月目大蚕蛾** *Saturnia zuleika* **Hope**

寄　　主　杨树，柳树，枫杨，栎，榆树，桑，樟树，椴树，栀子。

分布范围　黑龙江、四川、西藏。

发生地点　四川：攀枝花市米易县、普威局。

天蛾科 Sphingidae

- **鬼脸天蛾** *Acherontia lachesis* （**Fabricius**）

寄　　主　山杨，枫杨，苦槠栲，栓皮栎，青冈，榕树，枫香，李，台湾相思，海红豆，刺槐，柑橘，楝树，杜英，油茶，木荷，紫薇，桉树，女贞，木犀，大青，枸杞，泡桐，菜豆树，香果树，栀子。

分布范围　北京、浙江、安徽、福建、江西、山东、湖北、湖南、广东、广西、海南、重庆、四川、云南、陕西。

发生地点　北京：密云区；

浙江：宁波市鄞州区、象山县，温州市平阳县；

福建：漳州市平和县，福州国家森林公园；

江西：萍乡市莲花县，宜春市高安市；

湖南：岳阳市岳阳县，怀化市通道侗族自治县，娄底市双峰县、新化县；

广东：韶关市武江区，深圳市龙岗区，云浮市罗定市；

广西：东门林场；

四川：乐山市马边彝族自治县，广安市武胜县；

云南：楚雄彝族自治州双柏县；

陕西：西安市蓝田县，渭南市华州区、澄城县，安康市白河县。

发生面积　12174 亩

危害指数　0.4251

- **芝麻鬼脸天蛾** *Acherontia styx* **Westwood**

寄　　主　核桃，枫杨，苹果，刺槐，槐树，山芝麻，女贞，油橄榄，木犀，银桂，黄荆，南方泡桐。

分布范围	中南，北京、河北、江苏、浙江、安徽、江西、山东、重庆、四川、云南、陕西。
发生地点	河北：邢台市沙河市；
	江苏：无锡市宜兴市；
	浙江：杭州市萧山区；
	安徽：合肥市庐阳区；
	山东：潍坊市坊子区，聊城市东阿县；
	湖南：娄底市双峰县；
	四川：自贡市自流井区、贡井区；
	陕西：西安市蓝田县，渭南市华州区、潼关县，榆林市米脂县。

发生面积　434 亩

危害指数　0.3333

● **灰天蛾** *Acosmerycoides harteri*（**Rothschild**）

中文异名　锯线天蛾

拉丁异名　*Acosmerycoides leucocraspis leucocraspis*（Hampson）

寄　　主　粗枝木麻黄，柳树，核桃，麻栎，猴樟，杜仲，苹果，刺槐，葡萄，夹竹桃，白花泡桐。

分布范围　中南，辽宁、江苏、安徽、福建、江西、山东、贵州、云南、陕西。

发生地点　江苏：无锡市滨湖区；

　　　　　安徽：阜阳市颍州区；

　　　　　河南：平顶山市郏县；

　　　　　湖南：岳阳市平江县；

　　　　　广东：韶关市武江区；

　　　　　广西：桂林市灌阳县；

　　　　　海南：三亚市海棠区；

　　　　　陕西：咸阳市彬县，延安市延川县。

发生面积　783 亩

危害指数　0.3333

● **缺角天蛾** *Acosmeryx castanea* **Rothschild et Jordan**

寄　　主　山杨，山核桃，核桃，桤木，麻栎，波罗栎，滇青冈，构树，花椒，小果野葡萄，葡萄，中华猕猴桃，油茶，灯台树，木犀，黄荆，泡桐。

分布范围　北京、上海、浙江、福建、江西、山东、湖北、湖南、广东、重庆、四川、云南、陕西。

发生地点　北京：密云区；

　　　　　上海：宝山区、松江区；

　　　　　浙江：宁波市鄞州区、象山县；

　　　　　江西：宜春市高安市；

　　　　　广东：汕尾市陆河县，云浮市罗定市；

　　　　　重庆：万州区；

四川：南充市高坪区、仪陇县、西充县，宜宾市筠连县，雅安市天全县，巴中市巴州区、通江县，凉山彝族自治州盐源县。

发生面积　2031 亩

危害指数　0.3338

- **黄点缺角天蛾 *Acosmeryx miskhni*（Murray）**

寄　　主　葡萄，中华猕猴桃，钩藤。

分布范围　江苏、浙江、福建、陕西。

发生地点　江苏：镇江市句容市；

浙江：温州市鹿城区，台州市临海市；

陕西：渭南市华州区，宁东林业局。

发生面积　5037 亩

危害指数　0.4392

- **葡萄缺角天蛾 *Acosmeryx naga*（Moore）**

寄　　主　桃，刺槐，蛇葡萄，爬山虎，山葡萄，葡萄，木槿，中华猕猴桃，黄荆。

分布范围　北京、河北、辽宁、吉林、江苏、浙江、福建、江西、湖南、海南、重庆、四川、陕西。

发生地点　北京：东城区、密云区；

河北：唐山市滦南县，邢台市沙河市；

江苏：南京市六合区；

浙江：杭州市西湖区，宁波市江北区、北仑区、镇海区，温州市鹿城区、瑞安市，舟山市嵊泗县，台州市临海市；

重庆：大渡口区、南岸区、北碚区、永川区、铜梁区，忠县；

四川：广安市前锋区；

陕西：西安市蓝田县、周至县，渭南市华州区。

发生面积　6127 亩

危害指数　0.4051

- **赭绒缺角天蛾 *Acosmeryx sericeus*（Walker）**

寄　　主　板栗，青冈，葡萄，中华猕猴桃。

分布范围　福建、广东、海南、四川、云南。

发生地点　广东：云浮市郁南县、罗定市；

四川：凉山彝族自治州金阳县。

- **白薯天蛾 *Agrius convolvuli*（Linnaeus）**

中文异名　甘薯天蛾

寄　　主　油松，柏木，粗枝木麻黄，山杨，垂柳，杨梅，桤木，苦槠栲，栎，青冈，榆树，黄葛树，榕树，猴樟，阴香，三球悬铃木，桃，红叶李，刺槐，毛刺槐，紫藤，柑橘，黄檗，雷楝，木薯，枣树，葡萄，梧桐，常春藤，杜鹃，白蜡树，女贞，白花泡桐，楸，梓，栀子。

分布范围　华东、北京、天津、河北、山西、辽宁、黑龙江、河南、湖北、湖南、广东、广西、重庆、四川、云南、陕西、甘肃、宁夏、新疆。

发生地点　　北京：东城区、顺义区、大兴区、密云区；

河北：唐山市乐亭县，张家口市沽源县、怀安县、怀来县，沧州市河间市，廊坊市霸州市，衡水市桃城区、武邑县；

上海：金山区；

江苏：南京市浦口区、六合区，无锡市锡山区、惠山区、滨湖区、宜兴市，常州市武进区，苏州市昆山市、太仓市，淮安市盱眙县、金湖县，盐城市东台市，镇江市句容市；

浙江：宁波市鄞州区、象山县，舟山市岱山县、嵊泗县；

福建：泉州市永春县，龙岩市上杭县；

江西：萍乡市莲花县；

山东：潍坊市诸城市，济宁市任城区、梁山县、邹城市、济宁经济技术开发区，泰安市泰山林场，威海市环翠区，临沂市沂水县，聊城市东阿县；

湖南：岳阳市岳阳县，娄底市双峰县、新化县；

广西：桂林市灌阳县；

四川：自贡市大安区，遂宁市射洪县，乐山市金口河区、峨眉山市；

陕西：西安市蓝田县、周至县，咸阳市秦都区、乾县、永寿县、长武县、旬邑县，渭南市华州区、大荔县、合阳县、澄城县、白水县、华阴市，延安市宜川县，安康市白河县，商洛市镇安县，宁东林业局；

宁夏：石嘴山市大武口区、惠农区；

新疆生产建设兵团：农一师 10 团，农二师 29 团，农四师 68 团，农十四师 224 团。

发生面积　　22675 亩

危害指数　　0. 3514

● **日本鹰翅天蛾** *Ambulyx japonica* **Rothschild**

寄　　主　　山核桃，核桃，板栗，桃，杏，李，野桐，茶条槭，色木槭，毛八角枫。

分布范围　　东北，河北、江苏、海南、重庆、四川、陕西。

发生地点　　江苏：淮安市淮阴区；

重庆：万州区；

陕西：渭南市华州区。

● **华南鹰翅天蛾** *Ambulyx kuangtungensis*（**Mell**）

中文异名　　小鹰翅天蛾

寄　　主　　山核桃，核桃，滇青冈，枫香。

分布范围　　江苏、福建、广东、广西、四川、陕西。

发生地点　　江苏：淮安市金湖县；

广东：汕尾市陆河县，云浮市罗定市；

四川：眉山市仁寿县。

● **栎鹰翅天蛾** *Ambulyx liturata* **Butler**

寄　　主　　山核桃，核桃楸，核桃，枫杨，板栗，鬖蒴栲，麻栎，青冈，栎子青冈，梨，刺槐，冬青，女贞。

分布范围　辽宁、浙江、安徽、福建、江西、山东、湖南、广东、海南、重庆、四川、陕西。

发生地点　浙江：宁波市江北区、北仑区、鄞州区；

　　　　　湖南：娄底市双峰县；

　　　　　广东：云浮市郁南县、罗定市；

　　　　　重庆：南岸区、北碚区、永川区、铜梁区、武隆区、忠县、石柱土家族自治县；

　　　　　四川：乐山市金口河区、峨眉山市，广安市前锋区；

　　　　　陕西：渭南市华州区，安康市白河县，宁东林业局。

发生面积　1551 亩

危害指数　0.3333

● **橄榄鹰翅天蛾** *Ambulyx moorei* **Moore**

拉丁异名　*Ambulyx subocellata*（Felder）

寄　　主　核桃，天竺桂，橄榄，油橄榄。

分布范围　福建、广西、海南、重庆、四川。

发生地点　福建：莆田市城厢区；

　　　　　重庆：奉节县；

　　　　　四川：宜宾市筠连县。

● **裂斑鹰翅天蛾** *Ambulyx ochracea* **Butler**

寄　　主　银杏，山杨，山核桃，野核桃，核桃楸，核桃，枫杨，桦木，麻栎，栓皮栎，青冈，枫香，桃，杏，山楂，刺槐，乌桕，三角槭，色木槭，弯翅色木槭，梣叶槭，鸡爪槭，金钱槭，无患子，葡萄，喜树，梣。

分布范围　东北、华东，北京、河北、山西、湖北、湖南、广东、广西、海南、四川、陕西。

发生地点　北京：密云区；

　　　　　河北：唐山市乐亭县，邢台市沙河市；

　　　　　浙江：宁波市象山县、余姚市，温州市平阳县、瑞安市，舟山市岱山县、嵊泗县，台州市天台县；

　　　　　江西：萍乡市莲花县；

　　　　　山东：济宁市曲阜市，聊城市阳谷县；

　　　　　广东：云浮市罗定市；

　　　　　四川：成都市都江堰市，攀枝花市盐边县，遂宁市安居区，乐山市峨边彝族自治县、马边彝族自治县，凉山彝族自治州会东县；

　　　　　陕西：西安市灞桥区，咸阳市彬县，渭南市华州区，延安市延川县，汉中市汉台区、西乡县，安康市旬阳县，商洛市镇安县。

发生面积　13717 亩

危害指数　0.3355

● **核桃鹰翅天蛾** *Ambulyx schauffelbergeri* **Bremer et Grey**

寄　　主　山核桃，野核桃，核桃楸，核桃，枫杨，板栗，麻栎，辽东栎，构树，三球悬铃木，橄榄，色木槭，毛八角枫，油橄榄。

分布范围　东北，北京、天津、河北、江苏、浙江、安徽、福建、江西、山东、湖北、湖南、广西、海南、重庆、四川、云南、陕西。

发生地点　北京：东城区、石景山区、密云区；

安徽：合肥市庐阳区；

重庆：黔江区，城口县、武隆区、奉节县、巫溪县、彭水苗族土家族自治县；

四川：自贡市贡井区，南充市高坪区，巴中市巴州区，凉山彝族自治州金阳县；

陕西：西安市周至县，咸阳市秦都区，渭南市华州区、白水县，汉中市汉台区、西乡县，安康市白河县，商洛市镇安县，宁东林业局。

发生面积　2838 亩

危害指数　0.3333

- **白额鹰翅天蛾** *Ambulyx tobii* **Inoue**

寄　　　主　核桃，榆树。

分布范围　北京。

发生地点　北京：顺义区。

- **葡萄天蛾** *Ampelophaga rubiginosa rubiginosa* **Bremer et Grey**

中文异名　葡萄轮纹天蛾

寄　　　主　山杨，柳树，桤木，栲树，榆树，桑，碧桃，李，梨，合欢，槐树，刺楸，蛇葡萄，爬山虎，山葡萄，小果野葡萄，葡萄，中华猕猴桃，油茶，紫薇，石榴，常春藤，水蜡树，黄荆，川泡桐。

分布范围　华北、东北、华东，河南、湖北、湖南、广东、重庆、四川、陕西、甘肃、宁夏。

发生地点　北京：石景山区、顺义区、大兴区、密云区；

河北：石家庄市井陉矿区、井陉县、正定县，唐山市古冶区、丰润区、滦南县、乐亭县、玉田县，邢台市沙河市，张家口市万全区、阳原县、怀安县、怀来县、赤城县，沧州市吴桥县、黄骅市、河间市，廊坊市霸州市，衡水市武邑县，雾灵山保护区；

山西：太原市清徐县；

内蒙古：通辽市科尔沁区、科尔沁左翼后旗；

辽宁：丹东市振安区；

江苏：南京市雨花台区、江宁区、高淳区，淮安市金湖县，镇江市句容市，泰州市泰兴市；

浙江：宁波市鄞州区、象山县、余姚市，温州市龙湾区，嘉兴市嘉善县，舟山市岱山县，台州市仙居县、临海市；

安徽：合肥市庐阳区，滁州市定远县；

江西：宜春市高安市；

山东：济南市历城区，枣庄市台儿庄区，潍坊市诸城市，济宁市梁山县、曲阜市，泰安市泰山区、新泰市、泰山林场，威海市环翠区，临沂市沂水县，聊城市东阿县、冠县，菏泽市牡丹区、定陶区、单县；

河南：濮阳市华龙区；

湖北：鄂州市华容区；

湖南：长沙市宁乡县，岳阳市岳阳县，娄底市新化县；

广东：韶关市新丰县，云浮市罗定市，汕尾市陆河县，清远市连山壮族瑶族自治县；

重庆：万州区、大渡口区、南岸区、北碚区、渝北区、巴南区、黔江区、永川区、铜梁区；

四川：成都市都江堰市，攀枝花市米易县、盐边县，遂宁市蓬溪县、射洪县，南充市营山县、仪陇县、西充县，广安市前锋区，雅安市天全县，巴中市巴州区、通江县、平昌县，甘孜藏族自治州泸定县，凉山彝族自治州盐源县、德昌县；

陕西：西安市蓝田县，咸阳市秦都区、三原县、永寿县、长武县、旬邑县，渭南市华州区、潼关县、合阳县、白水县、澄城县，延安市子长县、宜川县，榆林市绥德县、米脂县，商洛市丹凤县、镇安县，宁东林业局、太白林业局；

甘肃：平凉市华亭县；

宁夏：吴忠市同心县，固原市彭阳县。

发生面积　29516 亩

危害指数　0.4242

- **杙果天蛾** *Amplypterus panopus*（**Cramer**）

寄　　主　杙果，林生杙果，漆树，巨尾桉，夹竹桃。

分布范围　浙江、福建、湖南、广东、广西、海南、云南。

发生地点　浙江：温州市平阳县；

广东：云浮市新兴县、罗定市；

广西：南宁市武鸣区、上林县，梧州市蒙山县，河池市金城江区、东兰县、环江毛南族自治县、都安瑶族自治县，黄冕林场。

发生面积　1472 亩

危害指数　0.5593

- **黄线天蛾** *Apocalypsis velox* **Bulter**

寄　　主　山杨，柳树，桦木，栎，椴树，桉。

分布范围　东北、西北，北京、河北、山西、内蒙古、重庆、四川、云南、西藏。

- **眼斑绿天蛾** *Callambulyx junonia*（**Butler**）

拉丁异名　*Callambulyx orbita* Chu et Wang

寄　　主　柳树，栎，榆树。

分布范围　福建、湖南、海南、四川、云南、陕西。

发生地点　四川：凉山彝族自治州盐源县；

陕西：咸阳市秦都区，宁东林业局、太白林业局。

- **闭目绿天蛾** *Callambulyx rubricosa*（**Walker**）

寄　　主　柳树，榆树。

分布范围　福建、江西、湖南、海南、陕西。

发生地点　陕西：咸阳市长武县。

- **西昌榆绿天蛾** *Callambulyx sichangensis* **Chu et Wang**

寄　　主　柳树，刺榆，榆树。

分布范围　上海、广东、四川、陕西。

发生地点　广东：云浮市郁南县；

　　　　　四川：凉山彝族自治州盐源县；

　　　　　陕西：咸阳市长武县，宁东林业局。

- **榆绿天蛾** *Callambulyx tatarinovii* **（Bremer et Grey）**

中文异名　云纹天蛾

寄　　主　加杨，山杨，大叶杨，黑杨，毛白杨，白柳，垂柳，异型柳，无毛丑柳，旱柳，山柳，核桃，栎，刺榆，旱榆，榔榆，榆树，大果榉，构树，桑，杏，梨，刺槐，槐树，白毛算盘子，水柳，卫矛，枣树，葡萄，榆绿木，柳兰，女贞，小蜡，木犀，椰子。

分布范围　华北、东北、华东，河南、湖北、广东、重庆、四川、陕西、甘肃、青海、宁夏。

发生地点　北京：东城区、石景山区、顺义区、大兴区、平谷区、密云区；

　　　　　河北：石家庄市井陉矿区，唐山市滦南县、乐亭县、玉田县，邯郸市鸡泽县，邢台市平乡县、沙河市，保定市阜平县、唐县，张家口市万全区、张北县、沽源县、尚义县、阳原县、怀来县、赤城县，沧州市东光县、吴桥县、黄骅市、河间市，廊坊市安次区，衡水市桃城区、武邑县、安平县；

　　　　　山西：大同市阳高县，晋中市左权县；

　　　　　内蒙古：通辽市科尔沁左翼中旗、科尔沁左翼后旗、霍林郭勒市，乌兰察布市卓资县、察哈尔右翼后旗、四子王旗；

　　　　　吉林：延边朝鲜族自治州大兴沟林业局；

　　　　　黑龙江：佳木斯市郊区，绥化市海伦市国有林场；

　　　　　上海：宝山区、浦东新区、金山区；

　　　　　江苏：南京市浦口区、溧水区、高淳区，常州市天宁区、钟楼区、武进区，淮安市金湖县，盐城市大丰区、射阳县、东台市，镇江市新区、润州区、丹徒区、丹阳市；

　　　　　浙江：杭州市萧山区，宁波市鄞州区、象山县、余姚市，舟山市岱山县、嵊泗县；

　　　　　安徽：合肥市庐阳区，芜湖市芜湖县；

　　　　　山东：济南市济阳县、章丘市，潍坊市昌乐县，济宁市任城区、鱼台县、金乡县、汶上县、泗水县、梁山县、曲阜市、邹城市、经济技术开发区，泰安市泰山区、泰山林场，威海市环翠区，临沂市莒南县，聊城市东昌府区、阳谷县、东阿县、冠县，菏泽市定陶区、单县、郓城县；

　　　　　广东：云浮市郁南县、罗定市；

　　　　　重庆：巫溪县；

　　　　　四川：凉山彝族自治州盐源县；

　　　　　陕西：西安市临潼区、蓝田县、周至县，咸阳市秦都区、乾县、永寿县、彬县、长武县、旬邑县，渭南市华州区、潼关县、大荔县、澄城县、蒲城县、白水县，延安市延川县、洛川县，汉中市汉台区，榆林市绥德县、米脂县，安康市旬阳县、白河县，商洛市丹凤县、镇安县，宁东林业局、太白林业局；

甘肃：金昌市金川区，白银市靖远县，武威市凉州区、民勤县，平凉市华亭县、关山林管局，庆阳市环县、华池县，定西市临洮县；

宁夏：银川市兴庆区、西夏区、金凤区，石嘴山市大武口区，吴忠市利通区、红寺堡区、同心县，固原市原州区、彭阳县，中卫市中宁县。

发生面积　171880 亩

危害指数　0.3359

- **条背天蛾** *Cechetra lineosa*（**Walker**）

中文异名　棕绿背线天蛾、背线天蛾

寄　　主　银杏，山杨，红桦，小叶栎，青冈，刺槐，槐树，山葡萄，葡萄，中华猕猴桃，油茶，合果木，常春藤，黄荆，南方泡桐，白花泡桐，楸，棕榈。

分布范围　北京、河北、江苏、浙江、江西、山东、湖北、湖南、广东、广西、海南、重庆、四川、云南、陕西、宁夏。

发生地点　北京：密云区；

河北：邢台市沙河市，衡水市桃城区、武邑县；

江苏：无锡市宜兴市；

江西：南昌市安义县；

山东：济宁市邹城市；

湖南：娄底市双峰县，湘西土家族苗族自治州凤凰县；

广东：韶关市武江区，云浮市罗定市；

重庆：涪陵区、大渡口区、南岸区、北碚区、黔江区、永川区、铜梁区，奉节县、彭水苗族土家族自治县；

四川：成都市蒲江县，攀枝花市米易县、盐边县、普威局，乐山市马边彝族自治县，南充市西充县，眉山市仁寿县，宜宾市江安县，雅安市雨城区、天全县，凉山彝族自治州盐源县、德昌县；

陕西：西安市周至县，咸阳市秦都区、长武县，渭南市华州区、潼关县，商洛市镇安县，宁东林业局、太白林业局。

发生面积　2014 亩

危害指数　0.3443

- **平背天蛾** *Cechetra minor*（**Butler**）

寄　　主　山杨，山核桃，核桃，桦木，青冈，榆树，构树，檫木，乌桕，山葡萄，中华猕猴桃，八角枫，迎春花。

分布范围　北京、河北、浙江、福建、江西、湖北、湖南、广东、广西、海南、重庆、四川、陕西。

发生地点　北京：顺义区、密云区；

河北：邢台市沙河市，张家口市怀来县；

浙江：宁波市象山县；

湖南：娄底市新化县；

　　　广东：韶关市武江区，云浮市郁南县、罗定市；

　　　四川：南充市西充县，雅安市雨城区、天全县；

　　　陕西：宁东林业局、太白林业局。

发生面积　301 亩

危害指数　0.3344

- **咖啡透翅天蛾** *Cephonodes hylas*（**Linnaeus**）

寄　　主　杨树，柳树，黄杞，构树，猴樟，绣线菊，花椒，长叶黄杨，木槿，茶，连翘，白蜡树，女贞，木犀，咖啡，栀子。

分布范围　内蒙古、上海、江苏、浙江、安徽、福建、江西、湖北、湖南、广东、广西、重庆、四川、云南、宁夏。

发生地点　内蒙古：通辽市科尔沁左翼后旗；

　　　上海：闵行区、宝山区、嘉定区、浦东新区、金山区、青浦区、奉贤区，崇明县；

　　　江苏：南京市玄武区、浦口区、六合区，无锡市滨湖区，常州市天宁区、钟楼区、新北区，苏州市昆山市、太仓市，淮安市盱眙县，盐城市响水县、东台市，镇江市新区、润州区、丹阳市；

　　　浙江：杭州市萧山区，宁波市象山县；

　　　安徽：合肥市包河区；

　　　福建：厦门市海沧区、同安区；

　　　湖南：长沙市长沙县，株洲市云龙示范区；

　　　广西：柳州市鹿寨县；

　　　重庆：南川区；

　　　四川：自贡市沿滩区，遂宁市大英县；

　　　宁夏：银川市西夏区。

发生面积　1447 亩

危害指数　0.4147

- **南方豆天蛾** *Clanis bilineata bilineata*（**Walker**）

寄　　主　杨树，柳树，麻栎，木豆，刺槐，槐树，酸枣，葡萄，桉树，油橄榄，泡桐，豇豆树。

分布范围　华东、北京、天津、河北、辽宁、黑龙江、湖北、湖南、广东、广西、海南、重庆、四川、陕西。

发生地点　北京：密云区；

　　　河北：沧州市河间市；

　　　上海：浦东新区；

　　　江苏：苏州市高新技术开发区，淮安市金湖县，盐城市盐都区、阜宁县，泰州市泰兴市；

　　　浙江：杭州市萧山区，宁波市象山县，嘉兴市嘉善县，台州市仙居县；

　　　安徽：合肥市庐阳区；

　　　福建：泉州市永春县；

　　　江西：萍乡市上栗县；

山东：青岛市胶州市，济宁市曲阜市，临沂市莒南县；

广东：肇庆市四会市；

广西：贺州市昭平县；

陕西：渭南市白水县，宁东林业局。

发生面积　11497 亩

危害指数　0.4493

- **豆天蛾** *Clanis bilineata tsingtauica* **Mell**

寄　　主　加杨，山杨，垂柳，旱柳，核桃，亮叶桦，槲栎，榆树，鹅掌楸，阴香，桃，黄刺玫，山合欢，紫穗槐，树锦鸡儿，胡枝子，刺槐，毛刺槐，槐树，紫藤，臭椿，乌桕，酸枣，葡萄，假苹婆，白蜡树，女贞，木犀，白花泡桐，毛泡桐，梓。

分布范围　华北、东北、华东、中南、西北，重庆、四川、贵州、云南。

发生地点　北京：东城区、石景山区、顺义区、密云区；

河北：石家庄市无极县，唐山市古冶区、滦南县、乐亭县、玉田县，秦皇岛市海港区、抚宁区、昌黎县，邢台市邢台县、平乡县，保定市涞水县、阜平县、博野县，沧州市吴桥县、黄骅市、河间市，衡水市桃城区、武邑县、饶阳县；

山西：大同市阳高县，吕梁市汾阳市；

黑龙江：佳木斯市郊区；

上海：奉贤区；

江苏：南京市雨花台区、江宁区，常州市武进区、溧阳市，淮安市金湖县，盐城市东台市；

浙江：宁波市江北区、北仑区、镇海区、鄞州区、余姚市，温州市鹿城区、龙湾区，嘉兴市嘉善县，舟山市岱山县、嵊泗县，台州市仙居县；

安徽：淮北市相山区；

江西：吉安市井冈山市；

山东：济南市济阳县，东营市广饶县，潍坊市昌乐县，济宁市任城区、梁山县、曲阜市，泰安市宁阳县、新泰市，威海市环翠区，临沂市沂水县，聊城市东昌府区、阳谷县、东阿县、冠县、高唐县，菏泽市牡丹区、定陶区，黄河三角洲保护区；

河南：三门峡市陕州区，周口市西华县，驻马店市确山县、泌阳县，永城市；

广东：深圳市光明新区；

广西：河池市南丹县；

重庆：万州区，酉阳土家族苗族自治县；

陕西：西安市蓝田县，宝鸡市扶风县，咸阳市秦都区、三原县、乾县、永寿县、彬县、长武县、兴平市，渭南市华州区、潼关县、澄城县，延安市洛川县、宜川县，汉中市汉台区，安康市白河县，商洛市丹凤县，宁东林业局；

宁夏：银川市灵武市。

发生面积　74192 亩

危害指数　0.3653

- **洋槐天蛾 *Clanis deucalion*（Walker）**

  中文异名　刺槐天蛾

  寄　　主　山核桃，核桃，桤木，栎，樱桃，合欢，刺槐，毛刺槐，槐树，毛泡桐。

  分布范围　北京、天津、河北、辽宁、黑龙江、江苏、浙江、福建、山东、河南、湖北、湖南、海南、重庆、四川、陕西、甘肃、宁夏。

  发生地点　北京：密云区；

  河北：唐山市滦南县、乐亭县、玉田县，邢台市沙河市，廊坊市安次区，衡水市枣强县；

  江苏：无锡市宜兴市；

  河南：濮阳市华龙区；

  四川：甘孜藏族自治州泸定县，凉山彝族自治州盐源县、德昌县、布拖县；

  陕西：西安市蓝田县，咸阳市旬邑县，渭南市华州区、潼关县、白水县，榆林市米脂县，商洛市洛南县，宁东林业局。

  发生面积　2608 亩

  危害指数　0.3333

- **灰斑豆天蛾 *Clanis undulosa* Moore**

  寄　　主　胡枝子。

  分布范围　北京、辽宁、四川。

  发生地点　北京：顺义区；

  四川：凉山彝族自治州盐源县。

- **月天蛾 *Craspedortha porphyria*（Butler）**

  寄　　主　构树，桑，刺槐，柑橘。

  分布范围　广东、重庆、四川、陕西。

  发生地点　广东：云浮市郁南县；

  重庆：黔江区；

  四川：德阳市罗江县，南充市西充县；

  陕西：渭南市潼关县。

- **横带天蛾 *Cypoides chinensis*（Rothschild）**

  拉丁异名　*Enpinanga transtriata* Chu et Wang

  寄　　主　栎，栓皮栎，构树，枫香。

  分布范围　江苏、福建、湖北、湖南、西藏。

  发生地点　江苏：南京市玄武区；

  福建：福州国家森林公园。

- **茜草白腰天蛾 *Daphnis hypothous* Cramer**

  寄　　主　核桃，夹竹桃，金鸡纳树，钩藤。

  分布范围　福建、广东、海南、四川、云南。

  发生地点　广东：深圳市龙岗区，肇庆市怀集县，河源市紫金县、龙川县、东源县，清远市佛冈县，东莞市；

云南：临沧市沧源佤族自治县。

发生面积　377 亩

危害指数　0.7639

- **绿白腰天蛾** *Daphnis nerii*（**Linnaeus**）

中文异名　夹竹桃天蛾

寄　　主　核桃，桃，杏，苹果，李，枣树，酸枣，迎春花，夹竹桃，盆架树。

分布范围　山西、上海、江苏、浙江、福建、江西、广东、广西、海南、云南、宁夏。

发生地点　山西：吕梁市汾阳市；

　　　　　上海：宝山区、金山区；

　　　　　浙江：宁波市鄞州区；

　　　　　福建：厦门市同安区、翔安区，泉州市安溪县，南平市延平区，福州国家森林公园；

　　　　　广东：广州市白云区、从化区；

　　　　　广西：来宾市忻城县；

　　　　　海南：白沙黎族自治县；

　　　　　宁夏：银川市西夏区。

发生面积　6850 亩

危害指数　0.3334

- **白环红天蛾** *Deilephila askoldensis*（**Oberthür**）

中名异名　小白眉天蛾

寄　　主　杨树，山梅花，李，刺槐，槐树，鼠李，葡萄，沙枣，美国红栌，丁香，紫丁香。

分布范围　北京、河北、内蒙古、辽宁、吉林、黑龙江、陕西、宁夏。

发生地点　河北：张家口市沽源县、赤城县；

　　　　　陕西：渭南市白水县。

发生面积　724 亩

危害指数　0.3877

- **小星天蛾** *Dolbina exacta* **Staudinger**

寄　　主　山核桃，核桃，美国红栌，白丁香。

分布范围　北京、天津、辽宁、黑龙江、湖北、湖南、四川、陕西。

发生地点　北京：密云区；

　　　　　四川：资阳市雁江区；

　　　　　陕西：渭南市华州区，商洛市镇安县，宁东林业局。

发生面积　122 亩

危害指数　0.3333

- **大星天蛾** *Dolbina inexacta*（**Walker**）

寄　　主　栎子青冈，猴樟，桴叶槭，葡萄，白蜡树，美国红栌，女贞，木犀，白花泡桐。

分布范围　北京、福建、江西、湖北、广东、重庆、四川、陕西。

发生地点　　北京：密云区；

　　　　　　广东：韶关市武江区；

　　　　　　重庆：黔江区；

　　　　　　四川：南充市西充县，广安市武胜县；

　　　　　　陕西：商洛市镇安县。

- **绒星天蛾** *Dolbina tancrei* **Staudinger**

寄　　主　　红松，马尾松，塔枝圆柏，山杨，柳树，白桦，榛子，栲树，蒙古栎，青冈，榆树，榕树，樟树，杏，苹果，羽叶金合欢，刺槐，高山澳杨，盐肤木，葡萄，柞木，紫薇，水曲柳，白蜡树，花曲柳，女贞，水蜡树，小叶女贞，木犀，黄荆，泡桐，杜鹃兰。

分布范围　　东北，北京、天津、河北、浙江、福建、江西、山东、湖北、重庆、四川、陕西、甘肃、宁夏。

发生地点　　北京：石景山区、顺义区、密云区；

　　　　　　河北：邢台市沙河市，张家口市涿鹿县、赤城县；

　　　　　　浙江：宁波市北仑区、鄞州区、象山县，舟山市岱山县；

　　　　　　江西：萍乡市湘东区、莲花县、芦溪县；

　　　　　　重庆：黔江区；

　　　　　　四川：自贡市自流井区，攀枝花市盐边县，乐山市峨边彝族自治县，南充市蓬安县、仪陇县；

　　　　　　陕西：西安市蓝田县，咸阳市秦都区、永寿县，渭南市华州区、合阳县、蒲城县、华阴市，商洛市镇安县，宁东林业局、太白林业局。

发生面积　　3625 亩

危害指数　　0.3427

- **大黑边天蛾** *Hemaris affinis* （**Bremer**）

中文异名　　川海黑边天蛾

拉丁异名　　*Haemorrhagia alternata* Butler，*Haemorrhagia fuciformis ganssuensis* Grum-Grshimailo

寄　　主　　臭椿，梧桐，忍冬，雷楝，丁香。

分布范围　　天津、河北、辽宁、江苏、浙江、山东、四川、陕西、青海。

发生地点　　江苏：淮安市盱眙县；

　　　　　　河北：张家口市沽源县；

　　　　　　陕西：渭南市华州区。

发生面积　　166 亩

危害指数　　0.3333

- **后黄黑边天蛾** *Hemaris radians* （**Walker**）

寄　　主　　栓皮栎，桑，苹果，刺槐，槐树，忍冬。

分布范围　　北京、河北、黑龙江、江苏、江西、山东、湖北、宁夏。

发生地点　　河北：唐山市丰润区、玉田县；

　　　　　　江苏：南京市六合区。

- **锈胸黑边天蛾** *Hemaris staudingeri*（Leech）

  寄　　主　　忍冬。

  分布范围　　东北，江西、陕西。

  发生地点　　陕西：渭南市华州区。

- **云斑斜线天蛾** *Hippotion velox*（Fabricius）

  寄　　主　　槐树，银柴，葡萄。

  分布范围　　浙江、广东、广西、海南、宁夏。

- **深色白眉天蛾** *Hyles gallii*（Rottemburg）

  寄　　主　　油松，柳杉，山杨，银柳，麻栎，榆树，山葡萄，沙枣，毛八角枫，紫丁香。

  分布范围　　北京、河北、内蒙古、辽宁、黑龙江、山东、西藏、陕西、新疆。

  发生地点　　内蒙古：通辽市科尔沁左翼后旗；

  　　　　　　黑龙江：佳木斯市富锦市；

  　　　　　　西藏：拉萨市林周县。

  发生面积　　3765 亩

  危害指数　　0.3409

- **沙枣白眉天蛾** *Celerio hippophaes*（Esper）

  寄　　主　　新疆杨，箭杆杨，榆树，枣树，葡萄，沙枣，东方沙枣，沙棘。

  分布范围　　北京、河北、内蒙古、辽宁、黑龙江、山东、陕西、甘肃、宁夏、新疆。

  发生地点　　河北：雾灵山保护区；

  　　　　　　内蒙古：乌兰察布市察哈尔右翼后旗、四子王旗，阿拉善盟阿拉善右旗、额济纳旗；

  　　　　　　山东：莱芜市钢城区；

  　　　　　　甘肃：金昌市金川区，白银市靖远县，武威市凉州区、民勤县，酒泉市瓜州县；

  　　　　　　宁夏：银川市永宁县，石嘴山市大武口区，吴忠市利通区、盐池县、同心县，中卫市中宁县；

  　　　　　　新疆：克拉玛依市克拉玛依区，博尔塔拉蒙古自治州精河县，克孜勒苏柯尔克孜自治州乌恰县，喀什地区麦盖提县，和田地区和田县、皮山县、洛浦县，塔城地区沙湾县，阿勒泰地区布尔津县、青河县；

  　　　　　　新疆生产建设兵团：农一师 10 团、13 团，农二师 29 团，农四师 68 团，农七师 130 团，农八师 121 团，农十四师 224 团。

  发生面积　　26139 亩

  危害指数　　0.6931

- **八字白眉天蛾** *Hyles livornica*（Esper）

  寄　　主　　山杨，钻天杨，柳树，桦木，榆树，桃，杏，李，刺槐，枣树，葡萄，柞木，沙枣，沙棘。

  分布范围　　华北、东北，浙江、江西、山东、湖南、陕西、甘肃、宁夏、新疆。

  发生地点　　北京：密云区；

  　　　　　　河北：张家口市张北县，沧州市黄骅市，衡水市武邑县；

内蒙古：通辽市科尔沁区；

山东：济宁市经济技术开发区，聊城市东阿县；

陕西：咸阳市秦都区、永寿县、长武县，渭南市澄城县；

宁夏：吴忠市红寺堡区、盐池县、同心县，固原市原州区；

新疆：克拉玛依市克拉玛依区；

新疆生产建设兵团：农四师 68 团，农七师 130 团，农九师，农十四师 224 团。

发生面积　6212 亩

危害指数　0.3376

● **桂花天蛾** *Kentrochrysalis consimilis* **Rothschild et Jordan**

寄　　主　落叶松，红松，樟子松，油松，蒙古栎，桂木，木薯，合果木，水蜡树，木犀，银桂，紫丁香。

分布范围　东北，福建、河南、陕西。

发生地点　福建：三明市三元区；

河南：平顶山市舞钢市；

陕西：渭南市华州区。

发生面积　350 亩

危害指数　0.3333

● **白须天蛾** *Kentrochrysalis sieversi* **Alphéraky**

寄　　主　杨树，柳树，榆树，葡萄，毛八角枫，连翘，白蜡树，水蜡树，木犀，丁香。

分布范围　东北，北京、天津、河北、山东、陕西、宁夏。

发生地点　北京：石景山区、密云区；

河北：邢台市沙河市，张家口市赤城县，衡水市桃城区；

陕西：西安市周至县，渭南市华州区。

发生面积　663 亩

危害指数　0.3333

● **女贞天蛾** *Kentrochrysalis streckeri*（**Staudinger**）

寄　　主　椴树，合果木，水曲柳，白蜡树，女贞，丁香。

分布范围　东北，北京、河北、湖北、陕西、宁夏。

发生地点　陕西：咸阳市长武县、武功县，渭南市华州区。

发生面积　130 亩

危害指数　0.3333

● **锯翅天蛾** *Langia zenzeroides* **Moore**

拉丁异名　*Langia zenzeroides szechuana* Chu et Wang

寄　　主　栎，桃，梅，樱桃，樱花，李。

分布范围　北京、河北、山东、湖北、重庆、四川。

● **黄脉天蛾** *Laothoe amurensis amurensis*（**Staudinger**）

寄　　主　新疆杨，山杨，小叶杨，毛白杨，旱柳，山柳，核桃，风桦，白桦，波罗栎，旱榆，榆树，银桦，枇杷，刺槐，阔叶槭，黑桦鼠李，葡萄，椴树，中华猕猴桃，柞木，沙棘，紫薇，毛八角枫，柳兰，白蜡树。

分布范围　华北、东北，安徽、湖北、四川、贵州、陕西、甘肃、青海、宁夏。

发生地点　北京：密云区；

　　　　　河北：张家口市张北县、沽源县、尚义县、赤城县，雾灵山保护区；

　　　　　内蒙古：通辽市科尔沁区、科尔沁左翼后旗，乌兰察布市四子王旗；

　　　　　四川：绵阳市游仙区，巴中市通江县，甘孜藏族自治州康定市；

　　　　　贵州：毕节市大方县；

　　　　　陕西：西安市蓝田县，咸阳市永寿县、彬县、长武县、旬邑县，渭南市华州区、白水县，宁东林业局；

　　　　　甘肃：平凉市关山林管局；

　　　　　宁夏：银川市兴庆区、西夏区，吴忠市盐池县，固原市彭阳县。

发生面积　14170 亩

危害指数　0.3336

- **华黄脉天蛾 *Laothoe amurensis sinica*（Rhothschild et Jordan）**
  寄　　主　杨树，柳树，榆树，小叶女贞。
  分布范围　江苏、江西、湖南、海南、贵州、陕西、宁夏。
  发生地点　江苏：南京市玄武区；
  　　　　　江西：吉安市井冈山市。

- **甘蔗天蛾 *Leucophlebia lineata* Westwood**
  寄　　主　葡萄。
  分布范围　江苏、四川、陕西。
  发生地点　四川：自贡市大安区。

- **青背长喙天蛾 *Macroglossum bombylans* Boisduval**
  寄　　主　山核桃，木瓜，李，槐树，文旦柚，花椒，算盘子，荆条。
  分布范围　北京、河北、浙江、安徽、江西、山东、湖南、海南、四川、陕西。
  发生地点　河北：唐山市玉田县；
  　　　　　浙江：宁波市象山县；
  　　　　　四川：遂宁市大英县，乐山市金口河区，南充市嘉陵区；
  　　　　　陕西：渭南市华州区。

- **长喙天蛾 *Macroglossum corythus* Walker**
  寄　　主　板栗，栎，垂叶榕，榕树，苹果，台湾相思，楝树，铁冬青，山茶，大花紫薇，桉树，荆条，栀子，九节。
  分布范围　东北、华东、中南，重庆、四川、陕西、甘肃。
  发生地点　上海：嘉定区；
  　　　　　江苏：南京市栖霞区、江宁区、六合区，淮安市洪泽区；
  　　　　　浙江：宁波市象山县；

　　福建：漳州市诏安县；

　　山东：潍坊市诸城市；

　　广西：贺州市平桂区；

　　重庆：丰都县、酉阳土家族苗族自治县；

　　四川：攀枝花市米易县；

　　陕西：安康市旬阳县。

发生面积　　1608 亩

危害指数　　0.3335

● **九节木长喙天蛾** *Macroglossum divergens heliophila* **Boisduval**

拉丁异名　　*Macroglossum fringilla*（Boisduval）

寄　　主　　核桃，柑橘，九节。

分布范围　　广东、海南、四川、陕西。

发生地点　　四川：甘孜藏族自治州泸定县；

　　陕西：渭南市大荔县。

发生面积　　1055 亩

危害指数　　0.3333

● **佛瑞兹长喙天蛾** *Macroglossum fritzei* **Rothschild et Jordan**

中文异名　　湖南长喙天蛾

拉丁异名　　*Macroglossum hunanensis* Chu et Wang

寄　　主　　山杨，油茶，桉树，木犀，毛泡桐。

分布范围　　浙江、福建、江西、湖北、湖南、广东、海南。

发生地点　　浙江：杭州市西湖区；

　　江西：宜春市高安市；

　　湖南：娄底市双峰县；

　　广东：云浮市罗定市。

● **黑长喙天蛾** *Macroglossum pyrrhosticta* **Butler**

拉丁异名　　 *Macroglossum fukienensis* Chu et Wang

寄　　主　　桤木，葡萄，木槿，木犀，刺槐，栀子，九节，钩藤。

分布范围　　东北，北京、江苏、浙江、福建、江西、山东、广东、海南、重庆、四川、贵州、陕西、宁夏。

发生地点　　江苏：南京市玄武区、浦口区；

　　浙江：宁波市镇海区、象山县；

　　四川：自贡市贡井区，绵阳市平武县；

　　陕西：渭南市潼关县、白水县；

　　宁夏：固原市彭阳县。

发生面积　　1075 亩

危害指数　　0.3439

● 小豆长喙天蛾 *Macroglossum stellatarum*（**Linnaeus**）

中文异名　小豆喙天蛾

寄　　主　山杨，榆树，榆叶梅，苹果，月季，合欢，柠条锦鸡儿，锦鸡儿，刺槐，红花刺槐，毛刺槐，槐树，木槿，紫薇，臭牡丹，黄荆，夜香树，忍冬。

分布范围　华北、东北、西北，江苏、福建、江西、山东、湖北、湖南、广东、海南、重庆、四川。

发生地点　河北：唐山市乐亭县，邢台市沙河市，张家口市沽源县、赤城县；

　　　　　江苏：常州市武进区；

　　　　　山东：枣庄市台儿庄区，济宁市兖州区，临沂市沂水县，聊城市东阿县、冠县，菏泽市牡丹区；

　　　　　广东：广州市从化区；

　　　　　重庆：酉阳土家族苗族自治县；

　　　　　四川：遂宁市蓬溪县、大英县；

　　　　　陕西：咸阳市秦都区，渭南市临渭区、潼关县、大荔县、澄城县；

　　　　　宁夏：银川市兴庆区、西夏区、金凤区，石嘴山市大武口区，吴忠市红寺堡区；

　　　　　新疆：克拉玛依市白碱滩区；

　　　　　新疆生产建设兵团：农四师68团。

发生面积　2762 亩

危害指数　0.3357

● 斑腹长喙天蛾 *Macroglossum variegatum* **Rothschild et Jordan**

寄　　主　海桐，盐肤木，葡萄，山芝麻，常春藤，白蜡树，女贞，金木犀。

分布范围　江苏、浙江、福建、广东、海南、陕西。

发生地点　江苏：南京市江宁区、六合区；

　　　　　浙江：宁波市鄞州区，温州市平阳县、瑞安市，舟山市岱山县、嵊泗县，台州市临海市；

　　　　　陕西：咸阳市秦都区。

发生面积　2931 亩

危害指数　0.3913

● 椴六点天蛾 *Marumba dyras*（**Walker**）

寄　　主　山杨，核桃，蒙古栎，桃，苹果，梨，香椿，椣叶槭，绒毛无患子，枣树，破布叶，椴树，瓜栗，火焰树，柳叶水锦树。

分布范围　河北、辽宁、黑龙江、江苏、浙江、福建、江西、山东、湖北、湖南、广东、四川、云南、陕西。

发生地点　河北：张家口市赤城县；

　　　　　江苏：南京市浦口区；

　　　　　浙江：杭州市西湖区；

　　　　　湖南：岳阳市岳阳县，娄底市新化县；

　　　　　广东：茂名市高州市，云浮市郁南县、罗定市；

四川：攀枝花市盐边县；

陕西：渭南市华州区，宁东林业局。

发生面积　4743 亩

危害指数　0.4677

● 苹六点天蛾 *Marumba gaschkewitschii carstanjeni*（**Staudinger**）

寄　　主　桃，苹果，李，沙梨，多花蔷薇，红果树，刺槐，枣树，香果树。

分布范围　东北，湖北、四川、陕西。

发生地点　四川：宜宾市筠连县；

陕西：西安市周至县，咸阳市乾县、彬县，宁东林业局。

发生面积　5127 亩

危害指数　0.3333

● 梨六点天蛾 *Marumba gaschkewitschii complacens*（**Walker**）

寄　　主　核桃，栎，山桃，桃，杏，樱桃，枇杷，苹果，李，豆梨，沙梨，枣树，山葡萄，
葡萄。

分布范围　河北、辽宁、江苏、浙江、福建、江西、山东、湖北、湖南、广东、海南、重庆、四
川、陕西、甘肃。

发生地点　河北：邢台市邢台县；

江苏：无锡市宜兴市；

江西：南昌市安义县；

湖南：岳阳市岳阳县；

广东：云浮市郁南县；

重庆：黔江区、永川区；

四川：广安市武胜县，巴中市通江县，甘孜藏族自治州泸定县；

陕西：汉中市汉台区，安康市白河县，商洛市镇安县，宁东林业局、太白林业局。

发生面积　5688 亩

危害指数　0.3509

● 枣桃六点天蛾 *Marumba gaschkewitschii gaschkewitschii*（**Bremer et Grey**）

寄　　主　杨树，山核桃，核桃，板栗，蒙古栎，榆树，桑，蜡梅，桃，碧桃，梅，山杏，杏，
樱桃，樱花，毛樱桃，日本樱花，山楂，枇杷，垂丝海棠，西府海棠，苹果，海棠
花，李，梨，蔷薇，红果树，刺槐，红椿，滑桃树，枣树，酸枣，爬山虎，葡萄，秋
海棠，四季秋海棠，紫薇，野海棠，柿。

分布范围　华北、东北、华东、河南、湖北、重庆、四川、陕西、甘肃、宁夏。

发生地点　北京：东城区、石景山区、顺义区、大兴区、密云区；

河北：唐山市古冶区、乐亭县、玉田县，秦皇岛市海港区、抚宁区，邯郸市鸡泽县、
邢台市邢台县，保定市唐县，张家口市万全区、怀来县、涿鹿县、赤城县，沧
州市吴桥县、河间市，衡水市桃城区、武邑县、饶阳县、安平县；

山西：大同市阳高县，晋中市左权县；

内蒙古：赤峰市阿鲁科尔沁旗，通辽市科尔沁左翼后旗；

黑龙江：绥化市海伦市国有林场；

上海：浦东新区；

江苏：南京市高淳区，常州市武进区，淮安市金湖县，盐城市东台市，扬州市宝应县，泰州市泰兴市；

浙江：宁波市鄞州区、象山县；

安徽：滁州市定远县；

福建：厦门市翔安区；

江西：萍乡市湘东区、芦溪县；

山东：济南市章丘市，济宁市任城区、兖州区、鱼台县、泗水县、梁山县、曲阜市、经济技术开发区，泰安市新泰市、泰山林场，临沂市沂水县，聊城市东阿县；

湖北：荆门市京山县；

重庆：万州区；

四川：攀枝花市米易县、普威局，雅安市天全县，凉山彝族自治州盐源县、德昌县；

陕西：咸阳市秦都区、三原县、永寿县、彬县、长武县、武功县，渭南市华州区、潼关县、大荔县、合阳县、澄城县、白水县，延安市洛川县，汉中市汉台区，榆林市米脂县、吴堡县；

甘肃：庆阳市环县；

宁夏：银川市兴庆区、西夏区、金凤区，石嘴山市大武口区，吴忠市同心县，固原市原州区、彭阳县，中卫市沙坡头区、中宁县。

发生面积　25743 亩

危害指数　0.3350

- **菩提六点天蛾** *Marumba jankowskii*（Oberthüer）

寄　　主　栓皮栎，桃，苹果，梨，绒毛无患子，枣树，椴树，柞木。

分布范围　东北，天津、河北、山西、浙江、重庆、陕西、宁夏。

发生地点　河北：秦皇岛市海港区，保定市唐县，张家口市赤城县；

黑龙江：绥化市海伦市国有林场；

浙江：温州市鹿城区，台州市仙居县；

重庆：渝北区；

陕西：咸阳市旬邑县，渭南市澄城县。

发生面积　5048 亩

危害指数　0.4326

- **黄边六点天蛾** *Marumba maackii*（Bremer）

寄　　主　板栗，栎，毛八角枫，女贞，水蜡树。

分布范围　东北，北京、河北、四川、陕西。

发生地点　河北：张家口市赤城县；

陕西：渭南市华州区，宁东林业局。

发生面积　536 亩

危害指数　0.3333

- **枇杷六点天蛾 *Marumba spectabilis*（Butler）**

  寄　　主　枇杷。

  分布范围　浙江、安徽、福建、湖北、湖南、广东、海南、陕西。

  发生地点　安徽：滁州市定远县；

  　　　　　湖南：娄底市新化县。

- **栗六点天蛾 *Marumba sperchius* Ménéntriès**

  寄　　主　山核桃，野核桃，核桃楸，核桃，枫杨，锥栗，板栗，甜槠栲，苦槠栲，麻栎，蒙古栎，栓皮栎，青冈，猴樟，绣球，西府海棠，梨，刺槐，柞木，竹节树，毛八角枫，油橄榄。

  分布范围　东北、中南，北京、河北、浙江、安徽、福建、江西、山东、重庆、四川、陕西。

  发生地点　北京：密云区；

  　　　　　河北：秦皇岛市海港区，邢台市邢台县、沙河市，保定市唐县；

  　　　　　浙江：杭州市西湖区，宁波市象山县、余姚市，台州市仙居县，丽水市莲都区；

  　　　　　山东：济宁市经济技术开发区，泰安市新泰市、泰山林场，临沂市沂水县；

  　　　　　广东：云浮市郁南县；

  　　　　　重庆：大渡口区、南岸区、黔江区、奉节县、巫溪县；

  　　　　　四川：遂宁市射洪县，广安市武胜县，雅安市雨城区、石棉县，巴中市巴州区、通江县；

  　　　　　陕西：西安市蓝田县、周至县，渭南市华州区，商洛市镇安县，太白林业局。

  发生面积　5056 亩

  危害指数　0.4006

- **钩翅天蛾 *Mimas christophi*（Staudinger）**

  寄　　主　山杨，毛白杨，柳树，白桦，波罗栎，榆树，槐树，黄檗，黑桦鼠李，柞木，毛八角枫。

  分布范围　东北，河北、湖北、湖南、陕西。

  发生地点　河北：邢台市沙河市。

- **喜马锤天蛾 *Neogurelca himachala*（Butler）**

  中文异名　喜马锥天蛾

  寄　　主　色木械。

  分布范围　西藏、宁夏。

  发生地点　西藏：山南市加查县；

  　　　　　宁夏：固原市原州区。

- **三角锤天蛾 *Neogurelca himachala sangaica*（Bulter）**

  寄　　主　山杨，臭椿。

  分布范围　江苏、四川。

  发生地点　江苏：镇江市句容市。

- **团角锤天蛾** *Neogurelca hyas*（Walker）

寄　　主　山杨，柳树，鸡眼藤。

分布范围　上海、江苏、浙江、安徽。

发生地点　江苏：南京市玄武区。

- **大背天蛾** *Notonagemia analis*（Felder）

寄　　主　山杨，梿木，大果榉，木兰，天竺桂，檫木，雷楝，梣叶槭，白蜡树，美洲绿梣，女贞，丁香。

分布范围　华东、中南，北京、辽宁、四川、云南、陕西。

发生地点　北京：东城区；

浙江：杭州市西湖区，宁波市鄞州区、慈溪市，衢州市常山县；

安徽：合肥市庐阳区；

湖南：娄底市双峰县；

广东：云浮市郁南县、罗定市；

四川：宜宾市筠连县，巴中市通江县。

发生面积　2175 亩

危害指数　0.3364

- **构月天蛾** *Parum colligata*（Walker）

中文异名　钩月天蛾、构星天蛾

寄　　主　杉松，马尾松，杉木，山杨，黑杨，柳树，枫杨，甜槠栲，苦槠栲，栎，青冈，榆树，构树，桑，猴樟，枫香，刺槐，漆树，栾树，朱槿，木棉，梧桐，油茶，茶，八角枫，杜鹃，白花泡桐，火焰树。

分布范围　华东、中南，北京、河北、山西、辽宁、吉林、重庆、四川、贵州、陕西。

发生地点　北京：东城区、顺义区；

河北：唐山市丰润区、乐亭县、玉田县；

江苏：南京市浦口区，无锡市惠山区，常州市天宁区、钟楼区，盐城市亭湖区、阜宁县、东台市，镇江市句容市；

浙江：宁波市鄞州区、象山县、慈溪市，衢州市常山县；

安徽：合肥市庐阳区；

福建：厦门市同安区、翔安区；

江西：南昌市安义县，萍乡市芦溪县，宜春市高安市，上饶市广丰区；

山东：济宁市鱼台县，曲阜市、经济技术开发区，聊城市东阿县；

湖南：娄底市双峰县、新化县；

广东：惠州市惠东县，云浮市郁南县、罗定市；

广西：南宁市江南区；

重庆：大渡口区、北碚区、大足区、渝北区、巴南区、黔江区，奉节县、石柱土家族自治县；

四川：成都市邛崃市，攀枝花市盐边县、普威局，德阳市罗江县，遂宁市射洪县，乐山市峨边彝族自治县、马边彝族自治县，南充市蓬安县、仪陇县、西充县，广安市武胜县，雅安市雨城区、天全县，巴中市巴州区；

陕西：西安市临潼区，咸阳市乾县，渭南市华州区、潼关县、大荔县、合阳县，汉中市汉台区，安康市白河县。

发生面积　4936 亩

危害指数　0.3410

- **斜绿天蛾 *Pergesa acteus*（Cramer）**

寄　　主　杨树，柳树，栎，青冈，枇杷，山葡萄，葡萄，野海棠。

分布范围　福建、湖北、广东、广西、重庆、四川、云南、陕西。

发生地点　四川：眉山市仁寿县；

陕西：西安市蓝田县、周至县，宁东林业局。

- **红天蛾 *Pergesa elpenor*（Linnaeus）**

寄　　主　马尾松，柳杉，柏木，山杨，箭杆杨，山柳，野核桃，核桃，栎，青冈，构树，桑，猴樟，枫香，木瓜，海棠花，石楠，蔷薇，刺槐，柑橘，黄檗，龙眼，爬山虎，山葡萄，葡萄，木槿，柞木，石榴，毛八角枫，柳兰，柿，白蜡树，女贞，水蜡树，丁香，黄荆，泡桐，忍冬，接骨木，锦带花。

分布范围　华北、东北、华东，湖北、湖南、重庆、四川、西藏、陕西、宁夏、新疆。

发生地点　北京：顺义区、密云区；

河北：唐山市古冶区、滦南县、乐亭县、玉田县，邢台市平乡县，保定市唐县，张家口市怀来县、赤城县，廊坊市霸州市，衡水市桃城区；

山西：晋中市左权县；

内蒙古：通辽市科尔沁左翼后旗；

黑龙江：绥化市海伦市国有林场；

上海：宝山区、嘉定区；

江苏：南京市玄武区、浦口区，常州市天宁区、钟楼区，苏州市昆山市、太仓市，淮安市盱眙县，盐城市阜宁县、东台市，扬州市江都区，镇江市新区、润州区、丹阳市，泰州市姜堰区；

浙江：宁波市鄞州区、象山县、宁海县、余姚市，温州市瑞安市，嘉兴市嘉善县，舟山市岱山县；

安徽：合肥市庐阳区，芜湖市芜湖县；

山东：济宁市鱼台县、曲阜市，泰安市泰山区、泰山林场，滨州市惠民县；

湖南：岳阳市岳阳县，湘西土家族苗族自治州凤凰县；

四川：攀枝花市普威局，凉山彝族自治州盐源县；

西藏：拉萨市林周县；

陕西：西安市蓝田县，咸阳市永寿县、旬邑县，渭南市华州区，汉中市汉台区、西乡县，宁东林业局；

新疆：乌鲁木齐市经济开发区、达坂城区、米东区。

发生面积　15146 亩

危害指数　0.5099

- **盾天蛾** *Phyllosphingia dissimilis dissimilis*（Bremer）

  中文异名　紫光盾天蛾

  拉丁异名　*Phyllosphingia dissimilis sinensis* Jordan

  寄　　主　杨树，柳树，垂柳，山核桃，野核桃，核桃楸，核桃，板栗，栲树，琼崖石栎，栎，榆树，桑，山胡椒，桃，杏，花榈木，刺槐，黄檗，构树，厚朴，葡萄，柳兰，女贞，油橄榄。

  分布范围　东北，北京、天津、河北、山西、江苏、浙江、福建、山东、湖北、湖南、广东、广西、海南、重庆、四川、贵州、陕西、甘肃。

  发生地点　北京：石景山区、顺义区、密云区；

  　　　　　河北：邢台市沙河市，保定市唐县，张家口市怀来县、赤城县；

  　　　　　山西：吕梁市汾阳市；

  　　　　　江苏：扬州市宝应县；

  　　　　　浙江：杭州市西湖区、临安市，宁波市鄞州区、余姚市、象山县；

  　　　　　山东：济南市历城区，济宁市兖州区、汶上县、梁山县、经济技术开发区，泰安市泰山林场，临沂市沂水县；

  　　　　　湖南：怀化市通道侗族自治县；

  　　　　　重庆：万州区、黔江区，奉节县、巫溪县；

  　　　　　四川：成都市都江堰市，南充市高坪区，攀枝花市盐边县，遂宁市射洪县；

  　　　　　陕西：西安市蓝田县、周至县，咸阳市秦都区、三原县、彬县、长武县、旬邑县、三原县，渭南市华州区、合阳县、白水县，商洛市镇安县，宁东林业局、太白林业局。

  发生面积　8244 亩

  危害指数　0.3338

- **齿翅三线天蛾** *Polyptychus dentatus*（Cramer）

  寄　　主　栎，黄葛树，蔷薇，刺槐，栾树，厚壳树。

  分布范围　江西、重庆、四川、陕西。

  发生地点　四川：攀枝花市米易县，南充市西充县。

- **三线天蛾** *Polyptychus trilineatus* Moore

  寄　　主　厚壳树。

  分布范围　福建、江西、湖北、海南。

- **丁香霜天蛾** *Psilogramma increta*（Walker）

  寄　　主　杨树，桃，黄檀，椣叶槭，梧桐，紫薇，白蜡树，美国红梣，女贞，木犀，紫丁香，白丁香，泡桐。

  分布范围　东北、华东，北京、天津、湖北、湖南、广东、海南、四川、陕西、宁夏。

  发生地点　北京：密云区；

  　　　　　上海：宝山区；

  　　　　　江苏：无锡市江阴市；

  　　　　　安徽：合肥市庐阳区；

  　　　　　江西：萍乡市芦溪县；

山东：济宁市微山县、邹城市；

湖南：岳阳市岳阳县；

广东：云浮市罗定市；

陕西：渭南市华州区。

发生面积　2617 亩

危害指数　0. 5383

● 霜天蛾 *Psilogramma menephron*（Cramer）

寄　　主　油杉，马尾松，柳杉，杉木，水杉，山杨，垂柳，旱柳，核桃楸，核桃，枫杨，栎，青冈，榆树，垂叶榕，厚朴，猴樟，樟树，海桐，枫香，三球悬铃木，樱花，西府海棠，海棠花，椤木石楠，石楠，红叶李，台湾相思，刺槐，槐树，柑橘，楝树，黄桐，盐肤木，葡萄，梧桐，油茶，沙棘，巨尾桉，刺楸，白蜡树，洋白蜡，美洲绿梣，女贞，水蜡树，小叶女贞，小蜡，木犀，紫丁香，白丁香，大青，牡荆，兰考泡桐，川泡桐，白花泡桐，毛泡桐，楸，梓，栀子。

分布范围　华北、华东、中南，辽宁、吉林、重庆、四川、贵州、陕西、甘肃、宁夏。

发生地点　北京：密云区；

河北：石家庄市井陉县、赞皇县，唐山市古冶区、滦南县、乐亭县、玉田县，邯郸市鸡泽县，邢台市邢台县、临城县、临西县、沙河市，张家口市赤城县，沧州市吴桥县、河间市，廊坊市霸州市，衡水市桃城区；

内蒙古：通辽市科尔沁左翼后旗；

上海：闵行区、宝山区、金山区、奉贤区；

江苏：南京市栖霞区、雨花台区、江宁区、六合区、高淳区，常州市武进区、金坛区、溧阳市，淮安市盱眙县，盐城市亭湖区、盐都区、大丰区、阜宁县、射阳县、东台市，扬州市江都区、宝应县，泰州市姜堰区；

浙江：杭州市萧山区，宁波市江北区、北仑区、鄞州区、象山县、余姚市、慈溪市，衢州市常山县；

安徽：芜湖市芜湖县，黄山市徽州区，滁州市定远县，宣城市郎溪县；

福建：莆田市涵江区，泉州市永春县，漳州市东山县，福州国家森林公园；

江西：萍乡市安源区、湘东区、莲花县、芦溪县，宜春市高安市，上饶市信州区；

山东：济南市济阳县，枣庄市台儿庄区，潍坊市坊子区、诸城市、滨海经济开发区，济宁市任城区、兖州区、鱼台县、汶上县、梁山县、曲阜市、经济技术开发区，泰安市泰山区、新泰市、泰山林场，临沂市兰山区、沂水县，聊城市东昌府区、阳谷县、莘县、东阿县、冠县、高新技术产业开发区，菏泽市牡丹区、单县，黄河三角洲保护区；

河南：郑州市中牟县、新郑市；

湖北：天门市；

湖南：益阳市桃江县，娄底市新化县；

广西：南宁市武鸣区，桂林市灌阳县，贵港市覃塘区，维都林场；

重庆：渝北区、巴南区、黔江区；

四川：内江市市中区，南充市高坪区、西充县，眉山市仁寿县，广安市武胜县，雅安市雨城区；

陕西：西安市临潼区、蓝田县，咸阳市秦都区、三原县、泾阳县、乾县、永寿县、长武县、旬邑县，渭南市华州区、潼关县、大荔县、澄城县，延安市洛川县，汉中市汉台区、西乡县，安康市旬阳县，商洛市镇安县，宁东林业局；

宁夏：银川市兴庆区、西夏区，吴忠市利通区。

发生面积　13300 亩

危害指数　0.3407

- **华中白肩天蛾 *Rhagastis albomarginatus dichroae* Mell**

拉丁异名　*Rhagastis mongoliana centrosinaria* Chu et Wang

寄　　主　银白杨，山核桃，小檗，葡萄，常春藤。

分布范围　浙江、福建、江西、湖北、湖南、广西、重庆、陕西。

发生地点　浙江：宁波市象山县，温州市瑞安市；

重庆：万州区；

陕西：宁东林业局。

发生面积　124 亩

危害指数　0.3360

- **锯线白肩天蛾 *Rhagastis castor aurifera*（Butler）**

中文异名　喀白肩天蛾

寄　　主　栎，青冈，葡萄，常春藤，黄荆。

分布范围　江西、重庆、四川、云南、陕西。

发生地点　重庆：大渡口区；

陕西：宁东林业局。

- **滇白肩天蛾 *Rhagastis lunata*（Rothschild）**

拉丁异名　*Rhagastis yunnanaria* Chu et Wang

寄　　主　绣球。

分布范围　浙江、四川、云南。

发生地点　浙江：台州市仙居县；

四川：攀枝花市米易县、普威局。

发生面积　1523 亩

危害指数　0.4428

- **白肩天蛾 *Rhagastis mongoliana*（Butler）**

中文异名　蒙古白肩天蛾、蒙天蛾

寄　　主　枫杨，小檗，绣球，梅，苹果，红果树，槐树，葡萄，木莓，毛八角枫，常春藤，紫丁香，白花泡桐。

分布范围　东北、北京、天津、河北、江苏、浙江、安徽、福建、江西、山东、湖北、湖南、海南、四川、贵州、陕西。

发生地点　北京：石景山区、顺义区；

江苏：南京市玄武区，无锡市宜兴市；

浙江：宁波市鄞州区、奉化市，温州市鹿城区、瑞安市，舟山市嵊泗县，台州市仙居县、临海市；

安徽：安庆市宜秀区；

四川：乐山市马边彝族自治县，巴中市南江县，凉山彝族自治州盐源县；

陕西：渭南市华州区。

发生面积　9146 亩

危害指数　0.4069

- **青白肩天蛾** *Rhagastis olivacea*（**Moore**）

寄　　　主　柑橘。

分布范围　福建、广东、四川、西藏、陕西。

发生地点　四川：雅安市雨城区、天全县，甘孜藏族自治州泸定县。

发生面积　1124 亩

危害指数　0.3363

- **木蜂天蛾** *Sataspes tagalica tagalica* **Boisduval**

拉丁异名　*Sataspes tagalica chinensis* Clark，*Sataspes tagalica thoracica* Rothschild et Jordan

寄　　　主　南岭黄檀，黄檀，葡萄，日本樱花。

分布范围　浙江、山东、湖北、湖南、广东、广西、海南、重庆、四川、云南、陕西、新疆。

发生地点　重庆：万州区。

- **杨目天蛾** *Smerinthus caecus* **Ménétriès**

寄　　　主　山杨，二白杨，毛白杨，山柳，赤杨，榆树，梨，赤杨叶。

分布范围　东北、北京、河北、内蒙古、山东、甘肃、宁夏。

发生地点　北京：石景山区；

河北：保定市唐县、雄县，张家口市沽源县；

内蒙古：通辽市科尔沁左翼后旗；

辽宁：丹东市振安区；

黑龙江：佳木斯市郊区；

甘肃：白银市靖远县。

发生面积　3991 亩

危害指数　0.3350

- **合目天蛾** *Smerinthus kindermanni* **Lederer**

中文异名　剑纹天蛾

寄　　　主　新疆杨，山杨，胡杨，箭杆杨，柳树，栎，榆树，银桂。

分布范围　辽宁、河南、湖北、宁夏、新疆。

发生地点　河南：南阳市淅川县；

新疆：克拉玛依市克拉玛依区；

新疆生产建设兵团：农四师 68 团。

发生面积　685 亩

危害指数　0.3333

- **蓝目天蛾** *Smerinthus planus planus* **Walker**

中文异名　北方蓝目天蛾、四川蓝目天蛾、广东蓝目天蛾、杨树柳天蛾、柳天蛾

拉丁异名　*Smerinthus planus alticola* Clark，*Smerinthus planus junnanus* Clark，*Smerinthus planus kuantungensis* Clark

寄　　主　新疆杨，加杨，山杨，黑杨，小叶杨，毛白杨，白柳，垂柳，大红柳，异型柳，旱柳，绦柳，山柳，杨梅，桦木，山核桃，核桃楸，核桃，枫杨，板栗，苦槠栲，栎，青冈，榆树，山梅花，枫香，三球悬铃木，山桃，桃，梅，杏，樱桃，樱花，日本樱花，垂丝海棠，西府海棠，苹果，海棠花，樱桃李，李，红叶李，梨，蔷薇，红果树，刺槐，桃花心木，冬青，青皮槭，葡萄，杜英，瓜栗，梧桐，柞木，四季秋海棠，沙枣，沙棘，阔叶风车子，柳兰，桃榄，女贞，木犀，丁香，白花泡桐，毛泡桐。

分布范围　华北、东北、华东、西北，河南、湖北、湖南、广东、重庆、四川、云南。

发生地点　北京：东城区、石景山区、顺义区、大兴区、密云区；

河北：石家庄市井陉县、正定县、赞皇县，唐山市古冶区、丰南区、丰润区、滦南县、乐亭县、玉田县，秦皇岛市昌黎县，邯郸市鸡泽县，邢台市邢台县、任县、沙河市，保定市唐县、望都县，张家口市万全区、沽源县、张北县、尚义县、赤城县、怀来县，沧州市盐山县、吴桥县、黄骅市、河间市，廊坊市安次区、固安县、永清县、大城县、霸州市，衡水市桃城区、枣强县、武邑县、饶阳县，定州市、辛集市，雾灵山保护区；

山西：大同市阳高县，朔州市怀仁县，晋中市左权县；

内蒙古：通辽市科尔沁区、科尔沁左翼后旗，乌兰察布市兴和县、察哈尔右翼前旗、四子王旗；

黑龙江：佳木斯市郊区；

上海：闵行区、浦东新区、金山区、青浦区、奉贤区；

江苏：南京市浦口区、高淳区，无锡市宜兴市，徐州市沛县，常州市武进区、溧阳市，盐城市亭湖区、阜宁县、东台市，泰州市姜堰区；

浙江：杭州市萧山区；

安徽：滁州市定远县；

江西：萍乡市湘东区、上栗县、芦溪县，赣州市全南县，宜春市铜鼓县；

山东：青岛市即墨市、莱西市，枣庄市台儿庄区，潍坊市昌乐县，济宁市任城区、兖州区、微山县、泗水县、邹城市，泰安市泰山林场，日照市岚山区，临沂市兰山区、罗庄区、沂水县、莒南县、临沭县，聊城市阳谷县、茌平县、东阿县、高唐县、经济技术开发区、高新技术产业开发区，滨州市惠民县，菏泽市牡丹区、单县，黄河三角洲保护区；

河南：许昌市禹州市、长葛市，商丘市睢阳区、虞城县，周口市扶沟县、鹿邑县；

湖北：潜江市；

湖南：湘潭市韶山市，邵阳市隆回县，岳阳市云溪区、君山区、平江县，常德市石门

县，张家界市永定区，益阳市资阳区，永州市道县，怀化市辰溪县、靖州苗族
侗族自治县，湘西土家族苗族自治州凤凰县、龙山县；

广东：清远市连州市；

重庆：黔江区；

四川：甘孜藏族自治州康定市；

云南：楚雄彝族自治州南华县，大理白族自治州云龙县；

陕西：西安市临潼区、蓝田县、周至县，咸阳市三原县、泾阳县、乾县、彬县、旬邑
县、兴平市，渭南市大荔县、合阳县、蒲城县、白水县，延安市子长县、甘泉
县，汉中市汉台区，榆林市定边县、绥德县、米脂县、子洲县，商洛市商南
县、神木县、镇安县，太白林业局；

甘肃：白银市靖远县，武威市凉州区、民勤县，平凉市关山林管局，庆阳市正宁县、
镇原县，定西市岷县；

宁夏：银川市永宁县，石嘴山市大武口区、惠农区，吴忠市利通区、盐池县、同心
县、青铜峡市，固原市原州区，中卫市中宁县。

发生面积　66007 亩

危害指数　0.3368

● **葡萄昼天蛾** *Sphecodina caudata*（Bremer et Grey）

寄　　主　核桃，山葡萄，葡萄，中华猕猴桃。

分布范围　东北，北京、山东、河南、湖北、四川、陕西。

● **鼠天蛾** *Sphingulus mus* Staudinger

寄　　主　葡萄，暴马丁香。

分布范围　北京、河北、辽宁、黑龙江。

发生地点　河北：张家口市赤城县。

发生面积　1000 亩

危害指数　0.3333

● **松黑天蛾** *Sphinx caligineus sinicus*（Rothschild et Jordan）

寄　　主　油杉，落叶松，华山松，赤松，湿地松，马尾松，樟子松，油松，杉木，山杨，桦木，
楝树，毛八角枫，桉树。

分布范围　东北，北京、河北、山西、江苏、浙江、安徽、福建、江西、山东、湖北、湖南、广
西、重庆、四川、陕西。

发生地点　北京：顺义区、密云区；

河北：保定市阜平县，张家口市沽源县；

江苏：南京市玄武区；

安徽：黄山市徽州区；

福建：莆田市涵江区、仙游县，泉州市安溪县；

江西：景德镇市昌江区；

湖北：黄冈市罗田县；

湖南：长沙市浏阳市，岳阳市岳阳县、平江县；

广西：南宁市宾阳县、横县，桂林市阳朔县、兴安县，梧州市龙圩区、蒙山县、岑溪市，防城港市上思县，玉林市福绵区、兴业县、大容山林场，百色市隆林各族自治县，河池市金城江区、天峨县，崇左市江州区、宁明县、龙州县、天等县、凭祥市，派阳山林场；

重庆：永川区，秀山土家族苗族自治县；

四川：广安市前锋区；

陕西：西安市蓝田县，渭南市华州区，太白林业局。

发生面积　31250 亩

危害指数　0.3377

- **红节天蛾** *Sphinx ligustri* （Linnaeus）

中文异名　水蜡天蛾

寄　　主　山杨，核桃，榆树，小檗，山梅花，杏，蔷薇，山莓，柑橘，黄檗，冬青，葡萄，秋海棠，毛八角枫，女贞，水蜡树，紫丁香，暴马丁香，白丁香，滇丁香，忍冬。

分布范围　东北，北京、河北、山西、陕西、甘肃、宁夏。

发生地点　北京：顺义区；

河北：张家口市赤城县；

黑龙江：绥化市海伦市国有林场；

陕西：咸阳市旬邑县；

甘肃：白银市靖远县；

宁夏：固原市彭阳县。

发生面积　874 亩

危害指数　0.3333

- **华中松天蛾** *Sphinx morio arestus* （Jordan）

拉丁异名　*Sphinx morio heilongjiangensis* Zhou et Zhang

寄　　主　冷杉，落叶松，云杉，红松，马尾松，樟子松，油松，黑松。

分布范围　辽宁、黑龙江、湖北、广东、四川、陕西。

发生地点　黑龙江：绥化市海伦市国有林场；

广东：云浮市罗定市；

四川：攀枝花市盐边县；

陕西：宁东林业局。

- **落叶松黑天蛾** *Sphinx morio* Rothschild et Jordan

寄　　主　马尾松，油松。

分布范围　浙江、福建、四川、云南。

- **后红斜纹天蛾** *Theretra alecto* （Linnaeus）

中文异名　斜纹后红天蛾

寄　　主　山杨，构树，油桐，算盘子，油茶，九节。

分布范围　福建、江西、广东、四川、云南。

发生地点　　江西：宜春市高安市；

　　　　　　广东：韶关市武江区。

- **斜纹天蛾** *Theretra clotho clotho*（**Drury**）

寄　　主　　华山松，马尾松，水杉，山杨，苦槠栲，栎，青冈，朴树，大果榉，桑，野牡丹，绣球，枫香，紫藤，千年桐，爬山虎，葡萄，木槿，油茶，木荷，紫薇，常春藤，泡桐。

分布范围　　华东、中南，北京、重庆、四川、贵州、云南、陕西、宁夏。

发生地点　　北京：密云区；

　　　　　　上海：松江区、青浦区；

　　　　　　江苏：常州市天宁区、钟楼区、武进区，苏州市太仓市，盐城市东台市；

　　　　　　浙江：杭州市西湖区，宁波市江北区、北仑区、镇海区、鄞州区、象山县，台州市椒江区、三门县、仙居县，丽水市莲都区；

　　　　　　江西：南昌市安义县，萍乡市莲花县，宜春市高安市；

　　　　　　湖南：岳阳市岳阳县，永州市双牌县；

　　　　　　广西：桂林市兴安县；

　　　　　　重庆：涪陵区、大渡口区、南岸区、北碚区、巴南区、黔江区、永川区，丰都县；

　　　　　　四川：攀枝花市米易县，遂宁市大英县，乐山市马边彝族自治县，南充市高坪区、西充县，雅安市天全县，甘孜藏族自治州泸定县；

　　　　　　陕西：延安市洛川县，榆林市米脂县，安康市白河县；

　　　　　　宁夏：银川市兴庆区。

发生面积　　19580 亩

危害指数　　0.4658

- **雀斜纹天蛾** *Theretra japonica*（**Boisduval**）

中文异名　　雀纹天蛾

寄　　主　　山杨，柳树，核桃，麻栎，小叶栎，榆树，构树，桑，芍药，藤春，木瓣树，猴樟，绣球，桃，苹果，红叶李，麻叶绣线菊，刺槐，紫藤，柑橘，山葡萄，小果野葡萄，葡萄，木槿，山茶，油茶，石榴，八角枫，巨桉，常春藤，白蜡树，女贞，黄荆，川泡桐。

分布范围　　华北、东北、华东、中南，重庆、四川、陕西、宁夏、新疆。

发生地点　　北京：东城区、石景山区、顺义区、大兴区、密云区；

　　　　　　河北：唐山市乐亭县，邢台市沙河市，张家口市怀来县、赤城县，沧州市河间市；

　　　　　　山西：晋中市左权县；

　　　　　　内蒙古：通辽市科尔沁左翼后旗；

　　　　　　上海：宝山区、嘉定区、金山区、松江区、奉贤区；

　　　　　　江苏：南京市浦口区、江宁区、六合区、溧水区，无锡市惠山区、宜兴市，常州市武进区，苏州市昆山市，淮安市金湖县，盐城市盐都区、阜宁县、东台市，扬州市江都区、宝应县，镇江市新区、润州区、丹阳市、句容市；

　　　　　　浙江：杭州市西湖区，宁波市江北区、北仑区、镇海区、鄞州区、象山县、余姚市，温州市鹿城区、龙湾区、平阳县、瑞安市，嘉兴市嘉善县，舟山市岱山县、嵊泗县，台州市仙居县、临海市；

安徽：合肥市庐阳区；

福建：漳州市诏安县、平和县；

山东：枣庄市台儿庄区，潍坊市诸城市，济宁市兖州区，泰安市泰山区，聊城市东阿县；

湖北：荆州市洪湖市；

湖南：长沙市浏阳市，娄底市双峰县；

广东：广州市从化区，惠州市惠阳区；

重庆：万州区、大渡口区、南岸区、北碚区、永川区、铜梁区；

四川：自贡市贡井区，遂宁市大英县，内江市市中区，乐山市峨边彝族自治县，南充市嘉陵区、营山县、仪陇县、西充县，广安市前锋区、武胜县，雅安市雨城区，巴中市巴州区、通江县，凉山彝族自治州盐源县；

陕西：西安市蓝田县、周至县，咸阳市秦都区、乾县，渭南市华州区、澄城县、白水县，榆林市米脂县，宁东林业局；

宁夏：银川市兴庆区、西夏区、金凤区、永宁县。

发生面积　36185 亩

危害指数　0.4335

- **土色斜纹天蛾** *Theretra latreillii latreillii*（Mcley）

寄　　主　葡萄，木槿，秋海棠，荆条，柳叶水锦树。

分布范围　辽宁、福建、湖北、广东、海南、四川、陕西。

发生地点　广东：韶关市武江区，云浮市郁南县、罗定市；

四川：乐山市峨边彝族自治县、马边彝族自治县，广安市武胜县。

发生面积　309 亩

危害指数　0.4088

- **青背斜纹天蛾** *Theretra nessus*（Drury）

寄　　主　山杨，核桃，桤木，栎，构树，枇杷，苹果，白梨，栾树，葡萄，木槿，野海棠，女贞。

分布范围　浙江、福建、江西、湖南、广东、重庆、四川、云南、陕西。

发生地点　江西：萍乡市莲花县；

湖南：娄底市新化县；

广东：云浮市郁南县；

重庆：永川区；

四川：攀枝花市盐边县，雅安市雨城区，凉山彝族自治州布拖县、金阳县。

发生面积　2817 亩

危害指数　0.3345

- **芋双线斜纹天蛾** *Theretra oldenlandiae*（Fabricius）

中文异名　芋双线天蛾

寄　　主　华山松，马尾松，云南松，柏木，山核桃，核桃，旱冬瓜，牡丹，绣球，葡萄，川泡桐。

分布范围　中南，北京、天津、河北、内蒙古、辽宁、上海、江苏、浙江、安徽、江西、山东、重庆、四川、陕西、宁夏。

发生地点　河北：邢台市沙河市，保定市唐县，张家口市怀来县；

　　　　　上海：宝山区、嘉定区、浦东新区、奉贤区；

　　　　　江苏：南京市高淳区，无锡市宜兴市，常州市钟楼区、新北区；

　　　　　浙江：宁波市鄞州区、象山县、余姚市，舟山市岱山县，台州市仙居县；

　　　　　江西：萍乡市莲花县；

　　　　　广东：云浮市罗定市；

　　　　　四川：攀枝花市东区，广安市前锋区，雅安市天全县；

　　　　　陕西：咸阳市长武县，渭南市华州区；

　　　　　宁夏：石嘴山市大武口区。

发生面积　5563 亩

危害指数　0.4532

- **赭斜纹天蛾 *Theretra pallicosta*（Walker）**

寄　　主　木槿。

分布范围　福建、广东、广西、海南。

发生地点　广东：云浮市郁南县。

- **芋单线斜纹天蛾 *Theretra pinastrina pinastrina*（Martyn）**

中文异名　单线斜纹天蛾、芋单线天蛾

寄　　主　杨树，垂叶榕，桑，葡萄。

分布范围　上海、江苏、浙江、福建、江西、湖南、广东、海南、云南、陕西。

发生地点　上海：宝山区、嘉定区；

　　　　　浙江：杭州市西湖区，宁波市鄞州区，温州市龙湾区，舟山市岱山县；

　　　　　陕西：商洛市镇安县。

发生面积　1534 亩

危害指数　0.3355

凤蛾科 Epicopeiidae

- **红头凤蛾 *Epicopeia caroli* Janet**

寄　　主　盐肤木。

分布范围　福建、广西、贵州。

- **浅翅凤蛾 *Epicopeia hainesi* Holland**

寄　　主　山胡椒，刺槐，枣树，茶，灯台树。

分布范围　湖北、广东、重庆、四川、陕西。

发生地点　重庆：酉阳土家族苗族自治县；

四川：宜宾市筠连县，雅安市天全县、芦山县。

发生面积　473 亩

危害指数　0.3333

- **榆凤蛾** *Epicopeia mencia* **Moore**

寄　　主　山杨，柳树，核桃，枫杨，朴树，榔榆，春榆，榆树，构树，杜仲，桃，山楂，苹果，阔叶桉，野海棠，灯台树，白花泡桐。

分布范围　东北，北京、天津、河北、内蒙古、江苏、浙江、安徽、江西、山东、河南、湖北、湖南、重庆、四川、陕西。

发生地点　北京：石景山区、密云区；

河北：唐山市玉田县，邢台市沙河市；

内蒙古：通辽市科尔沁左翼后旗；

黑龙江：佳木斯市富锦市；

江苏：南京市栖霞区、雨花台区、江宁区、六合区，淮安市盱眙县，镇江市句容市；

浙江：宁波市宁海县；

安徽：滁州市定远县；

江西：萍乡市莲花县；

山东：济宁市兖州区、梁山县、曲阜市、经济技术开发区；

河南：济源市；

湖南：郴州市临武县；

重庆：万盛经济技术开发区，巫溪县；

四川：成都市邛崃市，乐山市马边彝族自治县，眉山市青神县；

陕西：咸阳市旬邑县，渭南市华州区，商洛市商州区。

发生面积　2475 亩

危害指数　0.3588

燕蛾科 Uraniidae

- **斜线燕蛾** *Acropteris iphiata* **Gnenée**

寄　　主　蒙古栎，朴树，榆树，大果榉，构树，猴樟，枫香，枇杷，石楠，红叶李，柑橘，长叶黄杨，黄杨，冬青，木槿，茶，柞木，木犀，夹竹桃。

分布范围　北京、河北、辽宁、上海、江苏、浙江、湖北、四川、陕西。

发生地点　河北：邢台市沙河市；

上海：宝山区、嘉定区、松江区、青浦区、奉贤区；

江苏：苏州市高新技术开发区、昆山市，淮安市清江浦区，盐城市东台市，扬州市宝应县，镇江市京口区、镇江新区、润州区、丹阳市、句容市，宿迁市宿城区；

浙江：台州市天台县；

四川：宜宾市兴文县；

陕西：宁东林业局。

发生面积　284 亩

危害指数　0.3333

- **黑星蛱蛾** *Epiplema moza* **Butler**
  中文异名　泡桐蛱蛾
  寄　　主　乌桕，白花泡桐，小叶荚蒾。
  分布范围　福建、江西、广西。
  发生地点　福建：龙岩市漳平市。

- **大燕蛾** *Lyssa menoetius*（**Hopffer**）
  寄　　主　木麻黄。
  分布范围　江西、广东。
  发生地点　广东：云浮市郁南县、罗定市。

- **虎腹蛱蛾** *Nossa moorei*（**Elwes**）
  中文异名　虎腹敌蛾
  寄　　主　西桦，栲树。
  分布范围　福建、四川、云南、西藏　。
  发生地点　云南：德宏傣族景颇族自治州盈江县。
  发生面积　5000 亩
  危害指数　0.3333

尺蛾科 Geometridae

- **琴纹尺蛾** *Abraxaphantes perampla*（**Swinhoe**）
  寄　　主　银杏，马尾松，罗汉松，山杨，核桃，榆树，桑，樟树，杜仲，梨，柑橘，葡萄，紫薇，巨尾桉，尾叶桉，小叶女贞。
  分布范围　浙江、福建、江西、湖北、广东、广西、四川、贵州、陕西、新疆。
  发生地点　湖北：恩施土家族苗族自治州巴东县；
  　　　　　广东：韶关市武江区、肇庆市四会市，惠州市仲恺区；
  　　　　　广西：百色市田阳县、靖西市；
  　　　　　四川：遂宁市船山区。
  发生面积　1653 亩
  危害指数　0.3333

- **马尾松点尺蛾** *Abraxas flavisnuata* **Warren**
  中文异名　松尺蠖
  寄　　主　华山松，湿地松，马尾松，云南松，柏木，山鸡椒，紫檀，油茶。
  分布范围　中南，河北、安徽、福建、江西、山东、重庆、四川、贵州、云南、陕西。
  发生地点　福建：莆田市涵江区，三明市将乐县，龙岩市新罗区；
  　　　　　江西：吉安市泰和县；
  　　　　　河南：南阳市南召县；

湖北：荆门市掇刀区；

湖南：长沙市浏阳市，岳阳市君山区、平江县；

广西：河池市东兰县；

海南：定安县；

重庆：巴南区、黔江区；

四川：雅安市汉源县，巴中市通江县；

云南：昆明市盘龙区，玉溪市江川区；

陕西：渭南市华州区。

发生面积　5164 亩

危害指数　0. 3366

- **醋栗金星尺蛾 *Abraxas grossudariata*（Linnaeus）**

  中文异名　醋栗尺蛾

  寄　　主　柳杉，钻天杨，旱柳，化香树，榛子，虎榛子，锥栗，旱榆，榆树，猴樟，黑果茶藨，桃，山杏，杏，苹果，稠李，李，酸枣，杠柳，六道木。

  分布范围　东北，北京、河北、内蒙古、湖北、四川、陕西、宁夏。

  发生地点　河北：石家庄市井陉县，唐山市乐亭县，张家口市万全区、沽源县、尚义县、怀来县、涿鹿县、赤城县；

  　　　　　内蒙古：乌兰察布市卓资县、兴和县；

  　　　　　四川：宜宾市珙县；

  　　　　　宁夏：吴忠市红寺堡区。

  发生面积　16312 亩

  危害指数　0. 5277

- **新金星尺蛾 *Abraxas neomartaria* Inoue**

  寄　　主　长叶黄杨。

  分布范围　广东。

  发生地点　广东：云浮市罗定市。

- **铅灰金星尺蛾 *Abraxas plumbeata* Cockerell**

  寄　　主　桦木。

  分布范围　江西、湖南、广东、四川。

  发生地点　湖南：岳阳市平江县；

  　　　　　四川：乐山市峨边彝族自治县。

- **丝绵木金星尺蛾 *Abraxas suspecta*（Warren）**

  中文异名　大叶黄杨尺蛾

  拉丁异名　*Calospilos suspecta* Warren，*Abraxas anda* Bulter

  寄　　主　马尾松，云南松，柳杉，柏木，加杨，山杨，黑杨，垂柳，旱柳，核桃，桦木，板栗，栎，栎子青冈，朴树，旱榆，榆树，药用大黄，樟树，绣球，杜仲，桃，梅，枇杷，苹果，石楠，红叶李，火棘，合欢，绒毛胡枝子，刺槐，槐树，柑橘，重阳木，雀舌黄杨，长叶黄杨，黄杨，黄连木，冬青，卫矛，白杜，扶芳藤，冬青卫矛，胶东卫矛，金边黄杨，龙眼，荔枝，枣树，酸枣，木槿，瓜栗，茶，木荷，柞木，紫薇，八角金盘，柿，白蜡树，女贞，小叶女贞，木犀，络石，黄荆，荆条，柳叶水锦树。

分布范围　东北、华东、北京、天津、河北、山西、河南、湖北、湖南、广东、重庆、四川、贵州、陕西、甘肃、青海、宁夏。

发生地点　北京：东城区、石景山区、顺义区、大兴区、密云区；

　　　　　河北：石家庄市平山县，唐山市丰润区、乐亭县、玉田县，秦皇岛市北戴河区、昌黎县，邢台市柏乡县、沙河市，保定市唐县、望都县、安国市，张家口市涿鹿县，沧州市河间市，廊坊市永清县、霸州市、三河市，雾灵山保护区；

　　　　　山西：大同市阳高县；

　　　　　上海：闵行区、浦东新区、金山区、松江区、青浦区、奉贤区；

　　　　　江苏：南京市浦口区、栖霞区、雨花台区、江宁区、高淳区，无锡市惠山区、滨湖区，徐州市铜山区、丰县、沛县、睢宁县，常州市天宁区、钟楼区、新北区、武进区、金坛区、溧阳市，苏州市昆山市、太仓市，南通市海安县，淮安市清江浦区、金湖县，盐城市盐都区、响水县、阜宁县、射阳县、建湖县、东台市，镇江市京口区、润州区、丹徒区、丹阳市、扬中市、句容市，泰州市姜堰区、兴化市、泰兴市；

　　　　　浙江：杭州市西湖区、萧山区、桐庐县，宁波市鄞州区、象山县、余姚市、慈溪市，嘉兴市秀洲区，金华市浦江县、磐安县，衢州市常山县，台州市仙居县、温岭市；

　　　　　安徽：合肥市庐阳区，淮南市大通区、田家庵区，安庆市迎江区、宜秀区，池州市贵池区；

　　　　　福建：泉州市安溪县，南平市建瓯市；

　　　　　江西：景德镇市昌江区，萍乡市湘东区、莲花县、芦溪县，九江市修水县，宜春市樟树市、高安市，上饶市广丰县、德兴市；

　　　　　山东：青岛市胶州市、即墨市、莱西市，枣庄市台儿庄区，烟台市莱山区、龙口市，潍坊市诸城市、昌邑市，济宁市兖州区、微山县、泗水县、梁山县、曲阜市、邹城市、经济技术开发，威海市环翠区，临沂市兰山区、高新技术开发区、莒南县，聊城市东阿县、冠县、经济技术开发区、高新技术产业开发区，菏泽市牡丹区，黄河三角洲保护区；

　　　　　河南：郑州市上街区、荥阳市、新郑市，洛阳市新安县，新乡市新乡县，许昌市魏都区、东城区、许昌县、鄢陵县、襄城县、长葛市，商丘市梁园区，信阳市潢川县，济源市；

　　　　　湖北：荆州市沙市区、荆州区、监利县、江陵县、石首市，黄冈市龙感湖，天门市、太子山林场；

　　　　　湖南：株洲市芦淞区，衡阳市南岳区，岳阳市君山区、岳阳县、平江县，常德市安乡县，益阳市桃江县，郴州市苏仙区、桂阳县，永州市冷水滩区、双牌县，娄底市新化县，湘西土家族苗族自治州保靖县、永顺县；

　　　　　广东：广州市从化区；

重庆：万州区、涪陵区、万盛经济技术开发区，巫溪县、秀山土家族苗族自治县、西阳土家族苗族自治县；

四川：遂宁市船山区、射洪县、大英县，乐山市沙湾区，南充市高坪区、嘉陵区、蓬安县、仪陇县、西充县，眉山市仁寿县，广安市前锋区，巴中市巴州区、南江县，凉山彝族自治州盐源县、德昌县、会东县、金阳县，卧龙保护区；

陕西：西安市蓝田县、周至县，咸阳市三原县、乾县、永寿县、彬县、长武县、旬邑县、武功县、兴平市，渭南市临渭区、华州区、大荔县、合阳县、澄城县、蒲城县、华阴市，延安市延川县，汉中市汉台区、略阳县，安康市旬阳县、白河县，佛坪保护区，宁东林业局、太白林业局；

宁夏：银川市西夏区、金凤区、永宁县、灵武市，石嘴山市大武口区、惠农区，吴忠市利通区。

发生面积　57064 亩

危害指数　0.4184

- **榛金星尺蛾 *Abraxas sylvata*（Scopoli）**

寄　　主　银杏，马尾松，杉木，柏木，山杨，二白杨，钻天杨，白桦，榛子，刺叶栎，青冈，榆树，大果榉，稠李，绒毛胡枝子，长叶黄杨，黄杨，冬青卫矛，紫薇。

分布范围　东北，北京、河北、浙江、湖北、湖南、重庆、四川、陕西。

发生地点　北京：密云区；

黑龙江：佳木斯市郊区；

浙江：宁波市宁海县，丽水市莲都区；

湖南：湘西土家族苗族自治州凤凰县；

四川：遂宁市安居区，南充市顺庆区，巴中市通江县，甘孜藏族自治州雅江县；

陕西：渭南市华州区。

发生面积　291 亩

危害指数　0.4135

- **萝藦艳青尺蛾 *Agathia carissima* Butler**

寄　　主　落叶松，马尾松，杨树，皂柳，山核桃，板栗，栎，榆树，二色波罗蜜，桑，小檗，白兰，杏，山楂，苹果，梨，刺槐，槐树，茶，柳兰，鹅绒藤，杠柳。

分布范围　华北、东北，江苏、浙江、山东、湖北、湖南、重庆、四川、云南、陕西、甘肃、宁夏。

发生地点　北京：顺义区、密云区；

河北：张家口市万全区、怀安县、怀来县、涿鹿县、赤城县；

江苏：南京市玄武区；

浙江：杭州市西湖区，舟山市嵊泗县；

陕西：咸阳市秦都区、长武县，渭南市潼关县、蒲城县、白水县；

宁夏：银川市西夏区、金凤区。

发生面积　714 亩

危害指数　0.3436

- **夹竹桃艳青尺蛾** *Agathia lycaenaria*（Kollar）

  寄　　主　女贞，夹竹桃，栀子。

  分布范围　浙江、福建、江西、湖北、广东、海南、四川。

  发生地点　浙江：台州市椒江区；

  　　　　　福建：厦门市同安区。

- **焦斑艳青尺蛾** *Agathia visenda* Butler

  寄　　主　柏木，栎。

  分布范围　山西、浙江、江西、山东、湖南、重庆。

- **栓皮栎尺蛾** *Agriopis dira*（Butler）

  寄　　主　山杨，亮叶桦，板栗，茅栗，麻栎，栓皮栎，锐齿槲栎，青冈，榆树，桑，苹果。

  分布范围　辽宁、山东、河南、湖北、广西、重庆、贵州、云南、陕西、甘肃、宁夏。

  发生地点　山东：日照市莒县；

  　　　　　河南：洛阳市栾川县、嵩县，平顶山市宝丰县、鲁山县、舞钢市，南阳市南召县、方城县、西峡县、内乡县、淅川县、社旗县、桐柏县，驻马店市驿城区、确山县、泌阳县；

  　　　　　重庆：巫山县、秀山土家族苗族自治县、酉阳土家族苗族自治县；

  　　　　　云南：昭通市大关县；

  　　　　　陕西：汉中市洋县，安康市旬阳县，商洛市丹凤县、商南县；

  　　　　　甘肃：白水江保护区；

  　　　　　宁夏：银川市兴庆区、西夏区。

  发生面积　41176 亩

  危害指数　0.3856

- **白皮霜尺蛾** *Alcis amoenaria* Staudinger

  寄　　主　杉。

  分布范围　吉林、陕西。

- **杉霜尺蛾** *Alcis angulifera*（Butler）

  寄　　主　云杉，红豆杉，山杨，柳树，榆树，闽楠，柞木，杜鹃，木犀。

  分布范围　东北，山西、江苏、江西、陕西。

  发生地点　江苏：盐城市盐都区；

  　　　　　江西：吉安市井冈山市。

  发生面积　293 亩

  危害指数　0.3333

- **双色鹿尺蛾** *Alcis bastelbergeri*（Hirschke）

  中文异名　双色鹿尺蠖

  寄　　主　华北落叶松，核桃，白桦，榆树。

  分布范围　内蒙古、江苏、湖北、贵州、陕西、甘肃、青海、宁夏。

  发生地点　内蒙古：乌兰察布市卓资县、察哈尔右翼中旗；

江苏：南京市玄武区；

贵州：毕节市大方县。

发生面积　1391 亩

危害指数　0.3333

- **显鹿尺蛾** *Alcis nobilis* **Alphéraky**

寄　　主　青冈。

分布范围　湖北、湖南、四川、云南、西藏、甘肃。

发生地点　四川：凉山彝族自治州盐源县。

- **桦霜尺蛾** *Alcis repandata*（**Linnaeus**）

寄　　主　马尾松，青杨，山杨，红桦，白桦，榛子，栎，黑桦鼠李。

分布范围　东北，北京、河北、湖北、四川、陕西、甘肃、宁夏。

发生地点　北京：密云区；

河北：张家口市赤城县，衡水市桃城区；

四川：巴中市通江县，凉山彝族自治州布拖县；

陕西：渭南市华州区、潼关县、合阳县、华阴市，汉中市汉台区，佛坪保护区。

发生面积　3848 亩

危害指数　0.3333

- **白斑褐尺蛾** *Amblychia angeronaria* **Guenée**

中文异名　枯枝尺蛾、枯尺蛾

寄　　主　云南松，杨梅，栎，肉桂，合欢。

分布范围　河北、浙江、安徽、广东、四川、陕西。

发生地点　浙江：宁波市宁海县，台州市临海市；

广东：肇庆市鼎湖区、高要区；

四川：凉山彝族自治州金阳县；

陕西：太白林业局。

发生面积　8168 亩

危害指数　0.4354

- **大褐尺蛾** *Amblychia moltrechti*（**Bastelberger**）

寄　　主　杜鹃。

分布范围　四川。

发生地点　四川：卧龙保护区。

- **锯齿尺蛾** *Angerona glandinaria* **Motschulsky**

中文异名　锯翅尺蛾

寄　　主　钻天柳，山杨，垂柳，旱柳，山柳，沼柳，白桦，榆树，银桦，苹果，李，刺槐，槐树，黑桦鼠李，柞木，沙棘，柳兰，木犀，黄荆，忍冬。

分布范围　东北，河北、内蒙古、浙江、山东、湖北、陕西。

发生地点　河北：张家口市赤城县，衡水市桃城区；

黑龙江：佳木斯市富锦市；

浙江：宁波市慈溪市，衢州市常山县；

陕西：咸阳市旬邑县，渭南市华州区、白水县。

发生面积　1385 亩

危害指数　0.3706

- **李尺蛾** *Angerona prunaria*（Linnaeus）

中文异名　李尺蠖

寄　　主　落叶松，华北落叶松，樟子松，侧柏，山杨，皂柳，风桦，白桦，榛子，榆树，银桦，桃，山楂，稠李，李，蔷薇，黑桦鼠李，椴树，柞木，桉树。

分布范围　华北、东北，江苏、山东、广东、四川、陕西。

发生地点　北京：石景山区；

河北：保定市唐县，张家口市沽源县、赤城县，雾灵山保护区；

黑龙江：佳木斯市富锦市；

江苏：常州市天宁区、钟楼区、新北区；

山东：济宁市兖州区、泗水县、经济技术开发区；

广东：韶关市乐昌市；

四川：遂宁市射洪县；

陕西：汉中市汉台区。

发生面积　9235 亩

危害指数　0.3382

- **拟柿星尺蛾** *Antipercnia albinigrata*（Warren）

中文异名　星白尺蛾

寄　　主　马尾松，柏木，山杨，垂柳，核桃，栎，构树，樟树，桃，梅，皱皮木瓜，火棘，刺槐，槐树，酸枣，柿，野柿，黄荆。

分布范围　上海、江苏、安徽、江西、山东、湖北、湖南、重庆、四川、陕西。

发生地点　江苏：南京市浦口区、栖霞区、江宁区、六合区，苏州市高新技术开发区，淮安市淮阴区，镇江市丹徒区、丹阳市；

安徽：合肥市包河区；

江西：九江市共青城市；

湖南：益阳市桃江县；

重庆：涪陵区，城口县、忠县、巫溪县。

发生面积　891 亩

危害指数　0.3333

- **春尺蠖** *Apocheima cinerarius*（Erschoff）

中文异名　春尺蛾

寄　　主　云南油杉，云杉，柳杉，柏木，罗汉松，粗榧，红豆杉，新疆杨，山杨，胡杨，二白杨，大叶杨，黑杨，钻天杨，箭杆杨，小叶杨，密叶杨，毛白杨，大青杨，小黑杨，北京杨，藏川杨，白柳，垂柳，黄柳，旱柳，北沙柳，沙柳，喙核桃，山核桃，薄壳山核桃，核桃楸，核桃，化香树，辽东桤木，桦木，甜槠栲，麻栎，槲栎，栓皮栎，夏栎，栎子青冈，朴树，大果榆，榆树，构树，黄葛树，桑，梭梭，白兰，黄兰，樟树，檫木，三球悬铃木，扁桃，桃，杏，樱桃，樱花，西府海棠，苹果，海棠花，蔷薇，李，红叶李，稠李，砂生槐，杜梨，新疆梨，羊蹄甲，柠条锦鸡儿，降香，凤凰木，刺槐，槐树，花椒，臭椿，香椿，长叶黄杨，冬青卫矛，飞蛾槭，车桑子，栾树，文冠果，枣树，葡萄，小花扁担杆，木槿，梧桐，茶，柽柳，柞木，土沉香，沙枣，沙棘，紫薇，石榴，巨尾桉，柳兰，山茱萸，白蜡树，木犀，丁香，枸杞，柳叶水锦树。

分布范围　华北、东北、华东、西南、西北，河南、湖北、广西。

发生地点　北京：东城区、朝阳区、丰台区、石景山区、海淀区、房山区、通州区、顺义区、昌平区、大兴区、怀柔区、平谷区；

天津：塘沽区、东丽区、西青区、北辰区、武清区、宝坻区、宁河区、静海区，蓟县；

河北：石家庄市新华区、井陉矿区、裕华区、井陉县、灵寿县、高邑县、新乐市，唐山市路南区、路北区、开平区、丰南区、乐亭县、玉田县、遵化市、迁安市，秦皇岛市山海关区、昌黎县、卢龙县，邯郸市邯山区、丛台区、复兴区、峰峰矿区、成安县、大名县、磁县、肥乡区、永年区、邱县、鸡泽县、广平县、馆陶县、魏县、曲周县、武安市，邢台市邢台县、内丘县、柏乡县、隆尧县、任县、南和县、宁晋县、巨鹿县、新河县、广宗县、平乡县、威县、清河县、临西县、南宫市、沙河市，保定市满城区、清苑区、徐水区、涞水县、阜平县、定兴县、唐县、高阳县、容城县、望都县、安新县、易县、曲阳县、蠡县、顺平县、博野县、雄县、涿州市、安国市、高碑店市，张家口市怀安县，沧州市东光县、南皮县、吴桥县、献县、孟村回族自治县、泊头市、河间市，廊坊市安次区、广阳区、固安县、永清县、香河县、大城县、文安县、大厂回族自治县、霸州市、三河市，衡水市桃城区、枣强县、武邑县、武强县、饶阳县、安平县、故城县、景县、阜城县、冀州市、深州市，定州市、辛集市；

山西：阳泉市平定县，晋中市介休市，临汾市尧都区、翼城县、襄汾县、洪洞县、霍州市，吕梁市交城县、孝义市、汾阳市；

内蒙古：包头市固阳县、达尔罕茂明安联合旗，通辽市库伦旗，鄂尔多斯市达拉特旗、鄂托克前旗、鄂托克旗、杭锦旗、乌审旗、伊金霍洛旗、鄂尔多斯市造林总场，呼伦贝尔市满洲里市，巴彦淖尔市乌拉特前旗、乌拉特中旗、乌拉特后旗、杭锦后旗，乌兰察布市化德县、察哈尔右翼后旗、四子王旗，锡林郭勒盟正镶白旗、多伦县，阿拉善盟阿拉善左旗、阿拉善右旗、额济纳旗；

吉林：白城市通榆县；

黑龙江：哈尔滨市五常市，佳木斯市郊区、同江市；

江苏：徐州市铜山区、沛县、睢宁县，淮安市淮安区、涟水县，盐城市东台市；

浙江：杭州市桐庐县，嘉兴市秀洲区；

安徽：滁州市全椒县、定远县，阜阳市颍州区，宿州市砀山县、萧县；

福建：南平市延平区；

山东：济南市历城区、长清区、平阴县、济阳县、商河县、章丘市，青岛市胶州市，淄博市临淄区、沂源县，枣庄市薛城区、滕州市，东营市河口区、垦利县，潍坊市昌乐县、青州市、昌邑市、峡山生态经济开发区、滨海经济开发区，济宁市任城区、兖州区、微山县、鱼台县、金乡县、嘉祥县、汶上县、泗水县、梁山县、曲阜市、经济技术开发区，泰安市岱岳区、宁阳县、新泰市，莱芜市钢城区，临沂市平邑县、临沭县，德州市德城区、陵城区、宁津县、临邑县、齐河县、平原县、乐陵市、经济技术开发区，聊城市东昌府区、阳谷县、莘县、茌平县、东阿县、冠县、临清市，滨州市滨城区、惠民县、博兴县、邹平县，菏泽市牡丹区、定陶区、曹县、成武县、巨野县、郓城县、鄄城县、东明县，黄河三角洲保护区；

河南：郑州市管城回族区、惠济区、中牟县、新郑市、登封市，开封市禹王台区、祥符区、通许县，洛阳市嵩县，平顶山市新华区、郏县，安阳市安阳县、内黄县，鹤壁市浚县、淇县，新乡市凤泉区、获嘉县、延津县、封丘县、卫辉市，焦作市孟州市，濮阳市濮阳经济开发区、清丰县、范县、台前县、濮阳县，许昌市禹州市，南阳市宛城区、卧龙区、南召县、社旗县、桐柏县，商丘市梁园区、民权县、宁陵县、虞城县，兰考县、长垣县；

湖北：宜昌市夷陵区，襄阳市南漳县、谷城县、保康县，荆州市公安县、石首市；

广西：南宁市青秀区，贺州市平桂区、昭平县；

四川：巴中市恩阳区，甘孜藏族自治州雅江县、新龙县；

贵州：黔南布依族苗族自治州福泉市；

云南：玉溪市元江哈尼族彝族傣族自治县，昭通市镇雄县，红河哈尼族彝族自治州元阳县；

西藏：拉萨市达孜县、林周县、曲水县，日喀则市桑珠孜区、南木林县、谢通门县、吉隆县，山南市琼结县、扎囊县、乃东县、隆子县，林芝市巴宜区；

陕西：西安市周至县，榆林市定边县，商洛市柞水县，韩城市；

甘肃：嘉峪关市，金昌市金川区、永昌县，白银市平川区、靖远县，天水市清水县，武威市凉州区、民勤县、古浪县，张掖市临泽县、高台县，平凉市静宁县，酒泉市肃州区、金塔县、瓜州县、肃北蒙古族自治县、阿克塞哈萨克族自治县、玉门市、敦煌市，庆阳市镇原县，陇南市文县、康县，太子山保护区、敦煌西湖保护区；

青海：海东市乐都区、民和回族土族自治县、循化撒拉族自治县；

宁夏：银川市永宁县、灵武市，吴忠市利通区、红寺堡区、盐池县、同心县、青铜峡市、罗山保护区，固原市彭阳县，中卫市沙坡头区、中宁县；

新疆：乌鲁木齐市天山区、沙依巴克区、高新技术开发区、水磨沟区、头屯河区、达坂城区、米东区、乌鲁木齐县，克拉玛依市独山子区、克拉玛依区、白碱滩区、乌尔禾区，吐鲁番市高昌区、鄯善县、托克逊县，哈密市伊州区、巴里坤哈萨克自治县、伊吾县，博尔塔拉蒙古自治州博乐市、阿拉山口市、精河县、温泉县，巴音郭楞蒙古自治州库尔勒市、轮台县、若羌县、且末县、和静县、和硕县、博湖县，克孜勒苏柯尔克孜自治州阿图什市、阿克陶县、乌恰县，喀什地区喀什市、疏附县、疏勒县、英吉沙县、泽普县、莎车县、叶城县、麦盖提县、岳普湖县、伽师县、巴楚县，和田地区和田市、和田县、墨玉县、皮山县、洛浦县、策勒县、于田县、民丰县，塔城地区乌苏市、额敏县、沙湾县、托里县、裕民县，石河子市，天山东部国有林管理局；

新疆生产建设兵团：农一师 3 团、10 团、13 团，农二师 22 团、29 团，农三师 44 团、48 团、53 团，农四师 63 团、68 团、71 团，农五师 83 团、89 团，农六师 103 团、新湖农场、奇台农场，农七师 123 团、124 团、130 团，农八师、121 团、148 团，农九师 168 团，农十师 181 团，农十二师，农十三师火箭农场、黄田农场，农十四师 224 团。

发生面积　8226308 亩

危害指数　0.4437

- **二白点雅尺蛾 *Apocolotois smirnovi* Romieux**

中文异名　二白点尺蛾

寄　　主　杨树，榆树，蔷薇。

分布范围　吉林、黑龙江。

- **锚尺蛾 *Archiearis notha*（Hübner）**

寄　　主　杨树，柳树，桦木。

分布范围　河北、吉林。

发生地点　河北：保定市安国市。

- **黄灰呵尺蛾 *Arichanna haunghui* Yang**

寄　　主　山杨，桦木，山楂，苹果，李，刺槐，槐树。

分布范围　河北、山西、辽宁。

发生地点　河北：张家口市沽源县、怀来县、涿鹿县、赤城县。

发生面积　585 亩

危害指数　0.3333

- **榎星尺蛾 *Arichanna jaguaria*（Guenée）**

寄　　主　栎，青冈，猴樟，樟树，海桐，栾树，木槿。

分布范围　浙江、湖北、重庆、四川、陕西。

发生地点　浙江：宁波市鄞州区，温州市瑞安市；

　　　　　四川：凉山彝族自治州盐源县。

发生面积　1051 亩

危害指数　0.3333

- **灰星尺蛾 *Arichanna jaguarinaria* Oberthür**

寄　　主　核桃。

分布范围　四川、西藏。

发生地点　四川：攀枝花市米易县，乐山市马边彝族自治县；

　　　　　西藏：山南市隆子县。

• 黄星尺蛾 ***Arichanna melanaria fraterna*** **(Butler)**

寄　　主　油松，杉木，榧树，山杨，毛白杨，小钻杨，绦柳，山核桃，桤木，风桦，白桦，板栗，麻栎，小叶栎，蒙古栎，榆树，猴樟，苹果，柑橘，葡萄，椴树，柞木，马醉木，柿，木犀。

分布范围　东北，北京、天津、河北、山西、浙江、山东、重庆、四川、陕西。

发生地点　北京：石景山区；

河北：邢台市沙河市；

浙江：杭州市西湖区；

重庆：丰都县、奉节县；

四川：自贡市大安区，巴中市通江县；

陕西：西安市周至县，渭南市华州区、华阴市，宁东林业局、太白林业局。

发生面积　1206 亩

危害指数　0. 3386

• 大造桥虫 ***Ascotis selenaria*** **(Denis et Schiffermüller)**

中文异名　棉大造桥虫

寄　　主　银杏，马尾松，水杉，池杉，侧柏，山杨，棉花柳，旱柳，山核桃，枫杨，板栗，青冈，榆树，榕树，桑，澳洲坚果，芍药，猴樟，樟树，枫香，二球悬铃木，杏，樱桃，樱花，日本晚樱，山楂，垂丝海棠，苹果，樱桃李，红叶李，秋子梨，月季，台湾相思，合欢，铁刀木，黄檀，刺槐，毛刺槐，槐树，龙爪槐，柑橘，臭椿，楝树，油桐，重阳木，秋枫，乌桕，长叶黄杨，火炬树，漆树，冬青卫矛，色木槭，龙眼，无患子，枣树，酸枣，葡萄，蜀葵，木槿，山茶，茶，柽柳，榄仁树，巨尾桉，幌伞枫，女贞，小叶女贞，木犀，荆条，泡桐，珊瑚树。

分布范围　华北、华东，辽宁、吉林、河南、湖北、广东、广西、四川、陕西、宁夏。

发生地点　北京：东城区、石景山区、顺义区、大兴区、密云区；

河北：唐山市丰润区、乐亭县、玉田县，邢台市沙河市，张家口市怀来县，沧州市东光县、吴桥县、黄骅市；

上海：浦东新区、金山区、松江区；

江苏：南京市浦口区，无锡市惠山区，常州市武进区、溧阳市，苏州市高新技术开发区、昆山市、太仓市，淮安市清江浦区、金湖县，盐城市盐都区、大丰区、阜宁县，扬州市江都区、经济技术开发区，镇江市京口区、句容市，泰州市姜堰区；

浙江：宁波市鄞州区，温州市龙湾区、平阳县，舟山市岱山县、嵊泗县，台州市仙居县；

福建：泉州市安溪县；

山东：潍坊市坊子区，济宁市任城区、兖州区、汶上县、梁山县、高新技术开发区、经济技术开发区，泰安市新泰市，威海市环翠区，临沂市兰山区，聊城市东昌府区、东阿县，黄河三角洲保护区；

河南：郑州市中牟县，信阳市新县；

湖北：武汉市新洲区，黄冈市罗田县；

广东：湛江市遂溪县，肇庆市四会市，惠州市惠东县，汕尾市陆河县，清远市英德市，中山市，云浮市新兴县；

广西：梧州市苍梧县，防城港市防城区、上思县，玉林市兴业县，百色市田阳县，崇左市扶绥县、宁明县、凭祥市，良凤江森林公园；

四川：自贡市沿滩区，遂宁市安居区，乐山市马边彝族自治县，南充市高坪区、西充县，广安市前锋区、武胜县，巴中市恩阳区，凉山彝族自治州金阳县；

陕西：咸阳市秦都区，渭南市华州区、潼关县，商洛市镇安县；

宁夏：石嘴山市惠农区，吴忠市利通区、红寺堡区、盐池县。

发生面积　29250 亩

危害指数　0.3688

- **水杉尺蛾** *Ascotis selenaria dianeria*（Hübner）

中文异名　水杉尺蠖

寄　　主　水杉。

分布范围　江苏、湖北。

发生地点　江苏：盐城市东台市。

发生面积　1000 亩

危害指数　0.3333

- **山枝子尺蛾** *Aspitates geholaria* Oberthür

寄　　主　梨，胡枝子，刺槐，槐树，沙棘，栀子。

分布范围　北京、河北、内蒙古、辽宁、吉林、山东、陕西。

发生地点　北京：密云区；

　　　　　河北：邢台市沙河市；

　　　　　内蒙古：通辽市科尔沁左翼后旗；

　　　　　陕西：渭南市华州区。

发生面积　137 亩

危害指数　0.3333

- **榆津尺蛾** *Astegania honesta*（Prout）

寄　　主　山杨，毛白杨，垂柳，旱柳，旱榆，榆树，刺槐，毛刺槐。

分布范围　北京、河北、辽宁、山东、宁夏。

发生地点　北京：顺义区；

　　　　　河北：张家口市沽源县、怀来县、赤城县，沧州市河间市，衡水市桃城区；

　　　　　宁夏：银川市西夏区、金凤区、永宁县，吴忠市利通区、盐池县、同心县。

发生面积　2486 亩

危害指数　0.3762

- **黑星白尺蛾** *Asthena melanosticta* Wehrli

寄　　主　马尾松，杉木，核桃，麻栎，樟树，枫香，桃，李，刺桐，刺槐，油桐，女贞。

分布范围　福建、江西、湖北、湖南、广东、广西、重庆、陕西。

发生地点　福建：漳州市开发区；

　　　　　重庆：大渡口区、南岸区。

- **娴尺蛾** *Auaxa cesadaria* **Walker**

寄　　主　榆树。

分布范围　河北、湖北、湖南、广西、四川、贵州、云南、西藏、甘肃、宁夏。

发生地点　河北：张家口市沽源县。

发生面积　209 亩

危害指数　0.5247

- **桦尺蛾** *Biston betularia*（**Linnaeus**）

寄　　主　落叶松，华北落叶松，加杨，山杨，旱柳，红桦，风桦，黑桦，白桦，麻栎，蒙古栎，榆树，银桦，三球悬铃木，日本晚樱，苹果，刺槐，槐树，黑桦鼠李，椴树，梧桐，红淡比，柳兰，杜鹃。

分布范围　东北、西北，北京、河北、山西、内蒙古、江苏、安徽、山东、湖北、四川。

发生地点　北京：顺义区；

　　　　　河北：保定市唐县、望都县、安国市，张家口市沽源县、怀来县、涿鹿县、赤城县，雾灵山保护区；

　　　　　山西：大同市阳高县；

　　　　　吉林：长春市九台区，吉林市昌邑区；

　　　　　黑龙江：佳木斯市郊区、富锦市；

　　　　　江苏：镇江市句容市，泰州市姜堰区；

　　　　　湖北：荆州市洪湖市；

　　　　　四川：甘孜藏族自治州新龙林业局，凉山彝族自治州盐源县；

　　　　　陕西：西安市周至县，咸阳市旬邑县，渭南市华州区，安康市白河县，宁东林业局、太白林业局；

　　　　　甘肃：武威市天祝藏族自治县；

　　　　　青海：海东市乐都区；

　　　　　宁夏：吴忠市盐池县，固原市原州区；

　　　　　内蒙古大兴安岭林业管理局：得耳布尔林业局、毕拉河林业局。

发生面积　68057 亩

危害指数　0.6427

- **鹰翅尺蛾** *Biston falcata*（**Warren**）

寄　　主　华山松。

分布范围　云南、西藏。

发生地点　西藏：日喀则市吉隆县。

- **油茶尺蛾** *Biston marginata* **Shiraki**

中文异名　油茶尺蠖

寄　　主　马尾松，柏木，罗汉松，红豆杉，杨梅，化香树，猴樟，樟树，山胡椒，台湾相思，马占相思，胡枝子，紫藤，油桐，秋枫，乌桕，酸枣，山茶，油茶，茶，木荷，紫薇，巨尾桉，木犀。

分布范围	江苏、浙江、安徽、福建、江西、河南、湖北、湖南、广东、广西、重庆、贵州。
发生地点	江苏：无锡市滨湖区；
	浙江：衢州市常山县，丽水市莲都区、松阳县；
	安徽：六安市裕安区；
	江西：萍乡市安源区、湘东区、莲花县、上栗县、芦溪县，九江市庐山市，赣州市章贡区，吉安市永新县，抚州市崇仁县、东乡县，上饶市广丰区；
	河南：信阳市罗山县，固始县；
	湖北：黄冈市英山县；
	湖南：株洲市芦淞区、石峰区、醴陵市，湘潭市湘潭县、韶山市，衡阳市衡南县、衡山县、衡东县、祁东县、耒阳市、常宁市，邵阳市邵阳县、绥宁县、新宁县，岳阳市云溪区、岳阳县，常德市石门县，张家界市慈利县，郴州市桂阳县、宜章县、永兴县，永州市零陵区、祁阳县、东安县、宁远县、蓝山县、江华瑶族自治县，怀化市溆浦县，娄底市涟源市，湘西土家族苗族自治州凤凰县、保靖县、古丈县；
	广东：肇庆市高要区、四会市，汕尾市陆河县、陆丰市，云浮市新兴县；
	广西：桂林市临桂区、龙胜各族自治县，百色市右江区、乐业县；
	重庆：南川区、铜梁区、巫溪县、秀山土家族苗族自治县。
发生面积	99893 亩
危害指数	0.3360

- **黄连木尺蛾** *Biston panterinaria*（Bremer et Grey）

中文异名	黄连木尺蠖、木橑尺蠖
寄　　主	银杏，落叶松，日本落叶松，华北落叶松，湿地松，马尾松，柳杉，柏木，侧柏，罗汉松，山杨，黑杨，旱柳，杨梅，山核桃，薄壳山核桃，核桃楸，核桃，枫杨，桦木，板栗，茅栗，鱳蒴栲，锥栗，麻栎，槲栎，小叶栎，波罗栎，栓皮栎，青冈，栎子青冈，榆树，构树，黄葛树，桑，鹅掌楸，白兰，猴樟，天竺桂，山鸡椒，海桐，枫香，三球悬铃木，桃，山杏，杏，野山楂，山楂，苹果，海棠花，石楠，李，榆叶梅，梨，红果树，南洋楹，合欢，皂荚，胡枝子，仪花，紫檀，刺槐，槐树，柑橘，黄檗，花椒，臭椿，香椿，油桐，山乌桕，乌桕，千年桐，黄栌，黄连木，火炬树，漆树，槭，栾树，黑桦鼠李，枣树，酸枣，木槿，山茶，茶，木荷，柞木，石榴，桉树，柿，女贞，木犀，黄荆，荆条，川泡桐，白花泡桐，毛泡桐，楸，毛竹，慈竹。
分布范围	华北，东北，江苏、浙江、安徽、福建、江西、山东、河南、湖北、湖南、广东、广西、重庆、四川、贵州、云南、陕西。
发生地点	北京：东城区、石景山区、通州区、顺义区、大兴区、密云区；
	河北：石家庄市井陉矿区、井陉县、灵寿县、平山县，唐山市丰润区、遵化市，邯郸市涉县、磁县、武安市，邢台市邢台县、临城县、临西县，保定市涞水县、阜平县，张家口市赤城县，承德市宽城满族自治县，沧州市河间市，廊坊市安次区；

山西：长治市平顺县，晋城市沁水县、阳城县、泽州县，晋中市榆次区，运城市闻喜县、垣曲县，临汾市翼城县、古县、浮山县；

内蒙古：通辽市科尔沁左翼后旗；

辽宁：大连市普兰店区，鞍山市海城市；

黑龙江：绥化市海伦市国有林场；

江苏：南京市浦口区、雨花台区、江宁区，无锡市滨湖区，盐城市东台市；

浙江：杭州市西湖区、临安市，宁波市鄞州区、余姚市，温州市龙湾区、平阳县，嘉兴市嘉善县，舟山市嵊泗县，台州市临海市；

安徽：合肥市包河区；

福建：厦门市同安区、翔安区，莆田市城厢区，福州国家森林公园；

江西：萍乡市湘东区、芦溪县；

山东：济宁市曲阜市，泰安市岱岳区、新泰市、肥城市、泰山林场，莱芜市莱城区，聊城市东昌府区、东阿县；

河南：郑州市新郑市、登封市，洛阳市栾川县、嵩县，平顶山市郏县，安阳市林州市，焦作市博爱县、沁阳市，许昌市禹州市，三门峡市陕州区、渑池县、义马市、灵宝市，商丘市民权县，驻马店市确山县、泌阳县，济源市；

湖北：十堰市房县；

湖南：岳阳市君山区，娄底市新化县；

广东：佛山市南海区；

重庆：涪陵区、大渡口区、南岸区、北碚区、黔江区、永川区、铜梁区，城口县、武隆区、忠县、奉节县、巫溪县；

四川：成都市大邑县，遂宁市大英县，宜宾市筠连县，广安市前锋区，雅安市荥经县；

云南：怒江傈僳族自治州泸水县；

陕西：咸阳市彬县，渭南市合阳县，商洛市丹凤县、山阳县，宁东林业局。

发生面积　248167 亩

危害指数　0. 3455

- **双云尺蛾** *Biston regalis comitata*（Moore）

寄　　主　落叶松，云杉，马尾松，柳杉，山杨，柳树，山核桃，核桃，桦木，榛子，板栗，蒙古栎，榆树，桑，小檗，檫木，郁李，樱桃，苹果，李，梨，刺槐，槐树，柑橘，臭椿，油桐，葡萄，椴树，油茶，柞木，沙棘，石榴，柿，女贞。

分布范围　东北，河北、江苏、浙江、湖北、重庆、四川、陕西、宁夏。

发生地点　重庆：忠县；

陕西：西安市周至县，咸阳市永寿县、彬县、旬邑县，渭南市华州区、合阳县、蒲城县、白水县，宁东林业局、太白林业局。

发生面积　630 亩

危害指数　0. 3344

- **小双齿尺蛾** *Biston thoracicaria*（Oberthür）

拉丁异名　　*Biston tortuosa*（Wileman）

寄　　主　油松。

分布范围　河北、吉林、宁夏。

发生地点　宁夏：固原市彭阳县。

- **焦边尺蛾 *Bizia aexaria* Walker**

  寄　　主　柏木，山杨，柳树，核桃楸，栎，构树，桑，樟树，桃，木瓜，红叶李，黄杨，紫薇。

  分布范围　东北，北京、天津、河北、江苏、浙江、安徽、福建、江西、山东、河南、湖北、重庆、四川、陕西。

  发生地点　北京：石景山区、密云区；

  　　　　　河北：邢台市沙河市，张家口市赤城县；

  　　　　　江苏：淮安市淮阴区；

  　　　　　四川：德阳市罗江县；

  　　　　　陕西：西安市周至县，咸阳市彬县，渭南市华州区，汉中市汉台区，商洛市镇安县，宁东林业局。

  发生面积　1241 亩

  危害指数　0.3333

- **褐线尺蛾 *Boarmia castigataria*（Bremer）**

  寄　　主　蔷薇。

  分布范围　河北、吉林、甘肃、宁夏。

  发生地点　宁夏：固原市彭阳县。

- **粉蝶尺蛾 *Bupalus vestalis* Staudinger**

  寄　　主　冷杉，云杉，青海云杉，红松，柏木。

  分布范围　吉林、江西、四川、宁夏。

  发生地点　四川：甘孜藏族自治州德格县。

- **掌尺蛾 *Buzura superans* Butler**

  中文异名　梳角枝尺蛾

  寄　　主　蒙古栎，青冈，榆树，桃，杏，刺槐，长叶黄杨，卫矛，八角金盘，女贞。

  分布范围　北京、辽宁、吉林、上海、江苏、福建、江西、山东、四川、陕西、宁夏。

  发生地点　北京：顺义区；

  　　　　　江苏：南京市浦口区；

  　　　　　四川：凉山彝族自治州盐源县；

  　　　　　陕西：渭南市华州区。

- **油桐尺蛾 *Buzura suppressaria*（Guenée）**

  中文异名　桉树尺蛾、大尺蠖、桉尺蠖

  寄　　主　银杏，华山松，湿地松，马尾松，杉木，水杉，池杉，美国扁柏，柏木，侧柏，木麻黄，杨树，核桃，枫杨，板栗，刺栲，苦槠栲，鬈蒴栲，青冈，榆树，构树，桑，八角，玉兰，猴樟，樟树，肉桂，香叶树，枫香，三球悬铃木，梅，樱花，枇杷，李，梨，耳叶相思，台湾相思，云南金合欢，马占相思，紫荆，刺槐，山油柑，柑橘，枳，臭椿，橄榄，油桐，黄桐，橡胶树，山乌桕，乌桕，千年桐，杧果，漆树，鸡爪槭，台湾栾树，荔枝，无患子，梧桐，山茶，油茶，茶，紫薇，大花紫薇，大叶桉，细叶桉，毛叶桉，巨桉，巨尾桉，雷林桉 1 号，雷林桉 33 号，柳窿桉，尾叶桉，杜鹃，柿，赤杨叶，木犀，夹竹桃，荆条，泡桐。

分布范围　中南，辽宁、江苏、浙江、安徽、福建、江西、海南、重庆、四川、贵州、云南、陕西。

发生地点　江苏：苏州市高新技术开发区，盐城市大丰区，镇江市扬中市、句容市；

浙江：杭州市西湖区、萧山区，温州市龙湾区，舟山市嵊泗县，台州市仙居县；

福建：厦门市同安区、翔安区，莆田市城厢区、涵江区、荔城区、秀屿区、仙游县、湄洲岛，三明市三元区，泉州市安溪县、永春县，漳州市云霄县、漳浦县、诏安县、平和县、漳州开发区，南平市延平区、松溪县，龙岩市新罗区、漳平市，福州国家森林公园；

江西：萍乡市安源区、湘东区、莲花县、上栗县、芦溪县，赣州经济技术开发区，吉安市新干县，抚州市乐安县、安福县；

河南：洛阳市嵩县，南阳市南召县、内乡县，商丘市睢县；

湖北：荆门市京山县；

湖南：长沙市宁乡县，邵阳市隆回县，岳阳市平江县，常德市鼎城区、石门县，郴州市嘉禾县，永州市冷水滩区、双牌县、江永县，怀化市芷江侗族自治县，娄底市新化县，湘西土家族苗族自治州凤凰县、永顺县；

广东：广州市从化区、增城区，韶关市浈江区、曲江区、始兴县、翁源县、新丰县，江门市台山市、开平市，湛江市开发区、遂溪县、徐闻县、廉江市、雷州市，茂名市高州市、化州市、信宜市，肇庆市鼎湖区、高要区、怀集县、德庆县、四会市、肇庆市属林场，惠州市惠城区、惠阳区、博罗县、惠东县、仲恺区，梅州市大埔县，汕尾市海丰县、陆河县、陆丰市、汕尾市属林场，河源市紫金县、龙川县、连平县、东源县，阳江市阳东区、阳西县、阳春市，清远市清城区、佛冈县、连山壮族瑶族自治县、英德市、连州市、清远市属林场，中山市，云浮市云城区、云安区、新兴县；

广西：南宁市良庆区、邕宁区、武鸣区、隆安县、马山县、上林县、宾阳县、横县，柳州市柳南区、柳北区、柳江区、柳东新区、柳城县、鹿寨县、融水苗族自治县，桂林市雁山区、兴安县、荔浦县、恭城瑶族自治县，梧州市龙圩区、藤县，北海市银海区、合浦县，防城港市防城区、上思县、东兴市，钦州市钦南区、钦北区、钦州港、灵山县、浦北县、钦州市三十六曲林场，贵港市港北区、港南区、覃塘区、桂平市，玉林市玉州区、福绵区、容县、陆川县、博白县、兴业县、北流市、玉林市大容山林场，百色市田阳县、田林县、百色市百林林场，贺州市八步区、昭平县，河池市金城江区、天峨县、凤山县、罗城仫佬族自治县、环江毛南族自治县、巴马瑶族自治县、大化瑶族自治县、宜州区，来宾市兴宾区、忻城县、象州县、武宣县，崇左市江州区、扶绥县、宁明县、龙州县、天等县，东门林场、钦廉林场、三门江林场、维都林场、黄冕林场、六万林场、博白林场；

　　　　　海南：儋州市；

　　　　　重庆：涪陵区、南岸区、北碚区、巴南区、黔江区，城口县、丰都县、武隆区、忠
　　　　　　　　县、云阳县、巫溪县、彭水苗族土家族自治县；

　　　　　四川：自贡市大安，广安市前锋区；

　　　　　云南：西双版纳傣族自治州景洪市、勐腊县；

　　　　　陕西：渭南市华州区。

发生面积　333258 亩

危害指数　0.4271

● 云尺蛾 *Buzura thibetaria* Oberthür

中文异名　云尺蠖

寄　　主　华山松，湿地松，马尾松，侧柏，圆柏，杨树，杨梅，核桃，猴樟，海桐，梨，花
　　　　　椒，油桐，小卫矛，油茶，茶，巨桉。

分布范围　江苏、浙江、安徽、江西、河南、湖北、重庆、四川、贵州、云南、陕西、甘肃。

发生地点　江苏：苏州市高新技术开发区；

　　　　　浙江：台州市黄岩区；

　　　　　江西：宜春市宜丰县；

　　　　　重庆：巫溪县；

　　　　　四川：自贡市荣县，遂宁市船山区、射洪县，南充市西充县，宜宾市江安县，甘孜藏
　　　　　　　　族自治州泸定县、巴塘县、乡城县、得荣县，凉山彝族自治州盐源县、德
　　　　　　　　昌县；

　　　　　云南：楚雄彝族自治州楚雄市。

发生面积　10571 亩

危害指数　0.3333

● 黄灰尺蛾 *Calcaritis flavescens* Alphéraky

寄　　主　榆树，槐树。

分布范围　宁夏。

发生地点　宁夏：石嘴山市惠农区，吴忠市盐池县。

发生面积　6051 亩

危害指数　0.3361

● 同洄纹尺蛾 *Callabraxas convexa*（Wileman）

寄　　主　茅栗，锥栗，麻栎，小叶栎，栓皮栎。

分布范围　湖北。

● 松洄纹尺蛾 *Callabraxas fabiolaria*（Oberthür）

寄　　主　油松，云南松。

分布范围　北京、河北、辽宁、浙江、湖北、湖南、广西、四川、贵州、云南、陕西、甘肃。

发生地点　陕西：咸阳市长武县。

- **青灰洄纹尺蛾** *Callabraxas liva*（**Xue**）

  寄　　主　山杨，木犀。

  分布范围　江苏、四川、云南。

  发生地点　江苏：南京市玄武区；

  　　　　　四川：成都市都江堰市，凉山彝族自治州盐源县。

- **葡萄洄纹尺蛾** *Callabraxas ludovicaria*（**Oberthür**）

  寄　　主　杉木，栎，刺槐，山葡萄，葡萄。

  分布范围　东北、北京、河北、江苏、重庆、陕西。

  发生地点　江苏：连云港市连云区；

  　　　　　陕西：渭南市华州区。

- **斜线长柄尺蛾** *Cataclysme obliquilineata* **Hampson**

  寄　　主　杨树，柳树，蔷薇。

  分布范围　西藏、宁夏。

  发生地点　宁夏：银川市西夏区。

- **网目尺蛾** *Chiasmia clathrata*（**Linnaeus**）

  寄　　主　杨树，白桦，榆树，柞木，花曲柳。

  分布范围　东北、河北。

  发生地点　河北：张家口市沽源县。

- **橄榄绿尾尺蛾** *Chiasmia defixaria*（**Walker**）

  寄　　主　银杏，山杨，栎子青冈，榆树，莲叶桐。

  分布范围　浙江、江西、陕西。

  发生地点　浙江：宁波市象山县；

  　　　　　江西：宜春市高安市。

- **刺尾尺蛾** *Chiasmia emersaria*（**Walker**）

  寄　　主　南洋楹。

  分布范围　广东。

  发生地点　广东：顺德区。

  发生面积　150 亩

  危害指数　0.3333

- **格庶尺蛾** *Chiasmia hebesata*（**Walker**）

  寄　　主　榆树，胡枝子，刺槐。

  分布范围　北京、山西、辽宁、浙江、山东。

  发生地点　北京：顺义区；

  　　　　　浙江：宁波市宁海县。

- **四黑斑尾尺蛾** *Chiasmia intermediaria*（**Leech**）

  寄　　主　山杨，柑橘。

分布范围　安徽、福建、江西。

发生地点　江西：宜春市高安市。

- **雨尺蛾 *Chiasmia pluviata*（Fabricius）**

　寄　　主　山杨，榆树，桑，苹果，黑荆树，合欢，刺槐，槐树。

　分布范围　北京、河北、辽宁、吉林、江苏、浙江、山东、广东、四川。

　发生地点　河北：唐山市玉田县，邢台市沙河市；

　　　　　　江苏：无锡市宜兴市。

- **酸枣尺蛾 *Chihuo sunzao* Yang**

　寄　　主　苹果，枣树，酸枣，木槿，木棉。

　分布范围　北京、河北、山西、宁夏。

- **仿锈腰青尺蛾 *Chlorissa obliterata*（Walker）**

　中文异名　遗仿锈腰尺蛾

　寄　　主　核桃，琼崖石栎，红叶李，小米空木。

　分布范围　北京、黑龙江、河北、山西、上海、江苏、浙江、福建、山东、河南、湖南、四川、

　　　　　　陕西、甘肃。

　发生地点　江苏：南京市玄武区、浦口区；

　　　　　　四川：巴中市通江县。

　发生面积　1365 亩

　危害指数　0.3333

- **双肩尺蛾 *Cleora cinctaria*（Denis et Schiffermüller）**

　寄　　主　落叶松，松，杨树，五味子，鼠李，忍冬。

　分布范围　山西、辽宁、黑龙江、江苏、陕西。

　发生地点　辽宁：铁岭市西丰县；

　　　　　　黑龙江：齐齐哈尔市龙江县；

　　　　　　江苏：盐城市亭湖区。

　发生面积　6802 亩

　危害指数　0.3333

- **瑞霜尺蛾 *Cleora repulsaria*（Walker）**

　寄　　主　楝树。

　分布范围　上海、江苏、浙江、江西、湖南、广东、广西、海南、重庆、四川、贵州、云南。

　发生地点　广东：云浮市罗定市。

- **白点焦尺蛾 *Colotois pennaria ussuriensis* Bang-Hass**

　中文异名　白闪焦尺蛾

　寄　　主　落叶松，油松，柳杉，钻天柳，杨树，旱柳，白桦，板栗，蒙古栎，榆树，樱桃，苹

　　　　　　果，刺槐，黑桦鼠李，柞木，巨尾桉，香果树。

　分布范围　东北，河北、内蒙古、广东、广西、陕西、甘肃。

发生地点　　河北：张家口市沽源县；

　　　　　　黑龙江：佳木斯市富锦市；

　　　　　　广东：肇庆市高要区，云浮市新兴县；

　　　　　　陕西：渭南市白水县。

发生面积　　399 亩

危害指数　　0.4754

- **褐纹绿尺蛾** *Comibaena amoenaria*（Oberthür）

　寄　　主　栎。

　分布范围　北京、辽宁、湖北。

- **长纹绿尺蛾** *Comibaena argentataria*（Leech）

　寄　　主　松，槲栎，异翅木，鹅掌柴。

　分布范围　辽宁、江苏、浙江、福建、江西、湖北、湖南、广东、广西、四川、陕西。

　发生地点　江苏：南京市玄武区；

　　　　　　陕西：汉中市西乡县。

- **紫斑绿尺蛾** *Comibaena nigromacularia*（Leech）

　寄　　主　枹栎，胡枝子。

　分布范围　北京、黑龙江、浙江、安徽、福建、江西、河南、湖北、湖南、广西、四川、云南、陕西、甘肃。

- **肾纹绿尺蛾** *Comibaena procumbaria*（Pryer）

　寄　　主　柏木，罗汉松，山杨，柳树，杨梅，核桃，桦木，栎，榆树，桑，山楂，苹果，梨，胡枝子，刺槐，花椒，野桐，乌桕，油茶，茶，巨桉，黄荆，荆条。

　分布范围　北京、天津、河北、山西、辽宁、黑龙江、上海、江苏、浙江、福建、江西、山东、河南、湖北、广东、广西、四川、云南、陕西、甘肃。

　发生地点　北京：顺义区、密云区；

　　　　　　河北：邢台市沙河市，张家口市赤城县；

　　　　　　上海：宝山区；

　　　　　　江苏：南京市玄武区，无锡市宜兴市；

　　　　　　浙江：宁波市江北区、北仑区、象山县；

　　　　　　福建：福州国家森林公园；

　　　　　　四川：广安市武胜县；

　　　　　　陕西：宁东林业局。

发生面积　　1101 亩

危害指数　　0.3333

- **栎绿尺蛾** *Comibaena quadrinotata* Butler

　寄　　主　银杏，罗汉松，杨梅，麻栎，小叶栎，蒙古栎，栓皮栎，青冈，胡枝子，柞木，荆条。

　分布范围　东北，北京、河北、江苏、浙江、福建、山东、河南、湖北、湖南、广西、海南、四川、陕西。

发生地点　北京：密云区；

河北：张家口市赤城县；

江苏：南京市玄武区；

四川：凉山彝族自治州会东县；

陕西：渭南市华州区、白水县，安康市白河县，宁东林业局。

发生面积　1295 亩

危害指数　0.3333

- **亚四目绿尺蛾** *Comostola subtiliaria*（Bremer）

寄　　主　柃木，珊瑚树。

分布范围　上海、江苏、浙江、福建、江西、河南、广东、广西、四川、云南、陕西、甘肃、青海。

发生地点　江苏：南京市玄武区。

- **毛穿孔尺蛾** *Corymica arnearia* Walker

寄　　主　山杨，栎，青冈，构树，白兰，樟树，石楠，冬青卫矛，栾树，火焰花。

分布范围　上海、江苏、浙江、湖北、广东、重庆、四川、陕西。

发生地点　上海：青浦区；

江苏：南京市栖霞区、高淳区，淮安市盱眙县，扬州市扬州经济技术开发区，泰州市姜堰区；

浙江：杭州市西湖区；

四川：南充市西充县。

发生面积　991 亩

危害指数　0.3401

- **光穿孔尺蛾** *Corymica specularia*（Moore）

中文异名　楠圆窗黄尺蠖

寄　　主　山杨。

分布范围　江苏、江西、四川、陕西。

发生地点　江苏：南京市玄武区；

江西：宜春市高安市；

四川：卧龙保护区。

- **赤线尺蛾** *Culpinia diffusa*（Walker）

寄　　主　桑，白兰。

分布范围　辽宁、江苏、浙江、福建、山东、湖南、重庆、四川、陕西。

发生地点　江苏：南京市栖霞区。

- **小蜻蜓尺蛾** *Cystidia couaggaria*（Guenée）

寄　　主　银杏，山杨，柳树，桦木，榆树，构树，南天竹，猴樟，樟树，桃，梅，杏，樱桃，日本樱花，木瓜，枇杷，垂丝海棠，苹果，海棠花，稠李，石楠，李，红叶李，火棘，梨，柑橘，黄杨，木槿，紫薇，大花紫薇，杜鹃，水曲柳，女贞，木犀，锦带花。

分布范围	东北，上海、江苏、浙江、安徽、福建、湖北、广东、重庆、四川、陕西。
发生地点	黑龙江：哈尔滨市双城区、五常市；

上海：闵行区、宝山区、浦东新区、金山区、松江区、青浦区、奉贤区、崇明县；

江苏：南京市浦口区，无锡市惠山区、宜兴市，苏州市吴中区，淮安市清江浦区，扬州市宝应县；

浙江：杭州市西湖区；

福建：厦门市翔安区，南平市武夷山市；

广东：韶关市武江区；

重庆：秀山土家族苗族自治县、酉阳土家族苗族自治县；

四川：自贡市自流井区、贡井区，德阳市罗江县，遂宁市射洪县，宜宾市高县，达州市开江县；

陕西：渭南市华州区。

发生面积　2169 亩

危害指数　0.3834

- **蜻蜓尺蛾** *Cystidia stratonice*（Stoll）

寄　　主　柳树，杏，樱桃，苹果，石楠，李，秋枫，野桐。

分布范围　东北，河北、江苏、福建、陕西。

发生地点　福建：厦门市同安区。

- **枞灰尺蛾** *Deileptenia ribeata*（Clerck）

中文异名　华山松灰尺蛾

寄　　主　冷杉，垂枝银枞，落叶松，华北落叶松，云杉，华山松，杉木，山杨，钻天杨，柳树，黑桦，白桦，麻栎，辽东栎，蒙古栎，栎子青冈，朴树，构树，银桦，李，刺槐，千年桐，柞木，华参。

分布范围　北京、天津、河北、山西、辽宁、吉林、黑龙江、江苏、浙江、福建、湖北、四川、陕西。

发生地点　北京：密云区；

河北：张家口市赤城县，雾灵山自然保护区；

江苏：镇江市句容市，泰州市姜堰区；

浙江：宁波市鄞州区，温州市鹿城区、龙湾区、瑞安市，台州市仙居县、临海市；

陕西：西安市蓝田县，渭南市临渭区、华州区、白水县、华阴市，安康市白河县，宁东林业局。

发生面积　17735 亩

危害指数　0.4273

- **梭梭漠尺蛾** *Desertobia heloxylonia* Xue

寄　　主　沙拐枣，梭梭，白梭梭。

分布范围　新疆。

发生地点　新疆：博尔塔拉蒙古自治州精河县、艾比湖保护区。

发生面积　445044 亩

危害指数　0.3814

- **黄缘伯尺蛾** *Diaprepesilla flavomarginaria*（Bremer）

  寄　　主　忍冬。

  分布范围　内蒙古、辽宁、黑龙江、湖南、甘肃。

- **赭点峰尺蛾** *Dindica para para* Swinhoe

  拉丁异名　*Dindica erythropunctura* Chu

  寄　　主　山核桃。

  分布范围　江苏、浙江、福建、江西、河南、湖北、湖南、广西、海南、四川、云南、西藏、陕西、甘肃。

  发生地点　江苏：南京市玄武区；

  　　　　　陕西：渭南市华州区。

- **宽带峰尺蛾** *Dindica polyphaenaria*（Guenée）

  中文异名　白顶峰尺蛾

  寄　　主　栎，锡兰肉桂。

  分布范围　浙江、福建、江西、湖北、湖南、广西、海南、四川、贵州、云南、陕西。

  发生地点　陕西：宁东林业局。

- **乌苏介青尺蛾** *Diplodesrna ussuriaria*（Bremer）

  寄　　主　板栗，栎，构树，乌桕。

  分布范围　辽宁、江苏、浙江、四川。

  发生地点　江苏：镇江市句容市。

- **豹尺蛾** *Dysphania militaris*（Linnaeus）

  寄　　主　华山松，马尾松，辽东栎，栓皮栎，耳叶相思，台湾相思，云南金合欢，刺槐，柑橘，秋枫，油茶，海桑，竹节树，秋茄树，大叶桉，桃金娘，鸭脚茶，谷木，鹅掌柴。

  分布范围　福建、江西、湖北、广东、广西、四川、云南、陕西。

  发生地点　广东：广州市白云区、花都区，深圳市光明新区，佛山市南海区，湛江市遂溪县，茂名市茂南区、化州市、茂名市属林场，肇庆市高要区、四会市，惠州市惠阳区，汕尾市陆丰市，云浮市新兴县；

  　　　　　四川：巴中市恩阳区；

  　　　　　陕西：渭南市白水县，宁东林业局。

  发生面积　6826 亩

  危害指数　0.3524

- **绣纹尺蛾** *Ecliptopera umbrosaria*（Motschulsky）

  寄　　主　葡萄，白蜡树。

  分布范围　东北，北京、河北、湖南、四川、陕西。

发生地点　河北：衡水市桃城区；

　　　　　陕西：太白林业局。

- 埃尺蛾 *Ectropis crepuscularia*（Denis et Schiffermüller）

中文异名　松尺蠖、松埃尺蛾

拉丁异名　*Ectropis bistortata* Goeze

寄　　主　华北落叶松，华山松，湿地松，思茅松，马尾松，油松，黑松，云南松，加勒比松，黄杉，西藏柏木，核桃，桉树。

分布范围　山西、江苏、福建、山东、湖北、湖南、广东、广西、重庆、四川、贵州、云南、陕西。

发生地点　江苏：南京市玄武区；

　　　　　福建：莆田市城厢区、仙游县，南平市延平区、浦城县，龙岩市新罗区、漳平市，漳州市南靖县；

　　　　　山东：莱芜市钢城区；

　　　　　湖南：长沙市长沙县，邵阳市邵阳县，岳阳市平江县；

　　　　　广东：韶关市乐昌市，肇庆市怀集县，汕尾市属林场，河源市连平县，清远市连州市，云浮市属林场；

　　　　　广西：南宁市武鸣区，桂林市阳朔县、灵川县，梧州市龙圩区、藤县、岑溪市，百色市田阳县，贺州市昭平县，河池市南丹县、东兰县、环江毛南族自治县，崇左市江州区、扶绥县、凭祥市；

　　　　　重庆：南川区，梁平区、丰都县、武隆区；

　　　　　四川：攀枝花市普威局，凉山彝族自治州盐源县、会东县；

　　　　　云南：昆明市东川区、呈贡区，曲靖市师宗县，保山市隆阳区、施甸县，昭通市鲁甸县，丽江市宁蒗彝族自治县，楚雄彝族自治州楚雄市、双柏县、南华县，红河哈尼族彝族自治州弥勒市。

发生面积　42273 亩

危害指数　0.4308

- 刺槐外斑尺蛾 *Ectropis excellens*（Butler）

寄　　主　加杨，山杨，毛白杨，垂柳，核桃，刺叶栎，榆树，樱桃，苹果，海棠花，杜梨，秋子梨，刺槐，毛刺槐，槐树，香椿，重阳木，色木槭，枣树，紫薇。

分布范围　北京、天津、河北、辽宁、江苏、江西、山东、河南、陕西。

发生地点　北京：顺义区；

　　　　　河北：保定市阜平县；

　　　　　江苏：苏州市高新技术开发区、吴江区；

　　　　　山东：枣庄市台儿庄区，潍坊市昌乐县，济宁市兖州区、曲阜市，莱芜市钢城区，聊城市东阿县；

　　　　　河南：郑州市中牟县，开封市祥符区，洛阳市洛宁县。

发生面积　3574 亩

危害指数　0.4698

● **灰茶尺蛾** *Ectropis grisescens* **Warren**

寄　　主　茶。

分布范围　上海、浙江、福建、江西、湖北、湖南、广东、云南。

发生地点　上海：宝山区。

● **小茶尺蛾** *Ectropis obliqua* **Warren**

中文异名　小埃尺蛾

寄　　主　湿地松，马尾松，山杨，杨梅，核桃，云南金合欢，刺槐，油茶，紫薇。

分布范围　北京、河北、辽宁、江苏、福建、山东、湖北。

发生地点　北京：石景山区；

河北：廊坊市霸州市；

江苏：无锡市宜兴市；

福建：莆田市仙游县，泉州市安溪县；

山东：聊城市东阿县。

发生面积　202 亩

危害指数　0.3333

● **茶尺蠖** *Ectropis obliqua hypulina* **Wehrli**

中文异名　茶尺蛾

寄　　主　水杉，山核桃，茅栗，栓皮栎，榆树，大果榉，西米棕，猴樟，樟树，枫香，红花檵
木，台湾相思，刺槐，柠檬，山乌桕，铁冬青，龙眼，酸枣，杜英，瓜栗，山茶，油
茶，茶，木荷，合果木，紫薇，窿缘桉，巨桉，巨尾桉，木犀，泡桐，楸。

分布范围　华东，河南、湖北、湖南、广东、广西、重庆、四川、贵州、陕西。

发生地点　上海：松江区、青浦区、奉贤区；

江苏：南京市浦口区、高淳区，无锡市锡山区、滨湖区、江阴市，常州市武进区、溧
阳市，镇江市句容市；

浙江：杭州市萧山区，宁波市鄞州区、象山县、余姚市，金华市浦江县、磐安县，台
州市温岭市；

福建：莆田市涵江区、荔城区，泉州市安溪县、永春县，漳州市诏安县，龙岩市新
罗区；

江西：赣州市宁都县，吉安市永新县、井冈山市；

河南：南阳市桐柏县，信阳市浉河区、罗山县；

湖北：武汉市新洲区，恩施土家族苗族自治州宣恩县；

湖南：长沙市望城区、浏阳市，郴州市资兴市，湘西土家族苗族自治州保靖县；

广东：肇庆市高要区、四会市，汕尾市陆河县，云浮市新兴县；

广西：南宁市武鸣区、宾阳县、横县，柳州市三江侗族自治县，桂林市兴安县，梧州
市蒙山县，北海市合浦县，防城港市防城区，贵港市桂平市，来宾市忻城县、
象州县，钦廉林场、维都林场；

重庆：荣昌区；

四川：自贡市荣县，内江市威远县，眉山市洪雅县，广安市武胜县，巴中市通江县。

发生面积　36863 亩

危害指数　0.3681

- **兀尺蛾** *Elphos insueta*（Butler）

寄　　主　茶。

分布范围　浙江、四川、陕西、宁夏。

发生地点　浙江：杭州市西湖区；

陕西：太白林业局；

宁夏：银川市西夏区。

- **叉线皁尺蛾** *Endropiodes abjecta*（Butler）

寄　　主　茶条槭，鸡爪槭。

分布范围　北京。

- **秋黄尺蛾** *Ennomos autumnaria*（Werneburg）

中文异名　华秋枝尺蛾

寄　　主　山杨，柳树，桦木，榛子，蒙古栎，榆树，柞木。

分布范围　东北，陕西。

- **胡桃尺蛾** *Epholca arenosa*（Butler）

寄　　主　钻天杨，野核桃，核桃楸，核桃，栎，桃，柞木。

分布范围　东北，河北、福建、湖北、湖南、陕西。

发生地点　湖南：永州市双牌县；

陕西：渭南市华州区。

- **桦缘尺蛾** *Epione vespertaria*（Linnaeus）

寄　　主　山杨，柳树，桦木，榛子，黑桦鼠李。

分布范围　东北，河北、山东、陕西、甘肃。

- **北京尺蛾** *Epipristis transiens*（Sterneck）

寄　　主　柳杉，桦木，樱桃，槐树，鼠李，茶，女贞，木犀，香果树。

分布范围　北京、河北、山西、辽宁、河南、四川、陕西。

发生地点　北京：顺义区；

河北：张家口市沽源县；

四川：甘孜藏族自治州泸定县。

发生面积　458 亩

危害指数　0.3348

- **落叶松尺蛾** *Erannis ankeraria*（Staudinger）

寄　　主　落叶松，华北落叶松，云杉。

分布范围　东北，北京、河北、山西、内蒙古、陕西。

发生地点　北京：房山区；

河北：张家口市崇礼区、沽源县、赤城县，承德市丰宁满族自治县、围场满族蒙古族自治县，塞罕坝林场、木兰林管局；

山西：太原市娄烦县；

内蒙古：呼和浩特市新城区、武川县，赤峰市克什克腾旗、翁牛特旗，通辽市扎鲁特旗、霍林郭勒市，乌兰察布市卓资县、兴和县、察哈尔右翼中旗、四子王旗、丰镇市；

辽宁：大连市庄河市；

黑龙江：齐齐哈尔市甘南县、富裕县、拜泉县、讷河市，佳木斯市郊区；

黑龙江森林工业总局：牡丹江林业管理局绥阳林业局。

发生面积　160363 亩

危害指数　0.5212

● 红双线尺蛾 *Erastria obliqua*（Warren）

寄　　主　波罗栎，榆树，黄荆，荆条。

分布范围　北京、河北、辽宁、山东。

● 黄双线尺蛾 *Erastria perlutea* Wehrli

寄　　主　柳树，白桦，板栗，麻栎，桑，梅，杏，樱桃，苹果，梨，刺槐，黑桦鼠李，柞木。

分布范围　北京、河北、山西、辽宁、江苏、山东。

发生地点　北京：顺义区、密云区；

　　　　　河北：张家口市怀来县。

发生面积　154 亩

危害指数　0.3355

● 树形尺蛾 *Erebomorpha fulguraria consors* Butler

寄　　主　落叶松，柳杉，山杨，柳树，核桃楸，核桃，桦木，板栗，栎，柿。

分布范围　东北，河北、湖北、重庆、四川、陕西。

发生地点　四川：巴中市通江县；

　　　　　陕西：西安市蓝田县、周至县，渭南市华州区，宁东林业局。

发生面积　135 亩

危害指数　0.3333

● 枯斑翠尺蛾 *Eucyclodes difficta*（Walker）

中文异名　柳青尺蛾

寄　　主　柳杉，山杨，黑杨，垂柳，黑桦，白桦，栎，白兰，桃，槭，黑桦鼠李。

分布范围　东北、华东，北京、天津、河北、内蒙古、河南、湖北、湖南、重庆、云南、陕西、甘肃。

发生地点　河北：唐山市乐亭县，保定市阜平县、安国市，张家口市涿鹿县；

　　　　　山东：济宁市经济技术开发区；

　　　　　湖北：荆州市洪湖市；

　　　　　陕西：汉中市汉台区，宁东林业局。

发生面积　1344 亩

危害指数　0.3333

- **彩青尺蛾** *Eucyclodes gavissima*（Walker）

  寄　　主　毛白杨，栎，含笑花，梨，谷木。

  分布范围　四川、海南、西藏、陕西。

  发生地点　四川：成都市彭州市；

  　　　　　陕西：宁东林业局。

- **五彩枯斑翠尺蛾** *Eucyclodes gavissima aphrodite*（Prout）

  寄　　主　山杨。

  分布范围　江西。

  发生地点　江西：宜春市高安市。

- **赛彩尺蛾** *Eucyclodes semialba*（Walker）

  寄　　主　桃金娘。

  分布范围　湖北、广东、广西、海南、四川、云南。

- **桦褐叶尺蛾** *Eulithis achatinellaria*（Oberthür）

  寄　　主　山杨，柳树，白桦，栎，黄栌，黑桦鼠李，枸杞。

  分布范围　河北、吉林、黑龙江、甘肃、青海。

  发生地点　河北：张家口市沽源县。

  发生面积　320 亩

  危害指数　0.5417

- **球果尺蛾** *Eupithecia gigantea* Staudinger

  寄　　主　冷杉，云杉，红松，山核桃，槐树。

  分布范围　东北，陕西、甘肃。

  发生地点　陕西：渭南市华州区，佛坪保护区。

- **苹花波尺蛾** *Eupithecia insigniata*（Hübner）

  寄　　主　樱桃，苹果，紫薇。

  分布范围　北京、河北、辽宁、陕西。

  发生地点　河北：唐山市乐亭县，张家口市赤城县。

  发生面积　501 亩

  危害指数　0.3333

- **白丰翅尺蛾** *Euryobeidia languidata*（Walker）

  寄　　主　荷花玉兰，槐树，重阳木，杜英。

  分布范围　上海。

  发生地点　上海：宝山区、青浦区。

- **赭尾尺蛾** *Exurapteryx aristidaria*（Oberthür）

  寄　　主　马尾松，柳杉，栎，长叶黄杨。

分布范围　浙江、江西、重庆、四川。

发生地点　重庆：万州区。

- 缺口褐尺蛾 *Fascellina chromataria* **Walker**

寄　　主　竹柏。

分布范围　广东。

- 灰绿片尺蛾 *Fascellina plagiata*（**Walker**）

寄　　主　茶，青冈，桉树，多核果。

分布范围　江苏、广东、四川。

发生地点　江苏：无锡市宜兴市；

广东：肇庆市高要区、四会市，云浮市新兴县；

四川：眉山市仁寿县。

- 灰枯叶尺蛾 *Gandaritis agnes*（**Butler**）

寄　　主　葡萄，软枣猕猴桃。

分布范围　山西、辽宁、陕西。

发生地点　陕西：宁东林业局。

- 亚枯叶尺蛾 *Gandaritis fixseni*（**Bremer**）

寄　　主　山杨，风桦，白桦，蒙古栎，桃，绒毛胡枝子，葡萄，中华猕猴桃。

分布范围　东北，北京、河北、陕西。

发生地点　北京：密云区；

河北：张家口市沽源县。

发生面积　231 亩

危害指数　0.4416

- 枯叶尺蛾 *Gandaritis flavata* **Moore**

寄　　主　马尾松，油松，山杨，核桃，麻栎，桑，马占相思，槐树，葡萄，中华猕猴桃，榄仁树，蒲桃。

分布范围　北京、浙江、海南、重庆、四川、云南、陕西。

发生地点　浙江：宁波市鄞州区；

海南：海口市秀英区、龙华区、美兰区；

重庆：石柱土家族自治县；

四川：卧龙保护区；

陕西：咸阳市彬县，渭南市华州区。

发生面积　2928 亩

危害指数　0.3333

- 黄枯叶尺蛾 *Gandaritis flavomacularia* **Leech**

寄　　主　栎。

分布范围　湖北、湖南、广西、四川、陕西、甘肃。

发生地点　四川：卧龙保护区。

● **水蜡尺蛾** *Garaeus parva distans* **Warren**

寄　　主　栎，桃，樱桃，石楠，合果木，女贞，水蜡树，紫丁香。

分布范围　河北、辽宁、吉林、江苏、湖北、四川、陕西。

发生地点　河北：保定市唐县，张家口市赤城县，定州市；

　　　　　江苏：无锡市惠山区；

　　　　　四川：南充市西充县；

　　　　　陕西：渭南市华州区、华阴市，商洛市镇安县，宁东林业局、太白林业局。

发生面积　707 亩

危害指数　0.3338

● **白脉青尺蛾** *Geometra albovenaria*（**Bremer**）

寄　　主　落叶松，鱼鳞云杉，松，柏木，山杨，柳树，桦木，甜槠栲，苦槠栲，栓皮栎，榆树，
　　　　　稠李，刺槐，槐树，葡萄，柞木。

分布范围　东北，北京、山西、内蒙古、河南、湖北、湖南、四川、云南、陕西、甘肃。

发生地点　陕西：渭南市白水县，宁东林业局、太白林业局。

● **白脉青尺蛾四川亚种** *Geometra albovenaria latirigua*（**Prout**）

中文异名　川白脉青尺蛾

寄　　主　杨树，柳树，榆树。

分布范围　湖北、湖南、四川、云南、陕西、甘肃。

● **钩线青尺蛾** *Geometra dieckmanni* **Graeser**

寄　　主　柳树，麻栎，蒙古栎，李。

分布范围　内蒙古、黑龙江。

● **小白带青尺蛾** *Geometra glaucaria* **Menetries**

中文异名　曲白带青尺蛾

寄　　主　山杨，桦木，榛子，蒙古栎，椴树，柞木。

分布范围　华北、东北，河南、湖北、四川、云南、陕西、甘肃。

● **蝶青尺蛾** *Geometra papilionaria*（**Linnaeus**）

寄　　主　落叶松，山杨，钻天杨，柳树，桤木，辽东桤木，风桦，黑桦，垂枝桦，白桦，榛子，
　　　　　银桦，桃，黑桦鼠李。

分布范围　东北，北京、河北、山西、江苏、浙江、福建、湖北、陕西、甘肃。

发生地点　北京：密云区；

　　　　　河北：张家口市沽源县、怀来县，雾灵山保护区；

　　　　　黑龙江：绥化市海伦市国有林场；

　　　　　陕西：渭南市华州区。

发生面积　576 亩

危害指数　0.3333

- **白带青尺蛾** *Geometra sponsaria*（Bremer）

  寄　　主　杨树，柳树，桤木，麻栎，波罗栎，榆树。

  分布范围　北京、河北、内蒙古、辽宁、黑龙江、上海、浙江、湖北、湖南、四川、甘肃。

- **直脉青尺蛾** *Geometra valida* **Feld et Rogenhofer**

  寄　　主　山杨，柳树，化香树，榛子，板栗，栎，麻栎，波罗栎，辽东栎，蒙古栎，夏栎，青冈，榆树，厚朴，檫木，绒毛胡枝子，橡胶树，柞木，黄荆。

  分布范围　华北、东北，上海、浙江、福建、江西、山东、河南、湖北、湖南、广西、重庆、四川、贵州、云南、陕西、甘肃、宁夏。

  发生地点　北京：石景山区、密云区；

  　　　　　河北：保定市阜平县，张家口市赤城县；

  　　　　　内蒙古：通辽市科尔沁左翼后旗；

  　　　　　四川：遂宁市射洪县，南充市高坪区；

  　　　　　陕西：西安市周至县，渭南市华州区，汉中市西乡县，宁东林业局、太白林业局。

  发生面积　669 亩

  危害指数　0.3338

- **细线无缰青尺蛾** *Hemistola tenuilinea*（Alphéraky）

  中文异名　细线无缰尺蛾

  寄　　主　栎，麻栎。

  分布范围　北京、河北、辽宁、黑龙江、河南、湖南。

- **白线青尺蛾** *Hemistola veneta*（Butler）

  中文异名　波无缰青尺蛾

  寄　　主　杨树，柳树，枫杨，板栗，蒙古栎，桃，女贞。

  分布范围　东北，北京、天津、河北、内蒙古、江苏、湖北、陕西、宁夏。

  发生地点　河北：张家口市怀来县、涿鹿县、赤城县；

  　　　　　江苏：南京市玄武区、浦口区；

  　　　　　宁夏：银川市兴庆区、西夏区、金凤区。

  发生面积　540 亩

  危害指数　0.3333

- **折无缰青尺蛾** *Hemistola zimmermanni zimmermanni*（Hedemann）

  寄　　主　山杨。

  分布范围　东北，北京、河北、山西、河南、甘肃。

  发生地点　北京：顺义区。

- **红颜锈腰青尺蛾** *Hemithea aestivaria*（Hübner）

  中文异名　红颜锈腰尺蛾、红腰绿尺蛾

  寄　　主　山杨，旱柳，辽东栎，蒙古栎，野山楂，山楂，槐树，柞木。

  分布范围　山西、吉林、黑龙江、江苏、安徽、河南、甘肃、宁夏。

  发生地点　宁夏：固原市彭阳县。

- **青颜锈腰尺蛾** *Hemithea marina*（Butler）

  中文异名　青颜锈腰青尺蛾

  寄　　主　枫杨，鼹蒴桥，樟树，枫香，金合欢，胡枝子，刺槐，柑橘，油桐，橡胶树，乌桕，
  杧果，谷木，泡桐。

  分布范围　福建、江西、四川、云南。

  发生地点　江西：萍乡市安源区、湘东区、上栗县、芦溪县。

- **锈腰青尺镶** *Hemithea tritonaria*（Walker）

  寄　　主　杨树，栎，麻栎，杧果，龙眼。

  分布范围　福建、湖南、广东、海南、陕西。

  发生地点　陕西：渭南市华州区。

- **始青尺蛾** *Herochroma baba* Swinhoe

  中文异名　无脊青尺蛾

  寄　　主　栎。

  分布范围　福建、湖北、湖南、广东、广西、重庆、四川、陕西。

- **茶担尺蛾** *Heterarmia diorthogonia*（Wehrli）

  寄　　主　柑橘，油茶，茶。

  分布范围　浙江、四川。

  发生地点　浙江：丽水市莲都区；

  　　　　　四川：南充市高坪区、西充县，广安市前锋区。

- **玲隐尺蛾** *Heterolocha aristonaria*（Walker）

  寄　　主　忍冬。

  分布范围　山西、辽宁、上海、浙江、山东、湖南、广西、四川。

- **双点内弧尺蛾** *Heterolocha biplagiata* Bastelberger

  中文异名　褐斑小黄尺蛾、双褐斑小黄尺蛾

  寄　　主　山杨，柳树。

  分布范围　江西、四川、陕西。

  发生地点　江西：宜春市高安市。

- **金银花尺蛾** *Heterolocha jinyinhuaphaga* Chu

  中文异名　金银花尺蠖

  寄　　主　油茶，忍冬。

  分布范围　河北、山东、河南、重庆、陕西。

  发生地点　重庆：秀山土家族苗族自治县；

  　　　　　陕西：商洛市丹凤县。

  发生面积　280 亩

  危害指数　0.3333

- 迷异翅尺蛾 *Heterophleps confusa*（Wileman）

  中文异名　榆波尺蛾

  寄　　主　刺榆，榆树。

  分布范围　北京、辽宁、黑龙江。

- 真界尺蛾 *Horisme tersata*（Denis et Schiffermüller）

  寄　　主　山杨，旱榆。

  分布范围　北京、河北、内蒙古、湖北、四川、西藏、陕西、甘肃、宁夏。

- 维界尺蛾 *Horisme vitalbata*（Denis et Schiffermüller）

  寄　　主　山杨，旱榆。

  分布范围　北京、河北、山西、内蒙古、辽宁、黑龙江、四川、西藏、甘肃、青海、宁夏、新疆。

- 红双线免尺蛾 *Hyperythra obliqua*（Warren）

  寄　　主　小叶栎，蒙古栎。

  分布范围　北京。

- 齿纹灰褐尺蛾 *Hypomecis cineracea*（Moore）

  中文异名　秦尘尺蛾

  寄　　主　栎。

  分布范围　广东、陕西。

- 尘尺蛾 *Hypomecis punctinalis conferenda*（Butler）

  寄　　主　山杨，黑杨，钻天杨，垂柳，旱柳，白桦，板栗，麻栎，蒙古栎，朴树，榆树，构树，猴樟，樟树，枫香，桃，苹果，红叶李，蔷薇，刺槐，长叶黄杨，茶，巨尾桉。

  分布范围　北京、天津、山西、辽宁、吉林、上海、江苏、浙江、福建、江西、山东、湖北、广东、陕西。

  发生地点　北京：密云区；

  　　　　　江苏：南京市浦口区、雨花台区，无锡市锡山区、惠山区、滨湖区，盐城市东台市，镇江市扬中市、句容市；

  　　　　　浙江：杭州市西湖区，宁波市江北区、镇海区；

  　　　　　福建：福州国家森林公园；

  　　　　　山东：济宁市兖州区、泗水县、经济技术开发区；

  　　　　　陕西：咸阳市永寿县，渭南市华州区，延安市宜川县，安康市白河县。

  发生面积　2284 亩

  危害指数　0.3492

- 暮尘尺蛾 *Hypomecis roboraria*（Denis et Schiffermüller）

  寄　　主　榆树。

  分布范围　北京。

- 皱霜尺蛾 *Hypomecis roboraria displicens*（Butler）

  寄　　主　山杨，板栗，槲栎，辽东栎，旱榆，桑，苹果，蔷薇，柞木，桉树，女贞，泡桐。

分布范围　北京、河北、辽宁、吉林、浙江、江西、湖北、广东、四川、陕西、宁夏。

发生地点　河北：张家口市万全区；

　　　　　广东：肇庆市四会市，云浮市新兴县；

　　　　　四川：南充市西充县，巴中市通江县；

　　　　　陕西：渭南市华州区、潼关县、合阳县，汉中市汉台区、西乡县。

发生面积　460 亩

危害指数　0.3341

● **黑纹灰褐尺蛾** *Hypomecis transcissa*（**Walker**）

寄　　主　巨尾桉。

分布范围　广东。

● **钩翅尺蛾** *Hyposidra aquilaria*（**Walker**）

寄　　主　柳树，猴樟，樱花，台湾相思，黑荆树，云南金合欢，鸡冠刺桐，槐树，秋枫，山乌柏，山茶，油茶，茶，小果油茶，木荷，桉树，鸡蛋花。

分布范围　福建、江西、广东。

发生地点　福建：厦门市集美区、同安区、翔安区，莆田市城厢区、涵江区、荔城区、秀屿区、仙游县、湄洲岛，泉州市安溪县，龙岩市漳平市，福州国家森林公园。

发生面积　720 亩

危害指数　0.3333

● **大钩翅尺蛾** *Hyposidra talaca*（**Walker**）

寄　　主　木麻黄，榕树，台湾相思，黑荆树，云南金合欢，阳桃，柑橘，楝树，红背山麻杆，秋枫，黑面神，龙眼，台湾栾树，荔枝，山茶，油茶，茶，小果油茶，木荷，巨尾桉，蓝花楹。

分布范围　福建、广东、广西、海南、贵州。

发生地点　福建：厦门市海沧区，莆田市荔城区，泉州市安溪县，福州国家森林公园；

　　　　　广东：广州市从化区、增城区，湛江市遂溪县、廉江市，茂名市茂南区，肇庆市高要区、怀集县、德庆县、四会市，惠州市惠阳区、惠东县、仲恺区，梅州市大埔县，汕尾市陆河县、陆丰市，河源市东源县，清远市清新区，中山市，云浮市新兴县、云浮市属林场。

发生面积　20902 亩

危害指数　0.3614

● **截翅尺蛾** *Hypoxystis kozhantschikovi* Djakonov

寄　　主　山杨，截叶毛白杨，山核桃，桦木，苹果，梨。

分布范围　北京、河北、陕西。

发生地点　北京：顺义区；

　　　　　河北：张家口市赤城县；

　　　　　陕西：渭南市华州区、大荔县。

发生面积　612 亩

危害指数　0.3333

- **毛足姬尺蛾** *Idaea biselata*（Hufnagel）

寄　　主　青冈，苹果。

分布范围　北京、四川。

发生地点　四川：巴中市平昌县。

- **小红姬尺蛾** *Idaea muricata minor*（Sterneck）

寄　　主　山杨，核桃。

分布范围　北京、山西、山东、宁夏。

发生地点　北京：顺义区。

- **紫边姬尺蛾** *Idaea nielseni*（Hedemann）

寄　　主　野核桃，核桃。

分布范围　北京、山西。

发生地点　北京：顺义区。

- **褐阔边朱姬尺蛾** *Idaea sugillata*（Bastelberger）

寄　　主　马尾松。

分布范围　福建。

- **栓皮栎薄尺蛾** *Inurois fletcheri* Inoue

寄　　主　杨树，麻栎，栓皮栎，榆树，桑，桃，杏。

分布范围　河南、陕西、宁夏。

发生地点　河南：郑州市荥阳市，洛阳市嵩县，南阳市方城县、西峡县、淅川县，驻马店市泌
　　　　　　阳县；

　　　　　陕西：西安市长安区，商洛市商南县；

　　　　　宁夏：固原市原州区。

发生面积　15280 亩

危害指数　0.3928

- **青辐射尺蛾** *Iotaphora admirabilis*（Oberthür）

寄　　主　山杨，山核桃，野核桃，核桃楸，核桃，枫杨，桤木，桦木，榛子，板栗，茅栗，锥
　　　　　　栗，麻栎，小叶栎，栓皮栎，榆树，八角，苹果，李，梨，喜树，楸。

分布范围　东北，北京、河北、山西、浙江、福建、江西、河南、湖北、广西、重庆、四川、云
　　　　　　南、陕西、甘肃。

发生地点　北京：密云区；

　　　　　河北：邢台市沙河市，张家口市赤城县，雾灵山保护区；

　　　　　重庆：忠县、巫溪县；

　　　　　四川：南充市高坪区，广安市武胜县，巴中市恩阳区，凉山彝族自治州布拖县，卧龙
　　　　　　保护区；

　　　　　陕西：宁东林业局、太白林业局。

发生面积　　1869 亩

危害指数　　0.3335

- **黄辐射尺蛾** *Iotaphora iridicolor*（Butler）

寄　　　主　　杨树，柳树，山核桃，核桃楸，核桃，桦木，榛子，栎，青冈，郁李，油桐，水曲柳，楸。

分布范围　　东北，北京、天津、河北、重庆、四川、云南、西藏、陕西。

发生地点　　北京：密云区；

　　　　　　重庆：南岸区，巫溪县；

　　　　　　四川：遂宁市射洪县，广安市前锋区；

　　　　　　陕西：渭南市华州区，宁东林业局。

- **沙灰尺蛾** *Isturgia arenacearia*（Denis et Schiffermüler）

寄　　　主　　山杨，柳树，桦木，榆树，柳叶水锦树。

分布范围　　河北、陕西。

- **茶用克尺蛾** *Jankowskia athleta* Oberthüer

寄　　　主　　风桦，月季，刺槐，柑橘，油茶，茶。

分布范围　　江苏、浙江、山东、湖南、广东、贵州、陕西。

发生地点　　陕西：渭南市白水县。

- **小用克尺蛾** *Jankowskia fuscaria*（Leech）

寄　　　主　　湿地松，马尾松，罗汉松，板栗，刺栲，小叶栎，榕树，檀香，八角，肉桂，羊蹄甲，黄檀，降香，楝树，香椿，木棉，茶，木荷，土沉香，柠檬桉，大叶桉，细叶桉，巨桉，巨尾桉，柳窿桉，尾叶桉，木犀。

分布范围　　华东，中南，山西、内蒙古、甘肃。

发生地点　　广东：湛江市遂溪县、廉江市，肇庆市高要区、德庆县，惠州市惠东县，汕尾市陆河县、陆丰市，河源市源城区、龙川县、连平县、东源县，中山市，云浮市云城区、云安区、新兴县、云浮市属林场；

　　　　　　广西：南宁市良庆区、邕宁区、武鸣区、马山县、宾阳县、横县，柳州市柳江区，桂林市雁山区、临桂区、荔浦县，梧州市万秀区、苍梧县、藤县、蒙山县、岑溪市，北海市银海区、铁山港区、合浦县，防城港市港口区、防城区、上思县、东兴市，钦州市钦北区，贵港市港南区、覃塘区、平南县、桂平市，玉林市福绵区、容县、陆川县、博白县、兴业县、北流市，百色市右江区、田阳县、靖西市，贺州市八步区、昭平县，河池市金城江区、南丹县、凤山县、东兰县、罗城仫佬族自治县、环江毛南族自治县、巴马瑶族自治县、都安瑶族自治县、大化瑶族自治县，来宾市兴宾区、忻城县、象州县、武宣县、金秀瑶族自治县、合山市，崇左市江州区、扶绥县、宁明县、龙州县、大新县、天等县、凭祥市，七坡林场、东门林场、派阳山林场、钦廉林场、三门江林场、维都林场、黄冕林场、大桂山林场、六万林场、博白林场、雅长林场。

发生面积　　71020 亩

危害指数　0.3558

- **突尾尺蛾** *Jodis lactearia*（Linnaeus）

  中文异名　青突尾尺蛾

  寄　　主　白栎，长叶黄杨。

  分布范围　北京、江苏、浙江、湖南、四川。

  发生地点　江苏：盐城市响水县。

- **三角璃尺蛾** *Krananda latimarginaria* Leech

  寄　　主　垂叶榕，含笑花，猴樟，樟树，楠。

  分布范围　上海、江苏、浙江、江西、湖北、重庆。

  发生地点　上海：宝山区、浦东新区、松江区、青浦区、奉贤区，市辖县崇明县；

  　　　　　江苏：南京市玄武区，无锡市宜兴市，常州市天宁区、钟楼区、新北区，苏州市吴中区、昆山市、太仓市，南通市如皋市，扬州市邗江区、江都区、仪征市，镇江市句容市，淮安市洪泽区；

  　　　　　浙江：杭州市西湖区、淳安县，金华市磐安县、兰溪市，台州市黄岩区，丽水市庆元县。

  发生面积　3596 亩

  危害指数　0.3354

- **三斑璃尺蛾** *Krananda lucidaria* Leech

  寄　　主　罗汉松。

  分布范围　广东。

  发生地点　广东：韶关市武江区。

- **橄璃尺蛾** *Krananda oliveomarginata* Swinhoe

  寄　　主　天竺桂，槐树，丁香。

  分布范围　福建、广东、陕西。

  发生地点　福建：福州国家森林公园；

  　　　　　广东：韶关市武江区，云浮市罗定市。

- **玻璃尺蛾** *Krananda semihyalina* Moore

  寄　　主　核桃，柑橘，油茶，柿，木犀。

  分布范围　江西、湖北、广东、四川、陕西。

  发生地点　广东：云浮市罗定市；

  　　　　　四川：广安市武胜县。

- **四川淡网尺蛾** *Laciniodes denigrata abiens* Prout

  寄　　主　李。

  分布范围　北京、山西、内蒙古、四川、云南、西藏、甘肃、青海、宁夏。

- **栓皮栎波尺蛾** *Larerannis filipjevi* Wehrli

  中文异名　栎树尺蠖

  寄　　主　茅栗，栎，槲栎。

分布范围　江苏、河南、四川、陕西。

发生地点　江苏：盐城市东台市；

　　　　　四川：遂宁市安居区；

　　　　　陕西：宝鸡市高新技术开发区。

发生面积　159 亩

危害指数　0.5388

- 灰拟花尺蛾 *Larerannis orthogrammaria* **Wehrli**

寄　　主　落叶松，杨树，白桦，榆树，苹果，槐树，椴叶槭，白蜡树。

分布范围　甘肃、青海。

发生地点　青海：西宁市湟中县。

发生面积　8971 亩

危害指数　0.3333

- 中华鬃尺蛾 *Ligdia sinica* **Yang**

寄　　主　栎，刺槐。

分布范围　河北、辽宁。

发生地点　河北：张家口市赤城县。

发生面积　500 亩

危害指数　0.3333

- 中国巨青尺蛾 *Limbatochlamys rosthorni* **Rothschild**

寄　　主　马尾松，柏木，山杨，桦木，茅栗，锥栗，麻栎，小叶栎，栓皮栎，枫香，李，花椒，柿，黄荆。

分布范围　上海、江苏、浙江、福建、江西、湖北、湖南、广西、重庆、四川、云南、陕西。

发生地点　四川：凉山彝族自治州德昌县；

　　　　　陕西：渭南市华州区，宁东林业局、太白林业局。

发生面积　24 亩

危害指数　0.3472

- 缘点尺蛾 *Lomaspilis marginata*（**Linnaeus**）

寄　　主　山杨，柳树，桦木，榛子，栎，桑，梨，槭，黑桦鼠李。

分布范围　东北，北京、河北、湖北、重庆、陕西。

发生地点　河北：张家口市沽源县；

　　　　　重庆：北碚区、黔江区；

　　　　　陕西：渭南市华州区。

发生面积　270 亩

危害指数　0.3333

- 江西川冠尺蛾 *Lophophelma erionoma kiangsiensis*（**Chu**）

中文异名　江西垂耳尺蛾

寄　　主　樟树。

分布范围　浙江、江西、广东。

- 江浙冠尺蛾台湾亚种 *Lophophelma iterans onerosus*（Inoue）
  寄　　主　竹柏，鹅掌楸，栎，乌桕，茶。
  分布范围　河北、广东、陕西。
  发生地点　陕西：宁东林业局。

- 绿尖尾尺蛾 *Maxates hemitheoides*（Prout）
  寄　　主　桃。
  分布范围　吉林。

- 尖尾尺蛾 *Maxates illiturata*（Walker）
  寄　　主　桃，樱桃，绒毛胡枝子，冬青。
  分布范围　辽宁、四川、陕西。
  发生地点　四川：眉山市青神县。

- 线尖尾尺蛾 *Maxates protrusa*（Butler）
  寄　　主　杨树，桦木，桃，樱桃。
  分布范围　山西、辽宁、黑龙江、江苏、浙江、福建、湖南、广西、陕西。

- 默尺蛾 *Medasina corticaria photina* Wehrli
  寄　　主　山杨，栎，滇青冈，茶，桉树，女贞，王棕。
  分布范围　山西、辽宁、湖北、广东、陕西。
  发生地点　广东：肇庆市高要区、四会市，云浮市新兴县；
  　　　　　陕西：宁东林业局。

- 双斜线尺蛾 *Megaspilates mundataria*（Stoll）
  寄　　主　北京杨，山杨，箭杆杨，毛白杨，旱柳，核桃，白桦，榛子，波罗栎，蒙古栎，榆树，檫木，桃，杏，苹果，梨，刺槐，黄杨，黑桦鼠李，柞木，柿。
  分布范围　东北、北京、河北、山西、山东、陕西、宁夏、新疆。
  发生地点　北京：石景山区；
  　　　　　河北：张家口市万全区、张北县、沽源县、尚义县、赤城县；
  　　　　　陕西：西安市蓝田县，咸阳市彬县，渭南市华州区；
  　　　　　宁夏：固原市彭阳县；
  　　　　　新疆生产建设兵团：农四师68团。
  发生面积　2120亩
  危害指数　0.3335

- 刺槐眉尺蛾 *Meichihuo cihuai* Yang
  中文异名　刺槐眉尺蠖
  寄　　主　杨树，杏，苹果，梨，刺槐，毛刺槐，槐树，香椿，枣树。
  分布范围　河北、辽宁、山东、河南、陕西、甘肃、新疆。
  发生地点　山东：青岛市即墨市、莱西市，莱芜市钢城区；

河南：郑州市荥阳市、新郑市，洛阳市嵩县，平顶山市宝丰县、鲁山县、舞钢市，商丘市睢县。

发生面积　12460 亩

危害指数　0.3479

- 茶褐弭尺蠖 *Menophra anaplagiata* Sato

寄　　主　山杨，毛刺槐。

分布范围　江西、河南。

发生地点　江西：宜春市高安市。

- 柑橘尺蛾 *Menophra subplagiata*（Walker）

寄　　主　黑杨，猴樟，樟树，扁桃，梨，相思子，文旦柚，柑橘，油桐，油茶，桉树。

分布范围　北京、辽宁、江苏、浙江、福建、江西、山东、湖北、广东、广西、重庆、四川、陕西。

发生地点　江苏：盐城市东台市，镇江市句容市；

山东：聊城市东阿县；

广东：清远市连山壮族瑶族自治县、英德市、连州市，云浮市罗定市；

广西：南宁市江南区；

重庆：巴南区；

四川：遂宁市船山区。

发生面积　3718 亩

危害指数　0.3434

- 草莓尺蛾 *Mesoleuca albicillata*（Linnaeus）

寄　　主　钻天杨，悬钩子。

分布范围　东北，河北、内蒙古、陕西、宁夏。

发生地点　河北：保定市顺平县；

陕西：渭南市华州区。

- 白棒后星尺蛾 *Metabraxas coryneta* Swinhoe

寄　　主　构树，天竺桂。

分布范围　广东、四川。

发生地点　四川：乐山市犍为县，宜宾市南溪区、珙县、筠连县。

- 豆纹尺蛾 *Metallolophia arenaria*（Leech）

寄　　主　黄连木。

分布范围　河北、浙江、福建、江西、湖南、四川、云南。

- 橙带蓝尺蛾 *Milionia basalis pryeri* Druce

寄　　主　杉木，罗汉松，竹柏，木犀，短叶水石榕。

分布范围　广东、广西。

发生地点　广东：深圳市龙岗区，肇庆市鼎湖区、高要区、广宁县、四会市、肇庆市属林场，阳

　　　　　　 江市阳春市，清远市英德市、连州市，东莞市，中山市，云浮市新兴县；

　　　　广西：桂林市荔浦县、灌阳县，贺州市八步区，黄冕林场、博白林场。

发生面积　5707 亩

危害指数　0.3467

● **三岔绿尺蛾** *Mixochlora vittata*（Moore）

寄　　主　石栎，栎，麻栎，栓皮栎，青冈。

分布范围　江苏、浙江、江西、湖北、湖南、广东、海南、四川、云南、陕西。

● **聚线皎尺蛾** *Myrteta sericea*（Butler）

寄　　主　山茶，油茶，小果油茶，木荷。

分布范围　福建、江西。

发生地点　福建：厦门市同安区、翔安区，福州国家森林公园。

● **清波皎尺蛾** *Myrteta tinagmaria* Guenée

寄　　主　栎。

分布范围　陕西。

● **刺槐尺蠖** *Napocheima robiniae* Chu

寄　　主　山杨，钻天杨，桦木，榆树，桑，刺槐，毛刺槐，槐树。

分布范围　河北、山西、辽宁、江苏、安徽、山东、河南、湖北、湖南、四川、陕西、甘肃、宁
夏、新疆。

发生地点　河北：唐山市古冶区，邯郸市磁县，邢台市南和县，保定市阜平县、唐县、易县、安
国市，廊坊市大城县；

　　　　山西：运城市垣曲县；

　　　　辽宁：大连市金普新区、庄河市；

　　　　江苏：南京市浦口区；

　　　　安徽：阜阳市颍州区、颍东区，亳州市利辛县；

　　　　山东：泰安市宁阳县，威海市环翠区，莱芜市钢城区，菏泽市定陶区、巨野县、郓
城县；

　　　　河南：郑州市中牟县，开封市尉氏县，洛阳市嵩县、汝阳县、宜阳县，平顶山市新华
区、叶县、郏县、舞钢市，新乡市新乡县，许昌市禹州市，三门峡市灵宝市，
南阳市淅川县，济源市、汝州市；

　　　　湖南：张家界市永定区；

　　　　陕西：西安市灞桥区、户县，宝鸡市凤翔县、岐山县、眉县、陇县、千阳县、麟游
县，咸阳市泾阳县、礼泉县、永寿县、彬县、旬邑县，渭南市潼关县、合阳
县，延安市子长县、安塞县、志丹县、吴起县、洛川县、黄龙县，安康市白河
县，商洛市商州区、丹凤县、镇安县，韩城市；

　　　　甘肃：金昌市金川区，天水市麦积区、清水县、秦安县、甘谷县、武山县，平凉市灵
台县、华亭县、静宁县，庆阳市西峰区、华池县、合水县、镇原县，陇南市礼
县、徽县；

宁夏：吴忠市青铜峡市。

发生面积　224656 亩

危害指数　0.3827

- **点贞尺蛾** *Naxa angustaria* **Leech**

寄　　主　核桃，油樟，苹果，柑橘，花椒，木犀。

分布范围　北京、福建、江西、四川、贵州。

发生地点　北京：密云区；

　　　　　福建：三明市三元区；

　　　　　四川：乐山市犍为县，宜宾市翠屏区、南溪区、宜宾县；

　　　　　贵州：遵义市余庆县。

发生面积　118 亩

危害指数　0.3616

- **女贞尺蛾** *Naxa seriaria*（**Motschulsky**）

中文异名　桂花尺蠖

寄　　主　落叶松，柳杉，垂柳，黑弹树，天竺桂，桃，石楠，绒毛胡枝子，黄杨，椴树，油茶，
　　　　　茶，合果木，柞木，紫薇，柳兰，杜鹃，水曲柳，白蜡树，女贞，水蜡树，小叶女
　　　　　贞，木犀，紫丁香，暴马丁香，白丁香，荆条，泡桐。

分布范围　东北，北京、河北、山西、江苏、浙江、安徽、福建、江西、山东、河南、湖北、湖
　　　　　南、广西、四川、贵州、陕西、宁夏。

发生地点　北京：东城区、石景山区、密云区；

　　　　　河北：石家庄市井陉县，邢台市邢台县，保定市唐县、安国市，张家口市沽源县、怀
　　　　　　　　来县、赤城县，承德市丰宁满族自治县，定州市；

　　　　　辽宁：抚顺市新宾满族自治县；

　　　　　黑龙江：佳木斯市富锦市；

　　　　　浙江：杭州市西湖区，衢州市常山县，台州市椒江区，丽水市莲都区、松阳县；

　　　　　安徽：阜阳市颍上县；

　　　　　福建：三明市尤溪县、将乐县；

　　　　　江西：景德镇市昌江区，萍乡市湘东区，新余市分宜县，鹰潭市贵溪市，抚州市金
　　　　　　　　溪县；

　　　　　山东：菏泽市定陶区、单县、郓城县；

　　　　　河南：郑州市荥阳市、新郑市，洛阳市嵩县，许昌市许昌县、禹州市、长葛市，漯河
　　　　　　　　市源汇区，南阳市南召县、内乡县，商丘市虞城县，驻马店市上蔡县；

　　　　　湖北：黄冈市龙感湖；

　　　　　湖南：邵阳市洞口县，张家界市武陵源区，益阳市资阳区、桃江县，郴州市北湖区，
　　　　　　　　怀化市芷江侗族自治县，湘西土家族苗族自治州泸溪县、保靖县；

　　　　　广西：桂林市灵川县；

　　　　　四川：遂宁市大英县，雅安市雨城区；

　　　　　陕西：咸阳市兴平市，渭南市白水县，商洛市丹凤县；

宁夏：吴忠市盐池县。

发生面积　13616 亩

危害指数　0.3483

- **双线新青尺蛾** *Neohipparchus vallata*（**Butler**）

寄　　主　板栗，麻栎，波罗栎，栓皮栎，梅，茉莉花。

分布范围　山西、辽宁、江苏、浙江、福建、江西、湖北、湖南、四川、云南、西藏、陕西、甘肃。

发生地点　湖北：黄冈市罗田县。

- **泼墨尺蛾** *Ninodes splendens*（**Butler**）

寄　　主　朴树。

分布范围　北京、江苏。

发生地点　北京：顺义区；

江苏：南京市玄武区。

- **巨豹纹尺蛾** *Obeidia gigantearia* **Leech**

中文异名　豹纹蛾

寄　　主　华山松，马尾松，云南松，柏木，杨，核桃，锥栗，栎，青冈，朴树，榆树，构树，枫香，蔷薇，刺槐，枣树，茶，沙棘，黄荆，栀子，粗榧，油桐，合果木，桉树。

分布范围　江苏、浙江、福建、江西、河南、湖北、湖南、重庆、四川、陕西、甘肃、宁夏。

发生地点　江苏：镇江市润州区；

浙江：宁波市象山县；

湖南：娄底市新化县；

重庆：万州区、南岸区、北碚区、永川区、铜梁区，丰都县、奉节县、巫溪县；

陕西：西安市临潼区、蓝田县、周至县，渭南市潼关县、大荔县、合阳县，太白林业局；

宁夏：固原市彭阳县，中卫市中宁县。

发生面积　632 亩

危害指数　0.3861

- **撒旦豹纹尺蛾** *Obeidia lucifera extranigricans* **Wehrli**

中文异名　撒旦豹天纹尺蛾

寄　　主　华山松，马尾松，云南松，山杨，核桃，槭，木芙蓉。

分布范围　四川、陕西。

发生地点　四川：德阳市罗江县，巴中市南江县、平昌县；

陕西：咸阳市秦都区、乾县、长武县、武功县，宁东林业局、太白林业局。

发生面积　234 亩

危害指数　0.3362

- **择长翅尺蛾** *Obeidia tigrata*（**Guenée**）

寄　　主　棉花柳，板栗，栎，茶，桉树。

分布范围　江苏、福建、湖南、广东、重庆、四川、陕西。

发生地点　江苏：南京市江宁区，镇江市句容市；

　　　　　福建：漳州市平和县；

　　　　　湖南：永州市双牌县；

　　　　　陕西：咸阳市秦都区，太白林业局。

发生面积　157 亩

危害指数　0. 3333

- **大斑豹纹尺蛾** *Obeidia tigrata maxima* **Inoue**

　中文异名　虎鄂尺蛾

　寄　　主　山杨，柳树，茅栗，麻栎，小叶栎，栓皮栎，猴樟，樟树，樱花，刺槐，漆树，木犀。

　分布范围　浙江、安徽、湖北、广东、四川、陕西。

　发生地点　浙江：宁波市鄞州区；

　　　　　　安徽：合肥市包河区；

　　　　　　广东：云浮市罗定市；

　　　　　　陕西：咸阳市旬邑县。

　发生面积　1238 亩

　危害指数　0. 3333

- **洼长翅尺蛾** *Obeidia vagipardata* **Walker**

　寄　　主　枸骨。

　分布范围　福建。

　发生地点　福建：福州国家森林公园。

- **白眉黑尺蛾** *Odezia atrata*（**Linnaeus**）

　寄　　主　山核桃，猴樟，苹果。

　分布范围　河北、吉林、黑龙江、陕西。

　发生地点　河北：邢台市沙河市；

　　　　　　黑龙江：佳木斯市富锦市。

　发生面积　405 亩

　危害指数　0. 4979

- **枯黄贡尺蛾** *Odontopera arida*（**Butler**）

　寄　　主　蔷薇。

　分布范围　北京、河北、上海、福建。

　发生地点　河北：邢台市沙河市。

- **贡尺蛾** *Odontopera aurata* **Prout**

　寄　　主　山杨，柳树，桦木，酸模，李，刺槐，槐树，柑橘，勾儿茶，茶，柿。

　分布范围　河北、湖北、四川、西藏、陕西、宁夏。

　发生地点　河北：张家口市沽源县、怀来县；

　　　　　　四川：乐山市金口河区、峨眉山市，南充市嘉陵区，阿坝藏族羌族自治州黑水县，甘孜藏族自治州康定市；

西藏：山南市乃东县；

陕西：咸阳市彬县、长武县，渭南市华州区、潼关县、白水县，宁东林业局。

发生面积　1891 亩

危害指数　0.3333

- **茶贡尺蛾** *Odontopera bilinearia coryphodes*（Wehrli）

寄　　主　柳树，桤木，勾儿茶，茶。

分布范围　浙江、江西、四川、陕西、甘肃。

发生地点　四川：凉山彝族自治州布拖县；

陕西：宁东林业局。

发生面积　953 亩

危害指数　0.3333

- **乌贡尺蛾** *Odontopera urania*（Wehrli）

寄　　主　银白杨，藏川杨，白柳，皂柳。

分布范围　西藏。

发生地点　西藏：日喀则市吉隆县。

- **核桃四星尺蛾** *Ophthalmitis albosignaria*（Bermer et Grey）

中文异名　核桃星尺蛾

寄　　主　山杨，钻天杨，山核桃，薄壳山核桃，野核桃，核桃楸，核桃，枫杨，板栗，栎，樟树，香椿，黄连木，栾树，柿。

分布范围　东北、北京、河北、山西、江苏、浙江、安徽、江西、河南、湖北、湖南、重庆、四川、贵州、云南、陕西、甘肃。

发生地点　北京：石景山区、密云区；

河北：邢台市沙河市，张家口市涿鹿县；

江苏：无锡市宜兴市；

浙江：温州市鹿城区、龙湾区，舟山市嵊泗县；

湖北：宜昌市兴山县；

湖南：常德市澧县；

重庆：城口县、丰都县、巫溪县、彭水苗族土家族自治县；

四川：遂宁市大英县，广安市前锋区；

陕西：西安市周至县，咸阳市旬邑县，汉中市汉台区、西乡县，宁东林业局、太白林业局。

发生面积　4320 亩

危害指数　0.4186

- **锯纹四星尺蛾** *Ophthalmitis herbidaria*（Guenée）

寄　　主　野海棠。

分布范围　上海、浙江、福建、江西、湖北、湖南、海南、四川、云南、陕西。

发生地点　　浙江：宁波市象山县。

- **四星尺蛾 _Ophthalmitis irrorataria_（Bremer et Grey）**

寄　　主　　杨树，核桃，白桦，蒙古栎，桑，桃，边青，垂丝海棠，西府海棠，苹果，海棠花，李，沙梨，文旦柚，柑橘，铁海棠，鼠李，枣树，秋海棠，野海棠，香果树。

分布范围　　东北、北京、河北、江苏、浙江、福建、江西、湖北、广东、广西、重庆、四川、云南、陕西、甘肃、宁夏。

发生地点　　河北：唐山市乐亭县，邢台市沙河市，张家口市赤城县；

　　　　　　江苏：苏州市高新技术开发区；

　　　　　　浙江：杭州市西湖区，丽水市松阳县；

　　　　　　湖北：荆州市洪湖市；

　　　　　　广东：韶关市武江区；

　　　　　　重庆：黔江区、江津区，垫江县；

　　　　　　四川：广安市武胜县，甘孜藏族自治州泸定县；

　　　　　　陕西：咸阳市旬邑县，宁东林业局、太白林业局；

　　　　　　甘肃：金昌市金川区。

发生面积　　17690 亩

危害指数　　0.3335

- **中华四星尺蛾 _Ophthalmitis sinensium_（Oberthür）**

中文异名　　中华星尺蛾、绿四星尺蛾

拉丁异名　　_Ophthalmitis lushanaria_ Sato

寄　　主　　山杨，山核桃，核桃，苹果，海棠花，刺槐，柑橘。

分布范围　　江苏、浙江、安徽、江西、河南、湖北、湖南、广东、广西、四川、云南、西藏、陕西、甘肃。

发生地点　　江苏：无锡市宜兴市；

　　　　　　江西：南昌市安义县；

　　　　　　四川：凉山彝族自治州盐源县；

　　　　　　陕西：宁东林业局、太白林业局。

- **黑刺斑黄尺蛾 _Opisthograptis moelleri_ Warren**

寄　　主　　柳树，葡萄。

分布范围　　四川、陕西。

- **泛尺蛾 _Orthonama obstipata_（Fabricius）**

寄　　主　　羊蹄甲。

分布范围　　北京、河北、湖南。

发生地点　　北京：顺义区。

- **叉尾尺蛾 _Ourapteryx brachycera_ Wehrli**

寄　　主　　冷杉，云杉，粗榧，大叶杨，三叉刺，黄栌。

分布范围　　江西、四川、陕西。

发生地点　四川：雅安市天全县；

　　　　　　陕西：渭南市华州区，宁东林业局、太白林业局。

● **张氏尾尺蛾** *Ourapteryx changi* Inoue

寄　　主　茅栗，锥栗，麻栎，小叶栎，栓皮栎，桑。

分布范围　江西、湖北、重庆。

● **栉尾尺蛾** *Ourapteryx maculicaudaria*（Motschulsky）

寄　　主　雪松，柳树，榆树，山楂，苹果，刺槐。

分布范围　辽宁、江西、湖北、陕西。

发生地点　陕西：渭南市华州区。

● **点尾尺蛾** *Ourapteryx nigrociliaris*（Leech）

寄　　主　三尖杉，云南松，粗榧，核桃，刺槐，枣树。

分布范围　东北，浙江、安徽、江西、河南、湖北、四川、云南、陕西、甘肃、宁夏。

发生地点　河南：洛阳市洛宁县，三门峡市卢氏县、灵宝市；

　　　　　　四川：攀枝花市仁和区；

　　　　　　陕西：西安市蓝田县，渭南市大荔县，商洛市柞水县，太白林业局；

　　　　　　甘肃：小陇山林业实验管理局。

发生面积　2624 亩

危害指数　0.5089

● **雪尾尺蛾** *Ourapteryx nivea* Butler

寄　　主　粗榧，山杨，桦木，板栗，辽东栎，栓皮栎，青冈，朴树，榆树，桑，厚朴，月季，刺槐，长叶黄杨，冬青，枣树，锦葵，紫薇，阔叶夹竹桃，栀子。

分布范围　北京、天津、河北、山西、辽宁、黑龙江、上海、江苏、浙江、安徽、福建、江西、河南、湖北、重庆、四川、贵州、陕西、宁夏。

发生地点　河北：邢台市沙河市，张家口市沽源县、怀来县、赤城县；

　　　　　　上海：嘉定区、金山区、松江区；

　　　　　　江苏：无锡市宜兴市，盐城市阜宁县；

　　　　　　浙江：杭州市西湖区，宁波市鄞州区、慈溪市，温州市平阳县，衢州市常山县，台州市仙居县、临海市；

　　　　　　江西：萍乡市安源区、湘东区、莲花县、上栗县、芦溪县；

　　　　　　重庆：万州区；

　　　　　　四川：南充市顺庆区、高坪区、西充县，眉山市仁寿县，广安市武胜县，雅安市石棉县、天全县、芦山县，巴中市巴州区，凉山彝族自治州盐源县，卧龙保护区；

　　　　　　陕西：西安市周至县，咸阳市彬县、长武县、旬邑县，渭南市华州区、白水县、华阴市，宁东林业局、太白林业局。

发生面积　13441 亩

危害指数　0.4006

- **波尾尺蛾** *Ourapteryx persica* Ménétriès
  - 寄　　主　杉木，粗榧，杨树，榆树，李，红果树，槐树。
  - 分布范围　黑龙江、浙江、湖北、广西、重庆、云南、陕西、甘肃。
  - 发生地点　黑龙江：佳木斯市富锦市；
  - 　　　　　浙江：宁波市象山县；
  - 　　　　　湖北：荆州市洪湖市；
  - 　　　　　重庆：巴南区；
  - 　　　　　陕西：渭南市华州区。
  - 发生面积　1518 亩
  - 危害指数　0.3597

- **接骨木尾尺蛾** *Ourapteryx sambucaria*（Linnaeus）
  - 中文异名　接骨木尺蛾
  - 寄　　主　山杨，柳树，桤木，麻栎，李，蔷薇，椴树，柞木，忍冬，接骨木。
  - 分布范围　东北，河北、山西、福建、江西、湖北、广东、四川、陕西。
  - 发生地点　四川：凉山彝族自治州布拖县。
  - 发生面积　1948 亩
  - 危害指数　0.3333

- **淡黄双斑尾尺蛾** *Ourapteryx yerburii virescens*（Matsumura）
  - 中文异名　盛尾尺蛾
  - 寄　　主　日本落叶松，马尾松，核桃，栎，青冈，枫香，梨，刺槐，槐树，黄栌，栾树，茶，木犀。
  - 分布范围　江西、湖南、重庆。
  - 发生地点　重庆：涪陵区、大渡口区、南岸区、永川区、铜梁区，忠县、巫溪县。
  - 发生面积　579 亩
  - 危害指数　0.3333

- **金星垂耳尺蛾** *Pachyodes amplificata*（Walker）
  - 寄　　主　日本落叶松，马尾松，山杨，垂柳，枫杨，板栗，栎，栎子青冈，猴樟，樟树，海桐，杜仲，石楠，刺槐，长叶黄杨，黄杨，卫矛，栾树，无患子，栀子。
  - 分布范围　辽宁、江苏、浙江、安徽、福建、江西、湖北、湖南、广东、广西、重庆、四川、陕西、甘肃。
  - 发生地点　江苏：南京市浦口区、雨花台区、江宁区、六合区，常州市天宁区、钟楼区、新北区，淮安市清江浦区，扬州市高邮市；
  - 　　　　　浙江：杭州市西湖区，宁波市象山县，温州市鹿城区、龙湾区、平阳县、瑞安市，嘉兴市嘉善县，舟山市岱山县，台州市仙居县；
  - 　　　　　四川：德阳市罗江县，南充市顺庆区，眉山市仁寿县。
  - 发生面积　21844 亩
  - 危害指数　0.4464

● **柿星尺蛾** *Parapercnia giraffata*（Guenée）

中文异名 巨星尺蛾

寄　　主 落叶松，柳杉，山杨，黑杨，垂柳，旱柳，山核桃，核桃楸，核桃，板栗，榔榆，榆树，桑，桃，杏，野山楂，山楂，苹果，李，梨，刺槐，槐树，花椒，臭椿，香椿，黄杨，黄连木，枸骨，枣树，酸枣，枱木，木荷，尾叶桉，柿，花曲柳，油橄榄，泡桐。

分布范围 华东，北京、天津、河北、山西、辽宁、吉林、河南、湖北、广东、广西、重庆、四川、陕西、宁夏。

发生地点 北京：石景山区、顺义区、密云区；

　　　　 河北：石家庄市井陉县，邢台市沙河市，衡水市桃城区，定州市；

　　　　 上海：宝山区；

　　　　 江苏：南京市栖霞区、江宁区，无锡市宜兴市，镇江市新区、润州区、丹徒区、丹阳市；

　　　　 浙江：杭州市桐庐县，宁波市江北区、北仑区、鄞州区、象山县、宁海县、余姚市，温州市鹿城区，嘉兴市秀洲区，台州市黄岩区、三门县、临海市，丽水市松阳县；

　　　　 安徽：安庆市宜秀区；

　　　　 福建：泉州市安溪县；

　　　　 江西：宜春市高安市，上饶市广丰区；

　　　　 山东：莱芜市钢城区；

　　　　 河南：郑州市荥阳市；

　　　　 广东：韶关市武江区，云浮市罗定市；

　　　　 广西：百色市靖西市；

　　　　 重庆：万州区、巴南区、黔江区，奉节县、巫溪县、酉阳土家族苗族自治县；

　　　　 四川：遂宁市大英县，巴中市通江县，甘孜藏族自治州泸定县；

　　　　 陕西：西安市蓝田县、周至县，咸阳市秦都区、三原县、长武县，渭南市华州区，安康市白河县，宁东林业局、太白林业局；

　　　　 宁夏：固原市彭阳县。

发生面积 13541 亩

危害指数 0.3976

● **海绿尺蛾** *Pelagodes antiquadraria*（Inoue）

寄　　主 山杨，麻栎，槲栎，小叶栎，栓皮栎，野海棠。

分布范围 浙江、福建、江西、湖北、广西。

发生地点 浙江：宁波市象山县；

　　　　 江西：宜春市高安市。

● **亚海绿尺蛾** *Pelagodes proquadraria*（Inoue）

寄　　主 麻栎，小叶栎，栓皮栎。

分布范围 中南，福建、江西。

- **驼尺蛾** *Pelurga comitata*（Linnaeus）

  寄　　主　榆树，梨。

  分布范围　东北，北京、河北、内蒙古、四川、甘肃、青海、宁夏、新疆。

  发生地点　河北：唐山市乐亭县。

- **长缘星尺蛾** *Percnia longitermen* Prout

  寄　　主　麻栎，小叶栎，栓皮栎。

  分布范围　湖北。

- **南方散斑点尺蛾** *Percnia luridaria meridionalis* Wehrli

  中文异名　南方散点尺蛾

  寄　　主　桉树，女贞，丁香。

  分布范围　广东。

  发生地点　广东：云浮市新兴县。

- **烟胡麻斑星尺蛾** *Percnia suffusa* Wileman

  寄　　主　马尾松，滇青冈，山茶，王棕。

  分布范围　福建、广东、四川、陕西。

  发生地点　广东：肇庆市四会市，汕尾市陆河县；

  　　　　　四川：成都市都江堰市。

- **针叶霜尺蛾** *Peribatodes secundaria*（Denis et Schiffermüller）

  寄　　主　雪松，落叶松，云杉，马尾松，杨树，桦木，刺槐，椴树。

  分布范围　东北，山东、四川、陕西。

  发生地点　山东：济宁市兖州区；

  　　　　　陕西：渭南市华州区、合阳县。

  发生面积　690 亩

  危害指数　0.3333

- **白桦尺蛾** *Phigalia djakonovi* Moltrecht

  中文异名　白桦尺蠖

  寄　　主　山杨，柳树，黑桦，垂枝桦，白桦，天山桦，刺槐，黑桦鼠李，柞木，杜鹃。

  分布范围　河北、内蒙古、辽宁、黑龙江、山东、陕西、甘肃、青海、新疆。

  发生地点　内蒙古：包头市固阳县，赤峰市克什克腾旗，呼伦贝尔市陈巴尔虎旗、额尔古纳市、乌奴耳林业局，乌兰察布市四子王旗；

  　　　　　辽宁：锦州市闾山保护区；

  　　　　　山东：潍坊市坊子区；

  　　　　　陕西：渭南市白水县；

  　　　　　甘肃：兴隆山保护区；

  　　　　　青海：西宁市大通回族土族自治县，海东市化隆回族自治县，海北藏族自治州门源回族自治县，海南藏族自治州同德县、兴海县；

  　　　　　新疆：博尔塔拉蒙古自治州夏尔希里保护区、哈日吐热格林场；

内蒙古大兴安岭林业管理局：克一河林业局、北大河林业局。

发生面积　144608 亩

危害指数　0.4430

- **桑尺蛾** *Phthonandria atrilineate*（Butler）

寄　　主　榆树，桑，樱桃，苹果。

分布范围　北京、天津、上海、江苏、浙江、江西、山东、四川。

发生地点　北京：通州区、顺义区、大兴区、密云区；

河北：石家庄市井陉县，唐山市乐亭县，沧州市河间市，河北省地级单位雾灵山自然保护区；

内蒙古：通辽市科尔沁左翼后旗；

江苏：常州市天宁区、钟楼区、新北区；

浙江：宁波市鄞州区；

江西：萍乡市莲花县；

四川：南充市西充县，广安市前锋区、武胜县。

发生面积　6697 亩

危害指数　0.3410

- **角顶尺蛾** *Phthonandria emaria*（Bremer）

寄　　主　云杉，杨树，桦木，蒙古栎，榆树，桑，李，刺槐，槐树。

分布范围　北京、河北、辽宁、山东。

发生地点　北京：顺义区、密云区；

河北：张家口市沽源县、赤城县。

发生面积　635 亩

危害指数　0.3627

- **槭烟尺蛾** *Phthonosema invenustaria* Leech

寄　　主　柳树，板栗，杏，樱桃，苹果，李，漆树，卫矛，槭。

分布范围　河北、辽宁、吉林、福建、广东、四川、陕西。

发生地点　河北：张家口市赤城县；

广东：云浮市新兴县；

四川：广安市前锋区，巴中市通江县；

陕西：西安市周至县，渭南市合阳县，宁东林业局。

发生面积　963 亩

危害指数　0.3333

- **锯线烟尺蛾** *Phthonosema serratilinearia*（Leech）

中文异名　锯线尺蛾

寄　　主　山杨，垂柳，苹果。

分布范围　北京、天津、江苏、浙江、山东、湖北、四川、贵州。

发生地点　北京：顺义区。

- **苹果烟尺蛾** *Phthonosema tendinosaria*（Bremer）

中文异名　苹烟尺蛾

寄　　主　柳树，桦木，板栗，蒙古栎，青冈，榆树，桑，桃，日本晚樱，苹果，李，梨，蔷薇，合欢，刺槐，毛刺槐，槐树，花椒，臭椿，三角槭，酸枣，柞木，杜鹃，柿。

分布范围　东北，北京、河北、山西、内蒙古、江苏、安徽、湖北、四川、陕西、宁夏。

发生地点　北京：密云区；

　　　　　河北：唐山市乐亭县，张家口市赤城县，沧州市黄骅市、河间市；

　　　　　内蒙古：通辽市科尔沁左翼后旗；

　　　　　江苏：南京市高淳区，无锡市滨湖区，常州市天宁区、钟楼区、新北区，苏州市高新技术开发区，淮安市金湖县；

　　　　　四川：凉山彝族自治州布拖县；

　　　　　陕西：渭南市华州区、潼关县、合阳县、白水县，汉中市汉台区，宁东林业局。

发生面积　2570 亩

危害指数　0.3333

- **粉尺蛾** *Pingasa alba* Swinhoe

寄　　主　杨树，桤木，桑，文旦柚，油桐，枣树，木棉，栀子。

分布范围　山西、辽宁、江苏、浙江、福建、江西、湖北、湖南、广东、广西、四川、贵州、云南、陕西。

发生地点　江苏：无锡市宜兴市；

　　　　　广东：肇庆市四会市；

　　　　　四川：乐山市马边彝族自治县；

　　　　　陕西：渭南市华州区。

发生面积　74 亩

危害指数　0.5856

- **斧木纹尺蛾** *Plagodis dolabraria*（Linnaeus）

寄　　主　杨树。

分布范围　黑龙江、江苏、浙江、湖北、湖南、四川、甘肃。

- **八角尺蛾** *Pogonopygia nigralbata* Warren

中文异名　八角尺蠖、双冠尺蛾

拉丁异名　*Dilophodes elegans*（Butler）

寄　　主　枫杨，麻栎，八角，巨尾桉。

分布范围　河北、广东、广西、重庆、四川、陕西。

发生地点　广西：南宁市武鸣区、上林县，柳州市三江侗族自治县，梧州市苍梧县、藤县、蒙山县、岑溪市，防城港市防城区、上思县，钦州市灵山县、浦北县，贵港市桂平市，玉林市福绵区、容县、博白县、兴业县、北流市、玉林市大容山林场，百色市右江区、田林县、靖西市，贺州市昭平县，河池市南丹县、凤山县、东兰县、罗城仫佬族自治县，来宾市金秀瑶族自治县，崇左市宁明县、龙州县、大新县、天等县、凭祥市，高峰林场、派阳山林场、六万林场、博白林场、雅长林场；

重庆：涪陵区；

四川：遂宁市安居区。

发生面积　21419亩

危害指数　0.3440

- **双目白姬尺蛾** *Problepsis albidior* **Warren**

中文异名　白眼尺蛾

寄　　主　山杨，栎，青冈，多花蔷薇，槐树，香椿，紫薇，小叶桴，小叶女贞，小蜡。

分布范围　中南，江苏、浙江、江西、四川、陕西。

发生地点　江苏：盐城市东台市；

江西：宜春市高安市。

发生面积　101亩

危害指数　0.3333

- **指眼尺蛾** *Problepsis crassinotata* **Prout**

寄　　主　榆树。

分布范围　上海、江西、湖南、陕西。

发生地点　湖南：娄底市新化县。

- **黑条眼尺蛾** *Problepsis diazoma* **Prout**

中文异名　长眉眼尺蛾

寄　　主　杨树，柳树，蒙古栎，榆树，桑，猴樟，樱桃，梨，合欢，绒毛胡枝子，长叶黄杨，冬青卫矛，木槿，柞木，女贞，木犀。

分布范围　北京、河北、辽宁、黑龙江、上海、江苏、安徽、江西、山东、湖北。

发生地点　北京：东城区、密云区；

河北：邢台市沙河市，张家口市涿鹿县、赤城县；

上海：宝山区；

江苏：南京市玄武区、栖霞区，无锡市锡山区，常州市天宁区、钟楼区、新北区、武进区，镇江市句容市，泰州市姜堰区；

安徽：合肥市庐阳区。

发生面积　1297亩

危害指数　0.3333

- **猫眼尺蛾** *Problepsis superans*（**Butler**）

寄　　主　山杨，柳树，山柳，枫杨，蒙古栎，桑，杏，柑橘，油桐，黄栌，白蜡树，女贞，水蜡树，小叶女贞。

分布范围　东北，北京、江苏、浙江、安徽、江西、湖北、湖南、重庆、四川、西藏、陕西、甘肃。

发生地点　浙江：宁波市镇海区、鄞州区；

湖南：岳阳市岳阳县；

四川：南充市顺庆区、高坪区，广安市前锋区；

陕西：宁东林业局。

发生面积　　10010 亩

危害指数　　0.4332

- **平眼尺蛾 *Problepsis vulgaris* Butler**

  寄　　主　栎。

  分布范围　浙江。

  发生地点　浙江：宁波市象山县。

- **仿金星尺蛾 *Pseudabraxas taiwana* Inoue**

  寄　　主　垂叶榕，桃。

  分布范围　四川、陕西。

  发生地点　陕西：渭南市华州区。

- **褐斑黄普尺蛾 *Pseudomiza aurata* Wileman**

  中文异名　顶斑黄普尺蛾

  寄　　主　栎，白花泡桐。

  分布范围　重庆、四川。

  发生地点　四川：凉山彝族自治州盐源县。

- **灰褐普尺蛾 *Pseudomiza obliquaria*（Leech）**

  寄　　主　榆树。

  分布范围　浙江。

  发生地点　浙江：宁波市象山县。

- **蒿杆三角尺蛾 *Pseudostegania straminearia*（Leech）**

  寄　　主　樟树。

  分布范围　山西、福建、广东、四川、云南、陕西。

- **双珠严尺蛾 *Pylargosceles steganioides*（Butler）**

  寄　　主　白蔷薇，秋海棠。

  分布范围　北京、江苏、湖南。

  发生地点　北京：顺义区；

  　　　　　江苏：南京市玄武区。

- **金星汝尺蛾 *Rheumaptera abraxidia*（Hampson）**

  寄　　主　冬青卫矛。

  分布范围　福建、广东。

  发生地点　广东：惠州市惠阳区。

- **白斑汝尺蛾 *Rheumaptera albiplaga*（Oberthür）**

  寄　　主　旱榆。

分布范围　四川、云南、西藏、甘肃、青海、宁夏。

发生地点　西藏：拉萨市林周县。

- **黑白汝尺蛾** *Rheumaptera hastata*（**Linnaeus**）

寄　　主　桦木。

分布范围　河北、内蒙古、吉林、黑龙江、四川、云南。

发生地点　河北：张家口市沽源县。

发生面积　338 亩

危害指数　0.5010

- **中国佐尺蛾** *Rikiosatoa vandervoordeni*（**Prout**）

寄　　主　油茶。

分布范围　福建、江西、湖南。

发生地点　福建：福州国家森林公园。

- **三线沙尺蛾** *Sarcinodes aequilinearia*（**Walker**）

寄　　主　柑橘，柿。

分布范围　山西、江西、湖南。

- **二线沙尺蛾** *Sarcinodes carnearia* **Guenée**

寄　　主　山杨，柳树，桑，梨。

分布范围　浙江、江西、重庆、陕西。

发生地点　江西：宜春市高安市。

- **一线沙尺蛾** *Sarcinodes restitutaria* **Walker**

寄　　主　山杨，柑橘。

分布范围　浙江、福建、江西、湖南、广东、宁夏。

发生地点　江西：宜春市高安市；

　　　　　广东：云浮市郁南县；

　　　　　宁夏：固原市彭阳县。

- **八重山沙尺蛾** *Sarcinodes yaeyamana* **Inoue**

寄　　主　杉木。

分布范围　湖南、广东。

发生地点　广东：韶关市武江区。

- **杨姬尺蛾** *Scopula caricaria*（**Reutti**）

寄　　主　青杨，山杨，小叶杨，毛白杨，旱柳，桃，杏，苹果，梨。

分布范围　北京、河北、山西、吉林、江苏、四川、陕西。

发生地点　河北：沧州市吴桥县、河间市；

　　　　　四川：遂宁市大英县；

　　　　　陕西：渭南市华州区。

发生面积　121 亩

危害指数　0.3333

- **合欢庶尺蛾 *Scopula defixaria*（Walker）**
  寄　　主　合欢，银合欢。
  分布范围　上海、江苏、山东、四川。
  发生地点　江苏：南京市玄武区；
  　　　　　山东：济宁市鱼台县、梁山县、经济技术开发区；
  　　　　　四川：攀枝花市米易县。

- **淡小姬尺蛾 *Scopula ignobilis*（Warren）**
  寄　　主　南天竹，小叶女贞。
  分布范围　江苏、山东。
  发生地点　江苏：苏州市高新技术开发区、吴江区、昆山市。

- **距岩尺蛾 *Scopula impersonata*（Walker）**
  寄　　主　松，柳树。
  分布范围　河北、湖南。
  发生地点　河北：张家口市沽源县。
  发生面积　273 亩
  危害指数　0.3333

- **忍冬尺蛾 *Scopula indicataria*（Walker）**
  寄　　主　苹果，李，梨，刺槐，柑橘，冬青，忍冬。
  分布范围　东北，河北、上海、江苏、浙江、安徽、山东、湖南、陕西、宁夏。
  发生地点　河北：张家口市赤城县；
  　　　　　上海：嘉定区；
  　　　　　江苏：南京市玄武区，淮安市清江浦区；
  　　　　　安徽：合肥市庐阳区；
  　　　　　湖南：邵阳市隆回县。
  发生面积　2135 亩
  危害指数　0.3333

- **孤岩尺蛾 *Scopula insolata*（Butler）**
  寄　　主　石斛。
  分布范围　福建。

- **微点姬尺蛾 *Scopula nesciaria*（Walker）**
  寄　　主　山杨，南酸枣。
  分布范围　江西。

- **麻岩尺蛾 *Scopula nigropunctata subcandidata*（Walker）**
  寄　　主　山杨，板栗，苹果，刺桐，阔叶桉。
  分布范围　北京、山西、安徽、山东、湖北、湖南、四川。

发生地点　北京：密云区；

安徽：合肥市包河区；

四川：自贡市大安区。

● **茶银尺蠖** *Scopula subpunctaria*（Herrich-Schäeffer）

寄　　主　茶，木荷。

分布范围　江苏、浙江、安徽、福建、湖南、四川、贵州。

发生地点　福建：泉州市安溪县。

● **长毛岩尺蛾** *Scopula superciliata*（Prout）

寄　　主　桦木。

分布范围　湖南、四川。

发生地点　四川：乐山市马边彝族自治县。

● **颐和岩尺蛾** *Scopula yihe* Yang

寄　　主　杨树，旱柳，栎，桃，杏，苹果，梨，刺槐。

分布范围　河北、辽宁。

发生地点　河北：张家口市赤城县。

发生面积　1000 亩

危害指数　0.3333

● **污日尺蛾** *Selenia sordidaria* Leech

寄　　主　旱榆。

分布范围　甘肃、宁夏。

● **四月尺蛾** *Selenia tetralunaria*（Hufnagel）

寄　　主　杨树，柳树，白桦，榛子，蒙古栎，山楂，苹果，梨，绒毛胡枝子，黑桦鼠李，柞木。

分布范围　东北，河北、陕西。

发生地点　河北：张家口市沽源县。

发生面积　263 亩

危害指数　0.4449

● **双前斑尾尺蛾** *Semiothisa abydata* Guenée

寄　　主　木麻黄。

分布范围　广东。

● **国槐尺蛾** *Semiothisa cinerearia*（Bremer et Grey）

中文异名　槐尺蛾、国槐尺蠖

寄　　主　池杉，红豆杉，山杨，垂柳，枫杨，板栗，栓皮栎，朴树，榆树，桑，西米棕，猴樟，三球悬铃木，枇杷，苹果，红叶李，紫穗槐，香槐，怀槐，刺槐，毛刺槐，槐树，龙爪槐，冬青卫矛，栾树，珂楠树，木槿，茶，瑞香，忍冬。

分布范围　华北、东北、华东，河南、湖北、湖南、重庆、四川、陕西、甘肃、宁夏。

发生地点　北京：东城区、朝阳区、丰台区、石景山区、房山区、通州区、顺义区、昌平区、大兴区、密云区；

山天津：塘沽区、汉沽区、大港区、东丽区、西青区、津南区、北辰区、武清区、宁河区、静海区，蓟县；

河北：石家庄市新华区、井陉矿区、藁城区、鹿泉区、栾城区、井陉县、高邑县、深泽县、无极县、平山县、晋州市、新乐市，唐山市开平区、丰润区、滦南县、乐亭县、玉田县、遵化市，秦皇岛市北戴河区、昌黎县，邯郸市成安县、肥乡区、永年区、馆陶县、武安市，邢台市桥西区、高新技术开发区、邢台县、内丘县、隆尧县、任县、宁晋县、巨鹿县、广宗县、平乡县、威县、南宫市，保定市满城区、涞水县、阜平县、定兴县、唐县、高阳县、蠡县、博野县、雄县、涿州市、安国市、高碑店市，张家口市怀来县、赤城县，沧州市沧县、东光县、献县、泊头市、黄骅市、河间市，廊坊市安次区、固安县、永清县、香河县、大城县、文安县、霸州市、三河市，衡水市桃城区、枣强县、武邑县、武强县、饶阳县、安平县、故城县、景县、阜城县、冀州市、深州市，定州市、辛集市；

山西：大同市阳高县，长治市长治县、壶关县，晋城市泽州县，晋中市榆次区、寿阳县、灵石县、介休市，运城市盐湖区、临猗县、万荣县、闻喜县、稷山县、新绛县、绛县、垣曲县、夏县、平陆县、芮城县、永济市、河津市，临汾市尧都区、曲沃县、襄汾县、侯马市，吕梁市离石区，五台山国有林管理局、太岳山国有林管理局；

内蒙古：通辽市科尔沁区、库伦旗；

辽宁：营口市鲅鱼圈区、盖州市、大石桥市，辽阳市辽阳县；

上海：嘉定区、浦东新区、松江区，崇明县；

江苏：南京市玄武区、高淳区，无锡市滨湖区、江阴市、宜兴市，徐州市铜山区、丰县、沛县、睢宁县，常州市武进区、金坛区，苏州市吴中区、太仓市，盐城市亭湖区、盐都区、响水县、射阳县、东台市，扬州市江都区、高邮市，镇江市京口区、润州区、丹阳市、句容市，泰州市姜堰区，宿迁市沭阳县；

浙江：杭州市西湖区、萧山区，衢州市常山县，台州市黄岩区；

安徽：合肥市庐阳区、肥西县，芜湖市芜湖县，滁州市全椒县、凤阳县，阜阳市颍泉区、颍上县，亳州市涡阳县、蒙城县；

山东：济南市历城区、平阴县、商河县、章丘市，青岛市城阳区、胶州市、即墨市、莱西市，淄博市临淄区，枣庄市台儿庄区、滕州市，东营市东营区、河口区、垦利县、利津县、广饶县，烟台市龙口市、莱州市，潍坊市寒亭区、坊子区、寿光市、滨海经济开发区，济宁市任城区、兖州区、鱼台县、金乡县、梁山县、曲阜市、高新技术开发区、太白湖新区、经济技术开发区，泰安市泰山区、岱岳区、宁阳县、东平县、泰山林场，威海市环翠区，日照市经济开发区，莱芜市莱城区、钢城区，临沂市罗庄区、河东区、莒南县、临沭县，德州市陵城区、庆云县、武城县、禹城市、开发区，聊城市东昌府区、阳谷县、茌平县、东阿县、冠县、高唐县、临清市、经济技术开发区、高新技术产业开发区，滨州市滨城区、沾化区、惠民县、阳信县、无棣县、博兴县、邹平县，菏泽市牡丹区、定陶区、曹县、单县、成武县、巨野县、郓城县，黄河三角洲保护区；

河南：郑州市惠济区、中牟县、荥阳市、新郑市，开封市杞县，洛阳市宜阳县，平顶山市叶县，鹤壁市淇滨区、浚县、淇县，新乡市卫辉市，焦作市武陟县、沁阳市，濮阳市经济开发区、清丰县、范县、台前县、濮阳县，许昌市经济技术开发区、东城区、许昌县、鄢陵县、襄城县、禹州市，漯河市源汇区，三门峡市湖滨区、陕州区、灵宝市，商丘市梁园区、民权县、睢县、宁陵县、柘城县、虞城县、夏邑县，信阳市罗山县，周口市沈丘县，驻马店市西平县、平舆县、泌阳县，济源市、巩义市、永城市；

湖北：荆州市沙市区、洪湖市，天门市；

湖南：长沙市宁乡县；

重庆：万州区；

四川：南充市西充县，广安市武胜县；

陕西：西安市未央区、阎良区、临潼区、长安区、蓝田县、周至县、户县，宝鸡市陈仓区、凤翔县、扶风县、眉县，咸阳市秦都区、渭城区、三原县、乾县、永寿县、彬县、长武县、武功县、兴平市，渭南市临渭区、华州区、大荔县、合阳县、澄城县、蒲城县、白水县，延安市志丹县、吴起县、甘泉县、劳山林业局，榆林市米脂县，安康市旬阳县，商洛市镇安县，杨陵区、宁东林业局；

甘肃：兰州市西固区，金昌市金川区，武威市凉州区，平凉市静宁县，酒泉市肃州区；

宁夏：银川市兴庆区、西夏区、金凤区、永宁县、贺兰县、灵武市，石嘴山市大武口区、惠农区，吴忠市利通区、盐池县、同心县、青铜峡市，中卫市沙坡头区。

发生面积　210790 亩

危害指数　0.3785

- **四线奇尺蛾天津亚种** *Semiothisa saburraria richardsi*（**Prout**）

寄　　主　柠条锦鸡儿。

分布范围　北京、天津、黑龙江、陕西、甘肃、宁夏。

发生地点　宁夏：吴忠市同心县。

发生面积　14000 亩

危害指数　0.3452

- **上海枝尺蛾** *Semiothisa shanghaisaria* **Walker**

寄　　主　杨树，柳树，红叶李。

分布范围　吉林、上海。

- **黄尺蛾** *Sirinopteryx parallela* **Wehrli**

寄　　主　麻栎，槲栎，小叶栎，栓皮栎。

分布范围　湖北。

● **金黄歧带尺蛾** *Spilopera divaricata*（Moore）

寄　　主　山杨。

分布范围　江西。

发生地点　江西：宜春市高安市。

● **环缘掩尺蛾** *Stegania cararia*（Hübner）

寄　　主　杨树。

分布范围　北京、河南。

● **枣尺蛾** *Sucra jujuba* Chu

中文异名　枣尺蠖

寄　　主　山杨，桑，苹果，秋子梨，北枳椇，枣树，酸枣。

分布范围　北京、天津、河北、山西、江苏、浙江、安徽、山东、河南、湖北、陕西、甘肃、宁夏。

发生地点　北京：丰台区、石景山区、顺义区；

河北：石家庄市鹿泉区、井陉县、行唐县、高邑县、赞皇县、新乐市，唐山市开平区、丰润区、玉田县，邯郸市武安市，邢台市内丘县、隆尧县、任县、平乡县、临西县，保定市涞水县、阜平县、唐县、高阳县、曲阳县，张家口市怀来县，沧州市沧县、吴桥县、献县、黄骅市、河间市，廊坊市固安县、大城县、文安县、霸州市，衡水市枣强县、武邑县、武强县、安平县、深州市；

山西：晋中市榆次区、祁县、平遥县、介休市，临汾市永和县，吕梁市离石区、交城县、临县、柳林县；

江苏：镇江市句容市；

安徽：阜阳市颍州区，宣城市宣州区；

山东：青岛市即墨市、莱西市，枣庄市台儿庄区，东营市河口区、利津县，泰安市岱岳区、宁阳县，莱芜市莱城区、钢城区，聊城市阳谷县、东阿县、冠县，滨州市沾化区、无棣县，菏泽市牡丹区、定陶区、曹县、单县、郓城县；

河南：郑州市管城回族区、新郑市，洛阳市嵩县，濮阳市经济开发区，三门峡市灵宝市；

陕西：西安市阎良区，咸阳市泾阳县、永寿县，榆林市佳县、吴堡县，商洛市镇安县，韩城市、府谷县；

甘肃：白银市靖远县、景泰县；

宁夏：中卫市中宁县。

发生面积　343213 亩

危害指数　0.3395

● **叉线青尺蛾** *Tanaoctenia dehaliaria*（Wehrli）

寄　　主　杨树，柳树，桦木，栎，桑，樟树，苹果，盐肤木。

分布范围　江苏、浙江、福建、河南、四川、西藏、陕西、宁夏。

发生地点　江苏：苏州市高新技术开发区；

四川：遂宁市射洪县；

西藏：日喀则市吉隆县；

陕西：西安市蓝田县、周至县，渭南市华州区。

● **焦斑叉线青尺蛾** *Tanaoctenia haliaria*（Walker）

寄　　主　毛竹。

分布范围　江西、西藏。

● **钓镰翅绿尺蛾** *Tanaorhinus rafflesii*（Moore）

寄　　主　板栗，栎。

分布范围　江西、陕西。

发生地点　陕西：宁东林业局。

● **镰翅绿尺蛾** *Tanaorhinus reciprocata*（Walker）

寄　　主　核桃，栎，栎子青冈，长叶黄杨，冬青，茶。

分布范围　江苏、福建、江西、河南、湖北、湖南、广西、海南、四川、贵州、云南、西藏、
　　　　　陕西。

发生地点　江苏：无锡市宜兴市。

● **渺樟翠尺蛾** *Thalassodes immissaria* Walker

寄　　主　龙眼，荔枝。

分布范围　广东。

● **樟翠尺蛾** *Thalassodes quadraria* Guenée

寄　　主　山杨，板栗，栎，桑，猴樟，樟树，肉桂，天竺桂，油樟，桃，石楠，月季，凤凰
　　　　　木，秋枫，乌桕，冬青卫矛，龙眼，山茶，茶，木荷，桉树，杜鹃，女贞，木犀。

分布范围　华东，北京、河南、湖北、湖南、广东、广西、四川、云南、陕西。

发生地点　上海：宝山区、嘉定区、浦东新区、金山区、松江区、青浦区、奉贤区；

　　　　　江苏：无锡市惠山区、江阴市、宜兴市，常州市天宁区、钟楼区、新北区、武进区，
　　　　　苏州市高新技术开发区、昆山市，扬州市江都区，镇江市润州区、丹阳市；

　　　　　浙江：杭州市西湖区，宁波市江北区、象山县、余姚市，温州市鹿城区、龙湾区、平
　　　　　阳县、瑞安市，舟山市嵊泗县，台州市仙居县；

　　　　　安徽：安庆市迎江区、宜秀区，池州市贵池区；

　　　　　福建：厦门市同安区、翔安区，泉州市安溪县，龙岩市上杭县；

　　　　　江西：萍乡市湘东区、上栗县、芦溪县，吉安市永新县；

　　　　　湖南：株洲市云龙示范区；

　　　　　广东：深圳市宝安区，肇庆市鼎湖区、高要区、四会市，汕尾市陆河县、陆丰市，中
　　　　　山市，云浮市新兴县；

　　　　　四川：遂宁市船山区，眉山市青神县，宜宾市屏山县。

发生面积　11745 亩

危害指数　0.4418

● **波翅青尺蛾** *Thalera fimbrialis chlorosaria* Graeser

寄　　主　毛刺槐。

分布范围　东北，北京、河北、山西、内蒙古、宁夏。

发生地点　宁夏：银川市西夏区。

- **黑带尺蛾** *Thera variata*（Denis et Schiffermüller）

寄　　主　冷杉，云杉。

分布范围　黑龙江、甘肃、青海、宁夏、新疆。

发生地点　宁夏：银川市西夏区。

- **菊四目绿尺蛾** *Thetidia albocostaria*（Bremer）

中文异名　菊四目尺蛾

寄　　主　山杨，长柱皂柳，刺榆，刺槐，黑桦鼠李，白菊木。

分布范围　东北，河北、内蒙古、上海、江苏、浙江、安徽、河南、湖北、湖南、陕西、甘肃、
　　　　　青海、宁夏。

发生地点　江苏：南京市浦口区；

　　　　　陕西：咸阳市永寿县，渭南市华州区、白水县，宁东林业局。

发生面积　116 亩

危害指数　0.3333

- **清二线绿尺蛾** *Thetidia atyche*（Prout）

中文异名　二线绿尺蛾

寄　　主　柳树，猴樟，桃，梨，木犀。

分布范围　河北、辽宁、浙江、四川、陕西。

发生地点　浙江：温州市瑞安市，台州市临海市；

　　　　　四川：内江市市中区；

　　　　　陕西：渭南市华州区。

发生面积　4428 亩

危害指数　0.4463

- **肖二线绿尺蛾** *Thetidia chlorophyllaria*（Hedemann）

寄　　主　杨树，旱柳，栎，桃，杏，刺槐。

分布范围　北京、河北、山西、内蒙古、辽宁、黑龙江、山东、四川、陕西、青海。

发生地点　陕西：咸阳市永寿县。

- **白点二线绿尺蛾** *Thetidia smaragdaria*（Fabricius）

寄　　主　垂柳，核桃，蒙古栎，苹果，刺槐，木犀。

分布范围　内蒙古、辽宁、山东、河南、四川、陕西、甘肃、青海、新疆。

发生地点　四川：内江市市中区。

- **黄蝶尺蛾** *Thinopteryx crocoptera*（Kollar）

寄　　主　桤木，栎，青冈，猴樟，桃，樱桃，葡萄，女贞。

分布范围　河北、吉林、江苏、浙江、重庆、四川、贵州、陕西。

发生地点　江苏：南京市浦口区；

　　　　浙江：宁波市象山县；

　　　　重庆：大渡口区，巫溪县；

　　　　四川：南充市西充县；

　　　　陕西：渭南市华阴市。

- **灰沙黄蝶尺蛾 *Thinopteryx delectans*（Butler）**

　　寄　　主　野海棠。

　　分布范围　浙江、湖南。

　　发生地点　浙江：宁波市象山县。

- **曲紫线尺蛾 *Timandra comptaria*（Walker）**

　　寄　　主　杉木。

　　分布范围　北京、山西、四川。

　　发生地点　四川：乐山市马边彝族自治县。

- **分紫线尺蛾 *Timandra dichela*（Prout）**

　　寄　　主　山杨，榆树，大果榉，木犀。

　　分布范围　上海。

　　发生地点　上海：松江区。

- **紫线尺蛾 *Timandra griseata* Petersen**

　　中文异名　紫条尺蛾

　　拉丁异名　*Calothysanis comptaria* Walker

　　寄　　主　山杨，柳树，白桦，榛子，栎，榆树，构树，桑，猴樟，樟树，枇杷，西府海棠，苹果，石楠，红叶李，紫穗槐，绒毛胡枝子，槐树，黄杨，枣树，葡萄，茶，柞木，茉莉花，丁香，蓝花楹。

　　分布范围　北京、天津、河北、辽宁、黑龙江、上海、江苏、浙江、安徽、山东、河南、四川、陕西。

　　发生地点　北京：通州区、顺义区、密云区；

　　　　河北：唐山市乐亭县，张家口市沽源县、赤城县，衡水市桃城区；

　　　　上海：宝山区、嘉定区、金山区；

　　　　江苏：南京市玄武区，无锡市滨湖区，扬州市高邮市，镇江市句容市；

　　　　浙江：杭州市西湖区，宁波市镇海区、宁海县，台州市椒江区；

　　　　安徽：合肥市包河区；

　　　　山东：聊城市东阿县；

　　　　四川：自贡市自流井区、大安区、荣县，宜宾市翠屏区、筠连县；

　　　　陕西：渭南市临渭区。

　　发生面积　2340 亩

　　危害指数　0.3349

- **缺口镰翅青尺蛾 *Timandromorpha discdor*（Warren）**

　　寄　　主　核桃，栎。

分布范围　四川、陕西。

发生地点　陕西：宁东林业局。

- **橄缺口青尺蛾** *Timandromorpha olivaria* **Han et Xue**

  寄　　主　栓皮栎。

  分布范围　湖北、云南。

- **栎毛翅尺蛾** *Trichopteryx ustata*（**Christoph**）

  寄　　主　核桃，桦木，栎。

  分布范围　吉林、黑龙江、四川。

- **黑玉臂尺蛾** *Xandrames dholaria* **Moore**

  中文异名　玉臂尺蛾、玉臂黑尺蛾

  拉丁异名　*Xandrames dholaria sericea* Moore

  寄　　主　湿地松，马尾松，柏木，山杨，柳树，核桃，板栗，苦槠栲，栎，茅栗，锥栗，麻栎，小叶栎，栓皮栎，青冈，榆树，樟树，刺槐，槐树，柑橘，香椿，油桐，卫矛，鼠李，茶，土沉香，喜树，柿，小叶女贞。

  分布范围　浙江、福建、江西、湖北、重庆、四川、陕西。

  发生地点　浙江：宁波市象山县、鄞州区，台州市临海市；

  　　　　　江西：宜春市高安市；

  　　　　　湖北：武汉市洪山区；

  　　　　　重庆：丰都县、奉节县；

  　　　　　四川：成都市都江堰市，内江市资中县，广安市前锋区、武胜县，雅安市天全县，攀枝花市盐边县，卧龙保护区；

  　　　　　陕西：渭南市合阳县，宁东林业局。

  发生面积　5839 亩

  危害指数　0.3904

- **刮纹玉臂尺蛾** *Xandrames latiferaria curvistriga* **Warren**

  寄　　主　麻栎，槲栎，小叶栎，栓皮栎。

  分布范围　湖北。

- **中国虎尺蛾** *Xanthabraxas hemionata*（**Guenée**）

  寄　　主　栎，小果岭南槭，乌饭，女贞。

  分布范围　河北、安徽、江西、重庆、陕西。

  发生地点　重庆：万州区；

  　　　　　陕西：宁东林业局。

- **胡麻斑星尺蛾** *Xenoplia trivialis*（**Yazaki**）

  寄　　主　山杨，栎，木槿，大叶桉。

  分布范围　江西、河南、四川、陕西。

  发生地点　江西：南昌市安义县，宜春市高安市；

四川：成都市邛崃市，雅安市天全县，凉山彝族自治州德昌县。

发生面积　242 亩

危害指数　0.3333

● **甜黑点尺蛾** *Xenortholitha propinguata*（**Kollar**）

寄　　主　旱榆。

分布范围　北京、河北、内蒙古、吉林、黑龙江、西藏、甘肃、宁夏。

● **北方甜黑点尺蛾** *Xenortholitha propinguata suavata*（**Christoph**）

寄　　主　柠条锦鸡儿。

分布范围　北京、河北、内蒙古、吉林、黑龙江、宁夏。

发生地点　宁夏：吴忠市红寺堡区。

发生面积　100 亩

危害指数　0.3333

● **赞青尺蛾** *Xenozancla vericolor* **Warren**

中文异名　枣灰银尺蛾

拉丁异名　*Yinehie zaohui* Yang

寄　　主　枣树。

分布范围　北京、河北、山东、河南、湖北、广西、四川、陕西。

发生地点　北京：顺义区；

河北：保定市阜平县、唐县、曲阳县，衡水市桃城区。

发生面积　778 亩

危害指数　0.3338

● **落叶松绥尺蛾** *Xerodes rufescentaria*（**Motschulsky**）

中文异名　三带尺蛾

寄　　主　落叶松。

分布范围　北京、黑龙江。

发生地点　北京：东城区、石景山区。

● **桑褶翅尺蛾** *Zamacra excavata* **Dyra**

中文异名　桑刺尺蛾、核桃尺蛾

寄　　主　新疆杨，山杨，黑杨，毛白杨，旱柳，山核桃，野核桃，核桃楸，核桃，榆树，桑，山胡椒，桃，山杏，樱桃，日本晚樱，日本樱花，山楂，苹果，李，红叶李，梨，刺槐，槐树，色木槭，桦叶槭，台湾栾树，栾树，枣树，雪柳，白蜡树，女贞，水蜡树，日本女贞，油橄榄，丁香，荆条，珊瑚树。

分布范围　北京、天津、河北、内蒙古、辽宁、江苏、福建、山东、河南、湖北、重庆、四川、贵州、陕西、甘肃、宁夏、新疆。

发生地点　北京：东城区、石景山区；

河北：石家庄市井陉县、平山县，唐山市乐亭县，秦皇岛市北戴河区，邢台市临城县，保定市阜平县、唐县，张家口市桥东区，沧州市河间市，廊坊市霸州市；

内蒙古：赤峰市阿鲁科尔沁旗、巴林左旗；

辽宁：大连市普兰店区；

江苏：徐州市沛县，镇江市句容市；

山东：青岛市胶州市、莱西市，潍坊市昌乐县，济宁市任城区、兖州区、高新技术开发区、泰安市泰山林场，莱芜市钢城区，临沂市莒南县，聊城市东阿县，滨州市惠民县，黄河三角洲保护区；

河南：郑州市中牟县、新郑市，平顶山市郏县，南阳市淅川县；

湖北：荆州市荆州区；

重庆：丰都县、忠县；

四川：阿坝藏族羌族自治州汶川县；

陕西：咸阳市旬邑县，渭南市华州区，延安市洛川县，安康市宁陕县，宁东林业局；

甘肃：白银市靖远县，平凉市华亭县；

宁夏：银川市兴庆区、西夏区、金凤区、灵武市，石嘴山市大武口区、惠农区，中卫市沙坡头区；

新疆：乌鲁木齐市沙依巴克区、水磨沟区、头屯河区、达坂城区，石河子市；

新疆生产建设兵团：农八师，农十二师。

发生面积　100361 亩

危害指数　0.4621

- **黄褐尖尾尺蛾 *Zanclopera calidata* Warren**

中文异名　黄褐尖尾小尺蛾

寄　　主　山杨。

分布范围　江西。

发生地点　江西：南昌市安义县，宜春市高安市。

- **烤焦尺蛾 *Zythos avellanea* Prout**

寄　　主　山杨，荔枝。

分布范围　江西、湖南、广东。

发生地点　江西：南昌市安义县，宜春市高安市；

广东：云浮市罗定市。

发生面积　106 亩

危害指数　0.3333

舟蛾科 Notodontidae

- **明肩奇舟蛾 *Allata costalis* Moore**

拉丁异名　*Neophyta costalis* Moore

寄　　主　蔷薇，刺槐。

分布范围　江苏、陕西。

发生地点　江苏：南京市玄武区；

陕西：渭南市白水县。

- **伪奇舟蛾** *Allata laticostalis*（Hampson）

  中文异名　银刀奇舟蛾

  寄　　主　苹果。

  分布范围　北京、河北、山西、浙江、福建、江西、湖北、四川、云南、陕西、甘肃。

  发生地点　河北：邢台市沙河市。

- **新奇舟蛾** *Allata sikkima*（Moore）

  寄　　主　蔷薇，槐树，红淡比。

  分布范围　浙江、福建、江西、湖南、广西、海南、四川、贵州、云南、陕西、甘肃。

  发生地点　陕西：咸阳市长武县。

- **长茎箩舟蛾** *Armiana longipennis*（Moore）

  寄　　主　麻竹，慈竹，毛竹。

  分布范围　江苏、浙江、江西、湖南、广西、海南、重庆。

  发生地点　江苏：南京市玄武区；

  　　　　　江西：萍乡市莲花县。

- **竹箩舟蛾** *Armiana retrofusca*（de Joannis）

  寄　　主　刺竹子，水竹，毛竹，毛金竹，金竹。

  分布范围　江苏、浙江、安徽、福建、江西、湖北、湖南、广西、四川、陕西。

  发生地点　浙江：宁波市鄞州区、余姚市；

  　　　　　江西：萍乡市上栗县；

  　　　　　广西：桂林市灵川县；

  　　　　　四川：雅安市雨城区。

  发生面积　1148 亩

  危害指数　0.3377

- **曲良舟蛾** *Benbowia callista* Schintlmeister

  寄　　主　栎，榆树，檫木。

  分布范围　辽宁、浙江、江西、湖北、广西、海南、四川、云南、陕西。

  发生地点　四川：眉山市仁寿县。

- **竹拟皮舟蛾** *Besaia anaemica*（Leech）

  寄　　主　刺竹子，慈竹，毛竹。

  分布范围　江苏、浙江、福建、江西、湖北、湖南、四川、云南、陕西。

  发生地点　浙江：宁波市鄞州区、宁海县，丽水市莲都区；

  　　　　　四川：成都市蒲江县，雅安市雨城区。

  发生面积　553 亩

  危害指数　0.3394

- **竹蓖舟蛾** *Besaia goddrica*（Schaus）

  寄　　主　核桃，栎，油桐，尾叶桉，青皮竹，慈竹，水竹，毛竹。

分布范围　江苏、浙江、安徽、福建、江西、湖北、湖南、广东、广西、重庆、四川、陕西。

发生地点　江苏：无锡市宜兴市；

浙江：宁波市鄞州区，衢州市衢江区，丽水市云和县、庆元县；

安徽：合肥市庐阳区；

福建：莆田市涵江区、仙游县，三明市建宁县，南平市浦城县、松溪县、政和县，龙岩市新罗区；

江西：吉安市青原区，上饶市铅山县；

湖南：长沙市宁乡县，衡阳市衡山县，邵阳市隆回县、洞口县，常德市鼎城区、汉寿县、桃源县，益阳市资阳区，湘西土家族苗族自治州凤凰县；

广东：清远市英德市；

广西：桂林市永福县，河池市天峨县；

重庆：永川区、南川区、铜梁区。

发生面积　21117 亩

危害指数　0.3604

- **黄拟皮舟蛾** *Besaia sikkima*（**Moore**）

寄　　主　山杨。

分布范围　广西、四川、云南、陕西。

发生地点　四川：凉山彝族自治州盐源县。

- **木舟蛾** *Besida xylinata* **Walker**

寄　　主　刺桐。

分布范围　福建、云南。

发生地点　福建：漳州市平和县。

发生面积　220 亩

危害指数　0.3333

- **黑带二尾舟蛾** *Cerura felina* **Butler**

中文异名　杨双尾舟蛾

寄　　主　青杨，山杨，黑杨，小叶杨，旱柳。

分布范围　东北，北京、河北、山西、内蒙古、江苏、山东、湖北、贵州、陕西、甘肃、宁夏、新疆。

发生地点　北京：密云区；

河北：唐山市滦南县，保定市唐县，张家口市赤城县，廊坊市霸州市，衡水市桃城区；

内蒙古：通辽市科尔沁左翼中旗，乌兰察布市四子王旗；

黑龙江：佳木斯市郊区；

江苏：盐城市大丰区、射阳县，泰州市姜堰区；

山东：黄河三角洲保护区；

陕西：宁东林业局；

宁夏：石嘴山市大武口区。

发生面积　7626 亩

危害指数　0.3392

● **新二尾舟蛾** *Cerura liturata*（**Walker**）

寄　　主　刺篱木，天料木。

分布范围　内蒙古、浙江、广东、湖南、四川、云南。

发生地点　内蒙古：通辽市科尔沁左翼后旗。

发生面积　100 亩

危害指数　0.3333

● **杨二尾舟蛾** *Cerura menciana* **Moore**

中文异名　杨双尾天社蛾

寄　　主　新疆杨，北京杨，青杨，山杨，胡杨，二白杨，河北杨，大叶杨，黑杨，钻天杨，箭
　　　　　杆杨，小叶杨，毛白杨，白柳，垂柳，旱柳，山柳，沙柳，枫杨，辽东栎木，桦木，
　　　　　栎，青冈，榆树，桃，苹果，紫荆，刺槐，色木槭，栾树，无患子，枣树，红淡比，
　　　　　柽柳，沙枣，枸杞。

分布范围　全国。

发生地点　北京：东城区、石景山区、房山区、通州区、顺义区、大兴区、密云区；

　　　　　河北：石家庄市井陉矿区、高邑县、无极县，唐山市古冶区、丰润区、滦南县、乐亭
　　　　　县、玉田县，邯郸市磁县、鸡泽县，邢台市邢台县、任县、平乡县、临西县、
　　　　　沙河市，保定市阜平县、唐县，张家口市沽源县、尚义县、怀安县、怀来县、
　　　　　赤城县，沧州市东光县、吴桥县、河间市，廊坊市安次区、固安县、永清县、
　　　　　香河县、大城县、霸州市，衡水市桃城区、武邑县、安平县、冀州市，雾灵山
　　　　　保护区；

　　　　　山西：大同市阳高县，朔州市右玉县；

　　　　　内蒙古：通辽市科尔沁区、科尔沁左翼后旗、库伦旗、奈曼旗、霍林郭勒市，巴彦淖
　　　　　尔市乌拉特前旗，乌兰察布市兴和县、察哈尔右翼前旗、四子王旗，阿拉善盟
　　　　　阿拉善左旗、额济纳旗；

　　　　　黑龙江：哈尔滨市五常市，齐齐哈尔市克东县，佳木斯市桦川县、富锦市；

　　　　　上海：浦东新区、金山区、松江区、奉贤区；

　　　　　江苏：南京市玄武区，无锡市惠山区、江阴市、宜兴市，徐州市沛县、睢宁县，常州
　　　　　市溧阳市，苏州市昆山市，南通市海安县、海门市，连云港市连云区，盐城市
　　　　　亭湖区、大丰区、射阳县、东台市，扬州市生态科技新城、经济技术开发区，
　　　　　镇江市润州区、丹徒区、丹阳市，泰州市姜堰区；

　　　　　浙江：宁波市鄞州区；

　　　　　安徽：芜湖市芜湖县，滁州市定远县、天长市，阜阳市颍东区、颍泉区，宿州市埇桥
　　　　　区、萧县，亳州市涡阳县、蒙城县；

　　　　　江西：萍乡市莲花县，九江市武宁县、都昌县、瑞昌市，赣州市于都县，上饶市信州
　　　　　区、铅山县、德兴市，鄱阳县；

　　　　　山东：青岛市即墨市、莱西市，枣庄市台儿庄区，东营市垦利县，潍坊市坊子区、昌

乐县、昌邑市、滨海经济开发区，济宁市任城区、微山县、鱼台县、金乡县、汶上县、泗水县、梁山县、曲阜市、邹城市、经济技术开发区，泰安市新泰市、肥城市，莱芜市钢城区，临沂市罗庄区、沂水县、莒南县，聊城市东昌府区、阳谷县、东阿县、冠县、临清市、高新技术产业开发区，菏泽市牡丹区、定陶区，黄河三角洲保护区；

河南：开封市龙亭区，洛阳市嵩县，平顶山市鲁山县，许昌市鄢陵县、禹州市，南阳市宛城区、南召县、淅川县、桐柏县，周口市扶沟县、西华县，驻马店市上蔡县、确山县、鹿邑县；

湖北：十堰市丹江口市，荆门市东宝区、京山县、钟祥市，黄冈市龙感湖，潜江市、天门市；

湖南：株洲市攸县，邵阳市隆回县，岳阳市云溪区、岳阳县，常德市鼎城区、石门县，益阳市资阳区，永州市道县，娄底市新化县，湘西土家族苗族自治州凤凰县；

重庆：黔江区，城口县；

四川：遂宁市蓬溪县、大英县，乐山市峨边彝族自治县、马边彝族自治县，雅安市芦山县，凉山彝族自治州布拖县；

西藏：日喀则市拉孜县，林芝市巴宜区、波密县；

陕西：西安市蓝田县、户县，咸阳市彬县、旬邑县、兴平市，渭南市大荔县、白水县，汉中市汉台区、西乡县，榆林市米脂县，商洛市商南县、镇安县，宁东林业局；

甘肃：嘉峪关市，白银市靖远县，武威市凉州区、民勤县，酒泉市肃州区、金塔县、瓜州县、肃北蒙古族自治县、阿克塞哈萨克族自治县、玉门市；

青海：西宁市城东区；

宁夏：银川市兴庆区、西夏区、金凤区，吴忠市利通区、红寺堡区、盐池县、同心县、青铜峡市，中卫市中宁县；

新疆：乌鲁木齐市米东区，吐鲁番市高昌区、鄯善县、托克逊县，博尔塔拉蒙古自治州博乐市、精河县，克孜勒苏柯尔克孜自治州乌恰县，喀什地区麦盖提县，塔城地区沙湾县、裕民县，阿勒泰地区阿勒泰市、布尔津县、福海县、哈巴河县、青河县、吉木乃县；

内蒙古大兴安岭林业管理局：绰源林业局；

新疆生产建设兵团：农一师 10 团、13 团，农二师 29 团，农四师 68 团，农五师 83 团，农七师 124 团、130 团，农八师 121 团、148 团，农十四师 224 团。

发生面积　131420 亩

危害指数　0.3635

- 普氏二尾舟蛾 *Cerura przewalskyi*（Alpheraky）

寄　　主　杨树。

分布范围　新疆。

- 白二尾舟蛾 *Cerura tattakana* Matsumura

寄　　主　山杨，垂柳，枫杨，红花天料木，柳叶箬。

分布范围　江苏、浙江、湖北、湖南、四川、云南、陕西。

发生地点　四川：乐山市峨眉山市，南充市嘉陵区。

发生面积　105 亩

危害指数　0.3333

- **后白查舟蛾** *Chadisra bipartita*（Matsumura）

中文异名　紫线黄舟蛾、褐恰舟蛾

寄　　主　李，花楸树，瓜栗。

分布范围　广东、广西、海南。

发生地点　广东：茂名市属林场。

发生面积　150 亩

危害指数　0.4444

- **杨扇舟蛾** *Clostera anachoreta* Fabricius

中文异名　白杨天社蛾

寄　　主　新疆杨，北京杨，山杨，二白杨，大叶杨，黑杨，钻天杨，箭杆杨，小叶杨，毛白杨，小黑杨，藏川杨，白柳，垂柳，旱柳，馒头柳，青冈，朴树，榆树，红花檵木，三球悬铃木，苹果，红叶李，白梨，刺槐，槐树，油桐，色木槭，浙江七叶树，山枣，木芙蓉，喜树，山柳，女贞，木犀，柳叶水锦树。

分布范围　华北、东北、华东、西南、西北、河南、湖北、湖南、广东。

发生地点　北京：东城区、石景山区、房山区、通州区、顺义区、大兴区、怀柔区、密云区；

天津：汉沽区、西青区、北辰区、武清区、宝坻区、宁河区、静海区，蓟县；

河北：石家庄市井陉矿区、藁城区、鹿泉区、栾城区、井陉县、正定县、行唐县、灵寿县、高邑县、深泽县、无极县、平山县、元氏县、赵县、晋州市、新乐市，唐山市路南区、路北区、古冶区、开平区、丰南区、丰润区、曹妃甸区、滦南县、乐亭县、迁西县、玉田县、遵化市，秦皇岛市海港区、北戴河区、昌黎县，邯郸市丛台区、临漳县、成安县、磁县、肥乡区、邱县、广平县、魏县、曲周县、武安市，邢台市邢台县、临城县、内丘县、柏乡县、隆尧县、南和县、宁晋县、巨鹿县、新河县、广宗县、平乡县、威县、清河县、临西县、南宫市、沙河市，保定市满城区、徐水区、涞水县、阜平县、定兴县、唐县、高阳县、容城县、望都县、安新县、曲阳县、蠡县、雄县、涿州市、安国市、高碑店市，张家口市怀来县，沧州市新华区、运河区、沧县、东光县、盐山县、南皮县、吴桥县、献县、泊头市、黄骅市、河间市，廊坊市安次区、广阳区、固安县、永清县、香河县、大城县、文安县、大厂回族自治县、霸州市、三河市，衡水市桃城区、枣强县、武邑县、武强县、饶阳县、安平县、故城县、景县、阜城县、冀州市、深州市，定州市、辛集市，雾灵山保护区；

山西：大同市阳高县；

内蒙古：呼和浩特市和林格尔县，赤峰市阿鲁科尔沁旗、喀喇沁旗，通辽市科尔沁区、科尔沁左翼后旗、库伦旗、扎鲁特旗，乌兰察布市兴和县、四子王旗；

辽宁：沈阳市法库县、新民市，丹东市振安区，锦州市黑山县、凌海市，营口市鲅鱼圈区、老边区、大石桥市，阜新市彰武县，盘锦市大洼区，铁岭市铁岭县；

吉林：四平市双辽市，白城市洮南市；

黑龙江：哈尔滨市呼兰区、木兰县，大庆市肇源县，佳木斯市郊区、富锦市，绥化市海伦市国有林场；

上海：闵行区、宝山区、嘉定区、浦东新区、松江区、青浦区、奉贤区、崇明县；

江苏：南京市雨花台区，无锡市惠山区、滨湖区、江阴市、宜兴市，徐州市沛县、睢宁县、新沂市、邳州市，常州市武进区、金坛区、溧阳市，苏州市高新技术开发区、相城区、昆山市、太仓市，南通市海安县、如东县、如皋市、海门市，连云港市高新技术开发区、连云区、海州区、东海县、灌云县，淮安市淮安区、清江浦区、涟水县、金湖县，盐城市亭湖区、盐都区、大丰区、响水县、滨海县、阜宁县、射阳县、建湖县、东台市，扬州市邗江区、江都区、宝应县、仪征市、高邮市、经济技术开发区，镇江市润州区、句容市，泰州市姜堰区、兴化市、泰兴市，宿迁市宿城区、宿豫区、沭阳县、泗阳县、泗洪县；

浙江：杭州市萧山区，宁波市鄞州区、余姚市；

安徽：合肥市包河区、肥东县、肥西县、巢湖市，芜湖市芜湖县、繁昌县、无为县，蚌埠市五河县、固镇县，淮南市大通区、田家庵区、谢家集区、八公山区、潘集区、凤台县，马鞍山市当涂县，淮北市杜集区、烈山区、濉溪县，铜陵市枞阳县，安庆市宿松县、桐城市，滁州市南谯区、来安县、全椒县、定远县、凤阳县、天长市、明光市，阜阳市颍州区、颍东区、颍泉区、临泉县、太和县、颍上县、界首市，宿州市埇桥区、萧县、泗县，六安市金安区、裕安区、叶集区、霍邱县、舒城县、金寨县，亳州市涡阳县、蒙城县，宣城市郎溪县、泾县；

福建：泉州市永春县，龙岩市新罗区；

江西：南昌市新建区，景德镇市乐平市，萍乡市安源区、莲花县、上栗县，九江市修水县、永修县、彭泽县、庐山市，赣州市南康区、信丰县、于都县，吉安市井冈山经济技术开发区、吉安县，宜春市袁州区、上高县，抚州市崇仁县、乐安县、资溪县、东乡县，上饶市上饶县、玉山县、铅山县、横峰县、余干县、德兴市、鄱阳县、南城县；

山东：济南市历城区、长清区、平阴县、章丘市，青岛市黄岛区、城阳区、胶州市、即墨市、平度市、莱西市，淄博市临淄区、沂源县，枣庄市市中区、台儿庄区、滕州市，东营市东营区、河口区、垦利县、利津县，烟台市牟平区、龙口市，潍坊市寒亭区、坊子区、昌乐县、青州市、诸城市、寿光市、安丘市、昌邑市、峡山生态经济开发区、滨海经济开发区，济宁市任城区、兖州区、微山县、鱼台县、金乡县、嘉祥县、汶上县、泗水县、梁山县、曲阜市、邹城市、高新技术开发区、太白湖新区、经济技术开发区，泰安市泰山区、宁阳县、东平县、新泰市、肥城市，日照市东港区、岚山区、五莲县、莒县、经济开发区，莱芜市钢城区，临沂市兰山区、河东区、临港经济开发区、平邑县、莒南县、临沭县，德州市德城区、陵城区、庆云县、临邑县、齐河县、平原县、夏津县、禹城市，聊城市东昌府区、阳谷县、莘县、东阿县、冠县、临清市、经济技术开发区、高新技术产业开发区，滨州市沾化区、惠民县、阳信县、无棣县、博兴县、邹平县，菏泽市牡丹区、定陶区、曹县、巨野县、郓城县、东明县、黄河三角洲保护区；

河南：郑州市惠济区、中牟县、荥阳市、新密市、新郑市，开封市通许县，洛阳市新安县、栾川县、嵩县、汝阳县、宜阳县、伊川县，平顶山市卫东区、宝丰县、叶县、鲁山县、舞钢市，安阳市安阳县、汤阴县，鹤壁市山城区、淇滨区、浚县、淇县，新乡市凤泉区、获嘉县、原阳县、卫辉市，焦作市修武县、博爱县、武陟县、温县、沁阳市、孟州市，濮阳市华龙区、经济开发区、清丰县、范县、台前县，许昌市经济技术开发区、鄢陵县、襄城县、禹州市，漯河市召陵区、舞阳县、临颍县，三门峡市陕州区、灵宝市，南阳市宛城区、南召县、内乡县、淅川县、社旗县、桐柏县，商丘市梁园区、睢阳区、宁陵县、柘城县、虞城县、夏邑县，信阳市平桥区、罗山县、新县、潢川县、淮滨县、息县，周口市扶沟县、西华县，驻马店市驿城区、西平县、确山县、汝南县、遂平县、汝州市、永城市、鹿邑县、新蔡县；

湖北：武汉市洪山区、东西湖区、蔡甸区、江夏区、黄陂区、新洲区，宜昌市夷陵区，襄阳市襄州区、保康县、枣阳市，荆门市东宝区、掇刀区、京山县、沙洋县、钟祥市，孝感市应城市，荆州市沙市区、荆州区、公安县、监利县、江陵县、洪湖市、松滋市，黄冈市龙感湖、黄梅县，咸宁市咸安区、通城县、崇阳县、赤壁市，仙桃市、潜江市、天门市；

湖南：长沙市望城区、长沙县，邵阳市邵东县、邵阳县、隆回县、洞口县，岳阳市云溪区、君山区、湘阴县、平江县，常德市鼎城区、安乡县、汉寿县、澧县、津市市，益阳市资阳区、南县、桃江县、沅江市，郴州市苏仙区、桂阳县、宜章县、安仁县、资兴市，永州市道县、宁远县，怀化市中方县、辰溪县、麻阳苗族自治县、靖州苗族侗族自治县；

重庆：北碚区、黔江区、南川区、璧山区、铜梁区、荣昌区，丰都县、酉阳土家族苗族自治县；

四川：遂宁市船山区、安居区、蓬溪县、射洪县、大英县，内江市隆昌县，眉山市彭山区、仁寿县，宜宾市珙县、屏山县，广安市岳池县，雅安市名山区，凉山彝族自治州盐源县；

贵州：铜仁市德江县、松桃苗族自治县；

西藏：林芝市波密县；

陕西：西安市长安区、户县，宝鸡市扶风县，咸阳市武功县、兴平市，渭南市华州区、大荔县、华阴市，延安市洛川县，汉中市汉台区、城固县、洋县、西乡县，商洛市商州区、丹凤县、商南县、山阳县、镇安县，佛坪保护区，宁东林业局；

甘肃：白银市靖远县，酒泉市金塔县；

宁夏：银川市西夏区、金凤区；

内蒙古大兴安岭林业管理局：绰源林业局；

新疆生产建设兵团：农四师63团。

发生面积　　1953536 亩

危害指数　　0.3718

- **分月扇舟蛾** *Clostera anastomosis*（Linnaeus）

中文异名　　银波天色蛾

寄　　主　　北京杨，山杨，大叶杨，黑杨，钻天杨，箭杆杨，小叶杨，毛白杨，垂柳，旱柳，紫柳，枫杨，桤木，白桦，虎榛子，栎，青冈，榆树，构树，银桦，山杏，苹果，稠李，黄檀，刺桐，楝树，重阳木，高山澳杨，黑桦鼠李，水曲柳，栀子。

分布范围　　东北、华东，北京、河北、内蒙古、河南、湖北、湖南、重庆、四川、贵州、云南、陕西、甘肃、新疆。

发生地点　　北京：东城区、石景山区；

　　　　　　河北：张家口市赤城县，承德市隆化县；

　　　　　　内蒙古：赤峰市巴林左旗、巴林右旗、林西县、克什克腾旗，通辽市科尔沁左翼后旗、开鲁县、扎鲁特旗、霍林郭勒市，兴安盟扎赉特旗，锡林郭勒盟多伦县；

　　　　　　辽宁：抚顺市新宾满族自治县；

　　　　　　吉林：松原市前郭尔罗斯蒙古族自治县、长岭县、乾安县，白城市大安市；

　　　　　　黑龙江：哈尔滨市呼兰区、依兰县、巴彦县、木兰县、通河县、延寿县、五常市，齐齐哈尔市甘南县、富裕县、齐齐哈尔市属林场，鸡西市虎林市，佳木斯市桦川县，七台河市茄子河区、勃利县，绥化市兰西县、庆安县，尚志国有林场；

　　　　　　上海：闵行区、宝山区、嘉定区、浦东新区、青浦区，崇明县；

　　　　　　江苏：南京市玄武区、浦口区、雨花台区，无锡市惠山区、滨湖区，徐州市睢宁县，常州市武进区，苏州市昆山市、太仓市，南通市海安县、如皋市、海门市，淮安市清江浦区、金湖县，盐城市盐都区、大丰区、阜宁县、建湖县、东台市，扬州市江都区、高邮市、经济技术开发区，镇江市扬中市、句容市，泰州市靖江市、泰兴市；

　　　　　　浙江：杭州市萧山区，宁波市余姚市，台州市天台县；

　　　　　　安徽：合肥市庐阳区，滁州市南谯区、天长市；

　　　　　　福建：漳州市东山县，南平市松溪县；

　　　　　　江西：景德镇市昌江区，九江市都昌县、彭泽县，赣州市南康区、于都县，吉安市吉安县，宜春市樟树市，抚州市资溪县，上饶市信州区、上饶县、余干县、德兴市，南城县；

　　　　　　河南：信阳市淮滨县；

　　　　　　湖北：武汉市洪山区、东西湖区、黄陂区、新洲区，荆州市监利县、石首市、洪湖市，黄冈市龙感湖、罗田县，仙桃市、潜江市；

　　　　　　湖南：长沙市望城区，邵阳市洞口县，常德市鼎城区、安乡县、汉寿县，益阳市资阳区、沅江市；

　　　　　　重庆：涪陵区、北碚区、黔江区、南川区、万盛经济技术开发区，巫溪县、秀山土家族苗族自治县、酉阳土家族苗族自治县；

　　　　　　四川：遂宁市安居区，宜宾市珙县、兴文县、屏山县，雅安市雨城区、芦山县，凉山彝族自治州盐源县；

陕西：渭南市华州区，汉中市汉台区、西乡县，佛坪保护区；

新疆：博尔塔拉蒙古自治州温泉县、三台林场、哈日吐热格林场；

内蒙古大兴安岭林业管理局：甘河林业局；

新疆生产建设兵团：农四师68团。

发生面积　374843亩

危害指数　0.4595

- **灰短扇舟蛾** *Clostera curtula canescens*（Graeser）

寄　　主　杨树，小叶杨，柳树，旱柳。

分布范围　河北、新疆。

发生地点　河北：沧州市献县。

- **短扇舟蛾** *Clostera curtuloides* **Erschoff**

寄　　主　青杨，山杨，黑杨，小叶杨，毛白杨，旱柳，蒙古栎，檫木，柞木。

分布范围　东北，北京、河北、山西、浙江、云南、陕西、甘肃、青海、宁夏。

发生地点　河北：张家口市沽源县、赤城县，沧州市吴桥县、河间市，衡水市桃城区；

陕西：渭南市华州区，延安市宜川县。

发生面积　3760亩

危害指数　0.3333

- **隐扇舟蛾** *Clostera modesta* **Staudinger**

寄　　主　杉木。

分布范围　福建、西藏。

发生地点　福建：漳州市平和县；

西藏：拉萨市曲水县。

- **柳扇舟蛾** *Clostera pallida*（Walker）

寄　　主　山杨，黑杨，川杨，垂柳，旱柳。

分布范围　江苏、山东、河南、广西、四川、云南、西藏、陕西。

发生地点　江苏：盐城市东台市；

山东：莱芜市钢城区，滨州市无棣县；

河南：南阳市南召县，商丘市虞城县；

陕西：渭南市合阳县，汉中市汉台区、西乡县。

发生面积　566亩

危害指数　0.3333

- **漫扇舟蛾** *Clostera pigra*（Hufnagel）

寄　　主　钻天杨，箭杆杨，柳树。

分布范围　东北，河北、陕西、甘肃、新疆。

- **仁扇舟蛾** *Clostera restitura*（Walker）

寄　　主　杨树，山杨，杜英，刺篱木，红花天料木。

分布范围　上海、江苏、浙江、福建、湖南、广东、广西、海南、云南。

发生地点　上海：松江区；

　　　　　江苏：南京市江宁区、溧水区，徐州市铜山区，常州市金坛区，淮安市淮阴区、盱眙
　　　　　县，扬州市仪征市，镇江市丹阳市。

发生面积　1956 亩

危害指数　0.3453

● 灰舟蛾 *Cnethodonta grisescens* **Staudinger**

寄　　主　杨树，柳树，核桃楸，栎，春榆，榆树，刺槐，槐树，臭椿，槭，糠椴，椴树，油茶。

分布范围　东北，北京、河北、山西、浙江、福建、江西、湖北、湖南、广西、四川、陕西、甘
　　　　　肃、宁夏。

发生地点　河北：保定市唐县，张家口市赤城县；

　　　　　陕西：渭南市白水县，宁东林业局。

发生面积　256 亩

危害指数　0.3333

● 榆选舟蛾 *Dicranura tsvetajevi* **Schintlmeister et Sviridov**

寄　　主　榆树。

分布范围　河北、黑龙江、陕西。

● 榆二尾舟蛾 *Dicranura ulmi*（**Denis et Schiffermüller**）

寄　　主　杨树，柳树。

分布范围　新疆。

● 迥舟蛾 *Disparia variegata*（**Wileman**）

寄　　主　栎。

分布范围　陕西。

发生地点　陕西：渭南市华州区。

● 著蕊尾舟蛾 *Dudusa nobilis* **Walker**

寄　　主　山杨，核桃，枫杨，栓皮栎，青冈，枫香，三角槭，龙眼，栾树，荔枝，无患子，垂
　　　　　花悬铃花，黄荆。

分布范围　北京、浙江、安徽、福建、湖北、广东、广西、海南、重庆、陕西。

发生地点　广西：桂林市荔浦县；

　　　　　重庆：黔江区，武隆区、巫溪县、彭水苗族土家族自治县；

　　　　　陕西：宁东林业局。

发生面积　3433 亩

危害指数　0.6246

● 黑蕊尾舟蛾 *Dudusa sphingformis* **Moore**

寄　　主　山杨，黑杨，核桃，板栗，栎，榆树，厚朴，檫木，樱桃，苹果，梨，蔷薇，刺槐，

　　　　　　　槐树，香椿，漆树，桴叶槭，龙眼，栾树，荔枝，黄荆。

分布范围　北京、天津、河北、辽宁、吉林、江苏、浙江、福建、江西、山东、河南、湖北、湖
　　　　　　南、广东、广西、重庆、四川、贵州、云南、陕西、甘肃。

发生地点　北京：密云区；

　　　　　　江苏：无锡市宜兴市；

　　　　　　广东：云浮市罗定市；

　　　　　　重庆：涪陵区、黔江区、万盛经济技术开发区，城口县、丰都县、武隆区、开县、奉
　　　　　　　　　节县、巫溪县、彭水苗族土家族自治县；

　　　　　　四川：攀枝花市盐边县，宜宾市屏山县；

　　　　　　陕西：西安市周至县，咸阳市长武县、旬邑县，渭南市华州区、合阳县、白水县，宁
　　　　　　　　　东林业局、太白林业局。

发生面积　1216 亩

危害指数　0.3342

● 绿斑娭舟蛾 *Ellida viridimixta*（Bremer）

寄　　主　柳树，蒙古栎，大果榉，檫木，椴树，红淡比。

分布范围　东北，河北、四川、陕西。

发生地点　陕西：宁东林业局。

● 黄二星舟蛾 *Euhampsonia cristata*（Butler）

寄　　主　山杨，旱柳，核桃，板栗，麻栎，槲栎，波罗栎，辽东栎，蒙古栎，栓皮栎，青冈，
　　　　　　栎子青冈，榆树，桑，栾树，柞木。

分布范围　华北、东北，江苏、浙江、安徽、福建、江西、山东、河南、湖北、湖南、海南、重
　　　　　　庆、四川、云南、陕西、甘肃。

发生地点　北京：东城区、石景山区、密云区；

　　　　　　河北：雾灵山保护区；

　　　　　　内蒙古：通辽市科尔沁左翼后旗；

　　　　　　辽宁：辽阳市辽阳县；

　　　　　　吉林：长春市九台区；

　　　　　　江苏：无锡市宜兴市；

　　　　　　浙江：杭州市西湖区；

　　　　　　山东：临沂市沂水县；

　　　　　　河南：洛阳市嵩县，平顶山市鲁山县，焦作市修武县，南阳市南召县、淅川县、唐河
　　　　　　　　　县、桐柏县，信阳市罗山县，驻马店市驿城区、确山县、泌阳县，济源市；

　　　　　　湖北：襄阳市襄州区、谷城县、枣阳市，荆门市东宝区，随州市随县、广水市；

　　　　　　重庆：巴南区，巫溪县；

　　　　　　四川：宜宾市筠连县，广安市前锋区；

　　　　　　陕西：西安市蓝田县、周至县，渭南市华州区，汉中市汉台区、西乡县，商洛市商南
　　　　　　　　　县，宁东林业局、太白林业局。

发生面积　341006 亩

危害指数　0.3434

- **锯齿星舟蛾** *Euhampsonia serratifera* Sugi

  寄　　主　小叶栎，柞木。

  分布范围　北京、河北、浙江、福建、湖南、广西、四川、云南。

  发生地点　河北：邢台市沙河市。

- **银二星舟蛾** *Euhampsonia splendida*（Oberthür）

  寄　　主　山杨，柳树，核桃，板栗，石栎，麻栎，小叶栎，波罗栎，蒙古栎，栓皮栎，栎子青冈，榆树，檫木，桃，梅，杏，樱桃，山楂，海棠花，李，柞木，黄荆。

  分布范围　东北，北京、天津、河北、内蒙古、江苏、浙江、山东、河南、湖北、湖南、重庆、四川、陕西、甘肃。

  发生地点　北京：顺义区、密云区；

  　　　　　河北：邢台市沙河市，保定市唐县，张家口市赤城县；

  　　　　　内蒙古：通辽市科尔沁左翼后旗；

  　　　　　江苏：淮安市金湖县；

  　　　　　山东：泰安市泰山林场；

  　　　　　重庆：巫溪县；

  　　　　　四川：巴中市平昌县；

  　　　　　陕西：西安市周至县，渭南市华州区，汉中市汉台区、西乡县，宁东林业局。

  发生面积　1382 亩

  危害指数　0.3336

- **栎纷舟蛾** *Fentonia ocypete*（Bremer）

  中文异名　栎粉舟蛾

  寄　　主　杨树，板栗，栎，麻栎，槲栎，小叶栎，波罗栎，辽东栎，蒙古栎，栓皮栎，桑，玉兰，厚朴，柞木。

  分布范围　东北，北京、天津、河北、山西、江苏、浙江、福建、江西、山东、河南、湖北、湖南、广西、重庆、四川、贵州、云南、陕西、甘肃。

  发生地点　河北：雾灵山保护区；

  　　　　　辽宁：锦州市闾山保护区，辽阳市辽阳县，铁岭市开原市；

  　　　　　吉林：长春市净月经济开发区；

  　　　　　江苏：南京市玄武区；

  　　　　　江西：赣州市安远县；

  　　　　　河南：郑州市荥阳市、登封市，洛阳市栾川县、嵩县、汝阳县、宜阳县，平顶山市鲁山县，焦作市修武县，南阳市南召县、西峡县、内乡县、淅川县、桐柏县，驻马店市确山县、泌阳县，济源市、固始县；

  　　　　　湖北：十堰市竹溪县，荆门市京山县；

  　　　　　重庆：巫溪县；

  　　　　　四川：甘孜藏族自治州泸定县；

  　　　　　云南：玉溪市元江哈尼族彝族傣族自治县；

陕西：西安市灞桥区，渭南市华州区，汉中市汉台区，商洛市商南县、镇安县，宁东林业局。

发生面积　139652 亩

危害指数　0.3887

- **燕尾舟蛾 *Furcula furcula*（Clerck）**

寄　　主　新疆杨，北京杨，山杨，二白杨，黑杨，毛白杨，垂柳，旱柳。

分布范围　东北，北京、天津、河北、内蒙古、江苏、浙江、安徽、江西、山东、湖北、湖南、四川、云南、陕西、甘肃、宁夏、新疆。

发生地点　河北：张家口市怀来县，沧州市河间市，衡水市阜城县；

　　　　　安徽：合肥市包河区，亳州市蒙城县；

　　　　　山东：莱芜市钢城区；

　　　　　湖南：永州市道县；

　　　　　陕西：渭南市白水县；

　　　　　甘肃：酒泉市金塔县；

　　　　　宁夏：吴忠市红寺堡区、同心县；

　　　　　新疆：喀什地区麦盖提县。

发生面积　12899 亩

危害指数　0.4629

- **腰带燕尾舟蛾 *Furcula lanigera*（Butler）**

寄　　主　山杨，旱柳，山柳，青冈，悬钩子，刺槐，槐树。

分布范围　东北，北京、河北、山西、内蒙古、江苏、河南、湖北、四川、陕西、宁夏、新疆。

发生地点　河北：唐山市滦南县、乐亭县，张家口市沽源县、赤城县；

　　　　　内蒙古：通辽市科尔沁左翼后旗；

　　　　　陕西：咸阳市永寿县、旬邑县，渭南市华州区、白水县，汉中市汉台区、西乡县，榆林市米脂县，宁东林业局；

　　　　　宁夏：固原市彭阳县。

发生面积　3067 亩

危害指数　0.3333

- **绯燕尾舟蛾 *Furcula sangaica*（Moore）**

寄　　主　山杨，柳树。

分布范围　东北，北京、河北、内蒙古、上海、浙江、湖北、四川、云南、陕西、甘肃、宁夏、新疆。

- **富舟蛾 *Fusapteryx ladislai*（Oberthür）**

寄　　主　槭。

分布范围　东北，陕西。

- **钩翅舟蛾 *Gangarides dharma* Moore**

寄　　主　山杨，垂柳，核桃，枫杨，板栗，麻栎，青冈，榆树，黄葛树，枫香，刺槐，桉树，人心果，油橄榄，黄荆。

分布范围　北京、天津、辽宁、浙江、安徽、福建、江西、湖北、湖南、广东、广西、海南、重庆、四川、云南、西藏、陕西、甘肃。

发生地点　北京：密云区；

浙江：杭州市西湖区，温州市鹿城区，台州市仙居县；

广东：韶关市武江区，云浮市郁南县；

重庆：万州区、黔江区、铜梁区，忠县、奉节县；

四川：成都市都江堰市，眉山市仁寿县，广安市武胜县，甘孜藏族自治州泸定县；

陕西：咸阳市旬邑县，渭南市华州区、蒲城县，宁东林业局。

发生面积　5517 亩

危害指数　0.4493

- **黑脉雪舟蛾** *Gazalina apsara*（Moore）

寄　　主　栎，花椒。

分布范围　四川、云南、西藏、陕西。

发生地点　四川：雅安市天全县、芦山县。

- **三线雪舟蛾** *Gazalina chrysolopha*（Kollar）

寄　　主　山杨，桤木，苹果。

分布范围　河南、湖北、湖南、广西、四川、贵州、云南、西藏、陕西、甘肃。

发生地点　四川：乐山市峨边彝族自治县，凉山彝族自治州盐源县；

云南：保山市施甸县、龙陵县，普洱市景东林业局；

陕西：渭南市华州区，商洛市商南县，宁东林业局、太白林业局。

发生面积　3788 亩

危害指数　0.4344

- **杨谷舟蛾** *Gluphisia crenata*（Esper）

寄　　主　杨树，山杨。

分布范围　东北，北京、河北、山西、江苏、浙江、湖北、四川、云南、陕西、甘肃。

- **金纹角翅舟蛾** *Gonoclostera argentata* Oberthür

寄　　主　山杨，柳树，栎。

分布范围　北京、辽宁、湖北、湖南、四川、云南、陕西、甘肃。

- **角翅舟蛾** *Gonoclostera timoniorum*（Bermer）

寄　　主　山杨，黑杨，小叶杨，垂柳，旱柳。

分布范围　东北，北京、天津、河北、上海、江苏、浙江、安徽、江西、山东、湖北、湖南、陕西、甘肃。

发生地点　北京：顺义区、密云区；

河北：唐山市乐亭县，保定市唐县，沧州市东光县、吴桥县、河间市；

江苏：南京市玄武区；

山东：聊城市东阿县；

　　　　　　陕西：渭南市华州区、大荔县。

　　发生面积　805 亩

　　危害指数　0.3337

- **怪舟蛾** *Hagapteryx admirabilis*（Staudinger）

　　寄　　主　加杨，旱柳，山核桃，核桃，栎子青冈。

　　分布范围　河北、福建、陕西、甘肃。

　　发生地点　陕西：咸阳市永寿县。

- **岐怪舟蛾** *Hagapteryx mirabilior*（Oberthür）

　　寄　　主　杨树，核桃楸，核桃，枸杞。

　　分布范围　东北，北京、浙江、福建、江西、湖北、湖南、四川、云南、陕西、甘肃。

　　发生地点　陕西：汉中市汉台区、西乡县，宁东林业局。

　　发生面积　102 亩

　　危害指数　0.3333

- **栎枝背舟蛾** *Harpyia umbrosa*（Staudinger）

　　寄　　主　板栗，麻栎，波罗栎，蒙古栎，栎子青冈，柞木。

　　分布范围　华北、东北，江苏、浙江、安徽、江西、山东、湖北、湖南、四川、云南、陕西。

　　发生地点　北京：顺义区；

　　　　　　　河北：邢台市沙河市；

　　　　　　　内蒙古：通辽市科尔沁左翼后旗；

　　　　　　　陕西：渭南市华州区，汉中市汉台区、西乡县，宁东林业局。

　　发生面积　315 亩

　　危害指数　0.3344

- **白颈异齿舟蛾** *Hexafrenum leucodera*（Staudinger）

　　中文异名　明白颈异齿舟蛾

　　寄　　主　杨树，栎，枹栎，刺槐。

　　分布范围　东北，北京、河北、山西、浙江、福建、湖北、四川、云南、陕西、甘肃。

　　发生地点　陕西：渭南市白水县，宁东林业局。

- **丝舟蛾** *Higena trichosticha*（Hampson）

　　寄　　主　桉树。

　　分布范围　福建、江西、广西、海南。

　　发生地点　福建：漳州市平和县。

- **丽齿舟蛾** *Himeropteryx miraculosa* Staudinger

　　寄　　主　色木槭。

　　分布范围　辽宁、黑龙江、陕西。

- **白纹扁齿舟蛾** *Hiradonta alboaccentuata*（Oberthür）

　　寄　　主　刺槐。

分布范围　北京、浙江、江西、湖北、四川、云南、西藏、陕西、甘肃。

发生地点　陕西：渭南市合阳县。

发生面积　200亩

危害指数　0.3333

● **黄檀丑舟蛾** *Hyperaeschra pallida* **Butler**

中文异名　黄檀舟蛾

寄　　主　南岭黄檀，黄檀，思茅黄檀。

分布范围　福建、江西、广西、海南、贵州、云南。

● **白齿舟蛾** *Leucodonta bicoloria* （**Denis et Schiffermüller**）

寄　　主　杨树，桦木，白桦，李叶绣线菊。

分布范围　东北。

● **冠舟蛾** *Lophocosma atriplaga* **Staudinger**

寄　　主　杨树，千金榆，毛榛，榛子，铁木，栎，栓皮栎，榆树，梨。

分布范围　北京、河北、辽宁、吉林、黑龙江、陕西。

发生地点　河北：保定市唐县，张家口市沽源县、赤城县。

发生面积　1220亩

危害指数　0.3333

● **冠齿舟蛾** *Lophontosia cuculus* （**Staudinger**）

寄　　主　桦木，栎。

分布范围　山西、吉林、黑龙江、江苏、陕西。

发生地点　江苏：南京市玄武区

● **间掌舟蛾** *Mesophalera sigmata* （**Butler**）

寄　　主　麻栎，盐肤木，油茶，小果油茶，柳窿桉。

分布范围　河北、浙江、福建、江西、湖南、广东、广西、四川、陕西。

发生地点　福建：福州国家森林公园；

　　　　　湖南：常德市鼎城区；

　　　　　广西：玉林市陆川县；

　　　　　陕西：宁东林业局。

发生面积　1231亩

危害指数　0.3333

● **杨小舟蛾** *Micromelalopha sieversi* （**Staudinger**）

寄　　主　响叶杨，银白杨，新疆杨，北京杨，山杨，大叶杨，黑杨，小叶杨，毛白杨，小黑杨，白柳，垂柳，旱柳，杨梅，枫杨，榆树，猴樟，野香橼花，三球悬铃木，苹果，梨，梧桐。

分布范围　华北、东北、华东、西南，河南、湖北、湖南、广西、陕西、宁夏。

发生地点　北京：东城区、石景山区、通州区、顺义区、大兴区、怀柔区、延庆区；

天津：北辰区、武清区、静海区；

河北：石家庄市井陉矿区、藁城区、鹿泉区、井陉县、正定县、灵寿县、高邑县、无极县、平山县、新乐市，唐山市古冶区、丰南区、滦南县、乐亭县、玉田县，邯郸市丛台区、峰峰矿区、成安县、磁县、鸡泽县、馆陶县、武安市，邢台市桥西区、市高新技术开发区、邢台县、临城县、柏乡县、隆尧县、任县、南和县、宁晋县、巨鹿县、广宗县、平乡县、威县、清河县、临西县、南宫市、沙河市，保定市满城区、徐水区、阜平县、定兴县、唐县、安新县、曲阳县、雄县、涿州市，张家口市怀来县，沧州市运河区、沧县、东光县、南皮县、吴桥县、献县、河间市，廊坊市广阳区、固安县、永清县、香河县、大城县、文安县、大厂回族自治县、霸州市，衡水市桃城区、枣强县、武邑县、武强县、饶阳县、安平县、冀州市、深州市，辛集市，雾灵山保护区；

山西：临汾市洪洞县；

内蒙古：通辽市科尔沁左翼后旗；

辽宁：沈阳市新民市，大连市瓦房店市，营口市鲅鱼圈区，阜新市阜新蒙古族自治县，辽阳市灯塔市，铁岭市昌图县；

吉林：四平市公主岭市；

黑龙江：哈尔滨市呼兰区、宾县、五常市；

上海：闵行区、宝山区、嘉定区、浦东新区、金山区、青浦区、奉贤区，崇明县；

江苏：南京市浦口区、栖霞区、雨花台区、江宁区、六合区，无锡市锡山区、滨湖区、江阴市，徐州市贾汪区、铜山区、丰县、沛县、睢宁县、新沂市、邳州市，常州市武进区、金坛区，苏州市高新技术开发区、昆山市、太仓市，南通市海安县、如东县、如皋市、海门市，连云港市高新技术开发区、连云区、赣榆区、东海县、灌云县、灌南县，淮安市淮安区、淮阴区、清江浦区、涟水县、洪泽区、盱眙县、金湖县，盐城市亭湖区、盐都区、大丰区、响水县、滨海县、阜宁县、射阳县、建湖县、东台市，扬州市邗江区、江都区、宝应县、仪征市、高邮市、经济技术开发区，镇江市润州区、丹徒区、丹阳市、扬中市、句容市，泰州市海陵区、高港区、姜堰区、兴化市、靖江市、泰兴市，宿迁市宿城区、宿豫区、沭阳县、泗阳县；

浙江：宁波市余姚市；

安徽：合肥市瑶海区、庐阳区、包河区、长丰县、肥东县、肥西县、庐江县、巢湖市，芜湖市芜湖县、无为县，蚌埠市淮上区、怀远县、五河县、固镇县，淮南市大通区、田家庵区、谢家集区、八公山区、潘集区、凤台县、寿县，马鞍山市当涂县，淮北市杜集区、相山区、烈山区、濉溪县，安庆市迎江区、大观区、宜秀区、怀宁县、潜山县、太湖县，滁州市琅琊区、南谯区、来安县、全椒县、定远县、凤阳县、天长市、明光市，阜阳市颍州区、颍东区、颍泉区、临泉县、太和县、阜南县、颍上县、界首市，宿州市埇桥区、砀山县、萧县、灵璧县、泗县，六安市裕安区、叶集区、霍邱县，亳州市谯城区、涡阳县、利辛县，池州市贵池区、东至县、石台县，宣城市郎溪县、泾县；

福建：龙岩市新罗区；

江西：景德镇市昌江区、浮梁县，萍乡市莲花县，九江市修水县、永修县、都昌县、彭泽县，赣州市宁都县、于都县、兴国县、会昌县，吉安市峡江县、新干县、永丰县、遂川县，宜春市万载县、铜鼓县，抚州市临川区、崇仁县、乐安县、金溪县、东乡县，上饶市玉山县、铅山县、横峰县、余干县，鄱阳县、南城县；

山东：济南市历城区、长清区、平阴县、济阳县、商河县、章丘市，青岛市黄岛区、城阳区、平度市、莱西市，枣庄市市中区、薛城区、台儿庄区、山亭区、滕州市，东营市东营区、河口区、利津县、广饶县，烟台市牟平区、龙口市、莱阳市、莱州市、招远市，潍坊市潍城区、寒亭区、坊子区、昌乐县、诸城市、寿光市、安丘市、高密市、昌邑市、峡山生态经济开发区、滨海经济开发区，济宁市任城区、兖州区、微山县、鱼台县、金乡县、嘉祥县、汶上县、泗水县、梁山县、曲阜市、邹城市、高新技术开发区、太白湖新区、经济技术开发区，泰安市泰山区、岱岳区、宁阳县、东平县、肥城市，威海市环翠区，日照市东港区、岚山区、五莲县、莒县，莱芜市莱城区、钢城区，临沂市兰山区、罗庄区、河东区、高新技术开发区、临港经济开发区、郯城县、兰陵县、费县、平邑县、莒南县、临沭县，德州市德城区、齐河县、平原县、夏津县、武城县、乐陵市、禹城市、开发区，聊城市东昌府区、阳谷县、莘县、荏平县、东阿县、冠县、高唐县、临清市、经济技术开发区、高新技术产业开发区，滨州市邹平县，菏泽市牡丹区、定陶区、曹县、成武县、巨野县、郓城县、鄄城县、东明县，黄河三角洲保护区；

河南：郑州市中原区、二七区、管城回族区、金水区、上街区、惠济区、中牟县、荥阳市、新密市、新郑市、登封市，开封市顺河回族区、杞县、通许县、尉氏县，洛阳市孟津县、栾川县、嵩县、宜阳县、洛宁县、伊川县，平顶山市新华区、卫东区、石龙区、湛河区、宝丰县、叶县、鲁山县、郏县、舞钢市，安阳市北关区、殷都区、安阳县、汤阴县，鹤壁市鹤山区、山城区、淇滨区、浚县、淇县，新乡市凤泉区、新乡县、获嘉县、原阳县、延津县、封丘县、卫辉市，焦作市修武县、博爱县、武陟县、温县、沁阳市、孟州市，濮阳市经济开发区、清丰县、范县、台前县、濮阳县，许昌市魏都区、经济技术开发区、东城区、鄢陵县、襄城县、禹州市、长葛市，漯河市源汇区、郾城区、召陵区、舞阳县、临颍县，三门峡市湖滨区、陕州区、渑池县、义马市、灵宝市，南阳市宛城区、卧龙区、南召县、方城县、西峡县、内乡县、淅川县、社旗县、唐河县、新野县、桐柏县，商丘市梁园区、睢阳区、民权县、宁陵县、柘城县、虞城县、夏邑县，信阳市浉河区、平桥区、罗山县、光山县、新县、潢川县、淮滨县、息县，周口市川汇区、扶沟县、西华县、沈丘县、淮阳县、太康县、项城市，驻马店市驿城区、西平县、上蔡县、平舆县、正阳县、确山县、泌阳县、汝南县、遂平县，济源市、巩义市、兰考县、汝州市、长垣县、永城市、鹿邑县、新蔡县、邓州市、固始县；

湖北：武汉市洪山区、经开区、蔡甸区、黄陂区、新洲区，黄石市阳新县、大冶市，十堰市郧阳区、郧西县、房县，宜昌市远安县、宜都市、当阳市、枝江市，襄

中国林业有害生物（2014—2017年全国林业有害生物普查成果）

阳市襄州区、南漳县、谷城县、保康县、老河口市、枣阳市，鄂州市华容区、鄂城区，荆门市东宝区、掇刀区、京山县、沙洋县、钟祥市，孝感市孝南区、孝昌县、大悟县、云梦县、安陆市、汉川市，荆州市沙市区、荆州区、公安县、监利县、江陵县、石首市、洪湖市、松滋市，黄冈市黄州区、团风县、红安县、浠水县、蕲春县、黄梅县、麻城市、武穴市，咸宁市咸安区、嘉鱼县、通城县、崇阳县、通山县、赤壁市，随州市曾都区、随县、广水市，仙桃市、潜江市、天门市；

湖南：长沙市浏阳市，株洲市芦淞区、云龙示范区，邵阳市新邵县、隆回县，岳阳市云溪区、君山区、岳阳县、平江县、汨罗市、临湘市，常德市鼎城区、安乡县、澧县、临澧县、石门县，益阳市资阳区、赫山区、南县、桃江县、沅江市、高新技术开发区，郴州市宜章县，永州市冷水滩区、东安县、道县，湘西土家族苗族自治州泸溪县、凤凰县；

广西：贺州市富川瑶族自治县；

重庆：秀山土家族苗族自治县、酉阳土家族苗族自治县；

四川：德阳市什邡市，绵阳市安州区，广安市前锋区；

陕西：西安市户县，宝鸡市扶风县，咸阳市三原县、兴平市，渭南市华州区，汉中市汉台区、西乡县，佛坪保护区；

宁夏：银川市永宁县，吴忠市同心县。

发生面积　3464462 亩

危害指数　0.3895

- **大新二尾舟蛾** *Neocerura wisei*（Swinhoe）

  寄　　主　山杨，垂柳，核桃，栎，青冈，沙梨，天料木，红花天料木，川泡桐。

  分布范围　北京、浙江、江西、湖北、重庆、四川、陕西。

  发生地点　北京：密云区；

  　　　　　江西：萍乡市安源区、上栗县、芦溪县；

  　　　　　重庆：万州区；

  　　　　　四川：巴中市巴州区。

- **朝鲜新林舟蛾** *Neodrymonia coreana* Matsumura

  寄　　主　桃，梅，杏，樱桃，山楂，苹果，李，梨，黄檀，柔毛山矾。

  分布范围　北京、江苏、浙江、福建、江西、山东、湖南、广东、四川、云南、陕西。

  发生地点　北京：密云区；

  　　　　　陕西：宁东林业局。

- **云舟蛾** *Neopheosia fasciata*（Moure）

  寄　　主　樱，李。

  分布范围　北京、河北、浙江、福建、江西、湖北、湖南、广东、广西、海南、四川、贵州、云南、西藏、陕西、甘肃。

  发生地点　北京：密云区；

  　　　　　广东：云浮市郁南县；

· 1122 ·

陕西：咸阳市秦都区、旬邑县，宁东林业局。

发生面积　118 亩

危害指数　0.3333

- **榆白边舟蛾** *Nerice davidi* **Oberthüer**

寄　　主　杨树，榆树。

分布范围　华北、东北，江苏、江西、山东、陕西、甘肃、宁夏。

发生地点　北京：石景山区、顺义区、大兴区、密云区；

河北：唐山市丰润区、玉田县，保定市唐县，张家口市沽源县、怀来县；

内蒙古：乌兰察布市四子王旗；

江苏：南京市玄武区；

陕西：咸阳市长武县、旬邑县，渭南市华州区。

发生面积　6624 亩

危害指数　0.3938

- **双齿白边舟蛾** *Nerice leechi* **Staudinger**

寄　　主　杨树，榆树，檫木，油果樟，山里红，葡萄。

分布范围　东北，河北、山东、甘肃。

发生地点　河北：张家口市赤城县；

宁夏：银川市西夏区。

发生面积　1001 亩

危害指数　0.3333

- **大齿白边舟蛾** *Nerice upina* **Alpheraky**

寄　　主　杨树，榆树。

分布范围　陕西、甘肃、青海、宁夏。

发生地点　陕西：渭南市华州区。

- **康梭舟蛾** *Netria viridescens continentalis* **Schintlmeister**

寄　　主　木荷，人心果。

分布范围　浙江、福建、广东、广西、海南、四川、贵州、云南。

发生地点　浙江：台州市临海市；

福建：福州国家森林公园；

广东：韶关市武江区；

四川：宜宾市筠连县。

发生面积　3244 亩

危害指数　0.4155

- **竹窄翅舟蛾** *Nigancla griseicollis*（**Kiriakoff**）

寄　　主　毛竹，麻竹。

分布范围　浙江、福建、江西、广东、广西。

- **窄翅舟蛾** *Niganda strigifascia* **Moore**

  寄　　主　栎，红淡比。

  分布范围　江苏、浙江、广西、海南、四川、云南、陕西。

  发生地点　四川：巴中市通江县。

  发生面积　120 亩

  危害指数　0.3333

- **浅黄箩舟蛾** *Norraca decurrens*（**Moore**）

  寄　　主　毛竹。

  分布范围　浙江、福建、江西、湖北、广东、四川、陕西。

- **朴娜舟蛾** *Norracoides basinotata*（**Wileman**）

  寄　　主　朴树，槐树。

  分布范围　辽宁、上海、江苏、浙江、福建、江西、湖北、广东、海南。

  发生地点　江苏：镇江市句容市。

- **桦背齿舟蛾** *Notodonta dembowskii* **Oberthür**

  中文异名　黄斑舟蛾

  寄　　主　白桦。

  分布范围　山西、内蒙古、吉林、黑龙江。

- **烟灰舟蛾** *Notodonta torva*（**Hübner**）

  寄　　主　山杨，柳树，桤木，白桦，榛子，栎，栎子青冈，榆树，椴树。

  分布范围　东北、北京、河北、山西、内蒙古、山东、湖北、陕西。

  发生地点　内蒙古：通辽市科尔沁左翼后旗；

  　　　　　陕西：汉中市西乡县。

  发生面积　101 亩

  危害指数　0.3333

- **中带齿舟蛾** *Odontosia sieversii*（**Ménétriès**）

  寄　　主　杨树，山杨，柳树，桤木，白桦，栲树，榆树，稠李，山楝，紫椴。

  分布范围　东北，内蒙古、浙江、福建、陕西。

  发生地点　内蒙古大兴安岭林业管理局：阿尔山林业局、乌尔旗汉林业局、库都尔林业局、图里
  　　　　　河林业局、根河林业局。

  发生面积　633600 亩

  危害指数　0.6957

- **仿白边舟蛾** *Paranerice hoenei* **Kiriakoff**

  寄　　主　核桃，桦木，榆树，桃，苹果，李，梨，李叶绣线菊，刺槐，秋海棠。

  分布范围　东北，北京、天津、河北、山西、山东、陕西、甘肃。

  发生地点　北京：顺义区、密云区；

  　　　　　河北：保定市唐县，张家口市沽源县、涿鹿县、赤城县；

陕西：西安市蓝田县，咸阳市彬县、长武县、旬邑县，渭南市临渭区、华州区、蒲城
县、白水县，宁东林业局、太白林业局。

发生面积　4857 亩

危害指数　0.3333

- **厄内斑舟蛾** *Peridea elzet* **Kiriakoff**

寄　　主　杨树，蒙古栎。

分布范围　北京、天津、山西、辽宁、江苏、浙江、福建、江西、湖北、海南、四川、云南、陕
西、甘肃。

发生地点　陕西：宁东林业局。

- **赭小内斑舟蛾** *Peridea graeseri* （**Staudinger**）

中文异名　银佩舟蛾

寄　　主　杨树，柳树，栎，春榆，榆树，大果榉，苹果，柞木，楸。

分布范围　东北，北京、河北、山西、湖北、陕西、甘肃。

发生地点　河北：邢台市沙河市；

陕西：咸阳市旬邑县，渭南市华州区。

发生面积　225 亩

危害指数　0.3333

- **扇内斑舟蛾** *Peridea grahami* （**Schaus**）

寄　　主　赤杨叶。

分布范围　北京、河北、山西、湖北、湖南、四川、云南、陕西、甘肃。

发生地点　陕西：太白林业局。

- **黄小内斑舟蛾** *Peridea jankowskii* （**Oberthür**）

寄　　主　槲栎，红淡比。

分布范围　内蒙古、黑龙江、陕西。

发生地点　陕西：太白林业局。

- **侧带内斑舟蛾** *Peridea lativitta* （**Wileman**）

中文异名　侧内斑舟蛾

寄　　主　毛白杨，桦木，榛子，蒙古栎，榆树，苹果，李叶绣线菊，柞木。

分布范围　东北，北京、河北、山西、浙江、山东、湖北、四川、陕西。

发生地点　河北：邢台市沙河市，张家口市赤城县。

发生面积　1060 亩

危害指数　0.3333

- **卵内斑舟蛾** *Peridea moltrechti* （**Oberthür**）

寄　　主　栎，波罗栎，蒙古栎，榆树，大果榉，桃，杏，樱桃，山楂，苹果，梨。

分布范围　东北，北京、河北、内蒙古、湖南、四川、陕西。

发生地点　北京：密云区；

内蒙古：通辽市科尔沁左翼后旗；

陕西：汉中市汉台区，宁东林业局、太白林业局。

发生面积　164 亩

危害指数　0.3333

- 暗内斑舟蛾 *Peridea monetaria*（Oberthür）

寄　　　主　杨树，赤杨，辽东桤木。

分布范围　东北，湖北、陕西。

发生地点　陕西：渭南市华州区。

- 糙内斑舟蛾 *Peridea trachitso* Oberthür

寄　　　主　杨树，辽东桤木，榛子，栎，槐树，赤杨叶。

分布范围　河北、辽宁、安徽、江西、山东、湖北、湖南、陕西。

发生地点　河北：张家口市赤城县；

陕西：渭南市华州区，宁东林业局。

发生面积　1041 亩

危害指数　0.3333

- 异纤舟蛾 *Periergos dispar*（Kiriakoff）

中文异名　竹缕舟蛾

寄　　　主　湿地松，马尾松，山鸡椒，竹叶楠，桢楠，刺竹子，毛竹，毛金竹，金竹。

分布范围　江苏、浙江、安徽、福建、江西、湖北、湖南、广西、四川、云南、陕西。

发生地点　江苏：无锡市宜兴市；

浙江：宁波市江北区、余姚市；

安徽：六安市金寨县、霍山县，宣城市广德县；

福建：三明市梅列区、三元区、明溪县、尤溪县、沙县、永安市，泉州市安溪县，南平市延平区、浦城县、松溪县、政和县、武夷山市，龙岩市上杭县、漳平市；

江西：赣州市信丰县，宜春市奉新县；

湖北：荆州市石首市，咸宁市咸安区、赤壁市；

湖南：长沙市长沙县、宁乡县，株洲市荷塘区、芦淞区、醴陵市，湘潭市湘潭县、湘乡市，衡阳市衡阳县、衡南县、祁东县、耒阳市、常宁市，邵阳市新邵县、绥宁县、武冈市，岳阳市云溪区、岳阳县、平江县，常德市鼎城区、汉寿县、桃源县，益阳市资阳区、赫山区、安化县、益阳高新技术开发区，郴州市北湖区、苏仙区、桂阳县、资兴市，永州市祁阳县、蓝山县，怀化市沅陵县、辰溪县、通道侗族自治县、洪江市，娄底市双峰县、涟源市；

广西：梧州市苍梧县，贵港市桂平市。

发生面积　186114 亩

危害指数　0.3668

- 皮纤舟蛾 *Periergos magna*（Matsumura）

寄　　　主　马尾松。

分布范围　福建、广东、广西、四川、云南。

● **宽掌舟蛾** *Phalera alpherakyi* **Leech**
寄　　主　毛竹。
分布范围　北京、山西、江苏、浙江、福建、江西、湖北、广西、四川、云南、陕西、甘肃。

● **窄掌舟蛾** *Phalera angustipennis* **Matsumura**
寄　　主　栎，糙叶树，柞木。
分布范围　北京、天津、河北、辽宁、福建。
发生地点　北京：顺义区。

● **栎黄掌舟蛾** *Phalera assimilis*（**Bremer et Grey**）
中文异名　栎掌舟蛾
寄　　主　银白杨，加杨，山杨，二白杨，黑杨，毛白杨，美国白杨，柳树，核桃，板栗，茅栗，苦槠栲，锥栗，石栎，麻栎，槲栎，小叶栎，波罗栎，白栎，辽东栎，蒙古栎，刺叶栎，栓皮栎，枹栎，青冈，栎子青冈，榆树，白桂木，桑，檫木，桃，樱桃，山楂，苹果，李，梨，刺槐，盐肤木，柞木，木犀。
分布范围　东北、北京、天津、河北、山西、江苏、浙江、安徽、福建、江西、山东、河南、湖北、湖南、广西、海南、重庆、四川、贵州、云南、陕西、甘肃。
发生地点　北京：东城区、密云区；
河北：唐山市玉田县，沧州市东光县、吴桥县，雾灵山保护区；
辽宁：辽阳市辽阳县；
江苏：连云港市连云区；
浙江：杭州市西湖区、萧山区、桐庐县，宁波市镇海区、鄞州区、宁海县，温州市鹿城区，金华市浦江县，衢州市衢江区，台州市温岭市，丽水市莲都区、松阳县；
安徽：合肥市包河区、庐江县，芜湖市繁昌县、无为县，淮南市大通区，滁州市定远县，池州市贵池区，宣城市宣州区；
江西：萍乡市莲花县、上栗县、芦溪县，九江市武宁县，上饶市玉山县；
山东：青岛市即墨市、莱西市，济宁市曲阜市，泰安市泰山林场，威海市环翠区，日照市莒县，临沂市沂水县、临沭县；
河南：郑州市荥阳市、新密市、登封市，洛阳市栾川县、嵩县、汝阳县，平顶山市宝丰县、叶县、鲁山县，焦作市修武县，南阳市卧龙区、南召县、镇平县、内乡县、淅川县、桐柏县，驻马店市确山县、泌阳县，济源市、汝州市、固始县；
湖北：武汉市洪山区，黄石市阳新县，宜昌市远安县、长阳土家族自治县、宜都市，襄阳市南漳县、老河口市、枣阳市，荆门市漳河新区、掇刀区，黄冈市罗田县、英山县、黄梅县，随州市随县、广水市，恩施土家族苗族自治州宣恩县、来凤县；
湖南：长沙市长沙县，邵阳市城步苗族自治县，岳阳市云溪区、岳阳县、平江县，常德市桃源县，张家界市慈利县，郴州市永兴县，娄底市新化县，湘西土家族苗族自治州吉首市；

广西：桂林市雁山区，百色市田阳县；

重庆：万州区、涪陵区、大渡口区、巴南区、黔江区、铜梁区，丰都县、武隆区、忠县、奉节县、巫溪县、石柱土家族自治县；

四川：自贡市沿滩区、荣县，攀枝花市米易县，绵阳市平武县，广元市青川县，遂宁市射洪县，乐山市峨边彝族自治县，南充市营山县、仪陇县，广安市前锋区、武胜县，巴中市巴州区、通江县，凉山彝族自治州昭觉县；

贵州：毕节市大方县，黔南布依族苗族自治州龙里县；

云南：楚雄彝族自治州武定县；

陕西：咸阳市旬邑县，渭南市合阳县，汉中市汉台区，商洛市丹凤县、商南县，宁东林业局、太白林业局。

发生面积　452830 亩

危害指数　0.3636

- **圆黄掌舟蛾** *Phalera bucephala*（Linnaeus）

中文异名　圆掌舟蛾

寄　　主　山杨，黑杨，柳树，核桃，枫杨，白桦，榛子，水青冈，麻栎，蒙古栎，榆树，樱桃，樱花，苹果，梨，花楸树，橙，阔叶槭，黑桦鼠李，椴树，柞木。

分布范围　内蒙古、吉林、黑龙江、福建、湖北、贵州、陕西、新疆。

发生地点　福建：莆田市涵江区，漳州市平和县；

陕西：渭南市澄城县；

新疆：喀什地区麦盖提县。

发生面积　166 亩

危害指数　0.3936

- **苹掌舟蛾** *Phalera flavescens*（Bremer et Grey）

寄　　主　加杨，山杨，垂柳，旱柳，核桃，西桦，板栗，锥栗，栎，麻栎，槲栎，青冈，榆树，桑，闽楠，三球悬铃木，桃，榆叶梅，梅，山杏，杏，樱桃，樱花，日本晚樱，日本樱花，山楂，枇杷，垂丝海棠，西府海棠，苹果，海棠花，李，红叶李，火棘，白梨，沙梨，蔷薇，刺槐，花椒，麻楝，槭，椴树，油茶，柞木，四季秋海棠，白蜡树，木犀，黄荆，接骨木。

分布范围　华北、东北、华东、中南、重庆、四川、贵州、云南、陕西、甘肃。

发生地点　北京：东城区、房山区、大兴区、密云区、延庆区；

河北：石家庄市井陉县，唐山市古冶区、滦南县、乐亭县、玉田县，张家口市怀来县，沧州市东光县、吴桥县、黄骅市、河间市，廊坊市霸州市，衡水市桃城区、枣强县、安平县；

山西：大同市阳高县，临汾市汾西县；

内蒙古：通辽市科尔沁区、科尔沁左翼后旗；

辽宁：辽阳市辽阳县；

江苏：南京市浦口区、雨花台区，无锡市惠山区、滨湖区、宜兴市连云港市连云区，淮安市金湖县，盐城市亭湖区、东台市，扬州市邗江区、江都区，镇江市润州区、扬中市、句容市，泰州市海陵区、姜堰区，宿迁市沭阳县；

　浙江：宁波市鄞州区、余姚市，台州市天台县，丽水市莲都区；

　安徽：芜湖市芜湖县，淮南市田家庵区；

　福建：莆田市荔城区、仙游县，三明市三元区，南平市松溪县，龙岩市上杭县；

　江西：萍乡市上栗县、芦溪县；

　山东：青岛市胶州市，枣庄市台儿庄区，东营市垦利县，潍坊市昌乐县，济宁市任城区、鱼台县、嘉祥县、汶上县、泗水县、梁山县、曲阜市、太白湖新区，泰安市肥城市、泰山林场，威海市环翠区，临沂市沂水县，聊城市阳谷县、东阿县，菏泽市牡丹区；

　河南：郑州市新郑市，安阳市林州市，许昌市东城区、鄢陵县、襄城县；

　湖北：荆门市京山县；

　湖南：益阳市桃江县；

　广东：河源市东源县；

　广西：南宁市青秀区，百色市老山林场；

　重庆：永川区、铜梁区，城口县、云阳县、奉节县、巫溪县；

　陕西：咸阳市三原县、乾县、永寿县、彬县、长武县、旬邑县，渭南市蒲城县、白水县，汉中市汉台区，商洛市丹凤县，宁东林业局、太白林业局。

发生面积　33251 亩

危害指数　0.3384

● 榆掌舟蛾 *Phalera fuscescens* **Butler**

中文异名　榆黄斑舟蛾、黄掌舟蛾、榆毛虫

寄　　主　加杨，山杨，柳树，核桃，枫杨，白桦，板栗，麻栎，槲栎，辽东栎，栓皮栎，糙叶树，朴树，榔榆，榆树，大果榉，桑，桃，樱桃，樱花，苹果，石楠，李，白梨，紫荆，刺槐，槐树，盐肤木，黑桦鼠李，迎春花。

分布范围　华北、东北，江苏、浙江、安徽、福建、江西、山东、河南、湖北、湖南、四川、陕西、甘肃、宁夏。

发生地点　北京：东城区、石景山区、顺义区、大兴区、密云区；

　河北：石家庄市井陉县，唐山市玉田县，保定市唐县，沧州市吴桥县、泊头市，廊坊市霸州市；

　内蒙古：通辽市科尔沁左翼后旗；

　江苏：南京市玄武区，无锡市滨湖区、宜兴市，苏州市高新技术开发区，镇江市句容市；

　浙江：宁波市鄞州区、象山县、余姚市，温州市龙湾区，嘉兴市嘉善县，舟山市嵊泗县，台州市仙居县；

　安徽：合肥市庐江县；

　江西：南昌市安义县，宜春市高安市；

　山东：济南市济阳县、商河县，青岛市胶州市，济宁市鱼台县、汶上县、泗水县、梁山县、曲阜市、经济技术开发区，威海市环翠区，莱芜市莱城区、钢城区，聊城市阳谷县、东阿县、冠县，滨州市无棣县，菏泽市牡丹区、定陶区、单县、

郓城县；

河南：三门峡市陕州区；

湖北：荆门市京山县；

湖南：株洲市攸县，邵阳市隆回县；

四川：宜宾市筠连县，广安市武胜县，甘孜藏族自治州康定市、九龙县，凉山彝族自治州盐源县、德昌县；

陕西：西安市蓝田县、周至县，咸阳市三原县、旬邑县，渭南市华州区、白水县，宁东林业局；

甘肃：平凉市关山林管局。

发生面积　36006 亩

危害指数　0.4909

- **刺槐掌舟蛾** *Phalera grotei* Moore

寄　　主　麻栎，刺桐，胡枝子，鸡血藤，刺槐，红花刺槐，毛刺槐，槐树，香椿，蛇藤，梧桐，秋海棠。

分布范围　北京、天津、河北、山西、辽宁、江苏、浙江、安徽、福建、江西、山东、湖北、湖南、广东、广西、海南、重庆、四川、贵州、云南、陕西。

发生地点　北京：石景山区、顺义区、大兴区、密云区；

河北：唐山市古冶区、滦南县、乐亭县、玉田县，邢台市沙河市；

江苏：无锡市宜兴市，盐城市东台市；

浙江：宁波市鄞州区、余姚市、慈溪市，温州市鹿城区、龙湾区、平阳县、瑞安市，嘉兴市嘉善县，衢州市常山县，舟山市嵊泗县，台州市临海市，丽水市莲都区；

山东：济南市章丘市，潍坊市昌乐县，济宁市鱼台县、梁山县，莱芜市钢城区，临沂市沂水县，菏泽市郓城县，黄河三角洲保护区；

湖北：天门市；

重庆：南岸区，巫溪县；

四川：乐山市峨边彝族自治县，南充市高坪区，广安市前锋区；

陕西：西安市蓝田县，咸阳市永寿县、彬县、长武县、旬邑县，渭南市华州区，宁东林业局。

发生面积　50140 亩

危害指数　0.3900

- **纹掌舟蛾** *Phalera ordgara* Schaus

寄　　主　杨树，栎。

分布范围　四川、云南、陕西。

发生地点　四川：甘孜藏族自治州乡城县，凉山彝族自治州盐源县。

- **珠掌舟蛾** *Phalera parivala* Moore

寄　　主　垂柳。

分布范围　湖北、广西、四川、云南、西藏。

发生地点　　四川：成都市蒲江县。

● **刺桐掌舟蛾 *Phalera raya* Moore**

寄　　主　　刺桐，鸡冠刺桐。

分布范围　　福建、西藏、陕西。

发生地点　　福建：莆田市秀屿区、仙游县。

● **栎蚕舟蛾 *Phalerodonta bombycina*（Oberthür）**

中文异名　　栎褐舟蛾、麻栎天社蛾、栎褐天社蛾

拉丁异名　　*Phalerodonta albibasis*（Chiang）

寄　　主　　麻栎，槲栎，小叶栎，白栎，蒙古栎，栓皮栎，栎子青冈，杏，柞木。

分布范围　　东北，河北、江苏、浙江、安徽、福建、江西、山东、河南、湖北、湖南、四川、陕西、甘肃。

发生地点　　安徽：宣城市绩溪县；

　　　　　　山东：莱芜市雪野湖；

　　　　　　河南：平顶山市卫东区，三门峡市陕州区；

　　　　　　湖北：随州市随县；

　　　　　　湖南：张家界市永定区，永州市道县；

　　　　　　四川：攀枝花市米易县、普威局；

　　　　　　陕西：宁东林业局；

　　　　　　甘肃：庆阳市西峰区。

发生面积　　3004 亩

危害指数　　0.3358

● **杨剑舟蛾 *Pheosia fusiformis* Matsumura**

寄　　主　　山杨，小叶杨，柳树，白桦，榆树，檫木，山枣。

分布范围　　东北，北京、河北、山西、内蒙古、陕西、甘肃、宁夏、新疆。

发生地点　　内蒙古：通辽市科尔沁左翼后旗；

　　　　　　陕西：咸阳市旬邑县，渭南市华州区，宁东林业局。

发生面积　　646 亩

危害指数　　0.3333

● **杨白剑舟蛾 *Pheosia tremula*（Clerck）**

寄　　主　　杨树。

分布范围　　内蒙古、吉林、新疆。

发生地点　　内蒙古：乌兰察布市四子王旗。

发生面积　　3500 亩

危害指数　　0.3333

● **灰羽舟蛾 *Pterostoma griseum*（Bremer）**

寄　　主　　山杨，榆树，怀槐，刺槐，槐树。

分布范围　　东北，北京、河北、内蒙古、四川、云南、陕西、甘肃、宁夏。

发生地点　河北：邢台市沙河市，张家口市沽源县、怀安县，沧州市黄骅市；

　　　　　　陕西：咸阳市乾县、彬县，渭南市华州区。

发生面积　3741 亩

危害指数　0.4091

- **红羽舟蛾** *Pterostoma hoenei* **Kiriakoff**

　寄　　主　杨树，刺槐，毛刺槐，槐树。

　分布范围　北京、河北、山西、辽宁、陕西、甘肃。

　发生地点　北京：顺义区、密云区；

　　　　　　河北：保定市唐县，张家口市赤城县；

　　　　　　陕西：咸阳市彬县。

　发生面积　3073 亩

　危害指数　0.3339

- **槐羽舟蛾** *Pterostoma sinicum* **Moore**

　寄　　主　山杨，毛白杨，核桃，栎，西府海棠，苹果，海棠花，黄刺玫，山合欢，怀槐，刺槐，红花刺槐，毛刺槐，槐树，龙爪槐，多花紫藤，紫藤，秋海棠，紫薇，野海棠。

　分布范围　东北、华东，北京、天津、河北、山西、河南、湖北、湖南、广东、广西、重庆、四川、云南、西藏、陕西、甘肃、宁夏。

　发生地点　北京：东城区、石景山区、房山区、通州区、顺义区、大兴区、密云区；

　　　　　　河北：石家庄市井陉矿区，唐山市乐亭县、玉田县，保定市唐县、顺平县，张家口市怀来县，沧州市黄骅市、河间市，廊坊市安次区，衡水市桃城区、武邑县；

　　　　　　山西：大同市阳高县；

　　　　　　上海：浦东新区；

　　　　　　山东：济南市历城区，济宁市任城区、鱼台县、汶上县、梁山县、曲阜市、高新技术开发区、太白湖新区、经济技术开发区，泰安市泰山区；

　　　　　　河南：三门峡市陕州区，驻马店市泌阳县；

　　　　　　重庆：武隆区；

　　　　　　四川：凉山彝族自治州盐源县、德昌县；

　　　　　　陕西：西安市蓝田县，宝鸡市扶风县，咸阳市秦都区、三原县、永寿县、彬县、长武县、旬邑县、武功县、兴平市，渭南市潼关县、大荔县、合阳县、蒲城县、白水县，汉中市汉台区，宁东林业局；

　　　　　　宁夏：固原市彭阳县。

　发生面积　11565 亩

　危害指数　0.3340

- **姹羽舟蛾** *Pterotes eugenia*（**Staudinger**）

　寄　　主　毛白杨，旱柳。

　分布范围　内蒙古、山西、宁夏。

　发生地点　宁夏：吴忠市同心县。

- **拟扇舟蛾** *Pygaera timon*（Hübner）
  寄　　主　山杨，柳树。
  分布范围　东北，内蒙古、陕西。
  发生地点　陕西：宁东林业局。

- **锈玫舟蛾** *Rosama ornata*（Oberthür）
  寄　　主　胡枝子，刺槐，梧桐。
  分布范围　北京、河北、辽宁、黑龙江、上海、江苏、浙江、湖北、湖南、广东、陕西。
  发生地点　江苏：南京市玄武区，镇江市句容市。

- **半齿舟蛾** *Semidonta biloba*（Oberthür）
  寄　　主　核桃楸，麻栎，蒙古栎，栓皮栎，槲叶槭。
  分布范围　东北，陕西。
  发生地点　陕西：商洛市镇安县，宁东林业局。

- **沙舟蛾** *Shaka atrovittata*（Bremer）
  中文异名　黑条沙舟蛾
  寄　　主　杨树，栎，刺槐，槐树，槲叶槭，椴树。
  分布范围　东北，北京、河北、山西、江西、湖南、重庆、四川、云南、陕西、甘肃。
  发生地点　河北：张家口市赤城县；
  　　　　　陕西：渭南市华州区、白水县。
  发生面积　150 亩
  危害指数　0.3333

- **丽金舟蛾** *Spatalia dives* Oberthür
  寄　　主　杨树，蒙古栎，栓皮栎，柞木。
  分布范围　东北，北京、河北、湖北、湖南、贵州、陕西。
  发生地点　北京：顺义区、密云区；
  　　　　　陕西：西安市周至县。

- **艳金舟蛾** *Spatalia doerriesi* Graeser
  寄　　主　杨树，沙柳，桦木，辽东栎，蒙古栎，细叶青冈，垂叶榕，苹果，紫椴，柞木。
  分布范围　东北，北京、天津、河北、内蒙古、湖北、四川、陕西、甘肃。
  发生地点　北京：密云区；
  　　　　　四川：广安市武胜县。

- **富金舟蛾** *Spatalia plusiotis*（Oberthür）
  寄　　主　杨树，桦木，蒙古栎，榆树，檫木，蔷薇。
  分布范围　东北，北京、河北、浙江、湖北、湖南、四川、陕西、甘肃。
  发生地点　北京：密云区；
  　　　　　陕西：宁东林业局。

- **龙眼蚁舟蛾** *Stauropus alternus* **Walker**

  中文异名　蚁舟蛾

  寄　　主　枫杨，蔷薇，相思子，台湾相思，柑橘，杧果，龙眼，荔枝，山茶，木荷，咖啡。

  分布范围　辽宁、福建、海南、陕西。

  发生地点　福建：厦门市同安区；

  　　　　　海南：万宁市；

  　　　　　陕西：渭南市华州区。

  发生面积　168 亩

  危害指数　0.3333

- **茅莓蚁舟蛾** *Stauropus basalis* **Moore**

  寄　　主　茅栗，榆树，千金藤，山梅花，海棠花，悬钩子，山莓，刺槐。

  分布范围　北京、河北、山西、内蒙古、辽宁、江苏、浙江、福建、江西、山东、湖北、湖南、广西、四川、贵州、云南、陕西、甘肃。

  发生地点　北京：顺义区；

  　　　　　河北：保定市唐县；

  　　　　　内蒙古：通辽市科尔沁左翼后旗；

  　　　　　陕西：渭南市华州区、蒲城县。

  发生面积　274 亩

  危害指数　0.3333

- **苹蚁舟蛾** *Stauropus fagi*（Linnaeus）

  寄　　主　赤杨，麻栎，蒙古栎，连香树，樱桃，苹果，樱桃李，李，梨，胡枝子，刺槐，木犀。

  分布范围　北京、河北、山西、内蒙古、吉林、黑龙江、浙江、湖北、广西、四川、陕西、甘肃。

  发生地点　陕西：渭南市华州区、白水县。

- **台蚁舟蛾** *Stauropus teikichiana* **Matsumura**

  寄　　主　栎，木犀。

  分布范围　福建、江西、湖南、广西、海南、四川。

  发生地点　四川：内江市威远县。

- **青胯舟蛾** *Syntypistis cyanea*（Leech）

  寄　　主　山核桃，核桃楸，核桃，青冈。

  分布范围　浙江、福建、江西、广东、云南、陕西。

  发生地点　浙江：杭州市临安市；

  　　　　　陕西：汉中市汉台区、西乡县。

  发生面积　601 亩

  危害指数　0.3333

- **百花胯舟蛾** *Syntypistis fasciata*（Moore）

  寄　　主　杨树，枫杨，黄背栎，天竺桂。

  分布范围　湖北、四川、云南、陕西。

发生地点　四川：成都市都江堰市。

• 篱胯舟蛾 *Syntypistis hercules* (Schintlmeister)

寄　　主　杨树，刺槐。

分布范围　四川、陕西。

发生地点　陕西：渭南市白水县。

• 肖剑心银斑舟蛾 *Tarsolepis japonica* Wileman et South

寄　　主　桦木，栎，青冈，榕树，猴樟，檫木，苹果，茶条槭，飞蛾槭。

分布范围　东北，江苏、浙江、福建、湖北、广西、海南、重庆、贵州、云南、陕西。

发生地点　黑龙江：佳木斯市郊区；

重庆：巫溪县。

• 剑心银斑舟蛾 *Tarsolepis remicauda* Butler

寄　　主　山杨，山核桃，苹果，梨，龙眼。

分布范围　云南、陕西。

发生地点　陕西：安康市旬阳县。

• 土舟蛾 *Togepteryx velutina* (Oberthür)

寄　　主　蒙古栎，槭，色木槭。

分布范围　河北、吉林、黑龙江、贵州。

• 核桃美舟蛾 *Uropyia meticulodina* (Oberthür)

寄　　主　山核桃，野核桃，核桃楸，核桃，枫杨，栎，檫木，栾树，女贞，楸。

分布范围　东北，北京、天津、河北、内蒙古、江苏、浙江、福建、江西、山东、湖北、湖南、广西、重庆、四川、贵州、云南、陕西、甘肃。

发生地点　北京：石景山区、顺义区、密云区；

河北：邢台市邢台县、沙河市，张家口市赤城县；

内蒙古：通辽市科尔沁左翼后旗；

江苏：无锡市宜兴市，苏州市高新技术开发区，扬州市江都区；

浙江：宁波市江北区、鄞州区、象山县、慈溪市，衢州市常山县；

山东：泰安市新泰市、泰山林场，临沂市沂水县；

重庆：巫溪县、石柱土家族自治县、彭水苗族土家族自治县；

四川：广安市武胜县，凉山彝族自治州金阳县；

陕西：西安市蓝田县，渭南市华州区、合阳县，佛坪保护区，宁东林业局。

发生面积　4596 亩

危害指数　0.3335

• 木荷空舟蛾 *Vaneeckeia pallidifascia* (Hampson)

寄　　主　檵木，油茶，木荷。

分布范围　浙江、福建、广东、广西。

发生地点　福建：厦门市同安区，泉州市安溪县，福州国家森林公园。

- **梨威舟蛾** *Wilemanus bidentatus bidentatus*（Wileman）

  寄　　主　栓皮栎，苹果，石楠，梨。

  分布范围　东北，北京、河北、山西、内蒙古、江苏、浙江、安徽、福建、江西、山东、湖北、
  湖南、广东、广西、四川、贵州、云南、陕西。

  发生地点　陕西：宁东林业局。

- **亚梨威舟蛾** *Wilemanus bidentatus ussuriensis*（Pungeler）

  寄　　主　榆树，苹果，石楠，李，梨，槐树。

  分布范围　东北，北京、河北、山西、内蒙古、江苏、浙江、安徽、福建、江西、山东、湖北、
  湖南、广东、广西、四川、贵州、云南、陕西。

  发生地点　河北：唐山市滦南县、玉田县；
  内蒙古：通辽市科尔沁左翼后旗。

  发生面积　1140 亩

  危害指数　0.3333

裳蛾科 Erebidae

- **飞杨阿夜蛾** *Achaea janata*（Linnaeus）

  中文异名　蓖麻夜蛾、白带蓖麻夜蛾

  寄　　主　樟树，柑橘，秋枫，杧果，龙眼，荔枝，巨尾桉。

  分布范围　江苏、江西、广东、广西、四川。

  发生地点　广西：维都林场；
  四川：遂宁市船山区。

  发生面积　205 亩

  危害指数　0.3333

- **人心果阿夜蛾** *Achaea serva*（Fabricius）

  寄　　主　人心果。

  分布范围　广东。

  发生地点　广东：云浮市郁南县。

- **爆夜蛾** *Adrapsa ereboides*（Walker）

  寄　　主　栎。

  分布范围　浙江。

  发生地点　浙江：宁波市象山县。

- **树皮乱纹夜蛾** *Anisoneura aluco*（Fabricius）

  寄　　主　滇杨，栎，樟树，苹果。

  分布范围　福建、广东、海南、四川、云南、西藏、陕西。

  发生地点　广东：汕尾市陆河县；
  四川：凉山彝族自治州布拖县。

- **乱纹夜蛾** *Anisoneura salebrosa* **Guenée**

寄　　主　刺槐。

分布范围　福建、陕西。

发生地点　陕西：渭南市白水县。

- **小造桥虫** *Anomis flava*（**Fabricius**）

中文异名　小造桥夜蛾、小桥夜蛾

寄　　主　木麻黄，榆树，桑，桃，梨，香槐，龙爪槐，柑橘，香椿，栾树，葡萄，木芙蓉，朱槿，木槿，木荷，柿。

分布范围　北京、河北、山西、内蒙古、安徽、福建、江西、山东、河南、湖北、广东、四川、陕西。

发生地点　河北：唐山市乐亭县；

山西：临汾市洪洞县；

安徽：淮南市凤台县；

江西：萍乡市莲花县、上栗县、芦溪县；

山东：潍坊市诸城市，济宁市曲阜市；

河南：邓州市；

湖北：荆州市洪湖市；

广东：深圳市宝安区；

四川：凉山彝族自治州金阳县；

陕西：宝鸡市凤翔县，渭南市华阴市。

发生面积　1385 亩

危害指数　0. 3367

- **超桥夜蛾** *Anomis fulvida* **Guenée**

寄　　主　杨树，山杨，桤木，榕树，八角，玉兰，油樟，黑果茶藨，海桐，枫香，桃，碧桃，苹果，梨，悬钩子，云南金合欢，羊蹄甲，柑橘，臭椿，油桐，秋枫，长叶黄杨，杧果，荔枝，葡萄，木芙蓉，朱槿，木槿，油茶，柠檬桉，巨尾桉。

分布范围　北京、天津、河北、辽宁、上海、江苏、浙江、福建、江西、山东、河南、湖北、广东、广西、四川、云南、陕西。

发生地点　北京：密云区；

河北：唐山市乐亭县，沧州市河间市，衡水市桃城区；

上海：闵行区、浦东新区、松江区，崇明县；

江苏：南京市浦口区，无锡市宜兴市，徐州市铜山区、丰县，常州市武进区，苏州市高新技术开发区、昆山市、太仓市，淮安市清江浦区、金湖县，盐城市盐都区、阜宁县、东台市，扬州市邗江区、江都区、宝应县，镇江市句容市，泰州市姜堰区；

浙江：嘉兴市嘉善县，舟山市岱山县；

江西：萍乡市莲花县、上栗县、芦溪县，宜春市高安市；

山东：济宁市任城区，聊城市东昌府区、东阿县、冠县，菏泽市牡丹区；

河南：濮阳市华龙区；

广东：肇庆市怀集县，惠州市惠阳区；

广西：贵港市平南县，玉林市兴业县，河池市巴马瑶族自治县；

四川：宜宾市翠屏区，广安市武胜县，凉山彝族自治州布拖县。

发生面积　63756 亩

危害指数　0.4644

- **桥夜蛾 *Anomis mesogona*（Walker）**

中文异名　中桥夜蛾

寄　　主　山杨，板栗，栎，桃，杏，苹果，李，梨，悬钩子，柑橘，花椒，葡萄，木槿，白花泡桐。

分布范围　北京、天津、河北、黑龙江、江苏、浙江、福建、江西、山东、湖北、湖南、海南、重庆、四川、贵州、云南、陕西。

发生地点　江苏：南京市玄武区，苏州市太仓市，盐城市东台市，泰州市姜堰区；

浙江：温州市瑞安市；

江西：萍乡市莲花县、上栗县、芦溪县；

山东：聊城市东阿县；

湖南：娄底市新化县；

重庆：北碚区；

四川：内江市市中区，资阳市雁江区。

发生面积　189 亩

危害指数　0.3333

- **黄灰梦尼夜蛾 *Anorthoa munda*（Denis et Schiffermüller）**

寄　　主　山杨，旱柳，栎，苹果，李。

分布范围　北京。

- **斜额夜蛾 *Antha grata*（Butler）**

寄　　主　木槿。

分布范围　黑龙江、福建、贵州、云南。

- **仿爱夜蛾 *Apopestes spectrum*（Esper）**

寄　　主　杨树。

分布范围　新疆。

- **苎麻夜蛾 *Arcte coerula* Guenée**

拉丁异名　*Cocytodes coerulea* Guenée

寄　　主　山杨，栎，榆树，构树，桑，水麻，台湾藤麻，梨，胡枝子，刺槐，花椒，茶，桉树。

分布范围　河北、江苏、浙江、安徽、福建、江西、山东、河南、湖北、湖南、广东、重庆、四川、陕西。

发生地点　江苏：无锡市宜兴市，常州市溧阳市，镇江市句容市；

浙江：杭州市西湖区；

安徽：芜湖市无为县；

山东：聊城市东阿县；

河南：南阳市桐柏县；

湖北：十堰市竹山县、竹溪县；

湖南：株洲市醴陵市，怀化市沅陵县、麻阳苗族自治县，娄底市新化县，湘西土家族苗族自治州永顺县；

广东：云浮市新兴县；

重庆：涪陵区、大渡口区、南岸区、綦江区、黔江区，丰都县、武隆区、奉节县、巫溪县、酉阳土家族苗族自治县；

四川：宜宾市兴文县，广安市武胜县，雅安市雨城区、天全县，甘孜藏族自治州泸定县，凉山彝族自治州金阳县；

陕西：安康市平利县，宁东林业局。

发生面积　7828 亩
危害指数　0.3599

- **大棱夜蛾 *Arytrura musculus*（Ménétriès）**
  寄　　主　山杨，柳树，桦木，木槿。
  分布范围　辽宁、黑龙江、福建。
  发生地点　黑龙江：佳木斯市富锦市。
  发生面积　620 亩
  危害指数　0.5054

- **镰大棱夜蛾 *Arytrura subfalcata*（Ménétriès）**
  寄　　主　栎，油桐。
  分布范围　陕西：安康市石泉县、白河县。

- **清隘夜蛾 *Autophila cataphanes*（Hübner）**
  寄　　主　柠条锦鸡儿。
  分布范围　河北、黑龙江、山东、甘肃、宁夏、新疆。
  发生地点　宁夏：固原市彭阳县。

- **白线尖须夜蛾 *Bertula albolinealis*（Leech）**
  寄　　主　柑橘。
  分布范围　辽宁、浙江、福建、江西、湖南、广西、四川。
  发生地点　湖南：岳阳市平江县，常德市鼎城区。

- **并线尖须夜蛾 *Bertula parallela*（Leech）**
  寄　　主　板栗。
  分布范围　浙江、福建、江西、湖南、海南、四川。
  发生地点　四川：南充市西充县。

- **寒锉夜蛾 *Blasticorhinus ussuriensis*（Bremer）**
  寄　　主　多花紫藤。

分布范围　黑龙江、江苏、浙江、福建、湖南、广东。

- **黄畸夜蛾** *Bocula pallens*（**Moore**）
  寄　　主　桑，漆树。
  分布范围　浙江、福建、四川、贵州、云南、西藏。
  发生地点　浙江：宁波市慈溪市。
  发生面积　300 亩
  危害指数　0.3333

- **齿斑畸夜蛾** *Bocula quadrilineata* **Walker**
  中文异名　畸夜蛾
  寄　　主　山杨，蔷薇。
  分布范围　江苏、浙江、福建、广西、四川、陕西。
  发生地点　江苏：南京市玄武区，无锡市宜兴市；
  　　　　　浙江：杭州市西湖区。

- **胞短栉夜蛾** *Brevipecten consanguis* **Leech**
  寄　　主　粗枝木麻黄，朴树，桑，朱槿。
  分布范围　北京、天津、河北、江苏、浙江、福建、江西、山东、湖北、湖南、广西、海南、四
  　　　　　川、云南、陕西。
  发生地点　北京：顺义区、大兴区、密云区；
  　　　　　江西：萍乡市莲花县、芦溪县；
  　　　　　陕西：渭南市华州区。

- **毛健夜蛾** *Brithys crini*（**Fabricius**）
  中文异名　葱兰夜蛾
  寄　　主　杨树，络石，珊瑚树。
  分布范围　上海、江苏、浙江、安徽、福建、湖北、广东、重庆。
  发生地点　上海：闵行区、宝山区、嘉定区、浦东新区、松江区、奉贤区；
  　　　　　江苏：南京市浦口区，常州市武进区，苏州市吴中区、昆山市，盐城市东台市，扬州
  　　　　　　　　市江都区，泰州市姜堰区；
  　　　　　浙江：杭州市西湖区、桐庐县；
  　　　　　福建：厦门市同安区；
  　　　　　湖北：荆州市沙市区、荆州区；
  　　　　　广东：深圳市宝安区；
  　　　　　重庆：北碚区。
  发生面积　295 亩
  危害指数　0.4102

- **霜壶夜蛾** *Calyptra albivirgata*（**Hampson**）
  寄　　主　葡萄。
  分布范围　湖南、四川、陕西。

- **翎壶夜蛾** *Calyptra gruesa*（**Draudt**）

  寄　　主　柑橘。

  分布范围　浙江、湖北、湖南、陕西。

- **平嘴壶夜蛾** *Calyptra lata*（**Butler**）

  寄　　主　柳树、白桦、榆树、枇杷、桃、苹果、梨、柑橘、葡萄。

  分布范围　东北、北京、天津、河北、福建、山东、四川、云南、西藏、陕西、宁夏。

  发生地点　河北：张家口市赤城县；

  　　　　　四川：巴中市通江县；

  　　　　　西藏：昌都市类乌齐县、左贡县；

  　　　　　陕西：渭南市华州区，宁东林业局、太白林业局；

  　　　　　宁夏：银川市西夏区。

- **疖角壶夜蛾** *Calyptra minuticornis*（**Guenée**）

  寄　　主　杨梅、千金藤、枇杷、柑橘、苹婆。

  分布范围　辽宁、黑龙江、浙江、福建、广东、陕西。

  发生地点　浙江：杭州市富阳区。

- **壶夜蛾** *Calyptra thalictri*（**Borkhausen**）

  寄　　主　麻栎、小叶栎、栓皮栎、桃、李。

  分布范围　辽宁、黑龙江、浙江、福建、山东、河南、湖北、四川、云南、陕西、新疆。

  发生地点　四川：遂宁市大英县。

- **斜带三角夜蛾** *Chalciope mygdon*（**Cramer**）

  寄　　主　柏木。

  分布范围　重庆。

- **客来夜蛾** *Chrysorithrum amata*（**Bremer et Grey**）

  寄　　主　杨树、枫杨、麻栎、蒙古栎、青冈、胡枝子、刺槐、草鞋木、山葡萄、柞木、胡颓子、沙棘、毛八角枫。

  分布范围　东北，北京、天津、河北、内蒙古、浙江、福建、山东、河南、湖北、云南、陕西。

  发生地点　北京：东城区、石景山区、顺义区、密云区；

  　　　　　河北：唐山市乐亭县，邢台市沙河市，张家口市怀来县、涿鹿县、赤城县；

  　　　　　内蒙古：通辽市科尔沁左翼后旗；

  　　　　　陕西：西安市蓝田县、周至县，咸阳市秦都区、三原县、永寿县、彬县、长武县，渭南市华州区、白水县。

  发生面积　4270 亩

  危害指数　0.3333

- **筱客来夜蛾** *Chrysorithrum flavomaculata*（**Bremer**）

  寄　　主　杨树、柳树、栎、榆树、猴樟、紫穗槐、锦鸡儿、胡枝子、刺槐、槐树、葡萄、雪柳。

  分布范围　东北，北京、河北、内蒙古、江苏、云南、陕西。

发生地点　河北：张家口市沽源县、赤城县；

　　　　　江苏：扬州市江都区；

　　　　　陕西：西安市蓝田县，渭南市澄城县。

发生面积　633 亩

危害指数　0.3439

● 红尺夜蛾 *Dierna timandra*（Alpheraky）

寄　　主　山杨，榆树，油茶，毛八角枫。

分布范围　东北，北京、河北、浙江、河南、湖北、湖南、四川、陕西。

发生地点　北京：顺义区；

　　　　　河北：邢台市沙河市；

　　　　　四川：雅安市天全县；

　　　　　陕西：渭南市华州区。

● 斜尺夜蛾 *Dierna strigata* Moore

寄　　主　薄壳山核桃，柑橘。

分布范围　上海、浙江、福建、江西、湖南、海南、云南。

发生地点　上海：宝山区、松江区。

● 塞妃夜蛾 *Drasteria catocalis*（Staudinger）

中文异名　赛妃夜蛾

寄　　主　柠条锦鸡儿。

分布范围　陕西、甘肃、宁夏、新疆。

发生地点　宁夏：吴忠市盐池县。

发生面积　104000 亩

危害指数　0.3462

● 躬妃夜蛾 *Drasteria flexuosa*（Ménétriès）

寄　　主　箭杆杨，沙拐枣，梭梭。

分布范围　新疆。

发生地点　新疆：巴音郭楞蒙古自治州且末县。

发生面积　55000 亩

危害指数　0.3636

● 宁妃夜蛾 *Drasteria saisani*（Staudinger）

寄　　主　山杨，榆树，杏。

分布范围　内蒙古、宁夏、新疆。

发生地点　宁夏：石嘴山市惠农区，吴忠市红寺堡区。

● 古妃夜蛾 *Drasteria tenera*（Staudinger）

寄　　主　胡杨，桃，柠条锦鸡儿。

分布范围　内蒙古、陕西、宁夏、新疆。

发生地点　宁夏：吴忠市盐池县。

发生面积　105000 亩

危害指数　0.3492

- **月牙巾夜蛾** *Dysgonia analis*（Guenée）

寄　　主　杨树，栎。

分布范围　浙江、广东、重庆、云南、陕西。

发生地点　浙江：温州市瑞安市；

　　　　　重庆：万州区。

发生面积　131 亩

危害指数　0.3333

- **玫瑰巾夜蛾** *Dysgonia arctotaenia*（Guenée）

寄　　主　马尾松，柳杉，柏木，山杨，大叶杨，苹果，梨，刺蔷薇，月季，玫瑰，柑橘，长叶黄杨，黄杨，盐肤木，油茶，石榴，玫瑰树。

分布范围　河北、上海、江苏、浙江、福建、江西、河南、湖北、湖南、广东、广西、重庆、四川、贵州、云南、陕西。

发生地点　河北：沧州市吴桥县、河间市；

　　　　　上海：嘉定区、浦东新区；

　　　　　江苏：无锡市宜兴市，常州市天宁区、钟楼区、新北区、武进区，苏州市太仓市；

　　　　　浙江：杭州市西湖区，宁波市江北区、象山县、余姚市；

　　　　　江西：南昌市安义县，萍乡市莲花县、上栗县、芦溪县；

　　　　　湖南：娄底市新化县；

　　　　　四川：攀枝花市盐边县，遂宁市大英县，巴中市巴州区。

发生面积　635 亩

危害指数　0.3438

- **弓巾夜蛾** *Dysgonia arcuata*（Moore）

中文异名　污巾夜蛾

拉丁异名　*Dysgonia curvata* Leech

寄　　主　杨树，栎，樟树，桃，苹果，月季，刺槐，龙眼，石榴。

分布范围　北京、辽宁、江苏、浙江、山东、湖北。

发生地点　浙江：宁波市鄞州区，台州市仙居县。

发生面积　6300 亩

危害指数　0.4921

- **宽巾夜蛾** *Dysgonia fulvotaenia*（Guenée）

寄　　主　闭花木。

分布范围　浙江、福建、广东、海南、云南。

发生地点　广东：云浮市罗定市。

● 隐巾夜蛾 *Dysgonia joviana*（Stoll）

寄　　主　含笑花，王棕。

分布范围　北京、江苏、广东、海南、四川、云南、陕西。

发生地点　广东：肇庆市四会市；

　　　　　　四川：遂宁市射洪县；

　　　　　　陕西：渭南市澄城县。

发生面积　142 亩

危害指数　0.4742

● 霉巾夜蛾 *Dysgonia maturata*（Walker）

寄　　主　山杨，水青冈，栎，青冈，李，月季，玫瑰，刺槐，柑橘，重阳木，石榴。

分布范围　辽宁、江苏、浙江、福建、江西、山东、河南、湖南、广东、海南、重庆、四川、贵州、云南。

发生地点　江苏：无锡市宜兴市，苏州市太仓市；

　　　　　　浙江：杭州市西湖区，宁波市北仑区、镇海区、象山县；

　　　　　　山东：威海市环翠区；

　　　　　　湖南：娄底市新化县；

　　　　　　广东：云浮市郁南县、罗定市；

　　　　　　重庆：北碚区；

　　　　　　四川：乐山市金口河区，南充市嘉陵区。

发生面积　409 亩

危害指数　0.3496

● 小折巾夜蛾 *Dysgonia obscura*（Bremer et Grey）

中文异名　东北巾夜蛾

寄　　主　山杨，刺槐，黄荆。

分布范围　北京、河北、辽宁、黑龙江、江苏、山东、陕西。

发生地点　北京：顺义区；

　　　　　　山东：济宁市鱼台县、经济技术开发区；

　　　　　　陕西：太白林业局。

● 柚巾夜蛾 *Dysgonia palumba*（Guenée）

寄　　主　文旦柚，柑橘，桉树。

分布范围　福建、广东、广西、海南、陕西。

发生地点　广东：湛江市吴川市。

● 肾巾夜蛾 *Dysgonia praetermissa*（Warren）

寄　　主　栎，梨，柑橘，红淡比。

分布范围　江苏、浙江、福建、江西、湖南、重庆、云南、陕西。

发生地点　江苏：无锡市宜兴市；

　　　　　　江西：萍乡市湘东区、莲花县、上栗县、芦溪县。

- **紫巾夜蛾** *Dysgonia simillima*（Guenée）

  寄　　主　马尾松，樟树。

  分布范围　广东、广西。

  发生地点　广东：汕尾市陆河县。

- **石榴巾夜蛾** *Dysgonia stuposa*（Fabricius）

  寄　　主　杨树，棉花柳，苦槠栲，麻栎，月季，柑橘，乌桕，石榴。

  分布范围　华东，北京、河北、辽宁、河南、湖北、湖南、广东、海南、四川、云南、陕西。

  发生地点　北京：密云区；

  　　　　　河北：石家庄市井陉县；

  　　　　　上海：宝山区、青浦区；

  　　　　　江苏：南京市高淳区，无锡市宜兴市，常州市天宁区、钟楼区、新北区，苏州市昆山
  　　　　　　　　市、太仓市，淮安市金湖县，盐城市阜宁县，扬州市广陵区；

  　　　　　浙江：杭州市桐庐县，宁波市鄞州区，嘉兴市秀洲区；

  　　　　　江西：萍乡市莲花县、芦溪县；

  　　　　　山东：济宁市鱼台县、汶上县、经济技术开发区；

  　　　　　湖南：岳阳市平江县；

  　　　　　陕西：渭南市华州区、潼关县。

  发生面积　2462 亩

  危害指数　0.3333

- **白肾夜蛾** *Edessena gentiusalis* Walker

  寄　　主　银杏，柳树，枫杨，桤木，白桦，栎，青冈，构树，黄葛树，厚朴，猴樟，悬钩子，
  　　　　　刺槐，柑橘，花椒，桉，木犀，丁香。

  分布范围　河北、辽宁、湖北、广东、重庆、四川、陕西。

  发生地点　重庆：南岸区；

  　　　　　四川：成都市邛崃市，自贡市荣县；

  　　　　　陕西：宁东林业局、太白林业局。

- **钩白肾夜蛾** *Edessena hamada*（Felder et Rogenhofer）

  中文异名　肾白夜蛾

  寄　　主　麻栎，蒙古栎，桑，檫木，苹果，乌桕，卫矛，柞木，柳叶水锦树。

  分布范围　北京、河北、辽宁、吉林、浙江、安徽、湖北、四川、陕西。

  发生地点　浙江：杭州市西湖区；

  　　　　　四川：南充市西充县；

  　　　　　陕西：西安市周至县，宁东林业局。

- **白线篦夜蛾** *Episparis liturata* Fabricius

  中文异名　篦夜蛾

  寄　　主　楝树，乌桕，灯台树。

  分布范围　浙江、湖南、广东、四川、云南、陕西。

发生地点　　浙江：杭州市西湖区；

　　　　　　湖南：岳阳市平江县；

　　　　　　四川：南充市西充县。

● **台湾箆夜蛾** *Episparis taiwana* **Wileman et West**

寄　　主　山杨，油茶。

分布范围　江西、湖北。

发生地点　江西：宜春市高安市。

● **涟蓖夜蛾** *Episparis tortuosalis* **Moore**

寄　　主　麻楝。

分布范围　广东、广西、海南。

● **雪耳夜蛾** *Ercheia niveostrigata* **Warren**

寄　　主　山杨。

分布范围　江苏、浙江、福建、江西、湖南、四川、陕西。

发生地点　　浙江：宁波市江北区、北仑区、镇海区；

　　　　　　江西：宜春市高安市；

　　　　　　四川：南充市西充县；

　　　　　　陕西：渭南市华州区。

发生面积　523 亩

危害指数　0. 3333

● **阴耳夜蛾** *Ercheia umbrosa* **Butler**

寄　　主　柑橘。

分布范围　江西、广东、湖南、四川、贵州。

发生地点　四川：南充市西充县，广安市武胜县。

● **玉边魔目夜蛾** *Erebus albicinctus* **Kollar**

中文异名　玉边目夜蛾

寄　　主　板栗，栎，青冈，梨，桐棉，茶，毛泡桐。

分布范围　重庆、四川、贵州、云南、陕西。

发生地点　　重庆：黔江区、永川区；

　　　　　　四川：巴中市通江县；

　　　　　　陕西：西安市蓝田县，渭南市华州区，宁东林业局。

● **魔目夜蛾** *Erebus crepuscularis* (**Linnaeus**)

中文异名　诶目夜蛾、目夜蛾

寄　　主　垂柳，枫杨，白桦，栎，滇青冈，青冈，榆树，构树，厚朴，樟树，薄叶山柑，苹
果，李，刺槐，柑橘，重阳木，槭，荔枝，枣树，桉树，泡桐。

分布范围　江苏、浙江、安徽、福建、江西、湖北、湖南、广东、广西、海南、重庆、四川、云
南、陕西。

发生地点　江苏：南京市栖霞区，淮安市淮阴区，镇江市句容市；

浙江：杭州市西湖区，宁波市象山县，温州市瑞安市；

福建：漳州市漳浦县；

江西：萍乡市莲花县；

湖南：常德市鼎城区；

广东：深圳市龙华新区，汕尾市陆河县，云浮市新兴县、郁南县、罗定市；

重庆：南岸区、巴南区、黔江区；

四川：绵阳市平武县；

陕西：宁东林业局。

发生面积　649 亩

危害指数　0.3400

- **卷裳目夜蛾** *Erebus macrops*（**Linnaeus**）

寄　　主　重阳木。

分布范围　浙江、福建、江西、广东、海南、四川、云南。

发生地点　浙江：宁波市象山县。

- **毛目夜蛾** *Erebus pilosa* **Leech**

中文异名　毛魔目夜蛾

寄　　主　栎，刺槐。

分布范围　浙江、福建、江西、湖北、重庆、四川。

- **南夜蛾** *Ericeia inangulata*（**Guenée**）

中文异名　中南夜蛾

寄　　主　榕树，台湾相思，云南金合欢，楝树，盐肤木，桉树。

分布范围　福建、湖南、广东、广西、海南、云南、西藏、陕西。

发生地点　福建：莆田市城厢区、涵江区、荔城区、秀屿区、仙游县、湄洲岛；

广东：深圳市坪山新区；

陕西：渭南市华州区。

发生面积　439 亩

危害指数　0.3333

- **二红猎夜蛾** *Eublemma dimidialis*（**Fabricius**）

寄　　主　杏。

分布范围　河北、浙江、福建、山东、湖北、湖南、海南、宁夏。

发生地点　河北：张家口市沽源县；

山东：聊城市东阿县；

宁夏：固原市彭阳县。

- **强恭夜蛾** *Euclidia fortalitium*（**Tauscher**）

寄　　主　旱柳。

分布范围　宁夏。

发生地点　宁夏：固原市彭阳县。

● **镶艳叶夜蛾** *Eudocima homaena* **Hübner**

寄　　主　葡萄。

分布范围　广东、广西、海南。

发生地点　广东：韶关市武江区。

● **凡艳叶夜蛾** *Eudocima phalonia*（**Linnaeus**）

寄　　主　杏，樱桃，枇杷，李，梨，柑橘。

分布范围　黑龙江、江苏、浙江、福建、山东、湖南、广东、广西、海南、四川、云南。

发生地点　湖南：娄底市新化县；

　　　　　广东：韶关市武江区，云浮市郁南县；

　　　　　四川：乐山市沙湾区、金口河区、峨眉山市。

发生面积　349 亩

危害指数　0.3333

● **艳叶夜蛾** *Eudocima salaminia*（**Cramer**）

寄　　主　杨梅，桃，苹果，梨，柑橘，葡萄。

分布范围　江苏、浙江、福建、江西、湖南、广东、广西、云南、陕西。

发生地点　江苏：无锡市宜兴市；

　　　　　浙江：宁波市鄞州区、象山县，温州市瑞安市，舟山市岱山县；

　　　　　湖南：岳阳市岳阳县、平江县，娄底市新化县；

　　　　　广东：肇庆市高要区、四会市，汕尾市陆河县、陆丰市，云浮市新兴县；

　　　　　广西：桂林市兴安县；

　　　　　陕西：咸阳市秦都区。

发生面积　2723 亩

危害指数　0.3492

● **枯艳叶夜蛾** *Eudocima tyrannus*（**Guenée**）

中文异名　枯叶夜蛾

寄　　主　山杨，白柳，板栗，栎，青冈，榆树，无花果，桑，十大功劳，猴樟，桃，碧桃，杏，枇杷，苹果，李，梨，蔷薇，柑橘，杧果，三角槭，葡萄，中华猕猴桃，柿，女贞，白丁香。

分布范围　华东，北京、河北、辽宁、湖北、湖南、广西、海南、重庆、四川、云南、陕西。

发生地点　北京：石景山区；

　　　　　河北：保定市阜平县、唐县、博野县，沧州市沧县、吴桥县、河间市；

　　　　　上海：浦东新区、青浦区；

　　　　　江苏：南京市浦口区，扬州市江都区，镇江市句容市，泰州市海陵区；

　　　　　浙江：宁波市象山县、余姚市，温州市瑞安市；

　　　　　安徽：芜湖市繁昌县、无为县；

江西：萍乡市莲花县、上栗县、芦溪县；

山东：聊城市东阿县；

湖北：荆州市洪湖市；

湖南：娄底市新化县；

四川：南充市蓬安县，甘孜藏族自治州泸定县；

陕西：西安市周至县，渭南市潼关县，宁东林业局。

发生面积　52591 亩

危害指数　0.3334

- **象夜蛾** *Grammodes geometrica*（Fabricius）
 寄　　主　猴樟，桃，沙梨，柑橘，乌桕，无患子，石榴。
 分布范围　上海、江苏、浙江、福建、江西、山东、河南、湖北、重庆、四川。
 发生地点　上海：松江区；

江苏：无锡市宜兴市，苏州市太仓市，泰州市泰兴市；

浙江：宁波市象山县、余姚市、慈溪市、奉化市，衢州市常山县；

江西：萍乡市芦溪县。

发生面积　138 亩

危害指数　0.3333

- **尤拟胸须夜蛾** *Hadennia jutalis*（Walker）
 寄　　主　云南松。
 分布范围　广东、四川。

- **斜线哈夜蛾** *Hamodes butleri*（Leech）
 寄　　主　桤木，板栗，栎。
 分布范围　广东、四川、陕西。

- **赭黄长须夜蛾** *Herminia arenosa* Butler
 寄　　主　山杨，大果榉。
 分布范围　北京。
 发生地点　北京：顺义区。

- **栎长须夜蛾** *Herminia grisealis*（Denis et Schiffermüller）
 拉丁异名　*Herminia nemoralis*（Fabricius）
 寄　　主　桃。
 分布范围　福建。
 发生地点　福建：福州国家森林公园。

- **窄肾长须夜蛾** *Herminia stramentacealis* Bremer
 寄　　主　大果榉。
 分布范围　北京、河北。
 发生地点　北京：顺义区；

河北：张家口市怀来县。

- **车厚翅蛾** *Hipoepa biasalis*（**Walker**）

  寄　　主　榄仁树。

  分布范围　广东。

  发生地点　广东：惠州市惠城区。

- **木夜蛾** *Hulodes caranea*（**Cramer**）

  寄　　主　杨树，柳树。

  分布范围　湖南、广东、广西、海南、云南、陕西。

- **弓须亥夜蛾** *Hydrillodes morosa*（**Butler**）

  中文异名　化香夜蛾

  寄　　主　香叶树。

  分布范围　福建。

- **阴卜夜蛾** *Hypena stygiana* **Butler**

  寄　　主　榆树，溲疏，苹果。

  分布范围　北京、河北。

  发生地点　河北：邢台市沙河市，衡水市桃城区。

- **肯髯须夜蛾** *Hypena kengkalis* **Bremer**

  中文异名　中口夜蛾

  拉丁异名　*Rhynchina kengkalis* Bremer

  寄　　主　胡枝子。

  分布范围　北京、河北、湖北。

  发生地点　北京：顺义区。

- **满髯须夜蛾** *Hypena mandarina* **Leech**

  中文异名　满卜夜蛾

  寄　　主　刺槐。

  分布范围　浙江、福建、湖北、湖南、四川、云南、西藏、陕西。

  发生地点　陕西：渭南市白水县。

- **张髯须夜蛾** *Hypena rhombalis* **Guenée**

  寄　　主　山杨，榆树，李叶绣线菊，油茶，毛竹。

  分布范围　辽宁、江苏、浙江、福建、江西、河南、湖南、广西、四川、西藏、陕西。

  发生地点　江苏：南京市玄武区；

  　　　　　江西：南昌市安义县，宜春市高安市；

  　　　　　陕西：渭南市华阴市。

  发生面积　101 亩

  危害指数　0.3399

- **两色髯须夜蛾 *Hypena trigonalis*（Guenée）**

  中文异名　两色夜蛾

  寄　　主　桑，荷花玉兰，柠条锦鸡儿，柑橘。

  分布范围　江苏、浙江、安徽、江西、重庆、四川、宁夏。

  发生地点　江苏：南京市玄武区；

  　　　　　安徽：合肥市包河区；

  　　　　　宁夏：吴忠市红寺堡区。

  发生面积　302 亩

  危害指数　0.3333

- **豆髯须夜蛾 *Hypena tristalis* Lederer**

  寄　　主　构树，刺槐，槐树。

  分布范围　北京、河北、山西、内蒙古、辽宁、黑龙江、江苏、福建、湖北、四川、云南、西藏、陕西、新疆。

  发生地点　北京：石景山区、顺义区；

  　　　　　河北：唐山市乐亭县，沧州市河间市；

  　　　　　江苏：镇江市句容市；

  　　　　　四川：巴中市巴州区；

- **白点闪夜蛾 *Hypersypnoides astrigera*（Butler）**

  寄　　主　麻栎，蒙古栎，桃，红淡比。

  分布范围　辽宁、湖北、四川、陕西。

  发生地点　四川：南充市嘉陵区；

  　　　　　陕西：渭南市华州区，宁东林业局。

- **粉点朋闪夜蛾 *Hypersypnoides punctosa*（Walker）**

  寄　　主　栎。

  分布范围　辽宁、陕西。

  发生地点　陕西：宁东林业局。

- **鹰夜蛾 *Hypocala deflorata*（Fabricius）**

  拉丁异名　*Hypocala moorei* Butler

  寄　　主　柿。

  分布范围　河北、辽宁、浙江、福建、江西、山东、河南、广东、海南、四川、贵州、云南、陕西。

  发生地点　河北：保定市唐县；

  　　　　　河南：平顶山市鲁山县；

  　　　　　四川：乐山市金口河区；

  　　　　　云南：保山市施甸县。

- **苹梢鹰夜蛾 *Hypocala subsatura* Guenée**

  中文异名　鹰夜蛾

寄　　主　山杨，垂柳，旱柳，桤木，板栗，辽东栎，桃，西府海棠，苹果，李，梨，柑橘，柿。

分布范围　北京、天津、河北、内蒙古、辽宁、江苏、浙江、福建、江西、山东、河南、湖北、广东、海南、四川、云南、西藏、陕西、甘肃、青海、宁夏。

发生地点　北京：密云区；

河北：唐山市乐亭县，保定市唐县，张家口市赤城县，沧州市吴桥县、河间市，衡水市桃城区；

内蒙古：通辽市科尔沁左翼后旗；

江苏：苏州市太仓市；

江西：萍乡市莲花县、上栗县、芦溪县；

山东：济宁市鱼台县、泗水县、梁山县、经济技术开发区；

河南：三门峡市陕州区；

湖北：黄冈市罗田县；

四川：南充市西充县，甘孜藏族自治州九龙县，凉山彝族自治州布拖县；

西藏：日喀则市吉隆县，昌都市左贡县；

陕西：渭南市华州区，宁东林业局。

发生面积　1760 亩

危害指数　0.3343

● 变色夜蛾 *Hypopyra vespertilio* (**Fabricius**)

寄　　主　杨树，朴树，大果榉，桑，猴樟，樟树，桃，沙梨，金合欢，楹树，南洋楹，合欢，紫藤，柑橘，无患子，紫薇，石榴，巨桉，女贞。

分布范围　上海、江苏、浙江、福建、江西、山东、湖北、湖南、广东、海南、四川、云南、陕西。

发生地点　上海：闵行区、宝山区、嘉定区、浦东新区、金山区、松江区、奉贤区、崇明县；

江苏：南京市高淳区，无锡市宜兴市，常州市天宁区、钟楼区、新北区、武进区，苏州市高新技术开发区、昆山市、太仓市，宿迁市沭阳县；

浙江：杭州市西湖区，宁波市北仑区、镇海区、象山县、余姚市，舟山市岱山县；

湖南：岳阳市岳阳县；

四川：成都市邛崃市，自贡市贡井区。

发生面积　5072 亩

危害指数　0.4031

● 标沟翅夜蛾 *Hypospila bolinoides* **Guenée**

寄　　主　合欢。

分布范围　山东、湖南、广东、海南、云南。

● 蓝条夜蛾 *Ischyja manlia* (**Cramer**)

寄　　主　青冈，樟树，白梨，月季，花椒，合果木。

分布范围　福建、江西、湖北、广东、重庆、四川、云南。

发生地点　福建：龙岩市新罗区；

江西：萍乡市安源区、莲花县、上栗县、芦溪县；

广东：云浮市罗定市；

四川：甘孜藏族自治州泸定县。

发生面积　1202 亩

危害指数　0.4334

- **比夜蛾** *Leucomelas juvenilis*（Bremer）

寄　　主　榛子，紫穗槐，胡枝子。

分布范围　吉林、黑龙江、陕西。

- **放影夜蛾** *Lygephila craccae*（Denis et Schiffermüller）

寄　　主　山杨。

分布范围　北京、新疆。

发生地点　北京：平谷区。

- **平影夜蛾** *Lygephila lubrica*（Freyer）

寄　　主　杨树，柳树，柠条锦鸡儿。

分布范围　河北、山西、内蒙古、陕西、宁夏、新疆。

发生地点　宁夏：银川市西夏区，吴忠市红寺堡区，固原市彭阳县。

发生面积　502 亩

危害指数　0.3333

- **巨影夜蛾** *Lygephila maxima*（Bremer）

中文异名　巨黑颈夜蛾

拉丁异名　*Eccrita maxima* Bremer

寄　　主　檫木，刺槐。

分布范围　黑龙江、福建、山东、陕西。

发生地点　陕西：渭南市白水县，太白林业局。

发生面积　113 亩

危害指数　0.3333

- **枯安钮夜蛾** *Ophiusa coronata*（Fabricius）

寄　　主　黄皮。

分布范围　广东。

发生地点　广东：云浮市郁南县。

- **同安纽夜蛾** *Ophiusa disjungens*（Walker）

寄　　主　核桃，枇杷，云南金合欢，羊蹄甲，黄檀，秋枫，巨尾桉，柳窿桉，尾叶桉。

分布范围　江西、广东、广西、湖南、云南。

发生地点　广东：湛江市廉江市，肇庆市高要区、四会市，惠州市惠阳区，梅州市蕉岭县，汕尾市陆河县，河源市源城区、连平县、东源县，清远市清新区、英德市、连州市，云浮市新兴县；

广西：南宁市武鸣区、马山县、宾阳县，柳州市柳江区，梧州市藤县，防城港市防城区、上思县，贵港市桂平市，玉林市福绵区、容县、陆川县、博白县，百色市右江区、德保县、靖西市，来宾市忻城县、象州县、金秀瑶族自治县，崇左市江州区、扶绥县、宁明县、凭祥市，维都林场、黄冕林场、热带林业实验中心；

云南：玉溪市元江哈尼族彝族傣族自治县。

发生面积　22410 亩

危害指数　0.3489

- **同安钮夜蛾** *Ophiusa disjungens indiscriminata*（Hampson）

寄　　主　核桃，秋枫，巨尾桉，尾叶桉。

分布范围　广东、广西。

发生地点　广东：清远市连州市；

广西：梧州市苍梧县，北海市铁山港区，百色市田阳县、百色市百林林场，贺州市八步区，河池市金城江区、罗城仫佬族自治县、环江毛南族自治县、都安瑶族自治县，黄冕林场。

发生面积　4947 亩

危害指数　0.3333

- **青安钮夜蛾** *Ophiusa tirhaca*（Cramer）

中文异名　安钮夜蛾、绿安钮夜蛾

寄　　主　山杨，杨梅，桃，枇杷，李，梨，柑橘，漆树，木槿，油茶，海桑，石榴，青冈，白花泡桐。

分布范围　北京、江苏、浙江、福建、江西、山东、湖北、湖南、广东、广西、海南、重庆、四川、贵州、云南、陕西。

发生地点　江苏：南京市玄武区，无锡市滨湖区，盐城市亭湖区、大丰区；

浙江：杭州市西湖区，宁波市鄞州区；

江西：宜春市高安市；

湖南：娄底市新化县；

四川：乐山市沙湾区、峨眉山市。

发生面积　523 亩

危害指数　0.3652

- **橘安钮夜蛾** *Ophiusa triphaenoides*（Walker）

寄　　主　桉树。

分布范围　浙江、福建、江西、山东、湖南、广东、海南、云南。

- **银纹嘴壶夜蛾** *Oraesia argyrosigna* Moore

寄　　主　柳树，桦木，桃，苹果，梨，柑橘，葡萄。

分布范围　东北，北京、天津、河北、山东、广西、四川、陕西、宁夏、广西。

- **嘴壶夜蛾** *Oraesia emarginata*（Fabricius）

  寄　　主　杨树，板栗，栎，桃，杏，枇杷，苹果，白梨，红果树，柑橘，葡萄，桐棉，中华猕猴桃。

  分布范围　北京、河北、黑龙江、江苏、浙江、安徽、福建、江西、山东、广东、广西、海南、四川、云南、陕西、宁夏。

  发生地点　北京：密云区；

  　　　　　浙江：杭州市富阳区，宁波市鄞州区、余姚市，衢州市江山市，丽水市莲都区；

  　　　　　江西：萍乡市湘东区、莲花县、上栗县、芦溪县；

  　　　　　四川：雅安市雨城区，巴中市通江县；

  　　　　　陕西：渭南市华州区，宁东林业局；

  　　　　　宁夏：固原市原州区。

  发生面积　1445 亩

  危害指数　0.3338

- **乌嘴壶夜蛾** *Oraesia excavata*（Butler）

  中文异名　乌嘴壶夜蛾

  寄　　主　板栗，榆树，厚朴，桃，杏，枇杷，苹果，李，梨，柑橘，乌桕，荔枝，葡萄，中华猕猴桃，蓝果树，柿。

  分布范围　黑龙江、江苏、浙江、安徽、福建、江西、山东、河南、湖南、广东、广西、四川、云南、陕西。

  发生地点　江苏：无锡市宜兴市，苏州市昆山市、太仓市，扬州市江都区；

  　　　　　浙江：杭州市富阳区，温州市龙湾区，舟山市岱山县、嵊泗县，台州市椒江区；

  　　　　　安徽：合肥市庐阳区；

  　　　　　江西：萍乡市莲花县；

  　　　　　陕西：宁东林业局、太白林业局。

  发生面积　636 亩

  危害指数　0.3386

- **佩夜蛾** *Oxyodes scrobiculata*（Fabricius）

  寄　　主　龙眼，桉树。

  分布范围　广东、海南。

- **黄斑眉夜蛾** *Pangrapta flavomacula* Staudinger

  寄　　主　栎。

  分布范围　陕西。

- **白痣眉夜蛾** *Pangrapta lunulata* Sterz

  拉丁异名　*Pangrapta albistigma*（Hampson）

  寄　　主　白蜡树，美国红梣。

  分布范围　北京、辽宁。

  发生地点　北京：顺义区。

- **苹眉夜蛾** *Pangrapta obscurata*（Butler）

  寄　　主　桃，樱桃，西府海棠，苹果，梨。

  分布范围　北京、河北、内蒙古、辽宁、江西、山东、陕西。

  发生地点　北京：顺义区；

  　　　　　河北：石家庄市井陉县，保定市唐县，沧州市东光县、吴桥县；

  　　　　　内蒙古：通辽市科尔沁左翼后旗；

  　　　　　山东：济宁市泗水县、梁山县。

  发生面积　688 亩

  危害指数　0.3333

- **浓眉夜蛾** *Pangrapta perturbans*（Walker）

  拉丁异名　*Pangrapta trimantesalis*（Walker）

  寄　　主　山杨，榆树，苹果，梨，漆树，杜鹃，水蜡树。

  分布范围　河北、上海、四川、陕西。

  发生地点　上海：松江区；

  　　　　　四川：凉山彝族自治州布拖县；

  　　　　　陕西：宁东林业局。

  发生面积　1190 亩

  危害指数　0.3333

- **淡眉夜蛾** *Pangrapta umbrosa*（Leech）

  寄　　主　栎子青冈。

  分布范围　湖南。

  发生地点　湖南：岳阳市平江县。

- **点眉夜蛾** *Pangrapta vasava*（Butler）

  寄　　主　黑榆，榆树。

  分布范围　北京、河北、辽宁、浙江。

  发生地点　北京：顺义区；

  　　　　　河北：唐山市乐亭县，沧州市吴桥县。

- **曲线奴夜蛾** *Paracolax tristalis*（Fabricius）

  寄　　主　山杨。

  分布范围　北京。

  发生地点　北京：顺义区。

- **凤凰木夜蛾** *Pericyma cruegeri*（Butler）

  寄　　主　南洋楹，凤凰木，盾柱木，紫檀，蓝果树。

  分布范围　辽宁、福建、广东、海南。

  发生地点　福建：厦门市海沧区、集美区、同安区、翔安区；

  　　　　　广东：广州市海珠区、白云区，深圳市福田区、南山区、盐田区、光明新区，肇庆市鼎湖区、高要区、四会市，汕尾市陆河县、陆丰市，云浮市新兴县；

海南：三亚市海棠区、天涯区，儋州市，澄迈县、昌江黎族自治县。

发生面积　5719 亩

危害指数　0.5476

- 黄带拟叶夜蛾 *Phyllodes eyndhovii* **Vollenhoven**

寄　　主　枫杨，栎，青冈，刺槐，杧果，盐肤木。

分布范围　广东、重庆、四川。

发生地点　广东：韶关市武江区，云浮市罗定市。

- 宽夜蛾 *Platyja umminea*（**Cramer**）

寄　　主　滇青冈，柑橘。

分布范围　湖北、广东。

发生地点　广东：云浮市新兴县。

- 黄卷裙夜蛾 *Plecoptera flava* **Bremer et Grey**

寄　　主　黄檀。

分布范围　福建。

发生地点　福建：福州国家森林公园。

- 黑肾卷裙夜蛾 *Plecoptera oculata*（**Moore**）

寄　　主　降香，桉树。

分布范围　广东、广西、云南。

发生地点　广东：深圳市光明新区，佛山市高明区，肇庆市开发区、端州区；

　　　　　　广西：南宁市青秀区、经济技术开发区，高峰林场、热带林业实验中心。

发生面积　2126 亩

危害指数　0.6449

- 灰卷裙夜蛾 *Plecoptera subpallida*（**Walker**）

寄　　主　降香。

分布范围　广西。

发生地点　广西：南宁市横县，崇左市江州区、大新县，维都林场。

发生面积　6800 亩

危害指数　0.3333

- 纯肖金夜蛾 *Plusiodonta casta*（**Butler**）

寄　　主　桃，梨，柑橘，葡萄。

分布范围　北京、河北、辽宁、江苏、浙江。

发生地点　浙江：宁波市江北区、北仑区。

- 暗肖金夜蛾 *Plusiodonta coelonota*（**Kollar**）

中文异名　彩肖金夜蛾

寄　　主　桃，梨，文旦柚，柑橘，葡萄，桉树。

分布范围　江苏、浙江、江西、湖北、广东。

发生地点　江苏：南京市浦口区；

　　　　　浙江：宁波市江北区；

　　　　　江西：萍乡市莲花县。

- **暗纹纷夜蛾** *Polydesma scriptilis* **Guenée**

寄　　主　杨树，柳树。

分布范围　陕西、宁夏。

发生地点　陕西：太白林业局；

　　　　　宁夏：固原市彭阳县。

- **洁口夜蛾** *Rhynchina cramboides* （**Butler**）

寄　　主　柳树，胡枝子。

分布范围　北京、宁夏。

发生地点　宁夏：银川市永宁县。

- **竹叶涓夜蛾** *Rivula leucanoides* （**Walker**）

拉丁异名　*Rivula biatomea* Moore

寄　　主　斑竹，毛竹，早竹。

分布范围　浙江、福建、江西、重庆。

发生地点　浙江：丽水市莲都区；

　　　　　福建：泉州市安溪县；

　　　　　江西：上饶市弋阳县；

　　　　　重庆：彭水苗族土家族自治县。

发生面积　192 亩

危害指数　0. 4028

- **棘翅夜蛾** *Scoliopteryx libatrix* （**Linnaeus**）

寄　　主　山杨，毛白杨，垂柳，旱柳。

分布范围　东北、北京、河北、内蒙古、西藏、陕西、宁夏。

发生地点　河北：保定市唐县，张家口市沽源县；

　　　　　内蒙古：通辽市科尔沁左翼后旗，乌兰察布市四子王旗；

　　　　　西藏：拉萨市林周县、隆子县，山南市琼结县、扎囊县；

　　　　　陕西：渭南市华州区，宁东林业局。

发生面积　2651 亩

危害指数　0. 3333

- **铃斑翅夜蛾** *Serrodes campana* **Guenée**

寄　　主　榆树，柑橘，无患子。

分布范围　上海、江苏、浙江、福建、江西、湖北、广东。

发生地点　江苏：苏州市太仓市；

　　　　　浙江：杭州市西湖区，台州市临海市；

　　　　　福建：南平市政和县。

发生面积 3669 亩

危害指数 0.4483

- **小贫裳蛾** *Simplicia cornicalis*（Fabricius）

寄　　主　榄仁树。

分布范围　广东。

发生地点　广东：惠州市惠城区。

- **黑点贫夜蛾** *Simplicia rectalis*（Eversmann）

寄　　主　山杨。

分布范围　北京、河北、河南。

发生地点　北京：顺义区；

　　　　　河北：张家口市怀来县。

- **斜线贫夜蛾** *Simplicia schaldusalis* **Walker**

寄　　主　山杏。

分布范围　陕西。

发生地点　陕西：延安市延长县、延川县。

发生面积 140 亩

危害指数 0.3333

- **绕环夜蛾** *Spirama helicina*（Hübner）

寄　　主　刺槐。

分布范围　江苏。

发生地点　江苏：无锡市宜兴市。

- **环夜蛾** *Spirama retorta*（Clerck）

拉丁异名　*Speiredonia martha*（Butler）

中文异名　旋目夜蛾

寄　　主　杨树，山杨，山核桃，板栗，黧蒴栲，栎，麻栎，栓皮栎，青冈，油樟，三球悬铃木，桃，杏，木瓜，枇杷，垂丝海棠，苹果，李，红叶李，梨，豆梨，沙梨，合欢，柑橘，臭椿，杜果，石榴，葡萄，油茶，茶，桉树，野海棠，泡桐，棕榈。

分布范围　华东，天津、河北、辽宁、河南、湖北、湖南、广东、重庆、四川、陕西。

发生地点　河北：邢台市沙河市；

　　　　　上海：松江区；

　　　　　江苏：南京市浦口区、栖霞区，无锡市滨湖区、宜兴市，镇江市新区、润州区、丹徒区、丹阳市、句容市，常州市武进区，苏州市高新技术开发区、太仓市，淮安市金湖县；

　　　　　浙江：杭州市西湖区、萧山区，宁波市江北区、北仑区、鄞州区、象山县、余姚市，温州市龙湾区、瑞安市，丽水市莲都区、松阳县，台州市天台县；

　　　　　安徽：合肥市庐阳区，芜湖市芜湖县，滁州市定远县；

　　　　　江西：南昌市安义县，萍乡市上栗县、莲花县、芦溪县；

山东：济宁市微山县，泰安市泰山区、新泰市、泰山林场，临沂市莒南县；

湖南：岳阳市岳阳县，常德市澧县，娄底市双峰县，湘西土家族苗族自治州凤凰县；

广东：云浮市郁南县，惠州市仲恺区；

重庆：万州区、南岸区，石柱土家族自治县；

四川：宜宾市翠屏区、筠连县，遂宁市射洪县、大英县，乐山市沙湾区、峨眉山市，巴中市通江县，攀枝花市盐边县，眉山市仁寿县，广安市前锋区；

陕西：西安市蓝田县，渭南华州区、市潼关县，安康市旬阳县，宁东林业局。

发生面积　10289 亩

危害指数　0.3661

- **赫析夜蛾** *Sypnoides hercules*（Butler）

寄　　主　悬钩子。

分布范围　浙江、西藏、陕西。

发生地点　陕西：宁东林业局。

- **克析夜蛾** *Sypnoides kirby*（Butler）

寄　　主　华山松，鬣荑栲，榆树。

分布范围　北京、浙江、广东、海南、四川。

- **涂析夜蛾** *Sypnoides picta*（Butler）

寄　　主　柳树，栓皮栎，榆树，悬钩子。

分布范围　辽宁、黑龙江、浙江、湖南、云南陕西。

- **肖毛翅夜蛾** *Thyas honesta* Hübner

寄　　主　杨树，柳树，核桃楸，白桦，板栗，栎，青冈，千金藤，桃，樱桃，枇杷，苹果，李，梨，柑橘，乌桕，葡萄，木槿，柿，楸。

分布范围　河北、吉林、上海、江苏、浙江、安徽、福建、江西、湖北、重庆、四川、西藏、陕西。

发生地点　上海：宝山区、金山区、松江区；

江苏：南京市栖霞区、高淳区，无锡市惠山区，常州市天宁区、钟楼区、新北区，淮安市淮阴区、盱眙县、金湖县，扬州市江都区，泰州市泰兴市；

浙江：杭州市西湖区，宁波市江北区；

安徽：合肥市庐阳区；

重庆：永川区；

西藏：昌都市左贡县。

发生面积　1093 亩

危害指数　0.3364

- **庸肖毛翅夜蛾** *Thyas juno*（Dalman）

中文异名　毛翅夜蛾

寄　　主　山杨，黑杨，棉花柳，绦柳，核桃，枫杨，白桦，板栗，榆树，构树，桃，樱桃，苹果，李，杜梨，红果树，紫藤，柑橘，黑桦鼠李，葡萄，木槿，毛泡桐。

分布范围　华北，辽宁、黑龙江、上海、江苏、浙江、福建、江西、山东、河南、湖北、湖南、四川、云南、宁夏。

发生地点　北京：东城区、顺义区；

　　　　　天津：静海区；

　　　　　河北：唐山市乐亭县，邢台市沙河市，张家口市怀来县，衡水市桃城区；

　　　　　内蒙古：通辽市科尔沁左翼后旗；

　　　　　黑龙江：绥化市海伦市国有林场；

　　　　　山东：济宁市任城区、泗水县、曲阜市，泰安市泰山区、泰山林场，黄河三角洲保护区；

　　　　　河南：濮阳市华龙区；

　　　　　湖南：岳阳市岳阳县，娄底市新化县；

　　　　　四川：雅安市天全县，巴中市通江县。

发生面积　7144 亩

危害指数　0.3800

- **亭夜蛾 *Tinolius eburneigutta* Walker**

　寄　　主　柳树，榆树，苹果，梨。

　分布范围　河北。

- **分夜蛾 *Trigonodes hyppasia*（Cramer）**

　寄　　主　青冈，苹果，合欢。

　分布范围　浙江、河南、重庆、四川。

　发生地点　浙江：宁波市象山县。

- **紫优夜蛾 *Ugia purpurea* Galsworthy**

　寄　　主　龙眼。

　分布范围　广东。

- **黄镰须夜蛾 *Zanclognatha helva*（Butler）**

　寄　　主　水杉。

　分布范围　上海。

　发生地点　上海：宝山区。

- **镰须夜蛾 *Zanclognatha lunalis*（Scopoli）**

　寄　　主　山杨，猴樟。

　分布范围　上海、江苏、陕西。

　发生地点　陕西：宁东林业局。

- **白肾裳夜蛾 *Catocala agitatrix* Graeser**

　寄　　主　山杨，小钻杨，柳树，核桃楸，桦木，栎，苹果，稠李，梨，黑桦鼠李，楸。

　分布范围　东北，河北、内蒙古、河南、重庆、陕西。

　发生地点　河北：张家口市沽源县；

内蒙古：通辽市科尔沁左翼后旗；

重庆：万州区。

发生面积　236 亩

危害指数　0.3333

- **布光裳夜蛾** *Catocala butleri* Leech

寄　　主　杨树，桤木，栎，榆树，苹果，梨。

分布范围　北京、辽宁、浙江、福建、四川、贵州、云南、西藏、陕西、甘肃。

发生地点　浙江：舟山市岱山县、嵊泗县；

陕西：渭南市潼关县，宁东林业局。

发生面积　281 亩

危害指数　0.3452

- **鸽光裳夜蛾** *Catocala columbina* Leech

寄　　主　杨树，垂柳，杨梅，栎，槲栎，榆树，桑，梅，山楂，绣线菊，重阳木，柳叶沙棘。

分布范围　北京、河北、山西、辽宁、浙江、河南、湖北、四川、陕西、宁夏。

发生地点　北京：顺义区、密云区；

河北：张家口市赤城县；

浙江：宁波市象山县；

四川：巴中市巴州区；

陕西：渭南市华州区、潼关县、华阴市；

宁夏：固原市原州区。

发生面积　663 亩

危害指数　0.3338

- **达光裳夜蛾** *Catocala davidi* Oberthür

寄　　主　杨树，槲栎，榆树，梅，山楂，梨，红淡比，奶子藤。

分布范围　河北、黑龙江、四川、陕西、甘肃、青海。

发生地点　河北：张家口市沽源县、赤城县。

发生面积　590 亩

危害指数　0.3333

- **显裳夜蛾** *Catocala deuteronympha* Staudinger

寄　　主　山杨，小叶杨，垂柳，旱柳，蒙古栎，榆树，山楂，梨，红淡比，沙棘。

分布范围　北京、天津、河北、辽宁、黑龙江、福建、陕西、宁夏。

发生地点　北京：顺义区；

河北：张家口市张北县、怀来县。

发生面积　283 亩

危害指数　0.3333

- **栎光裳夜蛾** *Catocala dissimilis* Bremer

寄　　主　山杨，枫杨，栎，辽东栎，蒙古栎，锐齿槲栎，榆树，枇杷，苹果，梨，云南金合欢，柑橘，柞木，石榴。

分布范围　东北，北京、河北、河南、湖北、云南陕西。

发生地点　北京：密云区；

河北：张家口市赤城县；

陕西：咸阳市长武县、旬邑县，渭南市华州区、合阳县、华阴市，延安市延川县宁东林业局、太白林业局。

发生面积　650 亩

危害指数　0.3344

● 茂裳夜蛾 *Catocala doerriesi* **Staudinger**

拉丁异名　*Catocala dula*

寄　　主　山杨，柳树，桃，多花蔷薇，李叶绣线菊，梧桐，柿，女贞。

分布范围　河北、辽宁、黑龙江、浙江、福建、河南、湖北、四川、陕西。

发生地点　河北：张家口市赤城县；

浙江：宁波市慈溪市，衢州市常山县；

四川：德阳市罗江县；

陕西：渭南市华州区。

发生面积　716 亩

危害指数　0.3333

● 柳裳夜蛾 *Catocala electa*（**Vieweg**）

寄　　主　油杉，油松，柳杉，新疆杨，加杨，青杨，山杨，胡杨，钻天杨，箭杆杨，小叶杨，小黑杨，白柳，垂柳，黄柳，旱柳，山柳，枫杨，榆树，苹果，新疆梨，刺槐，槭，枣树，沙棘。

分布范围　东北，北京、河北、山西、内蒙古、山东、河南、湖北、四川、陕西、甘肃、宁夏、新疆。

发生地点　北京：密云区；

河北：张家口市沽源县、尚义县；

山西：大同市阳高县；

内蒙古：通辽市科尔沁左翼后旗、霍林郭勒市，乌兰察布市察哈尔右翼后旗、四子王旗；

黑龙江：绥化市海伦市国有林场；

山东：威海市环翠区；

四川：巴中市平昌县；

陕西：西安市蓝田县，咸阳市旬邑县，渭南市华州区、白水县、华阴市，汉中市汉台区、西乡县，榆林市米脂县；

甘肃：嘉峪关市，金昌市金川区，白银市靖远县，武威市民勤县；

宁夏：银川市兴庆区、西夏区、金凤区、永宁县，石嘴山市大武口区、惠农区，吴忠市红寺堡区、盐池县、同心县，固原市原州区；

新疆生产建设兵团：农一师 10 团、13 团，农二师 29 团，农四师 68 团，农十四师 224 团。

发生面积　28422 亩

危害指数　0.3826

- **意光裳夜蛾** *Catocala ella* **Butler**

中文异名　意裳夜蛾

寄　　主　杨树，赤杨，辽东桤木，臭椿。

分布范围　北京、辽宁、黑龙江、四川、陕西。

发生地点　北京：顺义区；

　　　　　陕西：渭南市华州区。

- **迪裳夜蛾** *Catocala elocata*（**Eaper**）

寄　　主　山杨，旱柳，旱榆，苹果。

分布范围　西藏、陕西、宁夏、新疆。

发生地点　陕西：宁东林业局。

- **缟裳夜蛾** *Catocala fraxini*（**Linnaeus**）

寄　　主　山杨，黑杨，旱柳，榆树，台湾藤麻，梅，山楂，梨，刺槐，漆树，槭，椴树，藤山柳，毛八角枫，小叶椋，水曲柳，花曲柳，紫丁香。

分布范围　东北，北京、河北、山西、湖北、重庆、四川、陕西、宁夏。

发生地点　北京：密云区；

　　　　　河北：保定市唐县，张家口市张北县、沽源县、尚义县、赤城县；

　　　　　山西：晋中市左权县；

　　　　　黑龙江：佳木斯市富锦市，绥化市海伦市国有林场；

　　　　　陕西：西安市蓝田县，咸阳市彬县、旬邑县，渭南市华州区、白水县，延安市宜川县；

　　　　　宁夏：固原市原州区。

发生面积　8241 亩

危害指数　0.3360

- **光裳夜蛾** *Catocala fulminea*（**Scopoli**）

寄　　主　杨树，柳树，核桃，槲栎，波罗栎，蒙古栎，榆树，桑，桃，梅，山杏，杏，樱桃，野山楂，山楂，苹果，李，豆梨，沙梨，蔷薇，红果树，柞木，毛八角枫，荆条，香果树。

分布范围　东北，北京、天津、河北、内蒙古、江苏、湖北、重庆、四川、西藏、陕西、甘肃、宁夏。

发生地点　北京：东城区、石景山区、顺义区、密云区；

　　　　　河北：张家口市万全区、崇礼区、沽源县；

　　　　　内蒙古：通辽市科尔沁左翼后旗；

　　　　　重庆：石柱土家族自治县；

　　　　　四川：巴中市南江县；

西藏：昌都市左贡县；

陕西：西安市蓝田县，咸阳市旬邑县，渭南市华州区，榆林市米脂县；

甘肃：白银市靖远县；

宁夏：石嘴山市大武口区，固原市原州区、彭阳县。

发生面积　1014 亩

危害指数　0.3340

● **珀光裳夜蛾** *Catocala helena* **Eversmann**

寄　　主　山杨，柳树，榆树，构树，柞木。

分布范围　吉林、黑龙江、江苏、陕西、宁夏。

发生地点　江苏：镇江市句容市；

　　　　　陕西：宝鸡市麟游县。

● **普裳夜蛾** *Catocala hymenaea*（**Denis et Schiffermüller**）

寄　　主　核桃，厚朴。

分布范围　辽宁、黑龙江、陕西。

发生地点　陕西：太白林业局。

● **柿裳夜蛾** *Catocala kaki* **Ishizuka**

寄　　主　柿。

分布范围　天津。

● **粤裳夜蛾** *Catocala kuangtungensis* **Mell**

寄　　主　山杨，柳树。

分布范围　湖南、广东、陕西。

发生地点　陕西：咸阳市长武县。

● **锻裳夜蛾** *Catocala lara* **Bremer**

中文异名　椴裳夜蛾

寄　　主　小钻杨，紫椴，糠椴，椴树，柞木。

分布范围　东北，北京、河北。

发生地点　北京：密云区。

● **遗裳夜蛾** *Catocala neglecta* **Staudinger**

寄　　主　杨树，榆树。

分布范围　江苏、陕西。

发生地点　江苏：盐城市阜宁县；

　　　　　陕西：咸阳市长武县。

● **白光裳夜蛾** *Catocala nivea* **Butler**

寄　　主　杨树，苹果，梨，柞木。

分布范围　黑龙江、浙江、湖南、四川、西藏、陕西。

发生地点　西藏：日喀则市吉隆县，山南市加查县、隆子县，昌都市类乌齐县、左贡县；

陕西：宁东林业局。

- **裳夜蛾 *Catocala nupta*（Linnaeus）**

中文异名　杨裳夜蛾

寄　　主　新疆杨，北京杨，山杨，胡杨，钻天杨，箭杆杨，毛白杨，白柳，垂柳，旱柳，核桃，桦木，栎，榆树，厚朴，桃，苹果，梨，臭椿，枣树，红淡比，沙枣，山柳，柿。

分布范围　东北、西北，北京、河北、山西、内蒙古、福建、山东、四川、西藏。

发生地点　北京：石景山区；

河北：张家口市万全区、怀安县、怀来县、涿鹿县、赤城县，沧州市黄骅市；

山西：晋中市左权县；

内蒙古：通辽市科尔沁左翼后旗；

山东：临沂市蒙阴县；

西藏：拉萨市达孜县、林周县、曲水县，日喀则市桑珠孜区，山南市加查县、隆子县、乃东县、琼结县、扎囊县，昌都市左贡县；

陕西：西安市蓝田县，咸阳市旬邑县，渭南市华州区、澄城县、蒲城县，太白林业局；

甘肃：嘉峪关市；

宁夏：吴忠市利通区、盐池县、同心县，固原市彭阳县；

新疆：克拉玛依市克拉玛依区、乌尔禾区，博尔塔拉蒙古自治州艾比湖保护区、三台林场、哈日吐热格林场、甘家湖保护区，塔城地区沙湾县；

新疆生产建设兵团：农四师68团。

发生面积　22685亩

危害指数　0.4302

- **宁裳夜蛾 *Catocala nymphaeoides* Herrich-Schäffer**

寄　　主　小叶杨，桑，枇杷，柑橘。

分布范围　吉林、黑龙江、四川、宁夏。

发生地点　四川：甘孜藏族自治州泸定县；

宁夏：固原市彭阳县。

发生面积　133亩

危害指数　0.3333

- **红腹裳夜蛾 *Catocala pacta*（Linnaeus）**

寄　　主　山杨，旱柳，栎，榆树，樟树，柞木。

分布范围　北京、河北、内蒙古、黑龙江、宁夏、新疆。

发生地点　河北：张家口市沽源县；

宁夏：吴忠市盐池县。

发生面积　500亩

危害指数　0.4000

- **鸥裳夜蛾** *Catocala patala* **Felder et Rogenhofer**

  寄　　主　　山杨，板栗，波罗栎，青冈，榆树，猴樟，梅，山楂，苹果，李，梨，蔷薇，刺槐，
  柑橘。

  分布范围　　北京、内蒙古、辽宁、黑龙江、江苏、浙江、福建、江西、广东、重庆、四川、陕
  西、宁夏。

  发生地点　　北京：密云区；

  内蒙古：乌兰察布市四子王旗；

  江苏：镇江市句容市；

  重庆：巫溪县。

  发生面积　　5017 亩

  危害指数　　0.3333

- **前光裳夜蛾** *Catocala praegnax* **Walker**

  寄　　主　　蒙古栎，梅，山楂，柞木。

  分布范围　　东北，江苏、江西、四川、陕西。

  发生地点　　陕西：咸阳市旬邑县。

  发生面积　　122 亩

  危害指数　　0.3333

- **鹿裳夜蛾** *Catocala proxeneta* **Alpheraky**

  寄　　主　　杨树，棉花柳，枫杨，蒙古栎，槐树，沙棘。

  分布范围　　东北，河北、江西、山东、重庆、甘肃、宁夏。

  发生地点　　河北：张家口市赤城县；

  重庆：万州区；

  宁夏：吴忠市盐池县。

  发生面积　　731 亩

  危害指数　　0.3470

- **淘裳夜蛾** *Catocala puerpera*（**Giorna**）

  寄　　主　　山杨，柳树，榆树。

  分布范围　　北京、辽宁、青海、新疆。

  发生地点　　北京：密云区。

- **褛裳夜蛾** *Catocala remissa* **Staudinger**

  寄　　主　　杨树，胡杨，钻天杨，柳树，枫杨。

  分布范围　　内蒙古、辽宁、新疆。

  发生地点　　内蒙古：阿拉善盟额济纳旗；

  新疆：克拉玛依市乌尔禾区，博尔塔拉蒙古自治州艾比湖保护区。

  发生面积　　200600 亩

  危害指数　　0.6823

- **柞光裳夜蛾** *Catocala streckeri* **Staudinger**

  寄　　主　杨树，栎，蒙古栎，桃，杏，山楂，梨。

  分布范围　东北，内蒙古、浙江、陕西、甘肃。

  发生地点　内蒙古：通辽市科尔沁左翼后旗；

  　　　　　浙江：杭州市西湖区；

  　　　　　陕西：渭南市华州区、华阴市；

  　　　　　甘肃：庆阳市环县。

  发生面积　275 亩

  危害指数　0.3576

- **底白盲裳夜蛾** *Lygniodes hypoleuca* **Guenée**

  寄　　主　核桃，栎。

  分布范围　重庆、四川。

  发生地点　重庆：巴南区。

- **落叶夜蛾** *Eudocima*（*Ophideres*）*fullonica* **Clerck**

  寄　　主　山杨，栎，构树，枫香，桃，樱桃，枇杷，苹果，李，白梨，柑橘，龙眼，栾树，荔枝，葡萄，黄荆。

  分布范围　北京、黑龙江、浙江、湖北、湖南、重庆、四川、云南、陕西。

  发生地点　湖南：娄底市双峰县；

  　　　　　重庆：涪陵区、江津区；

  　　　　　四川：甘孜藏族自治州乡城县。

  发生面积　714 亩

  危害指数　0.3333

- **蚪目夜蛾** *Metopta rectifasciata*（**Ménétriès**）

  寄　　主　柳树，栎，桃，枇杷，苹果，梨，柑橘，枣树，葡萄。

  分布范围　江苏、浙江、安徽、福建、江西、湖北、湖南、重庆、四川。

  发生地点　江苏：南京市栖霞区；

  　　　　　浙江：宁波市江北区、北仑区；

  　　　　　安徽：芜湖市繁昌县、无为县；

  　　　　　江西：萍乡市莲花县、上栗县。

  发生面积　139 亩

  危害指数　0.3429

- **奚毛胫夜蛾** *Mocis ancilla*（**Warren**）

  寄　　主　桃，鸡血藤。

  分布范围　北京、河北、辽宁、黑龙江、江苏、浙江、福建、山东、河南、湖南、陕西。

  发生地点　河北：唐山市乐亭县；

  　　　　　陕西：渭南市华州区。

- **慵毛胫夜蛾** *Mocis annetta*（Butler）

  寄　　主　板栗，蒙古栎，鲫鱼藤，荆条。

  分布范围　北京、辽宁、江苏、浙江、福建、山东、湖北、湖南、四川。

  发生地点　北京：顺义区；

  　　　　　江苏：苏州市太仓市。

- **宽毛胫夜蛾** *Mocis laxa*（Walker）

  中文异名　宽径夜蛾

  寄　　主　柳树，榆树。

  分布范围　浙江、福建、江西、山东、河南、湖北、湖南、云南。

- **毛胫夜蛾** *Mocis undata*（Fabricius）

  寄　　主　木麻黄，桃，梨，鲫鱼藤，刺槐，柑橘，金橘，桉树。

  分布范围　华东，河北、辽宁、河南、湖南、广东、云南、贵州。

  发生地点　上海：宝山区、嘉定区；

  　　　　　江苏：南京市浦口区，无锡市宜兴市，常州市武进区；

  　　　　　浙江：杭州市西湖区；

  　　　　　安徽：合肥市庐阳区；

  　　　　　江西：萍乡市莲花县、上栗县、芦溪县；

  　　　　　湖南：娄底市新化县。

- **异肾疽夜蛾** *Nodaria externalis* Guenée

  寄　　主　桉树。

  分布范围　福建、广东、西藏。

- **雪疽夜蛾** *Nodaria niphona*（Butler）

  寄　　主　加杨，化香树，梨，秋海棠，泡桐。

  分布范围　河北、辽宁、山东、四川。

  发生地点　河北：唐山市乐亭县，张家口市赤城县，衡水市桃城区。

  发生面积　521 亩

  危害指数　0.3333

- **窄楔斑拟灯蛾** *Asota canaraica* Moore

  寄　　主　对叶榕，榕树，桃，梨，柑橘。

  分布范围　福建、广东、四川、云南。

  发生地点　广东：云浮市郁南县、罗定市；

  　　　　　四川：眉山市仁寿县，宜宾市江安县。

- **一点拟灯蛾** *Asota caricae*（Fabricius）

  寄　　主　对叶榕，榕树，荔枝，油茶，坡垒，木犀，海榄雌，椰子。

  分布范围　广东、广西、海南、四川、云南、西藏。

  发生地点　广东：深圳市龙华新区，云浮市郁南县；

四川：巴中市恩阳区；

西藏：拉萨市达孜县，日喀则市吉隆县、拉孜县。

- **圆端拟灯蛾** *Asota heliconia*（Linnaeus）

  寄　　主　水同木，银合欢。

  分布范围　上海、广东、广西、海南。

  发生地点　广东：深圳市坪山新区、龙华新区，云浮市罗定市。

- **楔斑拟灯蛾** *Asota paliura* Swinhoe

  寄　　主　银杏，日本落叶松，马尾松，柏木，山杨，栎，青冈，黄葛树，桑，含笑花，梨，云南金合欢，花椒，油桐，盐肤木，栾树，葡萄，海榄雌。

  分布范围　西南，福建、湖北、湖南、广东、广西、海南、陕西。

  发生地点　福建：漳州市平和县；

　　　　　重庆：大渡口区、南岸区、北碚区、黔江区，忠县；

　　　　　四川：成都市邛崃市，南充市高坪区、营山县、西充县，广安市武胜县，巴中市巴州区，甘孜藏族自治州泸定县。

  发生面积　1871 亩

  危害指数　0.3337

- **方斑拟灯蛾** *Asota plaginota* Butler

  中文异名　方斑灯夜蛾

  寄　　主　铁刀木，桉树。

  分布范围　江西、湖南、广东、广西、海南、四川、云南、西藏。

  发生地点　广东：韶关市武江区，惠州市仲恺区。

  发生面积　945 亩

  危害指数　0.3333

- **长斑拟灯蛾** *Asota plana*（Walker）

  寄　　主　榕树，掌叶榕。

  分布范围　福建、广东、广西、海南、贵州、云南、西藏。

  发生地点　广东：云浮市罗定市。

- **扭拟灯蛾** *Asota tortuosa* Moore

  寄　　主　李，柑橘，猴欢喜。

  分布范围　福建。

- **美国白蛾** *Hyphantria cunea*（Drury）

  中文异名　秋幕毛虫

  寄　　主　银杏，柳杉，水杉，落羽杉，加杨，山杨，黑杨，小叶杨，毛白杨，小黑杨，白柳，垂柳，旱柳，绦柳，喙核桃，山核桃，薄壳山核桃，核桃楸，核桃，枫杨，赤杨，板栗，麻栎，榆树，构树，无花果，桑，芍药，猴樟，二球悬铃木，一球悬铃木，三球悬铃木，桃，碧桃，杏，樱桃，樱花，日本晚樱，日本樱花，山楂，垂丝海棠，西府海棠，苹果，海棠花，石楠，李，红叶李，榆叶梅，火棘，白梨，月季，麻叶绣线菊，紫穗槐，紫荆，皂荚，刺槐，毛刺槐，槐树，花椒，臭椿，楝树，香椿，白桐树，乌桕，白树，黄栌，火炬树，冬青，卫矛，冬青卫矛，三角槭，色木槭，梣叶槭，元宝槭，栾树，枣树，葡萄，木槿，垂花悬铃花，梧桐，红淡比，秋海棠，紫薇，海桑，野海棠，柿，君迁子，水曲柳，白蜡树，花曲柳，美国红梣，绒毛白蜡，女贞，木犀，紫丁香，杠柳，枸杞，兰考泡桐，白花泡桐，毛泡桐，楸，忍冬。

分布范围　北京、天津、河北、内蒙古、辽宁、吉林、江苏、安徽、山东、河南、湖北。

发生地点　北京：东城区、西城区、朝阳区、丰台区、石景山区、海淀区、门头沟区、房山区、通州区、顺义区、昌平区、大兴区、怀柔区、平谷区、密云区；

　　　　　天津：和平区、河东区、河西区、南开区、河北区、红桥区、东丽区、西青区、津南区、北辰区、武清区、宝坻区、滨海新区、宁河区、静海区、蓟州区；

　　　　　河北：石家庄市长安区、桥西区、新华区、裕华区、藁城区、鹿泉区、井陉县、正定县、行唐县、灵寿县、高邑县、深泽县、无极县、平山县、元氏县、新乐市，唐山市路南区、路北区、古冶区、开平区、丰南区、丰润区、曹妃甸区、滦县、滦南县、乐亭县、迁西县、玉田县、遵化市、迁安市，秦皇岛市海港区、山海关区、北戴河区、抚宁区、青龙县、昌黎县、卢龙县，邯郸市邯山区、丛台区、复兴区、肥乡区、永年区、临漳县、成安县、大名县、邱县、广平县、馆陶县、魏县、曲周县，邢台市桥东区、邢台县、临城县、柏乡县、隆尧县、任县、南和县、宁晋县、广宗县、平乡县、威县、清河县、临西县、南宫市、沙河市，保定市竞秀区、莲池区、满城区、清苑区、徐水区、涞水县、定兴县、唐县、高阳县、容城县、望都县、安新县、易县、曲阳县、蠡县、顺平县、博野县、雄县、涿州市、安国市、高碑店市，承德市兴隆县、平泉县、宽城县，沧州市新华区、运河区、沧县、青县、东光县、海兴县、盐山县、肃宁县、南皮县、吴桥县、献县、孟村县、泊头市、任丘市、黄骅市、河间市，廊坊市安次区、广阳区、固安县、永清县、香河县、大城县、文安县、大厂县、霸州市、三河市，衡水市桃城区、冀州区、枣强县、武邑县、武强县、饶阳县、安平县、故城县、景县、阜城县、深州市，定州市，辛集市；

　　　　　内蒙古：通辽市科尔沁左翼后旗；

　　　　　辽宁：沈阳市苏家屯区、浑南区、沈北新区、于洪区、辽中区、康平县、法库县、新民市，大连市甘井子区、旅顺口区、金州区、普兰店区、长海县、瓦房店市、庄河市，鞍山市千山区、台安县、岫岩县、海城市，抚顺市顺城区、抚顺县，本溪市平山区、溪湖区、明山区、南芬区、本溪县、桓仁县，丹东市振兴区、元宝区、振安区、合作区、宽甸县、东港市、凤城市，锦州市太和区、黑山县、义县、凌海市、北镇市，营口市鲅鱼圈区、老边区、大石桥市、盖州市，阜新市清河门区、细河区、彰武县、阜新县，辽阳市文圣区、宏伟区、弓长岭区、太子河区、辽阳县、灯塔市，盘锦市大洼县、盘山县，铁岭市银州区、清河区、铁岭县、西丰县、昌图县、调兵山市、开原市，葫芦岛市连山区、龙港区、南票区、绥中县、兴城市；

　　　　　吉林：长春市双阳区、经济技术开发区、汽车经济技术开发区、高新技术开发区，四平市铁西区、梨树县、双辽市，辽源市龙山区、西安区、东辽县、东丰县，通化市梅河口市、集安市；

江苏：南京市建邺区、鼓楼区、浦口区、江宁区、六合区，徐州市鼓楼区、云龙区、贾汪区、泉山区、铜山区、丰县、沛县、睢宁县、新沂市、邳州市，连云港市连云区、海州区、赣榆区、东海县、灌云县、灌南县，淮安市淮安区、淮阴区、清江浦区、洪泽区、涟水县、盱眙县、金湖县，盐城市亭湖区、盐都区、大丰区、响水县、滨海县、阜宁县、射阳县、建湖县、东台市，扬州市邗江区、江都区、宝应县、仪征市、高邮市，泰州市姜堰区、兴化市，宿迁市宿城区、宿豫区、沭阳县、泗阳县、泗洪县；

安徽：合肥市瑶海区、庐阳区、蜀山区、包河区、长丰县、肥东县、巢湖市，芜湖市鸠江区、三山区、繁昌县、无为县，蚌埠市龙子湖区、蚌山区、禹会区、淮上区、怀远县、五河县、固镇县，淮南市大通区、田家庵区、谢家集区、八公山区、潘集区、毛集区、凤台县、寿县，马鞍山市含山县，淮北市杜集区、相山区、烈山区、濉溪县，铜陵市义安区，滁州市南谯区、琅琊区、定远县、来安县、全椒县、凤阳县、天长市、明光市，阜阳市颍州区、颍东区、颍泉区、临泉县、太和县、阜南县、颍上县、界首市，宿州市埇桥区、砀山县、萧县、灵璧县、泗县，六安市霍邱县，亳州市谯城区、涡阳县、蒙城县、利辛县；

山东：济南市历下区、市中区、槐荫区、天桥区、历城区、长清区、章丘市、平阴县、济阳县、商河县，青岛市市南区、市北区、黄岛区、崂山区、李沧区、城阳区、胶州市、即墨市、平度市、莱西市，淄博市周村区、张店区、淄川区、博山区、临淄区、桓台县、高青县、沂源县，枣庄市市中区、薛城区、峄城区、台儿庄区、山亭区、滕州市，东营市东营区、河口区、垦利区、利津县、广饶县，烟台市芝罘区、福山区、牟平区、莱山区、长岛县、龙口市、莱阳市、莱州市、蓬莱市、招远市、栖霞市、海阳市，潍坊市潍城区、寒亭区、坊子区、奎文区、临朐县、昌乐县、青州市、诸城市、寿光市、安丘市、高密市、昌邑市，济宁市任城区、兖州区、微山县、鱼台县、金乡县、嘉祥县、汶上县、泗水县、梁山县、曲阜市、邹城市，泰安市泰山区、岱岳区、宁阳县、东平县、新泰市、肥城市，威海市环翠区、文登区、荣成市、乳山市，日照市东港区、岚山区、五莲县、莒县，莱芜市莱城区、钢城区，临沂市兰山区、罗庄区、河东区、沂南县、郯城县、沂水县、兰陵县、费县、平邑县、莒南县、蒙阴县、临沭县，德州市德城区、陵城区、宁津县、庆云县、临邑县、齐河县、平原县、夏津县、武城县、乐陵市、禹城市，聊城市东昌府区、临清市、阳谷县、莘县、茌平县、东阿县、冠县、高唐县，滨州市滨城区、沾化区、惠民县、阳信县、无棣县、博兴县、邹平县，菏泽市牡丹区、定陶区、曹县、单县、成武县、巨野县、郓城县、鄄城县、东明县；

河南：郑州市金水区、惠济区、郑东新区、中牟县，开封市龙亭区、顺河回族区、鼓楼区、祥符区、开封新区、通许县、尉氏县，安阳市文峰区、北关区、安阳县、汤阴县、内黄县，鹤壁市山城区、淇滨区、浚县、淇县，新乡市红旗区、卫滨区、新乡县、原阳县、延津县、封丘县、卫辉市，濮阳市华龙区、濮阳经济开发区、清丰县、南乐县、范县、台前县、濮阳县，许昌市东城区、许昌县、鄢陵县，商丘市梁园区、睢阳区、民权县、夏邑县、虞城县，周口市川汇区、沈丘县、淮阳县、项城市，信阳市浉河区、平桥区、罗山县、光山县、潢川县、淮滨县、息县、商城县，驻马店市驿城区、上蔡县、平舆县、正阳县、确山县、泌阳县、汝南县，滑县，兰考县，长垣县，固始县，永城市，新蔡县；

湖北：襄阳市襄州区、枣阳市、宜城市，孝感市大悟县、安陆市，随州市广水市，潜江市。

发生面积　12983500 亩

危害指数　0.3484

- **大丽灯蛾** *Aglaomorpha histrio*（**Walker**）

寄　　主　日本落叶松，湿地松，马尾松，杉木，柏木，柳树，杨梅，枫杨，蒙古栎，栓皮栎，青冈，桑，猴樟，油桃，梨，刺槐，柑橘，香椿，盐肤木，冬青，栾树，油茶，茶，紫薇，石榴，巨尾桉，木犀，荆条，黄竹，斑竹，毛竹，花毛竹，苦竹，慈竹，麻竹。

分布范围　河北、辽宁、吉林、江苏、浙江、安徽、福建、江西、湖北、湖南、广东、广西、重庆、四川、贵州、云南、陕西。

发生地点　河北：张家口市怀来县；

江苏：镇江市句容市；

浙江：杭州市西湖区，宁波市鄞州区，丽水市莲都区、松阳县；

安徽：合肥市庐阳区，芜湖市芜湖县，安庆市迎江区、宜秀区；

福建：漳州市诏安县；

湖北：荆州市洪湖市；

湖南：岳阳市平江县，娄底市双峰县、新化县；

广东：韶关市武江区，云浮市郁南县、罗定市；

重庆：万州区、大渡口区、南岸区、北碚区、巴南区、黔江区、永川区、铜梁区，城口县、忠县、奉节县、彭水苗族土家族自治县；

四川：自贡市贡井区、荣县，遂宁市安居区，内江市市中区、东兴区、资中县，乐山市沙湾区、金口河区、峨边彝族自治县、峨眉山市，南充市嘉陵区、西充县，眉山市青神县，宜宾市兴文县，雅安市雨城区、天全县，巴中市通江县，甘孜藏族自治州泸定县；

陕西：西安市蓝田县，咸阳市彬县，渭南市华州区，安康市旬阳县，宁东林业局。

发生面积　23192 亩

危害指数　0.3341

- **红缘灯蛾** *Aloa lactinea*（**Cramer**）

中文异名　红袖灯蛾

寄　　主　粗枝木麻黄，山杨，棉花柳，旱柳，山柳，板栗，栎，青冈，榆树，桑，水麻，芍药，荷花玉兰，阴香，枫香，三球悬铃木，桃，杏，棣棠花，西府海棠，苹果，海棠花，月季，合欢，紫穗槐，刺槐，槐树，柑橘，臭椿，香椿，红椿，乌桕，野漆树，葡萄，木槿，油茶，茶，谷木，柿，连翘，白蜡树，小叶女贞，银桂，荆条，柳叶水锦树。

分布范围 　华北、中南，辽宁、江苏、浙江、安徽、福建、江西、山东、河南、重庆、四川、云南、西藏、陕西、宁夏、新疆。

发生地点 　北京：东城区、石景山区、密云区；

河北：石家庄市井陉县，唐山市古冶区、丰润区、滦南县、乐亭县、玉田县，秦皇岛市昌黎县，邢台市沙河市，张家口市万全区、赤城县，沧州市吴桥县、黄骅市、河间市，廊坊市永清县、霸州市，衡水市桃城区；

山西：大同市阳高县；

江苏：南京市高淳区，无锡市惠山区、宜兴市，苏州市高新技术开发区，盐城市大丰区，扬州市邗江区、江都区、宝应县，镇江市句容市；

浙江：杭州市西湖区，宁波市江北区、北仑区、鄞州区、象山县、慈溪市、奉化市，衢州市常山县，舟山市岱山县，丽水市莲都区；

福建：南平市延平区；

江西：萍乡市莲花县，共青城市；

山东：济宁市兖州区、微山县、曲阜市、邹城市、经济技术开发区，泰安市肥城市，威海市环翠区，日照市岚山区，聊城市东阿县、冠县；

湖北：黄冈市罗田县，仙桃市；

广西：桂林市灌阳县；

重庆：北碚区，酉阳土家族苗族自治县；

四川：遂宁市蓬溪县，巴中市恩阳区；

陕西：西安市蓝田县，咸阳市秦都区，渭南市大荔县、合阳县、澄城县、白水县，汉中市汉台区，榆林市绥德县，宁东林业局；

宁夏：银川市兴庆区、西夏区、金凤区；

新疆生产建设兵团：农四师68团。

发生面积 　10462 亩

危害指数 　0.3471

● **网斑粉灯蛾 *Alphaea anopunctata*（Oberthür）**

寄　　主 　构树，桑，橙，黄牛木。

分布范围 　湖南、广东、广西、四川、云南。

发生地点 　湖南：岳阳市平江县；

广西：百色市靖西市；

四川：绵阳市梓潼县，凉山彝族自治州盐源县。

● **闪光玫灯蛾 *Amerila astreus*（Drury）**

寄　　主 　樟树，青冈，桑，九里香，海桑，桉树。

分布范围 　福建、湖南、广东、广西、海南、重庆、四川、云南、陕西。

发生地点 　重庆：酉阳土家族苗族自治县。

发生面积　220 亩

危害指数　0.3333

- **黑纹北灯蛾 *Amurrhyparia leopardinula*（Strand）**

　拉丁异名　*Rhyparia leopardina*（Ménétriès）

　寄　　主　柳树，桑，苹果。

　分布范围　河北、山西、内蒙古、辽宁、黑龙江、西藏、陕西、甘肃、青海、宁夏。

　发生地点　宁夏：固原市原州区。

- **豹灯蛾 *Arctia caja*（Linnaeus）**

　寄　　主　旱柳，白桦，蒙古栎，榆树，桑，黑果茶藨，刺槐，槐树，柑橘，椴树，柞木，接骨木。

　分布范围　东北，天津、河北、山西、内蒙古、福建、湖北、四川、陕西、宁夏、新疆。

　发生地点　河北：张家口市沽源县、赤城县，承德市双桥区；

　　　　　　内蒙古：通辽市霍林郭勒市，乌兰察布市四子王旗；

　　　　　　黑龙江：绥化市海伦市国有林场；

　　　　　　福建：漳州市平和县；

　　　　　　陕西：咸阳市秦都区、永寿县、旬邑县，渭南市白水县；

　　　　　　宁夏：石嘴山市大武口区，固原市原州区，中卫市中宁县。

　发生面积　3382 亩

　危害指数　0.3333

- **砌石篱灯蛾 *Arctia flavia*（Fuessly）**

　寄　　主　杨树，梅，黄刺玫，枸杞。

　分布范围　河北、内蒙古、辽宁、黑龙江、陕西、新疆。

　发生地点　河北：张家口市张北县、沽源县、尚义县、赤城县；

　　　　　　内蒙古：乌兰察布市四子王旗；

　　　　　　陕西：西安市蓝田县。

　发生面积　1461 亩

　危害指数　0.3333

- **乳白格灯蛾 *Areas galactina*（Hoeven）**

　寄　　主　山杨，青冈，桑，枇杷，柑橘。

　分布范围　湖南、广西、重庆、四川、云南、西藏。

　发生地点　湖南：娄底市新化县；

　　　　　　广西：百色市靖西市；

　　　　　　重庆：秀山土家族苗族自治县；

　　　　　　四川：攀枝花市盐边县，凉山彝族自治州德昌县。

　发生面积　1057 亩

　危害指数　0.3333

- **星散灯蛾 *Argina astrea*（Drury）**

  寄　　主　桉树。

  分布范围　浙江、广东、广西、海南、云南。

  发生地点　广西：贺州市昭平县。

  发生面积　140 亩

  危害指数　0.6667

- **淡色孔灯蛾 *Baroa vatala* Swinhoe**

  寄　　主　桑，油茶，破布木。

  分布范围　江西、湖北、湖南、广东、广西、海南、四川、云南、陕西。

- **仿首丽灯蛾 *Callimorpha equitalis*（Kollar）**

  寄　　主　桤木，栎，青冈，栎子青冈，柑橘，沙棘，白蜡树。

  分布范围　湖北、重庆、四川、云南、西藏、陕西。

  发生地点　四川：攀枝花市米易县、普威局，甘孜藏族自治州康定市，凉山彝族自治州盐源县；

  　　　　　西藏：拉萨市达孜县、林周县、曲水县，日喀则市吉隆县，山南市乃东县、琼结县昌都市芒康县；

  　　　　　陕西：宁东林业局。

- **黄腹丽灯蛾 *Callimorpha similis*（Moore）**

  寄　　主　桑，沙棘，女贞。

  分布范围　四川、云南、西藏。

  发生地点　四川：凉山彝族自治州盐源县、布拖县。

- **黄条虎丽灯蛾 *Calpenia khasiana* Moore**

  寄　　主　栎，花椒。

  分布范围　四川、云南、陕西。

  发生地点　四川：攀枝花市普威局；

  　　　　　陕西：宁东林业局。

- **褐斑虎丽灯蛾 *Calpenia takamukui* Matsumura**

  寄　　主　柑橘，花椒。

  分布范围　福建、四川、贵州、陕西。

  发生地点　四川：甘孜藏族自治州泸定县；

  　　　　　陕西：宁东林业局。

  发生面积　429 亩

  危害指数　0.3333

- **华虎丽灯蛾 *Calpenia zerenaria*（Oberthür）**

  寄　　主　青冈。

  分布范围　湖北、湖南、四川、云南、西藏。

  发生地点　四川：甘孜藏族自治州康定市。

- **花布灯蛾** *Camptoloma interiorata*（**Walker**）

  中文异名　黑头栎毛虫

  寄　　主　杨树，垂柳，板栗，麻栎，波罗栎，辽东栎，蒙古栎，栓皮栎，榆树，桑，枫香，苹果，刺槐，毛刺槐，厚皮树，阔叶槭，椴树，柞木，灯台树。

  分布范围　东北，河北、内蒙古、江苏、浙江、安徽、福建、江西、山东、河南、湖北、湖南、广东、广西、重庆、贵州、陕西。

  发生地点　河北：沧州市河间市；

  　　　　　辽宁：大连市金普新区、庄河市，抚顺市新宾满族自治县，营口市鲅鱼圈区，辽阳市辽阳县；

  　　　　　黑龙江：哈尔滨市呼兰区、阿城区、延寿县；

  　　　　　江苏：南京市玄武区，常州市溧阳市，连云港市连云区；

  　　　　　浙江：杭州市西湖区、桐庐县，宁波市慈溪市，金华市磐安县，衢州市常山县；

  　　　　　福建：龙岩市漳平市；

  　　　　　山东：青岛市即墨市、莱西市，潍坊市昌邑市，济宁市曲阜市；

  　　　　　河南：洛阳市栾川县；

  　　　　　湖南：湘潭市韶山市，岳阳市云溪区、平江县；

  　　　　　贵州：遵义市余庆县；

  　　　　　陕西：延安市洛川县，商洛市商南县，宁东林业局。

  发生面积　40759 亩

  危害指数　0.3654

- **白雪灯蛾** *Chionarctia nivea*（**Ménétriès**）

  寄　　主　山杨，黑杨，毛白杨，垂柳，旱柳，核桃，板栗，波罗栎，榆树，桑，厚朴，猴樟，海桐，三球悬铃木，桃，杏，麦李，山荆子，垂丝海棠，西府海棠，苹果，海棠花，油桃，月季，刺槐，梧桐，秋海棠，野海棠，茉莉花，女贞，木犀。

  分布范围　华北、东北，江苏、浙江、安徽、福建、江西、山东、河南、湖北、湖南、广西、四川、贵州、云南、陕西、甘肃。

  发生地点　北京：东城区、顺义区、大兴区、密云区；

  　　　　　河北：邢台市沙河市，保定市阜平县、安国市，张家口市沽源县、怀来县、涿鹿县、赤城县，沧州市河间市；

  　　　　　黑龙江：绥化市海伦市国有林场；

  　　　　　安徽：合肥市包河区；

  　　　　　福建：漳州市诏安县；

  　　　　　山东：济宁市经济技术开发区，威海市环翠区；

  　　　　　四川：南充市西充县，雅安市雨城区，巴中市通江县；

  　　　　　陕西：咸阳市秦都区、三原县、永寿县、彬县、长武县、旬邑县，渭南市华州区、合阳县、白水县，延安市延川县，宁东林业局、太白林业局。

  发生面积　9124 亩

  危害指数　0.3337

- **洁白雪灯蛾 *Chionarctia pura*（Leech）**

寄　　主　山杨，柳树，蒙古栎，栎，尾球木，桃，樱桃，苹果，野海棠，油橄榄。

分布范围　北京、河北、辽宁、黑龙江、四川、贵州、云南、陕西。

发生地点　河北：张家口市涿鹿县；

　　　　　四川：甘孜藏族自治州泸定县，凉山彝族自治州盐源县；

　　　　　陕西：渭南市华州区、合阳县，宁东林业局。

发生面积　1672 亩

危害指数　0.3339

- **黑条灰灯蛾 *Creatonotos gangis*（Linnaeus）**

寄　　主　核桃，栎，青冈，桑，樟树，柑橘，重阳木，茶，白蜡树，女贞。

分布范围　中南，辽宁、江苏、浙江、安徽、福建、江西、重庆、四川、云南、西藏。

发生地点　江苏：南京市玄武区；

　　　　　浙江：宁波市象山县，温州市鹿城区、龙湾区、瑞安市，舟山市嵊泗县，台州市仙居
　　　　　　　　县、临海市；

　　　　　江西：萍乡市莲花县；

　　　　　广东：韶关市武江区；

　　　　　重庆：北碚区；

　　　　　四川：自贡市自流井区、大安区、沿滩区，内江市市中区、威远县、资中县，乐山市
　　　　　　　　峨眉山市，南充市嘉陵区、西充县，广安市武胜县，资阳市雁江区。

发生面积　10713 亩

危害指数　0.4797

- **八点灰灯蛾 *Creatonotos transiens*（Walker）**

寄　　主　马尾松，柳杉，杉木，柏木，木麻黄，山杨，垂柳，核桃，枫杨，板栗，栎，青冈，
　　　　　构树，黄葛树，榕树，桑，猴樟，樟树，三球悬铃木，台湾相思，刺槐，柑橘，楝
　　　　　树，乌桕，龙眼，栾树，枳椇，梧桐，山茶，油茶，茶，木荷，巨尾桉，小叶女贞，
　　　　　木犀，泡桐，接骨木。

分布范围　华东、中南、西南、山西、陕西。

发生地点　上海：嘉定区、青浦区；

　　　　　江苏：南京市浦口区，无锡市滨湖区、宜兴市，苏州市太仓市，镇江市新区、润州
　　　　　　　　区、丹徒区、丹阳市、扬中市；

　　　　　浙江：杭州市萧山区，宁波市江北区、北仑区、镇海区、鄞州区、象山县、宁海县、
　　　　　　　　余姚市，温州市鹿城区、龙湾区、平阳县、瑞安市，嘉兴市嘉善县，舟山市岱
　　　　　　　　山县、嵊泗县，台州市三门县、仙居县、临海市，丽水市莲都区；

　　　　　安徽：芜湖市繁昌县、无为县；

　　　　　福建：漳州市诏安县；

　　　　　江西：萍乡市湘东区、芦溪县，宜春市高安市；

　　　　　湖南：岳阳市岳阳县、平江县；

　　　　　广西：贵港市桂平市；

重庆：大渡口区、南岸区、江津区、永川区，石柱土家族自治县；

四川：自贡市贡井区、大安区，攀枝花市米易县，遂宁市安居区、射洪县，内江市市中区、资中县，乐山市沙湾区、犍为县、峨眉山市，南充市嘉陵区、营山县、蓬安县、仪陇县、西充县，眉山市仁寿县，宜宾市筠连县、兴文县，广安市前锋区、武胜县，巴中市巴州区，资阳市雁江区，凉山彝族自治州德昌县、会东县；

陕西：汉中市汉台区。

发生面积　59385 亩

危害指数　0.4934

- **排点灯蛾** *Diacrisia sannio*（**Linnaeus**）

寄　　主　杨树，山柳，尾球木。

分布范围　东北，河北、山西、内蒙古、陕西、甘肃、宁夏、新疆。

发生地点　河北：张家口市沽源县、赤城县。

发生面积　610 亩

危害指数　0.3333

- **赭褐带东灯蛾** *Eospilarctia nehallenia*（**Oberthür**）

寄　　主　桃，樱桃，苹果。

分布范围　湖北、四川、云南、陕西。

- **黄臀灯蛾** *Epatolmis caesarea*（**Goeze**）

寄　　主　杨树，垂柳，旱柳，馒头柳，榆树，栎。

分布范围　华北、东北，江苏、江西、山东、河南、湖北、湖南、四川、云南、陕西、甘肃、宁夏。

发生地点　北京：顺义区、密云区；

河北：石家庄市井陉县，邢台市沙河市，保定市唐县，张家口市赤城县；

内蒙古：通辽市科尔沁左翼中旗、科尔沁左翼后旗、库伦旗；

陕西：咸阳市兴平市，渭南市合阳县、蒲城县；

宁夏：银川市兴庆区、金凤区。

发生面积　7893 亩

危害指数　0.3333

- **雅灯蛾** *Eucharia festiva*（**Hufnagel**）

寄　　主　山杨，大戟。

分布范围　河北、新疆。

发生地点　河北：张家口市沽源县。

- **三条橙灯蛾** *Lemyra alikangensis*（**Strand**）

寄　　主　杨树，杨梅，栲树，青冈，榆树，喜树，柿，大青。

分布范围　江苏、浙江、四川。

● **伪姬白望灯蛾** *Lemyra anormala*（Daniel）

    寄　　主　榛子，油茶。

    分布范围　浙江、福建、江西、湖北、湖南、四川、贵州、云南、西藏、陕西。

    发生地点　陕西：宁东林业局。

● **火焰望灯蛾** *Lemyra flammeola*（Moore）

    寄　　主　山杨。

    分布范围　浙江、福建、江西、山东、云南、陕西。

    发生地点　陕西：宁东林业局。

● **金望灯蛾** *Lemyra flavalis*（Moore）

    中文异名　金污灯蛾

    寄　　主　山杨。

    分布范围　云南、西藏、陕西。

    发生地点　陕西：宁东林业局。

● **奇特望灯蛾** *Lemyra imparilis*（Butler）

    寄　　主　桑，桃，苹果，梨。

    分布范围　北京、辽宁、福建、江西、山东、湖南。

● **漆黑望灯蛾** *Lemyra infernalis*（Butler）

    寄　　主　柳树，栎，榆树，桑，桃，樱桃，苹果，梨，漆树，白蜡树。

    分布范围　北京、河北、辽宁、浙江、湖北、湖南、陕西。

    发生地点　北京：石景山区；

            河北：保定市阜平县；

            陕西：汉中市汉台区，宁东林业局。

    发生面积　127 亩

    危害指数　0.3333

● **淡黄望灯蛾** *Lemyra jankowskii*（Oberthür）

    寄　　主　柳树，核桃，榛子，栎，月季，柑橘，油桐。

    分布范围　东北，北京、河北、山西、江苏、浙江、福建、湖北、广西、四川、云南、西藏、陕西、宁夏。

    发生地点　河北：唐山市玉田县，张家口市赤城县；

            福建：南平市建瓯市；

            四川：南充市西充县，巴中市通江县；

            陕西：咸阳市旬邑县，宁东林业局。

    发生面积　1585 亩

    危害指数　0.3354

● **梅尔望灯蛾** *Lemyra melli*（Daniel）

    寄　　主　杨树，山核桃，核桃楸，核桃，榆树，桑，山胡椒，山杏，石楠，月季，刺槐，臭椿，葡萄，杜英，赤杨叶，水曲柳，白蜡树，楸。

分布范围　东北，河北、山西、福建、江西、湖北、湖南、广西、四川、云南、西藏、陕西。

发生地点　山西：临汾市汾西县；

辽宁：丹东市振安区；

陕西：宁东林业局。

发生面积　812 亩

危害指数　0.3342

- **白望灯蛾** *Lemyra neglecta*（Rothschild）

寄　　主　柑橘，茶。

分布范围　四川、西藏。

发生地点　四川：乐山市沙湾区、峨眉山市，南充市嘉陵区。

发生面积　405 亩

危害指数　0.3333

- **褐点望灯蛾** *Lemyra phasma*（Leech）

中文异名　粉白灯蛾

寄　　主　湿地松，马尾松，云南松，竹柏，柳树，山核桃，薄壳山核桃，核桃，板栗，栎，桑，厚朴，梓，桃，枇杷，苹果，梨，香椿，蓝桉，杜鹃，赤杨叶，女贞，木犀，夹竹桃，滇楸。

分布范围　北京、辽宁、黑龙江、浙江、福建、江西、湖北、湖南、四川、贵州、云南、西藏、陕西、甘肃。

发生地点　黑龙江：佳木斯市富锦市；

四川：遂宁市蓬溪县、大英县；

贵州：毕节市大方县；

云南：楚雄彝族自治州双柏县、南华县、武定县、禄丰县，怒江傈僳族自治州贡山独龙族怒族自治县；

甘肃：白水江自然保护区。

发生面积　32912 亩

危害指数　0.3490

- **柔望灯蛾** *Lemyra pilosoides*（Daniel）

寄　　主　栎。

分布范围　四川、云南、陕西。

- **异艳望灯蛾** *Lemyra proteus*（Joannis）

寄　　主　山杨，泡桐，海南菜豆树。

分布范围　广西、海南、陕西。

发生地点　陕西：宁东林业局。

- **姬白望灯蛾** *Lemyra rhodophila*（Walker）

寄　　主　李。

分布范围　西藏、陕西、宁夏。

发生地点　陕西：汉中市汉台区。

发生面积　100亩

危害指数　0.3333

● **点望灯蛾** *Lemyra stigmata*（Moore）

寄　　主　山杨。

分布范围　安徽、湖北、四川、云南、西藏、陕西。

发生地点　西藏：日喀则市吉隆县。

● **西南小灯蛾** *Micrarctia honei* Daniel

寄　　主　苹果，梨。

分布范围　四川、云南。

发生地点　四川：凉山彝族自治州布拖县。

发生面积　2076亩

危害指数　0.3333

● **斜带南灯蛾** *Nannoarctia obliquifascia*（Hampson）

寄　　主　樱桃。

分布范围　江西、广西、海南、云南。

● **粉蝶灯蛾** *Nyctemera adversata*（Schaller）

拉丁异名　*Nyctemera plagifera* Walker

寄　　主　银杏，华山松，马尾松，杉木，竹柏，木麻黄，柳树，桤木，苦槠栲，滇青冈，高山榕，无花果，桑，白头翁，樟树，枫香，桃，苹果，梨，刺槐，柑橘，柠檬，花椒，山麻杆，木蜡树，梧桐，油茶，茶，巨桉，巨尾桉，木犀。

分布范围　中南、北京、内蒙古、江苏、浙江、安徽、福建、江西、山东、四川、贵州、云南、西藏、陕西、宁夏。

发生地点　江苏：无锡市宜兴市，淮安市清江浦区，扬州市江都区；

　　　　　浙江：杭州市西湖区，宁波市鄞州区、余姚市，温州市鹿城区、平阳县、瑞安市；

　　　　　安徽：合肥市包河区；

　　　　　福建：泉州市安溪县，漳州市诏安县、平和县、经济技术开发区；

　　　　　江西：宜春市樟树市；

　　　　　湖南：岳阳市岳阳县，常德市鼎城区，永州市双牌县；

　　　　　广东：广州市从化区、增城区，佛山市南海区，肇庆市高要区、四会市，惠州市惠阳区，汕尾市陆河县，清远市属林场，云浮市新兴县；

　　　　　广西：南宁市横县，防城港市上思县，河池市环江毛南族自治县，黄冕林场；

　　　　　四川：自贡市自流井区、贡井区、大安区、沿滩区、荣县，内江市市中区、威远县、资中县、隆昌县，乐山市金口河区、犍为县、峨边彝族自治县、峨眉山市，南充市蓬安县，宜宾市翠屏区、南溪区、筠连县，雅安市天全县，巴中市巴州区、恩阳区，资阳市雁江区，甘孜藏族自治州泸定县；

陕西：宁东林业局；

宁夏：中卫市中宁县。

发生面积　41703 亩

危害指数　0.3447

- 车前灯蛾 *Parasemia plantaginis*（Linnaeus）

寄　　主　落叶松，松，杨树，柳树。

分布范围　东北，山西、内蒙古、四川、青海、宁夏、新疆。

发生地点　黑龙江：绥化市海伦市国有林场；

四川：遂宁市安居区；

宁夏：银川市西夏区、金凤区。

- 斑灯蛾 *Pericallia matronula*（Linnaeus）

寄　　主　山杨，白柳，蒙古栎，红果树，灯台树，忍冬，接骨木。

分布范围　东北，北京、河北、山西、内蒙古、宁夏、新疆。

发生地点　北京：石景山区、密云区；

河北：保定市阜平县，张家口市沽源县，沧州市河间市。

- 亚麻篱灯蛾 *Phragmatobia fuliginosa*（Linnaeus）

中文异名　亚麻灯蛾、红黑点小灯蛾

寄　　主　山杨，胡杨，钻天杨，柳树，栎，榆树，酸模，苹果，红淡比。

分布范围　东北、西北，北京、河北、山西、内蒙古、四川。

发生地点　北京：密云区；

河北：石家庄市井陉矿区，张家口市沽源县、涿鹿县、赤城县；

黑龙江：佳木斯市富锦市；

陕西：咸阳市秦都区、永寿县、长武县、旬邑县，渭南市华州区，宁东林业局；

甘肃：武威市凉州区。

发生面积　40955 亩

危害指数　0.3666

- 黄灯蛾 *Rhyparia purpurata*（Linnaeus）

寄　　主　蒙古栎，榆树，柞木。

分布范围　东北，河北、内蒙古、甘肃、宁夏、新疆。

发生地点　河北：张家口市怀来县。

- 肖浑黄灯蛾 *Rhyparioides amurensis*（Bremer）

寄　　主　杉松，日本落叶松，华山松，马尾松，油松，柳杉，柏木，山杨，垂柳，旱柳，绦柳，核桃，枫杨，桦木，板栗，麻栎，小叶栎，蒙古栎，青冈，榆树，桑，尾球木，桃，苹果，李，梨，刺槐，卫矛，栾树，鼠李，枣树，椴树，柳叶毛蕊茶，柞木，紫薇，喜树，柿，白花泡桐。

分布范围　华北、东北，江苏、浙江、福建、江西、山东、河南、湖北、湖南、广西、重庆、四川、云南、陕西、甘肃。

发生地点　北京：石景山区、密云区；

　　　　　河北：邢台市沙河市，张家口市沽源县、赤城县；

　　　　　内蒙古：通辽市科尔沁左翼后旗；

　　　　　浙江：宁波市鄞州区；

　　　　　重庆：涪陵区、大渡口区、南岸区、永川区、铜梁区，梁平区、城口县、忠县、巫溪县；

　　　　　四川：雅安市雨城区；

　　　　　陕西：西安市周至县，咸阳市秦都区、永寿县，汉中市汉台区、西乡县，安康市白河县，太白林业局。

发生面积　4498 亩

危害指数　0.3341

- **浑黄灯蛾** *Rhyparioides nebulosa* **Butler**

寄　　主　垂柳，蒙古栎，栎子青冈，榆树。

分布范围　东北，山西、内蒙古、陕西。

发生地点　陕西：渭南市华州区。

- **红点浑黄灯蛾** *Rhyparioides subvaria*（**Walker**）

寄　　主　枫杨，麻栎，槲栎，小叶栎，刺榆，榆树，桑，柑橘，臭椿，茶条槭，柞木。

分布范围　内蒙古、黑龙江、浙江、安徽、福建、江西、山东、湖北、湖南、广东、四川、陕西。

发生地点　内蒙古：通辽市科尔沁左翼后旗；

　　　　　四川：巴中市通江县。

发生面积　235 亩

危害指数　0.3333

- **丽西伯灯蛾** *Sibirarctia kindermanni*（**Staudinger**）

寄　　主　大红柳，旱柳，旱榆。

分布范围　宁夏。

发生地点　宁夏：吴忠市红寺堡区，石嘴山市惠农区。

发生面积　501 亩

危害指数　0.3333

- **净污灯蛾** *Spilarctia alba*（**Bremer et Grey**）

中文异名　白污灯蛾

寄　　主　杨树，桑，西府海棠，苹果，槐树，栾树，木槿，山茶。

分布范围　北京、河北、山西、辽宁、吉林、浙江、福建、江西、河南、湖北、湖南、广西、四川、贵州、云南、陕西。

发生地点　北京：顺义区；

　　　　　河北：张家口市沽源县；

　　　　　四川：甘孜藏族自治州泸定县；

陕西：渭南市澄城县。

发生面积　13259 亩

危害指数　0.3344

- **黑须污灯蛾** *Spilarctia casigneta*（**Kollar**）

寄　　主　山杨，柳树，栎，青冈，桑，樟树，二球悬铃木，樱桃，日本晚樱，枇杷，苹果，李，杜梨，豆梨，柑橘，香椿，紫薇。

分布范围　辽宁、江苏、浙江、福建、江西、湖北、湖南、广西、重庆、四川、云南、西藏、陕西。

发生地点　江苏：南京市浦口区，盐城市盐都区、响水县、射阳县，泰州市姜堰区；

　　　　　四川：自贡市自流井区，乐山市金口河区、峨眉山市，南充市顺庆区、嘉陵区，广安市前锋区，阿坝藏族羌族自治州壤塘县，甘孜藏族自治州泸定县，凉山彝族自治州盐源县；

　　　　　西藏：日喀则市吉隆县；

　　　　　陕西：渭南市华州区。

发生面积　3431 亩

危害指数　0.3359

- **尘污灯蛾** *Spilarctia obliqua*（**Walker**）

寄　　主　柳树，桑，李，梨，柑橘，茶，桉树。

分布范围　北京、江苏、浙江、福建、江西、湖南、广东、广西、重庆、四川、云南、西藏、陕西。

发生地点　浙江：杭州市西湖区；

　　　　　江西：萍乡市芦溪县；

　　　　　湖南：娄底市新化县；

　　　　　重庆：渝北区、巴南区；

　　　　　四川：南充市高坪区，雅安市雨城区；

　　　　　陕西：渭南市华州区，宁东林业局。

发生面积　750 亩

危害指数　0.3556

- **强污灯蛾** *Spilarctia obusta*（**Leech**）

寄　　主　山杨，核桃，枫杨，栎，青冈，朴树，榆树，桑，樟树，桢楠，杏，苹果，梨，柑橘，臭椿，血桐，毛桐，茶，木荷，臭牡丹。

分布范围　北京、天津、辽宁、江苏、浙江、福建、江西、山东、湖北、湖南、重庆、四川、云南、陕西、甘肃。

发生地点　江苏：南京市玄武区，镇江市新区、润州区、丹徒区、丹阳市；

　　　　　浙江：宁波市江北区、象山县，丽水市莲都区；

　　　　　福建：漳州市诏安县；

　　　　　湖南：岳阳市岳阳县；

　　　　　重庆：大渡口区、黔江区；

四川：自贡市自流井区、沿滩区，巴中市通江县，凉山彝族自治州德昌县、布拖县；

陕西：咸阳市长武县，渭南市华州区、宁东林业局、太白林业局。

发生面积　26343 亩

危害指数　0.3713

- **姬白坦灯蛾** *Spilarctia rhodophila*（Walker）

寄　　主　山杨，黑杨，旱柳，核桃，桤木，栎子青冈，朴树，榆树，桑，猴樟，山胡椒，桃，山杏，苹果，李，梨，刺槐，槐树，柑橘，臭椿，卫矛，沙棘，紫薇。

分布范围　河北、山西、辽宁、浙江、湖北、重庆、四川、西藏、陕西。

发生地点　山西：晋中市左权县；

四川：成都市蒲江县，广安市前锋区，雅安市荥经县，巴中市南江县，凉山彝族自治州布拖县；

陕西：西安市周至县，太白林业局。

发生面积　386 亩

危害指数　0.3333

- **连星污灯蛾** *Spilarctia seriatopunctata*（Motschulsky）

寄　　主　杨树，核桃楸，榆树，构树，桑，杏，樱桃，枇杷，苹果，李，梨，红果树，顶果木，血桐，巨尾桉，木犀。

分布范围　东北，浙江、安徽、福建、江西、山东、湖北、湖南、广西、重庆、四川、陕西。

发生地点　浙江：宁波市余姚市；

安徽：合肥市包河区，芜湖市芜湖县；

福建：泉州市安溪县，福州国家森林公园；

山东：泰安市泰山林场；

湖南：娄底市新化县；

广西：桂林市兴安县，河池市南丹县、都安瑶族自治县；

重庆：黔江区。

发生面积　2311 亩

危害指数　0.3333

- **人纹污灯蛾** *Spilarctia subcarnea*（Walker）

中文异名　红腹白灯蛾

寄　　主　山杨，毛白杨，柳树，核桃，板栗，茅栗，锥栗，麻栎，小叶栎，栓皮栎，青冈，异色山黄麻，春榆，榆树，构树，高山榕，黄葛树，桑，芍药，厚朴，蜡梅，樟树，肉桂，天竺桂，黄丹木姜子，野香橼花，三球悬铃木，桃，碧桃，杏，李，梨，木香花，月季，多花蔷薇，刺槐，槐树，柑橘，盐肤木，葡萄，木槿，油茶，茶，结香，石榴，喜树，巨尾桉，柿，鸡蛋花，荆条。

分布范围　华北、东北、华东，河南、湖北、湖南、广东、广西、重庆、四川、陕西。

发生地点　北京：东城区、石景山区、顺义区、密云区；

河北：石家庄市井陉县，唐山市玉田县，秦皇岛市昌黎县，沧州市河间市，廊坊市大城县，衡水市桃城区；

黑龙江：佳木斯市富锦市；

上海：宝山区、嘉定区、浦东新区；

江苏：南京市栖霞区、溧水区，无锡市惠山区、滨湖区、江阴市、宜兴市，常州市溧阳市，苏州市高新技术开发区、太仓市，淮安市清江浦区、金湖县，盐城市亭湖区、盐都区、射阳县、建湖县、东台市，扬州市宝应县、高邮市，泰州市姜堰区、兴化市；

浙江：宁波市鄞州区、象山县，温州市瑞安市，台州市椒江区；

安徽：合肥市庐阳区，芜湖市芜湖县，池州市贵池区；

福建：南平市延平区；

江西：南昌市安义县，萍乡市芦溪县，宜春市高安市；

山东：枣庄市台儿庄区，济宁市任城区、梁山县、曲阜市、高新技术开发区、太白湖新区、经济技术开发区，泰安市肥城市、泰山林场，临沂市沂水县，聊城市东昌府区、阳谷县、东阿县，滨州市惠民县；

河南：郑州市新郑市；

广西：梧州市藤县，防城港市防城区；

重庆：万州区、大渡口区、南岸区，武隆区；

四川：自贡市沿滩区、荣县，遂宁市蓬溪县、射洪县，内江市市中区，乐山市峨边彝族自治县，宜宾市筠连县，广安市前锋区，雅安市名山区，资阳市雁江区，甘孜藏族自治州泸定县，凉山彝族自治州昭觉县；

陕西：西安市灞桥区、蓝田县，咸阳市秦都区、彬县、旬邑县，渭南市华州区、潼关县、大荔县、白水县，榆林市米脂县，佛坪保护区，太白林业局。

发生面积　10144 亩

危害指数　0.3378

● **净雪灯蛾** *Spilosoma alba*（**Bremer et Grey**）

寄　　主　山杨，核桃，桑，桃，樱桃，苹果，柑橘，女贞。

分布范围　吉林、浙江、福建、湖北、重庆、四川、陕西。

发生地点　浙江：宁波市慈溪市；

重庆：南岸区；

陕西：咸阳市长武县，渭南市合阳县、蒲城县。

发生面积　278 亩

危害指数　0.3333

● **肖褐带雪灯蛾** *Spilosoma jordansi* **Daniel**

寄　　主　山杨，核桃。

分布范围　四川、云南、陕西。

发生地点　四川：甘孜藏族自治州康定市，凉山彝族自治州盐源县；

陕西：宁东林业局。

● **黄星雪灯蛾** *Spilosoma lubricipeda*（Linnaeus）

拉丁异名　*Spilosoma menthastri*（Esper）

中文异名　星白雪灯蛾、红腹灯蛾、黄腹灯蛾、星白灯蛾

寄　　主　山杨、垂柳、黄柳、山核桃、野核桃、核桃、化香树、板栗、栓皮栎、青冈、榆树、马尾树、构树、桑、尾球木、厚朴、天竺桂、海桐、三球悬铃木、日本晚樱、苹果、梨、月季、多花蔷薇、玫瑰、刺槐、香椿、乌柏、漆树、枣树、葡萄、椴树、木槿、梧桐、油茶、茶、紫薇、喜树、刺楸、柿、白蜡树、茉莉花、油橄榄。

分布范围　华北、东北、华东，湖北、湖南、广西、重庆、四川、贵州、云南、陕西、宁夏、新疆。

发生地点　北京：东城区、石景山区、顺义区、密云区；

　　　　　河北：唐山市古冶区、滦南县、乐亭县、玉田县，张家口市张北县、沽源县、尚义县、赤城县，廊坊市安次区，衡水市桃城区、武邑县、饶阳县、安平县；

　　　　　内蒙古：通辽市科尔沁区，乌兰察布市察哈尔右翼后旗；

　　　　　黑龙江：佳木斯市富锦市；

　　　　　江苏：南京市浦口区，无锡市滨湖区，徐州市睢宁县，常州市武进区，苏州市昆山市，淮安市清江浦区、金湖县，盐城市盐都区、响水县、滨海县、阜宁县、射阳县、建湖县、东台市，扬州市江都区、高邮市，镇江市扬中市，泰州市海陵区、姜堰区；

　　　　　浙江：宁波市江北区、鄞州区；

　　　　　安徽：合肥市庐阳区，芜湖市芜湖县，滁州市定远县、明光市；

　　　　　福建：泉州市永春县，漳州市诏安县；

　　　　　山东：济宁市任城区、兖州区、泗水县、曲阜市，泰安市新泰市，临沂市沂水县，聊城市东阿县、冠县；

　　　　　重庆：垫江县、酉阳土家族苗族自治县；

　　　　　四川：成都市都江堰市，南充市西充县，眉山市青神县，宜宾市筠连县，雅安市雨城区、天全县，凉山彝族自治州德昌县；

　　　　　云南：楚雄彝族自治州永仁县；

　　　　　陕西：西安市蓝田县、周至县，咸阳市秦都区、永寿县、旬邑县、武功县、乾县，渭南市华州区、大荔县，延安市黄龙山林业局，汉中市汉台区，商洛市镇安县。

发生面积　23883 亩

危害指数　0.3464

● **污雪灯蛾** *Spilosoma lutea*（Hufnagel）

寄　　主　杨树，枫杨，青冈，桑，樱花，月季，刺槐，八角枫。

分布范围　东北，河北、内蒙古、江苏、重庆、四川、陕西、宁夏、新疆。

发生地点　四川：绵阳市游仙区。

● **点斑雪灯蛾** *Spilosoma ningyuenfui* Daniel

寄　　主　杨树，桤木，榆树，桑，厚朴，苹果。

分布范围　内蒙古、辽宁、江苏、四川、云南。

发生地点　内蒙古：通辽市科尔沁左翼后旗；

江苏：南京市玄武区；

四川：成都市都江堰市，甘孜藏族自治州乡城县，凉山彝族自治州金阳县。

发生面积　332 亩

危害指数　0.3333

- **红星雪灯蛾 *Spilosoma punctarium*（Stoll）**

寄　　主　山杨，桑，山茱萸。

分布范围　东北，北京、天津、河北、江苏、浙江、安徽、江西、湖北、湖南、四川、贵州、云南、陕西。

发生地点　北京：顺义区；

陕西：宁东林业局。

- **稀点雪灯蛾 *Spilosoma urticae*（Esper）**

寄　　主　山杨，桑，柑橘，油桐。

分布范围　天津、河北、辽宁、黑龙江、江苏、浙江、山东、四川、陕西、甘肃、新疆。

发生地点　江苏：泰州市姜堰区；

四川：自贡市自流井区，广安市前锋区；

陕西：宁东林业局。

- **石楠线灯蛾 *Spiris striata*（Linnaeus）**

寄　　主　桑，石楠。

分布范围　山西、内蒙古、黑龙江、陕西、青海、宁夏、新疆。

发生地点　宁夏：石嘴山市惠农区。

- **拟三色星灯蛾 *Utetheisa lotrix lotrix*（Cramer）**

寄　　主　栎子青冈，柑橘。

分布范围　浙江、福建。

发生地点　浙江：宁波市象山县，台州市仙居县。

发生面积　2002 亩

危害指数　0.4998

- **三色星灯蛾 *Utetheisa pulchella*（Linnaeus）**

寄　　主　核桃。

分布范围　四川。

发生地点　四川：遂宁市安居区，巴中市通江县。

- **煤色滴苔蛾 *Agrisius fuliginosus* Moore**

寄　　主　桤木，柑橘。

分布范围　江苏、浙江、安徽、湖北、湖南、海南、四川。

发生地点　江苏：南京市玄武区。

- **滴苔蛾 *Agrisius guttivitta* Walker**

  寄　　主　山杨，桦木，板栗，水麻，檫木，桃，枇杷，红叶李，盐肤木，栾树，桉树。

  分布范围　江苏、浙江、安徽、江西、湖北、湖南、广东、广西、重庆、四川、陕西。

  发生地点　江苏：无锡市锡山区，淮安市金湖县；

  　　　　　四川：宜宾市筠连县，雅安市芦山县。

- **深脉网苔蛾 *Agylla prasena*（Moore）**

  中文异名　深脉华苔蛾

  寄　　主　枫杨。

  分布范围　四川、云南。

  发生地点　四川：凉山彝族自治州德昌县。

- **芦艳苔蛾 *Asura calamaria*（Moore）**

  寄　　主　猴樟。

  分布范围　江苏、四川。

  发生地点　江苏：南京市玄武区；

  　　　　　四川：自贡市大安区，内江市市中区。

- **肉色艳苔蛾 *Asura carnea*（Poujade）**

  寄　　主　垂柳。

  分布范围　湖北、四川、陕西。

  发生地点　四川：成都市蒲江县。

- **闪艳苔蛾 *Asura fulguritis* Hampson**

  寄　　主　桉树。

  分布范围　福建、海南。

  发生地点　福建：漳州市平和县。

  发生面积　110 亩

  危害指数　0.3333

- **米艳苔蛾 *Asura megala* Hampson**

  寄　　主　柳树。

  分布范围　河北、山西、江苏、山东、河南、湖北、四川、陕西。

  发生地点　江苏：淮安市金湖县。

- **暗脉艳苔蛾 *Asura nigrivena*（Leech）**

  寄　　主　板栗，栎，黄葛树。

  分布范围　辽宁、江苏、四川。

  发生地点　江苏：无锡市宜兴市。

- **云斑艳苔蛾 *Asura nubifascia* Walker**

  寄　　主　旱柳，核桃。

  分布范围　辽宁、四川、西藏、陕西。

- **昏艳苔蛾** *Asura obsoleta*（Moore）

  寄　　主　桉树。

  分布范围　广东、云南。

- **条纹艳苔蛾** *Asura strigipennis*（Herrich-Schäffer）

  寄　　主　山杨，桦木，桑，山胡椒，柑橘，油茶，茶。

  分布范围　北京、江苏、浙江、福建、江西、湖北、湖南、广东、广西、海南、重庆、四川、云南、西藏、陕西。

  发生地点　北京：密云区；

  　　　　　福建：福州国家森林公园；

  　　　　　广东：佛山市南海区；

  　　　　　重庆：酉阳土家族苗族自治县；

  　　　　　四川：南充市高坪区，广安市前锋区，雅安市天全县。

  发生面积　1260 亩

  危害指数　0.3333

- **十字巴美苔蛾** *Barsine cruciata*（Walker）

  寄　　主　桑，柑橘，茶，女贞。

  分布范围　江苏、浙江、四川、云南。

  发生地点　江苏：扬州市宝应县；

  　　　　　浙江：宁波市镇海区。

  发生面积　2002 亩

  危害指数　0.3333

- **冉地苔蛾** *Chamaita ranruna*（Matsumura）

  寄　　主　桃，苹果。

  分布范围　福建、江西、湖北、湖南、海南、四川、云南。

- **离雪苔蛾** *Cyana abiens* Fang

  寄　　主　栎，黄葛树，枫香，刺槐，油桐，喜树，木犀，黄荆。

  分布范围　湖北、重庆、陕西。

  发生地点　重庆：北碚区，忠县。

- **路雪苔蛾** *Cyana adita*（Moore）

  寄　　主　山杨，桢楠。

  分布范围　福建、湖北、四川、云南、西藏、陕西。

  发生地点　四川：成都市都江堰市；

  　　　　　西藏：日喀则市吉隆县，山南市隆子县、扎囊县；

  　　　　　陕西：宁东林业局。

- **蛛雪苔蛾** *Cyana ariadne*（Elwes）

  寄　　主　栎，厚朴，桃，刺槐。

分布范围　江苏、浙江、福建、江西、湖北、海南、四川、陕西。

发生地点　四川：绵阳市平武县，巴中市南江县、平昌县。

- **猩红雪苔蛾 *Cyana coccinea*（Moore）**

寄　　主　山杨，苹果，台湾相思。

分布范围　河北、广东、海南、四川、云南、陕西。

发生地点　河北：张家口市沽源县；

　　　　　四川：巴中市通江县；

　　　　　陕西：咸阳市长武县，渭南市华阴市。

发生面积　239 亩

危害指数　0.3501

- **美雪苔蛾 *Cyana distincta*（Rothschild）**

寄　　主　枫杨，板栗，茅栗，麻栎，小叶栎，栓皮栎，榆树，垂叶榕，桑，柑橘，栾树，茶。

分布范围　江苏、浙江、福建、湖北、四川、云南、陕西。

发生地点　江苏：无锡市宜兴市；

　　　　　浙江：宁波市鄞州区、象山县；

　　　　　四川：南充市顺庆区，雅安市雨城区。

发生面积　1013 亩

危害指数　0.3333

- **黄雪苔蛾 *Cyana dohertyi*（Elwes）**

寄　　主　栎，青冈，构树，李，刺桐，刺槐，香椿，油桐。

分布范围　重庆、四川、云南、陕西。

发生地点　重庆：黔江区、铜梁区。

- **红束雪苔蛾 *Cyana fasciola*（Elwes）**

寄　　主　青冈，厚朴，柑橘，杜英。

分布范围　江苏、浙江、安徽、湖北、湖南、广东、四川。

发生地点　江苏：南京市浦口区，镇江市句容市；

　　　　　四川：绵阳市平武县，眉山市青神县。

- **台雪苔蛾 *Cyana formosana*（Hampson）**

中文异名　三斑联苔蛾

寄　　主　杨树，黑壳楠，木犀。

分布范围　安徽、江西、四川。

发生地点　四川：巴中市平昌县。

- **优雪苔蛾 *Cyana hamata*（Walker）**

中文异名　二斑叉纹苔蛾

寄　　主　山杨，板栗，栎，构树，桑，山柚子，厚朴，猴樟，红叶李，刺槐，柑橘，盐肤木，杜英，油茶，尾叶桉，女贞，黄荆。

分布范围　中南，北京、河北、江苏、浙江、安徽、福建、江西、重庆、四川、贵州、云南、陕西。

发生地点　北京：密云区；

　　　　　江苏：南京市玄武区、浦口区，无锡市宜兴市；

　　　　　浙江：杭州市西湖区，宁波市江北区、北仑区、镇海区，温州市龙湾区、平阳县，舟山市岱山县；

　　　　　安徽：合肥市庐阳区；

　　　　　江西：宜春市高安市；

　　　　　广西：百色市靖西市；

　　　　　重庆：秀山土家族苗族自治县、酉阳土家族苗族自治县；

　　　　　四川：绵阳市三台县、梓潼县、平武县，南充市西充县，凉山彝族自治州德昌县。

发生面积　3062 亩

危害指数　0.3388

● **橘红雪苔蛾** *Cyana interrogationis*（**Poujade**）

寄　　主　山杨，黄兰。

分布范围　江苏、浙江、福建、江西、湖北、湖南、广西、海南、四川、陕西。

发生地点　陕西：宁东林业局。

● **明雪苔蛾** *Cyana phaedra*（**Leech**）

寄　　主　桢楠，李。

分布范围　浙江、江西、湖北、湖南、四川、云南、陕西。

发生地点　浙江：温州市乐清市，嘉兴市嘉善县，台州市仙居县；

　　　　　四川：乐山市犍为县，宜宾市南溪区、筠连县、兴文县。

发生面积　16243 亩

危害指数　0.5180

● **草雪苔蛾** *Cyana pratti*（**Elwes**）

寄　　主　杨树，枫香，苹果，柑橘，楸。

分布范围　北京、天津、河北、山西、辽宁、江苏、浙江、福建、江西、山东、河南、湖北、湖南、四川、陕西。

发生地点　河北：张家口市沽源县、赤城县；

　　　　　福建：福州国家森林公园；

　　　　　四川：乐山市马边彝族自治县。

发生面积　1151 亩

危害指数　0.3536

● **血红雪苔蛾** *Cyana sanguinea*（**Bremer et Grey**）

中文异名　雪红苔蛾

寄　　主　山杨，栎，青冈，天竺桂，桃，李，梨，盐肤木，女贞。

分布范围　河北、山西、黑龙江、江苏、浙江、安徽、江西、河南、湖北、湖南、广西、重庆、四川、云南、陕西。

发生地点　　江苏：镇江市句容市；

　　　　　　浙江：温州市平阳县，嘉兴市嘉善县，舟山市岱山县、嵊泗县；

　　　　　　安徽：合肥市庐阳区；

　　　　　　重庆：黔江区；

　　　　　　四川：内江市市中区，宜宾市珙县、筠连县，凉山彝族自治州布拖县；

　　　　　　陕西：宁东林业局。

发生面积　　16634 亩

危害指数　　0.4937

● **黄缘苔蛾** *Eilema antica*（Walker）

寄　　主　　女贞。

分布范围　　四川。

● **耳土苔蛾** *Eilema auriflua*（Moore）

寄　　主　　油茶。

分布范围　　浙江、福建、江西、湖北、湖南、广东、广西、四川。

● **筛土苔蛾** *Eilema cribrata* Staudinger

寄　　主　　山杨，构树，桑，油樟，红叶李，茶，女贞。

分布范围　　吉林、黑龙江、江苏、湖北、四川、云南、西藏、陕西。

发生地点　　江苏：无锡市滨湖区，淮安市金湖县，扬州市宝应县；

　　　　　　四川：自贡市贡井区、沿滩区。

● **灰土苔蛾** *Eilema grieseola*（Hübner）

中文异名　　两色土苔蛾

寄　　主　　山杨，核桃，桤木，构树，垂叶榕，黄葛树，桑，含笑花，樟树，天竺桂，油樟，枇杷，月季，柑橘，紫薇，喜树，女贞，木犀，白花泡桐。

分布范围　　东北，北京、山西、江苏、浙江、安徽、福建、江西、山东、湖南、广西、四川、云南、陕西、甘肃。

发生地点　　江苏：镇江市句容市；

　　　　　　福建：漳州市平和县；

　　　　　　四川：自贡市贡井区、大安区、沿滩区、荣县，绵阳市平武县，内江市市中区、东兴区、威远县、隆昌县，乐山市马边彝族自治县，宜宾市翠屏区、宜宾县、兴文县，资阳市雁江区。

发生面积　　581 亩

危害指数　　0.3632

● **日土苔蛾** *Eilema japonica*（Leech）

寄　　主　　栎，苹果，栾树，柳叶鼠李。

分布范围　　北京、河北、辽宁、浙江、福建、四川。

发生地点　　北京：密云区；

河北：张家口市赤城县；

四川：自贡市贡井区、沿滩区。

发生面积　1007 亩

危害指数　0.3333

● **泥土苔蛾** *Eilema lutarella*（**Linnaeus**）

寄　　主　桑。

分布范围　北京、浙江、新疆。

发生地点　北京：顺义区；

浙江：宁波市镇海区。

发生面积　1003 亩

危害指数　0.3337

● **乌土苔蛾** *Eilema ussurica*（**Daniel**）

寄　　主　构树，垂叶榕，檫木，枇杷，苹果，槐树，重阳木，冬青，杜英，紫薇，榆绿木，巨桉，木犀，黄荆。

分布范围　河北、山西、辽宁、黑龙江、江苏、浙江、山东、湖北、四川、云南、陕西、甘肃。

发生地点　江苏：盐城市射阳县、建湖县，镇江市句容市；

浙江：台州市天台县；

四川：自贡市自流井区，内江市市中区、资中县，乐山市犍为县，宜宾市翠屏区、南溪区、珙县、筠连县、兴文县。

发生面积　167 亩

危害指数　0.3333

● **代土苔蛾** *Eilema vicaria*（**Walker**）

寄　　主　山杨，柑橘，红椿，乌桕，桉树。

分布范围　湖北、广东、广西、海南、重庆、云南。

发生地点　重庆：酉阳土家族苗族自治县。

发生面积　1840 亩

危害指数　0.3333

● **头褐华苔蛾** *Ghoria collitoides*（**Butler**）

寄　　主　山杨。

分布范围　东北，山西、湖北、湖南、四川、陕西、甘肃。

发生地点　陕西：宁东林业局。

● **头橙荷苔蛾** *Ghoria gigantea*（**Oberthür**）

中文异名　头橙华苔蛾

寄　　主　山杨。

分布范围　东北，北京、河北、山西、江苏、浙江、河南、陕西、甘肃、宁夏。

发生地点　江苏：南京市玄武区；

陕西：宁东林业局；

宁夏：固原市彭阳县。

- **双分华苔蛾** *Hesudra bisecta*（Rothschild）

  寄　　主　枫杨。

  分布范围　福建、江西、湖南、广东、重庆、四川、云南。

  发生地点　广东：云浮市郁南县。

- **四点苔蛾** *Lithosia quadra*（Linnaeus）

  寄　　主　红松，樟子松，油松，杨树，柳树，栎，榆树，苹果。

  分布范围　河北、内蒙古、辽宁、黑龙江、江苏、安徽、陕西。

  发生地点　河北：张家口市赤城县；

  　　　　　内蒙古：通辽市科尔沁左翼后旗；

  　　　　　江苏：扬州市宝应县；

  　　　　　陕西：宁东林业局。

  发生面积　1102 亩

  危害指数　0.3333

- **台条纹灿苔蛾** *Lyclene acteola*（Swinhoe）

  寄　　主　山杨，刺果藤。

  分布范围　江西、广东、云南、西藏。

  发生地点　江西：宜春市高安市；

  　　　　　广东：深圳市龙华新区。

- **核桃灿苔蛾** *Lyclene distribute* Walker

  寄　　主　核桃楸，核桃。

  分布范围　湖北、重庆、陕西。

  发生地点　重庆：城口县、武隆区、巫溪县；

  　　　　　陕西：商洛市山阳县。

  发生面积　680 亩

  危害指数　0.6275

- **蓝黑网苔蛾** *Macrobrochis fukiensis*（Daniel）

  寄　　主　枫香。

  分布范围　江苏、福建、湖南、广东、广西、海南、陕西。

  发生地点　江苏：扬州市江都区；

  　　　　　广东：云浮市罗定市。

- **巨网苔蛾** *Macrobrochis gigas*（Walker）

  寄　　主　木麻黄，台湾相思，合欢，杧果，龙眼，荔枝，油茶，木荷，紫薇，桉树。

  分布范围　福建、广东、广西、云南。

  发生地点　福建：泉州市晋江市，漳州市诏安县、漳州开发区；

  　　　　　广西：南宁市江南区。

发生面积　4680 亩

危害指数　0.3333

- **乌闪网苔蛾** *Macrobrochis staudingeri*（Alpheraky）

中文异名　乌闪苔蛾

寄　　主　山杨，桤木，阴香，苹果，刺槐，喜树，桉树，野海棠。

分布范围　辽宁、吉林、福建、江西、河南、湖北、湖南、广东、四川、云南、陕西。

发生地点　广东：惠州市惠阳区，云浮市郁南县；

　　　　　四川：巴中市通江县；

　　　　　陕西：咸阳市旬邑县，渭南市白水县，宁东林业局。

发生面积　275 亩

危害指数　0.3333

- **异美苔蛾** *Miltochrista aberrans* Butler

寄　　主　山杨，核桃，桤木，朴树，榆树，桃，月季，刺槐，柑橘，木槿，油橄榄。

分布范围　东北、北京、江苏、浙江、福建、江西、河南、湖北、湖南、广东、海南、四川、陕西。

发生地点　江苏：南京市玄武区、浦口区；

　　　　　浙江：杭州市西湖区，宁波市镇海区、鄞州区；

　　　　　四川：绵阳市平武县，南充市西充县，眉山市青神县；

　　　　　陕西：咸阳市秦都区。

发生面积　2028 亩

危害指数　0.3350

- **黑缘美苔蛾** *Miltochrista delineata*（Walker）

寄　　主　山杨，榆树，桑，女贞。

分布范围　上海、江苏、浙江、福建、江西、湖北、湖南、广东、广西、四川、云南、甘肃。

发生地点　上海：嘉定区；

　　　　　江苏：扬州市江都区；

　　　　　浙江：杭州市西湖区。

- **齿美苔蛾** *Miltochrista dentifascia* Hampson

寄　　主　山杨，桑。

分布范围　江苏、浙江、江西、海南、云南、陕西。

发生地点　江苏：无锡市宜兴市；

　　　　　浙江：宁波市鄞州区，温州市鹿城区、龙湾区、瑞安市；

　　　　　陕西：太白林业局。

发生面积　3112 亩

危害指数　0.3869

- **美苔蛾** *Miltochrista miniata*（Forster）

寄　　主　山杨，柳树，毛八角枫，桉树。

分布范围　东北，北京、河北、山西、内蒙古、浙江、福建、江西、广东、四川。

发生地点　北京：石景山区；

　　　　　河北：张家口市赤城县；

　　　　　浙江：宁波市象山县；

　　　　　福建：漳州市平和县；

　　　　　四川：巴中市通江县。

发生面积　774 亩

危害指数　0.3333

- **东方美苔蛾** *Miltochrista orientalis*（Daniel）

寄　　主　山杨，核桃，枫杨，栎，青冈，构树，桑，猴樟，樟树，木姜子，刺槐，槐树，柑橘，油桐，龙眼，栾树，木荷，土沉香，女贞，丝葵。

分布范围　江苏、浙江、安徽、福建、江西、湖北、广东、广西、重庆、四川、云南、西藏、陕西。

发生地点　江苏：扬州市宝应县；

　　　　　安徽：合肥市包河区；

　　　　　江西：宜春市高安市；

　　　　　广东：深圳市大鹏新区，肇庆市怀集县，惠州市惠东县；

　　　　　重庆：南岸区、北碚区、黔江区，巫溪县；

　　　　　四川：绵阳市三台县，乐山市沙湾区、峨眉山市，卧龙保护区。

发生面积　1137 亩

危害指数　0.3858

- **黄边美苔蛾** *Miltochrista pallida*（Bremer）

寄　　主　山杨，榆树，杏。

分布范围　北京、河北、辽宁、黑龙江、江苏、浙江、安徽、福建、江西、山东、湖北、湖南、广西、四川、云南、陕西。

发生地点　北京：顺义区、密云区；

　　　　　河北：张家口市怀来县。

- **蛛美苔蛾** *Miltochrista pulchra* Butler

寄　　主　杨树，板栗，桑，猴樟，樟树，绣线菊，刺槐，茶，女贞，木犀。

分布范围　北京、河北、辽宁、黑龙江、浙江、安徽、福建、江西、山东、湖北、广西、四川、云南、陕西。

发生地点　北京：密云区；

　　　　　河北：张家口市涿鹿县；

　　　　　浙江：杭州市西湖区，舟山市岱山县；

　　　　　安徽：合肥市庐阳区；

　　　　　四川：内江市威远县。

发生面积　161 亩

危害指数　0.4369

- **丹美苔蛾** *Miltochrista sanguinea*（Moore）

寄　　主　金缕梅，红叶李，三角槭，紫薇，女贞。

分布范围　上海、江苏、浙江、云南。

发生地点　上海：嘉定区、松江区；

　　　　　江苏：淮安市金湖县，扬州市江都区、宝应县，镇江市润州区、丹阳市；

　　　　　浙江：宁波市慈溪市。

发生面积　121 亩

危害指数　0.3333

- **华丽美苔蛾** *Miltochrista sauteri* **Strand**

寄　　主　水杉，栎。

分布范围　重庆、四川、陕西。

发生地点　重庆：武隆区；

　　　　　四川：雅安市天全县。

- **优美苔蛾** *Miltochrista striata*（**Bremer et Grey**）

寄　　主　马尾松，黑松，云南松，水杉，木麻黄，山杨，核桃，枫杨，板栗，蒙古栎，栓皮栎，滇青冈，榆树，黄葛树，掌叶榕，桑，猴樟，天竺桂，油樟，樱桃，樱花，苹果，李，蔷薇，刺桐，刺槐，槐树，柑橘，油桐，长叶黄杨，盐肤木，栾树，油茶，茶，土沉香，木犀。

分布范围　北京、天津、河北、辽宁、吉林、江苏、浙江、安徽、福建、江西、山东、湖北、湖南、广东、广西、海南、重庆、四川、云南、陕西、甘肃。

发生地点　北京：密云区；

　　　　　江苏：无锡市宜兴市，镇江市润州区、丹阳市；

　　　　　浙江：杭州市西湖区，宁波市江北区、北仑区、镇海区、鄞州区，温州市鹿城区、龙湾区、平阳县、瑞安市，嘉兴市嘉善县，台州市三门县、仙居县、临海市；

　　　　　福建：漳州市诏安县；

　　　　　山东：威海市经济开发区；

　　　　　广东：肇庆市四会市，惠州市惠阳区，清远市英德市，云浮市新兴县；

　　　　　重庆：南岸区、黔江区；

　　　　　四川：成都市邛崃市，内江市市中区、资中县、隆昌县，眉山市青神县，宜宾市翠屏区、筠连县，广安市武胜县，雅安市雨城区、芦山县，资阳市雁江区，甘孜藏族自治州泸定县，凉山彝族自治州金阳县。

发生面积　33707 亩

危害指数　0.4720

- **之美苔蛾** *Miltochrista ziczac*（**Walker**）

寄　　主　山杨，板栗，垂叶榕，桑，杜仲，碧桃，刺槐，槐树，柑橘，香椿，油桐，中华猕猴桃，野海棠，黄荆。

分布范围　山西、辽宁、江苏、浙江、安徽、福建、江西、河南、湖北、湖南、广东、广西、重庆、四川、云南、陕西。

发生地点　江苏：南京市浦口区；

浙江：杭州市西湖区，宁波市江北区；

安徽：合肥市庐阳区；

湖南：常德市鼎城区；

重庆：忠县；

四川：成都市都江堰市，乐山市犍为县，雅安市天全县；

陕西：宁东林业局。

发生面积　105 亩

危害指数　0.4000

● 黄痣苔蛾 *Stigmatophora flava*（Bremer et Grey）

寄　　主　银杏，樟子松，山杨，旱柳，榆树，桑，猴樟，黄檗，葡萄，木芙蓉。

分布范围　东北，北京、天津、河北、山西、江苏、浙江、安徽、福建、江西、山东、河南、湖北、湖南、广东、四川、贵州、云南、陕西、甘肃、宁夏、新疆。

发生地点　北京：石景山区、顺义区、密云区；

河北：唐山市丰润区、玉田县，张家口市沽源县、怀来县；

江苏：无锡市宜兴市，扬州市江都区；

浙江：宁波市北仑区、鄞州区；

江西：宜春市高安市；

山东：聊城市东阿县；

四川：成都市都江堰市；

陕西：西安市周至县；

宁夏：银川市兴庆区、西夏区、金凤区。

发生面积　1192 亩

危害指数　0.3333

● 明痣苔蛾 *Stigmatophora micans*（Bremer et Grey）

寄　　主　山杨，柳树，栎，榆树，桑，桃，杏，樱桃，刺槐，槐树，茶条槭，茶，毛八角枫，柿。

分布范围　东北，北京、河北、山西、内蒙古、江苏、山东、河南、湖北、重庆、四川、陕西、甘肃、宁夏。

发生地点　北京：密云区；

河北：唐山市乐亭县，张家口市沽源县、涿鹿县、赤城县。

发生面积　632 亩

危害指数　0.3333

● 玫痣苔蛾 *Stigmatophora rhodophila*（Walker）

寄　　主　杨树，榆树，桑。

分布范围　北京、河北、山西、吉林、黑龙江、江苏、浙江、福建、江西、山东、河南、湖北、湖南、广西、四川、云南、陕西。

发生地点　河北：张家口市赤城县；

江苏：无锡市宜兴市。

发生面积　501 亩

危害指数　0.3333

- **白黑瓦苔蛾** *Vamuna remelana*（Moore）

寄　　主　银杏，山杨，枫杨，桤木，板栗，青冈，黄葛树，桑，南天竹，荷花玉兰，猴樟，羊蹄甲，柑橘，栾树，茶，木犀。

分布范围　福建、江西、湖北、湖南、广西、海南、重庆、四川、云南、西藏、陕西。

发生地点　重庆：万州区，秀山土家族苗族自治县；

四川：成都市都江堰市、邛崃市，巴中市巴州区、南江县；

陕西：宁东林业局。

发生面积　130 亩

危害指数　0.3333

- **白角鹿蛾** *Amata acrospila*（Felder）

寄　　主　银白杨，核桃，樟树，青皮槭。

分布范围　广东、陕西。

发生地点　陕西：咸阳市乾县，渭南市华州区，安康市旬阳县。

发生面积　340 亩

危害指数　0.3333

- **滇鹿蛾** *Amata atkinsoni*（Moore）

寄　　主　罗汉松，栎，杧果，巨尾桉。

分布范围　广东、广西、贵州、云南。

发生地点　广西：玉林市兴业县；

云南：玉溪市元江哈尼族彝族傣族自治县。

发生面积　437 亩

危害指数　0.3333

- **橙带鹿蛾** *Amata caspia*（Staudinger）

寄　　主　柽柳，土沉香。

分布范围　广东、新疆。

发生地点　广东：云浮市属林场。

- **蜀鹿蛾** *Amata davidi* Poujade

寄　　主　柑橘。

分布范围　湖南、四川、陕西。

发生地点　四川：巴中市巴州区。

- **宽带鹿蛾** *Amata dichotoma*（Leech）

寄　　主　榆树。

分布范围　辽宁、陕西。

- **分鹿蛾 _Amata divisa_（Walker）**

  寄　　主　油茶，桉树。

  分布范围　河南、广东。

  发生地点　广东：肇庆市高要区。

- **三环大斑鹿蛾 _Amata edwardsi formosensis_（Wileman）**

  寄　　主　麻栎，枫香，油茶。

  分布范围　福建、重庆、四川。

  发生地点　重庆：酉阳土家族苗族自治县；

  　　　　　四川：凉山彝族自治州德昌县。

  发生面积　961 亩

  危害指数　0.3333

- **广鹿蛾 _Amata emma_（Butler）**

  寄　　主　山杨，黑杨，垂柳，核桃，枫杨，榆树，构树，桑，樟树，月桂，闽楠，枫香，桃，日本樱花，苹果，石楠，李，红叶李，梨，黑荆树，紫荆，刺槐，毛刺槐，槐树，柑橘，花椒，楝树，冬青，酸枣，葡萄，木槿，山茶，茶，紫薇，石榴，八角金盘，刺楸，柿，女贞，木犀，黄荆，荆条。

  分布范围　华东，北京、天津、河北、辽宁、湖北、湖南、广东、广西、四川、贵州、云南、陕西。

  发生地点　北京：顺义区、大兴区、密云区；

  　　　　　河北：石家庄市井陉矿区，唐山市滦南县、玉田县，邢台市沙河市；

  　　　　　上海：浦东新区；

  　　　　　江苏：南京市玄武区、浦口区、栖霞区、雨花台区，无锡市惠山区、滨湖区，苏州市高新技术开发区、昆山市、太仓市，淮安市清江浦区、金湖县，盐城市盐都区、响水县、阜宁县，扬州市邗江区、江都区、宝应县、经济技术开发区，镇江市扬中市、句容市，泰州市姜堰区、泰兴市；

  　　　　　浙江：杭州市西湖区，宁波市江北区、北仑区、镇海区、宁海县，温州市鹿城区、龙湾区、平阳县，嘉兴市嘉善县，台州市天台县；

  　　　　　福建：南平市建瓯市；

  　　　　　山东：济宁市微山县、经济技术开发区；

  　　　　　湖北：荆门市沙洋县，仙桃市；

  　　　　　四川：眉山市仁寿县；

  　　　　　陕西：咸阳市兴平市，渭南市华州区，商洛市商州区。

  发生面积　12958 亩

  危害指数　0.4477

- **窗鹿蛾 _Amata fenestrata_（Drury）**

  寄　　主　核桃，八角，肉桂，枫香，柑橘，油茶，巨尾桉，木犀，柚木。

  分布范围　广西。

  发生地点　广西：南宁市武鸣区、宾阳县、横县，桂林市兴安县，梧州市藤县，防城港市防城区、上思县，河池市南丹县、东兰县、巴马瑶族自治县，来宾市忻城县、金秀瑶族自治县，维都林场、博白林场。

发生面积　20070 亩

危害指数　0.3350

- 黑鹿蛾 *Amata ganssuensis*（Grum-Grshimailo）

寄　　主　柳树，枫杨，板栗，麻栎，旱榆，榆树，桑，棣棠花，绣线菊，刺槐，花椒，臭椿，酸枣，沙棘，丁香，黄荆。

分布范围　北京、河北、辽宁、山东、广西、陕西、宁夏。

发生地点　北京：石景山区；

　　　　　河北：秦皇岛市昌黎县，邢台市沙河市，张家口市怀来县、涿鹿县、赤城县；

　　　　　山东：济宁市兖州区；

　　　　　陕西：西安市蓝田县，咸阳市秦都区；

　　　　　宁夏：银川市西夏区。

发生面积　1346 亩

危害指数　0.3333

- 蕾鹿蛾 *Amata germana*（Felder）

寄　　主　山杨，垂柳，杨梅，核桃，枫杨，青冈，朴树，榆树，构树，桑，油樟，桃，杏，樱花，日本晚樱，苹果，石楠，李，红叶李，火棘，梨，黑荆树，紫荆，刺槐，柑橘，楝树，油桐，重阳木，枸骨，冬青卫矛，龙眼，栾树，葡萄，木槿，山茶，油茶，茶，木荷，合果木，紫薇，竹节树，巨桉，巨尾桉，八角金盘，女贞，木犀，栀子，刺葵。

分布范围　东北、华东，北京、湖北、广东、广西、四川、贵州、云南、陕西。

发生地点　北京：密云区；

　　　　　江苏：南京市玄武区、浦口区、栖霞区、雨花台区、高淳区，无锡市惠山区、滨湖区，淮安市淮阴区、金湖县，盐城市盐都区、大丰区、响水县、阜宁县、射阳县、建湖县、东台市，扬州市邗江区、江都区、宝应县、高邮市、经济技术开发区，镇江市新区、润州区、丹徒区、丹阳市、扬中市、句容市，泰州市姜堰区；

　　　　　浙江：宁波市鄞州区、奉化市，温州市鹿城区、龙湾区，嘉兴市嘉善县，衢州市常山县，舟山市嵊泗县，台州市天台县、仙居县；

　　　　　安徽：池州市贵池区；

　　　　　福建：泉州市安溪县、永春县，南平市延平区，龙岩市新罗区；

　　　　　山东：临沂市莒南县；

　　　　　广东：佛山市南海区；

　　　　　广西：北海市铁山港区，防城港市防城区；

　　　　　四川：自贡市大安区、沿滩区、荣县，绵阳市三台县，宜宾市筠连县，广安市前锋区，巴中市巴州区；

　　　　　贵州：安顺市镇宁布依族苗族自治县；

陕西：渭南市华州区，汉中市汉台区。

发生面积　27238 亩

危害指数　0.4784

- **狭翅鹿蛾** *Amata germana hirayamae* Matsumura

  中文异名　狭翅鹿子蛾

  寄　　主　川滇柳，玉兰，巨尾桉，棕榈。

  分布范围　上海、广西、重庆。

  发生地点　上海：宝山区；

  　　　　　广西：钦州市钦北区，河池市金城江区。

  发生面积　322 亩

  危害指数　0.3333

- **黄体鹿蛾** *Amata grotei* (Moore)

  寄　　主　桑，茶，荚蒾。

  分布范围　福建、湖北、广东。

  发生地点　福建：泉州市安溪县。

- **掌鹿蛾** *Amata handelmazzettii* (Zerny)

  寄　　主　臭椿。

  分布范围　湖北、云南。

- **闪光鹿蛾** *Amata hoenei* Obrazitsov

  寄　　主　垂柳，核桃，桑，海桐，黑荆树，柑橘，木槿，紫薇，黄荆。

  分布范围　安徽、山东、湖北、四川、陕西。

  发生地点　安徽：合肥市庐阳区、包河区，芜湖市芜湖县，安庆市迎江区、宜秀区；

  　　　　　山东：临沂市沂水县；

  　　　　　四川：眉山市仁寿县，凉山彝族自治州盐源县；

  　　　　　陕西：咸阳市秦都区。

  发生面积　133 亩

  危害指数　0.3333

- **挂墩鹿蛾** *Amata kuatuna* Obraztsov

  寄　　主　油杉。

  分布范围　河南、陕西。

  发生地点　陕西：渭南市华州区。

- **明鹿蛾** *Amata lucerna* (Wileman)

  寄　　主　山杨，垂柳，榆树，大果榉，桑，猴樟，润楠，日本樱花，重阳木，长叶黄杨，喜树，桉树，女贞，珊瑚树。

  分布范围　上海、江苏、湖北、广东、四川、云南、西藏。

  发生地点　上海：宝山区、金山区、松江区、青浦区，崇明县；

江苏：南京市六合区；

广东：肇庆市四会市。

● **牧鹿蛾** *Amata pascus*（Leech）

寄　　主　马尾松，油松，柏木，杨树，核桃，桤木，板栗，青冈，榆树，桑，合欢，茶条木，紫薇。

分布范围　辽宁、上海、江苏、浙江、福建、江西、河南、广西、重庆、四川、陕西。

发生地点　上海：闵行区；

浙江：宁波市宁海县；

四川：遂宁市射洪县；

陕西：渭南市华州区。

● **中华鹿蛾** *Amata sinensis sinensis* **Rothschild**

中文异名　鹿蛾

寄　　主　华山松，云南松，柳杉，福建柏，木麻黄，山杨，黑杨，毛白杨，核桃，板栗，麻栎，白栎，榆树，构树，桑，桃，杏，月季，刺槐，槐树，冬青，小果野葡萄，杜英，黄槿，油茶，茶，柿，白蜡树。

分布范围　江苏、浙江、福建、山东、湖北、湖南、广东、四川、贵州、陕西。

发生地点　江苏：无锡市宜兴市，常州市武进区，宿迁市沭阳县；

浙江：杭州市西湖区；

山东：济南市历城区，青岛市胶州市；

湖北：天门市；

湖南：常德市汉寿县，益阳市桃江县；

四川：雅安市雨城区，甘孜藏族自治州泸定县，凉山彝族自治州金阳县、昭觉县；

陕西：渭南市合阳县，安康市旬阳县，宁东林业局。

发生面积　5135 亩

危害指数　0.3359

● **南鹿蛾** *Amata sperbius*（Fabricius）

寄　　主　马尾松，杉木，罗汉松，杨树，板栗，榕树，桑，白兰，相思子，台湾相思，乌桕，荔枝，油茶，土沉香，巨尾桉，木犀，盆架树，柚木。

分布范围　安徽、福建、广东、广西、四川。

发生地点　安徽：宣城市郎溪县；

广东：湛江市廉江市，清远市清新区；

广西：南宁市武鸣区、宾阳县、横县，桂林市雁山区、荔浦县，梧州市万秀区、龙圩区，北海市合浦县，防城港市防城区，贵港市桂平市，玉林市福绵区、容县、北流市，百色市靖西市，河池市罗城仫佬族自治县、环江毛南族自治县，来宾市忻城县、象州县、合山市，崇左市江州区、扶绥县、龙州县，东门林场、派阳山林场、钦廉林场、博白林场。

发生面积　26794 亩

危害指数　0.3806

- **清新鹿蛾** *Caeneressa diaphana*（Kollar）

  寄　　主　马尾松，杉木，柏木，银白杨，核桃，板栗，青冈，构树，桑，月季，油桐，漆树，茶。

  分布范围　江苏、浙江、安徽、福建、江西、湖北、广东、广西、重庆、四川、贵州、云南、陕西。

  发生地点　安徽：合肥市庐阳区、包河区；

  　　　　　湖北：潜江市；

  　　　　　广西：桂林市灌阳县；

  　　　　　四川：遂宁市蓬溪县，广安市前锋区；

  　　　　　陕西：渭南市华州区，安康市旬阳县。

  发生面积　508 亩

  危害指数　0. 3465

- **红带新鹿蛾** *Caeneressa rubrozonata*（Poujade）

  寄　　主　茅栗，麻栎，栓皮栎，水麻，日本樱花，火棘，悬钩子，文旦柚，栾树。

  分布范围　浙江、福建、湖北、重庆、四川。

  发生地点　浙江：宁波市象山县。

- **伊贝鹿蛾** *Syntomoides imaon*（Cramer）

  寄　　主　樟树，肉桂，黄樟，柑橘，秋枫，油茶，巨尾桉，紫丁香。

  分布范围　北京、福建、广东、广西、海南、甘肃。

  发生地点　福建：漳州市漳浦县；

  　　　　　广东：惠州市惠阳区；

  　　　　　广西：南宁市横县，百色市靖西市。

  发生面积　1264 亩

  危害指数　0. 3333

- **茶白毒蛾** *Arctornis alba*（Bremer）

  寄　　主　杨树，枫杨，桤木，榛子，板栗，麻栎，蒙古栎，青冈，桑，樟树，海桐，樱桃，李，月季，刺槐，山茶，油茶，茶，柞木。

  分布范围　东北，河北、江苏、浙江、安徽、福建、江西、山东、河南、湖北、湖南、广东、广西、重庆、四川、贵州、云南、陕西。

  发生地点　江苏：无锡市宜兴市，常州市溧阳市，盐城市东台市；

  　　　　　浙江：杭州市萧山区，宁波市江北区、北仑区、镇海区、鄞州区、象山县、余姚市，台州市仙居县，丽水市莲都区、松阳县；

  　　　　　福建：泉州市安溪县；

  　　　　　湖北：黄冈市罗田县；

  　　　　　湖南：岳阳市平江县；

  　　　　　广东：肇庆市高要区，汕尾市陆丰市，云浮市新兴县；

  　　　　　重庆：丰都县、忠县、奉节县、彭水苗族土家族自治县；

  　　　　　四川：巴中市通江县；

陕西：宁东林业局。

发生面积　5509 亩

危害指数　0.4543

- **鹅点足毒蛾** *Arctornis anser*（Collenette）
  寄　　主　核桃，栎，榆树，油茶，茶，刺楸，柿。
  分布范围　浙江、福建、江西、湖北、湖南、四川、陕西。
  发生地点　四川：巴中市通江县，甘孜藏族自治州泸定县；
  　　　　　陕西：宁东林业局。
  发生面积　2287 亩
  危害指数　0.3467

- **直角点足毒蛾** *Arctornis anserella*（Collenette）
  寄　　主　榕树，猴樟，山茶，油茶，茶，木荷，白蜡树。
  分布范围　浙江、福建、江西、湖北、湖南、广西、贵州、云南、陕西。
  发生地点　福建：厦门市同安区，泉州市安溪县，福州国家森林公园；
  　　　　　广西：南宁市良庆区；
  　　　　　陕西：宁东林业局。
  发生面积　110 亩
  危害指数　0.3515

- **簪黄点足毒蛾** *Arctornis crocophala*（Collenette）
  寄　　主　樟树，山茶，油茶。
  分布范围　江苏、浙江、福建、江西、山东、湖南、广东、贵州、陕西。
  发生地点　福建：龙岩市新罗区。

- **白点足毒蛾** *Arctornis cygnopsis*（Collenette）
  寄　　主　粗枝木麻黄，红椿，茶，白蜡树。
  分布范围　浙江、安徽、福建、江西、湖北、湖南、广东、广西、贵州、陕西。
  发生地点　广西：百色市田阳县；
  　　　　　陕西：咸阳市永寿县，宁东林业局。
  发生面积　122 亩
  危害指数　0.3333

- **绢白毒蛾** *Arctornis gelasphora* Collenette
  寄　　主　栎。
  分布范围　云南、陕西。

- **薄纱毒蛾** *Arctornis kanazawai* Inoue
  寄　　主　荔枝，茶。
  分布范围　浙江、广东。
  发生地点　浙江：宁波市象山县；

广东：深圳市龙华新区。

- **丝点足毒蛾** *Arctornis leucoscela*（Collenette）

中文异名　丝点竹毒蛾

寄　　主　马尾松，杉木，枫杨，山杜英。

分布范围　浙江、福建、江西、广西、广东、四川。

发生地点　福建：龙岩市上杭县；

广西：桂林市全州县。

发生面积　272 亩

危害指数　0.3333

- **白毒蛾** *Arctornis l–nigrum*（Müller）

寄　　主　加杨，青杨，山杨，毛白杨，白柳，垂柳，旱柳，白桦，鹅耳栎，榛子，栗，槲栎，蒙古栎，栎子青冈，榆树，大果榉，海檀木，山胡椒，山楂，苹果，云南金合欢，刺槐，黑桦鼠李，油茶，茶，柞木，白蜡树。

分布范围　东北，北京、河北、山西、江苏、浙江、安徽、福建、山东、河南、湖北、湖南、广东、四川、云南、陕西。

发生地点　北京：密云区；

河北：保定市阜平县、唐县，张家口市张北县、沽源县、尚义县、赤城县，沧州市吴桥县，衡水市桃城区、武邑县；

浙江：宁波市象山县；

福建：漳州市平和县；

山东：济宁市鱼台县；

四川：乐山市峨边彝族自治县；

陕西：渭南市白水县，宁东林业局。

发生面积　3486 亩

危害指数　0.3348

- **茶点足毒蛾** *Arctornis phaeocraspeda*（Collenette）

寄　　主　山杨，樟树，油桐，乌桕，油茶，茶。

分布范围　浙江、福建、江西、湖北、湖南、广东、云南、陕西。

发生地点　浙江：丽水市莲都区；

福建：漳州市平和县，南平市松溪县；

湖南：湘西土家族苗族自治州古丈县；

云南：楚雄彝族自治州双柏县；

陕西：宁东林业局。

发生面积　4037 亩

危害指数　0.6351

- **莹白毒蛾** *Arctornis xanthochila* Collenette

寄　　主　山杨，柳树，栎，流苏子。

分布范围　江苏、浙江、福建、四川、云南、陕西。

发生地点　江苏：盐城市盐都区；

　　　　　浙江：台州市天台县；

　　　　　陕西：宁东林业局、太白林业局。

● **乌桕黄毒蛾** *Arna bipunctapex*（Hampaon）

　中文异名　乌桕毒蛾、乌桕毛虫、双斑黄毒蛾

　寄　　主　山杨，黑杨，旱柳，杨梅，核桃，枫杨，桤木，锥栗，栎，青冈，黄葛树，桑，猴樟，樟树，莲叶桐，枫香，红花檵木，二球悬铃木，桃，梅，枇杷，垂丝海棠，苹果，石楠，李，鸡冠刺桐，柑橘，楝树，重阳木，秋枫，山乌桕，乌桕，油桐，漆树，杜英，山杜英，梧桐，油茶，茶，木荷，紫薇，喜树，巨尾桉，柿，赤杨叶，女贞，木犀，银桂，夹竹桃，黄荆，毛泡桐，珊瑚树。

　分布范围　西南，上海、江苏、浙江、安徽、福建、江西、河南、湖北、湖南、广东、广西、陕西。

　发生地点　上海：闵行区，浦东新区，金山区，松江区，青浦区，崇明县；

　　　　　江苏：南京市玄武区，常州市溧阳市；

　　　　　浙江：宁波市鄞州区，余姚市，温州市鹿城区，洞头区，平阳县，嘉兴市嘉善县，台州市椒江区，三门县，天台县，仙居县，临海市，丽水市莲都区；

　　　　　安徽：合肥市庐阳区，肥西县，芜湖市芜湖县；

　　　　　福建：厦门市集美区，翔安区，莆田市涵江区，荔城区，秀屿区，仙游县，三明市三元区，南平市松溪县，龙岩市新罗区，上杭县，连城县，梅花山自然保护区，福州国家森林公园；

　　　　　江西：萍乡市安源区，上栗县，芦溪县，宜春市高安市，鄱阳县；

　　　　　湖北：恩施土家族苗族自治州来凤县；

　　　　　湖南：长沙市浏阳市，怀化市辰溪县，芷江侗族自治县，湘西土家族苗族自治州保靖县；

　　　　　广东：深圳市坪山新区，云浮市云安区；

　　　　　广西：南宁市横县，桂林市灵川县，钦州市钦北区；

　　　　　重庆：涪陵区，黔江区，永川区，南川区，万盛经济技术开发区，丰都县，垫江县，武隆区，忠县，云阳县，巫溪县，秀山土家族苗族自治县，酉阳土家族苗族自治县，彭水苗族土家族自治县；

　　　　　四川：成都市都江堰市，自贡市贡井区，大安区，德阳市罗江县，遂宁市船山区，蓬溪县，大英县，巴中市巴州区，恩阳区；

　　　　　陕西：宁东林业局。

　发生面积　23769 亩

　危害指数　0.4137

● **茶黄毒蛾** *Arna pseudoconspersa*（Strand）

　中文异名　茶斑毒蛾、油茶毒蛾、茶毛虫

　寄　　主　核桃，锥栗，桂木，榕树，桑，樟树，黑壳楠，大叶楠，枫香，红花檵木，枇杷，樱

桃李，红叶李，川梨，台湾相思，柑橘，吴茱萸，枳，楝树，香椿，油桐，秋枫，乌柏，盐肤木，康定冬青，栾树，梧桐，茶梨，山茶，油茶，茶，木荷，紫薇，大花紫薇，桉，柿，木犀，柚木，泡桐，毛茶。

分布范围　华东、西南，辽宁、湖北、湖南、广东、广西、陕西、甘肃。

发生地点　上海：奉贤区；

江苏：南京市玄武区，镇江市润州区，丹阳市；

浙江：杭州市西湖区、萧山区，宁波市北仑区、镇海区，金华市浦江县，衢州市常山县，台州市椒江区、温岭市；

安徽：合肥市包河区、庐江县，芜湖市芜湖县，黄山市黟县，六安市裕安区，池州市贵池区，宣城市绩溪县；

福建：厦门市同安区，莆田市涵江区、仙游县，三明市泰宁县，泉州市安溪县，南平市延平区、松溪县，龙岩市上杭县、漳平市；

江西：萍乡市安源区、湘东区、上栗县、芦溪县，九江市武宁县，鹰潭市贵溪市，赣州市安远县，吉安市永丰县、遂川县、永新县、井冈山市，宜春市袁州区、奉新县、万载县、樟树市，上饶市横峰县、南城县；

湖北：武汉市洪山区、东西湖区、新洲区，仙桃市、潜江市；

湖南：长沙市宁乡县、浏阳市，邵阳市绥宁县，岳阳市云溪区、岳阳县、平江县，郴州市宜章县，永州市零陵区、冷水滩区、祁阳县、东安县、宁远县、蓝山县，怀化市通道侗族自治县，湘西土家族苗族自治州泸溪县、花垣县、永顺县；

广东：深圳市宝安区，肇庆市怀集县，惠州市惠东县，梅州市平远县，河源市东源县，清远市清新区、连州市、东莞市；

广西：桂林市兴安县、永福县，梧州市苍梧县，百色市田阳县，贺州市昭平县，来宾市忻城县；

重庆：江津区；

四川：自贡市荣县，广元市旺苍县、青川县，内江市威远县、资中县，南充市嘉陵区，眉山市洪雅县，雅安市雨城区，凉山彝族自治州会东县；

贵州：铜仁市碧江区；

云南：文山壮族苗族自治州广南县；

陕西：汉中市镇巴县，宁东林业局，太白林业局。

发生面积　68208 亩

危害指数　0.3551

● **蔗色毒蛾** *Aroa ochripicta* **Moore**

寄　　主　杨树，榆树。

分布范围　山东、广东、云南。

● **珀色毒蛾** *Aroa substrigosa* **Walker**

寄　　主　木麻黄，栓皮栎，榆树，榕树，台湾相思，楝树，竹节树，桉树，刺竹子，毛竹。

分布范围　河北、浙江、福建、江西、湖北、湖南、广东、广西、海南、四川、云南。

发生地点　四川：甘孜藏族自治州泸定县。

发生面积　1024 亩

危害指数　0.3333

- **岩黄毒蛾** *Bembina apicalis* **Walker**

  拉丁异名　*Euproctis flavotriangulata* Gaede

  寄　　主　杨树，山核桃，核桃，栎，刺槐，文旦柚，尾叶桉。

  分布范围　北京、辽宁、浙江、福建、湖南、广西、四川、云南、陕西。

  发生地点　北京：密云区；

  　　　　　广西：百色市靖西市；

  　　　　　陕西：渭南市白水县，宁东林业局、太白林业局。

- **杉丽毒蛾** *Calliteara abietis*（**Denis et Schiffermüller**）

  寄　　主　冷杉，落叶松，红皮云杉，鱼鳞云杉，红松，樟子松，侧柏。

  分布范围　内蒙古、黑龙江、江苏。

  发生地点　江苏：盐城市响水县，扬州市江都。

- **松丽毒蛾** *Calliteara axutha*（**Collenette**）

  中文异名　松毒蛾、马尾松毒蛾

  寄　　主　雪松，云杉，华山松，湿地松，马尾松，樟子松，油松，火炬松，黄山松，云南松，杉木，柏木，粗枝木麻黄，马尾树，构树，耳叶相思，台湾相思，枳，重阳木，巨桉。

  分布范围　河北、辽宁、吉林、上海、浙江、安徽、福建、江西、山东、河南、湖北、湖南、广东、广西、重庆、四川、贵州、陕西、宁夏。

  发生地点　河北：张家口市怀来县；

  　　　　　上海：金山区；

  　　　　　浙江：宁波市余姚市，金华市兰溪市，台州市天台县、临海市，丽水市莲都区；

  　　　　　安徽：安庆市怀宁县，黄山市屯溪区、黄山区、休宁县、黟县，宣城市宣州区；

  　　　　　福建：莆田市城厢区、涵江区、荔城区、仙游县，三明市三元区，泉州市安溪县，南平市延平区、光泽县、松溪县，龙岩市新罗区、漳平市，福州国家森林公园；

  　　　　　江西：景德镇市昌江区、乐平市、枫树山林场，萍乡市莲花县，九江市武宁县，吉安市井冈山经济技术开发区、吉安县、新干县、永丰县、遂川县、永新县；

  　　　　　山东：潍坊市诸城市，济宁市邹城市；

  　　　　　河南：南阳市南召县、淅川县；

  　　　　　湖北：黄冈市罗田县，咸宁市通山县，恩施土家族苗族自治州来凤县；

  　　　　　湖南：长沙市长沙县、宁乡县、浏阳市，株洲市云龙示范区，湘潭市昭山示范区、湘潭县、韶山市，衡阳市南岳区、衡山县，邵阳市邵东县、新邵县、邵阳县、隆回县、洞口县、绥宁县，岳阳市云溪区、岳阳县、平江县，常德市桃源县，益阳市资阳区、安化县，郴州市桂阳县、宜章县、永兴县、嘉禾县、临武县，永州市东安县、新田县，怀化市中方县、沅陵县、辰溪县、溆浦县、会同县、麻阳苗族自治县、新晃侗族自治县、芷江侗族自治县、靖州苗族侗族自治县、通道侗族自治县、洪江市，娄底市娄星区、双峰县、涟源市，湘西土家族苗族自治州泸溪县、凤凰县、花垣县、保靖县、古丈县、永顺县、龙山县；

广东：茂名市化州市、茂名市属林场，梅州市蕉岭县，汕尾市属林场，阳江市阳东区、阳江高新技术开发区、阳西县、阳春市、阳江市属林场，清远市清新区、连山壮族瑶族自治县、英德市、连州市，云浮市云安区、云浮市属林场，河源市连平县、东源县；

广西：南宁市青秀区、武鸣区、马山县、上林县、宾阳县、横县，桂林市秀峰区、叠彩区、阳朔县、兴安县、永福县，梧州市苍梧县，防城港市防城区，钦州市钦州港、灵山县，贵港市覃塘区、平南县、桂平市，玉林市陆川县、博白县，百色市右江区、田阳县、田林县、隆林各族自治县、百色市百林林场，河池市南丹县、罗城仫佬族自治县、环江毛南族自治县、都安瑶族自治县，崇左市天等县、凭祥市、派阳山林场、雅长林场、热带林业实验中心；

重庆：涪陵区、南岸区、北碚区、大足区、黔江区、长寿区、合川区、永川区、南川区、万盛经济技术开发区，武隆区、开县、云阳县、奉节县、巫溪县、石柱土家族自治县；

四川：遂宁市安居区，巴中市恩阳区；

贵州：贵阳市乌当区，遵义市播州区，铜仁市碧江区、万山区、松桃苗族自治县；

陕西：咸阳市兴平市、彬县，商洛市商南县。

发生面积　573358 亩

危害指数　0.3998

- **茶丽毒蛾 *Calliteara baibarana*（Matsumura）**

寄　　主　杨梅，樟树，樱花，云南金合欢，油桐，鸡爪槭，山茶，油茶，茶，木荷。

分布范围　江苏、浙江、安徽、福建、广东、重庆、陕西。

发生地点　江苏：扬州市扬州经济技术开发区；

安徽：池州市贵池区；

福建：厦门市翔安区，莆田市城厢区、涵江区、荔城区、秀屿区、仙游县，泉州市安溪县；

陕西：渭南市华州区。

发生面积　744 亩

危害指数　0.3333

- **铅丽毒蛾 *Calliteara chekiangensis*（Collenette）**

寄　　主　黑杨，垂柳，旱柳，蒙古栎。

分布范围　辽宁、浙江、安徽、福建、江西、湖北、海南、四川。

- **连丽毒蛾 *Calliteara conjuncta*（Wileman）**

寄　　主　杨树，栎，栓皮栎，青冈，枫香，樱桃，台湾相思，云南金合欢，刺槐，重阳木，椴树，木荷，赤杨叶，木犀。

分布范围　东北，北京、天津、河北、内蒙古、安徽、福建、江西、山东、河南、湖北、湖南、重庆、四川、云南、陕西。

发生地点　天津：静海区；

福建：莆田市城厢区，涵江区，秀屿区，仙游县，龙岩市新罗区。

发生面积　399 亩

危害指数　0.3333

- **蔚丽毒蛾** *Calliteara glaucinoptera batangensis*（Callenett）

寄　　主　核桃，茶。

分布范围　浙江、福建、四川、云南、西藏、陕西、甘肃。

发生地点　四川：乐山市犍为县。

- **线丽毒蛾** *Calliteara grotei*（Moore）

寄　　主　山杨，黑杨，垂柳，杨梅，薄壳山核桃，核桃，枫杨，板栗，栎，青冈，朴树，榆树，大果榉，聚果榕，桑，观光木，蜡梅，猴樟，樟树，油樟，山胡椒，山鸡椒，檫木，枫香，红花檵木，二球悬铃木，桃，日本樱花，枇杷，西府海棠，石楠，红叶李，梨，云南金合欢，刺槐，槐树，红背山麻杆，重阳木，三角槭，飞蛾槭，鸡爪槭，酸枣，杜英，木槿，黄槿，梧桐，茶，木荷，合果木，紫薇，石榴，八角枫，巨桉，巨尾桉，乌墨，杜鹃，柿，木犀，泡桐。

分布范围　江苏、浙江、安徽、福建、江西、山东、河南、湖北、湖南、广东、广西、重庆、四川、云南、陕西。

发生地点　江苏：徐州市沛县，常州市金坛区，淮安市清江浦区、金湖县，盐城市盐都区、大丰区、响水县、阜宁县、射阳县、建湖县、东台市，扬州市邗江区、江都区、宝应县、高邮市、经济技术开发区，镇江市扬中市、句容市，泰州市姜堰区，宿迁市宿城区、宿豫区、沭阳县；

浙江：台州市天台县；

安徽：淮北市杜集区、相山区、濉溪县，池州市贵池区；

福建：莆田市涵江区、秀屿区、仙游县，泉州市安溪县，南平市松溪县，龙岩市上杭县、连城县，福州国家森林公园；

江西：九江市庐山市，赣州市信丰县；

山东：临沂市兰山区，聊城市莘县；

河南：郑州市荥阳市、新郑市，许昌市襄城县，三门峡市陕州区，商丘市民权县；

湖北：仙桃市、潜江市；

湖南：长沙市长沙县，郴州市宜章县，娄底市新化县；

广东：广州市番禺区，惠州市惠阳区，清远市连山壮族瑶族自治县；

广西：贺州市昭平县，维都林场；

重庆：涪陵区、永川区，巫溪县、彭水苗族土家族自治县；

四川：自贡市贡井区；

陕西：宁东林业局、太白林业局。

发生面积　7730 亩

危害指数　0.3651

- **无忧花丽毒蛾** *Calliteara horsfieldii*（Saunders）

寄　　主　山杨，柳树，朴树，榆树，榉树，樟树，三球悬铃木，海棠花，月季，黑荆树，刺槐，柑橘，重阳木，合果木，柿，泡桐。

分布范围　江苏、浙江、福建、江西、山东、河南、湖北、湖南、广西、贵州、云南。

发生地点　山东：聊城市东阿县、经济技术开发区、高新技术产业开发区；

　　　　　湖南：郴州市宜章县。

发生面积　303 亩

危害指数　0.3333

● **结丽毒蛾** *Calliteara lata*（Butler）

寄　　主　山杨，板栗，栎，蒙古栎，厚朴。

分布范围　东北，北京、河北、浙江、福建、湖北、湖南、广东、陕西。

发生地点　陕西：汉中市汉台区，宁东林业局，太白林业局。

发生面积　104 亩

危害指数　0.3333

● **雀丽毒蛾** *Calliteara melli*（Collenette）

中文异名　雀茸毒蛾

寄　　主　杉木。

分布范围　江苏、浙江、福建、江西、湖北、湖南、广东、广西、四川。

发生地点　江西：萍乡市安源区、湘东区、上栗县、芦溪县，宜春市铜鼓县。

发生面积　478 亩

危害指数　0.3333

● **拟杉丽毒蛾** *Calliteara pseudabietis*（Butler）

寄　　主　落叶松，杉木，侧柏，栎，蒙古栎，苹果。

分布范围　东北，内蒙古、陕西。

发生地点　黑龙江：绥化市海伦市国有林场。

● **丽毒蛾** *Calliteara pudibunda*（Linnaeus）

中文异名　茸毒蛾

拉丁异名　*Dasychira pudibunda*（Linnaeus）

寄　　主　山杨，黑杨，毛白杨，垂柳，核桃，白桦，鹅耳枥，榛子，板栗，水青冈，麻栎，波罗栎，白栎，栓皮栎，朴树，榆树，大果榉，垂叶榕，猴樟，樟树，枫香，二球悬铃木，桃，杏，樱桃，樱花，日本樱花，山楂，垂丝海棠，苹果，海棠花，李，红叶李，梨，蔷薇，悬钩子，耳叶相思，台湾相思，黑荆树，黄檀，刺槐，槐树，岩椒，杧果，色木槭，荔枝，无患子，木槿，黄槿，梧桐，油茶，紫薇，秋枫，槭，黑桦鼠李，枣树，椴树，石榴，诃子，巨尾桉，尾叶桉，野海棠，柿，白蜡树，女贞，木犀，海杧果，白花泡桐，毛泡桐。

分布范围　东北，北京、河北、山西、安徽、福建、江西、山东、河南、湖北、广东、广西、重庆、四川、陕西。

发生地点　河北：石家庄市井陉县、正定县，张家口市沽源县；

安徽：淮南市潘集区，宿州市萧县；

福建：厦门市海沧区，莆田市涵江区、荔城区、仙游县，龙岩市新罗区；

山东：东营市广饶县，潍坊市坊子区、滨海经济开发区，济宁市任城区、鱼台县、金乡县、曲阜市，泰安市泰山林场，威海市环翠区，临沂市兰山区、沂水县、莒南县，聊城市东昌府区、阳谷县、茌平县、冠县、高唐县、临清市、高新技术产业开发区；

河南：濮阳市范县，许昌市禹州市，三门峡市陕州区，南阳市南召县、桐柏县，商丘市柘城县、夏邑县，信阳市淮滨县，永城市；

湖北：黄冈市罗田县；

广东：肇庆市高要区、四会市，汕尾市陆河县、陆丰市，云浮市云安区、新兴县；

广西：百色市靖西市，维都林场；

重庆：酉阳土家族苗族自治县；

四川：遂宁市船山区，巴中市通江县；

陕西：宁东林业局。

发生面积　28220 亩

危害指数　0.3726

- **刻丽毒蛾** *Calliteara taiwana*（Wileman）

寄　　主　栓皮栎，枫香。

分布范围　福建。

- **大丽毒蛾** *Calliteara thwaitesi*（Moore）

中文异名　杉叶毒蛾

寄　　主　落叶松，湿地松，马尾松，杉木，刺栲，栎，八角，石楠，台湾相思，云南金合欢，老虎刺，秋枫，杧果，龙眼，荔枝，油茶，巨尾桉，夹竹桃，柚木。

分布范围　辽宁、福建、江西、广东、广西、云南、陕西。

发生地点　江西：吉安市泰和县；

广东：茂名市茂南区，惠州市惠东县，清远市清新区；

广西：南宁市宾阳县，玉林市北流市，河池市巴马瑶族自治县，来宾市金秀瑶族自治县；

陕西：咸阳市旬邑县，宁东林业局。

发生面积　4867 亩

危害指数　0.3333

- **肾毒蛾** *Cifuna locuples* Walker

中文异名　豆毒蛾

寄　　主　木麻黄，山杨，垂柳，旱柳，核桃，枫杨，桤木，板栗，蒙古栎，青冈，朴树，榆树，大果榉，构树，尖叶榕，桑，牡丹，荷花玉兰，樟树，三球悬铃木，樱桃，樱花，枇杷，海棠花，石楠，李，红叶李，毛樱桃，月季，耳叶相思，台湾相思，山合欢，紫荆，胡枝子，水黄皮，刺槐，槐树，紫藤，乌桕，阔叶槭，梣叶槭，龙眼，荔枝，枣树，油茶，茶，柞木，紫薇，榄仁树，巨尾桉，野海棠，杜鹃，柿，木犀，毛泡桐，楸。

分布范围　东北、华东、西南，河北、山西、内蒙古、河南、湖北、湖南、广东、广西、陕西、甘肃、青海、宁夏。

发生地点　河北：沧州市河间市；

黑龙江：佳木斯市郊区；

上海：嘉定区、浦东新区、金山区；

江苏：苏州市太仓市，南通市海安县，淮安市金湖县，盐城市亭湖区、盐都区、阜宁县、东台市，扬州市江都区；

浙江：宁波市江北区、鄞州区、余姚市，衢州市常山县；

福建：龙岩市新罗区；

江西：南昌市安义县，萍乡市芦溪县，宜春市高安市；

山东：济宁市任城区，临沂市兰山区，聊城市东阿县、冠县、高新技术产业开发区；

河南：许昌市鄢陵县；

湖北：黄冈市罗田县，潜江市；

湖南：长沙市浏阳市；

广东：肇庆市高要区、怀集县、四会市，惠州市惠东县，汕尾市陆河县、陆丰市，云浮市新兴县；

广西：南宁市武鸣区，玉林市兴业县，贺州市昭平县，河池市南丹县；

重庆：万州区、南川区，丰都县、武隆区、酉阳土家族苗族自治县、彭水苗族土家族自治县；

四川：广安市武胜县，雅安市雨城区、石棉县，巴中市通江县；

陕西：渭南市华阴市，汉中市汉台区、西乡县，宁东林业局。

发生面积　10822 亩

危害指数　0.3380

● 霜茸毒蛾 *Dicallomera fascelina*（Linnaeus）

寄　　主　杨树，柳树，桦木，榛子，水青冈，栎，桃，苹果，稠李，石楠，梨，悬钩子，柠条锦鸡儿，锦鸡儿，杜鹃。

分布范围　西北，内蒙古、辽宁、黑龙江、西藏。

发生地点　内蒙古：包头市固阳县、达尔罕茂明安联合旗，巴彦淖尔市乌拉特前旗，乌兰察布市四子王旗；

陕西：宁东林业局。

发生面积　37280 亩

危害指数　0.5207

● 脉黄毒蛾 *Euproctis albovenosa*（Semper）

寄　　主　栎。

分布范围　福建、江西、海南、云南、陕西。

发生地点　陕西：宁东林业局。

- **叉带黄毒蛾 *Euproctis angulata* Matsumura**

寄　　主　栎，青冈，桑，桃，苹果，石楠，刺槐，油桐，木荷。

分布范围　浙江、福建、江西、山东、湖北、湖南、广东、广西、西藏、陕西。

发生地点　陕西：宁东林业局，太白林业局。

- **黑褐盗毒蛾 *Euproctis atereta*（Collenette）**

寄　　主　杨树，枫杨，板栗，毛锥，栲树，高山榕，垂叶榕，印度榕，黄葛树，榕树，红花檵木，桃，樱花，西府海棠，石楠，蔷薇，黑荆树，云南金合欢，南洋楹，羊蹄甲，洋紫荆，黄檀，凤凰木，鸡冠刺桐，槐树，杧果，盐肤木，龙眼，木棉，油茶，茶，小果油茶，木荷，合果木，紫薇，大花紫薇，秋茄树，巨桉，巨尾桉，木犀，夹竹桃，白花泡桐，毛泡桐。

分布范围　江苏、浙江、安徽、福建、江西、河南、湖北、湖南、广东、广西、山东、四川、贵州、云南、西藏、陕西、甘肃。

发生地点　福建：厦门市海沧区、集美区、同安区、翔安区，莆田市城厢区、涵江区、荔城区、仙游县，三明市三元区，泉州市安溪县，龙岩市新罗区、漳平市，福州国家森林公园；

　　　　　山东：济宁市任城区；

　　　　　四川：眉山市仁寿县；

　　　　　陕西：汉中市汉台区，宁东林业局。

发生面积　975 亩

危害指数　0.3361

- **缘黄毒蛾 *Euproctis aureomarginata* Chao**

寄　　主　山杨，栎，青冈，梨，油茶。

分布范围　江苏、江西、广西、重庆。

发生地点　江西：南昌市安义县，宜春市高安市；

　　　　　重庆：巴南区。

发生面积　181 亩

危害指数　0.3333

- **皎星黄毒蛾 *Euproctis bimaculata* Walker**

寄　　主　枫杨，枫香。

分布范围　江苏、浙江、安徽、福建、江西、湖北、湖南、广东、广西、四川、贵州、陕西。

发生地点　浙江：杭州市西湖区；

　　　　　四川：巴中市通江县。

发生面积　167 亩

危害指数　0.3533

- **黄毒蛾** *Euproctis chrysorrhoea*（Linnaeus）

  寄　　主　山杨，柳树，桦木，鹅耳枥，榛子，板栗，苦槠栲，麻栎，榆树，桑，檫木，枫香，樱桃，山楂，苹果，海棠花，李，梨，蔷薇，花楸树，台湾相思，红花羊蹄甲，羊蹄甲，鸡冠刺桐，刺槐，柑橘，油桐，乌桕，槭，枣树，葡萄，椴树，油茶，茶，巨尾桉，女贞，木犀，盆架树。

  分布范围　山西、辽宁、黑龙江、江苏、浙江、福建、江西、山东、湖北、广东、广西、重庆、四川、陕西、新疆。

  发生地点　山西：吕梁市文水县；

  　　　　　浙江：宁波市镇海区；

  　　　　　福建：龙岩市上杭县；

  　　　　　山东：泰安市泰山区，新泰市，泰山林场；

  　　　　　广东：深圳市龙华新区，佛山市南海区，清远市属林场；

  　　　　　广西：南宁市江南区，宾阳县，桂林市雁山区，荔浦县，防城港市上思县，百色市靖西市，河池市南丹县；

  　　　　　重庆：秀山土家族苗族自治县，酉阳土家族苗族自治县；

  　　　　　陕西：咸阳市永寿县，商洛市丹凤县，太白林业局。

  发生面积　28766 亩

  危害指数　0.3826

- **尘盗毒蛾** *Euproctis coniptera*（Collenette）

  寄　　主　山杨，枫杨，锥栗，樟树，油茶，茶。

  分布范围　江苏、浙江、四川。

  发生地点　江苏：南京市浦口区；

  　　　　　浙江：杭州市西湖区，丽水市松阳县。

- **蓖麻黄毒蛾** *Euproctis cryptosticta* Collenette

  寄　　主　桃，葡萄。

  分布范围　广东、海南、陕西。

- **曲带黄毒蛾** *Euproctis curvata* Wileman

  寄　　主　桤木。

  分布范围　四川。

  发生地点　四川：凉山彝族自治州布拖县。

  发生面积　2584 亩

  危害指数　0.3333

- **弧星黄毒蛾** *Euproctis decussata*（Moore）

  寄　　主　高山榕，乌桕。

  分布范围　福建、广东、广西、四川、云南、陕西。

  发生地点　陕西：太白林业局。

- **半带黄毒蛾** *Euproctis digramma*（Guerin）

  寄　　主　梨。

  分布范围　辽宁、江西、广东、广西、四川。

  发生地点　四川：遂宁市射洪县。

- **双弓黄毒蛾** *Euproctis diploxutha* Collenette

  寄　　主　板栗，梅，李，梨，沙梨，蔷薇，月季，算盘子。

  分布范围　江苏、浙江、福建、江西、湖北、湖南、广东、广西、海南、云南。

  发生地点　广东：湛江市廉江市。

- **弥黄毒蛾** *Euproctis dispersa*（Moore）

  寄　　主　栎。

  分布范围　西藏、陕西。

  发生地点　陕西：宁东林业局。

- **折带黄毒蛾** *Euproctis flava*（Bremer）

  中文异名　黄毒蛾

  寄　　主　杉松，落叶松，油松，长苞铁杉，杉木，柏木，侧柏，高山柏，木麻黄，山杨，柳树，杨梅，山核桃，核桃楸，赤杨，桦木，榛子，锥栗，板栗，栲树，小叶栎，辽东栎，蒙古栎，青冈，榆树，榕树，山梅花，枫香，桃，梅，樱桃，山楂，枇杷，西府海棠，苹果，海棠花，李，樱桃李，梨，月季，多花蔷薇，山莓，台湾相思，刺槐，槐树，黄檗，楝树，盐肤木，漆树，冬青卫矛，色木槭，黑桦鼠李，椴树，山茶，茶，金丝桃，柞木，土沉香，石榴，巨尾桉，野海棠，柿，水曲柳，女贞，荆条，白花泡桐。

  分布范围　东北、华东，北京、河北、山西、内蒙古、河南、湖北、湖南、广东、广西、重庆、四川、贵州、云南、陕西、甘肃。

  发生地点　北京：密云区；

  　　　　　河北：邢台市沙河市；

  　　　　　辽宁：丹东市振安区；

  　　　　　黑龙江：哈尔滨市五常市；

  　　　　　江苏：南京市玄武区，盐城市盐都区，东台市；

  　　　　　浙江：宁波市鄞州区，宁海县，余姚市，台州市仙居县，临海市；

  　　　　　福建：南平市延平区，松溪县；

  　　　　　江西：赣州市安远县；

  　　　　　广东：肇庆市四会市，汕尾市陆丰市，云浮市新兴县；

  　　　　　广西：钦州市钦北区；

  　　　　　重庆：城口县，武隆区；

  　　　　　四川：遂宁市射洪县，广安市武胜县，雅安市雨城区，卧龙保护区；

  　　　　　陕西：渭南市华州区，蒲城县，汉中市汉台区，宁东林业局。

  发生面积　10874 亩

  危害指数　0.4415

- **星黄毒蛾** *Euproctis flavinata*（Walker）

  寄　　主　肉桂，樱花，苹果，梨，红果树，柑橘，秋枫，酸枣，油茶，木荷，紫薇，桉树。

  分布范围　黑龙江、上海、江苏、浙江、福建、湖南、广东、广西、四川。

  发生地点　福建：厦门市同安区，龙岩市漳平市；

  　　　　　广东：肇庆市德庆县。

  发生面积　131 亩

  危害指数　0.3333

- **缘点黄毒蛾** *Euproctis fraterna*（Moore）

  寄　　主　银杏，马尾松，杉木，侧柏，罗汉松，苹果，梨，多花蔷薇，云南金合欢，羊蹄甲，
  秋枫，龙眼，荔枝，油茶，柠檬桉，大叶桉，巨尾桉，尾叶桉，番石榴，白花泡桐。

  分布范围　辽宁、黑龙江、湖南、广东、广西、陕西。

  发生地点　广西：南宁市武鸣区，宾阳县，桂林市兴安县，梧州市龙圩区，藤县，北海市铁山港
  　　　　　区，合浦县，防城港市上思县，贵港市平南县，河池市罗城仫佬族自治县，派
  　　　　　阳山林场，黄冕林场；

  　　　　　陕西：宁东林业局。

  发生面积　24962 亩

  危害指数　0.3413

- **污黄毒蛾** *Euproctis hunanensis* Collenette

  寄　　主　茶。

  分布范围　福建、湖南、广西、贵州、陕西。

- **顶斑黄毒蛾** *Euproctis kanshireia* Wileman

  寄　　主　枫香，野桐，荔枝，合果木，巨尾桉。

  分布范围　广西。

  发生地点　广西：玉林市容县，贺州市昭平县。

  发生面积　634 亩

  危害指数　0.3333

- **缀黄毒蛾** *Euproctis karghalica* Moore

  寄　　主　山杨，柳树，旱榆，桑，桃，杏，山楂，苹果，稠李，梨，沙枣，沙棘。

  分布范围　辽宁、黑龙江、宁夏、新疆。

  发生地点　新疆：博尔塔拉蒙古自治州精河县，喀什地区叶城县，麦盖提县，阿勒泰地区青
  　　　　　河县；

  　　　　　新疆生产建设兵团：农十二师。

  发生面积　9964 亩

  危害指数　0.3763

- **戟盗毒蛾** *Euproctis kurosawai*（Inoue）

  寄　　主　山杨，柳树，山核桃，榆树，桑，桃，日本樱花，西府海棠，苹果，海棠花，羊蹄
  甲，刺槐，槐树，柑橘，重阳木，朱槿，油茶，茶，红淡比，柚木，白花泡桐。

分布范围　北京、天津、河北、辽宁、江苏、浙江、安徽、福建、江西、山东、河南、湖北、湖
　　　　　南、广西、四川、陕西。

发生地点　北京：东城区、石景山区、顺义区、大兴区、密云区；

　　　　　河北：唐山市滦南县、乐亭县、玉田县，邢台市沙河市，沧州市黄骅市、河间市，衡
　　　　　　　　水市桃城区；

　　　　　江苏：南京市浦口区，无锡市惠山区；

　　　　　浙江：杭州市西湖区；

　　　　　福建：福州国家森林公园；

　　　　　山东：济宁市任城区、兖州区、微山县、鱼台县、梁山县、曲阜市、邹城市、高新技
　　　　　　　　术开发区、太白湖新区、经济技术开发区，聊城市东阿县，菏泽市牡丹区、定
　　　　　　　　陶区、单县；

　　　　　湖南：湘西土家族苗族自治州泸溪县；

　　　　　四川：南充市西充县，眉山市仁寿县，广安市前锋区、武胜县；

　　　　　陕西：咸阳市长武县，渭南市华州区、华阴市，商洛市镇安县，宁东林业局。

发生面积　3096 亩

危害指数　0.3346

- **沙带黄毒蛾 *Euproctis mesostiba* Collenette**

寄　　主　山杨，枫杨，锥栗，猴樟，石楠。

分布范围　江苏、浙江、福建、江西。

发生地点　江苏：无锡市惠山区，淮安市清江浦区、金湖县，盐城市阜宁县，扬州市宝应县。

- **梯带黄毒蛾 *Euproctis montis*（Leech）**

寄　　主　桑，桃，梨，柑橘，葡萄，茶。

分布范围　河北、江苏、浙江、福建、江西、湖北、湖南、广东、广西、四川、云南、西藏、陕
　　　　　西、甘肃。

发生地点　陕西：汉中市汉台区。

发生面积　200 亩

危害指数　0.3333

- **云星黄毒蛾 *Euproctis niphonis*（Butler）**

寄　　主　山杨，柳树，赤杨，白桦，榛子，锥栗，板栗，栎，榆树，黑果茶藨，苹果，蔷薇，
　　　　　胡枝子，刺槐，柞木，赤杨叶。

分布范围　东北，北京、河北、山西、内蒙古、浙江、江西、山东、河南、湖北、湖南、四川、
　　　　　陕西。

发生地点　河北：张家口市赤城县；

　　　　　陕西：西安市周至县，宁东林业局。

发生面积　1003 亩

危害指数　0.3333

- **豆盗毒蛾 *Euproctis piperita*（Oberthür）**

中文异名　茶树豆盗毒蛾

寄　　主　加杨，山杨，柳树，喙核桃，山核桃，核桃楸，核桃，板栗，栲树，栎，榆树，三球悬铃木，桃，樱花，西府海棠，紫荆，刺槐，槐树，柑橘，油茶，茶，白蜡树，木犀，毛泡桐，楸。

分布范围　东北，北京、河北、山西、内蒙古、江苏、浙江、安徽、福建、江西、山东、河南、湖北、湖南、广东、四川、陕西、甘肃。

发生地点　北京：密云区；

河北：沧州市河间市；

山东：潍坊市坊子区，聊城市东阿县、冠县、经济技术开发区、高新技术产业开发区；

湖北：黄冈市罗田县；

湖南：岳阳市平江县；

甘肃：白水江自然保护区管理局让水河保护站。

发生面积　249 亩

危害指数　0.4217

- **锈黄毒蛾** *Euproctis plagiata*（Walker）

寄　　主　厚朴。

分布范围　福建、广东、广西、云南、西藏、陕西。

发生地点　陕西：太白林业局。

- **漫星黄毒蛾** *Euproctis plana* Walker

中文异名　栎黄毒蛾

寄　　主　栎，垂叶榕，梨，杧果，油茶，柞木，泡桐。

分布范围　福建、江西、湖北、湖南、广东、广西、海南、四川、云南、陕西。

发生地点　广东：云浮市罗定市；

陕西：汉中市汉台区，西乡县。

发生面积　104 亩

危害指数　0.3333

- **小黄毒蛾** *Euproctis pterofera* Strand

寄　　主　合果木。

分布范围　福建、山东、陕西。

发生地点　陕西：宁东林业局。

- **碎黄毒蛾** *Euproctis pulverea*（Leech）

寄　　主　大果榉。

分布范围　浙江。

发生地点　浙江：宁波市象山县。

- **双线盗毒蛾** *Euproctis scintillans*（Walker）

中文异名　棕夜黄毒蛾、桑褐斑毒蛾、绿黄毒蛾

寄　　主　杨树，柳树，核桃，枫杨，桤木，板栗，刺栲，苦槠栲，麻栎，青冈，高山榕，榕

树，桑，刺叶，细叶小檗，厚朴，白兰，樟树，肉桂，桢楠，枫香，山桃，桃，梅，杏，樱桃，枇杷，石楠，李，梨，云南金合欢，台湾相思，羊蹄甲，洋紫荆，黄檀，降香，凤凰木，鸡冠刺桐，刺槐，槐树，文旦柚，柑橘，川黄檗，楝树，香椿，油桐，秋枫，乌桕，千年桐，杧果，黄梨木，龙眼，栾树，荔枝，无患子，山杜英，木芙蓉，木棉，山茶，油茶，茶，木荷，大花紫薇，海桑，石榴，喜树，柠檬桉，巨尾桉，柳窿桉，洋蒲桃，柿，木犀，夹竹桃，盆架树，大青，柚木，黄荆，白花泡桐，毛泡桐，咖啡。

分布范围	河北、江苏、浙江、安徽、福建、江西、山东、河南、湖北、湖南、广东、广西、重庆、四川、陕西。

发生地点　江苏：无锡市惠山区；

安徽：阜阳市颍东区；

福建：厦门市同安区，莆田市城厢区、涵江区、荔城区、秀屿区、仙游县，泉州市安溪县，南平市松溪县，龙岩市新罗区；

山东：临沂市莒南县；

湖南：岳阳市平江县；

广东：广州市越秀区，茂名市茂南区，肇庆市高要区、德庆县、四会市，惠州市惠东县，汕尾市陆河县、陆丰市，河源市龙川县、东源县，清远市清新区、清远市属林场，云浮市新兴县；

广西：南宁市邕宁区、武鸣区、宾阳县、横县，桂林市兴安县、永福县、龙胜各族自治县、荔浦县，梧州市苍梧县，北海市合浦县，防城港市防城区、东兴市，贵港市港南区、桂平市，玉林市福绵区、容县、陆川县，百色市右江区、乐业县、靖西市，河池市金城江区、南丹县、天峨县、凤山县、东兰县、罗城仫佬族自治县、环江毛南族自治县、巴马瑶族自治县、大化瑶族自治县，来宾市忻城县，崇左市江州区、扶绥县、宁明县、龙州县，七坡林场、良凤江森林公园、钦廉林场、维都林场、黄冕林场、六万林场、博白林场、雅长林场；

重庆：涪陵区、大渡口区、南岸区、黔江区、万盛经济技术开发区，梁平区、城口县、丰都县、武隆区、忠县、开县、云阳县、奉节县、巫溪县、秀山土家族苗族自治县、酉阳土家族苗族自治县、彭水苗族土家族自治县；

四川：遂宁市船山区，眉山市青神县，巴中市通江县；

陕西：宁东林业局。

发生面积	93288 亩
危害指数	0.3496

● 盗毒蛾 *Euproctis similis*（Fueazly）

中文异名　黄尾毒蛾

寄　　主　加杨，山杨，黑杨，毛白杨，小黑杨，白柳，垂柳，旱柳，绦柳，杨梅，山核桃，核桃楸，核桃，枫杨，桤木，白桦，榛子，板栗，鲞蒴栲，水青冈，麻栎，小叶栎，栓皮栎，异色山黄麻，榆树，大果榉，构树，黄葛树，榕树，桑，芍药，星花木兰，猴樟，樟树，闽楠，黑果茶藨，枫香，二球悬铃木，桃，梅，杏，樱桃，樱花，日本樱花，山楂，枇杷，垂丝海棠，西府海棠，苹果，海棠花，石楠，李，红叶李，毛樱桃，河北梨，月季，水榆花楸，云南金合欢，合欢，紫穗槐，胡枝子，紫檀，刺槐，毛刺槐，槐树，紫藤，花椒，臭椿，重阳木，乌桕，长叶黄杨，南酸枣，杧果，盐肤木，漆树，冬青，阔叶槭，龙眼，栾树，荔枝，黑桦鼠李，枣树，木芙蓉，木棉，梧桐，油茶，茶，木荷，金丝桃，柞木，秋海棠，紫薇，大花紫薇，石榴，喜树，蓝果树，柿，白蜡树，女贞，木犀，鸡蛋花，黄荆，柳穿鱼，兰考泡桐，白花泡桐，毛泡桐，蓝花楹，吊灯树，水团花，忍冬，珊瑚树。

分布范围 华北、东北、华东，河南、湖北、湖南、广东、广西、重庆、四川、贵州、陕西、青海、新疆。

发生地点 北京：东城区、石景山区、通州区、顺义区、昌平区、大兴区；

河北：石家庄市井陉矿区、井陉县、无极县，唐山市古冶区、滦南县、乐亭县、玉田县，秦皇岛市海港区、昌黎县，邢台市沙河市，保定市涞水县、唐县，张家口市怀来县，沧州市沧县、吴桥县、黄骅市、河间市，廊坊市霸州市，衡水市武邑县、安平县；

内蒙古：乌兰察布市察哈尔右翼后旗；

上海：闵行区、浦东新区、金山区、松江区、青浦区、奉贤区，崇明县；

江苏：南京市浦口区、雨花台区、江宁区、六合区，无锡市惠山区、滨湖区、宜兴市，苏州市高新技术开发区、太仓市，南通市海门市，淮安市金湖县，盐城市大丰区、响水县、阜宁县、射阳县、建湖县，扬州市宝应县，镇江市句容市，泰州市兴化市、泰兴市，宿迁市宿城区、沭阳县；

浙江：杭州市余杭区，宁波市鄞州区、宁海县，台州市天台县、温岭市；

安徽：淮南市大通区、潘集区、凤台县，池州市贵池区；

福建：厦门市海沧区、集美区、同安区，莆田市城厢区、涵江区、荔城区、仙游县，南平市松溪县，龙岩市漳平市；

江西：萍乡市芦溪县，吉安市遂川县、井冈山市；

山东：济南市平阴县，枣庄市台儿庄区，东营市河口区、垦利县、广饶县，潍坊市坊子区、昌邑市、滨海经济开发区，济宁市任城区、兖州区、嘉祥县、梁山县，泰安市新泰市、肥城市、泰山林场，德州市陵城区、齐河县，聊城市东昌府区、阳谷县、莘县、东阿县、冠县、经济技术开发区、高新技术产业开发区，滨州市惠民县、无棣县，菏泽市牡丹区、定陶区、单县、东明县，黄河三角洲自然保护区；

河南：郑州市荥阳市、新郑市，洛阳市栾川县，平顶山市鲁山县，濮阳市范县，许昌市魏都区、经济技术开发区、东城区、襄城县、禹州市、长葛市，商丘市民权县，信阳市淮滨县，驻马店市西平县、确山县、泌阳县，永城市、邓州市；

湖北：武汉市洪山区，襄阳市枣阳市，荆门市掇刀区、京山县，荆州市洪湖市，仙桃市、潜江市；

湖南：岳阳市平江县，娄底市新化县；

广东：韶关市翁源县；

广西：百色市靖西市；

重庆：綦江区，丰都县、秀山土家族苗族自治县；

四川：自贡市自流井区、贡井区、大安区、沿滩区、荣县，遂宁市船山区、安居区、射洪县、大英县，眉山市青神县，宜宾市翠屏区、江安县，雅安市雨城区，资阳市雁江区；

陕西：咸阳市秦都区、永寿县、长武县、旬邑县、兴平市，渭南市华州区、潼关县、大荔县、合阳县、澄城县，汉中市汉台区，榆林市米脂县，商洛市丹凤县、镇安县，宁东林业局；

新疆：喀什地区叶城县。

发生面积　96607 亩

危害指数　0.3387

- **桑盗毒蛾** *Euproctis similis xanthocampa* **Dyar**

中文异名　桑毛虫、桑毒蛾、桑褐斑毒蛾

寄　　主　山杨，毛白杨，旱柳，核桃，枫杨，白桦，板栗，苦槠栲，栲树，鹦蘡栲，麻栎，栓皮栎，锐齿槲栎，异色山黄麻，榆树，构树，垂叶榕，黄葛树，桑，白兰，猴樟，天竺桂，香叶树，枫香，三球悬铃木，桃，樱花，日本晚樱，日本樱花，山楂，苹果，海棠花，李，红叶李，梨，刺蔷薇，月季，香椿，油桐，长叶黄杨，荔枝，枣树，杜英，木槿，梧桐，黄海棠，尾叶桉，柿，赤杨叶，泡桐，旱禾树。

分布范围　华东、北京、河北、辽宁、湖北、广东、广西、重庆、四川、贵州、陕西、甘肃。

发生地点　北京：密云区；

河北：廊坊市大城县；

上海：浦东新区；

江苏：无锡市江阴市，盐城市东台市；

山东：青岛市胶州市，济宁市梁山县、曲阜市，临沂市兰山区、费县、临沭县；

广东：广州市白云区，惠州市惠阳区，汕尾市属林场；

广西：南宁市马山县，桂林市临桂区、平乐县；

重庆：南川区、万盛经济技术开发区，开县、巫溪县；

四川：遂宁市船山区，广安市武胜县；

陕西：商洛市山阳县、镇安县；

甘肃：白水江自然保护区管理局丹堡河保护站、刘家坪保护站。

发生面积　5254 亩

危害指数　0.3882

- **二点黄毒蛾** *Euproctis stenosacca* **Collenette**

寄　　主　栎，樟树，大戟。

分布范围　四川、云南、陕西。

发生地点　四川：眉山市仁寿县；

陕西：宁东林业局。

- **肘带黄毒蛾** *Euproctis straminea* **Leech**

寄　　主　白兰，接骨木。

分布范围　辽宁、浙江、广东、广西、四川。

- **淡黄毒蛾** *Euproctis tanaocera*（Collenette）

  寄　　主　柑橘。

  分布范围　福建、海南、四川。

- **三叉黄毒蛾** *Euproctis tridens* Collenette

  中文异名　三叉毒蛾

  寄　　主　桦木。

  分布范围　湖南、四川、云南。

  发生地点　四川：巴中市巴州区。

- **幻带黄毒蛾** *Euproctis varians*（Walker）

  寄　　主　赤松，柏木，侧柏，圆柏，山杨，绦柳，麻栎，黑弹树，榆树，桃，海棠花，梨，合欢，胡枝子，刺槐，柑橘，枳，山葡萄，山茶，油茶，茶，柽柳，柿，毛茶。

  分布范围　华东，北京、河北、山西、辽宁、河南、湖北、湖南、广东、广西、四川、云南、陕西。

  发生地点　北京：密云区；

  　　　　　江苏：南京市玄武区；

  　　　　　山东：青岛市胶州市，济宁市经济技术开发区；

  　　　　　湖南：长沙市浏阳市；

  　　　　　四川：雅安市雨城区；

  　　　　　陕西：咸阳市兴平市，渭南市大荔县。

  发生面积　161 亩

  危害指数　0.3540

- **黑栉盗毒蛾** *Euproctis virguncula*（Walker）

  寄　　主　板栗，大叶玉兰，紫荆木。

  分布范围　福建、湖北、广东、四川。

- **纬黄毒蛾** *Euproctis vitellina*（Kollar）

  中文异名　卵黄毒蛾

  寄　　主　柳树，栎，梨。

  分布范围　辽宁、四川、西藏、陕西。

  发生地点　四川：眉山市仁寿县；

  　　　　　西藏：日喀则市吉隆县；

  　　　　　陕西：宁东林业局。

- **暗缘盗毒蛾** *Euproctis xanthorrhoea*（Kollar）

  寄　　主　栲树，桑，油茶。

  分布范围　福建、江西、云南、陕西。

  发生地点　江西：吉安市泰和县。

  发生面积　500 亩

  危害指数　0.3333

- **青海草原毛虫** *Gynaephora qinghaiensis*（**Zhou**）
  - 寄　　主　锦鸡儿。
  - 分布范围　甘肃、青海。
  - 发生地点　甘肃：尕海则岔保护区；
  - 　　　　　青海：玉树藏族自治州玉树市、杂多县、治多县、囊谦县、曲麻莱县。
  - 发生面积　626870 亩
  - 危害指数　0.4572

- **苔棕毒蛾** *Ilema eurydice*（**Butler**）
  - 寄　　主　山杨，山楂，苹果，葡萄，八角金盘。
  - 分布范围　辽宁、上海、福建、湖南、广东、四川、陕西。
  - 发生地点　上海：宝山区、嘉定区、松江区；
  - 　　　　　陕西：渭南市华州区、华阴市。

- **白线肾毒蛾** *Ilema jankoviskii*（**Oberthür**）
  - 寄　　主　栎，山楂，苹果，梨，葡萄。
  - 分布范围　东北，江苏、浙江、江西、河南、湖北、湖南、陕西、甘肃。
  - 发生地点　江苏：苏州市吴江区。

- **锯纹毒蛾** *Imaus mundus*（**Walker**）
  - 寄　　主　松。
  - 分布范围　福建、云南。

- **黄足毒蛾** *Ivela auripes*（**Butler**）
  - 寄　　主　桢楠，瑞木。
  - 分布范围　浙江、福建、江西、湖北、湖南、陕西。
  - 发生地点　陕西：渭南市华阴市。

- **峨山黄足毒蛾** *Ivela eshanensis* **Chao**
  - 寄　　主　猴樟，樟树。
  - 分布范围　福建、云南。
  - 发生地点　福建：龙岩市漳平市。

- **榆毒蛾** *Ivela ochropoda*（**Eversmann**）
  - 中文异名　榆黄足毒蛾
  - 寄　　主　山杨，垂柳，旱柳，山柳，粗皮山核桃，核桃，桤木，板栗，麻栎，青冈，朴树，旱榆，常绿榆，榔榆，春榆，榆树，大果榉，枫香，三球悬铃木，榆叶梅，樱，石楠，刺槐，龙爪槐，油桐，盐肤木，木槿，油茶，柞木，沙枣，木犀，黄荆，泡桐，梓。
  - 分布范围　华北、东北、华东、河南、湖北、重庆、四川、贵州、陕西、甘肃、宁夏。
  - 发生地点　北京：石景山区、房山区、昌平区、大兴区、密云区、延庆区；
  - 　　　　　天津：东丽区、西青区、武清区；
  - 　　　　　河北：石家庄市井陉县，唐山市古冶区、滦南县、乐亭县、玉田县，秦皇岛市海港区，邢台市临西县，保定市唐县，张家口市康保县、沽源县、怀来县、赤城县、察北管理区，沧州市吴桥县、河间市，廊坊市大城县、霸州市，衡水市桃城区、安平县；

山西：朔州市怀仁县，太岳山国有林管理局；

内蒙古：包头市石拐区，通辽市科尔沁区、科尔沁左翼后旗、库伦旗，乌兰察布市集宁区、卓资县、兴和县、察哈尔右翼前旗、察哈尔右翼后旗、四子王旗；

辽宁：沈阳市法库县，丹东市振安区，辽阳市太子河区、辽阳县，铁岭市铁岭县；

黑龙江：佳木斯市富锦市；

上海：金山区；

江苏：南京市玄武区，常州市武进区；

浙江：杭州市桐庐县，嘉兴市秀洲区，台州市天台县；

安徽：亳州市涡阳县、蒙城县；

山东：济南市历城区，青岛市莱西市，枣庄市台儿庄区，东营市河口区、利津县，烟台市芝罘区，潍坊市坊子区、昌邑市，济宁市任城区、梁山县、曲阜市，泰安市泰山区、泰山林场，莱芜市莱城区，聊城市东昌府区、阳谷县、东阿县，滨州市沾化区、惠民县，菏泽市定陶区、单县、郓城县；

河南：郑州市荥阳市、新郑市、登封市，许昌市许昌县、襄城县、禹州市，三门峡市陕州区，南阳市淅川县，驻马店市遂平县，永城市、鹿邑县；

重庆：丰都县、开县，秀山土家族苗族自治县、酉阳土家族苗族自治县；

四川：遂宁市安居区、射洪县，南充市顺庆区、高坪区，广安市前锋区，雅安市天全县；

贵州：六盘水市水城县、盘县；

陕西：咸阳市永寿县，延安市吴起县，汉中市汉台区，榆林市米脂县，商洛市丹凤县、商南县；

甘肃：金昌市金川区，武威市古浪县，平凉市华亭县，定西市临洮县；

宁夏：银川市兴庆区、西夏区、金凤区，石嘴山市大武口区，吴忠市利通区、盐池县、同心县，中卫市中宁县；

黑龙江森林工业总局：兴隆林业局、山河屯林业局。

发生面积　98091 亩

危害指数　0.3555

- **黄素毒蛾** *Laelia anamesa* **Collenette**

寄　　主　黑杨，垂柳，旱柳，核桃，榆树，刺槐。

分布范围　江苏、浙江、福建、山东、湖北、湖南、广东、四川、云南、陕西。

- **素毒蛾** *Laelia coenosa*（**Hübner**）

中文异名　芦毒蛾

寄　　主　山杨，榆树，桃，木犀。

分布范围　东北、华东，河北、山西、内蒙古、河南、湖北、湖南、广东、广西、云南、陕西。

发生地点　上海：宝山区、浦东新区；

浙江：宁波市余姚市；

江西：萍乡市湘东区、上栗县、芦溪县。

发生面积　119 亩

危害指数　0.3333

● **杨毒蛾** *Leucoma candida*（Staudinger）

中文异名　杨雪毒蛾

寄　　主　钻天柳，银白杨，新疆杨，北京杨，加杨，青杨，山杨，二白杨，辽杨，黑杨，钻天杨，箭杆杨，小叶杨，毛白杨，白柳，垂柳，旱柳，绦柳，山柳，核桃，枫杨，辽东桤木，白桦，榛子，虎榛子，板栗，蒙古栎，榆树，构树，厚朴，桃，山杏，杏，苹果，李，梨，刺槐，槐树，色木槭，紫薇，阔叶桉，水曲柳，白蜡树，女贞，楸。

分布范围　华北、东北、华东、西北、河南、湖北、湖南、重庆、四川、云南。

发生地点　北京：东城区、石景山区、顺义区、大兴区；

天津：塘沽区、东丽区、武清区、静海区；

河北：石家庄市井陉矿区、藁城区、井陉县、灵寿县、高邑县、赞皇县、平山县，唐山市古冶区、开平区、丰润区、曹妃甸区、滦南县、乐亭县、迁西县、玉田县、秦皇岛市海港区、山海关区、青龙满族自治县、昌黎县，邯郸市涉县、鸡泽县，邢台市邢台县、平乡县、临西县、沙河市，保定市阜平县、唐县、博野县，张家口市万全区、张北县、康保县、沽源县、尚义县、怀安县，承德市双桥区、高新技术开发区、承德县、丰宁满族自治县，沧州市吴桥县、河间市，廊坊市固安县、永清县、香河县、大城县、霸州市，衡水市桃城区、枣强县、武强县、安平县、故城县、景县，雾灵山保护区；

山西：大同市阳高县、大同县，晋城市沁水县、阳城县、泽州县、高平市，晋中市平遥县、灵石县，运城市稷山县、新绛县、绛县，临汾市尧都区、翼城县、襄汾县、浮山县，杨树丰产林实验局、太岳山国有林管理局；

内蒙古：呼和浩特市土默特左旗，赤峰市阿鲁科尔沁旗、克什克腾旗、敖汉旗，通辽市科尔沁左翼后旗、霍林郭勒市，呼伦贝尔市海拉尔区，乌兰察布市集宁区、卓资县、化德县、兴和县、察哈尔右翼前旗、四子王旗、丰镇市，兴安盟扎赉特旗、突泉县，锡林郭勒盟东乌珠穆沁旗；

辽宁：沈阳市法库县、新民市，大连市庄河市，锦州市义县、北镇市，营口市老边区、盖州市、大石桥市，阜新市彰武县，辽阳市弓长岭区、辽阳县，铁岭市铁岭县、昌图县，朝阳市喀喇沁左翼蒙古族自治县、北票市，葫芦岛市连山区、绥中县；

吉林：白城市洮北区、镇赉县、洮南市；

黑龙江：齐齐哈尔市富裕县、克东县，佳木斯市富锦市；

上海：闵行区、宝山区、嘉定区、浦东新区、金山区、松江区、青浦区，崇明县；

江苏：常州市金坛区，淮安市金湖县，盐城市大丰区、滨海县、射阳县，扬州市江都区、高邮市，镇江市新区、润州区、丹徒区、丹阳市，泰州市姜堰区；

浙江：温州市鹿城区、平阳县；

安徽：滁州市定远县，宿州市萧县，亳州市蒙城县；

福建：龙岩市新罗区；

江西：萍乡市上栗县、芦溪县；

山东：济南市历城区，青岛市黄岛区、城阳区、胶州市、即墨市、平度市、莱西市，烟台市福山区、牟平区、莱山区、招远市、栖霞市，济宁市任城区、兖州区、微山县、鱼台县、曲阜市、邹城市，泰安市泰山区、岱岳区、宁阳县、东平县、新泰市、肥城市、泰山林场，威海市环翠区，日照市东港区、五莲县，莱芜市莱城区、钢城区，临沂市兰山区、临沭县，聊城市茌平县、东阿县、冠县、高新技术产业开发区，菏泽市东明县，黄河三角洲保护区；

河南：郑州市管城回族区，洛阳市嵩县、汝阳县、洛宁县、伊川县，平顶山市鲁山县，安阳市殷都区、林州市，焦作市孟州市，许昌市禹州市，三门峡市陕州区、渑池县、卢氏县、义马市，南阳市卧龙区、镇平县、唐河县、新野县、桐柏县，商丘市睢阳区、宁陵县、虞城县、夏邑县，信阳市淮滨县，济源市、滑县、永城市；

湖北：武汉市新洲区，荆门市掇刀区、沙洋县，荆州市洪湖市；

湖南：长沙市长沙县、浏阳市，株洲市云龙示范区，湘潭市韶山市，岳阳市君山区、岳阳县，常德市鼎城区、汉寿县、石门县，益阳市资阳区、赫山区、沅江市、高新技术开发区，郴州市永兴县、临武县，怀化市辰溪县、溆浦县、新晃侗族自治县；

重庆：云阳县；

四川：遂宁市大英县，广安市武胜县；

陕西：西安市户县，宝鸡市高新技术开发区、凤翔县、麟游县，咸阳市秦都区、渭城区、三原县、乾县、永寿县、兴平市，渭南市华州区、潼关县、白水县，延安市宜川县，汉中市汉台区，榆林市米脂县，商洛市丹凤县、商南县、山阳县、镇安县，宁东林业局、太白林业局；

甘肃：金昌市金川区，白银市靖远县、景泰县，武威市凉州区、民勤县；

青海：黄南藏族自治州尖扎县；

宁夏：银川市兴庆区、西夏区、金凤区，吴忠市红寺堡区，固原市原州区、彭阳县；

新疆：哈密市巴里坤哈萨克自治县，博尔塔拉蒙古自治州博乐市、精河县，巴音郭楞蒙古自治州和静县、博湖县，塔城地区乌苏市、沙湾县，阿勒泰地区阿勒泰市、布尔津县、富蕴县、福海县、青河县、吉木乃县；

新疆生产建设兵团：农四师71团，农八师121团、148团，农十师183团。

发生面积　566305 亩

危害指数　0.4512

- **带趾雪毒蛾** *Leucoma chrysoscela*（Collenette）

寄　　主　杨树，栎。

分布范围　浙江、福建、江西、广西、陕西、新疆。

- **黑趾雪毒蛾** *Leucoma melanoscela*（Collenette）

寄　　主　山杨，垂柳，苦槠栲，杜英，山杜英。

分布范围 浙江、福建、江西、湖南、广东、云南、陕西。

发生地点 福建：龙岩市武平县；

湖南：邵阳市邵阳县；

陕西：宁东林业局。

发生面积 424 亩

危害指数 0.5236

● **柳毒蛾** *Leucoma salicis*（**Linnaeus**）

中文异名 雪毒蛾、雪黄毒蛾

寄　　主 钻天柳，新疆杨，加杨，山杨，黑杨，钻天杨，小叶杨，毛白杨，白柳，垂柳，黄柳，白毛柳，旱柳，北沙柳，沙柳，枫杨，白桦，榛子，板栗，蒙古栎，旱榆，榆树，樟树，桃，碧桃，梅，杏，樱桃，山楂，苹果，李，梨，柠条锦鸡儿，刺槐，重阳木，乌桕，桫叶槭，栾树，枣树，茶，紫薇，千果榄仁，柿，水曲柳，白蜡树，美国红桫，女贞，荆条。

分布范围 华北、东北、华东、西北，河南、湖北、湖南、重庆、四川、云南、西藏。

发生地点 北京：东城区、石景山区、门头沟区、房山区、大兴区、密云区、延庆区；

天津：西青区；

河北：石家庄市井陉县、赞皇县，唐山市古冶区、丰南区、丰润区、曹妃甸区、滦南县、乐亭县、玉田县、遵化市，秦皇岛市山海关区、北戴河区、抚宁区、昌黎县，邢台市邢台县、临城县、平乡县、临西县，保定市满城区、徐水区、涞水县、阜平县、定兴县、唐县、高阳县、易县、蠡县、顺平县、博野县、雄县、涿州市，张家口市蔚县、怀安县、怀来县、涿鹿县、赤城县，承德市高新技术开发区、承德县、滦平县、宽城满族自治县，沧州市沧县、南皮县、吴桥县、献县、黄骅市、河间市，廊坊市安次区、固安县、大城县，衡水市桃城区、武邑县、安平县、故城县、冀州市，定州市、辛集市，雾灵山保护区；

山西：晋城市沁水县、阳城县、泽州县，朔州市怀仁县，晋中市榆次区，运城市临猗县、新绛县、绛县、垣曲县、平陆县、芮城县，临汾市侯马市；

内蒙古：赤峰市翁牛特旗、敖汉旗，通辽市科尔沁区、科尔沁左翼后旗、开鲁县、奈曼旗、霍林郭勒市，鄂尔多斯市鄂托克前旗、鄂托克旗、杭锦旗、乌审旗、伊金霍洛旗、康巴什新区，呼伦贝尔市满洲里市、免渡河林业局、乌奴耳林业局，乌兰察布市四子王旗、丰镇市，兴安盟扎赉特旗、五岔沟林业局，锡林郭勒盟太仆寺旗、正镶白旗；

辽宁：沈阳市新民市，阜新市阜新蒙古族自治县，葫芦岛市建昌县；

吉林：松原市长岭县，白城市洮北区、大安市；

黑龙江：齐齐哈尔市克东县，佳木斯市郊区、桦川县；

上海：松江区；

江苏：无锡市宜兴市，常州市溧阳市，苏州市昆山市，连云港市连云区，淮安市清江浦区、金湖县，盐城市亭湖区、盐都区、滨海县、阜宁县、射阳县、建湖县、东台市，扬州市江都区、宝应县、高邮市，泰州市姜堰区；

浙江：嘉兴市嘉善县，台州市临海市，丽水市莲都区；

安徽：滁州市全椒县，阜阳市颖州区，亳州市涡阳县；

山东：青岛市胶州市、平度市，烟台市莱山区、龙口市，济宁市兖州区、曲阜市，莱芜市莱城区，聊城市东昌府区、东阿县，滨州市惠民县，菏泽市郓城县，黄河三角洲自然保护区；

河南：郑州市荥阳市、新密市、新郑市、登封市，平顶山市鲁山县，安阳市安阳县，许昌市长葛市，三门峡市湖滨区、灵宝市，南阳市宛城区、唐河县，驻马店市泌阳县；

湖北：武汉市洪山区，荆门市掇刀区，荆州市洪湖市，黄冈市罗田县，咸宁市嘉鱼县，随州市随县，仙桃市、潜江市；

湖南：邵阳市新宁县；

重庆：北碚区；

四川：遂宁市蓬溪县、射洪县、大英县，甘孜藏族自治州新龙县；

云南：德宏傣族景颇族自治州瑞丽市；

陕西：西安市临潼区、蓝田县、周至县，宝鸡市太白县，咸阳市秦都区、渭城区、三原县、乾县、礼泉县、永寿县、长武县、旬邑县、武功县，渭南市华州区、潼关县、大荔县、合阳县、澄城县、蒲城县、华阴市，延安市宜川县，榆林市榆阳区、横山区、靖边县、定边县，商洛市丹凤县、山阳县，神木县、府谷县，佛坪保护区，宁东林业局；

甘肃：嘉峪关市，金昌市金川区，白银市靖远县，武威市凉州区，平凉市泾川县；

青海：海东市循化撒拉族自治县，海西蒙古族藏族自治州格尔木市；

宁夏：银川市兴庆区、西夏区、金凤区、永宁县，石嘴山市大武口区、惠农区，吴忠市利通区，固原市彭阳县，中卫市中宁县；

新疆：克拉玛依市克拉玛依区，博尔塔拉蒙古自治州精河县；

内蒙古大兴安岭林业管理局：绰源林业局、乌尔旗汉林业局；

新疆生产建设兵团：农四师 63 团、68 团，农七师 130 团。

发生面积　1161422 亩

危害指数　0.5686

● 丛毒蛾 *Locharna strigienenis* **Moore**

寄　　主　小叶栎，锐齿槲栎，肉桂，海棠花，月季，香花崖豆藤，杠果，柿，女贞，泡桐。

分布范围　江苏、浙江、安徽、福建、江西、湖北、湖南、广东、广西、四川、贵州、云南、陕西。

发生地点　浙江：杭州市西湖区，宁波市鄞州区，台州市临海市；

福建：福州国家森林公园；

四川：广安市武胜县。

发生面积　2581 亩

危害指数　0.4069

● 褐顶毒蛾 *Lymantria apicebrunnea* **Gaede**

寄　　主　西桦，刺栲，栎，楠木，细青皮，酸枣。

分布范围　湖南、广西、四川、云南。

发生地点　湖南：常德市石门县；

　　　　　四川：巴中市通江县；

　　　　　云南：昭通市盐津县、红河哈尼族彝族自治州屏边苗族自治县、河口瑶族自治县文山壮族苗族自治州西畴县、麻栗坡县、马关县。

发生面积　68509 亩

危害指数　0.4226

- **肘纹毒蛾** *Lymantria bantaizana* **Matsumura**

寄　　主　核桃。

分布范围　北京、河北、陕西、甘肃。

- **舞毒蛾** *Lymantria dispar*（**Linnaeus**）

寄　　主　冷杉，杉松，落叶松，黄花落叶松，华北落叶松，云杉，红皮云杉，华山松，湿地松，红松，马尾松，樟子松，油松，云南松，柳杉，杉木，水杉，柏木，侧柏，木麻黄，新疆杨，中东杨，加杨，青杨，山杨，胡杨，辽杨，黑杨，钻天杨，箭杆杨，小叶杨，密叶杨，毛白杨，欧洲山杨，大青杨，小黑杨，垂柳，旱柳，山柳，细叶蒿柳，杨梅，喙核桃，山核桃，核桃楸，核桃，桤木，风桦，黑桦，垂枝桦，白桦，天山桦，榛子，虎榛子，板栗，茅栗，甜槠栲，苦槠栲，鬶萌栲，麻栎，波罗栎，辽东栎，蒙古栎，栓皮栎，锐齿槲栎，青冈，栎子青冈，刺榆，榆树，构树，桑，大叶小檗，鹅掌楸，猴樟，香叶树，檫木，枫香，檵木，三球悬铃木，山桃，桃，梅，山杏，杏，樱桃，山楂，枇杷，山荆子，西府海棠，苹果，稠李，石楠，李，红叶李，新疆梨，川梨，刺蔷薇，黄刺玫，绣线菊，柠条锦鸡儿，锦鸡儿，刺槐，槐树，黄檗，臭椿，山楝，香椿，南酸枣，黄栌，杧果，盐肤木，阔叶槭，色木槭，梣叶槭，泡花树，黑桦鼠李，枣树，葡萄，杜英，紫椴，椴树，中华猕猴桃，油茶，茶，铁力木，柽柳，柞木，沙棘，紫薇，桉树，灯台树，山柳，杜鹃，柿，小叶梣，水曲柳，白蜡树，水蜡树，泡桐，忍冬，荚蒾。

分布范围　华北、东北、西北，江苏、浙江、安徽、福建、江西、山东、河南、湖北、湖南、广东、广西、重庆、四川、贵州。

发生地点　北京：东城区、石景山区、大兴区；

　　　　　河北：石家庄市新华区、井陉矿区、井陉县、高邑县、晋州市，唐山市古冶区、丰南区、丰润区、滦南县、乐亭县、玉田县，秦皇岛市抚宁区，邯郸市武安市，邢台市邢台县、内丘县，保定市徐水区、涞水县、阜平县、唐县、高阳县、望都县、蠡县、博野县、雄县、涿州市，张家口市崇礼区、沽源县、阳原县、怀安县、涿鹿县、赤城县，承德市平泉县、隆化县、丰宁满族自治县，沧州市河间市，廊坊市固安县、永清县、香河县、大城县、大厂回族自治县，衡水市饶阳县，定州市，塞罕坝林场、木兰林管局、小五台保护区、雾灵山保护区；

　　　　　山西：太原市阳曲县、古交市，大同市阳高县、广灵县，朔州市朔城区、右玉县、怀仁县，晋中市榆次区，山西杨树丰产林实验局、吕梁山国有林管理局；

　　　　　内蒙古：呼和浩特市土默特左旗、和林格尔县，包头市东河区，赤峰市松山区、林西县、克什克腾旗、翁牛特旗、喀喇沁旗、宁城县，通辽市科尔沁左翼中旗、科尔沁左翼后旗，鄂尔多斯市准格尔旗，呼伦贝尔市满洲里市、乌奴耳林业局，乌兰察布市卓资县、兴和县、察哈尔右翼后旗、四子王旗，兴安盟阿尔山市、扎赉特旗、白狼林业局、五岔沟林业局；

辽宁：沈阳市康平县、法库县，大连市金普新区、普兰店区、瓦房店市、庄河市，鞍山市台安县、海城市，抚顺市新宾满族自治县，丹东市振安区、东港市，锦州市黑山县、义县、凌海市、北镇市，营口市老边区、盖州市、大石桥市，阜新市阜新蒙古族自治县、彰武县，辽阳市弓长岭区、辽阳县、灯塔市，盘锦市盘山县，朝阳市建平县、喀喇沁左翼蒙古族自治县、北票市，葫芦岛市绥中县、兴城市；

吉林：延边朝鲜族自治州大兴沟林业局；

黑龙江：哈尔滨市依兰县、宾县、五常市，齐齐哈尔市甘南县、克东县、齐齐哈尔市属林场，鸡西市鸡东县、虎林市，鹤岗市属林场，双鸭山市集贤县，伊春市伊春区、西林区、嘉荫县、铁力市，佳木斯市汤原县、富锦市，七台河市金沙新区、勃利县、七台河市属林场，牡丹江市东宁市、牡丹峰保护区，黑河市爱辉区、五大连池市、嫩江县、逊克县、孙吴县、北安市、黑河市属林场，绥化市肇东市、海伦市国有林场，绥芬河市；

江苏：无锡市宜兴市；

浙江：宁波市余姚市；

安徽：淮北市烈山区，阜阳市颍州区，六安市叶集区、霍邱县，亳州市涡阳县、蒙城县；

江西：萍乡市莲花县，吉安市井冈山市，宜春市宜丰县、铜鼓县；

山东：青岛市即墨市、莱西市，烟台市长岛县，济宁市兖州区、梁山县、曲阜市、经济技术开发区，泰安市新泰市、肥城市、泰山林场，威海市环翠区，莱芜市钢城区，临沂市沂水县、费县、莒南县；

河南：郑州市新密市、登封市，洛阳市嵩县，新乡市辉县市，南阳市卧龙区、淅川县，商丘市虞城县，济源市；

湖北：恩施土家族苗族自治州宣恩县；

湖南：株洲市醴陵市，邵阳市隆回县、武冈市，岳阳市云溪区，常德市石门县，郴州市永兴县、安仁县；

广东：清远市英德市；

广西：百色市靖西市，热带林业实验中心；

重庆：涪陵区、巴南区、江津区、合川区、南川区、荣昌区、万盛经济技术开发区，梁平区、武隆区、忠县、开县、巫溪县、酉阳土家族苗族自治县；

四川：成都市龙泉驿区，遂宁市船山区，眉山市仁寿县，宜宾市筠连县，广安市前锋区，达州市通川区，巴中市恩阳区、通江县、南江县；

贵州：贵阳市息烽县、修文县，黔南布依族苗族自治州福泉市；

陕西：西安市蓝田县、周至县，宝鸡市扶风县、麟游县，咸阳市永寿县、彬县、旬邑县，渭南市华州区、白水县、华阴市，延安市安塞县、志丹县、吴起县，汉中市汉台区、留坝县，商洛市商南县、山阳县，佛坪保护区，宁东林业局；

甘肃：武威市凉州区，平凉市华亭县，庆阳市合水县、正宁县、宁县，定西市渭源县、岷县，甘南藏族自治州舟曲县，白水江自然保护区；

宁夏：银川市兴庆区、西夏区、贺兰县、贺兰山管理局，石嘴山市大武口区，固原市原州区；

新疆：博尔塔拉蒙古自治州艾比湖保护区、夏尔希里保护区、三台林场、哈日吐热格林场、精河林场，阿勒泰地区阿勒泰市、布尔津县，阿尔泰山国有林管理局；

黑龙江森林工业总局：双丰林业局、铁力林业局、桃山林业局、朗乡林业局、南岔林业局、金山屯林业局、美溪林业局、乌马河林业局、翠峦林业局、友好林业局、上甘岭林业局、五营林业局、红星林业局、新青林业局、汤旺河林业局、乌伊岭林业局、西林区、东京城林业局、穆棱林业局、绥阳林业局、海林林业局、林口林业局、八面通林业局、亚布力林业局、兴隆林业局、通北林业局、山河屯林业局、苇河林业局、沾河林业局、绥棱林业局，双鸭山林业局、鹤立林业局、鹤北林业局、东方红林业局、迎春林业局、清河林业局，带岭林业局；

大兴安岭林业集团公司：松岭林业局、新林林业局、十八站林业局、韩家园林业局、南翁河保护局、绰纳河自然保护局、多布库尔保护局、营林局技术推广站；

内蒙古大兴安岭林业管理局：阿尔山林业局、绰源林业局、图里河林业局、吉文林业局、根河林业局、得耳布尔林业局、莫尔道嘎林业局、毕拉河林业局、北大河林业局；

新疆生产建设兵团：农四师63团、68团、71团，农七师130团，农十师181团。

发生面积 3984013 亩

危害指数 0.4059

• 条毒蛾 *Lymantria dissoluta* Swinhoe

寄　　主 湿地松，马尾松，油松，黑松，柏木，垂柳，栎，羊蹄甲，巨尾桉。

分布范围 江苏、浙江、安徽、福建、江西、湖北、湖南、广东、广西、重庆、四川、云南、陕西。

发生地点 湖南：长沙市长沙县，衡阳市南岳区、衡山县；

广西：桂林市叠彩区、龙胜各族自治县，河池市罗城仫佬族自治县，来宾市兴宾区、忻城县，崇左市宁明县，钦廉林场、雅长林场；

陕西：汉中市汉台区，太白林业局。

发生面积 8182 亩

危害指数 0.3333

• 剑毒蛾 *Lymantria elassa* Collenette

寄　　主 云南松，栎。

分布范围 江西、湖南、广东、四川、云南、陕西。

发生地点 云南：迪庆藏族自治州维西傈僳族自治县。

发生面积 5073 亩

危害指数 0.4140

● **杜果毒蛾** *Lymantria marginata* **Walker**

寄　　主　板栗，茅栗，栓皮栎，杜果，盐肤木，桉树。

分布范围　浙江、福建、湖北、广东、广西、重庆、四川、云南、陕西。

发生地点　重庆：巫溪县。

● **栎毒蛾** *Lymantria mathura* **Moore**

中文异名　栗毒蛾

寄　　主　杉松，落叶松，马尾松，长苞铁杉，红豆杉，木麻黄，山杨，黑杨，核桃，锥栗，板栗，黧蒴栲，麻栎，槲栎，辽东栎，蒙古栎，刺叶栎，栓皮栎，青冈，大果榉，樟树，枫香，杏，苹果，李，梨，刺槐，南酸枣，漆树，酸枣，油茶，木荷，柞木，巨桉，木犀。

分布范围　东北，河北、山西、江苏、浙江、福建、江西、山东、河南、湖北、湖南、广东、广西、重庆、四川、云南、陕西。

发生地点　吉林：延边朝鲜族自治州大兴沟林业局；

　　　　　福建：莆田市仙游县，南平市延平区、松溪县，福州国家森林公园；

　　　　　江西：宜春市高安市；

　　　　　山东：临沂市莒南县；

　　　　　河南：郑州市荥阳市，平顶山市鲁山县，焦作市修武县，三门峡市陕州区，南阳市南召县、淅川县、桐柏县；

　　　　　湖北：荆门市东宝区；

　　　　　湖南：株洲市荷塘区、芦淞区、天元区；

　　　　　广东：韶关市武江区，清远市英德市，云浮市郁南县、罗定市；

　　　　　重庆：忠县、巫山县、酉阳土家族苗族自治县；

　　　　　四川：眉山市青神县，巴中市恩阳区，甘孜藏族自治州新龙县、理塘县；

　　　　　云南：迪庆藏族自治州香格里拉市、德钦县；

　　　　　陕西：渭南市华州区，商洛市商南县，佛坪保护区，宁东林业局。

发生面积　25646 亩

危害指数　0.3434

● **模毒蛾** *Lymantria monacha*（**Linnaeus**）

中文异名　松针毒蛾

寄　　主　冷杉，杉松，油杉，落叶松，日本落叶松，华北落叶松，云杉，华山松，赤松，湿地松，红松，马尾松，樟子松，油松，云南松，黄杉，铁杉，长苞铁杉，杉木，水杉，侧柏，圆柏，山杨，柳树，核桃，白桦，榛子，水青冈，麻栎，槲栎，波罗栎，青冈，榆树，马尾树，厚朴，桃，杏，苹果，梨，花楸树，水榆花楸，阔叶槭，黑桦鼠李，椴树，木荷，柞木，野海棠。

分布范围　华北、东北，浙江、福建、江西、山东、湖北、广西、四川、云南、陕西、甘肃。

发生地点　河北：雾灵山保护区；

　　　　　内蒙古：呼伦贝尔市鄂温克族自治旗、陈巴尔虎旗、牙克石市、免渡河林业局、乌奴耳林业局；

福建：厦门市翔安区，莆田市城厢区、涵江区、仙游县，龙岩市新罗区；

四川：遂宁市安居区，巴中市通江县；

云南：怒江傈僳族自治州福贡县；

陕西：西安市周至县，太白林业局；

内蒙古大兴安岭林业管理局：阿尔山林业局、绰源林业局、乌尔旗汉林业局、库都尔林业局、图里河林业局、吉文林业局、根河林业局、得耳布尔林业局、毕拉河林业局。

发生面积　2728385 亩

危害指数　0.6293

- **枫毒蛾** *Lymantria nebulosa* **Wileman**

寄　　主　枫杨，枫香，色木槭，元宝槭，木槿，紫薇，八角枫。

分布范围　江苏、浙江、安徽、福建、江西、湖北、湖南、广东、广西、四川、陕西。

发生地点　江苏：南京市玄武区；

福建：福州国家森林公园；

江西：宜春市奉新县；

湖北：荆门市东宝区；

湖南：长沙市长沙县，湘潭市昭山示范区、湘潭县，邵阳市隆回县；

广东：韶关市武江区；

陕西：安康市白河县。

发生面积　1663 亩

危害指数　0.3734

- **虹毒蛾** *Lymantria serva* **Fabricius**

寄　　主　榕树。

分布范围　福建、江西、湖北、湖南、广东、广西、四川、云南、陕西。

- **油杉毒蛾** *Lymantria servula* **Collenette**

中文异名　云南油杉毒蛾

寄　　主　云南油杉，杉木。

分布范围　福建、四川、贵州、云南、陕西。

发生地点　陕西：咸阳市旬邑县。

发生面积　180 亩

危害指数　0.3333

- **赤腹舞毒蛾** *Lymantria sinica*（**Moore**）

寄　　主　杨树，柳树，栎子青冈。

分布范围　黑龙江、四川。

发生地点　四川：凉山彝族自治州雷波县。

发生面积　600 亩

危害指数　0.5556

- **纹灰毒蛾** *Lymantria umbrifera* **Wileman**

中文异名　枫木毒蛾

寄　　主　核桃，枫杨，栓皮栎，枫香，青冈，白花泡桐。

分布范围　江苏、浙江、福建、江西、湖北、湖南、四川、贵州、云南。

发生地点　福建：龙岩市漳平市；

　　　　　贵州：贵阳市开阳县；

　　　　　云南：楚雄彝族自治州禄丰县。

发生面积　3509 亩

危害指数　0.3333

- **珊毒蛾** *Lymantria viola* **Swinhoe**

寄　　主　核桃，板栗，黧蒴栲，蒙古栎，青冈，桑，猴樟，梨，橄榄，油茶，榄仁树，巨尾桉，木犀。

分布范围　吉林、福建、江西、湖北、湖南、广东、广西、海南、重庆、四川、云南、陕西。

发生地点　福建：南平市浦城县，龙岩市新罗区；

　　　　　广东：韶关市武江区，云浮市郁南县、罗定市；

　　　　　广西：南宁市武鸣区。

发生面积　1029 亩

危害指数　0.3657

- **木麻黄毒蛾** *Lymantria xylina* **Swinhoe**

中文异名　木毒蛾

寄　　主　木麻黄，板栗，青冈，枫香，石楠，云南金合欢，冬青卫矛，龙眼，荔枝，山杜英，油茶，茶。

分布范围　上海、浙江、福建、江西、湖南、广东、广西、海南、重庆、四川。

发生地点　上海：松江区；

　　　　　浙江：宁波市宁海县，丽水市莲都区；

　　　　　福建：厦门市同安区、翔安区，莆田市荔城区、秀屿区，泉州市惠安县、永春县、石狮市、晋江市、南安市、台商投资区，漳州市漳浦县，平潭综合实验区；

　　　　　江西：萍乡市安源区、湘东区、上栗县、芦溪县、萍乡开发区；

　　　　　海南：海口市龙华区、琼山区、美兰区；

　　　　　重庆：武隆区、开县；

　　　　　四川：宜宾市珙县、筠连县、兴文县。

发生面积　69266 亩

危害指数　0.3333

- **白斜带毒蛾** *Numenes albofascia*（**Leech**）

寄　　主　杉松。

分布范围　辽宁、浙江、福建、湖北、湖南、云南、陕西、甘肃。

- **黄斜带毒蛾** *Numenes disparilis* **Staudinger**

寄　　主　山杨，核桃，桤木，鹅耳枥，铁木，甜槠栲，苦槠栲，麻栎，小叶栎，青冈，榆树，

　　　　　　桑，桃，樱桃，苹果，梨，刺槐，文旦柚，铁力木，柿。

分布范围　东北，北京、河北、湖北、重庆、四川、陕西、甘肃。

发生地点　北京：密云区；

　　　　　　重庆：武隆区、巫溪县；

　　　　　　四川：巴中市通江县；

　　　　　　陕西：西安市蓝田县，渭南市华州区、合阳县、白水县，宁东林业局、太白林业局。

发生面积　1702 亩

危害指数　0.3337

- **叉斜带毒蛾** *Numenes separata* **Leech**

寄　　主　茅栗，栓皮栎，榆树。

分布范围　湖北、广西、四川、陕西、甘肃。

- **褐斑毒蛾** *Olene dudgeoni*（Swinhoe）

寄　　主　青冈，榕树，柑橘，野桐，油茶，茶。

分布范围　江苏、浙江、福建、湖北、湖南、广东、广西、海南、云南。

发生地点　福建：莆田市仙游县，泉州市安溪县，龙岩市漳平市，福州国家森林公园。

- **棉毒蛾** *Olene mendosa* **Hübner**

寄　　主　榕树，桑，肉桂，耳叶相思，台湾相思，紫荆，柑橘，瓜栗，茶，黄牛木。

分布范围　广东、海南、云南。

发生地点　广东：深圳市坪山新区，肇庆市高要区，汕尾市陆河县，云浮市新兴县。

- **古毒蛾** *Orgyia antiqua*（Linnaeus）

拉丁异名　*Orgyia gonostigma*（Linnaeus），*Teia gonostigma*（Linnaeus）

寄　　主　落叶松，华北落叶松，云杉，油松，柳杉，柏木，竹柏，加杨，山杨，黑杨，柳树，垂柳，旱柳，山核桃，核桃，枫杨，桤木，桦木，白桦，鹅耳枥，榛子，板栗，栲树，麻栎，白栎，蒙古栎，朴树，榆树，桑，玉兰，厚朴，白兰，樟树，枫香，红花檵木，杜仲，三球悬铃木，桃，杏，樱桃，樱花，日本樱花，山楂，西府海棠，苹果，石楠，李，红叶李，火棘，梨，蔷薇，月季，玫瑰，花楸树，羊蹄甲，洋紫荆，紫荆，刺槐，黄杨，槭，阔叶槭，栾树，文冠果，黑桦鼠李，酸枣，杜英，木芙蓉，山茶，油茶，木荷，柞木，秋海棠，沙棘，野海棠，紫荆木，柿，木犀，鸡蛋花，黄荆，荆条，楸。

分布范围　华北、东北，浙江、安徽、福建、山东、河南、湖北、湖南、广东、广西、四川、贵州、西藏、陕西、甘肃、青海、宁夏。

发生地点　北京：东城区、顺义区、昌平区、大兴区；

　　　　　　河北：石家庄市井陉县，保定市阜平县、唐县，沧州市河间市，衡水市安平县，唐山市乐亭县，张家口市怀来县、赤城县；

　　　　　　黑龙江：齐齐哈尔市克东县；

　　　　　　福建：厦门市集美区，莆田市涵江区、荔城区、仙游县，泉州市安溪县，龙岩市上杭县；

山东：青岛市胶州市、即墨市、莱西市，泰安市肥城市、泰山林场，德州市齐河县，黄河三角洲保护区，聊城市冠县；

河南：平顶山市郏县，三门峡市陕州区，南阳市桐柏县，商丘市虞城县、夏邑县；

湖北：荆州市洪湖市；

湖南：长沙市长沙县；

广西：百色市靖西市；

四川：成都市都江堰市，绵阳市三台县，遂宁市安居区、大英县；

陕西：咸阳市兴平市，商洛市商南县、山阳县，佛坪保护区；

宁夏：吴忠市同心县。

发生面积　7426 亩

危害指数　0.3972

- **灰斑古毒蛾 *Orgyia antiquoides*（Hübner）**

拉丁异名　*Teia ericae*（Germar）

寄　　主　加杨，山杨，黑杨，白柳，旱柳，桦木，榛子，虎榛子，麻栎，栓皮栎，榆树，沙拐枣，梭梭，盐爪爪，油樟，三球悬铃木，蒙古扁桃，桃，杏，苹果，海棠花，李，红叶李，梨，蔷薇，沙冬青，柠条锦鸡儿，蒙古岩黄耆，花棒，白刺，花椒，栾树，黑桦鼠李，枣树，木荷，秋海棠，沙枣，沙棘，紫薇，杜鹃，木犀，杠柳，荆条。

分布范围　东北、西北，河北、内蒙古、江西、山东、河南、湖北、四川。

发生地点　河北：沧州市吴桥县、河间市；

内蒙古：通辽市霍林郭勒市，鄂尔多斯市鄂托克前旗、鄂托克旗、杭锦旗，巴彦淖尔市乌拉特中旗、乌拉特后旗，乌兰察布市四子王旗，阿拉善盟阿拉善左旗；

山东：青岛市即墨市、莱西市；

河南：郑州市新郑市、登封市，驻马店市泌阳县；

湖北：襄阳市枣阳市；

四川：自贡市贡井区；

陕西：渭南市蒲城县；

甘肃：白银市靖远县；

青海：海西蒙古族藏族自治州格尔木市、德令哈市、乌兰县、都兰县；

宁夏：中卫市沙坡头区、中宁县。

发生面积　260147 亩

危害指数　0.4476

- **合台毒蛾 *Orgyia convergens* Collenette**

寄　　主　山杨，榆树。

分布范围　北京、河北、内蒙古、云南、陕西。

发生地点　河北：邢台市沙河市。

- **黄古毒蛾 *Orgyia dubia*（Tauscher）**

寄　　主　胡杨，柳树，板栗，栎，构树，桑，梭梭，白梭梭，桃，杏，樱桃，山楂，苹果，海棠花，李，新疆梨，蔷薇，月季，锦鸡儿，枣树，沙枣，柿。

分布范围　华北、东北、西北，山东、河南。
发生地点　内蒙古：阿拉善盟阿拉善左旗、阿拉善右旗；
　　　　　河南：郑州市荥阳市，驻马店市确山县；
　　　　　新疆：博尔塔拉蒙古自治州夏尔希里保护区、三台林场、甘家湖保护区；
　　　　　新疆生产建设兵团：农四师 68 团，农七师 130 团。
发生面积　21695 亩
危害指数　0.5183

● **平纹古毒蛾** *Orgyia parallela* Gaede
寄　　主　辽东栎，重阳木，梧桐，木犀。
分布范围　北京、河北、福建、湖北、湖南、四川、陕西、甘肃。
发生地点　湖南：岳阳市岳阳县；
　　　　　陕西：商洛市镇安县。
发生面积　600 亩
危害指数　0.4444

● **棉古毒蛾** *Orgyia postica*（Walker）
寄　　主　银杏，马尾松，杉木，罗汉松，木麻黄，核桃，板栗，刺栲，鳞苞栲，青冈，垂叶榕，榕树，桑，樟树，肉桂，山鸡椒，枫香，碧桃，樱花，苹果，石楠，黑荆树，耳叶相思，台湾相思，云南金合欢，马占相思，羊蹄甲，洋紫荆，降香，凤凰木，刺桐，鸡冠刺桐，紫檀，老虎刺，刺槐，柑橘，楝树，秋枫，荔枝，朱槿，瓜栗，油茶，茶，木荷，土沉香，大花紫薇，海桑，木榄，竹节树，秋茄树，榄仁树，巨尾桉，柳窿桉，木犀，海榄雌。
分布范围　辽宁、福建、河南、广东、广西、重庆、云南。
发生地点　福建：厦门市海沧区、集美区、同安区、翔安区，莆田市城厢区、涵江区、荔城区、秀屿区、仙游县、湄洲岛，泉州市台商投资区；
　　　　　河南：三门峡市陕州区；
　　　　　广东：广州市天河区，深圳市宝安区、龙岗区，湛江市廉江市，茂名市茂南区，肇庆市高要区、怀集县、德庆县、四会市，惠州市惠阳区、惠东县、仲恺区，汕尾市陆河县、陆丰市、红海湾，河源市紫金县、龙川县，清远市清新区，东莞市，中山市，云浮市云安区、新兴县、云浮市属林场；
　　　　　广西：南宁市邕宁区、武鸣区、宾阳县、横县，桂林市雁山区、兴安县，梧州市长洲区、龙圩区、苍梧县、岑溪市，北海市海城区、银海区、铁山港区、合浦县，防城港市港口区、防城区、上思县、东兴市，钦州市钦南区、钦北区，贵港市港北区、港南区、桂平市，玉林市福绵区、容县、陆川县、博白县、兴业县，百色市田阳县，河池市东兰县、巴马瑶族自治县、大化瑶族自治县，来宾市忻城县、武宣县，崇左市江州区、扶绥县、宁明县、大新县、凭祥市，七坡林场、良凤江森林公园、派阳山林场、钦廉林场、三门江林场、维都林场、六万林场、博白林场。
发生面积　90874 亩
危害指数　0.3415

- **旋古毒蛾** *Orgyia thyellina* **Butler**

  寄　　主　柳树，板栗，锥栗，桑，三球悬铃木，梅，樱桃，枇杷，苹果，李，柿。

  分布范围　浙江、福建、山东、陕西。

- **平古毒蛾** *Orgyia truncata* **Chao**

  寄　　主　榕树，苹果。

  分布范围　广东、广西、新疆。

  发生地点　新疆：吐鲁番市高昌区。

- **灰顶竹毒蛾** *Pantana droa* **Swinhoe**

  寄　　主　毛竹。

  分布范围　浙江、福建、江西、湖南、广东。

  发生地点　浙江：宁波市余姚市；

  　　　　　福建：龙岩市新罗区；

  　　　　　湖南：邵阳市绥宁县。

  发生面积　568 亩

  危害指数　0.3333

- **刚竹毒蛾** *Pantana phyllostachysae* **Chao**

  中文异名　竹蛾

  寄　　主　青皮竹，刺竹子，方竹，绿竹，龙竹，麻竹，慈竹，斑竹，水竹，毛竹，红哺鸡竹，毛金竹，早竹，高节竹，红竹，金竹，甜竹，箪竹，箭竹，绵竹，万寿竹。

  分布范围　辽宁、江苏、浙江、安徽、福建、江西、湖北、湖南、广东、广西、重庆、四川、贵州、云南、陕西。

  发生地点　浙江：杭州市桐庐县，宁波市鄞州区，嘉兴市嘉善县，金华市磐安县、东阳市，衢州市衢江区，台州市临海市，丽水市莲都区、松阳县、庆元县；

  　　　　　安徽：合肥市庐阳区，芜湖市繁昌县、无为县，淮南市大通区，安庆市潜山县、太湖县、宿松县、岳西县，黄山市黄山区、徽州区、休宁县、黟县、祁门县，六安市霍山县，池州市贵池区、东至县、石台县，宣城市泾县、绩溪县、旌德县、宁国市；

  　　　　　福建：莆田市涵江区，三明市梅列区、三元区、明溪县、大田县、尤溪县、沙县、将乐县、泰宁县、永安市，泉州市安溪县、永春县，漳州市南靖县、平和县，南平市延平区、顺昌县、浦城县、松溪县、政和县、邵武市、武夷山市，龙岩市经开区、上杭县、武平县、连城县；

  　　　　　江西：萍乡市安源区、湘东区、莲花县、芦溪县，九江市武宁县、永修县、都昌县，新余市仙女湖区，赣州市安远县，吉安市青原区、峡江县、新干县、泰和县、永新县、井冈山市，宜春市袁州区、奉新县、靖安县、铜鼓县、樟树市，抚州市金溪县，上饶市广丰区、上饶县、铅山县、婺源县、德兴市，安福县；

  　　　　　湖北：黄石市阳新县，黄冈市罗田县、英山县、武穴市，咸宁市咸安区、崇阳县、通山县、赤壁市；

  　　　　　湖南：株洲市荷塘区、芦淞区，衡阳市衡阳县、衡南县、衡东县、祁东县、耒阳市、常宁市，邵阳市邵东县、新邵县、邵阳县、隆回县、洞口县、绥宁县、城步苗族自治县、武冈市，岳阳市云溪区、岳阳县、平江县、临湘市，常德市鼎城区、石门县，张家界市永定区、慈利县，益阳市资阳区、桃江县、安化县，郴州市苏仙区、永兴县、资兴市，怀化市辰溪县、会同县、靖州苗族侗族自治县，娄底市涟源市，湘西土家族苗族自治州凤凰县、保靖县、永顺县；

广东：韶关市翁源县、南雄市；

广西：柳州市融水苗族自治县，桂林市临桂区、灵川县、兴安县、永福县，百色市靖西市；

重庆：涪陵区、北碚区、永川区、南川区、铜梁区，梁平区、丰都县、忠县、开县、云阳县、巫溪县、秀山土家族苗族自治县、酉阳土家族苗族自治县、彭水苗族土家族自治县；

四川：自贡市贡井区、沿滩区、荣县、富顺县，德阳市中江县，绵阳市三台县，遂宁市大英县，眉山市丹棱县、青神县，宜宾市长宁县、珙县，雅安市雨城区、荥经县、石棉县；

贵州：遵义市赤水市，铜仁市碧江区、万山区、印江土家族苗族自治县，黔南布依族苗族自治州福泉市、瓮安县；

云南：昭通市永善县、绥江县、彝良县，普洱市镇沅彝族哈尼族拉祜族自治县、澜沧拉祜族自治县，临沧市沧源佤族自治县，红河哈尼族彝族自治州屏边苗族自治县，西双版纳傣族自治州勐海县。

发生面积　1037669 亩
危害指数　0.4845

- **暗竹毒蛾** *Pantana pluto*（Leech）
  寄　　主　龟甲竹，毛竹，金竹。
  分布范围　浙江、福建、江西、湖北、湖南、广东、广西、四川、贵州、云南。
  发生地点　湖北：荆州市洪湖市。

- **淡竹毒蛾** *Pantana simplex* Leech
  寄　　主　罗汉竹，水竹。
  分布范围　福建、江西、四川、陕西。
  发生地点　四川：凉山彝族自治州雷波县。
  发生面积　7500 亩
  危害指数　0.4667

- **华竹毒蛾** *Pantana sinica* Moore
  寄　　主　水竹，毛竹，红哺鸡竹，毛金竹，早竹，早园竹，金竹。
  分布范围　上海、江苏、浙江、安徽、福建、江西、湖北、湖南、广东、广西、四川、贵州、陕西。
  发生地点　江苏：无锡市宜兴市；
  　　　　　浙江：宁波市鄞州区、余姚市，丽水市莲都区；
  　　　　　福建：莆田市涵江区，三明市三元区，南平市松溪县，龙岩市新罗区；
  　　　　　江西：赣州市安远县，宜春市奉新县，上饶市铅山县；

　　　　　　　·湖南：长沙市长沙县、浏阳市，湘潭市湘潭县，常德市桃源县，张家界市永定区，益
　　　　　　　　　　阳市资阳区、安化县，郴州市苏仙区，永州市冷水滩区、东安县，湘西土家族
　　　　　　　　　　苗族自治州凤凰县、保靖县、永顺县；

　　　　　　　广东：韶关市始兴县、仁化县、乐昌市、南雄市；

　　　　　　　四川：宜宾市筠连县；

　　　　　　　陕西：宁东林业局、太白林业局。

发生面积　　10624 亩

危害指数　　0.3856

● **竹毒蛾** *Pantana visum*（**Hübner**）

中文异名　　毛竹毒蛾

寄　　主　　毛竹，金竹，慈竹。

分布范围　　福建、江西、湖南、广东、广西、海南、重庆、四川、贵州、云南、陕西。

发生地点　　江西：景德镇市昌江区；

　　　　　　　湖南：常德市鼎城区；

　　　　　　　四川：达州市大竹县。

发生面积　　1556 亩

危害指数　　0.5182

● **侧柏毒蛾** *Parocneria furva*（**Leech**）

中文异名　　柏毛虫

寄　　主　　油松，黄桧，柏木，刺柏，侧柏，圆柏，垂枝香柏，祁连圆柏，叉子圆柏，高山柏。

分布范围　　华北、东北，上海、江苏、浙江、安徽、江西、山东、河南、湖北、湖南、重庆、四
　　　　　　　川、贵州、陕西、甘肃、青海、宁夏。

发生地点　　北京：房山区、大兴区；

　　　　　　　河北：石家庄市井陉县，唐山市玉田县，邢台市邢台县，保定市阜平县，张家口市怀
　　　　　　　　　　来县，沧州市河间市，廊坊市大城县、霸州市，定州市；

　　　　　　　山西：大同市阳高县，晋城市阳城县、泽州县，临汾市永和县；

　　　　　　　内蒙古：通辽市科尔沁左翼后旗，鄂尔多斯市鄂托克前旗、乌审旗；

　　　　　　　辽宁：大连市金普新区；

　　　　　　　上海：金山区、青浦区；

　　　　　　　江苏：徐州市沛县、邳州市，盐城市射阳县；

　　　　　　　浙江：杭州市萧山区；

　　　　　　　安徽：宿州市萧县；

　　　　　　　山东：济南市历城区、平阴县、章丘市，枣庄市市中区、薛城区、台儿庄区、山亭
　　　　　　　　　　区、滕州市，济宁市微山县、汶上县、曲阜市，泰安市宁阳县、泰山林场，莱
　　　　　　　　　　芜市莱城区、钢城区，菏泽市单县、郓城县；

　　　　　　　河南：许昌市禹州市，驻马店市泌阳县，济源市；

　　　　　　　湖北：襄阳市保康县，恩施土家族苗族自治州咸丰县；

湖南：邵阳市新邵县、隆回县，郴州市桂阳县、永兴县，永州市宁远县、新田县；

重庆：渝北区，秀山土家族苗族自治县、酉阳土家族苗族自治县；

四川：广安市武胜县，达州市开江县，巴中市恩阳区、通江县；

贵州：遵义市正安县、道真仡佬族苗族自治县、务川仡佬族苗族自治县、余庆县、习水县，铜仁市碧江区、石阡县、思南县、沿河土家族自治县、松桃苗族自治县；

陕西：铜川市耀州区，咸阳市渭城区、乾县、永寿县，延安市志丹县、吴起县、宜川县，汉中市汉台区，榆林市榆阳区，商洛市镇安县、神木县；

甘肃：庆阳市华池县、镇原县，定西市安定区；

青海：海东市民和回族土族自治县、互助土族自治县，海北藏族自治州门源回族自治县，黄南藏族自治州同仁县、尖扎县、麦秀林场；

宁夏：吴忠市同心县。

发生面积　156083 亩

危害指数　0.4365

- **蜀柏毒蛾 *Parocneria orienta* Chao**

寄　　主　柏木，墨西哥柏木，侧柏，圆柏，塔枝圆柏，高山柏，崖柏。

分布范围　上海、浙江、福建、江西、湖北、湖南、重庆、四川、陕西。

发生地点　上海：闵行区、宝山区、嘉定区、浦东新区、金山区；

重庆：万州区、涪陵区、江北区、北碚区、大足区、渝北区、巴南区、长寿区、江津区、合川区、南川区、铜梁区、潼南区、荣昌区、万盛经济技术开发区，梁平区、丰都县、垫江县、忠县、开县、云阳县、奉节县、巫山县、巫溪县、石柱土家族自治县、秀山土家族苗族自治县、彭水苗族土家族自治县；

四川：成都市青白江区、简阳市，自贡市荣县，泸州市叙永县，德阳市旌阳区、中江县、罗江县，绵阳市涪城区、三台县、盐亭县、梓潼县、江油市，广元市利州区、昭化区、旺苍县、剑阁县、苍溪县，遂宁市船山区、安居区、蓬溪县、射洪县、大英县，内江市资中县，乐山市沐川县，南充市高坪区、南部县、营山县、仪陇县、西充县、阆中市，眉山市仁寿县，宜宾市宜宾县、高县、珙县、筠连县，广安市广安区、岳池县、武胜县、邻水县、华蓥市，达州市通川区、达川区、开江县、大竹县，巴中市巴州区、恩阳区、通江县、南江县、平昌县，资阳市雁江区、安岳县、乐至县。

发生面积　3279794 亩

危害指数　0.4701

- **榕透翅毒蛾 *Perina nuda*（Fabricius）**

寄　　主　木麻黄，山杨，枫杨，桤木，板栗，栎，青冈，高山榕，垂叶榕，黄葛树，榕树，大叶水榕，桑，樟树，肉桂，黄樟，枫香，杏，枇杷，红叶李，台湾相思，刺槐，文旦柚，柑橘，楝树，油桐，紫薇，桉树，乌墨，女贞，木犀，椰子。

分布范围　浙江、福建、江西、湖北、湖南、广东、广西、重庆、四川、西藏。

发生地点　福建：厦门市海沧区、集美区、同安区、翔安区，莆田市城厢区、荔城区、秀屿区、湄洲岛，泉州市安溪县，漳州市平和县，南平市松溪县，龙岩市上杭县、漳平市，福州国家森林公园；

广东：广州市海珠区、天河区、白云区、番禺区，深圳市福田区、宝安区、龙岗区、光明新区、大鹏新区，湛江市麻章区、遂溪县，肇庆市鼎湖区、高要区、德庆县、四会市，惠州市惠阳区、惠东县，梅州市大埔县，汕尾市陆河县、陆丰市，河源市源城区、紫金县、龙川县、东源县，清远市英德市，东莞市，中山市，云浮市云城区、云安区、新兴县、郁南县、罗定市；

广西：南宁市江南区；

重庆：涪陵区、大渡口区、江北区、北碚区、长寿区、永川区、南川区、荣昌区、万盛经济技术开发区、梁平区、丰都县、武隆区、忠县、云阳县、巫溪县、酉阳土家族苗族自治县、彭水苗族土家族自治县；

四川：成都市都江堰市，自贡市贡井区、大安区、荣县，绵阳市三台县，遂宁市船山区、南充市顺庆区、高坪区，眉山市青神县，广安市前锋区、武胜县，凉山彝族自治州德昌县。

发生面积　9769 亩

危害指数　0.3587

- **明毒蛾** *Topomesoides jonasi*（**Butler**）
  寄　　主　龙眼，接骨木。
  分布范围　浙江、福建、湖北、湖南、广东。

尾夜蛾科 Euteliidae

- **杧果横线尾夜蛾** *Chlumetia transversa*（**Walker**）
  寄　　主　杧果，林生杧果。
  分布范围　广东、海南。
  发生地点　广东：肇庆市高要区，云浮市罗定市、云浮市属林场；
  　　　　　海南：昌江黎族自治县。

- **枫香尾夜蛾** *Eutelia adulatricoides*（**Mell**）
  中文异名　鹿尾夜蛾
  寄　　主　枫香。
  分布范围　福建、江西、湖南、广东、海南、西藏、陕西。
  发生地点　福建：龙岩市新罗区；
  　　　　　江西：萍乡市莲花县、上栗县、芦溪县，安福县；
  　　　　　陕西：渭南市华州区。
  发生面积　255 亩
  危害指数　0.3333

- **漆尾夜蛾** *Eutelia geyeri*（**Felder et Rogenhofer**）
  寄　　主　桑，枫香，桃，梅，李，柑橘，盐肤木，漆树。

分布范围　北京、上海、江苏、浙江、福建、江西、湖南、四川、云南、西藏。

发生地点　上海：宝山区、浦东新区、松江区、奉贤区；

　　　　　江西：萍乡市莲花县、芦溪县。

- **钩尾夜蛾** *Eutelia hamulatrix* **Draudt**

寄　　主　杨树，柳树，臭椿。

分布范围　北京、河北、浙江、安徽、河南、广东、四川、陕西、宁夏。

发生地点　北京：顺义区；

　　　　　陕西：渭南市华州区；

　　　　　宁夏：银川市永宁县。

瘤蛾科 Nolidae

- **白裙赭夜蛾** *Carea angulate*（**Fabricius**）

拉丁异名　*Carea subtilis* Walker

寄　　主　榕树，肉桂，台湾相思，黄檀，柑橘，柠檬，楝树，秋枫，龙眼，荔枝，海南椴，水翁，巨尾桉，桃金娘，乌墨，蒲桃，洋蒲桃。

分布范围　福建、广东、广西、海南、云南、青海。

发生地点　福建：厦门市同安区、翔安区，泉州市安溪县；

　　　　　广东：广州市番禺区，深圳市宝安区，河源市龙川县；

　　　　　广西：防城港市港口区，贵港市桂平市，百色市右江区，贺州市昭平县，崇左市宁明县。

发生面积　4388 亩

危害指数　0.3333

- **赭夜蛾** *Carea varipes* **Walker**

中文异名　莲雾赭夜蛾

寄　　主　榕树，白兰，台湾相思，楝树，秋枫，黄杨，水翁，桉树，乌墨，蒲桃，洋蒲桃。

分布范围　福建、广东、海南。

发生地点　广东：深圳市大鹏新区，肇庆市高要区、四会市，汕尾市陆河县、陆丰市，东莞市，中山市，云浮市新兴县、郁南县。

发生面积　137 亩

危害指数　0.4063

- **鼎点钻夜蛾** *Earias cupreoviridis*（**Walker**）

寄　　主　杜鹃。

分布范围　北京、江苏、浙江、湖北、湖南、四川、云南、西藏。

发生地点　北京：密云区；

　　　　　江苏：南京市玄武区。

- **粉缘钻夜蛾** *Earias pudicana* **Staudinger**

中文异名　一点金刚钻、粉绿金刚钻、柳金刚夜蛾、一点钻夜蛾

拉丁异名　*Earias pudicana pupillana* Staudinger

寄　　主　山杨，毛白杨，白柳，垂柳，旱柳，绦柳，垂丝海棠，构树，石楠，槐树，梧桐，白花泡桐。

分布范围　东北、华东，北京、天津、河北、山西、河南、湖北、湖南、四川、陕西、宁夏。

发生地点　北京：石景山区、东城区、密云区、通州区、顺义区；

　　　　　河北：唐山市乐亭县，保定市唐县，张家口市怀来县、赤城县，沧州市吴桥县，衡水市桃城区、武邑县；

　　　　　上海：嘉定区、金山区；

　　　　　江苏：南京市玄武区，无锡市滨湖区，徐州市丰县，常州市武进区、天宁区、钟楼区、新北区，苏州市昆山市、太仓市，淮安市清江浦区，扬州市江都区；

　　　　　安徽：芜湖市芜湖县；

　　　　　江西：萍乡市芦溪县；

　　　　　山东：东营市河口区，济宁市任城区、梁山县、曲阜市，泰安市泰山林场，莱芜市莱城区，临沂市莒南县，德州市陵城区，聊城市东阿县、高新技术产业开发区，黄河三角洲保护区；

　　　　　陕西：渭南市华州区，汉中市汉台区、西乡县；

　　　　　宁夏：银川市永宁县，石嘴山市大武口区，吴忠市利通区、红寺堡区、同心县。

发生面积　20471 亩

危害指数　0.3337

● **玫斑钻夜蛾** *Earias roseifera* **Butler**

中文异名　玫斑金刚钻

寄　　主　山杨，野海棠，杜鹃。

分布范围　北京、河北、黑龙江、浙江、山东、湖北、湖南、四川。

发生地点　山东：济宁市兖州区。

发生面积　100 亩

危害指数　0.3333

● **翠纹金刚钻** *Earias vittella* （**Fabricius**）

拉丁异名　*Earias fabia* （Stoll）

寄　　主　菊。

分布范围　江苏、浙江、江西、湖北、湖南、广东、广西、四川、贵州、云南、陕西。

● **乌桕癞皮夜蛾** *Gadirtha inexacta* **Walker**

中文异名　癞皮夜蛾

寄　　主　山杨，蒙古栎，红背山麻杆，山乌桕，圆叶乌桕，乌桕，木荷。

分布范围　中南，辽宁、江苏、浙江、安徽、福建、江西、山东、贵州。

发生地点　江苏：镇江市句容市；

　　　　　福建：厦门市同安区，莆田市城厢区、涵江区、秀屿区，龙岩市新罗区；

　　　　　江西：萍乡市莲花县、芦溪县；

広东：广州市花都区。

发生面积　27381 亩

危害指数　0.3333

- **暗影饰皮夜蛾** *Garella ruficirra*（**Hampson**）

  中文异名　栗皮夜蛾

  寄　　主　核桃，板栗。

  分布范围　江苏、浙江、湖北、四川、陕西。

  发生地点　江苏：无锡市宜兴市，常州市溧阳市；

  　　　　　浙江：丽水市莲都区；

  　　　　　四川：巴中市通江县；

  　　　　　陕西：商洛市镇安县。

  发生面积　390 亩

  危害指数　0.3333

- **粉翠夜蛾** *Hylophilodes orientalis*（**Hampson**）

  寄　　主　栎，栎子青冈。

  分布范围　浙江、福建、江西、广东、四川。

  发生地点　江西：萍乡市莲花县、上栗县、芦溪县。

- **太平粉翠夜蛾** *Hylophilodes tsukusensis* **Nagano**

  寄　　主　重阳木，茶。

  分布范围　江苏、浙江、广东。

  发生地点　江苏：无锡市宜兴市；

  　　　　　浙江：宁波市象山县。

- **黑斑瘤蛾** *Manoba melanota*（**Hampson**）

  中文异名　紫薇黑斑瘤蛾

  寄　　主　大果榉，构树，蔷薇，栾树，紫薇，女贞，木犀。

  分布范围　上海、江苏、福建、江西、湖南。

  发生地点　上海：嘉定区、金山区；

  　　　　　江苏：扬州市江都区、宝应县，泰州市姜堰区、兴化市；

  　　　　　湖南：岳阳市汨罗市、临湘市。

  发生面积　652 亩

  危害指数　0.6646

- **烟洛瘤蛾** *Meganola fumosa*（**Butler**）

  寄　　主　栎。

  分布范围　辽宁。

- **枇杷瘤蛾** *Melanographia flexilineata*（**Hampson**）

  寄　　主　栎，木波罗，枇杷，山杜英。

分布范围　上海、江苏、安徽、福建、河南、湖北、广东、广西、海南、重庆、四川、陕西。

发生地点　上海：浦东新区、松江区、奉贤区；

　　　　　江苏：苏州市昆山市，盐城市东台市，泰州市姜堰区；

　　　　　安徽：池州市贵池区；

　　　　　福建：龙岩市上杭县；

　　　　　河南：邓州市；

　　　　　湖北：荆州市江陵县；

　　　　　重庆：涪陵区、永川区，云阳县、巫溪县、彭水苗族土家族自治县；

　　　　　陕西：汉中市汉台区。

发生面积　463 亩

危害指数　0.3485

- **苹米瘤蛾** *Mimerastria mandschuriana*（Oberthür）

寄　　主　山杨，蒙古栎，苹果。

分布范围　华北、东北，山东、四川。

发生地点　北京：顺义区。

- **栎点瘤蛾** *Nola confusalis*（Herrich-Schäffer）

寄　　主　重阳木，秋枫。

分布范围　山东、广东。

发生地点　广东：肇庆市四会市。

发生面积　103 亩

危害指数　0.3333

- **细皮夜蛾** *Selepa celtis* Moore

寄　　主　梅，枇杷，黄槐决明，秋枫，梧桐，紫薇，蓝果树，桉树，洋蒲桃，赤杨叶，木犀。

分布范围　福建、广东。

发生地点　福建：厦门市同安区，莆田市涵江区，三明市三元区；

　　　　　广东：肇庆市德庆县。

发生面积　157 亩

危害指数　0.3546

夜蛾科 Noctuidae

- **紫金翅夜蛾** *Diachrysia chryson*（Esper）

寄　　主　杨树，桦木，榆树，无花果，红果树。

分布范围　北京、河北、辽宁、黑龙江、山东。

发生地点　河北：张家口市沽源县。

发生面积　100 亩

危害指数　0.3333

● 隐金夜蛾 *Abrostola triplasia*（**Linnaeus**）

寄　　主　榆树。

分布范围　北京、河北、黑龙江、江苏、浙江、湖北、四川。

发生地点　河北：唐山市乐亭县；

　　　　　江苏：南京市玄武区。

● 两色绮夜蛾 *Acontia bicolora* **Leech**

寄　　主　旱柳，榆树，桑，桢楠，李，胡枝子，朱槿，木槿，木棉。

分布范围　北京、河北、辽宁、江苏、浙江、福建、江西、山东、湖北、湖南、广东、四川。

发生地点　北京：顺义区；

　　　　　河北：张家口市沽源县；

　　　　　浙江：宁波市鄞州区；

　　　　　广东：肇庆市四会市；

　　　　　四川：巴中市恩阳区。

发生面积　543 亩

危害指数　0.3333

● 谐夜蛾 *Acontia trabealis*（**Scopoli**）

拉丁异名　*Emmelia trabealis* Scopoli

寄　　主　山杨，榆树，牡丹，海棠花。

分布范围　东北，北京、河北、江苏、山东、广东、宁夏、新疆。

发生地点　北京：通州区、顺义区；

　　　　　河北：石家庄市井陉矿区，唐山市乐亭县，张家口市沽源县、怀来县、赤城县，衡水市桃城区；

　　　　　山东：聊城市东阿县；

　　　　　宁夏：吴忠市红寺堡区、盐池县，固原市彭阳县。

发生面积　1370 亩

危害指数　0.3360

● 锐剑纹夜蛾 *Acronicta aceris*（**Linnaeus**）

寄　　主　旱柳，核桃，榆树，三球悬铃木，苹果，白蜡树。

分布范围　内蒙古、四川、陕西、甘肃、宁夏、新疆。

发生地点　四川：巴中市通江县；

　　　　　宁夏：吴忠市同心县。

发生面积　176 亩

危害指数　0.3333

● 光剑纹夜蛾 *Acronicta adaucta*（**Warren**）

寄　　主　苹果。

分布范围　北京、江西、陕西、新疆。

发生地点　陕西：太白林业局。

- 桦剑纹夜蛾 *Acronicta alni*（Linnaeus）

  寄　　主　枫杨，桤木，桦木，桃，黑桦鼠李，栋木。

  分布范围　东北，河北、内蒙古、河南、陕西、宁夏。

  发生地点　内蒙古：通辽市科尔沁左翼后旗。

  发生面积　100 亩

  危害指数　0.3333

- 华剑纹夜蛾 *Acronicta auricoma*（Denis et Schiffermüller）

  寄　　主　桦木，栎，悬钩子。

  分布范围　河北、黑龙江、四川。

  发生地点　四川：巴中市通江县。

  发生面积　172 亩

  危害指数　0.3333

- 童剑纹夜蛾 *Acronicta bellula*（Alpheraky）

  寄　　主　榆树。

  分布范围　河北、黑龙江、山东。

  发生地点　山东：济南市商河县。

- 小剑纹夜蛾 *Acronicta biconica* Kollar

  寄　　主　旱柳，榆树，山梅花，桃，杏，苹果，李，梨，葡萄，木槿。

  分布范围　北京、河北、辽宁、宁夏。

  发生地点　北京：顺义区；

  　　　　　河北：张家口市赤城县，沧州市吴桥县、河间市；

  　　　　　宁夏：吴忠市利通区、同心县。

  发生面积　834 亩

  危害指数　0.3337

- 白斑剑纹夜蛾 *Acronicta catocaloida*（Graeser）

  寄　　主　杨树，榆树，山楂，苹果，梨，刺槐，木槿。

  分布范围　河北、山西、辽宁、黑龙江、浙江、山东、广东、重庆、四川、陕西。

  发生地点　四川：巴中市通江县；

  　　　　　陕西：渭南市华阴市。

  发生面积　410 亩

  危害指数　0.3333

- 首剑纹夜蛾 *Acronicta concerpta*（Draudt）

  拉丁异名　*Acronicta megacephala*（Denis et Schiffermüller）

  寄　　主　加杨，山杨，箭杆杨，棉花柳，桃，梨。

  分布范围　河北、黑龙江、新疆。

  发生地点　新疆：克拉玛依市克拉玛依区。

  发生面积　100 亩

危害指数　0.3333

● 戟剑纹夜蛾 *Acronicta euphorbiae*（Denis et Schiffermüller）

寄　　主　山杨，杨梅，枫杨，桤木，桦木，构树，蜡梅，李。

分布范围　河北、山西、辽宁、黑龙江、江苏、四川、西藏、新疆。

发生地点　江苏：南京市浦口区；

　　　　　四川：巴中市通江县；

　　　　　新疆：克拉玛依市克拉玛依区。

发生面积　395 亩

危害指数　0.3333

● 台湾桑剑纹夜蛾 *Acronicta gigasa* Chang

寄　　主　山杨，油茶。

分布范围　江西。

发生地点　江西：宜春市高安市。

● 榆剑纹夜蛾 *Acronicta hercules*（Felder et Rogenhofer）

寄　　主　山杨，柳树，榆树，桃，杏，樱桃，苹果，李，梨。

分布范围　东北，北京、河北、山西、内蒙古、福建、江西、山东、云南、陕西、宁夏。

发生地点　北京：密云区；

　　　　　河北：保定市唐县，张家口市赤城县，沧州市吴桥县、黄骅市、河间市；

　　　　　山西：大同市阳高县；

　　　　　山东：济宁市兖州区、鱼台县、梁山县，泰安市泰山林场；

　　　　　陕西：渭南市华州区、大荔县，延安市志丹县，汉中市汉台区，宁东林业局；

　　　　　宁夏：吴忠市利通区。

发生面积　2311 亩

危害指数　0.3622

● 桃剑纹夜蛾 *Acronicta intermedia*（Warren）

寄　　主　山杨，黑杨，白柳，垂柳，旱柳，核桃，栎，旱榆，榆树，桑，枫香，桃，梅，杏，
　　　　　樱桃，樱花，日本晚樱，日本樱花，山楂，山里红，西府海棠，苹果，海棠花，李，
　　　　　红叶李，秋子梨，月季，刺槐，香椿，重阳木，紫薇，石榴。

分布范围　东北，北京、河北、山西、内蒙古、上海、江苏、福建、江西、山东、河南、湖北、
　　　　　广东、重庆、四川、陕西、宁夏、新疆。

发生地点　北京：东城区、顺义区、密云区；

　　　　　河北：石家庄市井陉县，唐山市乐亭县，保定市唐县，张家口市怀来县、赤城县，沧
　　　　　　　　州市吴桥县、黄骅市、河间市，衡水市桃城区、武邑县；

　　　　　山西：大同市阳高县；

　　　　　内蒙古：通辽市科尔沁左翼后旗；

　　　　　上海：闵行区、浦东新区、青浦区；

　　　　　江苏：南京市浦口区、栖霞区、江宁区，常州市武进区，苏州市高新技术开发区、昆

山市、太仓市，淮安市清江浦区，盐城市盐都区、阜宁县；

福建：龙岩市经济技术开发区；

山东：东营市垦利县，济宁市任城区、泗水县、梁山县、曲阜市，泰安市泰山区、泰山林场，莱芜市钢城区，聊城市东阿县、冠县，菏泽市牡丹区、单县，黄河三角洲保护区；

河南：南阳市南召县；

广东：惠州市惠东县；

重庆：武隆区；

四川：绵阳市平武县，遂宁市安居区；

陕西：咸阳市兴平市，渭南市大荔县，汉中市汉台区、西乡县，榆林市子洲县，商洛市山阳县，宁东林业局；

宁夏：银川市兴庆区、西夏区、金凤区、永宁县，石嘴山市大武口区，吴忠市利通区、同心县；

新疆：吐鲁番市高昌区、鄯善县。

发生面积　12986 亩

危害指数　0.3615

- **剑纹夜蛾** *Acronicta leporina*（Linnaeus）

寄　　主　山杨，白柳，垂柳，旱柳，核桃，白桦，栎，旱榆，榆树，蜡梅，桃，杏，日本晚樱，垂丝海棠，苹果，李，梨，月季，香椿，盐肤木，木槿。

分布范围　北京、河北、辽宁、黑龙江、江苏、山东、河南、湖北、四川、云南、陕西、青海、宁夏、新疆。

发生地点　河北：张家口市怀来县；

江苏：无锡市滨湖区；

山东：济宁市鱼台县，泰安市新泰市，滨州市惠民县；

河南：南阳市桐柏县；

四川：成都市蒲江县；

云南：临沧市双江拉祜族佤族布朗族傣族自治县；

陕西：咸阳市兴平市；

宁夏：银川市西夏区。

发生面积　5777 亩

危害指数　0.3968

- **晃剑纹夜蛾** *Acronicta leucocuspis*（Butler）

寄　　主　加杨，山杨，枫杨，栎，桑，桃，日本晚樱，山楂，苹果，李，梨，木槿，秋海棠。

分布范围　北京、河北、辽宁、黑龙江、上海、江苏、浙江、江西、山东、云南、陕西、新疆。

发生地点　北京：密云区；

河北：张家口市赤城县，衡水市桃城区；

上海：松江区；

江苏：南京市浦口区；

浙江：宁波市慈溪市，衢州市常山县；

陕西：渭南市华州区；

新疆：克拉玛依市克拉玛依区。

发生面积　794 亩

危害指数　0.3333

● **桑剑纹夜蛾** *Acronicta major*（Bremer）

中文异名　桑夜蛾

寄　　主　山杨，垂柳，旱柳，山核桃，核桃，旱榆，榆树，桑，猴樟，桃，杏，梅，樱桃，山楂，苹果，稠李，李，梨，红果树，降香，刺槐，槐树，柑橘，臭椿，香椿，南蛇藤，女贞。

分布范围　华北、东北、华东，河南、湖北、湖南、广东、重庆、四川、云南、陕西、宁夏。

发生地点　北京：东城区、顺义区、大兴区、密云区；

河北：石家庄市井陉矿区、鹿泉区、平山县，唐山市乐亭县，张家口市沽源县，沧州市黄骅市、河间市，衡水市桃城区；

内蒙古：通辽市科尔沁左翼后旗；

江苏：南京市浦口区、溧水区，淮安市清江浦区、金湖县，盐城市建湖县、东台市，泰州市兴化市；

安徽：阜阳市颍东区；

山东：潍坊市坊子区，济宁市任城区、兖州区、鱼台县、曲阜市、经济技术开发区，威海市环翠区，临沂市蒙阴县，聊城市东阿县；

湖南：岳阳市岳阳县；

广东：清远市连山壮族瑶族自治县、清远市属林场；

重庆：石柱土家族自治县；

陕西：咸阳市礼泉县、永寿县、旬邑县、兴平市，渭南市华州区、白水县，宁东林业局。

发生面积　7410 亩

危害指数　0.3514

● **赛剑纹夜蛾** *Acronicta psi*（Linnaeus）

寄　　主　柳树，桦木，荷包牡丹，蔷薇，李。

分布范围　北京、河北、山西、黑龙江、江苏、浙江、湖南、陕西、新疆。

发生地点　江苏：盐城市盐都区；

陕西：渭南市澄城县。

发生面积　104 亩

危害指数　0.4615

● **梨剑纹夜蛾** *Acronicta rumicis*（Linnaeus）

寄　　主　山杨，黑杨，垂柳，旱柳，杨梅，枫杨，板栗，栎，榆树，桑，三球悬铃木，桃，梅，杏，樱桃，樱花，日本樱花，山楂，西府海棠，苹果，石楠，李，红叶李，白梨，沙梨，月季，花椒，香椿，重阳木，卫矛，色木槭，元宝槭，栾树，枣树，木芙蓉，柽柳，紫薇，石榴，柿，白蜡树，洋白蜡，女贞，小叶女贞，杠柳，毛泡桐，珊瑚树。

分布范围　北京、天津、河北、辽宁、黑龙江、上海、江苏、浙江、福建、江西、山东、河南、湖北、湖南、重庆、四川、贵州、云南、陕西、甘肃、宁夏、新疆。

发生地点　北京：顺义区、大兴区；

河北：唐山市乐亭县、玉田县，沧州市黄骅市、河间市，衡水市桃城区、武邑县；

上海：闵行区、宝山区、浦东新区、金山区、松江区、青浦区、奉贤区，崇明县；

江苏：南京市玄武区，徐州市沛县，苏州市高新技术开发区、昆山市、太仓市，淮安市金湖县，盐城市亭湖区、盐都区、大丰区、响水县、阜宁县、射阳县、建湖县、东台市，扬州市邗江区、宝应县、高邮市，镇江市句容市，泰州市姜堰区、兴化市、泰兴市；

福建：莆田市涵江区、秀屿区、仙游县；

山东：枣庄市台儿庄区，潍坊市坊子区、滨海经济开发区，济宁市任城区、泗水县、曲阜市，泰安市泰山区，聊城市东昌府区、阳谷县、东阿县、冠县、经济技术开发区、高新技术产业开发区，黄河三角洲保护区；

河南：商丘市民权县；

湖北：黄冈市罗田县；

湖南：岳阳市岳阳县；

重庆：秀山土家族苗族自治县；

四川：遂宁市蓬溪县，甘孜藏族自治州泸定县；

陕西：渭南市华州区，汉中市西乡县；

宁夏：石嘴山市大武口区。

发生面积　22416亩

危害指数　0.3544

● **果剑纹夜蛾** *Acronicta strigosa*（**Denis et Schiffermüller**）

寄　　主　雪松，山杨，枫杨，榆树，桃，梅，杏，樱桃，日本樱花，野山楂，山楂，苹果，李，红叶李，秋子梨，香果树。

分布范围　北京、河北、山西、辽宁、黑龙江、江苏、浙江、安徽、山东、河南、陕西、宁夏。

发生地点　北京：顺义区；

江苏：淮安市清江浦区、金湖县，扬州市宝应县、高邮市，泰州市姜堰区；

山东：济宁市鱼台县、泗水县、梁山县、曲阜市、经济技术开发区，泰安市泰山林场，黄河三角洲保护区；

河南：郑州市新郑市；

宁夏：吴忠市同心县。

发生面积　449亩

危害指数　0.4670

● **天剑纹夜蛾** *Acronicta tiena*（**Püngeler**）

寄　　主　山杨。

分布范围　河北、江苏、四川、云南、陕西、青海、新疆。
发生地点　江苏：泰州市姜堰区。

- **三齿剑纹夜蛾** *Acronicta tridens*（**Denis et Schiffermüller**）
  寄　　主　加杨，桦木，栎，山楂。
  分布范围　黑龙江、甘肃、新疆。
  发生地点　新疆：克拉玛依市克拉玛依区。

- **黑地狼夜蛾** *Actebia fennica*（**Tauscher**）
  寄　　主　落叶松，山杨，柳树，蒙古栎。
  分布范围　黑龙江、陕西。
  发生地点　陕西：渭南市大荔县。
  发生面积　100 亩
  危害指数　0.3333

- **翠色狼夜蛾** *Actebia praecox*（**Linnaeus**）
  寄　　主　旱柳，鹿茸木，桃，苹果，白梨，红果树，刺槐。
  分布范围　东北，河北、内蒙古、江西、山东、陕西。
  发生地点　河北：石家庄市井陉县，保定市唐县，张家口市沽源县、赤城县；
  　　　　　内蒙古：通辽市科尔沁左翼后旗；
  　　　　　山东：济宁市鱼台县，泰安市泰山区；
  　　　　　陕西：渭南市白水县。
  发生面积　1484 亩
  危害指数　0.3333

- **黑齿狼夜蛾** *Actebia praecurrens*（**Staudinger**）
  寄　　主　柳树，蒙古栎。
  分布范围　内蒙古、辽宁、黑龙江、西藏、陕西。

- **皱地夜蛾** *Agrotis clavis*（**Hufnagel**）
  寄　　主　云杉，青海云杉。
  分布范围　河北、黑龙江、四川、西藏、青海、宁夏。
  发生地点　西藏：日喀则市吉隆县；
  　　　　　宁夏：吴忠市红寺堡区。

- **警纹地老虎** *Agrotis exclamationis*（**Linnaeus**）
  中文异名　警纹地夜蛾
  寄　　主　新疆杨，山杨，胡杨，钻天杨，箭杆杨，馒头柳，榆树，桃，杏，苹果，梨，新疆
  　　　　　梨，枣树，葡萄，枸杞。
  分布范围　内蒙古、云南、西藏、甘肃、青海、宁夏、新疆。
  发生地点　甘肃：武威市凉州区；
  　　　　　宁夏：银川市兴庆区、西夏区、金凤区；

新疆：克拉玛依市克拉玛依区，博尔塔拉蒙古自治州精河县，和田地区和田县；

新疆生产建设兵团：农一师10团、13团，农二师22团、29团，农十四师224团。

发生面积　62096亩

危害指数　0.3333

- **小地老虎** *Agrotis ypsilon*（Rott.）

寄　　主　银杏，杉松，落叶松，日本落叶松，华北落叶松，云杉，青海云杉，红皮云杉，华山松，湿地松，红松，马尾松，樟子松，油松，柳杉，杉木，水杉，柏木，刺柏，侧柏，圆柏，榧树，加杨，山杨，黑杨，钻天杨，毛白杨，垂柳，棉花柳，旱柳，杨梅，山核桃，薄壳山核桃，核桃楸，核桃，枫杨，亮叶桦，板栗，苦槠栲，栲树，栎，旱榆，榆树，构树，桑，牡丹，荷花玉兰，白兰，猴樟，樟树，天竺桂，桢楠，枫香，三球悬铃木，山桃，桃，碧桃，山杏，杏，樱桃，日本樱花，山楂，枇杷，垂丝海棠，西府海棠，苹果，海棠花，石楠，李，红叶李，梨，蔷薇，红果树，紫穗槐，柠条锦鸡儿，紫荆，刺槐，槐树，文旦柚，柑橘，金橘，黄檗，花椒，红椿，长叶黄杨，黄栌，漆树，金边黄杨，色木槭，元宝槭，茶条木，栾树，枣树，葡萄，山杜英，梧桐，山茶，油茶，茶，木荷，沙枣，沙棘，巨桉，巨尾桉，树参，杜鹃，柿，水曲柳，女贞，小叶女贞，木犀，枸杞，泡桐，白花泡桐，栀子。

分布范围　华北、东北、华东、西南、西北，河南、湖北、湖南、广东、广西。

发生地点　北京：东城区、丰台区、石景山区、顺义区、大兴区；

河北：石家庄市新华区、井陉矿区、井陉县、赞皇县、晋州市，唐山市古冶区、开平区、乐亭县、玉田县，秦皇岛市青龙满族自治县，邢台市任县、新河县、平乡县，保定市唐县、高阳县、望都县、蠡县、顺平县、博野县，张家口市康保县、沽源县、阳原县、怀安县、赤城县，沧州市沧县、东光县、吴桥县、黄骅市、河间市，廊坊市固安县、永清县，衡水市桃城区、枣强县、武邑县、安平县、景县，定州市，雾灵山保护区；

内蒙古：通辽市奈曼旗，巴彦淖尔市乌拉特前旗，乌兰察布市兴和县、察哈尔右翼后旗、四子王旗，阿拉善盟额济纳旗；

辽宁：丹东市东港市；

吉林：延边朝鲜族自治州大兴沟林业局；

黑龙江：佳木斯市郊区、同江市；

上海：宝山区、嘉定区、浦东新区、松江区；

江苏：南京市浦口区，无锡市惠山区、滨湖区、江阴市、宜兴市，徐州市沛县、睢宁县，常州市天宁区、钟楼区、新北区、溧阳市，苏州市太仓市，淮安市金湖县，盐城市亭湖区、盐都区、滨海县、东台市，扬州市江都区，泰州市姜堰区；

浙江：杭州市西湖区、萧山区、桐庐县，宁波市鄞州区、余姚市、慈溪市，嘉兴市秀洲区，衢州市常山县；

安徽：淮北市濉溪县，安庆市宜秀区、怀宁县，阜阳市颍州区、临泉县，六安市裕安区、叶集区、霍邱县，亳州市蒙城县；

福建：漳州市诏安县，南平市延平区；

江西：萍乡市湘东区、芦溪县，九江市庐山市，赣州市宁都县，吉安市峡江县、新干县，抚州市崇仁县，上饶市广丰区、鄱阳县；

山东：济南市历城区，枣庄市台儿庄区，潍坊市昌乐县、诸城市、昌邑市，济宁市任城区、兖州区、微山县、鱼台县、金乡县、汶上县、曲阜市、高新技术开发区、太白湖新区、经济技术开发区，泰安市泰山区，日照市莒县，临沂市蒙阴县、临沭县，德州市齐河县，聊城市阳谷县、东阿县、冠县、高唐县，菏泽市牡丹区、曹县、郓城县，黄河三角洲保护区；

河南：郑州市惠济区，洛阳市嵩县，漯河市舞阳县，信阳市淮滨县；

湖北：十堰市竹溪县，潜江市、天门市、太子山林场；

湖南：株洲市芦淞区、醴陵市，湘潭市韶山市，衡阳市祁东县，邵阳市隆回县、洞口县，岳阳市云溪区、君山区、岳阳县、华容县、平江县，郴州市宜章县、嘉禾县，永州市双牌县，怀化市鹤城区、会同县、麻阳苗族自治县、靖州苗族侗族自治县；

广西：百色市靖西市；

重庆：巴南区、江津区，丰都县；

四川：攀枝花市米易县，遂宁市船山区，阿坝藏族羌族自治州理县；

贵州：毕节市黔西县；

云南：昆明市经济技术开发区、倘甸产业园区，西双版纳傣族自治州勐腊县；

西藏：拉萨市林周县，日喀则市吉隆县，昌都市左贡县；

陕西：西安市蓝田县、周至县，宝鸡市太白县，咸阳市三原县、乾县、永寿县，渭南市华州区、大荔县、澄城县，延安市宜川县，汉中市汉台区、镇巴县，榆林市绥德县、米脂县，商洛市商州区、丹凤县、商南县、镇安县，杨陵区，宁东林业局；

甘肃：武威市凉州区，平凉市关山林管局，庆阳市正宁县，定西市临洮县，兴隆山保护区；

青海：海东市民和回族土族自治县，海南藏族自治州同德县；

宁夏：银川市兴庆区、西夏区、金凤区、灵武市，石嘴山市大武口区、惠农区，吴忠市利通区、盐池县、同心县、青铜峡市；

黑龙江森林工业总局：绥阳林业局；

新疆生产建设兵团：农四师 63 团，农十四师 224 团。

发生面积　141415 亩

危害指数　0.3754

● **羽地夜蛾** *Agrotis obesa*（**Boisduval**）

寄　　主　樟树。

分布范围　河北、福建、西藏。

发生地点　福建：漳州市南靖县。

发生面积　994 亩

危害指数　0.4547

- **浦地夜蛾 *Agrotis ripae*（Hübner）**

寄　　主　杨树，柳树。

分布范围　内蒙古、西藏、宁夏、新疆。

发生地点　西藏：日喀则市桑珠孜区。

- **黄地老虎 *Agrotis segetum*（Denis et Schiffermüller）**

寄　　主　雪松，落叶松，云杉，青海云杉，红松，樟子松，油松，侧柏，山杨，河北杨，黑杨，钻天杨，毛白杨，白柳，棉花柳，旱柳，核桃楸，栎，榆树，构树，桑，牡丹，厚朴，桃，杏，樱花，山楂，西府海棠，苹果，海棠花，李，梨，月季，红果树，紫穗槐，胡枝子，刺槐，槐树，黄檗，长叶黄杨，枣树，葡萄，椴树，紫薇，水曲柳，泡桐。

分布范围　华北、东北、中南、西南、西北，江苏、浙江、江西、山东。

发生地点　北京：东城区、石景山区、顺义区、大兴区；

河北：石家庄市井陉矿区、井陉县，唐山市乐亭县，保定市唐县、望都县、顺平县，张家口市沽源县、怀来县、赤城县，沧州市东光县、吴桥县、河间市，衡水市桃城区，定州市；

内蒙古：乌兰察布市四子王旗；

江苏：盐城市大丰区、响水县；

浙江：宁波市慈溪市，衢州市常山县；

江西：萍乡市上栗县、芦溪县；

山东：潍坊市坊子区，济宁市任城区、鱼台县、金乡县、曲阜市、高新技术开发区、太白湖新区、经济技术开发区，莱芜市雪野湖，德州市齐河县，聊城市阳谷县、东阿县、冠县、高唐县；

西藏：拉萨市达孜县、林周县、曲水县，日喀则市南木林县、桑珠孜区，山南市加查县、扎囊县；

陕西：咸阳市永寿县、旬邑县，渭南市大荔县、澄城县，太白林业局；

甘肃：武威市凉州区、民勤县；

宁夏：银川市兴庆区、西夏区、金凤区、永宁县，固原市彭阳县；

新疆：克拉玛依市克拉玛依区、乌尔禾区，博尔塔拉蒙古自治州精河县，塔城地区塔城市；

新疆生产建设兵团：农一师13团，农二师29团，农三师44团。

发生面积　31612亩

危害指数　0.3481

- **大地老虎 *Agrotis tokionis* Butler**

寄　　主　银杏，冷杉，杉松，落叶松，云杉，青海云杉，华山松，湿地松，红松，马尾松，樟子松，油松，杉木，柏木，侧柏，榧树，加杨，山杨，垂柳，棉花柳，旱柳，馒头柳，杨梅，核桃楸，核桃，桤木，板栗，榆树，桑，樟树，红花檵木，三球悬铃木，桃，杏，樱桃，木瓜，苹果，海棠花，石楠，李，秋子梨，紫穗槐，刺槐，槐树，黄檗，臭椿，楝树，栾树，枣树，葡萄，茶，沙棘，紫薇，桉，杜鹃，水曲柳，女贞，小叶女贞，木犀，枸杞，泡桐。

分布范围　华北、东北、华东、中南、西北，四川、贵州、西藏。

发生地点　北京：东城区、石景山区、顺义区、密云区；

河北：石家庄市井陉县，唐山市乐亭县、玉田县，邯郸市鸡泽县，保定市阜平县、唐县、望都县、博野县、雄县，张家口市沽源县，沧州市沧县、东光县、吴桥县、黄骅市、河间市，衡水市桃城区、武邑县、武强县、景县、定州市；

山西：大同市阳高县，运城市河津市，山西杨树丰产林实验局；

内蒙古：通辽市科尔沁左翼后旗，乌兰察布市四子王旗；

黑龙江：哈尔滨市阿城区，佳木斯市郊区、富锦市；

上海：宝山区、松江区；

江苏：无锡市滨湖区，苏州市太仓市，泰州市海陵区；

浙江：丽水市莲都区；

安徽：宿州市萧县；

江西：九江市湖口县，抚州市东乡县；

山东：潍坊市诸城市，济宁市曲阜市，莱芜市莱城区，临沂市莒南县，聊城市阳谷县、东阿县，菏泽市曹县、单县、郓城县；

湖北：十堰市竹溪县，太子山林场；

湖南：湘潭市韶山市，邵阳市隆回县、洞口县，岳阳市云溪区，益阳市高新技术开发区；

广东：汕尾市属林场；

西藏：拉萨市林周县，日喀则市吉隆县，昌都市类乌齐县；

陕西：咸阳市秦都区、永寿县，延安市宝塔区、延长县、延川县、桥山林业局，汉中市镇巴县，商洛市丹凤县、镇安县，宁东林业局；

甘肃：武威市凉州区、民勤县，平凉市静宁县，定西市岷县；

宁夏：石嘴山市大武口区。

发生面积　43581 亩

危害指数　0.3523

● **三叉地夜蛾** *Agrotis trifurca* **Eversmann**

中文异名　三叉地老虎、白叉地夜蛾

寄　　主　杨树。

分布范围　北京、河北、内蒙古、辽宁、黑龙江、陕西、青海、新疆。

发生地点　河北：张家口市怀来县、赤城县；

陕西：渭南市华州区。

发生面积　1115 亩

危害指数　0.3333

● **紫黑杂夜蛾** *Amphipyra livida*（Denis et Schiffermüller）

寄　　主　板栗，栎，檫木，李，紫穗槐，刺槐。

分布范围　河北、辽宁、黑龙江、江苏、安徽、河南、湖北、广东、贵州、云南、陕西、新疆。

发生地点　江苏：南京市玄武区；

安徽：芜湖市无为县；

广东：深圳市坪山新区；

陕西：渭南市华州区、华阴市。

发生面积　227 亩

危害指数　0. 3333

● **大红裙杂夜蛾** *Amphipyra monolitha* **Guenée**

中文异名　大红裙夜蛾

寄　　主　银杏，山杨，小钻杨，柳树，核桃楸，核桃，枫杨，桦木，榛子，蒙古栎，榆树，桃，苹果，梨，葡萄，椴树，柞木。

分布范围　东北，北京、河北、江苏、福建、江西、河南、湖北、广东、四川、云南、陕西。

发生地点　北京：密云区；

江苏：南京市浦口区；

陕西：渭南市华州区，汉中市汉台区、西乡县，宁东林业局。

发生面积　142 亩

危害指数　0. 3333

● **蔷薇杂夜蛾** *Amphipyra perflua*（**Fabricius**）

寄　　主　北京杨，山杨，柳树，桦木，波罗栎，栓皮栎，旱榆，榆树，柞木。

分布范围　北京、河北、辽宁、黑龙江、江苏、河南、湖北、贵州、云南、陕西、甘肃、宁夏、新疆。

发生地点　北京：密云区；

河北：石家庄市井陉县，张家口市沽源县、赤城县；

陕西：渭南市华州区。

发生面积　1321 亩

危害指数　0. 3409

● **果红裙杂夜蛾** *Amphipyra pyramidea*（**Linnaeus**）

中文异名　果红裙扁身夜蛾

寄　　主　山杨，柳树，枫杨，桦木，榛子，蒙古栎，榆树，枫香，桃，李，梨，山葡萄，葡萄，椴树，柞木。

分布范围　东北，北京、河北、江西、湖北、广东、四川、陕西。

发生地点　河北：张家口市赤城县。

发生面积　500 亩

危害指数　0. 3333

● **桦杂夜蛾** *Amphipyra schrenkii* **Ménétriès**

寄　　主　黑桦，白桦。

分布范围　河北、辽宁、黑龙江、河南、湖北、陕西。

发生地点　陕西：咸阳市旬邑县，安康市汉阴县。

发生面积　475 亩

危害指数　0.3333

- **坑卫翅夜蛾 _Amyna octo_（Guenée）**

中文异名　坑翅夜蛾

寄　　主　榄仁树。

分布范围　河北、山西、江苏、山东、湖南、广东。

发生地点　广东：惠州市惠城区。

- **葫芦夜蛾 _Anadevidia peponis_（Fabricius）**

寄　　主　桑。

分布范围　黑龙江、山东。

发生地点　黑龙江：佳木斯市富锦市。

- **绿组夜蛾 _Anaplectoides prasina_（Denis et Schiffermüller）**

寄　　主　桦木，刺槐，黑桦鼠李。

分布范围　内蒙古、辽宁、黑龙江、河南、陕西、新疆。

发生地点　陕西：渭南市白水县。

- **黄绿组夜蛾 _Anaplectoides virens_（Butler）**

中文异名　黄绿足夜蛾

寄　　主　川滇柳，枫杨，桦木，栎，杏，李，椴树。

分布范围　辽宁、黑龙江、山东、湖北、云南、陕西、甘肃。

发生地点　陕西：咸阳市旬邑县，渭南市华州区，宁东林业局。

发生面积　114 亩

危害指数　0.3363

- **旋歧夜蛾 _Anarta trifolii_（Hufnagel）**

中文异名　旋幽夜蛾、藜夜蛾

拉丁异名　_Scotogramma trifolii_ Rottemberg

寄　　主　山杨，柳树，旱榆，苹果，红淡比，紫丁香。

分布范围　北京、河北、辽宁、西藏、甘肃、青海、宁夏、新疆。

发生地点　北京：顺义区；

　　　　　河北：张家口市怀来县，廊坊市霸州市；

　　　　　宁夏：银川市兴庆区、金凤区、永宁县，石嘴山市大武口区、惠农区，吴忠市红寺
　　　　　　　　堡区。

发生面积　438 亩

危害指数　0.3333

- **绿鹰冬夜蛾 _Antivaleria tricristata_（Graeser）**

寄　　主　栎。

分布范围　陕西：宝鸡市陇县。

- **折纹殿尾夜蛾** *Anuga multiplicans*（Walker）

  寄　　主　榛子。

  分布范围　陕西。

  发生地点　陕西：宁东林业局。

- **笋秀夜蛾** *Apamea apameoides*（Draudt）

  中文异名　笋秀禾夜蛾

  寄　　主　桂竹，斑竹，水竹，毛竹，毛金竹，金竹，乌哺鸡竹，苦竹，茶秆竹，慈竹。

  分布范围　华东，河南、湖北、湖南、广东。

  发生地点　上海：浦东新区；

  　　　　　浙江：丽水市莲都区、松阳县；

  　　　　　福建：南平市延平区；

  　　　　　广东：肇庆市怀集县。

  发生面积　976 亩

  危害指数　0.5468

- **毁秀夜蛾** *Apamea aquila*（Donzel）

  寄　　主　胡枝子。

  分布范围　河北、辽宁。

- **暗秀夜蛾** *Apamea illyria* Freyer

  寄　　主　栒木。

  分布范围　黑龙江、四川、陕西。

  发生地点　四川：凉山彝族自治州布拖县。

  发生面积　1836 亩

  危害指数　0.3333

- **立秀夜蛾** *Apamea perstriata*（Hampson）

  寄　　主　毛竹。

  分布范围　福建、湖北、西藏。

  发生地点　福建：南平市延平区。

  发生面积　2000 亩

  危害指数　0.3333

- **辐射夜蛾** *Apsarasa radians*（Weatwood）

  寄　　主　山杨，柳树，苹果，盐肤木。

  分布范围　重庆、宁夏。

  发生地点　宁夏：石嘴山市大武口区。

- **斜线关夜蛾** *Artena dotata*（Fabricius）

  中文异名　橘肖毛翅夜蛾

  拉丁异名　*Lagoptera dotata* Fabricius

寄　　主　核桃，栎，桃，苹果，李，梨，柑橘，香椿，葡萄，油茶，黄荆。

分布范围　江苏、浙江、湖南、广东、重庆、四川、陕西。

发生地点　浙江：杭州市西湖区；

　　　　　湖南：株洲市攸县；

　　　　　广东：韶关市武江区，云浮市郁南县、罗定市；

　　　　　重庆：涪陵区、北碚区。

发生面积　373 亩

危害指数　0.6193

● **委夜蛾** *Athetis furvula*（Hübner）

寄　　主　山杨，旱榆，杏，紫丁香。

分布范围　河北、内蒙古、辽宁、黑龙江、广东、宁夏、新疆。

发生地点　宁夏：石嘴山市惠农区，吴忠市红寺堡区。

发生面积　201 亩

危害指数　0.3333

● **二点委夜蛾** *Athetis lepigone*（Moschler）

寄　　主　苹果。

分布范围　北京、河北、宁夏。

发生地点　北京：顺义区；

　　　　　河北：张家口市怀来县；

　　　　　宁夏：银川市永宁县。

发生面积　354 亩

危害指数　0.3343

● **线委夜蛾** *Athetis lineosa*（Moore）

寄　　主　杨树，桉树，水曲柳。

分布范围　北京、河北、上海、江苏、浙江、广东。

发生地点　江苏：苏州市太仓市。

● **倭委夜蛾** *Athetis stellata*（Moore）

寄　　主　箭杆杨。

分布范围　新疆。

● **暗杰夜蛾** *Auchmis inextricata*（Moore）

中文异名　暗冬叶蛾

寄　　主　杨树，柳树，桦木，栎，柞木。

分布范围　黑龙江、四川、西藏。

发生范围　西藏：拉萨市林周县，山南市加查县、隆子县。

● **袜纹夜蛾** *Autographa excelsa*（Kretschmar）

寄　　主　山杨，榆树。

分布范围　黑龙江。

● **满丫纹夜蛾** *Autographa mandarina*（Freyer）

寄　　主　刺槐。

分布范围　黑龙江、西藏、陕西、宁夏。

发生地点　西藏：拉萨市林周县，日喀则市南木林县；

　　　　　陕西：咸阳市永寿县。

● **朽木夜蛾** *Axylia putris*（Linnaeus）

寄　　主　山杨，黑杨，箭杆杨，垂柳，蒙古栎，黄葛树，桑，猴樟，桃，木瓜，李，紫薇，女贞。

分布范围　北京、河北、山西、辽宁、黑龙江、上海、江苏、浙江、山东、湖南、四川、陕西、甘肃、宁夏、新疆。

发生地点　北京：顺义区；

　　　　　河北：唐山市乐亭县，张家口市沽源县，衡水市桃城区；

　　　　　上海：松江区；

　　　　　江苏：南京市浦口区，扬州市宝应县；

　　　　　山东：济宁市鱼台县、经济技术开发区；

　　　　　四川：遂宁市蓬溪县，内江市市中区，南充市西充县，宜宾市兴文县，广安市前锋区，资阳市雁江区；

　　　　　陕西：咸阳市秦都区，渭南市华州区；

　　　　　甘肃：庆阳市镇原县；

　　　　　宁夏：银川市西夏区。

发生面积　1085亩

危害指数　0.3333

● **冷靛夜蛾** *Belciades niveola*（Motschulsky）

寄　　主　石楠，华东椴，椴树。

分布范围　北京、天津、湖北、陕西。

发生地点　北京：顺义区。

● **枫杨癣皮夜蛾** *Blenina quinaria* Moore

寄　　主　枫杨，白花泡桐。

分布范围　江苏、江西、陕西。

发生地点　江苏：南京市雨花台区；

　　　　　陕西：太白林业局。

● **柿癣皮夜蛾** *Blenina senex*（Butler）

中文异名　柿赖皮夜蛾

寄　　主　柿。

分布范围　江西、山东。

发生地点　山东：济宁市鱼台县、梁山县、经济技术开发区。

- **毛眼地老虎** *Blepharita amica*（Treitschke）

  中文异名　毛眼夜蛾

  寄　　主　核桃楸，乌头，稠李，刺槐。

  分布范围　东北，河北、陕西。

  发生地点　陕西：咸阳市永寿县。

- **白线散纹夜蛾** *Callopistria albolineola*（Graeser）

  寄　　主　日本扁柏，柏木，侧柏，圆柏，山杨，榆树，桑，桃，李，月季，喜树，玫瑰木。

  分布范围　北京、河北、辽宁、黑龙江、湖北。

  发生地点　北京：顺义区。

- **弧角散纹夜蛾** *Callopistria duplicans* Walker

  寄　　主　杨树，桑，桃，李。

  分布范围　河北、辽宁、江苏、浙江、福建、江西、山东、海南、四川。

  发生地点　河北：张家口市赤城县。

  发生面积　200 亩

  危害指数　0.3333

- **散纹夜蛾** *Callopistria juventina*（Stoll）

  寄　　主　构树，香椿，女贞。

  分布范围　黑龙江、江苏、浙江、福建、江西、河南、湖北、湖南、广东、广西、海南、四川。

  发生地点　江苏：南京市浦口区；

　　　　　　浙江：宁波市慈溪市，衢州市常山县。

- **红晕散纹夜蛾** *Callopistria repleta* Walker

  寄　　主　山杨，柳树，枫杨，栎，柑橘，油茶，毛八角枫。

  分布范围　山西、辽宁、黑龙江、浙江、福建、江西、河南、湖北、湖南、广西、海南、四川、
　　　　　　云南、陕西。

  发生地点　浙江：杭州市西湖区，宁波市鄞州区；

　　　　　　江西：南昌市安义县，宜春市高安市；

　　　　　　四川：雅安市天全县；

　　　　　　陕西：宁东林业局。

  发生面积　641 亩

  危害指数　0.3437

- **沟散纹夜蛾** *Callopistria rivularis* Walker

  中文异名　勾散纹夜蛾

  寄　　主　山杨，柳树，猴樟，柿。

  分布范围　辽宁、福建、江西、广东、广西、海南、四川、西藏、陕西。

  发生地点　江西：宜春市高安市；

　　　　　　广西：桂林市灌阳县；

　　　　　　四川：南充市西充县，广安市武胜县；

陕西：渭南市澄城县。

发生面积　133 亩

危害指数　0.3584

- **脉散纹夜蛾** *Callopistria venata*（**Leech**）

　寄　　主　桃，山楂，李，梨，槐树，泡桐。

　分布范围　河北、浙江、福建、湖北、陕西。

　发生地点　浙江：宁波市江北区、北仑区。

- **一点顶夜蛾** *Callyna monoleuca* **Walker**

　寄　　主　破布木。

　分布范围　福建、海南、云南。

　发生地点　福建：福州国家森林公园。

- **穗逸夜蛾** *Caradrina clavipalpis*（**Scopoli**）

　寄　　主　山杨，旱榆，杏，紫丁香。

　分布范围　黑龙江、宁夏、新疆。

　发生地点　宁夏：银川市永宁县，石嘴山市惠农区，吴忠市红寺堡区。

　发生面积　202 亩

　危害指数　0.3333

- **藏逸夜蛾** *Caradrina himaleyica* **Kollar**

　寄　　主　杨树，柳树。

　分布范围　吉林、四川、西藏、宁夏。

　发生地点　宁夏：银川市永宁县。

- **晦刺裳夜蛾** *Catocala abamita* **Bremer et Grey**

　寄　　主　杨树，枫杨，栎，枫香，山楂，杜梨，刺槐，盐肤木。

　分布范围　河北、辽宁、江苏、福建、江西、山东、重庆、四川、陕西。

　发生地点　河北：张家口市赤城县；

　　　　　　陕西：宁东林业局。

　发生面积　201 亩

　危害指数　0.3333

- **苹刺裳夜蛾** *Catocala bella* **Butler**

　寄　　主　山杨，柳树，檫木，桃，山荆子，西府海棠，苹果，李，梨，红果树，漆树，大叶桉。

　分布范围　东北，北京、河北、陕西、宁夏。

　发生地点　北京：密云区；

　　　　　　河北：张家口市张北县、沽源县；

　　　　　　黑龙江：佳木斯市富锦市；

　　　　　　陕西：渭南市华州区，宁东林业局、太白林业局。

发生面积　555 亩

危害指数　0.3694

- **栎刺裳夜蛾** *Catocala dula* **Bremer**

　寄　　主　杨树，柳树，枫杨，槲栎，小叶栎，波罗栎，辽东栎，蒙古栎，漆树，柞木。

　分布范围　东北，内蒙古、河南、四川、陕西、宁夏。

　发生地点　四川：巴中市恩阳区；

　　　　　　陕西：渭南市华州区，宁东林业局。

- **甘草刺裳夜蛾** *Catocala neonympha* **Esper**

　寄　　主　栎，刺槐。

　分布范围　北京、河北、陕西、宁夏、新疆。

　发生地点　北京：密云区；

　　　　　　陕西：咸阳市旬邑县，渭南市白水县，延安市宜川县；

　　　　　　宁夏：固原市彭阳县。

　发生面积　1182 亩

　危害指数　0.3333

- **银辉夜蛾** *Chrysodeixis chalcytes*（**Esper**）

　中文异名　银斑夜蛾

　寄　　主　杨树，榕树。

　分布范围　辽宁、陕西。

　发生地点　陕西：渭南市潼关县、大荔县，太白林业局。

　发生面积　242 亩

　危害指数　0.3333

- **南方银纹夜蛾** *Chrysodeixis eriosoma*（**Doubleday**）

　寄　　主　西府海棠。

　分布范围　河北。

- **台湾锞纹夜蛾** *Chrysodeixis taiwani* **Dufay**

　中文异名　台湾锞夜蛾

　寄　　主　山杨。

　分布范围　上海。

- **白点美冬夜蛾** *Cirrhia ocellaris*（**Borkhausen**）

　寄　　主　杨树。

　分布范围　辽宁。

- **齿美冬夜蛾** *Cirrhia tunicata* **Graeser**

　拉丁异名　*Cirrhia siphuncula* Hampson

　寄　　主　山杨，垂柳，旱柳，馒头柳，旱榆，苹果。

　分布范围　北京、天津、河北、辽宁、黑龙江、西藏。

发生地点　河北：张家口市沽源县、赤城县；

　　　　　黑龙江：佳木斯市富锦市；

　　　　　西藏：山南市扎囊县。

发生面积　795 亩

危害指数　0.3878

- **柳残夜蛾** *Colobochyla salicalis*（Denis et Schiffermüller）

中文异名　残夜蛾

寄　　主　山杨，黑杨，白柳，垂柳，旱柳。

分布范围　东北、北京、天津、河北、上海、江苏、山东、湖北、陕西、宁夏。

发生地点　河北：唐山市乐亭县，保定市唐县，张家口市怀来县；

　　　　　上海：嘉定区；

　　　　　江苏：常州市武进区；

　　　　　陕西：汉中市西乡县；

　　　　　宁夏：银川市永宁县。

发生面积　256 亩

危害指数　0.3333

- **红棕恋冬夜蛾** *Conistra ligula*（Esper）

寄　　主　忍冬。

分布范围　辽宁。

- **白斑孔夜蛾** *Corgatha costimacula*（Staudinger）

寄　　主　山杨。

分布范围　北京、黑龙江。

发生地点　北京：顺义区。

- **柑橘孔夜蛾** *Corgatha dictaria*（Walker）

中文异名　柑橘孔夜蛾

寄　　主　栾树。

分布范围　上海、江苏、浙江、四川。

发生地点　上海：松江区。

- **果兜夜蛾** *Cosmia pyralina*（Denis et Schiffermüller）

寄　　主　山杨，柳树，榆树，杏，苹果，李，梨，红果树，秋海棠。

分布范围　河北、辽宁、黑龙江。

- **白黑首夜蛾** *Cranionycta albonigra*（Herz）

寄　　主　山杨，旱榆，紫丁香。

分布范围　河北、山西、黑龙江、湖北、四川、宁夏。

- **女贞首夜蛾** *Craniophora ligustri*（Denis et Schiffermüller）

寄　　主　桤木，榆树，木芙蓉，木槿，美国红栌，白蜡树，美洲绿栌，女贞。

分布范围　北京、天津、河北、内蒙古、辽宁、陕西。

发生地点　内蒙古：通辽市科尔沁左翼后旗。

发生面积　100 亩

危害指数　0.3333

- **女贞首夜蛾暗翅亚种** *Craniophora ligustri gigantea* **Draudt**

寄　　主　女贞。

分布范围　云南、陕西、黑龙江。

- **银纹夜蛾** *Ctenoplusia agnata*（**Staudinger**）

寄　　主　山杨，柳树，核桃，构树，垂叶榕，牡丹，厚朴，猴樟，西府海棠，苹果，海棠花，
红叶李，木香花，柠条锦鸡儿，刺槐，槐树，柑橘，油桐，茶，紫薇，喜树，女贞，
木犀，楸叶泡桐，兰考泡桐，白花泡桐，栀子。

分布范围　华东，北京、河北、辽宁、河南、湖北、广东、重庆、四川、陕西、宁夏、新疆。

发生地点　北京：顺义区、密云区；

河北：唐山市古冶区，秦皇岛市昌黎县，张家口市张北县、沽源县、尚义县、阳原
　　　县、赤城县，廊坊市安次区、霸州市；

上海：嘉定区、浦东新区、松江区；

江苏：无锡市滨湖区、宜兴市，苏州市昆山市、太仓市，盐城市亭湖区、盐都区、东
　　　台市，泰州市海陵区；

浙江：杭州市西湖区；

山东：潍坊市坊子区，济宁市任城区、高新技术开发区、太白湖新区，聊城市东
　　　阿县；

重庆：北碚区；

四川：自贡市大安区、沿滩区，内江市威远县、资中县，宜宾市宜宾县，资阳市雁
　　　江区；

陕西：西安市蓝田县，咸阳市三原县，渭南市华州区、华阴市，太白林业局；

宁夏：银川市兴庆区、西夏区、金凤区，吴忠市盐池县。

发生面积　166058 亩

危害指数　0.3534

- **白条夜蛾** *Ctenoplusia albostriata*（**Bremer et Grey**）

寄　　主　山杨，枫杨，朴树，榆树，梨，油茶，桉树。

分布范围　北京、河北、上海、江苏、浙江、江西、山东、河南、广东。

发生地点　河北：唐山市乐亭县；

上海：嘉定区、松江区；

江苏：苏州市昆山市，淮安市金湖县，扬州市宝应县；

浙江：宁波市江北区、北仑区、镇海区；

江西：宜春市高安市。

发生面积　352 亩

危害指数　0.3333

- **黄条冬夜蛾** *Cucullia biornata* Fische de Waldheim

  寄　　主　山杨，沙柳，榆树。

  分布范围　河北、内蒙古、辽宁、陕西、宁夏、新疆。

  发生地点　宁夏：吴忠市红寺堡区、盐池县，固原市彭阳县。

  发生面积　85051 亩

  危害指数　0.3529

- **重冬夜蛾** *Cucullia duplicata* Staudinger

  寄　　主　梨。

  分布范围　内蒙古、西藏、陕西、青海、宁夏、新疆。

- **长冬夜蛾** *Cucullia elongata*（Butler）

  寄　　主　山杨。

  分布范围　辽宁、黑龙江、青海、宁夏、新疆。

  发生地点　宁夏：吴忠市盐池县。

  发生面积　5500 亩

  危害指数　0.3636

- **蒿冬夜蛾** *Cucullia fraudatrix* Eversmann

  寄　　主　杨树，柳树，苹果。

  分布范围　北京、河北、辽宁、吉林、浙江、山东、陕西、宁夏。

  发生地点　河北：张家口市沽源县、赤城县；

  　　　　　山东：济宁市经济技术开发区；

  　　　　　陕西：渭南市华州区；

  　　　　　宁夏：银川市永宁县。

  发生面积　1088 亩

  危害指数　0.3333

- **斑冬夜蛾** *Cucullia maculosa* Staudinger

  寄　　主　栎，榆树，胡枝子。

  分布范围　河北、辽宁、黑龙江、四川、陕西。

  发生地点　河北：张家口市沽源县；

  　　　　　陕西：渭南市华州区。

  发生面积　125 亩

  危害指数　0.3333

- **莴苣冬夜蛾** *Cucullia pustulata fraterna* Butler

  中文异名　莴苣夜蛾

  寄　　主　海棠花。

  分布范围　北京、河北、辽宁、吉林、浙江、安徽。

  发生地点　北京：通州区。

- **修冬夜蛾 *Cucullia santonici*（Hübner）**

  寄　　主　青冈，甘菊。

  分布范围　四川、青海、新疆。

  发生地点　四川：内江市威远县。

- **银装冬夜蛾 *Cucullia splendida*（Stoll）**

  寄　　主　华山松。

  分布范围　北京、河北、内蒙古、辽宁、四川、甘肃、青海、新疆。

  发生地点　北京：密云区；

  　　　　　河北：张家口市沽源县、赤城县；

  　　　　　四川：巴中市通江县。

  发生面积　389 亩

  危害指数　0.3333

- **艾菊冬夜蛾 *Cucullia tanaceti*（Denis et Schiffermüller）**

  中文异名　爱菊冬夜蛾

  寄　　主　常春藤，菊蒿。

  分布范围　河南、四川、青海、宁夏、新疆。

  发生地点　四川：遂宁市蓬溪县；

  　　　　　宁夏：吴忠市红寺堡区。

  发生面积　101 亩

  危害指数　0.3333

- **冬夜蛾 *Cucullia umbratica*（Linnaeus）**

  寄　　主　山茶。

  分布范围　内蒙古、福建、西藏、新疆。

  发生地点　福建：漳州市平和县。

- **三斑蕊夜蛾 *Cymatophoropsis trimaculata*（Bremer）**

  寄　　主　山杨，板栗，蒙古栎，青冈，桑，厚朴，桃，梅，苹果，李，梨，柑橘，鼠李，枣树，毛八角枫。

  分布范围　北京、天津、河北、辽宁、黑龙江、江苏、浙江、福建、江西、山东、湖北、湖南、广西、重庆、四川、云南、陕西。

  发生地点　北京：顺义区、密云区；

  　　　　　河北：邢台市沙河市；

  　　　　　江苏：南京市玄武区，无锡市宜兴市；

  　　　　　重庆：黔江区；

  　　　　　四川：攀枝花市盐边县，南充市蓬安县、西充县；

  　　　　　陕西：西安市蓝田县，渭南市华州区，宁东林业局、太白林业局。

  发生面积　420 亩

  危害指数　0.3333

- **碧金翅夜蛾** *Diachrysia nadeja*（Oberthür）

寄　　主　山杨，小钻杨，蒙古栎，木薯。

分布范围　北京、河北、辽宁、黑龙江。

发生地点　北京：石景山区；

　　　　　河北：张家口市张北县、沽源县、尚义县、赤城县。

发生面积　7646 亩

危害指数　0.3333

- **灰歹夜蛾** *Diarsia canescens*（Butler）

寄　　主　杨树。

分布范围　河北、内蒙古、黑龙江、江苏、江西、河南、湖北、四川、西藏、陕西、青海、新疆。

发生地点　西藏：昌都市左贡县；

　　　　　陕西：渭南市华州区。

- **衍狼夜蛾** *Dichagyris stentzi*（Lederer）

寄　　主　云南松。

分布范围　河北、内蒙古、黑龙江、河南、四川、云南、西藏、青海、新疆。

- **基角狼夜蛾** *Dichagyris triangularis* Moore

寄　　主　栎，红淡比，百合。

分布范围　北京、天津、河北、四川、云南、西藏、陕西、甘肃。

发生地点　西藏：山南市加查县、乃东县。

- **角网夜蛾** *Dictyestra reticulata*（Goeze）

寄　　主　厚朴，刺槐。

分布范围　河北、浙江、福建、湖南、海南、云南、陕西、宁夏。

发生地点　河北：张家口市沽源县；

　　　　　陕西：太白林业局。

- **饰青夜蛾** *Diphtherocome pallida*（Moore）

寄　　主　核桃，栓皮栎。

分布范围　湖北、四川、西藏、陕西。

发生地点　四川：巴中市通江县；

　　　　　西藏：日喀则市吉隆县，山南市隆子县；

　　　　　陕西：宁东林业局。

发生面积　220 亩

危害指数　0.3333

- **单色卓夜蛾** *Dryobotodes monochroma*（Esper）

寄　　主　山杨，栎。

分布范围　黑龙江、山东。

发生地点　山东：潍坊市坊子区。

- **暗翅夜蛾** *Dypterygia caliginosa*（Walker）
  - 寄　　主　苹果。
  - 分布范围　河北、辽宁、吉林、浙江、福建、湖北、湖南、海南、贵州、云南、陕西。
  - 发生地点　陕西：渭南市澄城县。
  - 发生面积　160 亩
  - 危害指数　0.5000

- **迪夜蛾** *Dyrzela plagiata* **Walker**
  - 寄　　主　松，紫薇。
  - 分布范围　江苏、浙江、湖北、广东、海南。
  - 发生地点　江苏：南京市玄武区。

- **井夜蛾** *Dysmilichia gemella*（Leech）
  - 寄　　主　山杨，桃，李叶绣线菊。
  - 分布范围　北京、河北、辽宁、吉林。
  - 发生地点　北京：顺义区；
  - 　　　　　河北：唐山市乐亭县，张家口市赤城县。
  - 发生面积　205 亩
  - 危害指数　0.3350

- **旋夜蛾** *Eligma narcissus*（Cramer）
  - 中文异名　臭椿皮蛾、旋皮夜蛾、臭椿皮夜蛾
  - 寄　　主　山杨，黑杨，柳树，核桃，栎，榆树，猴樟，杜仲，桃，杏，山楂，苹果，李，梨，合欢，皂荚，刺槐，花椒，臭椿，麻楝，楝树，香椿，红椿，油桐，重阳木，黄栌，漆树，浙江七叶树，栾树，枣树，石榴，白蜡树，女贞，阔叶夹竹桃，楸。
  - 分布范围　华北、华东，辽宁、河南、湖北、湖南、广东、广西、重庆、四川、贵州、云南、陕西、甘肃。
  - 发生地点　河北：唐山市乐亭县，秦皇岛市北戴河区、青龙满族自治县、昌黎县，保定市唐县；
  - 　　　　　内蒙古：通辽市科尔沁左翼后旗；
  - 　　　　　上海：闵行区、宝山区、浦东新区、松江区、奉贤区、崇明县；
  - 　　　　　江苏：南京市栖霞区，无锡市宜兴市，常州市天宁区、钟楼区、新北区，南通市海门市，盐城市盐都区、响水县、阜宁县、射阳县，扬州市扬州经济技术开发区，镇江市句容市；
  - 　　　　　浙江：杭州市西湖区，宁波市北仑区、鄞州区、象山县、余姚市，台州市天台县；
  - 　　　　　安徽：合肥市庐阳区，芜湖市芜湖县，淮南市潘集区，滁州市全椒县、定远县，阜阳市颍东区、颍泉区；
  - 　　　　　福建：漳州市东山县；
  - 　　　　　江西：萍乡市莲花县、上栗县、芦溪县；
  - 　　　　　山东：枣庄市台儿庄区，潍坊市坊子区、诸城市、滨海经济开发区，济宁市兖州区、鱼台县、曲阜市、邹城市、经济技术开发区，泰安市岱岳区、新泰市、泰山林场，威海市环翠区，日照市岚山区，莱芜市莱城区、钢城区，临沂市兰山区、

沂水县、莒南县，聊城市阳谷县、东阿县、冠县、高唐县、高新技术产业开发区，菏泽市牡丹区、巨野县、郓城县，黄河三角洲保护区；

河南：平顶山市鲁山县，许昌市襄城县、禹州市，商丘市睢县、宁陵县、虞城县，驻马店市泌阳县，永城市；

湖北：襄阳市枣阳市，荆州市荆州区，随州市随县，潜江市；

湖南：娄底市新化县，湘西土家族苗族自治州凤凰县；

重庆：南岸区，巫溪县；

四川：自贡市贡井区、沿滩区，遂宁市蓬溪县，乐山市峨边彝族自治县；

贵州：毕节市黔西县；

陕西：西安市蓝田县，咸阳市秦都区、永寿县、兴平市，渭南市华州区、大荔县，延安市洛川县，汉中市汉台区、洋县、西乡县，商洛市商州区、丹凤县、镇安县。

发生面积　6359 亩

危害指数　0.3919

- **清夜蛾 *Enargia paleacea*（Esper）**

寄　　主　杨树，柳树，白桦。

分布范围　河北、吉林、黑龙江。

- **鹿彩虎蛾 *Episteme aduiatrix*（Kallar）**

寄　　主　铁刀木，长叶黄杨。

分布范围　四川。

发生地点　四川：遂宁市船山区，巴中市通江县。

- **选彩虎蛾 *Episteme lectrix*（Linnaeus）**

寄　　主　核桃，肉桂，铁刀木，中华猕猴桃，茶。

分布范围　江苏、安徽、福建、江西、湖南、广东、四川、陕西。

发生地点　江苏：南京市江宁区；

　　　　　湖南：益阳市桃江县；

　　　　　广东：肇庆市高要区；

　　　　　四川：遂宁市船山区，甘孜藏族自治州泸定县。

发生面积　4399 亩

危害指数　0.3333

- **白线缓夜蛾 *Eremobia decipiens*（Alphéraky）**

寄　　主　杨树，柳树，柠条锦鸡儿。

分布范围　宁夏。

发生地点　宁夏：吴忠市红寺堡区。

发生面积　200 亩

危害指数　0.3333

- **纹希夜蛾 *Eucarta fasciata*（Butler）**

  寄　　主　山杨，垂柳。

  分布范围　北京、吉林。

  发生地点　北京：顺义区。

- **化图夜蛾 *Eugraphe subrosea*（Stephens）**

  寄　　主　山杨，旱榆，刺槐。

  分布范围　河北、陕西、宁夏。

  发生地点　陕西：渭南市白水县。

- **滴纹陌夜蛾 *Trachea guttata*（Warren）**

  寄　　主　杨树，木槿。

  分布范围　江苏、西藏、陕西。

  发生地点　江苏：淮安市金湖县。

- **锦夜蛾 *Euplexia lucipara*（Linnaeus）**

  寄　　主　毛芽椴，白蜡树，美洲绿桴，女贞。

  分布范围　辽宁、黑龙江、河南、湖北、四川、云南、陕西。

  发生地点　陕西：渭南市华州区，宁东林业局。

- **槲犹冬夜蛾 *Eupsilia transversa*（Hüfnagel）**

  寄　　主　杨树，柳树，白桦，水青冈，槲栎，波罗栎，大果榉，梨，刺槐。

  分布范围　东北、北京、山东、陕西、新疆。

  发生地点　陕西：渭南市白水县。

- **东风夜蛾 *Eurois occulta*（Linnaeus）**

  寄　　主　杨树。

  分布范围　河北、辽宁、黑龙江。

  发生地点　河北：张家口市沽源县。

- **显纹地老虎 *Euxoa conspicua*（Hübner）**

  寄　　主　新疆杨，榆树。

  分布范围　新疆。

- **厉切夜蛾 *Euxoa lidia*（Stoll）**

  寄　　主　柳树。

  分布范围　内蒙古、黑龙江、四川、甘肃、宁夏。

  发生地点　宁夏：固原市彭阳县。

- **白边切夜蛾 *Euxoa oberthuri*（Leech）**

  中文异名　白边地老虎

  寄　　主　杨树，柳树，刺槐，白蜡树。

  分布范围　东北，北京、河北、内蒙古、浙江、四川、云南、西藏、宁夏。

发生地点　北京：密云区；

河北：张家口市沽源县；

宁夏：银川市兴庆区、西夏区、金凤区，石嘴山市大武口区。

发生面积　100亩

危害指数　0.3333

- **五斑虎夜蛾** *Exsula dentatrix albomaculata* **Miyake**

寄　　主　栲木，黑桦，润楠。

分布范围　湖北、广东。

发生地点　广东：深圳市坪山新区。

- **银斑砌石夜蛾** *Gabala argentata* **Butler**

寄　　主　重阳木，盐肤木。

分布范围　福建、广东。

- **健构夜蛾** *Gortyna fortis*（Butler）

寄　　主　石榴。

分布范围　河北、陕西。

发生地点　陕西：渭南市华州区。

- **棉铃虫** *Helicoverpa armigera*（Hübner）

中文异名　棉铃实夜蛾

寄　　主　新疆杨，山杨，黑杨，箭杆杨，棉花柳，旱柳，山核桃，核桃，栎，榆树，构树，桑，牡丹，玉兰，桃，杏，樱桃，樱花，西府海棠，苹果，李，红叶李，白梨，新疆梨，蔷薇，玫瑰，刺槐，槐树，柑橘，臭椿，枣树，葡萄，秋葵，木芙蓉，木槿，柽柳，石榴，洋白蜡，枸杞，泡桐，白花泡桐，毛泡桐，忍冬。

分布范围　华北、东北、中南、西北，上海、江苏、浙江、福建、江西、山东、四川、贵州、云南、西藏。

发生地点　北京：东城区、顺义区、密云区；

河北：石家庄市井陉县、赞皇县、赵县，唐山市乐亭县、玉田县，邢台市巨鹿县，保定市顺平县，张家口市怀来县，沧州市沧县、东光县、吴桥县、孟村回族自治县、黄骅市，衡水市桃城区、安平县；

上海：宝山区、浦东新区；

江苏：南京市高淳区，无锡市锡山区，常州市武进区，苏州市太仓市，淮安市清江浦区，盐城市亭湖区；

浙江：杭州市西湖区；

江西：萍乡市上栗县、芦溪县；

山东：青岛市胶州市，潍坊市坊子区、昌乐县，济宁市任城区、兖州区、曲阜市、高新技术开发区、太白湖新区、经济技术开发区，泰安市肥城市、泰山林场，威海市高新技术开发区，临沂市沂水县，德州市庆云县，聊城市阳谷县、东阿县、冠县、高唐县、高新技术产业开发区，黄河三角洲保护区；

西藏：山南市加查县；

陕西：咸阳市秦都区、乾县、兴平市，渭南市澄城县，宁东林业局；

甘肃：武威市凉州区；

宁夏：银川市永宁县、灵武市，吴忠市红寺堡区；

新疆：克拉玛依市克拉玛依区，哈密市伊州区，巴音郭楞蒙古自治州库尔勒市、轮台县、焉耆回族自治县、和静县、博湖县，喀什地区泽普县、麦盖提县、伽师县；

新疆生产建设兵团：农一师 3 团、10 团、13 团，农二师 22 团、29 团，农三师，农四师 68 团，农十四师 224 团。

发生面积　206701 亩

危害指数　0.3433

- **焰实夜蛾** *Heliothis fervens* **Butler**

寄　　主　苹果。

分布范围　河北、黑龙江、江西、湖北、湖南、西藏、宁夏。

发生地点　宁夏：银川市西夏区、金凤区。

- **花实夜蛾** *Heliothis ononis*（**Denis et Schiffermüller**）

寄　　主　刺柏，栎，苹果。

分布范围　河北、内蒙古、黑龙江、湖北、湖南、四川、青海、陕西、宁夏。

发生地点　宁夏：吴忠市红寺堡区。

- **点实夜蛾** *Heliothis peltigera*（**Denis et Schiffermüller**）

中文异名　大棉铃虫

寄　　主　棉花柳，桦木，桃，苹果，梨，毛八角枫，桉树。

分布范围　河北、辽宁、广东、西藏、陕西、宁夏、新疆。

发生地点　河北：张家口市沽源县；

西藏：拉萨市达孜县、曲水县，山南市乃东县、扎囊县；

陕西：渭南市华州区、大荔县；

宁夏：银川市永宁县。

发生面积　276 亩

危害指数　0.3333

- **实夜蛾** *Heliothis viriplace*（**Hufnagel**）

中文异名　苜蓿夜蛾、苜蓿实夜蛾

拉丁异名　*Heliothis dipsacea*

寄　　主　加杨，白柳，旱柳，桦木，桃，苹果，李，臭椿，天料木，毛八角枫。

分布范围　北京、天津、河北、辽宁、黑龙江、江苏、山东、云南、西藏、陕西、宁夏、新疆。

发生地点　北京：大兴区、密云区；

河北：唐山市乐亭县，张家口市沽源县、赤城县，沧州市吴桥县、河间市，衡水市桃城区、武邑县；

　　　　　　　　山东：聊城市冠县；

　　　　　　　　陕西：渭南市大荔县、澄城县；

　　　　　　　　宁夏：银川市兴庆区、西夏区、金凤区，石嘴山市惠农区，吴忠市红寺堡区、青铜峡市，固原市彭阳县。

发生面积　　2099 亩

危害指数　　0.3397

● **茶色狭翅夜蛾** *Hermonassa cecilia* Butler

寄　　　主　　油松，侧柏，刺槐，葡萄。

分布范围　　江苏、福建、江西、四川、西藏、陕西、宁夏。

发生地点　　江苏：南京市浦口区；

　　　　　　　　西藏：日喀则市吉隆县，山南市扎囊县；

　　　　　　　　陕西：咸阳市永寿县；

　　　　　　　　宁夏：石嘴山市大武口区。

● **逸色夜蛾** *Ipimorpha retusa*（Linnaeus）

寄　　　主　　杨树，柳树。

分布范围　　黑龙江、河南、陕西、新疆。

● **杨逸色夜蛾** *Ipimorpha subtusa*（Denis et Schiffermüller）

寄　　　主　　山杨，白柳。

分布范围　　北京、河北、辽宁、黑龙江、广东、西藏。

发生地点　　河北：沧州市东光县；

　　　　　　　　西藏：拉萨市达孜县、曲水县，山南市乃东县。

发生面积　　800 亩

危害指数　　0.3333

● **毛金竹笋夜蛾** *Kumasia kumaso*（Sugi）

寄　　　主　　刺竹子，桂竹，紫竹，毛金竹，早竹，早园竹，金竹，毛竹，乌哺鸡竹，茶秆竹，慈竹。

分布范围　　上海、江苏、浙江、福建、江西、湖南、广东、四川、陕西。

发生地点　　上海：浦东新区，崇明县；

　　　　　　　　江苏：苏州市吴江区；

　　　　　　　　浙江：宁波市鄞州区；

　　　　　　　　湖南：岳阳市岳阳县；

　　　　　　　　广东：肇庆市怀集县、四会市；

　　　　　　　　四川：巴中市通江县。

发生面积　　10082 亩

危害指数　　0.3873

● **桦安夜蛾** *Lacanobia contigua*（Denis et Schiffermüller）

中文异名　　桦灰夜蛾

寄　　主　桦木，栎，栎子青冈。

分布范围　内蒙古、辽宁、黑龙江、山东、重庆、甘肃、新疆。

发生地点　重庆：巴南区。

- **华安夜蛾** *Lacanobia splendens*（**Hübner**）

寄　　主　榆树。

分布范围　黑龙江、宁夏、新疆。

发生地点　宁夏：银川市永宁县。

- **海安夜蛾** *Lacanobia thalassina*（**Hufnagel**）

中文异名　海灰夜蛾

寄　　主　榆树。

分布范围　北京、内蒙古、黑龙江、新疆。

- **灰茸夜蛾** *Lasionycta extrita*（**Staudinger**）

寄　　主　山杨。

分布范围　宁夏。

发生地点　宁夏：吴忠市盐池县。

发生面积　6000 亩

危害指数　0.3889

- **僧夜蛾** *Leiometopon simyrides* **Staudinger**

中文异名　白刺毛虫

寄　　主　小钻杨，梭梭，白刺。

分布范围　内蒙古、辽宁、湖南、甘肃。

发生地点　内蒙古：阿拉善盟阿拉善右旗、额济纳旗；

　　　　　湖南：常德市石门县；

　　　　　甘肃：武威市民勤县，连古城保护区。

发生面积　465001 亩

危害指数　0.5900

- **珂冬夜蛾** *Lithomoia solidaginis*（**Hübner**）

寄　　主　柳杉。

分布范围　陕西。

发生地点　陕西：渭南市华州区。

- **暗石冬夜蛾** *Lithophane consocia*（**Borkhausen**）

寄　　主　山杨，桤木，榆树，葡萄。

分布范围　辽宁、黑龙江、四川、陕西。

发生地点　四川：巴中市通江县。

发生面积　152 亩

危害指数　0.3333

- **斜脊蕊夜蛾** *Lophoptera illucida*（Walker）

  寄　　主　杨树，柳树。

  分布范围　海南、四川、西藏、陕西。

- **瘦银锭夜蛾** *Macdunnoughia confusa* Stephens

  中文异名　瘦连纹夜蛾

  寄　　主　钻天杨，箭杆杨，沙拐枣，苹果，悬钩子，柑橘，文冠果，葡萄，石榴。

  分布范围　北京、河北、辽宁、黑龙江、浙江、安徽、四川、陕西、宁夏、新疆。

  发生地点　北京：顺义区；

  　　　　　河北：张家口市沽源县、赤城县，衡水市桃城区；

  　　　　　浙江：宁波市鄞州区；

  　　　　　安徽：合肥市庐阳区；

  　　　　　四川：南充市西充县；

  　　　　　陕西：咸阳市乾县，渭南市华州区、潼关县，宁东林业局；

  　　　　　宁夏：银川市西夏区、金凤区，石嘴山市大武口区。

  发生面积　1216 亩

  危害指数　0.3333

- **银锭夜蛾** *Macdunnoughia crassisigna*（Warren）

  寄　　主　山杨，垂柳，栎，桃，苹果，梨，玫瑰，葡萄，红淡比，木犀。

  分布范围　北京、天津、河北、辽宁、黑龙江、江苏、浙江、山东、湖北、四川、陕西、宁夏。

  发生地点　北京：顺义区、密云区；

  　　　　　河北：唐山市乐亭县，张家口市沽源县、赤城县，沧州市吴桥县；

  　　　　　江苏：扬州市宝应县；

  　　　　　浙江：宁波市象山县；

  　　　　　山东：济宁市兖州区；

  　　　　　四川：成都市蒲江县，南充市西充县；

  　　　　　陕西：咸阳市秦都区、乾县，渭南市华州区；

  　　　　　宁夏：吴忠市红寺堡区、盐池县。

  发生面积　1457 亩

  危害指数　0.3358

- **淡银纹夜蛾** *Macdunnoughia purissima*（Butler）

  寄　　主　杨树，柳树，蒙古栎，香椿，白花泡桐，毛泡桐。

  分布范围　北京、河北、辽宁、重庆、陕西。

  发生地点　河北：邢台市沙河市；

  　　　　　陕西：渭南市华州区、华阴市，宁东林业局。

- **标璃夜蛾** *Maliattha signifera*（Walker）

  寄　　主　杨树，鬏蒴桡，柑橘。

  分布范围　北京、河北、江苏、河南、广东。

发生地点　北京：通州区、顺义区；

河北：唐山市乐亭县；

江苏：苏州市太仓市。

- **甘蓝夜蛾** *Mamestra brassicae*（**Linnaeus**）

寄　　主　山杨，箭杆杨，柳树，榆树，桑，桃，杏，苹果，梨，新疆梨，槐树，冬青卫矛，葡萄，朱槿，虎刺，栀子。

分布范围　东北，北京、河北、内蒙古、上海、江苏、山东、河南、湖北、四川、西藏、陕西、甘肃、宁夏、新疆。

发生地点　北京：顺义区；

河北：唐山市乐亭县，张家口市赤城县，沧州市吴桥县，衡水市桃城区；

江苏：南京市高淳区，苏州市昆山市、太仓市；

山东：济宁市任城区、高新技术开发区、太白湖新区，聊城市东阿县；

西藏：拉萨市达孜县、林周县，山南市乃东县；

陕西：咸阳市三原县、旬邑县，渭南市大荔县，汉中市汉台区，太白林业局；

甘肃：嘉峪关市；

宁夏：银川市永宁县，石嘴山市惠农区，吴忠市红寺堡区；

新疆：巴音郭楞蒙古自治州库尔勒市、轮台县、焉耆回族自治县、博湖县。

发生面积　9218 亩

危害指数　0.3632

- **栗柔夜蛾** *Masalia iconica*（**Walker**）

寄　　主　锥栗，板栗，银桦。

分布范围　江西、山东、湖北、广西、西藏。

发生地点　山东：济宁市经济技术开发区；

湖北：恩施土家族苗族自治州鹤峰县。

发生面积　5003 亩

危害指数　0.9996

- **摊巨冬夜蛾** *Meganephria tancrei*（**Graeser**）

寄　　主　山杨，栎。

分布范围　北京、河北、陕西。

发生地点　北京：顺义区；

陕西：宁东林业局。

- **乌夜蛾** *Melanchra persicariae*（**Linnaeus**）

寄　　主　毛白杨，小钻杨，旱柳，核桃楸，白桦，栎，榆树，桑，银桦，桃，李，刺槐，槐树，黑桦鼠李，椴树，楸。

分布范围　华北、东北，山东、河南、湖北、四川、云南、陕西、宁夏。

发生地点　北京：密云区；

河北：唐山市乐亭县，邢台市沙河市，保定市唐县，张家口市赤城县；

内蒙古：通辽市科尔沁左翼后旗；

山东：聊城市东阿县；

四川：遂宁市安居区，甘孜藏族自治州康定市；

陕西：咸阳市旬邑县，渭南市华州区，汉中市汉台区、西乡县。

发生面积　1450 亩

危害指数　0.3379

- **焦毛眼夜蛾** *Mniotype adusta*（Esper）

中文异名　焦艺夜蛾

寄　　主　湿地松，马尾松，云南松，罗汉松，黑杨，马尾树，稠李。

分布范围　河北、辽宁、黑龙江、浙江、福建、江西、湖北、广西、重庆、云南、西藏。

发生地点　浙江：宁波市鄞州区，衢州市柯城区；

福建：厦门市同安区，莆田市涵江区、仙游县，三明市尤溪县，龙岩市新罗区；

广西：南宁市武鸣区，梧州市苍梧县、岑溪市，钦州市钦南区、钦北区、灵山县，贺州市昭平县，河池市南丹县、东兰县、都安瑶族自治县，派阳山林场、维都林场；

重庆：合川区；

云南：楚雄彝族自治州禄丰县；

西藏：拉萨市林周县、曲水县，日喀则市桑珠孜区，山南市加查县。

发生面积　8062 亩

危害指数　0.3424

- **樱毛眼夜蛾** *Mniotype satura*（Denia et Schiffermüller）

寄　　主　樱桃，茉莉花。

分布范围　江苏、陕西。

发生地点　陕西：渭南市潼关县。

发生面积　135 亩

危害指数　0.3333

- **缤夜蛾** *Moma alpium*（Osbeck）

寄　　主　小钻杨，黑桦，水青冈，麻栎，辽东栎，蒙古栎，栓皮栎，青冈，大果榉，三球悬铃木，苹果，黑桦鼠李，枰木，柞木。

分布范围　北京、河北、辽宁、黑龙江、浙江、福建、江西、山东、湖北、四川、云南、陕西。

发生地点　陕西：渭南市华州区。

- **黄颈缤夜蛾** *Moma fulvicollis*（Lattin）

寄　　主　核桃，栎，青冈，桑，苹果，梨，胡枝子，花椒，紫薇。

分布范围　北京、河北、山东、四川。

发生地点　北京：密云区。

- **鳄夜蛾** *Mycteroplus puniceago*（Boisduval）

寄　　主　刺槐。

分布范围　青海、宁夏。
发生地点　宁夏：吴忠市红寺堡区。

- **角线研夜蛾** *Mythimna conigera*（**Denis et Schiffermüller**）
　寄　　主　山杨，旱榆，紫丁香。
　分布范围　河北、山西、内蒙古、黑龙江、宁夏。

- **暗灰研夜蛾** *Mythimna consanguis*（**Guenée**）
　寄　　主　新疆杨，箭杆杨。
　分布范围　湖北、广东、新疆。

- **十点研夜蛾** *Mythimna decisissima*（**Walker**）
　寄　　主　苹果。
　分布范围　福建、湖南、广西、海南、四川、云南、西藏。
　发生地点　四川：凉山彝族自治州布拖县。

- **德粘夜蛾** *Mythimna dharma* **Moore**
　寄　　主　杜仲藤。
　分布范围　浙江、安徽、福建、广西、云南。

- **离粘夜蛾** *Mythimna distincta* **Moore**
　寄　　主　柑橘，石榴。
　分布范围　福建、湖南、四川、西藏。
　发生地点　四川：绵阳市游仙区。

- **宏秘夜蛾** *Mythimna grandis* **Butler**
　中文异名　光腹粘虫
　寄　　主　杨梅，栎，桑，厚朴，杏，刺槐，奶子藤。
　分布范围　河北、辽宁、黑龙江、江苏、山东、湖北、四川、陕西、甘肃。
　发生地点　河北：唐山市乐亭县，张家口市沽源县；
　　　　　　陕西：咸阳市旬邑县，渭南市华州区、白水县，太白林业局。
　发生面积　400 亩
　危害指数　0.3333

- **点线粘夜蛾** *Mythimna lineatissima*（**Warren**）
　寄　　主　核桃，红叶李。
　分布范围　江苏、湖南、四川。
　发生地点　江苏：无锡市惠山区；
　　　　　　四川：内江市市中区。

- **苍研夜蛾** *Mythimna pallens*（**Linnaeus**）
　寄　　主　栎，榆树。
　分布范围　黑龙江、浙江、青海、宁夏、新疆。

发生地点　宁夏：银川市永宁县。

- **白钩粘夜蛾** *Mythimna proxima*（Leech）

寄　　主　杨树。

分布范围　北京、河北、宁夏。

发生地点　河北：张家口市怀来县。

发生面积　230 亩

危害指数　0.3333

- **红粘夜蛾** *Mythimna rufipennis* Butler

寄　　主　栎。

分布范围　天津、河北、山东。

发生地点　河北：张家口市怀来县。

- **粘虫** *Mythimna separata*（Walker）

中文异名　粟夜盗虫、剃枝虫

寄　　主　山杨，黑杨，棉花柳，栎，构树，桃，碧桃，杏，麦李，苹果，红叶李，海棠花，梨，刺槐，枸杞，枣树，木槿，白蜡树，女贞。

分布范围　北京、河北、辽宁、上海、江苏、浙江、安徽、江西、山东、河南、贵州、四川、陕西、甘肃、宁夏。

发生地点　北京：大兴区、顺义区；

河北：唐山市乐亭县，张家口市阳原县，保定市唐县，沧州市吴桥县，廊坊市安次区；

上海：宝山区、松江区；

江苏：常州市武进区，苏州市太仓市；

浙江：宁波市鄞州区，温州市瑞安市；

山东：烟台市龙口市，济宁市任城区、太白湖新区、高新技术开发区，临沂市沂水县，聊城市东阿县；

河南：许昌市襄城县；

四川：宜宾市宜宾县；

陕西：咸阳市秦都区、永寿县，渭南市华州区、潼关县、大荔县、府谷县；

宁夏：银川市兴庆区、西夏区、金凤区，石嘴山市大武口区，吴忠市盐池县。

发生面积　8200 亩

危害指数　0.4024

- **棕点粘夜蛾** *Mythimna transversata*（Draudt）

寄　　主　华山松。

分布范围　四川、云南、西藏。

发生地点　西藏：昌都市类乌齐县。

- **秘夜蛾** *Mythimna turca*（Linnaeus）

中文异名　光腹夜蛾

寄　　主　　木麻黄，山杨，柳树，桦木，栎，桑，柞木，海桑，桉树。

分布范围　　北京、天津、河北、辽宁、黑龙江、江苏、江西、山东、湖北、广东、四川、陕西。

发生地点　　陕西：宁东林业局。

● **绒粘夜蛾** *Mythimna velutina*（**Eversmann**）

寄　　主　　箭杆杨，刺槐。

分布范围　　河北、陕西、宁夏、新疆。

发生地点　　陕西：渭南市白水县；

宁夏：吴忠市红寺堡区、盐池县。

发生面积　　830 亩

危害指数　　0.4137

● **白脉粘夜蛾** *Mythimna venalba*（**Moore**）

中文异名　　白脉粘虫

寄　　主　　白柳，棉花柳，苹果，梨。

分布范围　　河北、辽宁、福建、湖北、海南。

发生地点　　河北：张家口市沽源县。

● **谷粘夜蛾** *Mythimna zeae*（**Duponchel**）

寄　　主　　杨树，柳树。

分布范围　　宁夏、新疆。

发生地点　　宁夏：银川市永宁县。

● **绿孔雀夜蛾** *Nacna malachitis*（**Oberthür**）

寄　　主　　枫杨，栎，朴树，桑，苹果，木犀。

分布范围　　北京、河北、山西、辽宁、黑龙江、四川、云南、西藏、陕西。

发生地点　　北京：密云区；

四川：成都市都江堰市，凉山彝族自治州盐源县；

陕西：宁东林业局。

● **褐宽翅夜蛾** *Naenia contaminata*（**Walker**）

寄　　主　　羊蹄甲，黑桦鼠李，茉莉花。

分布范围　　黑龙江、江苏、江西、山东、四川。

发生地点　　江苏：苏州市太仓市。

● **灰褐纳夜蛾** *Narangodes argyrostrigatus* **Sugi**

寄　　主　　山杨，油茶。

分布范围　　江西。

发生地点　　江西：南昌市安义县，宜春市高安市。

● **小文夜蛾** *Neustrotia noloides*（**Butler**）

寄　　主　　山杨，箭杆杨，栎。

分布范围　　北京、陕西、新疆。

发生地点　北京：顺义区。

- **乏夜蛾** *Niphonyx segregata*（**Butler**）

　　寄　　主　山杨，朴树，榆树，槐树。

　　分布范围　北京、天津、河北、黑龙江、上海、江苏、福建、河南、云南。

　　发生地点　北京：顺义区；

　　　　　　　河北：张家口市怀来县；

　　　　　　　上海：嘉定区；

　　　　　　　江苏：苏州市昆山市、太仓市。

　　发生面积　188 亩

　　危害指数　0.3351

- **洼皮夜蛾** *Nolathripa lactaria*（**Graeser**）

　　寄　　主　核桃楸，核桃，枇杷，苹果。

　　分布范围　北京、河北、辽宁、黑龙江、江西、湖南、海南、四川、陕西。

　　发生地点　北京：顺义区，密云区；

　　　　　　　河北：保定市唐县，沧州市吴桥县；

　　　　　　　四川：成都市都江堰市；

　　　　　　　陕西：渭南市华州区，宁东林业局。

　　发生面积　113 亩

　　危害指数　0.3333

- **亚皮夜蛾** *Nycteola asiatica*（**Krulikovsky**）

　　中文异名　柳卷梢夜蛾

　　拉丁异名　*Nycteola pseudasiatica*（Sugi）

　　寄　　主　山杨，黑杨，旱柳，绦柳，垂柳。

　　分布范围　北京、河北、山东、湖南、宁夏。

　　发生地点　河北：张家口市怀来县；

　　　　　　　山东：济宁市鱼台县，德州市武城县，聊城市东阿县；

　　　　　　　宁夏：银川市西夏区，石嘴山市大武口区。

　　发生面积　1155 亩

　　危害指数　0.3333

- **典皮夜蛾** *Nycteola revayana*（**Scopoli**）

　　寄　　主　山杨，钻天杨，箭杆杨，白柳。

　　分布范围　黑龙江、江苏、西藏、陕西、新疆。

　　发生地点　新疆：喀什地区麦盖提县，塔城地区沙湾县。

　　发生面积　153 亩

　　危害指数　0.5643

- **红棕狼夜蛾** *Ochropleura ellapsa*（**Corti**）

　　寄　　主　桑，刺槐。

分布范围　河南、四川、云南、西藏、陕西。

发生地点　西藏：拉萨市达孜县、林周县、曲水县，山南市加查县、隆子县昌都市左贡县；

　　　　　陕西：咸阳市乾县，渭南市白水县。

发生面积　140 亩

危害指数　0.3333

- **焰色狼夜蛾** *Ochropleura flammatra*（**Denis et Schiffermüller**）

中文异名　艳色狼夜蛾

寄　　主　梨。

分布范围　河北、福建、西藏、新疆。

发生地点　河北：承德市丰宁满族自治县。

- **客狼夜蛾** *Ochropleura kirghisa*（**Eversmann**）

寄　　主　胡枝子，冬青。

分布范围　福建、陕西、新疆。

发生地点　陕西：渭南市合阳县。

发生面积　200 亩

危害指数　0.3333

- **狼夜蛾** *Ochropleura plecta*（**Linnaeus**）

寄　　主　山杨，白桦，旱榆，樱桃，阔叶槭。

分布范围　辽宁、黑龙江、云南、西藏、青海、宁夏。

- **铅色狼夜蛾** *Ochropleura plumbea*（**Alpheraky**）

寄　　主　刺槐。

分布范围　西藏、陕西、新疆。

发生地点　西藏：拉萨市达孜县、曲水县，山南市乃东县、琼结县、扎囊县，昌都市左贡县；

　　　　　陕西：渭南市白水县。

- **阴狼夜蛾** *Ochropleura umbrifera*（**Alpheraky**）

寄　　主　山杨，旱榆，紫丁香。

分布范围　宁夏、新疆。

发生地点　宁夏：银川市贺兰山管理局。

- **竹笋禾夜蛾** *Oligonyx vulgaris*（**Butler**）

中文异名　竹笋夜蛾、笋蛀虫

寄　　主　南天竹，小方竹，刺竹子，麻竹，团竹，慈竹，桂竹，斑竹，水竹，龟甲竹，毛竹，红哺鸡竹，毛金竹，早竹，高节竹，早园竹，金竹，乌哺鸡竹，甜竹，苦竹，茶秆竹，万寿竹。

分布范围　华东，河南、湖北、湖南、广东、重庆、四川、云南、陕西。

发生地点　上海：浦东新区；

　　　　　江苏：无锡市滨湖区，常州市溧阳市；

浙江：杭州市桐庐县，宁波市鄞州区、余姚市，嘉兴市秀洲区；

安徽：合肥市庐江县，滁州市来安县，六安市裕安区，池州市贵池区，宣城市宣州区、广德县、宁国市；

福建：三明市沙县、将乐县、永安市，南平市延平区、松溪县，龙岩市上杭县、漳平市；

江西：萍乡市安源区、湘东区、上栗县、芦溪县，宜春市铜鼓县，抚州市崇仁县，共青城市；

湖北：黄石市阳新县，荆州市洪湖市，黄冈市黄梅县，咸宁市咸安区、崇阳县、通山县、赤壁市；

湖南：株洲市荷塘区、芦淞区，湘潭市雨湖区，邵阳市新邵县、隆回县、洞口县，岳阳市云溪区、平江县，益阳市资阳区、安化县，郴州市苏仙区、永兴县、嘉禾县，永州市道县，娄底市涟源市，湘西土家族苗族自治州凤凰县；

广东：肇庆市怀集县；

重庆：北碚区；

四川：宜宾市筠连县，广安市前锋区、武胜县、邻水县、华蓥市，达州市大竹县，雅安市雨城区，巴中市通江县；

云南：玉溪市元江哈尼族彝族傣族自治县；

陕西：渭南市华州区，商洛市商南县。

发生面积　201638 亩

危害指数　0.3554

- **野爪冬夜蛾** *Oncocnemis campicola* Lederer

  寄　　主　山杨，旱榆，紫丁香。

  分布范围　河北、内蒙古、黑龙江、福建、山东、甘肃、宁夏、新疆。

- **刻梦尼夜蛾** *Orthosia cruda*（Denis et Schiffermüller）

  寄　　主　刺槐。

  分布范围　吉林、福建、山东、青海。

- **歌梦尼夜蛾** *Orthosia gothica*（Linnaeus）

  中文异名　椴梦尼夜蛾

  寄　　主　杨树，柳树，辽东栎，蒙古栎，榆树，山楂，梨，黑桦鼠李，椴树，柞木。

  分布范围　河北、内蒙古、辽宁、黑龙江、宁夏、新疆。

- **单梦尼夜蛾** *Orthosia gracilis*（Denis et Schiffermüller）

  寄　　主　栎，檫木。

  分布范围　吉林、黑龙江、陕西、新疆。

  发生地点　陕西：太白林业局。

- **梦尼夜蛾** *Orthosia incerta*（Hufnagel）

  中文异名　杨梦尼夜蛾

  寄　　主　钻天柳，新疆杨，山杨，胡杨，钻天杨，箭杆杨，柳树，核桃，黑桦，白桦，辽东栎，榆树，杜仲，扁桃，桃，杏，樱桃，山楂，苹果，野海棠，李，新疆梨，月季，刺槐，梣叶槭，枣树，葡萄，柞木，沙枣，白蜡树。

分布范围　内蒙古、吉林、黑龙江、重庆、陕西、宁夏、新疆。

发生地点　新疆：乌鲁木齐市天山区、沙依巴克区、高新技术开发区、水磨沟区、头屯河区、达坂城区、米东区，克拉玛依市独山子区、克拉玛依区、乌尔禾区，博尔塔拉蒙古自治州博乐市、精河县，巴音郭楞蒙古自治州库尔勒市、焉耆回族自治县，克孜勒苏柯尔克孜自治州阿克陶县、乌恰县，喀什地区喀什市、疏附县、疏勒县、英吉沙县、泽普县、莎车县、叶城县、麦盖提县、岳普湖县、伽师县，和田地区和田县、皮山县，塔城地区乌苏市、沙湾县，石河子市；

新疆生产建设兵团：农一师 10 团、13 团，农二师 22 团、29 团，农四师 68 团、71 团，农五师 83 团、89 团，农六师新湖农场，农七师 123 团、124 团、130 团，农八师农八师、121 团、148 团，农十二师，农十四师 224 团。

发生面积　252447 亩

危害指数　0.3906

- **杜仲梦尼夜蛾** *Orthosia songi* **Chen et Zhang**

寄　　主　杜仲。

分布范围　安徽、河南、湖北、湖南、四川、贵州、陕西。

发生地点　河南：三门峡市灵宝市，南阳市南召县；

湖北：十堰市郧西县；

湖南：张家界市慈利县；

四川：成都市大邑县；

贵州：遵义市桐梓县、正安县；

陕西：汉中市略阳县。

发生面积　24730 亩

危害指数　0.5667

- **蚀夜蛾** *Oxytripia orbiculosa*（**Esper**）

寄　　主　山杨，榆树，海棠花，白蔷薇，月季，多花蔷薇，玫瑰，秋海棠。

分布范围　北京、河北、内蒙古、辽宁、吉林、山东、陕西、青海、新疆。

发生地点　河北：张家口市张北县、沽源县、尚义县，沧州市吴桥县；

陕西：咸阳市长武县。

发生面积　282 亩

危害指数　0.3333

- **短喙夜蛾** *Panthauma egregia* **Staudinger**

寄　　主　山杨，柳树，蒙古栎，榆树，苹果。

分布范围　东北，内蒙古。

- **盼夜蛾** *Panthea coenobita*（**Esper**）

寄　　主　落叶松，云杉，红松，蒙古栎，檫木。

分布范围　东北。

- **桉重尾夜蛾** *Penicillaria jocosatrix* **Guenée**

  寄　　主　樟树，降香，秋枫，大叶桉，巨尾桉，柳窿桉。

  分布范围　福建、湖南、广东、广西、海南、云南。

  发生地点　广东：湛江市廉江市，茂名市茂南区，肇庆市高要区、怀集县、德庆县、四会市，惠州市惠阳区，汕尾市陆河县、陆丰市，河源市龙川县、连平县，云浮市云城区、新兴县、云浮市属林场；

  　　　　　广西：南宁市横县，桂林市荔浦县，梧州市万秀区、苍梧县、岑溪市，北海市银海区、铁山港区，防城港市港口区、防城区、东兴市，贵港市港北区、覃塘区，玉林市容县，河池市东兰县，来宾市武宣县，崇左市宁明县，良凤江森林公园、派阳山林场、钦廉林场、三门江林场、维都林场、六万林场、博白林场；

  　　　　　海南：儋州市。

  发生面积　25082 亩

  危害指数　0.3653

- **斑重尾夜蛾** *Penicillaria maculata* **Bulter**

  寄　　主　木犀。

  分布范围　江苏、四川、西藏。

  发生地点　江苏：扬州市江都区。

- **杧果重尾夜蛾** *Penicillaria simplex*（Walker）

  中文异名　桉重尾夜蛾

  寄　　主　茅栗，栓皮栎，杧果，桉树。

  分布范围　湖北、湖南、广东、广西、海南。

  发生地点　广西：南宁市上林县。

- **疆夜蛾** *Peridroma saucia*（Hübner）

  寄　　主　山杨，核桃，榆树，桃，杏，枇杷，苹果，李，梨，柑橘，三角槭。

  分布范围　山西、河南、重庆、四川、云南、西藏、陕西、甘肃、宁夏。

  发生地点　四川：凉山彝族自治州德昌县、金阳县；

  　　　　　陕西：渭南市华州区；

  　　　　　宁夏：吴忠市盐池县。

  发生面积　102031 亩

  危害指数　0.3399

- **围连环夜蛾** *Perigrapha circumducta*（Lederer）

  寄　　主　栎，榆树，绣线菊，胡枝子，刺槐，沙棘。

  分布范围　北京、河北、山东、陕西、甘肃、宁夏。

  发生地点　陕西：咸阳市永寿县；

  　　　　　甘肃：白银市靖远县；

  　　　　　宁夏：固原市彭阳县。

发生面积　1611 亩

危害指数　0.3333

- **燎尾夜蛾** *Phlegetonia delatrix*（Guenée）

寄　　主　洋蒲桃。

分布范围　广东。

- **稻金翅夜蛾** *Plusia putnami festata* Graeser

中文异名　稻金斑夜蛾、金斑夜蛾

拉丁异名　*Chrysaspidia festucae*（Graeser）

寄　　主　山杨，柳树，栎，紫荆。

分布范围　黑龙江、江苏、宁夏、新疆。

发生地点　江苏：盐城市盐都区、建湖县，扬州市宝应县；

　　　　　宁夏：银川市兴庆区、西夏区、金凤区，石嘴山市大武口区。

发生面积　222 亩

危害指数　0.3333

- **类灰夜蛾** *Polia altaica*（Lederer）

寄　　主　山杨，毛白杨，旱柳，桦木，大果榉，桑，刺槐，枸杞。

分布范围　河北、黑龙江、江苏、陕西、新疆。

发生地点　河北：邢台市沙河市，张家口市沽源县、赤城县；

　　　　　江苏：南京市浦口区，淮安市金湖县，扬州市扬州经济技术开发区；

　　　　　陕西：咸阳市永寿县，渭南市华州区、大荔县。

发生面积　1339 亩

危害指数　0.3333

- **蒙灰夜蛾** *Polia bombycina*（Hufnagel）

寄　　主　山杨。

分布范围　河北、内蒙古、黑龙江、山东、青海、宁夏、新疆。

- **鹏灰夜蛾** *Polia goliath*（Oberthür）

寄　　主　棉花柳，白桦，李，扁枝越橘。

分布范围　北京、河北、山西、辽宁、黑龙江、河南、湖北、四川、甘肃、宁夏。

发生地点　北京：密云区；

　　　　　河北：张家口市沽源县。

- **红棕灰夜蛾** *Polia illoba*（Bulter）

寄　　主　山杨，棉花柳，蒙古栎，桑，樱桃，樱花，李，白梨，月季，花椒，冬青卫矛，
　　　　　枸杞。

分布范围　北京、河北、山西、辽宁、黑龙江、江苏、浙江、福建、江西、山东、河南、四川、
　　　　　陕西。

发生地点　北京：顺义区；

河北：张家口市张北县、沽源县、尚义县；

山西：大同市阳高县；

江苏：盐城市亭湖区、东台市；

山东：济宁市任城区，威海市环翠区，聊城市东阿县；

四川：自贡市沿滩区；

陕西：渭南市华州区、华阴市。

发生面积　5752 亩

危害指数　0.3334

- **灰夜蛾 *Polia nebulosa*（Hufnagel）**

寄　　主　杨树，棉花柳，山核桃，白桦，栎，榆树，山楂，枇杷，李，花椒，黑桦鼠李。

分布范围　东北，北京、河北、山西、江苏、山东、四川、甘肃、青海、宁夏、新疆。

发生地点　北京：密云区；

河北：张家口市怀来县；

江苏：扬州市江都区；

四川：自贡市沿滩区，遂宁市安居区。

- **杜仲夜蛾 *Polia* sp.**

寄　　主　杜仲。

分布范围　湖北。

发生地点　湖北：十堰市房县。

- **霉裙剑夜蛾 *Polyphaenis oberthüri* Staudinger**

寄　　主　山杨，柳树，蒙古栎，朴树，刺槐，油桐，重阳木，毛八角枫，刺楸，泡桐。

分布范围　辽宁、黑龙江、江西、四川、陕西、宁夏。

发生地点　四川：巴中市通江县；

陕西：西安市周至县，咸阳市长武县，渭南市白水县、华阴市，宁东林业局。

发生面积　275 亩

危害指数　0.3333

- **黑俚夜蛾 *Protodeltote atrata* Butler**

寄　　主　杨树，柳树。

分布范围　宁夏。

发生地点　宁夏：银川市永宁县。

- **白肾俚夜蛾 *Protodeltote martjanovi*（Tschetverikov）**

寄　　主　杨树，垂柳，旱柳，榆树，黑桦鼠李，楸。

分布范围　北京、河北。

发生地点　河北：张家口市怀来县。

发生面积　500 亩

危害指数　0.3333

● 宽胫夜蛾 *Protoschinia scutosa*（**Denis et Schiffermüller**）

寄　　主　山杨，黑杨，箭杆杨，旱柳，枫杨，桑，苹果，梨，柑橘。

分布范围　北京、天津、河北、辽宁、黑龙江、江苏、山东、陕西、宁夏、新疆。

发生地点　北京：顺义区、密云区；

　　　　　河北：唐山市乐亭县，张家口市沽源县、怀来县、赤城县，衡水市桃城区；

　　　　　江苏：苏州市太仓市；

　　　　　山东：济宁市泗水县，聊城市东阿县；

　　　　　陕西：咸阳市乾县；

　　　　　宁夏：银川市兴庆区、西夏区、金凤区、永宁县，吴忠市红寺堡区、盐池县，固原市彭阳县；

　　　　　新疆生产建设兵团：农四师 68 团。

发生面积　1935 亩

危害指数　0.3352

● 碧夜蛾 *Pseudoips prasinana*（**Linnaeus**）

寄　　主　山杨，柳树，白桦，榛子，蒙古栎，榆树，大果榉，柞木。

分布范围　东北，河北、内蒙古、浙江、福建、重庆。

发生地点　重庆：石柱土家族自治县。

● 甘伪小眼夜蛾 *Pseudopanolis kansuensis* **Chen**

寄　　主　油松。

分布范围　甘肃。

发生地点　甘肃：白银市靖远县。

● 殿夜蛾 *Pygopteryx suava* **Staudinger**

寄　　主　棉花柳，蔷薇，月季，毛八角枫。

分布范围　天津、河北、辽宁、黑龙江、山东。

● 双纹焰夜蛾 *Pyrrhia bifasciata*（**Staudinger**）

寄　　主　核桃，槐树。

分布范围　河北、黑龙江、江苏、陕西。

发生地点　江苏：镇江市句容市。

● 焰夜蛾 *Pyrrhia umbra*（**Hufnagel**）

中文异名　烟火焰夜蛾、豆黄夜蛾

寄　　主　箭杆杨，檫木，油茶，毛泡桐。

分布范围　北京、河北、辽宁、黑龙江、江苏、浙江、山东、湖北、湖南、西藏、陕西、新疆。

发生地点　河北：张家口市怀来县、涿鹿县；

　　　　　黑龙江：佳木斯市富锦市；

　　　　　山东：济宁市鱼台县、经济技术开发区。

发生面积　1089 亩

危害指数　0.5017

- **波莽夜蛾** *Raphia peusteria* **Püngeler**

  寄　　主　桦木。

  分布范围　黑龙江。

- **萨夜蛾** *Sapporia repetita*（Butler）

  中文异名　笋连秀夜蛾

  寄　　主　水竹，毛竹，早竹。

  分布范围　浙江。

  发生地点　浙江：宁波市鄞州区。

  发生面积　8000 亩

  危害指数　0.3333

- **高山修虎蛾** *Sarbanissa bala*（Moore）

  寄　　主　葡萄。

  分布范围　四川、西藏、陕西。

  发生地点　陕西：宁东林业局。

- **黄修虎蛾** *Sarbanissa flavida*（Leech）

  寄　　主　山杨，早柳，枫杨，板栗，海棠花，花椒，葡萄。

  分布范围　北京、湖北、湖南、四川、云南、西藏、陕西。

  发生地点　四川：雅安市石棉县，凉山彝族自治州德昌县；

  　　　　　陕西：渭南市华州区，宁东林业局、太白林业局。

  发生面积　519 亩

  危害指数　0.3333

- **小修虎蛾** *Sarbanissa mandarina*（Leech）

  寄　　主　栎，李叶绣线菊，刺槐，葡萄。

  分布范围　辽宁、黑龙江、湖北、四川、云南、陕西。

  发生地点　四川：攀枝花市米易县；

  　　　　　陕西：渭南市华州区，宁东林业局。

- **葡萄修虎蛾** *Sarbanissa subflava*（Moore）

  寄　　主　桃，刺槐，爬山虎，山葡萄，葡萄，常春藤。

  分布范围　北京、天津、河北、山西、辽宁、黑龙江、浙江、安徽、福建、江西、山东、河南、
  　　　　　湖北、贵州、陕西。

  发生地点　福建：漳州市东山县；

  　　　　　陕西：渭南市白水县。

- **修虎蛾** *Sarbanissa transiens*（Walker）

  寄　　主　葡萄。

  分布范围　湖北、四川、云南、陕西。

  发生地点　陕西：宁东林业局。

- **艳修虎蛾** *Sarbanissa venusta*（Leech）

  寄　　主　山杨，抱头毛白杨，榆树，刺槐，爬山虎，山葡萄，葡萄，荆条。

  分布范围　北京、辽宁、吉林、江苏、浙江、山东、湖北、四川、陕西。

  发生地点　浙江：杭州市西湖区，宁波市慈溪市，衢州市常山县；

  　　　　　四川：遂宁市安居区，凉山彝族自治州昭觉县；

  　　　　　陕西：渭南市澄城县、白水县。

  发生面积　555 亩

  危害指数　0.3634

- **幻夜蛾** *Sasunaga tenebrosa*（Moore）

  寄　　主　木棉。

  分布范围　广东。

  发生地点　广东：汕尾市陆河县，云浮市新兴县。

- **白边豪虎蛾** *Scrobigera albomarginata*（Moore）

  寄　　主　葡萄。

  分布范围　江西、云南。

- **豪虎蛾** *Scrobigera amatrix*（Westwood）

  寄　　主　构树，桑，葡萄，茶，打铁树。

  分布范围　江苏、浙江、福建、湖南、重庆、四川。

  发生地点　江苏：淮安市清江浦区；

  　　　　　湖南：娄底市新化县；

  　　　　　四川：内江市东兴区，宜宾市宜宾县、筠连县。

- **袭夜蛾** *Sidemia bremeri*（Erschoff）

  寄　　主　桃，梨，蔷薇。

  分布范围　河北。

  发生地点　河北：张家口市沽源县、赤城县。

  发生面积　290 亩

  危害指数　0.3333

- **克袭夜蛾** *Sidemia spilogramma*（Rambur）

  寄　　主　杨树，柳树。

  分布范围　河北、辽宁、宁夏。

  发生地点　河北：唐山市乐亭县，张家口市沽源县、怀来县；

  　　　　　宁夏：吴忠市红寺堡区。

  发生面积　161 亩

  危害指数　0.3333

- **刀夜蛾** *Simyra nervosa*（Denis et Schiffermüller）

  寄　　主　杨树，柳树，大戟。

分布范围　宁夏。

发生地点　宁夏：银川市永宁县，吴忠市红寺堡区。

发生面积　101亩

危害指数　0.3333

- **扇夜蛾 *Sineugraphe disgnosta*（Boursin）**

寄　　主　刺槐。

分布范围　辽宁、陕西。

发生地点　陕西：渭南市白水县。

- **胡桃豹夜蛾 *Sinna extrema*（Walker）**

中文异名　核桃豹夜蛾

寄　　主　山杨，柳树，山核桃，薄壳山核桃，青钱柳，野核桃，核桃楸，核桃，枫杨，板栗，麻栎，栓皮栎，青冈，大果榉，构树，高山榕，荷花玉兰，猴樟，油樟，桃，樱桃，红叶李，梨，刺槐，柑橘，盐肤木，冬青卫矛，枣树，木槿，梧桐，八角枫，白蜡树，木犀，白花泡桐，绣球琼花。

分布范围　北京、河北、上海、江苏、浙江、安徽、江西、山东、河南、湖北、重庆、四川、陕西、甘肃。

发生地点　北京：通州区、顺义区、密云区；

河北：石家庄市井陉县；

上海：松江区、青浦区；

江苏：南京市浦口区、栖霞区、雨花台区，无锡市宜兴市，常州市天宁区、钟楼区、新北区，淮安市淮阴区、清江浦区、洪泽区、盱眙县，盐城市响水县，扬州市邗江区、经济技术开发区，镇江市扬中市、句容市；

浙江：杭州市西湖区、萧山区、桐庐县、临安市，宁波市北仑区、鄞州区；

安徽：合肥市庐阳区、包河区，芜湖市芜湖县，六安市霍山县，池州市贵池区，宣城市绩溪县；

山东：济宁市曲阜市，泰安市泰山林场，临沂市沂水县；

河南：郑州市新郑市；

重庆：万州区；

四川：自贡市自流井区、贡井区、大安区、沿滩区、荣县，绵阳市平武县，遂宁市安居区、大英县，乐山市金口河区，南充市顺庆区、高坪区、西充县，广安市前锋区、武胜县，巴中市通江县、平昌县；

陕西：咸阳市三原县、彬县、长武县、旬邑县、武功，渭南市华州区、澄城县、白水县、华阴市，汉中市西乡县，安康市旬阳县，宁东林业局；

甘肃：庆阳市西峰区。

发生面积　5254亩

危害指数　0.3388

- **日月明夜蛾 *Sphragifera biplagiata*（Walker）**

寄　　主　山杨，核桃，栎，青冈，李叶绣线菊，木槿，油茶，木犀。

分布范围　天津、河北、辽宁、江苏、浙江、江西、广东、重庆、四川、陕西。

发生地点　江苏：南京市玄武区；

　　　　　浙江：杭州市西湖区；

　　　　　江西：南昌市安义县；

　　　　　广东：云浮市罗定市；

　　　　　重庆：南岸区；

　　　　　四川：成都市都江堰市，南充市顺庆区、营山县、西充县，巴中市平昌县。

发生面积　229 亩

危害指数　0.3668

- **丹日明夜蛾** *Sphragifera sigillata*（Ménétriès）

寄　　主　银杏，小钻杨，核桃楸，核桃，枫杨，栗，蒙古栎，栓皮栎，榆树，构树，桃，李，梨，合欢，刺槐，槐树，紫藤，柑橘，红淡比，柞木，荆条。

分布范围　北京、天津、河北、辽宁、黑龙江、江苏、浙江、山东、湖北、四川、陕西。

发生地点　北京：密云区；

　　　　　河北：邢台市沙河市；

　　　　　江苏：无锡市宜兴市；

　　　　　浙江：宁波市江北区、象山县、慈溪市，衢州市常山县；

　　　　　四川：成都市都江堰市，雅安市天全县、芦山县；

　　　　　陕西：西安市周至县，咸阳市旬邑县，渭南市华州区、蒲城县、白水县，宁东林业局。

发生面积　560 亩

危害指数　0.3333

- **甜菜夜蛾** *Spodoptera exigua*（Hübner）

中文异名　贪夜蛾

寄　　主　木麻黄，杨树，月季，多花蔷薇，刺槐，枣树，柽柳，小叶女贞，兰考泡桐，白花泡桐，刺葵。

分布范围　北京、河北、辽宁、上海、江苏、山东、河南、湖北、广东、重庆、新疆。

发生地点　北京：顺义区；

　　　　　河北：唐山市乐亭县，张家口市怀来县，廊坊市霸州市；

　　　　　上海：浦东新区；

　　　　　江苏：常州市天宁区、钟楼区、新北区，苏州市太仓市，扬州市邗江区；

　　　　　山东：聊城市东阿县、冠县，黄河三角洲保护区；

　　　　　河南：许昌市鄢陵县；

　　　　　重庆：秀山土家族苗族自治县。

发生面积　5278 亩

危害指数　0.3972

- **斜纹夜蛾** *Spodoptera litura*（Fabricius）

中文异名　一点斜纹网蛾、莲纹夜蛾

寄　　主　银杏，湿地松，马尾松，杉木，水杉，山杨，黑杨，钻天杨，箭杆杨，柳树，山核桃，板栗，朴树，榆树，垂叶榕，桑，玉兰，荷花玉兰，猴樟，樟树，檫木，枫香，红花檵木，桃，梅，杏，樱花，日本樱花，枇杷，苹果，海棠花，石楠，樱桃李，李，沙梨，月季，多花蔷薇，槐树，花椒，香椿，重阳木，乌桕，长叶黄杨，冬青，扶芳藤，冬青卫矛，葡萄，木槿，黄槿，桐棉，梧桐，山茶，油茶，茶，秋海棠，石榴，榄仁树，巨尾桉，桃金娘，白蜡树，木犀，白花泡桐，柳叶水锦树。

分布范围　华东，北京、天津、河北、辽宁、黑龙江、河南、湖北、湖南、广东、广西、四川、云南、陕西、宁夏、新疆。

发生地点　北京：东城区、石景山区、密云区；

河北：唐山市乐亭县，保定市唐县，沧州市吴桥县；

上海：宝山区、浦东新区、金山区、松江区、青浦区、奉贤区；

江苏：南京市玄武区、浦口区、六合区，无锡市惠山区、滨湖区、宜兴市、江阴市，常州市天宁区、新北区、武进区、金坛区、溧阳市，苏州市高新技术开发区、昆山市、太仓市，南通市海门市，淮安市清江浦区、盱眙县，盐城市亭湖区、盐都区、大丰区、建湖县、东台市，扬州市江都区，镇江市新区，泰州市海陵区；

浙江：杭州市西湖区，宁波市江北区、北仑区、镇海区、鄞州区、象山县，温州市鹿城区、瑞安市，台州市椒江区，金华市东阳市，丽水市莲都区；

福建：厦门市同安区，泉州市永春县，南平市延平区、松溪县，漳州市平和县；

江西：萍乡市芦溪县；

山东：潍坊市诸城市，济宁市任城区、高新技术开发区、太白湖新区，临沂市兰山区，聊城市东阿县、冠县，菏泽市牡丹区；

河南：许昌市魏都区、许昌市经济技术开发区、许昌县、襄城县；

湖北：武汉市洪山区；

湖南：株洲市醴陵市、岳阳市岳阳县、平江县、汨罗市；

广东：广州市白云区，深圳市盐田区，肇庆市高要区，惠州市惠城区、惠东县，汕尾市陆河县，云浮市新兴县；

广西：桂林市雁山区，北海市合浦县，来宾市武宣县，派阳山林场；

四川：自贡市大安区、沿滩区，内江市资中县，绵阳市平武县，乐山市沙湾区、峨眉山市；

云南：西双版纳傣族自治州勐腊县；

陕西：咸阳市三原县，渭南市华阴市，商洛市丹凤县，佛坪保护区；

宁夏：银川市兴庆区、西夏区、金凤区；

新疆：喀什地区麦盖提县；

新疆生产建设兵团：农四师68团。

发生面积　28779亩

危害指数　0.3602

- **淡剑袭夜蛾 *Spondoptera depravata*（Butler）**

寄　　主　木犀。

分布范围　北京、上海、江苏、浙江、安徽、湖南。

发生地点　北京：顺义区；

　　　　　上海：宝山区；

　　　　　江苏：常州市武进区，苏州市昆山市、太仓市；

　　　　　浙江：温州市鹿城区；

　　　　　湖南：岳阳市平江县。

发生面积　6362 亩

危害指数　0.4591

- **阴俚夜蛾 *Sugia stygia*（Butler）**

　寄　　主　毛竹。

　分布范围　辽宁、浙江、福建、湖北、四川。

- **北方美金翅夜蛾 *Syngrapha ain*（Hochenwarth）**

　寄　　主　华北落叶松。

　分布范围　内蒙古、黑龙江。

　发生地点　内蒙古：乌兰察布市卓资县、察哈尔右翼中旗。

　发生面积　910 亩

　危害指数　0.3333

- **中金翅夜蛾 *Thysanoplusia intermixta*（Warren）**

　中文异名　中金弧夜蛾

　寄　　主　落叶松，杨树，茶条槭，木槿。

　分布范围　河北、山西、黑龙江、江苏、浙江、湖北、重庆、四川、陕西、宁夏。

　发生地点　江苏：盐城市亭湖区；

　　　　　　浙江：杭州市西湖区；

　　　　　　重庆：万州区；

　　　　　　陕西：渭南市华州区。

- **金掌夜蛾 *Tiracola aureata* Holloway**

　寄　　主　马尾松。

　分布范围　福建。

　发生地点　福建：福州国家森林公园。

- **掌夜蛾 *Tiracola plagiata*（Walker）**

　寄　　主　栎，榆树，桃，悬钩子，柑橘，花椒，油茶，茶，巨尾桉，黄荆。

　分布范围　浙江、福建、江西、山东、湖北、湖南、广东、重庆、四川、陕西。

　发生地点　江西：萍乡市芦溪县；

　　　　　　湖南：娄底市新化县；

　　　　　　广东：云浮市郁南县；

　　　　　　重庆：北碚区；

　　　　　　四川：遂宁市射洪县，乐山市马边彝族自治县，眉山市仁寿县、青神县，甘孜藏族自治州泸定县，凉山彝族自治州盐源县。

发生面积　3205 亩

危害指数　0.3410

- **陌夜蛾 *Trachea atriplicis*（Linnaeus）**

　中文异名　白戟铜翅夜蛾

　寄　　主　小钻杨，榆树，酸模，桃，李，月季，柑橘，五叶地锦，红淡比，石榴。

　分布范围　东北，北京、天津、河北、上海、江苏、浙江、安徽、江西、山东、河南、湖南、
　　　　　　陕西。

　发生地点　北京：石景山区、密云区；

　　　　　　河北：唐山市乐亭县，沧州市吴桥县，衡水市桃城区；

　　　　　　上海：松江区；

　　　　　　浙江：杭州市西湖区；

　　　　　　山东：聊城市东阿县；

　　　　　　河南：濮阳市华龙区；

　　　　　　湖南：岳阳市岳阳县；

　　　　　　陕西：渭南市大荔县。

　发生面积　7564 亩

　危害指数　0.3955

- **白斑陌夜蛾 *Trachea auriplena*（Walker）**

　寄　　主　榆树，桃，枇杷，苹果，李。

　分布范围　北京、上海、浙江、四川、西藏、陕西。

　发生地点　上海：嘉定区；

　　　　　　四川：乐山市沙湾区、峨眉山市，南充市嘉陵区；

　　　　　　西藏：拉萨市林周县，山南市加查县。

- **美陌夜蛾 *Trachea bella*（Butler）**

　寄　　主　杨树。

　分布范围　江苏、广东。

　发生地点　广东：韶关市武江区。

- **黑环陌夜蛾 *Trachea melanospila* Kollar**

　寄　　主　杨树，栎，榆树，山楂，香椿。

　分布范围　河北、山西、黑龙江、陕西。

　发生地点　河北：唐山市乐亭县，张家口市沽源县、赤城县。

　发生面积　296 亩

　危害指数　0.3333

- **镶夜蛾 *Trichosea champa*（Moore）**

　寄　　主　杨树，桦木，蒙古栎，樱花，枪木，杜鹃。

　分布范围　辽宁、吉林、重庆、陕西。

发生地点　　重庆：酉阳土家族苗族自治县；

　　　　　　陕西：宁东林业局。

发生面积　　531 亩

危害指数　　0.3333

● **暗后夜蛾** *Trisuloides caliginea*（**Butler**）

寄　　主　　白柳，山柳，黑桦，桑，苹果，梨，一品红，柳叶鼠李，葡萄，柞木。

分布范围　　河北、辽宁、黑龙江、江西、四川、陕西。

发生地点　　河北：张家口市怀来县，沧州市吴桥县；

　　　　　　四川：宜宾市宜宾县；

　　　　　　陕西：渭南市华州区。

发生面积　　475 亩

危害指数　　0.3333

● **后夜蛾** *Trisuloides serisea* **Butler**

寄　　主　　山杨，栎，青冈，桑，蔷薇，川黄檗。

分布范围　　黑龙江、福建、湖北、广西、重庆、四川、云南、陕西。

发生地点　　四川：甘孜藏族自治州乡城县；

　　　　　　陕西：渭南市华州区，宁东林业局。

● **碧鹰冬夜蛾** *Valeria tricristata* **Draudt**

寄　　主　　杨树，柳树，梨。

分布范围　　河北、陕西、宁夏。

发生地点　　河北：张家口市怀安县；

　　　　　　宁夏：吴忠市红寺堡区。

● **柳美冬夜蛾** *Xanthia fulvago*（**Clerck**）

中文异名　　美冬夜蛾

寄　　主　　杨树，沙柳，白桦，栎，榆树，李叶绣线菊，黑桦鼠李，柞木，山柳。

分布范围　　河北、山西、辽宁、黑龙江、陕西、新疆。

发生地点　　河北：保定市唐县，张家口市沽源县。

发生面积　　130 亩

危害指数　　0.3333

● **黄紫美冬夜蛾** *Xanthia togata*（**Esper**）

寄　　主　　杨树，黄花柳，桦木。

分布范围　　东北，天津、河北、陕西。

发生地点　　河北：张家口市沽源县；

　　　　　　陕西：渭南市华州区。

发生面积　　215 亩

危害指数　　0.3333

- 黄夜蛾 *Xanthodes albago*（Fabricius）

　寄　　主　木麻黄，核桃，榆树，红花檵木，桉树，火焰树。

　分布范围　山东、河南、广东、云南、陕西。

　发生地点　山东：济宁市鱼台县；

　　　　　　陕西：渭南市华阴市。

- 犁纹黄夜蛾 *Xanthodes transversa* Guenée

　寄　　主　棉花柳，油樟，梨，木棉，桢楠，木芙蓉，黄棉木，芙蓉菊。

　分布范围　上海、江苏、浙江、福建、江西、广东、四川、陕西。

　发生地点　上海：崇明县；

　　　　　　江苏：无锡市宜兴市，苏州市昆山市，镇江市句容市；

　　　　　　浙江：温州市鹿城区，宁波市象山县；

　　　　　　福建：泉州市安溪县；

　　　　　　江西：萍乡市莲花县、芦溪县；

　　　　　　四川：德阳市罗江县，宜宾市翠屏区，巴中市通江县。

　发生面积　2051 亩

　危害指数　0.3984

- 鲁夜蛾 *Xestia baja*（Denis et Schiffermüller）

　寄　　主　马尾松，乌桕。

　分布范围　福建、四川。

　发生地点　四川：巴中市通江县。

　发生面积　413 亩

　危害指数　0.3333

- 八字地老虎 *Xestia c-nigrum*（Linnaeus）

　寄　　主　冷杉，落叶松，云杉，华山松，红松，马尾松，樟子松，油松，杉木，柏木，侧柏，
　　　　　　新疆杨，山杨，胡杨，黑杨，钻天杨，箭杆杨，毛白杨，小钻杨，垂柳，旱柳，绦
　　　　　　柳，馒头柳，核桃楸，白桦，栎，榆树，桑，牡丹，三球悬铃木，桃，西府海棠，苹
　　　　　　果，新疆梨，蔷薇，刺槐，黄檗，香椿，阔叶槭，色木槭，元宝槭，文冠果，枣树，
　　　　　　葡萄，椴树，梧桐，茶，柞木，水曲柳，白蜡树，洋白蜡，水蜡树，枸杞，泡桐，柳
　　　　　　叶水锦树。

　分布范围　全国。

　发生地点　北京：石景山区、顺义区、密云区；

　　　　　　河北：唐山市乐亭县，张家口市张北县、沽源县、怀来县、赤城县；

　　　　　　辽宁：丹东市振安区；

　　　　　　吉林：延边朝鲜族自治州大兴沟林业局；

　　　　　　黑龙江：伊春市铁力市；

　　　　　　山东：济宁市任城区、经济技术开发区，聊城市东阿县，黄河三角洲保护区；

　　　　　　四川：德阳市罗江县，南充市西充县，广安市武胜县；

　　　　　　西藏：拉萨市达孜县、林周县、曲水县，日喀则市吉隆县、南木林县，山南市加查

县、乃东县、琼结县、扎囊县；

陕西：咸阳市秦都区、乾县、永寿县，渭南市华州区、蒲城县、华阴市，汉中市汉台
区，佛坪保护区，宁东林业局；

甘肃：武威市凉州区，庆阳市西峰区；

宁夏：固原市西吉县；

新疆：克拉玛依市独山子区、克拉玛依区，博尔塔拉蒙古自治州精河县，和田地区和
田县；

新疆生产建设兵团：农一师 13 团，农二师 22 团、29 团，农十四师 224 团。

发生面积　34536 亩

危害指数　0.3373

● **润鲁夜蛾 *Xestia dilatata*（Butler）**

拉丁异名　*Amathes dilatata* Butler

寄　　主　山杨。

分布范围　河北、江苏、湖南。

发生地点　江苏：泰州市姜堰区。

● **兀鲁夜蛾 *Xestia ditrapezium*（Denis et Schiffermüller）**

寄　　主　榆树，悬钩子。

分布范围　北京、河北、黑龙江、山东。

发生地点　河北：张家口市怀来县。

● **彩色鲁夜蛾 *Xestia efflorescens*（Butler）**

寄　　主　山杨，柳树。

分布范围　吉林、陕西。

● **褐纹鲁夜蛾 *Xestia fuscostigma*（Bremer）**

寄　　主　白柳，白桦，旱榆，桃，刺槐，树番茄。

分布范围　天津、河北、山东、湖北、陕西。

发生地点　河北：唐山市乐亭县，张家口市沽源县、赤城县；

陕西：渭南市华州区、白水县，太白林业局。

发生面积　1104 亩

危害指数　0.3333

● **大三角鲁夜蛾 *Xestia kollari*（Lederer）**

中文异名　大三角地老虎

寄　　主　落叶松，樟子松，油松，柳杉，山杨，小黑杨，小钻杨，旱柳，旱榆，榆树，樱桃，
山楂，苹果，刺槐，黄檗，阔叶槭，杜鹃。

分布范围　东北，河北、四川、陕西、宁夏。

发生地点　河北：张家口市沽源县、赤城县；

陕西：渭南市华州区、白水县；

宁夏：吴忠市盐池县。

发生面积　18120 亩

危害指数　0.3701

- **前黄鲁夜蛾** *Xestia stupenda*（Butler）

　中文异名　浅黄鲁夜蛾

　寄　　主　桦木，栎，刺槐，红淡比，毛八角枫。

　分布范围　河北、辽宁、黑龙江、江苏、浙江、江西、湖南、广东、四川、西藏、陕西。

　发生地点　四川：凉山彝族自治州盐源县；

　　　　　　陕西：渭南市华州区、合阳县、白水县，宁东林业局。

　发生面积　223 亩

　危害指数　0.3348

- **消鲁夜蛾** *Xestia tabida*（Butler）

　寄　　主　山杨，柳树，桦木，榆树，山楂。

　分布范围　河北、内蒙古、吉林、黑龙江、宁夏、新疆。

　发生地点　河北：张家口市沽源县。

- **三角鲁夜蛾** *Xestia triangulum*（Hufnagel）

　中文异名　三角地老虎

　寄　　主　冷杉，落叶松，云杉，红松，樟子松，柳杉，山杨，毛白杨，白柳，旱柳，核桃楸，榆树，山楂，刺槐，黄檗，水曲柳。

　分布范围　东北，河北、湖北、西藏、陕西、宁夏。

　发生地点　河北：张家口市沽源县；

　　　　　　吉林：延边朝鲜族自治州大兴沟林业局；

　　　　　　陕西：咸阳市永寿县，渭南市白水县，宁东林业局。

　发生面积　1624 亩

　危害指数　0.3333

- **木冬夜蛾** *Xylena exoleta*（Linnaeus）

　寄　　主　樱，木瓜。

　分布范围　云南、陕西。

　发生地点　陕西：宁东林业局。

- **丽木冬夜蛾** *Xylena formosa*（Butler）

　寄　　主　桃，李，梨，刺槐。

　分布范围　北京、江苏、云南、陕西。

　发生地点　北京：顺义区；

　　　　　　陕西：咸阳市永寿县。

- **老木冬夜蛾** *Xylena vetusta*（Hübner）

　寄　　主　刺槐。

　分布范围　陕西、新疆。

发生地点　　陕西：渭南市白水县。

- **木叶夜蛾** *Xylophylla punctifascia*（**Leech**）

寄　　主　　马尾松，栎，构树。

分布范围　　浙江、湖北、重庆、四川、云南。

- **花夜蛾** *Yepcalphis dilectissima*（**Walker**）

寄　　主　　马尾松，山杨，油茶，毛竹。

分布范围　　江西。

发生地点　　江西：南昌市安义县，宜春市高安市。

发生面积　　150 亩

危害指数　　0.3333

$$双翅目 Diptera \quad 长角亚目 Nematocera \quad 大蚊科 Tipulidae$$

- **黄斑大蚊** *Nephrotoma appendiculata*（**Pierre**）

寄　　主　　杏，无患子，茶。

分布范围　　上海、江苏、宁夏、新疆。

发生地点　　上海：宝山区；

　　　　　　江苏：苏州市吴江区；

　　　　　　宁夏：石嘴山市惠农区，吴忠市红寺堡区。

发生面积　　206 亩

危害指数　　0.3333

- **离斑短柄大蚊** *Nephrotoma scalaris pavinotata*（**Brunetti**）

中文异名　　离斑指突短柄大蚊

寄　　主　　山杨，桃，山杏，垂枝大叶早樱，苹果。

分布范围　　北京、河北、上海、陕西、甘肃。

发生地点　　北京：顺义区；

　　　　　　上海：宝山区、奉贤区；

　　　　　　陕西：渭南市大荔县、白水县；

　　　　　　甘肃：庆阳市西峰区。

发生面积　　315 亩

危害指数　　0.3333

- **台东栉大蚊** *Pselliophora scalator* **Alexander**

寄　　主　　臭椿。

分布范围　　上海。

发生地点　　上海：宝山区。

- **稻大蚊** *Tipula aino* **Alexander**

寄　　主　　天竺桂，柑橘，山茶。

分布范围　四川。

发生地点　四川：自贡市自流井区，宜宾市翠屏区、兴文县。

瘿蚊科 Cecidomyiidae

- **桑波瘿蚊** *Asphondylia morivorella*（Naito）

中文异名　桑叶瘿蚊、桑黑瘿蚊

寄　　主　构树，桑，荔枝。

分布范围　北京、天津、江苏、山东、广西、四川、新疆。

发生地点　山东：东营市垦利县，威海市环翠区；

　　　　　四川：巴中市恩阳区。

发生面积　506 亩

危害指数　0.3333

- **花椒波瘿蚊** *Asphondylia zanthoxyli* **Bu et Zheng**

寄　　主　花椒。

分布范围　湖北、四川、云南、陕西、甘肃。

发生地点　湖北：荆州市荆州区、监利县；

　　　　　四川：甘孜藏族自治州泸定县；

　　　　　云南：楚雄彝族自治州大姚县；

　　　　　甘肃：陇南市武都区、文县、宕昌县、礼县，甘南藏族自治州舟曲县。

发生面积　45374 亩

危害指数　0.5274

- **松枝细瘿蚊** *Cecidomyia* **sp.**

中文异名　马尾松枝细瘿蚊

寄　　主　马尾松。

分布范围　广西。

发生地点　广西：百色市田林县。

- **油松球果瘿蚊** *Cecidomyia weni* **Jiang**

寄　　主　松。

分布范围　河南。

发生地点　河南：驻马店市泌阳县。

发生面积　340 亩

危害指数　0.4314

- **云南松脂瘿蚊** *Cecidomyia yunnanensis* **Wu et Zhou**

寄　　主　华山松，云南松。

分布范围　贵州、云南。

- **日本朴瘿蚊** *Celticecis japonica* **Yukawa et Tsuda**

寄　　主　黑松。

分布范围　山东。

- **山核桃瘿蚊 *Contarinia citri* Barnes**
  中文异名　柑蕾康瘿蚊、山核桃花蕾蛆
  寄　　主　山核桃，柑橘。
  分布范围　上海、浙江、安徽、江西、陕西。
  发生地点　上海：崇明县；
  　　　　　浙江：杭州市桐庐县、临安市；
  　　　　　安徽：宣城市绩溪县、宁国市。
  发生面积　39100 亩
  危害指数　0.3333

- **梨瘿蚊 *Contarinia pyrivora*（Riley）**
  寄　　主　柳树，栎，梨。
  分布范围　河北、辽宁、上海、江苏、安徽、山东、河南、四川。
  发生地点　河北：沧州市吴桥县；
  　　　　　上海：浦东新区、奉贤区；
  　　　　　江苏：苏州市高新技术开发区、吴江区、昆山市，扬州市高邮市；
  　　　　　河南：洛阳市嵩县；
  　　　　　四川：雅安市芦山县。
  发生面积　16310 亩
  危害指数　0.3340

- **天竺桂叶瘿蚊 *Dansinenuras* sp.**
  寄　　主　天竺桂。
  分布范围　福建。

- **杧果花叶瘿蚊 *Dasineura amaramanjarae* Grover**
  中文异名　杧果花瘿蚊
  寄　　主　柑橘，杧果。
  分布范围　福建、广东。
  发生地点　福建：泉州市安溪县；
  　　　　　广东：肇庆市德庆县，云浮市属林场。

- **枣叶瘿蚊 *Dasineura datifolia* Jiang**
  中文异名　枣瘿蚊
  寄　　主　桑，桃，臭椿，枣树，酸枣，山枣。
  分布范围　北京、天津、河北、山西、上海、江苏、山东、河南、四川、云南、陕西、甘肃、宁
  　　　　　夏、新疆。
  发生地点　北京：房山区；
  　　　　　河北：石家庄市鹿泉区、井陉县、赞皇县、新乐市，唐山市丰润区、玉田县，邢台市
  　　　　　　　　邢台县、临城县、新河县、广宗县、临西县，沧州市沧县、盐山县、献县、孟

村回族自治县、黄骅市、河间市，衡水市枣强县、武邑县；

山西：晋中市榆次区，运城市临猗县、绛县，临汾市永和县，吕梁市交城县；

上海：浦东新区、奉贤区；

江苏：苏州市太仓市；

山东：东营市河口区、利津县，济宁市曲阜市，泰安市岱岳区，莱芜市莱城区，德州市庆云县，聊城市阳谷县、东阿县，滨州市沾化区、无棣县，菏泽市牡丹区、定陶区、单县、巨野县、郓城县，黄河三角洲保护区；

河南：郑州市惠济区，洛阳市孟津县，焦作市修武县，三门峡市灵宝市；

云南：楚雄彝族自治州元谋县；

陕西：西安市阎良区，渭南市大荔县；

甘肃：白银市靖远县，武威市凉州区、民勤县，酒泉市阿克塞哈萨克族自治县、敦煌市；

宁夏：银川市贺兰县，石嘴山市大武口区，中卫市中宁县；

新疆：吐鲁番市鄯善县、托克逊县，哈密市伊州区，巴音郭楞蒙古自治州若羌县、且末县，克孜勒苏柯尔克孜自治州阿图什市，喀什地区喀什市、疏附县、疏勒县、英吉沙县、泽普县、莎车县、叶城县、麦盖提县、岳普湖县、伽师县、巴楚县，和田地区和田市、和田县、墨玉县、皮山县、洛浦县、策勒县、于田县、民丰县；

新疆生产建设兵团：农一师3团、10团、13团，农二师29团，农三师44团、48团、53团，农十四师224团。

发生面积　1203308 亩

危害指数　0.3950

- **梨叶瘿蚊** *Dasineura pyri*（Bouché）

寄　　主　天竺桂，梨，木犀。

分布范围　江苏、江西。

发生地点　江苏：徐州市铜山区；

江西：吉安市青原区。

- **云杉顶芽瘿蚊** *Dasineura rhodophaga*（Coquillett）

中文异名　云杉瘿蚊

寄　　主　云杉，青海云杉。

分布范围　江苏、甘肃。

发生地点　江苏：苏州市昆山市；

甘肃：武威市天祝藏族自治县，定西市岷县。

发生面积　1701 亩

危害指数　0.3333

- **蔷薇叶瘿蚊** *Dasineura rosarum*（Hardy）

寄　　主　月季。

分布范围　江苏。

- **杜果阳茎戟瘿蚊** *Hastatomyia hastiphalla* **Yang et Luo**

  寄　　主　杜果。

  分布范围　福建、广西、四川、云南。

- **中国荔枝瘿蚊** *Litchiomyia chinensis* **Yang et Luo**

  寄　　主　龙眼，荔枝。

  分布范围　福建、广东、广西。

  发生地点　福建：漳州市芗城区、漳浦县；

  　　　　　广东：深圳市宝安区、龙岗区、龙华新区、大鹏新区，茂名市茂南区，河源市源城区、紫金县，东莞市；

  　　　　　广西：柳州市柳江区，钦州市灵山县。

  发生面积　7711 亩

  危害指数　0.3506

- **刺槐叶瘿蚊** *Obolodiplosis robiniae* （Haldeman）

  寄　　主　刺槐，红花刺槐，槐树。

  分布范围　北京、天津、河北、辽宁、江苏、山东、河南、湖北、四川、贵州、陕西、甘肃。

  发生地点　北京：通州区、顺义区；

  　　　　　河北：唐山市乐亭县，秦皇岛市北戴河区、抚宁区、昌黎县，承德市双桥区，沧州市运河区、沧县、泊头市、任丘市，廊坊市香河县；

  　　　　　辽宁：铁岭市铁岭县；

  　　　　　江苏：苏州市高新技术开发区、昆山市、太仓市；

  　　　　　山东：济南市商河县，枣庄市山亭区，东营市河口区、垦利县、利津县、广饶县，烟台市芝罘区、牟平区、莱山区，济宁市金乡县，泰安市泰山区、岱岳区、东平县、徂徕山林场，威海市环翠区，莱芜市钢城区，菏泽市牡丹区、定陶区、单县、黄河三角洲保护区；

  　　　　　河南：郑州市新郑市，洛阳市嵩县，平顶山市鲁山县，三门峡市灵宝市，商丘市梁园区、睢县，济源市、汝州市；

  　　　　　陕西：宝鸡市凤翔县、扶风县，牛背梁保护区；

  　　　　　甘肃：平凉市崆峒区、灵台县、崇信县、华亭县、庄浪县、静宁县，庆阳市正宁县、合水总场。

  发生面积　184471 亩

  危害指数　0.3626

- **杜果瘿蚊** *Procontarinia mangicola* （Shi）

  中文异名　杜果叶瘿蚊

  寄　　主　榕树，杜果，林生杜果。

  分布范围　福建、广东。

  发生地点　福建：福州国家森林公园；

  　　　　　广东：深圳市宝安区、龙岗区、龙华新区、大鹏新区，东莞市。

- **杧果壮铗普瘿蚊** *Procontarinia robusta* **Li，Bu et Zhang**

  寄　　主　杧果，林生杧果。

  分布范围　福建、广东。

  发生地点　福建：厦门市海沧区、集美区、同安区、翔安区，莆田市城厢区、荔城区、秀屿区、
  　　　　　　仙游县，漳州市芗城区、龙文区。

  发生面积　463 亩

  危害指数　0.3391

- **毛尾柽瘿蚊** *Psectrosema barbatum*（**Marikovskij**）

  中文异名　柽柳瘿蚊、柽柳毛茸瘿蚊

  寄　　主　大红柳，小红柳，柽柳，多枝柽柳。

  分布范围　内蒙古、山东、甘肃、宁夏、新疆。

  发生地点　内蒙古：阿拉善盟额济纳旗；

  　　　　　　山东：泰安市新泰市，黄河三角洲保护区；

  　　　　　　甘肃：嘉峪关市；

  　　　　　　宁夏：银川市贺兰县，石嘴山市大武口区、惠农区。

  发生面积　400525 亩

  危害指数　0.5831

- **害柽瘿蚊** *Psectrosema noxium*（**Marikovskij**）

  中文异名　柽柳簇状瘿蚊

  寄　　主　小红柳，柽柳。

  分布范围　甘肃、新疆。

  发生地点　甘肃：酒泉市肃州区、金塔县、玉门市。

  发生面积　66500 亩

  危害指数　0.3333

- **花椒伪安瘿蚊** *Pseudasphondylia zanthoxyli* **Mo，Bu et Li**

  寄　　主　花椒。

  分布范围　云南。

  发生地点　云南：昭通市永善县。

  发生面积　1706 亩

  危害指数　0.4594

- **柳瘿蚊** *Rabdophaga salicis*（**Schrank**）

  寄　　主　钻天柳，杨树，白柳，垂柳，大红柳，杞柳，白毛柳，旱柳，绦柳，山柳，细叶蒿
  　　　　　　柳，沙柳。

  分布范围　东北、西北，北京、天津、河北、山西、江苏、安徽、福建、江西、山东、河南、湖
  　　　　　　北、四川、贵州。

  发生地点　北京：东城区、石景山区；

  　　　　　　河北：石家庄市井陉县、高邑县，唐山市乐亭县、玉田县，邯郸市永年区，邢台市邢

台县，张家口市尚义县，沧州市东光县、黄骅市，衡水市枣强县；

山西：朔州市朔城区，晋中市平遥县，运城市临猗县，吕梁市孝义市；

黑龙江：佳木斯市郊区，黑河市五大连池市；

江苏：徐州市沛县，苏州市太仓市，宿迁市宿城区、沭阳县；

安徽：淮北市濉溪县，阜阳市颍上县，宿州市萧县，六安市霍邱县；

福建：厦门市翔安区；

山东：枣庄市薛城区、台儿庄区，潍坊市坊子区，济宁市任城区、兖州区、汶上县、梁山县、曲阜市、高新技术开发区，泰安市泰山区、岱岳区，日照市莒县，临沂市莒南县、临沭县，德州市禹城市，聊城市东昌府区、东阿县、临清市、经济技术开发区，滨州市惠民县，菏泽市牡丹区、定陶区、单县，黄河三角洲保护区；

河南：郑州市新郑市，洛阳市嵩县，鹤壁市淇滨区，南阳市卧龙区、内乡县，商丘市柘城县，汝州市；

四川：成都市大邑县，巴中市巴州区，甘孜藏族自治州德格县；

陕西：宝鸡市扶风县，咸阳市乾县、彬县，佛坪保护区；

甘肃：嘉峪关市；

宁夏：石嘴山市大武口区、惠农区，中卫市中宁县；

新疆：克拉玛依市独山子区，哈密市伊州区，喀什地区岳普湖县、伽师县；

内蒙古大兴安岭林业管理局：克一河林业局。

发生面积 20583 亩

危害指数 0.3556

● 橘实雷瘿蚊 *Resseliella citrifrugis* **Jiang**

寄　　主　文旦柚，柑橘。

分布范围　湖北。

发生地点　湖北：恩施土家族苗族自治州宣恩县。

发生面积　500 亩

危害指数　0.3333

● 桑四斑雷瘿蚊 *Resseliella quadrifasciata*（**Niwa**）

寄　　主　蛇葡萄。

分布范围　陕西。

● 日本鞘瘿蚊 *Thecodiplosis japonensis* **Uchilda et Inouye**

寄　　主　马尾松，黄山松。

分布范围　安徽、福建、山东、广东。

发生地点　安徽：黄山市黄山区；

广东：肇庆市德庆县。

发生面积　2625 亩

危害指数　0.3460

环裂亚目 Cyclorrhapha　　实蝇科 Tephritidae

- **橘小实蝇** *Bactrocera dorsalis*（Hendel）

中文异名　柑橘小实蝇、橘小寡鬃实蝇

寄　　主　猴樟，桃，杏，樱桃，木瓜，枇杷，苹果，梨，阳桃，柑橘，杧果，龙眼，荔枝，枣树，葡萄，中华猕猴桃，石榴，番石榴，蒲桃，海杧果。

分布范围　北京、上海、江苏、浙江、安徽、福建、江西、湖北、湖南、广东、广西、海南、重庆、四川、贵州、云南、陕西。

发生地点　北京：丰台区、通州区；

　　　　　上海：浦东新区；

　　　　　江苏：苏州市高新技术开发区、吴中区、相城区、吴江区，盐城市盐都区；

　　　　　浙江：杭州市桐庐县，宁波市江北区、象山县，嘉兴市秀洲区，衢州市常山县、江山市，舟山市定海区，丽水市松阳县；

　　　　　福建：泉州市鲤城区、洛江区、石狮市、晋江市、南安市、泉州台商投资区，漳州市漳浦县；

　　　　　湖北：武汉市洪山区、蔡甸区，宜昌市远安县，潜江市；

　　　　　湖南：湘西土家族苗族自治州龙山县；

　　　　　广东：肇庆市鼎湖区、高要区、德庆县、四会市，汕尾市陆河县、陆丰市，阳江市江城区，云浮市新兴县、郁南县；

　　　　　海南：澄迈县、保亭黎族苗族自治县；

　　　　　重庆：江津区；

　　　　　四川：攀枝花市米易县；

　　　　　云南：楚雄彝族自治州永仁县、武定县；

　　　　　陕西：汉中市洋县、西乡县，安康市汉阴县。

发生面积　17288 亩

危害指数　0.3551

- **橘大实蝇** *Bactrocera minax*（Enderlein）

中文异名　柑橘大实蝇

拉丁异名　*Tetradacus citri*（Chen）

寄　　主　刺槐，文旦柚，柑橘，柠檬，樟树，李，梨。

分布范围　江苏、浙江、江西、湖北、湖南、重庆、四川、贵州、云南、陕西。

发生地点　江苏：盐城市大丰区；

　　　　　浙江：宁波市宁海县；

　　　　　湖北：十堰市竹溪县，宜昌市夷陵区、远安县、当阳市，荆州市荆州区，恩施土家族苗族自治州建始县；

　　　　　湖南：郴州市宜章县，永州市回龙圩管理区，怀化市通道侗族自治县、洪江市，邵阳市新邵县，常德市鼎城区、安乡县；

　　　　　重庆：江津区、丰都县、忠县、开县、云阳县、奉节县、巫山县、彭水苗族土家族自

     治县；

  四川：攀枝花市米易县，遂宁市射洪县；

  云南：昭通市镇雄县；

  陕西：汉中市城固县、洋县、西乡县，安康市汉滨区、汉阴县、紫阳县、平利县、旬
     阳县、白河县。

发生面积 33659 亩

危害指数 0. 3762

- **枣实蝇 *Carpomya vesuviana* Costa**

寄   主 枣树。

分布范围 安徽、新疆。

发生地点 安徽：阜阳市颍州区；

     新疆：吐鲁番市高昌区、鄯善县、托克逊县，哈密市伊州区。

发生面积 2158 亩

危害指数 0. 3333

- **枸杞实蝇 *Neoceratitis asiatica*（Becker）**

寄   主 宁夏枸杞，枸杞。

分布范围 内蒙古、甘肃、宁夏。

发生地点 内蒙古：巴彦淖尔市乌拉特前旗，阿拉善盟额济纳旗；

     甘肃：嘉峪关市；

     宁夏：银川市贺兰县，石嘴山市大武口区，吴忠市同心县。

发生面积 73903 亩

危害指数 0. 4866

- **沙棘果实蝇 *Rhagoletis batava* Hering**

中文异名 沙棘绕实蝇

寄   主 沙棘。

分布范围 河北、山西、内蒙古、辽宁、陕西、新疆。

发生地点 新疆：阿勒泰地区布尔津县。

发生面积 300 亩

危害指数 0. 3333

- **蜜柑大实蝇 *Tetradacus tsuneonis*（Miyake）**

拉丁异名 *Bactrocera tsuneonis*

寄   主 文旦柚，柑橘。

分布范围 江苏、湖北、湖南、贵州。

发生地点 湖北：十堰市郧阳区；

     湖南：永州市宁远县。

发生面积 125 亩

危害指数 0. 3333

果蝇科 Drosophilidae

- **黑腹果蝇 *Drosophila melanogaster* Meigen**

寄　　主　杨梅，无花果，桃，杏，樱桃，李，梨，山莓，柑橘，橙，枣树，葡萄。

分布范围　黑龙江、上海、江苏、浙江、福建、四川、新疆。

发生地点　上海：浦东新区；

　　　　　江苏：无锡市宜兴市，苏州市昆山市；

　　　　　浙江：丽水市松阳县；

　　　　　福建：漳州市开发区；

　　　　　四川：自贡市贡井区，南充市营山县、仪陇县，巴中市巴州区。

发生面积　5597 亩

危害指数　0.3393

茎蝇科 Psilidae

- **竹笋绒茎蝇 *Chyliza bambusae* Yang et Wang**

寄　　主　刺竹子，毛竹，毛金竹。

分布范围　上海、江苏、浙江、安徽、福建、湖北、广东、广西、四川。

发生地点　安徽：滁州市天长市；

　　　　　广东：肇庆市四会市；

　　　　　广西：南宁市青秀区；

　　　　　四川：宜宾市南溪区、兴文县。

发生面积　333 亩

危害指数　0.3333

潜蝇科 Agromyzidae

- **榆叶潜蝇 *Agromyza aristata* Malloch**

拉丁异名　*Agromyza ulmi* Frost

寄　　主　榆树。

分布范围　山东。

- **杨潜蝇 *Aulagromyza populi*（Kaltenbach）**

寄　　主　杨树。

分布范围　河北。

发生地点　河北：沧州市吴桥县。

发生面积　120 亩

危害指数　0.3333

- **豌豆潜叶蝇 *Chromatomyia horticola*（Goureau）**

中文异名　油菜潜叶蝇

寄　　主　猴樟，石楠，黄皮，秋茄树，栀子。

分布范围　福建、海南、重庆。

发生地点　海南：定安县；

　　　　　重庆：江津区。

- 美洲斑潜蝇 *Liriomyza sativae* **Blanchard**

寄　　主　枫杨，山楂，月季，玫瑰，冬青卫矛，锦葵，白蜡树。

分布范围　北京、河北、辽宁、江苏、山东、广东、四川、新疆。

发生地点　河北：唐山市古冶区，张家口市阳原县；

　　　　　江苏：苏州市昆山市；

　　　　　山东：聊城市东阿县；

　　　　　四川：巴中市恩阳区；

　　　　　新疆：巴音郭楞蒙古自治州库尔勒市。

发生面积　3566 亩

危害指数　0.4455

蜣蝇科 Pyrgotidae

- 红鬃真蜣蝇 *Adapsilia rufosetosa* **Chen**

寄　　主　槐树，柑橘。

分布范围　北京、四川。

发生地点　北京：顺义区；

　　　　　四川：乐山市马边彝族自治县。

花蝇科 Anthomyiidae

- 灰地种蝇 *Delia platura*（**Meigen**）

寄　　主　落叶松。

分布范围　河北、山东。

- 金叶泉蝇 *Pegomya aurapicalis* **Fan**

寄　　主　慈竹。

分布范围　四川。

发生地点　四川：广安市邻水县。

发生面积　4000 亩

危害指数　0.5000

- 江苏泉蝇 *Pegomya kiangsuensis*（**Fan**）

寄　　主　毛竹，毛金竹，早竹，金竹，苦竹。

分布范围　华东。

发生地点　安徽：合肥市庐阳区、包河区，芜湖市芜湖县。

- **毛笋泉蝇** *Pegomya phyllostachys*（Fan）

  寄　　主　水竹，毛竹，毛金竹，早竹，高节竹，早园竹，金竹。

  分布范围　江苏、浙江、安徽、福建、江西、湖北、湖南、重庆、四川。

  发生地点　江苏：苏州市吴江区、太仓市；

  　　　　　浙江：宁波市余姚市，衢州市柯城区，丽水市莲都区；

  　　　　　安徽：滁州市来安县、全椒县、天长市，六安市裕安区；

  　　　　　福建：南平市延平区；

  　　　　　湖北：咸宁市崇阳县，恩施土家族苗族自治州来凤县；

  　　　　　湖南：怀化市通道侗族自治县；

  　　　　　四川：达州市大竹县。

  发生面积　34785 亩

  危害指数　0.3818

- **落叶松球果花蝇** *Strobilomyia laricicola*（Karl）

  寄　　主　落叶松，日本落叶松，华北落叶松。

  分布范围　东北，河北、山西、内蒙古、湖北。

  发生地点　河北：木兰林管局；

  　　　　　黑龙江：齐齐哈尔市克东县，佳木斯市郊区；

  　　　　　黑龙江森林工业总局：穆棱林业局、绥阳林业局；

  　　　　　大兴安岭林业集团公司：图强林业局；

  　　　　　内蒙古大兴安岭林业管理局：库都尔林业局、额尔古纳保护区。

  发生面积　26633 亩

  危害指数　0.5836

4. 螨类 Mites

蜱螨目 Arachnoidea　　　　叶螨科 Tetranychidae

- **竹缺爪螨** *Aponychus corpuzae* Rimando

  寄　　主　茶，毛竹，水竹，倭竹，麻竹，绿竹。

  分布范围　浙江、福建、江西、山东、广东、云南。

  发生地点　山东：临沂市兰山区。

- **核桃始叶螨** *Eotetranychus hicoriae*（McGregor）

  寄　　主　山核桃，板栗，栎，珊瑚朴，朴树。

  分布范围　北京、山东。

- **柑橘始叶螨** *Eotetranychus kankitus* Ehara

  寄　　主　葡萄，八角枫，朴树，胡颓子，柑橘，天目木姜子。

分布范围　浙江、江西、山东、湖北、湖南、广西、重庆、四川、云南。

发生地点　山东：威海市高新技术开发区、经济开发区、刘公岛、临港区；

　　　　　湖南：邵阳市隆回县；

　　　　　重庆：石柱土家族自治县；

　　　　　四川：甘孜藏族自治州新龙县；

　　　　　云南：楚雄彝族自治州南华县。

发生面积　8824 亩

危害指数　0.3447

● **东方真叶螨** *Eutetranychus orientalis*（**Klein**）

寄　　主　大叶黄杨，麻栎，橡胶树，黄花夹竹桃，文旦柚，油棕。

分布范围　山东，广东，广西，海南，四川，云南。

发生地点　山东：青岛市胶州市，泰安市泰山区，威海市高新技术开发区、经济开发区、刘公岛、临港区。

发生面积　674 亩

危害指数　0.3333

● **杨始叶螨** *Eotetranychus populi*（**Koch**）

寄　　主　新疆杨，北京杨，山杨，河北杨，垂柳，旱柳，柳树。

分布范围　北京、山东、湖南、陕西、甘肃、宁夏、青海。

发生地点　山东：青岛市胶州市；

　　　　　湖南：岳阳市君山区；

　　　　　宁夏：银川市兴庆区、西夏区、金凤区、灵武市，石嘴山市大武口区、惠农区；

　　　　　青海：西宁市城东区、城中区、城西区、城北区。

发生面积　524 亩

危害指数　0.5242

● **李始叶螨** *Eotetranychus pruni*（**Oudemans**）

寄　　主　桃，梅，杏，樱桃，山楂，苹果，李，红叶李，新疆梨，榛子。

分布范围　福建、山东、河南、陕西、甘肃、宁夏、新疆。

发生地点　福建：南平市松溪县；

　　　　　山东：莱芜市钢城区；

　　　　　河南：固始县；

　　　　　甘肃：酒泉市敦煌市；

　　　　　宁夏：银川市兴庆区、西夏区、金凤区、贺兰县，石嘴山市大武口区、惠农区；

　　　　　新疆：巴音郭楞蒙古自治州库尔勒市、轮台县、和静县、博湖县，喀什地区疏附县、叶城县、麦盖提县、岳普湖县；

　　　　　新疆生产建设兵团：农二师 22 团，农七师 123 团。

发生面积　155523 亩

危害指数　0.4034

- **六点始叶螨** *Eotetranychus sexmaculatus*（Riley）

  寄　　主　　橡胶树，茶，柑橘，对叶榕，潺槁木姜子，番石榴，梅，樱桃，槭，胡颓子，鳄梨，火棘。

  分布范围　安徽、江西、湖北、湖南、广东、广西、海南、四川、云南。

  发生地点　安徽：合肥市肥西县；

  　　　　　海南：定安县；

  　　　　　云南：普洱市孟连傣族拉祜族佤族自治县、西盟佤族自治县，西双版纳傣族自治州景洪市。

  发生面积　24553 亩

  危害指数　0.4683

- **桑始叶螨** *Eotetranychus suginamensis*（Yokoyama）

  寄　　主　　构树，桑。

  分布范围　北京、天津、江苏、浙江、山东、四川、陕西。

  发生地点　北京：密云区；

  　　　　　山东：济南市商河县，德州市夏津县。

  发生面积　834 亩

  危害指数　0.6523

- **椴始叶螨** *Eotetranychus tiliarium*（Hermann）

  寄　　主　　板栗，核桃。

  分布范围　山东、陕西。

- **落叶松小爪螨** *Oligonychus karamatus*（Ehara）

  寄　　主　　落叶松。

  分布范围　东北，山东、甘肃。

- **水杉小爪螨** *Oligonychus metasequoiae* **Kuang**

  寄　　主　　水杉。

  分布范围　浙江、山东、四川、陕西。

  发生地点　浙江：金华市磐安县，台州市温岭市；

  　　　　　山东：日照市东港区；

  　　　　　陕西：汉中市汉台区、勉县。

  发生面积　1023 亩

  危害指数　0.3920

- **柏小爪螨** *Oligonychus perditus* **Pitchard et Baker**

  寄　　主　　柏木，侧柏，圆柏，祁连圆柏，铺地柏，叉子圆柏（沙地柏），线柏，福建柏，刺柏，竹，金弹。

  分布范围　北京、辽宁、江苏、浙江、福建、江西、山东、广东、广西、四川、云南、陕西、甘肃、宁夏。

发生地点	北京：东城区；	

　　　　　　　　山东：泰安市岱岳区，莱芜市莱城区；

　　　　　　　　广东：广州市越秀区、天河区；

　　　　　　　　四川：广元市青川县，资阳市雁江区；

　　　　　　　　陕西：商洛市柞水县；

　　　　　　　　甘肃：甘南藏族自治州合作市，尕海则岔保护区；

　　　　　　　　宁夏：石嘴山市大武口区。

发生面积　7513 亩

危害指数　0.4711

- **云杉小爪螨** *Oligonychus piceae*（**Beck.**）

寄　　主　云杉，赤松，樟子松，油松。

分布范围　辽宁，黑龙江，青海。

发生地点　青海：西宁市城东区、城中区、城西区、城北区。

发生面积　28900 亩

危害指数　0.5121

- **法桐小爪螨** *Oligonychus platanus* **Haishi**

寄　　主　三球悬铃木。

分布范围　河北、江西、山东、湖北。

发生地点　河北：邢台市柏乡县；

　　　　　　　　湖北：太子山林场管理局。

发生面积　206 亩

危害指数　0.3414

- **石榴小爪螨** *Oligonychus punicae*（**Hirst.**）

寄　　主　猴樟，樟树，葡萄，石榴，檫木，闽楠，鳄梨，石楠。

分布范围　河北、上海、江苏、浙江、安徽、江西、广西、陕西。

发生地点　上海：浦东新区；

　　　　　　　　江苏：苏州市高新区、太仓市；

　　　　　　　　浙江：杭州市西湖区，宁波市鄞州区；

　　　　　　　　安徽：合肥市肥西县。

发生面积　9065 亩

危害指数　0.4260

- **针叶小爪螨** *Oligonychus ununguis*（**Jacobi**）

中文异名　板栗红蜘蛛

寄　　主　雪松，赤松，马尾松，黑松，水松，杜松，云杉，杉木，水杉，鱼鳞云杉，日本柳
　　　　　　杉，侧柏，圆柏，红豆杉，锥栗，板栗，日本栗，麻栎，波罗栎，蒙古栎，栓皮栎。

分布范围　华东、西北，北京、河北、河南、湖北、湖南、云南。

发生地点　北京：密云区；

河北：唐山市迁西县、遵化市，秦皇岛市抚宁区、青龙满族自治县、昌黎县、卢龙县，邢台市邢台县；

上海：浦东新区；

浙江：杭州市市辖区，衢州市常山县；

安徽：六安市霍山县，宣城市广德县；

福建：南平市政和县；

山东：济南市章丘市，青岛市胶州市、即墨市、莱西市，泰安市岱岳区，威海市高新技术开发区、经济开发区、刘公岛、临港区，莱芜市莱城区、钢城区，临沂市费县、莒南县；

河南：开封市龙亭区；

湖北：黄冈市黄梅县；

云南：楚雄彝族自治州牟定县；

陕西：宝鸡市太白县，汉中市城固县、洋县，商洛市山阳县；

甘肃：定西市岷县；

新疆：石河子市；

新疆生产建设兵团：农八师。

发生面积　138888 亩

危害指数　0.3705

- **竹小爪螨** *Oligonychus ururna* **Ehara**

　寄　　主　毛竹，绿竹。

　分布范围　福建。

- **柑橘全爪螨** *Panonychus citri*（**McGregor**）

中文异名　柑橘红蜘蛛

　寄　　主　桃，柑橘，文旦柚，无花果，沙梨，蒲桃，八角枫，茶，橡胶树，楝树，木犀。

　分布范围　华东，北京、河北、湖北、湖南、广东、广西、四川、云南、陕西。

　发生地点　上海：浦东新区；

江苏：苏州市高新区、太仓市；

浙江：杭州市西湖区，宁波市鄞州区；

安徽：合肥市肥西县。

发生面积　9065 亩

危害指数　0.4260

- **长全爪螨** *Panonychus elongatus* **Manson**

　寄　　主　文旦柚，橙，柠檬，金橘，柑橘，木瓜，木犀，小果蔷薇。

　分布范围　华东、中南，重庆、四川、贵州、云南、陕西。

　发生地点　上海：浦东新区；

江苏：苏州市吴江区、昆山市、太仓市；

安徽：合肥市肥西县，芜湖市无为县，滁州市来安县；

福建：泉州市永春县，漳州市平和县；

江西：赣州市宁都县，吉安市新干县，上饶市余干县；

山东：威海市高新技术开发区、经济开发区；

河南：安阳市殷都区；

湖北：武汉市蔡甸区，襄阳市南漳县，荆州市沙市区、荆州区、江陵县，太子山林场；

湖南：邵阳市大祥区、北塔区，永州市江永县、回龙圩管理区；

广东：肇庆市德庆县；

广西：柳州市柳北区、柳城县、鹿寨县、三江侗族自治县，百色市靖西市；

重庆：万州区、九龙坡区、北碚区、渝北区、巴南区、黔江区、江津区、南川区，垫江县、奉节县、石柱土家族自治县；

四川：自贡市贡井区，绵阳市梓潼县，眉山市东坡区、彭山区、丹棱县，资阳市安岳县；

贵州：毕节市大方县；

云南：临沧市双江拉祜族佤族布朗族傣族自治县；

陕西：安康市旬阳县。

发生面积　174444 亩

危害指数　0.3890

● **榆全爪螨** *Panonychus ulmi*（**Koch.**）

中文异名　苹果红蜘蛛、苹果全爪螨、苹果叶螨

寄　　主　槭，赤杨，扁桃，杏，栗，朴树，樱桃，樱花，柑橘，山楂，一品红，核桃楸，核桃，花红，苹果，野海棠，桑，李，梨，刺槐，月季，玫瑰，复盆子，椴树，榆树，葡萄，紫藤。

分布范围　华北，辽宁、江苏、安徽、山东、河南、湖北、广东、陕西、甘肃、宁夏、青海。

发生地点　广东：广州市越秀区、天河区。

发生面积　105845 亩

危害指数　0.3601

● **竹裂爪螨** *Schizotetranychus bambusae* **Reck.**

寄　　主　竹，绿竹，毛竹，麻竹。

分布范围　江苏、福建、山东、河南、湖北、广西、云南、陕西、甘肃。

发生地点　江苏：无锡市宜兴市，常州市溧阳市；

山东：菏泽市牡丹区、单县、郓城县；

河南：三门峡市湖滨区；

发生面积　105845 亩

危害面积　0.3601

● **南京裂爪螨** *Schizotetranychus nanjingensis* **Ma et Yuan**

中文异名　毛竹叶螨

寄　　主　麻竹，龟甲竹，胖竹，毛竹，慈竹，早竹，白哺鸡竹。

分布范围　江苏、浙江、福建、重庆。

发生地点　江苏：苏州市昆山市；

　　　　　浙江：衢州市江山市，丽水市市辖区；

　　　　　重庆：北碚区、大足区、永川区，垫江县、石柱土家族自治县。

发生面积　19341 亩

危害面积　0.4020

● **酢浆草如叶螨** *Tetranychina harti*（Ewing）

寄　　主　茶。

分布范围　浙江、安徽、福建、江西、山东、湖南。

发生地点　浙江：杭州市桐庐县，嘉兴市秀洲区；

　　　　　福建：三明市梅列区、三元区、尤溪县、将乐县、永安市，泉州市永春县，龙岩市长
　　　　　　　　汀县；

　　　　　江西：宜春市袁州区；

　　　　　湖南：衡阳市衡阳县、衡南县、耒阳市、常宁市，永州市东安县。

发生面积　46084 亩

危害面积　0.4227

● **竹叶螨** *Tetranychus bambusae* Wang et Ma

寄　　主　硬头黄竹，刺竹子，慈竹，毛竹。

分布范围　福建、江西、山东、湖南、重庆。

发生地点　福建：南平市延平区；

　　　　　江西：宜春市铜鼓县；

　　　　　湖南：衡阳市衡山县；

　　　　　重庆：巴南区。

发生面积　965 亩

危害面积　0.3333

● **朱砂叶螨** *Tetranychus cinnabarinus*（Boisduval）

中文异名　棉红蜘蛛

寄　　主　山核桃，核桃，锥栗，板栗，构树，无花果，榕树，桑，扁桃，山桃，桃，碧桃，梅，
　　　　　杏，樱桃，日本樱花，山楂，垂丝海棠，西府海棠，苹果，海棠花，李，红叶李，巴
　　　　　旦杏，新疆梨，秋子梨，月季，玫瑰，刺槐，槐树，龙爪槐，枣树，柿，丁香。

分布范围　华北、华东、中南、西北、黑龙江、重庆、四川、贵州、云南。

发生地点　北京：丰台区、房山区；

　　　　　河北：石家庄市鹿泉区、井陉县、赵县，秦皇岛市山海关区，邯郸市大名县，邢台市
　　　　　　　　沙河市，沧州市献县、泊头市、黄骅市，衡水市桃城区、安平县；

　　　　　山西：运城市绛县；

　　　　　内蒙古：巴彦淖尔市五原县；

　　　　　上海：浦东新区；

江苏：常州市金坛区、溧阳市，苏州市高新区、昆山市、太仓市，南通市海安县，连云港市灌云县，扬州市江都区，泰州市海陵区、姜堰区；

浙江：杭州市萧山区、桐庐县、临安市，嘉兴市秀洲区，金华市浦江县，台州市温岭市；

安徽：合肥市肥西县，阜阳市太和县、阜南县、颍上县，宿州市萧县，亳州市涡阳县、蒙城县，宣城市绩溪县；

福建：南平市松溪县；

江西：赣州市信丰县，吉安市永新县、井冈山市，宜春市铜鼓县；

山东：济南市商河县，青岛市即墨市、莱西市，枣庄市市中区、滕州市，东营市河口区、垦利县、利津县，潍坊市坊子区，济宁市任城区、兖州区、鱼台县，日照市五莲县、莒县，莱芜市莱城区、钢城区，聊城市茌平县，滨州市沾化区、无棣县，菏泽市牡丹区、单县、成武县，黄河三角洲保护区；

河南：郑州市惠济区，洛阳市伊川县，平顶山市鲁山县，安阳市内黄县，鹤壁市淇滨区，漯河市源汇区，周口市西华县，驻马店市遂平县；

湖北：宜昌市长阳土家族自治县，荆州市沙市区，潜江市、天门市；

湖南：长沙市望城区、浏阳市，岳阳市君山区，常德市汉寿县，怀化市芷江侗族自治县；

广西：百色市靖西市；

重庆：巴南区、潼南区；

四川：成都市蒲江县，自贡市自流井区、沿滩区、荣县，攀枝花市盐边县，绵阳市三台县，乐山市金口河区、峨眉山市，雅安市雨城区，巴中市恩阳区，阿坝藏族羌族自治州小金县；

云南：临沧市凤庆县，楚雄彝族自治州南华县、永仁县、元谋县，西双版纳傣族自治州景洪市、勐腊县，大理白族自治州巍山彝族回族自治县；

陕西：咸阳市武功县，榆林市榆阳区、靖边县；

甘肃：兰州市红古区、榆中县，天水市清水县，平凉市庄浪县，酒泉市肃州区、金塔县、肃北蒙古族自治县、阿克塞哈萨克族自治县、敦煌市，庆阳市西峰区，陇南市西和县、礼县；

青海：果洛藏族自治州玛可河林业局；

宁夏：银川市永宁县，石嘴山市大武口区、惠农区，吴忠市利通区；

新疆：乌鲁木齐市沙依巴克区、高新区、水磨沟区、米东区、乌鲁木齐县，巴音郭楞蒙古自治州且末县，克孜勒苏柯尔克孜自治州阿克陶县，喀什地区喀什市、疏附县、疏勒县、英吉沙县、泽普县、莎车县、叶城县、岳普湖县、伽师县、巴楚县，和田地区策勒县；

内蒙古大兴安岭林业管理局：阿尔山林业局；

新疆生产建设兵团：农一师3团、13团，农二师22团，农三师44团、48团、53团，农十三师黄田农场，农十四师224团。

发生面积　1044766 亩

危害指数　0.4483

- **野生叶螨** *Tetranychus desertorum* **Banks**
  - 寄　　主　柑橘，瓜叶菊，大丽菊，白兰。
  - 分布范围　上海、江西、山东、云南、陕西。

- **敦煌叶螨** *Tetranychus dunhuangensis* **Wang**
  - 寄　　主　刺槐，槐树，梨。
  - 分布范围　甘肃、宁夏、新疆。
  - 发生地点　宁夏：石嘴山市大武口区、惠农区。
  - 发生面积　145 亩
  - 危害指数　0. 3333

- **绣球叶螨** *Tetranychus hydrangeae* **Pritchard et Baker**
  - 寄　　主　毛白杨，绣球。
  - 分布范围　山西、云南。
  - 发生地点　山西：晋中市榆次区。
  - 发生面积　150 亩
  - 危害指数　0. 3333

- **截形叶螨** *Tetranychus truncatus* **Ehara**
  - 寄　　主　扁桃，桃，杏，苹果，李，新疆梨，月季，刺槐，槐树，龙爪槐，枣树，酸枣，茶，棣棠花，丁香。
  - 分布范围　北京、河北、山东、云南、陕西、新疆。
  - 发生地点　河北：沧州市沧县、东光县、孟村回族自治县、泊头市、河间市；
  　　　　　　山东：临沂市莒南县，菏泽市牡丹区、单县，黄河三角洲保护区；
  　　　　　　新疆：吐鲁番市鄯善县，巴音郭楞蒙古自治州库尔勒市、和静县、博湖县，喀什地区英吉沙县、岳普湖县，和田地区和田市、墨玉县、皮山县、洛浦县、于田县、民丰县。
  - 发生面积　345992 亩
  - 危害指数　0. 4323

- **土耳其叶螨** *Tetranychus turkestan*i （**Ugarov et Nikolaki**）
  - 中文异名　土耳其斯坦叶螨
  - 寄　　主　山杨，胡杨，榆树，杏，苹果，新疆梨，枣树，葡萄。
  - 分布范围　新疆。
  - 发生地点　新疆：克拉玛依市克拉玛依区，巴音郭楞蒙古自治州库尔勒市、轮台县、尉犁县、若羌县、和静县、博湖县，克孜勒苏柯尔克孜自治州乌恰县，喀什地区疏附县、岳普湖县，石河子市；
  　　　　　　新疆生产建设兵团：农一师 10 团、13 团，农二师，农八师。
  - 发生面积　184745 亩
  - 危害指数　0. 4369

- 二斑叶螨 *Tetranychus urticae* **Koch.**

寄　　主　榆树，桃，梅，杏，樱桃，西府海棠，苹果，李，红叶李，白梨，新疆梨，枣树，葡萄。

分布范围　西北，北京、河北、辽宁、上海、江苏、安徽、山东、河南、湖北、重庆。

发生地点　北京：朝阳区、房山区；

河北：唐山市乐亭县、玉田县，保定市顺平县，沧州市沧县、东光县、吴桥县、孟村回族自治县、黄骅市、河间市，衡水市桃城区、枣强县、武邑县、安平县、深州市；

上海：浦东新区；

江苏：苏州市吴中区、昆山市、太仓市，扬州市高邮市；

山东：日照市岚山区，菏泽市定陶区、曹县；

湖北：武汉市新洲区；

重庆：江津区；

陕西：西安市阎良区；

宁夏：石嘴山市大武口区、惠农区；

新疆：巴音郭楞蒙古自治州库尔勒市、若羌县、博湖县；

新疆生产建设兵团：农一师 10 团，农二师 22 团、29 团，农四师 68 团。

发生面积　303176 亩

危害指数　0.3404

- 山楂叶螨 *Tetranychus viennensis* **Zacher**

中文异名　山楂红蜘蛛

寄　　主　山杨，毛白杨，柳树，山桃，桃，碧桃，梅，杏，樱桃，樱花，日本樱花，山楂，垂丝海棠，西府海棠，苹果，海棠花，李，红叶李，榆叶梅，西洋梨，河北梨，月季，玫瑰，色木槭，枣树，四季秋海棠，紫薇，石榴，探春花，迎春花，木犀，丁香，枸杞，榛子，波罗栎，臭椿，欧洲甜樱桃，泡桐，三球悬铃木，椴。

分布范围　华北、西北，辽宁、上海、江苏、浙江、安徽、江西、山东、河南、湖北、广西、四川、云南。

发生地点　北京：东城区、石景山区、房山区、昌平区、密云区、延庆区；

河北：石家庄市井陉矿区、藁城区、井陉县、正定县、高邑县、平山县、晋州市、新乐市，唐山市古冶区、开平区、滦南县、乐亭县、玉田县，秦皇岛市卢龙县，邯郸市曲周县、武安市，邢台市临城县、内丘县、隆尧县、任县、巨鹿县、清河县、临西县，保定市满城区、阜平县、定兴县、唐县、顺平县、博野县、高碑店市，承德市平泉县，沧州市东光县、肃宁县、吴桥县、献县、孟村回族自治县、河间市，廊坊市固安县、永清县、三河市，衡水市桃城区、枣强县、武邑县、武强县、饶阳县、安平县、景县、深州市，定州市、辛集市；

内蒙古：巴彦淖尔市磴口县、乌拉特前旗；

上海：浦东新区；

江苏：苏州市吴江区；

浙江：杭州市桐庐县，嘉兴市秀洲区；

安徽：合肥市肥西县；

山东：济南市平阴县、济阳县，青岛市即墨市、平度市、莱西市，潍坊市昌邑市，济宁市任城区、梁山县、曲阜市，泰安市岱岳区，日照市岚山区，莱芜市莱城区、钢城区，临沂市平邑县、临沭县，聊城市阳谷县、东阿县、冠县、临清市、高新技术产业开发区，菏泽市牡丹区、曹县、单县、郓城县；

河南：郑州市管城回族区，洛阳市洛龙区，安阳市林州市，新乡市延津县，濮阳市南乐县，驻马店市驿城区、泌阳县，济源市、兰考县；

广西：柳州市柳城县；

四川：乐山市峨眉山市；

陕西：咸阳市泾阳县，汉中市镇巴县，商洛市丹凤县、山阳县；

甘肃：兰州市皋兰县，白银市靖远县，天水市张家川回族自治县，武威市凉州区，平凉市崆峒区、灵台县、静宁县，酒泉市金塔县、敦煌市，甘南藏族自治州舟曲县；

青海：西宁市城东区、城西区、城北区；

宁夏：银川市兴庆区、西夏区、金凤区、贺兰县、灵武市，石嘴山市大武口区、惠农区，吴忠市利通区、同心县；

新疆：巴音郭楞蒙古自治州库尔勒市、尉犁县。

发生面积　230165 亩

危害指数　0.3710

苔螨科 Bryobiidae

● **首蓿苔螨** *Bryobia praetiosa* **Koch**

寄　　主　苹果，李，梨，杏，樱桃，梅。

分布范围　河北、山东、四川、甘肃、宁夏。

发生地点　河北：沧州市孟村回族自治县；

山东：济宁市曲阜市；

甘肃：酒泉市敦煌市；

宁夏：石嘴山市大武口区。

发生面积　2202 亩

危害指数　0.4030

● **果苔螨** *Bryobia rubrioculus*（**Scheuten**）

寄　　主　桃，杏，苹果，李，新疆梨，枣树，樱桃，花红。

分布范围　北京、河北、山西、内蒙古、辽宁、江苏、山东、河南、陕西、甘肃、宁夏、新疆。

发生地点　新疆：喀什地区岳普湖县。

细须螨科 Tenuipalpideae

● **柏埃须螨 *Aegyptobia aletes*（Pritchard et Baker）**

    寄　　主　圆柏。

    分布范围　北京、重庆。

    发生地点　重庆：江津区。

● **刘氏短须螨 *Brevipalpus lewisi*（McCregor）**

    寄　　主　大叶茶，忍冬，白兰，连翘，爬山虎，紫丁香，葡萄。

    分布范围　北京、河北、辽宁、上海、江苏、山东、河南、云南。

    发生地点　上海：浦东新区；

             江苏：宿迁市宿城区、沭阳县。

    发生面积　3035 亩

    危害指数　0.6628

● **卵形短须螨 *Brevipalpus obovatus* Donnadieu**

    中文异名　茶短须螨

    寄　　主　水杉，枇杷，樱桃李，刺槐，柑橘，花椒，长叶黄杨，石榴，杜鹃，女贞，棕榈，茶，
铁刀木，文旦柚，朱槿，黄花夹竹桃，桃，柠檬，柿，栎，多花蔷薇，葡萄，合欢，
构树，白蜡树，楝树，桑，南天竹，三球悬铃木，长梗柳。

    分布范围　华东，湖北、湖南、广东、广西、海南、四川、贵州、云南、陕西、青海。

    发生地点　贵州：毕节市黔西县。

● **细纹新须螨 *Cenopalpus lineola*（Canestrini et Fanzago）**

    中文异名　黄山松红蜘蛛

    寄　　主　松，黄山松。

    分布范围　安徽、山东。

    发生地点　安徽：芜湖市无为县，安庆市潜山县，黄山市黄山风景区；

             山东：泰山市泰山风景区。

    发生面积　45810 亩

    危害指数　0.3930

● **柿细须螨 *Tenuipalpus zhizhilashviliae* Reck**

    寄　　主　柿，君迁子。

    分布范围　北京、河北、山东、陕西。

瘿螨科 Eriophyiae

● **斯氏尖叶瘿螨 *Acaphylla steinwedeni* Keifer**

    寄　　主　茶，油茶，黄檀，漆树。

    分布范围　江苏、浙江、安徽、福建、江西、山东、湖南、广东、广西。

发生地点　江苏：常州市溧阳市。

● **茶橙瘿螨** *Acaphylla theae*（Watt）

寄　　主　茶，油茶，檀香，漆树。

分布范围　江苏、浙江、安徽、福建、江西、山东、湖北、湖南、广东、广西。

发生地点　江苏：南京市浦口区；

　　　　　浙江：宁波市象山县；

　　　　　江西：宜春市铜鼓县；

　　　　　湖北：孝感市应城市。

发生面积　4562 亩

危害指数　0.3333

● **荔枝瘤瘿螨** *Aceria litchi* Kiefer

寄　　主　龙眼，荔枝。

分布范围　福建、广东、广西、海南、云南。

发生地点　福建：漳州市漳浦县、诏安县；

　　　　　广东：河源市紫金县，东莞市；

　　　　　广西：南宁市西乡塘区、邕宁区，玉林市容县；

　　　　　海南：白沙黎族自治县；

　　　　　云南：西双版纳傣族自治州景洪市。

发生面积　50033 亩

危害指数　0.4669

● **大瘤瘿螨** *Aceria macrodonis*（Keifer）

中文异名　枸杞瘤瘿螨

寄　　主　宁夏枸杞，枸杞。

分布范围　西北，河北、山西、内蒙古、江苏、江西、山东、河南。

发生地点　河北：石家庄市高邑县，邯郸市肥乡区，邢台市巨鹿县，辛集市；

　　　　　内蒙古：巴彦淖尔市乌拉特前旗；

　　　　　江苏：苏州市吴中区、太仓市，盐城市东台市；

　　　　　山东：济南市平阴县，枣庄市台儿庄区，济宁市鱼台县、曲阜市，泰安市东平县，威海市刘公岛，聊城市阳谷县、东阿县、冠县、高唐县，菏泽市单县；

　　　　　甘肃：嘉峪关市市辖区，金昌市永昌县，白银市靖远县、景泰县，武威市凉州区、民勤县、古浪县，酒泉市金塔县、瓜州县、玉门市；

　　　　　青海：海西蒙古族藏族自治州格尔木市、德令哈市、乌兰县、都兰县；

　　　　　宁夏：银川市西夏区、金凤区、永宁县、贺兰县，石嘴山市大武口区、惠农区、平罗县，吴忠市同心县，中卫市中宁县；

　　　　　新疆：吐鲁番市鄯善县；

　　　　　新疆生产建设兵团：农七师 124 团、130 团。

发生面积　370042 亩

危害指数　0.3985

- **木樨瘤瘿螨 *Aceria osmanthis* Kuana**

  寄　　主　女贞，木犀。

  分布范围　江苏、重庆、贵州。

  发生地点　贵州：贵阳市乌当区。

- **白枸杞瘿螨 *Aceria patlida* Keifer**

  寄　　主　枸杞。

  分布范围　山东、宁夏、新疆。

  发生地点　山东：济宁市任城区、济宁高新技术开发区；

  　　　　　新疆生产建设兵团：农六师奇台农场。

  发生面积　409 亩

  危害指数　0.3333

- **枫杨瘤瘿螨 *Aceria pterocaryae* Kuang et Gong**

  寄　　主　枫杨，青冈，朴树，刺桐，三角槭，木荷。

  分布范围　上海、江苏、安徽、山东、河南、湖北、广西、重庆、四川、宁夏、新疆。

  发生地点　上海：浦东新区；

  　　　　　江苏：苏州市吴江区；

  　　　　　安徽：合肥市庐阳区、包河区，芜湖市芜湖县，淮南市大通区；

  　　　　　河南：南阳市卧龙区；

  　　　　　湖北：荆州市监利县；

  　　　　　广西：桂林市灵川县、永福县；

  　　　　　重庆：万州区；

  　　　　　四川：成都市大邑县，自贡市自流井区，遂宁市大英县；

  　　　　　宁夏：中卫市中宁县；

  　　　　　新疆生产建设兵团：农七师 124 团。

  发生面积　1301 亩

  危害指数　0.3333

- **枸杞刺皮瘿螨 *Aculops lycii* Kuang**

  中文异名　枸杞锈螨

  寄　　主　宁夏枸杞，枸杞。

  分布范围　内蒙古、安徽、山东、甘肃、宁夏、新疆。

  发生地点　内蒙古：巴彦淖尔市乌拉特前旗，阿拉善盟额济纳旗；

  　　　　　宁夏：银川市贺兰县，石嘴山市大武口区；

  　　　　　新疆：博尔塔拉蒙古自治州精河县，塔城地区乌苏市、沙湾县；

  　　　　　新疆生产建设兵团：农二师。

  发生面积　1545 亩

  危害范围　0.3340

● 柳刺皮瘿螨 *Aculops niphocladae* Keifer

中文异名　呢柳刺皮瘿螨

寄　　主　白柳，垂柳，杞柳，旱柳，绦柳，馒头柳。

分布范围　北京、天津、河北、内蒙古、辽宁、黑龙江、上海、江苏、安徽、福建、江西、山东、河南、湖南、重庆、四川、贵州、云南、陕西、甘肃、宁夏、新疆。

发生地点　北京：朝阳区、海淀区、房山区、通州区、顺义区、昌平区、密云区；

河北：唐山市乐亭县、玉田县，邯郸市肥乡区；

上海：金山区，崇明县；

江苏：无锡市江阴市，徐州市沛县，苏州市高新区、昆山市、太仓市，盐城市东台市，镇江市京口区、镇江新区，宿迁市宿城区、沭阳县；

安徽：合肥市庐阳区，蚌埠市固镇县；

福建：三明市尤溪县，龙岩市上杭县；

江西：南昌市南昌县；

山东：东营市东营区、利津县，济宁市金乡县、嘉祥县、梁山县，泰安市东平县、泰山林场，日照市莒县，临沂市莒南县，德州市陵城区，聊城市阳谷县、莘县、东阿县、冠县、临清市、经济技术开发区、高新技术产业开发区，菏泽市牡丹区、定陶区、单县、东明县，黄河三角洲保护区；

河南：郑州市新郑市，商丘市宁陵县、柘城县，邓州市；

湖南：益阳市资阳区；

重庆：万州区；

四川：成都市大邑县、都江堰市，绵阳市三台县、梓潼县，南充市蓬安县，眉山市青神县，甘孜藏族自治州炉霍县、德格县、色达县、理塘县、巴塘县；

贵州：安顺市普定县；

云南：大理白族自治州云龙县；

陕西：咸阳市长武县，榆林市子洲县；

甘肃：平凉市泾川县，庆阳市正宁县；

宁夏：石嘴山市大武口区、惠农区，吴忠市利通区、同心县；

新疆：克拉玛依市乌尔禾区，吐鲁番市高昌区、鄯善县、托克逊县，喀什地区英吉沙县、岳普湖县、巴楚县，阿勒泰地区布尔津县、吉木乃县；

新疆生产建设兵团：农七师130团。

发生面积　28234 亩

危害范围　0.3384

● 泰山桃刺瘿螨 *Aculus amygdali* Xue et Hong

寄　　主　白蜡树，绒毛白蜡。

分布范围　山东。

发生地点　山东：聊城市东阿县。

● 女贞刺瘿螨 *Aculus ligustri*（Keifer）

寄　　主　女贞，小叶女贞。

分布范围　上海、江苏、浙江、安徽、福建、江西、河南、湖北、四川、贵州、云南。

发生地点　江苏：无锡市江阴市；

河南：许昌市鄢陵县；

四川：乐山市峨眉山市；

云南：大理白族自治州巍山彝族回族自治县。

发生面积　3098 亩

危害范围　0.3599

- **悬铃木针刺瘿螨 *Aculus acericota* Nalepa**

寄　　主　三球悬铃木。

分布范围　山东。

- **竹刺瘿螨 *Aculus bambusae* Kuang**

寄　　主　毛竹。

分布范围　福建。

- **黄连木刺瘿螨 *Aculus pistaciae* Kuang**

寄　　主　黄连木。

分布范围　安徽、陕西。

- **龙首丽瘿螨 *Calacarus carinatus*（Green）**

中文异名　茶叶瘿螨

寄　　主　茶，山茶，尾叶山茶，落瓣短柱茶，欧洲荚蒾。

分布范围　江苏、浙江、安徽、福建、江西、山东、湖北、湖南、广东、贵州。

发生地点　江苏：常州市溧阳市。

- **梨瘿螨 *Epitrimerus pyri* Nalepa**

寄　　主　梨，沙梨。

分布范围　河北、湖北、云南。

- **悬钩子上瘿螨 *Epitrimerus rubus* sp. nov.**

寄　　主　悬钩子。

分布范围　山东、重庆、四川、陕西。

发生地点　重庆：万州区。

发生面积　455 亩

危害指数　0.3333

- **枣树锈瘿螨 *Epitrimerus zizyphagus* Keifer**

寄　　主　枣树，酸枣。

分布范围　河北、江苏、山东、河南、甘肃、宁夏。

发生地点　甘肃：武威市凉州区；

宁夏：银川市灵武市，石嘴山市大武口区、惠农区。

发生面积　13777 亩

危害指数　0.3660

● **柑橘皱叶刺瘿螨** *Phyllocoptruta oleivora*（Ashmead）

寄　　主　柑橘。

分布范围　浙江、安徽、福建、江西、湖南、广东、广西、四川、云南、陕西。

发生地点　湖南：永州市江永县。

发生面积　400亩

危害指数　0.3333

● **葡萄缺节瘿螨** *Colomerus vitis*（Pagenstecher）

中文异名　葡萄锈壁虱

寄　　主　葡萄。

分布范围　北京、河北、辽宁、江苏、山东、河南、陕西、宁夏、新疆。

发生地点　河北：邢台市临西县；

　　　　　宁夏：银川市兴庆区、西夏区，吴忠市利通区、盐池县；

　　　　　新疆生产建设兵团：农四师63团。

发生面积　361亩

危害指数　0.3426

● **栗树瘿螨** *Eriophyes castanis* Lu

寄　　主　锥栗，板栗，茅栗。

分布范围　河北、江苏、浙江、安徽、福建、河南、湖北、湖南、四川、贵州、云南。

发生地点　河北：承德市宽城满族自治县；

　　　　　江苏：宿迁市沭阳县；

　　　　　浙江：台州市温岭市；

　　　　　安徽：芜湖市无为县；

　　　　　河南：信阳市新县；

　　　　　湖南：怀化市辰溪县；

　　　　　四川：成都市都江堰市，雅安市雨城区，巴中市南江县。

发生面积　3482亩

危害指数　0.4238

● **龙眼顶芽瘿螨** *Eriophyes dimocarpi* Kuang

寄　　主　龙眼。

分布范围　广西、重庆、四川、云南。

发生地点　重庆：城口县；

　　　　　四川：凉山彝族自治州昭觉县；

　　　　　云南：玉溪市峨山彝族自治县。

发生面积　848亩

危害指数　0.3333

- **毛白杨瘿螨** *Eriophyes dispar* **Nal.**

寄　　主　银白杨，新疆杨，青杨，山杨，河北杨，黑杨，毛白杨。

分布范围　西北，北京、天津、河北、山西、山东、河南、湖北、湖南、重庆、四川。

发生地点　北京：石景山区、通州区、顺义区；

　　　　　河北：唐山市丰润区、乐亭县、玉田县，邢台市临西县，保定市阜平县、唐县、蠡县、雄县，张家口市怀安县，廊坊市霸州市，衡水市枣强县，定州市；

　　　　　山西：长治市襄垣县，晋中市平遥县；

　　　　　山东：莱芜市钢城区，聊城市东阿县、冠县，菏泽市牡丹区、单县、巨野县、郓城县；

　　　　　湖南：株洲市芦淞区，岳阳市云溪区、岳阳县，益阳市资阳区、南县、沅江市；

　　　　　四川：甘孜藏族自治州白玉县、石渠县、色达县、理塘县、巴塘县、稻城县、得荣县，凉山彝族自治州昭觉县；

　　　　　陕西：渭南市澄城县，宁东林业局；

　　　　　甘肃：白银市白银区、靖远县；

　　　　　青海：西宁市城东区、城北区、湟源县；

　　　　　宁夏：吴忠市利通区、同心县。

发生面积　13334 亩

危害指数　0.3928

- **荔枝瘿螨** *Eriophyes litchi* **Keifer**

寄　　主　龙眼，荔枝。

分布范围　福建、广东、广西、海南。

发生地点　福建：漳州市诏安县；

　　　　　广东：深圳市宝安区、龙岗区、大鹏新区；

　　　　　广西：南宁市邕宁区，梧州市藤县，防城港市上思县，钦州市钦南区、钦北区，玉林市兴业县；

　　　　　海南：白沙黎族自治县。

发生面积　19687 亩

危害指数　0.4173

- **槭绒毛瘿螨** *Eriophyes macrochelus eriobius* **Nal.**

寄　　主　三角槭，色木槭，鸡爪槭，元宝槭。

分布范围　东北，河北、上海、浙江、山东、四川、陕西。

发生地点　上海：浦东新区；

　　　　　山东：潍坊市昌邑市；

　　　　　四川：阿坝藏族羌族自治州黑水县，甘孜藏族自治州乡城县；

　　　　　陕西：汉中市西乡县。

- **伪枸杞毛瘿螨** *Eriophyes macrodonis* **Keifer**

寄　　主　枸杞。

分布范围　河北、山东、云南。

- **柑橘锈瘿螨** *Eriophyes oleivorus*（**Ashm.**）

  中文异名　柑橘锈壁虱

  寄　　主　文旦柚，柑橘。

  分布范围　上海、江苏、浙江、福建、江西、湖北、湖南、广东、广西、海南、四川、云南、贵州。

  发生地点　福建：漳州市平和县；

  　　　　　江西：吉安市新干县、永新县；

  　　　　　湖北：太子山林场；

  　　　　　湖南：益阳市沅江市；

  　　　　　广西：柳州市柳江区。

  发生面积　11640 亩

  危害指数　0.3815

- **梨叶肿瘿螨** *Eriophyes pyri* **Pagenst.**

  寄　　主　梨。

  分布范围　河北、辽宁、江苏、安徽、山东、河南、湖北、四川、陕西、新疆。

- **橘芽瘿螨** *Eriophyes sheldoni* **Ewing**

  寄　　主　柑橘。

  分布范围　湖北、云南、陕西。

  发生地点　湖北：太子山林场。

- **柳瘿螨** *Eriophyes tetanothrix* **Nal.**

  寄　　主　垂柳，旱柳，馒头柳。

  分布范围　河北、江苏、安徽、四川、宁夏、新疆。

  发生地点　四川：雅安市芦山县；

  　　　　　新疆生产建设兵团：农二师 22 团、29 团，农七师 130 团。

  发生面积　863 亩

  危害指数　0.3349

- **椴毛瘿螨** *Eriophyes tiliae-liossoma* **Nal.**

  寄　　主　椴树。

  分布范围　吉林、黑龙江、山东、陕西。

  发生地点　陕西：宁东林业局。

- **胡桃绒毛瘿螨** *Eriophyes tristriatus* **Nal.**

  中文异名　胡桃瘿螨

  寄　　主　山核桃，野核桃，核桃楸，核桃。

  分布范围　河北、东北，湖北、重庆、四川、贵州、云南、陕西。

  发生地点　重庆：武隆区、巫溪县、彭水苗族土家族自治县；

  　　　　　四川：攀枝花市仁和区、米易县、盐边县，绵阳市安州区、梓潼县、江油市，雅安市荥经县，巴中市通江县，阿坝藏族羌族自治州理县，凉山彝族自治州西昌市、

　　　　　木里藏族自治县；

　　贵州：遵义市播州区；

　　云南：昆明市西山区、东川区，玉溪市华宁县、峨山彝族自治县，保山市隆阳区，昭
　　　　　通市镇雄县，普洱市景东彝族自治县、景谷傣族彝族自治县，临沧市临翔区、
　　　　　凤庆县、镇康县、耿马傣族佤族自治县，楚雄彝族自治州双柏县、南华县、大
　　　　　姚县、永仁县、武定县、禄丰县，安宁市。

发生面积　　141836 亩

危害指数　　0.3823

- **杨绒毛瘿螨** *Eriophyes varius* **Nal.**

寄　　　主　　青杨，山杨，小青杨，小叶杨，毛白杨。

分布范围　　北京、河北、内蒙古、黑龙江、四川、贵州、陕西、甘肃。

发生地点　　陕西：汉中市汉台区。

- **葡萄瘿螨** *Eriophyes vitis* **Pagenst**

寄　　　主　　葡萄。

分布范围　　北京、河北、山西、辽宁、江苏、安徽、福建、山东、河南、湖北、广西、重庆、陕
　　　　　西、甘肃、宁夏、新疆。

发生地点　　河北：石家庄市新乐市，邯郸市鸡泽县，邢台市柏乡县、新河县，保定市阜平县、唐
　　　　　县、高阳县、蠡县、高碑店市，张家口市阳原县、怀来县、涿鹿县，廊坊市霸
　　　　　州市，衡水市深州市；

　　山西：大同市阳高县；

　　福建：南平市松溪县；

　　山东：枣庄市台儿庄区，聊城市阳谷县；

　　河南：平顶山市鲁山县；

　　广西：贵港市平南县，玉林市北流市，雅长林场；

　　陕西：咸阳市泾阳县，汉中市西乡县；

　　甘肃：庆阳市宁县；

　　宁夏：银川市永宁县，吴忠市红寺堡区；

　　新疆：吐鲁番市托克逊县，喀什地区岳普湖县，和田地区和田县，塔城地区沙湾县；

　　新疆生产建设兵团：农四师 63 团、68 团，农七师 130 团，农八师，农十二师。

发生面积　　59804 亩

危害指数　　0.3493

- **张掖瘿螨** *Eriophyes zhangyeensis* **Kuang et Luo**

寄　　　主　　垂柳，旱柳。

分布范围　　河北、江苏、湖北、四川、甘肃、新疆。

发生地点　　河北：秦皇岛市昌黎县，保定市阜平县、唐县、高阳县、望都县、蠡县、雄县，沧州
　　　　　市吴桥县，定州市；

　　湖北：襄阳市枣阳市；

　　四川：遂宁市大英县，甘孜藏族自治州白玉县；

甘肃：兰州市城关区、七里河区、西固区、皋兰县、榆中县，白银市白银区、靖远县、会宁县，武威市凉州区、民勤县、古浪县，张掖市甘州区、民乐县、临泽县、高台县，酒泉市肃州区、金塔县、瓜州县，庆阳市庆城县、镇原县，尕海则岔自然保护区，白水江自然保护区；

新疆：巴音郭楞蒙古自治州焉耆回族自治县、博湖县。

发生面积　14565 亩

危害指数　0.5845

大嘴瘿螨科 Rhyncaphytoptidae

● 榆游移大嘴瘿螨 *Rhyncaphytoptus ulmivagrans* **Kaifar**

寄　　主　榆。

分布范围　安徽、新疆。

纳氏瘿螨科 Nalepellidae

● 柏木瘿螨 *Trisetacus juniperinus*（**Nalepa**）

中文异名　三毛瘿螨、桧三毛瘿螨

寄　　主　柏木，欧洲刺柏，圆柏，北美圆柏，塔枝圆柏。

分布范围　北京、上海、江苏、安徽、山东、四川。

发生地点　山东：临沂市兰山区。

II. 植物界 Plantae

5. 植物类 Plants

麻黄目 Ephedrales **麻黄科 Ephedraceae**

- **草麻黄 *Ephedra equisetina* Bunge**

  中文异名　木贼麻黄

  生　　境　灌木林，疏林地。

  危　　害　杂草。

  分布范围　河北、内蒙古、辽宁、吉林、福建、河南。

禾本目 Graminales **禾本科 Gramineae**

- **看麦娘 *Alopecurus aequalis* Sobol.**

  生　　境　林地，灌木林。

  危　　害　杂草。

  分布范围　华东、中南，河北、四川、云南、陕西。

  发生地点　浙江：宁波市鄞州区；

  　　　　　福建：漳州市平和县。

  发生面积　7534 亩

  危害指数　0.3333

- **野燕麦 *Avena fatua* Linnaeus**

  生　　境　疏林地，灌木林，未成林地，苗圃。

  危　　害　杂草。

  分布范围　河北、江苏、浙江、山东、湖北、贵州、甘肃、新疆。

  发生地点　江苏：南京市玄武区；

  　　　　　浙江：宁波市鄞州区；

  　　　　　山东：聊城市东阿县；

  　　　　　甘肃：庆阳市正宁县，兴隆山保护区。

  发生面积　2175 亩

  危害指数　0.3336

- **扁穗雀麦 *Bromus catharticus* Vahl.**

  生　　境　疏林地，灌木林，苗圃。

  危　　害　杂草。

分布范围　华东，内蒙古、贵州。

发生地点　贵州：贵阳市清镇市。

发生面积　1735 亩

危害指数　0.3458

● 光梗蒺藜草 *Cenchrus calyculatus* **Cav.**

生　　境　果园，苗圃。

危　　害　杂草。

分布范围　内蒙古、辽宁。

● 蒺藜草 *Cenchrus echinatus* **Linnaeus**

生　　境　疏林地，灌木林，未成林地，苗圃。

危　　害　杂草。

分布范围　河北、福建、山东、广东、广西、云南、陕西、甘肃、新疆。

发生地点　河北：石家庄市井陉矿区、鹿泉区、晋州市，张家口市阳原县，沧州市黄骅市、河间
　　　　　　　　市，廊坊市霸州市，衡水市安平县；

　　　　　　山东：聊城市阳谷县、东阿县；

　　　　　　陕西：渭南市大荔县；

　　　　　　甘肃：庆阳市西峰区。

发生面积　3975 亩

危害指数　0.3333

● 狗牙根 *Cynodon dactylon*（**Linn.**）**Pers.**

生　　境　灌木林。

危　　害　杂草。

分布范围　福建、贵州。

发生地点　福建：漳州市诏安县、平和县、漳州开发区。

发生面积　41965 亩

危害指数　0.3333

● 马唐 *Digitaria sanguinalis*（**Linn.**）**Scop.**

生　　境　灌木林，苗圃。

危　　害　杂草。

分布范围　河北、山西、安徽、福建、河南、四川、陕西、甘肃、新疆。

发生地点　福建：漳州市平和县。

发生面积　13000 亩

危害指数　0.3333

● 牛筋草 *Eleusine indica*（**Linn.**）**Gaertn.**

生　　境　疏林地，灌木林，未成林地，苗圃。

危　　害　杂草。

分布范围　北京、河北、浙江、福建、山东、河南、湖北、贵州、陕西。

发生地点　河北：石家庄市井陉矿区、鹿泉区，唐山市古冶区；

　　　　　浙江：温州市鹿城区、龙湾区、平阳县；

　　　　　福建：三明市泰宁县，泉州市永春县、晋江市；

　　　　　贵州：黔西南布依族苗族自治州兴义市；

　　　　　陕西：渭南市大荔县。

发生面积　4715 亩

危害指数　0.3333

● 白茅 *Imperata cylindrica*（**Linn.**）**Beauv.**

中文异名　白茅草

生　　境　疏林地，灌木林，未成林地，苗圃。

危　　害　杂草。

分布范围　河北、辽宁、福建、山东、湖北、湖南、四川、贵州、陕西、新疆。

发生地点　河北：石家庄市鹿泉区，唐山市古冶区，张家口市阳原县，沧州市孟村回族自治县，

　　　　　　　　衡水市枣强县；

　　　　　福建：漳州市诏安县、漳州开发区；

　　　　　江西：吉安市新干县；

　　　　　湖北：十堰市竹山县；

　　　　　湖南：岳阳市平江县；

　　　　　四川：广安市武胜县；

　　　　　贵州：黔西南布依族苗族自治州兴义市、望谟县、安龙县；

　　　　　陕西：延安市富县。

发生面积　79849 亩

危害指数　0.4745

● 千金子 *Leptochloa chinensis*（**Linn.**）**Nees.**

生　　境　苗圃。

危　　害　杂草。

分布范围　华东、中南、西南、西北。

● 赖草 *Leymus secalinus*（**Georgi**）**Tzvel.**

生　　境　苗圃地，林地。

危　　害　杂草。

分布范围　河北、山西、内蒙古、黑龙江、四川、陕西、甘肃、青海、新疆。

发生地点　河北：张家口市阳原县，衡水市安平县；

　　　　　黑龙江：佳木斯市富锦市；

　　　　　陕西：榆林市米脂县；

　　　　　甘肃：定西市岷县，兴隆山保护区。

发生面积　11400 亩

危害指数　0.4269

- **毒麦** *Lolium temulentum* Linnaeus

  生　　境　林地。

  危　　害　杂草，有毒。

  分布范围　河北、浙江、安徽、陕西、甘肃。

  发生地点　河北：唐山市古冶区；

  　　　　　浙江：宁波市鄞州区。

  发生面积　2000 亩

  危害指数　0.3333

- **大黍** *Panicum maximum* Jacq.

  生　　境　林地。

  危　　害　杂草。

  分布范围　广东、贵州。

  发生地点　贵州：黔西南布依族苗族自治州兴义市。

- **铺地黍** *Panicum repens* Linnaeus

  生　　境　疏林地，未成林地。

  危　　害　杂草。

  分布范围　华东，河北、广东、广西、海南、陕西。

  发生地点　河北：沧州市吴桥县；

  　　　　　陕西：渭南市合阳县。

  发生面积　600 亩

  危害指数　0.3333

- **两耳草** *Paspalum conjugatum* Berg.

  生　　境　疏林地，灌木林。

  危　　害　杂草。

  分布范围　福建、江西、湖南、广东、广西、海南、四川、贵州、云南。

  发生地点　福建：漳州市诏安县；

  　　　　　湖南：岳阳市平江县。

  发生面积　12550 亩

  危害指数　0.3333

- **毛花雀稗** *Paspalum dilatatum* Poir.

  生　　境　疏林地，灌木林。

  危　　害　杂草。

  分布范围　上海、浙江、湖北、贵州。

  发生地点　贵州：贵阳市清镇市。

  发生面积　1283 亩

  危害指数　0.3500

- 芦苇 *Phragmites australis*（Cav.）**Trin. ex Steud.**

  生　　境　灌木林，未成林地。

  危　　害　杂草。

  分布范围　全国。

  发生地点　福建：漳州市诏安县、漳州开发区。

  发生面积　74285 亩

  危害指数　0.4163

- 早熟禾 *Poa annua* **Linnaeus**

  生　　境　灌木林。

  危　　害　杂草。

  分布范围　东北、中南，河北、山西、内蒙古、江苏、安徽、福建、江西、山东、四川、贵州、
  云南、甘肃、青海、新疆。

  发生地点　福建：漳州市诏安县、平和县。

  发生面积　435 亩

  危害指数　0.3333

- 棒头草 *Polypogon fugax* **Nees ex Steud.**

  生　　境　灌木林。

  危　　害　杂草。

  分布范围　华北、华东、中南、西南，陕西、新疆。

  发生地点　福建：漳州市诏安县。

  发生面积　2100 亩

  危害指数　0.3333

- 碱茅 *Puccinellia distans*（Linn.）**Parl.**

  生　　境　疏林地，未成林地，苗圃。

  危　　害　杂草。

  分布范围　河北、辽宁、四川、西藏、甘肃、新疆。

  发生地点　河北：石家庄市井陉县、晋州市，唐山市乐亭县，邢台市内丘县、隆尧县，张家口市阳原
  县，沧州市沧县、吴桥县、黄骅市、河间市，衡水市枣强县、安平县、深州市；
  甘肃：定西市岷县，太子山保护区。

  发生面积　25475 亩

  危害指数　0.3340

- 大狗尾草 *Setaria faberii* **Herrm.**

  生　　境　疏林地，灌木林，苗圃。

  危　　害　杂草。

  分布范围　河北、江苏、浙江、福建、江西、山东、湖北、湖南、四川、陕西。

  发生地点　河北：石家庄市井陉矿区、鹿泉区，唐山市古冶区，邢台市平乡县，张家口市阳
  原县；

福建：漳州市诏安县；

湖南：岳阳市平江县；

陕西：渭南市澄城县，延安市延长县、子长县、甘泉县、黄龙县。

发生面积　26364 亩

危害指数　0.3567

● **棕叶狗尾草 _Setaria palmifolia_（Koen.）Stapf.**

生　　境　林地。

危　　害　杂草。

分布范围　浙江、福建、江西、湖北、湖南、广东、广西、四川、贵州、云南。

发生地点　贵州：铜仁市玉屏侗族自治县，黔西南布依族苗族自治州兴义市。

发生面积　4645 亩

危害指数　0.3422

● **狗尾草 _Setaria viridis_（Linn.）Beauv.**

生　　境　疏林地，灌木林，未成林地，苗圃。

危　　害　杂草。

分布范围　全国。

发生地点　河北：石家庄市井陉县、晋州市，唐山市古冶区、乐亭县，邢台市内丘县、隆尧县，沧州市沧县、吴桥县、献县、黄骅市、河间市，廊坊市霸州市，衡水市枣强县、安平县；

　　　　　黑龙江：佳木斯市富锦市，绥化市海伦市国有林场；

　　　　　江苏：南京市玄武区，镇江市丹徒区，泰州市泰兴市；

　　　　　浙江：杭州市富阳区，宁波市鄞州区；

　　　　　福建：三明市泰宁县，泉州市安溪县、永春县、晋江市；

　　　　　山东：聊城市阳谷县、东阿县；

　　　　　河南：洛阳市嵩县，鹤壁市淇滨区，兰考县；

　　　　　湖南：衡阳市耒阳市，郴州市桂阳县、临武县；

　　　　　重庆：南川区；

　　　　　四川：自贡市自流井区，泸州市叙永县，遂宁市蓬溪县、射洪县，凉山彝族自治州美姑县；

　　　　　陕西：西安市灞桥区、阎良区、临潼区，渭南市华州区、潼关县、大荔县、合阳县、华阴市，延安市延川县、吴起县、宜川县、黄龙山林业局、劳山林业局，榆林市米脂县、子洲县，商洛市丹凤县；

　　　　　甘肃：平凉市崇信县，庆阳市西峰区、正宁县、宁县，兴隆山保护区、太子山保护区；

　　　　　宁夏：银川市灵武市，石嘴山市大武口区；

　　　　　新疆生产建设兵团：农四师 68 团。

发生面积　227022 亩

危害指数　0.3783

- 石茅 *Sorghum halepense*（**Linn.**）**Pers.**

  中文异名　假高粱

  生　　境　林地，苗圃。

  危　　害　杂草。

  分布范围　河北、浙江、山东、广东、重庆、四川。

  发生地点　浙江：宁波市鄞州区；

  　　　　　山东：聊城市东阿县；

  　　　　　重庆：市辖区九龙坡区。

  发生面积　2045 亩

  危害指数　0.3350

- 互花米草 *Spartina alterniflora* **Loisel.**

  生　　境　滨海湿地。

  危　　害　排挤。

  分布范围　江苏、浙江、福建、山东、广东。

  发生地点　浙江：宁波市宁海县，台州市三门县；

  　　　　　福建：泉州市丰泽区、洛江区、泉州台商投资区。

  发生面积　2329 亩

  危害指数　0.5175

- 大米草 *Spartina anglica* **Hubb.**

  生　　境　滨海湿地。

  危　　害　排挤。

  分布范围　江苏、浙江、福建。

  发生地点　浙江：台州市三门县。

莎草目 Cyperales　　莎草科 Cyperaceae

- 碎米莎草 *Cyperus iria* **Linnaeus**

  生　　境　林地，苗圃。

  危　　害　杂草。

  分布范围　东北、华东、中南、西南，河北、陕西、甘肃。

  发生地点　浙江：宁波市鄞州区。

  发生面积　7000 亩

  危害指数　0.3333

- 香附子 *Cyperus rotundus* **Linnaeus**

  生　　境　灌木林，苗圃。

  危　　害　杂草。

  分布范围　浙江、福建、河南、湖南、贵州。

  发生地点　福建：漳州市诏安县、平和县、漳州市开发区。

发生面积　1308 亩

危害指数　0.3333

- **扁秆藨草 *Scirpus planiculmis* Fr. Schmidt.**

  生　　境　湖泊湿地。

  危　　害　杂草。

  分布范围　华北、东北、西北，福建。

  发生地点　福建：漳州市平和县。

  发生面积　2150 亩

  危害指数　0.3333

天南星目 Arales　　天南星科 Araceae

- **大藻 *Pistia stratiotes* Linnaeus**

  生　　境　湖泊湿地。

  危　　害　杂草。

  分布范围　江苏、浙江、安徽、福建、湖北、湖南、四川、贵州。

  发生地点　贵州：铜仁市石阡县。

粉状胚乳目 Farinosae　　鸭跖草科 Commelinaceae

- **节节草 *Commelina diffusa* Burm. f.**

  生　　境　灌木林。

  危　　害　杂草。

  分布范围　全国。

  发生地点　贵州：贵阳市清镇市。

  发生面积　225 亩

  危害指数　0.4859

- **鸭跖草 *Commelina communis* Linnaeus**

  生　　境　灌木林，苗圃。

  危　　害　杂草。

  分布范围　福建、河南、四川、云南、甘肃。

  发生地点　福建：漳州市开发区。。

雨久花科 Pontederiaceae

- **凤眼莲 *Eichhornia crassipes*（Mart.）Solme.**

  中文异名　水葫芦

  生　　境　湖泊湿地。

危　　害　排挤。

分布范围　华东，河北、湖北、湖南、广东、四川、贵州、云南、陕西。

发生地点　上海：浦东新区；

　　　　　江苏：淮安市淮安区；

　　　　　浙江：杭州市桐庐县，台州市三门县；

　　　　　安徽：芜湖市繁昌县、无为县，宣城市泾县；

　　　　　江西：景德镇市浮梁县，新余市仙女湖区，吉安市峡江县、新干县，抚州市崇仁县；

　　　　　山东：枣庄市台儿庄区；

　　　　　湖南：岳阳市岳阳县，益阳市资阳区、南县，怀化市靖州苗族侗族自治县；

　　　　　广东：佛山市南海区；

　　　　　重庆：九龙坡区；

　　　　　四川：自贡市沿滩区，达州市万源市；

　　　　　贵州：铜仁市碧江区、石阡县，黔西南布依族苗族自治州普安县，黔南布依族苗族自治州福泉市、平塘县、惠水县、三都水族自治县；

　　　　　云南：玉溪市通海县，楚雄彝族自治州牟定县；

　　　　　陕西：商洛市丹凤县。

发生面积　11874 亩

危害指数　0.4079

百合目 Liliflorae　　百合科 Liliaceae

● **拔葜 *Smilax chinensis* Linnaeus**

生　　境　灌木林地。

危　　害　攀缘。

分布范围　华东、中南，四川、贵州、云南。

薯蓣科 Dioscoreaceae

● **黄独 *Dioscorea bulbifera* Linnaeus**

生　　境　山谷，杂木林。

危　　害　缠绕。

分布范围　华东、中南、西南，陕西、甘肃。

发生地点　广西：贺州市平桂区。

发生面积　450 亩

危害指数　0.3333

● **薯蓣 *Dioscorea opposita* Thunb.**

生　　境　山谷，灌木林。

危　　害　缠绕。

分布范围　江苏、浙江、安徽、福建、江西、河南、湖北、湖南、广东、广西、贵州、云南、陕西、甘肃。

发生地点　广西：南宁市青秀区。

胡椒目 Piperales　　胡椒科 Piperaceae

- 山蒟 *Piper hancei* Maxim.

　　生　　境　林地。

　　危　　害　杂草。

　　分布范围　浙江、福建、江西、湖南、广东、广西、贵州、云南。

荨麻目 Urticales　　桑科 Moraceae

- 藤构 *Broussonetia kaempferi* Sieb. var. *australis* Suzuki

　　生　　境　山谷，灌丛。

　　危　　害　缠绕。

　　分布范围　浙江、安徽、福建、江西、湖北、湖南、广东、广西、四川、云南。

- 薜荔 *Ficus pumila* Linnaeus

　　生　　境　果园，疏林地。

　　危　　害　攀缘。

　　分布范围　江苏、浙江、安徽、福建、江西、湖南、广东、广西、四川、贵州、云南。

- 葎草 *Humulus scandens*（Lour.）Merr

　　生　　境　林地。

　　危　　害　缠绕。

　　分布范围　华北、东北、华东、中南、西南，陕西、甘肃、宁夏。

　　发生地点　安徽：芜湖市繁昌县。

　　发生面积　208018 亩

　　危害指数　0.3658

荨麻科 Urticaceae

- 苎麻 *Boehmeria nivea*（Linn.）Gaudich.

　　生　　境　疏林地。

　　危　　害　杂草。

　　分布范围　浙江、福建、江西、河南、湖北、广东、广西、四川、贵州、云南、陕西、甘肃。

- 小叶冷水花 *Pilea microphylla*（Linn.）Liebm.

　　生　　境　疏林地，灌木林。

　　危　　害　杂草，排挤。

　　分布范围　江苏、浙江、福建、江西、广东、广西、贵州。

　　发生地点　江苏：南京市玄武区。

檀香目 Santalales　　桑寄生科 Loranthaceae

● **油杉寄生** *Arceuthobium chinense* **Lecomte**

寄　　主　云南油杉，油杉，乔松。

分布范围　四川、云南、西藏。

发生地点　四川：攀枝花市仁和区，甘孜藏族自治州乡城县；

云南：昆明市富民县，玉溪市澄江县、华宁县、红塔区、红塔山自然保护区、峨山彝族自治县，楚雄彝族自治州武定县、南华县。

发生面积　2457 亩

危害指数　0.3605

● **高山松寄生** *Arceuthobium pini* **Hawksworth et Wiens**

寄　　主　云南松。

分布范围　陕西、四川、云南。

发生地点　四川：甘孜藏族自治州白玉县。

● **云杉矮槲寄生** *Arceuthobium sichuanense*

寄　　主　云杉，青海云杉，川西云杉，紫果云杉，油松。

分布范围　四川、甘肃、青海。

发生地点　四川：甘孜藏族自治州炉霍县、德格县；

甘肃：尕海则岔自然保护区；

青海：西宁市湟中县，海东市互助土族自治县，海北藏族自治州门源回族自治县，黄南藏族自治州同仁县、尖扎县、麦秀林场，海南藏族自治州同德县，果洛藏族自治州班玛县、玛可河林业局。

发生面积　127026 亩

危害指数　0.4698

● **离瓣寄生** *Helixanthera parasitica* **Lour.**

中文异名　五瓣桑寄生

寄　　主　榕树，樟树，楝树，油桐。

分布范围　福建、广东、广西、贵州、云南。

● **油茶离瓣寄生** *Helixanthera sampsoni*（Hance）**Danser.**

寄　　主　油桐，乌桕，油茶。

分布范围　湖北、湖南、广西。

发生地点　湖南：湘西土家族苗族自治州古丈县；

广西：百色市田阳县、田林县，河池市罗城仫佬族自治县。

发生面积　1611 亩

危害指数　0.4575

- **桐树桑寄生** *Loranthus delavayi* **Van Tiegh.**

  寄　　主　云南油杉，栓皮栎，青冈，李，梨。

  分布范围　浙江、福建、江西、河南、湖北、湖南、广东、广西、四川、贵州、云南、陕西、
  甘肃。

  发生地点　湖南：湘西土家族苗族自治州保靖县；

  　　　　　四川：凉山彝族自治州布拖县。

  发生面积　2283 亩

  危害指数　0.4209

- **欧桑寄生** *Loranthus europaeus*

  寄　　主　楠，栎。

  分布范围　福建、陕西。

  发生地点　福建：漳州市南靖县。

- **南桑寄生** *Loranthus guizhouensis* **H. S. Kiu.**

  寄　　主　高山栲，白栎，栓皮栎，小叶青冈，高山榕，桑。

  分布范围　江西、湖北、湖南、广东、广西、四川、贵州、云南、陕西、甘肃。

  发生地点　湖北：襄阳市保康县；

  　　　　　湖南：郴州市嘉禾县，永州市道县；

  　　　　　广西：南宁市良庆区、隆安县、上林县，桂林市叠彩区，百色市田林县，雅长林场；

  　　　　　四川：巴中市平昌县，凉山彝族自治州金阳县；

  　　　　　云南：昭通市彝良县，普洱市江城哈尼族彝族自治县、孟连傣族拉祜族佤族自治县、
  西盟佤族自治县，大理白族自治州云龙县、鹤庆县，怒江傈僳族自治州贡山独
  龙族怒族自治县；

  　　　　　甘肃：太统-崆峒山自然保护区。

  发生面积　23217 亩

  危害指数　0.3602

- **油茶桑寄生** *Loranthus ligustrinus* **Wall.**

  寄　　主　油茶。

  分布范围　福建、江西、广东、广西、重庆、云南。

  发生地点　福建：三明市尤溪县、沙县，福州国家森林公园；

  　　　　　广东：茂名市高州市；

  　　　　　广西：柳州市鹿寨县、融安县、融水苗族自治县、三江侗族自治县，桂林市龙胜各族
  自治县，百色市那坡县，贺州市平桂区，河池市环江毛南族自治县、巴马瑶族
  自治县；

  　　　　　云南：昆明市海口林场，文山壮族苗族自治州广南县、富宁县，德宏傣族景颇族自治
  州梁河县。

  发生面积　15681 亩

  危害指数　0.4049

- **樟树寄生** *Loranthus yadoriki* **Sieb.**

  寄　　主　樟树，油桐，油茶。

  分布范围　福建、江西、湖北、贵州、重庆、四川、云南。

  发生地点　江西：吉安市井冈山市，安福县；

  　　　　　四川：遂宁市射洪县；

  　　　　　云南：昭通市永善县。

  发生面积　3834 亩

  危害指数　0.4695

- **滇南寄生** *Scurrula ferruginea*（**Jacq.**）**Danser.**

  中文异名　锈毛梨果寄生

  寄　　主　柑橘，李，桃，梨。

  分布范围　浙江、云南。

  发生地点　浙江：杭州市桐庐县；

  　　　　　云南：西双版纳傣族自治州勐海县。

- **红花寄生** *Scurrula parasitica* **Linn. var.** *parasitica*

  中文异名　小红花寄生

  寄　　主　垂柳，旱柳，核桃，板栗，榆树，构树，桑，桃，木瓜，台湾相思，刺槐，油桐，枣树，梧桐，油茶，柿，白蜡树，女贞，泡桐。

  分布范围　福建、江西、湖南、广东、广西、海南、四川、贵州、云南。

  发生地点　四川：攀枝花市西区、仁和区、盐边县，达州市开江县，雅安市雨城区、石棉县；

  　　　　　云南：昆明市西山区、富民县、寻甸回族彝族自治县，玉溪市通海县，普洱市思茅区、宁洱哈尼族彝族自治县、墨江哈尼族自治县、景东彝族自治县、景谷傣族彝族自治县、镇沅彝族哈尼族拉祜族自治县、景东林业局，迪庆藏族自治州德钦县。

  发生面积　204119 亩

  危害指数　0.7453

- **梨果寄生** *Scurrula philippensis*（**Cham. et Schlecht.**）**G. Don**

  寄　　主　栎，油桐，楸。

  分布范围　安徽、广西、四川、贵州、云南。

  发生地点　四川：攀枝花市盐边县。

- **松柏钝果寄生** *Taxillus caloreas*（**Diels**）**Danser.**

  寄　　主　云南油杉，云南松，油桐。

  分布范围　四川、云南、陕西、甘肃。

  发生地点　四川：攀枝花市仁和区，甘孜藏族自治州得荣县，凉山彝族自治州木里藏族自治县。

- **广寄生** *Taxillus chinensis*（**DC.**）**Danser.**

  寄　　主　马尾松，木麻黄，朴树，构树，榕树，银桦，樟树，桃，李，耳叶相思，麻楝，石栗，油桐，油茶，柿，夹竹桃。

分布范围　福建、湖北、广东、广西、陕西。

- 柳树寄生 *Taxillus delavayi*（Van Tiegh.）Danser.

寄　　主　柳树，栎，构树，木姜子，桃，梅，樱桃，山楂，白梨，花椒，漆树，槭。

分布范围　广西、四川、贵州、云南。

发生地点　四川：甘孜藏族自治州巴塘县、乡城县。

发生面积　128 亩

危害指数　0.3333

- 小叶钝果寄生 *Taxillus kaempferi*（DC.）Danser.

寄　　主　马尾松，黄山松，华东黄杉，南方铁杉，柳树。

分布范围　浙江、安徽、福建、江西、四川。

发生地点　四川：甘孜藏族自治州得荣县。

- 锈毛桑寄生 *Taxillus levinei*（Merr）H. S. Kiu.

寄　　主　樟树。

分布范围　福建：龙岩市武平县。

- 毛叶钝果寄生 *Taxillus nigrans*（Hance）Danser.

寄　　主　柳树，栎，青冈，桑，樟树，油茶。

分布范围　福建、江西、河南、湖北、湖南、广西、四川、贵州、云南、陕西。

发生地点　四川：甘孜藏族自治州泸定县。

发生面积　364 亩

危害指数　0.3333

- 桑寄生 *Taxillus sutchuenensis*（Lecomte）Danser.

中文异名　四川桑寄生

寄　　主　响叶杨，山杨，毛白杨，垂柳，旱柳，枫杨，桦木，刺栲，麻栎，槲栎，白栎，栓皮栎，青冈，山桃，桃，杏，樱花，皱皮木瓜，西府海棠，稠李，李，红叶李，梨，花椒，山茶，油茶，茶。

分布范围　中南、山西、浙江、福建、江西、重庆、四川、贵州、云南、陕西、甘肃。

发生地点　山西：临汾市汾西县；

浙江：台州市仙居县；

福建：龙岩市连城县；

江西：赣州市宁都县，抚州市崇仁县；

湖南：邵阳市洞口县，益阳市资阳区，湘西土家族苗族自治州泸溪县；

广东：广州市越秀区、天河区、从化区，惠州市惠阳区，云浮市属林场；

广西：桂林市七星区、阳朔县，防城港市防城区、上思县、东兴市，河池市东兰县；

海南：白沙黎族自治县；

重庆：酉阳土家族苗族自治县；

四川：攀枝花市仁和区，泸州市叙永县，遂宁市射洪县，阿坝藏族羌族自治州理县、茂县，甘孜藏族自治州康定市、丹巴县，凉山彝族自治州木里藏族自治县、盐

　　　　　　源县、金阳县、雷波县；

　　贵州：贵阳市南明区、白云区，六盘水市水城县，安顺市关岭布依族苗族自治县，毕
　　　　　节市大方县、黔西县，铜仁市德江县，黔西南布依族苗族自治州普安县；

　　云南：昆明市海口林场、西山林场、西山区，曲靖市师宗县，玉溪市红塔区、通海
　　　　　县、新平彝族傣族自治县、元江哈尼族彝族傣族自治县，保山市隆阳区、施甸
　　　　　县、昌宁县，昭通市巧家县、大关县，临沧市凤庆县，楚雄彝族自治州双柏
　　　　　县、牟定县，文山壮族苗族自治州麻栗坡县，大理白族自治州弥渡县，怒江傈
　　　　　僳族自治州泸水县，安宁市；

　　陕西：渭南市华州区，延安市宜川县、黄龙山林业局，商洛市商州区，宁东林业局；

　　甘肃：庆阳市正宁县。

发生面积　62359 亩

危害指数　0.4422

- **滇藏钝果寄生 *Taxillus thibetensis*（Lecomte）Danser**

寄　　主　柳树，板栗，栎，青冈，樟树，桃，海棠花，李，梨，皂荚，石榴，柿。

分布范围　四川、贵州、云南、西藏。

- **大苞桑寄生 *Tolypanthus maclurei*（Merr.）Danser.**

寄　　主　杉木，榆树，大果榉，冬青，油茶，紫薇，柿。

分布范围　江西、湖南、广东、广西、贵州、云南。

发生地点　湖南：张家界市慈利县；

　　广西：河池市金城江区；

　　云南：保山市龙陵县。

发生面积　206 亩

危害指数　0.3333

- **白果槲寄生 *Viscum album* Linnaeus**

寄　　主　柳树，桦木，栎，梨。

分布范围　湖南。

发生地点　湖南：衡阳市祁东县。

- **卵叶槲寄生 *Viscum album* Linnaeus var. *meridianum* Danser**

寄　　主　核桃，樱桃，花椒。

分布范围　云南。

发生地点　云南：保山市龙陵县，楚雄彝族自治州楚雄市。

- **扁枝槲寄生 *Viscum articulatum* Burm. f.**

寄　　主　罗浮栲，栎，樟树，枫香，南洋楹，油桐。

分布范围　福建、湖北、湖南、广东、广西、海南、四川、贵州、云南、陕西。

发生地点　湖南：衡阳市衡南县；

　　云南：怒江傈僳族自治州泸水县。

发生面积　594 亩

危害指数　0.3333

- **槲寄生** *Viscum coloratum*（Kom.）Nakai.

　寄　　主　山杨，二白杨，柳树，野核桃，核桃，赤杨，白桦，板栗，苦槠栲，麻栎，槲栎，辽东栎，蒙古栎，栓皮栎，青冈，栎子青冈，榆树，枫杨，山杏，杏，苹果，杜梨，沙梨，漆树，椴树。

　分布范围　东北，北京、河北、山西、浙江、安徽、福建、江西、山东、湖北、湖南、广东、广西、重庆、四川、贵州、云南、陕西、甘肃、青海。

　发生地点　黑龙江：佳木斯市郊区、富锦市，牡丹江市牡丹峰保护区；

　　　　　　浙江：杭州市临安市，金华市东阳市，台州市天台县；

　　　　　　福建：漳州市诏安县；

　　　　　　江西：吉安市青原区、永新县；

　　　　　　湖南：郴州市桂阳县，永州市道县，怀化市辰溪县；

　　　　　　广西：柳州市柳江区，贺州市八步区；

　　　　　　重庆：黔江区；

　　　　　　四川：遂宁市射洪县，巴中市平昌县，甘孜藏族自治州康定市、丹巴县、乡城县，凉山彝族自治州德昌县；

　　　　　　贵州：毕节市黔西县，黔西南布依族苗族自治州普安县；

　　　　　　云南：玉溪市通海县，保山市隆阳区，临沧市凤庆县，楚雄彝族自治州双柏县、牟定县，大理白族自治州弥渡县、巍山彝族回族自治县；

　　　　　　陕西：渭南市华州区，延安市宝塔区、吴起县、黄龙山林业局、劳山林业局，榆林市绥德县，商洛市商州区，府谷县，宁东林业局；

　　　　　　甘肃：兰州市连城林场；

　　　　　　青海：西宁市城西区；

　　　　　　黑龙江森林工业总局：红星林业局。

　发生面积　68452 亩

　危害指数　0.3454

- **棱枝槲寄生** *Viscum diospyrosicolum* Hayata.

　寄　　主　青冈，樟树，梨，油桐，柿。

　分布范围　浙江、福建、江西、河南、湖北、湖南、广东、广西、四川，贵州、云南、陕西、甘肃。

　发生地点　广东：韶关市南雄市；

　　　　　　四川：凉山彝族自治州金阳县。

- **枫香槲寄生** *Viscum liquidambaricolum* Hayata.

　寄　　主　栎，枫香，油桐。

　分布范围　浙江、福建、江西、湖南、广东、广西、四川，贵州、云南、陕西、甘肃。

　发生地点　四川：雅安市石棉县。

- **瘤果槲寄生** *Viscum ovalifolium* DC.

　寄　　主　板栗，构树，文旦柚，柑橘，柿，无患子，海桑。

分布范围　江西、广东、广西、云南。

发生地点　江西：赣州市安远县。

- **栗寄生 *Korthalsella japonica*（Thunb.）Engl.**

寄　　主　板栗，鹅耳枥，栎，黄杨。

分布范围　福建、河南、湖北、四川、云南、陕西、甘肃。

发生地点　四川：攀枝花市仁和区。

檀香科 Santalaceae

- **寄生藤 *Dendrotrophe frutescens* Champ**

生　　境　疏林地。

危　　害　缠绕。

分布范围　浙江。

发生地点　浙江：温州市鹿城区。

发生面积　1000 亩

危害指数　0.3333

马兜铃目 Aristolochiales　　马兜铃科 Aristolochiaceae

- **广防己 *Aristolochia fangchi* Y. C. Wu ex L. D. Chow et S. M. Hwang.**

中文异名　防己

寄　　主　桃，李，柑橘。

分布范围　福建。

蓼目 Polygonales　　蓼科 Polygonaceae

- **杠板归 *Polygonum perfoliatum* Linn.**

中文异名　贯叶蓼

生　　境　林地，疏林地，灌木林，苗圃。

危　　害　攀缘。

分布范围　北京、江苏、浙江、安徽、福建、山东、河南、湖南、广东、四川、贵州。

发生地点　北京：房山区；

江苏：苏州市高新区、吴中区、昆山市、太仓市；

浙江：宁波市北仑区、镇海区、宁海县，温州市鹿城区、龙湾区、平阳县、苍南县、瑞安市，嘉兴市嘉善县，舟山市嵊泗县，台州市三门县、仙居县、临海市；

安徽：淮南市毛集实验区、凤台县；

福建：武夷山保护区；

湖南：岳阳市君山区、平江县；

四川：自贡市自流井区、大安区、荣县，泸州市泸县、合江县，眉山市青神县，宜宾市翠屏区、南溪区，达州市开江县，雅安市名山区；

贵州：遵义市道真仡佬族苗族自治县。

发生面积　18122 亩

危害指数　0.4321

- **廊茵** *Polygonum senticosum*（Meisn.）Franch. et Sav.

中文异名　刺蓼

生　　境　疏林地。

危　　害　攀缘。

分布范围　河北、辽宁、浙江、福建、江西、山东、甘肃。

发生地点　福建：泉州市丰泽区。

- **羊蹄** *Rumex japonicus* Houtt.

生　　境　林地，苗圃。

危　　害　杂草。

分布范围　东北，河北、山西、内蒙古、江苏、浙江、安徽、江西、重庆、四川、贵州。

发生地点　江西：吉安市新干县；

重庆：黔江区。

- **巴天酸模** *Rumex patientia* Linn.

生　　境　疏林地，灌木林，未成林地，苗圃。

危　　害　杂草。

分布范围　东北，北京、河北、浙江、山东、湖北、湖南、四川、陕西、甘肃、宁夏。

发生地点　河北：石家庄市井陉县，唐山市乐亭县，沧州市沧县、吴桥县、河间市，衡水市枣
　　　　　　强县；

浙江：宁波市鄞州区；

山东：日照市东港区，聊城市东阿县；

湖南：邵阳市洞口县；

四川：甘孜藏族自治州泸定县；

陕西：延安市宜川县，商洛市丹凤县；

甘肃：定西市岷县，兴隆山保护区；

青海：海南藏族自治州兴海县，果洛藏族自治州玛可河林业局。

发生面积　36860 亩

危害指数　0.3605

中央种子目 Centrospermae　　　**苋科 Amaranthaceae**

- **空心莲子草** *Alternanthera philoxeroides*（Mart.）Griseb.

中文异名　喜旱空心莲子草、水花生

生　　境　疏林地，湿地，沟渠。

危　　害　排挤。

分布范围	北京、江苏、浙江、安徽、福建、江西、山东、河南、湖北、湖南、广东、重庆、四川、贵州、云南、陕西。
发生地点	江苏：南京市玄武区，常州市天宁区、钟楼区、新北区，苏州市高新区、吴中区、昆山市、太仓市，镇江市京口区，泰州市泰兴市；
	浙江：杭州市桐庐县，宁波市鄞州区、宁海县，嘉兴市秀洲区，台州市三门县、天台县；
	安徽：芜湖市繁昌县、无为县，淮南市田家庵区、潘集区、毛集实验区；
	福建：漳州市诏安县；
	江西：九江市修水县；
	山东：济宁市金乡县，聊城市阳谷县；
	湖北：太子山林场；
	湖南：邵阳市洞口县，岳阳市岳阳县，益阳市资阳区；
	重庆：黔江区；
	四川：成都市简阳市，自贡市沿滩区，内江市隆昌县，南充市高坪区、西充县，眉山市洪雅县，广安市前锋区，巴中市通江县；
	贵州：贵阳市花溪区、乌当区、白云区、修文县、清镇市、贵阳经济技术开发区，六盘水市六枝特区、盘县，遵义市播州区、新蒲新区、习水县，安顺市西秀区、普定县、镇宁布依族苗族自治县、安顺市开发区，铜仁市万山区、玉屏侗族自治县、石阡县、德江县，贵安新区，黔西南布依族苗族自治州兴仁县、普安县、安龙县，黔南布依族苗族自治州都匀市、福泉市、惠水县；
	云南：楚雄彝族自治州牟定县；
	陕西：汉中市洋县、西乡县。
发生面积	222059 亩
危害指数	0.3901

● **刺花莲子草** *Alternanthera pungens* **H. B. K.**

生　　境	灌木林。
危　　害	杂草。
分布范围	福建。
发生地点	福建：漳州市平和县。
发生面积	775 亩
危害指数	0.3333

● **凹头苋** *Amaranthus lividus* **Linnaeus**

生　　境	苗圃。
危　　害	杂草。
分布范围	华北、东北、华东、中南，重庆、四川、贵州、云南、陕西、甘肃、新疆。

● **反枝苋** *Amaranthus retroflexus* **Linn.**

生　　境	疏林地，灌木林，未成林地，苗圃。
危　　害	杂草。

分布范围　东北，河北、内蒙古、江苏、山东、贵州、陕西、新疆。

发生地点　河北：唐山市古冶区，沧州市沧县、吴桥县、河间市；

　　　　　黑龙江：绥化市海伦市国有林场；

　　　　　江苏：南京市玄武区；

　　　　　贵州：贵阳市清镇市，黔西南布依族苗族自治州兴仁县，黔南布依族苗族自治州都匀市、福泉市；

　　　　　陕西：西安市临潼区；

　　　　　新疆生产建设兵团：农四师68团。

发生面积　10479 亩

危害指数　0. 3842

● **刺苋** *Amaranthus spinosus* **Linnaeus**

　生　　境　疏林地，荒漠，苗圃。

　危　　害　杂草。

　分布范围　河北、江苏、浙江、安徽、福建、江西、山东、河南、湖北、湖南、广东、广西、四川、贵州。

　发生地点　河北：衡水市桃城区；

　　　　　　浙江：杭州市桐庐县，温州市鹿城区、龙湾区，台州市仙居县；

　　　　　　福建：漳州市平和县；

　　　　　　湖北：太子山林场；

　　　　　　四川：遂宁市射洪县；

　　　　　　贵州：黔南布依族苗族自治州都匀市、三都水族自治县。

　发生面积　10981 亩

　危害指数　0. 3940

● **皱果苋** *Amaranthus viridis* **Linnaeus**

　生　　境　疏林地，灌木林，未成林地，苗圃。

　分布范围　东北，河北、江苏、浙江、安徽、山东、河南、贵州、云南、陕西。

　发生地点　河北：沧州市沧县、河间市；

　　　　　　江苏：南京市玄武区。

　发生面积　201 亩

　危害指数　0. 3333

藜科 Chenopodiaceae

● **藜** *Chenopodium album* **Linnaeus**

　生　　境　疏林地，未成林地。

　危　　害　杂草。

　分布范围　华北、东北，江苏、浙江、湖北、湖南、陕西、甘肃、宁夏。

　发生地点　浙江：温州市平阳县。

- **土荆芥** *Chenopodium ambrosioides* **Linnaeus**

  生　　境　疏林地，林地。

  危　　害　杂草。

  分布范围　江苏、浙江、福建、湖南、广东、广西、四川、贵州。

  发生地点　江苏：南京市玄武区；

  　　　　　浙江：杭州市桐庐县；

  　　　　　贵州：贵阳市白云区，黔西南布依族苗族自治州兴仁县，黔南布依族苗族自治州都
  　　　　　　　　匀市。

  发生面积　3164 亩

  危害指数　0.4397

- **菊叶香藜** *Chenopodium foetidum* **Schrad.**

  生　　境　疏林地，荒漠。

  危　　害　杂草。

  分布范围　山西、内蒙古、辽宁、山东、四川、云南、陕西、甘肃、青海。

  发生地点　陕西：渭南市华州区、潼关县；

  　　　　　甘肃：庆阳市西峰区。

  发生面积　224 亩

  危害指数　0.3333

- **灰绿藜** *Chenopodium glaucum* **Linnaeus**

  生　　境　疏林地，灌木林，未成林地，苗圃。

  危　　害　杂草。

  分布范围　北京、河北、吉林、黑龙江、江苏、浙江、山东、四川、陕西、甘肃、青海、宁夏、
  　　　　　新疆。

  发生地点　河北：石家庄市井陉县，唐山市古冶区、乐亭县，沧州市沧县、吴桥县、河间市，衡
  　　　　　　　　水市武邑县；

  　　　　　吉林：辽源市东丰县；

  　　　　　江苏：南京市玄武区；

  　　　　　浙江：杭州市桐庐县，嘉兴市秀洲区，台州市三门县；

  　　　　　山东：聊城市阳谷县；

  　　　　　陕西：渭南市澄城县，榆林市米脂县；

  　　　　　甘肃：庆阳市西峰区、正宁县，定西市岷县，兴隆山保护区；

  　　　　　青海：海东市民和回族土族自治县，海南藏族自治州兴海县；

  　　　　　宁夏：银川市灵武市；

  　　　　　黑龙江森林工业总局：双鸭山林业局；

  　　　　　新疆生产建设兵团：农四师 68 团。

  发生面积　80619 亩

  危害指数　0.4226

● 杂配藜 *Chenopodium hybridum* **Linnaeus**

生　　境　苗圃，疏林地，灌木林地。

危　　害　杂草。

分布范围　东北、西北，北京、河北、山西、内蒙古、浙江、山东、湖北、重庆、四川、云南。

发生地点　新疆生产建设兵团：农四师 68 团。

发生面积　370 亩

危害指数　0.3333

落葵科 Basellaceae

● 落葵薯 *Anredera cordifolia*（**Tenore**）**Steenis.**

生　　境　疏林地，未成林地，林地。

危　　害　缠绕。

分布范围　江苏、浙江、福建、广东、重庆、四川、贵州、云南。

发生地点　浙江：宁波市宁海县；

重庆：合川区、永川区、铜梁区；

四川：泸州市江阳区、泸县、合江县，内江市市中区、威远县、资中县、隆昌县，乐山市峨边彝族自治县、马边彝族自治县，南充市西充县，宜宾市翠屏区、南溪区、高县、兴文县，广安市武胜县，达州市开江县，资阳市雁江区；

贵州：贵阳市清镇市，黔南布依族苗族自治州都匀市、三都水族自治县；

云南：大理白族自治州云龙县。

发生面积　13784 亩

危害指数　0.3462

石竹科 Caryophyllaceae

● 麦仙翁 *Agrostemma githago* **Linnaeus**

中文异名　麦毒草

生　　境　灌木林。

危　　害　杂草。

分布范围　河北、内蒙古、吉林、黑龙江、新疆。

● 牛繁缕 *Myosoton aquaticum*（**Linn.**）**Moench.**

中文异名　鹅肠菜

生　　境　林地，灌木林。

危　　害　杂草。

分布范围　全国。

发生地点　福建：漳州市平和县。

发生面积　228 亩

危害指数　0.3333

- **繁缕 *Pseudostellaria media*（Linn.）**

  生　　境　灌木林，林地。

  危　　害　杂草。

  分布范围　华北、华东、中南、西南，辽宁、吉林、陕西、甘肃、青海、宁夏。

  发生地点　福建：漳州市诏安县、平和县。

  发生面积　900 亩

  危害指数　0.3333

紫茉莉科 Nyctaginaceae

- **紫茉莉 *Mirabilis jalapa* Linnaeus**

  生　　境　林地，苗圃。

  危　　害　杂草。

  分布范围　全国。

  发生地点　江苏：南京市玄武区；

  　　　　　浙江：杭州市桐庐县，嘉兴市秀洲区；

  　　　　　贵州：贵阳市清镇市。

  发生面积　3046 亩

  危害指数　0.4294

商陆科 Phytolaccaceae

- **垂序商陆 *Phytolacca americana* Linnaeus**

  中文异名　美洲商陆

  生　　境　疏林地，苗圃，林地。

  危　　害　有毒。

  分布范围　华东、中南，北京、河北、重庆、四川、贵州、陕西。

  发生地点　北京：房山区；

  　　　　　江苏：无锡市宜兴市；

  　　　　　浙江：杭州市桐庐县，嘉兴市秀洲区；

  　　　　　安徽：滁州市凤阳县；

  　　　　　福建：三明市大田县；

  　　　　　山东：潍坊市坊子区、诸城市，日照市东港区；

  　　　　　湖南：郴州市桂阳县；

  　　　　　四川：内江市市中区、隆昌县；

  　　　　　贵州：贵阳市清镇市，铜仁市玉屏侗族自治县；

  　　　　　陕西：汉中市留坝县。

  发生面积　17434 亩

  危害指数　0.3454

马齿苋科 Portulacaceae

● **马齿苋** *Portulaca oleracea* Linnaeus

生　　境　灌木林，苗圃。

危　　害　杂草。

分布范围　全国。

发生地点　福建：漳州开发区。

发生面积　870 亩

危害指数　0.3333

毛茛目 Ranales　毛茛科 Ranunculaceae

● **黄花铁线莲** *Clematis intricata* Bunge

生　　境　疏林地，灌木林。

危　　害　杂草。

分布范围　山西、内蒙古、辽宁、河南、四川、陕西、甘肃、青海、新疆。

发生地点　河南：济源市；

　　　　　甘肃：酒泉市瓜州县，庆阳市西峰区，定西市临洮县，兴隆山保护区；

　　　　　青海：海东市化隆回族自治县，海北藏族自治州门源回族自治县，黄南藏族自治州河南蒙古族自治县，果洛藏族自治州玛可河林业局，玉树藏族自治州玉树市，海西蒙古族藏族自治州都兰县。

发生面积　30412 亩

危害指数　0.4174

● **太行铁线莲** *Clematis kirilowii* Maxim.

生　　境　苗圃。

危　　害　缠绕。

分布范围　河北、山东、河南、江苏、安徽。

● **长花铁线莲** *Clematis rehderiana* Craib

生　　境　林地。

危　　害　缠绕。

分布范围　四川、云南、西藏、青海、新疆。

发生地点　西藏：山南市加查县。

防己科 Menispermaceae

● **木防己** *Cocculus orbiculatus*（Linn.）DC.

寄　　主　灌木林。

危　　害　缠绕。

分布范围　华东、中南、西南，河北、辽宁、贵州、云南、陕西。

● **大叶藤** *Tinomiscium petiolare* **Hook. f. et Thoms. Fl. Ind.**

　生　　境　林地。

　危　　害　缠绕。

　分布范围　云南、广西、陕西。

　发生地点　云南：玉溪市通海县；

　　　　　　陕西：汉中市西乡县。

　发生面积　343 亩

　危害指数　0.3333

樟树科 Lauraceae

● **无根藤** *Cassytha filiformis* **Linnaeus**

　生　　境　灌丛，疏林地。

　危　　害　攀附，缠绕。

　分布范围　浙江、福建、江西、湖北、湖南、广东、广西、贵州、云南。

　发生地点　广西：自治区博白林场，崇左市宁明县。

　发生面积　51761 亩

　危害指数　0.3827

罂粟目 Rhoeadales　　十字花科 Cruciferae

● **臭荠** *Coronopus didymus*（**Linn.**）**J. E. Smith**

　生　　境　林地，灌木林，苗圃。

　危　　害　杂草。

　分布范围　河北、江苏、浙江、安徽、福建、江西、山东、湖北、广东、四川、云南。

　发生地点　江苏：南京市玄武区；

　　　　　　福建：漳州市平和县。

　发生面积　5206 亩

　危害指数　0.3333

● **播娘蒿** *Descurainia sophia*（**Linn.**）**Webb. ex Prantl**

　生　　境　灌木林。

　危　　害　杂草。

　分布范围　全国。

　发生地点　福建：漳州市平和县。

　发生面积　1500 亩

　危害指数　0.3333

● **宽叶独行菜** *Lepidium latifolium* **Linnaeus**

　生　　境　林地，苗圃。

危　　害　杂草。

分布范围　河北、甘肃、青海、宁夏。

发生地点　河北：石家庄市井陉县，沧州市河间市，衡水市安平县。

发生面积　22230 亩

危害指数　0.3333

- 北美独行菜 *Lepidium virginicum* **Linnaeus**

生　　境　疏林地，苗圃。

危　　害　杂草。

分布范围　江苏、浙江、安徽、福建、江西、山东、河南、湖北、广西、甘肃。

发生地点　江苏：南京市玄武区；

　　　　　甘肃：庆阳市正宁县。

发生面积　692 亩

危害指数　0.3637

蔷薇目 Rosales　　蔷薇科 Rosaceae

- 金樱子 *Rosa laevigata* **Michx.**

生　　境　灌丛，疏林地。

危　　害　攀缘。

分布范围　江苏、浙江、安徽、福建、江西、湖北、湖南、广东、广西、四川、贵州、云南、

　　　　　陕西。

豆科 Leguminosae

- 决明 *Cassia tora* **Linn.**

生　　境　疏林地，河滩地。

危　　害　攀缘。

分布范围　江苏、浙江、安徽、福建、江西、广东、广西、四川、贵州。

发生地点　贵州：贵阳市清镇市。

发生面积　681 亩

危害指数　0.3333

- 藤黄檀 *Dalbergia hancei* **Benth.**

生　　境　疏林地。

危　　害　攀缘。

分布范围　浙江、安徽、福建、江西、广东、广西、海南、四川、贵州。

发生地点　贵州：贵阳市经济技术开发区。

发生面积　154 亩

危害指数　0.6667

- **银合欢 *Leucaena leucocephala*（Lam.）de Wit.**

  生　　境　林地。

  危　　害　化感，有毒。

  分布范围　福建、广东、广西、云南。

- **白花草木樨 *Melilotus albus* Medic. ex Desr**

  中文异名　白香草木樨、白草木樨

  生　　境　灌木林，未成林地，苗圃。

  危　　害　杂草。

  分布范围　东北，北京、河北、山西、内蒙古、四川、陕西、甘肃。

  发生地点　河北：石家庄市井陉县，衡水市安平县；

  　　　　　陕西：西安市灞桥区，延安市宜川县；

  　　　　　甘肃：庆阳市正宁县，太子山保护区。

  发生面积　5086 亩

  危害指数　0. 5300

- **草木樨 *Melilotus officinalis*（Linn.）Pall.**

  中文异名　黄香草木樨

  拉丁异名　*Melilotus suaveolens* Ledeb.

  生　　境　疏林地，灌木林，未成林地，苗圃。

  危　　害　杂草。

  分布范围　东北，北京、河北、浙江、四川、陕西、甘肃、宁夏、新疆。

  发生地点　河北：沧州市沧县、吴桥县、河间市，衡水市枣强县；

  　　　　　黑龙江：佳木斯市富锦市；

  　　　　　浙江：台州市天台县；

  　　　　　陕西：延安市宜川县；

  　　　　　甘肃：庆阳市西峰区、正宁县，兴隆山保护区、太子山保护区；

  　　　　　新疆生产建设兵团：农四师 68 团。

  发生面积　11871 亩

  危害指数　0. 4521

- **含羞草 *Mimosa pudica* Linnaeus**

  生　　境　林地，灌木林。

  危　　害　杂草，有毒。

  分布范围　江苏。

  发生地点　江苏：南京市玄武区。

- **常春油麻藤 *Mucuna sempervirens* Hemsl.**

  生　　境　灌丛。

  危　　害　缠绕，绞杀。

  分布范围　重庆。

发生地点　重庆：涪陵区、江北区、长寿区、铜梁区。

发生面积　133 亩

危害指数　0.3333

- **葛** *Pueraria lobata*（**Willd.**）**Ohwi.**

生　　境　疏林地，灌木林，未成林地，苗圃。

危　　害　缠绕。

分布范围　中南，河北、辽宁、吉林、江苏、浙江、安徽、福建、江西、山东、重庆、四川、贵州、云南、陕西。

发生地点　河北：石家庄市井陉县，秦皇岛市昌黎县；

辽宁：抚顺市抚顺县、新宾满族自治县；

江苏：南京市玄武区，无锡市惠山区、滨湖区、宜兴市，常州市天宁区、钟楼区、新北区、金坛区，苏州市高新区、吴中区、昆山市，扬州市蜀冈-瘦西湖风景名胜区，镇江市丹阳市；

浙江：杭州市西湖区、萧山区、桐庐县，宁波市鄞州区、宁海县、余姚市，温州市鹿城区、龙湾区、洞头区、平阳县，嘉兴市秀洲区，台州市椒江区、三门县、天台县；

安徽：芜湖市芜湖县、无为县，淮南市八公山区，亳州市蒙城县；

福建：三明市大田县、尤溪县，泉州市鲤城区、洛江区、泉港、惠安县、永春县、南安市，漳州市云霄县、龙海市，龙岩市永定区，福州国家森林公园；

江西：景德镇市昌江区，九江市武宁县、修水县、都昌县、湖口县，新余市仙女湖区，赣州市宁都县、会昌县，吉安市新干县，上饶市玉山县、横峰县，鄱阳县、南城县；

山东：烟台市莱山区；

河南：洛阳市栾川县、嵩县，南阳市内乡县，信阳市罗山县、新县，鹿邑县；

湖北：武汉市黄陂区、新洲区，黄石市西塞山区、铁山区、阳新县、大冶市，十堰市郧阳区、郧西县、竹山县、竹溪县、房县、丹江口市，宜昌市夷陵区、远安县、兴山县、长阳土家族自治县、五峰土家族自治县、宜都市、当阳市、枝江市，襄阳市南漳县、谷城县、保康县、枣阳市，鄂州市鄂城区，荆门市漳河新区，孝感市孝昌县、大悟县、安陆市，荆州市松滋市，黄冈市龙感湖，咸宁市咸安区、嘉鱼县、通城县、通山县、赤壁市，随州市随县、广水市，恩施土家族苗族自治州恩施市、建始县、巴东县、宣恩县、来凤县，天门市、神农架林区；

湖南：长沙市长沙县、浏阳市，株洲市荷塘区、芦淞区、石峰区、天元区、攸县，衡阳市南岳区、耒阳市，邵阳市新邵县、隆回县、洞口县，岳阳市云溪区、岳阳县、平江县，常德市汉寿县、临澧县、石门县、津市市，张家界市永定区、慈利县，益阳市资阳区、桃江县，郴州市北湖区、苏仙区、桂阳县、宜章县、嘉禾县、临武县、桂东县、安仁县，永州市双牌县、道县、蓝山县、新田县，怀化市鹤城区、中方县、沅陵县、辰溪县、会同县、麻阳苗族自治县、新晃侗族自治县、芷江侗族自治县、靖州苗族侗族自治县、通道侗族自治县、洪江市，湘西土家族苗族自治州吉首市、花垣县、保靖县、永顺县、龙山县；

广东：广州市天河区、白云区、花都区、从化区、增城区，深圳市宝安区、光明新区、坪山新区，佛山市南海区，湛江市廉江市，茂名市高州市、茂名市属林场，肇庆市高要区、封开县、四会市、肇庆市属林场，惠州市惠阳区、博罗县、惠东县，汕尾市陆河县，河源市紫金县，阳江市阳春市，清远市清新区、连州市、东莞市，云浮市云安区、新兴县、云浮市属林场；

广西：南宁市宾阳县，柳州市柳南区、柳江区、鹿寨县、融安县、融水苗族自治县，桂林市阳朔县、兴安县、龙胜各族自治县、荔浦县，梧州市长洲区、岑溪市，防城港市上思县，贵港市港北区、港南区、桂平市，玉林市兴业县，百色市德保县、乐业县，贺州市平桂区、八步区、昭平县、钟山县，河池市金城江区、天峨县、罗城仫佬族自治县、宜州区，来宾市忻城县、象州县、武宣县、金秀瑶族自治县，崇左市江州区、宁明县、龙州县，高峰林场、七坡林场、派阳山林场、雅长林场；

海南：琼海市；

重庆：万州区、涪陵区、大渡口区、江北区、九龙坡区、南岸区、北碚区、渝北区、巴南区、黔江区、长寿区、永川区、南川区、铜梁区、潼南区、梁平区、城口县、丰都县、武隆区、忠县、开县、云阳县、奉节县、巫溪县、彭水苗族土家族自治县；

四川：自贡市自流井区、贡井区、荣县，泸州市江阳区、泸县、合江县，绵阳市平武县，遂宁市安居区、蓬溪县、射洪县，内江市东兴区、威远县、资中县、隆昌县，乐山市犍为县，南充市顺庆区、高坪区、营山县、仪陇县、西充县，宜宾市翠屏区、南溪区、兴文县，广安市广安区、前锋区、岳池县、武胜县、邻水县，达州市开江县、大竹县、万源市，雅安市名山区、天全县、芦山县、宝兴县，巴中市巴州区、通江县，资阳市雁江区，甘孜藏族自治州泸定县，凉山彝族自治州布拖县；

贵州：贵阳市南明区、修文县、经济技术开发区，遵义市正安县、道真仡佬族苗族自治县、务川仡佬族苗族自治县，贵安新区；

云南：玉溪市通海县；

陕西：汉中市西乡县，安康市汉滨区、平利县、镇坪县，商洛市镇安县，长青保护区，宁东林业局、太白林业局。

发生面积　2840046 亩

危害指数　0.3820

- **鹿藿** *Rhynchosia volubilis* **Lour.**

生　　境　灌丛，疏林地。

危　　害　攀附。

分布范围　江苏、浙江、安徽、福建、江西、湖北、湖南、广东、广西、四川、贵州。

发生地点　广西：贺州市平桂区。

发生面积　232 亩

危害指数　0.6667

- **红车轴草** *Trifolium pratense* **Linnaeus**

  生　　境　疏林地。

  危　　害　杂草。

  分布范围　河北、山西、辽宁、吉林、江苏、浙江、安徽、江西、湖北、云南、贵州、新疆。

  发生地点　贵州：贵阳市清镇市。

- **白车轴草** *Trifolium repens* **Linnaeus**

  生　　境　林地。

  危　　害　杂草。

  分布范围　辽宁、吉林、浙江、安徽、江西、四川、贵州、云南。

  发生地点　贵州：贵阳市清镇市。

- **窄叶野豌豆** *Vicia angustifolia* **Linnaeus**

  生　　境　灌木林，未成林地，苗圃。

  危　　害　攀缘。

  分布范围　河北、黑龙江、浙江、山东、陕西、甘肃。

  发生地点　浙江：宁波市鄞州区；

  　　　　　甘肃：太子山保护区。

  发生面积　5260 亩

  危害指数　0.3333

- **广布野豌豆** *Vicia cracca* **Linnaeus**

  中文异名　野豌豆

  生　　境　疏林地，灌木林，苗圃。

  危　　害　攀缘。

  分布范围　全国。

  发生地点　甘肃：兴隆山保护区。

  发生面积　290 亩

  危害指数　0.3333

- **长柔毛野豌豆** *Vicia villosa* **Roth.**

  生　　境　疏林地，灌木林。

  危　　害　攀缘。

  分布范围　东北，河北、山西、内蒙古、江苏、山东、四川、贵州、陕西、宁夏。

  发生地点　贵州：贵阳市清镇市。

  发生面积　318 亩

  危害指数　0.3333

牻牛儿苗目 Geraniales　　**牻牛儿苗科** Geraniaceae

- **野老鹳草** *Geranium carolinianum* **Linnaeus**

  生　　境　苗圃。

危　　害　杂草。

分布范围　江苏、浙江、安徽、江西、山东、河南、湖北、湖南、四川、云南。

发生面积　3001 亩

危害指数　0.3333

酢浆草科 Oxalidaceae

● 铜锤草 *Oxalis corymbosa* DC.

中文异名　红花酢浆草

生　　境　疏林地，灌木林，苗圃。

危　　害　杂草。

分布范围　江苏、福建、湖北、四川、贵州、云南、陕西。

发生地点　江苏：南京市玄武区；

　　　　　福建：漳州市平和县、漳州开发区；

　　　　　贵州：贵阳市清镇市。

发生面积　12931 亩

危害指数　0.3333

大戟目 Euphorbiales　　大戟科 Euphorbiaceae

● 铁苋菜 *Acalypha australis* Linnaeus

生　　境　苗圃，疏林地。

危　　害　杂草。

分布范围　华北、东北、华东、中南、西南。

发生地点　江苏：泰州市泰兴市。

● 齿裂大戟 *Euphorbia dentata* Michx.

生　　境　林地。

危　　害　杂草。

分布范围　北京、甘肃。

发生地点　甘肃：兴隆山保护区。

发生面积　200 亩

危害指数　0.3333

● 泽漆 *Euphorbia helioscopia* Linnaeus

生　　境　林地。

危　　害　杂草。

分布范围　江苏、浙江。

发生地点　浙江：宁波市鄞州区。

发生面积　1000 亩

危害指数　0.3333

- 飞扬草 *Euphorbia hirta* Linnaeus

  生　　境　林地。

  危　　害　杂草。

  分布范围　浙江、福建、江西、湖南、广东、广西、海南、四川、贵州、云南。

- 斑地锦 *Euphorbia maculata* Linnaeus

  生　　境　疏林地，苗圃。

  危　　害　杂草。

  分布范围　河北、江苏、浙江、江西、山东、河南、湖北、四川、甘肃。

  发生地点　河北：唐山市古冶区；

  　　　　　江苏：南京市玄武区；

  　　　　　四川：广安市武胜县，巴中市平昌县；

  　　　　　甘肃：庆阳市西峰区。

  发生面积　268 亩

  危害指数　0.3333

- 蓖麻 *Ricinus communis* Linnaeus

  生　　境　疏林地，灌木林，林地。

  危　　害　杂草，有毒。

  分布范围　全国。

  发生地点　山东：聊城市冠县；

  　　　　　重庆：南川区；

  　　　　　贵州：贵阳市清镇市；

  　　　　　陕西：渭南市潼关县。

  发生面积　462 亩

  危害指数　0.5873

无患子目 Sapindales　　卫矛科 Celastraceae

- 南蛇藤 *Celastrus orbiculatus* Thunb.

  生　　境　林地，灌木林。

  危　　害　攀缘。

  分布范围　东北，河北、山西、内蒙古、江苏、安徽、江西、山东、河南、湖北、四川、陕西、甘肃。

  发生地点　江苏：南京市玄武区；

  　　　　　安徽：淮南市大通区；

  　　　　　甘肃：庆阳市正宁总场、湘乐总场。

  发生面积　6417 亩

  危害指数　0.3333

鼠李目Rhamnales   葡萄科 Vitaceae

- **广东蛇葡萄** *Ampelopsis cantoniensis*（**Hook. et Arn.**）**Planch.**

  生　　境　林地。

  危　　害　攀缘。

  分布范围　浙江、安徽、福建、湖北、湖南、广东、广西、海南、贵州、云南。

  发生地点　浙江：宁波市鄞州区。

  发生面积　9000 亩

  危害指数　0.3333

- **蛇葡萄** *Ampelopsis bodinieri*（**Levl. et Vant.**）**Rehd.**

  生　　境　疏林地。

  危　　害　攀缘。

  分布范围　江苏、浙江、安徽、福建、江西、湖北、湖南、广东、广西、四川。

- **乌蔹莓** *Cayratia japonica*（**Thunb.**）**Gagnep.**

  生　　境　灌木林，苗圃，林地。

  危　　害　攀缘。

  分布范围　江苏、安徽、福建、山东、河南、广东。

  发生地点　江苏：苏州市高新区、昆山市、太仓市；

  　　　　　安徽：淮南市大通区、田家庵区、凤台县；

  　　　　　福建：泉州市永春县；

  　　　　　山东：聊城市冠县；

  　　　　　广东：深圳市坪山新区。

  发生面积　381 亩

  危害指数　0.3403

- **五叶地锦** *Parthenocissus quinquefolia*（**Linn.**）**Planch.**

  生　　境　苗圃，疏林地。

  危　　害　攀缘。

  分布范围　东北，河北、山西、山东、河南、贵州。

  发生地点　贵州：贵阳市清镇市。

  发生面积　761 亩

  危害指数　0.7661

- **地锦** *Parthenocissus tricuspidata*（**S. et Z.**）**Planch.**

  生　　境　苗圃，疏林地。

  危　　害　攀缘。

  分布范围　全国。

  发生地点　重庆：涪陵区、黔江区、南川区，城口县。

锦葵目 Malvales   锦葵科 Malvaceae

● **野西瓜苗** *Hibiscus trionum* **Linnaeus**

生　　境　疏林地。

危　　害　杂草。

分布范围　全国。

发生地点　甘肃：庆阳市西峰区。

● **冬葵** *Malva crispa* **Linnaeus**

中文异名　野葵、冬苋菜

生　　境　疏林地，灌木林，未成林地。

危　　害　杂草。

分布范围　江西、湖南、四川、贵州、云南、陕西、甘肃、宁夏。

发生地点　河北：石家庄市井陉县；

四川：内江市隆昌县；

陕西：渭南市华州区、大荔县、华阴市，延安市宜川县、黄龙山林业局；

甘肃：定西市岷县，兴隆山保护区。

发生面积　17214 亩

危害指数　0.3508

● **地桃花** *Urena lobata* **Linnaeus**

生　　境　疏林地。

危　　害　杂草。

分布范围　福建、广东、广西。

梧桐科 Sterculiaceae

● **蛇婆子** *Waltheria indica* **Linnaeus**

生　　境　疏林地。

危　　害　杂草。

分布范围　福建、广东、广西、海南、四川、云南。

发生地点　四川：内江市威远县、资中县、隆昌县，宜宾市兴文县。

发生面积　139 亩

危害指数　0.3573

仙人掌目 Opuntiales   仙人掌科 Cactaceae

● **仙人掌** *Opuntia dillenii*（**Ker－Gawl.**）**Haw.**

生　　境　疏林地。

危　　害　杂草。

分布范围　福建、广东、广西、海南。

- **梨果仙人掌** *Opuntia ficus indica*（Linn.）Mill.
  - 生　　境　林地。
  - 危　　害　杂草。
  - 分布范围　福建、广东、广西、四川、贵州、云南。

- **单刺仙人掌** *Opuntia monacantha*（Willd.）Haw.
  - 生　　境　林地。
  - 危　　害　杂草。
  - 分布范围　贵州。

侧膜胎座目 Parietales　　西番莲科 Passifloraceae

- **龙珠果** *Passiflora foetida* Linnaeus
  - 生　　境　灌木林。
  - 危　　害　杂草。
  - 分布范围　浙江、福建、广西、贵州、云南。
  - 发生地点　浙江：台州市黄岩区。

伞形目 Umbelliflorae　　五加科 Araliaceae

- **常春藤** *Hedera nepalensis* K. Koch var. *sinensis*（Tobl.）Rehd.
  - 生　　境　疏林地。
  - 危　　害　缠绕。
  - 分布范围　江苏、浙江、福建、江西、山东、河南、广东、陕西、甘肃。
  - 发生地点　福建：南平市顺昌县。

- **三七** *Panax pseudoginseng* Wall. var. *notoginseng*（Burkill）Hoo et Tseng.
  - 生　　境　疏林地。
  - 危　　害　杂草。
  - 分布范围　重庆、云南。
  - 发生地点　重庆：涪陵区、江北区、南岸区、长寿区、南川区，梁平区、城口县。
  - 发生面积　2735 亩
  - 危害指数　0.3693

- **五叶参** *Pentapanax leschenaultii*（DC.）Seem.
  - 生　　境　疏林地，林地。
  - 危　　害　杂草。
  - 分布范围　浙江、四川、云南。
  - 发生地点　浙江：温州市龙湾区。
  - 发生面积　1200 亩
  - 危害指数　0.3333

伞形科 Umbelliferae

- 细叶芹 *Chaerophyllum villosum* **Wall. ex DC.**

　　生　　境　　林地。

　　危　　害　　杂草。

　　分布范围　　江苏、浙江、福建、湖北、湖南、广东、广西、四川、云南。

　　发生地点　　江苏：南京市玄武区。

- 野胡萝卜 *Daucus carota* **Linnaeus**

　　生　　境　　苗圃，林地。

　　危　　害　　杂草。

　　分布范围　　江苏、浙江、安徽、山东、河南、湖北、四川、贵州。

　　发生地点　　江苏：南京市玄武区；

　　　　　　　　浙江：宁波市鄞州区；

　　　　　　　　山东：聊城市东阿县；

　　　　　　　　贵州：贵阳市白云区。

　　发生面积　　4098 亩

　　危害指数　　0.3354

- 窃衣 *Torilis scabra*（**Thunb.**）**DC.**

　　生　　境　　苗圃。

　　危　　害　　杂草。

　　分布范围　　江苏、浙江、安徽、福建、江西、河南、湖北、湖南、广东、广西、四川、贵州、陕西、甘肃。

捩花目 Contortae　　夹竹桃科 Apocynaceae

- 酸叶胶藤 *Ecdysanthera rosea* **Hook. et Arn.**

　　生　　境　　林地，疏林地。

　　危　　害　　缠绕。

　　分布范围　　江苏、浙江、安徽、福建、江西、湖北、湖南、广东、广西、海南、重庆、四川、贵州、云南。

　　发生地点　　广西：贺州市平桂区。

　　发生面积　　243 亩

　　危害指数　　0.6667

- 络石 *Trachelospermum jasminoides*（**Lindl.**）**Lem.**

　　生　　境　　林地。

　　危　　害　　杂草。

　　分布范围　　山西、江苏、浙江、安徽、江西、山东、河南、湖北、湖南、广东、广西、四川。

发生地点　　江苏：苏州市高新区、太仓市；

浙江：台州市黄岩区；

安徽：芜湖市芜湖县，淮南市大通区、八公山区，阜阳市太和县；

四川：雅安市雨城区。

发生面积　　214 亩

危害指数　　0.3660

萝藦科 Asclepiadaceae

● **牛皮消 *Cynanchum auriculatum* Royle ex Wight.**

生　　境　　疏林地。

危　　害　　杂草。

分布范围　　江苏、安徽、福建、江西、山东、河南、湖北、湖南、广西、四川、贵州、云南、陕西、甘肃。

发生地点　　江苏：泰州市泰兴市。

● **羊角子草 *Cynanchum cathayense* Tsiang et Zhang**

生　　境　　林地，疏林地。

危　　害　　杂草。

分布范围　　河北、甘肃、宁夏、新疆。

● **鹅绒藤 *Cynanchum chinense* R. Br.**

生　　境　　灌木林，苗圃。

危　　害　　缠绕。

分布范围　　河北、内蒙古、辽宁、浙江、福建、山东、河南、陕西、甘肃、宁夏。

发生地点　　福建：漳州市诏安县。

管状花目 Tubiflorae　　旋花科 Convolvulaceae

● **田旋花 *Convolvulus arvensis* Linnaeus**

生　　境　　苗圃。

危　　害　　杂草。

分布范围　　江苏、河南、山东、四川。

发生地点　　江苏：泰州市泰兴市。

● **南方菟丝子 *Cuscuta australis* R. Br.**

寄　　主　　构树，樟树，枫香，苹果，石楠，马占相思，刺桐，柑橘，龙眼，荔枝，油茶，茶，桉树，女贞，木犀，柚木。

分布范围　　华东，河北、辽宁、吉林、湖北、湖南、广东、广西、海南、四川、贵州、云南、陕西、甘肃、宁夏。

发生地点　　河北：张家口市沽源县；

  浙江：台州市玉环县、三门县；

  江西：鹰潭市龙虎山管委会；

  湖南：邵阳市隆回县，岳阳市平江县，郴州市北湖区，永州市道县，湘西土家族苗族自治州花垣县、保靖县；

  广东：茂名市化州市；

  广西：百色市右江区；

  海南：白沙黎族自治县；

  四川：南充市高坪区；

  贵州：铜仁市江口县。

发生面积 5685 亩

危害指数 0.3336

● 菟丝子 *Cuscuta chinensis* Lam.

中文异名 中国菟丝子

寄 主 山杨，胡杨，黑杨，箭杆杨，旱柳，杨梅，核桃楸，核桃，枫杨，桤木，板栗，麻栎，栓皮栎，枥子青冈，榆树，阴香，构树，高山榕，垂叶榕，黄葛树，榕树，酸模，荷花玉兰，含笑花，樟树，天竺桂，木姜子，桢楠，海桐，枫香，三球悬铃木，山桃，桃，山杏，杏，垂丝海棠，西府海棠，苹果，石楠，李，梨，野蔷薇，黄刺玫，台湾相思，云南金合欢，紫穗槐，锦鸡儿，柠条锦鸡儿，刺桐，刺槐，槐树，柑橘，橙，柠檬，花椒，臭椿，楝树，香椿，红椿，油桐，长叶黄杨，黄栌，黄连木，盐肤木，漆树，色木槭，龙眼，栾树，荔枝，枣树，酸枣，木芙蓉，朱槿，木槿，木棉，中华猕猴桃，红花油茶，油茶，茶，木荷，合果木，沙枣，沙棘，紫薇，巨尾桉，野牡丹，鹅掌柴，水曲柳，白蜡树，女贞，木犀，紫丁香，夹竹桃，枸杞，泡桐，梓，楸，山胡椒，川黄檗。

分布范围 全国。

发生地点 北京：密云区；

  河北：石家庄市井陉矿区、鹿泉区、高邑县、赞皇县、新乐市，唐山市古冶区、乐亭县，秦皇岛市北戴河区、昌黎县，邯郸市涉县、武安市，邢台市邢台县、平乡县，保定市满城区，张家口市阳原县、怀安县，沧州市沧县、黄骅市、河间市，廊坊市香河县、霸州市、三河市，衡水市桃城区、武邑县、安平县；

  山西：大同市阳高县，阳泉市平定县，晋城市沁水县，晋中市榆次区、左权县、寿阳县，运城市绛县；

  内蒙古：鄂尔多斯市准格尔旗，巴彦淖尔市乌拉特前旗，乌兰察布市察哈尔右翼前旗；

  黑龙江：佳木斯市郊区；

  江苏：南京市浦口区、高淳区，苏州市太仓市，镇江市丹阳市；

  浙江：杭州市桐庐县、临安市，宁波市鄞州区，温州市乐清市，金华市东阳市，台州市三门县；

  安徽：蚌埠市固镇县，淮南市寿县，阜阳市太和县，六安市叶集区、霍邱县；

  福建：三明市沙县，漳州市诏安县、东山县、平和县，南平市延平区，福州国家森林公园；

江西：景德镇市昌江区，九江市武宁县、修水县、都昌县，新余市仙女湖区，赣州市会昌县，瑞金市；

山东：青岛市即墨市、莱西市，潍坊市昌邑市，济宁市兖州区、曲阜市，日照市东港区、岚山区，聊城高新技术产业开发区，滨州市无棣县；

河南：郑州市荥阳市、登封市，洛阳市嵩县，平顶山市鲁山县、舞钢市，鹤壁市鹤山区、淇县，新乡市辉县市，三门峡市陕州区、渑池县，南阳市内乡县，信阳市浉河区、罗山县、淮滨县，济源市、巩义市；

湖北：荆州市松滋市；

湖南：株洲市芦淞区、醴陵市，衡阳市南岳区、耒阳市，邵阳市洞口县，岳阳市君山区、岳阳县、临湘市，常德市鼎城区、石门县，张家界市武陵源区，益阳市资阳区，郴州市桂阳县、嘉禾县、安仁县，怀化市中方县、通道侗族自治县，湘西土家族苗族自治州永顺县；

广东：广州市越秀区、天河区、白云区、从化区、增城区，深圳市光明新区、坪山新区、龙华新区，佛山市南海区，湛江市廉江市，惠州市惠阳区、东莞市；

广西：南宁市青秀区、隆安县、横县，桂林市阳朔县、灵川县，梧州市岑溪市，玉林市博白县，百色市乐业县，河池市天峨县、东兰县、环江毛南族自治县、大化瑶族自治县、宜州区、凤山县、巴马瑶族自治县，来宾市忻城县、象州县、武宣县、金秀瑶族自治县，崇左市龙州县、江州区、宁明县、大新县、凭祥市；

四川：成都市新都区，攀枝花市西区、仁和区、米易县，泸州市江阳区、叙永县，绵阳市平武县，遂宁市安居区、蓬溪县，内江市市中区、东兴区、威远县、隆昌县、资中县，乐山市犍为县、峨眉山市，宜宾市宜宾县、高县，广安市前锋区，达州市万源市，巴中市巴州区、通江县，资阳市雁江区，阿坝藏族羌族自治州理县，甘孜藏族自治州丹巴县，凉山彝族自治州西昌市、会东县、昭觉县；

贵州：安顺市普定县，毕节市大方县、黔西县；

云南：玉溪市元江哈尼族彝族傣族自治县，保山市施甸县、昌宁县，昭通市巧家县、大关县，临沧市临翔区、凤庆县、双江拉祜族佤族布朗族傣族自治县、耿马傣族佤族自治县，楚雄彝族自治州楚雄市、双柏县、牟定县、元谋县，德宏傣族景颇族自治州芒市、陇川县；

陕西：西安市临潼区、长安区、周至县、户县，宝鸡市陈仓区、眉县、麟游县、凤县，咸阳市礼泉县，渭南市华州区、潼关县、大荔县、蒲城县、白水县、华阴市，延安市宝塔区、延长县、延川县、吴起县、甘泉县、宜川县、黄龙县、黄陵县、黄龙山林业局、劳山林业局，榆林市绥德县、吴堡县，商洛市丹凤县、镇安县，府谷县，佛坪自然保护区，宁东林业局、太白林业局；

甘肃：庆阳市西峰区、环县、正宁县，陇南市两当县，兴隆山保护区；

青海：海东市民和回族土族自治县，海北藏族自治州门源回族自治县；

宁夏：银川市兴庆区、金凤区、永宁县，石嘴山市大武口区；

新疆：克拉玛依市克拉玛依区，吐鲁番市鄯善县，巴音郭楞蒙古自治州库尔勒市、若羌县，塔城地区塔城市，天山东部国有林管理局奇台分局；

新疆生产建设兵团：农四师 68 团，农十四师 224 团，农一师 13 团。

发生面积　365809 亩

危害指数　0.3939

- **日本菟丝子 *Cuscuta japonica* Choisy.**

  中文异名　金灯藤

  寄　　主　榉树，野核桃，蔷薇，冬青，木槿，杜鹃，木犀，六月雪，女贞，鸡爪槭。

  分布范围　上海、浙江。

  发生地点　浙江：杭州市西湖区、富阳区、桐庐县、临安市。

  发生面积　3010 亩

  危害指数　0.3610

- **五爪金龙 *Ipomoea cairica*（Linn.）Sweet**

  生　　境　疏林地，灌木林，未成林地。

  危　　害　缠绕，覆盖。

  分布范围　福建、江西、广东、广西、海南、四川、云南。

  发生地点　福建：莆田市仙游县，泉州市鲤城区、丰泽区、洛江区、泉港区、惠安县、永春县、
  　　　　　　　　晋江市、南安市，漳州市漳浦县；

  　　　　　　广东：广州市番禺区、花都区、从化区，深圳市宝安区、盐田区、光明新区、坪山新
  　　　　　　　　区、龙华新区、大鹏新区，佛山市南海区，茂名市茂南区、高州市、化州市，
  　　　　　　　　惠州市惠城区、惠阳区、惠东县，河源市紫金县、东源县，清远市清新区，东
  　　　　　　　　莞市，云浮市云安区、罗定市、云浮市属林场；

  　　　　　　广西：钦州市浦北县；

  　　　　　　海南：五指山市、琼海市、昌江黎族自治县；

  　　　　　　四川：自贡市大安区、沿滩区、荣县，内江市市中区、威远县、资中县、隆昌县，宜
  　　　　　　　　宾市南溪区，资阳市雁江区；

  　　　　　　云南：西双版纳傣族自治州景洪市、勐腊县，德宏傣族景颇族自治州瑞丽市、芒市。

  发生面积　13792 亩

  危害指数　0.3891

- **金钟藤 *Merremia boisiana*（Gagn.）v. Ooststr.**

  生　　境　疏林地，灌木林地。

  危　　害　缠绕。

  分布范围　福建、广东、广西、海南、云南。

  发生地点　福建：漳州市漳浦县；

  　　　　　　广东：广州市白云区、花都区、南沙区、从化区，汕头市濠江区，惠州市惠阳区，阳
  　　　　　　　　江市阳春市；

  　　　　　　广西：贺州市八步区；

  　　　　　　海南：三亚市海棠区、吉阳区，三沙市，五指山市、琼海市、文昌市、万宁市、定安
  　　　　　　　　县、澄迈县、白沙黎族自治县、昌江黎族自治县、保亭黎族苗族自治县、琼中

黎族苗族自治县；

云南：红河哈尼族彝族自治州河口瑶族自治县，文山壮族苗族自治州麻栗坡县。

发生面积　219642 亩

危害指数　0.5303

- 裂叶牵牛 *Pharbitis nil*（Linn.）**Choisy.**

　中文异名　喇叭花

　生　　境　疏林地，灌木林，未成林地，苗圃。

　危　　害　缠绕。

　分布范围　全国。

　发生地点　河北：石家庄市井陉矿区、正定县，沧州市沧县、河间市，衡水市桃城区；

　　　　　　浙江：杭州市桐庐县；

　　　　　　福建：泉州市永春县；

　　　　　　广东：汕头市濠江区；

　　　　　　贵州：贵阳市清镇市。

发生面积　774 亩

危害指数　0.3333

- 圆叶牵牛 *Pharbitis purpurea*（Linn.）**Voisgt**

　生　　境　疏林地，灌木林，未成林地，苗圃。

　危　　害　缠绕。

　分布范围　华东、中南、西南，北京、天津、河北、山西、辽宁、吉林、陕西、甘肃、新疆。

　发生地点　河北：石家庄市井陉矿区、正定县，沧州市沧县、河间市，衡水市桃城区；

　　　　　　浙江：杭州市桐庐县；

　　　　　　福建：泉州市永春县；

　　　　　　广东：汕头市濠江区；

　　　　　　贵州：贵阳市清镇市。

发生面积　10255 亩

危害指数　0.3873

- 茑萝 *Quamoclit pennata*（Desr.）**Boj.**

　中文异名　茑萝松

　生　　境　苗圃。

　危　　害　缠绕。

　分布范围　河北、江苏、浙江、安徽、福建、江西、山东、河南、广东、广西、四川、贵州、云南、福建。

紫草科 Boraginaceae

- 附地菜 *Trigonotis peduncularis*（Trev.）**Benth. ex Baker et Moore.**

　生　　境　林缘，疏林地。

危　　害　杂草。

分布范围　内蒙古、福建、江西、广西、云南、甘肃、新疆。

发生地点　福建：漳州市诏安县、漳州开发区。

发生面积　74085 亩

危害指数　0.3851

马鞭草科 Verbenaceae

- **马缨丹** *Lantana camara* **Linnaeus**

生　　境　疏林地，灌木林，林地。

危　　害　排挤，有毒。

分布范围　江苏、浙江、福建、广东、广西、四川、贵州、云南。

发生地点　江苏：苏州市苏州高新区；

　　　　　浙江：杭州市桐庐县，嘉兴市秀洲区；

　　　　　福建：泉州市安溪县、永春县，漳州市云霄县、东山县、漳州台商投资区；

　　　　　广东：云浮市罗定市；

　　　　　四川：攀枝花市东区、盐边县；

　　　　　贵州：贵阳市辖区；

　　　　　云南：红河哈尼族彝族自治州弥勒市，德宏傣族景颇族自治州芒市、盈江县、陇川县。

发生面积　13096 亩

危害指数　0.5588

- **马鞭草** *Verbena officinalis* **Linnaeus**

生　　境　苗圃。

危　　害　杂草。

分布范围　华东、中南、西南，山西、陕西、甘肃、新疆。

唇形科 Labiatae

- **密花香薷** *Elsholtzia densa* **Benth.**

生　　境　灌木林地。

危　　害　杂草。

分布范围　河北、山西、四川、云南、陕西、甘肃、青海。

发生地点　河北：石家庄市井陉县；

　　　　　甘肃：兴隆山保护区、太子山保护区，白龙江林业管理局。

发生面积　2430 亩

危害指数　0.3333

- **吊球草** *Hyptis rhomboidea* **Mart. et Gal.**

生　　境　林地。

危　　害　杂草。

分布范围　广东、广西、海南、贵州。

- **夏至草** *Lagopsis supina*（**Steph.**）**Ik. –Gal.**

　生　　境　苗圃。

　危　　害　杂草。

　分布范围　东北、西南、西北，河北、山西、内蒙古、江苏、浙江、安徽、山东、河南、湖北。

- **薄荷** *Mentha haplocalyx* **Briq.**

　中文异名　野薄荷、鱼香草

　生　　境　疏林地，灌木林，未成林地，苗圃。

　危　　害　杂草。

　分布范围　全国。

　发生地点　河北：石家庄市井陉县，衡水市枣强县；

　　　　　　浙江：宁波市鄞州区；

　　　　　　四川：遂宁市射洪县；

　　　　　　陕西：西安市临潼区，渭南市华州区、潼关县、华阴市，延安市宜川县、黄龙山林业
　　　　　　　　　局，商洛市丹凤县；

　　　　　　甘肃：兴隆山保护区、太子山保护区。

　发生面积　64365 亩

　危害指数　0.3344

- **紫苏** *Perilla frutescens*（**Linnaeus**）**Britt.**

　生　　境　苗圃，疏林地

　危　　害　杂草。

　分布范围　华北、中南、西南。

茄科 Solanaceae

- **曼陀罗** *Datura stramonium* **Linnaeus**

　生　　境　疏林地，灌木林，未成林地，苗圃。

　危　　害　有毒。

　分布范围　全国。

　发生地点　北京：房山区、延庆区；

　　　　　　河北：石家庄市鹿泉区、晋州市，唐山市古冶区；

　　　　　　浙江：台州市玉环县；

　　　　　　山东：聊城市阳谷县、东阿县；

　　　　　　贵州：贵阳市清镇市；

　　　　　　云南：楚雄彝族自治州牟定县；

　　　　　　陕西：西安市临潼区，渭南市大荔县，延安市黄龙县；

　　　　　　甘肃：庆阳市西峰区、正宁县。

发生面积　2272 亩

危害指数　0.3952

- 喀西茄 *Solanum aculeatissimum* **Jacquin.**

　　生　　境　林地，疏林地。

　　分布范围　湖北、广西、贵州、云南。

　　发生地点　贵州：贵阳市清镇市、经济技术开发区，黔西南布依族苗族自治州兴义市。

- 牛茄子 *Solanum capsicoides* **Allioni.**

　　中文异名　颠茄

　　生　　境　灌木林，林地。

　　危　　害　杂草。

　　分布范围　河北、江苏、福建、江西、河南、湖南、广东、广西、海南、四川、贵州、云南。

　　发生地点　河北：石家庄市鹿泉区；

　　　　　　　四川：遂宁市蓬溪县、射洪县，内江市威远县、资中县，资阳市雁江区。

　　发生面积　287 亩

　　危害指数　0.3333

- 假烟叶树 *Solanum erianthum* **D. Don.**

　　生　　境　林地，灌丛。

　　危　　害　杂草。

　　分布范围　福建、广东、广西、海南、四川、贵州、云南。

- 白英 *Solanum lyratum* **Thunb.**

　　生　　境　苗圃。

　　危　　害　杂草。

　　分布范围　全国。

- 龙葵 *Solanum nigrum* **Linnaeus**

　　生　　境　荒地。

　　危　　害　杂草。

　　分布范围　全国。

- 刺萼龙葵 *Solanum rostratum* **Dun.**

　　生　　境　灌木林，苗圃。

　　危　　害　杂草。

　　分布范围　北京、河北、山西、辽宁、河南、四川、陕西、甘肃、新疆。

　　发生地点　北京：通州区、顺义区；

　　　　　　　河北：张家口市怀来县；

　　　　　　　山西：大同市阳高县；

　　　　　　　四川：内江市威远县、隆昌县；

　　　　　　　陕西：渭南市大荔县，延安市富县；

甘肃：庆阳市西峰区。

发生面积　994 亩

危害指数　0. 3410

- **水茄** *Solanum torvum* **Swartz.**

　寄　　主　林地，灌丛。

　危　　害　攀缘。

　分布范围　广东、广西、贵州、云南。

玄参科 Scrophulariaceae

- **婆婆纳** *Veronica didyma* **Tenore**

　生　　境　林地，疏林地。

　危　　害　杂草。

　分布范围　华东、西南、西北，北京、河北、河南、湖北、湖南、广西。

　发生地点　江苏：南京市玄武区。

- **常春藤婆婆纳** *Veronica hederaefolia* **Linnaeus**

　生　　境　林地。

　危　　害　杂草。

　分布范围　江苏、浙江、福建、湖北、四川、贵州。

　发生地点　福建：漳州市龙海市、漳州台商投资区；

　　　　　　四川：南充市仪陇县，巴中市南江县。

　发生面积　750 亩

　危害指数　0. 3360

- **阿拉伯婆婆纳** *Veronica persica* **Poir.**

　中文异名　波斯婆婆纳

　生　　境　苗圃。

　危　　害　排挤，杂草。

　分布范围　江苏、浙江、河南、贵州、云南。

　发生地点　江苏：南京市玄武区；

　　　　　　浙江：杭州市桐庐县，嘉兴市秀洲区，台州市三门县。

紫葳科 Bignoniaceae

- **猫爪藤** *Macfadyena unguis-cati* （Linnaeus）**A. Gentry.**

　生　　境　林地。

　危　　害　攀缘。

　分布范围　福建、湖北、广东。

爵床科 Acanthaceae

- **爵床** *Rostellularia procumbens*（Linnaeus）Nees.

  生　　境　苗圃。

  危　　害　杂草。

  分布范围　浙江、福建、江西、山东、河南、湖北、四川。

- **山牵牛** *Thunbergia grandiflora*（Rottl. ex Willd.）Roxb.

  中文异名　大花老鸦嘴

  生　　境　疏林地。

  危　　害　攀缘。

  分布范围　福建、广东、广西、海南。

  发生地点　福建：泉州市丰泽区。

车前目 Plantaginales　　车前科 Plantaginaceae

- **车前** *Plantago asiatica* Linnaeus

  中文异名　车前草、车轮菜

  生　　境　河岸湿地。

  危　　害　杂草。

  分布范围　全国。

  发生地点　浙江：温州市平阳县。

  发生面积　120 亩

  危害指数　0.3333

- **平车前** *Plantago depressa* Willd.

  中文异名　车前草

  生　　境　疏林地，灌木林，未成林地，苗圃。

  危　　害　杂草。

  分布范围　全国。

  发生地点　河北：石家庄市井陉矿区、鹿泉区、井陉县、晋州市，唐山市古冶区、乐亭县，沧州市沧县、吴桥县、黄骅市、河间市，廊坊市霸州市，衡水市枣强县、安平县；

  　　　　　黑龙江：佳木斯市富锦市，绥化市海伦市国有林场；

  　　　　　浙江：宁波市鄞州区，温州市鹿城区、龙湾区、瑞安市，嘉兴市嘉善县，舟山市嵊泗县，台州市仙居县、临海市；

  　　　　　福建：泉州市永春县；

  　　　　　山东：日照市东港区，聊城市东阿县；

  　　　　　湖南：郴州市桂阳县、临武县；

  　　　　　四川：泸州市叙永县，遂宁市蓬溪县、射洪县，内江市隆昌县，凉山彝族自治州美姑县；

陕西：西安市临潼区，渭南市华州区、潼关县、大荔县、合阳县、澄城县、华阴市、延安市延长县、延川县、子长县、吴起县、甘泉县、宜川县、黄龙县、黄龙山林业局、劳山林业局，汉中市留坝县，榆林市米脂县，安康市汉滨区，商洛市丹凤县；

甘肃：定西市岷县，兴隆山保护区、太子山保护区；

青海：海南藏族自治州兴海县；

新疆生产建设兵团：农四师 68 团。

发生面积　135556 亩

危害指数　0.3615

- 北美车前 *Plantago virginica* **Linnaeus**

生　　境　未成林地，苗圃。

危　　害　杂草。

分布范围　河北、江苏、浙江、安徽、福建、江西、四川、贵州。

发生地点　浙江：杭州市桐庐县，嘉兴市秀洲区。

茜草目 Rubiales　　茜草科 Rubiaceae

- 阔叶丰花草 *Borreria latifolia*（**Aubl.**）**K. Schum.**

生　　境　疏林地。

危　　害　杂草。

分布范围　浙江、福建、广东、海南。

发生地点　浙江：宁波市宁海县。

- 猪殃殃 *Galium aparine* **Linn.** *var. tenerum*（**Gren. et Godr.**）**Rchb.**

生　　境　林地，灌木林，苗圃。

危　　害　杂草。

分布范围　全国。

发生地点　浙江：宁波市鄞州区；

福建：漳州市平和县。

发生面积　2313 亩

危害指数　0.3333

- 鸡矢藤 *Paederia scandens*（**Lour.**）**Merr.**

生　　境　疏林地，灌木林，林地。

危　　害　杂草。

分布范围　江苏、浙江、安徽、福建、江西、山东、湖北、湖南、广东、广西、四川、贵州、云南。

发生地点　江苏：苏州市昆山市、太仓市；

安徽：淮南市大通区；

福建：泉州市鲤城区、永春县，漳州台商投资区；

湖南：岳阳市平江县，常德市鼎城区、安乡县，益阳市沅江市；

广东：深圳市坪山新区。

发生面积　42628 亩

危害指数　0.4968

● 茜草 *Rubia cordifolia* **Linn.**

生　　境　林地，苗圃。

危　　害　杂草。

分布范围　东北，河北、山东、河南、广西、四川、陕西、甘肃。

发生地点　河北：衡水市桃城区、武邑县；

广西：柳州市柳东新区；

陕西：渭南市澄城县；

甘肃：兴隆山保护区。

发生面积　1420 亩

危害指数　0.4272

葫芦目 Cucurbitales　　葫芦科 Cucurbitaceae

● 马泡瓜 *Cucumis melo* **Linn. var.** *agrestis* **Naud.**

生　　境　苗圃。

危　　害　杂草。

分布范围　全国。

● 刺果瓜 *Sicyos angulatus* **Linnaeus**

生　　境　苗圃，疏林地。

危　　害　攀缘。

分布范围　河北。

发生地点　河北：唐山市丰南区。

● 茅瓜 *Solena amplexicaulis* （**Lam.**）**Gandhi.**

中文异名　老鼠冬瓜、老鼠瓜

生　　境　苗圃，疏林地。

危　　害　攀缘。

分布范围　福建、江西、广东、广西、四川、贵州。

橘梗目 Campanulales　　菊科 Compositae

● 藿香蓟 *Ageratum conyzoides* **Linnaeus**

生　　境　疏林地，灌木林。

危　　害　杂草。

分布范围　江苏、浙江、江西、广东、广西、贵州、云南。

发生地点　江苏：南京市玄武区；

　　　　　浙江：杭州市桐庐县，宁波市宁海县，台州市三门县；

　　　　　贵州：黔西南布依族苗族自治州兴义市；

　　　　　云南：德宏傣族景颇族自治州盈江县。

发生面积　1943 亩

危害指数　0.3354

- **豚草** *Ambrosia artemisiifolia* **Linnaeus**

生　　境　疏林地，灌木林，林地。

危　　害　杂草，化感。

分布范围　东北，河北、江苏、浙江、安徽、福建、江西、山东、湖南、贵州。

发生地点　河北：唐山市古冶区；

　　　　　江苏：南京市玄武区；

　　　　　浙江：衢州市常山县，台州市椒江区；

　　　　　福建：漳州市诏安县、漳州开发区；

　　　　　江西：景德镇市昌江区；

　　　　　湖南：岳阳市君山区；

　　　　　贵州：贵阳市清镇市。

发生面积　49230 亩

危害指数　0.4418

- **三裂叶豚草** *Ambrosia trifida* **Linnaeus**

生　　境　疏林地，林地。

危　　害　杂草。

分布范围　东北，北京、天津、浙江、广东、贵州。

发生地点　贵州：贵阳市花溪区、经济技术开发区。

- **黄花蒿** *Artemisia annua* **Linnaeus**

生　　境　疏林地，灌木林，未成林地，苗圃。

危　　害　杂草。

分布范围　全国。

发生地点　河北：石家庄市井陉矿区、鹿泉区、井陉县，邢台市内丘县、隆尧县，沧州市沧县、吴桥县、河间市，廊坊市霸州市，衡水市枣强县；

　　　　　黑龙江：绥化市海伦市国有林场管理局；

　　　　　江苏：南京市玄武区；

　　　　　浙江：台州市三门县；

　　　　　山东：日照市东港区，聊城市东阿县；

　　　　　河南：洛阳市嵩县；

　　　　　四川：遂宁市蓬溪县；

　　　　　云南：楚雄彝族自治州牟定县；

陕西：西安市阎良区，渭南市华州区、潼关县、华阴市，延安市子长县、吴起县、甘
泉县、宜川县、黄龙县、黄龙山林业局、劳山林业局，榆林市米脂县，商洛市
丹凤县；

甘肃：庆阳市西峰区、正宁县，定西市岷县，兴隆山保护区；

青海：海南藏族自治州兴海县。

发生面积 409597 亩

危害指数 0.3571

● 野艾蒿 *Artemisia lavandulaefolia* **DC.**

生　　境　苗圃，疏林地。

危　　害　杂草。

分布范围　东北，河北、山西、内蒙古、江苏、安徽、福建、江西、山东、河南、湖北、湖南、
广东、广西、四川、贵州、云南、陕西、甘肃。

● 钻叶紫菀 *Aster subulatus* **Michx.**

生　　境　林地类，苗圃。

危　　害　杂草。

分布范围　江苏、浙江、山东、河南、贵州。

发生地点　江苏：南京市玄武区；

浙江：杭州市桐庐县，嘉兴市秀洲区，台州市椒江区、三门县；

贵州：贵阳市清镇市。

发生面积 966 亩

危害指数 0.3364

● 大狼把草 *Bidens frondosa* **Linnaeus**

生　　境　林地。

危　　害　杂草。

分布范围　河北、辽宁、吉林、江苏、浙江、山东。

发生地点　江苏：南京市玄武区；

浙江：杭州市桐庐县。

● 鬼针草 *Bidens pilosa* **Linnaeus**

生　　境　疏林地，灌木林，未成林地，苗圃。

危　　害　杂草。

分布范围　江苏、福建、江西、山东、河南、湖北、湖南、四川、贵州、云南。

发生地点　江苏：苏州市高新区、吴江区、太仓市；

福建：泉州市安溪县、永春县，漳州市诏安县；

山东：聊城市东阿县；

湖南：邵阳市洞口县；

四川：攀枝花市盐边县；

贵州：贵阳市白云区、清镇市，遵义市道真仡佬族苗族自治县，黔西南布依族苗族自

治州兴义市、兴仁县，黔南布依族苗族自治州都匀市、福泉市；

云南：楚雄彝族自治州牟定县，德宏傣族景颇族自治州芒市。

发生面积　95379 亩

危害指数　0.3394

- **节毛飞廉 *Carduus acanthoides* Linnaeus**

　生　　境　灌木林。

　危　　害　杂草。

　分布范围　全国。

　发生地点　福建：漳州市诏安县。

　发生面积　875 亩

　危害指数　0.3333

- **天名精 *Carpesium abrotanoides* Linnaeus**

　生　　境　苗圃。

　危　　害　杂草。

　分布范围　全国。

- **大刺儿菜 *Cephalanoplos setosum*（Willd.）Kitam.**

　生　　境　疏林地，未成林地，苗圃。

　危　　害　杂草。

　分布范围　北京、河北、黑龙江、浙江、山东、河南、陕西、甘肃、宁夏。

　发生地点　浙江：温州市鹿城区、瑞安市，舟山市岱山县；

　　　　　　陕西：延安市吴起县；

　　　　　　甘肃：庆阳市西峰区、正宁县；

　　　　　　宁夏：银川市灵武市。

　发生面积　70224 亩

　危害指数　0.3476

- **刺儿菜 *Cirsium setosum*（Willd.）MB.**

　生　　境　苗圃。

　危　　害　杂草。

　分布范围　华北、东北、华东、西北，河南、湖北、湖南、海南、重庆、四川、贵州。

- **香丝草 *Conyza bonariensis*（Linn.）Cronq.**

　生　　境　未成林地，苗圃，林地。

　危　　害　杂草。

　分布范围　华东、中南、西南。

- **小蓬草 *Conyza canadensis*（Linn.）Cronq.**

　生　　境　疏林地，苗圃，林地。

　危　　害　杂草。

分布范围　全国。

发生地点　河北：石家庄市井陉县，沧州市河间市；

　　　　　江苏：苏州市昆山市、太仓市，泰州市泰兴市；

　　　　　浙江：杭州市桐庐县，宁波市鄞州区，嘉兴市秀洲区，台州市黄岩区、天台县；

　　　　　安徽：淮南市八公山区、凤台县；

　　　　　山东：日照市东港区，聊城市东阿县、冠县；

　　　　　四川：遂宁市射洪县；

　　　　　贵州：贵阳市白云区、清镇市、贵阳经济技术开发区，铜仁市碧江区、万山区、玉屏侗族自治县、石阡县、德江县，黔西南布依族苗族自治州贞丰县、望谟县，黔南布依族苗族自治州都匀市、三都水族自治县；

　　　　　陕西：渭南市澄城县，延安市宜川县；

　　　　　新疆生产建设兵团：农四师68团、71团。

发生面积　98926亩

危害指数　0.4264

- **苏门白酒草** *Conyza sumatrensis*（Retz.）**Walker**

生　　境　林地，未成林地。

危　　害　杂草。

分布范围　江苏、福建、江西、广东、广西、海南、贵州、云南。

发生地点　江苏：南京市玄武区；

　　　　　福建：泉州市永春县。

发生面积　497亩

危害指数　0.3333

- **剑叶金鸡菊** *Coreopsis lanceolata* **Linnaeus**

生　　境　林地，疏林地，灌木林。

危　　害　杂草。

分布范围　全国。

发生地点　江苏：南京市玄武区；

　　　　　湖北：十堰市丹江口市，孝感市大悟县；

　　　　　广东：韶关市仁化县。

发生面积　2185亩

危害指数　0.3333

- **秋英** *Cosmos bipinnata* **Cav.**

中文异名　波斯菊

生　　境　林地，未成林地。

危　　害　杂草。

分布范围　四川、贵州、云南。

- **野菊** *Dendranthema indicum*（Linn.）**Des Moul.**

生　　境　苗圃。

危　　害　杂草。

分布范围　华北、东北、中南、西南、西北。

- **鳢肠 *Eclipta prostrata*（Linn.）L.**

中文异名　旱莲草、墨莱

生　　境　苗圃。

危　　害　杂草。

分布范围　全国。

- **飞蓬 *Erigeron acer* Linnaeus**

生　　境　苗圃，疏林地。

分布范围　西北，河北、山西、内蒙古、辽宁、吉林、浙江、四川、云南。

发生地点　浙江：温州市龙湾区、平阳县，嘉兴市嘉善县，舟山市岱山县、嵊泗县，台州市临海市。

- **一年蓬 *Erigeron annuus*（Linn.）Pers.**

生　　境　林地，疏林地，未成林地，苗圃。

危　　害　杂草。

分布范围　东北、华东、西南、河北、山西、河南、广东、广西、湖北、湖南、陕西、甘肃、青海。

发生地点　江苏：南京市玄武区，苏州市吴中区、昆山市、太仓市；

　　　　　浙江：杭州市桐庐县，嘉兴市秀洲区，台州市椒江区；

　　　　　福建：泉州市晋江市；

　　　　　贵州：贵阳市白云区、经济技术开发区，铜仁市万山区，黔南布依族苗族自治州都匀市、福泉市、三都水族自治县。

发生面积　13020 亩

危害指数　0.8604

- **春飞蓬 *Erigeron philadelphicus* Linnaeus**

生　　境　苗圃。

危　　害　杂草。

分布范围　上海、江苏、浙江、安徽、福建、贵州。

发生地点　贵州：贵阳市清镇市。

发生面积　744 亩

危害指数　0.3629

- **紫茎泽兰 *Eupatorium adenophorum* Spreng.**

中文异名　解放草

生　　境　林地，疏林地，灌木林，未成林地，苗圃。

危　　害　杂草，排挤。

分布范围　广西、重庆、四川、贵州、云南。

发生地点　广西：百色市右江区、德保县、那坡县、乐业县、田林县、西林县、靖西市、百色市老山林场，河池市南丹县、天峨县、东兰县；

重庆：九龙坡区、巴南区、江津区；

四川：自贡市荣县，攀枝花市东区、米易县、盐边县、普威局，内江市威远县、资中县、隆昌县，宜宾市宜宾县、高县、屏山县，雅安市石棉县，甘孜藏族自治州九龙县，凉山彝族自治州西昌市、木里藏族自治县、盐源县、会理县、会东县、宁南县、布拖县、金阳县、喜德县、冕宁县、美姑县、雷波县；

贵州：贵阳市清镇市、经济技术开发区，六盘水市六枝特区、水城县、盘县，安顺市西秀区、普定县、镇宁布依族苗族自治县、关岭布依族苗族自治县、紫云苗族布依族自治县、安顺市开发区、黄果树管委会，毕节市七星关区、大方县、织金县、威宁彝族回族苗族自治县，黔西南布依族苗族自治州兴义市、兴仁县、普安县、晴隆县、贞丰县、望谟县、册亨县、安龙县，黔南布依族苗族自治州都匀市、罗甸县、惠水县；

云南：昆明市东川区、呈贡区、高新开发区、阳宗海风景名胜区、富民县、宜良县、石林彝族自治县、禄劝彝族苗族自治县、寻甸回族彝族自治县、昆明市海口林场、昆明市西山林场，曲靖市沾益区、陆良县、罗平县、富源县、会泽县，玉溪市红塔区、江川区、澄江县、通海县、华宁县、峨山彝族自治县、新平彝族傣族自治县、元江哈尼族彝族傣族自治县，保山市隆阳区，昭通市巧家县、大关县、彝良县、威信县、水富县，普洱市思茅区、宁洱哈尼族彝族自治县、墨江哈尼族自治县、景东彝族自治县、景谷傣族彝族自治县、镇沅彝族哈尼族拉祜族自治县、江城哈尼族彝族自治县、孟连傣族拉祜族佤族自治县、澜沧拉祜族自治县、西盟佤族自治县，临沧市临翔区、凤庆县、云县、永德县、镇康县、双江拉祜族佤族布朗族傣族自治县、耿马傣族佤族自治县、沧源佤族自治县，楚雄彝族自治州楚雄市、双柏县、牟定县、大姚县、永仁县、元谋县、武定县、禄丰县，红河哈尼族彝族自治州个旧市、开远市、蒙自市、弥勒市、建水县、泸西县、元阳县、绿春县，文山壮族苗族自治州砚山县、西畴县、麻栗坡县、马关县、丘北县、广南县、富宁县，西双版纳傣族自治州景洪市、勐腊县，大理白族自治州大理市、弥渡县、南涧彝族自治县、巍山彝族回族自治县、永平县、云龙县、洱源县、鹤庆县，德宏傣族景颇族自治州瑞丽市、芒市、梁河县、盈江县、陇川县，怒江傈僳族自治州福贡县、兰坪白族普米族自治县，迪庆藏族自治州香格里拉市、维西傈僳族自治县。

发生面积　15896174 亩

危害指数　0.4128

● **假臭草** *Eupatorium catarium* Veldkamp.

生　　境　灌木林，未成林地，苗圃，林地。

危　　害　杂草，排挤。

分布范围　福建、广东、海南、贵州、新疆。

发生地点　福建：泉州市安溪县、永春县，漳州市平和县；

贵州：黔西南布依族苗族自治州兴义市、兴仁县、安龙县，黔南布依族苗族自治州都匀市。

发生面积　16023 亩

危害指数　0.3350

- **飞机草** *Eupatorium odoratum* **Linnaeus**

  生　　境　林地，疏林地，灌木林，未成林地。

  危　　害　覆盖。

  分布范围　广东、广西、海南、贵州、云南。

  发生地点　广东：茂名市茂南区、高州市、化州市、茂名市属林场，阳江市阳春市；

  　　　　　广西：百色市老山林场，河池市南丹县、天峨县、东兰县、巴马瑶族自治县、大化瑶族自治县，崇左市宁明县；

  　　　　　海南：三亚市海棠区；

  　　　　　贵州：安顺市镇宁布依族苗族自治县，黔西南布依族苗族自治州贞丰县、望谟县、册亨县、安龙县，黔南布依族苗族自治州罗甸县；

  　　　　　云南：玉溪市新平彝族傣族自治县，临沧市临翔区、凤庆县、云县、镇康县、双江拉祜族佤族布朗族傣族自治县，楚雄彝族自治州双柏县，红河哈尼族彝族自治州个旧市、弥勒市、绿春县，文山壮族苗族自治州麻栗坡县、富宁县，西双版纳傣族自治州景洪市、勐腊县，德宏傣族景颇族自治州瑞丽市、芒市、梁河县、盈江县、陇川县。

  发生面积　631803 亩

  危害指数　0.4199

- **黄顶菊** *Flaveria bidentis*（**Linn.**）**Kuntze.**

  生　　境　疏林地，灌木林，未成林地。

  危　　害　杂草。

  分布范围　华北、华东、中南。

  发生地点　河北：石家庄市井陉县，邯郸市磁县、曲周县，邢台市邢台县、平乡县、临西县、南宫市，衡水市桃城区、枣强县；

  　　　　　山东：聊城市临清市。

  发生面积　6283 亩

  危害指数　0.5678

- **牛膝菊** *Galinsoga parviflora* **Cav.**

  生　　境　林地，灌木林，苗圃。

  危　　害　杂草。

  分布范围　河北、江苏、浙江、四川、贵州、云南。

  发生地点　河北：石家庄市鹿泉区；

  　　　　　江苏：南京市玄武区；

  　　　　　浙江：杭州市桐庐县；

  　　　　　四川：攀枝花市东区；

  　　　　　贵州：贵阳市清镇市，黔西南布依族苗族自治州兴义市。

  发生面积　4308 亩

  危害指数　0.4903

- **野茼蒿 *Gynura crepidioides* Benth.**

  生　　境　疏林地，灌木林，苗圃，林地。

  危　　害　杂草。

  分布范围　江苏、浙江、福建、江西、湖北、湖南、广东、广西、贵州、云南。

  发生地点　浙江：宁波市宁海县，台州市三门县；

  　　　　　福建：漳州市诏安县；

  　　　　　贵州：贵阳市白云区、清镇市，黔西南布依族苗族自治州兴义市；

  　　　　　云南：玉溪市通海县。

  发生面积　5036 亩

  危害指数　0.3497

- **菊芋 *Helianthus tuberosus* Linnaeus**

  中文异名　洋姜

  生　　境　疏林地。

  危　　害　杂草。

  分布范围　华北、华东、中南，四川、贵州、云南、陕西、甘肃。

  发生地点　贵州：贵阳市清镇市。

  发生面积　853 亩

  危害指数　0.5021

- **泥胡菜 *Hemistepta lyrata*（Bunge）Bunge.**

  中文异名　猪兜菜

  生　　境　苗圃。

  危　　害　杂草。

  分布范围　华北、东北、华东、中南，重庆、四川、贵州、云南、陕西、甘肃、青海、宁夏。

- **阿尔泰狗娃花 *Heteropappus altaicus*（Willd.）Novopokr**

  生　　境　苗圃。

  危　　害　杂草。

  分布范围　河北、山西、内蒙古、河南、陕西、甘肃、青海、新疆。

- **假苍耳 *Iva xanthifolia* Nutt.**

  生　　境　疏林地，未成林地。

  危　　害　杂草。

  分布范围　辽宁、黑龙江。

- **抱茎小苦荬 *Ixeridium sonchifolium*（Maxim.）Shih.**

  生　　境　苗圃。

  危　　害　杂草。

  分布范围　河北、山西、内蒙古、辽宁、江苏、浙江、山东、河南、湖北、四川、贵州、山西、
  　　　　　甘肃。

- **薇甘菊 *Mikania micrantha* H. B. K.**

生　　　境　疏林地，灌木林，未成林地，林地。

危　　　害　攀缘，覆盖。

分布范围　福建、广东、广西、海南、云南。

发生地点　福建：泉州市南安市；

广东：广州市越秀区、海珠区、天河区、白云区、黄埔区、番禺区、花都区、南沙区、从化区、增城区、广州市属林场，深圳市罗湖区、福田区、南山区、宝安区、龙岗区、盐田区、光明新区、坪山新区、龙华新区、大鹏新区，珠海市香洲区、斗门区、金湾区、万山区、珠海高新区、横琴新区、高栏港区，汕头市濠江区、潮阳区、潮南区、澄海区，佛山市南海区，江门市蓬江区、江海区、新会区、台山市、开平市、鹤山市、恩平市、江门市属林场，湛江市坡头区、麻章区、湛江开发区、遂溪县、徐闻县、廉江市、雷州市、吴川市、湛江市林场，茂名市茂南区、电白区、高州市、化州市、信宜市、茂名市属林场，肇庆市开发区、端州区、高要区、四会市、肇庆市属林场，惠州市惠城区、惠阳区、博罗县、惠东县、大亚湾区、仲恺区，汕尾市城区、海丰县、陆丰市、红海湾、汕尾市属林场，河源市源城区、紫金县，阳江市江城区、阳东区、阳江高新区、阳春市、阳江市属林场，清远市属林场，中山市，揭阳市榕城区、揭东区、蓝城区、空港经济区、揭西县、惠来县、普宁市，云浮市云城区、云安区、新兴县、云浮市属林场，顺德区；

广西：南宁市良庆区，梧州市万秀区，北海市合浦县，防城港市防城区，钦州市钦州港，玉林市玉州区、福绵区、容县、陆川县、博白县、北流市，百色市靖西市，崇左市凭祥市，高峰林场、七坡林场、博白林场；

海南：海口市秀英区、龙华区、琼山区、美兰区，三亚市吉阳区，琼海市、定安县、屯昌县、澄迈县、白沙黎族自治县、陵水黎族自治县、保亭黎族苗族自治县、琼中黎族苗族自治县；

云南：保山市隆阳区、施甸县、龙陵县、腾冲市，普洱市孟连傣族拉祜族佤族自治县、澜沧拉祜族自治县、西盟佤族自治县，临沧市镇康县、耿马傣族佤族自治县、沧源佤族自治县，西双版纳傣族自治州勐腊县，德宏傣族景颇族自治州瑞丽市、芒市、梁河县、盈江县、陇川县。

发生面积　687831 亩

危害指数　0.4526

- **银胶菊 *Parthenium hysterophorus* Linnaeus**

生　　　境　灌木林，林地。

危　　　害　杂草，化感。

分布范围　福建、广东、广西、海南、贵州、云南。

发生地点　福建：漳州市诏安县、平和县；

贵州：黔西南布依族苗族自治州兴仁县。

发生面积　10880 亩

危害指数　0.3333

- **金光菊** *Rudbeckia laciniata* **Linnaeus**

生　　境	疏林地，灌木林，林地。
危　　害	杂草。
分布范围	云南。
发生地点	云南：玉溪市通海县、华宁县、元江哈尼族彝族傣族自治县。
发生面积	1065 亩
危害指数	0.3552

- **欧洲千里光** *Senecio vulgaris* **Linnaeus**

生　　境	果园，苗圃。
危　　害	杂草。
分布范围	东北、西南，河北、山西、内蒙古、上海、湖北、新疆。
发生地点	重庆：黔江区。
发生面积	112 亩
危害指数	0.3333

- **加拿大一枝黄花** *Solidago canadensis* **Linnaeus**

生　　境	疏林地，灌木林，未成林地，苗圃，林地。
危　　害	杂草。
分布范围	华东、中南，重庆、贵州、云南、陕西、甘肃。
发生地点	上海：浦东新区；
	江苏：南京市浦口区、栖霞区、江宁区、六合区，无锡市锡山区、惠山区、宜兴市，徐州市贾汪区、铜山区、丰县、沛县，常州市金坛区，苏州市昆山市，南通市如皋市、海门市，淮安市淮安区、淮阴区、清江浦区、盱眙县、金湖县，盐城市响水县、阜宁县、射阳县、建湖县、东台市，扬州市江都区、宝应县、高邮市、经济技术开发区，镇江市京口区，泰州市姜堰区、兴化市、泰兴市，宿迁市宿城区；
	浙江：杭州市萧山区、富阳区、桐庐县，宁波市北仑区、鄞州区、象山县、宁海县，温州市洞头区、苍南县、乐清市，金华市浦江县，衢州市常山县、江山市，舟山市定海区，台州市椒江区、黄岩区、三门县、天台县、温岭市，丽水市市辖区；
	安徽：合肥市庐阳区、包河区、肥西县、庐江县，芜湖市芜湖县、繁昌县、无为县，蚌埠市怀远县、固镇县，淮南市大通区、田家庵区、潘集区、寿县，黄山市屯溪区、休宁县、黟县，滁州市来安县、全椒县、定远县、凤阳县、天长市，阜阳市颍东区、颍泉区，宿州市萧县，六安市霍邱县、霍山县，亳州市蒙城县，宣城市郎溪县、泾县、绩溪县、旌德县；
	福建：三明市尤溪县、沙县、建宁县，南平市延平区、武夷山市，龙岩市长汀县；
	江西：南昌市湾里区、新建区、进贤县，景德镇市浮梁县，萍乡市莲花县、萍乡开发区，九江市湖口县、彭泽县、庐山市，新余市渝水区、分宜县、仙女湖区，鹰潭市余江县、贵溪市，赣州市信丰县、宁都县、兴国县、会昌县，吉安市吉安县、峡江县、新干县、永丰县，宜春市靖安县、铜鼓县，抚州市黎川县、崇仁县、资溪县、东乡县，上饶市信州区、广丰区、上饶县、横峰县、余干县、丰

城市、鄱阳县、安福县；

山东：烟台市芝罘区；

河南：新乡市获嘉县，信阳市罗山县；

湖北：武汉市洪山区、汉南区、蔡甸区、江夏区、黄陂区、新洲区，孝感市孝昌县、大悟县，黄冈市红安县，恩施土家族苗族自治州恩施市，天门市；

湖南：长沙市宁乡县、浏阳市，湘潭市雨湖区、岳塘区、高新区、湘潭县、湘乡市、韶山市，衡阳市南岳区，邵阳市大祥区、邵东县、洞口县，岳阳市云溪区、岳阳县、华容县、汨罗市，益阳市南县、桃江县，郴州市苏仙区、桂阳县、嘉禾县、资兴市，永州市冷水滩区、祁阳县、东安县、道县、宁远县，娄底市双峰县、涟源市；

广东：韶关市南雄市；

广西：桂林市象山区、兴安县；

贵州：安顺市开发区；

云南：文山壮族苗族自治州丘北县；

甘肃：定西市临洮县。

发生面积　91783 亩

危害指数　0.3807

- **肿柄菊 *Tithonia diversifolia* A. Gray.**

生　　境　疏林地，灌木林，林地。

危　　害　杂草。

分布范围　福建、广东、广西、云南。

发生地点　福建：泉州市永春县；

云南：临沧市临翔区、凤庆县、云县、镇康县、双江拉祜族佤族布朗族傣族自治县，楚雄彝族自治州双柏县，西双版纳傣族自治州景洪市、勐腊县。

发生面积　99012 亩

危害指数　0.4479

- **三裂蟛蜞菊 *Wedelia trilobata*（Linn.）Hitchc.**

生　　境　林地，疏林地。

危　　害　杂草。

分布范围　福建、广东、海南。

发生地点　福建：泉州市永春县、晋江市，漳州市漳浦县，龙岩市新罗区。

发生面积　1113 亩

危害指数　0.3645

- **苍耳 *Xanthium sibiricum* Patrin ex Widder**

生　　境　疏林地，灌木林，未成林地，苗圃。

危　　害　杂草。

分布范围　北京、河北、吉林、黑龙江、江苏、浙江、福建、江西、山东、湖北、湖南、重庆、四川、贵州、陕西、甘肃、宁夏、新疆。

发生地点　北京：房山区、通州区、顺义区；

河北：石家庄市井陉矿区、鹿泉区、井陉县、晋州市，唐山市古冶区，邢台市内丘县、隆尧县，沧州市沧县、吴桥县、献县、河间市，衡水市枣强县、安平县；

吉林：辽源市东丰县；

黑龙江：佳木斯市富锦市，绥化市海伦市国有林场；

江苏：南京市玄武区；

浙江：宁波市宁海县，台州市三门县；

安徽：蚌埠市固镇县，淮南市大通区、田家庵区、寿县；

福建：泉州市安溪县、永春县；

江西：九江市修水县，新余市仙女湖区，赣州市宁都县；

山东：日照市东港区，聊城市阳谷县、东阿县；

河南：兰考县、新蔡县；

湖北：武汉市新洲区；

湖南：衡阳市耒阳市，邵阳市大祥区、北塔区、新邵县、洞口县，张家界市慈利县，郴州市桂阳县、临武县；

重庆：梁平区；

四川：自贡市贡井区、荣县，遂宁市蓬溪县、射洪县，内江市市中区、威远县、资中县、隆昌县，广安市武胜县，资阳市雁江区；

贵州：铜仁市德江县；

陕西：西安市灞桥区，渭南市华州区、潼关县、大荔县、合阳县、华阴市，延安市吴起县、宜川县、黄龙县、黄龙山林业局、劳山林业局，榆林市米脂县，商洛市丹凤县；

甘肃：庆阳市正宁县，兴隆山保护区；

宁夏：石嘴山市大武口区。

发生面积　157637 亩

危害指数　0.3523

● 刺苍耳 *Xanthium spinosum* **Linnaeus**

生　　境　疏林地，苗圃。

危　　害　杂草。

分布范围　北京、河北、辽宁、安徽、河南、陕西、宁夏、新疆。

发生地点　陕西：渭南市澄城县；

新疆生产建设兵团：农四师 68 团。

发生面积　4000 亩

危害指数　0.3417

● 黄鹌菜 *Youngia japonica*（**Linn.**）**DC**

生　　境　苗圃，林缘。

危　　害　杂草。

分布范围　江苏、浙江、安徽、福建、河南、湖北、广东、四川、云南。

发生地点　河南：邓州市。

Ⅲ . 菌物界 Fungi

6. 真菌类 Fungi

卵菌亚门 Oomycotina

霜霉目 Peronosporales **白锈科 Albuginaceae**

- **白锈菌一种 *Albugo* sp.** （白锈病）

  寄　　主　胡杨，桃，臭椿，柽柳。

  分布范围　上海、山东、四川、陕西、新疆。

  发生地点　上海：崇明县；

  　　　　　四川：阿坝藏族羌族自治州汶川县；

  　　　　　陕西：安康市汉阴县，商洛市镇安县，宁东林业局；

  　　　　　新疆：喀什地区莎车县。

  发生面积　5948 亩

  危害指数　0.3807

霜霉科 Peronosporaceae

- **葡萄生轴霜霉 *Plasmopara viticola*（Berk. et Curt.）Berl. et de Toni**（葡萄霜霉病）

  寄　　主　枇杷，苹果，葡萄，圆叶葡萄。

  分布范围　华北、华东、辽宁、吉林、河南、湖北、广东、广西、重庆、四川、贵州、云南、陕西、甘肃、宁夏、新疆。

  发生地点　北京：房山区、密云区、延庆区；

  　　　　　河北：石家庄市井陉矿区、鹿泉区、井陉县、正定县、高邑县、深泽县、晋州市、新乐市，唐山市路南区、开平区、丰南区、丰润区、曹妃甸区、滦南县、乐亭县、玉田县、遵化市，秦皇岛市昌黎县、卢龙县，邯郸市肥乡区、鸡泽县，邢台市邢台县、柏乡县、任县、南和县、宁晋县、巨鹿县、新河县、广宗县、威县、临西县、南宫市，保定市满城区、徐水区、阜平县、定兴县、唐县、高阳县、蠡县、顺平县、博野县、高碑店市，沧州市东光县、南皮县、吴桥县、献县、孟村回族自治县、黄骅市、河间市，廊坊市固安县、永清县、大城县、文安县、霸州市、三河市，衡水市枣强县、武邑县、武强县、饶阳县、安平县、景县、冀州市、深州市，定州市、辛集市；

  　　　　　内蒙古：通辽市科尔沁区、科尔沁左翼后旗、库伦旗；

  　　　　　辽宁：沈阳市法库县；

  　　　　　上海：浦东新区、金山区、青浦区；

江苏：南京市高淳区，无锡市惠山区、宜兴市，徐州市铜山区，常州市溧阳市，苏州高新技术开发区、吴中区、吴江区、太仓市，南通市海安县、海门市，淮安市淮阴区、清江浦区、洪泽区、盱眙县、金湖县，盐城市响水县、射阳县、东台市，扬州市广陵区、高邮市，泰州市兴化市，宿迁市宿城区、沭阳县、泗洪县；

浙江：杭州市西湖区、萧山区、桐庐县，宁波市北仑区、镇海区；

安徽：合肥市庐江县，芜湖市芜湖县，蚌埠市怀远县，淮南市谢家集区、潘集区，滁州市来安县、定远县，阜阳市颍州区、太和县，宿州市萧县，亳州市谯城区、涡阳县、蒙城县；

山东：济南市济阳县、商河县，青岛市即墨市、莱西市，枣庄市台儿庄区，东营市东营区，潍坊市昌邑市，济宁市任城区、兖州区、金乡县、嘉祥县、梁山县、曲阜市，泰安市岱岳区，日照市莒县，莱芜市莱城区，德州市齐河县、武城县，聊城市东昌府区、阳谷县、莘县、茌平县、东阿县、冠县、高唐县、临清市，菏泽市定陶区、曹县、单县、巨野县、鄄城县，黄河三角洲保护区；

河南：郑州市二七区、惠济区、中牟县、新郑市，开封市禹王台区、通许县，平顶山市卫东区、鲁山县、郏县，安阳市内黄县，鹤壁市鹤山区、淇县，新乡市新乡县，焦作市修武县、博爱县，许昌市魏都区、经济技术开发区、东城区、许昌县、襄城县、禹州市、长葛市，漯河市召陵区、舞阳县、临颍县，三门峡市渑池县，南阳市镇平县、内乡县，商丘市梁园区、睢阳区、虞城县，信阳市平桥区，周口市川汇区、西华县，驻马店市西平县、兰考县、长垣县、鹿邑县、新蔡县、固始县；

湖北：十堰市郧西县，荆州市沙市区，潜江市；

重庆：江津区；

四川：成都市龙泉驿区、大邑县，自贡市荣县，绵阳市游仙区，内江市威远县，乐山市犍为县，宜宾市翠屏区、南溪区；

陕西：汉中市镇巴县，商洛市丹凤县、山阳县；

甘肃：白银市靖远县，天水市麦积区，武威市凉州区、民勤县，张掖市临泽县，酒泉市瓜州县，庆阳市正宁县，甘南藏族自治州舟曲县；

宁夏：银川市兴庆区、西夏区、金凤区、永宁县、贺兰县、灵武市，石嘴山市惠农区，吴忠市利通区、红寺堡区、盐池县、同心县，中卫市沙坡头区、中宁县；

新疆：乌鲁木齐市高新区，克拉玛依市克拉玛依区，哈密市伊州区，巴音郭楞蒙古自治州焉耆回族自治县、博湖县，塔城地区沙湾县，石河子市；

新疆生产建设兵团：农一师10团、13团，农二师22团、29团，农四师63团、68团，农五师83团，农七师124团、130团，农八师、121团、148团。

发生面积　238561 亩

危害指数　0.4174

腐霉目 Pythiales　　　腐霉科 Pythiaceae

- 恶疫霉 *Phytophthora cactorum*（Lebert. et Cohn.）Schröt.（梨黑胫病，根腐病，果腐病）

寄　　主　苹果，白梨，沙梨，柑橘，橡胶树，中华猕猴桃。

分布范围　北京、河北、山西、江苏、山东、河南、湖北、四川、云南、陕西、甘肃、新疆。

发生地点　河北：石家庄市新乐市，衡水市深州市；

山西：大同市阳高县；

甘肃：武威市凉州区；

新疆：巴音郭楞蒙古自治州尉犁县。

发生面积　5405 亩

危害指数　0.3611

- 樟树疫霉 *Phytophthora cinnamomi* Rands（干腐病，根腐病）

拉丁异名　*Phytophthora cinchonae* Sawada

寄　　主　雪松，樟树，刺槐，槐树，中华猕猴桃，山茶、番荔枝。

分布范围　北京、天津、河北、辽宁、江苏、浙江、福建、山东、河南、湖北、广东、四川、贵州、陕西、甘肃。

发生地点　天津：静海区；

山东：莱芜市钢城区、莱城区，菏泽市巨野县；

河南：三门峡市灵宝市；

四川：眉山市仁寿县，凉山彝族自治州德昌县；

陕西：汉中市西乡县；

甘肃：定西市临洮县。

发生面积　2892 亩

危害指数　0.3345

- 柑橘褐腐疫霉 *Phytophthora citrophthora*（R. E. Smith et E. H. Smith）Leon.（芽腐病，茎腐病，根腐病）

寄　　主　木瓜，柑橘，花椒，橡胶树。

分布范围　河北、江苏、山东、河南、湖北、广东、重庆、四川、贵州、云南、陕西、甘肃。

发生地点　江苏：泰州市靖江市；

山东：枣庄市台儿庄区，莱芜市钢城区、莱城区，菏泽市郓城县；

河南：三门峡市渑池县、义马市；

重庆：巫山县；

四川：泸州市泸县，遂宁市蓬溪县，眉山市仁寿县，阿坝藏族羌族自治州理县，甘孜藏族自治州丹巴县，凉山彝族自治州盐源县、会东县；

陕西：西安市户县，宝鸡市岐山县、太白县，渭南市澄城县、华阴市，延安市黄龙县，安康市宁陕县；

甘肃：天水市秦安县，定西市临洮县，陇南市武都区、文县、宕昌县、康县、西和县、礼县、两当县，临夏回族自治州临夏市、临夏县、永靖县、积石山保安族东乡族撒拉族自治县，甘南藏族自治州舟曲县，白水江保护区。

发生面积　175693 亩

危害指数　0.4796

- **蜜色疫霉** *Phytophthora meadii* **McRae**（槟榔芽腐病）

寄　　主　橡胶树，槟榔。

分布范围　海南。

发生地点　海南：白沙黎族自治县。

- **瓜果腐霉** *Pythium aphanidermatum*（Edson）**Fitzpatrick**（幼苗猝倒病）

寄　　主　银杏，雪松，落叶松，湿地松，火炬松，黄山松，柳杉，刺槐，马占相思，桉树，梓。

分布范围　黑龙江、福建、山东、湖南、广东、云南。

- **终极腐霉** *Pythium ultimum* **Trow**（苗木立枯病，猝倒病，根腐病）

寄　　主　银杏，雪松，云杉，马尾松，白皮松，黄山松，金钱松，柳杉，杉木。

分布范围　安徽、福建、江西、山东、河南、湖北、湖南、广西、四川、贵州、新疆。

发生地点　福建：三明市尤溪县；

　　　　　江西：宜春市铜鼓县；

　　　　　湖南：邵阳市洞口县，怀化市中方县；

　　　　　广西：贺州市昭平县，河池市天峨县，来宾市金秀瑶族自治县；

　　　　　四川：凉山彝族自治州甘洛县。

发生面积　2424 亩

危害指数　0.3333

接合菌亚门 Zygomycotina

毛霉目 Mucorales　　毛霉科 Mucoraceae

- **匍枝根霉** *Rhizopus stolonifer*（Ehrenb. ex Fr.）**Vuill.**（软腐病，花腐病，黑霉病）

拉丁异名　*Rhizopus artocarpi* Racib，*Rhizopus nigricans* Ehrenb

寄　　主　核桃，板栗，木波罗，番木瓜，八角，枣树。

分布范围　河北、安徽、福建、山东、河南、广东、广西、海南、四川、新疆。

发生地点　河北：石家庄市井陉县，沧州市孟村回族自治县，廊坊市固安县；

　　　　　山东：菏泽市巨野县、郓城县；

　　　　　广东：深圳市宝安区，茂名市茂南区；

　　　　　海南：海口市琼山区。

发生面积　883 亩

危害指数　0.3333

子囊菌亚门 Ascomycotina

腐皮壳菌目 Diaporthales　　黑盘壳科 Melanconidaceae

- **胡桃黑盘壳** *Melanconis juglandis*（**Ell. et Ev.**）Groves（核桃枯枝病，核桃顶枯病）

无 性 型　*Melanconium juglandinum* Kunze

寄　　主　银杏，山核桃，核桃楸，核桃，枫杨，板栗。

分布范围　东北，北京、河北、山西、浙江、安徽、山东、河南、湖北、四川、贵州、云南、陕西、甘肃、新疆。

发生地点　河北：石家庄市高邑县、赞皇县，唐山市丰润区，邯郸市武安市，邢台市广宗县，衡水市深州市；

　　　　　山西：太原市晋源区，晋城市沁水县，晋中市左权县、灵石县，运城市绛县、永济市；

　　　　　安徽：淮北市杜集区、濉溪县，宣城市绩溪县；

　　　　　山东：济南市平阴县，枣庄市台儿庄区、滕州市，东营市广饶县，济宁市兖州区、梁山县、曲阜市，泰安市泰山区、新泰市、肥城市、徂徕山林场，莱芜市钢城区、莱城区，德州市齐河县，聊城市东阿县、冠县，菏泽市曹县、单县、巨野县；

　　　　　河南：郑州市荥阳市、新郑市、登封市，洛阳市洛龙区，平顶山市鲁山县、郏县，许昌市襄城县，漯河市源汇区，三门峡市湖滨区、陕州区、卢氏县；

　　　　　湖北：十堰市郧阳区、竹山县、竹溪县、房县；

　　　　　四川：攀枝花市米易县、盐边县、普威局，广元市朝天区、剑阁县，遂宁市射洪县、大英县，乐山市金口河区、峨眉山市，眉山市仁寿县，雅安市名山区、汉源县、天全县，巴中市南江县，阿坝藏族羌族自治州理县、黑水县，甘孜藏族自治州泸定县、丹巴县、巴塘县、乡城县、稻城县、得荣县，凉山彝族自治州西昌市、盐源县、德昌县、会东县、普格县、昭觉县、冕宁县、美姑县；

　　　　　贵州：黔西南布依族苗族自治州普安县；

　　　　　云南：昆明市五华区、东川区，玉溪市通海县，昭通市大关县、水富县，临沧市临翔区、凤庆县，楚雄彝族自治州楚雄市、双柏县、牟定县、永仁县、禄丰县，红河哈尼族彝族自治州绿春县，大理白族自治州巍山彝族回族自治县，怒江傈僳族自治州泸水县；

　　　　　陕西：西安市蓝田县，宝鸡市金台区、岐山县、眉县、千阳县、麟游县、太白县，咸阳市武功县，渭南市华州区、合阳县、澄城县、华阴市，汉中市镇巴县、佛坪县，商洛市商州区、洛南县、丹凤县、山阳县、镇安县、柞水县，宁东林业局；

　　　　　甘肃：平凉市灵台县、华亭县，庆阳市西峰区、宁县、镇原县，陇南市成县、礼县、两当县；

　　　　　新疆：喀什地区泽普县、叶城县、巴楚县，和田地区和田县。

发生面积　193907 亩

危害指数　0.4035

- **栗拟小黑腐皮壳** *Pseudovalsella modonia*（**Tul.**）**Kobayashi**（栗溃疡病）

拉丁异名　*Melanconis modonia* Tul.

无 性 型　*Coryneum kunzei* Corda var. *castaneae* Sacc. et Roam.

寄　　主　核桃，板栗，茅栗。

分布范围　上海、江苏、浙江、安徽、福建、山东、河南、湖北、湖南、广东、广西、重庆、四川、贵州、云南、陕西。

发生地点　江苏：徐州市邳州市，常州市溧阳市，宿迁市沭阳县；

　　　　　浙江：杭州市桐庐县，宁波市余姚市；

　　　　　安徽：安庆市大观区，宣城市广德县；

　　　　　山东：泰安市新泰市，莱芜市钢城区、莱城区；

　　　　　河南：洛阳市嵩县，平顶山市鲁山县、舞钢市，三门峡市卢氏县，南阳市内乡县、桐柏县、新蔡县、固始县；

　　　　　湖北：十堰市房县，宜昌市五峰土家族自治县，襄阳市保康县，黄冈市英山县；

　　　　　湖南：长沙市浏阳市，郴州市安仁县；

　　　　　广东：肇庆市封开县；

　　　　　重庆：黔江区，秀山土家族苗族自治县；

　　　　　四川：攀枝花市仁和区、盐边县，凉山彝族自治州盐源县、德昌县；

　　　　　贵州：黔西南布依族苗族自治州望谟县；

　　　　　云南：昆明市富民县、宜良县、寻甸回族彝族自治县，玉溪市易门县，昭通市镇雄县，楚雄彝族自治州双柏县、牟定县、永仁县、武定县；

　　　　　陕西：宝鸡市太白县，延安市黄龙县，汉中市镇巴县，安康市汉阴县，商洛市镇安县。

发生面积　64266 亩

危害指数　0.3697

黑腐皮壳科 Valsaceae

- **寄生隐丛赤壳** *Cryphonectria parasitica*（**Murr.**）**Barr.**（板栗疫病，栗疫病）

拉丁异名　*Endothia parasitica*（Murr.）P. J. et H. W. Anderson

寄　　主　板栗，茅栗，日本栗，锥栗，漆树。

分布范围　北京、河北、辽宁、江苏、浙江、安徽、福建、江西、山东、河南、湖北、湖南、广东、广西、重庆、四川、贵州、云南、陕西、甘肃。

发生地点　河北：唐山市迁西县、遵化市，邯郸市武安市，邢台市邢台县、沙河市，承德市承德县、兴隆县、宽城满族自治县；

　　　　　江苏：徐州市邳州市，常州市溧阳市；

　　　　　浙江：杭州市桐庐县，宁波市余姚市，金华市东阳市，台州市玉环县、三门县，丽水市、庆元县；

安徽：芜湖市繁昌县、无为县，安庆市潜山县、岳西县，滁州市南谯区、全椒县，六安市裕安区、舒城县、金寨县、霍山县，宣城市宣州区、广德县、宁国市；

福建：三明市宁化县，南平市延平区、顺昌县、松溪县、政和县、邵武市，龙岩市连城县；

江西：鹰潭市贵溪市，吉安市峡江县，宜春市靖安县、高安市，上饶市广丰区、余干县；

山东：济南市章丘市，青岛市即墨市、莱西市，枣庄市市中区、山亭区，泰安市泰山区、岱岳区、新泰市、泰山林场、徂徕山林场，威海市高新技术开发区、经济开发区、临港区，日照市东港区、五莲县、莒县，莱芜市莱城区、钢城区，临沂市河东区、郯城县、费县、平邑县、莒南县；

河南：南阳市桐柏县，信阳市罗山县；

湖北：武汉市新洲区，十堰市郧西县、竹山县、竹溪县，宜昌市秭归县，襄阳市南漳县，孝感市大悟县、安陆市，黄冈市团风县、蕲春县，恩施土家族苗族自治州宣恩县，神农架林区；

湖南：湘潭市湘潭县、湘乡市，衡阳市衡南县、祁东县、常宁市，邵阳市邵阳县、隆回县、城步苗族自治县、武冈市，岳阳市岳阳县、平江县、汨罗市，张家界市慈利县，郴州市北湖区、桂阳县、宜章县、嘉禾县、汝城县、桂东县，永州市零陵区、祁阳县、道县，怀化市沅陵县、洪江市，湘西土家族苗族自治州保靖县、永顺县、龙山县；

广东：肇庆市封开县；

广西：南宁市隆安县，柳州市融安县，桂林市雁山区、阳朔县、永福县，河池市金城江区、南丹县、天峨县、凤山县、东兰县；

重庆：黔江区，秀山土家族苗族自治县、酉阳土家族苗族自治县；

四川：内江市资中县，巴中市通江县，凉山彝族自治州盐源县；

贵州：毕节市七星关区、大方县；

云南：昆明市富民县、石林彝族自治县、禄劝彝族苗族自治县、寻甸回族彝族自治县；

陕西：宝鸡市太白县，汉中市西乡县，安康市汉滨区、汉阴县、石泉县、宁陕县、岚皋县、旬阳县，商洛市商州区、丹凤县、商南县、山阳县、镇安县，宁东林业局。

发生面积　216936 亩

危害指数　0.3964

● **葡萄生小隐孢壳 *Cryptosporella viticola*（Redd.）Shear（葡萄蔓枝病，葡萄蔓割病）**

无 性 型　*Fusicoccum viticolum* Redd.

寄　　主　葡萄，山葡萄。

分布范围　河北、内蒙古、辽宁、吉林、江苏、山东、河南、湖北、甘肃。

发生地点　河北：唐山市开平区、玉田县，秦皇岛市昌黎县，邢台市邢台县，廊坊市固安县，衡水市深州市；

山东：枣庄市台儿庄区，菏泽市曹县；

河南：平顶山市鲁山县；

甘肃：酒泉市瓜州县、敦煌市。

发生面积　4674 亩

危害指数　0.3342

- **柑橘间座壳 *Diaporthe citri*（Fawcett）Wolf.**（柑橘流脂病，柑橘枯枝病）

  无 性 型　*Phomopsis citri* Fawcett

  寄　　主　文旦柚，柑橘，橙。

  分布范围　江苏、福建、江西、湖北、湖南、广东、广西、四川、陕西。

  发生地点　福建：泉州市永春县，漳州市平和县；

  　　　　　湖南：永州市回龙圩管理区；

  　　　　　广东：云浮市云安区。

  发生面积　18799 亩

  危害指数　0.4181

- **球果间座壳菌 *Diaporthe conorum*（Desm.）Niessl**（落叶松干枯病）

  无 性 型　*Phomopsis occulta* Trav.

  寄　　主　日本落叶松，落叶松，华北落叶松。

  分布范围　辽宁、湖北、湖南。

  发生地点　湖南：湘西土家族苗族自治州龙山县。

  发生面积　500 亩

  危害指数　0.3333

- **尖间座壳 *Diaporthe spiculosa*（Alb. et Schw.）Nits**（盐肤木枯枝病）

  寄　　主　盐肤木。

  分布范围　山东、重庆、四川、陕西。

  发生地点　重庆：巫山县；

  　　　　　四川：自贡市贡井区。

  发生面积　251 亩

  危害指数　0.3333

- **屈曲内座壳 *Endothia gyrosa*（Schw.）Fuck.**（栓皮栎干枯病）

  寄　　主　栓皮栎。

  分布范围　河南、陕西。

- **日本内座壳 *Endothia japonica*（Merr.）Pat.**（锥栗干枯病）

  寄　　主　银杏，锥栗。

  分布范围　福建、广西。

- **栎日规壳 *Gnomonia quercina* Kleb.**（栎炭疽病）

  无 性 型　*Gloeosporium quercinum* West.

  寄　　主　白毛石栎，白栎，刺叶栎，栓皮栎，青冈。

分布范围　吉林、江西、湖北、重庆、四川、陕西。

发生地点　重庆：彭水苗族土家族自治县；

四川：宜宾市翠屏区，巴中市恩阳区，甘孜藏族自治州雅江县、新龙县、白玉县、色达县、理塘县、巴塘县、得荣县、新龙林业局；

陕西：宁东林业局。

发生面积　1476 亩

危害指数　0.3333

- **孔策白孔座壳** *Leucostoma kunzei*（**Fr.**）**Munk.** （红松烂皮流脂病，松枝枯病）

拉丁异名　*Valsa kunzei* Nits.

无 性 型　*Cytospora kunzei* Sacc.

寄　　主　红松，马尾松，赤松，油松。

分布范围　东北，山东、广东、四川。

发生地点　黑龙江：伊春市伊春区、嘉荫县；

广东：肇庆市德庆县；

四川：内江市威远县、隆昌县；

黑龙江森林工业总局：伊春林业管理局。

发生面积　2063 亩

危害指数　0.3333

- **榛座瓶壳** *Mamiania coryli*（**Batsc ex Fr.**）**Ces. et de Not**（榛叶斑病）

寄　　主　榛子，毛榛。

分布范围　东北，河北、内蒙古、陕西、甘肃。

发生地点　陕西：宁东林业局。

- **小原盾球壳** *Stegophora oharana*（**Nishikado et Matsumoto**）**Petrak**（榆树黑斑病，榆树炭疽病）

拉丁异名　*Gnomonia oharana* Nishik. et Matsum.

无 性 型　*Asteroma ulmi*（Klotz.）Cke.

寄　　主　山杨，桤木，旱榆，大果榆树，榔榆，春榆，榆树，梨，枣树。

分布范围　华北、东北，江苏、浙江、安徽、山东、河南、湖北、重庆、四川、陕西、宁夏、新疆。

发生地点　河北：保定市顺平县；

江苏：盐城市响水县、射阳县、东台市，泰州市姜堰区；

浙江：温州市洞头区；

安徽：阜阳市临泉县；

山东：济宁市鱼台县、金乡县、汶上县、梁山县、经济技术开发区，莱芜市莱城区；

河南：新乡市牧野区；

重庆：黔江区；

四川：德阳市罗江县，阿坝藏族羌族自治州汶川县，甘孜藏族自治州得荣县。

发生面积　9196 亩

危害指数　0.4801

- **梨黑腐皮壳 *Valsa ambiens*（Pers.）Fr.**（梨烂皮病，梨枯枝病）

  无 性 型   *Cytospora ambiens* Sacc.

  寄   主   梨，白梨，秋子梨。

  分布范围   东北，北京、河北、江苏、浙江、山东、湖北、湖南、西藏、陕西、甘肃。

  发生地点   山东：聊城市莘县，菏泽市定陶区。

- **弗氏黑腐皮壳 *Valsa friesii*（Duby）Fuckel**（落叶松枝枯病）

  无 性 型   *Cytospora friesii* Sacc.

  寄   主   日本落叶松，华北落叶松，落叶松。

  分布范围   河北、内蒙古、山西、黑龙江、湖北、湖南、贵州。

  发生地点   山西：运城市新绛县；

              湖南：湘西土家族苗族自治州保靖县。

- **核果黑腐皮壳 *Valsa leucostoma*（Pers.）Fr.**（李腐烂病，李枝枯病）

  拉丁异名   *Leucostoma persoonii*（Nits.）Höhn.

  无 性 型   *Cytospora leucostoma* Sacc.

  寄   主   桃，杏，李，樱桃。

  分布范围   北京、河北、吉林、山东、云南、陕西、新疆。

- **苹果黑腐皮壳 *Valsa mali* Miyabe et Yamada**（苹果树腐烂病，苹果烂皮病）

  拉丁异名   *Valsa ceratosperma*（Tode ex Fr.）Maire

  寄   主   桃，山杏，杏，樱桃，山楂，西府海棠，秋海棠，野海棠，海棠花，苹果，李，杜梨，白梨，河北梨，沙梨，新疆梨，秋子梨。

  分布范围   华北、西南、西北、辽宁、江苏、安徽、江西、山东、河南、湖北、湖南。

  发生地点   北京：丰台区、大兴区、密云区、延庆区；

              河北：石家庄市井陉矿区、藁城区、鹿泉区、行唐县、灵寿县、高邑县、赞皇县、赵县、晋州市、新乐市，唐山市路北区、古冶区、开平区、丰南区、丰润区、滦南县、乐亭县、玉田县、遵化市，秦皇岛市北戴河区、抚宁区、青龙满族自治县、昌黎县、卢龙县，邯郸市成安县、肥乡区、鸡泽县，邢台市邢台县、内丘县、任县、南和县、宁晋县、新河县、广宗县、南宫市、沙河市，保定市满城区、徐水区、阜平县、定兴县、唐县、高阳县、蠡县、顺平县、涿州市、高碑店市，张家口市蔚县、阳原县、怀安县、怀来县、涿鹿县，承德市高新区、承德县、兴隆县、平泉县、宽城满族自治县、围场满族蒙古族自治县，沧州市沧县、东光县、吴桥县、献县、黄骅市、河间市，廊坊市固安县、永清县、香河县、大城县、三河市，衡水市枣强县、武邑县、武强县、安平县、故城县、景县、冀州市、深州市，定州市、辛集市；

              山西：太原市尖草坪区，晋城市泽州县，运城市万荣县、闻喜县；

              内蒙古：赤峰市宁城县，通辽市科尔沁左翼后旗，巴彦淖尔市乌拉特前旗；

              辽宁：沈阳市康平县、法库县；

              江苏：徐州市睢宁县、邳州市；

              山东：济南市历城区、济阳县、商河县、章丘市，青岛市即墨市、莱西市，枣庄市台儿庄区，东营市东营区、河口区、利津县、广饶县，潍坊市昌邑市，济宁市兖州区、金乡县、汶上县、梁山县、曲阜市，泰安市新泰市、泰山林场、徂徕山林场，威海市高新技术开发区、经济开发区、临港区，日照市岚山区、莒县，莱芜市钢城区、莱城区，临沂市兰山区、莒南县、临沭县，德州市武城县，聊城市东昌府区、阳谷县、茌平县、东阿县、冠县，菏泽市牡丹区、定陶区、单县、巨野县；

河南：郑州市惠济区、中牟县、荥阳市，开封市通许县，洛阳市栾川县、嵩县、洛宁县，平顶山市鲁山县，鹤壁市淇县，濮阳市南乐县，许昌市魏都区，三门峡市湖滨区、陕州区、灵宝市，南阳市方城县，商丘市梁园区、睢阳区、宁陵县、虞城县，济源市、巩义市、兰考县、鹿邑县、新蔡县；

湖南：湘潭市湘潭县、湘乡市，永州市零陵区、道县、宁远县、江华瑶族自治县；

四川：凉山彝族自治州盐源县；

云南：楚雄彝族自治州武定县；

西藏：拉萨市曲水县，林芝市巴宜区；

陕西：西安市阎良区，宝鸡市扶风县，咸阳市泾阳县、永寿县，延安市宝塔区、延长县、延川县、洛川县、黄龙县，榆林市米脂县，杨陵区；

甘肃：兰州市城关区、七里河区、红古区、皋兰县、榆中县，白银市靖远县、景泰县，天水市秦州区、麦积区、清水县、甘谷县、武山县、张家川回族自治县，武威市凉州区，平凉市崆峒区、泾川县、灵台县、崇信县、庄浪县、静宁县，酒泉市肃州区，庆阳市庆城县、华池县、合水县、正宁县、宁县、镇原县，定西市通渭县、临洮县、漳县，陇南市西和县、礼县，甘南藏族自治州舟曲县；

青海：海东市民和回族土族自治县；

宁夏：银川市永宁县、贺兰县、灵武市，石嘴山市大武口区、惠农区，吴忠市同心县，中卫市、沙坡头区、中宁县；

新疆：乌鲁木齐市高新区、乌鲁木齐县，克拉玛依市克拉玛依区，哈密市伊州区，巴音郭楞蒙古自治州库尔勒市、轮台县、尉犁县、和静县，喀什地区莎车县、叶城县、麦盖提县，和田地区和田县、墨玉县，塔城地区沙湾县；

新疆生产建设兵团：农一师3团、10团、13团，农二师22团、29团，农三师48团、53团，农四师63团、68团，农十四师224团。

发生面积　990375亩
危害指数　0.3973

● 泡桐黑腐皮壳 *Valsa paulowniae* Miyabe et Hemmi （泡桐腐烂病）

无性型　*Cytospora paulowniae* Miyabe et Hemmi
寄　　主　楸叶泡桐，兰考泡桐，白花泡桐，毛泡桐。
分布范围　河北、安徽、山西、山东、河南、湖北、湖南、陕西。
发生地点　河北：沧州市河间市；
　　　　　山西：运城市临猗县；
　　　　　山东：东营市广饶县，烟台市芝罘区，莱芜市钢城区；
　　　　　河南：郑州市荥阳市，许昌市许昌县，三门峡市陕州区，兰考县、鹿邑县；

　　　　　　　陕西：渭南市大荔县。

发生面积　1524 亩

危害指数　0.3775

- **柳属黑腐皮壳 *Valsa salicina* Pers. ex Fr.** （柳树烂皮病）

无　性　型　*Cytospora salicis*（Corda）Rab.

寄　　　主　垂柳，黄柳，旱柳。

分布范围　华北，辽宁、黑龙江、安徽、江西、山东、河南、湖北、湖南、四川、陕西、甘肃、宁夏、新疆。

发生地点　河北：石家庄市灵寿县，唐山市乐亭县、玉田县，保定市满城区、徐水区、阜平县、唐县、蠡县、雄县，张家口市怀安县，沧州市吴桥县、河间市，定州市；

　　　　　　　山西：晋中市灵石县；

　　　　　　　内蒙古：鄂尔多斯市准格尔旗，巴彦淖尔市乌拉特前旗，阿拉善盟额济纳旗；

　　　　　　　辽宁：沈阳市新民市，丹东市东港市；

　　　　　　　黑龙江：佳木斯市富锦市；

　　　　　　　安徽：蚌埠市怀远县、固镇县，滁州市天长市，阜阳市颍泉区；

　　　　　　　山东：枣庄市台儿庄区，东营市东营区，潍坊市昌邑市，济宁市嘉祥县、曲阜市，莱芜市莱城区，德州市齐河县、开发区，菏泽市定陶区、单县、巨野县；

　　　　　　　河南：郑州市荥阳市，开封市祥符区，洛阳市新安县，平顶山市鲁山县，新乡市新乡县，许昌市鄢陵县、襄城县、禹州市，漯河市郾城区，三门峡市陕州区，南阳市社旗县，周口市项城市，驻马店市确山县，巩义市；

　　　　　　　湖南：株洲市芦淞区、石峰区、云龙示范区；

　　　　　　　四川：甘孜藏族自治州石渠县；

　　　　　　　陕西：宝鸡市麟游县，咸阳市长武县，榆林市榆阳区；

　　　　　　　甘肃：庆阳市庆城县，定西市通渭县、渭源县，临夏回族自治州临夏市、临夏县、康乐县、永靖县、广河县、和政县、东乡族自治县、积石山保安族东乡族撒拉族自治县；

　　　　　　　宁夏：吴忠市同心县，固原市西吉县。

发生面积　56253 亩

危害指数　0.4523

- **污黑腐皮壳 *Valsa sordida* Nitsch.** （杨树烂皮病）

无　性　型　*Cytospora chrysosperma*（Pers.）Fr.

寄　　　主　北京杨，藏川杨，银白杨，新疆杨，中东杨，加杨，青杨，山杨，胡杨，二白杨，河北杨，大叶杨，辽杨，黑杨，钻天杨，箭杆杨，小青杨，小叶杨，毛白杨，小黑杨，滇杨，垂柳，曲枝垂柳，旱柳，馒头柳，山核桃，核桃，板栗，榆树，桑，花楸树。

分布范围　华北、东北、西北，上海、江苏、浙江、安徽、江西、山东、河南、湖北、湖南、重庆、四川、西藏。

发生地点　北京：海淀区、房山区、通州区、顺义区、大兴区、延庆区；

　　　　　　　天津：塘沽区、东丽区、津南区、北辰区、武清区、宝坻区、静海区、蓟县；

河北：石家庄市井陉矿区、藁城区、鹿泉区、栾城区、井陉县、正定县、灵寿县、高邑县，唐山市古冶区、曹妃甸区、滦南县、乐亭县、玉田县、遵化市，秦皇岛市北戴河区、抚宁区、青龙满族自治县、昌黎县、卢龙县，邯郸市临漳县、邱县、鸡泽县、广平县、馆陶县、魏县，邢台市邢台县、任县、南和县、新河县、平乡县、临西县，保定市满城区、徐水区、涞水县、阜平县、唐县、高阳县、望都县、曲阳县、蠡县、博野县、雄县、涿州市、高碑店市，张家口市宣化区、万全区、崇礼区、张北县、康保县、沽源县、蔚县、阳原县、怀安县、赤城县，承德市高新区、承德县、兴隆县、平泉县、滦平县、隆化县、丰宁满族自治县、宽城满族自治县、围场满族蒙古族自治县，沧州市沧县、东光县、南皮县、吴桥县、献县、黄骅市、河间市，廊坊市安次区、广阳区、固安县、永清县、文安县、大厂回族自治县、霸州市，衡水市桃城区、枣强县、武邑县、武强县、饶阳县、安平县、冀州市、辛集市；

山西：太原市小店区、迎泽区、杏花岭区、尖草坪区、阳曲县，大同市阳高县、广灵县，长治市郊区、长治县，晋城市沁水县、泽州县，朔州市朔城区、应县，晋中市榆次区、和顺县、祁县、平遥县、灵石县、介休市，运城市盐湖区、临猗县、稷山县、新绛县、绛县、垣曲县、平陆县、芮城县、永济市，忻州市原平市，吕梁市交城县、孝义市，杨树丰产林实验局；

内蒙古：呼和浩特市赛罕区、土默特左旗、和林格尔县、清水河县、武川县，包头市九原区、土默特右旗、固阳县，乌海市海勃湾区、海南区、乌达区，赤峰市阿鲁科尔沁旗、巴林左旗、巴林右旗、林西县、翁牛特旗、宁城县、敖汉旗，通辽市科尔沁区、科尔沁左翼中旗、科尔沁左翼后旗、库伦旗、奈曼旗，鄂尔多斯市康巴什新区，呼伦贝尔市海拉尔区、满洲里市，巴彦淖尔市临河区、五原县、乌拉特前旗、乌拉特中旗、乌拉特后旗、杭锦后旗，乌兰察布市集宁区、化德县、察哈尔右翼中旗、四子王旗，锡林郭勒盟锡林浩特市，阿拉善盟阿拉善左旗、阿拉善右旗、额济纳旗；

辽宁：沈阳市苏家屯区、辽中区、康平县、法库县、新民市，大连市甘井子区、金普新区、普兰店区、瓦房店市、庄河市，鞍山市台安县、海城市，抚顺市新宾满族自治县，本溪市本溪满族自治县，丹东市凤城市，锦州市黑山县、义县、凌海市、北镇市，营口市鲅鱼圈区、老边区、盖州市、大石桥市，阜新市阜新蒙古族自治县、彰武县，辽阳市宏伟区、弓长岭区、太子河区、辽阳县、灯塔市，盘锦市大洼区、盘山县，铁岭市铁岭县、西丰县、昌图县、开原市，朝阳市双塔区、龙城区、建平县、喀喇沁左翼蒙古族自治县、北票市、凌源市，葫芦岛市建昌县、兴城市；

吉林：长春市双阳区、农安县、榆树市，四平市梨树县、双辽市，辽源市东丰县，松原市宁江区、前郭尔罗斯蒙古族自治县、长岭县、乾安县、扶余市，白城市洮北区、通榆县；

黑龙江：哈尔滨市双城区、依兰县、巴彦县、木兰县、延寿县、五常市，齐齐哈尔市碾子山区、富裕县、克东县、讷河市、齐齐哈尔市属林场，鹤岗市属林场，大庆市让胡路区、大同区、肇州县、肇源县、林甸县、杜尔伯特蒙古族自治县，伊春市嘉荫县，佳木斯市桦川县、同江市、富锦市，牡丹江市宁安市，黑河市逊克县、北安市、五大连池市，绥化市望奎县、兰西县、青冈县、庆安县、明水县、绥棱县、海伦市；

上海：浦东新区；

江苏：连云港市连云区，泰州市兴化市；

浙江：宁波市余姚市；

安徽：滁州市南谯区、来安县、全椒县、天长市、明光市，阜阳市颍州区，宿州市萧县，六安市金安区，亳州市涡阳县、蒙城县；

山东：济南市济阳县、商河县，青岛市胶州市，枣庄市滕州市，东营市东营区、河口区、广饶县，潍坊市潍城区、昌乐县、昌邑市，济宁市任城区、微山县、鱼台县、金乡县、汶上县、梁山县、曲阜市、高新技术开发区、经济技术开发区，泰安市东平县、新泰市、肥城市、徂徕山林场，威海市高新技术开发区、经济开发区、环翠区、临港区，日照市岚山区、莒县，莱芜市莱城区、钢城区，德州市德城区、庆云县、齐河县，聊城市东昌府区、阳谷县、茌平县、东阿县、冠县，菏泽市定陶区、曹县、单县、东明县，黄河三角洲保护区；

河南：郑州市管城回族区、中牟县、荥阳市，开封市顺河回族区、祥符区，洛阳市孟津县、新安县、栾川县、嵩县、宜阳县、洛宁县、伊川县，平顶山市宝丰县、叶县、鲁山县，安阳市内黄县、林州市，鹤壁市鹤山区、淇滨区，新乡市新乡县、延津县、封丘县、卫辉市，焦作市修武县、博爱县、武陟县，濮阳市经济开发区、南乐县、台前县、濮阳县，许昌市魏都区、许昌市经济技术开发区、东城区管委会、许昌县、襄城县、禹州市，漯河市召陵区，三门峡市陕州区、卢氏县、灵宝市，南阳市宛城区、卧龙区、南召县、镇平县，商丘市睢县、宁陵县、柘城县、虞城县，信阳市平桥区、罗山县、潢川县、淮滨县、息县，周口市扶沟县、西华县、项城市，驻马店市西平县、平舆县、确山县、泌阳县，济源市、巩义市、兰考县、汝州市、长垣县、永城市、鹿邑县、新蔡县、邓州市、固始县；

湖北：武汉市洪山区、新洲区，黄石市西塞山区，襄阳市谷城县，鄂州市鄂城区，荆州市公安县、监利县、石首市、洪湖市、松滋市，随州市随县，潜江市；

湖南：邵阳市隆回县，岳阳市云溪区、岳阳县，常德市汉寿县，益阳市资阳区、南县、沅江市，怀化市麻阳苗族自治县，娄底市涟源市；

重庆：酉阳土家族苗族自治县；

四川：遂宁市船山区，南充市仪陇县，巴中市通江县，甘孜藏族自治州丹巴县、雅江县、新龙县、德格县、石渠县、理塘县、巴塘县、乡城县、新龙林业局，凉山彝族自治州盐源县、普格县、布拖县、金阳县、昭觉县、美姑县；

西藏：拉萨市林周县、曲水县，日喀则市谢通门县、桑珠孜区、南木林县、吉隆县，山南市隆子县、扎囊县、乃东县、琼结县，林芝市巴宜区；

陕西：西安市临潼区、户县，铜川市耀州区，宝鸡市渭滨区、扶风县、千阳县、麟游县，咸阳市三原县、泾阳县、乾县、彬县、长武县、武功县、兴平市，渭南市华州区、大荔县、合阳县、华阴市，延安市安塞县、志丹县、吴起县，汉中市洋县，榆林市榆阳区、定边县，韩城市、神木县、杨陵区；

甘肃：兰州市城关区、西固区、红古区、皋兰县，嘉峪关市，金昌市金川区、永昌县，白银市平川区、靖远县、会宁县、景泰县，天水市张家川回族自治县，武威市凉州区，张掖市甘州区、肃南裕固族自治县、临泽县、高台县、山丹县，平凉市崆峒区、泾川县、崇信县、华亭县，酒泉市肃州区、金塔县、瓜州县、肃北蒙古族自治县、阿克塞哈萨克族自治县、玉门市、敦煌市，庆阳市庆城县、正宁县、镇原县、正宁总场，定西市陇西县、渭源县、临洮县、漳县、岷县，临夏回族自治州临夏市、临夏县、康乐县、永靖县、广河县、和政县、东乡族自治县、积石山保安族东乡族撒拉族自治县，兴隆山保护区、太子山保护区；

青海：西宁市城东区、城中区、城西区、城北区、大通回族土族自治县、湟中县、湟源县，海东市乐都区、平安区、民和回族土族自治县、化隆回族自治县、循化撒拉族自治县，海北藏族自治州门源回族自治县、海晏县，黄南藏族自治州同仁县、河南蒙古族自治县，海南藏族自治州共和县、同德县、贵德县、兴海县、贵南县，玉树藏族自治州玉树市、称多县、囊谦县，海西蒙古族藏族自治州格尔木市、乌兰县、都兰县；

宁夏：银川市兴庆区、西夏区、金凤区、永宁县，石嘴山市大武口区、惠农区，吴忠市利通区、红寺堡区、盐池县、同心县，固原市原州区、西吉县，中卫市中宁县；

新疆：乌鲁木齐市天山区、米东区、乌鲁木齐县，克拉玛依市独山子区、克拉玛依区、白碱滩区，吐鲁番市高昌区、鄯善县、托克逊县，哈密市伊州区，博尔塔拉蒙古自治州博乐市，巴音郭楞蒙古自治州库尔勒市、博湖县，克孜勒苏柯尔克孜自治州乌恰县，喀什地区叶城县、岳普湖县、巴楚县、塔什库尔干塔吉克自治县，和田地区和田县，塔城地区塔城市、额敏县、沙湾县、托里县、裕民县、和布克赛尔蒙古自治县，阿勒泰地区阿勒泰市、布尔津县、富蕴县、福海县、哈巴河县、青河县，石河子市；

黑龙江森林工业总局：朗乡林业局，兴隆林业局、通北林业局；

内蒙古大兴安岭林业管理局：得耳布尔林业局；

新疆生产建设兵团：农一师 10 团、13 团，农二师 22 团、29 团，农四师 63 团、68 团，农七师 130 团，农八师 148 团，农十四师 224 团。

发生面积　2043131 亩

危害指数　0.4466

蕉孢壳目 Diatrypales　　　蕉孢壳科 Diatrypaceae

● **柳蕉孢壳 *Diatrype bullata*（Hoffm.）Fr.**（柳枝枯病）

寄　　主　垂柳，旱柳。

分布范围　河北、山东、四川、陕西、青海。

发生地点　河北：沧州市东光县；

山东：东营市广饶县，黄河三角洲保护区；

四川：甘孜藏族自治州理塘县；

陕西：宝鸡市金台区，渭南市华州区。

发生面积　7354 亩

危害指数　0.3333

座囊菌目 Dothideales　　葡萄座腔菌科 Botryosphaeriaceae

● 离生葡萄座腔菌 *Botryosphaeria abrupta* Berk. et Curt. （刺槐溃疡病）

寄　　主　刺槐，毛刺槐，槐树。

分布范围　河北、江苏、山东、河南、陕西。

发生地点　山东：枣庄市滕州市，菏泽市巨野县、郓城县；

河南：三门峡市陕州区；

陕西：渭南市合阳县。

发生面积　1909 亩

危害指数　0.4776

● 贝伦格葡萄座腔菌 *Botryosphaeria berengeriana* de Not. （干腐病，轮纹病）

拉丁异名　*Botryosphaeria ribis*（Tode）Gross. et Dugg.

无 性 型　*Dothiorella gregaria* Sacc.

寄　　主　山杨，猴樟，樟树，桃，梅，山杏，杏，山楂，西府海棠，苹果，海棠花，红叶李，
　　　　　　梨，刺槐，臭椿，漆树，秋海棠，茉莉花，白花泡桐。

分布范围　东北、北京、天津、河北、内蒙古、上海、江苏、安徽、福建、山东、河南、湖北、
　　　　　　湖南、四川、陕西、甘肃、宁夏、新疆。

发生地点　河北：石家庄市行唐县、赞皇县、晋州市、新乐市，唐山市乐亭县、玉田县，邢台市
　　　　　　内丘县、隆尧县、沙河市，保定市阜平县、定兴县、唐县、高阳县、蠡县、博
　　　　　　野县、雄县，张家口市涿鹿县，沧州市东光县、黄骅市、河间市，衡水市桃城
　　　　　　区、武邑县、阜城县、冀州市、深州市、定州市、辛集市；

江苏：徐州市睢宁县，盐城市东台市；

福建：龙岩市永定区、武平县；

山东：青岛市即墨市、莱西市，日照市莒县，莱芜市钢城区，菏泽市牡丹区；

河南：郑州市荥阳市，商丘市虞城县；

四川：甘孜藏族自治州泸定县，凉山彝族自治州盐源县；

陕西：汉中市西乡县，榆林市子洲县、韩城市；

甘肃：兰州市西固区，白银市会宁县，庆阳市西峰区、镇原县；

宁夏：中卫市沙坡头区；

新疆：喀什地区泽普县、叶城县。

发生面积　230050 亩

危害指数　0.3381

- **贝伦格葡萄座腔菌 梨生专化型** *Botryosphaeria berengeriana* de Not. f. sp. *piricola*（Nose）Koganezawa et Sukuma（梨轮纹病）

拉丁异名　*Botryosphaeria ribis*（Tode）Gross. et Dugg.

寄　　主　桃，杏，山楂，苹果，海棠花，李，杜梨，白梨，鳄梨，西洋梨，河北梨，川梨，沙梨，川梨。

分布范围　河北、山西、辽宁、吉林、上海、江苏、浙江、安徽、江西、山东、河南、湖北、湖南、广西、重庆、四川、甘肃、新疆。

发生地点　河北：石家庄市井陉县、赵县、新乐市，唐山市古冶区、滦南县、乐亭县、玉田县，秦皇岛市昌黎县，邢台市邢台县、柏乡县、宁晋县、沙河市，保定市徐水区、阜平县、唐县、高阳县、博野县、高碑店市，承德市隆化县，沧州市沧县、东光县、吴桥县、献县、孟村回族自治县、黄骅市、河间市，衡水市武强县、安平县、景县、深州市、定州市、辛集市；

　　　　　上海：浦东新区、奉贤区，崇明县；

　　　　　江苏：南京市高淳区，无锡市惠山区，盐城市东台市，扬州市宝应县、高邮市，宿迁市宿城区；

　　　　　浙江：宁波市镇海区，舟山市定海区；

　　　　　安徽：宣城市宣州区；

　　　　　山东：青岛市莱西市，东营市利津县，泰安市徂徕山林场，威海市高新技术开发区、经济开发区、临港区，莱芜市莱城区，德州市齐河县，聊城市东昌府区、茌平县、东阿县，菏泽市牡丹区、定陶区、单县、巨野县、东明县；

　　　　　河南：焦作市孟州市，商丘市宁陵县，永城市；

　　　　　湖北：武汉市新洲区，荆州市江陵县，潜江市；

　　　　　湖南：邵阳市邵阳县，益阳市安化县，郴州市嘉禾县，永州市祁阳县、道县、蓝山县；

　　　　　重庆：涪陵区、北碚区、綦江区、南川区，梁平区、武隆区、忠县、奉节县、巫溪县、彭水苗族土家族自治县；

　　　　　四川：成都市青白江区，自贡市大安区、沿滩区、荣县，绵阳市平武县，内江市资中县、隆昌县，眉山市洪雅县，宜宾市翠屏区、筠连县、兴文县，雅安市芦山县。

发生面积　68109 亩

危害指数　0.3454

- **杉木葡萄座腔菌** *Botryosphaeria cunninghamiae* Huang（杉木溃疡病，杉木枝枯病）

寄　　主　杉木。

分布范围　福建、湖北、贵州。

发生地点　贵州：铜仁市石阡县。

发生面积　100 亩

危害指数　0.5000

- **葡萄座腔菌** *Botryosphaeria dothidea*（Moug. ex Fr.）Ces. et de Not.（苹果干腐病，胴腐病）

寄　　主　山杨，黑杨，垂柳，黄柳，旱柳，杨梅，核桃，山桃，桃，碧桃，梅，山杏，杏，樱桃，樱花，日本樱花，垂丝海棠，苹果，海棠花，樱桃李，李，红叶李，梨，新疆梨，合欢，香椿，火炬树，栾树，木棉，梧桐，青梅，秋海棠，沙枣，柿，泡桐。

分布范围 华北、东北、华东、西北，河南、湖北、湖南、广东、广西、重庆、四川、贵州、云南。

发生地点 北京：通州区、顺义区、大兴区；

河北：石家庄市井陉县、灵寿县、赞皇县、晋州市、新乐市，唐山市古冶区、开平区、丰润区、滦南县、乐亭县、玉田县、遵化市，秦皇岛市青龙满族自治县、昌黎县，邯郸市丛台区、肥乡区、鸡泽县，邢台市邢台县、内丘县、柏乡县、南和县、新河县、广宗县、清河县，保定市满城区、涞水县、定兴县、安新县、顺平县，张家口市怀来县，沧州市吴桥县、献县、泊头市，衡水市桃城区、枣强县、武邑县、武强县、故城县、景县、阜城县、辛集市；

山西：晋中市灵石县，运城市万荣县、闻喜县、新绛县、夏县、平陆县；

内蒙古：通辽市科尔沁区、科尔沁左翼后旗，鄂尔多斯市康巴什新区，巴彦淖尔市临河区、乌拉特前旗，乌兰察布市集宁区，锡林郭勒盟锡林浩特市；

黑龙江：佳木斯市富锦市；

上海：浦东新区；

江苏：无锡市锡山区、江阴市、宜兴市，徐州市铜山区、沛县、睢宁县、邳州市，常州市天宁区、钟楼区、新北区、武进区、溧阳市，苏州高新技术开发区、吴中区、吴江区、昆山市，南通市海安县、如皋市，连云港市灌云县，淮安市淮安区、清江浦区、金湖县，盐城市盐都区、响水县、滨海县、阜宁县、建湖县、东台市，扬州市宝应县，镇江市京口区、镇江新区、丹阳市、扬中市，泰州市姜堰区、兴化市、泰兴市，宿迁市宿城区、沭阳县、泗洪县；

浙江：杭州市西湖区、萧山区、桐庐县，宁波市江北区、镇海区、余姚市，嘉兴市秀洲区，舟山市定海区，台州市椒江区、天台县；

安徽：合肥市庐阳区、肥西县、庐江县，芜湖市芜湖县、繁昌县、无为县，蚌埠市固镇县，淮南市田家庵区、潘集区、寿县，安庆市大观区、宜秀区、桐城市，黄山市徽州区、黟县，滁州市南谯区、来安县、全椒县、凤阳县、天长市、明光市，阜阳市颍州区、颍东区、颍泉区、太和县、颍上县，宿州市萧县，六安市金安区、金寨县，亳州市涡阳县、蒙城县；

福建：泉州市丰泽区、永春县，漳州市芗城区、龙文区、诏安县，南平市延平区、松溪县，龙岩市武平县，福州国家森林公园；

江西：景德镇市昌江区，九江市修水县、都昌县，吉安市峡江县、井冈山市，抚州市东乡县，上饶市广丰区；

山东：济南市平阴县，青岛市即墨市、莱西市，枣庄市台儿庄区、山亭区，东营市垦利县、利津县，潍坊市坊子区、昌邑市、高新技术开发区，济宁市任城区、兖州区、鱼台县、金乡县、汶上县、梁山县、邹城市、高新技术开发区、经济技术开发区，泰安市东平县、肥城市、徂徕山林场，威海市高新技术开发区、经济开发区、环翠区、临港区，日照市莒县，莱芜市钢城区、莱城区，临沂市费县、平邑县、临沭县，德州市齐河县，聊城市阳谷县、东阿县、冠县、临清市，滨州市无棣县，菏泽市定陶区、曹县、单县；

河南：郑州市中原区、二七区、管城回族区、金水区、惠济区、中牟县、荥阳市、新密市、新郑市，开封市龙亭区、顺河回族区、尉氏县，洛阳市洛龙区、孟津县、新安县、栾川县、嵩县、洛宁县，平顶山市卫东、石龙、湛河、宝丰县、叶县、鲁山县、郏县、舞钢市，安阳市内黄县，鹤壁市鹤山区、山城区、淇滨区、淇县，新乡市凤泉区、新乡县、卫辉市、辉县市，焦作市山阳区、修武县、武陟县、沁阳市、孟州市，濮阳市清丰县、濮阳县，许昌市许昌县、鄢陵县、襄城县、禹州市、长葛市，漯河市郾城区、召陵区、舞阳县，三门峡市陕州区、渑池县、义马市、灵宝市，南阳市宛城区、卧龙区、南召县、方城县、西峡县、镇平县、内乡县、淅川县、社旗县、唐河县、新野县、桐柏县，商丘市梁园区、睢阳区、民权县、睢县、宁陵县、柘城县、虞城县，信阳市平桥区、潢川县、淮滨县，周口市川汇区、西华县，驻马店市平舆县、确山县、泌阳县、遂平县，济源市、巩义市、兰考县、汝州市、滑县、永城市、鹿邑县、邓州市、固始县；

湖北：武汉市洪山区、汉南区、新洲区，十堰市郧西县、竹山县、竹溪县，襄阳市南漳县、保康县、老河口市、枣阳市、宜城市，荆门市屈家岭管理区、京山县，孝感市孝昌县、云梦县，荆州市荆州区、公安县、监利县、江陵县、石首市，黄冈市龙感湖、浠水县、蕲春县，随州市随县，仙桃市、潜江市；

湖南：邵阳市隆回县，岳阳市君山区、岳阳县、平江县，常德市澧县、临澧县、石门县，郴州市嘉禾县，永州市冷水滩区、双牌县、道县、新田县，怀化市洪江市；

广东：广州市从化区，韶关市翁源县，佛山市南海区，汕尾市陆河县，河源市和平县；

广西：柳州市城中区、鱼峰区，桂林市平乐县，百色市德保县、乐业县，河池市金城江区；

重庆：万州区、涪陵区、大渡口区、江北区、南岸区、北碚区、綦江区、巴南区、黔江区、长寿区、合川区、永川区、南川区、铜梁区、潼南区、梁平区、城口县、丰都县、垫江县、武隆区、忠县、开县、云阳县、奉节县、巫溪县、石柱土家族自治县、秀山土家族苗族自治县、彭水苗族土家族自治县；

四川：成都市青白江区，自贡市自流井区、大安区、沿滩区、荣县，绵阳市三台县、平武县，遂宁市船山区、射洪县，内江市东兴区、威远县、隆昌县，乐山市沙湾区、金口河区、犍为县，南充市顺庆区、高坪区、嘉陵区、蓬安县、西充县，宜宾市翠屏区、南溪区、宜宾县、筠连县、兴文县，广安市前锋区，达州市渠县，资阳市雁江区，阿坝藏族羌族自治州汶川县，甘孜藏族自治州巴塘县、乡城县，凉山彝族自治州盐源县、会东县、甘洛县；

贵州：六盘水市六枝特区，遵义市道真仡佬族苗族自治县，安顺市普定县，毕节市黔西县，铜仁市碧江区、玉屏侗族自治县、思南县，贵安新区，黔西南布依族苗族自治州兴仁县、晴隆县，黔南布依族苗族自治州福泉市、三都水族自治县；

云南：昆明市经济技术开发区、倘甸产业园区，玉溪市红塔区、江川区、通海县、新平彝族傣族自治县，昭通市大关县，楚雄彝族自治州武定县，文山壮族苗族自治州富宁县，滇中产业园区安宁市；

陕西：宝鸡市高新区，延安市吴起县，汉中市汉台区、西乡县、镇巴县，榆林市子洲县，韩城市；

甘肃：兰州市皋兰县，白银市靖远县，平凉市泾川县、静宁县，酒泉市肃州区，庆阳市西峰区、正宁县、宁县、镇原县；

青海：西宁市城东区、城西区、城北区，海东市化隆回族自治县；

宁夏：银川市永宁县，吴忠市利通区、同心县，固原市彭阳县；

新疆：哈密市伊州区，巴音郭楞蒙古自治州库尔勒市、博湖县，克孜勒苏柯尔克孜自治州乌恰县，喀什地区喀什市、疏附县、泽普县、莎车县、叶城县、麦盖提县、岳普湖县、伽师县，和田地区和田县，塔城地区沙湾县；

新疆生产建设兵团：农十四师224团。

发生面积　276702 亩

危害指数　0.4392

● **褐黑葡萄座腔菌** *Botryosphaeria fuliginosa*（Moug. et Nestl.）Ell. et Ev. （李枝枯病，李溃疡病）

寄　　主　李。

分布范围　河北、吉林、四川、陕西。

● **落叶松葡萄座腔菌** *Botryosphaeria laricina*（Sawada）Shang（落叶松枯梢病）

拉丁异名　*Guignardia laricina*（Sawada）Yamamoto et K. Ito. ，*Physalospora laricina* Sawada

寄　　主　落叶松，日本落叶松，华北落叶松。

分布范围　东北，山西、内蒙古、山东、湖北、陕西、甘肃。

发生地点　山西：运城市垣曲县；

内蒙古：通辽市奈曼旗；

辽宁：大连市庄河市，抚顺市东洲区、新宾满族自治县、清原满族自治县，本溪市本溪满族自治县，丹东市宽甸满族自治县，锦州市闾山保护区，营口市盖州市，辽阳市弓长岭区、辽阳县；

吉林：延边朝鲜族自治州敦化市、和龙市、汪清县、大兴沟林业局，蛟河林业局；

黑龙江：哈尔滨市木兰县，齐齐哈尔市克东县，伊春市西林区、嘉荫县，佳木斯市富锦市；

山东：青岛市即墨市；

陕西：渭南市蒲城县；

甘肃：庆阳市正宁总场，定西市漳县、岷县；

黑龙江森林工业总局：朗乡林业局、友好林业局、红星林业局、汤旺河林业局、西林区，东京城林业局、林口林业局，鹤北林业局。

发生面积　140607 亩

危害指数　0.3584

● **仁果葡萄座腔菌** *Botryosphaeria obtusa*（Schw.）Shoemaker（梨树茎腐病）

寄　　主　白梨，沙梨，苹果。

分布范围　河北、吉林、江苏、安徽、山东、河南。

- 葡萄座腔菌一种 *Botryosphaeria* **sp.** （楠木溃疡病）
  寄　　主　刨花润楠，桢楠。
  分布范围　福建。

煤怠科 Capnodiaceae

- 柑橘煤炱 *Capnodium citri* **Berk. et Desm.** （柑橘煤烟病，柑橘煤污病）
  寄　　主　山柚子，鹅掌楸，猴樟，天竺桂，石楠，文旦柚，柑橘，柠檬，紫薇。
  分布范围　江苏、浙江、安徽、福建、江西、湖北、湖南、广东、广西、海南、重庆、四川、贵
  　　　　　州、陕西。
  发生地点　浙江：温州市鹿城区，台州市椒江区；
  　　　　　福建：漳州市龙文区、平和县；
  　　　　　江西：南昌市南昌县，吉安市新干县，上饶市余干县；
  　　　　　湖北：武汉市东西湖区，荆州市洪湖市，恩施土家族苗族自治州宣恩县；
  　　　　　湖南：湘潭市韶山市，常德市汉寿县，益阳市桃江县，永州市江永县、回龙圩管理
  　　　　　区、怀化市辰溪县、麻阳苗族自治县、娄底市涟源市；
  　　　　　广西：南宁市西乡塘区，柳州市融水苗族自治县，贺州市昭平县；
  　　　　　海南：海口市龙华区；
  　　　　　重庆：南岸区、万盛经济技术开发区，垫江县、石柱土家族自治县、秀山土家族苗族
  　　　　　自治县；
  　　　　　四川：自贡市贡井区、大安区、沿滩区、荣县，遂宁市船山区，内江市市中区、东兴
  　　　　　区、威远县、资中县、隆昌县，乐山市金口河区、犍为县，南充市西充县，眉
  　　　　　山市仁寿县，宜宾市翠屏区、南溪区，广安市武胜县，巴中市通江县，资阳市
  　　　　　雁江区；
  　　　　　陕西：汉中市西乡县。
  发生面积　45263 亩
  危害指数　0.3374

- 油橄榄煤炱 *Capnodium eleaophilum* **Pril.** （油橄榄煤污病）
  寄　　主　橄榄，油橄榄。
  分布范围　江苏、福建、湖北、云南、陕西。
  发生地点　江苏：苏州市昆山市。

- 臭椿煤炱 *Capnodium elongatum* **Berk. et Desm.** （臭椿煤污病）
  寄　　主　天竺桂，海桐，臭椿，紫薇，茶。
  分布范围　北京、河北、江苏、福建、山东、广东、四川、陕西、甘肃、宁夏。
  发生地点　北京：丰台区、通州区、顺义区、大兴区；
  　　　　　山东：济宁市鱼台县、汶上县、泗水县、梁山县、济宁经济技术开发区，菏泽市郓
  　　　　　城县；

> 广东：云浮市属林场；
>
> 四川：雅安市石棉县；
>
> 甘肃：白银市白银区；
>
> 宁夏：石嘴山市大武口区。

发生面积　1736 亩

危害指数　0.3351

● **富特煤炱** *Capnodium footii* **Berk. et Desm.**（栀子煤污病）

寄　　主　天竺桂，山茶，油茶，茶，紫薇，栀子。

分布范围　江苏、安徽、福建、江西、山东、湖北、湖南、广东、四川、贵州。

发生地点　江苏：盐城市东台市；

　　　　　福建：泉州市永春县，南平市武夷山保护区，龙岩市永定区；

　　　　　山东：青岛市即墨市；

　　　　　湖北：恩施土家族苗族自治州宣恩县；

　　　　　四川：攀枝花市盐边县，内江市威远县，乐山市沙湾区。

发生面积　1589 亩

危害指数　0.5026

● **松煤炱** *Capnodium pini* **B. et C.**（松煤污病）

寄　　主　马尾松，油松，秃杉，罗汉松。

分布范围　内蒙古、广西、海南。

发生地点　广西：南宁市横县，玉林市兴业县、北流市，六万林场；

　　　　　海南：保亭黎族苗族自治县。

发生面积　6062 亩

危害指数　0.4708

● **柳煤炱** *Capnodium salicinum* **Mont.**（柳煤污病）

寄　　主　北京杨，毛白杨，新疆杨，柳树，垂柳，旱柳，大果榉，猴樟，花曲柳，榛子，丁香。

分布范围　东北，河北、山西、内蒙古、上海、江苏、安徽、福建、山东、河南、四川、陕西、甘肃、青海、新疆。

发生地点　上海：嘉定区、松江区；

　　　　　江苏：镇江市丹阳市；

　　　　　福建：龙岩市经济开发区；

　　　　　山东：东营市垦利县，聊城市东阿县、高唐县；

　　　　　四川：甘孜藏族自治州炉霍县、甘孜县、德格县。

发生面积　288 亩

危害指数　0.6331

● **沃尔特煤炱** *Capnodium walteri* **Sacc.**（柚煤污病）

寄　　主　文旦柚，人心果。

分布范围　上海、广东。

- **煤炱一种 *Capnodium* sp.**（针叶树煤污病）

  寄　　主　杉木，罗汉松，云南松，侧柏。

  分布范围　上海、福建、云南。

  发生地点　上海：嘉定区、松江区、青浦区、奉贤区；

  　　　　　福建：漳州市漳浦县、华安县，龙岩市经济开发区，福州国家森林公园。

- **煤炱一种 *Capnodium* sp.**（阔叶树煤污病）

  寄　　主　刺栲，大果槠，高山栎，川滇高山栎，构树，桑，十大功劳，八角，山玉兰，玉兰，西米棕，天竺桂，红润楠，楠，桢楠，海桐，橡胶树，黄杨，黄栌，冬青，枸骨，铁冬青，金边黄杨，全缘叶栾树，栾树，无患子，鼠李，木荷，合果木，土沉香，紫薇，白檀，木犀。

  分布范围　华东、河南、湖北、广东、广西、海南、四川、贵州、云南、西藏。

  发生地点　上海：闵行区、宝山区、嘉定区、浦东新区、金山区、松江区、青浦区、奉贤区，崇明县；

  　　　　　江苏：南京市江宁区，苏州市吴江区，盐城市东台市，镇江市丹阳市，泰州市姜堰区、泰兴市；

  　　　　　浙江：嘉兴市嘉善县，舟山市嵊泗县，台州市临海市；

  　　　　　福建：南平市光泽县、政和县，龙岩市永定区、龙岩经济开发区、漳平市，福州国家森林公园；

  　　　　　江西：吉安市井冈山市；

  　　　　　山东：威海市环翠区，菏泽市定陶区；

  　　　　　河南：三门峡市陕州区，商丘市虞城县；

  　　　　　广东：深圳市坪山新区，茂名市化州市；

  　　　　　广西：桂林市雁山区，防城港市防城区，玉林市北流市，百色市右江区、德保县、田林县，贺州市昭平县；

  　　　　　海南：定安县、白沙黎族自治县；

  　　　　　四川：攀枝花市米易县，内江市资中县，巴中市巴州区、恩阳区；

  　　　　　云南：文山壮族苗族自治州麻栗坡县、富宁县；

  　　　　　西藏：林芝市巴宜区、波密县。

  发生面积　18655 亩

  危害指数　0.4371

- **煤炱一种 *Capnodium* sp.**（竹类煤污病）

  寄　　主　绿竹，麻竹，旱竹，毛竹。

  分布范围　上海、福建。

  发生地点　上海：松江区，崇明县；

  　　　　　福建：漳州市华安县。

- **箣竹刺壳炱 *Capnophaeum ischurochloae* Saw. et Yamam.**（箣竹煤污病）

  寄　　主　孝顺竹，绿竹，毛竹，麻竹，慈竹。

  分布范围　江苏、浙江、福建、贵州。

发生地点 江苏：苏州市吴江区；

福建：漳州市漳浦县。

- **田中新煤炱** *Neocapnodium tanakae*（**Shirai et Hara**）**Yamam.** （阔叶树煤污病）

拉丁异名 *Capnodium tanakae* Shirai et Hara

寄　　主 黑弹树，朴树，榔榆，榆树，黄葛树，山柚子，阴香，樟树，海桐，桃，黄檗，枸骨，枣树，杜英，紫薇，柿，板栗，柑橘，花椒。

分布范围 华东，河北、湖北、湖南、重庆、四川、贵州、陕西。

发生地点 上海：金山区、松江区、青浦区、奉贤区；

江苏：南京市、浦口区、栖霞区、雨花台区，苏州市太仓市，淮安市清江浦区、洪泽区、盱眙县，盐城市盐都区、阜宁县、射阳县、东台市，扬州市邗江区，镇江市丹阳市、句容市，泰州市姜堰区，宿迁市宿城区；

浙江：宁波市江北区、北仑区，台州市天台县；

江西：上饶市广丰区；

山东：济宁市鱼台县、邹城市，威海市临港区，日照市岚山区，莱芜市莱城区，聊城市东阿县；

重庆：石柱土家族自治县；

四川：绵阳市江油市。

发生面积 1128 亩

危害指数 0.3431

- **头状胶壳炱** *Scorias capitata* **Saw.** （煤污病）

寄　　主 油桐，泡桐，花孝顺竹，麻竹，慈竹，毛金竹，早竹，胖竹，茶。

分布范围 上海、安徽、福建、山东、湖北、广西、重庆、四川、贵州、云南、陕西。

发生地点 上海：浦东新区；

重庆：万州区，梁平区；

四川：成都市青白江区、大邑县、邛崃市，遂宁市射洪县，内江市资中县、隆昌县，乐山市沙湾区、金口河区，南充市高坪区、嘉陵区，眉山市仁寿县、洪雅县、青神县，宜宾市长宁县，广安市广安区、邻水县，雅安市雨城区、荥经县，巴中市巴州区、恩阳区、平昌县；

云南：昭通市大关县；

陕西：汉中市西乡县。

发生面积 9734 亩

危害指数 0.3784

刺盾炱科 Chaetothyriaceae

- **爪哇黑壳炱** *Phaeosaccardinula javanica*（**Zimm.**）**Yamam.** （女贞煤污病）

拉丁异名 *Capnodium javanica* Zimm.

寄　　主 桤木，大果榉，牡丹，西米棕，猴樟，樟树，天竺桂，海桐，石楠，柑橘，米仔兰，冬青，冬青卫矛，栾树，山茶，合果木，紫薇，女贞，小叶女贞，木犀，珊瑚树。

分布范围　河北、上海、江苏、安徽、江西、山东、河南、湖北、湖南、广东、重庆、四川、贵州、陕西。

发生地点　河北：衡水市安平县；

上海：松江区；

江苏：无锡市惠山区，常州市天宁区、钟楼区、新北区，苏州市昆山市，淮安市淮安区，镇江市扬中市；

安徽：滁州市凤阳县，阜阳市颍泉区；

河南：南阳市卧龙区、南召县；

湖北：荆州市石首市，太子山林场；

湖南：郴州市宜章县；

广东：韶关市乐昌市；

重庆：奉节县；

四川：遂宁市射洪县，巴中市通江县；

陕西：汉中市佛坪县。

发生面积　5191 亩

危害指数　0.3502

葫芦霉科 Cucurbitariaceae

- 松柏葫芦霉 *Cucurbitaria pithyophila*（**Schmidt et Kumzer ex Fr.**）**Ces. et de Not.**（松柏枯枝病）

拉丁异名　*Gibberidea pithyophila* Kuntze，*Sphaeria pithyophila* Fr.

寄　　主　冷杉，落叶松。

分布范围　内蒙古、四川。

发生地点　四川：甘孜藏族自治州雅江县。

座囊菌科 Dothideaceae

- 榆类座囊菌 *Systremma ulmi*（**Duv. ex Fr.**）**Theiss. et Syd.**（榆肿斑病）

拉丁异名　*Dothidella ulmi*（Duv.）Wint.

寄　　主　榆树。

分布范围　东北，陕西。

发生地点　陕西：延安市志丹县。

发生面积　600 亩

危害指数　0.3889

痂囊腔菌科 Elsinoaceae

- 樟树痂囊腔菌 *Elsinoë cinnamomi* **Pollack et Jenkins**（樟树黑斑病）

寄　　主　猴樟，樟树，天竺桂，木荷。

分布范围　安徽、福建、江西、重庆、四川、贵州、陕西。

发生地点　江西：赣州市赣县，宜春市奉新县；

　　　　　重庆：涪陵区。

发生面积　118 亩

危害指数　0.3333

- **橘痂囊腔菌** *Elsinoë fawcettii*（Jenk.）**Bitanc. et Jenk.**（柑橘疮痂病）

　无　性　型　*Sphaceloma fawcettii* Jenk.

　寄　　　主　文旦柚，柑橘，油茶。

　分布范围　浙江、福建、广东、广西、四川、贵州、云南。

　发生地点　福建：漳州市南靖县，南平市松溪县。

　发生面积　373 亩

　危害指数　0.4307

小球腔菌科 Leptosphaeriaceae

- **疣孢小球腔菌** *Leptosphaeria scabrispora* **Teng**（冷杉叶斑病）

　寄　　　主　冷杉，鳞皮冷杉。

　分布范围　四川、陕西。

　发生地点　四川：阿坝藏族羌族自治州汶川县、壤塘县，甘孜藏族自治州九龙县、白玉县、色达县、乡城县、得荣县、新龙林业局；

　　　　　　陕西：宁东林业局。

　发生面积　3056 亩

　危害指数　0.3447

- **小球腔菌一种** *Leptosphaeria* **sp.**（油茶叶斑病）

　寄　　　主　油茶。

　分布范围　福建。

　发生地点　福建：泉州市洛江区。

微盾菌科 Micropeltidaceae

- **大孢暗孢盘** *Armata macrospora*（Yamam.）**Yamam.**（楠木煤污病）

　拉丁异名　*Armatella macrospora* Yamam.

　寄　　　主　闽楠，桢楠。

　分布范围　福建、广东、重庆、四川、陕西。

　发生地点　重庆：彭水苗族土家族自治县。

球腔菌科 Mycosphaerellaceae

- **球座菌一种** *Guignardia* **sp.**（樱花叶枯病）

　寄　　　主　樱。

分布范围　上海。

发生地点　上海：嘉定区。

- **油桐球腔菌** *Mycosphaerella aleuritidis*（Miyake）Ou.　（油桐角斑病，油桐黑斑病）

无　性　型　*Pseudocercospora aleuritidis*（Miyake）Deighton

寄　　　主　枫香，油桐。

分布范围　江苏、浙江、安徽、福建、江西、河南、湖北、湖南、广东、广西、重庆、四川、贵州、云南、陕西。

发生地点　安徽：淮南市八公山区；

江西：赣州市安远县，吉安市永新县；

河南：平顶山市鲁山县，驻马店市泌阳县；

湖南：长沙市浏阳市，邵阳市隆回县，永州市宁远县，湘西土家族苗族自治州凤凰县；

重庆：丰都县、武隆区、彭水苗族土家族自治县；

四川：乐山市犍为县，南充市营山县、蓬安县、仪陇县，巴中市巴州区、恩阳区；

贵州：铜仁市松桃苗族自治县；

陕西：汉中市西乡县，安康市旬阳县，商洛市丹凤县。

发生面积　12538 亩

危害指数　0.3488

- **樱桃球腔菌** *Mycosphaerella cerasella* Aderh.　（樱桃穿孔褐斑病）

无　性　型　*Pseudocercospora circumcissa*（Sacc.）Liu et Guo

寄　　　主　桃，碧桃，樱桃，梅，樱花。

分布范围　北京、河北、辽宁、江苏、安徽、福建、山东、广东、广西、四川、贵州。

发生地点　北京：大兴区；

四川：攀枝花市米易县；

贵州：贵阳市南明区。

发生面积　176 亩

危害指数　0.5398

- **柑橘球腔菌** *Mycosphaerella citri* Whiteside　（柑橘脂点黄斑病）

拉丁异名　*Mycosphaerella horii* Hara.

无　性　型　*Stenella citri-grisea*（Fish.）Sivanesan

寄　　　主　文旦柚，柑橘。

分布范围　江苏、浙江、福建、广西。

- **杨短孢球腔菌** *Mycosphaerella crassa* Auerswald　（杨叶斑病）

寄　　　主　山杨，毛白杨。

分布范围　河北、山东、河南、湖南、四川、贵州、陕西。

发生地点　山东：菏泽市巨野县、郓城县；

河南：郑州市金水区；

湖南：岳阳市君山区。

● 日本落叶松球腔菌 *Mycosphaerella larici-leptolepis* Ito et al. （落叶松落叶病，落叶松早期落叶病）

拉丁异名　*Sphaerella laricina* R. Hartig

寄　　主　落叶松，日本落叶松，华北落叶松，新疆落叶松，四川红杉。

分布范围　东北，河北、山西、内蒙古、山东、湖北、四川、陕西、甘肃、新疆。

发生地点　山西：晋中市和顺县，运城市永济市；

内蒙古：呼和浩特市武川县，赤峰市克什克腾旗；

辽宁：抚顺市新宾满族自治县，本溪市本溪满族自治县，辽阳市辽阳县，铁岭市铁岭县；

吉林：吉林市丰满区、永吉县、蛟河市、桦甸市、舒兰市、磐石市、上营森经局，通化市集安市，延边朝鲜族自治州敦化市、汪清县、大兴沟林业局，三岔子林业局、湾沟林业局、泉阳林业局、露水河林业局、白石山林业局，龙湾保护区；

黑龙江：哈尔滨市依兰县、巴彦县、延寿县、五常市，齐齐哈尔市克东县、讷河市，鸡西市属林场，鹤岗市绥滨县，伊春市伊春区、嘉荫县、铁力市，佳木斯市桦川县、汤原县、同江市、富锦市，黑河市五大连池市，绥化市庆安县；

湖北：恩施土家族苗族自治州恩施市；

四川：雅安市汉源县，巴中市通江县，阿坝藏族羌族自治州汶川县、理县、黑水县，甘孜藏族自治州康定市、泸定县、九龙县、炉霍县、色达县、理塘县、得荣县、炉霍林业局，凉山彝族自治州昭觉县；

陕西：韩城市，陕西牛背梁保护区，宁东林业局；

甘肃：平凉市华亭县，定西市渭源县、临洮县，白龙江林业管理局；

新疆：天山东部国有林管理局；

黑龙江森林工业总局：桃山林业局、朗乡林业局、南岔林业局、红星林业局、汤旺河林业局、大海林林业局、穆棱林业局、绥阳林业局、林口林业局、八面通林业局、亚布力林业局、兴隆林业局、通北林业局、方正林业局、山河屯林业局、苇河林业局，双鸭山林业局、鹤北林业局、东方红林业局、清河林业局；

大兴安岭林业集团公司：呼中林业局、十八站林业局；

内蒙古大兴安岭林业管理局：阿尔山林业局、绰源林业局、乌尔旗汉林业局、库都尔林业局、克一河林业局、甘河林业局、阿里河林业局、根河林业局、阿龙山林业局、满归林业局、得耳布尔林业局、大杨树林业局、毕拉河林业局。

发生面积　1083074 亩

危害指数　0.5747

● 斑形球腔菌 *Mycosphaerella maculiformis* （Pers.） Auersw. （栎叶斑病，栎叶蛙眼病）

寄　　主　板栗，白毛石栎，槲栎，辽东栎，刺叶栎，栓皮栎，锐齿槲栎，青冈，桢楠，樱桃，刺桐，喜树。

分布范围　东北，河南、湖北、重庆、四川、陕西、宁夏。

发生地点　河南：洛阳市栾川县、洛宁县，三门峡市陕州区、灵宝市，南阳市卧龙区；

重庆：涪陵区、大渡口区、长寿区，梁平区、武隆区、忠县、云阳县、奉节县、彭水苗族土家族自治县；

四川：攀枝花市米易县、普威局，绵阳市游仙区，南充市仪陇县，宜宾市翠屏区、宜宾县，巴中市巴州区，阿坝藏族羌族自治州汶川县、九寨沟县，甘孜藏族自治州九龙县、雅江县、新龙县、白玉县、色达县、理塘县、巴塘县、乡城县、稻城县、丹巴林业局、新龙林业局，凉山彝族自治州会东县、布拖县、昭觉县；

陕西：西安市户县，宁东林业局、太白林业局。

发生面积　43759 亩

危害指数　0.3555

- **东北球腔菌** *Mycosphaerella mandshurica* **Miura**（杨叶灰斑病，杨肿茎溃疡病）

无性型　*Coryneum populinum* Bresad.

寄　主　新疆杨，北京杨，中东杨，加杨，青杨，山杨，二白杨，河北杨，黑杨，钻天杨，箭杆杨，小青杨，小叶杨，毛白杨，小黑杨，柳树，榆树。

分布范围　东北、华东、西北、北京、天津、河北、内蒙古、河南、湖北、重庆、四川。

发生地点　北京：丰台区、大兴区；

天津：蓟县；

河北：石家庄市新乐市，唐山市古冶区、乐亭县、玉田县，邢台市任县、新河县、南宫市，保定市阜平县、唐县、高阳县、望都县、安新县、蠡县、高碑店市，张家口市怀安县，廊坊市固安县、永清县、香河县、文安县、大厂回族自治县、霸州市，衡水市枣强县，定州市；

内蒙古：通辽市科尔沁区、科尔沁左翼后旗、库伦旗，巴彦淖尔市乌拉特前旗；

辽宁：沈阳市新民市，本溪市本溪满族自治县，阜新市阜新蒙古族自治县、彰武县，辽阳市辽阳县；

黑龙江：哈尔滨市双城区、依兰县、巴彦县、延寿县、尚志市、五常市，齐齐哈尔市龙沙区、建华区、铁锋区、富拉尔基区、克东县、讷河市，大庆市萨尔图区、龙凤区、红岗区、大同区、肇州县、肇源县、林甸县、杜尔伯特蒙古族自治县，佳木斯市桦川县、汤原县、富锦市，黑河市逊克县，绥化市北林区、望奎县、兰西县、青冈县、庆安县、明水县、绥棱县、安达市、肇东市、海伦市；

上海：浦东新区；

江苏：徐州市睢宁县，盐城市大丰区、响水县、阜宁县、射阳县、建湖县、东台市；

安徽：淮北市烈山区，亳州市涡阳县、蒙城县；

山东：枣庄市薛城区、台儿庄区，济宁市梁山县，莱芜市钢城区，临沂市沂水县、莒南县，德州市齐河县，聊城市阳谷县、莘县、东阿县、高唐县，菏泽市曹县、郓城县；

河南：郑州市金水区、惠济区、荥阳市、新郑市，开封市祥符区，洛阳市嵩县，鹤壁市浚县，新乡市新乡县，焦作市修武县，濮阳市范县、台前县，三门峡市陕州区，南阳市西峡县、新野县、桐柏县，商丘市民权县、睢县，周口市川汇区、扶沟县、太康县，驻马店市泌阳县、固始县；

湖北：十堰市郧西县、竹溪县，荆州市洪湖市；

重庆：市黔江区，酉阳土家族苗族自治县；

四川：自贡市自流井区、贡井区、大安区、沿滩区、荣县，德阳市旌阳区，绵阳市平武县，广元市苍溪县，内江市威远县，南充市嘉陵区、阆中市，巴中市通江县，资阳市雁江区，甘孜藏族自治州色达县、理塘县、巴塘县、稻城县，凉山彝族自治州布拖县；

陕西：咸阳市永寿县，渭南市大荔县、华阴市，延安市桥北林业局，宁东林业局；

甘肃：白银市靖远县，天水市秦安县，平凉市灵台县、崇信县、庄浪县，庆阳市庆城县、华池县、正宁县、镇原县、湘乐总场，定西市陇西县、渭源县，临夏回族自治州临夏市、临夏县、康乐县、永靖县、广河县、和政县、东乡族自治县、积石山保安族东乡族撒拉族自治县，兴隆山保护区，太统-崆峒山保护区；

宁夏：固原市彭阳县；

黑龙江森林工业总局：朗乡林业局，海林林业局；

新疆生产建设兵团：农一师13团，农二师22团、29团。

发生面积　630653 亩

危害指数　0.4811

● **杨梅球腔菌** *Mycosphaerella myricae* **Saw.** （杨梅褐斑病）

寄　　主　杨梅。

分布范围　江苏、浙江、安徽、福建、江西、湖北、湖南、广东、广西、四川、贵州。

发生地点　江苏：无锡市滨湖区，常州市天宁区、钟楼区、新北区，镇江市句容市；

浙江：温州市鹿城区、龙湾区、瑞安市、乐清市，台州市三门县、仙居县；

福建：三明市将乐县、泰宁县，泉州市安溪县，漳州市开发区，南平市延平区；

江西：赣州市安远县，吉安市峡江县；

湖北：恩施土家族苗族自治州来凤县；

湖南：长沙市浏阳市，岳阳市平江县，怀化市芷江侗族自治县；

四川：自贡市荣县。

发生面积　50634 亩

危害指数　0.4979

● **柿叶球腔菌** *Mycosphaerella nawae* **Hiura et Ikata** （柿圆斑病）

寄　　主　柿，君迁子。

分布范围　北京、天津、河北、山西、江苏、浙江、安徽、福建、山东、河南、湖北、广东、广西、四川、陕西。

发生地点　北京：房山区；

河北：石家庄市井陉县，邢台市邢台县，保定市满城区、徐水区、唐县、高阳县、顺平县；

江苏：苏州市昆山市、太仓市，盐城市东台市；

安徽：芜湖市繁昌县、无为县；

山东：济南市济阳县，潍坊市临朐县，泰安市新泰市、泰山林场，莱芜市莱城区，菏泽市牡丹区、单县；

河南：洛阳市宜阳县，平顶山市鲁山县，三门峡市灵宝市，南阳市卧龙区；

陕西：宝鸡市金台区，咸阳市泾阳县、彬县，渭南市华州区、合阳县，汉中市西乡县，商洛市山阳县，宁东林业局。

发生面积　34717 亩

危害指数　0.4190

- **泡桐球腔菌** *Mycosphaerella paulowniae* **Shirai et Hara**（泡桐斑点病）

寄　　主　白蜡树，白花泡桐。

分布范围　河北、福建、山东、四川、陕西。

发生地点　山东：聊城市东昌府区，菏泽市巨野县、郓城县；

　　　　　四川：遂宁市射洪县。

- **悬钩子球腔菌** *Mycosphaerella rubi*（Westend.）**Roark**（悬钩子叶斑病）

无 性 型　*Septoria rubi* Westend.

寄　　主　悬钩子，黑树莓。

分布范围　吉林、四川。

发生地点　四川：遂宁市船山区。

发生面积　3864 亩

危害指数　0.3333

- **梨球腔菌** *Mycosphaerella sentina*（Fr.）**Schröt.**（梨褐斑病）

拉丁异名　*Sphaerella sentina*（Fr.）Fuck.

无 性 型　*Septoria piricola* Desm.

寄　　主　桃，苹果，白梨，河北梨，川梨，沙梨，秋子梨，中华猕猴桃。

分布范围　华东，河北、辽宁、河南、湖北、湖南、广西、重庆、四川、贵州、陕西、甘肃、宁夏。

发生地点　河北：石家庄市赵县、新乐市，唐山市路北区、古冶区、滦南县、玉田县，秦皇岛市海港区，邢台市邢台县、临西县，沧州市吴桥县、河间市；

　　　　　上海：浦东新区；

　　　　　江苏：无锡市宜兴市，徐州市睢宁县，常州市溧阳市，苏州市吴江区、昆山市、太仓市；

　　　　　浙江：杭州市萧山区；

　　　　　福建：三明市沙县、将乐县、泰宁县；

　　　　　江西：吉安市遂川县、永新县；

　　　　　山东：济宁市梁山县，聊城市东阿县、冠县，菏泽市牡丹区；

　　　　　河南：开封市顺河回族区，洛阳市洛宁县，三门峡市陕州区，商丘市梁园区；

　　　　　湖北：黄冈市龙感湖；

　　　　　湖南：永州市新田县；

　　　　　广西：柳州市柳江区；

　　　　　重庆：长寿区、南川区、铜梁区、万盛经济技术开发区，梁平区、城口县、武隆区、忠县、巫溪县、酉阳土家族苗族自治县、彭水苗族土家族自治县；

　　　　　四川：成都市龙泉驿区、大邑县，自贡市大安区，攀枝花市盐边县，绵阳市三台县、梓潼县、平武县，遂宁市船山区，内江市资中县，乐山市沙湾区、金口河区、犍为县、峨边彝族自治县、马边彝族自治县，南充市嘉陵区、营山县、蓬安县、仪陇县、西充县，眉山市仁寿县、洪雅县，宜宾市南溪区，广安市前锋区、武胜县，雅安市汉源县、天全县，资阳市雁江区，甘孜藏族自治州巴塘县、得荣县，凉山彝族自治州木里藏族自治县、盐源县、布拖县；

贵州：贵阳市乌当区；

陕西：汉中市汉台区、西乡县，商洛市丹凤县；

甘肃：白银市平川区、靖远县，武威市凉州区；

宁夏：银川市兴庆区、西夏区、金凤区，吴忠市盐池县，中卫市中宁县。

发生面积　13426 亩

危害指数　0.3679

- 茶球腔菌 *Mycosphaerella theae* Hara （栀子叶褐斑病）

寄　　主　茶。

分布范围　江苏、福建、江西、广东、陕西。

发生地点　江苏：盐城市阜宁县、东台市；

广东：佛山市禅城区；

陕西：汉中市镇巴县。

多腔菌科 Myriangiaceae

- 竹鞘多腔菌 *Myriangium haraeanum* Tai et Wei （竹鞘黑圆斑病，竹黑团病）

拉丁异名　*Myriangium bambusae* Hara

寄　　主　早竹，箭竹，孝顺竹，胖竹，毛竹。

分布范围　上海、江苏、浙江、安徽、福建、江西、河南、湖南、四川、贵州、陕西。

发生地点　陕西：西安市户县。

发生面积　100 亩

危害指数　0.3333

多口壳科 Polystomellaceae

- 茶藨子亚座囊菌 *Dothidella ribesia* Theiss et Syd. （漆树枝枯病）

寄　　主　漆树。

分布范围　贵州、陕西。

裂盾菌科 Schizothyriaceae

- 环纹裂盾菌 *Schizothyrium annuliforme* Syd. et Butl. （槭黑痣病）

寄　　主　三角槭，飞蛾槭。

分布范围　江苏、浙江、安徽、河南、湖南、四川、云南。

发生地点　江苏：镇江市句容市；

安徽：淮南市八公山区。

黑星菌科 Venturiaceae

● **梨黑星菌** *Venturia pirina* **Aderh.** （梨黑星病）

无 性 型　*Fusicladium pirinum*（Lib.）Fuck.

寄　　主　苹果，杜梨，白梨，河北梨，沙梨，川梨。

分布范围　东北、华北、华东，河南、湖北、湖南、重庆、四川、贵州、云南、陕西、甘肃、宁夏。

发生地点　河北：石家庄市赵县、新乐市，唐山市路北区、古冶区、丰南区、丰润区、滦南县、乐亭县、玉田县，秦皇岛市青龙满族自治县、昌黎县、卢龙县，邯郸市肥乡区，邢台市邢台县、内丘县、柏乡县、隆尧县、宁晋县、平乡县、临西县、南宫市、沙河市，保定市徐水区、阜平县、定兴县、唐县、高阳县、容城县、蠡县、顺平县、博野县、雄县、高碑店市，张家口市怀安县、涿鹿县，沧州市东光县、南皮县、吴桥县、献县、泊头市、黄骅市、河间市，衡水市枣强县、武邑县、武强县、饶阳县、安平县、景县、阜城县、冀州市、定州市、辛集市；

内蒙古：通辽市科尔沁左翼后旗；

上海：浦东新区；

江苏：南京市高淳区，无锡市宜兴市，徐州市铜山区，常州市溧阳市，苏州市昆山市，扬州市高邮市；

浙江：舟山市定海区；

安徽：阜阳市太和县、阜南县，宿州市萧县；

福建：南平市建瓯市；

山东：东营市东营区、河口区，济宁市任城区、金乡县、嘉祥县、泗水县，泰安市岱岳区、宁阳县、徂徕山林场，日照市岚山区，莱芜市莱城区，聊城市莘县、临清市，菏泽市牡丹区、单县、巨野县；

河南：郑州市二七区，平顶山市鲁山县，安阳市内黄县，漯河市舞阳县、临颍县，商丘市宁陵县、虞城县，周口市西华县、永城市；

湖北：荆州市监利县，潜江市；

湖南：永州市零陵区、道县、蓝山县，湘西土家族苗族自治州龙山县；

重庆：武隆区；

四川：广元市旺苍县，甘孜藏族自治州巴塘县，凉山彝族自治州昭觉县、甘洛县；

贵州：六盘水市六枝特区，铜仁市碧江区、思南县；

云南：楚雄彝族自治州牟定县；

陕西：咸阳市泾阳县，榆林市靖边县、子洲县；

甘肃：金昌市金川区，白银市靖远县，张掖市民乐县、高台县；

宁夏：银川市永宁县。

发生面积　65579 亩

危害指数　0.3496

● 杨黑星菌 *Venturia populina*（Vuill.）**Fabr.**（杨黑星病）

寄　　主　青杨，山杨，黑杨，毛白杨，美洲杨。

分布范围　东北、北京、河北、内蒙古、江苏、山东、河南、湖北、重庆、四川、云南、陕西、甘肃、宁夏、新疆。

发生地点　河北：秦皇岛市昌黎县，邯郸市魏县，邢台市广宗县；

辽宁：辽阳市弓长岭区、辽阳县；

江苏：淮安市清江浦区、金湖县，盐城市大丰区、响水县、滨海县、阜宁县、射阳县、建湖县，扬州市宝应县、高邮市，泰州市姜堰区；

山东：济南市商河县，青岛市即墨市、莱西市，烟台市莱山区，济宁市兖州区、鱼台县、金乡县，莱芜市莱城区，德州市夏津县，聊城市临清市、高新技术开发区，菏泽市曹县、郓城县；

河南：郑州市荥阳市、新郑市，洛阳市伊川县，平顶山市湛河区，漯河市临颍县，南阳市西峡县，商丘市睢县，周口市扶沟县、西华县、鹿邑县、固始县；

重庆：酉阳土家族苗族自治县；

四川：德阳市绵竹市，巴中市通江县，甘孜藏族自治州色达县、理塘县、得荣县，凉山彝族自治州会东县、昭觉县；

陕西：渭南市华州区，汉中市汉台区，榆林市绥德县；

甘肃：兴隆山保护区；

宁夏：银川市金凤区，吴忠市盐池县；

新疆：博尔塔拉蒙古自治州温泉县。

发生面积　77005 亩

危害指数　0.3625

● 山杨黑星菌 *Venturia tremulae*（Frank.）**Aderh.**（山杨黑星病）

无 性 型　*Fusicladium tremulae* Fr.

寄　　主　山杨，小叶杨，藏川杨，苦杨，钻天杨。

分布范围　东北、山东、西藏、甘肃。

发生地点　山东：聊城高新技术开发区；

西藏：林芝市波密县；

甘肃：庆阳市镇原县。

发生面积　10421 亩

危害指数　0.3333

属未定位 Incertae sedis

● 竹黄 *Shiraia bambusicola* **P. Henn.**（竹赤团病）

寄　　主　箭竹，慈竹，斑竹，水竹，毛竹，花毛竹，毛金竹，早竹，高节竹，早园竹，胖竹，苦竹。

分布范围　江苏、浙江、安徽、福建、江西、河南、湖北、湖南、四川、贵州、云南、陕西。

发生地点　浙江：杭州市余杭区、临安市，金华市磐安县，衢州市常山县，台州市温岭市，丽水市；

湖南：岳阳市临湘市；

四川：广元市青川县，巴中市恩阳区。

发生面积　2986 亩

危害指数　0.3342

白粉菌目 Erysiphales　　白粉菌科 Erysiphaceae

- **禾布氏白粉菌 *Erysiphe graminis* DC. ex Merat**（木芙蓉白粉病，鸡爪槭白粉病，草坪白粉病）

寄　　主　冬青，鸡爪槭，木芙蓉。

分布范围　上海、江苏、山东。

发生地点　上海：松江区、奉贤区；

　　　　　江苏：苏州市吴江区；

　　　　　山东：青岛市即墨市、莱西市，枣庄市滕州市。

发生面积　686 亩

危害指数　0.3557

- **栾树白粉菌 *Erysiphe koelreuteriae*（Miyake）Tai**（栾树白粉病）

寄　　主　鸡爪槭，全缘叶栾树，栾树。

分布范围　北京、河北、上海、江苏、浙江、山东、河南、湖北、四川、陕西。

发生地点　北京：顺义区；

　　　　　上海：宝山区、浦东新区、松江区、奉贤区；

　　　　　江苏：苏州市昆山市，扬州市宝应县，镇江市润州区；

　　　　　浙江：衢州市常山县；

　　　　　河南：洛阳市洛宁县，三门峡市陕州区；

　　　　　四川：遂宁市大英县。

发生面积　192 亩

危害指数　0.5069

- **芍药白粉菌 *Erysiphe paeoniae* Zheng et Chen**（牡丹白粉病）

拉丁异名　*Erysiphe polygoni sensu* Tai，non DC.

寄　　主　牡丹，胡枝子，冬青，忍冬。

分布范围　北京、河北、内蒙古、辽宁、吉林、江苏、山东、湖南、云南、陕西、甘肃、青海、
　　　　　宁夏。

发生地点　北京：丰台区、大兴区；

　　　　　江苏：苏州市昆山市；

　　　　　山东：泰安市泰山林场；

　　　　　湖南：邵阳市隆回县；

　　　　　陕西：韩城市；

　　　　　甘肃：庆阳市庆城县、镇原县，定西市临洮县；

　　　　　青海：西宁市城西区；

宁夏：银川市兴庆区、西夏区、金凤区、永宁县，石嘴山市大武口区、惠农区，吴忠市盐池县，固原市彭阳县、六盘山林业局。

发生面积　9716 亩

危害指数　0.4260

- **悬铃木白粉菌 *Erysiphe platani*（Howe）U. Braun et S. Takam**（悬铃木白粉病）

  寄　　主　二球悬铃木，三球悬铃木，石楠，月季，梧桐。

  分布范围　河北、上海、江苏、安徽、山东、河南、湖北、湖南、四川、贵州、陕西。

  发生地点　河北：邢台市南和县，衡水市武强县；

  上海：浦东新区、奉贤区；

  江苏：南京市六合区、溧水区，苏州高新区、吴江区、昆山市，淮安市洪泽区、盱眙县，盐城市东台市，宿迁市宿城区、沭阳县；

  安徽：合肥市庐阳区、肥西县、庐江县，芜湖市芜湖县，蚌埠市怀远县，淮南市田家庵区，滁州市明光市，阜阳市颍泉区，亳州市利辛县；

  山东：莱芜市莱城区，聊城市东阿县、高新技术开发区；

  河南：洛阳市孟津县，平顶山市卫东区、舞钢市，鹤壁市淇滨区，濮阳市南乐县、范县，漯河市临颍县，商丘市柘城县，驻马店市驿城区，兰考县、鹿邑县；

  湖北：天门市；

  湖南：益阳市资阳区；

  四川：南充市营山县；

  贵州：贵阳市花溪区、经济技术开发区；

  陕西：咸阳市武功县，汉中市汉台区、西乡县。

  发生面积　9093 亩

  危害指数　0.4497

- **锡金白粉菌 *Erysiphe sikkimensis* Chona et al.**（栎白粉病）

  寄　　主　高山栲，元江栲，青冈，石栎，蒙古栎。

  分布范围　吉林、浙江、安徽、四川、云南、宁夏。

  发生地点　四川：攀枝花市仁和区。

- **猪毛菜内丝白粉菌 *Leveillula saxaouli*（Sorok.）Golov.**（梭梭白粉病）

  拉丁异名　*Erysiphe saxaouli* Sorok.

  寄　　主　梭梭，白梭梭。

  分布范围　内蒙古、甘肃、宁夏、新疆。

  发生地点　内蒙古：巴彦淖尔市乌拉特后旗，阿拉善盟阿拉善右旗、额济纳旗；

  甘肃：白银市靖远县，张掖市临泽县，酒泉市瓜州县、肃北蒙古族自治县、敦煌市，连古城保护区；

  新疆：克拉玛依市克拉玛依区、白碱滩区、乌尔禾区，博尔塔拉蒙古自治州甘家湖保护区，塔城地区塔城市、沙湾县；

  新疆生产建设兵团：农七师 130 团，农八师 148 团。

  发生面积　1418459 亩

危害指数　0.4386

- **粉状叉丝壳** *Microsphaera alphitoides* **Griff. et Maubl.**（栎白粉病）

拉丁异名　*Microsphaera alni*（DC.）Wint.

寄　　主　核桃，栲木，旱冬瓜，板栗，茅栗，滇青冈，青冈，栎子青冈，辽东栎，蒙古栎，槲栎，栓皮栎，白栎。

分布范围　东北、华东，北京、河北、内蒙古、河南、湖北、湖南、四川、贵州、云南、陕西。

发生地点　上海：浦东新区；

　　　　　浙江：台州市黄岩区；

　　　　　四川：攀枝花市东区、西区、米易县、盐边县，内江市隆昌县，雅安市石棉县；

　　　　　云南：昆明市西山区、倘甸产业园区、昆明市西山林场，玉溪市红塔区，临沧市永德县、镇康县、耿马傣族佤族自治县、沧源佤族自治县，楚雄彝族自治州大姚县；

　　　　　陕西：宁东林业局。

发生面积　222045 亩

危害指数　0.3396

- **小檗叉丝壳** *Microsphaera berberidis*（DC.）**Lév.**（小檗白粉病）

寄　　主　小檗，日本小檗，细叶小檗，欧洲小檗。

分布范围　东北，北京、河北、内蒙古、上海、江苏、安徽、山东、湖北、四川、云南、陕西、甘肃、青海、新疆。

发生地点　上海：闵行区、宝山区、嘉定区、浦东新区、青浦区；

　　　　　江苏：无锡市江阴市，苏州市吴江区；

　　　　　山东：青岛市胶州市，威海市环翠区、临港区；

　　　　　甘肃：莲花山保护区；

　　　　　青海：西宁市城西区。

发生面积　357 亩

危害指数　0.4006

- **叶背叉丝壳** *Microsphaera hypophylla* **Nevod.**（夏栎白粉病）

寄　　主　麻栎，辽东栎，蒙古栎，小叶栎，栓皮栎，夏栎。

分布范围　山西、辽宁、江苏、安徽、湖北、湖南、四川、贵州、新疆。

发生地点　新疆：石河子市；

　　　　　新疆生产建设兵团：农八师。

发生面积　200 亩

危害指数　0.3333

- **忍冬叉丝壳** *Microsphaera lonicerae*（DC.）**Wint.**（忍冬白粉病）

寄　　主　大叶黄杨，忍冬，新疆忍冬，华北忍冬。

分布范围　河北、内蒙古、辽宁、吉林、江苏、山东、河南、湖北、湖南、重庆、四川、贵州、陕西、甘肃、新疆。

发生地点　　河北：邢台市巨鹿县；

江苏：苏州市相城区；

山东：济宁市汶上县；

河南：济源市；

湖南：邵阳市城步苗族自治县，岳阳市岳阳县，永州市双牌县；

重庆：北碚区；

四川：内江市隆昌县；

陕西：咸阳市旬邑县，延安市宜川县；

甘肃：莲花山自然保护区。

发生面积　　6397 亩

危害指数　　0.4924

- **刺槐叉丝壳** *Microsphaera robiniae* **Tai**（刺槐白粉病）

寄　　　主　　槐树，山合欢，刺槐，胡枝子。

分布范围　　北京、内蒙古、辽宁、江苏、山东、陕西、甘肃、宁夏。

发生地点　　陕西：延安市延长县、延川县。

发生面积　　180 亩

危害指数　　0.3333

- **叶底珠叉丝壳** *Microsphaera securinegae* **Tai et Wei**（臭椿白粉病）

寄　　　主　　臭椿，一叶萩。

分布范围　　北京、河北、山西、内蒙古、吉林、江苏、安徽、山东、湖北、陕西、甘肃、宁夏。

发生地点　　河北：石家庄市井陉县，唐山市乐亭县，邢台市任县；

山西：晋中市灵石县；

江苏：南京市溧水区，淮安市淮阴区；

山东：济宁市鱼台县、金乡县、汶上县、泗水县、梁山县、经济技术开发区，泰安市岱岳区，威海市高新技术开发区、经济开发区、环翠区、临港区，聊城市东阿县、冠县，菏泽市牡丹区；

陕西：渭南市华阴市。

发生面积　　1801 亩

危害指数　　0.3426

- **中国叉丝壳** *Microsphaera sinensis* **Yu**（栗白粉病）

寄　　　主　　板栗，栎，高山栲。

分布范围　　辽宁、吉林、江苏、安徽、山东、湖北、湖南、四川、贵州、云南。

发生地点　　山东：青岛市即墨市、莱西市。

发生面积　　2658 亩

危害指数　　0.3333

- **华北紫丁香叉丝壳** *Microsphaera syringae-japonicae* **Braun**（紫丁香白粉病）

寄　　　主　　紫丁香，暴马丁香，欧丁香。

分布范围　东北，北京、河北、山西、内蒙古、江苏、山东、宁夏、青海。

发生地点　北京：丰台区；

　　　　　河北：张家口市沽源县；

　　　　　江苏：苏州市吴江区；

　　　　　山东：菏泽市牡丹区；

　　　　　青海：西宁市城西区。

发生面积　129 亩

危害指数　0.3333

- **万布叉丝壳** *Microsphaera vanbruntiana* **Ger.**（接骨木白粉病）

寄　　主　接骨木，东北接骨木，忍冬，黄花忍冬。

分布范围　东北，内蒙古、上海。

发生地点　上海：奉贤区。

- **桤木球针壳** *Phyllactinia alni* **Yu et Han**（桦白粉病）

寄　　主　赤杨，白桦，垂枝桦，黑桦，桤木，辽东桤木，鹅耳枥。

分布范围　内蒙古、辽宁、黑龙江、山东、湖北、四川、云南、甘肃、新疆。

发生地点　新疆：天山东部国有林管理局。

- **蜡瓣花球针壳** *Phyllactinia corylopsidis* **Yu et Han**（枫杨白粉病，构树白粉病，元宝槭白粉病）

寄　　主　新疆杨，北京杨，黑杨，小叶杨，核桃，枫杨，板栗，构树，桑，臭椿，色木槭，元宝槭，八角枫。

分布范围　北京、河北、内蒙古、上海、江苏、安徽、江西、山东、河南、湖北、湖南、重庆、四川、陕西、新疆。

发生地点　北京：丰台区；

　　　　　河北：张家口市沽源县；

　　　　　内蒙古：赤峰市翁牛特旗；

　　　　　上海：浦东新区、奉贤区，崇明县；

　　　　　江苏：南京市江宁区、溧水区，无锡市宜兴市，淮安市洪泽区、盱眙县；

　　　　　安徽：合肥市庐阳区、包河区、庐江县，芜湖市芜湖县、繁昌县、无为县；

　　　　　山东：济宁市汶上县，泰安市泰山林场、徂徕山林场，威海市经济开发区、临港区，莱芜市莱城区，菏泽市巨野县；

　　　　　河南：三门峡市陕州区；

　　　　　湖南：湘潭市韶山市；

　　　　　重庆：万州区；

　　　　　新疆：克拉玛依市克拉玛依区、乌尔禾区。

发生面积　4214 亩

危害指数　0.3391

- **梣球针壳** *Phyllactinia fraxini*（DC.）**Homma**（白蜡白粉病）

寄　　主　小叶梣，白蜡树，水曲柳。

分布范围　河北、吉林、江苏、浙江、安徽、山东、河南、湖南、四川。

发生地点　河北：唐山市乐亭县、玉田县，保定市唐县、高阳县、望都县，沧州市河间市；

　　　　　山东：菏泽市牡丹区、郓城县；

　　　　　河南：许昌市襄城县；

　　　　　湖南：湘西土家族苗族自治州古丈县；

　　　　　四川：巴中市通江县。

发生面积　235 亩

危害指数　0. 3475

● **胡桃球针壳** *Phyllactinia juglandis* **Tao et Qin**（核桃白粉病）

寄　　主　山核桃，薄壳山核桃，野核桃，核桃，锥栗，化香树，枫杨。

分布范围　北京、河北、山西、内蒙古、江苏、浙江、安徽、山东、河南、湖北、重庆、四川、贵州、云南、陕西、甘肃、新疆。

发生地点　河北：石家庄市井陉县、灵寿县、新乐市，邢台市邢台县；

　　　　　山西：晋中市左权县；

　　　　　山东：青岛市即墨市、莱西市，枣庄市台儿庄区，东营市利津县、广饶县，济宁市兖州区、汶上县，泰安市泰山林场、徂徕山林场，威海市高新技术开发区、经济开发区、环翠区、临港区，莱芜市钢城区、莱城区，临沂市临沭县，聊城市阳谷县，菏泽市定陶区、单县、巨野县、郓城县；

　　　　　河南：洛阳市孟津县、伊川县，平顶山市鲁山县、舞钢市，许昌市禹州市，三门峡市灵宝市，南阳市方城县，济源市；

　　　　　重庆：黔江区；

　　　　　四川：攀枝花市米易县、盐边县，遂宁市大英县，达州市渠县，雅安市雨城区、石棉县，巴中市通江县、平昌县，甘孜藏族自治州九龙县，凉山彝族自治州盐源县、德昌县、甘洛县、雷波县；

　　　　　云南：昆明市东川区，玉溪市华宁县、峨山彝族自治县，保山市龙陵县、昌宁县，昭通市巧家县、大关县，临沧市临翔区、永德县、镇康县、耿马傣族佤族自治县、沧源佤族自治县，楚雄彝族自治州楚雄市、双柏县、牟定县、南华县、姚安县、武定县、禄丰县，红河哈尼族彝族自治州弥勒市、红河县，大理白族自治州巍山彝族回族自治县、洱源县，怒江傈僳族自治州泸水县、福贡县；

　　　　　陕西：西安市临潼区，宝鸡市麟游县，渭南市华州区、大荔县、华阴市，商洛市洛南县；

　　　　　甘肃：陇南市两当县；

　　　　　新疆：喀什地区岳普湖县。

发生面积　382087 亩

危害指数　0. 3636

● **柿生球针壳** *Phyllactinia kakicola* **Saw.**（柿白粉病）

寄　　主　柿，君迁子。

分布范围　北京、河北、上海、江苏、浙江、安徽、福建、山东、河南、湖北、广东、广西、贵州、云南、陕西。

发生地点　河北：唐山市玉田县，衡水市饶阳县；

上海：浦东新区；

浙江：温州市瓯海区；

安徽：阜阳市颍泉区；

山东：青岛市即墨市、平度市、莱西市，莱芜市钢城区、莱城区；

河南：南阳市南召县；

云南：楚雄彝族自治州元谋县。

发生面积　5814 亩

危害指数　0.6200

- **桑生球针壳** *Phyllactinia moricola*（P. Henn.）Homma.（**桑白粉病**）

寄　　主　杨树，桑，鸡桑，蒙桑。

分布范围　东北、华东，北京、河北、内蒙古、河南、湖北、湖南、广东、广西、四川、贵州、云南、陕西、甘肃、宁夏。

发生地点　上海：宝山区、嘉定区、浦东新区、奉贤区；

江苏：南京市栖霞区、江宁区、溧水区，苏州市吴江区、昆山市，淮安市淮阴区，盐城市东台市；

山东：济宁市鱼台县、汶上县、泗水县、梁山县、济宁经济技术开发区，菏泽市郓城县；

四川：绵阳市三台县、平武县，巴中市通江县；

贵州：安顺市镇宁布依族苗族自治县；

陕西：宝鸡市金台区；

宁夏：银川市兴庆区、金凤区。

发生面积　1613 亩

危害指数　0.3337

- **杨球针壳** *Phyllactinia populi*（Jacz.）Yu（**杨树白粉病**）

寄　　主　响叶杨，银白杨，新疆杨，北京杨，加杨，青杨，山杨，二白杨，大叶杨，黑杨，小叶杨，毛白杨，大青杨，沙兰杨。

分布范围　华北，辽宁、黑龙江、上海、江苏、安徽、山东、河南、湖北、湖南、重庆、四川、贵州、云南、陕西、甘肃、宁夏、新疆。

发生地点　北京：通州区、顺义区；

天津：武清区、宝坻区，蓟县；

河北：石家庄市井陉矿区、灵寿县、无极县、平山县、新乐市，唐山市曹妃甸区，邢台市巨鹿县、临西县、南宫市，保定市满城区、涞水县、阜平县、唐县、博野县、张家口市蔚县，沧州市吴桥县，廊坊市固安县、永清县、香河县、大城县、文安县、霸州市、三河市，衡水市桃城区、枣强县、故城县，定州市；

内蒙古：呼和浩特市回民区，巴彦淖尔市乌拉特前旗；

上海：嘉定区；

江苏：南京市栖霞区、六合区、溧水区，徐州市铜山区、睢宁县，苏州市太仓市，连云港市连云区，淮安市洪泽区，盐城市建湖县，扬州市江都区、高邮市，泰州市海陵区、姜堰区，宿迁市宿城区、沭阳县；

安徽：合肥市肥东县，阜阳市颍州区，亳州市涡阳县、蒙城县；

山东：济南市历城区、商河县、章丘市，青岛市即墨市、莱西市，枣庄市台儿庄区、潍坊市潍城区、坊子区、诸城市、滨海经济开发区，济宁市兖州区、鱼台县、嘉祥县、汶上县、梁山县、曲阜市、经济技术开发区，泰安市东平县、新泰市、泰山林场，莱芜市莱城区，临沂市费县、临沭县，德州市庆云县、齐河县、平原县、武城县、禹城市、开发区，聊城市东昌府区、阳谷县、莘县、东阿县、冠县、高唐县、临清市，滨州市博兴县，菏泽市定陶区、曹县、单县，黄河三角洲保护区；

河南：郑州市管城回族区、中牟县、新郑市，开封市祥符区、通许县、尉氏县，洛阳市嵩县、洛宁县、伊川县，安阳市内黄县，鹤壁市淇县，新乡市红旗区、卫滨区、凤泉区、新乡县、获嘉县、原阳县、延津县、封丘县，焦作市温县、孟州市，濮阳市清丰县、南乐县、台前县，许昌市魏都区、许昌县、襄城县、禹州市，漯河市源汇区，三门峡市灵宝市，南阳市南召县、淅川县，商丘市梁园区、民权县、睢县、宁陵县、柘城县、虞城县，信阳市淮滨县，周口市扶沟县、驻马店市驿城区、泌阳县，济源市、兰考县、滑县、永城市、鹿邑县；

湖北：荆门市沙洋县；

湖南：株洲市云龙示范区，常德市石门县，益阳市资阳区、南县，永州市双牌县；

重庆：黔江区、垫江县；

四川：绵阳市平武县，遂宁市船山区、射洪县，雅安市汉源县，巴中市通江县，甘孜藏族自治州巴塘县、乡城县、得荣县，凉山彝族自治州盐源县、德昌县、会东县；

贵州：毕节市黔西县；

云南：玉溪市江川区、华宁县；

陕西：宝鸡市金台区、岐山县，咸阳市武功县，渭南市华州区、合阳县、华阴市，延安市宜川县，杨陵区；

宁夏：银川市兴庆区、金凤区，吴忠市利通区、盐池县，固原市西吉县，中卫市中宁县；

新疆：喀什地区塔什库尔干塔吉克自治县。

发生面积　524643 亩

危害指数　0.3878

● **青檀球针壳** *Phyllactinia pteroceltidis* **Yu et Han**（青檀白粉病）

寄　　主　青檀，榆树。

分布范围　北京、江苏、安徽、江西、河南、贵州。

发生地点　贵州：毕节市大方县。

发生面积　100 亩

危害指数　0.3333

• 梨球针壳 *Phyllactinia pyri*（Cast.）Homma（梨白粉病）

拉丁异名　*Erysiphe pyri* Cast.

寄　　主　梨，杜梨，白梨，沙梨，新疆梨，秋子梨，山楂，花红。

分布范围　河北、内蒙古、辽宁、上海、江苏、福建、山东、河南、湖北、湖南、广东、广西、云南、陕西、甘肃、宁夏、新疆。

发生地点　河北：石家庄市新乐市，衡水市武强县；

上海：宝山区、奉贤区；

江苏：南京市六合区，宿迁市泗洪县；

山东：威海市高新技术开发区、经济开发区，德州市夏津县，聊城市东昌府区、东阿县、冠县，菏泽市牡丹区、定陶区；

云南：玉溪市红塔区；

宁夏：银川市兴庆区、西夏区、金凤区，吴忠市盐池县，中卫市中宁县；

新疆：喀什地区泽普县、麦盖提县、岳普湖县、伽师县。

发生面积　3061 亩

危害指数　0.3355

• 栎球针壳 *Phyllactinia roboris*（Gachet）Blum.（栎白粉病）

拉丁异名　*Erysiphe roboris* Gachet，*Erysiphe quercus* Mérat.

寄　　主　板栗，茅栗，白毛石栎，麻栎，槲栎，锐齿槲栎，波罗栎，栎，小叶栎，栓皮栎。

分布范围　东北、华东，河北、河南、湖北、湖南、广东、广西、重庆、四川、贵州、云南、陕西。

发生地点　上海：松江区；

江苏：常州市溧阳市，盐城市东台市，宿迁市沭阳县；

浙江：台州市黄岩区；

安徽：芜湖市繁昌县、无为县，六安市金寨县；

江西：萍乡市上栗县，鹰潭市贵溪市，赣州市石城县，上饶市铅山县，南城县；

山东：青岛市即墨市、莱西市，泰安市徂徕山林场，威海市临港区，日照市岚山区，莱芜市莱城区、钢城区；

河南：洛阳市栾川县、洛宁县，平顶山市鲁山县，许昌市襄城县，驻马店市确山县、泌阳县；

湖北：黄石市大冶市，黄冈市黄梅县；

湖南：邵阳市隆回县，岳阳市云溪区，益阳市资阳区，永州市双牌县、道县；

广西：高峰林场；

重庆：万州区，武隆区；

四川：攀枝花市仁和区、普威局，绵阳市平武县，遂宁市蓬溪县，南充市营山县、仪陇县，广安市武胜县，雅安市汉源县，巴中市巴州区，甘孜藏族自治州泸定县、白玉县、巴塘县，凉山彝族自治州会东县、布拖县；

贵州：毕节市黔西县；

云南：玉溪市元江哈尼族彝族傣族自治县，保山市施甸县，昭通市镇雄县，楚雄彝族自治州永仁县；

陕西：西安市长安区，渭南市华州区，延安市黄龙县，安康市宁陕县，宁东林业局。

发生面积　26524 亩

危害指数　0.3686

- **萨蒙球针壳** *Phyllactinia salmonii* **Blum.**（猕猴桃白粉病，泡桐白粉病）

寄　　主　泡桐，兰考泡桐，川泡桐，白花泡桐。

分布范围　山东、河南、四川、陕西。

发生地点　山东：菏泽市郓城县；

　　　　　陕西：渭南市华阴市。

- **乌桕球针壳** *Phyllactinia sapii* **Saw.**（乌桕白粉病）

寄　　主　乌桕。

分布范围　湖北。

- **香椿球针壳** *Phyllactinia toonae* **Yu et Lai**（香椿白粉病）

寄　　主　楝树，香椿。

分布范围　北京、河北、江苏、安徽、山东、湖北、湖南、广西、重庆、四川、贵州、云南、陕西。

发生地点　江苏：扬州市宝应县；

　　　　　山东：泰安市泰山林场，威海市高新技术开发区、经济开发区、临港区，菏泽市巨野县；

　　　　　广西：钦州市三十六曲林场；

　　　　　重庆：黔江区；

　　　　　四川：攀枝花市米易县；

　　　　　云南：玉溪市红塔区。

发生面积　1063 亩

危害指数　0.6184

- **隐蔽叉丝单囊壳** *Podosphaera clandestina*（**Wallr.：Fr.**）**Lév.**（山楂白粉病）

寄　　主　山楂，山里红，苹果，三叶海棠，李，沙梨，秋子梨，玫瑰，绣线菊。

分布范围　华北，辽宁、吉林、江苏、浙江、安徽、江西、山东、河南、湖北、四川、贵州、云南、新疆。

发生地点　北京：密云区；

　　　　　河北：唐山市玉田县，保定市阜平县、高阳县；

　　　　　山西：运城市稷山县；

　　　　　内蒙古：通辽市科尔沁左翼后旗；

　　　　　山东：济南市历城区，青岛市即墨市、莱西市，济宁市邹城市，泰安市岱岳区、新泰市、徂徕山林场，莱芜市莱城区、钢城区，临沂市平邑县；

　　　　　河南：郑州市登封市；

　　　　　新疆：阿勒泰地区青河县。

发生面积　9698 亩

危害指数　0.3342

- 白叉丝单囊壳 *Podosphaera leucotricha*（**Ell. et Ev.**）**Salm.**（梨白粉病）

寄　　主　花红，山荆子，桃，山楂，西府海棠，海棠花，秋海棠，苹果，李，杜梨，河北梨，沙梨，新疆梨，柿。

分布范围　华北、东北、华东、西南、西北，河南、湖北。

发生地点　北京：房山区；

天津：静海区；

河北：石家庄市鹿泉区、井陉县、灵寿县、高邑县、新乐市，唐山市古冶区、丰润区、滦南县、乐亭县、玉田县，秦皇岛市海港区、青龙满族自治县、昌黎县，邯郸市鸡泽县，邢台市邢台县、柏乡县、清河县、沙河市，张家口市阳原县、怀安县，沧州市吴桥县、河间市，衡水市枣强县、武强县、安平县、冀州市、深州市；

山西：大同市阳高县，运城市万荣县、闻喜县；

辽宁：沈阳市法库县；

上海：浦东新区；

江苏：无锡市宜兴市；

安徽：淮北市烈山区；

江西：宜春市袁州区；

山东：枣庄市台儿庄区、山亭区，东营市垦利县、利津县、广饶县，潍坊市昌邑市，济宁市兖州区，泰安市新泰市、徂徕山林场，威海市经济开发区、临港区，莱芜市钢城区、莱城区，临沂市临沭县，德州市武城县，聊城市东昌府区、阳谷县、东阿县、高唐县，菏泽市牡丹区、单县、巨野县，黄河三角洲保护区；

河南：郑州市中牟县，开封市通许县，焦作市孟州市，濮阳市南乐县，三门峡市陕州区、灵宝市，商丘市梁园区，济源市、巩义市；

重庆：云阳县；

四川：攀枝花市东区、盐边县，巴中市通江县，甘孜藏族自治州泸定县、道孚县、炉霍县、巴塘县，凉山彝族自治州盐源县；

贵州：安顺市普定县；

陕西：汉中市汉台区、西乡县，榆林市米脂县、子洲县，商洛市洛南县；

甘肃：白银市靖远县，武威市凉州区，平凉市崆峒区、泾川县、灵台县、崇信县、庄浪县、静宁县，庆阳市西峰区、正宁县、宁县、镇原县，甘南藏族自治州舟曲县；

宁夏：银川市兴庆区、西夏区、金凤区，吴忠市盐池县、同心县，中卫市中宁县；

新疆：喀什地区疏勒县、泽普县、叶城县、麦盖提县、伽师县，石河子市；

新疆生产建设兵团：农一师 10 团，农四师 68 团，农八师。

发生面积　108103 亩

危害指数　0.3910

- 绣线菊叉丝单囊壳 *Podosphaera minor* **Hacke**（绣线菊白粉病）

寄　　主　绣线菊，中华绣线菊。

分布范围　内蒙古、上海、山东、湖北、陕西、新疆。

发生地点　上海：奉贤区，崇明县；

　　　　　陕西：咸阳市旬邑县。

发生面积　103 亩

危害指数　0.3430

- 三指叉丝单囊壳 *Podosphaera tridactyla*（**Wallr.**）**de Bary**（桃白粉病）

寄　　主　扁桃，桃，梅，杏，樱桃，苹果，李，稠李，油桃，巴旦杏，新疆梨。

分布范围　东北，北京、河北、内蒙古、浙江、安徽、江西、山东、河南、湖北、四川、贵州、云南、陕西、甘肃、新疆。

发生地点　北京：通州区、顺义区；

　　　　　河北：石家庄市灵寿县、高邑县，唐山市开平区、玉田县，邯郸市鸡泽县，邢台市邢台县、新河县、清河县，衡水市枣强县；

　　　　　浙江：宁波市江北区、北仑区、镇海区；

　　　　　安徽：合肥市庐江县，滁州市明光市，六安市金安区，亳州市涡阳县、蒙城县；

　　　　　山东：青岛市即墨市、平度市、莱西市，枣庄市台儿庄区，济宁市兖州区，威海市高新技术开发区、临港区，日照市莒县，莱芜市钢城区、莱城区，临沂市费县，聊城市东阿县，菏泽市定陶区、单县；

　　　　　河南：郑州市惠济区、新郑市，洛阳市嵩县，平顶山市鲁山县，安阳市林州市，南阳市南召县、方城县、镇平县、内乡县、淅川县，商丘市睢县；

　　　　　四川：攀枝花市东区、仁和区，南充市蓬安县，眉山市仁寿县，巴中市通江县；

　　　　　贵州：毕节市黔西县；

　　　　　云南：昭通市大关县，楚雄彝族自治州楚雄市、武定县；

　　　　　新疆：吐鲁番市高昌区，巴音郭楞蒙古自治州和静县，克孜勒苏柯尔克孜自治州阿克陶县、乌恰县，喀什地区喀什市、疏附县、疏勒县、英吉沙县、泽普县、莎车县、叶城县、麦盖提县、岳普湖县、伽师县，和田地区和田县；

　　　　　新疆生产建设兵团：农十二师。

发生面积　48112 亩

危害指数　0.3885

- 羽叶草单囊壳 *Sphaerotheca aphanis*（**Wallr.**）**Braun**（刺玫白粉病）

拉丁异名　*Sphaerotheca humuli*（DC.）Burr.

寄　　主　黄刺玫，金露梅，小叶金露梅。

分布范围　山西、青海、新疆。

发生地点　青海：西宁市城西区、城北区。

发生面积　200 亩

危害指数　0.3333

- 毡毛单囊壳 *Sphaerotheca pannosa*（**Wallr.** ：**Fr.**）**Lév.**（蔷薇白粉病）

寄　　主　十大功劳，扁桃，桃，日本樱花，西府海棠，河北梨，刺蔷薇，白蔷薇，野蔷薇，月季，玫瑰，黄刺玫。

分布范围　华北、东北、华东、西北，河南、湖北、湖南、广西、重庆、四川、贵州、云南。

发生地点　北京：大兴区、密云区；

河北：石家庄市井陉县，唐山市路南区、路北区、古冶区、乐亭县、玉田县，秦皇岛市北戴河区，邢台市平乡县，保定市阜平县、唐县，廊坊市大城县、霸州市，衡水市深州市，定州市；

上海：浦东新区、奉贤区；

江苏：无锡市江阴市，常州市天宁区、钟楼区、新北区，苏州市昆山市，盐城市东台市，扬州市江都区，镇江市京口区；

安徽：合肥市庐江县，芜湖市繁昌县、无为县；

山东：青岛市胶州市，东营市垦利县、广饶县，济宁市任城区、高新技术开发区，泰安市徂徕山林场，威海市高新技术开发区、经济开发区、环翠区、临港区，德州市齐河县，聊城市东昌府区、东阿县、冠县、高新技术开发区，菏泽市牡丹区、定陶区；

河南：洛阳市栾川县，焦作市修武县，许昌市鄢陵县；

湖北：太子山林场；

重庆：合川区；

四川：广安市前锋区，甘孜藏族自治州泸定县、白玉县；

贵州：六盘水市六枝特区、水城县、盘县，毕节市七星关区；

云南：大理白族自治州巍山彝族回族自治县；

陕西：咸阳市兴平市、杨陵区；

甘肃：天水市武山县，平凉市华亭县；

青海：西宁市城东区；

宁夏：银川市兴庆区、金凤区、贺兰县，石嘴山市大武口区；

新疆：喀什地区疏附县、英吉沙县、莎车县、岳普湖县、伽师县。

发生面积　32384 亩

危害指数　0.4835

- **赖特单囊壳 *Sphaerotheca wrightii*（Berk. et Curt.）Höhn.（苦槠白粉病）**

寄　　主　苦槠栲。

分布范围　江西。

- **鲍勃束丝壳 *Trichocladia bäumleri*（Magn.）Neger（锦鸡儿白粉病）**

寄　　主　锦鸡儿，刺槐。

分布范围　山西、内蒙古、辽宁、黑龙江、江苏、山东、河南、四川、陕西。

- **栾棒丝壳 *Typhulochaeta koelreuteriae*（Miyake）Tai（栾树白粉病）**

寄　　主　钩栲，栲树，鸡爪槭，全缘叶栾树，栾树。

分布范围　北京、上海、江苏、浙江、河南、湖北、四川、陕西。

发生地点　北京：顺义区；

上海：宝山区、浦东新区、松江区、奉贤区；

江苏：苏州市昆山市，扬州市宝应县，镇江市润州区；

浙江：衢州市常山县；

河南：洛阳市洛宁县，三门峡市陕州区；

四川：遂宁市大英县。

发生面积　192 亩

危害指数　0.5069

- **钩状丝壳** *Uncinula adunca*（**Wallr.**）**Lév.**（柳树白粉病）

拉丁异名　*Uncinula Salicis*（DC.）Wint. In Rabenh.

寄　　主　山杨，响叶杨，青杨，毛白杨，小叶杨，垂柳，大红柳，旱柳，北沙柳。

分布范围　华北、东北、西南，江苏、安徽、山东、河南、湖北、陕西、甘肃、宁夏、新疆。

发生地点　河北：唐山市乐亭县，秦皇岛市昌黎县；

山东：东营市利津县，济宁市鱼台县、汶上县，聊城经济技术开发区、高新技术开发区，菏泽市牡丹区、郓城县；

陕西：宝鸡市眉县；

宁夏：银川市兴庆区、金凤区，石嘴山市大武口区、惠农区，吴忠市盐池县，中卫市中宁县；

新疆：吐鲁番市高昌区。

发生面积　46030 亩

危害指数　0.6571

- **榆钩丝壳** *Uncinula clandestina*（**Biv.－Bern.**）**Schröt.**（榆树白粉病）

寄　　主　榆树，榔榆，苹果，紫薇，木犀。

分布范围　东北，山西、内蒙古、上海、江苏、浙江、安徽、山东、湖北、湖南、四川、贵州、陕西、宁夏、新疆。

发生地点　山东：济南市济阳县；

四川：甘孜藏族自治州得荣县；

宁夏：银川市兴庆区、西夏区、金凤区，吴忠市盐池县，中卫市中宁县。

发生面积　6399 亩

危害指数　0.3855

- **拟克林顿钩丝壳** *Uncinula clintoniopsis* **Zheng et Chen**（朴树白粉病）

寄　　主　朴树，梧桐。

分布范围　上海、江苏、浙江、安徽、广西、四川、贵州。

发生地点　上海：嘉定区、松江区；

江苏：苏州市吴江区。

- **反卷钩丝壳** *Uncinula kenjiana* **Homma**（榆树白粉病）

寄　　主　榆树，旱榆，榔榆，欧洲白榆。

分布范围　华北、东北，江苏、安徽、山东、河南、湖北、四川、贵州、陕西、宁夏、新疆。

发生地点　山东：济南市济阳县；

四川：甘孜藏族自治州得荣县；

宁夏：银川市兴庆区、西夏区、金凤区，吴忠市盐池县，中卫市中宁县。

发生面积　6399 亩

危害指数　0.3855

- **柳氏钩丝壳** *Uncinula ljubarskii sensu* **Braun，non Golov.** （槭树白粉病）

寄　　主　色木槭，梣叶槭，元宝槭，三角槭，飞蛾槭。

分布范围　辽宁、江苏、安徽、山东、河南、湖南、四川、陕西。

发生地点　山东：日照市莒县，聊城市东昌府区、东阿县；

　　　　　河南：许昌市鄢陵县。

发生面积　114 亩

危害指数　0.3333

- **南京钩丝壳** *Uncinula nankinensis* **Tai** （槭树白粉病）

寄　　主　枫杨，三角槭，色木槭。

分布范围　内蒙古、上海、江苏、浙江、安徽、河南。

发生地点　内蒙古：通辽市科尔沁区；

　　　　　上海：浦东新区；

　　　　　安徽：合肥市庐阳区，滁州市明光市；

　　　　　河南：平顶山市舞钢市，许昌市鄢陵县、长葛市。

发生面积　789 亩

危害指数　0.3587

- **葡萄钩丝壳** *Uncinula necator* （Schw.） **Burr.** （葡萄白粉病）

寄　　主　山葡萄，葡萄，狗枣猕猴桃。

分布范围　华北、东北，江苏、浙江、安徽、山东、河南、湖北、湖南、广东、广西、四川、贵州、云南、陕西、甘肃、宁夏、新疆。

发生地点　河北：石家庄市井陉县、高邑县、晋州市、新乐市，唐山市路南区、古冶区、开平区、丰润区、滦南县、乐亭县、玉田县，秦皇岛市青龙满族自治县、昌黎县，邯郸市肥乡区、鸡泽县，邢台市任县、新河县、平乡县、威县，保定市定兴县，张家口市怀安县、怀来县，承德市承德县，沧州市吴桥县、献县、河间市，廊坊市香河县、大城县、霸州市，衡水市枣强县、武邑县、武强县；

　　　　　山西：太原市清徐县；

　　　　　辽宁：沈阳市法库县；

　　　　　江苏：常州市金坛区，苏州高新技术开发区、吴江区，南通市海安县、如东县，淮安市洪泽区，盐城市响水县、射阳县，宿迁市沭阳县；

　　　　　浙江：杭州市萧山区；

　　　　　安徽：蚌埠市怀远县，马鞍山市博望区，淮北市杜集区，滁州市定远县，阜阳市颍州区，宿州市萧县，六安市叶集区、霍邱县，亳州市蒙城县；

　　　　　山东：济南市商河县，青岛市即墨市、莱西市，枣庄市台儿庄区，东营市东营区、利津县，济宁市兖州区、汶上县、梁山县，泰安市新泰市，日照市莒县，莱芜市莱城区、钢城区，临沂市临沭县，德州市陵城区，聊城市阳谷县、莘县，菏泽市牡丹区、定陶区、单县、巨野县、鄄城县；

河南：郑州市二七区、惠济区、中牟县，洛阳市孟津县，平顶山市卫东区、鲁山县、舞钢市，新乡市新乡县，焦作市博爱县、孟州市，许昌市襄城县，南阳市唐河县，商丘市睢县，信阳市淮滨县，济源市、邓州市、固始县；

湖北：潜江市；

湖南：邵阳市隆回县；

四川：成都市龙泉驿区，攀枝花市米易县，巴中市通江县；

陕西：咸阳市泾阳县，汉中市西乡县；

甘肃：白银市靖远县，武威市凉州区，张掖市甘州区、民乐县、临泽县、高台县，酒泉市金塔县、瓜州县、敦煌市，甘南藏族自治州舟曲县；

宁夏：银川市永宁县，吴忠市利通区、红寺堡区、同心县；

新疆：克拉玛依市克拉玛依区，吐鲁番市高昌区、鄯善县，哈密市伊州区，巴音郭楞蒙古自治州焉耆回族自治县、博湖县，喀什地区疏勒县、泽普县、岳普湖县、伽师县、巴楚县，塔城地区额敏县、沙湾县；

新疆生产建设兵团：农一师 10 团、13 团，农二师 22 团、29 团，农四师 63 团、68 团，农七师 124 团，农八师 148 团，农十三师火箭农场、黄田农场。

发生面积　206055 亩

危害指数　0.4335

- **多裂叉钩丝壳 *Sawadaia Polyfida*（Wei）Zheng et Chen**（白粉病）

拉丁异名　*Uncinula polyfida* Wei

寄　　主　板栗，槲栎，樟树，油樟，枫香，械。

分布范围　上海、江苏、安徽、江西、湖北、湖南、广西、重庆、四川、贵州、陕西。

发生地点　上海：浦东新区；

江苏：苏州高新技术开发区；

湖北：太子山林场；

湖南：邵阳市武冈市，岳阳市云溪区，湘西土家族苗族自治州永顺县；

广西：南宁市武鸣区；

重庆：黔江区、南川区；

四川：攀枝花市仁和区，遂宁市蓬溪县，乐山市犍为县，南充市营山县，宜宾市翠屏区、宜宾县；

贵州：铜仁市德江县、沿河土家族自治县。

发生面积　1886 亩

危害指数　0.3510

- **中国钩丝壳 *Uncinula sinensis* Tai et Wei**（槐树白粉病）

寄　　主　紫穗槐，刺槐，毛刺槐，槐树。

分布范围　北京、天津、河北、上海、江苏、浙江、安徽、山东、河南、湖北、重庆、四川、贵州、陕西、甘肃、宁夏。

发生地点　北京：通州区、顺义区；

河北：唐山市乐亭县；

上海：浦东新区、奉贤区；

江苏：南京市栖霞区、六合区，淮安市洪泽区；

山东：济宁市微山县、嘉祥县、邹城市，莱芜市莱城区，临沂市莒南县，聊城市东阿县；

湖北：太子山林场；

重庆：万州区；

四川：宜宾市南溪区；

甘肃：庆阳市镇原县，陇南市宕昌县、礼县；

宁夏：吴忠市利通区、盐池县、同心县。

发生面积　26566 亩

危害指数　0.3634

● **漆树钩丝壳** *Uncinula verniciferae* **P. Henn.** （漆树白粉病，黄栌白粉病）

寄　　主　黄栌，毛黄栌，黄连木，盐肤木，漆树。

分布范围　北京、河北、山西、辽宁、上海、江苏、浙江、安徽、山东、河南、湖北、重庆、四川、贵州、陕西、甘肃。

发生地点　北京：丰台区、房山区、大兴区；

上海：松江区、奉贤区；

江苏：淮安市清江浦区；

安徽：淮南市田家庵区；

山东：枣庄市薛城区、潍坊市坊子区、潍坊市高新技术开发区、济宁市任城区、金乡县、嘉祥县、汶上县、泗水县、济宁高新技术开发区、经济技术开发区，泰安市岱岳区、肥城市、泰山林场，威海市高新技术开发区、经济开发区、环翠区、临港区，莱芜市莱城区，聊城市东阿县、冠县，菏泽市牡丹区、郓城县；

河南：郑州市惠济区、登封市，洛阳市栾川县、嵩县，新乡市辉县市，焦作市沁阳市，许昌市许昌县，三门峡市灵宝市；

重庆：巫山县；

四川：遂宁市船山区；

陕西：宝鸡市渭滨区、金台区，咸阳市旬邑县，延安市宜川县，杨陵区，宁东林业局、太白林业局；

甘肃：白水江保护区。

发生面积　18784 亩

危害指数　0.3581

● **南方小钩丝壳** *Uncinuliella australiana* （**McAlp.**） **Zheng et Chen** （紫薇白粉病）

拉丁异名　*Uncinula australiana* McAlp.

寄　　主　紫薇，大花紫薇。

分布范围　华东、中南，北京、内蒙古、重庆、四川、贵州、云南、陕西、新疆。

发生地点　上海：浦东新区、金山区、松江区、青浦区、奉贤区，崇明县；

　江苏：南京市栖霞区、江宁区、六合区、溧水区、高淳区，无锡市江阴市，常州市武进区、金坛区，苏州高新技术开发区、吴江区、常熟市、昆山市、太仓市，南通市海门市，淮安市洪泽区、盱眙县、金湖县，盐城市盐都区、大丰区、东台市，扬州经济技术开发区，镇江市丹徒区、扬中市，泰州市海陵区、姜堰区、兴化市、泰兴市，宿迁市沭阳县；

　浙江：杭州市桐庐县、临安市，宁波市北仑区、鄞州区；

　安徽：合肥市庐阳区、庐江县，芜湖市芜湖县、繁昌县、无为县，淮南市田家庵区，安庆市迎江区、桐城市，滁州市天长市，六安市金寨县，池州市贵池区；

　福建：南平市延平区、松溪县，龙岩市长汀县；

　江西：南昌市南昌县，九江市濂溪区、九江县、庐山市；

　山东：青岛市胶州市，东营市垦利县，潍坊市诸城市，济宁市任城区、鱼台县、金乡县、嘉祥县、梁山县、高新技术开发区，泰安市泰山区、岱岳区、东平县、泰山林场、徂徕山林场，威海市环翠区、临港区，日照市岚山区，莱芜市莱城区、钢城区，临沂市兰山区，聊城市东昌府区、东阿县、冠县，菏泽市牡丹区、定陶区、巨野县、郓城县；

　河南：郑州市中原区、二七区、新郑市，平顶山市鲁山县、舞钢市，鹤壁市淇滨区，新乡市新乡县，许昌市魏都区、鄢陵县、襄城县、禹州市，漯河市临颍县，南阳市宛城区、卧龙区、新野县，信阳市光山县，驻马店市确山县、泌阳县，长垣县、新蔡县、邓州市；

　湖北：武汉市洪山区，十堰市竹溪县，襄阳市保康县、枣阳市，荆州市荆州区，太子山林场；

　湖南：湘潭市韶山市，邵阳市隆回县，岳阳市岳阳县、汨罗市，益阳市资阳区，湘西土家族苗族自治州吉首市、泸溪县、凤凰县、保靖县、古丈县、永顺县；

　广东：广州市越秀区、天河区、番禺区、南沙区，佛山市禅城区、南海区，惠州市惠阳区；

　重庆：万州区、北碚区、巴南区、黔江区、永川区、潼南区、万盛经济技术开发区、梁平区、城口县、开县、巫溪县；

　四川：成都市大邑县，自贡市沿滩区，攀枝花市盐边县，德阳市广汉市，绵阳市游仙区、安州区、三台县、梓潼县、平武县，遂宁市大英县，内江市威远县、隆昌县，乐山市犍为县，南充市高坪区、西充县，眉山市洪雅县，宜宾市翠屏区、南溪区、宜宾县、珙县、筠连县、兴文县，广安市前锋区、武胜县，达州市渠县，雅安市雨城区、名山区，巴中市南江县、平昌县，资阳市雁江区，甘孜藏族自治州巴塘县、乡城县，凉山彝族自治州盐源县、德昌县；

　贵州：六盘水市盘县，遵义市正安县，铜仁市碧江区；

　云南：大理白族自治州洱源县；

　陕西：宝鸡市眉县，汉中市西乡县、佛坪县，安康市汉阴县，商洛市镇安县。

发生面积　22609 亩

危害指数　0.3424

肉座菌目 Hypocreales　　**麦角菌科 Clavicipitaceae**

● **瘤座菌 *Balansia take*（Miyake）Hara**（竹丛枝病）

拉丁异名　*Aciculosporium take* Miyake

寄　　主　孝顺竹，撑篙竹，青皮竹，硬头黄竹，黄竹，短穗竹，方竹，绿竹，龙竹，麻竹，箬竹，单竹，油竹，慈竹，少穗竹，黄竿京竹，桂竹，斑竹，水竹，毛竹，花毛竹，毛金竹，灰竹，早竹，红竹，胖竹，金竹，苦竹。

分布范围　华东、中南，重庆、四川、贵州、云南、陕西。

发生地点　上海：宝山区；

江苏：南京市栖霞区，无锡市宜兴市，常州市溧阳市，苏州市吴中区、吴江区、太仓市，淮安市清江浦区、盱眙县、金湖县，盐城市响水县，扬州市邗江区、经济技术开发区，镇江市扬中市、句容市，泰州市海陵区；

浙江：杭州市西湖区、余杭区，宁波市北仑区、鄞州区，温州市瑞安市，嘉兴市嘉善县，衢州市衢江区，舟山市嵊泗县，台州市玉环县、温岭市、临海市，丽水市、松阳县；

安徽：合肥市庐阳区、庐江县，芜湖市芜湖县、无为县，滁州市全椒县，阜阳市太和县，六安市金安区、金寨县；

福建：三明市梅列区、尤溪县、沙县、永安市，泉州市洛江区，南平市延平区、顺昌县，龙岩市经济开发区、连城县、梅花山自然保护区；

江西：萍乡市莲花县、上栗县，九江市修水县，新余市渝水区，吉安市遂川县、井冈山市，宜春市高安市，共青城市、丰城市、鄱阳县；

山东：青岛市胶州市，东营市广饶县，济宁市任城区、泗水县、梁山县、经济技术开发区，泰安市泰山林场，威海市高新技术开发区、经济开发区、环翠区、临港区；

河南：洛阳市栾川县，南阳市内乡县、桐柏县，鹿邑县；

湖北：荆州市荆州区、监利县；

湖南：长沙市浏阳市，衡阳市衡山县、耒阳市，邵阳市邵东县、新邵县，岳阳市岳阳县，常德市石门县，永州市双牌县、宁远县，怀化市辰溪县、麻阳苗族自治县，湘西土家族苗族自治州泸溪县、凤凰县、保靖县；

广东：广州市白云区，韶关市仁化县，湛江市遂溪县，惠州市惠东县，汕尾市陆丰市、汕尾市属林场，云浮市云城区、新兴县、云浮市属林场；

广西：梧州市蒙山县，玉林市博白县，百色市右江区，贺州市昭平县，来宾市金秀瑶族自治县；

重庆：涪陵区、江北区、北碚区、巴南区、黔江区、长寿区、永川区、南川区，梁平区、城口县、丰都县、武隆区、忠县、云阳县、奉节县、巫溪县、酉阳土家族苗族自治县、彭水苗族土家族自治县；

四川：成都市大邑县，自贡市贡井区，广元市青川县，遂宁市大英县，南充市高坪区、西充县，眉山市洪雅县、青神县，宜宾市江安县，广安市前锋区，达州市大竹县，雅安市雨城区、名山区、石棉县、芦山县，巴中市平昌县，凉山彝族自治州德昌县；

贵州：黔西南布依族苗族自治州兴仁县，黔南布依族苗族自治州龙里县；

云南：玉溪市新平彝族傣族自治县；

陕西：汉中市汉台区，安康市宁陕县，宁东林业局。

发生面积　47555 亩

危害指数　0.4260

肉座菌科 Hypocreaceae

- **浆果赤霉 *Gibberella baccata*（Wallr.）Sacc.（桑芽枯病）**

寄　　主　桑，柳杉。

分布范围　江苏、山东、湖北、广东。

发生地点　江苏：南通市如皋市；

　　　　　山东：威海市环翠区、临港区。

发生面积　160 亩

危害指数　0.3333

- **油桐丛赤壳 *Nectria aleuritidis* Chen et Zhang（油桐丛枝病）**

无 性 型　*Cylindrocarpon aleuritum* Chen et Zhang

寄　　主　油桐。

分布范围　安徽、山东、湖北、广东、四川、贵州。

发生地点　山东：莱芜市莱城区。

- **朱红丛赤壳 *Nectria cinnabarina*（Tobe）Fr.（红疣枝枯病）**

拉丁异名　*Nectria ochracea*（Grev. et Fr.）Fr.

无 性 型　*Tubercularia vulgaris* Tode

寄　　主　云杉，落叶松，红松，山杨，核桃楸，核桃，白桦，糙皮桦，榛子，栎，麻栎，榆树，杏，稠李，野海棠，苹果，梨，槐树，合欢，槭，椴树，花曲柳。

分布范围　华北、东北、江苏、浙江、安徽、山东、湖北、湖南、广西、四川、贵州、云南、陕西、甘肃、青海、新疆。

发生地点　河北：唐山市乐亭县，张家口市沽源县，衡水市深州市；

　　　　　山西：晋中市榆次区；

　　　　　山东：青岛市即墨市、莱西市，潍坊市昌邑市，泰安市肥城市，莱芜市莱城区；

　　　　　湖北：太子山林场；

　　　　　广西：热带林业实验中心；

　　　　　四川：甘孜藏族自治州巴塘县、乡城县；

　　　　　陕西：榆林市米脂县，宁东林业局；

　　　　　甘肃：定西市渭源县；

　　　　　新疆：喀什地区麦盖提县，塔城地区沙湾县、和布克赛尔蒙古自治县。

发生面积　7629 亩

危害指数　0.4228

- **绯球丛赤壳** *Nectria coccinea*（Pers.）**Fr.** （枝枯病）

　　无 性 型　*Cylindrocarpon candidum*（LK.）Wr.

　　寄　　主　李，木槿，紫丁香，稠李，榔榆，榆树。

　　分布范围　河北、山东、陕西、新疆。

锤舌菌目 Leotiales　　皮盘菌科 Dermateaceae

- **双壳一种** *Diplocarpon* **sp.** （楠木黑斑病）

　　寄　　主　桢楠。

　　分布范围　福建。

明盘菌科 Hyaloscyphaceae

- **苇氏小毛盘菌** *Lachnellula willkommii*（Hart.）**Dennis.** （落叶松癌肿病）

　　拉丁异名　*Dasyscypha willkommii*（Hart.）Rehm，*Trichoscyphella willkommii*（Hart.）Nannf.

　　寄　　主　银杉，雪松，落叶松，日本落叶松，华北落叶松。

　　分布范围　东北，河北、内蒙古、湖北、湖南、四川。

　　发生地点　四川：甘孜藏族自治州雅江县、新龙县；

　　　　　　　内蒙古大兴安岭林业管理局：克一河林业局、甘河林业局、得耳布尔林业局。

　　发生面积　33120 亩

　　危害指数　0.5882

- **松生软盘菌** *Mollisia pinicola* **Rehm** （马尾松枝枯病）

　　寄　　主　马尾松。

　　分布范围　安徽、山东、四川、贵州、陕西。

　　发生地点　四川：自贡市贡井区、大安区、荣县；

　　　　　　　贵州：遵义市播州区。

　　发生面积　950 亩

　　危害指数　0.4246

锤舌菌科 Leotiaceae

- **冷杉薄盘菌** *Cenangium abietis*（Pers.）**Duby** （针叶树烂皮病，枯枝病，垂枝病）

　　拉丁异名　*Cenangium ferruginosum* Fr.

　　无 性 型　*Dothichiza ferruginosa* Sacc.

　　寄　　主　落叶松，云杉，银杉，冷杉，华山松，赤松，红松，油松，云南松，马尾松，樟子松，黑松。

　　分布范围　东北，河北、内蒙古、江苏、安徽、山东、河南、湖北、广西、重庆、四川、云南、陕西、甘肃、新疆。

发生地点　河北：张家口市沽源县；

内蒙古：呼伦贝尔市红花尔基林业局；

山东：青岛市黄岛区、崂山林场，烟台市牟平区、莱山区、龙口市、莱州市、蓬莱市、泰安市岱岳区、新泰市，威海市高新技术开发区、经济开发区、环翠区、临港区，日照市五莲县，莱芜市莱城区；

河南：郑州市管城回族区；

广西：钦州市灵山县；

重庆：黔江区；

四川：甘孜藏族自治州雅江县；

云南：昆明市海口林场；

陕西：汉中市勉县。

发生面积　108192 亩

危害指数　0.4910

- **日本薄盘菌 *Cenangium japonicum*（P. Henn.）Miura（油松枝枯病）**

寄　　主　油杉。

分布范围　北京、河北、山西、辽宁、山东、河南、四川、陕西、甘肃、宁夏。

发生地点　河北：秦皇岛市山海关区；

山西：运城市新绛县；

辽宁：沈阳市浑南区；

山东：泰安市岱岳区、肥城市；

河南：三门峡市陕州区；

陕西：渭南市澄城县，榆林市子洲县；

甘肃：庆阳市镇原县，兴隆山保护区。

发生面积　2963 亩

危害指数　0.3507

- **侧柏绿胶杯菌 *Chloroscypha platycladus* Dai（侧柏叶枯病）**

寄　　主　柏木，刺柏，侧柏，圆柏，高山柏，崖柏。

分布范围　河北、山西、江苏、安徽、山东、河南、湖北、重庆、四川、陕西、甘肃。

发生地点　河北：保定市涞水县；

山西：晋城市阳城县，晋中市灵石县；

江苏：常州市天宁区、钟楼区、新北区；

安徽：芜湖市无为县；

山东：青岛市即墨市、莱西市，枣庄市台儿庄区，济宁市汶上县、泗水县、梁山县、经济技术开发区，莱芜市莱城区、钢城区；

河南：郑州市登封市，洛阳市孟津县、嵩县、洛宁县，平顶山市鲁山县，焦作市解放区、中站区、马村区、山阳区，许昌市襄城县、禹州市，漯河市源汇区，三门峡市卢氏县、灵宝市，南阳市方城县、内乡县、淅川县，商丘市睢县，驻马店市西平县、确山县，巩义市、汝州市；

湖北：十堰市郧西县；

重庆：万州区，巫山县；

四川：绵阳市平武县，内江市市中区、威远县、隆昌县，南充市嘉陵区、蓬安县，达州市开江县，阿坝藏族羌族自治州汶川县、理县、壤塘县、阿坝县，甘孜藏族自治州康定市、丹巴县、雅江县、理塘县、巴塘县、乡城县、得荣县，凉山彝族自治州会东县、昭觉县；

陕西：西安市户县，宝鸡市渭滨区、金台区、陈仓区、凤翔县、岐山县、扶风县、眉县、陇县、千阳县、麟游县、凤县、太白县，咸阳市乾县、长武县、旬邑县，渭南市澄城县，延安市安塞县、吴起县、宜川县，汉中市南郑县、镇巴县，安康市汉滨区、汉阴县、石泉县、宁陕县、紫阳县、旬阳县、白河县，商洛市丹凤县、镇安县、柞水县，宁东林业局；

甘肃：天水市秦州区、麦积区、清水县、甘谷县、武山县、张家川回族自治县，平凉市泾川县、灵台县、崇信县、华亭县，庆阳市庆城县、环县、华池县、正宁县、宁县、镇原县、正宁总场、合水总场，定西市临洮县，陇南市成县、文县、宕昌县、康县、西和县、礼县、徽县、两当县，小陇山林业实验管理局。

发生面积　298985 亩

危害指数　0.4357

- **混杂芽孢盘菌 *Tympanis confusa* Nyl.　（红松流脂溃疡病）**

无　性　型　*Pleurophomella eumorpha*（Penz. et Sacc.）v. Höhn.

寄　　　主　红松。

分布范围　东北。

发生地点　黑龙江森林工业总局：东京城林业局、穆棱林业局、绥阳林业局、海林林业局、八面通林业局，通北林业局。

发生面积　16139 亩

危害指数　0.3643

星裂盘菌科 Phacidiaceae

- **顶裂盘菌 *Lophophacidium hyperboreum* Lagerb.　（云杉雪枯病）**

寄　　　主　雪岭云杉，川西云杉，青海云杉，天山云杉。

分布范围　四川、新疆。

发生地点　四川：甘孜藏族自治州雅江县。

核盘菌科 Sclerotiniaceae

- **富克葡萄孢盘菌 *Botryotinia fuckeliana*（de Bary）Whetzel.　（落叶松烂叶病）**

拉丁异名　*Sclerotinia fuckeliana*（de Bary）Fuckel

无　性　型　*Botrytis cinerea* Pers.

寄　　　主　雪松，落叶松，云杉，樟子松，油松，榆叶梅，梅，杏，石楠，月季，玫瑰，香椿，葡萄，杜鹃，紫丁香，夹竹桃。

分布范围　东北，天津、河北、上海、江苏、浙江、福建、山东、河南、湖南、广东、四川、贵州、云南、陕西、甘肃、新疆。

- **桦杯盘菌 *Ciboria betulae*（Woronin in Nawashin）W. L. White**（桦树种子僵化病）

寄　　　主　锥栗，桦木。

分布范围　内蒙古、湖北、新疆。

- **核果链核盘菌 *Monilinia laxa*（Aderh. et Ruhl.）Honey**（果实褐腐病）

无 性 型　*Monilia cinerea* Bon.

寄　　　主　桃，扁桃，杏，梅，樱桃，枇杷，苹果，李，杜梨，河北梨，沙梨。

分布范围　东北、华东、中南、西南，北京、河北、陕西、甘肃、宁夏。

发生地点　河北：石家庄市井陉县、平山县、新乐市，唐山市古冶区、滦南县、乐亭县、玉田县、邢台市邢台县、任县、沙河市，保定市高阳县、顺平县、博野县，沧州市吴桥县、黄骅市，衡水市冀州市、深州市，辛集市；

上海：浦东新区；

江苏：苏州高新技术开发区、吴江区，淮安市淮阴区；

浙江：杭州市桐庐县；

安徽：合肥市庐阳区、庐江县，芜湖市无为县，安庆市宜秀区，阜阳市太和县；

福建：南平市松溪县；

山东：青岛市黄岛区、即墨市、莱西市，济宁市任城区、金乡县、梁山县，日照市岚山区，莱芜市莱城区、钢城区，聊城市东阿县，菏泽市定陶区、曹县、成武县、巨野县；

河南：商丘市宁陵县；

湖北：武汉市新洲区；

湖南：永州市祁阳县、双牌县、江华瑶族自治县；

重庆：北碚区、万盛经济技术开发区，梁平区、丰都县、武隆区、开县、石柱土家族自治县；

四川：南充市顺庆区、高坪区、嘉陵区、蓬安县，雅安市芦山县，甘孜藏族自治州理塘县；

贵州：贵阳市南明区；

云南：昭通市镇雄县；

陕西：宝鸡市扶风县，商洛市丹凤县；

甘肃：白银市靖远县，甘南藏族自治州舟曲县；

宁夏：石嘴山市惠农区。

发生面积　61434 亩

危害指数　0.3979

- **苹果链核盘菌 *Monilinia mali*（Tak.）Whetzel**（苹果花腐病）

无 性 型　*Monilia mali*（Tak.）Whetzel

寄　　主　苹果，花红，毛山荆子。

分布范围　东北，河北、山东、云南、陕西、新疆。

发生地点　河北：衡水市桃城区。

发生面积　200 亩

危害指数　0.3333

小煤炱目 Meliolales　　小煤炱科 Meliolaceae

- **箣竹小煤炱** *Meliola bambusae* **Pat.** （苦竹煤污病）

寄　　主　苦竹，箬叶竹，箣竹。

分布范围　安徽、湖北、广东、海南、四川、贵州。

发生地点　安徽：芜湖市繁昌县。

- **巴特勒小煤炱** *Meliola butleri* **Syd.** （柑橘煤污病）

寄　　主　柑橘，金橘，文旦柚，黄皮，小芸木。

分布范围　上海、江苏、浙江、福建、广东、广西、海南、云南。

发生地点　上海：金山区、青浦区；

　　　　　江苏：苏州市吴江区。

- **山茶小煤炱** *Meliola camelliae* （**Catt.**） **Sacc.** （山茶煤污病）

拉丁异名　*Fumago camelliae* Catt.

寄　　主　山茶，油茶，茶，大头茶。

分布范围　华东，河南、湖北、湖南、广东、广西、重庆、四川、贵州、云南。

发生地点　江苏：无锡市江阴市，苏州市昆山市，泰州市泰兴市；

　　　　　浙江：宁波市宁海县，丽水市松阳县；

　　　　　安徽：合肥市包河区；

　　　　　重庆：涪陵区；

　　　　　四川：德阳市广汉市，内江市隆昌县，乐山市沙湾区、峨眉山市，雅安市石棉县，巴中市平昌县。

发生面积　791 亩

危害指数　0.3397

- **山茶生小煤炱** *Meliola camelliicola* **Yam.** （油茶煤污病）

寄　　主　山茶，油茶，茶，小果油茶。

分布范围　江苏、浙江、安徽、福建、江西、湖北、湖南、广东、广西、海南、重庆、四川、贵州、陕西。

发生地点　江苏：常州市天宁区、钟楼区、新北区，镇江市句容市；

　　　　　浙江：杭州市桐庐县、淳安县，金华市东阳市，衢州市常山县，台州市玉环县，丽水市、松阳县；

　　　　　安徽：黄山市徽州区，六安市金安区；

　　　　　福建：三明市尤溪县，南平市延平区、光泽县，龙岩市长汀县，福州国家森林公园；

江西：萍乡市莲花县、萍乡开发区，鹰潭市贵溪市，赣州市南康区、大余县、安远县、宁都县、于都县、会昌县，吉安市青原区、峡江县、新干县、泰和县、遂川县、永新县、井冈山市，宜春市万载县、上高县、樟树市，抚州市东乡县，上饶市广丰区、铅山县、横峰县、余干县、德兴市，共青城市、鄱阳县、安福县；

湖北：武汉市新洲区，十堰市竹山县、竹溪县，黄冈市罗田县、蕲春县、麻城市，太子山林场；

湖南：长沙市浏阳市，株洲市攸县，湘潭市韶山市，衡阳市衡阳县、衡山县、衡东县、祁东县、耒阳市、常宁市，邵阳市洞口县、绥宁县，岳阳市君山区、岳阳县、平江县，常德市鼎城区、石门县，张家界市慈利县，益阳市资阳区、益阳高新区，郴州市桂阳县、永兴县，永州市零陵区、冷水滩区、祁阳县、东安县、双牌县、道县、宁远县、蓝山县、江华瑶族自治县，怀化市芷江侗族自治县，湘西土家族苗族自治州保靖县、古丈县、永顺县；

广西：柳州市融安县、三江侗族自治县，防城港市东兴市，玉林市陆川县，百色市田林县，河池市凤山县；

海南：五指山市、澄迈县；

重庆：长寿区，梁平区、武隆区；

四川：自贡市自流井区、贡井区、荣县，内江市威远县、资中县、隆昌县，宜宾市南溪区、兴文县；

贵州：铜仁市碧江区，黔南布依族苗族自治州贵定县；

陕西：安康市汉滨区。

发生面积　218830 亩

危害指数　0.3421

● **柄果栲小煤炱** *Meliola castanopsina* Yam.（柄果栲煤污病）

寄　　主　板栗，小红栲。

分布范围　福建、江西、山东、湖北、广东、贵州、云南。

发生地点　云南：楚雄彝族自治州永仁县。

发生面积　3000 亩

危害指数　0.3333

● **栲弯枝小煤炱** *Meliola castanopsis* Hansf.（板栗煤污病）

寄　　主　锥栗，板栗。

分布范围　上海、福建、湖南、广东、广西、贵州、云南。

● **槠小煤炱** *Meliola cyclobalanopsina* Yam.（青冈煤污病）

寄　　主　青冈，栎子青冈，小叶青冈，栲树。

分布范围　上海、浙江、安徽、福建、湖南、广东、四川、陕西。

发生地点　上海：松江区；

浙江：台州市天台县；

四川：凉山彝族自治州盐源县、会东县。

- **草野小煤炱** *Meliola kusanoi* **P. Henn.** （李煤污病）
  寄　　主　石楠，李，红叶李，樱花，樱桃。
  分布范围　河北、辽宁、上海、江苏、福建、江西、湖北、四川、贵州、陕西。
  发生地点　上海：金山区；
  　　　　　江苏：镇江市京口区；
  　　　　　福建：漳州市东山县。

- **桢楠小煤炱** *Meliola machili* **Yam.** （润楠煤污病）
  寄　　主　润楠，华润楠，刨花润楠，柳叶润楠。
  分布范围　福建、湖南、广东、海南、云南。

- **粗柄小煤炱** *Meliola macropoda* **Syd.** （花椒煤污病）
  寄　　主　光叶花椒。
  分布范围　福建、广东。

- **榕小煤炱** *Meliola microtricha* **Syd.** （榕煤污病）
  寄　　主　高山榕，大果榕。
  分布范围　广东。
  发生地点　广东：深圳市宝安区、龙岗区、龙华新区。

- **新木姜子小煤炱** *Meliola neolitseae* **Yam.** （樟树煤污病）
  寄　　主　猴樟，木姜子。
  分布范围　上海、广东、海南。
  发生地点　上海：闵行区、宝山区、松江区、奉贤区。

- **刚竹小煤炱** *Meliola phyllostachydis* **Yam.** （竹煤污病）
  寄　　主　孝顺竹，凤尾竹，撑篙竹，青皮竹，黄竹，方竹，绿竹，麻竹，油竹，慈竹，斑竹，
  　　　　　水竹，毛竹，毛金竹，早竹，高节竹，胖竹，金竹，苦竹，绵竹，箭竹。
  分布范围　华东、中南、西南、北京、陕西。
  发生地点　北京：丰台区；
  　　　　　江苏：南京市栖霞区、江宁区，无锡市宜兴市，常州市武进区，苏州市常熟市、昆山市，淮安市淮阴区、清江浦区、金湖县，盐城市响水县、东台市，扬州市江都区、宝应县、扬州经济技术开发区，镇江市润州区，泰州市姜堰区；
  　　　　　浙江：宁波市鄞州区，温州市洞头区，台州市玉环县、天台县，丽水市；
  　　　　　安徽：合肥市庐阳区，芜湖市芜湖县、繁昌县、无为县，安庆市宜秀区；
  　　　　　福建：三明市尤溪县、将乐县，泉州市安溪县、永春县，漳州市芗城区、龙文区、诏安县、长泰县、南靖县，南平市延平区、光泽县，龙岩市长汀县，福州国家森林公园；
  　　　　　江西：九江市修水县、瑞昌市，赣州市安远县、定南县、宁都县，吉安市青原区、泰和县、井冈山市，宜春市袁州区、奉新县、樟树市，宜春市袁州区、安福县；
  　　　　　山东：济宁市嘉祥县、高新技术开发区，泰安市泰山林场，威海市环翠区，临沂市兰山区，聊城市东阿县、高唐县；

湖北：荆州市沙市区，黄冈市浠水县；

广东：清远市属林场，云浮市云安区、郁南县；

广西：南宁市西乡塘区，柳州市柳北区、柳江区、三江侗族自治县，梧州市万秀区，高峰林场；

重庆：涪陵区、江津区、璧山区、荣昌区，酉阳土家族苗族自治县、彭水苗族土家族自治县；

四川：自贡市沿滩区、荣县，绵阳市平武县，广元市青川县，遂宁市船山区、安居区、大英县，内江市市中区、东兴区、威远县、资中县、隆昌县，乐山市沙湾区、犍为县、马边彝族自治县、峨眉山市，南充市顺庆区、嘉陵区，宜宾市南溪区、江安县、长宁县、高县、珙县、兴文县，广安市前锋区、武胜县，巴中市通江县，资阳市雁江区，凉山彝族自治州盐源县；

云南：玉溪市通海县，昭通市绥江县，文山壮族苗族自治州富宁县，嵩明县；

陕西：宝鸡市扶风县，汉中市汉台区、佛坪县，安康市宁陕县。

发生面积　218527 亩

危害指数　0.4665

- **栎小煤炱** *Meliola quercina* **Pat.** （栎煤污病）

寄　　主　白栎，石栎，栲树。

分布范围　上海、广东、云南。

发生地点　上海：松江区。

胶皿菌目 Patellariales　　胶皿菌科 Patellariaceae

- **桧柏卷边盘菌** *Tryblidiella saltuaria* **Teng** （华山松枝枯病）

寄　　主　华山松，祁连圆柏。

分布范围　四川、陕西、甘肃、青海。

发生地点　四川：雅安市汉源县，阿坝藏族羌族自治州汶川县；

　　　　　陕西：宝鸡市太白县，渭南市华阴市。

发生面积　3062 亩

危害指数　0.3465

黑痣菌目 Phyllachorales　　黑痣菌科 Phyllachoraceae

- **青篱竹垫座菌** *Coccostroma arundinariae* （Hara） **Teng** （竹黑点病）

寄　　主　绿竹，箬竹，毛竹，麻竹。

分布范围　江苏、浙江、安徽、福建、广西、四川。

发生地点　福建：三明市尤溪县。

发生面积　1624 亩

危害指数　0.3333

- **围小丛壳** *Glomerella cingulata*（Stonem.）Spauld. et Schrenk（林木炭疽病）

拉丁异名　*Glomerella mume*（Hori）Hemmi

无　性　型　*Colletotrichum gloeosporioides* Penz.

寄　　主　杉木，罗汉松，红豆杉，银白杨，青杨，山杨，大叶杨，黑杨，毛白杨，杨梅，山核桃，核桃，无花果，八角，山玉兰，玉兰，荷花玉兰，紫玉兰，白兰，含笑花，蜡梅，猴樟，阴香，樟树，肉桂，天竺桂，油樟，刨花润楠，枫香，桃，梅，山杏，杏，樱花，日本樱花，山楂，枇杷，西府海棠，苹果，海棠花，李，红叶李，梨，沙梨，红果树，马占相思，降香檀，柑橘，楝树，大叶桃花心木，香椿，油桐，乌桕，千年桐，长叶黄杨，杧果，漆树，冬青，冬青卫矛，龙眼，枣树，山葡萄，葡萄，苹婆，山茶，红花油茶，油茶，茶，小果油茶，木荷，秋海棠，紫薇，石榴，巨尾桉，柿，女贞，日本女贞，盆架树，柚木，枸杞，毛竹，槟榔，凤梨。

分布范围　全国。

发生地点　北京：通州区、顺义区、延庆区；

河北：石家庄市井陉矿区、鹿泉区、井陉县、深泽县、平山县、晋州市、新乐市，唐山市路北区、古冶区、丰润区、曹妃甸区、滦南县、乐亭县、玉田县、遵化市，秦皇岛市海港区、北戴河区、昌黎县、卢龙县，邯郸市鸡泽县，邢台市邢台县、内丘县、柏乡县、任县、宁晋县、平乡县、威县、临西县、南宫市、沙河市，保定市清苑区、徐水区、阜平县、定兴县、高阳县、容城县、蠡县、顺平县、安国市、高碑店市，张家口市沽源县，沧州市沧县、吴桥县、献县、孟村回族自治县、黄骅市、河间市，廊坊市固安县，衡水市枣强县、武邑县、武强县、安平县、景县、冀州市、深州市，定州市、辛集市；

山西：运城市永济市；

上海：闵行区、宝山区、浦东新区、金山区、青浦区、奉贤区；

江苏：南京市栖霞区、玄武区、浦口区、江宁区、六合区、高淳区，无锡市惠山区、江阴市、宜兴市，徐州市丰县，常州市天宁区、钟楼区、新北区，苏州高新技术开发区、昆山市，南通市如皋市，连云港市灌云县，淮安市淮阴区、清江浦区、盱眙县、金湖县，盐城市盐都区、大丰区、响水县、阜宁县、射阳县、建湖县、东台市，扬州市广陵区、江都区、宝应县、高邮市、经济技术开发区，镇江市句容市，泰州市姜堰区，宿迁市宿城区；

浙江：宁波市江北区、北仑区、镇海区、鄞州区、宁海县、余姚市，温州市瓯海区、洞头区，嘉兴市秀洲区，金华市东阳市，衢州市常山县，台州市黄岩区、玉环县、三门县、天台县，丽水市、松阳县；

安徽：合肥市庐阳区，芜湖市繁昌县、无为县，淮南市大通区，黄山市休宁县，滁州市明光市，六安市金安区、舒城县，亳州市蒙城县；

福建：三明市明溪县、尤溪县、将乐县，泉州市安溪县、永春县，漳州市龙文区、云霄县、诏安县、南靖县、平和县，南平市延平区、光泽县、武夷山保护区，龙岩市长汀县、上杭县，福州国家森林公园；

江西：南昌市新建区、南昌县、安义县、进贤县，景德镇市昌江区、浮梁县，萍乡市安源区、湘东区、莲花县、上栗县、芦溪县，九江市九江县、武宁县、修水县、永修县、都昌县、湖口县、瑞昌市、庐山市，新余市渝水区、分宜县、仙女湖区、高新区，鹰潭市贵溪市，赣州市章贡区、南康区、信丰县、上犹县、安远县、全南县、宁都县、于都县、兴国县、会昌县、寻乌县、石城县，吉安市青原区、吉安县、峡江县、新干县、永丰县、泰和县、遂川县、万安县、永新县，宜春市袁州区、奉新县、万载县、上高县、宜丰县、樟树市、高安市、抚州市临川区、黎川县、崇仁县、东乡县，上饶市信州区、广丰区、上饶县、玉山县、铅山县、横峰县、余干县、德兴市，共青城市、瑞金市、丰城市、鄱阳县、安福县、南城县；

山东：济南市济阳县，青岛市即墨市、莱西市，枣庄市薛城区、台儿庄区，东营市河口区、垦利县、利津县，潍坊市坊子区、昌邑市、高新技术开发区，济宁市兖州区、微山县、梁山县、曲阜市、邹城市，泰安市东平县、新泰市、泰山林场，威海市环翠区，日照市岚山区、莒县，莱芜市钢城区、莱城区，德州市宁津县、武城县，聊城市东昌府区、阳谷县、莘县、茌平县、东阿县、冠县、高唐县、临清市，菏泽市牡丹区、定陶区、单县、巨野县、郓城县、东明县；

河南：郑州市二七区、中牟县、新郑市，开封市通许县，平顶山市叶县、鲁山县，安阳市内黄县，焦作市孟州市，许昌市许昌县、鄢陵县、襄城县、禹州市、长葛市，商丘市民权县，周口市西华县、长垣县、永城市、鹿邑县；

湖北：武汉市洪山区、新洲区，黄石市阳新县、大冶市，宜昌市长阳土家族自治县，鄂州市梁子湖区、鄂城区，荆门市京山县，孝感市应城市，黄冈市黄梅县，咸宁市通山县，随州市随县，恩施土家族苗族自治州恩施市、来凤县，潜江市、太子山林场；

湖南：长沙市浏阳市，株洲市攸县、醴陵市，湘潭市湘潭县、湘乡市、韶山市，衡阳市衡阳县、衡南县、衡山县、衡东县、祁东县、耒阳市、常宁市，邵阳市大祥区、北塔区、邵阳县、隆回县、洞口县、绥宁县、武冈市，岳阳市云溪区、君山区、岳阳县、平江县、汨罗市，常德市鼎城区、汉寿县、澧县、临澧县、桃源县、石门县，张家界市永定区、慈利县、桑植县，益阳市资阳区、益阳高新区，郴州市苏仙区、桂阳县、宜章县、永兴县、嘉禾县、资兴市，永州市零陵区、冷水滩区、祁阳县、东安县、双牌县、道县、江永县、宁远县、蓝山县、新田县、江华瑶族自治县、回龙圩管理区，怀化市鹤城区、中方县、沅陵县、辰溪县、溆浦县、麻阳苗族自治县、新晃侗族自治县、芷江侗族自治县、洪江市，娄底市娄星区、双峰县、冷水江市、涟源市，湘西土家族苗族自治州泸溪县、凤凰县、花垣县、保靖县、古丈县、永顺县、龙山县；

广东：广州市番禺区，韶关市曲江区、始兴县、仁化县、乐昌市，深圳市宝安区、龙岗区，佛山市禅城区，茂名市高州市、化州市，肇庆市端州区、高要区、广宁县、德庆县、四会市，惠州市惠城区、惠阳区、惠东县，汕尾市陆河县、陆丰市，河源市紫金县、东源县，清远市英德市、连州市，云浮市云安区、新兴县、云浮市属林场；

广西：南宁市上林县，柳州市柳北区、柳江区、融安县、融水苗族自治县、三江侗族自治县，桂林市阳朔县、兴安县、永福县、龙胜各族自治县、荔浦县，梧州市万秀区、苍梧县、藤县、蒙山县、岑溪市，防城港市防城区、上思县、东兴市，钦州市灵山县、浦北县，贵港市平南县、桂平市，百色市右江区、田阳县、德保县、那坡县、乐业县、田林县、靖西市、百色市老山林场，贺州市平桂区、八步区、昭平县、钟山县、富川瑶族自治县，河池市南丹县、凤山县、东兰县、罗城仫佬族自治县、巴马瑶族自治县、大化瑶族自治县，来宾市象州县、武宣县、金秀瑶族自治县，崇左市江州区、宁明县、龙州县、大新县、天等县、良凤江森林公园、派阳山林场、三门江林场、维都林场、六万林场、博白林场、雅长林场；

海南：琼中黎族苗族自治县；

重庆：万州区、渝北区、巴南区、黔江区、铜梁区，武隆区、秀山土家族苗族自治县、酉阳土家族苗族自治县；

四川：成都市简阳市，自贡市自流井区、贡井区、大安区、沿滩区、荣县，攀枝花市米易县，泸州市江阳区、泸县，德阳市罗江县、广汉市，绵阳市游仙区、三台县、平武县，广元市青川县，遂宁市船山区、蓬溪县、大英县，内江市市中区、东兴区、威远县、资中县、隆昌县，乐山市沙湾区、金口河区、犍为县，南充市顺庆区、营山县、蓬安县、仪陇县、西充县，眉山市仁寿县、洪雅县、青神县，宜宾市翠屏区、南溪区、宜宾县、高县、筠连县、兴文县，广安市武胜县，雅安市名山区、荥经县、汉源县、天全县、芦山县，巴中市巴州区、恩阳区、通江县，资阳市雁江区，阿坝藏族羌族自治州汶川县、黑水县，甘孜藏族自治州新龙县、理塘县、巴塘县、乡城县、得荣县，凉山彝族自治州盐源县、德昌县、昭觉县；

贵州：铜仁市碧江区、万山区、思南县，贵安新区，黔东南苗族侗族自治州榕江县；

云南：临沧市凤庆县，红河哈尼族彝族自治州绿春县，文山壮族苗族自治州西畴县、马关县、广南县、富宁县，大理白族自治州巍山彝族回族自治县；

陕西：咸阳市泾阳县、兴平市，渭南市华州区、大荔县、合阳县、华阴市，汉中市汉台区、西乡县、镇巴县；

甘肃：平凉市崆峒区、灵台县，兴隆山保护区；

宁夏：银川市永宁县；

新疆生产建设兵团：农七师 124 团。

发生面积　1294001 亩

危害指数　0.3757

- **黄檀生黑痣菌 *Phyllachora dalbergiicola* P. Henn.**（黄檀黑痣病）

寄　　主　黄檀，黑黄檀。

分布范围　江苏、浙江、安徽、福建、湖北、广东、广西、海南。

发生地点　海南：昌江黎族自治县。

发生面积　200 亩

危害指数　0.5000

● 孝顺竹黑痣菌 *Phyllachora lelebae* **Saw.**（孝顺竹黑痣病）

寄　　主　孝顺竹。

分布范围　上海。

发生地点　上海：松江区。

● 圆黑痣菌 *Phyllachora orbicular* **Rehm**（竹黑痣病）

寄　　主　孝顺竹，撑篙竹，青皮竹，禄竹，菊竹，方竹，麻竹，箭竹，箬竹，单竹，慈竹，斑竹，水竹，毛竹，毛金竹，早竹，早园竹，胖竹，金竹，苦竹，绵竹。

分布范围　华东、中南，重庆、四川、云南、陕西。

发生地点　江苏：南京市高淳区，盐城市东台市；

　　　　　安徽：芜湖市芜湖县、繁昌县、无为县；

　　　　　福建：莆田市涵江区、仙游县，泉州市安溪县、南安市，南平市松溪县；

　　　　　江西：九江市瑞昌市；

　　　　　河南：郑州市新郑市，许昌市鄢陵县；

　　　　　湖南：益阳市资阳区；

　　　　　广东：韶关市仁化县、翁源县，肇庆市德庆县，惠州市惠城区，云浮市云安区、郁南县、云浮市属林场；

　　　　　广西：柳州市柳东新区、融水苗族自治县，桂林市永福县，钦州市三十六曲林场；

　　　　　重庆：涪陵区、江北区、南岸区、北碚区、长寿区、合川区、南川区、万盛经济技术开发区、梁平区、城口县、丰都县、武隆区、忠县、开县、云阳县、奉节县、巫溪县、彭水苗族土家族自治县；

　　　　　四川：泸州市泸县、合江县，德阳市什邡市、绵竹市，广元市青川县，遂宁市船山区，乐山市夹江县、峨边彝族自治县、马边彝族自治县，眉山市仁寿县、洪雅县，宜宾市长宁县、屏山县，雅安市雨城区、天全县、芦山县，凉山彝族自治州雷波县；

　　　　　陕西：汉中市汉台区、西乡县，宁东林业局。

发生面积　15900 亩

危害指数　0.3555

● 刚竹黑痣菌 *Phyllachora phyllostachydis* **Hara**（竹黑痣病）

寄　　主　青皮竹，绿竹，毛竹，毛金竹，胖竹。

分布范围　江苏、浙江、安徽、福建、江西、山东、湖北、广西、四川、陕西。

发生地点　福建：南平市光泽县；

　　　　　广西：柳州市城中区；

　　　　　四川：宜宾市长宁县，阿坝藏族羌族自治州汶川县；

　　　　　陕西：汉中市汉台区。

发生面积　5693 亩

危害指数　0.3333

- **白井黑痣菌** *Phyllachora shiraiana* **Syd.** （竹黑痣病）

寄　　主　毛竹，箣竹，青皮竹，胖竹，毛金竹，苦竹，紫竹，桂竹。

分布范围　江苏、浙江、福建、广东、广西、海南、四川、贵州、云南。

发生地点　福建：南平市松溪县；

四川：乐山市金口河区，雅安市雨城区、石棉县；

云南：昆明市西山区，玉溪市红塔区，安宁市。

发生面积　1583 亩

危害指数　0.7183

- **杏疔座霉** *Polystigma deformans* **Syd.** （杏疔病）

寄　　主　山杏，杏，李，桃，山桃。

分布范围　华北、东北、西北，江苏、山东、河南、重庆、云南。

发生地点　北京：延庆区；

河北：保定市阜平县、唐县、高阳县，张家口市万全区、蔚县、阳原县、怀安县、怀来县、涿鹿县，承德市平泉县；

山西：大同市阳高县；

江苏：苏州高新技术开发区；

山东：泰安市泰山林场，德州市齐河县；

重庆：万州区；

陕西：渭南市华州区，延安市吴起县，榆林市榆阳区、米脂县；

甘肃：白银市靖远县，张掖市民乐县、高台县、山丹县，平凉市华亭县、静宁县，酒泉市肃州区，庆阳市合水县、正宁县、宁县、镇原县，定西市陇西县、临洮县；

青海：西宁市城西区，海东市民和回族土族自治县；

宁夏：固原市原州区、西吉县、隆德县、彭阳县。

发生面积　269036 亩

危害指数　0.4074

- **李疔座霉** *Polystigma rubrum*（**Pers.**）**DC.** （李疔病）

无性型　*Polystigmina rubra* Sacc.

寄　　主　李，红叶李，樱花，稠李。

分布范围　河北、辽宁、吉林、江苏、山东、湖北、重庆、四川、贵州、云南、陕西、宁夏。

发生地点　河北：唐山市乐亭县，张家口市怀来县；

江苏：淮安市金湖县，扬州市宝应县、高邮市；

山东：菏泽市牡丹区；

重庆：城口县、丰都县、武隆区、云阳县、奉节县、巫山县、巫溪县、彭水苗族土家族自治县；

四川：绵阳市江油市，乐山市峨眉山市，雅安市汉源县，巴中市通江县，阿坝藏族羌族自治州汶川县、理县，甘孜藏族自治州泸定县、理塘县，凉山彝族自治州会东县；

贵州：安顺市普定县、镇宁布依族苗族自治县，黔西南布依族苗族自治州贞丰县，黔东南苗族侗族自治州台江县；

陕西：安康市宁陕县，商洛市丹凤县，宁东林业局；

宁夏：固原市彭阳县。

发生面积　46088 亩

危害指数　0.5769

- **禾丝蠕孢壳 *Telimena graminis*（Höhn.）Theiss. et Syd.**（毛竹拟竹疹病）

寄　　主　孝顺竹，慈竹，斑竹，毛竹，毛金竹，苦竹。

分布范围　浙江、福建、江西、四川、陕西。

发生地点　浙江：丽水市、松阳县；

四川：南充市顺庆区，广安市武胜县。

斑痣盘菌目 Rhytismatales　　斑痣盘菌科 Rhytismataceae

- **雪白环绵盘菌 *Cyclaneusma niveum*（Pers. : Fr.）DiCosmo, Peredo et Minter**（松黄点枯针病）

拉丁异名 *Naemacyclus niveus*（Pers. ex Fr.）Sacc.

寄　　主　樟子松，油松，赤松。

分布范围　山西、内蒙古、黑龙江。

发生地点　内蒙古：鄂尔多斯市达拉特旗。

发生面积　200 亩

危害指数　0.3333

- **皮下盘菌 *Hypoderma commume*（Fr.）Duby**（杉木叶枯病）

寄　　主　雪松，华山松，湿地松，马尾松，云南松，杉木。

分布范围　浙江、福建、江西、湖北、湖南、广东、广西、四川、贵州、云南、陕西、甘肃。

发生地点　福建：三明市尤溪县，龙岩市上杭县；

江西：赣州市宁都县；

湖北：宜昌市五峰土家族自治县，襄阳市谷城县，鄂州市，孝感市孝昌县、大悟县、安陆市，咸宁市通山县；

湖南：衡阳市衡阳县、衡南县、常宁市，岳阳市云溪区、平江县、汨罗市，永州市零陵区、道县、蓝山县；

广东：清远市英德市；

广西：桂林市永福县，梧州市长洲区，贵港市桂平市，玉林市博白县；

四川：成都市蒲江县，自贡市沿滩区、荣县，攀枝花市米易县，绵阳市平武县，遂宁市船山区，内江市市中区、威远县、隆昌县，眉山市仁寿县，宜宾市兴文县，雅安市汉源县，巴中市恩阳区、平昌县，资阳市雁江区，甘孜藏族自治州理塘县；

贵州：六盘水市水城县，安顺市紫云苗族布依族自治县，毕节市威宁彝族回族苗族自治县、赫章县，铜仁市沿河土家族自治县，黔西南布依族苗族自治州望谟县，黔东南苗族侗族自治州黎平县、榕江县；

云南：昆明市西山区；

甘肃：白龙江林管局。

发生面积　129840 亩

危害指数　0.3481

- **落叶松小皮下盘菌** *Hypodermella laricis* **Tub.** （落叶松落叶病）

寄　　主　太白红杉，北美红杉，落叶松，日本落叶松，华北落叶松，新疆落叶松。

分布范围　内蒙古、吉林、黑龙江、湖南、湖北、四川、陕西、甘肃、新疆。

发生地点　吉林：白山市浑江区、靖宇县，延边朝鲜族自治州和龙市、敦化林业局、大石头林业局、和龙林业局，红石林业局，蛟河林业实验管理局；

黑龙江：哈尔滨市木兰县、通河县，鸡西市虎林市、密山市，佳木斯市郊区；

湖北：恩施土家族苗族自治州宣恩县；

四川：雅安市石棉县，凉山彝族自治州雷波县；

甘肃：天水市秦州区，平凉市关山林管局。

发生面积　89297 亩

危害指数　0.4386

- **秋散斑壳** *Lophodermium autumnale* **Darker** （冷杉落针病）

寄　　主　巴山冷杉，岷江冷杉。

分布范围　四川、陕西、甘肃。

发生地点　四川：雅安市荥经县，阿坝藏族羌族自治州汶川县、壤塘县、阿坝县，甘孜藏族自治州康定市、丹巴县、九龙县、雅江县、新龙县、白玉县、色达县、理塘县、巴塘县、乡城县、得荣县、新龙林业局，凉山彝族自治州木里局；

甘肃：莲花山保护区、尕海则岔保护区。

发生面积　10906 亩

危害指数　0.4300

- **茶散斑壳** *Lophodermium camelliae* **Teng** （油茶黑痣病）

拉丁异名　*Colpoma camelliae*（Teng）Teng

寄　　主　肉桂，红豆树，山茶，油茶。

分布范围　福建、湖北、海南。

发生地点　福建：南平市延平区；

海南：海口市琼山区，定安县、澄迈县。

发生面积　283 亩

危害指数　0.3333

- **刺柏散斑壳** *Lophodermium juniperinum*（**Fr. ：Fr.**）**de Not** （柏落叶病）

拉丁异名　*Lophodermium pinastri-juniperinum*（Fr.）Fr.

寄　　主　西伯利亚刺柏，刺柏，圆柏，高山柏。

分布范围　安徽、云南、陕西、甘肃、新疆。

发生地点　新疆：乌鲁木齐市乌鲁木齐县。

- 库曼散斑壳 *Lophodermium kumaunicum* Minter et M. P. Sharma（松落针病）
- 南方散斑壳 *Lophodermium australe* Dearn.（松落针病）
- 针叶树散斑壳 *Lophodermium conigenum*（Brunaud）Hilitz.（松落针病）
- 松针散斑壳 *Lophodermium pinastri*（Schrad.）Chév.（松落针病）
- 白皮松散斑壳 *Lophodermium pini-bungeanae* Y. R. Lin（松落针病）
- 乔松散斑壳 *Lophodermium pini-excelsae* Ahmad.（松落针病）
- 云南散斑壳 *Lophodermium yunnanease* C. L. Hou et S. Q. Lin（松落针病）

寄　　主　华山松，白皮松，赤松，湿地松，思茅松，华南五针松，马尾松，日本五针松，偃松，油松，火炬松，黄山松，黑松，云南松。

分布范围　东北，北京、河北、山西、内蒙古、江苏、安徽、福建、江西、山东、河南、湖北、湖南、广东、广西、重庆、四川、贵州、云南、陕西、甘肃、青海、宁夏。

发生地点　北京：丰台区、通州区、顺义区；

河北：秦皇岛市青龙满族自治县、昌黎县，保定市阜平县、唐县，张家口市怀来县、涿鹿县，承德市兴隆县，廊坊市三河市；

内蒙古：乌海市海勃湾区，通辽市科尔沁左翼后旗；

江苏：常州市溧阳市，苏州高新技术开发区；

安徽：合肥市庐阳区，芜湖市芜湖县，滁州市定远县，六安市裕安区；

福建：三明市将乐县，泉州市永春县，南平市光泽县，龙岩市长汀县、上杭县；

江西：九江市濂溪区、瑞昌市，新余市仙女湖区，赣州市信丰县、石城县，抚州市东乡县；

山东：泰安市岱岳区、新泰市，莱芜市莱城区、钢城区；

河南：洛阳市栾川县，南阳市卧龙区、镇平县、内乡县，驻马店市确山县、泌阳县；

湖南：湘潭市湘乡市，岳阳市汨罗市；

广东：佛山市南海区，清远市英德市、连州市，云浮市云安区、云浮市属林场；

广西：南宁市邕宁区、武鸣区、宾阳县，柳州市柳南区、融安县，桂林市雁山区、阳朔县、荔浦县，梧州市万秀区、长洲区、龙圩区、藤县、岑溪市，防城港市东兴市，钦州市钦南区、钦北区、钦州市三十六曲林场，贵港市港南区，玉林市陆川县、北流市、玉林市大容山林场，百色市乐业县，贺州市八步区，河池市东兰县、罗城仫佬族自治县、大化瑶族自治县、七坡林场、良凤江森林公园、钦廉林场、黄冕林场、博白林场、雅长林场；

重庆：合川区、南川区，武隆区、云阳县、巫山县、秀山土家族苗族自治县、酉阳土家族苗族自治县；

四川：成都市双流区、大邑县、蒲江县、都江堰市，攀枝花市西区、仁和区、盐边县，绵阳市三台县、平武县，广元市朝天区、青川县，内江市资中县、隆昌县，眉山市仁寿县、青神县，宜宾市江安县、长宁县、屏山县，雅安市汉源县、石棉县，巴中市通江县、南江县、平昌县，阿坝藏族羌族自治州理县、小金县，甘孜藏族自治州康定市、丹巴县、九龙县、雅江县、理塘县、巴塘县、乡城县、稻城县、得荣县、新龙林业局，凉山彝族自治州西昌市、木里藏族自治县、盐源县、德昌县、会理县、会东县、普格县、金阳县、昭觉县、喜德县、冕宁县、甘洛县；

贵州：贵阳市白云区、贵阳经济技术开发区，六盘水市水城县，铜仁市思南县、沿河土家族自治县；

云南：昆明市西山区、经济技术开发区、倘甸产业园区，玉溪市红塔区、元江哈尼族彝族傣族自治县，丽江市玉龙纳西族自治县，楚雄彝族自治州双柏县、南华县、永仁县，文山壮族苗族自治州富宁县，大理白族自治州云龙县、洱源县，迪庆藏族自治州维西傈僳族自治县，嵩明县、安宁市；

陕西：西安市户县，宝鸡市渭滨区、金台区、陈仓区，咸阳市永寿县、旬邑县，延安市志丹县、吴起县，汉中市南郑县、镇巴县、留坝县，商洛市柞水县，杨陵区，陕西佛坪保护区，汉西林业局；

甘肃：天水市麦积区、清水县，平凉市华亭县、庄浪县、关山林管局，庆阳市西峰区、庆城县、环县、华池县、正宁县、宁县、镇原县、正宁总场、湘乐总场、合水总场、华池总场，定西市安定区、临洮县、漳县，陇南市成县、文县、宕昌县、康县、西和县、两当县，兴隆山保护区、太子山保护区、莲花山自然保护区、小陇山林业实验管理局；

青海：黄南藏族自治州同仁县、尖扎县、坎布拉林场；

宁夏：石嘴山市惠农区，固原市六盘山林业局。

发生面积　1331483 亩

危害指数　0. 4000

- **大散斑壳 *Lophodermium maximum* B. Z. He et Yang**（红松落针病）
- **寄生散斑壳 *Lophodermium parasiticum* B. Z. He et Yang**（红松落针病）

寄　　主　红松，毛枝五针松，华山松。

分布范围　东北，陕西、甘肃。

发生地点　辽宁：本溪市本溪满族自治县，丹东市凤城市；

吉林：延边朝鲜族自治州敦化市，露水河林业局、红石林业局、白石山林业局，蛟河林业实验管理局；

黑龙江：哈尔滨市五常市，齐齐哈尔市讷河市，双鸭山市饶河县，伊春市伊春区、嘉荫县，佳木斯市郊区，黑河市逊克县。

发生面积　100 亩

危害指数　0. 3333

- **佩特拉克散斑壳 *Lophodermium petrakii* Durrieu**（杉木落针病）

寄　　主　杉木，南洋杉，铁杉，柳杉，水杉，秃杉。

分布范围　华东、中南，重庆、四川、贵州、云南、陕西。

发生地点　浙江：台州市黄岩区，丽水市、松阳县；

安徽：芜湖市繁昌县、无为县，滁州市定远县；

福建：三明市尤溪县，泉州市永春县，南平市延平区；

江西：萍乡市萍乡开发区，九江市瑞昌市，吉安市遂川县，宜春市樟树市；

山东：济宁市汶上县；

河南：南阳市淅川县，信阳市罗山县、固始县；

湖南：株洲市天元区，岳阳市临湘市，常德市石门县，益阳市南县，郴州市苏仙区、永兴县、嘉禾县，娄底市冷水江市、涟源市，湘西土家族苗族自治州保靖县；

广东：佛山市禅城区，肇庆市高要区、德庆县、四会市，汕尾市陆河县、汕尾市属林场，清远市连山壮族瑶族自治县、英德市、连州市，云浮市新兴县；

广西：南宁市宾阳县，桂林市临桂区、兴安县、永福县、龙胜各族自治县，梧州市长洲区，钦州市浦北县，贵港市平南县、桂平市，玉林市陆川县、博白县、兴业县，百色市田阳县、德保县、乐业县，贺州市平桂区、八步区、昭平县、钟山县，河池市金城江区、南丹县、天峨县、凤山县、东兰县、罗城仫佬族自治县、环江毛南族自治县、巴马瑶族自治县，来宾市金秀瑶族自治县，崇左市大新县、天等县、博白林场、雅长林场；

重庆：万州区、渝北区、武隆区、彭水苗族土家族自治县；

四川：成都市大邑县，攀枝花市盐边县，泸州市江阳区、泸县，广元市旺苍县、青川县，遂宁市射洪县，乐山市沙湾区、金口河区、峨眉山市，南充市蓬安县，宜宾市长宁县、高县、珙县，雅安市雨城区、名山区、汉源县、石棉县、天全县、芦山县，巴中市巴州区、平昌县，阿坝藏族羌族自治州汶川县，甘孜藏族自治州泸定县、得荣县，凉山彝族自治州盐源县、德昌县、会东县、昭觉县；

贵州：贵阳市，黔东南苗族侗族自治州台江县，黔南布依族苗族自治州福泉市、龙里县、三都水族自治县；

云南：玉溪市元江哈尼族彝族傣族自治县，昭通市大关县，普洱市江城哈尼族彝族自治县、西盟佤族自治县，红河哈尼族彝族自治州屏边苗族自治县、元阳县、金平苗族瑶族傣族自治县、绿春县；

陕西：汉中市洋县，商洛市柞水县。

发生面积　157032 亩

危害指数　0.3914

- 云杉散斑壳 *Lophodermium piceae*（Fuck.）v. Höhn.（云杉落针病）

寄　　主　云杉，青海云杉，川西云杉，紫果云杉，天山云杉，红皮云杉。

分布范围　东北、西北，河北、湖北、四川、云南。

发生地点　四川：攀枝花市米易县，雅安市荥经县、石棉县、天全县、芦山县、宝兴县，阿坝藏族羌族自治州汶川县、理县、九寨沟县、小金县、黑水县、壤塘县、阿坝县、若尔盖县，甘孜藏族自治州康定市、丹巴县、九龙县、雅江县、道孚县、炉霍县、甘孜县、新龙县、德格县、白玉县、色达县、理塘县、巴塘县、乡城县、稻城县、得荣县、丹巴林业局、炉霍林业局、新龙林业局，凉山彝族自治州盐源县；

云南：迪庆藏族自治州香格里拉市；

陕西：宁东林业局；

甘肃：庆阳市镇原县，定西市渭源县、临洮县、岷县，甘南藏族自治州合作市、临潭县、卓尼县、舟曲县、迭部县、祁连山保护区、尕海则岔保护区，白龙江林业管理局，白水江保护区；

青海：黄南藏族自治州同仁县、尖扎县、麦秀林场、坎布拉林场，海南藏族自治州贵
德县，果洛藏族自治州玛可河林业局；

新疆：天山东部国有林管理局。

发生面积　1022040 亩

危害指数　0.5121

- **扰乱散斑壳 *Lophodermium seditiosum* Minter，Staley et Miller（樟子松落针病）**
- **斯塔雷散斑壳 *Lophodermium staleyi* Minter（樟子松落针病）**

寄　　主　赤松，樟子松，华山松，油松，黑松。

分布范围　内蒙古、辽宁、黑龙江、山东、云南。

发生地点　黑龙江：齐齐哈尔市讷河市；

黑龙江森林工业总局：朗乡林业局、红星林业局，大海林林业局，亚布力林业局，双
鸭山林业局、清河林业局；

内蒙古大兴安岭林业管理局：阿尔山林业局。

发生面积　4000 亩

危害指数　0.4167

- **槭斑痣盘菌 *Rhytisma acerinum*（Pers.）Fr.（槭树漆斑病，漆树黑痣病）**

无 性 型　*Melasmia acerina* Lév.

寄　　主　漆树，三角槭，茶条槭，色木槭，鸡爪槭。

分布范围　华东，山西、辽宁、吉林、河南、湖北、湖南、四川、陕西、甘肃。

发生地点　山东：莱芜市莱城区；

四川：绵阳市平武县，甘孜藏族自治州得荣县；

陕西：汉中市西乡县。

- **喜马拉雅斑痣盘菌 *Rhytisma himalense* Syd. et Butler（冬青漆斑病）**

寄　　主　冬青，大叶冬青，枸骨。

分布范围　江苏、浙江、安徽、湖北、四川、陕西。

发生地点　四川：南充市营山县、仪陇县，巴中市巴州区。

- **忍冬生斑痣盘菌 *Rhytisma lonicericola* P. Henn.（忍冬黑痣病）**

无 性 型　*Melasmia lonicerae* Jacz.

寄　　主　忍冬，金花忍冬。

分布范围　东北，河南、四川、陕西。

发生地点　四川：阿坝藏族羌族自治州黑水县、壤塘县。

- **斑痣盘菌 *Rhytisma punctatum*（Pers.）Fr.（槭树黑痣病）**

无 性 型　*Melasmia punctatum* Sacc. et Roum.

寄　　主　枫香，槭，三角槭，茶条槭，鸡爪槭，绒毛无患子。

分布范围　东北、华东，河南、湖北、湖南、广东、四川、陕西。

发生地点　江苏：镇江市句容市；

浙江：台州市三门县；

安徽：芜湖市无为县；

江西：吉安市永新县；

湖南：湘西土家族苗族自治州保靖县；

陕西：宁东林业局。

发生面积　2768 亩

危害指数　0.3337

- 杜鹃斑痣盘菌 *Rhytisma rhododendri* Fr. （杜鹃漆斑病）

无 性 型　*Melasmia rhododendri* P. Henn. et Shirai

寄　　主　杜鹃，密枝杜鹃。

分布范围　江苏、安徽、福建、河南、湖南、四川、云南、陕西。

发生地点　四川：甘孜藏族自治州理塘县、巴塘县，凉山彝族自治州会东县。

发生面积　258 亩

危害指数　0.3333

- 柳斑痣盘菌 *Rhytisma salicinum* （Pers.）Fr. （柳树漆斑病）

无 性 型　*Melasmia salicina* Lév.

寄　　主　垂柳，异型柳，黄花柳，多枝柽柳，旱柳，康定柳，北沙柳。

分布范围　东北，北京、河北、内蒙古、江苏、安徽、山东、河南、湖北、四川、贵州、陕西、甘肃、宁夏、新疆。

发生地点　山东：莱芜市钢城区；

河南：三门峡市渑池县，南阳市方城县，信阳市淮滨县，巩义市、鹿邑县；

四川：南充市蓬安县，甘孜藏族自治州炉霍县、甘孜县、新龙县、德格县、色达县、理塘县、得荣县、炉霍林业局，凉山彝族自治州会东县、昭觉县；

陕西：宁东林业局、太白林业局；

甘肃：兴隆山自然保护区、太子山自然保护区、莲花山自然保护区；

宁夏：银川市兴庆区、西夏区、金凤区，吴忠市盐池县；

新疆：克孜勒苏柯尔克孜自治州阿合奇县，喀什地区麦盖提县。

发生面积　17775 亩

危害指数　0.3396

酵母菌目 Saccharomycetales　梅奇酵母科 Metschnikowiaceae

- 棉铃腐阿氏酵母 *Ashbya gossypii* （Ashby et Now.）Guill. （杜仲种腐病）

寄　　主　杜仲。

分布范围　湖南、四川、陕西。

粪壳菌目 Sordariales　毛球壳科 Lasiosphaeriaceae

- 毛竹喙球菌 *Ceratosphaeria phyllostachydis* S. X. Zhang （毛竹枯梢病）

寄　　主　毛竹，撑篙竹，刺竹子，慈竹，花毛竹，麻竹。

分布范围　中南、西南，上海、江苏、浙江、安徽、福建、江西、陕西。

发生地点　浙江：杭州市桐庐县，绍兴市诸暨市，舟山市定海区；

　　　　　安徽：六安市金寨县；

　　　　　福建：莆田市仙游县，泉州市永春县、德化县，漳州市诏安县，南平市延平区、松溪县，龙岩市长汀县、武平县；

　　　　　江西：萍乡市上栗县、芦溪县，九江市湖口县，赣州市南康区、安远县、龙南县、宁都县，吉安市峡江县、泰和县、永新县，宜春市袁州区、上高县，上饶市广丰区、铅山县、万年县，安福县；

　　　　　湖南：株洲市荷塘区、芦淞区，岳阳市岳阳县、临湘市，郴州市苏仙区，娄底市涟源市，湘西土家族苗族自治州永顺县；

　　　　　广东：韶关市仁化县、南雄市；

　　　　　广西：柳州市融安县、融水苗族自治县，贺州市富川瑶族自治县；

　　　　　海南：白沙黎族自治县；

　　　　　重庆：北碚区；

　　　　　四川：眉山市彭山区、仁寿县，巴中市恩阳区；

　　　　　云南：昭通市盐津县、大关县、水富县；

　　　　　陕西：商洛市丹凤县。

发生面积　63454 亩

危害指数　0.4317

凹球壳科 Nitschkiaceae

- **柳杉凹球壳** *Nitschkia tuberculifera* Kusano（柳杉瘿瘤病）

　寄　　主　柳杉。

　分布范围　浙江、四川、云南。

　发生地点　四川：自贡市沿滩区；

　　　　　　云南：怒江傈僳族自治州泸水县。

　发生面积　584 亩

　危害指数　0.3362

外囊菌目 Taphrinales　　外囊菌科 Taphrinaceae

- **梨外囊菌** *Taphrina bullata*（Berk. et Br.）Tul.（梨缩叶病）

　寄　　主　梨，沙梨。

　分布范围　辽宁、江苏、江西、山东、河南、湖北、四川、贵州、陕西。

　发生地点　江苏：南京市高淳区，盐城市响水县；

　　　　　　江西：新余市分宜县；

　　　　　　山东：菏泽市定陶区；

　　　　　　四川：南充市高坪区。

发生面积　609 亩

危害指数　0.3333

- **枥外囊菌 *Taphrina caerulescens*（Desm. et Mont.）Tul.** （枥缩叶病）

寄　　　主　石枥，小叶青冈，麻枥，槲枥，蒙古枥，栓皮枥。

分布范围　东北，福建、山东、河南、四川、云南。

- **畸形外囊菌 *Taphrina deformans*（Berk.）Tul.** （桃缩叶病）

寄　　　主　扁桃，山桃，桃，碧桃，樱桃，油桃，李，红叶李，梨，柑橘，无患子。

分布范围　华北、华东、西南，辽宁、吉林、河南、湖北、湖南、广东、陕西、甘肃、宁夏、新疆。

发生地点　河北：石家庄市井陉县、新乐市，唐山市乐亭县，邢台市任县，衡水市安平县、深州市；

　　　　　上海：浦东新区、奉贤区；

　　　　　江苏：无锡市锡山区、滨湖区、江阴市，常州市武进区、金坛区，苏州高新技术开发区、吴江区、昆山市、太仓市，南通市海安县、如东县、海门市，盐城市亭湖区、滨海县、东台市，镇江市京口区，宿迁市沭阳县；

　　　　　浙江：宁波市鄞州区；

　　　　　安徽：芜湖市繁昌县、无为县；

　　　　　福建：泉州市安溪县，南平市松溪县；

　　　　　江西：景德镇市昌江区；

　　　　　山东：青岛市即墨市、莱西市，济宁市金乡县，莱芜市钢城区，德州市齐河县，聊城市阳谷县、冠县、临清市，菏泽市牡丹区；

　　　　　河南：洛阳市栾川县、嵩县，平顶山市叶县、鲁山县，新乡市新乡县，三门峡市陕州区，南阳市桐柏县，信阳市罗山县，驻马店市西平县，邓州市；

　　　　　湖北：武汉市新洲区，孝感市孝南区、孝昌县，随州市随县；

　　　　　湖南：邵阳市隆回县，岳阳市临湘市，永州市冷水滩区、道县；

　　　　　重庆：万州区、九龙坡区、黔江区、璧山区，武隆区、奉节县、酉阳土家族苗族自治县；

　　　　　四川：成都市青白江区、大邑县、简阳市，攀枝花市盐边县，德阳市广汉市，绵阳市游仙区、安州区、三台县、江油市，广元市青川县，内江市资中县，乐山市沙湾区、峨眉山市，南充市高坪区、嘉陵区、蓬安县、西充县，眉山市仁寿县、洪雅县，广安市前锋区，雅安市汉源县，巴中市巴州区、恩阳区、通江县、南江县，阿坝藏族羌族自治州汶川县、理县，甘孜藏族自治州康定市、泸定县、石渠县、理塘县、巴塘县、乡城县、得荣县，凉山彝族自治州盐源县、德昌县、会东县、昭觉县；

　　　　　贵州：贵阳市南明区、花溪区、乌当区、修文县、贵阳经济技术开发区，六盘水市六枝特区、水城县、盘县，遵义市桐梓县、正安县、道真仡佬族苗族自治县、余庆县，安顺市镇宁布依族苗族自治县，毕节市大方县、黔西县，铜仁市碧江区、思南县、德江县，贵安新区，黔南布依族苗族自治州福泉市、贵定县；

云南：昆明市经济技术开发区、倘甸产业园区、昆明市西山林场，玉溪市红塔区、通海县、新平彝族傣族自治县、元江哈尼族彝族傣族自治县，昭通市镇雄县、威信县，楚雄彝族自治州楚雄市、双柏县、武定县，文山壮族苗族自治州富宁县、嵩明县、安宁市；

西藏：林芝市波密县、巴宜区；

陕西：西安市临潼区，宝鸡市金台区、扶风县、眉县、太白县，咸阳市泾阳县、乾县，渭南市华州区，汉中市镇巴县、佛坪县，安康市宁陕县，商洛市商州区、山阳县、镇安县；

甘肃：白银市靖远县，武威市凉州区，平凉市泾川县、崇信县、庄浪县，庆阳市西峰区、正宁县、宁县、镇原县，白龙江林业管理局；

新疆生产建设兵团：农一师 10 团。

发生面积　61988 亩

危害指数　0.4318

- **毛赤杨外囊菌 *Taphrina epiphylla* Sadeb.** （桤木缩叶病）

寄　　　主　桤木，辽东桤木。

分布范围　吉林、四川、云南。

发生地点　四川：攀枝花市盐边县；

云南：楚雄彝族自治州大姚县，怒江傈僳族自治州泸水县。

发生面积　724 亩

危害指数　0.3333

- **梅外囊菌 *Taphrina mume* Nish.** （杏缩叶病）

寄　　　主　杏，梅。

分布范围　江苏、浙江、安徽、山东、河南、广东、四川、贵州、陕西。

发生地点　河南：三门峡市陕州区；

四川：凉山彝族自治州会东县；

陕西：商洛市商州区、镇安县。

发生面积　231 亩

危害指数　0.3333

- **杨外囊菌 *Taphrina populina* Fr.** （杨缩叶病）

拉丁异名　*Taphrina aurea*（Pers.）Fr.

寄　　　主　山杨，毛白杨，柳树。

分布范围　东北，河北、山西、江苏、山东、四川、陕西、甘肃、青海。

发生地点　山西：晋中市灵石县；

江苏：常州市溧阳市，扬州市邗江区、经济技术开发区；

山东：菏泽市定陶区、巨野县、郓城县；

四川：甘孜藏族自治州康定市、九龙县、乡城县、得荣县，凉山彝族自治州美姑县；

甘肃：定西市临洮县；

青海：海东市民和回族土族自治县。

发生面积　1386 亩

危害指数　0.3454

- **榆外囊菌** *Taphrina ulmi*（Fuckel）**Johans.**（榆缩叶病）

寄　　主　榆树，春榆。

分布范围　东北，北京、河北、安徽、山东、河南、陕西、甘肃、宁夏。

发生地点　甘肃：陇南市宕昌县；

　　　　　宁夏：石嘴山市大武口区、惠农区。

发生面积　931 亩

危害指数　0.4479

鹿角菌目 Xylariales　　鹿角菌科 Xylariaceae

- **博韦炭团菌小孢变种** *Hypoxylon bovei* **Speg. var.** *microspora* **Mill.**（栎枝枯病）

寄　　主　栎，青冈。

分布范围　华东，河北、湖南、广东、广西、四川、云南、陕西。

发生地点　上海：浦东新区；

　　　　　四川：攀枝花市米易县。

发生面积　151 亩

危害指数　0.3333

- **拟蔓毛座坚壳** *Rosellinia herpotrichioides* **Hepting et Davidson**（云杉毡枯病）

寄　　主　云杉，红皮云杉，红松。

分布范围　黑龙江、湖北、四川、甘肃。

发生地点　四川：甘孜藏族自治州理塘县；

　　　　　甘肃：定西市临洮县。

发生面积　530 亩

危害指数　0.3333

- **褐座坚壳** *Rosellinia necatrix*（Hart.）**Berl.**（板栗白纹羽病）

寄　　主　银杏，垂柳，马尾松，板栗，榆树，桑，苹果，桃，蜡梅，冬青卫矛，茶。

分布范围　辽宁、浙江、安徽、福建、山东、湖北、湖南、广东、广西、贵州、云南、陕西、

　　　　　甘肃。

科末定位 Familia incertae sedis

亚赤壳科 Hyponectriaceae

- **冬青囊孢壳** *Physalospora ilicella* **Teng**（冬青叶斑病）

寄　　主　大叶冬青。

分布范围　上海、江苏。

- 小冬青囊孢壳 *Physalospora ilicella* **Teng var.** *minor* **Teng**（构骨叶斑病）

  寄　　主　枸骨，早禾树。

  分布范围　上海、江苏、重庆。

  发生地点　上海：松江区。

- 核桃囊孢壳 *Physalospora juglandis* **Syd. et Hara**（核桃干腐病）

  寄　　主　山核桃，薄壳山核桃，核桃楸，核桃，油茶，板栗，桃，槐树，花椒。

  分布范围　天津、河北、山西、浙江、安徽、山东、江西、河南、湖北、湖南、四川、云南、陕西、甘肃。

  发生地点　河北：石家庄市井陉矿区，邢台市沙河市，衡水市冀州市；

　　　　　　山西：晋中市左权县，临汾市尧都区；

　　　　　　浙江：杭州市桐庐县、淳安县、临安市；

　　　　　　安徽：宣城市宁国市；

　　　　　　山东：东营市广饶县，济宁市梁山县，泰安市宁阳县，聊城市阳谷县；

　　　　　　河南：郑州市荥阳市、新郑市，平顶山市鲁山县；

　　　　　　四川：遂宁市射洪县，巴中市南江县；

　　　　　　云南：普洱市景东彝族自治县，楚雄彝族自治州牟定县、南华县、大姚县、武定县、大理白族自治州巍山彝族回族自治县、云龙县，怒江傈僳族自治州泸水县；

　　　　　　陕西：渭南市大荔县、合阳县、澄城县，商洛市山阳县，韩城市；

　　　　　　甘肃：平凉市华亭县。

  发生面积　179261 亩

  危害指数　0.4305

- 杨囊孢壳 *Physalospora populina* **Maubl.**（杨叶斑病）

  寄　　主　加杨，山杨。

  分布范围　山东、河南、四川、陕西。

- 柑橘囊孢壳 *Physalospora rhodina* **Berk. et Curt.**（木菠萝果腐病，杧果流胶病）

  拉丁异名　*Botryosphaeria rhodina* Rhodina

  无 性 型　*Botryodiplodia theobromae* Pat.

  寄　　主　木波罗，杧果。

  分布范围　广东、广西、海南、四川、贵州、云南。

  发生地点　海南：东方市；

　　　　　　四川：攀枝花市仁和区、盐边县；

　　　　　　云南：楚雄彝族自治州元谋县。

  发生面积　230 亩

  危害指数　0.6522

属未定位 Incertae sedis

● 花椒平座壳 *Endoxylina marica* **N. Naumov**（花椒枝枯病）

寄　　主　花椒。

分布范围　河北、四川、贵州、陕西、甘肃。

发生地点　贵州：铜仁市思南县；

　　　　　陕西：汉中市洋县；

　　　　　甘肃：陇南市宕昌县。

发生面积　2916 亩

危害指数　0.4095

担子菌亚门 Basidiomycotina

伞菌目 Agaricales   鬼伞科 Coprinaceae

● **晶粒鬼伞 *Coprinus micaceus*（Bull.）Fr.**（柳树根朽病）

寄　　主　柳树，杨树。

分布范围　山东、四川、青海、新疆。

发生地点　四川：乐山市峨边彝族自治县。

口蘑科 Tricholomataceae

● **奥氏蜜环菌 *Armillaria ostoyae*（Romagn.）Herink**（林木根朽病）

中文异名　蜜环菌、榛蘑

拉丁异名　*Armillaria mellea*（Vahl. et Fr.）Quél.

寄　　主　落叶松，红松，山杨，黑杨，滇杨，柳树，蒙古栎，板栗，桑，三球悬铃木，桃，苹果，沙梨。

分布范围　华北、东北、中南、西北，江苏、浙江、安徽、福建、山东、四川、贵州、云南。

发生地点　河北：邯郸市武安市；

　　　　　黑龙江：伊春市伊春区；

　　　　　安徽：芜湖市繁昌县、无为县，阜阳市太和县；

　　　　　山东：威海市环翠区，聊城市东昌府区；

　　　　　河南：洛阳市嵩县，三门峡市灵宝市；

　　　　　湖南：岳阳市君山区，张家界市慈利县，永州市宁远县；

　　　　　海南：海口市琼山区、美兰区；

　　　　　四川：甘孜藏族自治州色达县，凉山彝族自治州盐源县、德昌县；

　　　　　陕西：渭南市潼关县，韩城市；

　　　　　新疆：阿勒泰地区福海县；

　　　　　黑龙江森林工业总局：伊春林业管理局。

发生面积　8661 亩

危害指数　0.3486

● **假蜜环菌 *Armillariella tabescens*（Scop.）Singer**（林木根朽病）

中文异名　蜜环菌

拉丁异名　*Armillaria mellea*（Vahl. et Fr.）Quél.

寄　　主　云杉，油松，红豆杉，木麻黄，山杨，黑杨，滇杨，垂柳，板栗，栎子青冈，桑，榆叶梅，山楂，苹果，沙梨，黄檗，花椒，臭椿，枣树，油茶，喜树。

分布范围　东北，北京、河北、内蒙古，江苏、浙江、安徽、江西、山东、河南、湖北、湖南、海南、四川、贵州、云南、陕西、甘肃、新疆。

发生地点　河北：邯郸市武安市；

黑龙江：伊春市伊春区；

安徽：芜湖市繁昌县、无为县，阜阳市太和县；

山东：威海市环翠区，聊城市东昌府区；

河南：洛阳市嵩县，三门峡市灵宝市；

湖南：岳阳市君山区，张家界市慈利县，永州市宁远县；

海南：海口市琼山区、美兰区；

四川：甘孜藏族自治州色达县，凉山彝族自治州盐源县、德昌县；

陕西：渭南市潼关县，韩城市；

新疆：阿勒泰地区福海县；

黑龙江森林工业总局：伊春林业管理局。

发生面积　8661 亩

危害指数　0.3486

● 金针菇 *Flammulina velutipes*（**M. A. Curtis：Fr.**）**Singer**（干部白色腐朽）

寄　　主　刺槐，榆树，柳树，漆树，赤杨。

分布范围　华北、东北，浙江、安徽、福建、江西、山东、河南、湖北、陕西、甘肃、青海。

发生地点　山东：莱芜市钢城区、莱城区。

木耳目 Auriculariales　　木耳科 Auriculariaceae

● 木耳 *Auricularia auricula*（**L. ex Hook.**）**Underw.**（腐朽病）

寄　　主　构树，核桃，枫香，枫杨，栓皮栎。

分布范围　东北、中南，河北、安徽、福建、山东、四川、贵州、云南、陕西、甘肃、青海。

发生地点　安徽：芜湖市无为县；

山东：东营市广饶县，菏泽市巨野县。

发生面积　316 亩

危害指数　0.3333

● 毛木耳 *Auricularia polytricha*（**Mont.**）**Sacc.**（腐朽病）

寄　　主　杉木，加杨，柳树，臭椿。

分布范围　华北、东北、华东、中南，四川、贵州、云南、陕西、甘肃、青海。

发生地点　江苏：苏州市昆山市。

角担菌目 Ceratobasidlales　　角担菌科 Ceratobasidiaceae

● 瓜亡革菌 *Thanatephorus cucumeris*（**Frank**）**Donk**（立枯病）

无 性 型　*Rhizoctonia solani* Kühn.

寄　　主　新疆落叶松，云杉，杏，山荆子，白梨，橙，葡萄。

分布范围　东北，湖北、四川、贵州、新疆。

灵芝目 Ganodermatales　　灵芝菌科 Ganodermataceae

● **树舌 *Ganoderma lipsiense*（Batsch）G. F. Atk.**（腐朽病）

拉丁异名　*Ganoderma applanatum*（Pers.）Pat.

寄　　主　冷杉，山杨，旱柳，枫杨，赤杨，辽东桤木，垂枝桦，板栗，小叶栲，蒙古栎，栓皮栎，青冈，榆树，李，山合欢，槐树，臭椿，冬青，三角槭，茶，枸杞。

分布范围　华北、东北、中南、西南，江苏、浙江、安徽、福建、江西、陕西、甘肃、青海、新疆。

刺革菌目 Hymenochaetales　　刺革菌科 Hymenochaetaceae

● **哈蒂嗜蓝孢孔菌 *Fomitiporia hartigii*（Allesch. et Schnabl）Fiasson et Niemelä**（冷杉边材白腐）

拉丁异名　*Phellinus hartigii*（Allesch. et Schnabl）Bondartsev.

寄　　主　冷杉，臭冷杉，柏木。

分布范围　吉林、黑龙江、四川、云南、青海。

发生地点　四川：甘孜藏族自治州乡城县。

● **粗毛纤孔菌 *Inonotus hispidus*（Bull. et Fr.）P. Karst.**（心材海绵状白色腐朽）

拉丁异名　*Xanthochrous hispidus*（Bull. : Fr.）Pat.

寄　　主　冷杉，胡杨，毛白杨，核桃，蒙古栎，榆树，桑，杏，苹果，金合欢，刺槐，紫椴，水曲柳。

分布范围　华北、东北，山东、河南、湖北、云南、陕西、宁夏、新疆。

发生地点　新疆：乌鲁木齐市沙依巴克区；
　　　　　新疆生产建设兵团：农二师22团，农四师68团。

发生面积　6049亩

危害指数　0.3333

● **鲍姆木层孔菌 *Phellinus baumii* Pilát**（心材白色腐朽）

拉丁异名　*Phellinus linteus*（Berk. et M. A. Curt.）Teng

寄　　主　杨树，西桦，白桦，樟树，李，白蜡树，女贞，暴马丁香，长白忍冬。

分布范围　华北、东北、中南，浙江、安徽、四川、贵州、云南、陕西、甘肃、青海、新疆。

发生地点　广西：贺州市昭平县，高峰林场；
　　　　　四川：甘孜藏族自治州稻城县；
　　　　　云南：普洱市孟连傣族拉祜族佤族自治县、澜沧拉祜族自治县、西盟佤族自治县。

发生面积　8877亩

危害指数　0.9964

- 淡黄木层孔菌 *Phellinus gilvus*（Schwein.）Pat.（心材白色腐朽）

  寄　　主　柳树，化香树，白桦，栲树，栎，刺槐。

  分布范围　河北、山西、吉林、黑龙江、江苏、浙江、安徽、福建、江西、河南、湖南、广东、广西、海南、四川、贵州、云南、陕西。

- 火木层孔菌 *Phellinus igniarius*（L. ex Fr.）Quél.（阔叶树心材白色腐朽）

  寄　　主　山杨，旱柳，黑桦，垂枝桦，白桦，蒙古栎，核桃楸，辽东桤木，杏，沙枣，杜鹃。

  分布范围　华北、东北、西北，福建、河南、湖北、四川、贵州、云南。

  发生地点　山西：大同市阳高县；

  　　　　　福建：漳州市南靖县；

  　　　　　四川：遂宁市大英县；

  　　　　　甘肃：尕海则岔自然保护区。

  发生面积　1500 亩

  危害指数　0.4444

- 忍冬木层孔菌 *Phellinus lonicericola* Parmasto（白色腐朽）

  寄　　主　朴树，冬青，忍冬。

  分布范围　吉林、江苏。

  发生地点　江苏：苏州市昆山市。

- 黑木层孔菌 *Phellinus nigricans*（Fr.）Pat.（腐朽病）

  寄　　主　沙棘。

  分布范围　甘肃、青海。

  发生地点　甘肃：兴隆山自然保护区。

  发生面积　380 亩

  危害指数　0.3333

- 松木层孔菌 *Phellinus pini*（Brot.：Fr.）A. Ames（针叶树心材白腐）

  拉丁异名　*Fomes pini*（Thore）P. Karst.

  寄　　主　云杉，冷杉，红杉，华北落叶松，新疆落叶松，华山松，思茅松，樟子松，油松，马尾松。

  分布范围　华北、东北、西南、西北，山东、湖北、湖南。

  发生地点　山东：济宁市鱼台县，聊城市东阿县。

- 毛木层孔菌 *Phellinus setulosus*（Lloyd）Imazeki（心材白腐）

  寄　　主　云杉，日本落叶松，杨树，丁香，暴马丁香，忍冬。

  分布范围　河北、山西、黑龙江、安徽、湖北、四川、云南、青海。

- 苹果木层孔菌 *Phellinus tuberculosus*（Baumg.）Niemelä（心材白色腐朽）

  拉丁异名　*Phellinus pomaceus*（Pers. et Gray）Maire

  寄　　主　山杨，桤木，板栗，苹果，山桃，桃，榆叶梅，山楂，杏，李，稠李，刺槐，梨，暴马丁香。

分布范围　东北、中南，河北、山西、江苏、浙江、福建、山东、四川、贵州、云南、陕西、甘肃、宁夏、新疆。

发生地点　山东：菏泽市定陶区；

四川：凉山彝族自治州德昌县。

- 亚玛木层孔菌 *Phellinus yamanoi*（Imazeki）**Parmasto**（云杉心材白腐）

寄　　主　云杉，鱼鳞云杉，红皮云杉。

分布范围　华北、西北，吉林、黑龙江、四川。

发生地点　四川：甘孜藏族自治州乡城县。

- 桦云芝 *Polystictus betulina*（L.）**Fr.**（白色腐朽）

寄　　主　山核桃。

分布范围　山东、陕西。

- 鼠灰云芝 *Polystictus murinus*（Lév.）**Cooke**（腐朽病）

拉丁异名　*Polyporus murinus* Lév.

寄　　主　桤木，赤杨，杨树，枫杨，栎。

分布范围　山东、重庆、四川。

发生地点　重庆：秀山土家族苗族自治县、酉阳土家族苗族自治县；

四川：攀枝花市盐边县。

发生面积　673 亩

危害指数　0.3333

卧孔菌目 Poriales　　革盖菌科 Coriolaceae

- 一色齿毛菌 *Cerrena unicolor*（Bull.）**Murrill**（边材白色腐朽）

拉丁异名　*Coriolus unicolor*（Bull. ex Fr.）Pat.

寄　　主　白桦，天山桦，榆树，杨树，柳树，花椒，楝树，梓。

分布范围　华北、东北、中南，江苏、浙江、安徽、福建、江西、四川、贵州、云南、陕西、甘肃、青海、新疆。

发生地点　安徽：黄山市黄山区。

发生面积　680 亩

危害指数　0.3333

- 粗毛拟革盖菌 *Coriolopsis gallica*（Fr.）**Ryvardon**（边材白色腐朽）

寄　　主　新疆杨，加杨，山杨，黑杨，小叶杨，毛白杨，柳树，旱柳，板栗，榆树，水曲柳。

分布范围　华北、东北、中南、西北，江苏、浙江、山东、四川、云南。

发生地点　河北：保定市满城区，沧州市沧县、吴桥县；

江苏：苏州市昆山市；

山东：莱芜市莱城区；

四川：遂宁市船山区，甘孜藏族自治州康定市；

新疆：和田地区墨玉县。

发生面积　13339 亩

危害指数　0.3333

- 毛革盖菌 *Coriolus hirsutus*（Wulf.）Quél.（白色腐朽）

  寄　　主　枫香，朴树，猴樟，樟树。

  分布范围　江苏、安徽、福建、湖北、陕西。

  发生地点　湖北：太子山林场。

- 贝壳迷孔菌 *Daedalea conchata* Bres.（腐朽）

  寄　　主　旱柳。

  分布范围　山东、甘肃。

- 裂拟迷孔菌 *Daedaleopsis confragosa*（Bolton：Fr.）J. Schröt（心材白色腐朽）

  拉丁异名　*Daedalea confragosa*（Bolton ex Fr.）Pers.

  寄　　主　甜杨，垂柳，桦木，甜槠栲。

  分布范围　东北，北京、河北、山西、江苏、浙江、江西、山东、湖北、湖南、广西、四川、云南、陕西、甘肃、青海、新疆。

  发生地点　山东：菏泽市郓城县。

- 盘异薄孔菌 *Datronia scutellata*（Schwein.）Gilbn. et Ryvarden（白色腐朽病）

  拉丁异名　*Fomitopsis scutellata*（Schwein.）Bondartsev et Singer

  寄　　主　桃，李，赤杨，东北桤木。

  分布范围　山西、内蒙古、黑龙江、安徽、湖北、广西、四川、陕西。

  发生地点　四川：遂宁市船山区，乐山市峨眉山市。

- 木蹄层孔菌 *Fomes fomentarius*（L. ex Fr.）Fr.（心材杂斑状白色腐朽）

  寄　　主　落叶松，山杨，新疆杨，苦杨，甜杨，柳树，桦木，天山桦，红桦，垂枝桦，核桃，蒙古栎，赤杨，板栗，榆树，紫楠，山楂，苹果，李，梨，花楸树，色木槭，葡萄，椴树，水曲柳。

  分布范围　华北、东北，安徽、河南、湖北、广西、四川、贵州、云南、陕西、甘肃、新疆。

- 苦白蹄拟层孔菌 *Fomitopsis officinalis*（Vill.：Fr.）Bondartsev et Singer（心材块状褐色腐朽）

  寄　　主　冷杉，云杉，落叶松，新疆落叶松，松。

  分布范围　华北，吉林、黑龙江、湖北、四川、云南、新疆。

- 红缘拟层孔菌 *Fomitopsis pinicola*（Sw.：Fr.）P. Karst.（心材块状褐色腐朽）

  寄　　主　冷杉，铁杉，云杉，马尾松，油松，云南松，红松，杨树，柳树，白桦，蒙古栎，稠李，李，秋子梨。

  分布范围　华北、东北、中南，江苏、浙江、安徽、福建、江西、四川、贵州、云南、陕西、甘肃、新疆。

- 黑蹄拟层孔菌 *Fomitopsis rosea*（Alb. et Schwein. ex Fr.）P. Karst.（块状褐色腐朽）

  寄　　主　冷杉，云杉，鱼鳞云杉。

分布范围　吉林、黑龙江、四川、云南、西藏、甘肃、青海、新疆。

发生地点　四川：甘孜藏族自治州乡城县、得荣县。

- 硬拟层孔菌 *Fomitopsis spraguei*（Berk. et M. A. Curtis）Gilb. et Ryvarden（心材褐色腐朽）

寄　　主　板栗，茅栗。

分布范围　福建、山东、湖北、四川。

发生地点　山东：莱芜市钢城区、莱城区。

- 硬毛栓孔菌 *Funalia trogii*（Berk.）Bondartsev et Singer（边材白色腐朽）

拉丁异名　*Funalia gallica*（Fr.）Pat.

寄　　主　柳杉，山杨，毛白杨，垂柳，旱柳，栎，核桃，榆树，桃，杏，苹果，合欢，刺槐，臭椿，沙枣，南酸枣，白蜡树，兰考泡桐。

分布范围　华北、东北、华东、西北，河南、湖北、湖南、广西、四川、云南。

发生地点　河北：唐山市乐亭县，保定市满城区，沧州市吴桥县；

　　　　　山西：晋中市榆次区；

　　　　　上海：浦东新区；

　　　　　江苏：苏州市昆山市；

　　　　　安徽：滁州市来安县、凤阳县；

　　　　　山东：济宁市梁山县，威海市环翠区，日照市莒县，莱芜市莱城区，滨州市惠民县；

　　　　　河南：郑州市新郑市，开封市顺河回族区；

　　　　　四川：甘孜藏族自治州色达县、理塘县；

　　　　　甘肃：兴隆山自然保护区、尕海则岔自然保护区。

发生面积　6606 亩

危害指数　0.3909

- 龙树花菌 *Grifola frondosa*（Dicks.：Fr.）S. F. Gray（白色腐朽）

拉丁异名　*Polyporus frondosus*（Dicks.）Fr.

寄　　主　栎。

分布范围　甘肃。

发生地点　甘肃：尕海则岔自然保护区。

- 小孔异担子菌 *Heterobasidion parviporum* Niemelä et Korhonen（针叶树干基腐朽）

拉丁异名　*Heterobasidion annosum*（Fr.）Bref.

寄　　主　冷杉，雪松，铁杉，落叶松，鱼鳞云杉，云杉，华山松，红松，云南松，马尾松，杨树，桦木。

分布范围　河北、吉林、黑龙江、安徽、湖北、湖南、广东、广西、海南、四川、云南、甘肃。

- 硫磺菌 *Laetiporus sulphureus*（Bull.：Fr.）Murrill（干基块状褐色腐朽）

寄　　主　冷杉，落叶松，丽江云杉，华山松，红松，马尾松，山杨，黑杨，垂柳，核桃，核桃楸，板栗，栎，蒙古栎，青冈，栎子青冈，樟树，桃，李，秋子梨，香椿，桦叶槭。

分布范围　华北、华东、东北，河南、湖北、湖南、广西、四川、贵州、云南、陕西、甘肃、宁夏、新疆。

发生地点　　山东：莱芜市钢城区、莱城区；

　　　　　　四川：广安市华蓥市，雅安市名山区；

　　　　　　甘肃：天水市清水县；

　　　　　　宁夏：石嘴山市惠农区。

发生面积　　20857 亩

危害指数　　0.5059

- 栗黑孔菌 *Melanoporia castanea*（Yasuda）T. Hattori et Ryvarden（心材褐色腐朽）

拉丁异名　*Fomitopsis castanea* Imazeki

寄　　主　板栗，蒙古栎。

分布范围　东北，重庆、四川、陕西。

发生地点　重庆：开县。

- 栗褐暗孔菌 *Phaeolus schweinitzii*（Fr.）Pat.（干基块状褐色腐朽）

寄　　主　冷杉，红杉，云杉，落叶松，华山松，赤松，红松，马尾松，樟子松，樟树。

分布范围　东北，河北、内蒙古、山东、湖北、广东、广西、四川、贵州、云南、甘肃、新疆。

- 桦剥管孔菌 *Piptoporus betulinus*（Bull. ex Fr.）P. Karst.（心材块状褐色腐朽）

寄　　主　桦木，黑桦，白桦，红桦。

分布范围　东北，北京、河北、内蒙古、河南、湖北、四川、云南、陕西、甘肃、青海、新疆。

发生地点　四川：攀枝花市米易县。

- 绵腐卧孔菌 *Poria vaporaria*（Fr.）Cooke（褐色腐朽）

寄　　主　冷杉，云杉，赤松，马尾松。

分布范围　吉林、山东、湖北、陕西。

发生地点　山东：莱芜市莱城区；

　　　　　陕西：渭南市华阴市。

- 红孔菌 *Pycnoporus cinnabarinus*（Jacq. : Fr.）P. Karst.（白色腐朽）

寄　　主　马尾松，柳树，桦木，白桦，天山桦，甜槠栲，板栗，栎，樱桃。

分布范围　华北、东北、华东，河南、湖北、湖南、广东、广西、四川、贵州、云南、陕西、甘肃、青海、新疆。

发生地点　河北：秦皇岛市海港区；

　　　　　江苏：无锡市江阴市；

　　　　　四川：阿坝藏族羌族自治州壤塘县。

- 血红孔菌 *Pycnoporus sanguineus*（L. ex Fr.）Murrill（海绵状白色腐朽）

寄　　主　马尾松，杉木，甜槠栲，板栗，栎，枫香，桃，油橄榄。

分布范围　华东、中南，河北、黑龙江、四川、贵州、云南、新疆。

发生地点　山东：莱芜市莱城区；

　　　　　湖南：衡阳市衡阳县。

- **毡被菌 *Spongipellis litschaueri* Lohw.**（心材白色腐朽）

  寄　　主　青杨，山杨，桦木，核桃，板栗，蒙古栎，栎，沙枣。

  分布范围　东北、河北、山西、浙江、山东、湖南、广西、云南、甘肃、青海、新疆。

  发生地点　河北：保定市顺平县；

  　　　　　青海：西宁市城北区。

- **毛栓菌 *Trametes hirsuta*（Wulf. ex Fr.）Pilát**（边材白色腐朽）

  寄　　主　杉木，山杨，旱柳，垂柳，桦木，白桦，核桃，辽东栎木，朴树，榆树，樟树，桃，杏，李，臭椿，沙枣，女贞。

  分布范围　华北、中南、吉林、黑龙江、上海、江苏、浙江、安徽、福建、江西、四川、贵州、云南、陕西、甘肃、青海、新疆。

  发生地点　上海：松江区。

- **香栓孔菌 *Trametes suaveolens*（Fr. ：Fr.）Fr.**（干部心材海绵状白色腐朽）

  寄　　主　冷杉，云杉，山杨，旱柳，白桦，枫杨，桃。

  分布范围　华北、东北、华东，河南、湖北、湖南、广西、重庆、四川、贵州、云南、陕西、甘肃、青海、新疆。

  发生地点　江苏：无锡市江阴市，苏州市昆山市；

  　　　　　安徽：芜湖市无为县；

  　　　　　山东：莱芜市莱城区，菏泽市巨野县；

  　　　　　重庆：奉节县；

  　　　　　四川：遂宁市船山区，凉山彝族自治州德昌县；

  　　　　　贵州：贵阳市；

  　　　　　陕西：延安市宜川县。

  发生面积　498 亩

  危害指数　0.3353

- **云芝 *Trametes versicolor*（L. ex Fr.）Pilát.**（海绵状白色腐朽）

  拉丁异名　*Coriolus versicolor*（L. ex Fr.）Quél.，*Polyporus versicolor*（L. ex Fr.）Fr.

  寄　　主　云杉，红松，黄山松，云南松，杨树，垂柳，桤木，赤杨，桦木，毛榛，板栗，甜槠栲，栓皮栎，麻栎，山桃，桃，杏，山楂，苹果，稠李，秋子梨，合欢，臭椿，柿，白蜡树，白花泡桐。

  分布范围　华北、东北、华东，河南、湖北、湖南、广西、四川、贵州、云南、陕西、甘肃、青海、新疆。

  发生地点　天津：静海区；

  　　　　　山东：滨州市惠民县，菏泽市巨野县、郓城县；

  　　　　　四川：攀枝花市盐边县，遂宁市射洪县，巴中市通江县。

  发生面积　569 亩

  危害指数　0.3339

香菇科 Lentinaceae

● 侧耳 *Pleurotus ostreatus*（**Jacq. ex Fr.**）**Quél.**（丝片状白色腐朽）

    寄   主   云南松，中东杨，山杨，小叶杨，小黑杨，垂柳，榆树。

    分布范围   华北，江苏、云南、陕西。

● 榆干侧耳 *Pleurotus ulmarius*（**Bull. ex Fr.**）**Quél.**（干基丝片状白色腐朽）

    寄   主   榆树。

    分布范围   吉林、黑龙江、陕西、青海。

裂褶菌目 Schizophyllales   裂褶菌科 Schizophyllaceae

● 裂褶菌 *Schizophyllum commune* **Fr.**（韧皮部腐烂，边材海绵状白色腐朽）

    寄   主   杨树，山杨，旱柳，核桃，板栗，蒙古栎，桑，桃，山桃，杏，樱桃，苹果，李，合欢，刺槐，黄檗，花椒，臭椿，川楝，油桐，盐肤木，漆树，橡胶树，杧果，桉树，柿，泡桐，接骨木。

    分布范围   华北、东北、中南，江苏、浙江、安徽、山东、四川、陕西、甘肃。

    发生地点   山东：莱芜市莱城区；

                河南：洛阳市洛宁县；

                广东：云浮市云安区；

                海南：保亭黎族苗族自治县；

                四川：遂宁市船山区，雅安市石棉县，巴中市通江县；

                陕西：商洛市丹凤县。

    发生面积   619 亩

    危害指数   0.3344

隔担菌目 Septobasidiales   隔担菌科 Septobasidiaceae

● 金合欢隔担耳 *Septobasidium acaciae* **Sawada**（膏药病）

    寄   主   合欢，云南金合欢，油茶，茶。

    分布范围   江苏、福建、江西、湖南、广东、四川。

    发生地点   江苏：盐城市东台市；

                江西：萍乡市湘东区，丰城市；

                湖南：衡阳市常宁市；

                四川：自贡市荣县。

    发生面积   293 亩

    危害指数   0.3333

● 茂物隔担耳 *Septobasidium bogoriense* **Pat.**（灰色膏药病）

    寄   主   银杉，雪松，华山松，杉木，水杉，罗汉松，红豆杉，杨树，山核桃，化香树，枫杨，桤木，板栗，茅栗，刺楮，苦槠栲，锥栗，刺叶栎，栓皮栎，青冈，朴树，构树，桑，荷花玉兰，厚朴，猴樟，樟树，枫香，杜仲，三球悬铃木，桃，樱桃，樱花，李，红叶李，鼠李，梨，合欢，刺桐，银合欢，刺槐，槐树，柑橘，黄檗，花椒，野花椒，楝树，油桐，重阳木，乌桕，黄杨，盐肤木，漆树，栾树，木槿，油茶，茶，喜树，女贞，毛金竹，胖竹。

分布范围	东北、华东、中南、重庆、四川、贵州、云南、陕西、甘肃。
发生地点	江苏：苏州市昆山市，南通市海安县、如皋市，盐城市盐都区、射阳县、建湖县、东台市，泰州市泰兴市，宿迁市沭阳县；
	浙江：杭州市余杭区、桐庐县，宁波市余姚市，金华市浦江县，衢州市常山县，台州市温岭市；
	安徽：阜阳市阜南县，六安市金安区、裕安区、叶集区、霍邱县、舒城县、金寨县，宣城市宣州区、广德县、宁国市；
	福建：三明市尤溪县，南平市延平区；
	江西：九江市修水县，抚州市东乡县；
	山东：日照市莒县，莱芜市莱城区；
	河南：三门峡市灵宝市，信阳市淮滨县；
	湖北：十堰市郧西县、竹溪县，荆门市京山县，黄冈市罗田县，随州市随县，太子山林场；
	广东：肇庆市封开县；
	广西：桂林市龙胜各族自治县，河池市环江毛南族自治县；
	重庆：合川区，城口县、丰都县、开县、巫山县、巫溪县、彭水苗族土家族自治县；
	四川：成都市大邑县，自贡市自流井区、荣县，攀枝花市米易县、盐边县，绵阳市安州区、平武县、江油市，广元市朝天区、剑阁县，遂宁市安居区、蓬溪县、大英县，内江市市中区、东兴区、资中县，乐山市沙湾区、金口河区、峨眉山市，眉山市仁寿县，宜宾市江安县，广安市岳池县、华蓥市，雅安市石棉县、芦山县、宝兴县，巴中市南江县、平昌县，阿坝藏族羌族自治州汶川县、理县、黑水县，甘孜藏族自治州康定市、泸定县、丹巴县、甘孜县、德格县、白玉县、色达县、巴塘县，凉山彝族自治州西昌市、盐源县、德昌县、会东县、普格县、布拖县、金阳县、越西县、美姑县、雷波县；
	贵州：毕节市黔西县；
	云南：曲靖市沾益区，昭通市巧家县、彝良县，普洱市景东彝族自治县，临沧市临翔区、凤庆县、云县、双江拉祜族佤族布朗族傣族自治县，楚雄彝族自治州楚雄市、南华县、姚安县、禄丰县，大理白族自治州云龙县，怒江傈僳族自治州泸水县；
	陕西：汉中市汉台区、西乡县、宁强县、留坝县，安康市宁陕县，商洛市丹凤县、山阳县、柞水县；
	甘肃：陇南市成县、两当县。
发生面积	221902 亩
危害指数	0.4155

● 白丝隔担耳 *Septobasidium leucostemum* **Pat.**（膏药病）

寄　　主　猴樟，樟树，文旦柚，柑橘。

分布范围　江苏、福建、江西、湖北、湖南、广东、广西、四川、陕西。

发生地点　江苏：盐城市东台市；

　　　　　福建：三明市明溪县、尤溪县，漳州市诏安县，南平市延平区，龙岩市连城县；

　　　　　湖北：太子山林场；

　　　　　四川：雅安市天全县。

发生面积　605 亩

危害指数　0.3499

● 田中隔担耳 *Septobasidium tanakae*（Miyabe）**Boed. et Steinm.**（褐色膏药病）

寄　　主　核桃，刺楛，大果榉，樟树，青冈，桑，桢楠，桃，杏，碧桃，梅，樱桃，樱花，李，梨，花椒，油桐，铁海棠，合果木，木犀，毛泡桐。

分布范围　江苏、浙江、安徽、福建、河南、湖南、广西、重庆、四川、贵州、云南。

发生地点　江苏：盐城市东台市；

　　　　　重庆：黔江区；

　　　　　四川：攀枝花市米易县，绵阳市梓潼县，遂宁市船山区，阿坝藏族羌族自治州汶川县；

　　　　　贵州：毕节市纳雍县。

发生面积　13606 亩

危害指数　0.3335

韧革菌目 Stereales　　盘革菌科 Aleurodiscaceae

● 刺丝盘革菌 *Aleurodiscus mirabilis*（**Berk. et M. A. Curt.**）**Höhn**（腐朽）

寄　　主　水杉。

分布范围　湖南、陕西。

伏革菌科 Corticiaceae

● 多层伏革菌 *Corticium portentosum* **Berk. et M. A. Curt.**（腐朽）

寄　　主　黧蒴栲。

分布范围　湖南、广东。

● 碎纹伏革菌 *Corticium scutellare* **Berk. et M. A. Curt.**（油茶白朽病，油茶半边疯）

寄　　主　油茶。

分布范围　安徽、福建、江西、湖北、湖南、广东、广西、云南。

发生地点　福建：三明市尤溪县；

　　　　　江西：萍乡市湘东区，九江市武宁县、修水县，吉安市青原区、峡江县，宜春市樟树市；

湖南：长沙市浏阳市，衡阳市耒阳市，岳阳市云溪区、平江县，张家界市慈利县，郴州市桂阳县、嘉禾县，永州市冷水滩区、祁阳县、东安县、道县、江永县、江华瑶族自治县，湘西土家族苗族自治州吉首市、保靖县、古丈县、永顺县、龙山县；

广东：云浮市属林场；

广西：柳州市柳江区、柳东新区、鹿寨县、融安县、融水苗族自治县、三江侗族自治县，桂林市阳朔县、龙胜各族自治县，百色市右江区、田阳县，河池市南丹县、天峨县、罗城仫佬族自治县，来宾市金秀瑶族自治县。

发生面积　28107 亩

危害指数　0.3540

齿耳科 Steccherinaceae

- **白囊耙齿菌 *Irpex lacteus*（Fr.：Fr.）Fr.（白色腐朽）**

寄　　主　山杨，柳树，枫杨，板栗，栎，李，杏，柑橘，花椒，臭椿，黄连木，泡桐。

分布范围　东北、华东、北京、河北、山西、河南、湖北、湖南、广东、广西、重庆、四川、贵州、云南、陕西、甘肃。

发生地点　江苏：苏州市昆山市；

重庆：铜梁区，梁平区、城口县；

陕西：韩城市。

发生面积　808 亩

危害指数　0.7294

韧革菌科 Stereaceae

- **烟色韧革菌 *Stereum gausapatum* Fr.（腐朽）**

拉丁异名　*Haematostereum gausapatum*（Fr.）Pouzar

寄　　主　麻栎，栓皮栎。

分布范围　安徽、山东、河南、湖北。

发生地点　河南：平顶山市舞钢市。

发生面积　2000 亩

危害指数　0.3333

- **变色韧革菌 *Stereum versicolor*（Schwein）Fr.（腐朽）**

寄　　主　天山云杉。

分布范围　新疆。

$$\boxed{\text{锈菌目 Uredinales}} \quad \boxed{\text{查科锈菌科 Chaconiaceae}}$$

- 无色不眠单孢锈菌 *Maravalia achroa*（Syd. et P. Syd.）Arthur et Cummins（黄檀叶锈病）

  寄　　主　黄檀。

  分布范围　江苏、浙江、安徽、福建、河南、湖北、广东、四川、贵州、云南。

  发生地点　浙江：宁波市北仑区。

- 柚木周丝单胞锈菌 *Olivea tectonae* Thirum.（柚木叶锈病）

  拉丁异名　*Uredo tectonae* Racib.

  寄　　主　柚木。

  分布范围　广东、广西、重庆、四川、云南。

  发生地点　重庆：石柱土家族自治县；

  　　　　　云南：西双版纳傣族自治州勐腊县。

  发生面积　8079 亩

  危害指数　0.3333

$$\boxed{\text{鞘锈菌科 Coleosporiaceae}}$$

- 畸形金锈菌 *Chrysomyxa deformans*（Dietel）Jacz.（云杉球果锈病）

  寄　　主　云杉，青海云杉，红皮云杉，川西云杉，新疆云杉，天山云杉。

  分布范围　黑龙江、四川、甘肃、青海、新疆。

  发生地点　四川：广元市青川县，雅安市石棉县，阿坝藏族羌族自治州理县、九寨沟县、小金县、黑水县、壤塘县，甘孜藏族自治州九龙县、雅江县、新龙县、白玉县、色达县、理塘县、稻城县，凉山彝族自治州木里藏族自治县、冕宁县；

  　　　　　甘肃：张掖市山丹县，平凉市华亭县、关山林管局，定西市渭源县、漳县、岷县，甘南藏族自治州卓尼县，太子山保护区，白龙江林业管理局；

  　　　　　青海：海南藏族自治州贵德县，果洛藏族自治州玛可河林业局；

  　　　　　新疆：博尔塔拉蒙古自治州赛里木湖管委会，阿尔泰山国有林管理局、两河源自然保护区，天山东部国有林管理局。

  发生面积　495069 亩

  危害指数　0.4897

- 鹿蹄草金锈菌 *Chrysomyxa pirolata*（Koern.）G. Winter（云杉鹿蹄草球果锈病）

  寄　　主　云杉，鱼鳞云杉。

  分布范围　吉林、黑龙江、四川、云南、陕西、甘肃、青海、新疆。

- 祁连金锈菌 *Chrysomyxa qilianensis* Y. C. Wang, X. B. Wu et B. Li（青海云杉叶锈病）

  寄　　主　云杉，青海云杉，川西云杉，青海杜鹃。

  分布范围　四川、西藏、甘肃、青海。

发生地点　四川：雅安市石棉县，甘孜藏族自治州雅江县、新龙县、乡城县；

甘肃：兰州市永登县、连城林场，白银市景泰县，武威市天祝藏族自治县，甘南藏族藏族自治州合作市、舟曲县、迭部县、祁连山自然保护区、莲花山保护区、尕海则岔保护区，白龙江林业管理局；

西藏：昌都市左贡县、类乌齐县；

青海：西宁市大通回族土族自治县，海东市乐都区，海北藏族自治州门源回族自治县，黄南藏族自治州同仁县、尖扎县、麦秀林场，海南藏族自治州同德县。

发生面积　204599 亩

危害指数　0.4516

● 琥珀金锈菌 *Chrysomyxa succinea*（**Sacc.**）**Tranzschel**（云杉-杜鹃叶锈病）

寄　　主　云杉，红皮云杉，丽江云杉，杜鹃，黄花杜鹃，金顶杜鹃。

分布范围　内蒙古、黑龙江、福建、四川、云南、西藏、甘肃、青海、新疆。

发生地点　四川：阿坝藏族羌族自治州壤塘县，甘孜藏族自治州泸定县、炉霍县、甘孜县、德格县；

甘肃：兴隆山保护区；

新疆：阿尔泰山国有林管理局；

黑龙江森林工业总局：乌伊岭林业局；

内蒙古大兴安岭林业管理局：克一河林业局。

发生面积　58210 亩

危害指数　0.3421

● 沃罗宁金锈菌 *Chrysomyxa woroninii* **Tranzschel**（云杉芽锈病）

寄　　主　麦吊云杉，青海云杉，川西云杉，红皮云杉。

分布范围　吉林、黑龙江、湖北、重庆、四川、青海。

发生地点　重庆：黔江区；

四川：甘孜藏族自治州雅江县、炉霍县、色达县、乡城县、稻城县；

青海：西宁市大通回族土族自治县，海东市乐都区、互助土族自治县，黄南藏族自治州河南蒙古族自治县。

发生面积　9386 亩

危害指数　0.5004

● 紫菀鞘锈菌 *Coleosporium asterum*（**Dietel**）**P. Syd. et Syd.**（华山松松针锈病）

寄　　主　红松，华山松，圆柏，马尾松，油松。

分布范围　东北、江苏、河南、四川、贵州、云南、陕西、宁夏。

发生地点　陕西：延安市志丹县；

宁夏：固原市原州区，中卫市中宁县。

发生面积　8002 亩

危害指数　0.5000

● 升麻鞘锈菌 *Coleosporium cimicifugatum* **Thüm.**（红松松针锈病）

寄　　主　红松。

分布范围　东北。
发生地点　黑龙江森林工业总局：东方红林业局。
发生面积　35600 亩
危害指数　0.3333

- **铁线莲鞘锈菌** *Coleosporium clematidis* **Barclay**（樟子松松针锈病）

寄　　主　樟子松。
分布范围　内蒙古、吉林、黑龙江、宁夏。
发生地点　黑龙江：佳木斯市富锦市；
　　　　　黑龙江森林工业总局：鹤北林业局。
发生面积　2251 亩
危害指数　0.3407

- **臭牡丹鞘锈菌** *Coleosporium clerodendri* **Dietel**（臭牡丹叶锈病）

寄　　主　臭牡丹，海州常山。
分布范围　江苏、安徽、福建、湖北、贵州。

- **黄檗鞘锈菌** *Coleosporium phellodendri* **Kom.**（油松松针锈病）

寄　　主　华山松，赤松，思茅松，红松，马尾松，樟子松，油松，黑松，云南松，白皮松，川黄檗，黄檗。
分布范围　东北、华东，河北、山西、河南、湖北、广东、海南、重庆、四川、贵州、云南、陕西、甘肃、宁夏。
发生地点　河北：邢台市邢台县、沙河市；
　　　　　山西：长治市长治县，晋中市寿阳县，忻州市偏关县；
　　　　　黑龙江：伊春市铁力市，佳木斯市郊区；
　　　　　安徽：滁州市定远县；
　　　　　山东：青岛市即墨市、莱西市，泰安市宁阳县，莱芜市莱城区，临沂市莒南县；
　　　　　河南：郑州市登封市，洛阳市栾川县、嵩县，南阳市淅川县；
　　　　　湖北：十堰市竹溪县，太子山林场；
　　　　　海南：海口市龙华区；
　　　　　重庆：万州区、巴南区、合川区，忠县、奉节县、巫山县、彭水苗族土家族自治县；
　　　　　四川：成都市大邑县，广元市青川县，遂宁市船山区，雅安市汉源县，巴中市恩阳区、南江县、平昌县，阿坝藏族羌族自治州汶川县、小金县，甘孜藏族自治州康定市、丹巴县、九龙县、稻城县，凉山彝族自治州盐源县、德昌县、金阳县、昭觉县；
　　　　　贵州：贵阳市白云区、清镇市、贵阳经济技术开发区；
　　　　　云南：昆明市西山区、经济技术开发区、倘甸产业园区，玉溪市红塔区，保山市隆阳区、施甸县，楚雄彝族自治州楚雄市，文山壮族苗族自治州富宁县，西双版纳傣族自治州景洪市，迪庆藏族自治州香格里拉市，安宁市；
　　　　　陕西：宝鸡市扶风县、太白县，咸阳市永寿县、长武县、兴平市，延安市宜川县，汉中市西乡县、留坝县，榆林市子洲县，商洛市商州区、商南县、镇安县，长青保护区；

　　　　甘肃：平凉市崇信县、庄浪县、静宁县，庆阳市华池县、正宁县、镇原县、正宁总场，白龙江林业管理局，小陇山林业实验管理局，白水江保护区；

　　　　黑龙江森林工业总局：朗乡林业局、南岔林业局。

发生面积　157423 亩

危害指数　0.3415

- **千里光鞘锈菌** *Coleosporium senecionis*（**Pers.**）**Fr.** （松针叶锈病）

寄　　　主　华山松，思茅松，马尾松，油松，云南松。

分布范围　四川、贵州、云南、陕西。

发生地点　四川：甘孜藏族自治州泸定县，凉山彝族自治州木里藏族自治县、盐源县、布拖县、木里县。

发生面积　9163 亩

危害指数　0.3736

- **一枝黄花鞘锈菌** *Coleosporium solidaginis* **Thüm.** （松针叶锈病）

寄　　　主　华山松，马尾松，红松，黑松，樟子松，油松，云南松。

分布范围　东北，山西、江苏、浙江、安徽、福建、江西、河南、湖北、湖南、四川、贵州、云南、陕西。

- **花椒鞘锈菌** *Coleosporium xanthoxyli* **Dietel et P. Syd.** （花椒叶锈病）

寄　　　主　花椒，野花椒，刺花椒。

分布范围　河北、江苏、浙江、安徽、江西、山东、河南、湖北、广西、海南、重庆、四川、贵州、云南、陕西、甘肃。

发生地点　江苏：无锡市宜兴市；

　　　　安徽：芜湖市繁昌县、无为县；

　　　　山东：枣庄市台儿庄区、山亭区，济宁市兖州区，莱芜市莱城区、钢城区，聊城市东阿县、冠县，菏泽市定陶区、单县、郓城县；

　　　　河南：洛阳市孟津县、嵩县，平顶山市鲁山县，许昌市襄城县，三门峡市渑池县、义马市，南阳市内乡县，汝州市；

　　　　湖北：荆州市荆州区、监利县；

　　　　海南：澄迈县；

　　　　重庆：万州区、涪陵区、大渡口区、九龙坡区、綦江区、巴南区、黔江区、长寿区、江津区、合川区、璧山区，梁平区、城口县、垫江县、武隆区、忠县、开县、云阳县、奉节县、巫溪县、石柱土家族自治县、彭水苗族土家族自治县；

　　　　四川：自贡市自流井区、大安区、沿滩区、荣县，攀枝花市东区、仁和区、盐边县、普威局，泸州市江阳区、泸县、合江县，德阳市中江县，绵阳市三台县、梓潼县、江油市，遂宁市船山区、蓬溪县、射洪县、大英县，内江市东兴区、威远县、隆昌县，乐山市沙湾区、犍为县、峨眉山市，南充市高坪区、嘉陵区、营山县、仪陇县、西充县，眉山市仁寿县、洪雅县，宜宾市南溪区、宜宾县、高县、筠连县、兴文县，广安市广安区、前锋区、岳池县、武胜县、邻水县，雅安市汉源县、石棉县，巴中市巴州区、恩阳区、通江县、平昌县，资阳市雁江区、乐至县，阿坝藏族羌族自治州汶川县，甘孜藏族自治州康定市、泸定县、九龙县、色达县，凉山彝族自治州盐源县、会东县、布拖县、金阳县、喜德县、冕宁县、雷波县；

云南：玉溪市红塔区，昭通市巧家县、永善县、彝良县，丽江市古城区、永胜县、华坪县，楚雄彝族自治州南华县，红河哈尼族彝族自治州绿春县；

陕西：西安市蓝田县，宝鸡市岐山县、眉县，渭南市华州区、潼关县、大荔县、合阳县、华阴市，延安市宜川县，安康市汉阴县、宁陕县，商洛市商州区、丹凤县、镇安县，韩城市，宁东林业局；

甘肃：天水市秦安县，陇南市武都区，甘南藏族自治州舟曲县。

发生面积　238449 亩

危害指数　0.3595

柱锈菌科 Cronartiaceae

- **油松柱锈菌 *Cronartium coleosporioides*（Dietel et Holw.）Arthur**（油松疱锈病）

寄　　主　油松。

分布范围　河北、四川、陕西、甘肃。

发生地点　四川：甘孜藏族自治州新龙县；

陕西：宝鸡市麟游县，汉中市汉台区、西乡县，榆林市子洲县；

甘肃：平凉市华亭县、关山林管局，陇南市两当县，兴隆山自然保护区。

发生面积　11635 亩

危害指数　0.3359

- **松芍柱锈菌 *Cronartium flaccidum*（Alb. et Schwein.）G. Winter**（二针松疱锈病）

寄　　主　赤松，思茅松，黄山松，马尾松，云南松，樟子松，油松，野牡丹，牡丹。

分布范围　东北、华东，内蒙古、河南、湖北、重庆、四川、贵州、云南、陕西、甘肃。

发生地点　黑龙江：哈尔滨市依兰县，佳木斯市郊区，黑河市嫩江县、五大连池市；

福建：三明市梅列区；

重庆：秀山土家族苗族自治县；

四川：内江市东兴区，甘孜藏族自治州巴塘县；

陕西：汉中市西乡县，榆林市靖边县；

甘肃：天水市秦州区；

内蒙古大兴安岭林业管理局：库都尔林业局。

发生面积　11327 亩

危害指数　0.4775

- **栎柱锈菌 *Cronartium quercuum*（Berk.）Miyake ex Shirai**（松瘤锈病）

寄　　主　华山松，思茅松，马尾松，樟子松，油松，黄山松，兴凯湖松，黑松，云南松，柏木，板栗，锥栗，白栎，麻栎，槲栎，蒙古栎，栓皮栎，青冈，盐肤木。

分布范围　华北、东北、华东、西南，河南、湖北、湖南、广西、陕西、甘肃。

发生地点　黑龙江：伊春市嘉荫县，佳木斯市郊区，黑河市逊克县；

　　　　　浙江：台州市天台县；

　　　　　安徽：黄山市黄山区；

　　　　　福建：三明市尤溪县，南平市延平区、松溪县、政和县；

　　　　　江西：鄱阳县；

　　　　　山东：青岛市即墨市，济宁市泗水县、经济技术开发区，莱芜市钢城区；

　　　　　河南：南阳市卧龙区，信阳市浉河区；

　　　　　湖北：宜昌市长阳土家族自治县，随州市广水市，恩施土家族苗族自治州来凤县；

　　　　　湖南：长沙市浏阳市，邵阳市隆回县、洞口县，永州市零陵区；

　　　　　广西：柳州市融水苗族自治县、三江侗族自治县；

　　　　　重庆：万州区、涪陵区、北碚区、黔江区、长寿区、合川区、南川区，梁平区、城口县、丰都县、武隆区、忠县、开县、奉节县、巫山县、巫溪县、秀山土家族苗族自治县、酉阳土家族苗族自治县、彭水苗族土家族自治县；

　　　　　四川：自贡市荣县，绵阳市平武县，广元市昭化区、旺苍县，遂宁市船山区，南充市高坪区，达州市通川区、大竹县、万源市，巴中市巴州区、通江县，甘孜藏族自治州泸定县、乡城县，凉山彝族自治州盐源县、德昌县；

　　　　　贵州：遵义市道真仡佬族苗族自治县，铜仁市碧江区、思南县、德江县，黔南布依族苗族自治州三都水族自治县；

　　　　　云南：楚雄彝族自治州楚雄市、双柏县、武定县，西双版纳傣族自治州景洪市、勐海县；

　　　　　西藏：林芝市巴宜区；

　　　　　陕西：宝鸡市太白县，汉中市汉台区、洋县、西乡县、略阳县、镇巴县，安康市汉阴县、石泉县、宁陕县、紫阳县、岚皋县、平利县、白河县，商洛市丹凤县，佛坪保护区、长青保护区，宁东林业局；

　　　　　甘肃：陇南市两当县。

发生面积　112800 亩

危害指数　0.3910

● 茶藨生柱锈菌 *Cronartium ribicola* Fischer（五针松疱锈病）

寄　　主　华山松，红松，新疆五针松，马先蒿，茶藨子。

分布范围　东北，湖北、四川、云南、西藏、陕西、甘肃、新疆。

发生地点　辽宁：本溪市本溪满族自治县，丹东市凤城市；

　　　　　吉林：延边朝鲜族自治州大兴沟林业局，红石林业局；

　　　　　黑龙江：哈尔滨市依兰县，鸡西市属林场，佳木斯市富锦市；

　　　　　四川：绵阳市平武县、江油市，广元市朝天区、旺苍县、青川县，巴中市通江县、南江县，阿坝藏族羌族自治州茂县，甘孜藏族自治州丹巴林业局，凉山彝族自治州会东县、布拖县、金阳县、越西县；

　　　　　云南：昆明市东川区、禄劝彝族苗族自治县，昭通市巧家县；

　　　　　陕西：汉中市西乡县、略阳县，商洛市镇安县；

甘肃：天水市秦州区；

黑龙江森林工业总局：八面通林业局，山河屯林业局，鹤北林业局。

发生面积　115048 亩

危害指数　0.4050

栅锈菌科 Melampsoraceae

● **北极栅锈菌** *Melampsora arctica* **Rostr.** （柳树锈病）

寄　　主　杨树，白柳，垂柳，爆竹柳，旱柳，柳树，细枝柳。

分布范围　东北、华东，北京、河北、内蒙古、河南、湖北、重庆、四川、贵州、陕西、甘肃、宁夏、新疆。

发生地点　北京：通州区、顺义区；

河北：沧州市献县，衡水市深州市；

黑龙江：佳木斯市富锦市；

上海：宝山区、嘉定区、奉贤区，崇明县；

江苏：南京市栖霞区、雨花台区、江宁区、六合区、溧水区，无锡市宜兴市，苏州高新技术开发区、吴江区、昆山市，淮安市淮阴区、洪泽区、盱眙县、金湖县，盐城市盐都区、阜宁县，扬州市宝应县，泰州市海陵区、姜堰区，宿迁市泗洪县；

浙江：温州市瓯海区；

安徽：合肥市庐阳区、庐江县，芜湖市芜湖县；

福建：漳州市芗城区、龙文区；

山东：青岛市即墨市、莱西市，济宁市鱼台县、汶上县，日照市岚山区，莱芜市钢城区、莱城区，聊城市东昌府区、东阿县，菏泽市牡丹区，黄河三角洲保护区；

河南：平顶山市舞钢市，新乡市牧野区，许昌市鄢陵县，驻马店市泌阳县；

湖北：荆州市沙市区、荆州区；

重庆：开县；

四川：成都市青白江区、温江区、简阳市，自贡市自流井区，绵阳市平武县，内江市东兴区，南充市高坪区、营山县、蓬安县，宜宾市南溪区，巴中市通江县，阿坝藏族羌族自治州理县、黑水县、壤塘县，甘孜藏族自治州康定市、雅江县、炉霍县、新龙县、德格县、白玉县、石渠县、色达县、理塘县、巴塘县、乡城县、稻城县、得荣县，凉山彝族自治州盐源县、会东县、布拖县、昭觉县；

陕西：宝鸡市眉县，咸阳市长武县、旬邑县，渭南市华阴市，安康市汉阴县，宁东林业局、太白林业局；

甘肃：白银市靖远县，庆阳市西峰区、镇原县，兴隆山保护区、莲花山保护区；

宁夏：石嘴山市大武口区；

新疆：巴音郭楞蒙古自治州博湖县，喀什地区叶城县、麦盖提县，阿勒泰地区青河县；

内蒙古大兴安岭林业管理局：乌尔旗汉林业局、库都尔林业局、甘河林业局、吉文林业局、阿里河林业局。

发生面积 95858 亩

危害指数 0.5702

- **拟鞘锈栅锈菌** *Melampsora coleosporioides* **Dietel**（垂柳锈病）

寄　　主　垂柳，旱柳，腺柳，大叶柳，细枝柳，沙柳。

分布范围　华北、东北、华东，河南、湖北、广东、四川、云南、陕西、甘肃、新疆。

发生地点　河北：石家庄市晋州市；

　　　　　上海：浦东新区、金山区、青浦区；

　　　　　江苏：无锡市锡山区，盐城市东台市，宿迁市宿城区；

　　　　　福建：南平市松溪县；

　　　　　江西：九江市庐山市，赣州市安远县；

　　　　　山东：济南市商河县，潍坊市坊子区、高新技术开发区；

　　　　　河南：平顶山市卫东区，邓州市；

　　　　　广东：肇庆市德庆县；

　　　　　四川：南充市蓬安县，宜宾市筠连县，资阳市乐至县，阿坝藏族羌族自治州汶川县，
　　　　　　　　凉山彝族自治州盐源县；

　　　　　甘肃：平凉市华亭县。

发生面积　2547 亩

危害指数　0.4009

- **草野栅锈菌** *Melampsora kusanoi* **Dietel**（沙棘锈病）

寄　　主　落叶松，金丝梅，金丝桃，黄海棠，沙棘。

分布范围　河北、山西、辽宁、吉林、广西、四川、贵州、云南、陕西、甘肃、青海、新疆。

发生地点　山西：晋中市榆社县；

　　　　　四川：甘孜藏族自治州新龙县、色达县；

　　　　　甘肃：庆阳市镇原县；

　　　　　新疆：阿勒泰地区青河县。

发生面积　2293 亩

危害指数　0.3333

- **松杨栅锈菌** *Melampsora larici-populina* **Kleb.**（落叶松叶锈病，青杨叶锈病）

寄　　主　落叶松，日本落叶松，华北落叶松，银白杨，北京杨，新疆杨，青杨，山杨，河北
　　　　　杨，黑杨，小叶杨，小青杨，川杨，藏川杨，滇杨。

分布范围　华北、东北、西南、西北，江苏、安徽、江西、山东、河南、湖北。

发生地点　河北：保定市唐县，张家口市张北县、康保县、沽源县，衡水市枣强县；

　　　　　内蒙古：赤峰市敖汉旗；

　　　　　辽宁：辽阳市辽阳县；

　　　　　吉林：白城市通榆县；

　　　　　黑龙江：哈尔滨市双城区、依兰县、延寿县、五常市，齐齐哈尔市讷河市，黑河市北
　　　　　　　　安市；

江苏：泰州市兴化市；

安徽：合肥市庐阳区，芜湖市芜湖县，蚌埠市怀远县，淮北市相山区，宿州市萧县，六安市金安区；

山东：潍坊市潍城区、坊子区、临朐县，济宁市曲阜市，泰安市宁阳县，日照市莒县，临沂市莒南县、蒙阴县；

河南：洛阳市栾川县、嵩县，安阳市内黄县，焦作市温县，商丘市宁陵县、虞城县、夏邑县，周口市川汇区，驻马店市驿城区、平舆县、确山县、泌阳县，永城市；

重庆：涪陵区、南川区、璧山区，武隆区、巫溪县；

四川：成都市大邑县，广元市昭化区，巴中市通江县，阿坝藏族羌族自治州理县，甘孜藏族自治州泸定县、雅江县、炉霍县、甘孜县，凉山彝族自治州布拖县、金阳县；

云南：玉溪市澄江县；

西藏：林芝市巴宜区、波密县；

陕西：咸阳市永寿县，渭南市华州区，宁东林业局；

甘肃：兰州市榆中县、连城林场，天水市甘谷县，定西市临洮县，临夏回族自治州临夏市、康乐县、永靖县、广河县、和政县、东乡族自治县、积石山保安族东乡族撒拉族自治县、兴隆山保护区、太子山保护区、莲花山保护区；

青海：西宁市城中区、城北区、大通回族土族自治县、湟中县、湟源县，海东市乐都区、平安区、互助土族自治县、化隆回族自治县；

宁夏：吴忠市盐池县，固原市西吉县；

新疆：克拉玛依市克拉玛依区、乌尔禾区，巴音郭楞蒙古自治州博湖县，喀什地区叶城县；

黑龙江森林工业总局：朗乡林业局，清河林业局。

发生面积　335371 亩

危害指数　0.4330

- **马格栅锈菌** *Melampsora magnusiana* G. Wagner（**毛白杨锈病**）

寄　　主　银白杨，新疆杨，山杨，河北杨，黑杨，塔形小叶杨，毛白杨，二球悬铃木。

分布范围　华北、东北、西南、西北，江苏、安徽、江西、山东、河南、湖北、湖南。

发生地点　天津：静海区；

河北：石家庄市高邑县、晋州市，唐山市路南区、路北区、古冶区、滦南县、乐亭县、玉田县，邯郸市肥乡区，邢台市邢台县，保定市阜平县、唐县、望都县、蠡县、高碑店市，沧州市吴桥县、河间市，廊坊市固安县、永清县、大城县、文安县，衡水市枣强县、武邑县、饶阳县、景县；

安徽：滁州市定远县，阜阳市颍上县；

江西：吉安市永新县；

山东：青岛市胶州市，枣庄市台儿庄区，烟台市莱山区，潍坊市昌乐县，济宁市任城区、兖州区、鱼台县、曲阜市，泰安市泰山区、宁阳县、新泰市、肥城市，威海市环翠区，莱芜市莱城区、钢城区，聊城市东昌府区、阳谷县、冠县，菏泽市牡丹区、定陶区、单县、巨野县、郓城县、黄河三角洲保护区；

河南：郑州市管城回族区，开封市祥符区，洛阳市伊川县，濮阳市濮阳经济开发区，三门峡市灵宝市，南阳市南召县、西峡县、内乡县，信阳市浉河区，周口市项城市，滑县；

湖南：岳阳市平江县；

四川：成都市温江区，广元市旺苍县、青川县，巴中市通江县，甘孜藏族自治州新龙林业局；

陕西：宝鸡市眉县，咸阳市永寿县、长武县，渭南市华州区；

甘肃：定西市陇西县、临洮县；

宁夏：银川市金凤区。

发生面积　21079 亩

危害指数　0.3933

- **杨栅锈菌** *Melampsora populnea*（Pers.）P. Karst.（杨叶锈病）

拉丁异名　*Melampsora laricis* Hartig, *Melampsora larici-tremulae* Kleb.

寄　　主　华北落叶松，银白杨，新疆杨，北京杨，加杨，青杨，山杨，胡杨，河北杨，大叶杨，黑杨，小青杨，小叶杨，川杨，密叶杨，毛白杨。

分布范围　华北、东北、华东、西南、西北，河南、湖北、湖南、广西。

发生地点　北京：通州区、顺义区；

天津：静海区，蓟县；

河北：石家庄市井陉县、正定县、新乐市，秦皇岛市北戴河区、昌黎县、卢龙县，张家口市蔚县、阳原县、怀来县、涿鹿县、赤城县，沧州市东光县、吴桥县、献县、黄骅市，廊坊市香河县；

山西：朔州市应县；

内蒙古：呼伦贝尔市牙克石市，巴彦淖尔市乌拉特前旗；

吉林：辽源市东丰县；

上海：宝山区、嘉定区、浦东新区、松江区、青浦区；

江苏：南京市栖霞区、雨花台区、江宁区、六合区、溧水区，徐州市铜山区、丰县、睢宁县、邳州市，常州市溧阳市，苏州市吴江区、昆山市、太仓市，淮安市淮阴区、清江浦区、洪泽区、金湖县，盐城市盐都区、大丰区、响水县、滨海县、阜宁县、射阳县、建湖县、东台市，扬州市广陵区、江都区、宝应县、高邮市、扬州生态科技新城，泰州市海陵区、姜堰区，宿迁市宿城区、沭阳县、泗阳县；

安徽：合肥市庐江县，淮南市寿县，淮北市烈山区、濉溪县，滁州市天长市、明光市，阜阳市颍州区、颍东区、颍泉区、太和县，宿州市埇桥区、灵璧县、泗县，六安市裕安区，亳州市涡阳县；

福建：南平市延平区；

江西：南昌市新建区、安义县，萍乡市莲花县、上栗县、芦溪县，九江市修水县、瑞昌市、庐山市，赣州市宁都县，宜春市袁州区、万载县、上高县、樟树市、高安市，抚州市崇仁县，上饶市广丰区、南城县；

山东：济南市章丘市，青岛市胶州市、即墨市、莱西市，潍坊市诸城市，济宁市金乡县、嘉祥县，泰安市东平县、泰山林场、徂徕山林场，日照市岚山区，临沂市兰山区、沂水县、费县、平邑县、临沭县，德州市武城县，聊城市东昌府区、莘县、东阿县、冠县、高唐县、临清市，菏泽市单县；

河南：郑州市新郑市，平顶山市鲁山县，新乡市新乡县，许昌市许昌县、襄城县、禹州市，三门峡市义马市，南阳市西峡县，商丘市梁园区，信阳市平桥区、新蔡县；

湖北：武汉市洪山区、汉南区，宜昌市远安县，荆门市沙洋县，荆州市公安县、监利县、石首市、洪湖市、松滋市，仙桃市、潜江市；

湖南：邵阳市隆回县，常德市汉寿县，益阳市资阳区、南县，怀化市溆浦县、新晃侗族自治县；

重庆：万州区、綦江区、渝北区、合川区、璧山区、潼南区、垫江县、云阳县、酉阳土家族苗族自治县；

四川：成都市龙泉驿区、青白江区、温江区、双流区、金堂县、简阳市，自贡市自流井区、贡井区、大安区、沿滩区，德阳市旌阳区、广汉市、什邡市、绵竹市，绵阳市涪城区、安州区、平武县、江油市，广元市青川县、苍溪县，遂宁市蓬溪县、大英县，内江市市中区、东兴区、威远县、隆昌县，乐山市五通桥区、犍为县，南充市顺庆区、高坪区、南部县、营山县、仪陇县、阆中市，眉山市东坡区、仁寿县，宜宾市翠屏区、南溪区、宜宾县、江安县、兴文县，达州市渠县，雅安市汉源县、芦山县、宝兴县，巴中市南江县、平昌县，资阳市雁江区、安岳县、乐至县，阿坝藏族羌族自治州汶川县、九寨沟县、黑水县，甘孜藏族自治州康定市、九龙县、色达县、稻城县、得荣县，凉山彝族自治州会东县、昭觉县、喜德县、冕宁县；

贵州：毕节市黔西县，铜仁市碧江区、松桃苗族自治县，贵安新区，黔南布依族苗族自治州三都水族自治县；

云南：玉溪市江川区、华宁县、峨山彝族自治县；

陕西：西安市未央区、长安区，宝鸡市岐山县，咸阳市旬邑县，渭南市大荔县，延安市志丹县、吴起县，榆林市靖边县、定边县，安康市宁陕县；

甘肃：金昌市金川区，白银市平川区，武威市凉州区，张掖市甘州区、肃南裕固族自治县、民乐县、临泽县、高台县、山丹县，平凉市崆峒区、华亭县、庄浪县、静宁县、关山林管局，庆阳市正宁县、合水总场，定西市通渭县、岷县，甘南藏族自治州舟曲县，兴隆山保护区、太子山保护区，太统—崆峒山保护区；

青海：海东市民和回族土族自治县、循化撒拉族自治县，海北藏族自治州门源回族自治县、祁连县；

宁夏：银川市贺兰县，石嘴山市惠农区，吴忠市红寺堡区、盐池县，固原市隆德县，中卫市中宁县；

新疆：克孜勒苏柯尔克孜自治州阿合奇县，喀什地区疏勒县、英吉沙县、叶城县、麦盖提县、塔什库尔干塔吉克自治县，和田地区和田县，塔城地区额敏县、托里县、裕民县，阿勒泰地区阿勒泰市、布尔津县、哈巴河县，石河子市，天山东部国有林管理局；

内蒙古大兴安岭林业管理局：阿尔山林业局、库都尔林业局、图里河林业局、克一河林业局、甘河林业局、金河林业局、阿龙山林业局、得耳布尔林业局、莫尔道嘎林业局、毕拉河林业局、额尔古纳保护区；

新疆生产建设兵团：农七师 123 团，农九师 168 团。

发生面积　798534 亩

危害指数　0.4626

- **粉被栅锈菌** *Melampsora pruinosae* **Tranzschel**（胡杨锈病）

寄　　主　胡杨，灰胡杨，毛白杨，钻天杨。

分布范围　西北，内蒙古、河南、四川。

发生地点　内蒙古：巴彦淖尔市乌拉特前旗，阿拉善盟额济纳旗；

河南：平顶山市舞钢市；

甘肃：酒泉市金塔县、瓜州县、敦煌市，敦煌西湖保护区；

宁夏：石嘴山市惠农区；

新疆：克拉玛依市克拉玛依区、乌尔禾区，巴音郭楞蒙古自治州若羌县，喀什地区疏勒县、泽普县、莎车县、叶城县、麦盖提县、岳普湖县、伽师县、巴楚县；

新疆生产建设兵团：农一师 10 团、13 团，农二师 22 团、29 团，农四师 71 团，农七师 123 团、130 团，农八师 121 团、148 团。

发生面积　172663 亩

危害指数　0.3694

- **山靛杨栅锈菌** *Melampsora rostrupii* **G. Wagner**（白杨叶锈病）

寄　　主　银白杨，新疆杨，山杨，毛白杨，河北杨，箭杆杨。

分布范围　华北、西北，辽宁、吉林、安徽、山东、河南、湖南、四川、云南。

发生地点　河北：张家口市怀安县；

山西：大同市阳高县，朔州市朔城区；

内蒙古：呼和浩特市清水河县，赤峰市翁牛特旗，通辽市科尔沁区，鄂尔多斯市达拉特旗，巴彦淖尔市临河区、磴口县、杭锦后旗；

四川：广安市武胜县；

陕西：榆林市米脂县、子洲县；

甘肃：金昌市永昌县，酒泉市瓜州县，定西市安定区；

青海：西宁市城东区、城西区、城北区；

宁夏：吴忠市利通区、同心县，固原市彭阳县，中卫市、沙坡头区；

新疆：巴音郭楞蒙古自治州博湖县，塔城地区塔城市；

新疆生产建设兵团：农八师 148 团。

发生面积　32893 亩

危害指数　0.4664

层锈菌科 Phakopsoraceae

- **香椿砌孢层锈菌** *Phakopsora cheoana* **Cummins**（香椿叶锈病）

  寄　　主　香椿。

  分布范围　河北、上海、江苏、浙江、安徽、江西、山东、湖北、重庆、四川、贵州、陕西。

  发生地点　上海：浦东新区；

  　　　　　江苏：苏州高新技术开发区；

  　　　　　浙江：宁波市江北区、北仑区；

  　　　　　安徽：合肥市庐阳区，阜阳市太和县；

  　　　　　山东：济宁市鱼台县、金乡县、汶上县、梁山县、济宁经济技术开发区，菏泽市定陶区；

  　　　　　重庆：垫江县、石柱土家族自治县；

  　　　　　四川：乐山市沙湾区，南充市营山县，达州市大竹县，雅安市天全县、芦山县；

  　　　　　陕西：汉中市西乡县，宁东林业局。

  发生面积　824 亩

  危害指数　0.3398

- **天仙果砌孢层锈菌** *Phakopsora fici-erectaes* **S. Ito et Otani**（构树叶锈病）

  寄　　主　构树，无花果，异叶榕，桑。

  分布范围　河北、福建、江西、湖南、广东、广西、四川、云南、陕西。

  发生地点　四川：达州市渠县。

  发生面积　23200 亩

  危害指数　0.3822

- **枣砌孢层锈菌** *Phakopsora ziziphi-vulgaris*（**Henn.**）**Dietel**（枣锈病）

  寄　　主　枣树，酸枣。

  分布范围　东北、北京、天津、河北、山西、上海、江苏、安徽、福建、山东、河南、湖北、湖南、广西、重庆、四川、云南、陕西、甘肃、宁夏、新疆。

  发生地点　北京：房山区、密云区；

  　　　　　天津：静海区；

  　　　　　河北：石家庄市井陉县、行唐县、高邑县、赞皇县、新乐市，唐山市玉田县，邯郸市鸡泽县，邢台市邢台县、柏乡县、新河县，保定市阜平县、唐县，沧州市沧县、献县、泊头市、黄骅市、河间市，廊坊市固安县、永清县，衡水市枣强县、武邑县、深州市，定州市、辛集市；

  　　　　　山西：晋中市榆次区，临汾市永和县；

  　　　　　上海：浦东新区；

  　　　　　江苏：盐城市东台市；

  　　　　　安徽：合肥市庐阳区，阜阳市颍州区，亳州市涡阳县、蒙城县；

  　　　　　山东：青岛市即墨市、莱西市，枣庄市台儿庄区，东营市河口区、广饶县，潍坊市昌邑市，泰安市徂徕山林场，莱芜市钢城区、莱城区，聊城市东阿县，滨州市沾化区，菏泽市单县、巨野县；

河南：郑州市中原区、管城回族区、新郑市，周口市西华县；

湖南：湘潭市韶山市，邵阳市隆回县；

重庆：彭水苗族土家族自治县；

四川：攀枝花市米易县，遂宁市船山区；

云南：楚雄彝族自治州永仁县、元谋县、武定县；

陕西：渭南市大荔县、合阳县，延安市宜川县，榆林市佳县、吴堡县、清涧县，神木县；

甘肃：酒泉市敦煌市，庆阳市宁县；

新疆：喀什地区麦盖提县。

发生面积　114152 亩

危害指数　0.3408

多胞锈菌科 Phragmidiaceae

● **灰色多孢锈菌** *Phragmidium griseum* **Dietel**（叶锈病）

寄　　主　悬钩子，牛叠肚。

分布范围　东北，北京、河北、安徽、山东、四川、陕西。

发生地点　四川：卧龙管理局。

● **短尖多孢锈菌** *Phragmidium mucronatum*（Pers.）**Schltdl.**（叶锈病）

寄　　主　海棠花，刺蔷薇，月季，野蔷薇，玫瑰，黄刺玫。

分布范围　华北、华东、西南，河南、湖北、湖南、广东、陕西、甘肃、青海、新疆。

发生地点　上海：浦东新区；

江苏：无锡市江阴市，盐城市东台市；

安徽：合肥市包河区；

山东：菏泽市牡丹区；

四川：遂宁市船山区，南充市西充县，宜宾市兴文县，巴中市恩阳区，阿坝藏族羌族自治州黑水县，甘孜藏族自治州新龙县、白玉县、乡城县；

甘肃：兴隆山保护区；

青海：玉树藏族自治州玉树市。

发生面积　379 亩

危害指数　0.3395

● **多花蔷薇多孢锈菌** *Phragmidium rosae-multiflorae* **Dietel**（叶锈病）

寄　　主　黄刺玫，蔷薇，月季，山刺玫，悬钩子。

分布范围　华北、华东，辽宁、吉林、河南、广东、四川、陕西、宁夏、新疆。

发生地点　宁夏：银川市兴庆区、西夏区、金凤区，吴忠市盐池县。

发生面积　165 亩

危害指数　0.3737

帽锈菌科 Pileolariaceae

- **漆树帽孢锈菌 *Pileolaria klugkistiana*（Dietel）Dietel（叶锈病）**

  寄　　主　黄连木，盐肤木，青麸杨，漆树。

  分布范围　华东，湖北、湖南、广西、四川、贵州、西藏、陕西、甘肃。

  发生地点　浙江：台州市三门县；

  　　　　　江西：上饶市广丰区；

  　　　　　四川：绵阳市三台县、梓潼县，雅安市荥经县。

  发生面积　2027 亩

  危害指数　0.3338

- **白井帽孢锈菌 *Pileolaria shiraiana*（Dietel et P. Syd.）S. Ito（叶锈病）**

  寄　　主　漆树，色木槭，盐肤木。

  分布范围　中南、西南，江苏、浙江、安徽、福建、江西、陕西。

  发生地点　河南：平顶山市卫东区；

  　　　　　广西：贵港市平南县；

  　　　　　四川：乐山市沙湾区；

  　　　　　陕西：汉中市汉台区。

  发生面积　7303 亩

  危害指数　0.3379

柄锈菌科 Pucciniaceae

- **梨胶锈菌 *Gymnosporangium asiaticum* Miyabe ex Yamada（梨锈病，柏锈病）**

  拉丁异名　*Gymnosporangium haraeanum* Syd. et P. Syd.，*Gymnosporangium japonicum* Shirai（non P. Syd.）

  寄　　主　柏木，刺柏，侧柏，圆柏，铺地柏，崖柏，桃，碧桃，樱，木瓜，皱皮木瓜，山楂，山荆子，垂丝海棠，西府海棠，铁海棠，秋海棠，野海棠，苹果，海棠花，石楠，李，红叶李，梨，杜梨，白梨，豆梨，西洋梨，河北梨，沙梨，秋子梨，川梨，蔷薇，凤梨，山柰。

  分布范围　华北、东北、华东、中南、重庆、四川、贵州、云南、陕西、甘肃、宁夏、新疆。

  发生地点　北京：朝阳区、丰台区、房山区、通州区、顺义区、大兴区、延庆区；

  　　　　　天津：静海区；

  　　　　　河北：石家庄市藁城区、灵寿县、晋州市、新乐市，唐山市开平区、遵化市，邯郸市鸡泽县，邢台市广宗县，张家口市怀安县、怀来县、涿鹿县，承德市高新区、承德县、兴隆县，沧州市东光县、献县，廊坊市安次区、广阳区、固安县、永清县、霸州市，衡水市桃城区、枣强县、武强县、安平县；

  　　　　　山西：晋城市沁水县，晋中市左权县，运城市绛县，临汾市吉县；

  　　　　　内蒙古：呼和浩特市回民区，通辽市科尔沁左翼后旗；

  　　　　　辽宁：大连市庄河市；

  　　　　　上海：闵行区、嘉定区、浦东新区、金山区、奉贤区，崇明县；

江苏：南京市栖霞区、六合区、高淳区，无锡市惠山区、滨湖区、江阴市，徐州市丰县、睢宁县、邳州市，常州市天宁区、钟楼区、新北区、武进区、溧阳市，苏州高新技术开发区、吴中区、相城区、吴江区、常熟市、昆山市、太仓市，南通市海安县、如东县、如皋市，淮安市淮安区、洪泽区，盐城市亭湖区、盐都区、大丰区、响水县、滨海县、射阳县、东台市，扬州市广陵区、江都区、宝应县、高邮市，镇江市句容市，泰州市高港区、姜堰区、兴化市、靖江市、泰兴市，宿迁市宿城区、沭阳县；

浙江：杭州市西湖区、萧山区、桐庐县，宁波市镇海区、鄞州区、宁海县、余姚市，嘉兴市秀洲区，金华市东阳市，台州市玉环县；

安徽：合肥市庐阳区、包河区、庐江县，芜湖市芜湖县、繁昌县、无为县，蚌埠市怀远县、固镇县，淮南市大通区、田家庵区、八公山区、凤台县，安庆市迎江区、宜秀区，滁州市定远县，阜阳市颍东区、颍泉区、太和县、阜南县，宿州市萧县，六安市叶集区、霍邱县，亳州市涡阳县、蒙城县，宣城市宣州区；

福建：泉州市安溪县、永春县，南平市延平区、政和县，龙岩市永定区、上杭县；

江西：景德镇市昌江区，九江市修水县、都昌县、湖口县，吉安市峡江县、新干县、井冈山市；

山东：济南市历城区、商河县，青岛市胶州市、即墨市、平度市、莱西市，枣庄市台儿庄区，东营市东营区、广饶县，潍坊市坊子区、昌乐县、诸城市、昌邑市、高新技术开发区，济宁市任城区、兖州区、金乡县、嘉祥县、汶上县、曲阜市、邹城市，泰安市泰山区、岱岳区、宁阳县、肥城市、泰山林场、徂徕山林场，威海市高新技术开发区、经济开发区、环翠区、临港区，日照市岚山区、莒县，莱芜市莱城区、钢城区，临沂市兰山区、罗庄区、沂水县、莒南县、临沭县，德州市庆云县，聊城市东昌府区、阳谷县、东阿县、冠县、高唐县，滨州市惠民县，菏泽市牡丹区、定陶区、曹县、单县、巨野县；

河南：郑州市中原区、惠济区、新郑市、登封市，洛阳市栾川县、嵩县、洛宁县，平顶山市卫东区、鲁山县，鹤壁市鹤山区，濮阳市经济开发区，许昌市鄢陵县、襄城县、禹州市，南阳市南召县、方城县、西峡县、内乡县、淅川县、社旗县、唐河县、桐柏县，商丘市梁园区、柘城县，信阳市潢川县，驻马店市驿城区、西平县、确山县、泌阳县，兰考县、永城市、新蔡县、邓州市；

湖北：武汉市东西湖区、蔡甸区、新洲区，十堰市郧阳区、竹山县、竹溪县，孝感市云梦县、应城市、汉川市，黄冈市黄梅县，恩施土家族苗族自治州宣恩县、咸丰县，潜江市、天门市；

湖南：湘潭市湘潭县、湘乡市、韶山市，邵阳市隆回县，岳阳市岳阳县、平江县，张家界市永定区、武陵源区，益阳市安化县，郴州市嘉禾县，永州市双牌县、道县、蓝山县，怀化市会同县、麻阳苗族自治县、靖州苗族侗族自治县、通道侗族自治县，湘西土家族苗族自治州吉首市、花垣县、保靖县；

广西：河池市东兰县；

重庆：万州区、涪陵区、江北区、沙坪坝区、北碚区、綦江区、大足区、渝北区、巴南区、黔江区、长寿区、江津区、合川区、永川区、南川区、璧山区、铜梁区、潼南区、万盛经济技术开发区，梁平区、城口县、丰都县、垫江县、武隆区、忠县、开县、云阳县、奉节县、巫山县、巫溪县、石柱土家族自治县、秀山土家族苗族自治县、酉阳土家族苗族自治县、彭水苗族土家族自治县；

四川：成都市龙泉驿区、青白江区、简阳市，攀枝花市米易县、普威局，泸州市江阳区、泸县，德阳市广汉市、绵竹市，绵阳市游仙区、安州区、三台县、梓潼县、江油市，广元市旺苍县，遂宁市船山区、安居区、蓬溪县，内江市市中区、资中县、隆昌县，南充市顺庆区、嘉陵区、营山县、蓬安县、仪陇县、西充县，眉山市仁寿县，宜宾市翠屏区、高县、筠连县、兴文县，广安市广安区、前锋区、岳池县、武胜县、邻水县、华蓥市，达州市宣汉县、开江县，雅安市雨城区、芦山县，巴中市巴州区、通江县，资阳市雁江区，阿坝藏族羌族自治州阿坝县，甘孜藏族自治州康定市、泸定县、炉霍县、甘孜县、德格县，凉山彝族自治州盐源县、德昌县、会东县、昭觉县；

贵州：贵阳市南明区、云岩区、花溪区、乌当区、息烽县、修文县、清镇市、经济技术开发区，六盘水市钟山区、六枝特区、水城县，遵义市正安县、道真仡佬族苗族自治县、务川仡佬族苗族自治县，安顺市西秀区、平坝区、普定县、紫云苗族布依族自治县、安顺市开发区，毕节市七星关区、大方县、黔西县、纳雍县，铜仁市碧江区、德江县、松桃苗族自治县，贵安新区，黔西南布依族苗族自治州普安县，黔南布依族苗族自治州福泉市；

云南：曲靖市罗平县，玉溪市红塔区，保山市施甸县，昭通市大关县、镇雄县、彝良县、威信县，楚雄彝族自治州禄丰县，文山壮族苗族自治州文山市；

陕西：西安市灞桥区，宝鸡市岐山县、眉县、麟游县，咸阳市秦都区、泾阳县、乾县、彬县、旬邑县、武功县，渭南市华州区，延安市延长县、延川县、志丹县、吴起县，汉中市洋县、西乡县，榆林市米脂县、子洲县，安康市宁陕县，商洛市商州区、丹凤县、镇安县；

甘肃：平凉市崇信县，庆阳市正宁县，定西市临洮县，陇南市礼县；

宁夏：银川市兴庆区、西夏区，吴忠市盐池县，固原市彭阳县，中卫市中宁县；

新疆：塔城地区塔城市；

黑龙江森林工业总局：鹤北林业局。

发生面积　245411 亩

危害指数　0.4601

- **纺锤孢胶锈菌 *Gymnosporangium fusisporum* Ed. Fischer（桧子锈病）**

寄　　主　桧子，叉子圆柏。

分布范围　陕西、甘肃、宁夏、新疆。

发生地点　陕西：咸阳市旬邑县；

甘肃：兴隆山保护区。

发生面积　380 亩

危害指数　0.3333

- **刺柏胶锈菌 *Gymnosporangium gaeumannii* H. Zogg（刺柏锈病）**

寄　　主　西伯利亚刺柏。

分布范围　新疆。
发生地点　新疆：阿尔泰山两河源保护区。
发生面积　800 亩
危害指数　0.3333

- **山田胶锈菌 *Gymnosporangium yamadai* Miyabe ex Yamada**（苹果锈病，圆柏锈病）

寄　　主　柏木，刺柏，侧柏，圆柏，塔枝圆柏，祁连圆柏，高山柏，叉子圆柏，樱桃，皱皮木瓜，山楂，山荆子，西府海棠，秋海棠，苹果，海棠花，李，梨，西洋梨，蔷薇。

分布范围　华北、东北、西南、西北、江苏、浙江、安徽、山东、河南、湖北。

发生地点　北京：丰台区、房山区、顺义区、昌平区、大兴区、延庆区；

河北：石家庄市井陉矿区、井陉县、灵寿县、新乐市，唐山市路北区、古冶区、丰润区、滦南县、乐亭县、玉田县、遵化市，秦皇岛市北戴河区，邯郸市鸡泽县，邢台市邢台县、柏乡县、广宗县、沙河市，保定市容城县，张家口市桥东区、宣化区、沽源县、阳原县、怀安县，承德市兴隆县、平泉县，沧州市黄骅市，廊坊市霸州市、三河市，衡水市桃城区、枣强县、武强县、深州市；

内蒙古：通辽市科尔沁左翼后旗，鄂尔多斯市达拉特旗；

辽宁：沈阳市法库县；

浙江：宁波市镇海区；

安徽：合肥市庐江县，淮北市烈山区；

山东：济南市历城区，青岛市即墨市、莱西市，枣庄市台儿庄区，东营市利津县，济宁市兖州区，日照市莒县，莱芜市钢城区，聊城市东昌府区、阳谷县、莘县、东阿县，菏泽市曹县、单县、巨野县；

河南：洛阳市伊川县，三门峡市陕州区、灵宝市，商丘市梁园区、民权县、睢县、宁陵县、虞城县，周口市西华县，济源市、兰考县；

湖北：太子山林场；

四川：甘孜藏族自治州雅江县、道孚县、炉霍县、新龙县、德格县、白玉县、色达县，凉山彝族自治州越西县；

西藏：林芝市巴宜区；

陕西：宝鸡市陇县、太白县，咸阳市旬邑县、武功县，渭南市华阴市，延安市宝塔区、延长县、子长县、志丹县、吴起县、洛川县、黄龙县，榆林市横山区、绥德县、米脂县、子洲县；

甘肃：兰州市榆中县，白银市靖远县，天水市秦州区、清水县，武威市凉州区，平凉市泾川县、灵台县、静宁县，酒泉市敦煌市，庆阳市西峰区、庆城县、合水县、正宁县、宁县、镇原县，陇南市西和县；

宁夏：银川市兴庆区、西夏区、金凤区、贺兰县、灵武市，吴忠市利通区、红寺堡区、盐池县、同心县，中卫市沙坡头区、中宁县；

新疆生产建设兵团：农四师。

发生面积　133207 亩
危害指数　0.3751

- 木姜子锈菌 *Kernella lauricola*（Thirum.）Thirum.（紫楠锈病）

  寄　　主　红润楠，紫楠。

  分布范围　浙江、福建。

- 博利柄锈菌 *Puccinia bolleyana* Sacc.（锈病）

  寄　　主　接骨木。

  分布范围　河北、辽宁、四川、西藏。

  发生地点　四川：卧龙管理局。

- 樟树柄锈菌 *Puccinia cinnamomi* F. L. Tai（叶锈病）

  寄　　主　闽楠，川桂。

  分布范围　福建、江西、四川。

- 禾柄锈菌 *Puccinia graminis* Pers.（锈病）

  拉丁异名　*Puccinia culmicola* Dietel

  寄　　主　小檗，细叶小檗，直穗小檗，全缘小檗，巴东小檗，庐山小檗，十大功劳。

  分布范围　东北、华东、中南、西北，北京、河北、山西、四川、云南、西藏。

  发生地点　上海：奉贤区；

  　　　　　四川：阿坝藏族羌族自治州黑水县、壤塘县，甘孜藏族自治州炉霍县、新龙县、色
  　　　　　　　　达县；

  　　　　　陕西：宁东林业局；

  　　　　　甘肃：兴隆山保护区；

  　　　　　新疆：巴音郭楞蒙古自治州博湖县。

  发生面积　854 亩

  危害指数　0.3763

- 长角柄锈菌 *Puccinia longicornis* Pat. et Har.（叶锈病）

  寄　　主　酸竹，孝顺竹，凤尾竹，撑篙竹，硬头黄竹，黄竹，刺竹子，方竹，绿竹，麻竹，箬
  　　　　　竹，油竹，慈竹，斑竹，水竹，毛竹，紫竹，毛金竹，早竹，高节竹，早园竹，胖
  　　　　　竹，金竹，苦竹，箭竹，绵竹。

  分布范围　江苏、浙江、安徽、福建、江西、湖北、广东、广西、重庆、四川、贵州、陕西。

  发生地点　江苏：南京市雨花台区，苏州市昆山市，盐城市阜宁县，镇江市润州区、扬中市；

  　　　　　浙江：丽水市、松阳县；

  　　　　　安徽：合肥市庐阳区，芜湖市芜湖县、繁昌县、无为县；

  　　　　　福建：泉州市永春县、晋江市；

  　　　　　广东：广州市从化区，佛山市南海区；

  　　　　　广西：柳州市柳北区，桂林市兴安县，河池市宜州区；

  　　　　　重庆：万州区、涪陵区、綦江区、渝北区、巴南区、江津区、合川区、永川区、南川
  　　　　　　　　区、铜梁区、潼南区，城口县、垫江县、奉节县、石柱土家族自治县、彭水苗
  　　　　　　　　族土家族自治县；

  　　　　　四川：成都市简阳市，自贡市自流井区、大安区、沿滩区、荣县，攀枝花市盐边县，

泸州市江阳区、泸县、合江县，德阳市中江县、罗江县，绵阳市安州区、三台县、梓潼县、江油市，广元市旺苍县、青川县，遂宁市船山区，内江市市中区、东兴区、威远县、资中县、隆昌县，乐山市犍为县，南充市顺庆区、高坪区、营山县、仪陇县、西充县，眉山市仁寿县、洪雅县、青神县，宜宾市江安县、长宁县、高县、兴文县，广安市前锋区、武胜县，达州市渠县，雅安市名山区、荥经县，巴中市恩阳区、通江县、南江县、平昌县，资阳市雁江区、安岳县、乐至县，甘孜藏族自治州九龙县，凉山彝族自治州盐源县、德昌县；

陕西：汉中市汉台区，安康市宁陕县，宁东林业局。

发生面积　265858 亩

危害指数　0.3396

● **长喙柄锈菌 *Puccinia longirostris* Kom.** （叶锈病）

寄　　主　忍冬。

分布范围　四川、新疆。

发生地点　四川：甘孜藏族自治州色达县。

● **毛竹柄锈菌 *Puccinia phyllostachydis* Kusano** （叶锈病）

寄　　主　孝顺竹，凤尾竹，撑篙竹，黄竹，刺竹子，方竹，绿竹，麻竹，箬竹，油竹，慈竹，斑竹，水竹，毛竹，紫竹，毛金竹，早竹，高节竹，早园竹，胖竹，金竹，苦竹，箭竹，绵竹。

分布范围　江苏、浙江、安徽、福建、江西、河南、湖北、广东、广西、重庆、四川、贵州、云南、陕西。

发生地点　江苏：南京市雨花台区，苏州市昆山市，盐城市阜宁县，镇江市润州区、扬中市；

浙江：丽水市、松阳县；

安徽：合肥市庐阳区，芜湖市芜湖县、繁昌县、无为县；

福建：三明市将乐县、泰宁县，泉州市安溪县、永春县、晋江市；

广东：广州市从化区，佛山市南海区；

广西：柳州市柳北区，桂林市兴安县、龙胜各族自治县，河池市宜州区；

重庆：万州区、涪陵区、綦江区、渝北区、巴南区、江津区、合川区、永川区、南川区、铜梁区、潼南区，城口县、垫江县、奉节县、石柱土家族自治县、彭水苗族土家族自治县；

四川：成都市大邑县、简阳市，自贡市自流井区、大安区、沿滩区、荣县，攀枝花市盐边县，泸州市江阳区、泸县、合江县，德阳市中江县、罗江县，绵阳市安州区、三台县、梓潼县、江油市，广元市旺苍县、青川县，遂宁市船山区，内江市市中区、东兴区、威远县、资中县、隆昌县，乐山市犍为县，南充市顺庆区、高坪区、营山县、仪陇县、西充县，眉山市仁寿县、洪雅县、青神县，宜宾市江安县、长宁县、高县、兴文县，广安市前锋区、武胜县，达州市渠县，雅安市名山区、荥经县，巴中市恩阳区、通江县、南江县、平昌县，资阳市雁江区、安岳县、乐至县，甘孜藏族自治州泸定县、九龙县，凉山彝族自治州盐源县、德昌县；

陕西：汉中市汉台区，安康市宁陕县，宁东林业局。

发生面积　321843 亩

危害指数　0.3391

- **六月禾柄锈菌 *Puccinia poae-pratensis* Miura（鼠李冠锈病）**

寄　　主　鼠李。

分布范围　东北，山东。

发生地点　山东：泰安市徂徕山林场。

- **番石榴柄锈菌 *Puccinia psidii* G. Winter（桉树叶锈病）**

寄　　主　巨桉，巨尾桉，尾叶桉，细叶桉。

分布范围　福建、广西、海南、重庆、四川。

发生地点　福建：泉州市晋江市；

　　　　　广西：百色市田阳县；

　　　　　海南：澄迈县、乐东黎族自治县；

　　　　　重庆：黔江区；

　　　　　四川：绵阳市游仙区，眉山市仁寿县、青神县，宜宾市翠屏区、南溪区，广安市前锋区，凉山彝族自治州布拖县。

发生面积　2049 亩

危害指数　0.3333

- **皮状硬层锈菌 *Stereostratum corticioides*（Berk. et Broome）Magnus（竹杆锈病）**

寄　　主　孝顺竹，撑篙竹，黄竹，方竹，龙竹，箬竹，黄竿京竹，桂竹，斑竹，水竹，毛竹，紫竹，毛金竹，早竹，高节竹，胖竹，金竹，慈竹，麻竹，箭竹。

分布范围　华东、中南、重庆、四川、贵州、云南、陕西。

发生地点　上海：浦东新区；

　　　　　江苏：南京市高淳区，无锡市江阴市、宜兴市，扬州市宝应县、经济技术开发区，泰州市姜堰区；

　　　　　浙江：杭州市萧山区、桐庐县，嘉兴市秀洲区，丽水市、松阳县；

　　　　　安徽：合肥市庐江县，滁州市全椒县、天长市，六安市霍山县；

　　　　　福建：三明市沙县，泉州市安溪县，漳州市南靖县，南平市延平区、松溪县、政和县、武夷山保护区；

　　　　　江西：萍乡市上栗县，赣州市安远县，吉安市永新县，抚州市东乡县，共青城市；

　　　　　山东：枣庄市台儿庄区，泰安市东平县，临沂市临沭县；

　　　　　河南：洛阳市嵩县、洛宁县，焦作市博爱县，南阳市淅川县，信阳市浉河区、罗山县，驻马店市确山县、新蔡县、固始县；

　　　　　湖南：邵阳市隆回县，岳阳市岳阳县、平江县，张家界市武陵源区，永州市江华瑶族自治县，怀化市麻阳苗族自治县；

　　　　　广西：柳州市融安县，桂林市永福县，高峰林场；

　　　　　重庆：涪陵区、黔江区、合川区、永川区、南川区、铜梁区、潼南区、荣昌区，梁平区、城口县、丰都县、垫江县、开县、彭水苗族土家族自治县；

四川：内江市威远县，宜宾市南溪区，广安市前锋区，达州市大竹县，雅安市雨城区，甘孜藏族自治州泸定县、九龙县，凉山彝族自治州德昌县、冕宁县；

贵州：遵义市习水县、赤水市；

云南：昆明市西山区，曲靖市师宗县，玉溪市红塔区、澄江县、通海县、峨山彝族自治县，昭通市大关县，红河哈尼族彝族自治州个旧市，文山壮族苗族自治州富宁县，怒江傈僳族自治州贡山独龙族怒族自治县，嵩明县、安宁市；

陕西：西安市灞桥区、周至县。

发生面积　181064 亩

危害指数　0.4342

- **异色疣双胞锈菌 *Tranzschelia discolor*（Fuckel）Tranzschel et Litw.（李叶锈病）**

寄　　主　李，桃，杏。

分布范围　广西、陕西。

发生地点　广西：柳州市鹿寨县。

发生面积　100 亩

危害指数　0.3333

- **日本疣双胞锈菌 *Tranzschelia japonica* Tranzschel et Litw.（桃褐锈病）**

寄　　主　桃，梅。

分布范围　江苏。

发生地点　江苏：盐城市东台市。

- **毒豆单胞锈菌 *Uromyces laburni*（DC.）Otth（锦鸡儿叶锈病）**

拉丁异名　*Uromyces genistae-tinctoriae*（Pers.）G. Winter

寄　　主　鹅耳枥，锦鸡儿，柠条锦鸡儿，黄刺条。

分布范围　东北，北京、河北、内蒙古、甘肃、宁夏、新疆。

发生地点　宁夏：石嘴山市惠农区。

发生面积　310 亩

危害指数　0.3333

- **平铺胡枝子单胞锈菌 *Uromyces lespedezae-procumbentis*（Schwein.）M. A. Curtis（胡枝子锈病）**

寄　　主　胡枝子，短梗胡枝子，杭子梢。

分布范围　东北、华东、中南、西南，北京、河北、山西、陕西、甘肃。

发生地点　陕西：咸阳市旬邑县，宁东林业局。

发生面积　101 亩

危害指数　0.3333

- **梭梭单胞锈菌 *Uromyces sydowii* Z. K. Liu et L. Guo（梭梭锈病）**

拉丁异名　*Uromyces heteromallus* Syd.

寄　　主　梭梭。

分布范围　内蒙古、甘肃、新疆。

发生地点　内蒙古：巴彦淖尔市磴口县，阿拉善盟阿拉善左旗；

新疆：哈密市伊州区。

发生面积　3165 亩

危害指数　0.4192

● 茎生单胞锈菌 *Uromyces truncicola* Henn. et Shirai（槐树干锈病）

寄　　主　刺槐，槐树，龙爪槐。

分布范围　天津、河北、辽宁、上海、江苏、浙江、安徽、江西、山东、河南、湖北、重庆、四川、西藏、陕西、甘肃。

发生地点　河北：秦皇岛市海港区，邢台市柏乡县；

上海：浦东新区；

安徽：淮南市大通区；

山东：菏泽市牡丹区；

河南：许昌市鄢陵县；

湖北：太子山林场；

重庆：江津区；

甘肃：庆阳市镇原县。

发生面积　439 亩

危害指数　0.3349

膨痂锈菌科 Pucciniastraceae

● 水龙骨明痂锈菌 *Hyalospora polypodii*（Dietel）Magnus（冷杉锈病）

寄　　主　冷杉。

分布范围　四川、甘肃。

发生地点　四川：甘孜藏族自治州雅江县、道孚县、白玉县、新龙林业局，凉山彝族自治州川林五处；

甘肃：尕海则岔保护区。

发生面积　3789 亩

危害指数　0.3477

● 石竹状小栅锈菌 *Melampsorella caryophyllacearum* J. Schröt.（冷杉丛枝病）

寄　　主　岷江冷杉，川滇冷杉，新疆冷杉，落叶松，云杉。

分布范围　河北、山西、内蒙古、吉林、黑龙江、四川、云南、新疆。

发生地点　河北：张家口市沽源县；

四川：甘孜藏族自治州雅江县、炉霍县、新龙县、德格县。

● 桦长栅锈菌 *Melampsoridium betulinum*（Desm.）Kleb.（桦叶锈病）

寄　　主　红桦，岳桦，垂枝桦，白桦，天山桦。

分布范围　东北，河北、内蒙古、湖北、四川、陕西、甘肃、新疆。

发生地点　四川：甘孜藏族自治州道孚县、甘孜县、德格县；

甘肃：莲花山保护区，白水江保护区；

新疆：阿尔泰山国有林管理局。
发生面积　768 亩
危害指数　0.3342

● 平塚长栅锈菌 *Melampsoridium hiratsukanum* S. Ito ex Hirats. f. （桤木叶锈病）
寄　　主　桤木，赤杨。
分布范围　东北，江西、山东、重庆、四川。
发生地点　江西：新余市分宜县；
　　　　　重庆：武隆区；
　　　　　四川：绵阳市梓潼县，广元市青川县，巴中市巴州区、南江县，凉山彝族自治州德
　　　　　　　　昌县。
发生面积　253 亩
危害指数　0.3333

● 栗膨痂锈菌 *Pucciniastrum castaneae* Dietel （板栗锈病）
寄　　主　板栗，茅栗，锥栗，日本栗，樟树。
分布范围　中南，辽宁、浙江、安徽、福建、江西、山东、重庆、四川、贵州、云南、陕西、
　　　　　甘肃。
发生地点　浙江：丽水市景宁畲族自治县；
　　　　　福建：南平市松溪县、政和县，龙岩市永定区；
　　　　　山东：青岛市莱西市，莱芜市钢城区、莱城区；
　　　　　河南：平顶山市鲁山县，南阳市方城县、桐柏县；
　　　　　湖北：襄阳市保康县；
　　　　　湖南：常德市石门县；
　　　　　广西：桂林市资源县；
　　　　　重庆：开县；
　　　　　四川：绵阳市江油市，乐山市沙湾区，巴中市通江县，凉山彝族自治州德昌县；
　　　　　陕西：汉中市洋县、西乡县；
　　　　　甘肃：白水江保护区。
发生面积　4634 亩
危害指数　0.3352

● 稠李盖痂锈菌 *Thekopsora areolata* （Fr.）Magnus （云杉–稠李球果锈病）
寄　　主　云杉，川西云杉，鱼鳞云杉，红皮云杉，李，稠李。
分布范围　东北，内蒙古、四川、贵州、云南、陕西、甘肃、青海、新疆。
发生地点　内蒙古：通辽市科尔沁左翼后旗；
　　　　　四川：阿坝藏族羌族自治州理县、黑水县、壤塘县，甘孜藏族自治州炉霍县、甘孜
　　　　　　　　县、德格县、色达县；
　　　　　甘肃：白龙江林业管理局；
　　　　　青海：果洛藏族自治州玛可河林业局。
发生面积　6493 亩
危害指数　0.3488

伞锈菌科 Raveneliaceae

● 日本伞锈菌 *Ravenelia japonica* **Dietel et Syd.** （合欢锈病）

寄　　主　台湾相思，合欢，山合欢。

分布范围　华东、中南，四川、陕西。

发生地点　江苏：镇江市丹徒区、句容市；

安徽：合肥市庐阳区；

山东：枣庄市台儿庄区，济宁市鱼台县，菏泽市定陶区、巨野县、郓城县；

河南：洛阳市孟津县、嵩县，许昌市鄢陵县，商丘市睢县，信阳市潢川县，驻马店市遂平县；

广西：南宁市横县，玉林市北流市，热带林业实验中心。

发生面积　5140 亩

危害指数　0.3380

球锈菌科 Sphaerophragmrniaceae

● 亚洲花孢锈菌 *Nyssopsora asiatica* **Lütjeh.** （叶锈病）

寄　　主　楤木，辽东楤木，长梗柄常春木。

分布范围　东北，重庆、陕西。

发生地点　重庆：万州区。

● 香椿花孢锈菌 *Nyssopsora cedrelae* （Hori） **Tranzschel** （香椿叶锈病）

寄　　主　臭椿，香椿，红椿。

分布范围　浙江、安徽、福建、江西、山东、河南、湖北、湖南、广东、广西、重庆、四川、贵州、云南、陕西。

发生地点　安徽：淮北市烈山区，六安市金寨县；

江西：九江市瑞昌市；

广东：云浮市属林场；

重庆：武隆区；

四川：南充市蓬安县；

陕西：汉中市西乡县，宁东林业局。

发生面积　623 亩

危害指数　0.3392

● 栾花孢锈菌 *Nyssopsora koelreuteria* （Syd. et P. Syd.） **Tranz.** （叶锈病）

寄　　主　栾树，楤木，枣树。

分布范围　山西、江苏、浙江、安徽、山东、河南、湖北、湖南、四川、陕西。

发生地点　江苏：南京市高淳区；

山东：莱芜市钢城区，菏泽市定陶区；

河南：平顶山市卫东区，新乡市牧野区；

四川：绵阳市三台县、梓潼县，南充市高坪区、西充县；

陕西：延安市富县。

发生面积　2181 亩

危害指数　0.3364

- 落叶松拟三孢锈菌 *Triphragmiopsis laricinum*（**Y. L. Chou**）**Tai**（落叶松叶锈病）

寄　　主　落叶松，日本落叶松，落叶松。

分布范围　东北。

发生地点　黑龙江：佳木斯市郊区。

发生面积　217 亩

危害指数　0.3333

属末定位　Incertae sedis

- 木通锈孢锈菌 *Aecidium akebiae* **Henn.**（锈病）

寄　　主　三叶木通。

分布范围　江苏、浙江、安徽、福建、江西、湖北、湖南、广西、重庆、甘肃。

发生地点　重庆：万州区。

- 胡颓子锈孢锈菌 *Aecidium elaeagni* **Dietel**（叶锈病）

寄　　主　胡颓子，沙枣。

分布范围　华东，河北、山西、河南、四川、云南、陕西、甘肃、青海。

发生地点　浙江：宁波市宁海县；

四川：南充市顺庆区、高坪区，广安市前锋区。

- 小叶白蜡树锈孢锈菌 *Aecidium fraxini-bungeanae* **Diet.**（叶锈病）

寄　　主　苦枥木，流苏树，小叶梣，白蜡树。

分布范围　华东，河南、湖南、广西、四川、贵州。

发生地点　四川：雅安市雨城区。

发生面积　100 亩

危害指数　0.4333

- 女贞锈孢锈菌 *Aecidium klugkistianum* **Diet.**（叶锈病）

寄　　主　女贞，小叶女贞，三角槭，水蜡树。

分布范围　河北、辽宁、江苏、浙江、安徽、山东、河南、湖北、湖南、重庆、云南、陕西。

发生地点　安徽：淮南市大通区、八公山区；

山东：日照市岚山区；

河南：平顶山市舞钢市，商丘市虞城县；

湖南：湘潭市韶山市；

重庆：江津区，彭水苗族土家族自治县；

陕西：汉中市西乡县。

发生面积　393 亩

危害指数　0.4012

- 桑锈孢锈菌 *Aecidium mori* **Barclay** （叶锈病）

  寄　　主　桑，构树，小叶女贞。

  分布范围　华东、中南、西南，北京、河北、辽宁、陕西、甘肃、宁夏。

  发生地点　江苏：盐城市响水县，镇江市丹徒区；

  　　　　　安徽：芜湖市无为县；

  　　　　　山东：潍坊市坊子区，泰安市泰山林场，威海市环翠区、临港区，菏泽市郓城县；

  　　　　　重庆：巫溪县；

  　　　　　四川：宜宾市屏山县，广安市前锋区、武胜县，巴中市巴州区；

  　　　　　陕西：安康市汉阴县、宁陕县。

  发生面积　1433 亩

  危害指数　0.3366

- 菝葜锈孢锈菌 *Aecidium smilacis-chinae* **Sawada** （叶锈病）

  寄　　主　菝葜，红果菝葜。

  分布范围　江苏、浙江、安徽、江西、湖北、广西、四川、陕西。

  发生地点　安徽：芜湖市无为县。

- 花椒锈孢锈菌 *Aecidium zanthoxyli-schinifolii* **Dietel** （叶锈病）

  寄　　主　花椒，野花椒，竹叶花椒。

  分布范围　江苏、浙江、安徽、山东、湖北、四川、云南、陕西、甘肃。

  发生地点　山东：莱芜市钢城区、莱城区。

- 牧野裸孢锈菌 *Caeoma makinoi* **Kusano** （叶锈病）

  寄　　主　杏，李，山樱桃。

  分布范围　辽宁、吉林、江西、四川、陕西、新疆。

  发生地点　四川：甘孜藏族自治州道孚县；

  　　　　　陕西：渭南市合阳县，延安市志丹县；

  　　　　　新疆：喀什地区麦盖提县。

  发生面积　3930 亩

  危害指数　0.3757

- 咖啡驼孢锈菌 *Hemileia vastatrix* **Berk. et Broome** （咖啡叶锈病）

  寄　　主　咖啡，大粒咖啡。

  分布范围　广东、广西、海南、云南。

  发生地点　云南：临沧市镇康县、沧源佤族自治县。

  发生面积　5388 亩

  危害指数　0.3333

- 桃不休双胞锈菌 *Leucotelium pruni-persicae*（**Hori**）**Tranzschel**（叶锈病）

  寄　　主　桃，李。

分布范围　华东，山西、湖北、湖南、广西、四川、贵州、陕西。

发生地点　上海：浦东新区；

　　　　　江苏：淮安市盱眙县；

　　　　　山东：莱芜市钢城区；

　　　　　湖南：永州市新田县；

　　　　　四川：南充市营山县，雅安市汉源县。

发生面积　16333 亩

危害指数　0.4405

- 甘肃被孢锈菌 *Peridermium gansuense* **X. B. Wu**（云杉梢锈病）

寄　　主　云杉，青海云杉。

分布范围　四川、甘肃。

发生地点　四川：凉山彝族自治州木里县；

　　　　　甘肃：兰州市榆中县，武威市天祝藏族自治县，庆阳市正宁县，尕海则岔自然保护

　　　　　　　　区，白龙江林业管理局。

发生面积　8649 亩

危害指数　0.3580

- 昆明被孢锈菌 *Peridermium kunmingense* **W. Jen**（油杉枝锈病）

寄　　主　油杉，云南油杉。

分布范围　四川、云南。

发生地点　四川：雅安市石棉县。

发生面积　382 亩

危害指数　0.3333

- 白蔹串孢层锈菌 *Physopella ampelopsidis*（**Dietel. et P. Syd.**）**Cummins et Ramachar**（叶锈病）

寄　　主　葡萄，白蔹，泡花树，爬山虎。

分布范围　华东、中南，河北、山西、四川、贵州、云南、陕西、甘肃、新疆。

发生地点　河北：石家庄市井陉县；

　　　　　江苏：无锡市江阴市；

　　　　　山东：菏泽市定陶区；

　　　　　河南：平顶山市鲁山县；

　　　　　四川：巴中市通江县；

　　　　　贵州：铜仁市沿河土家族自治县。

发生面积　882 亩

危害指数　0.3791

- 透灰白冬孢锈菌 *Poliotelium hyalospora*（**Sawada**）**Mains**（相思树锈病）

寄　　主　云南金合欢，台湾相思。

分布范围　浙江、福建、广东、广西。

发生地点　浙江：温州市洞头区；

福建：厦门市同安区、翔安区，泉州市安溪县、晋江市，漳州市漳浦县、东山县；

广东：汕头市澄海区；

广西：梧州市长洲区，防城港市上思县，玉林市兴业县，百色市德保县，来宾市忻城县，崇左市龙州县、凭祥市。

发生面积　11566 亩

危害指数　0.3362

- 竹夏孢锈菌 *Uredo ignava* Arthur（叶锈病）

寄　　主　绿竹，麻竹，慈竹。

分布范围　福建、广东。

- 圆痂夏孢锈菌 *Uredo tholopsora* Cummins（白杨叶锈病）

寄　　主　银白杨，新疆杨，山杨，大叶杨，黑杨，毛白杨，美洲杨。

分布范围　河北、山西、辽宁、江苏、浙江、安徽、江西、山东、河南、湖北、湖南、广西、重庆、四川、贵州、云南、陕西、甘肃、新疆。

发生地点　山西：长治市长治县；

辽宁：鞍山市海城市；

江苏：无锡市宜兴市，镇江市新区；

浙江：杭州市桐庐县，嘉兴市秀洲区；

安徽：滁州市全椒县、凤阳县；

江西：抚州市乐安县；

山东：济南市商河县，潍坊市高新技术开发区、经济开发区，菏泽市定陶区、巨野县、郓城县；

河南：洛阳市嵩县、洛宁县，信阳市淮滨县，滑县；

湖北：荆州市沙市区、荆州区、江陵县，太子山林场；

湖南：岳阳市君山区，益阳市沅江市；

重庆：江北区、黔江区、荣昌区，城口县、垫江县、开县、石柱土家族自治县、彭水苗族土家族自治县；

四川：成都市青白江区，绵阳市游仙区，内江市资中县，南充市高坪区、蓬安县、西充县，广安市前锋区、武胜县，阿坝藏族羌族自治州汶川县，甘孜藏族自治州新龙县、稻城县，凉山彝族自治州盐源县；

云南：昆明市滇池，昭通市大关县；

陕西：宝鸡市陇县，汉中市洋县；

甘肃：白银市靖远县、会宁县，平凉市崆峒区、庄浪县，陇南市西和县，白水江保护区。

发生面积　137142 亩

危害指数　0.3938

外担菌目 Exobasidiates　　外担菌科 Exobasidiaceae

- **细丽外担子菌 *Exobasidium gracile*（Shirai）Syd.（油茶茶苞病）**

寄　　主　油桐，乌桕，红花油茶，油茶，茶，小果油茶，茶梅。

分布范围　中南、浙江、安徽、福建、江西、重庆、四川、贵州、云南。

发生地点　浙江：杭州市桐庐县，丽水市；

　　　　　福建：三明市尤溪县，南平市延平区，龙岩市上杭县，福州国家森林公园；

　　　　　江西：赣州市宁都县，宜春市樟树市，丰城市；

　　　　　湖北：恩施土家族苗族自治州来凤县；

　　　　　湖南：株洲市攸县、醴陵市，衡阳市衡阳县、衡南县、衡山县、衡东县、祁东县、耒阳市、常宁市，邵阳市绥宁县，岳阳市云溪区、岳阳县、平江县，常德市鼎城区，张家界市永定区、慈利县、桑植县，永州市零陵区、冷水滩区、祁阳县、东安县、道县、宁远县、江华瑶族自治县，湘西土家族苗族自治州吉首市、凤凰县、古丈县、永顺县；

　　　　　广西：柳州市融安县，百色市田林县，崇左市宁明县；

　　　　　重庆：万州区，酉阳土家族苗族自治县；

　　　　　贵州：贵阳市经济技术开发区，铜仁市万山区；

　　　　　云南：保山市腾冲市。

发生面积　86323 亩

危害指数　0.3552

- **半球状外担子菌 *Exobasidium hemisphaericum* Shirai（叶瘿病）**

寄　　主　杜鹃，猴头杜鹃。

分布范围　上海、江苏、浙江、安徽、湖南、重庆、四川、云南。

发生地点　上海：浦东新区；

　　　　　四川：甘孜藏族自治州乡城县。

发生面积　123 亩

危害指数　0.3333

- **泽田外担子菌 *Exobasidium sawadae* Yamada ex Sawada（樟树果粉实病）**

寄　　主　猴樟，阴香，樟树，肉桂，天竺桂。

分布范围　江苏、福建、江西、湖南、广东、广西、四川。

发生地点　福建：龙岩市永定区；

　　　　　湖南：永州市江华瑶族自治县，怀化市通道侗族自治县；

　　　　　广东：广州市从化区，云浮市云安区；

　　　　　广西：梧州市万秀区，防城港市防城区。

发生面积　4773 亩

危害指数　0.3339

- 坏损外担子菌 *Exobasidium vexans* **Mass.** （茶苞病，茶饼病）

寄　　主　油茶，山茶、茶。

分布范围　福建、江西、湖南、广东、广西、四川、贵州、云南。

发生地点　福建：厦门市同安区，泉州市安溪县，漳州市诏安县，南平市武夷山保护区；
　　　　　四川：自贡市荣县，绵阳市平武县。

发生面积　2578 亩

危害指数　0.4425

泛胶耳目 Platygloeales　　泛胶耳科 Platygloeaceae

- 紫卷担子菌 *Helicobasidium purpureum* （**Tul.**）**Pat.** （根部白色腐朽）

拉丁异名　*Helicobasidium mompa* Tanaka

寄　　主　银杏，杉木，云杉，侧柏，木麻黄，毛白杨，黑杨，赤杨，旱柳，榆树，板栗，栎，桑，牡丹，杏，桃，梨，樱桃，苹果，黄檀，刺槐，槐树，臭椿，香椿，橡胶树，葡萄，茶，白蜡树，木犀，泡桐，二球悬铃木，漆树。

分布范围　东北、华东，北京、河北、河南、湖北、湖南、广东、四川、贵州、云南、陕西、甘肃、宁夏。

发生地点　江苏：无锡市江阴市；
　　　　　浙江：台州市温岭市；
　　　　　山东：莱芜市钢城区，菏泽市牡丹区、巨野县、郓城县；
　　　　　湖南：湘潭市韶山市；
　　　　　四川：德阳市绵竹市，遂宁市安居区；
　　　　　陕西：渭南市大荔县。

发生面积　594 亩

危害指数　0.4618

黑粉菌目 Ustilaginales　　黑粉菌科 Ustilaginaceae

- 竹黑粉菌 *Ustilago shiraiana* **P. Henn.** （竹黑粉病）

寄　　主　麻竹，慈竹，罗汉竹，斑竹，水竹，毛竹，紫竹，毛金竹，旱竹，胖竹，金竹，苦竹。

分布范围　江苏、浙江、安徽、福建、江西、河南、湖北、湖南、重庆、四川、贵州、陕西。

发生地点　江苏：南京市高淳区；
　　　　　安徽：安庆市潜山县；
　　　　　江西：吉安市新干县；
　　　　　河南：南阳市淅川县；
　　　　　重庆：梁平区；
　　　　　四川：宜宾市屏山县，巴中市巴州区、恩阳区。

发生面积　1077 亩

危害指数　0.3333

半知菌亚门 Mitosporic fungi

- **蔷薇放线孢** *Actinonema rosae*（**Lib.**）**Fr.**（月季黑斑病）

有　性　型　*Diplocarpon rosae* Wolf.

寄　　主　刺蔷薇，月季，野蔷薇，玫瑰，黄刺玫，山刺玫。

分布范围　东北、华东、西北、北京、天津、河北、河南、湖北、湖南、广东、重庆、四川、贵州、云南。

发生地点　北京：丰台区、大兴区；

河北：石家庄市井陉县，唐山市路北区、古冶区、乐亭县，秦皇岛市北戴河区、昌黎县，保定市唐县，沧州市吴桥县、河间市，廊坊市安次区、大城县、霸州市，衡水市桃城区；

上海：宝山区、浦东新区、金山区、青浦区、奉贤区；

江苏：南京市江宁区、溧水区，无锡市宜兴市，常州市天宁区、钟楼区、新北区、武进区，苏州市吴中区、相城区、昆山市、太仓市，淮安市淮阴区，盐城市响水县、东台市，扬州市江都区，泰州市姜堰区，宿迁市沭阳县；

浙江：杭州市萧山区；

安徽：合肥市庐阳区、庐江县，芜湖市芜湖县，淮南市大通区，安庆市迎江区；

山东：东营市东营区、垦利县、广饶县，潍坊市潍城区、坊子区、高新技术开发区，济宁市任城区、鱼台县、金乡县、嘉祥县、曲阜市、高新技术开发区、太白湖新区，泰安市东平县、新泰市、泰山林场、徂徕山林场，威海市高新技术开发区、环翠区、临港区，莱芜市莱城区，聊城市东阿县，菏泽市牡丹区、定陶区；

河南：许昌市鄢陵县，三门峡市灵宝市，南阳市卧龙区；

广东：广州市越秀区、从化区；

四川：攀枝花市米易县，遂宁市船山区，南充市蓬安县，巴中市通江县，甘孜藏族自治州得荣县；

贵州：黔南布依族苗族自治州龙里县；

陕西：咸阳市武功县；

甘肃：庆阳市镇原县。

发生面积　7976 亩

危害指数　0.3662

- **油茶伞座孢** *Agaricodochium camelliae* **Liu，Wei et Fan**（油茶软腐病）

寄　　主　山茶，油茶，茶，小果油茶，栀子。

分布范围　中南、浙江、安徽、福建、江西、四川、贵州、陕西。

发生地点　浙江：杭州市桐庐县，温州市乐清市，金华市东阳市，衢州市常山县，台州市玉环县，丽水市；

安徽：芜湖市繁昌县、无为县，黄山市休宁县，六安市舒城县；

福建：三明市尤溪县、将乐县，南平市延平区、光泽县、松溪县，龙岩市上杭县，福州国家森林公园；

江西：南昌市进贤县，景德镇市昌江区，萍乡市湘东区、莲花县、上栗县，九江市濂溪区、九江县、武宁县、修水县、湖口县、瑞昌市，新余市渝水区、分宜县、仙女湖区，赣州市章贡区、经济技术开发区、赣县、大余县、安远县、定南县、宁都县、于都县、兴国县、会昌县，吉安市青原区、峡江县、新干县、永丰县、泰和县、遂川县、永新县、井冈山市，宜春市袁州区、万载县、上高县、宜丰县、樟树市，抚州市临川区、崇仁县、东乡县、广昌县，上饶市广丰区、上饶县、玉山县、铅山县、横峰县、余干县、德兴市，瑞金市、丰城市、鄱阳县、安福县；

湖北：荆州市松滋市；

湖南：长沙市浏阳市，株洲市攸县，湘潭市湘潭县，衡阳市衡阳县、衡南县、衡山县、祁东县、耒阳市、常宁市，邵阳市邵阳县、绥宁县，岳阳市云溪区、岳阳县、平江县、汨罗市，常德市鼎城区、汉寿县、临澧县、桃源县，张家界市永定区、慈利县、桑植县，益阳市资阳区，郴州市苏仙区、桂阳县、宜章县、永兴县、嘉禾县，永州市零陵区、冷水滩区、祁阳县、东安县、双牌县、道县、江永县、宁远县、江华瑶族自治县，怀化市中方县、芷江侗族自治县，娄底市双峰县，湘西土家族苗族自治州泸溪县、凤凰县、花垣县、古丈县、龙山县；

广东：韶关市始兴县，梅州市梅江区，清远市连州市；

广西：柳州市融水苗族自治县，贺州市昭平县；

海南：五指山市；

四川：自贡市自流井区、荣县，内江市资中县、隆昌县，宜宾市翠屏区、南溪区，雅安市天全县；

贵州：铜仁市玉屏侗族自治县，黔南布依族苗族自治州福泉市；

陕西：安康市汉阴县。

发生面积　355554 亩

危害指数　0.3528

- 链格孢 *Alternaria alternata*（Fr. ：Fr.）Keissl.（树木叶斑病）

拉丁异名　*Alternaria tenuis* Nees

寄　　主　银杏，新疆落叶松，柏木，福建柏，侧柏，圆柏，塔枝圆柏，祁连圆柏，红豆杉，新疆杨，北京杨，加杨，青杨，山杨，大叶杨，黑杨，毛白杨，白桦，杨梅，玉兰，核桃，板栗，樟树，桢楠，斜叶榕，桃，蒲桃，山楂，茶，柑橘，臭椿，橡胶树，槭，枣树，白蜡树，花曲柳，木犀，枸杞，毛竹，吊兰。

分布范围　全国。

发生地点　河北：石家庄市灵寿县，唐山市曹妃甸区、玉田县，邯郸市鸡泽县，邢台市内丘县、柏乡县、巨鹿县、清河县，张家口市张北县、怀安县，沧州市吴桥县、黄骅市、河间市，廊坊市香河县、霸州市，衡水市冀州市；

山西：晋中市太谷县，运城市永济市；

内蒙古：鄂尔多斯市达拉特旗；

黑龙江：佳木斯市同江市、富锦市；

江苏：无锡市江阴市，苏州高新技术开发区、昆山市，淮安市金湖县；

浙江：宁波市余姚市；

安徽：阜阳市颍州区；

江西：吉安市泰和县、井冈山市，丰城市、南城县；

山东：东营市广饶县，潍坊市坊子区，济宁市鱼台县、金乡县、汶上县、泗水县、梁山县、经济技术开发区，威海市经济开发区、环翠区、临港区，莱芜市钢城区、德州市庆云县、齐河县，菏泽市定陶区、单县、郓城县；

河南：郑州市管城回族区、上街区、荥阳市，开封市祥符区，平顶山市卫东区、石龙区、舞钢市、鹤壁市山城区、新乡市新乡县，濮阳市台前县，许昌市禹州市，漯河市源汇区、召陵区，三门峡市卢氏县，南阳市卧龙区、方城县、西峡县、淅川县、社旗县，商丘市睢阳区、睢县、虞城县，周口市扶沟县、太康县，固始县；

湖北：武汉市洪山区，随州市随县；

湖南：永州市宁远县；

广东：深圳市龙岗区、大鹏新区；

重庆：武隆区、云阳县、酉阳土家族苗族自治县、彭水苗族土家族自治县；

四川：自贡市荣县，德阳市广汉市，绵阳市三台县，南充市蓬安县，雅安市汉源县，阿坝藏族羌族自治州壤塘县，甘孜藏族自治州康定市、新龙县、白玉县、色达县、理塘县、巴塘县、乡城县，凉山彝族自治州盐源县、德昌县、会东县；

云南：玉溪市江川区；

陕西：宝鸡市金台区，渭南市华阴市，延安市宜川县，汉中市汉台区、西乡县，榆林市米脂县，杨陵区，宁东林业局；

甘肃：白银市靖远县，尕海则岔保护区，白水江保护区；

青海：海西蒙古族藏族自治州茫崖行委；

新疆：阿勒泰地区青河县；

新疆生产建设兵团：农十四师 224 团。

发生面积　79157 亩

危害指数　0.4078

● **洋蜡梅链格孢** *Alternaria calycanthi*（Cav.）Joly（蜡梅叶枯病）

寄　　主　蜡梅，梅。

分布范围　上海、江苏、安徽、河南、湖北、四川。

发生地点　上海：浦东新区；

江苏：南京市浦口区、江宁区，苏州市昆山市、太仓市，盐城市东台市；

安徽：淮南市大通区；

河南：许昌市鄢陵县；

四川：南充市蓬安县，眉山市仁寿县，雅安市汉源县，阿坝藏族羌族自治州理县。

- **梓链格孢** *Alternaria catalpae*（Ellis et Martin）P. Joly（梓树叶枯病）

  寄　　主　梓，海南菜豆树，黄金树。

  分布范围　内蒙古、辽宁、吉林、江苏、福建、山东、河南、湖南、新疆。

  发生地点　福建：南平市延平区。

- **梨黑斑链格孢** *Alternaria gaisen* K. Nagano（果树叶枯病）

  拉丁异名　*Alternaria kikuchiana* Tanaka

  寄　　主　垂丝海棠，西府海棠，秋海棠，野海棠，苹果，海棠花，李，白梨，河北梨，川梨，沙梨，秋子梨，文旦柚，油茶，茶。

  分布范围　华东、中南，北京、天津、河北、山西、辽宁、吉林、重庆、四川、贵州、陕西、甘肃、青海、新疆。

  发生地点　北京：通州区、顺义区；

  　　　　　天津：静海区；

  　　　　　河北：石家庄市新乐市，秦皇岛市昌黎县，邢台市临西县，保定市阜平县、唐县、蠡县、顺平县、高碑店市，沧州市献县、黄骅市，廊坊市霸州市，衡水市安平县、定州市；

  　　　　　上海：浦东新区、青浦区、奉贤区，崇明县；

  　　　　　江苏：无锡市锡山区，徐州市睢宁县，常州市溧阳市，连云港市连云区、灌云县，盐城市盐都区、响水县、滨海县、阜宁县、建湖县，扬州市高邮市，泰州市泰兴市；

  　　　　　浙江：温州市乐清市，台州市天台县；

  　　　　　安徽：芜湖市无为县，蚌埠市固镇县，淮南市寿县，阜阳市阜南县；

  　　　　　江西：九江市修水县，新余市分宜县，赣州市石城县，吉安市井冈山市；

  　　　　　山东：东营市广饶县，济宁市鱼台县、梁山县，泰安市徂徕山林场，日照市岚山区，莱芜市莱城区，临沂市平邑县、莒南县，聊城市东昌府区、莘县，菏泽市牡丹区；

  　　　　　河南：平顶山市石龙区，鹤壁市鹤山区、浚县，濮阳市台前县，许昌市魏都区、禹州市、长葛市，商丘市宁陵县，驻马店市泌阳县、新蔡县；

  　　　　　湖南：湘潭市韶山市，郴州市宜章县；

  　　　　　重庆：北碚区，垫江县、石柱土家族自治县、酉阳土家族苗族自治县；

  　　　　　四川：成都市龙泉驿区，自贡市大安区，攀枝花市米易县，绵阳市三台县，内江市市中区、东兴区、威远县、资中县、隆昌县，南充市顺庆区、营山县，宜宾市翠屏区、南溪区，雅安市汉源县，巴中市通江县，资阳市雁江区，甘孜藏族自治州巴塘县，凉山彝族自治州雷波县；

  　　　　　贵州：贵阳市乌当区，铜仁市万山区；

  　　　　　陕西：汉中市汉台区、西乡县、镇巴县，宁东林业局；

  　　　　　甘肃：甘南藏族自治州舟曲县。

  发生面积　15864 亩

  危害指数　0.3467

- **苹果链格孢 *Alternaria mali* Roberts**（苹果轮斑病）

寄　　主　山楂，山荆子，西府海棠，苹果，楸子，沙梨。

分布范围　华北、东北，江苏、浙江、安徽、山东、河南、湖北、四川、云南、陕西、甘肃、宁夏、新疆。

发生地点　河北：石家庄市井陉县，唐山市古冶区、滦南县、玉田县，秦皇岛市海港区、昌黎县、邢台市邢台县，沧州市吴桥县、献县、黄骅市、河间市，衡水市枣强县、武邑县、武强县、辛集市；

山东：济宁市梁山县，日照市莒县，德州市庆云县，聊城市莘县、东阿县、冠县、高唐县，菏泽市定陶区、单县；

河南：濮阳市南乐县，三门峡市灵宝市；

四川：甘孜藏族自治州乡城县；

陕西：榆林市子洲县，宁东林业局；

甘肃：白银市靖远县、会宁县，平凉市泾川县，庆阳市西峰区、镇原县；

宁夏：石嘴山市大武口区；

新疆生产建设兵团：农四师。

发生面积　51072 亩

危害指数　0. 3682

- **桉叶槭生链格孢 *Alternaria negundinicola*（Ell. et Barth.）Joly**（槭叶黑斑病）

寄　　主　小鸡爪槭，三角槭，桉叶槭，叶子花。

分布范围　福建、江西、河南、青海。

发生地点　江西：赣州市安远县。

发生面积　915 亩

危害指数　0. 5865

- **细极链格孢 *Alternaria tenuissima*（Fr.）Wiltsh.**（黑斑病，叶枯病）

寄　　主　银杏，侧柏，胡杨，核桃，山楂，月季，刺槐，文旦柚，柑橘，金橘，杞果，枣树，中华猕猴桃，茶。

分布范围　河北、山西、吉林、江苏、浙江、安徽、福建、山东、河南、湖北、湖南、广东、广西、四川、陕西、甘肃、宁夏、新疆。

发生地点　河北：石家庄市新乐市，沧州市孟村回族自治县；

山西：运城市新绛县；

江苏：苏州市昆山市，盐城市盐都区；

浙江：台州市黄岩区；

福建：漳州市平和县；

山东：东营市广饶县，济宁市任城区，莱芜市莱城区，滨州市沾化区，菏泽市牡丹区；

河南：许昌市襄城县，南阳市南召县；

湖南：常德市汉寿县；

四川：自贡市大安区；

陕西：渭南市大荔县；

甘肃：金昌市金川区；

宁夏：银川市金凤区；

新疆：喀什地区英吉沙县，和田地区策勒县；

新疆生产建设兵团：农一师3团、10团、13团，农二师29团，农三师53团。

发生面积 110793 亩

危害指数 0.3633

- 柳梨孢 *Apiosporium salicinum*（Pers.）**Kunze**（柳树煤污病）

寄　　主　柳树，垂柳，旱柳，毛果柳，榆树，全缘叶栾树，栾树。

分布范围　东北，河北、上海、江苏、安徽、福建、山东、河南、湖北、四川、贵州、陕西、甘肃、新疆。

发生地点　上海：嘉定区、浦东新区、奉贤区；

江苏：南京市江宁区，盐城市阜宁县，扬州市宝应县；

福建：三明市尤溪县；

山东：威海市环翠区，菏泽市牡丹区、定陶区、郓城县；

河南：三门峡市陕州区，商丘市虞城县；

四川：内江市资中县、隆昌县；

贵州：黔南布依族苗族自治州三都水族自治县；

陕西：咸阳市旬邑县；

甘肃：庆阳市镇原县。

发生面积 4050 亩

危害指数 0.3915

- 石榴外壳孢 *Aposphaeria punicina* **Sacc.**（石榴叶枯病）

寄　　主　石榴。

分布范围　河北、江苏、四川。

发生地点　四川：甘孜藏族自治州巴塘县，凉山彝族自治州会东县。

发生面积 316 亩

危害指数 0.3671

- 苏铁壳二孢 *Ascochyta cycadina* **Scalia**（苏铁白斑病）

寄　　主　苏铁。

分布范围　华东，天津、内蒙古、辽宁、吉林、湖南、广东、四川、贵州、新疆。

发生地点　江苏：苏州市昆山市；

浙江：台州市温岭市；

江西：吉安市井冈山市；

广东：河源市和平县，云浮市云安区。

发生面积 128 亩

危害指数 0.3333

- 枇杷壳二孢 *Ascochyta eriobotryae* **Vogl.** （桂花轮斑病）

  寄　　主　板栗，猴樟，樟树，天竺桂，桢楠，枫香，红花檵木，枇杷，楝树，野鸦椿，杜英，木荷，合果木，紫薇，女贞，木犀。

  分布范围　上海、江苏、浙江、安徽、福建、江西、河南、湖北、湖南、广东、广西、重庆、四川、贵州、陕西。

  发生地点　上海：浦东新区、奉贤区；

  　　　　　江苏：南京市六合区，苏州市常熟市、昆山市、太仓市，南通市海门市，淮安市金湖县；

  　　　　　浙江：杭州市萧山区、桐庐县，宁波市宁海县；

  　　　　　安徽：安庆市迎江区；

  　　　　　福建：漳州市南靖县、平和县，龙岩市连城县；

  　　　　　江西：赣州市信丰县、安远县，吉安市青原区、新干县、泰和县、永新县、井冈山市，丰城市；

  　　　　　河南：郑州市金水区，洛阳市栾川县；

  　　　　　湖北：荆州市监利县，太子山林场；

  　　　　　湖南：邵阳市隆回县；

  　　　　　广东：佛山市禅城区，肇庆市高要区，云浮市属林场；

  　　　　　广西：南宁市上林县，柳州市城中区、柳北区、柳城县，河池市宜州区；

  　　　　　重庆：渝北区、潼南区，石柱土家族自治县；

  　　　　　四川：自贡市沿滩区，攀枝花市仁和区，德阳市广汉市，绵阳市三台县、梓潼县、平武县，内江市市中区、东兴区、威远县、资中县、隆昌县，乐山市犍为县，南充市顺庆区、高坪区、蓬安县、西充县，眉山市洪雅县，宜宾市南溪区、宜宾县、筠连县、兴文县、屏山县，广安市前锋区，雅安市荥经县、汉源县、芦山县，巴中市恩阳区、通江县、平昌县，资阳市雁江区，阿坝藏族羌族自治州汶川县，甘孜藏族自治州乡城县；

  　　　　　陕西：安康市宁陕县。

  发生面积　30053 亩

  危害指数　0.3454

- 龙眼壳二孢 *Ascochyta longan* **C. F. Zhang et P. K. Chi** （龙眼二孢叶斑病）

  寄　　主　龙眼，荔枝。

  分布范围　福建、广东。

  发生地点　福建：漳州市诏安县、漳州台商投资区。

  发生面积　1064 亩

  危害指数　0.3333

- 淡竹壳二孢 *Ascochyta lophanthi* **Davis var.** *osmophila* **Davis** （淡竹叶斑病）

  寄　　主　黄竹，毛竹，毛金竹，胖竹。

  分布范围　江苏、福建、江西、山东、湖北、贵州、陕西。

  发生地点　江西：赣州市安远县，吉安市青原区；

山东：济宁市任城区；

湖北：荆州市监利县。

发生面积　451 亩

危害指数　0.3703

- **玉兰壳二孢** *Ascochyta magnoliae* **Thüm.** （广玉兰灰斑病）

寄　　主　荷花玉兰。

分布范围　重庆、宁夏。

发生地点　宁夏：银川市兴庆区。

- **李生壳二孢** *Ascochyta prunicola* **P. K. Chi** （桃轮纹灰斑病）

寄　　主　桃，杏，李，秋子梨。

分布范围　吉林、河北、江苏、浙江、山东、湖北、重庆、四川。

发生地点　江苏：常州市新北区；

浙江：宁波市江北区、北仑区；

山东：菏泽市定陶区、单县；

湖北：荆州市监利县；

重庆：开县；

四川：南充市嘉陵区、西充县，宜宾市翠屏区，甘孜藏族自治州巴塘县。

发生面积　668 亩

危害指数　0.3333

- **鼠李壳二孢** *Ascochyta rhamni* **Cooke et Shaw** （鼠李轮纹病）

寄　　主　鼠李。

分布范围　辽宁、吉林、陕西。

发生地点　陕西：宁东林业局。

- **柽柳壳二孢** *Ascochyta tamaricis* **Golov.** （柽柳叶枯病）

寄　　主　柳树，柽柳。

分布范围　四川、新疆。

发生地点　四川：甘孜藏族自治州得荣县。

- **山杨壳二孢** *Ascochyta tremulae* **Thuem.** （毛白杨轮斑病）

寄　　主　毛白杨。

分布范围　内蒙古、江西、山东、湖北、贵州、陕西。

发生地点　山东：菏泽市巨野县、郓城县；

湖北：荆州市洪湖市；

陕西：咸阳市兴平市，汉中市汉台区。

发生面积　1670 亩

危害指数　0.3333

- **榆壳二孢** *Ascochyta ulmi* （West.） **Kleber** （榆溃疡病）

寄　　主　榆树，大果榆树，刺槐。

分布范围　华北、东北，江苏、安徽、山东、河南、湖北、四川、陕西、甘肃。

发生地点　河北：邢台市临西县；

内蒙古：鄂尔多斯市鄂托克前旗；

安徽：阜阳市临泉县；

山东：青岛市即墨市、莱西市，枣庄市台儿庄区，东营市垦利县，潍坊市昌邑市，莱芜市钢城区、莱城区；

河南：洛阳市伊川县，濮阳市濮阳县，许昌市鄢陵县，商丘市睢县；

湖北：太子山林场；

甘肃：定西市渭源县。

发生面积　14421 亩

危害指数　0.4304

- 威地壳二孢 *Ascochyta wisconsiana* **Davis**（接骨木叶斑病）

寄　　主　接骨木。

分布范围　上海、吉林、黑龙江森林工业总局。

- 枣壳二孢 *Ascochyta ziziphi* **Hara**（枳椇叶斑病）

寄　　主　枳椇，枣树。

分布范围　湖南、四川、云南、陕西。

- 出芽短梗霉 *Aureobasidium pullulans*（**de Bary**）**Arn.**（煤污病）

拉丁异名　*Dematium pullulans* de Bary

寄　　主　杏，山桃，李，茜树，柳树。

分布范围　河北、内蒙古、吉林、广西、四川、陕西。

发生地点　四川：绵阳市三台县。

- 槭树球色单隔孢 *Botryodiplodia acerina* **Ell. et Ev.**（槭树枯梢病）

寄　　主　槭，七叶树。

分布范围　辽宁、吉林、江苏、河南、湖南、四川、陕西。

发生地点　江苏：无锡市惠山区；

四川：巴中市通江县，甘孜藏族自治州雅江县。

- 苹果球色单隔孢 *Botryodiplodia mali* **Brun.**（山楂枝枯病）

寄　　主　山楂。

分布范围　河北、山西、吉林、山东。

发生地点　山西：晋中市灵石县。

- 可可球色单隔孢 *Botryodiplodia theobromae* **Pat.**（果树溃疡病，桉树枝枯病）

拉丁异名　*Lasiodiplodia theobromae* Pat.

有 性 型　*Physalospora rhodina* Berk. et Curt.

寄　　主　马尾松，侧柏，核桃，板栗，肉桂，三球悬铃木，桃，龙眼，荔枝，文旦柚，柑橘，杧果，石榴，柠檬桉，窿缘桉，直杆蓝桉，大叶桉，巨桉，巨尾桉，柳窿桉，尾叶桉，番石榴，柿。

分布范围　中南，河北、上海、江苏、浙江、安徽、福建、江西、四川、云南。

发生地点　福建：泉州市安溪县，漳州市长泰县；

广东：广州市番禺区，韶关市乐昌市，佛山市三水区，肇庆市鼎湖区、高要区、德庆县，惠州市惠阳区，汕尾市属林场，清远市英德市，云浮市云安区、罗定市、云浮市属林场；

广西：南宁市良庆区、隆安县，桂林市恭城瑶族自治县，梧州市万秀区、长洲区、蒙山县、岑溪市，防城港市防城区、东兴市，钦州市钦北区、浦北县，贵港市平南县、桂平市，玉林市容县、博白县、北流市，贺州市平桂区、八步区、昭平县，河池市大化瑶族自治县、宜州区，来宾市武宣县、金秀瑶族自治县，高峰林场、钦廉林场；

四川：凉山彝族自治州德昌县、会东县、普格县；

云南：临沧市双江拉祜族佤族布朗族傣族自治县。

发生面积　65497 亩

危害指数　0. 3535

- **灰葡萄孢** *Botrytis cinerea* **Pers.** （灰霉病，落叶松烂叶病）

有　性　型　*Botryotinia fuckeliana*（de Bary）Whetzel.

寄　　　主　冷杉，落叶松，日本落叶松，云杉，新疆云杉，天山云杉，油松，榛子，桢楠，枇杷，野蔷薇，刺槐，油桐，黄栌，葡萄，朱槿，中华猕猴桃，桉树，栀子，鱼尾葵。

分布范围　东北，华东，北京、天津、山西、湖北、湖南、广东、广西、四川、贵州、云南、陕西、甘肃、青海、新疆。

发生地点　上海：奉贤区；

湖南：岳阳市君山区，郴州市宜章县；

四川：甘孜藏族自治州得荣县；

陕西：咸阳市彬县；

甘肃：庆阳市正宁县，定西市岷县；

新疆：吐鲁番市高昌区、鄯善县，阿尔泰山国有林管理局，天山东部国有林管理局。

发生面积　10427 亩

危害指数　0. 4387

- **无花果葡萄孢** *Botrytis depradens* **Cook** （无花果灰霉病）

寄　　　主　无花果。

分布范围　江苏、河南。

发生地点　江苏：苏州市昆山市；

河南：郑州市二七区，平顶山市舞钢市。

- **蝶形葡萄孢** *Botrytis latebricola* **Jaap.** （雪松枯梢病）

寄　　　主　雪松。

分布范围　华东，山西、河南、湖北、广东、广西、重庆、四川、陕西。

发生地点　山西：运城市闻喜县、垣曲县；

上海：浦东新区；

江苏：苏州市太仓市，宿迁市沭阳县；

福建：泉州市洛江区、永春县、南安市，龙岩市长汀县；

江西：南昌市南昌县，萍乡市芦溪县，赣州市经济技术开发区、安远县、宁都县，吉安市青原区、永新县，上饶市铅山县，丰城市；

山东：聊城市阳谷县；

湖北：武汉市蔡甸区、新洲区；

广东：韶关市始兴县、翁源县、新丰县，佛山市南海区，茂名市高州市，惠州市惠阳区，梅州市梅江区，阳江市阳春市，云浮市郁南县、罗定市；

广西：钦州市钦南区、灵山县；

重庆：綦江区、合川区；

四川：广元市青川县，巴中市恩阳区；

陕西：汉中市西乡县。

发生面积　41715 亩

危害指数　0.3413

- **梭梭壳格孢** *Camarosporium paletzkii* **Sereb.** （梭梭枝枯病）

寄　　主　梭梭，白梭梭。

分布范围　新疆。

发生地点　新疆生产建设兵团：农四师 68 团。

发生面积　320 亩

危害指数　0.3333

- **梓尾孢** *Cercospora catalpae* **Wint.** （叶斑病）

寄　　主　鹅掌楸，楸，梓。

分布范围　江苏、浙江、安徽、山东、河南、陕西、宁夏。

发生地点　江苏：南京市栖霞区，淮安市盱眙县；

山东：济宁市金乡县；

河南：周口市太康县；

陕西：咸阳市长武县。

- **芽孢状尾孢** *Cercospora cladosporioides* **Sacc.** （斑点病）

寄　　主　橄榄，油橄榄，榄仁树。

分布范围　上海、河南、广东、海南、重庆、四川、陕西。

发生地点　海南：海口市龙华区、美兰区；

重庆：奉节县；

四川：雅安市石棉县。

发生面积　905 亩

危害指数　0.3333

- **结香尾孢** *Cercospora edgeworthiae* **Hori.** （结香褐斑病）

寄　　主　结香。

分布范围　江苏、安徽。

发生地点　江苏：苏州市吴江区。

- **附球状尾孢** *Cercospora epicoccoides* **Cooker et Mass**（桉树叶斑病）

寄　　主　赤桉，柠檬桉，蓝桉，直杆蓝桉，大叶桉，细叶桉，巨桉，巨尾桉，尾叶桉。

分布范围　上海、浙江、福建、江西、广东、广西、海南、重庆、四川、云南。

发生地点　浙江：台州市椒江区；

福建：漳州市诏安县、平和县，南平市延平区，龙岩市上杭县；

广东：韶关市新丰县，深圳市大鹏新区，肇庆市德庆县，梅州市蕉岭县，汕尾市陆河县、汕尾市属林场，河源市龙川县、连平县，清远市连州市，东莞市，云浮市云城区、云安区、新兴县；

广西：南宁市武鸣区、隆安县，柳州市融安县，桂林市阳朔县、永福县、荔浦县、恭城瑶族自治县，梧州市万秀区，防城港市防城区、上思县、东兴市，钦州市钦南区、钦北区、钦州港、钦州市三十六曲林场，贵港市港北区、港南区、平南县、桂平市，玉林市博白县、兴业县、北流市，贺州市昭平县，河池市罗城仫佬族自治县、环江毛南族自治县、宜州区，来宾市兴宾区、武宣县，崇左市宁明县、龙州县、大新县、凭祥市、维都林场、博白林场、雅长林场；

海南：海口市龙华区，文昌市；

重庆：大渡口区、江北区、北碚区、巴南区、梁平区、丰都县、忠县、巫溪县；

四川：成都市邛崃市、简阳市，乐山市沙湾区、金口河区，南充市顺庆区、高坪区、蓬安县，眉山市仁寿县、洪雅县、青神县，阿坝藏族羌族自治州汶川县，凉山彝族自治州德昌县、会东县；

云南：昆明市海口林场，昭通市大关县，嵩明县。

发生面积　216457 亩

危害指数　0.3772

- **臭椿尾孢** *Cercospora glandulosa* **Ell. et Kell.**（臭椿褐斑病）

寄　　主　臭椿。

分布范围　北京、河北、内蒙古、江苏、安徽、山东、河南、湖南、四川、陕西。

发生地点　山东：菏泽市牡丹区；

河南：商丘市宁陵县；

湖南：岳阳市平江县；

四川：南充市蓬安县；

陕西：宁东林业局。

发生面积　114 亩

危害指数　0.3333

- **京梨尾孢** *Cercospora iteodaphnes*（Thüm.）**Sacc.**（斑点病）

寄　　主　中华猕猴桃，京梨猕猴桃。

分布范围　黑龙江、上海、福建、贵州。

发生地点　上海：金山区。

- **女贞尾孢 *Cercospora ligustri* Roum.** （女贞褐斑病）

寄　　主　女贞，小叶女贞。

分布范围　华东，河北、河南、湖北、重庆、四川、陕西。

发生地点　上海：浦东新区、奉贤区；

江苏：南京市浦口区，无锡市宜兴市，苏州市昆山市，南通市海门市，盐城市盐都区、大丰区、响水县、阜宁县、射阳县、建湖县、东台市，镇江市句容市；

浙江：宁波市镇海区、鄞州区、宁海县；

福建：南平市延平区；

江西：鹰潭市余江县；

山东：济宁市鱼台县、金乡县、汶上县、梁山县、经济技术开发区；

河南：郑州市新郑市，洛阳市孟津县、嵩县，南阳市西峡县，商丘市虞城县，信阳市罗山县；

重庆：铜梁区；

四川：自贡市贡井区，绵阳市平武县，南充市高坪区、蓬安县、仪陇县，宜宾市翠屏区，雅安市雨城区、汉源县，巴中市恩阳区，阿坝藏族羌族自治州汶川县，甘孜藏族自治州得荣县，凉山彝族自治州昭觉县。

发生面积　26102 亩

危害指数　0.3396

- **枸杞尾孢 *Cercospora lycii* Ell. et Halst.** （灰斑病）

寄　　主　枸杞，枸骨。

分布范围　吉林、江苏、浙江、山东、湖北、广东。

发生地点　江苏：苏州市昆山市。

- **楝树尾孢 *Cercospora meliae* Ell. et Ev.** （褐斑病）

寄　　主　楝树，红椿。

分布范围　江苏、安徽、福建、江西、山东、河南、湖南、广东、广西、重庆、四川、云南、陕西。

发生地点　重庆：黔江区，彭水苗族土家族自治县；

四川：眉山市青神县。

发生面积　351 亩

危害指数　0.3333

- **楝生尾孢 *Cercospora meliicola* Speg.** （白斑病）

寄　　主　楝树，麻楝，香椿。

分布范围　福建、江西、山东、河南、湖南、广东、广西、四川、陕西。

发生地点　福建：南平市延平区；

河南：商丘市虞城县；

四川：遂宁市船山区，凉山彝族自治州雷波县；

陕西：宁东林业局。

发生面积　50658 亩

危害指数　0.3346

- **泡桐尾孢** *Cercospora paulowniae* **Hori.** （斑点病）
  - 寄　　主　泡桐，毛泡桐，白花泡桐，兰考泡桐。
  - 分布范围　河北、上海、浙江、江西、河南、湖北、四川、陕西。
  - 发生地点　四川：绵阳市游仙区，南充市蓬安县，宜宾市兴文县。

- **忍冬尾孢** *Cercospora periclymeni* **Wint.** （叶斑病）
  - 寄　　主　忍冬，新疆忍冬。
  - 分布范围　河北、上海、江苏、安徽、湖南、四川、陕西、甘肃。
  - 发生地点　河北：邢台市巨鹿县；
  - 　　　　　湖南：永州市双牌县；
  - 　　　　　四川：甘孜藏族自治州色达县；
  - 　　　　　陕西：宁东林业局；
  - 　　　　　甘肃：兴隆山保护区。
  - 发生面积　1601 亩
  - 危害指数　0.3335

- **黄檗尾孢** *Cercospora phellodendri* **P. K. Chi et Pai.** （褐斑病）
  - 寄　　主　黄檗。
  - 分布范围　辽宁、吉林、广东、陕西。
  - 发生地点　陕西：宁东林业局。

- **黄连木尾孢** *Cercospora pistaciae* **Chupp.** （斑点病）
  - 寄　　主　黄连木。
  - 分布范围　上海、江苏、安徽、山东、河南、四川、陕西。
  - 发生地点　山东：莱芜市莱城区；
  - 　　　　　河南：三门峡市陕州区；
  - 　　　　　四川：雅安市荥经县。
  - 发生面积　151 亩
  - 危害指数　0.3333

- **杜鹃尾孢** *Cercospora rhododendri* **Ferr.** （杜鹃褐斑病）
  - 寄　　主　杜鹃，云锦杜鹃，西洋杜鹃。
  - 分布范围　辽宁、上海、江苏、浙江、福建、江西、山东、广东。
  - 发生地点　浙江：嘉兴市嘉善县，舟山市岱山县、嵊泗县，台州市临海市。
  - 发生面积　6456 亩
  - 危害指数　0.4524

- **漆树尾孢** *Cercospora rhois* **Saw. et Kats.** （角斑病）
  - 寄　　主　盐肤木，漆树。
  - 分布范围　浙江、福建、江西、湖南、广东、四川、贵州、陕西。

发生地点　　浙江：温州市瓯海区，台州市黄岩区；

福建：福州国家森林公园；

广东：深圳市龙华新区；

四川：绵阳市三台县、梓潼县，南充市蓬安县，巴中市巴州区。

发生面积　　196 亩

危害指数　　0.3333

● **蔷薇尾孢** *Cercospora rosae*（**Fuck.**）**Höhn.** （月季叶斑病，月季大斑病）

寄　　主　　月季，野蔷薇，山刺玫，玫瑰。

分布范围　　北京、天津、河北、内蒙古、辽宁、吉林、江苏、浙江、安徽、山东、河南、湖北、湖南、广西、四川、陕西、青海。

发生地点　　河北：唐山市乐亭县，衡水市武强县；

江苏：扬州市江都区，泰州市海陵区、姜堰区；

山东：菏泽市定陶区；

河南：南阳市卧龙区；

湖北：荆州市监利县；

四川：宜宾市兴文县，阿坝藏族羌族自治州汶川县，甘孜藏族自治州白玉县、色达县、得荣县；

陕西：宝鸡市金台区；

青海：西宁市城东区。

发生面积　　3436 亩

危害指数　　0.3346

● **尾孢一种** *Cercospora* **sp.** （叶斑病）

寄　　主　　黑桦，紫穗槐，黄牛木，杜鹃。

分布范围　　河北、福建、山东、广东。

发生地点　　河北：唐山市乐亭县；

山东：聊城市东昌府区。

● **结节尾孢** *Cercospora tuberculans* **Ell. et Ev.** （斑点病）

寄　　主　　枫香。

分布范围　　江苏、浙江、福建、江西、湖南、重庆、四川。

发生地点　　江苏：扬州市江都区；

浙江：温州市瓯海区，台州市黄岩区；

福建：南平市延平区；

江西：九江市濂溪区，抚州市广昌县；

重庆：涪陵区、南岸区、北碚区、长寿区、铜梁区、万盛经济技术开发区，城口县、武隆区、开县、巫溪县、秀山土家族苗族自治县、酉阳土家族苗族自治县、彭水苗族土家族自治县；

四川：绵阳市江油市。

发生面积　　12127 亩

危害指数　0.3337

- **漆尾孢** *Cercospora verniciferae* **Cupp. et Viegas.**（角斑病）

寄　　主　盐肤木，漆树，野漆树。

分布范围　安徽、福建、湖南、广西、四川、陕西。

发生地点　广西：河池市天峨县；

陕西：宁东林业局。

发生面积　101 亩

危害指数　0.3333

- **茶小尾孢** *Cercosporella theae* **Petch**（油茶紫斑病）

寄　　主　山茶，油茶，茶。

分布范围　福建、湖北、广西、四川、云南。

发生地点　广西：百色市田林县；

四川：宜宾市翠屏区。

- **嗜果枝孢** *Cladosporium carpophilum* **Thüm.**（桃疮痂病）

寄　　主　桃，梅，杏，樱桃，日本樱花，李，梨。

分布范围　华东、中南，北京、河北、辽宁、吉林、四川、贵州、云南、陕西、甘肃。

发生地点　河北：石家庄市井陉县、晋州市、新乐市，唐山市古冶区、滦南县、乐亭县、玉田县，邢台市邢台县，沧州市黄骅市，衡水市安平县、深州市；

上海：浦东新区；

山东：济宁市任城区、鱼台县，威海市环翠区、临港区，日照市岚山区，菏泽市成武县；

河南：周口市西华县；

湖北：孝感市孝昌县；

四川：南充市顺庆区；

陕西：宁东林业局。

发生面积　8701 亩

危害指数　0.3333

- **叶生枝孢** *Cladosporium epiphyllum*（Pers.）（沙枣果实黑斑病）

寄　　主　沙枣。

分布范围　新疆生产建设兵团。

- **多主枝孢** *Cladosporium herbarum*（Pers.）**Link.**（叶霉病，猕猴桃霉斑病）

寄　　主　银杏，华山松，红松，柳杉，刺柏，侧柏，柳树，核桃楸，朴树，桃，番木瓜，合欢，杧果，色木槭，朱槿，中华猕猴桃，木犀。

分布范围　华北、东北，江苏、浙江、安徽、山东、湖北、广东、广西、四川、贵州、云南、陕西。

发生地点　江苏：苏州市昆山市；

湖北：宜昌市夷陵区。

发生面积　　105 亩

危害指数　　0.3333

- **尖孢枝孢 *Cladosporium oxysporum* Berkeley**（玉兰叶枯病）

寄　　主　　玉兰，二乔玉兰，樟树，玫瑰，柞木，箭竹。

分布范围　　河北、上海、山东、广东、云南。

发生地点　　上海：嘉定区。

- **牡丹枝孢 *Cladosporium paeoniae* Pass.**（牡丹红斑病）

寄　　主　　牡丹。

分布范围　　东北，北京、山西、上海、江苏、浙江、江西、山东、河南、湖南、四川、贵州、云南、陕西、甘肃。

发生地点　　江苏：苏州市吴江区；

　　　　　　山东：聊城市东阿县。

- **极细枝孢 *Cladosporium tenuissimum* Cooke**（落叶松芽枯病，杨树霉斑病）

寄　　主　　日本落叶松，落叶松，山杨，青杨，蜡梅，月季，大叶冬青，葡萄，梧桐，石榴。

分布范围　　东北，内蒙古、河南、湖北、四川、云南、陕西。

发生地点　　河南：汝州市。

- **嗜果刀孢 *Clasterosporium carpophilum*（Lév.）Aderh**（桃霉斑穿孔病）

寄　　主　　桃，梅，杏，樱桃，樱花，日本晚樱，李。

分布范围　　河北、吉林、上海、江苏、安徽、福建、山东、河南、湖北、广东、四川、贵州、陕西、甘肃、宁夏、新疆。

发生地点　　河北：唐山市乐亭县，邢台市临西县，沧州市吴桥县、黄骅市；

　　　　　　上海：浦东新区；

　　　　　　江苏：常州市天宁区、钟楼区、新北区，苏州市吴中区、太仓市，连云港市连云区，盐城市东台市；

　　　　　　安徽：合肥市庐阳区；

　　　　　　山东：东营市广饶县，莱芜市钢城区；

　　　　　　河南：郑州市新郑市；

　　　　　　四川：德阳市广汉市，遂宁市船山区，乐山市峨边彝族自治县，雅安市汉源县，阿坝藏族羌族自治州汶川县，甘孜藏族自治州色达县、得荣县；

　　　　　　贵州：贵阳市乌当区；

　　　　　　陕西：宁东林业局。

发生面积　　20603 亩

危害指数　　0.3892

- **枇杷刀孢 *Clasterosporium eriobotryae* Hara**（枇杷污叶病）

寄　　主　　枇杷。

分布范围　　江苏、浙江、安徽、福建、江西、湖北、湖南、广东、广西、四川、贵州、陕西。

发生地点　　江苏：南京市溧水区；

四川：内江市市中区、隆昌县，眉山市仁寿县，资阳市雁江区。

发生面积　149亩

危害指数　0.3333

- **桑刀孢 *Clasterosporium mori* Syd.**（桑污叶病）

寄　　主　构树，桑。

分布范围　华东，河北、辽宁、吉林、河南、湖北、湖南、广东、广西、四川、贵州、云南、陕西。

发生地点　山东：菏泽市牡丹区、郓城县；

　　　　　湖北：荆州市洪湖市。

发生面积　1811亩

危害指数　0.3333

- **盘长孢状刺盘孢 *Colletotrichum gloeosporioides* Penz.**（林木炭疽病）

拉丁异名　*Colletotrichum agaves* Cav.，*Colletotrichum camelliae* Mass.，*Colletotrichum coffeanum* Noack，*Colletotrichum piri* Noack，*Gloeosporium acaciae* McAip，*Gloeosporium citri* Cooke et Mass，*Gloeosporium hevene* Petch，*Gloeosporium syringae* Allesoh，*Gloeosporium zanthoxyli* Diet. et Syd.

有 性 型　*Glomerella cingulate*（Stonem.）Spauld et Schrenk

寄　　主　苏铁，银杏，杉松，油杉，马尾松，杉木，福建柏，北美圆柏，罗汉松，竹柏，红豆杉，山杨，杨梅，山核桃，核桃楸，核桃，西桦，白桦，板栗，甜槠栲，刺栲，青冈，朴树，木波罗，桂木，构树，高山榕，垂叶榕，印度榕，黄葛树，榕树，掌叶榕，桑，山柚子，鹅掌楸，荷花玉兰，厚朴，深山含笑，樟树，肉桂，天竺桂，木姜子，桢楠，野香橼花，海桐，蕈树，枫香，二球悬铃木，桃，杏，木瓜，枇杷，海棠花，石楠，李，梨，悬钩子，台湾相思，羊蹄甲，降香檀，格木，红豆树，刺槐，槐树，文旦柚，柑橘，橙，柠檬，金橘，花椒，橄榄，桃花心木，香椿，油桐，重阳木，秋枫，橡胶树，麻疯树，乌桕，黄杨，南酸枣，杧果，黄连木，枸骨，大叶冬青，冬青卫矛，鸡爪槭，龙眼，栾树，荔枝，无患子，枣树，杜英，木芙蓉，木棉，梧桐，中华猕猴桃，山茶，油茶，茶，木荷，合果木，土沉香，紫薇，大花紫薇，石榴，秋茄树，巨桉，巨尾桉，八角金盘，鹅掌柴，桃叶珊瑚，山茱萸，紫荆木，女贞，油橄榄，木犀，金木犀，银桂，丁香，枸杞，泡桐，菜豆树，咖啡，栀子，珊瑚树，青皮竹，毛金竹，毛竹，槟榔，鱼尾葵，蒲葵，棕竹，棕榈。

分布范围　全国。

发生地点　北京：丰台区、大兴区；

　　　　　河北：石家庄市赞皇县、新乐市，唐山市古冶区、滦南县、乐亭县、玉田县，邯郸市复兴区，邢台市邢台县、临城县、柏乡县、临西县，保定市涞水县、唐县、高阳县，沧州市沧县、吴桥县、献县、孟村回族自治县、泊头市、黄骅市、河间市，廊坊市固安县，衡水市武邑县、安平县、深州市；

　　　　　山西：晋中市榆次区、左权县、太谷县，运城市永济市；

　　　　　内蒙古：巴彦淖尔市乌拉特前旗；

上海：闵行区、宝山区、嘉定区、浦东新区、金山区、松江区、青浦区、奉贤区，崇明县；

江苏：南京市浦口区、栖霞区、江宁区、六合区、溧水区，无锡市锡山区、惠山区、滨湖区、江阴市、宜兴市，徐州市铜山区，常州市溧阳市，苏州高新技术开发区、吴江区、常熟市、昆山市、太仓市，南通市海安县、海门市，连云港市连云区，淮安市淮阴区、清江浦区、洪泽区、盱眙县、金湖县，盐城市盐都区、大丰区、响水县、滨海县、阜宁县、射阳县、东台市，扬州市广陵区、江都区、宝应县、高邮市、经济技术开发区，镇江市京口区、镇江新区、润州区、丹阳市、扬中市、句容市，泰州市海陵区、姜堰区，宿迁市宿城区、沭阳县；

浙江：杭州市桐庐县，宁波市宁海县，温州市鹿城区、龙湾区、瓯海区、洞头区、平阳县、瑞安市，嘉兴市秀洲区、嘉善县，衢州市江山市，舟山市定海区、嵊泗县，台州市黄岩区、天台县、临海市、丽水市、松阳县；

安徽：合肥市庐阳区，芜湖市芜湖县、繁昌县、无为县，淮南市田家庵区、八公山区、毛集实验区，淮北市相山区、烈山区，安庆市桐城市，黄山市休宁县，阜阳市颍州区，六安市舒城县、金寨县，宣城市宣州区；

福建：三明市明溪县、尤溪县、沙县、将乐县、泰宁县、建宁县，泉州市鲤城区、泉港区、惠安县、安溪县、永春县、石狮市、南安市，漳州市诏安县、华安县，南平市延平区、顺昌县、光泽县、松溪县、政和县，龙岩市永定区、长汀县、上杭县、武平县、连城县，福州国家森林公园；

江西：南昌市南昌县，景德镇市昌江区、浮梁县、枫树山林场，萍乡市安源区、湘东区、莲花县、上栗县、芦溪县、萍乡开发区，九江市濂溪区、九江县、武宁县、都昌县、彭泽县、瑞昌市，新余市渝水区、分宜县、仙女湖区、高新区，鹰潭市贵溪市，赣州市南康区、赣县、大余县、安远县、宁都县、会昌县、石城县，吉安市青原区、峡江县、新干县、泰和县、遂川县、永新县、井冈山市，宜春市袁州区、万载县、上高县、樟树市、高安市，抚州市黎川县、崇仁县、乐安县、金溪县、东乡县、广昌县，上饶市信州区、上饶县、铅山县、横峰县、余干县、德兴市，共青城市、瑞金市、鄱阳县、安福县、南城县；

山东：济南市商河县，青岛市胶州市、即墨市、莱西市，济宁市兖州区、鱼台县、泗水县、曲阜市，泰安市宁阳县，威海市高新技术开发区、经济开发区、环翠区、临港区，莱芜市钢城区、莱城区，临沂市兰山区、沂水县，聊城市东昌府区、莘县、东阿县、冠县，菏泽市定陶区、郓城县；

河南：郑州市二七区、新郑市，洛阳市洛龙区，平顶山市石龙区、叶县、鲁山县，安阳市林州市，焦作市孟州市，许昌市鄢陵县、长葛市，漯河市舞阳县，三门峡市陕州区、渑池县、灵宝市，商丘市梁园区，信阳市浉河区、潢川县，周口市川汇区、西华县、淮阳县，驻马店市泌阳县，巩义市、兰考县、永城市；

湖北：武汉市蔡甸区，十堰市郧西县、竹山县、竹溪县，宜昌市五峰土家族自治县，襄阳市南漳县、老河口市，荆门市掇刀区、京山县，孝感市大悟县，荆州市荆州区、公安县、石首市、洪湖市，黄冈市麻城市、武穴市，咸宁市赤壁市，随州市随县，恩施土家族苗族自治州宣恩县、来凤县，仙桃市、潜江市、天门市、太子山林场；

湖南：株洲市攸县，邵阳市新邵县、隆回县、洞口县、绥宁县，岳阳市云溪区、岳阳县、湘阴县、汨罗市、临湘市，益阳市赫山区、桃江县、益阳高新区，郴州市桂阳县、宜章县、临武县，永州市零陵区、冷水滩区、祁阳县、双牌县、道县、江永县、蓝山县、江华瑶族自治县、回龙圩管理区、金洞管理区，怀化市鹤城区、辰溪县、会同县、麻阳苗族自治县、靖州苗族侗族自治县，娄底市冷水江市、涟源市，湘西土家族苗族自治州保靖县；

广东：广州市番禺区、从化区，韶关市始兴县、新丰县、南雄市，深圳市宝安区、龙岗区、大鹏新区，汕头市龙湖区，佛山市禅城区，肇庆市开发区、端州区、肇庆市属林场，惠州市惠城区、惠阳区，梅州市梅江区、兴宁市，河源市龙川县，阳江市阳西县，清远市阳山县，云浮市云安区、罗定市；

广西：南宁市宾阳县、横县，柳州市柳江区、柳城县、融安县、融水苗族自治县，桂林市雁山区、临桂区、全州县、兴安县、永福县，防城港市上思县、东兴市，钦州市钦南区、钦北区、浦北县，贵港市平南县，玉林市博白县、兴业县、北流市，百色市田阳县、那坡县、乐业县、田林县、百色市老山林场，贺州市平桂区、八步区、昭平县，河池市金城江区、南丹县、凤山县、东兰县、环江毛南族自治县、巴马瑶族自治县、宜州区，来宾市金秀瑶族自治县，崇左市大新县、天等县，良凤江森林公园、大桂山林场、博白林场、雅长林场、热带林业实验中心；

海南：海口市秀英区、琼山区，三亚市天涯区，三沙市、五指山市、东方市、白沙黎族自治县、昌江黎族自治县、保亭黎族苗族自治县；

重庆：万州区、渝北区、巴南区、合川区、南川区、潼南区、荣昌区，城口县、丰都县、武隆区、奉节县、巫山县、巫溪县、秀山土家族苗族自治县、酉阳土家族苗族自治县；

四川：成都市双流区、大邑县、都江堰市、简阳市，自贡市自流井区、贡井区、大安区、沿滩区、荣县，攀枝花市西区、仁和区、米易县、盐边县，泸州市合江县，德阳市旌阳区、中江县、广汉市、什邡市、绵竹市，绵阳市涪城区、游仙区、安州区、三台县、梓潼县、平武县、江油市，广元市利州区、朝天区、旺苍县、青川县、苍溪县，遂宁市船山区、蓬溪县、射洪县，内江市市中区、东兴区、资中县、隆昌县，乐山市沙湾区、五通桥区、金口河区、犍为县、沐川县，南充市顺庆区、高坪区、嘉陵区、蓬安县、仪陇县、西充县、阆中市，眉山市东坡区、彭山区、仁寿县、洪雅县，宜宾市翠屏区、南溪区、宜宾县、高县、筠连县、兴文县，广安市前锋区、武胜县，达州市开江县、渠县，雅安市雨城区、名山区、汉源县、石棉县、天全县、芦山县、宝兴县，巴中市恩阳区、通江县、南江县、平昌县，资阳市雁江区、安岳县、乐至县，阿坝藏族羌族自治州汶川县、理县、九寨沟县、小金县、黑水县，甘孜藏族自治州康定市、泸定县、九龙县、白玉县、石渠县、色达县、理塘县、巴塘县、乡城县、得荣县，凉山彝族自治州木里藏族自治县、盐源县、德昌县、会理县、会东县、宁南县、金阳县、昭觉县、冕宁县、越西县、甘洛县、雷波县；

贵州：贵阳市乌当区、白云区，遵义市余庆县，安顺市平坝区，铜仁市碧江区、万山区、石阡县、松桃苗族自治县，黔东南苗族侗族自治州凯里市、镇远县、榕江县，黔南布依族苗族自治州福泉市；

云南：昆明市五华区，曲靖市师宗县，玉溪市华宁县、元江哈尼族彝族傣族自治县，昭通市大关县、镇雄县、彝良县，普洱市景东彝族自治县、江城哈尼族彝族自治县、孟连傣族拉祜族佤族自治县、西盟佤族自治县，临沧市临翔区、凤庆县、永德县、双江拉祜族佤族布朗族傣族自治县，楚雄彝族自治州楚雄市、双柏县、南华县、永仁县、武定县、禄丰县，红河哈尼族彝族自治州屏边苗族自治县、泸西县、元阳县、金平苗族瑶族傣族自治县，西双版纳傣族自治州勐腊县，大理白族自治州永平县、洱源县，德宏傣族景颇族自治州陇川县，怒江傈僳族自治州泸水县；

陕西：西安市阎良区、临潼区，宝鸡市金台区、扶风县、眉县、千阳县、麟游县、太白县，咸阳市武功县、兴平市，渭南市临渭区、华州区、大荔县、合阳县、华阴市，汉中市南郑县、城固县、洋县、勉县、宁强县、镇巴县、佛坪县，榆林市米脂县、佳县，商洛市商州区、商南县、镇安县、柞水县，宁东林业局；

甘肃：白银市靖远县，天水市秦安县，武威市凉州区、民勤县，平凉市华亭县，酒泉市瓜州县，庆阳市西峰区、庆城县、镇原县，陇南市文县、宕昌县、康县、西和县、礼县、徽县，甘南藏族自治州舟曲县；

宁夏：银川市兴庆区、西夏区、金凤区、贺兰县，吴忠市盐池县，中卫市中宁县；

新疆生产建设兵团：农一师 10 团，农三师 53 团。

发生面积　1138573 亩

危害指数　0.4375

- **箭竹梨孢** *Coniosporium bambusae*（**Thüm. et Bolle.**）**Sacc.**（竹叶霉病）

寄　　主　麻竹，斑竹，水竹，毛竹，毛金竹，胖竹，金竹，箭竹，慈竹。

分布范围　中南，江苏、安徽、福建、山东、四川、云南、陕西。

发生地点　河南：平顶山市舞钢市，南阳市桐柏县，信阳市浉河区；

湖南：岳阳市临湘市；

广西：桂林市资源县；

四川：巴中市恩阳区，凉山彝族自治州盐源县；

云南：玉溪市元江哈尼族彝族傣族自治县；

陕西：长青保护区。

发生面积　4229 亩

危害指数　0.4989

- **萨卡度梨孢** *Coniosporium saccardianum* **Teng**（竹黑点病）

寄　　主　青皮竹，麻竹，斑竹，毛竹，毛金竹，胖竹，慈竹。

分布范围　华东、中南，四川、云南、陕西。

发生地点　江苏：无锡市宜兴市，盐城市响水县，扬州市江都区，镇江市句容市，泰州市姜堰区；

浙江：温州市瓯海区；

福建：漳州市诏安县，龙岩市连城县；

江西：萍乡市上栗县，赣州市定南县、兴国县；

山东：济宁市鱼台县、经济技术开发区；

湖南：湘潭市韶山市；

广东：韶关市始兴县；

广西：桂林市千家洞保护区；

四川：绵阳市梓潼县，乐山市犍为县，眉山市洪雅县，宜宾市长宁县，资阳市雁江区，阿坝藏族羌族自治州汶川县。

发生面积　10179 亩

危害指数　0.3372

- **冢镶孢** *Coniothecium chomatosporum* **Corda**（果实粗皮病）

　寄　　主　山荆子，楸子，苹果。

　分布范围　东北，江苏、山东。

- **油桐盾壳霉** *Coniothyrium aleuritis* **Teng**（油桐褐斑病）

　寄　　主　油桐，枣树。

　分布范围　河北、江苏、浙江、安徽、山东、河南、湖南、四川、贵州、云南。

　发生地点　四川：达州市通川区；

　　　　　　云南：楚雄彝族自治州武定县。

　发生面积　3050 亩

　危害指数　0.3333

- **梣盾壳霉** *Coniothyrium fraxini* **Miura**（梣白星病）

　寄　　主　白蜡树，水曲柳。

　分布范围　辽宁、吉林、广东。

　发生地点　广东：肇庆市德庆县。

- **蔷薇盾壳霉** *Coniothyrium fuckelii* **Sacc.**（蔷薇枝枯病）

　寄　　主　山荆子，樱桃，苹果，月季，玫瑰，枣树。

　分布范围　辽宁、吉林、上海、江苏、浙江、山东、河南、湖南、广东、陕西、新疆。

　发生地点　山东：聊城市莘县。

- **桉盾壳霉** *Coniothyrium kallangurense* **Sutton et Alcorn**（桉树褐斑病）

　寄　　主　赤桉，蓝桉，直杆蓝桉，大叶桉，细叶桉，巨桉，巨尾桉。

　分布范围　福建、江西、广东、广西、海南、四川、云南。

　发生地点　江西：赣州市安远县；

　　　　　　广东：惠州市惠阳区，汕尾市陆河县；

　　　　　　广西：贺州市平桂区；

　　　　　　海南：儋州市、万宁市、澄迈县、陵水黎族自治县；

　　　　　　四川：攀枝花市西区，绵阳市安州区，南充市蓬安县，眉山市仁寿县，凉山彝族自治州德昌县、会东县、布拖县；

云南：昆明市西山区、经济技术开发区、倘甸产业园区、西山林场，玉溪市红塔区、元江哈尼族彝族傣族自治县，文山壮族苗族自治州富宁县，安宁市。

发生面积　15044 亩

危害指数　0.4804

- 橄榄色盾壳霉 *Coniothyrium olivaceum* **Bon.** （漆树叶点病）

寄　　主　苏铁，杨树，漆树，酸枣。

分布范围　天津、内蒙古、辽宁、江苏、安徽、福建、河南、湖北、湖南、广西、重庆、四川、贵州、云南、陕西、新疆。

发生地点　江苏：苏州市昆山市；

广西：梧州市藤县、岑溪市；

重庆：酉阳土家族苗族自治县；

四川：南充市蓬安县，雅安市汉源县，巴中市平昌县，凉山彝族自治州昭觉县；

云南：昭通市镇雄县；

陕西：咸阳市旬邑县。

发生面积　1617 亩

危害指数　0.3333

- 栎盾壳霉 *Coniothyrium quercinum* **Sacc.** （叶斑病）

寄　　主　栓皮栎，蒙古栎，辽东栎。

分布范围　辽宁、吉林、陕西。

发生地点　陕西：西安市户县，商洛市镇安县。

发生面积　140 亩

危害指数　0.3333

- 盾壳霉一种 *Coniothyrium* **sp.** （棕榈叶尖枯病）

寄　　主　棕竹。

分布范围　江苏、福建、广东、云南。

- 蒂地盾壳霉 *Coniothyrium tirolensis* **Bub.** （李叶斑病）

寄　　主　山荆子，山桃，杏，山楂，苹果，李，红叶李，梨。

分布范围　东北，河北、山西、江苏、安徽、山东、河南、四川、陕西、甘肃。

发生地点　河南：三门峡市陕州区；

四川：成都市青白江区，雅安市汉源县，阿坝藏族羌族自治州汶川县，凉山彝族自治州会东县；

陕西：延安市桥北林业局；

甘肃：庆阳市合水总场。

发生面积　4173 亩

危害指数　0.3333

- **葡萄盾壳霉** *Coniothyrium vitivora* **Miura**（葡萄褐斑病）

寄　　主　葡萄。

分布范围　河北、吉林、上海、江苏、江西、山东、河南、湖北、四川、贵州、陕西、宁夏、新疆。

发生地点　河北：石家庄市井陉县、深泽县、晋州市、新乐市，唐山市古冶区、丰润区、滦南县、乐亭县、玉田县，秦皇岛市卢龙县，邢台市邢台县、柏乡县、宁晋县、威县，保定市清苑区、徐水区、阜平县、高阳县、蠡县、顺平县、博野县、安国市，沧州市吴桥县、献县、孟村回族自治县、黄骅市、河间市，廊坊市霸州市，衡水市桃城区、安平县、景县、冀州市，定州市、辛集市；

　　　　　上海：浦东新区；

　　　　　江苏：苏州高新技术开发区、吴江区，淮安市淮阴区、洪泽区、盱眙县，扬州市高邮市；

　　　　　江西：吉安市泰和县；

　　　　　山东：济南市商河县，东营市河口区，莱芜市莱城区，德州市齐河县，菏泽市牡丹区、定陶区、单县、巨野县，黄河三角洲保护区；

　　　　　河南：平顶山市鲁山县，焦作市沁阳市，鹿邑县；

　　　　　新疆：巴音郭楞蒙古自治州博湖县，喀什地区岳普湖县；

　　　　　新疆生产建设兵团：农四师63团，农七师124团。

发生面积　18238亩

危害指数　0.3385

- **香蕉暗双孢** *Cordana musae*（**Zimm.**）**Höhn.**（香蕉灰纹病）

寄　　主　香蕉。

分布范围　福建。

发生地点　福建：泉州市安溪县。

- **孔策棒盘孢** *Coryneum kunzei* **Corda var.** *castaneae* **Sacc. et Roum.**（栗枝枯病）

寄　　主　锥栗，板栗，高山栎。

分布范围　上海、江苏、浙江、安徽、福建、山东、河南、湖北、广东、广西。

- **杨棒盘孢** *Coryneum populinum* **Bresad**（杨叶斑病）

有性型　*Mycosphaerella mandshurica* Miura

寄　　主　新疆杨，北京杨，中东杨，加杨，青杨，山杨，二白杨，河北杨，黑杨，钻天杨，箭杆杨，小青杨，小叶杨，毛白杨，小黑杨，柳树。

分布范围　华北、华东、东北、西北，河南、湖北、重庆、四川、贵州。

发生地点　北京：丰台区、大兴区；

　　　　　天津：蓟县；

　　　　　河北：石家庄市新乐市，唐山市古冶区、乐亭县、玉田县，邢台市任县、新河县、南宫市，保定市阜平县、唐县、高阳县、望都县、安新县、蠡县、高碑店市，张家口市怀安县，廊坊市固安县、永清县、香河县、文安县、大厂回族自治县、霸州市，衡水市枣强县，定州市；

内蒙古：通辽市科尔沁区、科尔沁左翼后旗、库伦旗，巴彦淖尔市乌拉特前旗；

辽宁：沈阳市新民市，本溪市本溪满族自治县，阜新市阜新蒙古族自治县、彰武县，辽阳市辽阳县；

黑龙江：哈尔滨市双城区、依兰县、巴彦县、延寿县、尚志市、五常市，齐齐哈尔市龙沙区、建华区、铁锋区、富拉尔基区、克东县、讷河市，大庆市萨尔图区、龙凤区、红岗区、大同区、肇州县、肇源县、林甸县、杜尔伯特蒙古族自治县，佳木斯市桦川县、汤原县、富锦市，黑河市逊克县，绥化市北林区、望奎县、兰西县、青冈县、庆安县、明水县、绥棱县、安达市、肇东市、海伦市；

上海：浦东新区；

江苏：徐州市睢宁县，盐城市大丰区、响水县、阜宁县、射阳县、建湖县、东台市；

安徽：淮北市烈山区，亳州市涡阳县、蒙城县；

山东：枣庄市薛城区、台儿庄区，济宁市梁山县，莱芜市钢城区，临沂市沂水县、莒南县，德州市齐河县，聊城市阳谷县、莘县、东阿县、高唐县，菏泽市曹县、郓城县；

河南：郑州市金水区、惠济区、荥阳市、新郑市，开封市祥符区，洛阳市嵩县，鹤壁市浚县，新乡市新乡县，焦作市修武县，濮阳市范县、台前县，三门峡市陕州区，南阳市西峡县、新野县、桐柏县，商丘市民权县、睢县，周口市川汇区、扶沟县、太康县，驻马店市泌阳县、固始县；

湖北：十堰市郧西县、竹溪县，荆州市洪湖市；

重庆：黔江区，酉阳土家族苗族自治县；

四川：自贡市自流井区、贡井区、大安区、沿滩区、荣县，德阳市旌阳区，绵阳市平武县，广元市苍溪县，内江市威远县，南充市嘉陵区、阆中市，巴中市通江县，资阳市雁江区，甘孜藏族自治州色达县、理塘县、巴塘县、稻城县，凉山彝族自治州布拖县；

陕西：咸阳市永寿县，渭南市大荔县、华阴市，延安市桥北林业局，宁东林业局；

甘肃：白银市靖远县，天水市秦安县，平凉市灵台县、崇信县、庄浪县，庆阳市庆城县、华池县、正宁县、镇原县、湘乐总场，定西市陇西县、渭源县，临夏回族自治州临夏市、临夏县、康乐县、永靖县、广河县、和政县、东乡族自治县、积石山保安族东乡族撒拉族自治县，兴隆山自然保护区，太统-崆峒山自然保护区；

宁夏：固原市彭阳县；

黑龙江森林工业总局：朗乡林业局，海林林业局；

新疆生产建设兵团：农一师 13 团，农二师 22 团、29 团。

发生面积　630653 亩

危害指数　0.4811

● 桉树隐点霉 *Cryptostictis eucalypti* Pat. （叶斑病）

寄　　主　巨尾桉，蓝桉。

分布范围　福建、云南。

- **五隔帚梗柱孢** *Cylindrocladium quinque-septatum* **Boedign et Reitgma**（桉树焦枯病）
- **单隔帚梗柱孢** *Cylindrocladium scoparium* **Morgan**（桉树焦枯病）

寄　　主　桃，李，荔枝，赤桉，柠檬桉，窿缘桉，蓝桉，直杆蓝桉，大叶桉，细叶桉，巨桉，巨尾桉，雷林桉 1 号，雷林桉 33 号，柳窿桉，尾叶桉。

分布范围　福建、江西、湖南、广东、广西、海南、四川、云南。

发生地点　福建：泉州市永春县；

　　　　　江西：吉安市永新县；

　　　　　湖南：永州市道县、蓝山县；

　　　　　广东：深圳市大鹏新区，茂名市高州市、化州市、茂名市属林场，肇庆市德庆县，惠州市惠东县，梅州市梅江区，汕尾市陆河县，河源市紫金县、连平县、东源县，阳江市阳东区、阳西县、阳春市、阳江市属林场，清远市清城区，云浮市云城区、云安区、新兴县；

　　　　　广西：南宁市西乡塘区、良庆区，桂林市灵川县，梧州市岑溪市，钦州市钦南区、钦北区、钦州港、灵山县，贵港市平南县，玉林市福绵区、容县、陆川县、博白县、北流市，百色市田阳县，河池市都安瑶族自治县，崇左市，东门林场、博白林场；

　　　　　海南：万宁市、东方市、定安县、昌江黎族自治县；

　　　　　四川：成都市大邑县，自贡市自流井区、贡井区、沿滩区、荣县，攀枝花市西区，绵阳市安州区，内江市市中区、威远县、资中县、隆昌县，乐山市沙湾区、金口河区、犍为县、峨边彝族自治县、马边彝族自治县、峨眉山市，南充市高坪区，眉山市仁寿县、青神县，广安市前锋区、岳池县、武胜县，达州市渠县，巴中市平昌县，资阳市雁江区，凉山彝族自治州木里藏族自治县、盐源县、德昌县、会理县、会东县、布拖县、昭觉县、喜德县、甘洛县；

　　　　　云南：临沧市双江拉祜族佤族布朗族傣族自治县。

发生面积　79989 亩

危害指数　0.4147

- **桑柱盘孢** *Cylindrosporium mori*（Lév.）**Berk.**（构树叶斑病）

寄　　主　构树。

分布范围　江苏、浙江、安徽、江西、山东、重庆、四川、陕西。

发生地点　江苏：常州市溧阳市；

　　　　　山东：泰安市肥城市；

　　　　　重庆：大渡口区，丰都县；

　　　　　四川：内江市市中区、东兴区、威远县，南充市营山县，宜宾市南溪区，广安市武胜县，阿坝藏族羌族自治州汶川县，凉山彝族自治州会东县。

发生面积　352 亩

危害指数　0.3333

- **稠李柱盘孢** *Cylindrosporium padi* **Karst.**（灯台树叶斑病）

寄　　主　灯台树，桃，李，稠李。

分布范围　福建、广东、湖北、四川、新疆。

发生地点　四川：宜宾市兴文县。

- **云杉壳囊孢 *Cytospora abietis* Sacc.　（枝干烂皮病）**

　有 性 型　*Valsa abietis* Nits.

　寄　　主　落叶松，新疆落叶松，圆柏，侧柏，水杉，冷杉，云杉。

　分布范围　东北，陕西、新疆。

- **迂回壳囊孢 *Cytospora ambiens* Sacc.　（枝枯病）**

　有 性 型　*Valsa ambiens*（Pers.）Fr.

　寄　　主　榆树，柳树，苹果，梨。

　分布范围　天津、内蒙古、吉林、江苏、山东、宁夏、新疆。

　发生地点　新疆生产建设兵团：农七师 130 团。

　发生面积　920 亩

　危害指数　0.3333

- **金黄壳囊孢 *Cytospora chrysosperma*（Pers.）Fr.　（杨树烂皮病）**

　有 性 型　*Valsa sordida* Nitsch

　寄　　主　北京杨，银白杨，新疆杨，青杨，胡杨，毛白杨，滇杨，白柳，垂柳，旱柳，馒头柳，杯腺柳，左旋柳。

　分布范围　华北、西北，山东、西藏。

　发生地点　天津：静海区；

　　　　　　山西：晋中市榆次区；

　　　　　　山东：东营市河口区，济宁市任城区、鱼台县、济宁高新区，泰安市岱岳区、东平县、徂徕山林场，威海市经济开发区、环翠区、临港区，聊城市东阿县，菏泽市郓城县；

　　　　　　西藏：拉萨市曲水县、林周县，日喀则市吉隆县、桑珠孜区，山南市扎囊县，林芝市巴宜区、朗县、波密县，日喀则市拉孜县，山南市乃东区；

　　　　　　陕西：咸阳市乾县，渭南市华阴市；

　　　　　　甘肃：天水市甘谷县，酒泉市瓜州县，定西市安定区；

　　　　　　宁夏：银川市金凤区；

　　　　　　新疆：喀什地区喀什市、英吉沙县；

　　　　　　新疆生产建设兵团：农二师 22 团。

　发生面积　22125 亩

　危害指数　0.3709

- **白蜡壳囊孢 *Cytospora fraxini* Delaer.　（白蜡烂皮病）**

　有 性 型　*Valsa fraxini* Peck.

　寄　　主　白蜡树，小叶梣，花曲柳。

　分布范围　河北、山东、河南、新疆。

　发生地点　山东：济宁市梁山县，滨州市惠民县，菏泽市郓城县。

发生面积　506 亩

危害指数　0.3333

- **核桃生壳囊孢** *Cytospora juglandicola* **Ell. et Barth.**（核桃树腐烂病）
- **核桃楸壳囊孢** *Cytospora juglandina*（DC.）**Sacc.**（核桃烂皮病）
- **胡桃壳囊孢** *Cytospora juglandis*（DC.）**Sacc.**（核桃腐烂病）

寄　　主　山核桃，薄壳山核桃，野核桃，核桃楸，核桃，榆树，扁桃，杏，苹果，巴旦杏，新疆梨。

分布范围　西南、西北，河北、山西、安徽、山东、河南、湖北。

发生地点　河北：石家庄市鹿泉区、灵寿县、新乐市，秦皇岛市海港区，邯郸市武安市，邢台市广宗县，保定市涞水县、阜平县、定兴县、高阳县，承德市兴隆县；

　　　　　山西：大同市灵丘县，阳泉市郊区、盂县，长治市长治县、屯留县、长子县，晋城市阳城县、陵川县、泽州县，晋中市榆次区、榆社县、左权县、昔阳县、祁县、灵石县，运城市稷山县、永济市，临汾市洪洞县、古县、浮山县、大宁县、永和县、汾西县，吕梁市孝义市；

　　　　　安徽：淮北市杜集区，宿州市萧县；

　　　　　山东：济南市历城区、商河县、章丘市，枣庄市台儿庄区，潍坊市昌乐县，济宁市兖州区、汶上县、曲阜市，莱芜市莱城区，聊城市阳谷县、东阿县，菏泽市定陶区、曹县、单县；

　　　　　河南：郑州市荥阳市，开封市通许县，洛阳市孟津县、新安县、栾川县、嵩县、洛宁县，平顶山市鲁山县，安阳市安阳县，三门峡市陕州区、卢氏县、义马市、灵宝市，济源市、巩义市；

　　　　　湖北：十堰市竹溪县；

　　　　　重庆：丰都县；

　　　　　四川：成都市青白江区，广安市广安区、岳池县，甘孜藏族自治州巴塘县；

　　　　　云南：玉溪市新平彝族傣族自治县，临沧市凤庆县，大理白族自治州漾濞彝族自治县、祥云县、巍山彝族回族自治县、永平县、云龙县、洱源县、鹤庆县；

　　　　　西藏：林芝市朗县；

　　　　　陕西：宝鸡市渭滨区、金台区、凤翔县、陇县、千阳县、麟游县、太白县，咸阳市秦都区、长武县，渭南市华州区、潼关县、大荔县、合阳县、华阴市，延安市宜川县、黄龙县，安康市汉阴县、宁陕县，商洛市商州区、山阳县、镇安县，宁东林业局；

　　　　　甘肃：兰州市红古区，平凉市灵台县、华亭县，庆阳市镇原县，陇南市宕昌县、西和县、两当县；

　　　　　青海：海东市民和回族土族自治县、循化撒拉族自治县；

　　　　　新疆：吐鲁番市鄯善县，哈密市伊州区，克孜勒苏柯尔克孜自治州阿克陶县，喀什地区喀什市、疏附县、疏勒县、英吉沙县、泽普县、莎车县、叶城县、麦盖提县、岳普湖县、巴楚县，和田地区和田市、和田县、墨玉县、皮山县、洛浦县、策勒县、于田县、民丰县；

　　　　　新疆生产建设兵团：农一师3团、10团，农三师53团，农十四师224团。

发生面积　664031 亩

危害指数　0.4612

- 小孢壳囊孢 *Cytospora microspore*（Corda.）**Rabenh.**（栎叶枯病）

寄　　主　栎，白栎。

分布范围　河北、江西、陕西、新疆。

发生地点　新疆生产建设兵团：农四师。

- 桑壳囊孢 *Cytospora mira* **Tscher.**（桑腐烂病）

寄　　主　桑。

分布范围　山东、新疆。

发生地点　山东：菏泽市郓城县。

- 裂口壳囊孢 *Cytospora personata* **Fr.**（悬铃木枝枯病）

寄　　主　桦木，三球悬铃木。

分布范围　河北、山东、湖北、湖南、陕西、新疆。

发生地点　山东：莱芜市钢城区、莱城区。

- 松杉壳囊孢 *Cytospora pinastri* **Fr.**（松杉叶枯病）

寄　　主　湿地松，马尾松，樟子松，日本五针松，柳杉，杉木，柏木。

分布范围　华东，湖北、湖南、广西、重庆、四川、贵州、陕西、新疆。

发生地点　河北：衡水市桃城区；

　　　　　上海：浦东新区；

　　　　　福建：泉州市永春县，南平市延平区；

　　　　　江西：萍乡市上栗县，九江市瑞昌市，宜春市樟树市；

　　　　　湖南：岳阳市君山区、临湘市，湘西土家族苗族自治州保靖县；

　　　　　重庆：荣昌区，丰都县、奉节县、巫山县；

　　　　　四川：成都市简阳市，自贡市贡井区、荣县，德阳市旌阳区，广元市青川县，遂宁市射洪县，内江市东兴区、资中县、隆昌县，南充市高坪区、嘉陵区、营山县、蓬安县、仪陇县、阆中市，眉山市仁寿县、青神县，宜宾市江安县，雅安市雨城区、芦山县，巴中市恩阳区、南江县、平昌县，资阳市雁江区，阿坝藏族羌族自治州汶川县，甘孜藏族自治州雅江县、新龙县、白玉县、色达县、巴塘县、得荣县，凉山彝族自治州盐源县、德昌县、会东县、昭觉县；

　　　　　贵州：贵阳市清镇市；

　　　　　陕西：咸阳市彬县，延安市延长县。

发生面积　67862 亩

危害指数　0.3593

- 槐壳囊孢 *Cytospora sophorae* **Bres.**（槐烂皮病）

寄　　主　刺槐，槐树，龙爪槐。

分布范围　天津、河北、内蒙古、江苏、安徽、山东、河南、湖北、重庆、云南、陕西、甘肃、宁夏、新疆。

发生地点　河北：沧州市泊头市；

安徽：芜湖市繁昌县、无为县；

山东：济宁市嘉祥县，莱芜市钢城区、莱城区，菏泽市郓城县；

河南：商丘市虞城县；

陕西：渭南市合阳县；

甘肃：武威市凉州区，酒泉市敦煌市；

宁夏：固原市彭阳县。

发生面积　3038 亩

危害指数　0.3622

● 壳囊孢一种 *Cytospora* sp.（柿树腐烂病）

寄　　主　柿。

分布范围　河北、山东、陕西。

● 丁香壳囊孢 *Cytospora syringae* Sacc.（腐烂病）

有 性 型　*Valsa syringae* Nits.

寄　　主　木犀，紫丁香。

分布范围　吉林、江苏。

发生地点　江苏：苏州市昆山市。

● 柽柳壳囊孢 *Cytospora tamaricophila* Maire et Sacc.（柽柳烂皮病）

寄　　主　垂柳，旱柳，柽柳。

分布范围　河北、内蒙古、甘肃、新疆。

发生地点　河北：保定市高阳县、望都县、博野县；

甘肃：庆阳市西峰区。

发生面积　179 亩

危害指数　0.3520

● 槭刺杯毛孢 *Dinemasporium acerinum* Peck（叶斑病）

寄　　主　色木槭，三角槭，枫香，槐树，刺槐。

分布范围　河北、上海、江苏。

发生地点　上海：奉贤区。

● 含糊色二孢 *Diplodia ambigua*（Sacc.）Nit.（山梨干枯病）

寄　　主　河北梨，新疆梨。

分布范围　河北、山东、陕西、新疆。

发生地点　河北：沧州市黄骅市；

山东：菏泽市定陶区；

新疆：喀什地区麦盖提县。

发生面积　1698 亩

危害指数　0.3431

- 槭生色二孢 *Diplodia atrata*（Desm.）Sacc.（槭树枯萎病）

  寄　　主　槭，小鸡爪槭，梣叶槭。

  分布范围　吉林、黑龙江、山东。

- 枝生色二孢 *Diplodia ramulicola* Desm.（卫矛枝枯病）

  寄　　主　板栗，冬青，卫矛，冬青卫矛。

  分布范围　山东、西藏、陕西。

- 色二孢一种 *Diplodia* sp.（乌桕叶斑病）

  寄　　主　山乌桕。

  分布范围　福建。

- 色二孢一种 *Diplodia* sp.（木荷叶斑病）

  寄　　主　木荷。

  分布范围　福建。

- 侧柏色二孢 *Diplodia thujae* Westend（侧柏枝枯病）

  寄　　主　圆柏，侧柏。

  分布范围　江苏、湖南、四川、陕西。

  发生地点　四川：甘孜藏族自治州新龙县、色达县、理塘县。

- 双毛壳孢 *Discosia artocreas*（Tode）Fr.（杉木枯梢病）

  拉丁异名　*Sphaeria artocreas*（Tode）Fr.

  寄　　主　金钱松，杉木，杨树，山核桃，色木槭，板栗，野海棠，山楂，中华猕猴桃。

  分布范围　河北、辽宁、吉林、上海、江苏、浙江、安徽、福建、江西、河南、湖北、湖南、湖南、广东、四川、云南、陕西。

  发生地点　河北：张家口市察北管理区；

　　　　　　江苏：南京市雨花台区；

　　　　　　福建：三明市尤溪县；

　　　　　　江西：赣州市安远县，吉安市青原区、永新县、井冈山市；

　　　　　　湖南：湘西土家族苗族自治州保靖县；

　　　　　　广东：韶关市新丰县；

　　　　　　四川：甘孜藏族自治州新龙县；

　　　　　　云南：普洱市西盟佤族自治县；

　　　　　　陕西：汉中市洋县。

  发生面积　7379 亩

  危害指数　0.3389

- 茶双毛壳孢 *Discosia theae* Cer.（茶褐斑病）

  寄　　主　山茶，油茶，茶。

  分布范围　华东，河南、湖北、湖南、四川、贵州、陕西。

  发生地点　江苏：无锡市滨湖区，常州市溧阳市；

安徽：安庆市宜秀区；

福建：三明市泰宁县；

江西：新余市分宜县；

山东：青岛市即墨市；

河南：固始县；

四川：乐山市犍为县，雅安市荥经县。

发生面积　519 亩

危害指数　0.4335

- **聚生小穴壳菌 *Dothiorella gregaria* Sacc.（枝干溃疡病）**

拉丁异名　*Dothiorella berengeriana* Sacc.，*Dothiorella populina* Thüm.，*Dothiorella ribis* Gross. et Duggar.

有 性 型　*Botryosphaeria berengeriana* de Not

寄　　主　新疆杨，北京杨，中东杨，加杨，青杨，山杨，胡杨，二白杨，大叶杨，黑杨，钻天杨，小叶杨，毛白杨，小黑杨，垂柳，旱柳，山核桃，野核桃，核桃楸，核桃，桤木，榆树，樟树，桃，杏，苹果，李，梨，梅，刺槐，槐树，龙爪槐，龙眼，梧桐。

分布范围　全国。

发生地点　北京：朝阳区、丰台区、海淀区、房山区、通州区、顺义区、大兴区、怀柔区；

天津：塘沽、汉沽、东丽区、津南区、北辰区、武清区、宝坻区、宁河区、静海区，蓟县；

河北：石家庄市鹿泉区、栾城区、井陉县、灵寿县、平山县、新乐市，唐山市路南区、路北区、开平区、丰南区、丰润区、曹妃甸区、滦南县、乐亭县、迁西县、玉田县，秦皇岛市北戴河区、抚宁区、昌黎县，邯郸市复兴区、涉县、曲周县、武安市，邢台市邢台县、临城县、内丘县、隆尧县、巨鹿县、新河县、广宗县、平乡县、威县、清河县、临西县，保定市满城区、涞水县、阜平县、定兴县、唐县、安新县、蠡县、顺平县、博野县、高碑店市，张家口市阳原县、怀安县，承德市平泉县、宽城满族自治县，沧州市沧县、东光县、吴桥县、献县、河间市，廊坊市固安县、香河县、大城县、文安县、三河市，衡水市枣强县、武邑县、饶阳县、故城县、景县、深州市；

山西：太原市清徐县，晋中市榆次区、寿阳县、灵石县，运城市平陆县、永济市，临汾市曲沃县，吕梁市临县；

内蒙古：赤峰市阿鲁科尔沁旗，通辽市科尔沁左翼后旗、开鲁县、奈曼旗、霍林郭勒市，鄂尔多斯市康巴什新区，巴彦淖尔市乌拉特前旗，阿拉善盟额济纳旗；

辽宁：沈阳市康平县、法库县、新民市，鞍山市千山区、台安县，抚顺市新宾满族自治县，锦州市义县，营口市鲅鱼圈区、老边区、盖州市、大石桥市，阜新市阜新蒙古族自治县、彰武县，辽阳市弓长岭区、辽阳县，铁岭市铁岭县、昌图县，葫芦岛市连山区、南票区、绥中县；

吉林：长春市农安县、德惠市，四平市公主岭市，辽源市东丰县，松原市扶余市；

黑龙江：哈尔滨市依兰县、木兰县、五常市，齐齐哈尔市克东县、讷河市，佳木斯市富锦市，黑河市五大连池市，绥化市北林区、青冈县、肇东市；

上海：浦东新区；

江苏：徐州市丰县、邳州市，连云港市连云区、灌云县、灌南县，淮安市淮安区、淮阴区、金湖县，盐城市滨海县、射阳县、建湖县、东台市，宿迁市宿豫区、沭阳县、泗阳县；

浙江：杭州市桐庐县，嘉兴市秀洲区；

安徽：蚌埠市怀远县、固镇县，滁州市南谯区、全椒县、凤阳县，阜阳市颍州区、颍东区、阜南县、颍上县，宿州市埇桥区、萧县，六安市裕安区、叶集区、舒城县，亳州市涡阳县，宣城市绩溪县；

福建：南平市延平区；

江西：萍乡市莲花县、上栗县、芦溪县，九江市都昌县，赣州市于都县、石城县，吉安市峡江县、新干县、遂川县，宜春市宜丰县、鄱阳县；

山东：济南市历城区、长清区、平阴县、济阳县、商河县、章丘市，青岛市黄岛区、城阳区、胶州市、即墨市、平度市、莱西市，淄博市临淄区、高青县，枣庄市市中区、薛城区、台儿庄区、山亭区、滕州市，东营市东营区、河口区、垦利县、利津县，烟台市牟平区、莱山区、莱州市、蓬莱市、招远市、栖霞市，潍坊市潍城区、坊子区、昌乐县、青州市、诸城市、寿光市、昌邑市，济宁市任城区、兖州区、微山县、鱼台县、金乡县、嘉祥县、汶上县、梁山县、曲阜市、高新技术开发区、经济技术开发区，泰安市泰山区、岱岳区、宁阳县、东平县、新泰市、肥城市、泰山林场、徂徕山林场，威海市高新技术开发区、经济开发区、环翠区、临港区，日照市东港区、岚山区、五莲县、莒县，莱芜市莱城区、钢城区，临沂市兰山区、河东区、郯城县、沂水县、费县、平邑县、莒南县、临沭县，德州市德城区、陵城区、齐河县、平原县、夏津县、武城县、禹城市，聊城市东昌府区、阳谷县、莘县、茌平县、东阿县、冠县、临清市、经济技术开发区、高新技术开发区，滨州市滨城区、沾化区、惠民县、无棣县、博兴县，菏泽市牡丹区、定陶区、曹县、单县、成武县、巨野县、郓城县、鄄城县、东明县，黄河三角洲保护区；

河南：郑州市中原区、管城回族区、上街区、惠济区、中牟县、荥阳市、新密市、新郑市、登封市，开封市龙亭区、顺河回族区、祥符区、通许县，洛阳市洛龙区、孟津县、新安县、栾川县、嵩县、宜阳县、洛宁县、伊川县，平顶山市卫东区、叶县、鲁山县、郏县、舞钢市，安阳市安阳县、内黄县、林州市，鹤壁市山城区、淇滨区、浚县、淇县，新乡市凤泉区、新乡县、获嘉县、封丘县、辉县市，焦作市中站区，濮阳市经济开发区、清丰县、南乐县、台前县，许昌市魏都区、经济技术开发区、东城区管委会、许昌县、鄢陵县、襄城县、禹州市、长葛市，漯河市召陵区、舞阳县，三门峡市湖滨区、陕州区、渑池县、卢氏县、义马市、灵宝市，南阳市宛城区、卧龙区、南召县、方城县、镇平县、内乡县、淅川县、社旗县、唐河县、新野县、桐柏县，商丘市梁园区、睢阳区、民权县、睢县、宁陵县、柘城县、虞城县、夏邑县，信阳市平桥区，周口市西华县、沈丘县、淮阳县、项城市，驻马店市西平县、平舆县、确山县、泌阳县，济源市、巩义市、兰考县、汝州市、滑县、永城市、鹿邑县、固始县；

湖北：武汉市蔡甸区，黄石市西塞山区，十堰市竹溪县，襄阳市南漳县、宜城市，荆门市沙洋县，孝感市云梦县、应城市、汉川市，荆州市公安县、洪湖市，黄冈市黄梅县、麻城市，咸宁市嘉鱼县，太子山林场；

湖南：株洲市云龙示范区，岳阳市君山区、岳阳县，常德市鼎城区，益阳市资阳区、南县、沅江市，永州市宁远县，怀化市辰溪县、麻阳苗族自治县；

广西：贵港市平南县，河池市金城江区、凤山县、东兰县、巴马瑶族自治县；

重庆：北碚区、铜梁区、巫山县、酉阳土家族苗族自治县；

四川：攀枝花市米易县，内江市隆昌县，宜宾市筠连县，广安市岳池县，巴中市通江县、南江县，阿坝藏族羌族自治州阿坝县，甘孜藏族自治州巴塘县，凉山彝族自治州盐源县、布拖县、昭觉县；

云南：昆明市石林彝族自治县，玉溪市澄江县、通海县、新平彝族傣族自治县，保山市隆阳区，昭通市昭阳区、大关县、永善县，楚雄彝族自治州楚雄市、双柏县、武定县、禄丰县，怒江傈僳族自治州兰坪白族普米族自治县；

陕西：西安市未央区、蓝田县、户县，铜川市耀州区，宝鸡市金台区、陈仓区、高新区、凤翔县、岐山县、眉县、陇县、麟游县、太白县，咸阳市三原县、乾县、武功县、兴平市，渭南市华州区、潼关县、大荔县、合阳县、澄城县、蒲城县、华阴市，延安市安塞县、黄龙县，汉中市洋县，榆林市子洲县，商洛市商州区、丹凤县、镇安县、柞水县、杨陵区；

甘肃：金昌市金川区，白银市靖远县、景泰县，平凉市华亭县，酒泉市瓜州县、肃北蒙古族自治县、敦煌市，庆阳市正宁县、宁县，定西市陇西县、渭源县，临夏回族自治州临夏市、临夏县、康乐县、永靖县、和政县，敦煌西湖保护区；

青海：海东市化隆回族自治县；

宁夏：银川市金凤区、贺兰县；

新疆生产建设兵团：农八师 148 团。

发生面积　1823316 亩

危害指数　0.4278

- **松穴褥盘孢 *Dothistroma septospora*（Dorog.）Morelt.（松针红斑病）**

拉丁异名　*Dothistroma pini* Hulbary，*Cytosporina septospora* Dorog.

有 性 型　*Mycosphaerella pini* Rostrup apud Munk.

寄　　主　加勒比松，赤松，红松，偃松，樟子松，油松，黑松，云南松。

分布范围　东北，河北、内蒙古、福建、山东、四川、云南、陕西、甘肃、宁夏。

发生地点　河北：承德市承德县，塞罕坝林场；

内蒙古：呼伦贝尔市红花尔基林业局、南木林业局；

吉林：白山市靖宇县；

黑龙江：哈尔滨市宾县、木兰县、通河县、五常市，鸡西市虎林市、鸡西市属林场，伊春市伊春区、西林区、嘉荫县、铁力市，佳木斯市郊区、桦川县、富锦市，黑河市逊克县；

福建：三明市清流县；

四川：甘孜藏族自治州雅江县，凉山彝族自治州昭觉县；

陕西：宝鸡市太白县；

甘肃：定西市临洮县；

黑龙江森林工业总局：朗乡林业局、南岔林业局、金山屯林业局、美溪林业局、五营林业局、红星林业局、汤旺河林业局、西林区，大海林林业局、柴河林业局、海林林业局、林口林业局、八面通林业局；

大兴安岭林业集团公司：松岭林业局、新林林业局、呼中林业局、图强林业局、西林吉林业局、十八站林业局、韩家园林业局、双河保护局；

内蒙古大兴安岭林业管理局：阿尔山林业局、绰源林业局、乌尔旗汉林业局、库都尔林业局、图里河林业局、伊图里河林业局、克一河林业局、甘河林业局、吉文林业局、阿里河林业局、根河林业局、金河林业局、阿龙山林业局、满归林业局、得耳布尔林业局、莫尔道嘎林业局、毕拉河林业局、北大河林业局、额尔古纳保护区、北部原始林管护局。

发生面积　948247 亩

危害指数　0.5646

- **叶斑虫形孢** *Entomosporium maculatum* **Lév.** （枸子叶斑病）

拉丁异名　*Entomosporium mespili*（DC. ex Duby）Sacc.

寄　　主　枸子，榅桲，花椒。

分布范围　江苏、陕西、新疆。

发生地点　陕西：宁东林业局。

- **沙枣烟霉** *Fumago argyrea* **Sacc.** （沙枣煤污病）

寄　　主　沙枣。

分布范围　宁夏、新疆。

- **散播烟霉** *Fumago vagans* **Pers.** （煤污病，烟霉病）

寄　　主　冷杉，云杉，日本落叶松，华北落叶松，华山松，赤松，马尾松，油松，黑松，云南松，杉木，罗汉松，红豆杉，新疆杨，北京杨，中东杨，青杨，山杨，胡杨，二白杨，黑杨，小叶杨，毛白杨，小黑杨，垂柳，旱柳，枫杨，桤木，桦木，榛子，毛榛，白毛石栎，麻栎，蒙古栎，栓皮栎，川滇高山栎，黑弹树，朴树，榆树，构树，高山榕，垂叶榕，黄葛树，荷花玉兰，厚朴，西米棕，猴樟，樟树，阴香，天竺桂，桢楠，红花檵木，桃，山楂，枇杷，蔷薇，文旦柚，柑橘，柠檬，花椒，重阳木，长叶黄杨，黄杨，火炬树，冬青，枸骨，龙眼，栾树，枣树，紫椴，油茶，茶，木荷，秋海棠，紫薇，毛紫薇，柿，野柿，水曲柳，白蜡树，小叶女贞，木犀，丁香，泡桐。

分布范围　全国。

发生地点　河北：石家庄市灵寿县，唐山市滦南县、乐亭县、玉田县，保定市阜平县、唐县、高阳县、望都县，张家口市沽源县，廊坊市固安县、永清县、香河县，衡水市深州市，定州市；

内蒙古：阿拉善盟额济纳旗；

上海：浦东新区、松江区、奉贤区；

江苏：南京市浦口区、栖霞区、雨花台区，苏州市昆山市，淮安市清江浦区、洪泽区、盱眙县，盐城市盐都区、阜宁县、射阳县、东台市，扬州市邗江区、经济技术开发区，镇江市丹阳市、句容市，泰州市姜堰区，宿迁市宿城区、沭阳县；

浙江：杭州市桐庐县，宁波市北仑区，嘉兴市秀洲区，衢州市常山县，台州市天台县；

安徽：淮南市潘集区；

福建：南平市延平区、松溪县；

江西：赣州市经济技术开发区、安远县，吉安市青原区、井冈山市，宜春市樟树市，上饶市广丰区；

山东：济宁市鱼台县、邹城市，泰安市宁阳县，威海市临港区，日照市岚山区，莱芜市莱城区，聊城市东阿县，菏泽市定陶区、单县、巨野县、郓城县；

河南：郑州市二七区，安阳市内黄县，焦作市温县，南阳市卧龙区，商丘市睢县、宁陵县，周口市项城市、划滑县、邓州市；

湖北：荆州市沙市区、荆州区、太子山林场；

湖南：邵阳市隆回县，常德市汉寿县，湘西土家族苗族自治州泸溪县、凤凰县、古丈县；

广东：韶关市仁化县，肇庆市开发区、端州区，惠州市惠阳区；

广西：梧州市龙圩区；

重庆：万州区、大渡口区、江北区、南岸区、北碚区、綦江区、渝北区、巴南区、黔江区、江津区、合川区、永川区、南川区、铜梁区，城口县、丰都县、垫江县、武隆区、忠县、开县、云阳县、奉节县、巫溪县、石柱土家族自治县、彭水苗族土家族自治县；

四川：攀枝花市米易县、盐边县、绵阳市游仙区、江油市，遂宁市安居区、蓬溪县，内江市隆昌县，乐山市沙湾区、峨眉山市，南充市顺庆区、高坪区、嘉陵区、营山县、蓬安县、仪陇县、西充县，广安市武胜县，雅安市汉源县、天全县，巴中市巴州区、南江县，阿坝藏族羌族自治州汶川县，甘孜藏族自治州康定市、泸定县、九龙县、新龙县、色达县、理塘县、乡城县、得荣县、新龙林业局，凉山彝族自治州西昌市、盐源县、会东县、普格县、布拖县、金阳县、昭觉县；

贵州：毕节市七星关区、纳雍县、赫章县，贵安新区；

云南：昆明市西山区、倘甸产业园区、昆明市西山林场，玉溪市红塔区、元江哈尼族彝族傣族自治县，昭通市巧家县，楚雄彝族自治州南华县、大姚县、武定县，大理白族自治州云龙县；

陕西：咸阳市长武县，渭南市华州区，汉中市西乡县，韩城市；

甘肃：酒泉市玉门市，庆阳市湘乐总场，定西市渭源县，太子山保护区，白龙江林业管理局，小陇山林业实验管理局；

青海：海北藏族自治州门源回族自治县、祁连县，海南藏族自治州兴海县，果洛藏族自治州班玛县，玉树藏族自治州玉树市、称多县；

宁夏：银川市贺兰县。

发生面积　　140883 亩

危害指数　　0.4412

- **木贼镰孢** *Fusarium equiseti* (Corda) **Sacc.** （竹枝枯病）

寄　　　主　山楂，结香，西蒙德木，青皮竹，毛竹。

分布范围　上海、浙江、安徽、山东、云南。

- **核桃镰孢** *Fusarium juglandium* **Perk.** （核桃根腐病）

寄　　　主　山核桃，核桃楸，核桃。

分布范围　山西、安徽、湖北、湖南、四川、贵州、云南、陕西、甘肃。

发生地点　山西：晋中市平遥县，临汾市永和县；

　　　　　安徽：宣城市宁国市；

　　　　　四川：遂宁市蓬溪县、大英县，南充市顺庆区，雅安市雨城区、汉源县，巴中市平昌县，凉山彝族自治州盐源县、德昌县、甘洛县、雷波县；

　　　　　云南：临沧市凤庆县，楚雄彝族自治州双柏县、牟定县、南华县，大理白族自治州巍山彝族回族自治县、云龙县；

　　　　　陕西：渭南市大荔县，商洛市柞水县；

　　　　　甘肃：平凉市华亭县。

发生面积　　19101 亩

危害指数　　0.4284

- **串珠镰孢** *Fusarium moniliforme* **Sheld.** （竹杆基腐病）

寄　　　主　马尾松，板栗，苹果，柑橘，荔枝，枸杞，撑篙竹，绿竹，慈竹，毛竹，甜竹，金竹，青皮竹，牡竹。

分布范围　华东、中南，北京、天津、河北、山西、辽宁、重庆、四川、贵州、云南、陕西、宁夏。

发生地点　江苏：常州市溧阳市；

　　　　　浙江：杭州市临安市；

　　　　　安徽：合肥市庐阳区，芜湖市繁昌县、无为县，安庆市大观区，六安市霍山县；

　　　　　福建：南平市光泽县；

　　　　　湖南：长沙市浏阳市，株洲市攸县，邵阳市隆回县，岳阳市云溪区、君山区、岳阳县、平江县、汨罗市，常德市汉寿县，郴州市永兴县、嘉禾县，永州市零陵区、冷水滩区、道县、宁远县、蓝山县，湘西土家族苗族自治州保靖县；

　　　　　广西：桂林市雁山区；

　　　　　重庆：涪陵区、大渡口区，梁平区、丰都县、开县、云阳县、巫溪县；

　　　　　四川：巴中市恩阳区，资阳市安岳县。

发生面积　　16736 亩

危害指数　　0.3385

- **尖镰孢** *Fusarium oxysporum* **Schlecht** （苗木立枯病，根腐病）

寄　　　主　雪松，落叶松，日本落叶松，华北落叶松，云杉，青海云杉，青杆，华山松，白皮松，湿地松，思茅松，马尾松，樟子松，油松，云南松，加勒比松，柳杉，杉木，水杉，侧柏，罗汉松，红豆杉，榧树，红润楠，枫香，苹果，合欢，红豆树，鸡爪槭，油茶，马占相思，枸杞。

分布范围　华北、东北、华东、中南，四川、贵州、云南、陕西、甘肃、宁夏、青海。

发生地点　河北：张家口市怀安县，衡水市桃城区，木兰林管局；

上海：浦东新区；

江苏：常州市金坛区，苏州高新区、吴江区，镇江市句容市，宿迁市宿城区；

浙江：杭州市余杭区、桐庐县，嘉兴市秀洲区，衢州市常山县，台州市温岭市；

安徽：合肥市庐阳区、包河区，芜湖市芜湖县、无为县，滁州市定远县；

福建：三明市尤溪县，漳州市华安县；

江西：抚州市临川区；

山东：枣庄市台儿庄区，东营市东营区，烟台市龙口市，潍坊市坊子区、昌邑市，济宁市鱼台县、梁山县，泰安市新泰市，威海市环翠区、临港区，日照市莒县，聊城市东昌府区、东阿县、冠县，菏泽市牡丹区、定陶区、单县、巨野县、郓城县；

河南：洛阳市伊川县，鹤壁市淇滨区，许昌市鄢陵县，驻马店市西平县、泌阳县；

湖北：武汉市东西湖区，太子山林场；

湖南：湘潭市韶山市，邵阳市洞口县，岳阳市平江县，益阳市资阳区、益阳高新区，郴州市永兴县、嘉禾县、资兴市，湘西土家族苗族自治州永顺县；

海南：澄迈县；

四川：成都市大邑县，甘孜藏族自治州炉霍县、甘孜县，凉山彝族自治州会东县；

贵州：遵义市正安县；

云南：保山市施甸县；

陕西：宝鸡市扶风县，咸阳市彬县，汉中市西乡县，商洛市丹凤县；

甘肃：武威市凉州区，定西市临洮县、岷县；

青海：海东市互助土族自治县；

黑龙江森林工业总局：绥阳林业局。

发生面积　4385 亩

危害指数　0.3739

- **尖镰孢油桐专化型 *Fusarium oxysporum* Schlecht f. sp. *aleuritidis*（油桐枯萎病）**

寄　　主　油桐。

分布范围　浙江、安徽、福建、江西、湖北、湖南、广东、广西、重庆、四川、贵州、陕西。

发生地点　湖南：长沙市浏阳市；

重庆：秀山土家族苗族自治县；

贵州：黔西南布依族苗族自治州望谟县，黔南布依族苗族自治州罗甸县。

发生面积　9403 亩

危害指数　0.3333

- **半裸镰孢 *Fusarium semitectum* Berk. et Rav.（竹枯萎病）**

有性型　*Nectria ditissima* Tul.

寄　　主　苦竹，麻竹，毛竹，水竹。

分布范围　浙江、福建。

- **腐皮镰孢** *Fusarium solani*（Mart）App. et Wollenw（根腐病，立枯病）

有　性　型　*Nectria haematococca* Berk. et Br.

寄　　主　雪松，落叶松，华山松，湿地松，马尾松，油松，红松，柳杉，杉木，板栗，牡丹，枫香，桃，海棠花，杜仲，刺槐，花椒，大叶冬青，荔枝，枣树，瓜栗，宁夏枸杞，枸杞，龙血树，中华猕猴桃，西蒙德木，毛竹，胖竹。

分布范围　华东、中南、天津、河北、辽宁、黑龙江、四川、贵州、云南、陕西、甘肃、宁夏、青海。

发生地点　河北：邢台市南和县；

　　　　　江苏：苏州市昆山市，盐城市东台市；

　　　　　福建：南平市延平区；

　　　　　江西：宜春市铜鼓县，上饶市德兴市；

　　　　　山东：枣庄市山亭区，莱芜市钢城区、莱城区，聊城市东阿县；

　　　　　河南：三门峡市陕州区；

　　　　　湖北：襄阳市保康县；

　　　　　湖南：邵阳市绥宁县，岳阳市君山区、临湘市，郴州市桂阳县，怀化市麻阳苗族自治县、洪江市，湘西土家族苗族自治州凤凰县、保靖县、永顺县；

　　　　　广西：贺州市八步区；

　　　　　四川：泸州市泸县，遂宁市射洪县，乐山市沐川县，南充市高坪区，眉山市仁寿县，雅安市汉源县，凉山彝族自治州冕宁县、甘洛县；

　　　　　贵州：黔东南苗族侗族自治州黎平县，黔南布依族苗族自治州福泉市；

　　　　　陕西：渭南市合阳县、澄城县、华阴市，商洛市丹凤县，韩城市；

　　　　　甘肃：白银市靖远县，武威市凉州区，陇南市文县、宕昌县、西和县、礼县；

　　　　　青海：海西蒙古族藏族自治州格尔木市；

　　　　　宁夏：吴忠市红寺堡区，中卫市中宁县。

发生面积　105626 亩

危害指数　0.4205

- **柿黑星孢** *Fusicladium kaki* Hori et Yosh（柿黑星病）

寄　　主　柿，君迁子。

分布范围　北京、天津、河北、山西、上海、江苏、江西、山东、河南、湖北、广西、四川、云南、陕西。

发生地点　河北：邢台市邢台县，保定市满城区；

　　　　　山西：运城市永济市；

　　　　　上海：浦东新区；

　　　　　江苏：南京市雨花台区，盐城市响水县、建湖县，扬州市高邮市、经济技术开发区；

　　　　　山东：菏泽市牡丹区、定陶区；

　　　　　四川：德阳市广汉市；

云南：玉溪市华宁县；

陕西：渭南市潼关县、大荔县。

发生面积　14115 亩

危害指数　0.4278

- **黑星孢一种 *Fusicladium* sp.（桦木叶斑病）**

　寄　　主　桦木。

　分布范围　陕西。

- **壳梭孢一种 *Fusicoccum* sp.（枫香褐斑病）**

　寄　　主　枫香。

　分布范围　上海。

　发生地点　上海：宝山区。

- **壳梭孢一种 *Fusicoccum* sp.（八角金盘叶枯病）**

　寄　　主　八角金盘。

　分布范围　上海。

　发生地点　上海：宝山区、青浦区。

- **葡萄生壳梭孢 *Fusicoccum viticolum* Redd.（沙棘溃疡病）**

　拉丁异名　*Phomopsis viticola* Sacc.

　寄　　主　山楂，新疆梨，葡萄，中华猕猴桃。

　分布范围　河北、山西、辽宁、山东、河南、甘肃、宁夏、新疆。

　发生地点　新疆：阿勒泰地区布尔津县、青河县。

　发生面积　16080 亩

　危害指数　0.3333

- **仁果粘壳孢 *Gloeodes pomigena*（Schw.）Colby（仁果霉污病）**

　寄　　主　杨，桃，山楂，苹果，沙梨，葡萄。

　分布范围　河北、山西、辽宁、吉林、江苏、浙江、福建、山东、河南、湖北、广西、四川、甘肃、宁夏、青海、新疆。

　发生地点　河北：唐山市乐亭县、玉田县，张家口市怀安县，衡水市安平县；

　　　　　　江苏：苏州市昆山市；

　　　　　　浙江：台州市天台县；

　　　　　　山东：聊城市东阿县；

　　　　　　河南：郑州市荥阳市，新乡市新乡县，商丘市梁园区；

　　　　　　四川：内江市隆昌县，资阳市雁江区；

　　　　　　宁夏：银川市兴庆区、西夏区、金凤区，中卫市中宁县。

　发生面积　1704 亩

　危害指数　0.4589

- **桦盘长孢 *Gloeosporium betulinum* Westend（桦炭疽病）**

　寄　　主　白桦，黑桦，垂枝桦，天山桦。

分布范围　河北、吉林、四川、云南、陕西、新疆。

发生地点　四川：甘孜藏族自治州白玉县；

　　　　　云南：普洱市孟连傣族拉祜族佤族自治县，西双版纳傣族自治州勐腊县；

　　　　　陕西：宁东林业局。

发生面积　9764 亩

危害指数　0.6356

- **海蓝盘长孢** *Gloeosporium venetum* **Sacc.** （悬钩子炭疽病）

　有　性　型　*Elsinoe veneta*（Burk.）Jenkins

　寄　　　主　悬钩子，复盆子。

　分布范围　吉林、山东、四川、陕西。

　发生地点　四川：雅安市天全县。

- **红头粘束孢** *Graphium rhodophaeum* **Sacc. et Trott.** （榆枝枯病）

　寄　　　主　榆树，臭椿，山桃。

　分布范围　河北、辽宁、江苏、山东。

　发生地点　河北：沧州市沧县。

　发生面积　1200 亩

　危害指数　0.3333

- **长柄大单孢** *Haplosporella longipes* **Ell. et Barth** （桑枝枯病）

　寄　　　主　桑，李，核桃楸。

　分布范围　河北、辽宁、山东、河南、陕西。

　发生地点　山东：枣庄市滕州市。

　发生面积　100 亩

　危害指数　0.3333

- **坑状长蠕孢** *Helminthosporium foveolatum* **Pat.** （竹叶斑枯病）

　寄　　　主　孝顺竹，慈竹，斑竹，胖竹，毛竹。

　分布范围　上海、江苏、福建、湖北、湖南、广西、四川、云南、陕西。

　发生地点　上海：浦东新区；

　　　　　江苏：扬州市宝应县；

　　　　　福建：南平市光泽县；

　　　　　四川：泸州市合江县，南充市蓬安县；

　　　　　陕西：宝鸡市太白县。

　发生面积　3315 亩

　危害指数　0.3333

- **橡胶长蠕孢** *Helminthosporium heveae* **Petch** （橡胶麻点病）

　寄　　　主　橡胶树。

　分布范围　广东、广西、海南、云南。

　发生地点　海南：三亚市吉阳区，文昌市、东方市。

发生面积　219 亩

危害指数　0.3333

- **长蠕孢一种** *Helminthosporium* **sp.**（重阳木叶斑病）

　寄　　主　重阳木。

　分布范围　福建。

- **拟棒束孢** *Isariopsis clavispora* **Sacc.**（葡萄褐斑病）

　寄　　主　山葡萄，葡萄。

　分布范围　河北、湖北、陕西、新疆生产建设兵团。

　发生地点　河北：邢台市柏乡县；

　　　　　　陕西：西安市户县；

　　　　　　新疆生产建设兵团：农七师 124 团。

　发生面积　300 亩

　危害指数　0.3333

- **松针座盘孢** *Lecanosticta acicola*（Thüm.）**Syd.**（松针褐斑病）

　拉丁异名　*Septoria acicola*（Thüm）Sacc.

　有 性 型　*Mycosphaerella deamessii* Barr.

　寄　　主　雪松，华山松，赤松，湿地松，思茅松，马尾松，樟子松，油松，火炬松，黄山松，黑松，云南松。

　分布范围　华东、中南，内蒙古、重庆、四川、贵州、云南、陕西。

　发生地点　江苏：扬州市邗江区，泰州市姜堰区；

　　　　　　浙江：台州市天台县；

　　　　　　安徽：滁州市凤阳县、明光市，六安市叶集区、霍邱县；

　　　　　　福建：三明市尤溪县，泉州市鲤城区、洛江区、泉港区、安溪县、永春县、石狮市、南安市，漳州市漳浦县，南平市延平区、光泽县、政和县，龙岩市长汀县、上杭县、连城县；

　　　　　　江西：萍乡市湘东区，九江市湖口县，新余市分宜县，赣州市南康区、经济技术开发区、赣县、大余县、上犹县、安远县、龙南县、全南县、宁都县、于都县、兴国县、会昌县、寻乌县、石城县，吉安市青原区、新干县、泰和县、永新县，宜春市上高县、靖安县、高安市，抚州市崇仁县、东乡县、广昌县，上饶市铅山县、共青城市、瑞金市、丰城市、鄱阳县、南城县；

　　　　　　河南：许昌市鄢陵县，南阳市卧龙区、南召县、淅川县、桐柏县，信阳市平桥区、罗山县，驻马店市确山县、泌阳县，固始县；

　　　　　　湖北：孝感市应城市；

　　　　　　湖南：衡阳市南岳区，岳阳市华容县，郴州市北湖区、桂阳县、汝城县；

　　　　　　广东：韶关市翁源县，肇庆市德庆县，清远市阳山县，云浮市属林场；

　　　　　　海南：白沙黎族自治县、乐东黎族自治县；

　　　　　　重庆：綦江区、黔江区、璧山区，忠县；

　　　　　　四川：自贡市沿滩区，内江市威远县、资中县、隆昌县，巴中市恩阳区，资阳市雁江区，阿坝藏族羌族自治州汶川县，甘孜藏族自治州雅江县、乡城县、稻城县，凉山彝族自治州昭觉县；

贵州：遵义市余庆县；

云南：曲靖市师宗县，普洱市孟连傣族拉祜族佤族自治县，楚雄彝族自治州武定县，西双版纳傣族自治州景洪市；

陕西：宝鸡市凤翔县，延安市宜川县，榆林市子洲县，商洛市商州区、商南县。

发生面积　285623 亩

危害指数　0.3712

- 缝状小半壳孢 *Leptostromella hysteriodes*（**Fr.**）**Sacc.**（叶斑病）

寄　　主　柏木。

分布范围　湖北、四川、陕西。

发生地点　湖北：太子山林场；

四川：巴中市恩阳区；

陕西：渭南市华阴市。

发生面积　227 亩

危害指数　0.3510

- 王氏油杉盘针孢 *Libertella wangii* **Ren et Zhou**（油杉枝瘤病）

寄　　主　油杉，云南油杉。

分布范围　四川、贵州、云南。

发生地点　云南：楚雄彝族自治州楚雄市。

- 枸骨大茎点菌 *Macrophoma illicis-cornutae* **Teng**（冬青叶斑病）

寄　　主　冬青，大叶冬青，香冬青，枸骨，女贞。

分布范围　上海、江苏、浙江、安徽、山东、湖北、湖南、四川、陕西、新疆。

发生地点　江苏：常州市天宁区、钟楼区、新北区；

山东：聊城市东昌府区；

四川：自贡市大安区，南充市蓬安县、仪陇县。

发生面积　284 亩

危害指数　0.3333

- 奇异大茎点菌 *Macrophoma mirbelii*（**Fr.**）**Berl. et Vogl.**（叶斑病）

拉丁异名　*Macrophoma candollei*（B. et Br.）Berl. et Vogl.

寄　　主　雀舌黄杨，长叶黄杨，小叶黄杨，黄杨，金边黄杨。

分布范围　华东，河北、辽宁、河南、湖南、贵州、云南、陕西、青海、新疆。

发生地点　上海：浦东新区；

江苏：盐城市射阳县、建湖县；

福建：南平市顺昌县，龙岩市永定区；

河南：驻马店市确山县；

湖南：湘潭市韶山市；

陕西：咸阳市武功县。

发生面积 217 亩

危害指数 0.4224

- **槐大茎点菌 *Macrophoma sophorae* Miyake**（刺槐叶斑病）

寄　　主　旱柳，槐树，刺槐，毛刺槐。

分布范围　河北、辽宁、江苏、安徽、山东、河南、湖北、重庆、四川、陕西、甘肃。

发生地点　安徽：芜湖市繁昌县、无为县；

　　　　　山东：泰安市宁阳县，威海市高新技术开发区、环翠区，莱芜市钢城区、莱城区，菏泽市巨野县，黄河三角洲保护区；

　　　　　河南：洛阳市洛宁县，三门峡市陕州区、灵宝市，商丘市民权县；

　　　　　重庆：万州区、大渡口区、南岸区，梁平区、城口县、武隆区、忠县、云阳县、巫溪县；

　　　　　四川：南充市营山县、蓬安县、仪陇县，巴中市巴州区、恩阳区、通江县，阿坝藏族羌族自治州汶川县、黑水县，凉山彝族自治州盐源县、德昌县；

　　　　　陕西：宝鸡市金台区、扶风县，延安市宝塔区、延长县、延川县、甘泉县；

　　　　　甘肃：庆阳市西峰区、宁县、镇原县。

发生面积 140446 亩

危害指数 0.4215

- **槐生大茎点菌 *Macrophoma sophoricola* Teng**（槐树溃疡病）

寄　　主　槐树，刺槐。

分布范围　北京、河北、辽宁、吉林、上海、江苏、山东、陕西。

发生地点　河北：邢台市临西县，保定市顺平县；

　　　　　上海：浦东新区；

　　　　　江苏：盐城市东台市；

　　　　　山东：烟台市莱山区，德州市夏津县，聊城市东阿县，菏泽市牡丹区、定陶区、郓城县；

　　　　　陕西：宝鸡市扶风县，渭南市华州区，延安市吴起县，汉中市汉台区。

发生面积 3329 亩

危害指数 0.3845

- **茶生大茎点菌 *Macrophoma theaecola* Petch**（茶枝枯病）

寄　　主　茶。

分布范围　浙江、福建。

- **杨大茎点菌 *Macrophoma tumeifaciens* Shear**（杨树枝瘤病）

拉丁异名　*Diplodia tumefaciens*（Shear）Zalasky

寄　　主　银灰杨，山杨，毛白杨，苦杨。

分布范围　河北、内蒙古、安徽、山东、河南、湖北、广西、四川、陕西、甘肃、宁夏、新疆。

发生地点　河北：石家庄市高邑县、晋州市，唐山市古冶区、滦南县，张家口市阳原县，廊坊市香河县，衡水市桃城区；

内蒙古：乌海市海勃湾区；

山东：潍坊市坊子区，聊城市东昌府区；

广西：桂林市永福县；

四川：甘孜藏族自治州康定市、巴塘县、乡城县、得荣县，凉山彝族自治州盐源县、会东县、昭觉县；

陕西：宝鸡市高新技术开发区、岐山县，咸阳市彬县，渭南市华州区、韩城市。

发生面积　3905 亩

危害指数　0.4239

- **菜豆壳球孢 *Macrophomina phaseoli*（Maubl.）Ashby（根腐病，茎腐病）**

拉丁异名　*Macrophoma phaseoli* Maubl.，*Macrophomina phaseolina*（Tassi）Goid

寄　　主　银杏，南洋杉，杉木，水杉，柏木，美国扁柏，圆柏，华山松，油松，湿地松，榧树，板栗，桑，樟树，桢楠，檫木，枫香，杜仲，槐树，臭椿，漆树，三角槭，尾叶桉，大叶桉，泡桐，紫丁香。

分布范围　东北、华东、中南，天津、河北、重庆、四川、贵州、云南、陕西、甘肃、新疆。

发生地点　上海：闵行区、嘉定区、金山区；

安徽：合肥市庐阳区、包河区；

福建：南平市政和县；

江西：萍乡市芦溪县，抚州市临川区；

山东：泰安市肥城市，菏泽市郓城县；

湖南：湘潭市韶山市；

四川：巴中市通江县；

贵州：遵义市正安县；

甘肃：白水江保护区。

发生面积　669 亩

危害指数　0.5605

- **杨褐盘二孢 *Marssonina brunnea*（Ell. et Ev.）Sacc.（杨黑斑病）**

拉丁异名　*Marssoniua populicola* Miura，*Marssoniua tremuloidis* Kleb.

寄　　主　响叶杨，银白杨，新疆杨，北京杨，加杨，青杨，山杨，河北杨，大叶杨，黑杨，小叶杨，川杨，毛白杨，小黑杨，滇杨。

分布范围　华北、东北、华东、西南、西北，河南、湖北、湖南。

发生地点　北京：房山区、通州区、顺义区、大兴区；

天津：北辰区、武清区、宝坻区；

河北：石家庄市灵寿县、新乐市，唐山市丰南区、滦南县、乐亭县、玉田县，秦皇岛市青龙满族自治县、昌黎县，邯郸市鸡泽县、广平县，邢台市邢台县、广宗县、平乡县、临西县，保定市徐水区、涞水县、阜平县、唐县、高阳县、博野县、雄县、涿州市、安国市、高碑店市，张家口市张北县、沽源县、蔚县、怀安县、赤城县，沧州市吴桥县，廊坊市固安县、永清县、香河县、大城县，衡水市枣强县、饶阳县、冀州市、深州市；

山西：大同市阳高县，临汾市洪洞县，吕梁市交城县；

内蒙古：通辽市科尔沁左翼后旗、库伦旗，乌兰察布市察哈尔右翼后旗；

辽宁：辽阳市弓长岭区、辽阳县；

吉林：辽源市东丰县，松原市前郭尔罗斯蒙古族自治县；

黑龙江：哈尔滨市巴彦县，齐齐哈尔市讷河市，佳木斯市桦川县、同江市、富锦市；

上海：浦东新区、金山区、青浦区；

江苏：南京市栖霞区、雨花台区、江宁区、六合区、溧水区、高淳区，徐州市睢宁县、邳州市，常州市溧阳市，苏州市吴江区、昆山市，南通市海门市，连云港市灌云县，淮安市淮安区、淮阴区、清江浦区、涟水县、洪泽区、盱眙县、金湖县，盐城市盐都区、大丰区、响水县、滨海县、阜宁县、射阳县、东台市，扬州市宝应县，泰州市兴化市，宿迁市宿城区、沭阳县、泗洪县；

浙江：宁波市余姚市；

安徽：合肥市庐阳区、包河区、长丰县、肥东县、肥西县、庐江县、巢湖市，芜湖市芜湖县、繁昌县、无为县，蚌埠市怀远县、固镇县，淮南市田家庵区、潘集区、毛集实验区、寿县，淮北市相山区、烈山区、濉溪县，安庆市大观区、潜山县、桐城市，黄山市徽州区，滁州市全椒县、天长市、明光市，阜阳市颍州区、颍东区、太和县、阜南县、颍上县，宿州市埇桥区、萧县、泗县，六安市金安区、舒城县，亳州市谯城区、涡阳县、蒙城县、利辛县，池州市东至县；

江西：九江市永修县、瑞昌市，吉安市青原区、新干县、遂川县，宜春市万载县，抚州市崇仁县，南城县；

山东：济南市历城区、长清区、平阴县、济阳县、商河县、章丘市，青岛市即墨市、莱西市，淄博市高青县，枣庄市市中区、台儿庄区、山亭区、滕州市，东营市广饶县，烟台市牟平区、莱州市，潍坊市潍城区、坊子区、高新技术开发区、滨海经济开发区，济宁市任城区、兖州区、微山县、鱼台县、金乡县、嘉祥县、汶上县、泗水县、梁山县、曲阜市、济宁高新区、经济技术开发区，泰安市宁阳县、东平县、新泰市、泰山林场、徂徕山林场，日照市东港区、岚山区、五莲县、莒县，莱芜市莱城区、钢城区，临沂市兰山区、临沭县，德州市齐河县、夏津县、禹城市，聊城市东昌府区、阳谷县、莘县、东阿县、冠县、高唐县、临清市，滨州市惠民县，菏泽市牡丹区、定陶区、曹县、单县、成武县、巨野县、郓城县、鄄城县、东明县；

河南：郑州市中原区、管城回族区、金水区、中牟县、新郑市、登封市，开封市祥符区、通许县、尉氏县，洛阳市新安县、嵩县，平顶山市新华区、卫东区、石龙区、叶县、鲁山县、舞钢市，安阳市内黄县，鹤壁市淇滨区、浚县、淇县，新乡市新乡县、获嘉县、延津县，濮阳市经济开发区、南乐县、范县、台前县、濮阳县，许昌市魏都区、经济技术开发区、东城区、许昌县、鄢陵县、襄城县、禹州市、长葛市，漯河市郾城区、召陵区、舞阳县、临颍县，三门峡市湖滨区、陕州区、渑池县、灵宝市，南阳市宛城区、卧龙区、南召县、方城县、西峡县、镇平县、内乡县、淅川县、新野县、桐柏县，商丘市梁园区、睢阳区、民权县、睢县、宁陵县、柘城县、虞城县，信阳市浉河区、平桥区、罗山县、光山县、新县、淮滨县、息县，周口市川汇区、扶沟县、西华县、沈丘县、淮阳县、太康县、项城市，驻马店市驿城区、西平县、上蔡县、平舆县、正阳县、确山县、泌阳县、汝南县、遂平县，济源市、巩义市、兰考县、汝州市、长垣县、永城市、鹿邑县、新蔡县、邓州市、固始县；

湖北：武汉市洪山区、新洲区，黄石市西塞山区、大冶市，十堰市郧西县，宜昌市长阳土家族自治县、当阳市、枝江市，襄阳市南漳县，荆门市沙洋县、钟祥市，孝感市孝南区、孝昌县、大悟县、云梦县、安陆市、汉川市，荆州市公安县、监利县、洪湖市、松滋市，咸宁市嘉鱼县，仙桃市、天门市；

湖南：岳阳市岳阳县，常德市安乡县、石门县，益阳市桃江县；

重庆：潼南区，城口县、秀山土家族苗族自治县、酉阳土家族苗族自治县；

四川：成都市简阳市，自贡市荣县，广元市青川县，遂宁市船山区、射洪县，内江市市中区、东兴区、威远县、资中县、隆昌县，南充市西充县，宜宾市南溪区、宜宾县、兴文县，广安市武胜县，雅安市天全县、宝兴县，巴中市通江县，资阳市雁江区，阿坝藏族羌族自治州汶川县、黑水县，甘孜藏族自治州道孚县、石渠县、色达县、理塘县、巴塘县、乡城县、得荣县，凉山彝族自治州德昌县、会东县、布拖县、昭觉县、雷波局；

贵州：铜仁市松桃苗族自治县；

云南：玉溪市红塔区、江川区、峨山彝族自治县，昭通市镇雄县；

陕西：宝鸡市金台区、岐山县、扶风县、麟游县，咸阳市永寿县、长武县、旬邑县，渭南市华州区、蒲城县、华阴市，延安市志丹县、吴起县、宜川县、桥北林业局，榆林市米脂县，杨陵区，宁东林业局；

甘肃：金昌市金川区，白银市靖远县，武威市天祝藏族自治县，张掖市民乐县，平凉市灵台县，酒泉市瓜州县，庆阳市华池县、合水县、正宁县、镇原县，定西市安定区，甘南藏族自治州卓尼县，兴隆山保护区；

青海：海东市民和回族土族自治县；

宁夏：吴忠市利通区、同心县；

新疆：喀什地区英吉沙县；

黑龙江森林工业总局：朗乡林业局，通北林业局，双鸭山林业局；

内蒙古大兴安岭林业管理局：阿尔山林业局、绰尔林业局、绰源林业局、乌尔旗汉林业局、库都尔林业局、图里河林业局、伊图里河林业局、克一河林业局、甘河林业局、吉文林业局、阿里河林业局、根河林业局、金河林业局、阿龙山林业局、满归林业局、得耳布尔林业局、莫尔道嘎林业局、毕拉河林业局、北大河林业局、额尔古纳保护区。

发生面积　2151681 亩

危害指数　0.5048

● **龙眼盘二孢** *Marssonina euphoriae* C. F. Zhang et P. K. Chi （龙眼褐斑病）

寄　　主　龙眼。

分布范围　福建、广东。

● 胡桃盘二孢 *Marssonina juglandis*（Lib.）Magn.（核桃褐斑病）

寄　　主　山核桃，薄壳山核桃，野核桃，核桃楸，核桃。

分布范围　西南，北京、河北、山西、吉林、江苏、浙江、安徽、山东、河南、湖北、湖南、陕西、甘肃、宁夏、新疆。

发生地点　北京：大兴区；

河北：石家庄市栾城区，邢台市邢台县、临西县，保定市涞水县，衡水市饶阳县；

山西：晋中市左权县；

江苏：盐城市东台市；

浙江：杭州市临安市；

山东：潍坊市昌邑市，济宁市鱼台县、金乡县、汶上县、泗水县、梁山县、经济技术开发区，泰安市肥城市，聊城市东昌府区，菏泽市定陶区；

河南：郑州市中原区、新郑市，平顶山市新华区、鲁山县，许昌市禹州市，三门峡市陕州区、灵宝市，南阳市南召县，济源市；

重庆：大渡口区、北碚区、黔江区、合川区、南川区、梁平区、城口县、丰都县、武隆区、忠县、开县、云阳县、奉节县、巫溪县、彭水苗族土家族自治县；

四川：成都市龙泉驿区、大邑县、都江堰市、简阳市，自贡市沿滩区，攀枝花市米易县、盐边县、普威局，泸州市江阳区、泸县，德阳市中江县，绵阳市涪城区、三台县、梓潼县、平武县、江油市，广元市利州区、朝天区、旺苍县、剑阁县，遂宁市大英县，内江市市中区、东兴区、威远县、资中县、隆昌县，乐山市沙湾区、金口河区、夹江县、峨眉山市，南充市顺庆区、高坪区、营山县、西充县、阆中市，眉山市仁寿县，宜宾市江安县、高县、筠连县、兴文县，广安市前锋区、华蓥市，达州市渠县，雅安市雨城区、汉源县、石棉县、天全县、宝兴县，巴中市巴州区、南江县、平昌县，资阳市雁江区、乐至县，阿坝藏族羌族自治州汶川县、理县、黑水县，甘孜藏族自治州康定市、丹巴县、理塘县、巴塘县、得荣县，凉山彝族自治州西昌市、木里藏族自治县、盐源县、德昌县、会理县、昭觉县、雷波局；

贵州：六盘水市水城县，毕节市大方县，铜仁市松桃苗族自治县；

云南：临沧市临翔区、凤庆县、永德县，楚雄彝族自治州楚雄市、南华县、武定县，大理白族自治州剑川县，怒江傈僳族自治州泸水县、福贡县；

陕西：宝鸡市渭滨区、金台区、眉县、太白县，咸阳市三原县，渭南市华州区、大荔县、华阴市，汉中市勉县、镇巴县，安康市汉阴县，商洛市商州区、镇安县，宁东林业局；

甘肃：白银市靖远县，平凉市华亭县，庆阳市镇原县，陇南市文县；

宁夏：银川市兴庆区；

新疆：喀什地区叶城县，和田地区皮山县；

新疆生产建设兵团：农一师10团。

发生面积　343709 亩

危害指数　0.5229

- **杨盘二孢 *Marssonina populi*（Lib.）Magn.（杨黑斑病）**

寄　　主	响叶杨，银白杨，新疆杨，北京杨，加杨，青杨，山杨，河北杨，大叶杨，黑杨，小叶杨，川杨，毛白杨，小黑杨，滇杨。
分布范围	华北、东北、华东、西南、西北，河南、湖北、湖南。
发生地点	北京：房山区、通州区、顺义区、大兴区；

　　天津：北辰区、武清区、宝坻区；

　　河北：石家庄市灵寿县、新乐市，唐山市丰南区、滦南县、乐亭县、玉田县，秦皇岛市青龙满族自治县、昌黎县，邯郸市鸡泽县、广平县，邢台市邢台县、广宗县、平乡县、临西县，保定市徐水区、涞水县、阜平县、唐县、高阳县、博野县、雄县、涿州市、安国市、高碑店市，张家口市张北县、沽源县、蔚县、怀安县、赤城县，沧州市吴桥县，廊坊市固安县、永清县、香河县、大城县，衡水市枣强县、饶阳县、冀州市、深州市；

　　山西：大同市阳高县，临汾市洪洞县，吕梁市交城县；

　　内蒙古：通辽市科尔沁左翼后旗、库伦旗，乌兰察布市察哈尔右翼后旗；

　　辽宁：辽阳市弓长岭区、辽阳县；

　　吉林：辽源市东丰县，松原市前郭尔罗斯蒙古族自治县；

　　黑龙江：哈尔滨市巴彦县，齐齐哈尔市讷河市，佳木斯市桦川县、同江市、富锦市；

　　上海：浦东新区、金山区、青浦区；

　　江苏：南京市栖霞区、雨花台区、江宁区、六合区、溧水区、高淳区，徐州市睢宁县、邳州市，常州市溧阳市，苏州市吴江区、昆山市，南通市海门市，连云港市灌云县，淮安市淮安区、淮阴区、清江浦区、涟水县、洪泽区、盱眙县、金湖县，盐城市盐都区、大丰区、响水县、滨海县、阜宁县、射阳县、东台市，扬州市宝应县，泰州市兴化市，宿迁市宿城区、沭阳县、泗洪县；

　　浙江：宁波市余姚市；

　　安徽：合肥市庐阳区、包河区、长丰县、肥东县、肥西县、庐江县、巢湖市，芜湖市芜湖县、繁昌县、无为县，蚌埠市怀远县、固镇县，淮南市田家庵区、潘集区、毛集实验区、寿县，淮北市相山区、烈山区、濉溪县，安庆市大观区、潜山县、桐城市，黄山市徽州区，滁州市全椒县、天长市、明光市，阜阳市颍州区、颍东区、太和县、阜南县、颍上县，宿州市埇桥区、萧县、泗县，六安市金安区、舒城县，亳州市谯城区、涡阳县、蒙城县、利辛县，池州市东至县；

　　江西：九江市永修县、瑞昌市，吉安市青原区、新干县、遂川县，宜春市万载县，抚州市崇仁县，南城县；

　　山东：济南市历城区、长清区、平阴县、济阳县、商河县、章丘市，青岛市即墨市、莱西市，淄博市高青县，枣庄市市中区、台儿庄区、山亭区、滕州市，东营市广饶县，烟台市牟平区、莱州市，潍坊市潍城区、坊子区、高新技术开发区、滨海经济开发区，济宁市任城区、兖州区、微山县、鱼台县、金乡县、嘉祥县、汶上县、泗水县、梁山县、曲阜市、高新技术开发区、经济技术开发区，泰安市宁阳县、东平县、新泰市、泰山林场、徂徕山林场，日照市东港区、岚山区、五莲县、莒县，莱芜市莱城区、钢城区，临沂市兰山区、临沭县，德州市齐河县、夏津县、禹城市，聊城市东昌府区、阳谷县、莘县、东阿县、冠县、高唐县、临清市，滨州市惠民县，菏泽市牡丹区、定陶区、曹县、单县、成武县、巨野县、郓城县、鄄城县、东明县；

河南：郑州市中原区、管城回族区、金水区、中牟县、新郑市、登封市，开封市祥符区、通许县、尉氏县，洛阳市新安县、嵩县，平顶山市新华区、卫东区、石龙区、叶县、鲁山县、舞钢市，安阳市内黄县，鹤壁市淇滨区、浚县、淇县，新乡市新乡县、获嘉县、延津县，濮阳市经济开发区、南乐县、范县、台前县、濮阳县，许昌市魏都区、经济技术开发区、东城区管委会、许昌县、鄢陵县、襄城县、禹州市、长葛市，漯河市郾城区、召陵区、舞阳县、临颍县，三门峡市湖滨区、陕州区、渑池县、灵宝市，南阳市宛城区、卧龙区、南召县、方城县、西峡县、镇平县、内乡县、淅川县、新野县、桐柏县，商丘市梁园区、睢阳区、民权县、睢县、宁陵县、柘城县、虞城县，信阳市浉河区、平桥区、罗山县、光山县、新县、淮滨县、息县，周口市川汇区、扶沟县、西华县、沈丘县、淮阳县、太康县、项城市，驻马店市驿城区、西平县、上蔡县、平舆县、正阳县、确山县、泌阳县、汝南县、遂平县，济源市、巩义市、兰考县、汝州市、长垣县、永城市、鹿邑县、新蔡县、邓州市、固始县；

湖北：武汉市洪山区、新洲区，黄石市西塞山区、大冶市，十堰市郧西县，宜昌市长阳土家族自治县、当阳市、枝江市，襄阳市南漳县，荆门市沙洋县、钟祥市，孝感市孝南区、孝昌县、大悟县、云梦县、安陆市、汉川市，荆州市公安县、监利县、洪湖市、松滋市，咸宁市嘉鱼县，仙桃市、天门市；

湖南：岳阳市岳阳县，常德市安乡县、石门县，益阳市桃江县；

重庆：潼南区，城口县、秀山土家族苗族自治县、酉阳土家族苗族自治县；

四川：成都市简阳市，自贡市荣县，广元市青川县，遂宁市船山区、射洪县，内江市市中区、东兴区、威远县、资中县、隆昌县，南充市西充县，宜宾市南溪区、宜宾县、兴文县，广安市武胜县，雅安市天全县、宝兴县，巴中市通江县，资阳市雁江区，阿坝藏族羌族自治州汶川县、黑水县，甘孜藏族自治州道孚县、石渠县、色达县、理塘县、巴塘县、乡城县、得荣县，凉山彝族自治州德昌县、会东县、布拖县、昭觉县、雷波局；

贵州：铜仁市松桃苗族自治县；

云南：玉溪市红塔区、江川区、峨山彝族自治县，昭通市镇雄县；

西藏：日喀则市南木林县、聂拉木县；

陕西：宝鸡市金台区、岐山县、扶风县、麟游县，咸阳市永寿县、长武县、旬邑县，渭南市华州区、蒲城县、华阴市，延安市志丹县、吴起县、宜川县，榆林市米脂，杨陵区，宁东林业局；

甘肃：金昌市金川区，白银市靖远县，武威市天祝藏族自治县，张掖市民乐县，平凉市灵台县，酒泉市瓜州县，庆阳市华池县、合水县、正宁县、镇原县，定西市安定区，甘南藏族自治州卓尼县，兴隆山保护区；

青海：海东市民和回族土族自治县；

宁夏：吴忠市利通区、同心县；

新疆：喀什地区英吉沙县；

黑龙江森林工业总局：朗乡林业局，通北林业局，双鸭山林业局。

发生面积　1454249 亩

危害指数　0.4724

● **红皮柳盘二孢** *Marssonina salicis-purpureae* **Jaap.**（柳树黑斑病）

寄　　主　垂柳，旱柳。

分布范围　北京、天津、吉林、江苏、浙江、福建、江西、山东、四川、云南、陕西、甘肃、新疆。

发生地点　北京：顺义区；

江苏：南京市雨花台区，淮安市清江浦区、洪泽区、金湖县，盐城市盐都区、大丰区、响水县、射阳县、建湖县，扬州市高邮市，宿迁市宿城区、沭阳县；

浙江：台州市天台县；

江西：新余市分宜县；

山东：泰安市新泰市、泰山林场，聊城市东昌府区、东阿县，菏泽市定陶区、郓城县；

四川：自贡市沿滩区，甘孜藏族自治州色达县；

陕西：宁东林业局；

甘肃：尕海则岔保护区。

发生面积　4244 亩

危害指数　0.3396

● **盘二孢一种** *Marssonina* **sp.**（枇杷褐斑病）

寄　　主　枇杷。

分布范围　福建、四川。

发生地点　四川：遂宁市安居区。

发生面积　220 亩

危害指数　0.5758

● **花椒盘二孢** *Marssonina zanthoxyla* **Y. J. Lu et G. L. Li**（花椒褐斑病）

寄　　主　花椒，野花椒。

分布范围　河北、山东、河南、湖北、湖南、四川、贵州、陕西、甘肃、新疆。

发生地点　山东：莱芜市钢城区、莱城区；

河南：平顶山市鲁山县，三门峡市陕州区；

湖南：邵阳市隆回县；

四川：内江市隆昌县，宜宾市南溪区，雅安市汉源县，资阳市雁江区，阿坝藏族羌族自治州汶川县，甘孜藏族自治州康定市、色达县、理塘县、得荣县，凉山彝族自治州会东县、昭觉县、越西县；

新疆：阿勒泰地区布尔津县。

发生面积　2086 亩

危害指数　0.3618

- 奇异大壳针孢 *Megaloseptoria mirabilis* **Naumov.** （芽枯病）

  有 性 型　*Gemmamyces piceae*（Borthwick）Casag.

  寄　　主　云杉，雪岭云杉。

  分布范围　黑龙江、新疆。

- 胡桃黑盘孢 *Melanconium juglandis* **Kunze**（核桃枯枝病）

  有 性 型　*Melanconis juglandis*（Ell. et Ev.）Groves

  寄　　主　山核桃，野核桃，核桃楸，核桃，枫杨，板栗，色木槭。

  分布范围　东北、西南，北京、河北、山西、江苏、浙江、安徽、山东、河南、湖北、陕西、甘肃、新疆。

  发生地点　河北：石家庄市高邑县、赞皇县，唐山市丰润区，邯郸市武安市，邢台市广宗县，衡水市深州市；

  　　　　　山西：太原市晋源区，晋城市沁水县，晋中市左权县、灵石县，运城市绛县、永济市；

  　　　　　安徽：淮北市杜集区、濉溪县，宣城市绩溪县；

  　　　　　山东：济南市平阴县，枣庄市台儿庄区、滕州市，东营市广饶县，济宁市兖州区、梁山县、曲阜市，泰安市泰山区、新泰市、肥城市、徂徕山林场，莱芜市钢城区、莱城区，德州市齐河县，聊城市东阿县、冠县，菏泽市曹县、单县、巨野县；

  　　　　　河南：郑州市荥阳市、新郑市、登封市，洛阳市洛龙区，平顶山市鲁山县、郏县，许昌市襄城县，漯河市源汇区，三门峡市湖滨区、陕州区、卢氏县；

  　　　　　湖北：十堰市郧阳区、竹山县、竹溪县、房县；

  　　　　　四川：攀枝花市米易县、盐边县、普威局，广元市朝天区、剑阁县，遂宁市射洪县、大英县，乐山市金口河区、峨眉山市，眉山市仁寿县，雅安市名山区、汉源县、天全县，巴中市南江县，阿坝藏族羌族自治州理县、黑水县，甘孜藏族自治州泸定县、丹巴县、巴塘县、乡城县、稻城县、得荣县，凉山彝族自治州西昌市、盐源县、德昌县、会东县、普格县、昭觉县、冕宁县、美姑县；

  　　　　　贵州：黔西南布依族苗族自治州普安县；

  　　　　　云南：昆明市五华区、东川区，玉溪市通海县，昭通市大关县、水富县，临沧市临翔区、凤庆县，楚雄彝族自治州楚雄市、双柏县、牟定县、永仁县、禄丰县，红河哈尼族彝族自治州绿春县，大理白族自治州巍山彝族回族自治县，怒江傈僳族自治州泸水县；

  　　　　　陕西：西安市蓝田县，宝鸡市金台区、岐山县、眉县、千阳县、麟游县、太白县，咸阳市武功县，渭南市华州区、合阳县、澄城县、华阴市，汉中市镇巴县、佛坪县，商洛市商州区、洛南县、丹凤县、山阳县、镇安县、柞水县，宁东林业局；

  　　　　　甘肃：平凉市灵台县、华亭县，庆阳市西峰区、宁县、镇原县，陇南市成县、礼县、两当县；

  　　　　　新疆：喀什地区泽普县、叶城县、巴楚县，和田地区和田县。

  发生面积　193907 亩

危害指数　0.4035

- 棟黑盘孢 *Melanconium meliae* **Teng** （苦棟枝枯病）
  寄　　主　棟树。
  分布范围　江苏、山东。
  发生地点　山东：菏泽市巨野县。

- 矩圆黑盘孢 *Melanconium oblongum* **Berk.** （泡桐枝枯病）
  寄　　主　枫杨，红花油茶，油茶，白花泡桐，核桃楸。
  分布范围　东北、华东，河北、湖南、广西、四川、云南、陕西、甘肃、新疆。
  发生地点　江苏：镇江市丹徒区；
  　　　　　浙江：台州市黄岩区；
  　　　　　山东：枣庄市滕州市，东营市广饶县，莱芜市莱城区，菏泽市巨野县；
  　　　　　湖南：永州市零陵区、冷水滩区；
  　　　　　广西：河池市宜州区；
  　　　　　陕西：汉中市西乡县。
  发生面积　7452 亩
  危害指数　0.3333

- 胖孢黑盘孢 *Melanconium pachyspora* **Bub.** （叶斑病）
  寄　　主　板栗。
  分布范围　河北、江西、山东、广西。
  发生地点　河北：邢台市邢台县、沙河市；
  　　　　　江西：九江市瑞昌市；
  　　　　　山东：莱芜市莱城区。
  发生面积　1263 亩
  危害指数　0.3333

- 小檗叶痣菌 *Melasmia berberidis* **Thüm. et Wint.** （黑痣病）
  寄　　主　小檗，细叶小檗。
  分布范围　辽宁、吉林、四川。
  发生地点　四川：阿坝藏族羌族自治州黑水县，甘孜藏族自治州新龙县、色达县。

- 鹅掌楸叶痣菌 *Melasmia rhodendrina* **Hara** （黑痣病）
  寄　　主　鹅掌楸。
  分布范围　华东，重庆、贵州。
  发生地点　上海：浦东新区；
  　　　　　江苏：扬州市宝应县；
  　　　　　浙江：台州市黄岩区；
  　　　　　安徽：淮南市大通区；
  　　　　　重庆：武隆区。

- **胡桃微座孢** *Microstroma juglandis*（Bereng.）Sacc.（枫杨丛枝病，核桃粉霉病）

  寄　　主　核桃，核桃楸，枫杨，枫香，香椿。

  分布范围　东北、华东，河南、湖北、湖南、四川、云南、陕西、新疆。

  发生地点　江苏：苏州市昆山市；

  　　　　　山东：济宁市汶上县，泰安市泰山林场、徂徕山林场，莱芜市莱城区；

  　　　　　河南：平顶山市舞钢市；

  　　　　　四川：攀枝花市仁和区，甘孜藏族自治州稻城县；

  　　　　　云南：大理白族自治州漾濞彝族自治县、祥云县、巍山彝族回族自治县、云龙县；

  　　　　　陕西：咸阳市旬邑县。

  发生面积　16275 亩

  危害指数　0.3991

- **灰丛梗孢** *Monilia cinerea* Bon.（李褐腐病）

  寄　　主　花楸树，桃，梅，杏，樱桃，李，梨，枇杷，黄皮。

  分布范围　东北、华东、中南，北京、天津、河北、重庆、四川、贵州、云南、陕西、新疆。

  发生地点　重庆：涪陵区、南川区、梁平区、开县；

  　　　　　贵州：贵阳市乌当区、修文县；

  　　　　　陕西：商洛市丹凤县。

  发生面积　480 亩

  危害指数　0.4194

- **同心盘单毛孢** *Monochaetia concentrica*（Berk. et Br.）Sacc.（刺玫叶斑病）

  寄　　主　野蔷薇，白桂木，黄刺玫。

  分布范围　辽宁、吉林、云南。

- **卡氏盘单毛孢** *Monochaetia karstenii*（Sacc. et Syd.）Sutton（板栗叶斑病，栗叶圆斑病）

  寄　　主　锥栗，板栗，山茶，冬青卫矛。

  分布范围　华东，河北、辽宁、湖北、湖南、广东、广西、重庆、四川、贵州、云南、陕西。

  发生地点　江苏：苏州市昆山市；

  　　　　　安徽：芜湖市繁昌县、无为县；

  　　　　　福建：三明市泰宁县；

  　　　　　湖北：荆门市京山县；

  　　　　　湖南：湘潭市湘乡市；

  　　　　　广西：贺州市平桂区；

  　　　　　重庆：城口县、武隆区、忠县、开县、云阳县、奉节县、巫溪县、秀山土家族苗族自治县、彭水苗族土家族自治县；

  　　　　　四川：攀枝花市盐边县，广安市武胜县，巴中市平昌县，凉山彝族自治州盐源县；

  　　　　　云南：昆明市经济技术开发区、倘甸产业园区，安宁市。

  发生面积　4771 亩

  危害指数　0.4097

- **盘单毛孢** *Monochaetia monochaeta*（Desm.）Allesch.（槭褐斑病）
  寄　　主　色木槭，栓皮栎，青冈，大白杜鹃。
  分布范围　吉林、江苏、浙江、福建、山东、河南、广西、四川、云南。

- **胖孢盘单毛孢** *Monochaetia pachyspora* Bub.（黎蒴叶枯病）
  寄　　主　板栗，栓皮栎，波罗栎，栲树。
  分布范围　北京、安徽、河南、湖南、广东、广西、四川、陕西、甘肃。
  发生地点　广东：深圳市大鹏新区。

- **蔷薇盘单毛孢** *Monochaetia seridiodes*（Sacc.）Allesch.（侧柏枝枯病）
  寄　　主　侧柏，蔷薇，玫瑰，黄刺玫。
  分布范围　河北、江苏、山东、河南、四川、云南、陕西。
  发生地点　山东：枣庄市滕州市，泰安市泰山林场；
  　　　　　河南：平顶山市郏县，三门峡市义马市。
  发生面积　511 亩
  危害指数　0.3333

- **盘单毛孢一种** *Monochaetia* sp.（杜鹃叶斑病）
  寄　　主　高山杜鹃。
  分布范围　西藏
  发生地点　西藏：林芝市巴宜区。
  发生面积　534 亩
  危害指数　0.3333

- **单排孢一种** *Monostichella* sp.（金钟花褐斑病）
  寄　　主　金钟花。
  分布范围　上海。
  发生地点　上海：松江区。

- **梨生菌绒孢** *Mycovellosiella pyricola* Guo，Chen et Zhang（梨叶枯病）
  寄　　主　桃，河北梨，沙梨，川梨。
  分布范围　河北、辽宁、上海、江苏、河南、湖北、广西、四川、甘肃。
  发生地点　上海：浦东新区；
  　　　　　江苏：苏州市常熟市、昆山市，盐城市亭湖区，扬州市高邮市；
  　　　　　河南：平顶山市舞钢市；
  　　　　　广西：柳州市柳城县；
  　　　　　四川：自贡市自流井区，眉山市仁寿县，雅安市汉源县，甘孜藏族自治州巴塘县，凉山彝族自治州德昌县；
  　　　　　甘肃：临夏回族自治州临夏市、临夏县、和政县、东乡族自治县。
  发生面积　21482 亩
  危害指数　0.5365

- **仁果干癌粘盘孢 *Myxosporium corticol* Edg.**（狭叶杜英枝枯病）

寄　　主　狭叶杜英，十大功劳。

分布范围　浙江、安徽、江西、湖南。

发生地点　浙江：台州市黄岩区；

　　　　　湖南：湘西土家族苗族自治州古丈县。

- **缝裂粘盘孢 *Myxosporium rimosum* Fautr.**（杨枝枯病）

寄　　主　山杨，小叶杨，毛白杨，榆树。

分布范围　河北、江苏、山东、河南、四川、陕西。

发生地点　河北：保定市安国市，定州市。

发生面积　223 亩

危害指数　0.3782

- **樟树粉孢 *Oidium cinnamomi*（Yen）Braun**（樟树白粉病）

寄　　主　猴樟。

分布范围　上海、江苏。

发生地点　上海：松江区，崇明县；

　　　　　江苏：苏州市吴江区。

- **冬青卫矛粉孢 *Oidium euonymi-japonici*（Arc.）Sacc.**（白粉病）

拉丁异名　*Oidium euonymi-japonicae*（Arc.）Sacc.

寄　　主　黄杨，冬青卫矛，胶东卫矛，金边黄杨，白杜。

分布范围　华东、中南，北京、天津、河北、山西、辽宁、重庆、四川、贵州、云南、陕西、甘肃。

发生地点　北京：西城区、朝阳区、丰台区、大兴区；

　　　　　天津：静海区；

　　　　　河北：石家庄市新华区，邯郸市大名县，邢台市平乡县、威县、临西县，保定市满城区，沧州市河间市，廊坊市安次区，衡水市桃城区、武邑县；

　　　　　山西：长治市城区，运城市新绛县、绛县、垣曲县、夏县、平陆县、河津市；

　　　　　上海：浦东新区；

　　　　　江苏：南京市雨花台区，无锡市江阴市，徐州市睢宁县、邳州市，南通市海门市；

　　　　　浙江：宁波市宁海县；

　　　　　安徽：芜湖市无为县，淮南市田家庵区，六安市金寨县；

　　　　　福建：福州国家森林公园；

　　　　　山东：济南市济阳县、商河县，青岛市城阳区、胶州市，东营市东营区、河口区、利津县、广饶县，潍坊市潍城区、诸城市，济宁市任城区、兖州区、鱼台县、金乡县、梁山县、曲阜市、高新技术开发区、经济技术开发区，泰安市泰山区、东平县、新泰市、肥城市、泰山林场、徂徕山林场，威海市高新技术开发区、经济开发区、环翠区、临港区，莱芜市莱城区，临沂市罗庄区，德州市禹城市，聊城市东昌府区、阳谷县、莘县、东阿县、冠县、临清市、经济技术开发区、高新技术开发区，菏泽市牡丹区、定陶区、单县、巨野县、郓城县；

河南：郑州市中原区、二七区、金水区、新郑市，平顶山市舞钢市，鹤壁市淇滨区，新乡市新乡县，濮阳市范县，许昌市襄城县、禹州市，三门峡市灵宝市，商丘市虞城县，信阳市潢川县，驻马店市西平县、鹿邑县；

湖南：邵阳市隆回县，益阳市资阳区，郴州市嘉禾县；

广东：肇庆市四会市；

广西：柳州市柳南区；

重庆：万州区；

四川：成都市大邑县，德阳市广汉市，遂宁市船山区、大英县，内江市隆昌县，南充市高坪区、营山县、仪陇县、西充县，眉山市仁寿县，广安市武胜县，巴中市巴州区，阿坝藏族羌族自治州汶川县、理县；

贵州：贵阳市南明区、云岩区、修文县；

陕西：西安市临潼区，宝鸡市陈仓区、岐山县，咸阳市三原县、泾阳县、武功县，渭南市潼关县、华阴市，商洛市商州区、丹凤县、镇安县、柞水县。

发生面积 14113 亩

危害指数 0.4203

- **橡胶树粉孢 *Oidium heveae* Steinm.**（橡胶白粉病）

寄　　主　橡胶树。

分布范围　福建、广东、广西、海南、云南。

发生地点　广东：茂名市高州市、化州市，阳江市阳西县、阳春市；

海南：海口市琼山区，三亚市吉阳区，定安县、澄迈县、白沙黎族自治县、乐东黎族自治县、琼中黎族苗族自治县；

云南：普洱市思茅区、宁洱哈尼族彝族自治县、墨江哈尼族自治县、江城哈尼族彝族自治县、孟连傣族拉祜族佤族自治县、西盟佤族自治县，临沧市双江拉祜族佤族布朗族傣族自治县、沧源佤族自治县，红河哈尼族彝族自治州元阳县、金平苗族瑶族傣族自治县、绿春县、河口瑶族自治县，西双版纳傣族自治州景洪市、勐海县、勐腊县。

发生面积 976085 亩

危害指数 0.5559

- **白尘粉孢 *Oidium leucoconium* Desm.**（白粉病）

寄　　主　桃，樱花，月季，玫瑰，蔷薇，黄刺玫。

分布范围　华北、华东、西北，辽宁、吉林、河南、湖南、广东、广西、重庆、四川、贵州、云南。

发生地点　四川：攀枝花市仁和区；

云南：丽江市永胜县，楚雄彝族自治州武定县。

发生面积 3245 亩

危害指数 0.4157

- **杧果粉孢 *Oidium mangiferae* Berthet**（杧果白粉病）

寄　　主　杧果。

分布范围　广东、海南、四川、云南。

发生地点　海南：三亚市吉阳区；

四川：攀枝花市东区、仁和区、盐边县，凉山彝族自治州德昌县。

- **可变拟青霉 *Paecilomyces varioti* Bain.**（棕榈腐烂病）

寄　　主　槟榔，蒲葵，棕榈，番石榴。

分布范围　上海、江苏、浙江、安徽、福建、江西、湖北、湖南、广东、海南、重庆、四川。

发生地点　上海：奉贤区；

江苏：南京市江宁区，常州市天宁区、钟楼区、新北区，淮安市盱眙县；

浙江：温州市乐清市；

江西：宜春市樟树市；

海南：海口市秀英区、美兰区；

重庆：酉阳土家族苗族自治县；

四川：南充市顺庆区。

发生面积　1566 亩

危害指数　0.3333

- **珍珠梅钉孢 *Passalora gotoana*（Togashi）U. Braun**（叶斑病）

拉丁异名　*Cercospora gotoana* Togashi

寄　　主　珍珠梅，华北珍珠梅。

分布范围　东北，河北、内蒙古、四川、甘肃、宁夏。

发生地点　河北：张家口市沽源县；

甘肃：白银市靖远县，兴隆山自然保护区；

宁夏：银川市兴庆区、西夏区、金凤区，吴忠市盐池县。

发生面积　139 亩

危害指数　0.3453

- **蔷薇生钉孢 *Passalora rosicola*（Pass.）U. Braun**（褐斑病）

拉丁异名　*Cercospora rosicola* Pass.

寄　　主　月季，蔷薇，周毛悬钩子。

分布范围　东北，天津、河北、内蒙古、上海、江苏、浙江、安徽、福建、河南、湖北、湖南、
广东、四川、陕西、新疆。

发生地点　上海：浦东新区；

江苏：苏州市昆山市。

- **柳杉钉孢 *Passalora sequoiae*（Ell. et Ev.）Y. L. Guo et W. H. Hsieh**（柳杉赤枯病）

拉丁异名　*Cercospora secoiae* Ell. et Ev.，*Cercospora cryptomeriae* Shirai

寄　　主　柳杉，日本柳杉，杉木，水杉，北美红杉，池杉，墨西哥落羽杉。

分布范围　华东、中南，重庆、四川、贵州、陕西。

发生地点　上海：闵行区、宝山区、嘉定区、浦东新区、金山区、松江区、青浦区、奉贤区，崇
明县；

江苏：南京市栖霞区、江宁区、六合区、溧水区，无锡市江阴市、宜兴市，徐州市邳
　　　州市，常州市溧阳市，苏州高新技术开发区、昆山市、太仓市，淮安市淮阴
　　　区、清江浦区、金湖县，盐城市大丰区、响水县、射阳县，扬州市江都区、宝
　　　应县、高邮市、邗江区、经济技术开发区，镇江市京口区，泰州市姜堰区，宿
　　　迁市泗洪县；

浙江：宁波市宁海县，温州市瓯海区、洞头区，台州市三门县、天台县；

安徽：合肥市庐阳区、包河区，芜湖市芜湖县，阜阳市颍上县；

福建：南平市延平区、松溪县；

江西：九江市九江县，吉安市新干县；

山东：枣庄市台儿庄区，聊城市阳谷县；

河南：漯河市源汇区；

湖北：武汉市东西湖区，黄冈市黄梅县，恩施土家族苗族自治州咸丰县，仙桃市、潜
　　　江市；

湖南：岳阳市华容县；

重庆：万州区、黔江区，石柱土家族自治县；

四川：成都市大邑县、崇州市，德阳市广汉市、什邡市、绵竹市，绵阳市平武县，广
　　　元市青川县，遂宁市射洪县，内江市隆昌县，乐山市沙湾区、金口河区、犍为
　　　县、夹江县、峨眉山市，南充市营山县、蓬安县、仪陇县，眉山市仁寿县、洪
　　　雅县、青神县，宜宾市南溪区、兴文县，达州市通川区、渠县，雅安市雨城
　　　区、名山区、荥经县、汉源县、石棉县、天全县、芦山县、宝兴县，巴中市巴
　　　州区、恩阳区、平昌县，阿坝藏族羌族自治州汶川县，甘孜藏族自治州泸定
　　　县，凉山彝族自治州布拖县、昭觉县、越西县；

陕西：安康市汉阴县。

发生面积　49891 亩

危害指数　0.3986

- **意大利青霉** *Penicillium italicum* **Wehmer**（柑橘青霉病）

寄　　主　苹果，橙，柑橘，中华猕猴桃。

分布范围　吉林、江苏、浙江、安徽、福建、江西、湖北、湖南、广东、广西、重庆、四川、贵
　　　　　州、陕西。

发生地点　江苏：苏州市吴中区、吴江区；

浙江：宁波市北仑区、镇海区；

福建：漳州市平和县；

湖南：永州市零陵区、冷水滩区、祁阳县、东安县、双牌县、道县、宁远县、江华瑶
　　　族自治县；

广东：肇庆市德庆县；

重庆：涪陵区、北碚区、潼南区，开县、巫溪县；

四川：自贡市贡井区、沿滩区、荣县，内江市东兴区，南充市高坪区，雅安市汉
　　　源县；

贵州：黔南布依族苗族自治州三都水族自治县；

陕西：汉中市西乡县。

发生面积　2674 亩

危害指数　0.3353

- 产紫青霉 *Penicillium purpurogenum* Stoll（石榴青霉病）

寄　　主　石榴。

分布范围　河北、江苏、安徽、山东。

- 苏铁盘多毛孢 *Pestalotia cycadis* Allesch.（苏铁叶枯病）

寄　　主　苏铁，篦齿苏铁，银杏。

分布范围　中南，河北、江苏、浙江、安徽、福建、江西、四川、贵州、陕西。

发生地点　江苏：苏州市昆山市，淮安市金湖县；

　　　　　福建：莆田市湄洲岛，南平市延平区、松溪县；

　　　　　河南：许昌市鄢陵县，南阳市卧龙区；

　　　　　湖南：益阳市桃江县；

　　　　　广东：肇庆市端州区；

　　　　　四川：攀枝花市东区、西区、盐边县，乐山市沙湾区，南充市高坪区、西充县，广安市武胜县。

发生面积　1338 亩

危害指数　0.3333

- 长毛盘多毛孢 *Pestalotia macrochaeta*（Speg.）Guba（松赤枯病）

寄　　主　华山松，油松，黑松，云南松，日本五针松，罗汉松。

分布范围　河北、浙江、湖北、四川、贵州、云南、陕西、甘肃。

发生地点　湖北：十堰市竹溪县；

　　　　　四川：广元市青川县，雅安市汉源县，阿坝藏族羌族自治州汶川县，甘孜藏族自治州康定市，凉山彝族自治州西昌市、德昌县、会东县、布拖县、冕宁县、越西县；

　　　　　云南：昆明市盘龙区、东川区、昆明市海口林场、昆明市西山林场，临沧市临翔区、永德县；

　　　　　陕西：汉中市西乡县；

　　　　　甘肃：甘南藏族自治州舟曲县。

发生面积　32690 亩

危害指数　0.3918

- 摩尔盘多毛孢 *Pestalotia maura* Ell. et Ev.（青冈灰斑病）

寄　　主　青冈。

分布范围　浙江、福建。

- 卫矛盘多毛孢 *Pestalotia planimi* Vize（冬青卫矛斑枯病）

寄　　主　冬青卫矛，革叶卫矛。

分布范围　江苏、河南、重庆、云南、陕西。

发生地点　陕西：宝鸡市金台区，宁东林业局。

发生面积　2001 亩

危害指数　0.3333

● **罗汉松盘多毛孢** *Pestalotia podocarpi* **Laughton**（罗汉松叶枯病）

寄　　主　罗汉松。

分布范围　华东，湖北、湖南、广东、广西、重庆、四川、贵州、陕西、新疆。

发生地点　上海：浦东新区，崇明县；

　　　　　江苏：南京市浦口区，无锡市滨湖区、宜兴市，常州市武进区，苏州高新区、太仓市；

　　　　　浙江：杭州市萧山区，宁波市江北区、北仑区、镇海区、鄞州区，嘉兴市嘉善县，舟山市嵊泗县；

　　　　　安徽：芜湖市芜湖县；

　　　　　福建：龙岩市永定区、连城县；

　　　　　江西：南昌市南昌县，萍乡市开发区，九江市九江县，新余市分宜县；

　　　　　湖南：长沙市五区、望城区、长沙县，岳阳市临湘市，益阳市南县，永州市双牌县，湘西土家族苗族自治州保靖县、永顺县；

　　　　　广东：深圳市龙岗区，佛山市南海区，肇庆市鼎湖区、高要区，惠州市惠城区，汕尾市陆河县、陆丰市，河源市龙川县，云浮市新兴县；

　　　　　重庆：黔江区；

　　　　　四川：成都市温江区，德阳市广汉市，内江市东兴区、隆昌县，南充市蓬安县。

发生面积　30880 亩

危害指数　0.3609

● **黑杨盘多毛孢** *Pestalotia populi-nigrae* **Sawada et K. Iot**（杨轮纹病）

寄　　主　山杨，钻天杨，小叶杨。

分布范围　河北、山西、辽宁、上海、江苏、江西、山东、河南、青海。

发生地点　山西：晋中市左权县；

　　　　　山东：菏泽市定陶区、郓城县。

发生面积　990 亩

危害指数　0.3401

● **球果生盘多毛孢** *Pestalotia strobilicola* **Speg.**（松黑点枯叶病）

寄　　主　冷杉，黑松，油松。

分布范围　辽宁、吉林、安徽、福建、山东、湖北、四川、陕西。

发生地点　山东：泰安市宁阳县；

　　　　　四川：甘孜藏族自治州新龙林业局。

● **烟色拟盘多毛孢** *Pestalotiopsis adusta*（**Ell. et Ev.**）**Stey**（斑枯病）

拉丁异名　*Pestalotia adusta* Ell. et Ev.

寄　　主　银杏，山桃，梅，沙梨，枫香，高山榕，中华猕猴桃，圆叶乌桕，重阳木。

分布范围　辽宁、上海、江苏、浙江、福建、江西、湖南、广东、广西、海南、重庆、四川、云南。

发生地点　江苏：苏州市昆山市；

福建：南平市延平区；

重庆：彭水苗族土家族自治县；

四川：南充市嘉陵区、仪陇县，巴中市巴州区。

发生面积　111亩

危害指数　0.3333

- **顶枯拟盘多毛孢** *Pestalotiopsis apiculatus*（**Huang**）**Huang**（**杉木顶枯病**）

拉丁异名　*Pestalotia apiculata* Huang

寄　　主　杉木。

分布范围　江苏、浙江、安徽、福建、江西、湖北、湖南、广东、广西、重庆、四川、贵州、云南、陕西。

发生地点　江苏：镇江市句容市；

福建：三明市尤溪县，泉州市永春县，南平市松溪县，龙岩市上杭县，福州国家森林公园；

江西：景德镇市昌江区，吉安市永新县，宜春市靖安县；

湖北：太子山林场；

湖南：衡阳市常宁市，邵阳市隆回县，岳阳市岳阳县、汨罗市，常德市汉寿县，益阳市桃江县，郴州市嘉禾县，永州市零陵区、祁阳县、宁远县、蓝山县，怀化市麻阳苗族自治县，湘西土家族苗族自治州保靖县；

广东：韶关市始兴县、翁源县、新丰县，深圳市龙岗区、大鹏新区，佛山市三水区，肇庆市德庆县，河源市龙川县、连平县、和平县，清远市清城区、清新区，东莞市，云浮市云安区、云浮市属林场；

广西：梧州市岑溪市；

重庆：北碚区，城口县、武隆区；

四川：自贡市贡井区，德阳市绵竹市，绵阳市平武县，广元市青川县，内江市威远县，乐山市金口河区，宜宾市兴文县，达州市通川区，雅安市雨城区、荥经县、汉源县，巴中市通江县，甘孜藏族自治州泸定县、得荣县；

贵州：黔东南苗族侗族自治州黎平县；

云南：红河哈尼族彝族自治州元阳县，文山壮族苗族自治州广南县。

发生面积　19583亩

危害指数　0.4039

- **短毛拟盘多毛孢** *Pestalotiopsis breviseta*（**Sacc.**）**Stey**（**柿灰斑病**）

拉丁异名　*Pestalotia breviseta* Sacc.

寄　　主　蒙古栎，板栗，苹果，沙梨，紫荆，冬青卫矛，柿。

分布范围　河北、山西、上海、江苏、浙江、安徽、江西、山东、河南、广西、四川、云南、陕西。

发生地点　山西：运城市永济市；

上海：浦东新区；

江苏：盐城市建湖县；

山东：菏泽市定陶区；

河南：许昌市襄城县；

四川：乐山市金口河区、犍为县，甘孜藏族自治州得荣县；

陕西：宝鸡市金台区，渭南市华阴市。

发生面积　6880 亩

危害指数　0.3580

● 广布拟盘多毛孢 *Pestalotiopsis disseminate*（**Thüm.**）**Stey**（灰斑病）

拉丁异名　*Pestalotia disseminate* Thüm.

寄　　主　华山松，罗汉松，番石榴，紫薇，大叶桉，蓝桉。

分布范围　上海、江苏、浙江、河南、广东、广西、海南、四川、云南。

发生地点　广东：云浮市属林场；

四川：遂宁市射洪县。

发生面积　322 亩

危害指数　0.3333

● 枇杷叶拟盘多毛孢 *Pestalotiopsis eriobotrifolia*（**Guba**）**Chen et Cao**（枇杷灰斑病）

拉丁异名　*Pestalotia eriobotrifolia* Guba

寄　　主　枇杷。

分布范围　安徽、福建、广东。

● 污斑拟盘多毛孢 *Pestalotiopsis foedans*（**Sacc. et Ell.**）**Stey**（落羽杉赤枯病）

拉丁异名　*Pestalotia foedans* Sacc. et Ell.

寄　　主　三尖杉，柳杉，落羽杉，墨西哥落羽杉，水杉，罗汉松。

分布范围　上海、江苏、福建、江西、河南、湖北、湖南、广西、四川、贵州、云南、陕西。

发生地点　上海：宝山区、嘉定区、松江区、青浦区、奉贤区；

江苏：南京市、江宁区，淮安市盱眙县，泰州市泰兴市。

发生面积　327 亩

危害指数　0.7492

● 枯斑拟盘多毛孢 *Pestalotiopsis funerea*（**Desm.**）**Stey**（松柏赤枯病）

拉丁异名　*Pestalotia funerea* Desm.

寄　　主　雪松，红杉，华山松，湿地松，思茅松，马尾松，油松，火炬松，黑松，云南松，辐射松，加勒比松，金钱松，罗汉松，铁杉，柳杉，杉木，水杉，柏木，美国扁柏，侧柏，圆柏，高山柏，崖柏，枇杷，三角槭，卫矛，黄心卫矛。

分布范围　全国。

发生地点　山西：晋城市陵川县，晋中市左权县，运城市永济市；

内蒙古：通辽市科尔沁左翼后旗；

江苏：无锡市江阴市，常州市溧阳市，盐城市阜宁县，扬州市江都区、高邮市，泰州市姜堰区；

浙江：台州市天台县；

安徽：合肥市庐阳区；

福建：三明市尤溪县、将乐县、泰宁县，泉州市永春县、晋江市，漳州市云霄县、南靖县，南平市延平区、光泽县，龙岩市长汀县、上杭县、连城县；

江西：南昌市南昌县、安义县，景德镇市昌江区、枫树山林场，萍乡市莲花县、上栗县，九江市濂溪区、都昌县、湖口县、瑞昌市，新余市分宜县，赣州市南康区、经济技术开发区、安远县、龙南县、会昌县、寻乌县，吉安市青原区、新干县、永新县，宜春市樟树市、高安市，上饶市上饶县、铅山县、婺源县、德兴市、安福县、南城县；

河南：洛阳市孟津县、宜阳县，平顶山市舞钢市，信阳市浉河区；

湖北：黄石市西塞山区、阳新县、大冶市，十堰市郧阳区、丹江口市，襄阳市襄州区、南漳县、枣阳市，荆州市松滋市，黄冈市黄梅县、麻城市，恩施土家族苗族自治州利川市、太子山林场；

湖南：长沙市浏阳市，株洲市醴陵市，湘潭市湘潭县、湘乡市，邵阳市隆回县，岳阳市君山区、岳阳县、汨罗市，郴州市宜章县、安仁县、资兴市，永州市零陵区、宁远县，怀化市辰溪县、麻阳苗族自治县、新晃侗族自治县，湘西土家族苗族自治州花垣县、保靖县、龙山县；

广东：韶关市始兴县、新丰县，深圳市大鹏新区，江门市台山市，湛江市遂溪县，肇庆市鼎湖区、高要区、德庆县、四会市，梅州市兴宁市，汕尾市陆河县、陆丰市、汕尾市属林场，河源市龙川县、连平县、和平县，清远市佛冈县、阳山县、连州市，东莞市，中山市，云浮市云城区、云安区、新兴县、云浮市属林场；

广西：南宁市武鸣区、宾阳县、横县，柳州市融安县，桂林市雁山区、兴安县、永福县、龙胜各族自治县，梧州市万秀区，北海市合浦县，防城港市上思县、东兴市，钦州市钦南区、钦北区、灵山县、浦北县、钦州市三十六曲林场，贵港市港北区、港南区、覃塘区、桂平市，玉林市福绵区、陆川县、博白县、兴业县、北流市，百色市田阳县，贺州市平桂区、八步区、钟山县，河池市金城江区、南丹县、凤山县、东兰县、罗城仫佬族自治县、环江毛南族自治县、巴马瑶族自治县、都安瑶族自治县、大化瑶族自治县、宜州区，来宾市兴宾区、象州县、金秀瑶族自治县，崇左市江州区、宁明县、天等县，良凤江森林公园、派阳山林场、博白林场、雅长林场；

重庆：万州区、涪陵区、北碚区、渝北区、巴南区、黔江区、合川区、南川区、潼南区、荣昌区、城口县、武隆区、开县、云阳县、奉节县、巫山县、巫溪县、秀山土家族苗族自治县、彭水苗族土家族自治县；

四川：成都市双流区、大邑县、都江堰市、简阳市，自贡市贡井区，攀枝花市仁和区、米易县、盐边县、普威局，泸州市江阳区、古蔺县，德阳市广汉市，绵阳市涪城区、安州区、平武县、江油市，广元市利州区、昭化区、朝天区、旺苍县、青川县、苍溪县，遂宁市船山区、蓬溪县、射洪县，内江市隆昌县，南充市顺庆区、嘉陵区、营山县、蓬安县、仪陇县、阆中市，眉山市东坡区、彭山区、仁寿县、洪雅县、丹棱县、青神县，宜宾市长宁县、兴文县，广安市邻水县，达州市通川区、开江县，雅安市汉源县、石棉县，巴中市巴州区、恩阳区、通江县、南江县、平昌县，资阳市安岳县，阿坝藏族羌族自治州汶川县、理县、九寨沟县、小金县、黑水县、壤塘县，甘孜藏族自治州康定市、丹巴县、九龙县、白玉县、理塘县、巴塘县、乡城县、稻城县、得荣县、丹巴林业局，凉山彝族自治州西昌市、木里藏族自治县、盐源县、德昌县、会理县、会东县、宁南县、普格县、布拖县、昭觉县、喜德县、木里局、雷波局、凉北局；

贵州：贵阳市南明区、白云区、贵阳经济技术开发区，遵义市汇川区、播州区、习水县，安顺市西秀区，铜仁市思南县、印江土家族苗族自治县、沿河土家族自治县，黔东南苗族侗族自治州锦屏县、榕江县，黔南布依族苗族自治州福泉市、都匀经济开发区、荔波县、贵定县、平塘县、罗甸县、惠水县、三都水族自治县；

云南：昆明市呈贡区、经济技术开发区、倘甸产业园区，曲靖市经济开发区，保山市施甸县，昭通市镇雄县，丽江市玉龙纳西族自治县，楚雄彝族自治州楚雄市、南华县、大姚县、武定县，文山壮族苗族自治州富宁县，西双版纳傣族自治州勐海县，安宁市；

西藏：林芝市巴宜区；

陕西：宝鸡市金台区，安康市平利县，杨陵区；

甘肃：庆阳市华池县、正宁县、镇原县，小陇山林业实验管理局。

发生面积　1666311 亩

危害指数　0.3909

● 斑污拟盘多毛孢 *Pestalotiopsis maculans*（A. C. J. Corda）T. R. Nag Raj（茶叶斑病，杉木缩顶病）

拉丁异名　*Pestalotiopsis guepinii*（Desm.）Stey.

寄　　主　杉木，山楂，月季，杜仲，黄檗，中华猕猴桃，山茶。

分布范围　华东、中南、北京、河北、辽宁、重庆、四川、贵州、云南、新疆。

发生地点　江苏：苏州市昆山市；

福建：南平市延平区、松溪县、政和县；

江西：赣州市大余县；

湖南：岳阳市华容县；

广东：韶关市南雄市；

四川：绵阳市平武县，雅安市石棉县。

发生面积　310 亩

危害指数　0.3387

● 杧果拟盘多毛孢 *Pestalotiopsis mangiferae*（P. Henn）Stey（杧果灰斑病）

拉丁异名　*Pestalotia mangiferae* P. Henn

寄　　主　杧果，西米棕。

分布范围　福建、广东、四川、云南。

- **疏忽拟盘多毛孢** *Pestalotiopsis neglecta*（Thüm.）Stey（叶斑病）

寄　　主　枇杷，冬青卫矛，蒲葵。

分布范围　河北、江苏、浙江、福建、江西、湖南、广东、广西、四川、云南、陕西。

- **棕榈拟盘多毛孢** *Pestalotiopsis palmarum*（Cke.）Stey.（棕榈叶斑病）

寄　　主　南洋杉，油茶，巨尾桉，椰子，油棕，棕榈，鱼尾葵，蒲葵。

分布范围　江苏、浙江、安徽、福建、湖北、广东、广西、海南、四川、云南。

发生地点　福建：泉州市安溪县、永春县；

　　　　　广西：贵港市平南县，玉林市博白县；

　　　　　海南：昌江黎族自治县；

　　　　　四川：内江市东兴区。

发生面积　936 亩

危害指数　0.3333

- **石楠拟盘多毛孢** *Pestalotiopsis photiniae*（Thüm.）Y. X. Chen（石楠轮纹病）

拉丁异名　*Pestalotia photiniae* Thüm.

寄　　主　闽楠，中华石楠，石楠。

分布范围　华东，河南、湖北、湖南、广西、陕西。

发生地点　上海：浦东新区、青浦区、奉贤区；

　　　　　江苏：淮安市清江浦区、金湖县，扬州市江都区、宝应县，泰州市姜堰区；

　　　　　浙江：宁波市北仑区；

　　　　　福建：漳州市平和县；

　　　　　河南：郑州市中原区、新郑市，平顶山市舞钢市，许昌市禹州市、长葛市；

　　　　　湖北：荆州市沙市区；

　　　　　湖南：岳阳市汨罗市。

发生面积　964 亩

危害指数　0.3479

- **杜鹃花拟盘多毛孢** *Pestalotiopsis rhododendri*（Guba）Y. X. Chen（杜鹃叶斑病）

拉丁异名　*Pestalotia rhododendri* Guba

寄　　主　杜鹃，贝母兰，满山红，小果南烛。

分布范围　江苏、浙江、安徽、福建、湖南、广西、重庆、四川、贵州、云南、陕西。

发生地点　江苏：南京市浦口区，无锡市锡山区，常州市天宁区、钟楼区、新北区；

　　　　　浙江：宁波市北仑区、镇海区，台州市椒江区、三门县；

　　　　　安徽：芜湖市繁昌县、无为县；

　　　　　福建：南平市延平区；

　　　　　湖南：湘西土家族苗族自治州古丈县；

　　　　　重庆：江北区；

四川：宜宾市宜宾县，阿坝藏族羌族自治州九寨沟县、小金县、黑水县，甘孜藏族自治州康定市、泸定县、新龙县、白玉县、色达县、理塘县、巴塘县、乡城县、得荣县，凉山彝族自治州盐源县、德昌县、会东县、金阳县、昭觉县。

发生面积　110545 亩

危害指数　0.3997

- **肿瘤状拟盘多毛孢 *Pestalotiopsis scirrofaciens*（N. A. Brown）Y. X. Chen**（桂花叶斑病）

拉丁异名　*Pestalotia scirrofaciens* N. A. Brown

寄　　主　木犀，人心果。

分布范围　上海、浙江、广东、广西、重庆、云南。

发生地点　上海：宝山区；

重庆：垫江县。

- **白井拟盘多毛孢 *Pestalotiopsis shiraiana*（P. Henn）Y. X. Chen**（杉木赤枯病）

拉丁异名　*Pestalotia shiraiana* P. Henn

寄　　主　柳杉，杉木，三尖杉，南方红豆杉，侧柏，圆柏。

分布范围　华东，湖北、湖南、广东、广西、重庆、四川、贵州、云南、陕西。

发生地点　江苏：镇江市句容市；

福建：三明市尤溪县，泉州市永春县，南平市松溪县，龙岩市上杭县；

江西：景德镇市昌江区，吉安市永新县，宜春市靖安县；

湖北：太子山林场；

湖南：衡阳市常宁市，邵阳市隆回县，岳阳市岳阳县、汨罗市，常德市汉寿县，益阳市桃江县，郴州市嘉禾县，永州市零陵区、祁阳县、宁远县、蓝山县，怀化市麻阳苗族自治县，湘西土家族苗族自治州保靖县；

广东：韶关市始兴县、翁源县、新丰县，深圳市龙岗区、大鹏新区，佛山市三水区，肇庆市德庆县，河源市龙川县、连平县、和平县，清远市清城区、清新区，东莞市，云浮市云安区、云浮市属林场；

广西：梧州市岑溪市；

重庆：北碚区，城口县、武隆区；

四川：自贡市贡井区，德阳市绵竹市，绵阳市平武县，广元市青川县，内江市威远县，乐山市金口河区，宜宾市兴文县，达州市通川区，雅安市雨城区、荥经县、汉源县，巴中市通江县，甘孜藏族自治州泸定县、得荣县；

云南：红河哈尼族彝族自治州元阳县，文山壮族苗族自治州广南县。

发生面积　19053 亩

危害指数　0.4059

- **中国拟盘多毛孢 *Pestalotiopsis sinensis*（Shen）P. L. Zhu, Ge et T. Xu**（银杏灰枯病）

拉丁异名　*Pestalotia ginkgo* Hori

寄　　主　银杏，板栗。

分布范围　华东、中南，北京、河北、辽宁、重庆、四川、贵州、云南、陕西、宁夏。

发生地点　北京：丰台区、大兴区；

辽宁：大连市甘井子区；

上海：宝山区、嘉定区、浦东新区；

江苏：南京市江宁区、六合区、溧水区、高淳区，无锡市江阴市，苏州市常熟市，南通市海安县，淮安市淮阴区、清江浦区、洪泽区、盱眙县、金湖县，盐城市射阳县，扬州市宝应县，宿迁市宿城区；

浙江：金华市东阳市，台州市黄岩区；

安徽：合肥市庐阳区；

福建：三明市尤溪县，南平市延平区；

江西：吉安市新干县；

山东：青岛市即墨市、莱西市，莱芜市钢城区；

河南：平顶山市舞钢市，许昌市襄城县，漯河市源汇区；

广东：佛山市禅城区；

重庆：万州区、涪陵区、大渡口区、江北区、南岸区、合川区、万盛经济技术开发区、梁平区、城口县、丰都县、武隆区、忠县、奉节县、巫溪县、彭水苗族土家族自治县；

四川：成都市大邑县、都江堰市、崇州市，自贡市贡井区、沿滩区、荣县，绵阳市梓潼县、平武县，内江市市中区、东兴区、威远县、资中县、隆昌县，乐山市犍为县，南充市顺庆区、营山县、蓬安县、仪陇县，宜宾市南溪区、宜宾县、筠连县、兴文县，达州市开江县，雅安市名山区、荥经县、汉源县，巴中市巴州区、恩阳区、平昌县，资阳市雁江区，阿坝藏族羌族自治州汶川县；

宁夏：吴忠市盐池县。

发生面积　16237 亩

危害指数　0.3530

- **拟盘多毛孢一种 *Pestalotiopsis* sp.**（红豆树轮纹斑病）

寄　　主　红豆树。

分布范围　福建。

- **茶拟盘多毛孢 *Pestalotiopsis theae*（Sawada）Stey**（茶轮斑病）

拉丁异名　*Pestalotia theae* Sawada

寄　　主　山茶，油茶，茶，栀子。

分布范围　华东、中南，四川、贵州、云南、陕西。

发生地点　浙江：宁波市江北区、北仑区、镇海区；

　　　　　福建：泉州市永春县；

　　　　　广东：云浮市云安区、云浮市属林场。

发生面积　366 亩

危害指数　0.3333

- **土杉拟盘多毛孢 *Pestalotiopsis zahlbruckneriana*（Bers.）P. L. Zhu, Ge et T. Xu**（竹柏叶尖枯病）

寄　　主　竹柏，白皮松，马尾松，罗汉松，油松，黑松，三角槭，鸡爪槭。

分布范围　辽宁、上海、江苏、浙江、福建、江西、河南、湖北、广东、广西、四川、贵州。

- **葡萄色链格孢** *Phaeoramularia dissiliens*（Duby）Deighton（褐斑病）

拉丁异名　*Cercospora roesleri*（Catt.）Sacc.

寄　　主　葡萄，小果野葡萄。

分布范围　北京、河北、山西、上海、安徽、山东、陕西、新疆。

发生地点　上海：松江区。

- **桉壳褐针孢** *Phaeoseptoria eucalypti* Hansf.（桉树紫斑病）

寄　　主　赤桉，柠檬桉，窿缘桉，蓝桉，直杆蓝桉，大叶桉，细叶桉，巨桉，巨尾桉，雷林桉
　　　　　1号，雷林桉33号，柳窿桉，尾叶桉。

分布范围　福建、江西、湖南、广东、广西、海南、重庆、四川、云南。

发生地点　福建：厦门市集美区、同安区、翔安区，泉州市鲤城区、洛江区、泉港区、惠安县、
　　　　　安溪县、南安市、泉州台商投资区，漳州市云霄县、漳浦县、东山县、南靖
　　　　　县、龙海市、漳州台商投资区，南平市延平区，龙岩市永定区、经济开发区，
　　　　　福州国家森林公园；

　　　　　江西：赣州市安远县；

　　　　　湖南：邵阳市隆回县，郴州市嘉禾县；

　　　　　广东：韶关市始兴县、仁化县、翁源县、新丰县，深圳市龙岗区、大鹏新区，湛江市
　　　　　廉江市，茂名市茂南区，肇庆市怀集县，惠州市惠阳区、惠东县，汕尾市属林
　　　　　场，河源市源城区、紫金县、龙川县、连平县、东源县，清远市清新区、佛冈
　　　　　县，东莞市，云浮市云安区、郁南县、罗定市；

　　　　　广西：南宁市江南区、西乡塘区、良庆区、邕宁区、武鸣区、经济技术开发区、隆安
　　　　　县、马山县、上林县、宾阳县、横县，柳州市融安县，桂林市雁山区、阳朔
　　　　　县、兴安县、荔浦县，梧州市万秀区、长洲区、龙圩区、藤县、岑溪市，北海
　　　　　市海城区、银海区、铁山港区、合浦县，防城港市港口区、防城区、上思县、
　　　　　东兴市，钦州市钦南区、钦北区、钦州港、灵山县、浦北县、钦州市三十六曲
　　　　　林场，贵港市港北区、港南区、覃塘区、平南县、桂平市，玉林市玉州区、福
　　　　　绵区、容县、陆川县、博白县、兴业县、北流市、玉林市大容山林场，百色市
　　　　　德保县、乐业县，贺州市平桂区、八步区、昭平县、钟山县，河池市金城江
　　　　　区、南丹县、天峨县、凤山县、东兰县、罗城仫佬族自治县、环江毛南族自治
　　　　　县、巴马瑶族自治县、都安瑶族自治县、大化瑶族自治县、宜州区，来宾市兴
　　　　　宾区、忻城县、象州县、武宣县、金秀瑶族自治县，崇左市江州区、扶绥县、
　　　　　宁明县、龙州县、大新县、天等县、凭祥市，高峰林场、七坡林场、良凤江森
　　　　　林公园、东门林场、派阳山林场、钦廉林场、维都林场、黄冕林场、大桂山林
　　　　　场、六万林场、博白林场、雅长林场、热带林业实验中心；

　　　　　海南：海口市秀英区、美兰区，儋州市、五指山市、文昌市、万宁市、定安县、澄迈
　　　　　县、昌江黎族自治县、保亭黎族苗族自治县；

　　　　　重庆：涪陵区、渝北区、合川区、潼南区、丰都县；

　　　　　四川：成都市双流区、大邑县、蒲江县、邛崃市，自贡市自流井区、贡井区、沿滩
　　　　　区，攀枝花市西区、仁和区、盐边县，泸州市江阳区、泸县，德阳市中江县、
　　　　　广汉市，绵阳市涪城区，广元市苍溪县，内江市市中区、东兴区、威远县、资

中县、隆昌县，乐山市市中区、犍为县、夹江县，眉山市东坡区、彭山区、仁寿县、丹棱县、青神县，宜宾市翠屏区、南溪区、高县、兴文县，广安市武胜县，达州市渠县，雅安市名山区，资阳市雁江区、安岳县，凉山彝族自治州盐源县、宁南县、喜德县、冕宁县；

云南：昆明市经济技术开发区、倘甸产业园区，玉溪市红塔区、元江哈尼族彝族傣族自治县，普洱市景谷傣族彝族自治县，临沧市临翔区、永德县、镇康县、耿马傣族佤族自治县，红河哈尼族彝族自治州元阳县，文山壮族苗族自治州富宁县，安宁市。

发生面积　460701 亩

危害指数　0.4114

- **柳杉茎点霉** *Phoma cryptomeriae* **Kasai**（柳杉叶斑病）

寄　　主　柳杉，日本柳杉，杉木。

分布范围　江苏、浙江、安徽、江西、河南、四川。

发生地点　四川：雅安市汉源县。

- **柿茎点霉** *Phoma diospyri* **Sacc.**（柿褐斑病）

寄　　主　柿。

分布范围　浙江、江西、山东、河南、湖北、湖南、重庆、四川、云南、陕西。

发生地点　浙江：台州市三门县、天台县；

山东：聊城市东昌府区、东阿县；

河南：三门峡市陕州区；

重庆：城口县；

四川：南充市蓬安县，甘孜藏族自治州得荣县；

云南：文山壮族苗族自治州文山市。

发生面积　935 亩

危害指数　0.3333

- **桉茎点霉** *Phoma eucalyptica*（**Thüm.**）**Sacc.**（桉树溃疡病）

寄　　主　赤桉，柠檬桉，大叶桉，细叶桉，巨桉，巨尾桉，尾叶桉。

分布范围　福建、江西、广东、广西、海南、重庆、四川、云南。

发生地点　福建：泉州市安溪县，南平市延平区；

广东：韶关市始兴县，佛山市南海区，肇庆市德庆县，云浮市云安区、云浮市属林场；

广西：南宁市良庆区、邕宁区、武鸣区、隆安县、马山县、上林县、宾阳县，柳州市城中区、柳江区、柳东新区、鹿寨县，桂林市象山区、七星区、临桂区、阳朔县、永福县、平乐县、荔浦县，梧州市万秀区、长洲区、龙圩区、藤县、蒙山县、岑溪市，北海市银海区、铁山港区、合浦县，防城港市防城区、东兴市，钦州市钦南区、钦北区、钦州港、灵山县、三十六曲林场，贵港市港南区、覃塘区、平南县、桂平市，玉林市福绵区、博白县、兴业县、北流市、大容山林场，贺州市八步区、昭平县，河池市金城江区、南丹县、东兰县、罗城仫佬族自治县、环江毛南族自治县、巴马瑶族自治县、大化瑶族自治县、宜州区，来宾市兴宾区、忻城县、象州县、武宣县、金秀瑶族自治县，崇左市江州区、宁明县、天等县、凭祥市，七坡林场、良凤江森林公园、派阳山林场、钦廉林场、维都林场、黄冕林场、博白林场、雅长林场、热带林业实验中心；

海南：海口市龙华区、琼山区，东方市、定安县、澄迈县、白沙黎族自治县、乐东黎族自治县、陵水黎族自治县、保亭黎族苗族自治县；

重庆：渝北区；

四川：自贡市大安区，攀枝花市西区、仁和区；

云南：普洱市澜沧拉祜族自治县，楚雄彝族自治州楚雄市、双柏县、武定县。

发生面积　174652 亩

危害指数　0.4279

- 苹果茎点霉 *Phoma pomi* Pass. （苹果枝枯病）

有　性　型　*Mycosphaerella pomi*（Pass.）Lind.

寄　　　主　山楂，苹果，楸子。

分布范围　东北，山西、山东、河南、湖北、陕西、甘肃、宁夏。

发生地点　山西：大同市天镇县，晋中市灵石县；

陕西：榆林市吴堡县；

甘肃：白银市靖远县；

宁夏：石嘴山市大武口区、惠农区。

发生面积　976 亩

危害指数　0.3333

- 茎点霉一种 *Phoma* sp. （无患子叶枯病）

寄　　　主　无患子。

分布范围　上海、福建。

发生地点　上海：宝山区、奉贤区；

福建：南平市延平区。

- 栗拟茎点霉 *Phomopsis castaneae*（Sacc.）Höhn. （板栗叶枯病）

寄　　　主　板栗。

分布范围　福建、广东。

- 桂圆拟茎点霉 *Phomopsis guiyuan* C. F. Zhang et P. K. Chi （龙眼叶枯病，荔枝叶枯病）

寄　　　主　龙眼，荔枝。

分布范围　福建、广东。

- 桧柏拟茎点霉 *Phomopsis juniperovora* Höhn. （铅笔柏枯梢病）

寄　　　主　柏木，圆柏，北美圆柏，崖柏。

分布范围　上海、江苏、安徽、福建、湖北、重庆、四川。

发生地点　重庆：潼南区；

四川：广安市武胜县，巴中市恩阳区，甘孜藏族自治州雅江县。

- 龙眼拟茎点霉 *Phomopsis longanae* P. K. Chi et Z. P. Jiang（龙眼叶枯病，荔枝叶枯病）

  寄　　主　龙眼，荔枝。

  分布范围　福建、广东。

- 大孢拟茎点霉 *Phomopsis macrospora* Kobay et Chiba（杨树拟茎点溃疡病）

  寄　　主　山杨，小钻杨。

  分布范围　辽宁、安徽。

- 拟茎点霉一种 *Phomopsis* sp.（女贞灰斑病）

  寄　　主　女贞。

  分布范围　上海。

  发生地点　上海：青浦区。

- 金合欢生叶点霉 *Phyllosticta acaciicola* P. Henn（相思叶枯病）

  寄　　主　耳叶相思，台湾相思，马占相思。

  分布范围　江苏、福建、广东、四川。

  发生地点　福建：泉州市晋江市，漳州市漳浦县；

  　　　　　广东：深圳市大鹏新区，汕头市龙湖区，云浮市云城区、云浮市属林场；

  　　　　　四川：攀枝花市东区、仁和区。

  发生面积　15602 亩

  危害指数　0.3412

- 槭叶点霉 *Phyllosticta aceris* Sacc.（槭叶斑病）

  拉丁异名　*Ascochyta aceris* Sacc.

  寄　　主　三角槭，桦叶槭，鸡爪槭，巴山槭。

  分布范围　辽宁、吉林、上海、浙江、陕西。

  发生地点　陕西：宝鸡市金台区。

  发生面积　3000 亩

  危害指数　0.3333

- 臭椿叶点霉 *Phyllosticta ailanthi* Sacc.（臭椿叶斑病）

  寄　　主　臭椿。

  分布范围　河北、辽宁、江苏、河南、湖北、四川、陕西、新疆。

  发生地点　四川：绵阳市游仙区，宜宾市兴文县，阿坝藏族羌族自治州汶川县；

  　　　　　陕西：汉中市西乡县；

  　　　　　新疆：吐鲁番市高昌区、鄯善县。

- 胡颓子叶点霉 *Phyllosticta argyrea* Speg.（胡枝子叶斑病）

  寄　　主　胡颓子，沙枣，杜仲。

  分布范围　辽宁、上海、江苏、浙江、安徽、山东、河南、四川、陕西。

  发生地点　上海：嘉定区、浦东新区、松江区，崇明县；

  　　　　　江苏：苏州市太仓市；

浙江：台州市三门县；

四川：南充市蓬安县。

● **竹叶点霉** *Phyllosticta bambusina* **Speg.** （竹叶斑病）

寄　　主　毛金竹，毛竹。

分布范围　江苏、福建。

● **羊蹄甲叶点霉** *Phyllosticta bauhiniae* **Cooke** （叶斑病）

寄　　主　羊蹄甲。

分布范围　福建、广东。

● **桤叶点霉** *Phyllosticta bellunensis* **Marti** （桤木叶斑病）

寄　　主　桤木，赤杨，榆树，春榆。

分布范围　内蒙古、辽宁、黑龙江、湖南、四川。

发生地点　四川：攀枝花市米易县，南充市营山县，凉山彝族自治州会东县、昭觉县。

发生面积　863 亩

危害指数　0.3333

● **贝尔特叶点霉** *Phyllosticta beltranii* **Penz.** （柑橘圆斑病）

寄　　主　文旦柚，柑橘，香橼。

分布范围　福建、湖南、广西、四川、陕西。

发生地点　福建：泉州市永春县；

湖南：永州市回龙圩管理区；

四川：南充市营山县。

发生面积　4912 亩

危害指数　0.3849

● **小檗叶点霉** *Phyllosticta berberidis* **Rabenh.** （十大功劳叶斑病）

寄　　主　小檗，十大功劳。

分布范围　华东，河北、辽宁、吉林、湖北、湖南、广东、广西、四川、云南。

发生地点　上海：浦东新区；

江苏：南京市高淳区，常州市天宁区、钟楼区、新北区，淮安市金湖县；

浙江：宁波市宁海县，台州市三门县；

湖南：湘西土家族苗族自治州保靖县；

广东：云浮市云安区；

广西：玉林市陆川县；

四川：成都市青白江区，南充市仪陇县，巴中市巴州区，阿坝藏族羌族自治州汶
川县。

发生面积　839 亩

危害指数　0.3743

● **茶叶点霉** *Phyllosticta camelliae* **Westd.** （茶褐斑病）

拉丁异名　*Phyllosticta camelliaecola* Brun.

寄　　主　山茶，滇山茶。

分布范围　辽宁、浙江、福建、广东、重庆、云南。

发生地点　重庆：石柱土家族自治县。

● **假桄榔叶点霉** *Phyllosticta caryotae* **Shen**（鱼尾葵黑斑病）

寄　　主　鱼尾葵，蒲葵。

分布范围　江苏、福建、湖南、广东。

● **梓叶点霉** *Phyllosticta catalpae* **Ell. et Martin**（梓树叶斑病）

寄　　主　梓，楸，黄金树。

分布范围　辽宁、吉林、江苏、山东、四川、西藏。

发生地点　江苏：苏州市昆山市；

　　　　　四川：自贡市沿滩区。

● **绿孢叶点霉** *Phyllosticta chlorospora* **McAlp.**（葡萄斑点病）

寄　　主　葡萄，垂枝杏。

分布范围　河北、吉林、山东、陕西。

发生地点　河北：石家庄市井陉县，邢台市柏乡县；

　　　　　山东：济南市商河县，菏泽市定陶区。

发生面积　169 亩

危害指数　0.3333

● **樟树叶点霉** *Phyllosticta cinnamomi* **Delacvoix.**（樟树叶斑病）

寄　　主　猴樟，阴香，樟树，肉桂，天竺桂，油樟。

分布范围　上海、江苏、浙江、安徽、福建、江西、湖北、湖南、广东、四川、贵州、陕西。

发生地点　福建：漳州市东山县；

　　　　　江西：赣州市安远县，吉安市泰和县；

　　　　　湖南：怀化市麻阳苗族自治县；

　　　　　广东：韶关市新丰县，佛山市禅城区、南海区；

　　　　　四川：自贡市贡井区、沿滩区、荣县，泸州市泸县，内江市市中区、威远县、隆昌县，乐山市犍为县，南充市仪陇县，宜宾市南溪区，巴中市巴州区，资阳市雁江区。

发生面积　2521 亩

危害指数　0.3426

● **穿孔叶点霉** *Phyllosticta circumscissa* **Cooke**（核果穿孔病）

拉丁异名　*Phyllosticta persicae* Sacc.

寄　　主　山杏，李，桃，山桃，寿星桃，碧桃，樱桃，梅。

分布范围　北京、河北、辽宁、吉林、安徽、福建、江西、山东、河南、湖南、四川、陕西、青海。

发生地点　青海：西宁市城西区。

- **蓟叶点霉 *Phyllosticta cirsii* Desm.** （阴香斑点病）

  寄　　主　猴樟，阴香，樟树，天竺桂，油樟。

  分布范围　江苏、福建、江西、湖北、广东、广西、重庆、四川、贵州、陕西。

  发生地点　江苏：苏州高新区、常熟市；

  　　　　　福建：南平市延平区；

  　　　　　广东：深圳市龙岗区，肇庆市德庆县，河源市龙川县、和平县，云浮市云安区、云浮市属林场；

  　　　　　四川：成都市大邑县，自贡市自流井区。

  发生面积　261 亩

  危害指数　0.4610

- **山楂生叶点霉 *Phyllosticta crataegicola* Sacc.** （山楂叶斑病）

  寄　　主　山楂，野山楂。

  分布范围　河北、辽宁、吉林、上海、安徽、山东、云南、陕西。

  发生地点　河北：石家庄市晋州市；

  　　　　　上海：奉贤区；

  　　　　　山东：青岛市即墨市、莱西市，莱芜市莱城区、钢城区。

  发生面积　4473 亩

  危害指数　0.3333

- **游散叶点霉 *Phyllosticta erratica* Ell. et Ev.** （油茶褐斑病）

  寄　　主　金橘，柑橘，沙梨，秋子梨，山茶，油茶，茶，金花茶。

  分布范围　江苏、福建、江西、河南、湖北、湖南、广东、广西、重庆、四川、贵州、陕西、甘肃。

  发生地点　江苏：苏州市昆山市；

  　　　　　福建：泉州市永春县，龙岩市武平县；

  　　　　　广东：肇庆市德庆县；

  　　　　　重庆：城口县、彭水苗族土家族自治县；

  　　　　　四川：自贡市荣县，雅安市雨城区。

  发生面积　542 亩

  危害指数　0.3395

- **榕叶点霉 *Phyllosticta faci* Bres.** （叶斑病）

  寄　　主　榕树，高山榕。

  分布范围　福建、湖南、广东。

- **栀子叶点霉 *Phyllosticta gardeniae* Tassi** （栀子叶斑病）

  寄　　主　栀子，夹竹桃。

  分布范围　华东，内蒙古、湖北、广东、四川、云南。

  发生地点　上海：浦东新区；

  　　　　　四川：德阳市广汉市，遂宁市船山区，宜宾市翠屏区。

- **栀子生叶点霉** *Phyllosticta gardeniicola* **Saw.** （栀子褐斑病）

  寄　　主　栀子，大叶栀子。

  分布范围　华东，内蒙古、湖南、四川、云南、陕西。

  发生地点　上海：青浦区；

  　　　　　江苏：苏州市吴江区。

- **银杏叶点霉** *Phyllosticta ginkgo* **Brun.** （银杏叶斑病）

  寄　　主　银杏。

  分布范围　华东，北京、河北、河南、湖北、湖南、广东、重庆、四川、贵州、云南、陕西。

  发生地点　河北：唐山市乐亭县，衡水市饶阳县；

  　　　　　上海：浦东新区；

  　　　　　江苏：南京市浦口区，无锡市惠山区、江阴市，苏州市太仓市，南通市如东县，盐城市大丰区、阜宁县，扬州市高邮市，镇江市京口区、句容市；

  　　　　　浙江：台州市黄岩区、天台县；

  　　　　　福建：南平市延平区；

  　　　　　山东：青岛市即墨市、莱西市，枣庄市台儿庄区，东营市广饶县，济宁市金乡县、泗水县，临沂市兰山区，菏泽市郓城县，黄河三角洲保护区；

  　　　　　河南：郑州市中原区、新郑市，许昌市魏都区、东城区、鄢陵县、禹州市；

  　　　　　四川：成都市龙泉驿区、温江区、大邑县、都江堰市，自贡市自流井区、大安区，绵阳市游仙区、安州区、三台县、梓潼县、平武县、江油市，广元市青川县，内江市东兴区，南充市蓬安县，眉山市仁寿县，广安市岳池县，雅安市雨城区、石棉县、天全县、芦山县、宝兴县，巴中市通江县、平昌县，资阳市雁江区，阿坝藏族羌族自治州汶川县；

  　　　　　贵州：遵义市正安县，铜仁市碧江区；

  　　　　　陕西：渭南市华阴市，商洛市镇安县。

  发生面积　29011 亩

  危害指数　0.4382

- **醋栗叶点霉** *Phyllosticta grossulariae* **Sacc.** （茶藨子斑点病）

  寄　　主　茶藨子，红茶藨子。

  分布范围　东北，四川、陕西。

  发生地点　四川：甘孜藏族自治州得荣县；

  　　　　　陕西：宁东林业局。

- **冬青叶点霉** *Phyllosticta haynaldi* **R. et S.** （枸骨叶斑病）

  寄　　主　枸骨，大叶冬青。

  分布范围　上海、浙江。

  发生地点　上海：青浦区，崇明县。

- **胡桃叶点霉** *Phyllosticta juglandis* （**DC.**） **Sacc.** （核桃褐斑病）

  寄　　主　山核桃，野核桃，核桃楸，核桃。

分布范围　河北、山西、辽宁、吉林、江苏、浙江、安徽、山东、河南、湖北、湖南、重庆、四川、贵州、陕西、甘肃、新疆。

发生地点　河北：邢台市任县；

山西：晋中市左权县；

江苏：盐城市响水县；

浙江：杭州市淳安县；

山东：东营市广饶县，莱芜市莱城区；

河南：平顶山市鲁山县，三门峡市湖滨区、陕州区；

重庆：涪陵区，城口县、巫溪县、彭水苗族土家族自治县；

四川：德阳市广汉市，雅安市雨城区、汉源县、石棉县，甘孜藏族自治州乡城县、稻城县、得荣县，凉山彝族自治州盐源县、德昌县、昭觉县；

贵州：毕节市大方县；

陕西：商洛市山阳县；

甘肃：庆阳市庆城县、镇原县，陇南市宕昌县、康县；

新疆：和田地区墨玉县、皮山县、洛浦县。

发生面积　28018 亩

危害指数　0.4548

- **桑生叶点霉** *Phyllosticta kuwacola* **Hara**（桑角斑病）

寄　　主　桑。

分布范围　山东、湖北、陕西。

发生地点　山东：菏泽市郓城县。

- **紫薇叶点霉** *Phyllosticta lagerstroemae* **Ell. et Ev.**（紫薇叶斑病）

寄　　主　紫薇，大花紫薇。

分布范围　上海、江苏、福建、湖南、广东。

- **女贞叶点霉** *Phyllosticta ligustri* **Sacc.**（叶斑病）

寄　　主　女贞，小叶女贞，日本女贞。

分布范围　吉林、上海、江苏、安徽。

发生地点　上海：青浦区、奉贤区。

- **女贞小孢叶点霉** *Phyllosticta ligustrina* **Sacc.**（女贞褐斑病）

寄　　主　色木槭，三角槭，白蜡树，水蜡树，女贞，小叶女贞。

分布范围　北京、辽宁、上海、江苏、浙江、安徽、福建、山东、河南、湖北、四川、贵州、陕西。

发生地点　北京：丰台区；

上海：嘉定区、奉贤区；

江苏：南京市浦口区，无锡市锡山区，常州市天宁区、钟楼区、新北区，苏州市昆山市、太仓市，淮安市清江浦区、涟水县，盐城市大丰区、响水县、阜宁县、射阳县、建湖县，扬州市高邮市，镇江市句容市；

福建：南平市松溪县；

山东：聊城市东昌府区、东阿县；

河南：郑州市新郑市，平顶山市新华区、卫东区，新乡市牧野区，许昌市禹州市，漯河市临颍县，驻马店市平舆县，兰考县；

四川：自贡市自流井区、贡井区，南充市蓬安县，雅安市汉源县，阿坝藏族羌族自治州汶川县；

陕西：宝鸡市金台区，咸阳市兴平市。

发生面积　8552 亩

危害指数　0.3425

● **枫香生叶点霉** *Phyllosticta liquidambaricola* **Saw.**（**枫香角斑病**）

寄　　主　枫香。

分布范围　江苏、浙江、安徽、福建、江西、河南、湖北、湖南、广东、重庆、四川。

发生地点　江苏：镇江市句容市；

浙江：台州市黄岩区；

江西：赣州市经济技术开发区、安远县，吉安市井冈山市，抚州市广昌县；

重庆：万州区。

发生面积　983 亩

危害指数　0.3333

● **斑型叶点霉** *Phyllosticta maculiformis*（**Pers.**）**Sacc.**（**栗角斑病**）

寄　　主　板栗，锥栗，青冈，栲树，香椿，桃。

分布范围　河北、安徽、福建、江西、山东、河南、湖南、广东、广西、重庆、四川、贵州、云南、陕西。

发生地点　广东：佛山市禅城区；

重庆：潼南区；

四川：南充市营山县、仪陇县，巴中市巴州区，甘孜藏族自治州康定市。

发生面积　1130 亩

危害指数　0.3333

● **木兰叶点霉** *Phyllosticta magnoliae* **Sacc.**（**玉兰褐斑病**）

寄　　主　玉兰，荷花玉兰，紫玉兰，白兰，含笑花。

分布范围　华东、辽宁、吉林、河南、湖北、湖南、广东、重庆、四川、云南、陕西。

发生地点　江苏：南京市浦口区，无锡市江阴市，常州市溧阳市，盐城市阜宁县，扬州市宝应县，镇江市京口区；

浙江：宁波市北仑区，台州市黄岩区、天台县；

安徽：芜湖市无为县；

山东：济宁市梁山县；

重庆：石柱土家族自治县；

四川：内江市隆昌县。

- 极小叶点霉 *Phyllosticta minima* (Berk. et Curt.) Ell. et Ev. （槭叶斑病）
  寄　　主　鸡爪槭，色木槭，梣叶槭，洋白蜡，朱槿。
  分布范围　天津、河北、辽宁、江苏、安徽、湖南、广东、广西、四川、陕西。
  发生地点　江苏：淮安市金湖县。

- 壮丽叶点霉 *Phyllosticta nobilis* Thüm. （木姜子叶斑病）
  寄　　主　木姜子，肉桂，天竺桂，樟树，香叶树，山胡椒。
  分布范围　北京、浙江、安徽、湖南、重庆、四川、贵州、陕西。
  发生地点　四川：南充市蓬安县，宜宾市兴文县；
  　　　　　陕西：宁东林业局、太白林业局。
  发生面积　203 亩
  危害指数　0.3333

- 木犀叶点霉 *Phyllosticta osmanthi* Tassi （桂花斑枯病）
- 木犀生叶点霉 *Phyllosticta osmanthicola* Train. （桂花叶枯病）
  寄　　主　木犀，合果木，柊树。
  分布范围　华东、中南，重庆、四川、贵州、云南、陕西。
  发生地点　上海：闵行区、宝山区、嘉定区、浦东新区、金山区、青浦区、奉贤区，崇明县；
  　　　　　江苏：无锡市江阴市，苏州市昆山市、太仓市，南通市海门市，淮安市清江浦区、金
  　　　　　　　　湖县，扬州市广陵区、高邮市，镇江市扬中市、句容市，泰州市海陵区、姜堰
  　　　　　　　　区，宿迁市沭阳县；
  　　　　　浙江：温州市瓯海区、洞头区；
  　　　　　安徽：合肥市庐阳区，芜湖市芜湖县，淮北市相山区，安庆市迎江区，阜阳市颍
  　　　　　　　　州区；
  　　　　　福建：南平市松溪县；
  　　　　　河南：平顶山市舞钢市；
  　　　　　湖北：仙桃市，太子山林场；
  　　　　　湖南：邵阳市隆回县，益阳市南县，湘西土家族苗族自治州永顺县；
  　　　　　广东：佛山市禅城区、南海区；
  　　　　　重庆：涪陵区、大渡口区、江北区、南岸区、北碚区、巴南区、黔江区、合川区、南
  　　　　　　　　川区、铜梁区、万盛经济技术开发区，梁平区、城口县、丰都县、垫江县、武
  　　　　　　　　隆区、开县、云阳县、奉节县、石柱土家族自治县、彭水苗族土家族自治县；
  　　　　　四川：成都市温江区，自贡市大安区，德阳市广汉市，遂宁市船山区，内江市东兴
  　　　　　　　　区，南充市蓬安县、仪陇县，眉山市青神县，宜宾市宜宾县、兴文县，雅安市
  　　　　　　　　雨城区、名山区、荥经县、汉源县、天全县，巴中市巴州区、恩阳区，资阳市
  　　　　　　　　雁江区，阿坝藏族羌族自治州汶川县。
  发生面积　28249 亩
  危害指数　0.3393

- 石楠叶点霉 *Phyllosticta photiniae* Thüm （石楠叶斑病）
  寄　　主　石楠。

分布范围　上海、江苏、福建、江西、陕西。

发生地点　上海：崇明县；

　　　　　江苏：泰州市姜堰区。

发生面积　191 亩

危害指数　0.5166

- **梨叶点霉** *Phyllosticta pirina* **Sacc.** （苹果灰斑病，梨灰斑病）

寄　　主　西府海棠，苹果，海棠花，秋海棠，山桃，沙梨，秋子梨。

分布范围　华北、东北、华东、中南，四川、云南、陕西、甘肃、宁夏、新疆。

发生地点　北京：延庆区；

　　　　　河北：唐山市古冶区、滦南县、乐亭县、玉田县，秦皇岛市昌黎县、卢龙县，邢台市柏乡县，沧州市沧县、献县、孟村回族自治县；

　　　　　江苏：南京市雨花台区，宿迁市沭阳县；

　　　　　浙江：宁波市宁海县，台州市天台县；

　　　　　山东：聊城市东阿县、高新技术开发区；

　　　　　河南：三门峡市灵宝市；

　　　　　四川：南充市营山县，巴中市巴州区，甘孜藏族自治州泸定县；

　　　　　陕西：商洛市丹凤县；

　　　　　甘肃：平凉市灵台县、崇信县、静宁县；

　　　　　宁夏：银川市兴庆区、西夏区、金凤区，吴忠市盐池县，固原市西吉县。

发生面积　43556 亩

危害指数　0.3367

- **海桐花叶点霉** *Phyllosticta pittospori* **Brun.** （海桐褐斑病）

寄　　主　海桐。

分布范围　江苏、福建、江西、湖北、湖南。

发生地点　江苏：盐城市东台市。

- **单叶槭叶点霉** *Phyllosticta platanoidis* **Sacc.** （槭叶斑病）

寄　　主　三角槭，梣叶槭，鸡爪槭，五裂槭。

分布范围　东北、华东，河北、河南、广东、陕西。

发生地点　上海：浦东新区；

　　　　　河南：洛阳市洛宁县；

　　　　　广东：佛山市禅城区；

　　　　　陕西：宁东林业局。

发生面积　128 亩

危害指数　0.3333

- **杨灰星叶点霉** *Phyllosticta populea* **Sacc.** （杨灰星病）
- **杨叶点霉** *Phyllosticta populina* **Sacc.** （杨叶斑病）

寄　　主　银白杨，沙兰杨，苦杨，钻天杨，毛白杨，滇杨，柳树。

分布范围　北京、河北、山西、辽宁、黑龙江、上海、江苏、福建、江西、山东、河南、湖北、广东、四川、陕西、甘肃、宁夏。

发生地点　北京：延庆区；

河北：唐山市路北区、古冶区、滦南县、乐亭县；

黑龙江：佳木斯市富锦市；

上海：浦东新区；

江苏：苏州高新区、太仓市，盐城市盐都区、东台市，镇江市丹徒区、丹阳市；

福建：漳州市南靖县；

山东：济南市商河县，莱芜市钢城区、莱城区；

河南：南阳市卧龙区；

广东：佛山市禅城区；

四川：乐山市犍为县、沐川县，巴中市巴州区，阿坝藏族羌族自治州九寨沟县、壤塘县，甘孜藏族自治州白玉县、色达县、理塘县、巴塘县，凉山彝族自治州盐源县、昭觉县；

陕西：宁东林业局；

甘肃：平凉市灵台县；

宁夏：石嘴山市大武口区。

发生面积　38646 亩

危害指数　0.3866

● **李生叶点霉** *Phyllosticta prunicola* **Sacc.** （枣褐斑病）

拉丁异名　*Phyllosticta persicae* Sacc.

寄　　主　山桃，梅，杏，东北杏，红叶李，枣树。

分布范围　河北、辽宁、吉林、上海、江苏、安徽、山东、河南、湖北、湖南、四川、陕西、甘肃、宁夏。

发生地点　河北：邢台市巨鹿县，保定市顺平县；

上海：浦东新区；

山东：青岛市即墨市、莱西市，枣庄市滕州市，济宁市梁山县，威海市高新技术开发区，日照市莒县，莱芜市钢城区，菏泽市定陶区；

河南：平顶山市舞钢市；

四川：南充市蓬安县，阿坝藏族羌族自治州汶川县，甘孜藏族自治州理塘县，凉山彝族自治州会东县；

陕西：渭南市华阴市；

甘肃：白银市靖远县，平凉市灵台县；

宁夏：银川市灵武市。

发生面积　7856 亩

危害指数　0.3333

● **枫杨叶点霉** *Phyllosticta pterocaryai* **Thüm.** （枫杨叶斑点病）

寄　　主　枫杨。

分布范围　湖北、湖南、四川、陕西、新疆。

发生地点　湖南：湘潭市湘乡市；

　　　　　四川：南充市营山县、蓬安县、仪陇县，巴中市平昌县，凉山彝族自治州盐源县、德昌县。

发生面积　342 亩

危害指数　0.3333

- 冬青栎叶点霉 *Phyllosticta quercus-ilicis* **Sacc.** （石栎叶斑病）

寄　　主　石栎。

分布范围　上海、云南。

发生地点　上海：松江区。

- 榕树叶点霉 *Phyllosticta roberti* **Boyer et Jacz.** （叶斑病）

寄　　主　榕树，印度榕。

分布范围　福建。

- 柳生叶点霉 *Phyllosticta salicicola* **Thüm.** （柳叶灰斑病）

寄　　主　柳树，垂柳，旱柳。

分布范围　东北，江苏、福建、江西、山东。

- 无患子生叶点霉 *Phyllosticta sapindicola* **Saw.** （无患子叶点病）

寄　　主　无患子，川滇无患子，文冠果。

分布范围　上海、安徽、福建、山东、四川、云南。

- 孤生叶点霉 *Phyllosticta solitaria* **Ell. et Ev.** （圆斑病）

寄　　主　杉木，山楂，苹果，秋海棠，野海棠，梨。

分布范围　北京、河北、辽宁、吉林、江苏、安徽、山东、河南、湖北。

发生地点　河北：唐山市滦南县、玉田县，沧州市黄骅市，衡水市深州市；

　　　　　山东：聊城市东阿县。

发生面积　2815 亩

危害指数　0.3333

- 槐生叶点霉 *Phyllosticta sophoricola* **Hollò** （槐叶斑点病）

寄　　主　苦参，槐树。

分布范围　北京、河北、内蒙古、上海、江苏、浙江、山东、河南、湖北、重庆、四川、陕西。

发生地点　上海：浦东新区；

　　　　　江苏：盐城市建湖县；

　　　　　浙江：温州市洞头区；

　　　　　山东：菏泽市定陶区；

　　　　　河南：商丘市宁陵县；

　　　　　重庆：酉阳土家族苗族自治县；

　　　　　四川：宜宾市南溪区，巴中市恩阳区，甘孜藏族自治州雅江县，凉山彝族自治州盐源县；

陕西：咸阳市旬邑县。

发生面积　1052 亩

危害指数　0.3587

- **叶点霉一种** *Phyllosticta* **sp.** （荔枝灰斑病）

寄　　主　荔枝。

分布范围　福建。

- **丁香叶点霉** *Phyllosticta syringae* **West.** （丁香叶斑病）

寄　　主　暴马丁香，紫丁香，丁香，女贞。

分布范围　东北，北京、河北、内蒙古、上海、江苏、浙江、安徽、山东、湖北、湖南、陕西、
青海。

发生地点　北京：延庆区；

　　　　　河北：衡水市饶阳县；

　　　　　青海：西宁市城西区。

发生面积　110 亩

危害指数　0.6061

- **慈竹叶点霉** *Phyllosticta take* **Miyake et Hara** （慈竹叶枯病）

寄　　主　青皮竹，慈竹。

分布范围　四川。

发生地点　四川：雅安市芦山县。

- **茶叶叶点霉** *Phyllosticta theaefolia* **Hara** （茶灰星病）

寄　　主　茶，山茶，油茶，滇山茶，红花油茶。

分布范围　华东，湖北、湖南、广东、广西、四川、云南、陕西。

- **茶生叶点霉** *Phyllosticta theicola* **Petch** （茶赤叶斑病）

寄　　主　山茶，油茶，茶。

分布范围　华东，河南、湖北、湖南、广西、四川、云南、陕西。

发生地点　江苏：镇江市新区，宿迁市泗洪县；

　　　　　福建：三明市尤溪县、将乐县；

　　　　　湖北：武汉市新洲区；

　　　　　湖南：衡阳市常宁市，邵阳市绥宁县；

　　　　　广西：梧州市藤县，贺州市平桂区，河池市东兰县、罗城仫佬族自治县，来宾市金秀
　　　　　　　　瑶族自治县；

　　　　　四川：自贡市荣县，内江市威远县，宜宾市翠屏区，雅安市天全县、芦山县，巴中市
　　　　　　　　恩阳区。

发生面积　22740 亩

危害指数　0.3339

- **柳叶点霉** *Phyllosticta translucens* **Bubak. et Kab.** （柳褐斑病）

寄　　主　垂柳，杞柳，旱柳。

分布范围　北京、河北、内蒙古、辽宁、黑龙江、江苏、安徽、山东、四川、贵州、陕西、甘肃。

发生地点　河北：保定市涞水县；

山东：济宁市鱼台县，菏泽市定陶区、郓城县，黄河三角洲自然保护区；

四川：甘孜藏族自治州色达县、巴塘县；

陕西：宝鸡市金台区，宁东林业局；

甘肃：庆阳市镇原县。

发生面积　4807 亩

危害指数　0.3343

● **榆叶点霉** *Phyllosticta ulmi* West.　（榆灰斑病）

拉丁异名　*Phyllosticta ulmicola* Sacc.

寄　　主　榆树，春榆，大果榆。

分布范围　东北，内蒙古、江苏、山东、湖北、湖南、陕西。

● **栲假皮盘孢** *Pseuderiospora castanopsidis* Keissl（栲叶斑病）

寄　　主　苦槠栲，小红栲。

分布范围　安徽、江西、湖南。

● **台湾相思假尾孢** *Pseudocercospora acacia-confusae*（Saw.）Goh et Hsieh（叶斑病）

拉丁异名　*Cercospora acacia-confusae* Saw.

寄　　主　云南金合欢，马占相思。

分布范围　福建、广东。

发生地点　福建：漳州市芗城区。

发生面积　130 亩

危害指数　0.4872

● **油桐假尾孢** *Pseudocercospora aleuritidis*（Miyake）Deighton　（油桐褐斑病）

拉丁异名　*Cercospora aleuritidis* Miyake

寄　　主　油桐，野桐，石栗。

分布范围　华东、中南，重庆、四川、贵州、云南、陕西。

发生地点　重庆：万州区、涪陵区、南岸区、梁平区、城口县、忠县、云阳县；

四川：自贡市荣县，绵阳市平武县，遂宁市船山区、射洪县，南充市蓬安县，巴中市巴州区、恩阳区、通江县，凉山彝族自治州盐源县、昭觉县；

贵州：铜仁市碧江区。

发生面积　1122 亩

危害指数　0.3333

● **异木患假尾孢** *Pseudocercospora allophylina*（Saw.）Goh et Hsieh（叶斑病）

拉丁异名　*Cercospora allophyli* Saw.

寄　　主　赤杨，辽东桤木，油桐。

分布范围　辽宁、浙江、江西、四川、陕西。

发生地点　江西：宜春市铜鼓县。

发生面积　140 亩

危害指数　0.3333

- **楤木假尾孢 *Pseudocercospora araliae*（P. Henn）Deighton（叶斑病）**

拉丁异名　*Cercospora araliae* P. Henn

寄　　主　楤木。

分布范围　辽宁、吉林、浙江、安徽、江西、山东、广西、四川、贵州、云南、甘肃。

发生地点　甘肃：莲花山保护区。

- **重阳木假尾孢 *Pseudocercospora bischofiae*（Yamam.）Deighton（叶斑病）**

拉丁异名　*Cercospora bischofiae* Yamam.

寄　　主　重阳木，乌桕。

分布范围　福建、四川。

- **构树假尾孢 *Pseudocercospora broussonetiae*（Chupp et Linder）Liu et Guo（叶斑病）**

拉丁异名　*Cercospora broussonetiae* Chupp et Linder

寄　　主　构树。

分布范围　江苏、安徽、山东、河南、湖北、湖南、广东、广西、重庆、四川、贵州、陕西。

发生地点　江苏：盐城市大丰区，镇江市句容市；

　　　　　安徽：芜湖市繁昌县、无为县；

　　　　　山东：聊城市东阿县，菏泽市巨野县；

　　　　　湖北：十堰市竹溪县；

　　　　　湖南：岳阳市平江县；

　　　　　重庆：江北区；

　　　　　四川：乐山市犍为县，南充市蓬安县、仪陇县；

　　　　　陕西：宁东林业局。

发生面积　424 亩

危害指数　0.3420

- **喜树假尾孢 *Pseudocercospora camptothecae* Liu et Guo（喜树角斑病）**

寄　　主　喜树。

分布范围　上海、江苏、浙江、安徽、福建、江西、湖北、湖南、广东、重庆、四川、云南。

发生地点　上海：宝山区、浦东新区；

　　　　　江苏：南京市雨花台区，苏州高新技术开发区、昆山市，盐城市大丰区；

　　　　　江西：赣州市安远县；

　　　　　四川：成都市大邑县，绵阳市平武县、江油市，南充市顺庆区、蓬安县，眉山市仁寿县，宜宾市兴文县，广安市前锋区、武胜县，雅安市雨城区、天全县。

发生面积　1175 亩

危害指数　0.5070

● **紫荆假尾孢** *Pseudocercospora chionea*（Ell. et Ev.）Liu et Guo （角斑病）

拉丁异名　*Cercospora chionea* Ell. et Ev.

寄　　主　羊蹄甲，紫荆。

分布范围　华东，河北、河南、湖北、湖南、广东、重庆、四川、云南、陕西。

发生地点　河北：保定市涞水县，衡水市饶阳县；

　　　　　上海：宝山区、嘉定区、浦东新区、松江区、青浦区、崇明县；

　　　　　江苏：南京市雨花台区、六合区、溧水区、高淳区，无锡市锡山区、惠山区、滨湖区、江阴市、宜兴市，苏州高新技术开发区、吴中区、吴江区、昆山市、太仓市，南通市海门市，淮安市清江浦区、洪泽区、盱眙县、金湖县，盐城市盐都区、大丰区、响水县、阜宁县、射阳县、东台市，扬州市江都区、宝应县、经济技术开发区，镇江市润州区、丹徒区、扬中市、句容市，泰州市海陵区、姜堰区，宿迁市宿城区、沭阳县、泗洪县；

　　　　　浙江：杭州市桐庐县，温州市瓯海区、洞头区，台州市黄岩区、天台县；

　　　　　安徽：合肥市庐阳区、庐江县，芜湖市芜湖县，淮南市田家庵区；

　　　　　江西：九江市九江县；

　　　　　山东：济宁市鱼台县、金乡县、梁山县、经济技术开发区，泰安市东平县，聊城市东阿县，菏泽市牡丹区；

　　　　　河南：郑州市新郑市，洛阳市栾川县，驻马店市遂平县；

　　　　　湖北：荆州市石首市；

　　　　　湖南：岳阳市汨罗市，益阳市桃江县；

　　　　　广东：佛山市禅城区；

　　　　　重庆：石柱土家族自治县；

　　　　　四川：自贡市自流井区，南充市蓬安县，宜宾市翠屏区、筠连县，巴中市巴州区。

发生面积　3714 亩

危害指数　0.5009

● **樟树假尾孢** *Pseudocercospora cinnamomi*（Saw. et Kats.）Goh et Hsieh （叶斑病）

拉丁异名　*Cercospora cinnamomi* Saw. et Kats.

寄　　主　猴樟，樟树，油樟，肉桂，月桂。

分布范围　中南，上海、江苏、浙江、安徽、福建、江西、重庆、四川、贵州、云南、陕西。

发生地点　上海：宝山区、嘉定区、浦东新区；

　　　　　江苏：无锡市江阴市，常州市天宁区、钟楼区、新北区、溧阳市，盐城市阜宁县、东台市，扬州市江都区、宝应县，镇江市丹阳市；

　　　　　浙江：温州市鹿城区、瑞安市、乐清市，嘉兴市嘉善县，舟山市岱山县、嵊泗县，台州市黄岩区、玉环县、仙居县、临海市；

　　　　　安徽：合肥市庐阳区，芜湖市芜湖县、繁昌县、无为县，滁州市定远县；

　　　　　福建：莆田市荔城区、仙游县，南平市延平区；

　　　　　江西：九江市瑞昌市，吉安市青原区、永新县；

　　　　　河南：南阳市卧龙区，驻马店市驿城区；

　　　　　湖南：湘西土家族苗族自治州永顺县；

重庆：涪陵区、大渡口区、江北区、南岸区、北碚区、渝北区、巴南区、黔江区、长寿区、合川区、永川区、南川区、铜梁区、潼南区、万盛经济技术开发区，梁平区、城口县、丰都县、武隆区、忠县、开县、云阳县、奉节县、秀山土家族苗族自治县、彭水苗族土家族自治县；

四川：自贡市荣县，绵阳市安州区，内江市资中县，南充市顺庆区、营山县、蓬安县、仪陇县、西充县，眉山市仁寿县、青神县，宜宾市翠屏区、南溪区，雅安市荣经县、汉源县，巴中市巴州区、南江县、平昌县，资阳市雁江区，阿坝藏族羌族自治州汶川县，凉山彝族自治州木里藏族自治县、德昌县、会东县；

贵州：遵义市播州区；

云南：昆明市海口林场。

发生面积　46611 亩

危害指数　0.4326

- **核果假尾孢 *Pseudocercospora circumscissa*（Sacc.）Liu et Guo（核果褐斑穿孔病）**

拉丁异名　*Cercospora circumscissa* Sacc.

有 性 型　*Mycosphaerella cerasella* Aderh

寄　　主　梅，榆叶梅，山桃，桃，杏，樱桃，樱花，日本晚樱，日本樱花，苹果，李，红叶李。

分布范围　华北、华东、中南，辽宁、吉林、重庆、四川、贵州、云南、陕西、甘肃、青海、宁夏。

发生地点　北京：丰台区；

上海：宝山区、嘉定区、浦东新区、奉贤区，崇明县；

江苏：南京市浦口区、雨花台区、江宁区，无锡市锡山区、惠山区、滨湖区、江阴市、宜兴市，苏州高新技术开发区、吴中区、昆山市、太仓市，淮安市淮阴区、金湖县，盐城市响水县、阜宁县、射阳县、东台市，扬州市江都区、宝应县、高邮市，镇江市句容市，泰州市海陵区、姜堰区、兴化市，宿迁市宿城区、沭阳县；

浙江：宁波市宁海县、余姚市，温州市瓯海区、洞头区，台州市天台县；

江西：九江市九江县；

山东：青岛市胶州市，东营市广饶县，济宁市任城区、鱼台县、汶上县、泗水县、梁山县、高新技术开发区、经济技术开发区，泰安市岱岳区、泰山林场，威海市高新技术开发区、经济开发区、环翠区、临港区，聊城市阳谷县、高唐县，菏泽市牡丹区；

河南：郑州市新郑市，洛阳市栾川县，许昌市鄢陵县；

湖北：武汉市洪山区，孝感市孝南区，荆州市监利县、江陵县，仙桃市、潜江市；

湖南：岳阳市岳阳县、临湘市，常德市汉寿县，益阳市桃江县；

广东：韶关市始兴县；

重庆：大渡口区、铜梁区，城口县、武隆区、巫溪县；

四川：成都市新都区、金堂县、崇州市，自贡市自流井区、荣县，绵阳市平武县，内江市威远县、隆昌县，南充市仪陇县，宜宾市兴文县，雅安市雨城区，甘孜藏族自治州泸定县；

贵州：贵阳市白云区、经济技术开发区，铜仁市碧江区，贵安新区；

陕西：延安市延川县，汉中市西乡县，宁东林业局；

甘肃：定西市临洮县；

青海：西宁市城东区、城西区、城北区；

宁夏：银川市西夏区、金凤区。

发生面积　15058 亩

危害指数　0.4326

- **楝木生假尾孢 *Pseudocercospora cornicola*（Tracy et Earle）Guo et Liu**（叶斑病）

拉丁异名　*Cercospora cornicola* Tracy et Earle

寄　　主　楝木，山茱萸，灯台树。

分布范围　华东，河南、湖南、广东、贵州、陕西。

发生地点　浙江：杭州市桐庐县；

河南：平顶山市鲁山县，南阳市南召县、西峡县；

贵州：安顺市普定县；

陕西：宝鸡市太白县，安康市宁陕县。

发生面积　3036 亩

危害指数　0.3580

- **山楂假尾孢 *Pseudocercospora crataegi*（Sacc. et C. Massalongo）Guo et Liu**（山楂褐斑病）

拉丁异名　*Cercospora crataegi* Sacc. et C. Massalongo

寄　　主　山楂。

分布范围　天津、河北、江苏、安徽、山东、陕西。

发生地点　河北：保定市顺平县；

山东：莱芜市钢城区、莱城区，聊城市东阿县；

陕西：宁东林业局。

- **榅桲假尾孢 *Pseudocercospora cydoniae*（Ell. et Ev.）Guo et Liu**（叶斑病）

拉丁异名　*Cercospora cydoniae* Ell. et Ev.

寄　　主　木瓜，皱皮木瓜，垂丝海棠，西府海棠，海棠花，铁海棠，秋海棠，野海棠。

分布范围　华东，北京、天津、河北、辽宁、吉林、河南、湖北、四川、陕西、甘肃、宁夏、新疆。

发生地点　河北：石家庄市深泽县、晋州市、新乐市，唐山市古冶区、滦南县、乐亭县、玉田县，秦皇岛市海港区、昌黎县，邢台市邢台县，保定市阜平县、唐县、蠡县、顺平县、博野县，张家口市怀来县、涿鹿县，沧州市吴桥县、河间市，廊坊市霸州市，衡水市武邑县、武强县、饶阳县、安平县、景县、冀州市，定州市；

上海：宝山区、松江区；

江苏：南京市浦口区，徐州市丰县，苏州高新技术开发区、吴中区、昆山市、太仓市，盐城市响水县，镇江市扬中市，宿迁市沭阳县；

浙江：温州市瓯海区；

安徽：合肥市庐阳区；

山东：济宁市任城区，泰安市徂徕山林场，聊城市东昌府区、东阿县，菏泽市定陶区、巨野县；

河南：洛阳市栾川县，平顶山市舞钢市，许昌市襄城县、禹州市，三门峡市陕州区，南阳市卧龙区、桐柏县，商丘市虞城县，驻马店市确山县；

四川：成都市新都区、崇州市，自贡市大安区，绵阳市游仙区，内江市东兴区，雅安市雨城区，甘孜藏族自治州色达县、理塘县、巴塘县；

陕西：宁东林业局；

甘肃：白银市靖远县，天水市张家川回族自治县，庆阳市西峰区、正宁县、镇原县，甘南藏族自治州舟曲县；

宁夏：银川市兴庆区、西夏区、金凤区、灵武市，吴忠市利通区、盐池县，固原市西吉县，中卫市中宁县。

发生面积　75327 亩

危害指数　0.3854

- **坏损假尾孢** *Pseudocercospora destructiva*（Ravenal）Guo et Liu（褐斑病）

拉丁异名　*Cercospora destructiva* Ravenal

寄　　主　大叶黄杨，黄杨，大叶冬青，金边黄杨。

分布范围　华东，河北、河南、湖北、湖南、重庆、四川、陕西。

发生地点　河北：保定市唐县、高阳县，沧州市河间市；

上海：浦东新区；

江苏：南京市玄武区、高淳区，无锡市江阴市，苏州高新技术开发区、昆山市、太仓市，盐城市东台市，扬州市宝应县，镇江市句容市；

浙江：温州市瓯海区，台州市椒江区；

安徽：淮南市田家庵区；

山东：济南市济阳县，青岛市胶州市，泰安市岱岳区，莱芜市莱城区，菏泽市牡丹区、定陶区、单县、巨野县、郓城县；

河南：郑州市新郑市，开封市祥符区，许昌市鄢陵县、禹州市，商丘市虞城县，鹿邑县；

湖北：荆州市公安县、监利县、石首市；

湖南：衡阳市衡南县、祁东县、常宁市，邵阳市隆回县，益阳市资阳区，永州市双牌县；

四川：遂宁市船山区，眉山市仁寿县，广安市武胜县，雅安市天全县，凉山彝族自治州盐源县。

发生面积　5228 亩

危害指数　0.3507

- **枇杷假尾孢** *Pseudocercospora eriobotryae*（Enjoji）Goh et Hsieh（灰斑病）

拉丁异名　*Cercospora eriobotryae* Enjoji

寄　　主　油樟，枇杷，中华石楠，椤木石楠，石楠，羊蹄甲。

分布范围 华东、中南，重庆、四川、贵州、云南、陕西。

发生地点 上海：嘉定区、浦东新区、奉贤区、崇明县；

江苏：南京市、江宁区、六合区、溧水区，无锡市宜兴市，常州市天宁区、钟楼区、新北区，苏州高新技术开发区、昆山市、太仓市，南通市海门市，淮安市淮阴区、金湖县，盐城市大丰区、响水县、射阳县、建湖县、东台市，扬州市江都区、宝应县，镇江市丹徒区、扬中市、句容市，泰州市姜堰区；

浙江：宁波市北仑区，温州市洞头区，台州市黄岩区、三门县、天台县；

安徽：合肥市庐阳区，芜湖市芜湖县、繁昌县、无为县，淮南市田家庵区、谢家集区，阜阳市颍泉区；

福建：泉州市安溪县，南平市延平区；

江西：赣州市安远县，宜春市靖安县；

山东：济宁市鱼台县、金乡县、梁山县；

河南：郑州市新郑市，洛阳市嵩县，许昌市鄢陵县、禹州市，漯河市源汇区，信阳市潢川县，驻马店市遂平县；

湖北：武汉市东西湖区，荆州市江陵县，仙桃市、潜江市；

广东：佛山市禅城区；

重庆：万州区、北碚区、渝北区、巴南区、潼南区，城口县、垫江县、武隆区、忠县、巫溪县、石柱土家族自治县、酉阳土家族苗族自治县；

四川：成都市龙泉驿区、青白江区，自贡市贡井区、沿滩区、荣县，攀枝花市米易县、盐边县，德阳市旌阳区，绵阳市安州区、三台县、梓潼县、平武县，内江市市中区、东兴区、威远县、资中县、隆昌县，乐山市金口河区、犍为县，南充市高坪区、营山县、蓬安县、仪陇县、西充县，眉山市仁寿县，宜宾市翠屏区、南溪区、兴文县，雅安市汉源县，巴中市巴州区、南江县、平昌县，资阳市雁江区，凉山彝族自治州盐源县、德昌县、会东县；

贵州：贵阳市花溪区、乌当区，安顺市普定县，铜仁市碧江区；

陕西：汉中市西乡县，安康市宁陕县。

发生面积 25239 亩

危害指数 0.3409

• **桉树假尾孢** *Pseudocercospora eucalypti*（Cooke et Massee）Guo et Liu（桉树叶斑病）

寄　　主 巨尾桉，赤桉，蓝桉，葡萄桉，大叶桉，柠檬桉。

分布范围 浙江、福建、广东、四川、云南。

• **杜仲假尾孢** *Pseudocercospora eucommiae* Guo et Liu（杜仲褐斑病）

寄　　主 杜仲。

分布范围 安徽、山东、河南、湖北、湖南、重庆、四川、陕西。

发生地点 山东：莱芜市莱城区；

河南：三门峡市灵宝市；

重庆：城口县；

四川：宜宾市兴文县，广安市武胜县，阿坝藏族羌族自治州汶川县。

发生面积　　1466 亩

危害指数　　0.3788

- **梣假尾孢** *Pseudocercospora fraxinites*（Ell. et Ev.）**Liu et Guo**（褐斑病）

　拉丁异名　*Cercospora fraxinites* Ell. et Ev.

　寄　　主　白蜡树，雪柳，水曲柳。

　分布范围　北京、河北、江苏、浙江、山东、河南、湖南、广东、四川、陕西、甘肃、宁夏。

　发生地点　北京：丰台区；

　　　　　　江苏：盐城市大丰区、响水县、东台市；

　　　　　　山东：东营市垦利县、广饶县，济宁市鱼台县、金乡县、汶上县、泗水县、梁山县、经济技术开发区，泰安市徂徕山林场，聊城市东昌府区、莘县，滨州市惠民县，菏泽市定陶区、郓城县；

　　　　　　河南：郑州市新郑市，安阳市内黄县，鹤壁市山城区，濮阳市南乐县，许昌市魏都区，漯河市郾城区，南阳市卧龙区，商丘市宁陵县，兰考县、长垣县；

　　　　　　陕西：宁东林业局；

　　　　　　甘肃：庆阳市西峰区、正宁县；

　　　　　　宁夏：银川市永宁县。

　发生面积　　3424 亩

　危害指数　　0.3354

- **杭州假尾孢** *Pseudocercospora hangzhouensis* **Liu et Guo**（猕猴桃褐斑病）

　拉丁异名　*Pseudocercospora actinidicola* Goh et Hsieh

　寄　　主　中华猕猴桃。

　分布范围　江苏、浙江、安徽、河南、湖北、广东、重庆、四川、陕西。

　发生地点　江苏：无锡市江阴市；

　　　　　　河南：南阳市西峡县；

　　　　　　广东：河源市和平县；

　　　　　　重庆：城口县；

　　　　　　四川：成都市都江堰市。

　发生面积　　459 亩

　危害指数　　0.3377

- **柿假尾孢** *Pseudocercospora kaki* **T. K. Goh et W. H. Hsieh**（角斑病）

　拉丁异名　*Cercosopra kaki* T. K. Goh et W. H. Hsieh

　寄　　主　柿，君迁子，油柿，野柿。

　分布范围　华北、华东、中南、辽宁、黑龙江、重庆、四川、云南、陕西、甘肃。

　发生地点　北京：房山区；

　　　　　　河北：石家庄市井陉县，唐山市丰润区、乐亭县、玉田县，邢台市邢台县，保定市满城区、唐县、高阳县、顺平县；

　　　　　　江苏：南京市江宁区，无锡市宜兴市，苏州高新技术开发区，淮安市淮阴区，盐城市盐都区；

浙江：杭州市桐庐县，宁波市江北区、北仑区、镇海区、余姚市，台州市黄岩区、天台县；

安徽：合肥市庐阳区，芜湖市繁昌县、无为县，滁州市明光市，阜阳市颍州区；

福建：泉州市安溪县，南平市松溪县；

山东：青岛市即墨市、莱西市，济宁市鱼台县、梁山县，泰安市泰山区，威海市高新技术开发区、经济开发区、环翠区、临港区，莱芜市莱城区，菏泽市牡丹区、单县；

河南：洛阳市宜阳县，平顶山市鲁山县，安阳市内黄县，汝州市、永城市；

湖南：邵阳市隆回县；

重庆：酉阳土家族苗族自治县；

四川：南充市蓬安县；

陕西：咸阳市乾县、长武县，渭南市华州区、合阳县，宁东林业局；

甘肃：庆阳市正宁县。

发生面积　27619 亩

危害指数　0.4594

- **丁香假尾孢** *Pseudocercospora lilacis*（**Desmaz.**）**Deighton**（丁香叶斑病）

拉丁异名　*Cercospora lilacis*（Desmaz.）Sacc.

寄　　主　紫丁香，暴马丁香，白丁香。

分布范围　北京、河北、内蒙古、辽宁、黑龙江、上海、江苏、浙江、江西、山东、河南、湖北、四川、陕西、宁夏。

发生地点　北京：丰台区、大兴区；

河北：唐山市路北区、丰润区，张家口市沽源县，沧州市吴桥县、河间市；

上海：浦东新区；

江苏：无锡市惠山区；

四川：甘孜藏族自治州色达县；

陕西：汉中市西乡县。

发生面积　3216 亩

危害指数　0.3333

- **钓樟树生假尾孢** *Pseudocercospora lindercola*（**Yamam.**）**Goh et Hsieh**（叶斑病）

拉丁异名　*Cercospora lindercola* Yamam.

寄　　主　黑壳楠，檫木。

分布范围　浙江、安徽、湖北、湖南、四川。

发生地点　四川：宜宾市兴文县。

- **千屈菜科假尾孢** *Pseudocercospora lythracearum*（**Heald et Wolf**）**Liu et Guo**（紫薇褐斑病，叶斑病）

拉丁异名　*Cercospora lythracearum* Heald et Wolf

寄　　主　紫薇。

分布范围　华东，河南、湖北、湖南、广东、重庆、四川、贵州、陕西。

发生地点　上海：宝山区、嘉定区、浦东新区、奉贤区；

江苏：南京市雨花台区、江宁区，无锡市江阴市，淮安市金湖县，盐城市响水县，扬州市宝应县，镇江市丹阳市；

浙江：台州市黄岩区；

安徽：阜阳市颍泉区；

江西：宜春市万载县；

山东：菏泽市巨野县、郓城县；

河南：郑州市金水区，开封市尉氏县，许昌市襄城县，南阳市卧龙区、唐河县，信阳市淮滨县，固始县；

湖北：太子山林场；

重庆：渝北区；

四川：成都市温江区，自贡市沿滩区，遂宁市船山区，内江市东兴区，南充市营山县、蓬安县、仪陇县，眉山市洪雅县、青神县，雅安市天全县，巴中市巴州区，阿坝藏族羌族自治州汶川县，甘孜藏族自治州乡城县，凉山彝族自治州盐源县、会东县；

陕西：咸阳市武功县，汉中市西乡县。

发生面积　2658 亩

危害指数　0.4058

- **南天竹假尾孢 *Pseudocercospora nandinae*（Nagat.）Liu et Guo**（叶斑病）

拉丁异名　*Cercospora nandinae* Nagat.

寄　　主　南天竹。

分布范围　上海、江苏、浙江、贵州。

发生地点　上海：宝山区、嘉定区、青浦区、奉贤区；

江苏：苏州市吴江区。

- **夹竹桃假尾孢 *Pseudocercospora neriella*（Sacc.）Deighton**（叶斑病）

拉丁异名　*Cercospora nerii-indici* Yamam

寄　　主　夹竹桃。

分布范围　上海、江苏、浙江、安徽、福建、江西、湖北、湖南、广东、四川、贵州、云南、青海。

发生地点　上海：宝山区、浦东新区；

江苏：南京市高淳区，常州市天宁区、钟楼区、新北区，镇江市丹徒区、扬中市；

福建：漳州市芗城区、龙文区；

广东：佛山市禅城区；

四川：攀枝花市东区。

发生面积　1360 亩

危害指数　0.3824

- **木犀假尾孢 *Pseudocercospora osmanthi-asiatici*（Sawada ex Goh et Hsieh）**（桂花叶斑病）
- **木犀生假尾孢 *Pseudocercospora osmanthicola*（P. K. Chi et Pai.）Liu et Guo**（桂花褐斑病）

拉丁异名　*Cercospora osmanthicola* P. K. Chi et Pai.

寄　　主　木犀，金木犀。

分布范围　华东、中南，河北、辽宁、吉林、重庆、四川、贵州、云南、陕西、青海。

发生地点　上海：闵行区、宝山区、浦东新区；

江苏：南京市浦口区、栖霞区、雨花台区、江宁区、六合区、溧水区、高淳区，无锡市惠山区、滨湖区、宜兴市，常州市天宁区、钟楼区、新北区，苏州市太仓市，淮安市淮阴区、洪泽区、盱眙县，盐城市盐都区、大丰区、响水县、阜宁县、射阳县、东台市，扬州市广陵区、江都区，镇江市扬中市、句容市，泰州市姜堰区；

浙江：宁波市余姚市，台州市椒江区、黄岩区、天台县；

安徽：合肥市庐阳区、包河区，芜湖市芜湖县、繁昌县、无为县；

福建：三明市尤溪县，漳州市南靖县；

江西：九江市九江县，新余市分宜县，吉安市新干县，南城县；

山东：济宁市梁山县；

湖北：武汉市洪山区，襄阳市枣阳市；

湖南：岳阳市汨罗市，益阳市南县，湘西土家族苗族自治州永顺县；

广东：惠州市惠城区；

重庆：渝北区；

四川：成都市青白江区、新都区、温江区、崇州市，自贡市贡井区、大安区、沿滩区，攀枝花市仁和区，绵阳市游仙区、梓潼县，内江市市中区，乐山市犍为县，宜宾市翠屏区、兴文县，达州市渠县，雅安市雨城区，凉山彝族自治州盐源县。

发生面积　13955 亩

危害指数　0.3743

- **赤松假尾孢** *Pseudocercospora pini-densiflorae*（**Hori et Nambu**）**Deighton**（叶枯病）

拉丁异名　*Cercospora pini-densiflorae* Hari. et Nambu

寄　　主　华山松，白皮松，湿地松，红松，马尾松，樟子松，油松。

分布范围　东北、华东、中南，河北、四川、贵州、陕西、甘肃、宁夏。

发生地点　河北：保定市阜平县；

安徽：滁州市定远县、明光市；

福建：三明市尤溪县，南平市延平区，龙岩市上杭县；

江西：九江市九江县，宜春市袁州区；

河南：洛阳市栾川县；

湖北：太子山林场；

湖南：永州市冷水滩区、祁阳县、道县、蓝山县，娄底市涟源市；

四川：眉山市仁寿县；

陕西：延安市黄龙县，榆林市榆阳区、府谷县；

甘肃：武威市凉州区，陇南市徽县；

黑龙江森林工业总局：朗乡林业局、美溪林业局。

发生面积　9099 亩

危害指数　0.3774

- **海桐花假尾孢** *Pseudocercospora pittospori*（**Plakidas**）**Guo et Liu**（海桐黑斑病）

　　寄　　主　海桐。

　　分布范围　上海、广东。

　　发生地点　上海：嘉定区。

- **枫杨假尾孢** *Pseudocercospora pterocaryae* **Guo et W. Z. Zhao**（核桃角斑病）

　　寄　　主　山核桃，野核桃，核桃，枫杨。

　　分布范围　河北、江苏、安徽、湖北、湖南、四川、陕西。

　　发生地点　河北：衡水市深州市；

　　　　　　　四川：绵阳市三台县，南充市顺庆区，宜宾市高县，资阳市雁江区，甘孜藏族自治州
　　　　　　　　　　 康定市、九龙县、得荣县，凉山彝族自治州盐源县、德昌县；

　　　　　　　陕西：商洛市山阳县。

　　发生面积　1504 亩

　　危害指数　0.4468

- **石榴假尾孢** *Pseudocercospora punicae*（**P. Henn**）**Deighton**（褐斑病）

　　拉丁异名　*Cercospora punicae* P. Henn

　　寄　　主　石榴。

　　分布范围　华东、中南，四川、贵州、云南、陕西。

　　发生地点　上海：嘉定区、浦东新区、奉贤区；

　　　　　　　江苏：苏州市昆山市，盐城市东台市，泰州市海陵区、姜堰区；

　　　　　　　浙江：台州市三门县；

　　　　　　　安徽：合肥市庐阳区，芜湖市芜湖县，淮北市烈山区，宿州市萧县；

　　　　　　　山东：东营市河口区，菏泽市定陶区；

　　　　　　　河南：平顶山市卫东区、鲁山县，许昌市长葛市，南阳市卧龙区，邓州市；

　　　　　　　湖南：邵阳市隆回县；

　　　　　　　四川：攀枝花市西区，德阳市广汉市，绵阳市三台县、梓潼县，甘孜藏族自治州巴塘
　　　　　　　　　　 县、得荣县，凉山彝族自治州盐源县、会理县、会东县。

　　发生面积　12292 亩

　　危害指数　0.3354

- **柳假尾孢** *Pseudocercospora salicina*（**Ell. et Ev.**）**Deighton**（叶斑病）

　　拉丁异名　*Cercospora populina* Ell. et Ev.

　　寄　　主　青杨，山杨，黑杨，小叶杨，钻天杨，垂柳，朝鲜柳。

　　分布范围　华东，河北、辽宁、河南、湖北、湖南、广西、四川、西藏、陕西、甘肃、宁夏。

　　发生地点　河北：石家庄市高邑县，唐山市乐亭县，保定市涞水县，沧州市沧县、吴桥县；

　　　　　　　安徽：滁州市定远县；

　　　　　　　山东：莱芜市钢城区；

　　　　　　　河南：长垣县、鹿邑县；

　　湖南：常德市汉寿县，永州市冷水滩区、道县、宁远县，娄底市涟源市，湘西土家族
　　　　　苗族自治州保靖县；
　　四川：自贡市自流井区、贡井区，甘孜藏族自治州白玉县、理塘县；
　　陕西：渭南市大荔县，宁东林业局。

发生面积　22871 亩

危害指数　0.3847

● **朴假尾孢** *Pseudocercospora spegazzinii*（Sacc.）**Guo et Liu**（叶斑病）

拉丁异名　*Cercospora spegazzinii* Sacc.

寄　　主　朴树，青檀。

分布范围　上海、江苏、浙江、安徽、山东、河南、湖南、广东、四川。

发生地点　上海：崇明县；

　　　　　江苏：南京市浦口区、雨花台区，无锡市惠山区，盐城市盐都区、大丰区、射阳县，
　　　　　　　　镇江市句容市；

　　　　　浙江：温州市瓯海区、洞头区；

　　　　　安徽：淮南市大通区、田家庵区；

　　　　　山东：济宁市经济技术开发区；

　　　　　河南：洛阳市洛宁县；

　　　　　广东：佛山市禅城区；

　　　　　四川：南充市营山县。

发生面积　245 亩

危害指数　0.3374

● **球形假尾孢** *Pseudocercospora sphaeriiformis*（Cooke）**Guo et Liu**（叶斑病）

拉丁异名　*Cercospora sphaeriiformis* Cooke

寄　　主　榔榆，榆树，大果榉，十大功劳。

分布范围　华东，内蒙古、辽宁、河南、湖北、湖南、四川、陕西。

发生地点　江苏：南京市浦口区、溧水区，淮安市金湖县，盐城市大丰区、响水县、建湖县、东
　　　　　　　　台市，扬州市宝应县；

　　　　　福建：南平市延平区；

　　　　　河南：洛阳市洛宁县；

　　　　　湖北：荆州市监利县，潜江市、太子山林场；

　　　　　四川：甘孜藏族自治州色达县。

发生面积　1122 亩

危害指数　0.3333

● **楝假尾孢** *Pseudocercospora subsessilis*（Syd. et P. Syd.）**Deighton**（叶斑病）

拉丁异名　*Cercospora subsessilis* Syd. et P. Syd.

寄　　主　楝树，川楝。

分布范围　中南，河北、江苏、浙江、安徽、福建、四川、云南、陕西。

发生地点　四川：凉山彝族自治州会东县；

陕西：宁东林业局。

- **山矾假尾孢** *Pseudocercospora symploci*（**Sawada ex Karst. et Kobay**）**Deighton**（叶斑病）

  拉丁异名　*Cercospora symploci* Sawada
  寄　　主　白檀，微毛山矾。
  分布范围　江西、广东。

- **茶假尾孢** *Pseudocercospora theae*（**Cavara**）**Deighton**（叶斑病）

  拉丁异名　*Cercospora theae*（Cavara）Breda de Haan
  寄　　主　茶，山茶，油茶。
  分布范围　华东，湖北、广东、广西、四川。

- **黑座假尾孢** *Pseudocercospora variicolor*（**Wint.**）**Guo et Liu**（叶斑病）

  拉丁异名　*Cercospora variicolor* Winter
  寄　　主　牡丹。
  分布范围　北京、上海、浙江、安徽、福建、山东、河南、湖北、湖南、四川、贵州、甘肃。
  发生地点　河南：郑州市二七区，焦作市沁阳市；
  　　　　　甘肃：白银市靖远县。

- **牡荆假尾孢** *Pseudocercospora viticis*（**Saw.**）**Goh. et Hsieh**（叶斑病）

  拉丁异名　*Cercospora viticis* Saw.
  寄　　主　黄荆，牡荆，山牡荆。
  分布范围　四川、陕西。
  发生地点　四川：绵阳市游仙区，遂宁市船山区，巴中市巴州区。
  发生面积　2183 亩
  危害指数　0.3333

- **葡萄假尾孢** *Pseudocercospora vitis*（**Lév.**）**Speg.**（褐斑病）

  拉丁异名　*Cercospora viticola*（Ces.）Sacc.，*Phaeoisariopsis vitis*（Lév.）Sawada
  寄　　主　葡萄，山葡萄，刺葡萄，黄荆。
  分布范围　华东、中南，北京、河北、辽宁、吉林、重庆、四川、贵州、云南、陕西、宁夏、新疆。
  发生地点　河北：石家庄市井陉县、晋州市、新乐市，唐山市乐亭县、玉田县，邢台市邢台县、新河县，保定市顺平县，张家口市阳原县，廊坊市霸州市，衡水市安平县；
  　　　　　上海：浦东新区、金山区；
  　　　　　江苏：连云港市灌云县，扬州市广陵区、高邮市，宿迁市宿城区；
  　　　　　浙江：宁波市鄞州区；
  　　　　　山东：济南市商河县，青岛市即墨市、莱西市，济宁市邹城市，日照市莒县，德州市陵城区，聊城市东昌府区、东阿县、冠县；
  　　　　　河南：平顶山市鲁山县，新乡市延津县，南阳市卧龙区；
  　　　　　湖北：荆州市洪湖市；
  　　　　　湖南：邵阳市隆回县；

重庆：武隆区；

四川：成都市龙泉驿区，内江市隆昌县，甘孜藏族自治州得荣县；

贵州：贵安新区；

陕西：商洛市丹凤县，宁东林业局；

宁夏：银川市西夏区、金凤区，石嘴山市大武口区，固原市西吉县；

新疆：哈密市伊州区。

发生面积　71520 亩

危害指数　0.3461

- **荚蒾柱隔孢** *Ramularia viburni* **Ell. et Ev.** （褐斑病）

寄　　主　荚蒾，鸡树条荚蒾。

分布范围　黑龙江、上海。

- **长孢壳棒孢** *Rhabdospora longispora* **Ferr.** （杨枝枯病）

寄　　主　山杨，黑杨，滇杨，钻天杨。

分布范围　吉林、江苏、山东、湖北、四川、陕西。

发生地点　山东：东营市利津县，菏泽市定陶区、郓城县；

四川：凉山彝族自治州西昌市、盐源县；

陕西：宝鸡市太白县。

发生面积　309 亩

危害指数　0.3571

- **立枯丝核菌** *Rhizoctonia solani* **Kühn.** （苗木立枯病，猝倒病，茎腐病）

拉丁异名　*Rhizoctonia oryzae* Ryk. et Gooch.

有 性 型　*Thanatephorus cucumeris*（Frank）Donk

寄　　主　银杏，雪松，落叶松，日本落叶松，华北落叶松，云杉，青海云杉，红皮云杉，川西
云杉，华山松，湿地松，红松，马尾松，樟子松，油松，白皮松，柳杉，杉木，柏
木，侧柏，圆柏，祁连圆柏，山杨，黑杨，核桃，思茅栲，栎，榆树，桢楠，榆叶
梅，山楂，苹果，刺槐，臭椿，香椿，葡萄，杜仲，楸。

分布范围　全国。

发生地点　河北：定州市，塞罕坝林场；

山西：运城市新绛县；

内蒙古：通辽市科尔沁左翼后旗；

黑龙江：哈尔滨市五常市；

江苏：无锡市江阴市；

浙江：杭州市西湖区；

安徽：合肥市包河区；

福建：三明市尤溪县，南平市延平区，龙岩市上杭县；

江西：吉安市新干县、遂川县，宜春市靖安县，抚州市东乡县，上饶市德兴市，安
福县；

山东：青岛市即墨市、莱西市，莱芜市钢城区、莱城区，菏泽市定陶区、曹县、单

县、郓城县；

河南：平顶山市卫东区；

湖北：太子山林场；

湖南：湘潭市湘潭县、湘乡市、韶山市，邵阳市隆回县，岳阳市岳阳县，益阳市桃江县，郴州市资兴市，永州市双牌县、宁远县；

四川：自贡市大安区，遂宁市射洪县，乐山市马边彝族自治县，甘孜藏族自治州炉霍县、色达县、新龙林业局，凉山彝族自治州甘洛县；

贵州：毕节市黔西县，黔东南苗族侗族自治州榕江县；

陕西：宝鸡市扶风县，咸阳市长武县，汉中市西乡县；

甘肃：武威市凉州区，平凉市华亭县、关山林管局，甘南藏族自治州临潭县，太子山保护区，太统-崆峒山保护区；

青海：果洛藏族自治州玛可河林业局；

黑龙江森林工业总局：海林林业局。

发生面积　8715 亩

危害指数　0.3813

- **松杉根球壳孢** *Rhizosphaera kalkhoffia* **Bubak**（云杉叶疫病）

寄　　　主　云杉，川西云杉。

分布范围　四川、云南、陕西。

发生地点　四川：甘孜藏族自治州雅江县、新龙县、巴塘县；

云南：迪庆藏族自治州香格里拉市；

陕西：榆林市子洲县。

发生面积　18670 亩

危害指数　0.5697

- **云杉核茎点霉** *Sclerophoma picae* **Höhn**（云杉叶枯病）

寄　　　主　云杉，鳞皮云杉。

分布范围　四川、陕西、甘肃、新疆。

发生地点　四川：阿坝藏族羌族自治州黑水县，甘孜藏族自治州道孚县、巴塘县，凉山彝族自治州昭觉县；

陕西：汉西林业局；

甘肃：兰州市城关区，庆阳市镇原县，临夏回族自治州临夏县、康乐县、和政县，太子山保护区。

发生面积　4352 亩

危害指数　0.4864

- **齐整小核菌** *Sclerotium rolfsii* **Sacc.**（林木白绢病，菌核病，菌核性根腐病）

有 性 型　*Pellicularia rolfsii*（Sacc.）West.

寄　　　主　华山松，杉木，核桃，板栗，猴樟，楠，山楂，苹果，云南金合欢，刺槐，紫藤，柑橘，油桐，乌桕，漆树，枣树，葡萄，油茶，茶，桉树，杜鹃，毛泡桐，楸，忍冬。

分布范围　华东、中南，天津、河北、辽宁、四川、贵州、云南、陕西。

发生地点　河北：石家庄市井陉县；

江苏：苏州市昆山市；

浙江：温州市乐清市，金华市东阳市，台州市三门县，丽水市；

福建：龙岩市上杭县；

江西：抚州市资溪县；

山东：枣庄市滕州市，菏泽市牡丹区、巨野县、郓城县；

湖南：邵阳市隆回县，岳阳市云溪区、平江县，永州市零陵区；

广东：广州市天河区、花都区；

四川：自贡市荣县；

云南：楚雄彝族自治州大姚县。

发生面积　3069亩

危害指数　0.3340

- **单角五隔盘单毛孢 *Seiridium unicornis*（Cke. et Ell.）Sutton**（叶斑病，烂皮病）

拉丁异名　*Monochaetia unicornis*（Cke. et Ell.）Sacc.

寄　　主　石楠，枇杷，苹果，杧果，葡萄，楸子。

分布范围　辽宁、吉林、上海、江苏、浙江、安徽、山东、河南、广东、四川、云南。

发生地点　上海：青浦区。

- **桑粘隔孢 *Septogloeum mori* Briosi et Cav.**（桑褐斑病）

有　性　型　*Mycosphaerella morifolia* Pass.

寄　　主　桑，构树。

分布范围　北京、河北、江苏、浙江、安徽、江西、山东、河南、湖北、湖南、重庆、四川、云南、陕西、甘肃、宁夏、新疆。

发生地点　北京：丰台区；

河北：沧州市黄骅市；

江苏：苏州市吴江区，南通市如皋市，盐城市射阳县、东台市，扬州市宝应县；

安徽：芜湖市无为县；

山东：东营市河口区，菏泽市牡丹区、郓城县；

重庆：涪陵区、江北区、南岸区、长寿区，城口县、武隆区、忠县、云阳县、奉节县、巫溪县；

四川：绵阳市游仙区、安州区、三台县，内江市资中县，南充市嘉陵区，广安市武胜县，凉山彝族自治州会东县、昭觉县；

陕西：宝鸡市金台区，汉中市西乡县，宁东林业局。

发生面积　3395亩

危害指数　0.3333

- **短棒粘隔孢 *Septogloeum rhopaloideum* Dean. et Bisby**（山杨黑斑病）

寄　　主　山杨，黑杨，钻天杨。

分布范围　黑龙江、山东、湖北、甘肃、新疆。

发生地点　山东：威海市临港区；

　　　　　　湖北：荆州市石首市；

　　　　　　甘肃：庆阳市镇原县。

发生面积　11500 亩

危害指数　0.3826

● **桤木叶壳针孢** *Septoria alnifolia* **Ell. et Ev.**（桤木叶枯病）

寄　　主　辽东桤木，赤杨。

分布范围　辽宁、河南、湖南、四川。

发生地点　湖南：湘西土家族苗族自治州保靖县、永顺县；

　　　　　　四川：绵阳市平武县，凉山彝族自治州昭觉县。

发生面积　7477 亩

危害指数　0.3422

● **沙枣壳针孢** *Septoria argyraea* **Sacc.**（沙枣褐斑病）

寄　　主　沙枣，胡颓子。

分布范围　西北，河北、内蒙古、辽宁、吉林。

发生地点　宁夏：银川市兴庆区、西夏区、金凤区、灵武市，中卫市中宁县。

发生面积　1305 亩

危害指数　0.3333

● **阿雨壳针孢** *Septoria armeriae* **Allesch**（槐叶枯病）

寄　　主　槐树。

分布范围　上海、云南。

发生地点　上海：宝山区。

● **桦壳针孢** *Septoria betulae* **Westend**（桦树褐斑病）

寄　　主　白桦，银桦，亮叶桦，天山桦。

分布范围　黑龙江，福建、湖南、四川、陕西、甘肃、新疆。

发生地点　福建：南平市延平区；

　　　　　　四川：雅安市天全县，阿坝藏族羌族自治州九寨沟县，甘孜藏族自治州炉霍县、甘孜
　　　　　　　　　县、德格县、白玉县、色达县；

　　　　　　陕西：宁东林业局；

　　　　　　甘肃：尕海则岔保护区。

发生面积　2635 亩

危害指数　0.3669

● **中华壳针孢** *Septoria chinensis* **Miura**（桦树叶枯病）

寄　　主　坚桦，黑桦，白桦，亮叶桦。

分布范围　辽宁、吉林、湖南、四川、陕西、甘肃。

发生地点　四川：甘孜藏族自治州白玉县、色达县、巴塘县、得荣县；

　　　　　　陕西：咸阳市旬邑县。

发生面积　249 亩

危害指数　0.3333

- 桑壳针孢 *Septoria mori* **Hara**（桑树叶斑病）

寄　　主　桑。

分布范围　河北、辽宁、江苏、山东、湖北、重庆、四川、陕西、新疆。

发生地点　江苏：盐城市阜宁县；

　　　　　山东：莱芜市莱城区；

　　　　　重庆：北碚区，酉阳土家族苗族自治县；

　　　　　四川：绵阳市梓潼县、平武县，内江市东兴区，乐山市犍为县，南充市嘉陵区、营山县、蓬安县、仪陇县，宜宾市兴文县，巴中市巴州区、恩阳区，阿坝藏族羌族自治州汶川县，甘孜藏族自治州康定市、得荣县，凉山彝族自治州德昌县、会东县；

　　　　　陕西：西安市临潼区，咸阳市长武县。

发生面积　2638 亩

危害指数　0.3333

- 海桐壳针孢 *Septoria pittospori* **Brun**（海桐褐斑病）

寄　　主　海桐。

分布范围　江苏、安徽、湖南、广东、四川、贵州、云南。

发生地点　江苏：南京市江宁区，无锡市江阴市，扬州市宝应县；

　　　　　安徽：芜湖市无为县，淮南市大通区、谢家集区；

　　　　　广东：佛山市禅城区；

　　　　　四川：阿坝藏族羌族自治州汶川县；

　　　　　云南：玉溪市元江哈尼族彝族傣族自治县。

- 杨壳针孢 *Septoria populi* **Desm.**（杨树大斑病）
- 杨生壳针孢 *Septoria populicola* **Peck.**（杨树褐斑病）

寄　　主　银白杨，新疆杨，北京杨，中东杨，青杨，山杨，二白杨，大叶杨，黑杨，钻天杨，箭杆杨，小叶杨，毛白杨，小黑杨，滇杨。

分布范围　华北、西北，辽宁、吉林、江苏、安徽、江西、山东、河南、湖北、湖南、重庆、四川、贵州、云南。

发生地点　河北：石家庄市藁城区，唐山市古冶区、曹妃甸区、滦南县、玉田县，秦皇岛市昌黎县，邯郸市鸡泽县，保定市涞水县、安新县，张家口市赤城县，沧州市沧县、东光县、吴桥县，廊坊市大城县，衡水市武邑县、阜城县、深州市；

　　　　　内蒙古：呼和浩特市回民区；

　　　　　吉林：松原市乾安县；

　　　　　江苏：徐州市铜山区，苏州市昆山市，南通市如皋市，扬州市广陵区、宝应县、邗江区、经济技术开发区，泰州市姜堰区；

　　　　　安徽：滁州市来安县、明光市，宿州市萧县，六安市叶集区、霍邱县，亳州市涡阳县、蒙城县；

　　　　　江西：九江市瑞昌市；

山东：济宁市梁山县、邹城市，日照市莒县，莱芜市钢城区，临沂市莒南县，聊城市东昌府区，菏泽市定陶区、曹县、单县、巨野县、郓城县；

河南：郑州市中原区、中牟县，开封市龙亭区、祥符区，平顶山市叶县，安阳市内黄县，新乡市获嘉县，南阳市西峡县、桐柏县，商丘市睢阳区、睢县、虞城县，信阳市平桥区，周口市扶沟县，长垣县、固始县；

湖北：潜江市；

湖南：常德市石门县，益阳市资阳区；

重庆：涪陵区、江北区、北碚区、长寿区、永川区，梁平区、城口县、武隆区、忠县、云阳县、奉节县、巫溪县、彭水苗族土家族自治县；

四川：成都市温江区，德阳市罗江县，绵阳市平武县，遂宁市船山区，内江市市中区、东兴区、威远县、资中县、隆昌县，南充市营山县、蓬安县、西充县，眉山市仁寿县，雅安市汉源县，巴中市巴州区、南江县、平昌县，阿坝藏族羌族自治州阿坝县，甘孜藏族自治州丹巴县、甘孜县、色达县、理塘县、巴塘县、乡城县、稻城县，凉山彝族自治州西昌市、盐源县、昭觉县；

贵州：贵阳市乌当区、修文县；

云南：玉溪市元江哈尼族彝族傣族自治县，昭通市大关县；

陕西：西安市临潼区，宝鸡市陈仓区、高新区、太白县，渭南市大荔县，延安市志丹县，汉中市汉台区、西乡县；

甘肃：兰州市连城林场，平凉市崆峒区、灵台县，酒泉市金塔县、阿克塞哈萨克族自治县、敦煌市，庆阳市庆城县、正宁总场，定西市漳县，兴隆山保护区，太统－崆峒山保护区；

青海：西宁市城东区，海东市化隆回族自治县，海北藏族自治州门源回族自治县；

宁夏：银川市兴庆区、金凤区，吴忠市利通区、盐池县，中卫市中宁县；

新疆：吐鲁番市鄯善县，喀什地区麦盖提县、塔什库尔干塔吉克自治县，阿尔泰山国有林管理局；

内蒙古大兴安岭林业管理局：阿里河林业局；

新疆生产建设兵团：农四师 68 团。

发生面积　214827 亩

危害指数　0.4480

● 柳生壳针孢 *Septoria salicicola* Sacc.（柳树灰斑病）

寄　　主　垂柳，旱柳，乌柳，多枝柽柳。

分布范围　东北，内蒙古、江苏、江西、山东、河南、四川、陕西、甘肃、宁夏、新疆。

发生地点　山东：威海市高新技术开发区、经济开发区、环翠区、临港区，菏泽市牡丹区、郓城县；

四川：甘孜藏族自治州色达县、巴塘县；

陕西：汉中市西乡县，宁东林业局。

发生面积　1520 亩

危害指数　0.3388

- **翅果壳针孢 *Septoria samarae* Peck.**（槭树叶枯病）

  寄　　主　梣叶槭，鸡爪槭，色木槭。

  分布范围　东北，河北、内蒙古、江苏、浙江、安徽、福建、湖北、四川、陕西。

  发生地点　内蒙古：通辽市科尔沁区；

  　　　　　江苏：南京市浦口区，苏州高新区，淮安市金湖县，扬州市宝应县、经济技术开发区，镇江市京口区、句容市；

  　　　　　浙江：温州市鹿城区，舟山市岱山县，台州市黄岩区、仙居县。

  发生面积　11492 亩

  危害指数　0.4788

- **八角枫壳针孢 *Septoria taiana* Syd.**（八角枫叶斑病）

  寄　　主　八角枫。

  分布范围　江苏、江西、山东、湖南、四川、陕西。

  发生地点　江西：上饶市横峰县；

  　　　　　四川：内江市东兴区，南充市仪陇县。

  发生面积　365 亩

  危害指数　0.3333

- **椴壳针孢 *Septoria tiliae* Westend**（椴树叶斑病）

  寄　　主　椴树。

  分布范围　吉林、河南、陕西。

  发生地点　陕西：宁东林业局。

- **榆壳针孢 *Septoria ulmi* Hara**（榆树白斑病）

  寄　　主　榆树，春榆，椰榆。

  分布范围　东北，上海、江苏、浙江、河南、陕西、宁夏。

  发生地点　浙江：衢州市常山县；

  　　　　　陕西：延安市桥山林业局。

- **杨叶多隔孢 *Septotis populiperda*（Moesz et Smarods）Waterman et Cash**（杨树大斑病）

  有 性 型　*Septotinia populiperda* Waterm. et Cash

  寄　　主　北京杨，山杨，黑杨，小青杨，毛白杨。

  分布范围　东北，北京、山西、山东、河南、四川、陕西、甘肃、青海。

  发生地点　山西：大同市阳高县；

  　　　　　山东：枣庄市台儿庄区，济宁市兖州区，泰安市泰山林场，莱芜市钢城区；

  　　　　　河南：信阳市淮滨县，周口市扶沟县；

  　　　　　四川：南充市仪陇县，阿坝藏族羌族自治州理县，凉山彝族自治州盐源县。

  发生面积　4144 亩

  危害指数　0.3575

- **葡萄痂圆孢 *Sphaceloma ampelinum* de Bary**（葡萄黑痘病）

  有 性 型　*Elsinoë ampelina*（de Bary）Shear

寄　　主　葡萄。

分布范围　华北、东北、华东，河南、湖北、广东、广西、四川、贵州、云南、陕西、甘肃、宁夏、新疆。

发生地点　河北：石家庄市井陉县、高邑县、晋州市、新乐市，唐山市古冶区、开平区、丰润区、滦南县、乐亭县、玉田县，秦皇岛市昌黎县、卢龙县，邯郸市鸡泽县，邢台市邢台县、柏乡县、广宗县，保定市阜平县、唐县、高阳县、顺平县、高碑店市，张家口市阳原县，沧州市献县、黄骅市、河间市，廊坊市固安县，衡水市枣强县、武强县、安平县、深州市，辛集市；

上海：浦东新区；

江苏：无锡市江阴市，南通市海安县、海门市，淮安市洪泽区，盐城市响水县，扬州市高邮市，泰州市兴化市、泰兴市；

浙江：宁波市北仑区、镇海区；

安徽：芜湖市芜湖县，蚌埠市怀远县，马鞍山市博望区；

山东：济南市济阳县，青岛市即墨市、莱西市，枣庄市台儿庄区，东营市河口区，济宁市任城区、兖州区，日照市莒县，莱芜市莱城区，德州市齐河县，聊城市临清市，菏泽市牡丹区、曹县、单县、巨野县、郓城县；

河南：郑州市中牟县，平顶山市鲁山县，鹤壁市浚县，许昌市鄢陵县，驻马店市驿城区、西平县、泌阳县，固始县；

陕西：汉中市汉台区；

甘肃：武威市凉州区，酒泉市敦煌市，庆阳市正宁县，甘南藏族自治州舟曲县；

新疆：塔城地区额敏县、沙湾县；

新疆生产建设兵团：农七师 124 团。

发生面积　13146 亩

危害指数　0.3485

- **冬青卫矛痂圆孢 *Sphaceloma euonymi-japonici* Kur.** （大叶黄杨疮痂病）

寄　　主　大叶黄杨。

分布范围　河北、江苏、福建、江西、山东、四川、陕西。

发生地点　江苏：苏州高新区、昆山市；

江西：赣州市赣县；

山东：聊城市东阿县。

发生面积　110 亩

危害指数　0.3333

- **柑橘痂圆孢 *Sphaceloma fawcettii* Jenk.** （柑橘疮痂病）

拉丁异名　*Sphaceloma citri*（Br. et Farn）Tanaka

有 性 型　*Elsinoe fawcettii*（Jenk.）Bitanc. et Jenk.

寄　　主　文旦柚，柑橘，橙，柠檬，金橘。

分布范围　华东、中南，重庆、四川、贵州、云南、陕西。

发生地点　上海：浦东新区；

江苏：南通市海门市；

浙江：杭州市桐庐县，温州市龙湾区，嘉兴市秀洲区，舟山市定海区；

安徽：芜湖市无为县；

福建：泉州市永春县；

江西：景德镇市昌江区，九江市修水县，新余市渝水区、高新区，吉安市新干县，抚州市广昌县；

山东：济宁市鱼台县、梁山县；

河南：南阳市淅川县；

湖北：黄石市阳新县，恩施土家族苗族自治州宣恩县，太子山林场；

湖南：湘潭市湘潭县、湘乡市、韶山市，衡阳市衡南县、祁东县、常宁市，邵阳市大祥区、洞口县，岳阳市云溪区、岳阳县，常德市汉寿县、石门县，益阳市资阳区、沅江市，郴州市嘉禾县，永州市冷水滩区、祁阳县、道县、江永县、江华瑶族自治县、回龙圩管理区，怀化市沅陵县、麻阳苗族自治县，湘西土家族苗族自治州凤凰县；

广东：深圳市宝安区；

重庆：武隆区、秀山土家族苗族自治县、彭水苗族土家族自治县；

四川：自贡市荣县，内江市资中县，南充市西充县，眉山市仁寿县，宜宾市宜宾县，广安市武胜县，达州市渠县，资阳市安岳县。

发生面积　81185 亩

危害指数　0. 3679

- **泡桐痂圆孢 *Sphaceloma paulowiae* Hara**（泡桐黑痘病）

寄　　　主　南方泡桐，白花泡桐，毛泡桐。

分布范围　河北、山西、上海、江苏、安徽、江西、山东、河南、湖北、湖南、广东、四川、陕西、甘肃。

发生地点　上海：浦东新区；

江苏：苏州市昆山市；

江西：南昌市南昌县，九江市永修县，赣州市经济技术开发区；

山东：莱芜市莱城区，聊城市阳谷县；

河南：周口市西华县、沈丘县，驻马店市确山县，鹿邑县；

湖南：邵阳市隆回县；

陕西：渭南市大荔县，韩城市。

发生面积　1159 亩

危害指数　0. 3940

- **石榴痂圆孢 *Sphaceloma punicae* Bitanc. et Jenk.**（石榴疮痂病）

寄　　　主　石榴。

分布范围　河北、江苏、山东、河南、湖北。

发生地点　江苏：苏州市太仓市；

河南：平顶山市鲁山县。

- 葡萄球壳孢 *Sphaeropsis ampelos*（Schw.）Cooke（枇杷枝干褐腐病）

  寄　　主　葡萄。

  分布范围　江苏、福建。

  发生地点　江苏：盐城市东台市。

- 假黑腐球壳孢 *Sphaeropsis demersa*（Bon.）Sacc.（山楂黑腐病）

  寄　　主　山楂。

  分布范围　吉林、山东。

- 卫矛球壳孢 *Sphaeropsis euonymi* Desm.（冬青卫矛叶斑病）

  寄　　主　冬青卫矛。

  分布范围　江苏、山东、四川。

  发生地点　四川：南充市西充县。

- 仁果球壳孢 *Sphaeropsis malorum* Peck.（仁果腐烂病）

  寄　　主　榅桲，枇杷，苹果，李，梨，楸子。

  分布范围　东北，河北、上海、江苏、安徽、福建、山东、河南、湖北、四川。

  发生地点　上海：崇明县；

  　　　　　江苏：盐城市东台市。

- 松球壳孢 *Sphaeropsis sapinea*（Fr. : Fr.）Dyko et Sutton.（松枯梢病）

  拉丁异名　*Diplodia pinea*（Desm.）Kickx.

  寄　　主　雪松，华山松，湿地松，马尾松，日本五针松，樟子松，油松，红松，火炬松，南洋杉，黄山松，黑松，云南松，刺柏，崖柏。

  分布范围　东北、华东、中南，河北、内蒙古、四川、云南、陕西、宁夏。

  发生地点　河北：秦皇岛市北戴河区；

  　　　　　内蒙古：通辽市科尔沁左翼后旗；

  　　　　　辽宁：阜新市彰武县；

  　　　　　黑龙江：佳木斯市同江市，尚志国有林场；

  　　　　　江苏：苏州市昆山市；

  　　　　　浙江：台州市黄岩区、天台县；

  　　　　　安徽：宣城市宣州区；

  　　　　　江西：新余市渝水区、高新区，赣州市于都县、兴国县、会昌县，宜春市靖安县、高安市，上饶市余干县，丰城市；

  　　　　　山东：青岛市即墨市、莱西市，潍坊市坊子区；

  　　　　　河南：三门峡市灵宝市，南阳市南召县、方城县、西峡县、内乡县、桐柏县；

  　　　　　湖北：宜昌市当阳市；

  　　　　　湖南：衡阳市衡阳县；

  　　　　　广东：广州市增城区，湛江市遂溪县，肇庆市鼎湖区、高要区、四会市，梅州市大埔县、蕉岭县，汕尾市陆河县、陆丰市，河源市龙川县、连平县，清远市清新区、阳山县，中山市，云浮市云城区、云安区、新兴县；

　　　　广西：来宾市兴宾区；

　　　　四川：眉山市仁寿县；

　　　　云南：昭通市大关县；

　　　　陕西：渭南市华阴市；

　　　　宁夏：固原市彭阳县；

　　　　黑龙江森林工业总局：南岔林业局。

发生面积　96312 亩

危害指数　0.4163

● **油橄榄环梗孢** *Spilocaea oleaginea*（Cast.）**Hugh.**（油橄榄孔雀斑病）

寄　　主　油橄榄。

分布范围　江西、湖南、重庆、四川、云南、甘肃。

发生地点　重庆：奉节县；

　　　　四川：绵阳市游仙区，广元市青川县，达州市开江县；

　　　　云南：昆明市海口林场、昆明市西山林场，楚雄彝族自治州永仁县；

　　　　甘肃：陇南市武都区、文县。

发生面积　14046 亩

危害指数　0.4055

● **仁果环梗孢** *Spilocaea pomi* **Fr.**（苹果黑星病）

拉丁异名　*Fusicladium dendriticum*（Wallr.）Fuck.

有 性 型　*Venturia inaequalis*（Cooke）Wint.

寄　　主　西府海棠，苹果，梨，楸子。

分布范围　东北，河北、江苏、江西、山东、河南、湖北、四川、云南、陕西、甘肃、宁夏、新疆。

发生地点　河北：石家庄市井陉县、灵寿县，唐山市古冶区、玉田县，邯郸市鸡泽县，邢台市邢台县、柏乡县、清河县，廊坊市香河县，衡水市枣强县、武强县、安平县、深州市；

　　　　辽宁：沈阳市法库县；

　　　　山东：枣庄市台儿庄区，潍坊市昌邑市，济宁市兖州区，莱芜市钢城区、莱城区，聊城市阳谷县，菏泽市单县；

　　　　河南：郑州市中牟县、荥阳市，南阳市方城县，商丘市宁陵县、虞城县，济源市、鹿邑县；

　　　　四川：南充市蓬安县，雅安市汉源县，巴中市恩阳区，甘孜藏族自治州理塘县；

　　　　陕西：宝鸡市扶风县，榆林市榆阳区；

　　　　甘肃：金昌市金川区，天水市麦积区，平凉市崆峒区、灵台县；

　　　　宁夏：银川市兴庆区；

　　　　新疆：喀什地区麦盖提县；

　　　　新疆生产建设兵团：农四师。

发生面积　17834 亩

危害指数　0.3629

- **杧果叶斑孢 *Stigmina mangiferae*（Koord）M. B. Ellis**（杧果叶斑病）

  拉丁异名　*Cercospora mangiferae* Koord.

  有　性　型　*Mycosphaerella mangiferae* C. H. Rumpsh

  寄　　主　杧果。

  分布范围　福建、广东、四川、云南。

  发生地点　广东：肇庆市高要区；

  　　　　　四川：攀枝花市西区、盐边县，凉山彝族自治州会东县。

  发生面积　175 亩

  危害指数　0.5238

- **悬铃木叶斑孢 *Stigmina platani*（Fckl.）Sacc.**（悬铃木霉斑病）

  寄　　主　二球悬铃木，三球悬铃木，梧桐。

  分布范围　江苏、安徽、福建、山东、河南、湖北、湖南、四川、陕西。

  发生地点　江苏：南京市雨花台区；

  　　　　　安徽：合肥市庐江县；

  　　　　　山东：莱芜市莱城区、钢城区，菏泽市牡丹区；

  　　　　　河南：开封市通许县，南阳市卧龙区；

  　　　　　四川：南充市仪陇县。

  发生面积　2881 亩

  危害指数　0.3419

- **蒲葵粉座菌 *Stylina disticha*（Ehrenb.）Syd.**（蒲葵黑点病）

  寄　　主　蒲葵。

  分布范围　福建、广东。

- **紧密门座孢 *Thyrostroma compactum*（Sacc.）Hohnel**（枝枯病）

  寄　　主　榆树。

  分布范围　西藏、新疆。

  发生地点　西藏：日喀则市聂拉木县。

- **粉红单端孢 *Trichothecium roseum*（Bull.）Link**（栎粉红病）

  寄　　主　板栗，刺果茶藨子，栎，桃，杏，李，苹果，槐树，橄榄，文冠果，中华猕猴桃。

  分布范围　东北，北京、天津、河北、山西、江苏、安徽、山东、河南、广东、四川、陕西。

  发生地点　陕西：汉中市西乡县。

- **槭三叉星孢 *Tripospermun acerium* Syd.**（烟霉病）

  寄　　主　杧果，栀子。

  分布范围　福建、广东、广西、海南、四川。

  发生地点　福建：漳州市南靖县；

  　　　　　广西：崇左市宁明县；

　　　　　　　海南：三亚市吉阳区，东方市；
　　　　　　　四川：凉山彝族自治州德昌县、会东县。
　　发生面积　867 亩
　　危害指数　0.3933

- **小瘤座孢** *Tubercularia minor* **Link**（刺槐枝枯病）

　　寄　　主　槐树，刺槐。
　　分布范围　河北、山东、河南、湖北、陕西。
　　发生地点　河北：保定市阜平县、唐县、望都县、博野县，定州市；
　　　　　　　山东：青岛市胶州市，枣庄市滕州市，泰安市宁阳县，莱芜市莱城区、钢城区；
　　　　　　　陕西：咸阳市永寿县，渭南市华州区。
　　发生面积　1149 亩
　　危害指数　0.3710

- **瘤座孢一种** *Tubercularia* **sp.**（竹干枯病）

　　寄　　主　毛竹。
　　分布范围　福建。
　　发生地点　福建：龙岩市连城县。
　　发生面积　136 亩
　　危害指数　1.0000

- **普通瘤座孢** *Tubercularia vulgaris* **Tode**（红疣枝枯病）

　　有 性 型　*Nectria cinnabarina*（Tode）Fr.
　　寄　　主　落叶松，云杉，冷杉，旱柳，榆树，桦木，核桃，茶藨子，野杏，苹果，刺玫蔷薇，
　　　　　　　刺槐，胡颓子。
　　分布范围　西北，河北、内蒙古、吉林、江苏、山东、四川、云南、西藏。
　　发生地点　甘肃：兴隆山自然保护区。
　　发生面积　320 亩
　　危害指数　0.3333

- **黄萎轮枝孢** *Verticillium albo-atrum* **Reinke et Berth.**（黑荆树流胶病，桉枯萎病）

　　寄　　主　杨树，悬钩子，黑荆树，桉叶槭，滇山茶，蓝桉，直杆蓝桉，巨尾桉，大叶桉，紫
　　　　　　　丁香。
　　分布范围　吉林、浙江、福建、广东、广西、四川、贵州、云南、新疆。
　　发生地点　广西：梧州市苍梧县、岑溪市；
　　　　　　　四川：凉山彝族自治州昭觉县；
　　　　　　　云南：昆明市，玉溪市澄江县，楚雄彝族自治州牟定县、南华县。
　　发生面积　1413 亩
　　危害指数　0.3876

- **大丽花轮枝孢** *Verticillium dahliae* **Kleb.**（黄萎病）

　　寄　　主　榆树，香椿，黄栌，毛黄栌，冬青卫矛，槭，桉叶槭，白蜡树。

分布范围　北京、河北、内蒙古、辽宁、山东、湖北、四川、贵州、陕西、新疆。

发生地点　北京：朝阳区、丰台区、昌平区、大兴区、延庆区；

　　　　　山东：济南市章丘市，菏泽市郓城县；

　　　　　四川：阿坝藏族羌族自治州汶川县。

发生面积　276 亩

危害指数　0.3333

● **鲜壳孢** *Zythia versoniana*（石榴果腐病）

寄　　主　石榴。

分布范围　河北、江苏、安徽、山东、河南、湖北、四川。

发生地点　江苏：苏州市昆山市、太仓市；

　　　　　安徽：蚌埠市怀远县，宿州市萧县，亳州市谯城区；

　　　　　山东：济宁市汶上县，聊城市东阿县，菏泽市牡丹区；

　　　　　河南：郑州市荥阳市，三门峡市陕州区，驻马店市遂平县，邓州市；

　　　　　四川：攀枝花市西区。

发生面积　7104 亩

危害指数　0.3805

Ⅳ. 原生生物界 Protozoa

7. 线虫类 Nematodes

垫刃目 Tylenchida   异皮线虫科 Heteroderidae

- **花生根结线虫** *Meloidogyne arenaria*（Neal.）Chitwood（树木花生根结线虫病）

  寄　　主　柳树，朴树，无花果，桑，桃，番木瓜，苹果，海棠花，河北梨，合欢，刺槐，柑橘，橄榄，橡胶树，小叶黄杨，可可，茶，石榴，杜鹃，白蜡树，木犀，丁香，泡桐，楸，梓，栀子，槟榔。

  分布范围　华东，河北、河南、广东、海南、重庆、四川、云南、陕西。

  发生地点　河南：郑州市惠济区，许昌市鄢陵县。

  发生面积　138 亩

  危害指数　0.6715

- **南方根结线虫** *Meloidogyne incognita*（Kofoid et White）（树木南方根结线虫病）

  寄　　主　柳树，毛白杨，杨梅，核桃，榆树，朴树，构树，无花果，榕树，桑，三球悬铃木，桃，梅，樱花，番木瓜，苹果，月季，刺槐，紫荆，紫藤，柑橘，橡胶树，小叶黄杨，葡萄，木槿，可可，茶，金丝桃，八角枫，柿，连翘，美国白蜡，女贞，木犀，丁香，泡桐，楸，栀子，槟榔。

  分布范围　华东，北京、内蒙古、湖北、广东、海南、重庆、四川、云南、陕西。

  发生地点　安徽：合肥市庐阳区；

  　　　　　山东：青岛市即墨市、莱西市，临沂市莒南县；

  　　　　　云南：楚雄彝族自治州永仁县。

  发生面积　1278 亩

  危害指数　0.3333

- **爪哇根结线虫** *Meloidogyne javanica*（Trenb.）Chitwood（树木爪哇根结线虫病）

  寄　　主　柳树，杨梅，桑，檀香，肉桂，杜仲，桃，番木瓜，柑橘，橡胶树，黄杨，栾树，葡萄，四季秋海棠，石榴，油橄榄，木犀，栀子，棕榈。

  分布范围　华东，湖北、广东、广西、海南、重庆、四川、云南、陕西。

  发生地点　福建：漳州市龙海市。

- **悬铃木根结线虫** *Meloidogyne platani* Hischmann（悬铃木根结线虫病）

  寄　　主　梧桐，泡桐，三球悬铃木。

  分布范围　江苏、山东、湖南。

  发生地点　山东：青岛市即墨市、莱西市；

  　　　　　湖南：湘潭市韶山市。

滑刃目 Aphelenchina **滑刃科 Aphelenchoididae**

- **拟松材线虫** *Bursaphelenchus mucronatus* **Mamiya et Enda.** （拟松材线虫萎蔫病）

寄　　主　华山松，白皮松，湿地松，马尾松，油松，火炬松，黑松，云南松。

分布范围　华东、中南，辽宁、重庆、四川、贵州、云南、陕西。

发生地点　安徽：滁州市全椒县，池州市石台县；

福建：莆田市湄洲岛；

江西：鹰潭市月湖区、贵溪市，上饶市德兴市；

湖北：十堰市张湾区，恩施土家族苗族自治州恩施市；

湖南：长沙市长沙县，株洲市云龙示范区，郴州市桂阳县、安仁县；

广东：广州市天河区、白云区、番禺区、花都区、南沙区、从化区、增城区，惠州市博罗县，河源市和平县；

四川：广安市邻水县，雅安市宝兴县，凉山彝族自治州喜德县；

贵州：贵阳市，遵义市余庆县，安顺市西秀区，毕节市黔西县，铜仁市石阡县；

云南：玉溪市澄江县、元江哈尼族彝族傣族自治县，昭通市大关县，楚雄彝族自治州南华县；

陕西：汉中市汉台区、镇巴县、佛坪县。

发生面积　60568 亩

危害指数　0.3374

- **松材线虫** *Bursaphelenchus xylophilus*（**Steiner et Burher**）**Nickle**（松材线虫病，松材线虫枯萎病）

寄　　主　赤松，湿地松，马尾松，油松，云南松，思茅松，火炬松，黄山松，黑松。

分布范围　辽宁、江苏、浙江、安徽、福建、江西、山东、河南、湖北、湖南、广东、广西、重庆、四川、贵州、陕西。

发生地点　辽宁：大连市三河口区；

江苏：南京市玄武区、浦口区、栖霞区、雨花台区、江宁区、六合区、溧水区、高淳区，无锡市惠山区、滨湖区、宜兴市，常州市金坛市、溧阳市，苏州市常熟市，连云港市海州区、连云区，淮安市盱眙县，扬州市仪征市，镇江市润州区、丹徒区、句容市；

浙江：杭州市西湖区、富阳区、桐庐县、临安市，宁波市北仑区、鄞州区、宁海县、象山县、余姚市、慈溪市、奉化市、镇海区，温州市平阳县、泰顺县、永嘉县、乐清市，嘉兴市海盐县、平湖市，湖州市吴兴区、长兴县、德清县，绍兴市越城区、柯桥区、上虞区、新昌县、诸暨市、嵊州市，舟山市定海区、普陀区，台州市黄岩区、三门县、天台县、临海市、温岭市，丽水市莲都区、缙云县、青田县；

安徽：合肥市巢湖市、肥东县、庐江县，芜湖市无为县，马鞍山市博望区、当涂县、含山县，安庆市宜秀区、怀宁县，滁州市明光市、全椒县、来安县，六安市霍邱县、舒城县、霍山县，池州市东至县，宣城市宣州区、宁国市、广德县；

福建：福州市仓山区、马尾区、晋安区、闽侯县、连江县、长乐市、罗源县，厦门市思明区、翔安区、同安区、海沧区，莆田市涵江区、仙游县，三明市梅列区、三元区、沙县、泰宁县，泉州市丰泽区、洛江区、台商投资区、晋江市、南安市、安溪县、永春县，漳州市云霄县、诏安县、南靖县、漳浦县，南平市延平区、建瓯市，宁德市蕉城区、福鼎市、福安市、霞浦县；

江西：南昌市湾里区、新建区、安义县、进贤县，景德镇市浮梁县，九江市庐山区、庐山市、共青城市、彭泽县、湖口县、都昌县，新余市渝水区，赣州市章贡区、南康区、赣县、大余县，吉安市吉州区、安福县、永丰县，宜春市丰城市，抚州市广昌县、南丰县、南城县，上饶市信州区、婺源县；

山东：青岛市黄岛区、崂山区、李沧区、城阳区，烟台市芝罘区、福山区、牟平区、莱山区、长岛县，威海市环翠区、文登区、荣成市、乳山市，日照市东港区；

河南：信阳市新县；

湖北：武汉市洪山区、黄陂区，宜昌市夷陵区、当阳市、枝江市、宜都市、长阳县，咸宁市咸安区、赤壁市、崇阳县，恩施州恩施市，十堰市张湾区，荆门市掇刀区，黄石市铁山区，襄阳市谷城县，随州市曾都区；

湖南：衡阳市石鼓区、蒸湘区、衡南县，邵阳市邵东县、绥宁县，岳阳市云溪区、临湘市，常德市桃源县，张家界市慈利县，益阳市赫山区，娄底市涟源市；

广东：广州市天河区、白云区、黄埔区、花都区、从化区、增城区，韶关市武江区、曲江区，汕头市濠江区，惠州市惠城区、惠阳区、惠东县、博罗县、龙门县，肇庆市封开县、广宁县，梅州市梅江区、梅县区、兴宁市、蕉岭县、丰顺县、大埔县、五华县、平远县，汕尾市海丰县，河源市源城区、紫金县、东源县、龙川县，清远市清城区、东莞市；

广西：梧州市苍梧县，贵港市桂平市、平南县，玉林市兴业县；

重庆：巴南区、万州区、涪陵区、长寿区、云阳县、忠县、江津区、开州区、綦江县、黔江区、铜梁区、万盛区；

四川：自贡市富顺县，宜宾市翠屏区、宜宾县、高县、屏山县，广安市邻水县，达州市通川区、达川区，凉山州西昌市，绵阳市江油市，雅安市名山区；

贵州：遵义市仁怀市、遵义县，毕节市金沙县，黔东南州凯里市；

陕西：汉中市洋县、宁强县，安康市汉滨区、石泉县，商洛市柞水县。

发生面积　1019098.25亩

危害指数　1.000

V. 原核生物界 Bacteria

V-1. 原细菌门 Proteobacter

8. 细菌类 Bacteria

根瘤菌目 Rhizobiales　　　根瘤菌科 Rhizobiaceae

- **根癌土壤杆菌** *Agrobacterium tumefaciens* (Smith et Towns.) Conn. (根癌病，冠瘿病，细菌性癌肿病)

中文异名　根癌杆菌、产瘤假单胞菌

拉丁异名　*Bacterium tumefaciens* Smith et Townsend，*Pseudomonas tumefaciens* Smith et Townsend

寄　　主　银杏，湿地松，马尾松，油松，樟树子松，侧柏，圆柏，高山柏，银白杨，新疆杨，北京杨，加杨，山杨，二白杨，黑杨，小叶杨，毛白杨，小黑杨，垂柳，旱柳，沙柳，核桃，枫杨，板栗，鬐蒴栲，锥栗，栓皮栎，朴树，异色山黄麻，榆树，构树，桑，蜡梅，阴香，樟树，金缕梅，三球悬铃木，桃，碧桃，山杏，杏，樱桃，樱花，日本晚樱，日本樱花，西府海棠，苹果，海棠花，李，红叶李，毛樱桃，榆叶梅，梨，豆梨，月季，柠条锦鸡儿，紫荆，刺槐，槐树，柑橘，重阳木，冬青，色木槭，栾树，无患子，葡萄，油茶，柽柳，秋海棠，石榴，沙枣，喜树，蓝桉，直杆蓝桉，巨尾桉，柿，夹竹桃。

分布范围　华北、华东、中南、西北，辽宁、吉林、重庆、四川、贵州、云南。

发生地点　天津：蓟县；

河北：石家庄市鹿泉区、井陉县、灵寿县、高邑县，唐山市古冶区、丰南区、滦南县、乐亭县、玉田县、遵化市，秦皇岛市山海关区、青龙满族自治县、昌黎县，邢台市任县、广宗县、临西县、沙河市，保定市满城区、徐水区、唐县、涿州市，张家口市万全区、沽源县、蔚县、怀安县、怀来县，沧州市沧县、吴桥县，廊坊市大城县、文安县，衡水市饶阳县、冀州市，辛集市；

山西：大同市阳高县，晋中市榆次区，运城市临猗县、绛县、夏县；

内蒙古：通辽市科尔沁区、开鲁县、库伦旗，鄂尔多斯市达拉特旗，乌兰察布市集宁区、察哈尔右翼后旗；

辽宁：丹东市东港市，阜新市阜新蒙古族自治县；

上海：浦东新区、松江区、奉贤区；

江苏：徐州市邳州市，苏州市昆山市，盐城市东台市；

浙江：杭州市余杭区，嘉兴市嘉善县，金华市浦江县、磐安县，衢州市常山县，舟山市嵊泗县，台州市仙居县、温岭市、临海市；

安徽：合肥市庐阳区，芜湖市芜湖县、繁昌县、无为县，滁州市全椒县、定远县，宿州市萧县；

江西：萍乡市上栗县、芦溪县，宜春市靖安县；

山东：青岛市即墨市、莱西市，枣庄市台儿庄区，潍坊市坊子区、昌邑市、高新技术
开发区、滨海经济开发区，济宁市微山县、鱼台县、梁山县、曲阜市、邹城
市，泰安市宁阳县、东平县、肥城市，威海市高新技术开发区、经济开发区、
环翠区、临港区，日照市岚山区、莒县，莱芜市莱城区、钢城区，临沂市莒南
县，聊城市东昌府区、阳谷县、东阿县、冠县、临清市、高新技术产业开发
区，菏泽市牡丹区、定陶区、巨野县、郓城县；

河南：郑州市中牟县、荥阳市，洛阳市栾川县、嵩县、洛宁县、伊川县，安阳市安阳
县，濮阳市台前县，许昌市鄢陵县，漯河市召陵区，三门峡市陕州区、灵宝
市，商丘市民权县、睢县，信阳市潢川县，驻马店市确山县、兰考县；

湖北：襄阳市枣阳市；

湖南：湘潭市韶山市，邵阳市洞口县，益阳市资阳区，郴州市嘉禾县，湘西土家族苗
族自治州凤凰县；

广东：韶关市翁源县；

重庆：黔江区、永川区、铜梁区、巫山县；

四川：攀枝花市仁和区、盐边县，遂宁市射洪县，阿坝藏族羌族自治州阿坝县，甘孜
藏族自治州泸定县、丹巴县、新龙县、巴塘县，凉山彝族自治州盐源县、布
拖县；

贵州：贵阳市南明区、贵阳经济技术开发区，遵义市道真仡佬族苗族自治县，安顺市
镇宁布依族苗族自治县；

云南：昆明市西山区、东川区、富民县、宜良县、昆明市西山林场，玉溪市红塔区、
澄江县、通海县、华宁县、新平彝族傣族自治县，保山市隆阳区、龙陵县，临
沧市沧源佤族自治县，楚雄彝族自治州楚雄市、牟定县、永仁县、禄丰县；

陕西：西安市灞桥区、周至县，宝鸡市扶风县、太白县，渭南市潼关县、大荔县、澄
城县，汉中市汉台区、南郑县，榆林市靖边县、定边县、米脂县、子洲县，神
木县、杨陵区；

甘肃：兰州市城关区，武威市凉州区，平凉市静宁县，酒泉市肃州区、金塔县、玉门
市，庆阳市西峰区、庆城县、正宁县、镇原县，定西市陇西县、岷县，甘南藏
族自治州合作市；

宁夏：银川市灵武市，吴忠市同心县；

新疆：博尔塔拉蒙古自治州博乐市，喀什地区喀什市、叶城县。

发生面积　137502 亩

危害指数　0.4402

伯克霍尔德氏菌目 Burkholderiales　　　伯克霍尔德氏菌科 Burkholderiaceae

● 须芒草伯克霍尔德氏菌 *Burkholderia andropogonis*（Smith）**Gillis et al.**（槟榔细菌性叶斑病）

中文异名　高粱叶斑病假单胞菌

拉丁异名　*Pseudomonas andropogonis*（Smith）Stapp

寄　　主　槟榔。

分布范围　海南。

发生地点　海南：保亭黎族苗族自治县。

> 黄单孢菌目 Xanthomonadales　　黄单孢菌科 Xanthomonadaceae

- **野油菜黄单胞杆菌 橘致病变种 *Xanthomonas campestris* pv. *citri*（Hasse）Dye（柑橘溃疡病）**

中文异名　柑橘黄单孢菌

拉丁异名　*Xanthomonas citri*（Hasse）Dowson

寄　　主　柑橘，橙，金橘，枳，柚木，柠檬，蕉柑，黄皮。

分布范围　上海、江苏、浙江、福建、江西、湖北、湖南、广东、广西、重庆、四川、贵州、云南、陕西。

发生地点　上海：浦东新区；

江苏：无锡市锡山区；

浙江：宁波市江北区，温州市鹿城区，衢州市常山县，舟山市定海区，台州市三门县；

福建：泉州市安溪县、永春县，漳州市诏安县；

江西：景德镇市昌江区，九江市都昌县、湖口县，新余市渝水区、仙女湖区，赣州市安远县、宁都县，吉安市峡江县、永丰县，宜春市袁州区、铜鼓县；

湖北：武汉市新洲区，襄阳市保康县，荆州市洪湖市，黄冈市武穴市，恩施土家族苗族自治州宣恩县；

湖南：湘潭市湘潭县，衡阳市南岳区、衡南县、衡东县、祁东县、耒阳市、常宁市，邵阳市大祥区、洞口县，岳阳市岳阳县、平江县，常德市鼎城区、汉寿县，益阳市资阳区、沅江市，郴州市桂阳县、宜章县、嘉禾县、临武县、安仁县，永州市零陵区、冷水滩区、东安县、道县、江永县、江华瑶族自治县、回龙圩管理区，怀化市中方县、辰溪县、麻阳苗族自治县、通道侗族自治县、洪江市；

广西：柳州市柳江区、融水苗族自治县，百色市田林县、靖西市，贺州市钟山县，河池市南丹县、东兰县；

重庆：云阳县；

四川：自贡市自流井区、沿滩区，南充市蓬安县，眉山市仁寿县，资阳市雁江区；

贵州：铜仁市碧江区。

发生面积　136309 亩

危害指数　0.4019

- **野油菜黄单胞杆菌 胡桃致病变种 *Xanthomonas campestris* pv. *juglandis*（Pierce）Dye（核桃细菌性黑腐病，核桃细菌性黑斑病）**

中文异名　胡桃黄单孢菌

拉丁异名　*Xanthomonas juglandis*（Pierce）Dowson

寄　　主　核桃，山核桃，薄壳山核桃，野核桃，核桃楸。

分布范围　华北、中南、西北，辽宁、吉林、江苏、浙江、安徽、福建、山东、重庆、四川、贵州、云南。

发生地点　北京：房山区、通州区、顺义区、大兴区；

河北：石家庄市栾城区、灵寿县、深泽县、新乐市，唐山市开平区、滦南县，秦皇岛市抚宁区、昌黎县、卢龙县，邯郸市丛台区、峰峰矿区，邢台市临城县、广宗县，保定市徐水区、涞水县、阜平县，衡水市深州市，定州市；

山西：晋中市左权县、和顺县、灵石县，临汾市尧都区、隰县，吕梁市离石区；

江苏：盐城市东台市；

浙江：杭州市临安市，金华市磐安县，衢州市常山县；

安徽：合肥市庐阳区，淮北市杜集区，阜阳市颍泉区，宣城市宁国市；

福建：南平市延平区；

山东：济南市商河县，青岛市胶州市、即墨市、莱西市，枣庄市台儿庄区、山亭区，东营市广饶县，潍坊市坊子区，济宁市兖州区、嘉祥县、梁山县、邹城市，泰安市东平县、新泰市、泰山林场、徂徕山林场，威海市高新技术开发区、经济开发区、环翠区、临港区，日照市岚山区，莱芜市钢城区、莱城区，德州市齐河县，聊城市东阿县，菏泽市曹县、单县、成武县；

河南：郑州市管城回族区、上街区、荥阳市、新密市、登封市，开封市通许县、尉氏县，洛阳市洛龙区、孟津县、新安县、栾川县、汝阳县、洛宁县，平顶山市卫东区、石龙区、宝丰县、叶县、鲁山县、郏县，鹤壁市淇滨区，新乡市新乡县、获嘉县，焦作市博爱县、沁阳市，许昌市襄城县、禹州市、长葛市，漯河市源汇区、召陵区、舞阳县，三门峡市陕州区、渑池县、卢氏县、灵宝市，南阳市卧龙区、南召县、方城县、西峡县、镇平县、内乡县、淅川县，商丘市虞城县，信阳市平桥区，周口市沈丘县，驻马店市泌阳县，济源市、巩义市、滑县；

湖北：十堰市郧阳区、郧西县、竹山县、竹溪县、房县、丹江口市，宜昌市夷陵区、兴山县、秭归县，襄阳市南漳县，恩施土家族苗族自治州恩施市、利川市、建始县；

湖南：常德市石门县；

广东：云浮市云安区；

广西：河池市巴马瑶族自治县；

海南：乐东黎族自治县；

重庆：涪陵区、北碚区、大足区，城口县、武隆区、云阳县、奉节县、巫山县、巫溪县、酉阳土家族苗族自治县、彭水苗族土家族自治县；

四川：成都市青白江区、双流区、金堂县、简阳市，自贡市大安区、沿滩区、荣县，攀枝花市仁和区、普威局，德阳市广汉市，绵阳市涪城区、游仙区、三台县、平武县，广元市昭化区、朝天区、旺苍县、青川县，遂宁市船山区、安居区、射洪县，内江市资中县、隆昌县，乐山市犍为县、沐川县，南充市营山县、蓬安县、仪陇县，眉山市仁寿县、洪雅县，宜宾市南溪区、高县、兴文县，广安市广安区、前锋区、岳池县、华蓥市，达州市渠县、万源市，雅安市雨城区、汉源县、石棉县、天全县、芦山县、宝兴县，巴中市巴州区、通江县、南江县、平昌县，资阳市雁江区，阿坝藏族羌族自治州汶川县，甘孜藏族自治州康定市、丹巴县、九龙县、道孚县、理塘县、巴塘县、乡城县、稻城县、得荣县，凉山彝族自治州盐源县、德昌县、会东县、宁南县、普格县、金阳县、昭觉县、越西县、甘洛县；

贵州：六盘水市六枝特区，铜仁市石阡县；

云南：昆明市五华区，曲靖市沾益区、马龙县、罗平县、会泽县，玉溪市江川区、澄江县、通海县、华宁县、新平彝族傣族自治县、元江哈尼族彝族傣族自治县，保山市隆阳区，昭通市鲁甸县、大关县、镇雄县、彝良县、水富县，丽江市永胜县、华坪县、宁蒗彝族自治县，普洱市澜沧拉祜族自治县，临沧市凤庆县，楚雄彝族自治州楚雄市、双柏县、牟定县、南华县、大姚县、永仁县、武定县，文山壮族苗族自治州文山市、西畴县、广南县，大理白族自治州大理市、漾濞彝族自治县、巍山彝族回族自治县、永平县，怒江傈僳族自治州泸水县、福贡县，迪庆藏族自治州维西傈僳族自治县；

陕西：西安市临潼区、蓝田县，宝鸡市渭滨区、金台区、陈仓区、扶风县、陇县、麟游县，咸阳市彬县、长武县、旬邑县、武功县，渭南市临渭区、华州区、潼关县、大荔县、合阳县、澄城县、蒲城县、华阴市，延安市宜川县、黄龙县，汉中市汉台区、宁强县、略阳县、镇巴县，榆林市子洲县，安康市汉滨区、汉阴县、石泉县、宁陕县、岚皋县、旬阳县，商洛市商州区、洛南县、丹凤县、商南县、山阳县、镇安县、柞水县，宁东林业局；

甘肃：白银市会宁县，平凉市崇信县、华亭县，庆阳市华池县、宁县、镇原县，陇南市成县、文县、宕昌县、康县、西和县、礼县、徽县、两当县，临夏回族自治州临夏市、临夏县、永靖县、积石山保安族东乡族撒拉族自治县，甘南藏族自治州舟曲县；

青海：海东市民和回族土族自治县；

新疆：喀什地区疏勒县、叶城县、巴楚县，和田地区和田县；

新疆生产建设兵团：农一师10团。

发生面积 652721 亩

危害指数 0.4279

- **野油菜黄单胞杆菌 杧果致病变种 *Xanthomonas campestris* pv. *mangiferae-indicae*（Patel，Moniz et Kulkarni）Robbs（杧果细菌性黑斑病，杧果细菌性角斑病）**

寄　　主 杧果。

分布范围 福建、广东。

发生地点 广东：深圳市龙岗区，河源市龙川县。

- **野油菜黄单胞杆菌 桃李致病变种 *Xanthomonas campestris* pv. *pruni*（Smith）Dye（桃李细菌性穿孔病、桃李细菌性黑斑病）**

中文异名 桃李黄单孢菌

拉丁异名 *Xanthomonas pruni*（Smith）Dowson

寄　　主 山桃，桃，碧桃，山杏，杏，樱桃，樱花，日本晚樱，垂枝大叶早樱，日本樱花，李，红叶李。

分布范围　华东、西北，北京、天津、河北、山西、辽宁、河南、湖北、湖南、广东、重庆、四川、贵州。

发生地点　北京：丰台区、通州区、顺义区、大兴区；

河北：石家庄市晋州市、新乐市，唐山市古冶区、丰南区、丰润区、滦南县、乐亭县、玉田县，秦皇岛市卢龙县，邯郸市馆陶县，邢台市邢台县、内丘县、柏乡县、巨鹿县、沙河市，保定市徐水区、阜平县、定兴县、唐县、高阳县、蠡县、顺平县、高碑店市，张家口市桥东区，承德市平泉县，沧州市吴桥县、献县、泊头市、黄骅市、河间市，廊坊市安次区、霸州市，衡水市桃城区、枣强县、武邑县、武强县、饶阳县、安平县、景县、阜城县、冀州市、深州市，定州市、辛集市；

山西：大同市广灵县，运城市闻喜县、垣曲县；

上海：浦东新区、奉贤区；

江苏：南京市栖霞区、六合区，无锡市锡山区、滨湖区，徐州市铜山区、邳州市，常州市溧阳市，苏州高新区、昆山市、太仓市，淮安市淮阴区、金湖县，盐城市盐都区、大丰区、响水县、阜宁县、射阳县、建湖县、东台市，扬州市广陵区、宝应县、高邮市，泰州市海陵区、姜堰区、泰兴市，宿迁市宿城区、沭阳县；

浙江：杭州市萧山区、桐庐县，宁波市江北区、北仑区、镇海区、宁海县，舟山市定海区；

安徽：合肥市庐阳区、包河区，芜湖市芜湖县、繁昌县、无为县，安庆市宜秀区，阜阳市颍东区，六安市金寨县，亳州市谯城区；

福建：漳州市云霄县，南平市延平区；

江西：赣州市安远县；

山东：济南市济阳县，青岛市即墨市、莱西市，枣庄市滕州市，东营市东营区、河口区、垦利县、广饶县，烟台市龙口市，济宁市任城区、鱼台县、金乡县、嘉祥县、汶上县、泗水县、梁山县、邹城市、高新技术开发区、太白湖新区、经济技术开发区，泰安市岱岳区、宁阳县、新泰市、肥城市、泰山林场、徂徕山林场，日照市岚山区、莒县，莱芜市莱城区、钢城区，临沂市兰山区、沂水县，德州市庆云县、齐河县，聊城市东昌府区、阳谷县、东阿县、冠县、临清市，菏泽市牡丹区、定陶区、单县、成武县、巨野县，黄河三角洲自然保护区；

河南：开封市通许县，洛阳市嵩县，平顶山市鲁山县、郏县，鹤壁市淇滨区，新乡市红旗区、新乡县、延津县，焦作市修武县、博爱县、沁阳市，濮阳市清丰县、台前县，漯河市临颍县，三门峡市陕州区、灵宝市，南阳市卧龙区，商丘市梁园区、宁陵县、虞城县，周口市西华县，兰考县；

湖北：武汉市新洲区，孝感市孝昌县，荆州市沙市区、荆州区、监利县、江陵县、洪湖市；

湖南：邵阳市隆回县，岳阳市汨罗市；

广东：惠州市惠城区；

重庆：万州区；

四川：成都市简阳市，自贡市大安区、荣县，攀枝花市米易县，绵阳市平武县，内江市市中区、东兴区、威远县、资中县、隆昌县，乐山市沙湾区、峨边彝族自治县，南充市蓬安县，眉山市仁寿县、洪雅县、丹棱县，宜宾市宜宾县、珙县、筠连县、兴文县，雅安市汉源县，资阳市雁江区、乐至县，甘孜藏族自治州色达县、理塘县、巴塘县、乡城县，凉山彝族自治州盐源县、会东县、昭觉县；

贵州：贵阳市乌当区、白云区、修文县、贵阳市，铜仁市石阡县；

陕西：咸阳市泾阳县、武功县，渭南市大荔县，杨陵区，宁东林业局；

甘肃：金昌市金川区，白银市靖远县，庆阳市西峰区、镇原县；

宁夏：石嘴山市惠农区，吴忠市利通区、同心县，固原市彭阳县；

新疆：吐鲁番市鄯善县，哈密市伊州区；

新疆生产建设兵团：农四师 71 团。

发生面积　157167 亩

危害指数　0.3951

- **白杨黄单孢杆菌 *Xanthomomas populi*（Ride）Ride et Ride（杨细菌性溃疡病，柳细菌性溃疡病）**

中文异名　白杨不游走杆菌

拉丁异名　*Aplanobacterium populi* Ride

寄　　主　柳树，杨树，小青杨，大青杨，小黑杨，小钻杨。

分布范围　黑龙江、山东。

发生地点　山东：聊城市东阿县。

假单胞菌目 pseudomonadales　　　假单胞菌科 Pseudomonadaceae

- **油桐假单胞菌 *Pseudomonas aleuritidis*（McCulloch et Demaree）Stapp（油桐细菌性叶斑病）**

寄　　主　油桐。

分布范围　安徽、湖南、四川、陕西。

发生地点　湖南：湘西土家族苗族自治州凤凰县；

四川：南充市仪陇县。

- **女贞假单胞菌 *Pseudomonas ligustri*（d'Oliveira）Savulescu（女贞细菌性斑点病，女贞细菌性叶斑病）**

寄　　主　女贞，小叶女贞。

分布范围　华东，河北、河南、湖北、湖南、四川、陕西。

发生地点　河北：衡水市武强县；

江苏：盐城市射阳县；

浙江：台州市三门县；

河南：平顶山市石龙区、鲁山县，周口市太康县；

湖北：天门市；

四川：南充市嘉陵区，雅安市汉源县。

发生面积　438 亩

危害指数　0.3356

● 萨氏假单胞菌 *Pseudomonas savastanoi*（Smith）Stevens（油橄榄细菌性癌肿病）

寄　　主　油橄榄，中华猕猴桃。

分布范围　福建、湖北、湖南、广西、重庆、四川、贵州、云南、陕西。

发生地点　湖南：湘潭市韶山市；

　　　　　重庆：奉节县；

　　　　　云南：楚雄彝族自治州永仁县。

发生面积　1020 亩

危害指数　0.3333

● 青枯假单胞菌 *Pseudomonas solanacearum*（Smith）Yabuuchi et al.（木麻黄青枯病，油橄榄青枯病）

寄　　主　木麻黄，油橄榄，雀舌黄杨，柑橘，蝴蝶果，油茶，桉树，柚木，观光木。

分布范围　上海、浙江、福建、江西、湖北、湖南、广东、广西、海南、四川、贵州、云南、陕西。

发生地点　浙江：温州市乐清市，台州市椒江区、玉环县；

　　　　　福建：漳州市东山县；

　　　　　广东：韶关市乐昌市，汕头市龙湖区，湛江市坡头区、湛江开发区、徐闻县、雷州市、吴川市、湛江市属林场，茂名市电白区，汕尾市陆丰市，阳江市江城区、阳东区、阳西县；

　　　　　海南：文昌市；

　　　　　四川：甘孜藏族自治州得荣县，凉山彝族自治州会东县。

发生面积　20004 亩

危害指数　0.4318

● 丁香假单胞菌 猕猴桃致病变种 *Pseudomonas syringae* pv. *actinidiae* Takikawa et al.（猕猴桃细菌性溃疡病菌）

寄　　主　中华猕猴桃。

分布范围　安徽、山东、湖北、湖南、重庆、四川、贵州、陕西。

发生地点　安徽：合肥市庐阳区；

　　　　　湖南：长沙市浏阳市；

　　　　　重庆：万州区、涪陵区、黔江区，奉节县，秀山土家族苗族自治县；

　　　　　四川：雅安市天全县、芦山县，巴中市通江县；

　　　　　贵州：贵阳市修文县，六盘水市盘县；

　　　　　陕西：西安市周至县，宝鸡市眉县、杨陵区。

发生面积　11001 亩

危害指数　0.5028

● 丁香假单胞菌 杉木致病变种 *Pseudomonas syringae* pv. *cunninghamiae* Nanjing He et Goto（杉木细菌性叶枯病）

中文异名　杉木假单孢菌

拉丁异名　*Pseudomonas cunninghamiae* Nanjing F. P. I. C. et al.

寄　　主　杉木。

分布范围　中南，江苏、浙江、安徽、福建、江西、重庆、四川、贵州、云南、陕西。

发生地点　江苏：镇江市句容市；

　　　　　福建：三明市尤溪县，南平市延平区；

　　　　　江西：赣州市宁都县、石城县，吉安市新干县、永新县，宜春市铜鼓县，南城县；

　　　　　湖北：荆州市洪湖市，恩施土家族苗族自治州咸丰县；

　　　　　湖南：岳阳市岳阳县；

　　　　　广东：韶关市乐昌市；

　　　　　广西：南宁市横县，梧州市龙圩区，贺州市平桂区、八步区，六万林场；

　　　　　海南：澄迈县；

　　　　　重庆：渝北区；

　　　　　四川：甘孜藏族自治州得荣县；

　　　　　贵州：黔西南布依族苗族自治州册亨县；

　　　　　云南：文山壮族苗族自治州富宁县；

　　　　　陕西：汉中市洋县。

发生面积　32016 亩

危害指数　0.3427

- **丁香假单胞菌 桑致病变种 *Pseudomonas syringae* pv. *mori*（Boyer et Lamdert）Young et al.（桑细菌性缩叶病，桑疫病）**

中文异名　桑假单胞杆菌

拉丁异名　*Bacterium mori* Boyer et Lamdert

寄　　主　桑。

分布范围　北京、河北、江苏、浙江、安徽、山东、河南、湖南、广东、四川、贵州、云南、陕西、宁夏。

发生地点　江苏：南通市如皋市，盐城市亭湖区、射阳县；

　　　　　安徽：芜湖市无为县；

　　　　　山东：东营市东营区，日照市莒县；

　　　　　河南：濮阳市经济开发区；

　　　　　湖南：永州市道县；

　　　　　四川：攀枝花市米易县，绵阳市三台县，内江市东兴区；

　　　　　贵州：遵义市余庆县；

　　　　　陕西：汉中市西乡县，宁东林业局。

发生面积　820 亩

危害指数　0.3333

- **丁香假单胞菌 丁香致病变种 *Pseudomonas syringae* pv. *syringae* van. Hall（丁香细菌性叶斑病，丁香疫病）**

中文异名　丁香假单孢菌

拉丁异名　*Pseudomonas syringae* van Hall

寄　　主　青杨，小青杨，丁香，辽东丁香，茶，高山锥，杜果，桑，月季。

分布范围　东北，河北、江苏、福建、江西、广西、四川、云南、陕西、青海。

发生地点　河北：张家口市察北管理区；

　　　　　江苏：盐城市响水县；

　　　　　江西：吉安市永新县；

　　　　　四川：攀枝花市米易县，甘孜藏族自治州色达县；

　　　　　陕西：汉中市洋县。

发生面积　11132 亩

危害指数　0.7825

● **绿黄假单孢菌 *Pseudomonas viridiflava* （Burkholder） Clara** （猕猴桃细菌性花腐病）

寄　　主　中华猕猴桃。

分布范围　湖南、贵州、陕西。

发生地点　贵州：贵阳市修文县。

发生面积　100 亩

危害指数　0.3333

● **茄拉尔氏菌 *Ralstonia solanacearum* （Smith） Yabuuchi et al.** （桉树青枯病）

寄　　主　巨桉，巨尾桉，柳窿桉，尾叶桉，赤桉。

分布范围　福建、江西、湖南、广东、广西、海南、云南。

发生地点　福建：漳州市芗城区、龙文区、东山县；

　　　　　湖南：郴州市嘉禾县；

　　　　　广东：广州市从化区，江门市台山市，湛江市徐闻县、雷州市，汕尾市属林场，阳江市阳西县；

　　　　　广西：南宁市良庆区、马山县、上林县，北海市合浦县，防城港市防城区，钦州市钦南区、钦北区、钦州港、灵山县、钦州市三十六曲林场，贵港市港南区、平南县，玉林市福绵区、北流市，百色市田阳县，贺州市平桂区、八步区，来宾市合山市，高峰林场、派阳山林场、钦廉林场、博白林场；

　　　　　海南：三亚市海棠区，乐东黎族自治县。

发生面积　22084 亩

危害指数　0.4984

肠杆菌目 Enterobacteriales　　　肠杆菌科 Enterobacteriacea

● **草生欧文氏菌 *Erwinia herbicola* （Lohnis） Dye** （杨树细菌性溃疡病）

寄　　主　新疆杨，青杨，山杨，黑杨，箭杆杨，小叶杨，毛白杨。

分布范围　东北，河北、山西、内蒙古、陕西、甘肃、新疆。

发生地点　河北：石家庄市藁城区、井陉县、灵寿县、无极县、赵县、新乐市，唐山市古冶区、开平区、玉田县，秦皇岛市青龙满族自治县，邯郸市邯山区、丛台区、峰峰矿区、成安县、大名县、磁县、邱县、鸡泽县、广平县、魏县，邢台市任县、南和县、宁晋县、新河县、南宫市、沙河市，保定市清苑区、徐水区、容城县、望都县、曲阳县、雄县、涿州市、安国市，张家口市察北管理区，沧州市沧县、献县、孟村回族自治县、泊头市，廊坊市广阳区、霸州市，衡水市武强县、安平县、阜城县、冀州市、深州市，定州市，塞罕坝林场；

山西：大同市新荣区，晋中市寿阳县，吕梁市交城县；

内蒙古：呼和浩特市回民区，通辽市科尔沁区、科尔沁左翼后旗；

辽宁：沈阳市新民市，锦州市北镇市，盘锦市大洼区、盘山县；

吉林：松原市长岭县、乾安县；

黑龙江：哈尔滨市双城区；

陕西：西安市灞桥区、周至县，宝鸡市眉县、千阳县，咸阳市永寿县，渭南市华州区、澄城县，延安市富县，汉中市汉台区、洋县、西乡县，韩城市；

甘肃：兰州市永登县，白银市平川区，武威市古浪县，平凉市灵台县、静宁县，定西市岷县，甘南藏族自治州临潭县。

发生面积　342260 亩

危害指数　0.4438

- **噬枣欧文氏菌** *Eriwnia jujubovora* **Wang et Guo**（枣缩果病，枣腰病）

寄　　主　枣树，酸枣。

分布范围　河北、山西、辽宁、江苏、浙江、安徽、山东、河南、湖南、四川、云南、陕西、甘肃、宁夏、新疆。

发生地点　河北：石家庄市鹿泉区、行唐县、高邑县、赞皇县、新乐市，唐山市丰润区、玉田县，邯郸市鸡泽县，邢台市邢台县、巨鹿县、新河县、广宗县，保定市阜平县、高阳县，沧州市沧县、吴桥县、献县、孟村回族自治县、黄骅市、河间市，廊坊市固安县、永清县、大城县，衡水市枣强县、深州市；

山西：晋中市榆次区、太谷县，运城市永济市；

江苏：淮安市盱眙县；

安徽：芜湖市繁昌县、无为县；

山东：东营市河口区，济宁市兖州区，日照市莒县，莱芜市莱城区，聊城市东阿县、临清市，滨州市沾化区，菏泽市牡丹区、定陶区、单县、巨野县；

河南：郑州市惠济区、新郑市，安阳市内黄县，周口市西华县，固始县；

四川：自贡市大安区，遂宁市船山区；

陕西：西安市阎良区，渭南市大荔县，榆林市米脂县；

甘肃：白银市靖远县；

宁夏：银川市灵武市，吴忠市盐池县；

新疆：吐鲁番市高昌区、鄯善县，巴音郭楞蒙古自治州且末县，喀什地区喀什市、疏附县，和田地区墨玉县；

新疆生产建设兵团：农一师 3 团、10 团、13 团，农二师 29 团，农三师 44 团。

发生面积　182972 亩

危害指数　0.3391

● 柳生欧文氏菌 *Erwinia salicia*（柳树细菌性枯萎病）

寄　　主　　旱柳，杨树。

分布范围　　河北、内蒙古、辽宁、江西、山东、河南、湖南、四川、陕西、青海。

发生地点　　内蒙古：鄂尔多斯市东胜区、鄂托克前旗、鄂托克旗、杭锦旗、乌审旗、伊金霍洛
　　　　　　　　　　旗、康巴什新区；

　　　　　　江西：吉安市井冈山市；

　　　　　　山东：莱芜市钢城区；

　　　　　　河南：新乡市新乡县；

　　　　　　湖南：岳阳市华容县；

　　　　　　四川：甘孜藏族自治州石渠县、色达县、理塘县；

　　　　　　青海：西宁市城西区。

发生面积　　284777 亩

危害指数　　0.5369

● 亚洲韧皮部杆菌 *Liberobacter asiaticum* **Jagoueix et al.**（柑橘黄龙病）

寄　　主　　柑橘，橙，柠檬，枳。

分布范围　　江苏、浙江、福建、江西、湖北、湖南、广东、广西、海南、四川、贵州、云南、
　　　　　　陕西。

发生地点　　江苏：苏州市昆山市；

　　　　　　浙江：杭州市桐庐县，嘉兴市秀洲区，台州市玉环县；

　　　　　　福建：三明市沙县，泉州市永春县，南平市延平区；

　　　　　　江西：景德镇市昌江区，赣州市赣县、信丰县、宁都县、兴国县，抚州市崇仁县；

　　　　　　湖南：衡阳市耒阳市，益阳市资阳区、沅江市，郴州市宜章县，永州市零陵区、双牌
　　　　　　　　　县、江永县、回龙圩管理区，湘西土家族苗族自治州花垣县；

　　　　　　广东：清远市清新区，云浮市云城区、云安区、郁南县、云浮市属林场；

　　　　　　广西：柳州市柳城县、鹿寨县、融水苗族自治县，桂林市永福县、恭城瑶族自治县，
　　　　　　　　　梧州市岑溪市；

　　　　　　海南：澄迈县；

　　　　　　四川：自贡市荣县，绵阳市三台县、梓潼县，内江市东兴区、威远县、隆昌县，南充
　　　　　　　　　市蓬安县，眉山市仁寿县，巴中市恩阳区，阿坝藏族羌族自治州汶川县，甘孜
　　　　　　　　　藏族自治州得荣县；

　　　　　　贵州：铜仁市石阡县；

　　　　　　云南：玉溪市通海县，楚雄彝族自治州元谋县。

发生面积　　197876 亩

危害指数　　0.5678

Ⅴ-2. 硬壁菌门 Firmicutes

9. 植原体类 Fastidious prokaryotes

● **竹丛枝植原体 Bamboo witches' broom phytoplasma**（竹丛枝病）

寄　　主　孝顺竹，撑篙竹，青皮竹，花孝顺竹，黄竹，短穗竹，刺竹子，方竹，绿竹，龙竹，麻竹，箭竹，箬竹，单竹，吊竹，慈竹，桂竹，斑竹，水竹，毛竹，毛金竹，灰竹，早竹，高节竹，早园竹，望江哺鸡竹，胖竹，甜竹，金竹，苦竹，筇竹，大箭竹，绵竹。

分布范围　华东、中南，重庆、四川、贵州、陕西、甘肃。

发生地点　江苏：南京市栖霞区，无锡市锡山区，苏州市昆山市，淮安市盱眙县，盐城市阜宁县、东台市，扬州市江都区，镇江市润州区，泰州市姜堰区，宿迁市沭阳县；

浙江：杭州市桐庐县、临安市，宁波市江北区、镇海区、宁海县，温州市鹿城区、龙湾区、瓯海区、平阳县、乐清市，嘉兴市秀洲区，绍兴市诸暨市，金华市磐安县，衢州市常山县，台州市三门县、天台县、仙居县；

安徽：芜湖市繁昌县，滁州市天长市，宣城市宣州区；

福建：泉州市安溪县，龙岩市永定县，福州国家森林公园；

江西：萍乡市芦溪县，赣州市经济技术开发区，吉安市泰和县，宜春市奉新县，抚州市乐安县，上饶市广丰区，安福县；

山东：东营市东营区，济宁市鱼台县、太白湖新区，威海市环翠区，日照市东港区，临沂市临沭县；

河南：平顶山市鲁山县、舞钢市，许昌市鄢陵县、襄城县、长葛市，南阳市淅川县，信阳市浉河区，驻马店市确山县，新蔡县、固始县；

湖南：长沙市浏阳市，株洲市天元区，邵阳市隆回县、洞口县、武冈市，岳阳市云溪区、君山区、华容县、平江县，益阳市资阳区，郴州市宜章县、临武县，永州市零陵区、道县、江华瑶族自治县，娄底市双峰县、新化县，湘西土家族苗族自治州吉首市；

广东：广州市天河区、白云区，韶关市新丰县，深圳市宝安区、龙岗区、大鹏新区，佛山市南海区，茂名市茂南区，汕尾市陆河县，河源市源城区、紫金县、龙川县、东源县，清远市清新区，东莞市，云浮市郁南县；

广西：南宁市隆安县、上林县、宾阳县，柳州市柳城县、融安县、融水苗族自治县，桂林市临桂区、兴安县、永福县、资源县、荔浦县，贵港市平南县、桂平市，百色市田阳县，来宾市忻城县、武宣县，崇左市龙州县；

重庆：万州区、渝北区、铜梁区；

四川：自贡市自流井区、沿滩区，泸州市合江县，绵阳市平武县、江油市，遂宁市蓬溪县，内江市隆昌县，乐山市峨边彝族自治县、马边彝族自治县，眉山市仁寿县、青神县，宜宾市宜宾县、长宁县、兴文县，雅安市天全县，巴中市通江县；

贵州：遵义市正安县；

陕西：汉中市西乡县，安康市汉阴县；

甘肃：白水江自然保护区。

发生面积　111441 亩

危害指数　0.4137

- **重阳木丛枝植原体 Bischofia witches' broom phytoplasma（重阳木丛枝病）**

寄　　主　重阳木。

分布范围　上海、江苏、浙江、安徽、江西、湖北、湖南、江西。

发生地点　上海：嘉定区、青浦区，崇明县；

江苏：徐州市铜山区，苏州市吴江区，盐城市东台市。

发生面积　128 亩

危害指数　0.5938

- **苦楝丛枝植原体 Chinaberry witches' broom phytoplasma（苦楝丛枝病）**

寄　　主　楝树，川楝。

分布范围　江苏、浙江、安徽、福建、江西、山东、湖北、湖南、广东、广西、海南。

发生地点　安徽：芜湖市无为县；

山东：菏泽市巨野县；

湖北：天门市；

广西：南宁市上林县。

- **栲树丛枝植原体 Farges Evergreenchinkapin witches' broom phytoplasma（栲树丛枝病）**

寄　　主　栲树。

分布范围　上海、湖南。

- **杉木黄化丛枝植原体 Fir yellow witches' broom phytoplasma（杉木丛枝病）**

寄　　主　杉木。

分布范围　江苏、浙江、安徽、福建、江西、湖南、广东、广西、陕西。

发生地点　福建：三明市尤溪县；

江西：赣州市赣县；

湖南：株洲市醴陵市，岳阳市汨罗市。

发生面积　2576 亩

危害指数　0.3333

- **国槐带化植原体 Japanese Pagodatree fasciation phytoplasma（国槐丛枝病）**

寄　　主　槐树，刺槐。

分布范围　北京、河北、辽宁、江苏、山东、四川、陕西、甘肃、宁夏、青海。

发生地点　江苏：苏州市昆山市，镇江市新区；

甘肃：庆阳市西峰区。

● **枣疯植原体 *Ca*. Phytoplasma ziziphi**（枣疯病，酸枣丛枝病）

寄　　主　槐树，枣树，酸枣，大果枣，山枣，沙枣。

分布范围　华东，北京、天津、河北、山西、辽宁、河南、湖北、湖南、广西、重庆、四川、贵州、陕西、甘肃、宁夏、新疆。

发生地点　北京：丰台区、房山区、通州区、顺义区、昌平区、大兴区、密云区；

　　　　　河北：石家庄市鹿泉区、井陉县、行唐县、灵寿县、高邑县、赞皇县、无极县、新乐市，唐山市古冶区、丰润区、迁西县、玉田县，秦皇岛市北戴河区，邯郸市磁县、肥乡区、鸡泽县，邢台市邢台县、内丘县、柏乡县、隆尧县、任县、新河县、广宗县、平乡县、沙河市，保定市满城区、阜平县、唐县、高阳县，张家口市怀来县、涿鹿县，沧州市泊头市、河间市，廊坊市安次区、固安县、香河县、霸州市、三河市，衡水市桃城区、枣强县、武强县、故城县、深州市，辛集市；

　　　　　山西：晋城市沁水县、泽州县，运城市临猗县、绛县、永济市，临汾市尧都区、大宁县、永和县、汾西县；

　　　　　上海：浦东新区；

　　　　　江苏：无锡市江阴市，徐州市沛县，常州市溧阳市，盐城市东台市，宿迁市宿城区、沭阳县；

　　　　　浙江：杭州市西湖区、余杭区、桐庐县，金华市磐安县、东阳市，衢州市常山县，台州市温岭市；

　　　　　安徽：合肥市庐阳区、庐江县，芜湖市芜湖县、繁昌县、无为县，淮南市大通区，淮北市烈山区，滁州市全椒县、定远县、天长市，宿州市萧县，六安市叶集区、霍邱县，亳州市涡阳县、蒙城县，宣城市宣州区；

　　　　　江西：上饶市广丰区、鄱阳县；

　　　　　山东：青岛市胶州市、即墨市、莱西市，枣庄市台儿庄区、山亭区、滕州市，东营市东营区、垦利县、利津县、广饶县，烟台市莱山区，潍坊市坊子区、诸城市，济宁市任城区、兖州区、鱼台县、嘉祥县、曲阜市、邹城市、高新技术开发区、太白湖新区，泰安市泰山区、岱岳区、宁阳县、新泰市、泰山林场、徂徕山林场，威海市高新技术开发区、经济开发区、临港区，日照市莒县，莱芜市莱城区、钢城区，临沂市沂水县、莒南县、临沭县，德州市庆云县、武城县，聊城市阳谷县、荏平县、东阿县、冠县、临清市、高新技术产业开发区，滨州市沾化区、惠民县，菏泽市牡丹区、定陶区、郓城县；

　　　　　河南：郑州市管城回族区、中牟县、新郑市，洛阳市嵩县，平顶山市郏县，安阳市龙安区，鹤壁市淇县，焦作市修武县、博爱县，许昌市鄢陵县、禹州市，三门峡市湖滨区、灵宝市，南阳市镇平县、淅川县、唐河县，商丘市宁陵县，周口市淮阳县，巩义市、永城市、固始县；

　　　　　湖北：襄阳市保康县，孝感市孝昌县，随州市随县，太子山林场；

　　　　　湖南：长沙市浏阳市，株洲市荷塘区，湘潭市昭山示范区、湘潭县、湘乡市、韶山市，衡阳市南岳区、衡南县、祁东县、耒阳市、常宁市，邵阳市大祥区、邵东县、新邵县、邵阳县、隆回县、洞口县，岳阳市岳阳县、华容县、平江县，郴州市桂阳县、永兴县、嘉禾县，永州市零陵区、冷水滩区、祁阳县、东安县、道县、宁远县，怀化市辰溪县，娄底市冷水江市、涟源市，湘西土家族苗族自治州泸溪县、花垣县；

重庆：巴南区、黔江区、南川区、潼南区，武隆区、奉节县、巫山县、巫溪县；

四川：成都市龙泉驿区、青白江区，德阳市罗江县、广汉市，遂宁市射洪县、大英县，南充市营山县、仪陇县、西充县，达州市通川区、渠县，巴中市巴州区、南江县；

贵州：铜仁市万山区；

陕西：西安市阎良区、临潼区，宝鸡市金台区、岐山县、眉县、麟游县，咸阳市泾阳县、乾县、永寿县、彬县、长武县、旬邑县，渭南市华州区、潼关县、大荔县、合阳县、澄城县、蒲城县、华阴市，延安市延川县、吴起县、宜川县，榆林市绥德县、米脂县、吴堡县、清涧县、子洲县，安康市汉阴县，商洛市商州区、山阳县、韩城市、府谷县；

甘肃：白银市靖远县，庆阳市西峰区、庆城县、正宁县、宁县、镇原县，陇南市文县；

宁夏：银川市灵武市，中卫市中宁县；

新疆：巴音郭楞蒙古自治州且末县，喀什地区英吉沙县；

新疆生产建设兵团：农三师 44 团。

发生面积　74735 亩

危害指数　0.4126

- 桑树萎缩植原体 *Ca.* **Phytoplasma asteris**（16SrI–B）（桑树萎缩病）

寄　　主　桑。

分布范围　河北、黑龙江、江苏、浙江、安徽、江西、山东、河南、湖北、湖南、陕西。

- 泡桐丛枝植原体 *Ca.* **Phytoplasma asteris**（16SrI–D）（泡桐丛枝病）

寄　　主　南方泡桐，楸叶泡桐，兰考泡桐，川泡桐，白花泡桐，毛泡桐。

分布范围　北京、天津、河北、山西、辽宁、上海、江苏、浙江、安徽、江西、山东、河南、湖北、湖南、广西、重庆、四川、贵州、云南、陕西、甘肃。

发生地点　北京：丰台区、通州区、顺义区、昌平区、大兴区；

河北：石家庄市藁城区、鹿泉区、栾城区、井陉县、高邑县、无极县、晋州市，唐山市古冶区，秦皇岛市北戴河区，邯郸市肥乡区，邢台市邢台县、内丘县、隆尧县、任县、巨鹿县、新河县、平乡县、威县、临西县、沙河市，保定市满城区、高阳县、望都县、蠡县、博野县，沧州市献县、河间市，廊坊市安次区、固安县、大城县，衡水市桃城区、枣强县、武邑县、饶阳县、故城县、景县，定州市、辛集市；

山西：运城市盐湖区、临猗县、闻喜县、稷山县、绛县、夏县、平陆县、河津市，吕梁市交城县；

上海：闵行区、浦东新区；

江苏：徐州市铜山区、丰县，常州市溧阳市，苏州高新区、吴江区，淮安市淮安区、涟水县，宿迁市宿城区、沭阳县；

浙江：宁波市宁海县；

安徽：合肥市庐阳区、庐江县，芜湖市芜湖县、繁昌县、无为县，淮南市八公山区，安庆市怀宁县，滁州市天长市，阜阳市颍州区、太和县、阜南县，宿州市萧县，六安市金寨县，亳州市谯城区；

江西：萍乡市芦溪县，九江市都昌县、彭泽县，共青城市、鄱阳县；

山东：济南市平阴县，枣庄市薛城区、台儿庄区、山亭区、滕州市，东营市垦利县，烟台市莱山区，潍坊市坊子区、昌邑市，济宁市任城区、兖州区、微山县、鱼台县、嘉祥县、汶上县、泗水县、梁山县、曲阜市、邹城市、经济技术开发区，泰安市泰山区、宁阳县、东平县、肥城市、徂徕山林场，威海市高新技术开发区、经济开发区、环翠区、临港区，莱芜市莱城区、钢城区，临沂市沂水县、临沭县，聊城市东昌府区、阳谷县、茌平县、东阿县、冠县、高唐县、临清市、经济技术开发区、高新技术产业开发区，滨州市惠民县，菏泽市牡丹区、定陶区、曹县、成武县、巨野县、郓城县、鄄城县；

河南：郑州市中原区、二七区、上街区、惠济区、中牟县、荥阳市、新密市、新郑市、登封市，开封市祥符区、通许县，洛阳市孟津县、新安县、宜阳县、伊川县，平顶山市叶县、鲁山县、郏县、舞钢市，安阳市龙安区、内黄县、林州市，鹤壁市鹤山区、山城区、淇滨区、淇县，新乡市卫辉市、辉县市，焦作市修武县、博爱县、温县、孟州市，濮阳市经济开发区、清丰县、南乐县、范县、台前县、濮阳县，许昌市许昌县、鄢陵县、襄城县、禹州市、长葛市，漯河市召陵区、临颍县，三门峡市湖滨区、陕州区、渑池县、卢氏县、灵宝市，南阳市南召县、西峡县、镇平县、淅川县、桐柏县，商丘市梁园区、睢阳区、民权县、睢县、宁陵县、柘城县、虞城县、夏邑县，信阳市平桥区，周口市扶沟县、西华县、沈丘县、淮阳县、项城市，驻马店市确山县，济源市、巩义市、兰考县、汝州市、长垣县、永城市、鹿邑县；

湖北：荆门市钟祥市，荆州市松滋市，咸宁市咸安区、通城县、赤壁市，潜江市、天门市、太子山林场；

湖南：长沙市浏阳市，邵阳市隆回县，岳阳市岳阳县，常德市石门县，湘西土家族苗族自治州保靖县；

重庆：万州区、涪陵区、黔江区、铜梁区，城口县、武隆区、忠县、云阳县、巫山县；

四川：自贡市沿滩区，遂宁市船山区、蓬溪县、射洪县、大英县，南充市顺庆区、营山县、仪陇县，宜宾市兴文县，广安市前锋区，达州市渠县，巴中市巴州区、通江县，凉山彝族自治州布拖县、甘洛县；

贵州：毕节市黔西县；

陕西：西安市临潼区、周至县，宝鸡市渭滨区、陈仓区、凤翔县、岐山县、扶风县、眉县、陇县、千阳县、麟游县，咸阳市秦都区、三原县、泾阳县、乾县、永寿县、长武县、武功县、兴平市，渭南市临渭区、华州区、潼关县、大荔县、合阳县、澄城县、蒲城县、华阴市，延安市宜川县，汉中市西乡县，商洛市商州区、商南县、山阳县，韩城市。

发生面积 333789 亩

危害指数 0.4761

- **月季绿瓣植原体 Rose pgyllody phytoplasma（月季绿瓣病）**

  寄　　主　月季。

  分布范围　北京、上海、江苏、安徽、山东。

- **柳树丛枝植原体 Willow witches' broom phytoplasma（柳树丛枝病）**

  寄　　主　柳树，垂柳，旱柳，白柳。

  分布范围　北京、内蒙古、山东、湖南、四川、陕西、甘肃、宁夏、新疆。

  发生地点　内蒙古：乌海市海勃湾区，鄂尔多斯市达拉特旗、鄂托克前旗、乌审旗、康巴什新区，巴彦淖尔市临河区、五原县、乌拉特前旗、杭锦后旗；

  　　　　　山东：青岛市即墨市、莱西市，枣庄市滕州市；

  　　　　　四川：甘孜藏族自治州色达县；

  　　　　　陕西：榆林市榆阳区；

  　　　　　甘肃：嘉峪关市，酒泉市玉门市，庆阳市华池县、镇原县；

  　　　　　宁夏：银川市永宁县、贺兰县、灵武市，石嘴山市大武口区，吴忠市利通区、同心县，固原市彭阳县，中卫市沙坡头区、中宁县。

  发生面积　24003 亩

  危害指数　0.4302

10. 病毒类 Virus

雀麦花叶病毒科 Bromoviridae

- **苹果花叶病毒 Apple mosaic virus（苹果花叶病，木瓜花叶病）**

  寄　　主　木瓜，苹果，七叶树，榆叶梅，榛子，洋李，玫瑰。

  分布范围　北京、天津、河北、江苏、山东、河南、湖北、四川、陕西、甘肃、宁夏、新疆。

  发生地点　北京：通州区、顺义区；

  　　　　　河北：石家庄市井陉矿区、鹿泉区、井陉县、晋州市、新乐市，唐山市乐亭县、玉田县，秦皇岛市昌黎县，邢台市邢台县、柏乡县，保定市阜平县、唐县、高阳县、蠡县、顺平县，张家口市沽源县、怀安县、怀来县、涿鹿县，沧州市沧县、黄骅市、河间市，衡水市武邑县、武强县、饶阳县、安平县、冀州市、深州市，定州市、辛集市；

  　　　　　江苏：徐州市睢宁县，宿迁市沭阳县；

  　　　　　山东：济南市历城区、商河县，青岛市即墨市、莱西市，东营市利津县，济宁市梁山县、曲阜市、经济技术开发区，泰安市新泰市、泰山林场、徂徕山林场，威海市经济开发区、临港区，日照市莒县，莱芜市钢城区、莱城区，德州市庆云县，聊城市东昌府区、阳谷县、莘县、东阿县、高唐县，滨州市惠民县，菏泽市巨野县；

  　　　　　河南：濮阳市南乐县，许昌市禹州市，三门峡市陕州区、灵宝市，南阳市桐柏县，商丘市梁园区、虞城县；

  　　　　　四川：巴中市恩阳区、通江县，阿坝藏族羌族自治州黑水县，甘孜藏族自治州泸定县、巴塘县，凉山彝族自治州盐源县；

陕西：延安市洛川县，汉中市留坝县，榆林市靖边县，商洛市丹凤县；

甘肃：白银市靖远县，平凉市灵台县、崇信县、庄浪县、静宁县，酒泉市肃北蒙古族
自治县，庆阳市西峰区、庆城县、华池县、正宁县、宁县、镇原县，陇南市
礼县；

宁夏：银川市兴庆区、西夏区，石嘴山市大武口区，吴忠市盐池县，中卫市中宁县；

新疆：巴音郭楞蒙古自治州和静县，和田地区和田县、墨玉县；

新疆生产建设兵团：农一师 10 团，农二师 22 团、29 团，农四师 63 团、68 团。

发生面积　199640 亩

危害指数　0.3522

- **李属坏死环斑病毒 Prunus nectrotic ringspot virus（玫瑰花叶病）**

寄　　主　李，苹果，桃，杏，樱桃。

分布范围　北京、河北、江苏、山东。

发生地点　江苏：无锡市江阴市；

山东：聊城市东阿县，菏泽市定陶区。

- **黄瓜花叶病毒 Cucumber mosaic virus（泡桐花叶病）**

寄　　主　垂叶榕，川泡桐，毛泡桐，绣球，臭椿，胶东卫矛，茉莉花。

分布范围　中南，北京、天津、河北、辽宁、江苏、浙江、福建、江西、山东、四川、云南、
陕西。

发生地点　浙江：温州市瓯海区，衢州市常山县；

江西：吉安市井冈山市；

山东：莱芜市莱城区、钢城区，菏泽市巨野县、郓城县；

四川：凉山彝族自治州甘洛县。

发生面积　117 亩

危害指数　0.3333

豇豆花叶病毒科 Comoviridae

- **南芥菜花叶病毒 Arabis mosaic virus（忍冬花叶病毒病）**

寄　　主　杨树，桃，樱桃，月季，悬钩子，槭，无患子，葡萄，朱槿，连翘，白蜡树，女贞，
忍冬。

分布范围　江苏、福建、四川、云南。

发生地点　江苏：苏州市昆山市；

福建：漳州市芗城区；

四川：甘孜藏族自治州色达县、理塘县。

- **花生矮化病毒 Peanut stunt virus（刺槐花叶病，国槐病毒病）**

寄　　主　槐树，刺槐。

分布范围　北京、河北、山西、山东、河南、湖北、四川、陕西、甘肃。

发生地点　河北：唐山市乐亭县，衡水市安平县；

　　　　　山西：运城市闻喜县；

　　　　　山东：莱芜市钢城区、莱城区，聊城市东阿县，菏泽市牡丹区；

　　　　　河南：商丘市虞城县；

　　　　　湖北：太子山林场；

　　　　　四川：阿坝藏族羌族自治州汶川县，甘孜藏族自治州巴塘县，凉山彝族自治州盐
　　　　　源县；

　　　　　甘肃：庆阳市镇原县。

发生面积　10460 亩

危害指数　0.3333

曲线病毒科 Flexiviridae

- **瑞香花叶病毒 Daphne S virus**（瑞香花叶病）

　寄　　主　瑞香。

　分布范围　江西。

- **八仙花环斑病毒 Hydrangea ringspot virus**（八仙花环斑病）

　寄　　主　绣球。

　分布范围　天津、辽宁、上海、福建、湖北、广东、云南。

　发生地点　上海：浦东新区。

　发生面积　100 亩

　危害指数　0.3333

- **杨树花叶病毒 Poplar mosaic virus**（杨树花叶病）

　寄　　主　北京杨，青杨，山杨，黑杨。

　分布范围　华北、西北，辽宁、江苏、福建、山东、河南、湖北、湖南、重庆、四川、贵州。

　发生地点　河北：石家庄市井陉县，邯郸市鸡泽县，邢台市邢台县；

　　　　　内蒙古：阿拉善盟额济纳旗；

　　　　　辽宁：营口市大石桥市；

　　　　　江苏：苏州市昆山市，淮安市金湖县，盐城市东台市，宿迁市宿城区、宿豫区、沭阳
　　　　　县、泗洪县；

　　　　　山东：青岛市即墨市，枣庄市薛城区，潍坊市坊子区，莱芜市钢城区，菏泽市单县、
　　　　　郓城县；

　　　　　河南：三门峡市陕州区；

　　　　　湖北：黄冈市浠水县；

　　　　　湖南：岳阳市岳阳县、华容县，常德市安乡县，益阳市资阳区、南县、沅江市，娄底
　　　　　市涟源市；

　　　　　重庆：黔江区，彭水苗族土家族自治县；

　　　　　四川：自贡市自流井区，巴中市通江县，阿坝藏族羌族自治州壤塘县，甘孜藏族自治

州乡城县，凉山彝族自治州盐源县、甘洛县；

陕西：西安市周至县，渭南市华州区、潼关县、华阴市，延安市甘泉县；

甘肃：酒泉市瓜州县、敦煌市，庆阳市镇原县、湘乐总场。

发生面积　76340 亩

危害指数　0.3359

- **竹嵌纹病毒 Bamboo mosaic virus（竹嵌纹病毒病）**

寄　　主　毛竹。

分布范围　陕西。

马铃薯 Y 病毒科 Potyviridae

- **茉莉花黄斑花叶病毒 Jasmine yellow ringspot mosaic virus（茉莉花叶病）**

寄　　主　茉莉花，紫茉莉。

分布范围　北京、河北、浙江、福建、山东、湖北、广东、四川、陕西。

发生地点　四川：眉山市青神县。

- **紫藤脉花叶病毒 Wisteria vein mosaic virus（紫藤病毒病）**

寄　　主　紫藤。

分布范围　北京、河北、上海、江苏、浙江、安徽、山东、河南。

发生地点　北京：丰台区；

江苏：苏州市昆山市；

浙江：台州市黄岩区；

安徽：淮南市凤台县；

山东：泰安市泰山林场。

马铃薯纺锤形块状类病毒科 Pospiviridae

- **苹果锈果类病毒 Apple scar skin viroid（苹果锈果病，梨锈果病）**

寄　　主　苹果，白梨。

分布范围　河北、山西、辽宁、江苏、福建、山东、河南、四川、陕西、甘肃、宁夏、新疆。

发生地点　河北：石家庄市井陉县、新乐市，沧州市吴桥县，衡水市桃城区；

福建：南平市松溪县；

山东：青岛市即墨市、莱西市，济宁市梁山县，聊城市莘县，菏泽市牡丹区、定陶区、巨野县、郓城县；

陕西：汉中市西乡县；

甘肃：白银市靖远县，平凉市灵台县，酒泉市敦煌市；

宁夏：石嘴山市惠农区，中卫市；

新疆：巴音郭楞蒙古自治州和静县。

发生面积　4745 亩

危害指数　0.3338

未定位

- **臭椿花叶病毒 Ailantus mosaic virus（臭椿花叶病）**

  寄　　主　臭椿，香椿。

  分布范围　北京、河北、山西、内蒙古、山东、河南、四川、陕西、宁夏。

  发生地点　山东：聊城市东阿县；

  　　　　　四川：南充市西充县，凉山彝族自治州会东县；

  　　　　　陕西：宁东林业局。

- **白蜡花叶病毒 Ash mosaic virus（大叶白蜡花叶病）**

  寄　　主　花曲柳。

  分布范围　北京、河北、山东、宁夏、新疆。

  发生地点　山东：潍坊市诸城市。

- **茶黄斑病毒 Camellia yellow spot leaf virus（茶黄斑叶病）**

  寄　　主　山茶，茶梅。

  分布范围　上海、江苏、浙江、福建、陕西、贵州。

- **山楂花叶病毒 Hawthorn mosaic virus（山楂花叶病）**

  寄　　主　山楂。

  分布范围　河北、山东。

  发生地点　山东：聊城市东阿县。

- **龙眼和荔枝丛枝病毒 Longan and Litchi Witches' broom virus（龙眼丛枝病，龙眼鬼帚病）**

  寄　　主　龙眼。

  分布范围　福建、广东、广西、海南。

  发生地点　福建：漳州市诏安县。

  发生面积　550 亩

  危害指数　0.3333

- **月季花叶病毒 Rose mosaic virus（月季花叶病）**

  寄　　主　白蔷薇，多花蔷薇，月季。

  分布范围　北京、辽宁、江苏、浙江、安徽、福建、山东、河南、湖北、四川、云南、陕西、贵州、宁夏、青海。

  发生地点　北京：丰台区；

  　　　　　浙江：宁波市鄞州区；

  　　　　　山东：聊城市冠县，菏泽市郓城县；

  　　　　　湖北：武汉市新洲区；

  　　　　　四川：成都市青白江区。

  发生面积　2013 亩

  危害指数　0.3333

参考文献

白金铠. 中国真菌志（第十七卷球壳孢目 壳二胞属 壳针孢属）［M］. 北京：科学出版社，2003.

蔡荣权. 中国经济昆虫志：第十六册鳞翅目舟蛾科［M］. 北京：科学出版社，1985.

陈一心. 中国经济昆虫志：第三十二册鳞翅目夜蛾科［M］. 北京：科学出版社，1985.

方承莱. 中国经济昆虫志：第三十三册鳞翅目灯蛾科［M］. 北京：科学出版社，1985.

国家林业局. 中国森林资源报告 2009—2013［M］. 北京：中国林业出版社，2014.

国家林业局森林病虫害防治总站. 中国林业生物灾害防治战略［M］. 北京：中国林业出版社，2009.

胡炎兴. 中国真菌志（第十一卷小煤炱目）II.［M］. 北京：科学出版社，1998.

李后魂. 秦岭小蛾类（昆虫纲：鳞翅目）［M］. 北京：科学出版社，2012.

李后魂. 秦岭小蛾类：鳞翅目［M］. 北京：科学出版社，2012.

李后魂. 中国麦蛾（一）［M］. 天津：南开大学出版社，2002.

刘友樵，白九维. 中国经济昆虫志：第十一册鳞翅目卷蛾科［M］. 北京：科学出版社，1985.

陆家云. 植物病原真菌学［M］. 北京：中国农业出版社，2001.

山东林木昆虫志编委会. 山东林木昆虫志（第一版）［M］. 北京：中国林业出版社，1993：1-682.

沈亚恒，叶东海. 中国真菌志（第一卷白粉菌目）［M］. 北京：科学出版社，1987.

宋玉双，董瀛谦，于志军，等. 我国林业有害生物种类动态分析IV. 真菌类［J］. 中国森林病虫，2018，37（06）：24-26.

宋玉双，岳方正，崔振强，等. 我国林业有害生物种类动态分析I. 鼠类和兔类［J］. 中国森林病虫，2018，37（03）：41-44.

宋玉双，岳方正，崔振强，等. 我国林业有害生物种类动态分析II. 有害植物类［J］. 中国森林病虫，2018，37（04）：29-32.

宋玉双，朱宁波，崔振强，等. 我国林业有害生物种类动态分析III. 螨、线虫、细菌、植原体、病毒［J］. 中国森林病虫，2018，37（05）：34-37+45.

谭娟杰，虞佩玉，李鸿兴，等. 中国经济昆虫志：第十八册鞘翅目叶甲总科（一）［M］. 北京：科学出版社，1980.

王金生. 植物病原细菌学［M］. 北京：中国农业出版社，2000.

魏景超. 真菌鉴定手册［M］. 上海：上海科学技术出版社，1979.

夏凯龄. 中国动物志：昆虫纲第四卷直翅目蝗总科［M］. 北京：科学出版社，1994.

萧刚柔. 中国森林昆虫（第二版）［M］. 北京：中国林业出版社，1992：483-485.

徐公天，杨志华. 中国园林害虫（第一版）［M］. 北京：中国林业出版社，2007：1-381.

徐梅卿，保平勋. 中国木本植物病原总汇［M］. 哈尔滨：东北林业大学出版社，2008.

严善春. 资源昆虫学［M］. 哈尔滨：东北林业大学出版社，2001.

余永年. 中国真菌志（第六卷霜霉目）［M］. 北京：科学出版社，1998.

苑健宇. 落叶松真菌病害［M］. 北京：科学出版社，1990.

张雅林. 中国叶蝉分类研究（同翅目：叶蝉科）［M］. 杨陵：天则出版社，1990.

章士美. 中国经济昆虫志：第三十一册半翅目（一）［M］. 北京：科学出版社，1985.

章士美. 中国经济昆虫志：第五十册半翅目（二）［M］. 北京：科学出版社，1995.

赵继鼎. 中国真菌志（第三卷多孔菌科）［M］. 北京：科学出版社，1999.

赵养昌，陈元清. 中国经济昆虫志：第二十册鞘翅目象虫科（一）［M］. 北京：科学出版社，1985.

赵仲苓. 中国经济昆虫志：第十二册鳞翅目毒蛾科［M］. 北京：科学出版社，1978.

郑乐怡，吕楠，刘国卿，等. 中国动物志：昆虫纲第三十三卷半翅目盲蝽科盲蝽亚科［M］. 北京：科学出版社，2004.

郑万钧. 中国树木志（第三卷）[M]. 北京：中国林业出版社，1997.

郑万钧. 中国树木志（第四卷）[M]. 北京：中国林业出版社，1985.

郑万钧. 中国树木志（第一卷）[M]. 北京：中国林业出版社，1983.

朱弘复，王林瑶. 中国动物志：昆虫纲第十一卷鳞翅目天蛾科 [M]. 北京：科学出版社，1997.

祝长清，朱东明，尹新明. 河南昆虫志：鞘翅目（一）[M]. 郑州：河南科学技术出版社，1999.

中国科学院动物研究所. 中国蛾类图鉴 Ⅱ [M]. 北京：科学出版社，1983.

中国科学院动物研究所. 中国农业昆虫（上册）[M]. 北京：农业出版社，1986：1-766.

中国林科院. 中国森林昆虫 [M]. 北京：中国林业出版社，1980：1-13.

中国林业科学研究院. 中国森林病害 [M]. 北京：中国林业出版社，1984.

中国植物志编辑委员会. 中国植物志 [M]. 北京：科学出版社.

附 录

1.寄主植物中文名称—拉丁学名名录

A		白毛石栎	*Lithocarpus magneinii*
矮松	*Pinus virginiana*	白毛算盘子	*Glochidion arborescens*
桉树（大叶桉）	*Eucalyptus robusta*	白皮松	*Pinus bungeana*
澳洲坚果	*Macadamia ternifolia*	白蔷薇	*Rosa alba*
B		白树	*Suregada glomerulata*
八宝树	*Duabanga grandiflora*	白穗石栎	*Lithocarpus craibianus*
八角	*Illicium verum*	白梭梭	*Haloxylon persicum*
八角枫	*Alangium chinense*	白檀	*Symplocos paniculata*
八角金盘	*Fatsia japonica*	白桐	*Paulownia kawakamii*
巴旦杏	*Prunus amygdalus*	白桐树	*Claoxylon indicum*
巴东小檗	*Berberis veitchii*	百脉根	*Lotus corniculatus*
巴克柏木	*Cupressus bakeri*	柏木	*Cupressus funebris*
巴山冷杉	*Abies fargesii*	斑竹	*Phyllostachys bambusoides* 'Tankae'
巴山槭	*Acer pashanicum*	板栗	*Castanea mollissima*
菝葜	*Smilax china*	薄壳山核桃	*Carya illinoensis*
白桉	*Eucalyptus alba*	薄叶山柑	*Capparis tenera*
白刺	*Nitraria tangutorum*	抱头毛白杨	*Populus tomentosa* var. *fastigiata*
白刺花	*Sophora davidii*	暴马丁香	*Syringa reticulate* subsp. *amurensis*
白丁香	*Syringa oblate* var. *alba*	爆竹柳	*Salix fragilis*
白杜	*Euonymus maackii*	杯腺柳	*Salix cupularis*
白饭树	*Flueggea virosa*	北柴胡	*Bupleurum chinense*
白桂木	*Artocarpus hypargyreus*	北京杨	*Populus beijingensis*
白花泡桐	*Paulownia fortunei*	北美香柏	*Thuja occidentalis*
白桦	*Betula platyphylla*	北美圆柏	*Sabina virginiana*
白蜡树	*Fraxinus chinensis*	北沙柳	*Salix psammophila*
白兰	*Michelia alba*	北枳椇	*Hovenia dulcis*
白梨	*Pyrus bretschneideri*	贝母兰	*Coelogyne cristata*
白栎	*Quercus fabri*	贝叶棕	*Corypha umbraculifera*
白蔹	*Ampelopsis japonica*	闭花木	*Cleistanthus sumatranus*
白柳	*Salix alba*	碧桃	*Amygdalus persica* var. *persica*

扁担杆	*Grewia biloba*	柽柳	*Tamarix chinensis*
扁桃	*Amygdalus communis*	撑篙竹	*Bambusa pervariabilis*
扁枝越橘	*Vaccinium japonicum* var. *sinicum*	橙	*Citrus sinensis*
槟榔	*Areca catechu*	池杉	*Taxodium ascendens*
波罗栎	*Quercus dentata*	赤桉	*Eucalyptus camaldulensis*
簸箕柳	*Salix suchowensis*	赤楠	*Syzygium buxifolium*
C		赤松	*Pinus densiflora*
菜豆树	*Radermachera sinica*	赤杨	*Alnus japonica*
藏川杨	*Populus szechuanica* var. *tibetica*	赤杨叶	*Alniphyllum fortunei*
糙叶树	*Aphananthe aspera*	赤竹	*Sasa longiligulata*
草胡椒	*Peperomia pellucida*	翅果油树	*Elaeagnus mollis*
草木槿	*Hibiscus lobatus*	稠李	*Padus racemosa*
侧柏	*Platycladus orientalis*	臭椿	*Ailanthus altissima*
箣竹	*Bambusa blumeana*	臭冷杉	*Abies nephrolepis*
梣叶槭	*Acer negundo*	臭牡丹	*Clerodendrum bungei*
叉子圆柏	*Sabina vulgaris*	川滇高山栎	*Quercus aquifolioides*
茶	*Camellia sinensis*	川滇冷杉	*Abies forrestii*
茶藨子	*Ribes* spp.	川滇柳	*Salix rehderiana*
茶秆竹	*Pseudosasa amabilis*	川滇无患子	*Sapindus delavayi*
茶梨	*Anneslea fragrans*	川桂	*Cinnamomum wilsonii*
茶梅	*Camellia sasanqua*	川黄檗	*Phellodendron chinense*
茶条木	*Delavaya toxocarpa*	川梨	*Pyrus pashia*
茶条槭	*Acer ginnala*	川楝	*Melia toosendan*
檫木	*Sassafras tsumu*	川泡桐	*Paulownia fargesii*
潺槁木姜子	*Litsea glutinosa*	川西云杉	*Picea balfouriana*
长苞铁杉	*Tsuga longibracteata*	川杨	*Populus szechuanica*
长柄柳	*Salix dunnii*	垂花悬铃花	*Malvaviscus arboreus* var. *penduliflorus*
长叶黄杨	*Buxus megistophylla*	垂柳	*Salix babylonica*
长叶水麻	*Debregeasia longifolia*	垂丝海棠	*Malus halliana*
长叶松	*Pinus palustris*	垂叶榕	*Ficus benjamina*
常春藤	*Hedera nepalensis* var. *sinensis*	垂枝大叶早樱	*Cerasus subhirtella* var. *pendula*
常春油麻藤	*Mucuna sempervirens*	垂枝桦	*Betula pendula*
常绿臭椿	*Ailanthus fordii*	垂枝香柏	*Sabina pingii*
常绿榆	*Ulmus lanceaefolia*	垂枝杏	*Armeniaca vulgaris* var. *vulgaris*
朝鲜柳	*Salix koreensis*	垂枝银枞	*Abies alba* var. *pendula*
沉水樟	*Cinnamomum micranthum*	春榆	*Ulmus davidiana* var. *japonica*

慈竹	*Neosinocalamus affinis*	大花青藤	*Illigera grandiflora*
刺柏	*Juniperus formosana*	大花紫薇	*Lagerstroemia speciosa*
刺果茶藨子	*Ribes burejense*	大戟	*Euphorbia pekinensis*
刺果藤	*Byttneria aspera*	大箭竹	*Sinarundinaria chungii*
刺花椒	*Zanthoxylum acanthopodium*	大丽菊	*Dahlia pinnata*
刺槐	*Robinia pseudoacacia*	大粒咖啡	*Coffea liberica*
刺栲	*Castanopsis hystrix*	大青	*Clerodendrum cyrtophyllum*
刺葵	*Phoenix hanceana*	大青杨	*Populus ussuriensis*
刺篱木	*Flacourtia indica*	大头茶	*Gordonia axillaris*
刺葡萄	*Vitis davidii*	大叶桉（桉树）	*Eucalyptus robusta*
刺蔷薇	*Rosa acicularis*	大叶茶	*Camellia sinensis* var. *assamica*
刺楸	*Kalopanax pictus*	大叶冬青	*Ilex latifolia*
刺鼠李	*Rhamnus dumetorum*	大叶柳	*Salix magnifica*
刺桐	*Erythrina orientalis*	大叶楠	*Machilus kusanoi*
刺五加	*Acanthopanax senticosus*	大叶山竹子	*Garcinia xanthochymus*
刺叶	*Acanthophyllum pungens*	大叶水榕	*Ficus glaberrima*
刺叶栎	*Quercus spinosa*	大叶桃花心木	*Swietenia macrophylla*
刺榆	*Hemiptelea davidii*	大叶小檗	*Berberis ferdinandicoburgii*
刺竹子	*Chimonobambusa pachystachys*	大叶杨	*Populus lasiocarpa*
楤木	*Aralia chinensis*	大叶玉兰	*Magnolia henryi*
粗榧	*Cephalotaxus sinensis*	单枝竹	*Monocladus saxatilis*
粗梗稠李	*Padus napaulensis*	单竹	*Bambusa cerosissima*
粗糠柴	*Mallotus philippinensis*	灯台树	*Cornus controversa*
粗皮山核桃	*Carya ovata*	地榆	*Sanguisorba officinalis*
粗枝木麻黄	*Casuarina glauca*	棣棠花	*Kerria japonica*
翠柏	*Calocedrus macrolepis*	滇丁香	*Luculia pinceana*
D		滇桂合欢	*Albizia yunnanensis*
打铁树	*Rapanea linearis*	滇梨	*Pyrus pseudopashia*
大白杜鹃	*Rhododendron decorum*	滇木荷	*Schima noronhae*
大别山五针松	*Pinus dabeshanensis*	滇楠	*Phoebe nanmu*
大果榉	*Zelkova sinica*	滇朴	*Celtis tetrandra*
大果榕	*Ficus auriculata*	滇青冈	*Cyclobalanopsis glaucoides*
大果榆	*Ulmus macrocarpa*	滇楸	*Catalpa fargesii* f. *duclouxii*
大果圆柏	*Sabina tibetica*	滇山茶	*Camellia reticulata*
大果枣	*Ziziphus mairei*	滇杨	*Populus yunnanensis*
大红柳	*Salix cheilophila* var. *microstachyoides*	吊灯树	*Kigelia africana*

吊竹	*Bambusa remotiflora*	萼距花	*Cuphea hookeriana*
丁香	*Syringa* spp.	鳄梨	*Persea americana*
顶果木	*Acrocarpus fraxinifolius*	耳叶相思	*Acacia auriculiformis*
东北红豆杉	*Taxus cuspidata*	二白杨	*Populus gansuensis*
东北接骨木	*Sambucus manshurica*	二乔木兰	*Magnolia soulangeana*
东北桤木	*Alnus mandshurica*	二球悬铃木	*Platanus hispanica*
东北杏	*Prunus mandshurica*	F	
东方沙枣	*Elaeagnus amgustifolia* var. *orientalis*	番荔枝	*Annona squamosa*
冬葵	*Malva crispa*	番木瓜	*Carica papaya*
冬青	*Ilex purpurea*	番石榴	*Psidium guajava*
冬青卫矛	*Euonymus japonicus*	方竹	*Chimonobambusa quadrangularis*
豆梨	*Pyrus calleryana*	飞蛾槭	*Acer oblongum*
杜茎山	*Maesa japonica*	飞龙掌血	*Toddalia asiatica*
杜鹃	*Rhododendron simsii*	非洲楝	*Khaya senegalensis*
杜鹃兰	*Cremastra appendiculata*	榧树	*Torreya grandis*
杜梨	*Pyrus betulaefolia*	粉花绣线菊	*Spiraea japonica*
杜松	*Juniperus rigida*	风桦	*Betula costata*
杜英	*Elaeocarpus decipiens*	枫香	*Liquidambar formosana*
杜仲	*Eucommia ulmoides*	枫杨	*Pterocarya stenoptera*
杜仲藤	*Parabarium micranthum*	凤凰木	*Delonix regia*
短梗胡枝子	*Lespedeza cyrtobotrya*	凤凰竹	*Bambusa multipiex* var. *hana*
短穗竹	*Brachystachyum densiflorum*	凤梨	*Ananas comosus*
短叶水石榕	*Elaeocarpus hainanensis* var. *brachyphyllus*	凤尾竹	*Bambusa multiplex* 'Fernleaf'
		扶芳藤	*Euonymus fortunei*
椴树	*Tilia tuan*	芙蓉菊	*Crossostephium chinense*
对叶榕	*Ficus hispida*	枹栎	*Quercus glandulifera*
盾柱木	*Peltophorum pterocarpum*	辐射松	*Pinus radiata*
多核果	*Pyrenocarpa hainanensis*	福建柏	*Fokienia hodginsii*
多花蔷薇（野蔷薇）	*Rosa multiflora*	复盆子	*Rubus idaeus*
多花紫藤	*Wisteria floribunda*	复羽叶栾树	*Koelreuteria bipinnata*
多枝柽柳	*Tamarix ramosissima*	G	
E		盖裂木	*Talauma hodgsoni*
鹅耳枥	*Carpinus turczaninowii*	甘菊	*Dendranthema lavandulifolium*
鹅绒藤	*Cynanchum chinense*	柑橘	*Citrus reticulata*
鹅掌柴	*Schefflera octophylla*	橄榄	*Canarium album*
鹅掌楸	*Liriodendron chinense*	干果木	*Xerospermum bonii*

刚莠竹	*Microstegium ciliatum*	海杧果	*Cerbera manghas*
杠柳	*Periploca sepium*	海南椴	*Hainania trichosperma*
高节竹	*Phyllostachys promineus*	海南琼楠	*Beilschmiedia wangii*
高山澳杨	*Homalanthus alpinus*	海南苏铁	*Cycas hainanensis*
高山柏	*Sabina squamata*	海南紫荆木	*Madhuca hainanensis*
高山杜鹃	*Rhododendron lapponicum*	海桑	*Sonneratia caseolaris*
高山栲	*Castanopsis delavayi*	海檀木	*Ximenia americana*
高山栎	*Quercus semicarpifolia*	海棠花	*Malus spectabilis*
高山榕	*Ficus altissima*	海桐	*Pittosporum tobira*
高山锥	*Castanopsis delavayi*	海州常山	*Clerodendrum trichotomum*
革叶卫矛	*Euonymus leclerei*	含笑花	*Michelia figo*
格木	*Erythrophleum fordii*	旱冬瓜	*Alnus nepalensis*
珙桐	*Davidia involucrata*	旱柳	*Salix matsudana*
钩栲	*Castanopsis tibetana*	旱榆	*Ulmus glaucescens*
钩藤	*Uncaria rhynchophylla*	杭子梢	*Campylotropis macrocarpa*
狗枣猕猴桃	*Actinidia kolomikta*	诃子	*Terminalia chebula*
枸骨	*Ilex cornuta*	合果木	*Paramichelia baillonii*
枸杞	*Lycium chinense*	合欢	*Albizia julibrissin*
构树	*Broussonetia papyrifera*	合欢	*Albizia* spp.
谷木	*Memecylon ligustrifolium*	河北梨	*Pyrus hopeiensis*
瓜栗	*Pachira macrocarpa*	河北杨	*Populus hopeiensis*
瓜叶菊	*Pericallis hybrida*	荷花玉兰	*Magnolia grandiflora*
观光木	*Tsoongiodendron odorum*	核桃	*Juglans regia*
贯月忍冬	*Lonicera sempervirens*	核桃楸	*Juglans mandshurica*
光蜡树	*Fraxinus griffithii*	褐果枣	*Ziziphus fungii*
光泡桐	*Paulownia tomentosa* var. *tsinlingensis*	黑刺李	*Prunus spinosa*
光叶花椒	*Zanthoxylum nitidum*	黑弹树	*Celtis bungeana*
广叶桉	*Eucalyptus amplifolia*	黑果茶藨	*Ribes nigrum*
龟甲竹	*Phyllostachys heterocycla* 'Heterocycla'	黑桦	*Betula davurica*
桂木	*Artocarpus lingnanensis*	黑桦鼠李	*Rhamnus maximovicziana*
桂竹	*Phyllostachys bambusoides*	黑黄檀	*Dalbergia fusca*
果香菊	*Chamaemelum nobile*	黑荆树	*Acacia mearnsii*
过江藤	*Phyla nodiflora*	黑壳楠	*Lindera megaphylla*
H		黑面神	*Breynia fruticosa*
海红豆	*Adenanthera pavonina*	黑皮油松	*Pinus tabulaeformis* var. *mukdensis*
海榄雌	*Avicennia marina*	黑树莓	*Rubus mesogaeus*

黑松	*Pinus thunbergii*	厚朴	*Magnolia officinalis*
黑杨	*Populus nigra*	胡蔓藤	*Gelsemium elegans*
黑榆	*Ulmus davidiana*	胡颓子	*Elaeagnus pungens*
红背山麻杆	*Alchornea trewioides*	胡杨	*Populus euphratica*
红哺鸡竹	*Phyllostachys iridescens*	胡枝子	*Lespedeza bicolor*
红椿	*Toona ciliata*	槲栎	*Quercus aliena*
红淡比	*Cleyera japonica*	蝴蝶果	*Cleidiocarpon cavaleriei*
红豆杉	*Taxus chinensis*	虎刺	*Damnacanthus indicus*
红豆树	*Ormosia hosiei*	虎皮楠	*Daphniphyllum oldhami*
红麸杨	*Rhus punjabensis* var. *sinica*	虎榛子	*Ostryopsis davidiana*
红果菝葜	*Smilax polycolea*	花棒	*Hedysarum scoparium*
红果树	*Stranvaesia davidiana*	花红	*Malus asiatica*
红花刺槐	*Robinia pseudoacacia* f. *decaisneana*	花椒	*Zanthoxylum bungeanum*
红花荷	*Rhodoleia championii*	花榈木	*Ormosia henryi*
红花檵木	*Loropetalum chinense* var. *rubrum*	花毛竹	*Phyllostachys heterocycla* 'Tao kiang'
红花天料木	*Homalium hainanense*	花楸树	*Sorbus pohuashanensis*
红花羊蹄甲	*Bauhinia blakeana*	花曲柳	*Fraxinus rhynchophylla*
红花油茶	*Camellia chekiangoleosa*	花孝顺竹	*Bambusa multipiex* f. *alphonso-karri*
红桦	*Betula albo-sinensis*	花叶丁香	*Syringa* × *persica*
红皮云杉	*Picea koraiensis*	华北落叶松	*Larix principis-rupprechtii*
红千层	*Callistemon rigidus*	华北忍冬	*Lonicera tatarinowii*
红瑞木	*Cornus alba*	华参	*Sinopanax formosanus*
红润楠	*Machilus thunbergii*	华南五针松	*Pinus kwangtungensis*
红砂	*Reaumuria soongarica*	华润楠	*Machilus chinensis*
红杉	*Larix potaninii*	华山矾	*Symplocos chinensis*
红树	*Rhizophora apiculata*	华山松	*Pinus armandi*
红松	*Pinus koraiensis*	滑桃树	*Trewia nudiflora*
红叶	*Cotinus coggygria* var. *cinerea*	化香树	*Platycarya strobilacea*
红叶李	*Prunus cerasifera* var. *atropurpurea*	桦木	*Betula* spp.
红竹	*Phyllostachys rubromarginata*	怀槐	*Maackia amurensis*
猴头杜鹃	*Rhododendron simiarum*	槐树	*Sophora japonica*
猴樟	*Cinnamomum bodinieri*	黄背栎	*Quercus pannosa*
篌竹	*Phyllostachys nidularia*	黄檗	*Phellodendron amurense*
厚壳树	*Ehretia acuminata*	黄蝉	*Allemanda neriifolia*
厚皮树	*Lannea coromandelica*	黄刺玫	*Rosa xanthina*
厚皮香	*Ternstroemia gymnanthera*	黄刺条	*Caragana frutex*

黄竿京竹	*Phyllostachys aureosulcata* 'Aureocarlis'	喙核桃	*Annamocarya sinensis*
黄竿乌哺鸡竹	*Phyllostachys vivax* 'Aureocaulis'	火棘	*Pyracantha fortuneana*
黄竿竹	*Indosasa levigata*	火炬树	*Rhus typhina*
黄葛树	*Ficus virens*	火炬松	*Pinus taeda*
黄海棠	*Hypericum ascyron*	火焰花	*Phlogacanthus curviflorus*
黄花夹竹桃	*Thevetia peruviana*	火焰树	*Spathodea campanulata*
黄花柳	*Salix caprea*	J	
黄花落叶松	*Larix olgensis*	鸡蛋花	*Plumeria rubra*
黄花木	*Piptanthus concolor*	鸡冠刺桐	*Erythrina cristagalli*
黄花忍冬	*Lonicera chrysantha*	鸡桑	*Morus australis*
黄槐决明	*Cassia suffruticosa*	鸡树条荚蒾	*Viburnum opulus* var. *calvescens*
黄金树	*Catalpa speciose*	鸡血藤	*Millettia reticulata*
黄槿	*Hibiscus tiliaceus*	鸡爪槭	*Acer palmatum*
黄荆	*Vitex negundo*	鲫鱼藤	*Secamone lanceolata*
黄兰	*Michelia champaca*	檵木	*Loropetalum chinense*
黄梨木	*Boniodendron minus*	加勒比松	*Pinus caribaea*
黄连	*Coptis chinensis*	加杨	*Populus canadensis*
黄连木	*Pistacia chinensis*	夹竹桃	*Nerium oleander*
黄柳	*Salix gordejevii*	荚蒾	*Viburnum dilatatum*
黄栌	*Cotinus coggygria*	假槟榔	*Archontophoenix alexandrae*
黄棉木	*Adina polycephala*	假杜鹃	*Barleria cristata*
黄牛木	*Cratoxylum cochinchinense*	假苹婆	*Sterculia lanceolata*
黄皮	*Clausena lansium*	假山龙眼	*Heliciopsis henryi*
黄杞	*Engelhardia roxburghiana*	假柿木姜子	*Litsea monopetala*
黄山松	*Pinus taiwanensis*	假鹰爪	*Desmos chinensis*
黄杉	*Pseudotsuga sinensis*	尖叶木	*Urophyllum chinense*
黄檀	*Dalbergia hupeana*	尖叶榕	*Ficus henryi*
黄桐	*Endospermum chinense*	坚桦	*Betula chinensis*
黄心卫矛	*Euonymus macropterus*	健杨	*Populus canadensis* 'Robusta'
黄杨	*Buxus sinica*	箭杆杨	*Populus nigra* var. *thevestina*
黄樟	*Cinnamomum porrectum*	箭竹	*Fargesia spathacea*
黄竹	*Bambusa textilis* var. *glabra*	江南桤木	*Alnus trabeculosa*
幌伞枫	*Heteropanax fragrans*	豇豆树	*Radermachera pentandra*
灰胡杨	*Populus pruinosa*	浆果乌桕	*Sapium baccatum*
灰莉	*Fagraea ceilanica*	降香	*Dalbergia odorifera*
灰竹	*Phyllostachys nuda*	胶东卫矛	*Euonymus kiautschovicus*

蕉柑	*Citrus reticulata* 'Tankan'	K	
接骨木	*Sambucus williamsii*	咖啡	*Coffea arabica*
结香	*Edgeworthia chrysantha*	康定冬青（山枇杷）	*Ilex franchetiana*
截叶毛白杨	*Populus tomentosa* var. *truncata*	康定柳	*Salix paraplesia*
金边黄杨	*Euonymus japonicus* var. *aurea-marginatus*	糠椴	*Tilia mandshurica*
金弹	*Fortunella margarita* 'Chintan'	栲树	*Castanopsis fargesii*
金合欢	*Acacia farnesiana*	珂楠树	*Meliosma beaniana*
金花茶	*Camellia nitidissima*	壳菜果	*Mytilaria laosensis*
金花忍冬	*Lonicera chrysantha*	可可	*Theobroma cacao*
金花树	*Blastus dunnianus*	苦参	*Sophora flavescens*
金鸡纳树	*Cinchona ledgeriana*	苦茶槭	*Acer ginnala* subsp. *theiferum*
金锦香	*Osbeckia chinensis*	苦丁茶	*Cratoxylum prunifolium*
金橘	*Fortunella margarita*	苦枥木	*Fraxinus insularis*
金露梅	*Potentilla fruticosa*	苦杨	*Populus laurifolia*
金缕梅	*Hamamelis mollis*	苦槠栲	*Castanopsis sclerophylla*
金木犀	*Osmanthus fragrans* var. *aurantiacus*	苦竹	*Pleioblastus amarus*
金钱松	*Pseudolarix kaempferi*	阔叶桉	*Eucalyptus platyphylla*
金丝桃	*Hypericum monogynum*	阔叶风车子	*Combretum latifolium*
金叶含笑	*Michelia foveolata*	阔叶夹竹桃	*Thevetia ahouai*
金叶树	*Chrysophyllum lanceolatum* var. *stellatocarpon*	阔叶槭	*Acer amplum*
		阔叶十大功劳	*Mahonia bealei*
金钟花	*Forsythia viridissima*	L	
金竹	*Phyllostachys sulphurea*	蜡梅	*Chimonanthus praecox*
锦鸡儿	*Caragana sinica*	蜡烛果	*Aegiceras corniculatum*
锦葵	*Malva sinensis*	辣木	*Moringa oleifera*
荆条	*Vitex negundo* var. *heterophylla*	梾木	*Swida macrophylla*
九节	*Psychotria rubra*	兰考泡桐	*Paulownia elongata*
九里香	*Murraya paniculata*	蓝桉	*Eucalyptus globulus*
酒椰	*Raphia vinifera*	蓝果树	*Nyssa sinensis*
菊蒿	*Tanacetum vulgare*	蓝花楹	*Jacaranda mimosifolia*
榉树	*Zelkova serrata*	榄仁树	*Terminalia catappa*
巨桉	*Eucalyptus grandis*	榔榆	*Ulmus parvifolia*
巨尾桉	*Eucalyptus grandis×urophylla*	老虎刺	*Pterolobium punctatum*
聚果榕	*Ficus racemosa*	雷楝	*Reinwardtiodendron dubium*
决明	*Cassia tora*	雷林桉1号	*Eucalyptus leizhou* No. 1
君迁子	*Diospyros lotus*	雷林桉33号	*Eucalyptus leizhou* No. 33

冷箭竹	*Sinarundinaria fangiana*	柳叶润楠	*Machilus salicina*
冷杉	*Abies fabri*	柳叶箬	*Isachne globosa*
冷杉	*Abies* spp.	柳叶沙棘	*Hippophae salicifolia*
梨	*Pyrus* spp.	柳叶鼠李	*Rhamnus erythroxylon*
鱉蒴栲	*Castanopsis fissa*	柳叶水锦树	*Wendlandia salicifolia*
李	*Prunus salicina*	柳叶紫金牛	*Ardisia hypargyrea*
李叶绣线菊	*Spiraea prunifolia*	六月雪	*Serissa japonica*
丽江云杉	*Picea likiangensis*	龙舌兰	*Agave americana*
荔枝	*Litchi chinensis*	龙头竹	*Bambusa vulgaris*
栎	*Quercus* spp.	龙血树	*Dracaena draco*
栎子青冈	*Cyclobalanopsis blakei*	龙眼	*Dimocarpus longan*
栗	*Castanea* spp.	龙爪槐	*Sophora japonica* var. *pendula*
连翘	*Forsythia suspensa*	龙爪柳	*Salix matsudana* f. *tortuosa*
连香树	*Cercidiphyllum japonicum*	龙竹	*Dendrocalamus giganteus*
莲叶桐	*Hernandia sonora*	窿缘桉	*Eucalyptus exserta*
楝树	*Melia azedarach*	庐山小檗	*Berberis virgetorum*
楝叶吴茱萸	*Evodia meliifolia*	鹿角栲	*Castanopsis lamontii*
亮叶桦	*Betula luminifera*	鹿角藤	*Chonemorpha eriostylis*
辽东楤木	*Aralia elata*	鹿茸木	*Meiogyne kwangtungensis*
辽东丁香	*Syringa wolfii*	禄竹	*Bambusa textilis* var. *fusca*
辽东栎	*Quercus liaotungensis*	路边青	*Geum aleppicum*
辽东桤木	*Alnus sibirica*	栾树	*Koelreuteria paniculata*
辽杨	*Populus maximowiczii*	罗汉果	*Siraitia grosvenorii*
林生杧果	*Mangifera sylvatica*	罗汉松	*Podocarpus macrophyllus*
鳞皮冷杉	*Abies squamata*	罗汉竹	*Phyllostachys aurea*
鳞皮云杉	*Picea retroflexa*	萝藦	*Metaplexis japonica*
鳞尾木	*Lepionurus sylvestris*	椤木石楠	*Photinia davidsoniae*
柃木	*Eurya japonica*	络石	*Trachelospermum jasminoides*
流苏树	*Chionanthus retusus*	骆驼刺	*Alhagi pseudoalhagi*
柳穿鱼	*Linaria vulgaris*	骆驼蓬	*Peganum harmala*
柳兰	*Epilobium angustifolium*	落叶松	*Larix gmelini*
柳窿桉	*Eucalyptus salignaxe*	落羽杉	*Taxodium distichum*
柳杉	*Cryptomeria fortunei*	绿竹	*Dendrocalamopsis oldhami*
柳树	*Salix* spp.	**M**	
柳叶红千层	*Callistemon salignus*	麻疯树	*Jatropha curcas*
柳叶毛蕊茶	*Camellia salicifolia*	麻栎	*Quercus acutissima*

麻楝	*Chukrasia tabularis*	玫瑰树	*Ochrosia borbonica*
麻叶绣线菊	*Spiraea cantoniensis*	梅	*Armeniaca mume*
麻竹	*Dendrocalamus latiflorus*	美国白杨（钻天杨）	*Populus nigra* var. *italica*
马桑	*Coriaria nepalensis*	美国扁柏	*Chamaecyparis lawsoniana*
马尾树	*Rhoiptelea chiliantha*	美国红梣（洋白蜡）	*Fraxinus pennsylvanica*
马尾松	*Pinus massoniana*	美洲栗	*Castanea dentatea*
马先蒿	*Pedicularis* spp.	美洲绿梣	*Fraxinus pennsylvanica* var. *subintegerrima*
马占相思	*Acacia mangium*	美洲杨	*Populus deltoides*
麦吊云杉	*Picea brachytyla*	萌芽松	*Pinus echinata*
麦李	*Cerasus glandulosa*	蒙古扁桃	*Amygdalus mongolica*
馒头柳	*Salix matsudana* f. *umbraculifera*	蒙古栎	*Quercus mongolica*
满山红	*Rhododendron mariesii*	蒙古岩黄耆	*Hedysarum fruticosum* var. *mongolicum*
杧果	*Mangifera indica*	米仔兰	*Aglaia odorata*
毛八角枫	*Alangium kurzii*	密花树	*Rapanea neriifolia*
毛白杨	*Populus tomentosa*	密叶杨	*Populus talassica*
毛茶	*Antirhea chinensis*	密枝杜鹃	*Rhododendron fastigiatum*
毛刺槐	*Robinia hispida*	绵竹	*Sinobambusa intermedia*
毛红椿	*Toona ciliata* var. *pubescens*	棉花柳	*Salix leucopithecia*
毛黄栌	*Cotinus coggygria* var. *pubescens*	岷江柏木	*Cupressus chengiana*
毛金竹	*Phyllostachys nigra* var. *henonis*	岷江冷杉	*Abies faxoniana*
毛梾	*Cornus walteri*	闽楠	*Phoebe bournei*
毛泡桐	*Paulownia tomentosa*	茉莉花	*Jasminum sambac*
毛漆树	*Toxicodendron trichocarpum*	墨西哥柏木	*Cupressus lusitanica*
毛山荆子	*Malus mandshurica*	墨西哥落羽杉	*Taxodium mucronatum*
毛山楂	*Crataegus maximowiczii*	牡丹	*Paeonia suffruticosa*
毛桐	*Mallotus barbatus*	牡荆	*Vitex negundo* var. *cannabifolia*
毛杏	*Armeniaca sibirica* var. *pubescens*	牡竹	*Dendrocalamus strictus*
毛芽椴	*Tilia tuan* var. *chinensis*	木波罗	*Artocarpus heterophyllus*
毛叶桉	*Eucalyptus torelliana*	木豆	*Cajanus cajan*
毛榛	*Corylus mandshurica*	木芙蓉	*Hibiscus mutabilis*
毛枝五针松	*Pinus wangii*	木瓜	*Chaenomeles sinensis*
毛竹	*Phyllostachys heterocycla*	木荷	*Schima superba*
毛锥	*Castanopsis fordii*	木姜子	*Litsea pungens*
茅栗	*Castanea seguinii*	木槿	*Hibiscus syriacus*
玫瑰	*Rosa rugosa*	木蜡树	*Toxicodendron sylvestre*
玫瑰木	*Rhodamnia dumetorum*	木兰	*Magnolia* spp.

木榄	*Bruguiera gymnorrhiza*	蟠桃	*Amygdalus persica* var. *compressa*
木莲	*Manglietia fordiana*	胖竹	*Phyllostachys viridis*
木麻黄	*Casuarina equisetifolia*	刨花润楠	*Machilus pauhoi*
木莓	*Rubus swinhoei*	泡花树	*Meliosma cuneifolia*
木棉	*Bombax malabaricum*	泡桐	*Paulownia* spp.
木犀	*Osmanthus fragrans*	盆架树	*Alstonia rostrata*
木香花	*Rosa banksiae*	枇杷	*Eriobotrya japonica*
N		苹果	*Malus pumila*
南方红豆杉	*Taxus mairei*	苹果	*Malus* spp.
南方泡桐	*Paulownia australis*	苹婆	*Sterculia nobilis*
南岭黄檀	*Dalbergia balansae*	瓶花木	*Scyphiphora hydrophyllacea*
南山藤	*Dregea volubilis*	坡垒	*Hopea hainanensis*
南蛇藤	*Celastrus orbiculatus*	破布木	*Cordia dichotoma*
南酸枣	*Choerospondias axillaris*	破布叶	*Microcos paniculata*
南天竹	*Nandina domestica*	铺地柏	*Sabina procumbens*
南亚松	*Pinus latteri*	葡萄	*Vitis vinifera*
南洋杉	*Araucaria cunninghamii*	葡萄桉	*Eucalyptus botryoides*
南洋楹	*Albizia falcataria*	蒲葵	*Livistona chinensis*
楠	*Phoebe* spp.	蒲桃	*Syzygium jambos*
宁夏枸杞	*Lycium barbarum*	朴树	*Celtis sinensis*
柠檬	*Citrus limon*	Q	
柠檬桉	*Eucalyptus citriodora*	七叶树	*Aesculus chinensis*
柠条锦鸡儿	*Caragana korshinskii*	桤木	*Alnus cremastogyne*
牛叠肚	*Rubus crataegifolius*	漆树	*Rhus verniciflua*
牛角瓜	*Calotropis gigantea*	祁连圆柏	*Sabina przewalskii*
牛筋条	*Dichotomanthus tristaniaecarpa*	杞柳	*Salix integra*
怒江红杉	*Larix speciosa*	槭	*Acer* spp.
女贞	*Ligustrum lucidum*	千斤拔	*Flemingia macrophylla*
O		千金藤	*Stephania japonica*
欧李	*Cerasus humilis*	千金榆	*Carpinus cordata*
欧洲刺柏	*Juniperus communis*	千年桐	*Vernicia montana*
欧洲荚蒾	*Viburnum opulus*	茜树	*Aidia cochinchinensis*
欧洲甜樱桃	*Cerasus avium*	蔷薇	*Rosa* spp.
欧洲小檗	*Berberis vulgaris*	乔松	*Pinus griffithii*
P		秦岭冷杉	*Abies chensiensis*
爬山虎	*Parthenocissus tricuspidata*	琴叶榕	*Ficus pandurata*

青麸杨	*Rhus potaninii*	日本落叶松	*Larix kaempferi*
青冈	*Cyclobalanopsis glauca*	日本女贞	*Ligustrum japonicum*
青海云杉	*Picea crassifolia*	日本晚樱	*Cerasus serrulata* var. *lannesiana*
青梅	*Vatica mangachapoi*	日本五针松	*Pinus parviflora*
青皮木	*Schoepfia jasminodora*	日本小檗	*Sinopodophyllum thunbergii*
青皮槭	*Acer cappadocicum*	日本樱花	*Cerasus yedoensis*
青皮竹	*Bambusa textilis*	绒毛白蜡	*Fraxinus velutina*
青杆	*Picea wilsonii*	绒毛胡枝子	*Lespedeza tomentosa*
青钱柳	*Cyclocarya paliurus*	绒毛无患子	*Sapindus tomentosus*
青檀	*Pteroceltis tatarinowii*	榕树	*Ficus microcarpa*
青杨	*Populus cathayana*	柔毛山矾	*Symplocos pilosa*
青榨槭	*Acer davidii*	柔毛杨	*Populus pilosa*
清风藤	*Sabia japonica*	柔毛油杉	*Keteleeria pubescens*
清香木	*Pistacia weinmannifolia*	肉桂	*Cinnamomum cassia*
筇竹	*Qiongzhuea tumidinoda*	软枣猕猴桃	*Actinidia arguta*
琼崖石栎	*Lithocarpus fenzelianus*	锐齿槲栎	*Quercus aliena* var. *acuteserrata*
秋枫	*Bischofia javanica*	瑞香	*Daphne odora*
秋海棠	*Begonia evansiana*	润楠	*Machilus pingii*
秋茄树	*Kandelia candel*	箬叶竹	*Indocalamus longianritus*
秋子梨	*Pyrus ussuriensis*	箬竹	*Indocalamus tessellatus*
楸	*Catalpa bungei*	S	
楸叶泡桐	*Paulownia catalpifolia*	洒金叶珊瑚	*Aucuba japonica* var. *variegata*
楸子	*Malus prunifolia*	三叉刺	*Trifidacanthus unifoliolatus*
曲枝垂柳	*Salix babylonica* f. *tortuosa*	三尖杉	*Cephalotaxus fortunei*
全缘小檗	*Berberis integerrima*	三角槭	*Acer buergerianum*
全缘叶栾树	*Koelreuteria bipinnata* var. *integrifoliola*	三球悬铃木	*Platanus orientalis*
雀舌黄杨	*Buxus bodinieri*	三叶木通	*Akebia trifoliata*
R		伞花木	*Eurycorymbus cavaleriei*
人面子	*Dracontomelon duperreanum*	散尾葵	*Chrysalidocarpus lutescens*
人心果	*Manilkara zapota*	桑	*Morus alba*
忍冬	*Lonicera japonica*	色木槭	*Acer mono*
日本扁柏	*Chamaecyparis obtusa*	沙鞭	*Psammochloa villosa*
日本花柏	*Chamaecyparis pisifera*	沙冬青	*Ammopiptanthus mongolicus*
日本冷杉	*Abies firma*	沙拐枣	*Calligonum mongolicum*
日本栗	*Castanea crenata*	沙棘	*Hippophae rhamnoides* subsp. *sinensis*
日本柳杉	*Cryptomeria japonica*	沙兰杨	*Populus canadensis* 'Sacrau 79'

沙梨	*Pyrus pyrifolia*	山杏	*Armeniaca sibirica*
沙柳	*Salix mongolica*	山杨	*Populus davidiana*
沙蓬	*Agriophyllum squarrosum*	山樱桃	*Cerasus sachalinensis*
沙枣	*Elaeagnus angustifolia*	山油柑	*Acronychia pedunculata*
山白树	*Sinowilsonia henryi*	山柚子	*Opilia amentacea*
山茶	*Camellia japonica*	山玉兰	*Magnolia delavayi*
山茶	*Camellia* spp.	山枣	*Ziziphus montana*
山刺玫	*Rosa davurica*	山楂	*Crataegus* spp.
山东柳	*Salix koreensis* var. *shandongensis*	山芝麻	*Helicteres angustifolia*
山豆根	*Euchresta japonica*	山茱萸	*Macrocarpium officinalis*
山杜英	*Elaeocarpus sylvestris*	杉木	*Cunninghamia lanceolata*
山矾	*Symplocos sumuntia*	杉松	*Abies holophylla*
山拐枣	*Poliothyrsis sinensis*	珊瑚朴	*Celtis julianae*
山合欢	*Albizia macrophycla*	珊瑚树	*Viburnum awabuki*
山核桃	*Carya cathayensis*	芍药	*Paeonia lactiflora*
山胡椒	*Lindera glauca*	少穗竹	*Oligostachyum sulcatum*
山鸡椒	*Litsea cubeba*	蛇葡萄	*Ampelopsis sinica*
山荆子	*Malus baccata*	深山含笑	*Michelia maudiae*
山葵	*Arecastrum romanzoffianum* var. *australe*	湿地松	*Pinus elliottii*
山里红	*Crataegus pinnatifida* var. *major*	十大功劳	*Mahonia fortunei*
山楝	*Aphanamixis polystachya*	石斑木	*Raphiolepis indica*
山柳	*Salix pseudotangii*	石笔木	*Tutcheria championi*
山龙眼	*Helicia formosana*	石栎	*Lithocarpus glaber*
山麻杆	*Alchornea davidii*	石莲	*Sinocrassula indica*
山莓	*Rubus corchorifolius*	石榴	*Punica granatum*
山梅花	*Philadelphus incanus*	石楠	*Photinia serrulata*
山牡荆	*Vitex quinata*	石竹	*Dianthus chinensis*
山奈	*Kaempferia galanga*	石梓	*Gmelina chinensis*
山枇杷（康定冬青）	*Ilex franchetiana*	柿	*Diospyros kaki*
山葡萄	*Vitis amurensis*	寿星桃	*Amygdalus persica* var. *densa*
山生柳	*Salix oritrepha*	蜀葵	*Althaea rosea*
山石榴	*Catunaregam spinosa*	鼠李	*Rhamnus davurica*
山桃	*Prunus davidiana*	树番茄	*Cyphomandra betacea*
山桐子	*Idesia polycarpa*	树锦鸡儿	*Caragana arborescens*
山乌桕	*Sapium discolor*	栓皮栎	*Quercus variabilis*
山香圆	*Turpinia montana*	水黄皮	*Pongamia pinnata*

水锦树	*Wendlandia uvariifolia*	绦柳	*Salix matsudana* f. *pendula*
水蜡树	*Ligustrum obtusifolium*	桃	*Amygdalus persica*
水柳	*Homonoia riparia*	桃花心木	*Swietenia mahagoni*
水麻	*Debregeasia edulis*	桃金娘	*Rhodomyrtus tomentosa*
水青冈	*Fagus longipetiolata*	桃榄	*Pouteria annamensis*
水曲柳	*Fraxinus mandschurica*	藤春	*Alphonsea monogyna*
水杉	*Metasequoia glyptostroboides*	藤槐	*Bowringia callicarpa*
水松	*Glyptostrobus pensilis*	藤山柳	*Clematoclethra lasioclada*
水团花	*Adina pilulifera*	天料木	*Homalium cochinchinense*
水翁	*Cleistocalyx operculatus*	天目木姜子	*Litsea auriculata*
水榆花楸	*Sorbus alnifolia*	天女花	*Magnolia sieboldii*
水竹	*Phyllostachys heteroclada* f. *heteroclada*	天山梣	*Fraxinus sogdiana*
丝葵	*Washingtonia filifera*	天山桦	*Betula tianschanica*
思茅黄檀	*Dalbergia szemaoensis*	天山云杉	*Picea schrenkiana* var. *tianshanica*
思茅松	*Pinus kesiya* var. *langbianensis*	天星藤	*Graphistemma pictum*
四合木	*Tetraena mongolica*	天竺桂	*Cinnamomum japonicum*
四季秋海棠	*Begonia semperflorens*	天竺葵	*Pelargonium hortorum*
松	*Pinus* spp.	甜杨	*Populus suaveolens*
苏木	*Caesalpinia sappan*	甜槠栲	*Castanopsis eyrei*
苏铁	*Cycas revoluta*	甜竹	*Phyllostachys flexuosa*
酸蔹藤	*Ampelocissus artemisiaefolia*	铁刀木	*Cassia siamea*
酸模	*Rumex acetosa*	铁冬青	*Ilex rotunda*
酸枣	*Ziziphus jujuphus* var. *spinosa*	铁海棠	*Euphorbia milii*
算盘子	*Glochidion puberum*	铁力木	*Mesua ferrea*
梭梭	*Haloxylon ammodendron*	铁木	*Ostrya japonica*
T		铁杉	*Tsuga chinensis*
塔形小叶杨	*Populus simonii* f. *fastigiata*	桐棉	*Thespesia populnea*
塔枝圆柏	*Sabina komarovii*	秃杉	*Taiwania flousiana*
台湾栾树	*Koelreuteria elegans* subsp. *formosana*	土沉香	*Aquilaria sinensis*
台湾杉	*Taiwania cryptomerioides*	土蜜树	*Bridelia tomentosa*
台湾藤麻	*Procris laevigata*	团花	*Neolamarckia cadamba*
台湾相思	*Acacia richii*	团竹	*Fargesia obliqua*
檀香	*Santalum album*	托竹	*Pseudosasa cantori*
探春花	*Jasminum floridum*	**W**	
唐竹	*Sinobambusa tootsik*	万寿竹	*Disporum cantoniense*
糖胶树	*Alstonia scholaris*	王棕	*Roystonea regia*

网萼木	*Geniosporum coloratum*	西洋杜鹃	*Rhododendron hybridum*
望江哺鸡竹	*Phyllostachys propinqua* f. *lanuginosa*	西洋梨	*Pyrus communis*
微毛山矾	*Symplocos wikstroemiifolia*	喜马拉雅山柳	*Salix himalayensis*
椗子	*Randia jasminoidesellis*	喜树	*Camptotheca acuminata*
尾球木	*Urobotrya latisquama*	细青皮	*Altingia excelsa*
尾叶桉	*Eucalyptus urophylla*	细叶桉	*Eucalyptus tereticornis*
尾叶山茶	*Camellia caudata*	细叶蒿柳	*Salix triandra* var. *angustifolia*
卫矛	*Euonymus alatus*	细叶青冈	*Cyclobalanopsis gracilis*
榅桲	*Cydonia oblonga*	细叶小檗	*Sinopodophyllum poiretii*
文旦柚	*Citrus grandis*	细枝柳	*Salix gracilior*
文冠果	*Xanthoceras sorbifolia*	狭叶杜英	*Elaeocarpus lanceaefolius*
倭竹	*Shibataea kumasasa*	狭叶泡花树	*Meliosma angustifolia*
窝竹	*Fargesia brevissima*	夏栎	*Quercus robur*
乌哺鸡竹	*Phyllostachys vivax*	线柏	*Chamaecyparis pisifera* 'Filifera'
乌桕	*Sapium sebiferum*	腺柳	*Salix chaenomeloides*
乌柳	*Salix cheilophila*	相思子	*Abrus precatorius*
乌墨	*Syzygium cumini*	香椿	*Toona sinensis*
乌头	*Aconitum carmichaeli*	香冬青	*Ilex suaveolens*
乌药	*Lindera aggregata* var. *playfairii*	香果树	*Emmenopterys henryi*
无花果	*Ficus carica*	香花藤	*Aganosma acuminata*
无患子	*Sapindus mukorossi*	香花崖豆藤	*Millettia dielsiana*
无毛丑柳	*Salix inamoena* var. *glabra*	香槐	*Cladrastis wilsonii*
吴茱萸	*Evodia rutaecarpa*	香胶蒲桃	*Syzygium balsameum*
梧桐	*Firmiana platanifolia*	香蕉	*Musa nana*
五裂槭	*Acer sinense*	香龙血树	*Dracaena fragrans*
五味子	*Schisandra chinensis*	香楠	*Aidia canthioides*
五桠果	*Dillenia indica*	香叶树	*Lindera communis*
五叶地锦	*Parthenocissus quinquefolia*	香橼	*Citrus medica*
X		响叶杨	*Populus adenopoda*
西伯利亚刺柏	*Juniperus sibirica*	橡胶树	*Hevea brasiliensis*
西藏柏木	*Cupressus torulosa*	小檗	*Berberis thunbergii*
西府海棠	*Malus micromalus*	小方竹	*Chimonobambusa convulata*
西桦	*Betula alnoides*	小果南烛	*Lyonia ovalifolia* var. *elliptica*
西蒙德木	*Simmondsia chinensis*	小果蔷薇	*Rosa cymosa*
西米棕	*Metroxylon sagu*	小果野葡萄	*Vitis balanseana*
西南黄檀	*Dalbergia assamica*	小果油茶	*Camellia meiocarpa*

小果枣	*Ziziphus oenoplia*	悬钩子	*Rubus* spp.
小黑杨	*Populus xiaohei*	雪柳	*Fontanesia fortunei*
小红栲	*Castanopsis carlesii*	雪松	*Cedrus deodara*
小红柳	*Salix microstachya* var. *bordensis*	血桐	*Macaranga tanarius*
小花扁担杆	*Grewia biloba* var. *parviflora*	蕈树	*Altingia chinensis*
小鸡爪槭	*Acer palmatum* var. *thunbergii*	Y	
小蜡	*Ligustrum sinense*	鸭脚茶	*Bredia sinensis*
小米空木	*Stephanandra incisa*	崖柏	*Thuja sutchuenensis*
小青杨	*Populus pseudo-simonii*	崖洲竹	*Bambusa textilis* var. *gracilis*
小石积	*Osteomeles anthyllidifolia*	岩椒	*Zanthoxylum esquirolii*
小卫矛	*Euonymus nanoides*	盐肤木	*Rhus chinensis*
小叶梣	*Fraxinus bungeana*	盐穗木	*Halostachys caspica*
小叶黄杨	*Buxus sinica* var. *parvifolia*	盐爪爪	*Kalidium foliatum*
小叶荚蒾	*Viburnum parvifolium*	偃松	*Pinus pumila*
小叶金露梅	*Potentilla parvifolia*	羊角拗	*Strophanthus divaricatus*
小叶栎	*Quercus chenii*	羊蹄甲	*Bauhinia purpurea*
小叶女贞	*Ligustrum quihoui*	阳桃	*Averrhoa carambola*
小叶青冈	*Cyclobalanopsis myrsinaefolia*	杨柴	*Astragalus mongutensis*
小叶杨	*Populus simonii*	杨梅	*Myrica rubra*
小叶紫椴	*Tilia amurensis* var. *taquetii*	杨树	*Populus* spp.
小芸木	*Micromelum integerrimum*	洋白蜡（美国红梣）	*Fraxinus pennsylvanica*
小钻杨	*Populus xiaozhuanica*	洋李	*Prunus domestica*
孝顺竹	*Bambusa multiplex*	洋蒲桃	*Syzygium samarangense*
新疆冷杉	*Abies sibirica*	洋紫荆	*Bauhinia variegata*
新疆梨	*Pyrus sinkiangensis*	腰果	*Anacardium occidentale*
新疆落叶松	*Larix sibirica*	药用大黄	*Rheum officinale*
新疆忍冬	*Lonicera tatarica*	椰子	*Cocos nucifera*
新疆杨	*Populus alba* var. *pyramidalis*	野海棠	*Bredia hirsuta* var. *scandens*
新疆云杉	*Picea obovata*	野核桃	*Juglans cathayensis*
新樟	*Neocinnamomum delavayi*	野花椒	*Zanthoxylum simulans*
星花木兰	*Magnolia stellata*	野茉莉	*Styrax japonicus*
兴凯湖松	*Pinus takahasii*	野牡丹	*Melastoma candidum*
杏	*Armeniaca vulgaris*	野漆树	*Toxicodendron succedaneum*
绣球	*Hydrangea macrophylla*	野蔷薇（多花蔷薇）	*Rosa multiflora*
绣球琼花	*Viburnum macrocephalum*	野山楂	*Crataegus cuneata*
绣线菊	*Spiraea salicifolia*	野扇花	*Sarcococca ruscifolia*

野柿	*Diospyros kaki* var. *silvestris*	油茶	*Camellia oleifera*
野桐	*Mallotus tenuifolius*	油橄榄	*Olea europaea*
野香橼花	*Capparis bodinieri*	油果樟	*Syndiclis chinensis*
野杏	*Armeniaca vulgaris* var. *ansu*	油杉	*Keteleeria* spp.
野鸦椿	*Euscaphis japonica*	油松	*Pinus tabulaeformis*
叶子花	*Bougainvillea spectabilis*	油桃	*Prunus persica* var. *nectarina*
一品红	*Euphorbia pulcherrima*	油桐	*Vernicia fordii*
一球悬铃木	*Platanus occidentalis*	油樟	*Cinnamomum longepaniculatum*
一叶萩	*Flueggea suffruticosa*	油竹	*Bambusa surrecta*
仪花	*Lysidice rhodostegia*	油棕	*Elaeis guineensis*
异翅木	*Pterospermum heterophyllum*	柚木	*Tectona grandis*
异色假卫矛	*Microtropis discolor*	鱼鳞云杉	*Picea jezoensis* var. *microsperma*
异色山黄麻	*Trema tomentosa*	鱼木	*Crateva formosensis*
异型柳	*Salix dissa*	鱼尾葵	*Caryota ochlandra*
异叶榕	*Ficus heteromorpha*	榆绿木	*Anogeissus acuminata* var. *lanceolata*
阴香	*Cinnamomum burmannii*	榆树	*Ulmus pumila*
银白杨	*Populus alba*	榆叶梅	*Amygdalus triloba*
银柴	*Aporusa dioica*	羽叶金合欢	*Acacia pennata*
银桂	*Osmanthus fragrans* var. *lalifolius*	玉兰	*Magnolia denudata*
银合欢	*Leucaena leucocephala*	玉山竹	*Yushania niitakayamensis*
银桦	*Grevillea robusta*	郁李	*Cerasus japonica*
银灰杨	*Populus canescens*	元宝槭	*Acer truncatum*
银柳	*Salix argyracea*	圆柏	*Sabina chinensis*
银杉	*Cathaya argyrophylla*	圆叶葡萄	*Vitis rotundifolia*
银杏	*Ginkgo biloba*	月桂	*Laurus nobilis*
银叶树	*Heritiera littoralis*	月季	*Rosa chinensis*
印度黄檀	*Dalbergia sissoo*	越橘	*Vaccinium vitis-idaea*
印度榕	*Ficus elastica*	粤柳	*Salix mesnyi*
樱	*Cerasus* spp.	云锦杜鹃	*Rhododendron fortunei*
樱花	*Cerasus serrulata*	云南厚壳桂	*Cryptocarya yunnanensis*
樱桃	*Prunus pseudocerasus*	云南金合欢	*Acacia yunnanensis*
樱桃李	*Prunus cerasifera*	云南山楂	*Crataegus scabrifolia*
迎春花	*Jasminum nudiflorum*	云南松	*Pinus yunnanensis*
楹树	*Albizia chinensis*	云南梧桐	*Firmiana major*
硬核	*Scleropyrum wallichianum*	云南油杉	*Keteleeria evelyniana*
硬头黄竹	*Bambusa rigida*	云南樟	*Cinnamomum glanduliferum*

云杉	*Picea asperata*	皱皮木瓜	*Chaenomeles speciosa*
云杉	*Picea* spp.	朱槿	*Hibiscus rosa-sinensis*
Z		竹柏	*Podocarpus nagi*
早禾树	*Viburnum odoratissimum*	竹节树	*Carallia brachiata*
早园竹	*Phyllostachys propinqua*	竹叶花椒	*Zanthoxylum armatum*
早竹	*Phyllostachys praecox*	竹叶兰	*Arundina graminifolia*
枣树	*Ziziphus jujuphus*	竹叶楠	*Phoebe faberi*
皂荚	*Gleditsia sinensis*	竹叶青冈	*Cyclobalanopsis bambusaefolia*
皂柳	*Salix wallichiana*	锥栗	*Castanea henryi*
柞木	*Xylosma japonicum*	梓	*Catalpa ovata*
樟树	*Cinnamomum camphora*	紫丁香	*Syringa oblata*
樟子松	*Pinus sylvestris* var. *mongolica*	紫椴	*Tilia amurensis*
掌叶榕	*Ficus hirta*	紫荆	*Cercis chinensis*
柘树	*Cudrania tricuspidata*	紫荆木	*Madhuca pasquieri*
浙江七叶树	*Aesculus chinensis* var. *chekiangensis*	紫柳	*Salix wilsonii*
桢楠	*Phoebe zhennan*	紫罗兰	*Matthiola incana*
榛子	*Corylus heterophylla*	紫茉莉	*Mirabilis jalapa*
栀子	*Gardenia jasminoides*	紫楠	*Phoebe sheareri*
直杆蓝桉	*Eucalyptus maideni*	紫穗槐	*Amorpha fruticosa*
枳	*Poncirus trifoliata*	紫檀	*Pterocarpus indicus*
枳椇	*Hovenia acerba*	紫藤	*Wisteria sinensis*
中东杨	*Populus berolinensis*	紫薇	*Lagerstroemia indica*
中华猕猴桃	*Actinidia chinensis*	紫玉兰	*Magnolia liliflora*
中华石楠	*Photinia beauverdiana*	紫竹	*Phyllostachys nigra*
中华卫矛	*Euonymus nitidus*	棕榈	*Trachycarpus fortunei*
中华五加	*Acanthopanax sinensis*	棕竹	*Rhapis excelsa*
柊树	*Osmanthus heterophyllus*	钻天柳	*Chosenia arbutifolia*
重阳木	*Bischofia polycarpa*	钻天杨（美国白杨）	*Populus nigra* var. *italica*

2.寄主植物拉丁学名—中文名称名录

A

Abies alba var. *pendula*	垂枝银枞	*Acer ginnala*	茶条槭
Abies chensiensis	秦岭冷杉	*Acer ginnala* subsp. *theiferum*	苦茶槭
Abies fabri	冷杉	*Acer mono*	色木槭
Abies fargesii	巴山冷杉	*Acer negundo*	梣叶槭
Abies faxoniana	岷江冷杉	*Acer oblongum*	飞蛾槭
Abies firma	日本冷杉	*Acer palmatum*	鸡爪槭
Abies forrestii	川滇冷杉	*Acer palmatum* var. *thunbergii*	小鸡爪槭
Abies holophylla	杉松	*Acer pashanicum*	巴山槭
Abies nephrolepis	臭冷杉	*Acer sinense*	五裂槭
Abies sibirica	新疆冷杉	*Acer* spp.	槭
Abies spp.	冷杉	*Acer truncatum*	元宝槭
Abies squamata	鳞皮冷杉	*Aconitum carmichaeli*	乌头
Abrus precatorius	相思子	*Acrocarpus fraxinifolius*	顶果木
Acacia auriculiformis	耳叶相思	*Acronychia pedunculata*	山油柑
Acacia farnesiana	金合欢	*Actinidia arguta*	软枣猕猴桃
Acacia mangium	马占相思	*Actinidia chinensis*	中华猕猴桃
Acacia mearnsii	黑荆树	*Actinidia kolomikta*	狗枣猕猴桃
Acacia pennata	羽叶金合欢	*Adenanthera pavonina*	海红豆
Acacia richii	台湾相思	*Adina pilulifera*	水团花
Acacia yunnanensis	云南金合欢	*Adina polycephala*	黄棉木
Acanthopanax senticosus	刺五加	*Aegiceras corniculatum*	蜡烛果
Acanthopanax sinensis	中华五加	*Aesculus chinensis*	七叶树
Acanthophyllum pungens	刺叶	*Aesculus chinensis* var. *chekiangensis*	浙江七叶树
Acer amplum	阔叶槭	*Aganosma acuminata*	香花藤
Acer buergerianum	三角槭	*Agave americana*	龙舌兰
Acer cappadocicum	青皮槭	*Aglaia odorata*	米仔兰
Acer davidii	青榨槭	*Agriophyllum squarrosum*	沙蓬
		Aidia canthioides	香楠

Aidia cochinchinensis	茜树	*Amygdalus persica*	桃
Ailanthus altissima	臭椿	*Amygdalus persica* var. *compressa*	蟠桃
Ailanthus fordii	常绿臭椿	*Amygdalus persica* var. *densa*	寿星桃
Akebia trifoliata	三叶木通	*Amygdalus persica* var. *persica*	碧桃
Alangium chinense	八角枫	*Amygdalus triloba*	榆叶梅
Alangium kurzii	毛八角枫	*Anacardium occidentale*	腰果
Albizia chinensis	楹树	*Ananas comosus*	凤梨
Albizia falcataria	南洋楹	*Annamocarya sinensis*	喙核桃
Albizia julibrissin	合欢	*Anneslea fragrans*	茶梨
Albizia macrophycla	山合欢	*Annona squamosa*	番荔枝
Albizia spp.	合欢	*Anogeissus acuminata* var. *lanceolata*	榆绿木
Albizia yunnanensis	滇桂合欢	*Antirhea chinensis*	毛茶
Alchornea davidii	山麻杆	*Aphanamixis polystachya*	山楝
Alchornea trewioides	红背山麻杆	*Aphananthe aspera*	糙叶树
Alhagi pseudoalhagi	骆驼刺	*Aporusa dioica*	银柴
Allemanda neriifolia	黄蝉	*Aquilaria sinensis*	土沉香
Alniphyllum fortunei	赤杨叶	*Aralia chinensis*	楤木
Alnus cremastogyne	桤木	*Aralia elata*	辽东楤木
Alnus japonica	赤杨	*Araucaria cunninghamii*	南洋杉
Alnus mandshurica	东北桤木	*Archontophoenix alexandrae*	假槟榔
Alnus nepalensis	旱冬瓜	*Ardisia hypargyrea*	柳叶紫金牛
Alnus sibirica	辽东桤木	*Areca catechu*	槟榔
Alnus trabeculosa	江南桤木	*Arecastrum romanzoffianum* var. *australe*	山葵
Alphonsea monogyna	藤春	*Armeniaca mume*	梅
Alstonia rostrata	盆架树	*Armeniaca sibirica*	山杏
Alstonia scholaris	糖胶树	*Armeniaca sibirica* var. *pubescens*	毛杏
Althaea rosea	蜀葵	*Armeniaca vulgaris*	杏
Altingia chinensis	蕈树	*Armeniaca vulgaris* var. *vulgaris*	垂枝杏
Altingia excelsa	细青皮	*Armeniaca vulgaris* var. *ansu*	野杏
Ammopiptanthus mongolicus	沙冬青	*Artocarpus heterophyllus*	木波罗
Amorpha fruticosa	紫穗槐	*Artocarpus hypargyreus*	白桂木
Ampelocissus artemisiaefolia	酸蔹藤	*Artocarpus lingnanensis*	桂木
Ampelopsis japonica	白蔹	*Arundina graminifolia*	竹叶兰
Ampelopsis sinica	蛇葡萄	*Astragalus mongutensis*	杨柴
Amygdalus communis	扁桃	*Aucuba japonica* var. *variegata*	洒金叶珊瑚
Amygdalus mongolica	蒙古扁桃	*Averrhoa carambola*	阳桃

Avicennia marina	海榄雌	*Betula pendula*	垂枝桦
B		*Betula platyphylla*	白桦
Bambusa blumeana	箣竹	*Betula* spp.	桦木
Bambusa cerosissima	单竹	*Betula tianschanica*	天山桦
Bambusa multipiex f. *alphonso-karri*	花孝顺竹	*Bischofia javanica*	秋枫
Bambusa multipiex var. *hana*	凤凰竹	*Bischofia polycarpa*	重阳木
Bambusa multiplex	孝顺竹	*Blastus dunnianus*	金花树
Bambusa multiplex 'Fernleaf'	凤尾竹	*Bombax malabaricum*	木棉
Bambusa pervariabilis	撑篙竹	*Boniodendron minus*	黄梨木
Bambusa remotiflora	吊竹	*Bougainvillea spectabilis*	叶子花
Bambusa rigida	硬头黄竹	*Bowringia callicarpa*	藤槐
Bambusa surrecta	油竹	*Brachystachyum densiflorum*	短穗竹
Bambusa textilis	青皮竹	*Bredia hirsuta* var. *scandens*	野海棠
Bambusa textilis var. *fusca*	禄竹	*Bredia sinensis*	鸭脚茶
Bambusa textilis var. *glabra*	黄竹	*Breynia fruticosa*	黑面神
Bambusa textilis var. *gracilis*	崖洲竹	*Bridelia tomentosa*	土蜜树
Bambusa vulgaris	龙头竹	*Broussonetia papyrifera*	构树
Barleria cristata	假杜鹃	*Bruguiera gymnorrhiza*	木榄
Bauhinia blakeana	红花羊蹄甲	*Bupleurum chinense*	北柴胡
Bauhinia purpurea	羊蹄甲	*Buxus bodinieri*	雀舌黄杨
Bauhinia variegata	洋紫荆	*Buxus megistophylla*	长叶黄杨
Begonia evansiana	秋海棠	*Buxus sinica*	黄杨
Begonia semperflorens	四季秋海棠	*Buxus sinica* var. *parvifolia*	小叶黄杨
Beilschmiedia wangii	海南琼楠	*Byttneria aspera*	刺果藤
Berberis ferdinandicoburgii	大叶小檗	C	
Berberis thunbergii	小檗	*Caesalpinia sappan*	苏木
Berberis veitchii	巴东小檗	*Cajanus cajan*	木豆
Berberis virgetorum	庐山小檗	*Calligonum mongolicum*	沙拐枣
Berberis vulgaris	欧洲小檗	*Callistemon rigidus*	红千层
Berberis integerrima	全缘小檗	*Callistemon salignus*	柳叶红千层
Betula albo-sinensis	红桦	*Calocedrus macrolepis*	翠柏
Betula alnoides	西桦	*Calotropis gigantea*	牛角瓜
Betula chinensis	坚桦	*Camellia chekiangoleosa*	红花油茶
Betula costata	风桦	*Camellia japonica*	山茶
Betula davurica	黑桦	*Camellia meiocarpa*	小果油茶
Betula luminifera	亮叶桦	*Camellia nitidissima*	金花茶

Camellia oleifera	油茶	*Castanopsis eyrei*	甜槠栲
Camellia reticulata	滇山茶	*Castanopsis fargesii*	栲树
Camellia salicifolia	柳叶毛蕊茶	*Castanopsis fissa*	黧蒴栲
Camellia sasanqua	茶梅	*Castanopsis fordii*	毛锥
Camellia sinensis	茶	*Castanopsis hystrix*	刺栲
Camellia sinensis var. *assamica*	大叶茶	*Castanopsis lamontii*	鹿角栲
Camellia spp.	山茶	*Castanopsis sclerophylla*	苦槠栲
Camellia caudata	尾叶山茶	*Castanopsis tibetana*	钩栲
Camptotheca acuminata	喜树	*Castanopsis delavayi*	高山锥
Campylotropis macrocarpa	杭子梢	*Casuarina equisetifolia*	木麻黄
Canarium album	橄榄	*Casuarina glauca*	粗枝木麻黄
Capparis bodinieri	野香橼花	*Catalpa bungei*	楸
Capparis tenera	薄叶山柑	*Catalpa fargesii* f. *duclouxii*	滇楸
Caragana arborescens	树锦鸡儿	*Catalpa ovata*	梓
Caragana korshinskii	柠条锦鸡儿	*Catalpa speciose*	黄金树
Caragana sinica	锦鸡儿	*Cathaya argyrophylla*	银杉
Caragana frutex	黄刺条	*Catunaregam spinosa*	山石榴
Carallia brachiata	竹节树	*Cedrus deodara*	雪松
Carica papaya	番木瓜	*Celastrus orbiculatus*	南蛇藤
Carpinus cordata	千金榆	*Celtis bungeana*	黑弹树
Carpinus turczaninowii	鹅耳枥	*Celtis julianae*	珊瑚朴
Carya cathayensis	山核桃	*Celtis sinensis*	朴树
Carya illinoensis	薄壳山核桃	*Celtis tetrandra*	滇朴
Carya ovata	粗皮山核桃	*Cephalotaxus fortunei*	三尖杉
Caryota ochlandra	鱼尾葵	*Cephalotaxus sinensis*	粗榧
Cassia siamea	铁刀木	*Cerasus avium*	欧洲甜樱桃
Cassia suffruticosa	黄槐决明	*Cerasus glandulosa*	麦李
Cassia tora	决明	*Cerasus humilis*	欧李
Castanea crenata	日本栗	*Cerasus japonica*	郁李
Castanea dentatea	美洲栗	*Cerasus sachalinensis*	山樱桃
Castanea henryi	锥栗	*Cerasus serrulata*	樱花
Castanea mollissima	板栗	*Cerasus serrulata* var. *lannesiana*	日本晚樱
Castanea seguinii	茅栗	*Cerasus* spp.	樱
Castanea spp.	栗	*Cerasus subhirtella* var. *pendula*	垂枝大叶早樱
Castanopsis carlesii	小红栲	*Cerasus tomentosa*	毛樱桃
Castanopsis delavayi	高山栲	*Cerasus yedoensis*	日本樱花

Cerbera manghas	海杧果	*Citrus reticulata*	柑橘
Cercidiphyllum japonicum	连香树	*Citrus reticulata* 'Tankan'	蕉柑
Cercis chinensis	紫荆	*Citrus sinensis*	橙
Chaenomeles sinensis	木瓜	*Cladrastis wilsonii*	香槐
Chaenomeles speciosa	皱皮木瓜	*Claoxylon indicum*	白桐树
Chamaecyparis lawsoniana	美国扁柏	*Clausena lansium*	黄皮
Chamaecyparis obtusa	日本扁柏	*Cleidiocarpon cavaleriei*	蝴蝶果
Chamaecyparis pisifera	日本花柏	*Cleistanthus sumatranus*	闭花木
Chamaecyparis pisifera 'Filifera'	线柏	*Cleistocalyx operculatus*	水翁
Chamaemelum nobile	果香菊	*Clematoclethra lasioclada*	藤山柳
Chimonanthus praecox	蜡梅	*Clerodendrum bungei*	臭牡丹
Chimonobambusa convulata	小方竹	*Clerodendrum cyrtophyllum*	大青
Chimonobambusa pachystachys	刺竹子	*Clerodendrum trichotomum*	海州常山
Chimonobambusa quadrangularis	方竹	*Cleyera japonica*	红淡比
Chionanthus retusus	流苏树	*Cocos nucifera*	椰子
Choerospondias axillaris	南酸枣	*Coelogyne cristata*	贝母兰
Chonemorpha eriostylis	鹿角藤	*Coffea arabica*	咖啡
Chosenia arbutifolia	钻天柳	*Coffea liberica*	大粒咖啡
Chrysalidocarpus lutescens	散尾葵	*Combretum latifolium*	阔叶风车子
Chrysophyllum lanceolatum var. *stellatocarpon*	金叶树	*Coptis chinensis*	黄连
		Cordia dichotoma	破布木
Chukrasia tabularis	麻楝	*Coriaria nepalensis*	马桑
Cinchona ledgeriana	金鸡纳树	*Cornus alba*	红瑞木
Cinnamomum bodinieri	猴樟	*Cornus controversa*	灯台树
Cinnamomum burmannii	阴香	*Cornus walteri*	毛梾
Cinnamomum camphora	樟树	*Corylus heterophylla*	榛子
Cinnamomum cassia	肉桂	*Corylus mandshurica*	毛榛
Cinnamomum glanduliferum	云南樟	*Corypha umbraculifera*	贝叶棕
Cinnamomum japonicum	天竺桂	*Cotinus coggygria*	黄栌
Cinnamomum longepaniculatum	油樟	*Cotinus coggygria* var. *cinerea*	红叶
Cinnamomum micranthum	沉水樟	*Cotinus coggygria* var. *pubescens*	毛黄栌
Cinnamomum porrectum	黄樟	*Crataegus cuneata*	野山楂
Cinnamomum wilsonii	川桂	*Crataegus maximowiczii*	毛山楂
Citrus grandis	文旦柚	*Crataegus pinnatifida* var. *major*	山里红
Citrus limon	柠檬	*Crataegus scabrifolia*	云南山楂
Citrus medica	香橼	*Crataegus* spp.	山楂

Crateva formosensis	鱼木	*Dalbergia szemaoensis*	思茅黄檀
Cratoxylum cochinchinense	黄牛木	*Damnacanthus indicus*	虎刺
Cratoxylum prunifolium	苦丁茶	*Daphne odora*	瑞香
Cremastra appendiculata	杜鹃兰	*Daphniphyllum oldhami*	虎皮楠
Crossostephium chinense	芙蓉菊	*Davidia involucrata*	珙桐
Cryptocarya yunnanensis	云南厚壳桂	*Debregeasia edulis*	水麻
Cryptomeria fortunei	柳杉	*Debregeasia longifolia*	长叶水麻
Cryptomeria japonica	日本柳杉	*Delavaya toxocarpa*	茶条木
Cudrania tricuspidata	柘树	*Delonix regia*	凤凰木
Cunninghamia lanceolata	杉木	*Dendranthema lavandulifolium*	甘菊
Cuphea hookeriana	萼距花	*Dendrocalamopsis oldhami*	绿竹
Cupressus bakeri	巴克柏木	*Dendrocalamus giganteus*	龙竹
Cupressus chengiana	岷江柏木	*Dendrocalamus latiflorus*	麻竹
Cupressus funebris	柏木	*Dendrocalamus strictus*	牡竹
Cupressus lusitanica	墨西哥柏木	*Desmos chinensis*	假鹰爪
Cupressus torulosa	西藏柏木	*Dianthus chinensis*	石竹
Cycas hainanensis	海南苏铁	*Dichotomanthus tristaniaecarpa*	牛筋条
Cycas revoluta	苏铁	*Dillenia indica*	五桠果
Cyclobalanopsis bambusaefolia	竹叶青冈	*Dimocarpus longan*	龙眼
Cyclobalanopsis blakei	栎子青冈	*Diospyros kaki*	柿
Cyclobalanopsis glauca	青冈	*Diospyros kaki* var. *silvestris*	野柿
Cyclobalanopsis glaucoides	滇青冈	*Diospyros lotus*	君迁子
Cyclobalanopsis gracilis	细叶青冈	*Disporum cantoniense*	万寿竹
Cyclobalanopsis myrsinaefolia	小叶青冈	*Dracaena draco*	龙血树
Cyclocarya paliurus	青钱柳	*Dracaena fragrans*	香龙血树
Cydonia oblonga	榅桲	*Dracontomelon duperreanum*	人面子
Cynanchum chinense	鹅绒藤	*Dregea volubilis*	南山藤
Cyphomandra betacea	树番茄	*Duabanga grandiflora*	八宝树
D		E	
Dahlia pinnata	大丽菊	*Edgeworthia chrysantha*	结香
Dalbergia assamica	西南黄檀	*Ehretia acuminata*	厚壳树
Dalbergia balansae	南岭黄檀	*Elaeagnus amgustifolia* var. *orientalis*	东方沙枣
Dalbergia fusca	黑黄檀	*Elaeagnus angustifolia*	沙枣
Dalbergia hupeana	黄檀	*Elaeagnus mollis*	翅果油树
Dalbergia odorifera	降香	*Elaeagnus pungens*	胡颓子
Dalbergia sissoo	印度黄檀	*Elaeis guineensis*	油棕

Elaeocarpus decipiens	杜英	*Euonymus japonicus* var. *aurea-marginatus*	金边黄杨
Elaeocarpus hainanensis var. *brachyphyllus*	短叶水石榕	*Euonymus kiautschovicus*	胶东卫矛
		Euonymus leclerei	革叶卫矛
Elaeocarpus lanceaefolius	狭叶杜英	*Euonymus maackii*	白杜
Elaeocarpus sylvestris	山杜英	*Euonymus macropterus*	黄心卫矛
Emmenopterys henryi	香果树	*Euonymus nanoides*	小卫矛
Endospermum chinense	黄桐	*Euonymus nitidus*	中华卫矛
Engelhardia roxburghiana	黄杞	*Euphorbia milii*	铁海棠
Epilobium angustifolium	柳兰	*Euphorbia pekinensis*	大戟
Eriobotrya japonica	枇杷	*Euphorbia pulcherrima*	一品红
Erythrina cristagalli	鸡冠刺桐	*Eurya japonica*	柃木
Erythrina orientalis	刺桐	*Eurycorymbus cavaleriei*	伞花木
Erythrophleum fordii	格木	*Euscaphis japonica*	野鸦椿
Eucalyptus alba	白桉	*Evodia meliifolia*	楝叶吴茱萸
Eucalyptus amplifolia	广叶桉	*Evodia rutaecarpa*	吴茱萸
Eucalyptus botryoides	葡萄桉	F	
Eucalyptus camaldulensis	赤桉	*Fagraea ceilanica*	灰莉
Eucalyptus citriodora	柠檬桉	*Fagus longipetiolata*	水青冈
Eucalyptus exserta	窿缘桉	*Fargesia brevissima*	窝竹
Eucalyptus globulus	蓝桉	*Fargesia obliqua*	团竹
Eucalyptus grandis	巨桉	*Fargesia spathacea*	箭竹
Eucalyptus grandis×urophylla	巨尾桉	*Fatsia japonica*	八角金盘
Eucalyptus leizhou No. 1	雷林桉 1 号	*Ficus altissima*	高山榕
Eucalyptus leizhou No. 33	雷林桉 33 号	*Ficus auriculata*	大果榕
Eucalyptus maideni	直杆蓝桉	*Ficus benjamina*	垂叶榕
Eucalyptus platyphylla	阔叶桉	*Ficus carica*	无花果
Eucalyptus robusta	大叶桉（桉树）	*Ficus elastica*	印度榕
Eucalyptus salignaxe	柳窿桉	*Ficus glaberrima*	大叶水榕
Eucalyptus tereticornis	细叶桉	*Ficus henryi*	尖叶榕
Eucalyptus torelliana	毛叶桉	*Ficus heteromorpha*	异叶榕
Eucalyptus urophylla	尾叶桉	*Ficus hirta*	掌叶榕
Euchresta japonica	山豆根	*Ficus hispida*	对叶榕
Eucommia ulmoides	杜仲	*Ficus microcarpa*	榕树
Euonymus alatus	卫矛	*Ficus pandurata*	琴叶榕
Euonymus fortunei	扶芳藤	*Ficus racemosa*	聚果榕
Euonymus japonicus	冬青卫矛	*Ficus virens*	黄葛树

Firmiana major	云南梧桐	*Grevillea robusta*	银桦
Firmiana platanifolia	梧桐	*Grewia biloba*	扁担杆
Flacourtia indica	刺篱木	*Grewia biloba* var. *parviflora*	小花扁担杆
Flemingia macrophylla	千斤拔	H	
Flueggea suffruticosa	一叶萩	*Hainania trichosperma*	海南椴
Flueggea virosa	白饭树	*Halostachys caspica*	盐穗木
Fokienia hodginsii	福建柏	*Haloxylon ammodendron*	梭梭
Fontanesia fortunei	雪柳	*Haloxylon persicum*	白梭梭
Forsythia suspensa	连翘	*Hamamelis mollis*	金缕梅
Forsythia viridissima	金钟花	*Hedera nepalensis* var. *sinensis*	常春藤
Fortunella margarita	金橘	*Hedysarum fruticosum* var. *mongolicum*	蒙古岩黄耆
Fortunella margarita ' Chintan'	金弹	*Hedysarum scoparium*	花棒
Fraxinus bungeana	小叶梣	*Helicia formosana*	山龙眼
Fraxinus chinensis	白蜡树	*Heliciopsis henryi*	假山龙眼
Fraxinus griffithii	光蜡树	*Helicteres angustifolia*	山芝麻
Fraxinus insularis	苦枥木	*Hemiptelea davidii*	刺榆
Fraxinus mandschurica	水曲柳	*Heritiera littoralis*	银叶树
Fraxinus pennsylvanica	美国红梣	*Hernandia sonora*	莲叶桐
Fraxinus pennsylvanica var. *subintegerrima*	美洲绿梣	*Heteropanax fragrans*	幌伞枫
Fraxinus rhynchophylla	花曲柳	*Hevea brasiliensis*	橡胶树
Fraxinus sogdiana	天山梣	*Hibiscus lobatus*	草木槿
Fraxinus velutina	绒毛白蜡	*Hibiscus mutabilis*	木芙蓉
G		*Hibiscus rosa-sinensis*	朱槿
Garcinia xanthochymus	大叶山竹子	*Hibiscus syriacus*	木槿
Gardenia jasminoides	栀子	*Hibiscus tiliaceus*	黄槿
Gelsemium elegans	胡蔓藤	*Hippophae rhamnoides* subsp. *sinensis*	沙棘
Geniosporum coloratum	网萼木	*Hippophae salicifolia*	柳叶沙棘
Geum aleppicum	路边青	*Homalanthus alpinus*	高山澳杨
Ginkgo biloba	银杏	*Homalium cochinchinense*	天料木
Gleditsia sinensis	皂荚	*Homalium hainanense*	红花天料木
Glochidion arborescens	白毛算盘子	*Homonoia riparia*	水柳
Glochidion puberum	算盘子	*Hopea hainanensis*	坡垒
Glyptostrobus pensilis	水松	*Hovenia acerba*	枳椇
Gmelina chinensis	石梓	*Hovenia dulcis*	北枳椇
Gordonia axillaris	大头茶	*Hydrangea macrophylla*	绣球
Graphistemma pictum	天星藤	*Hypericum ascyron*	黄海棠

Hypericum monogynum	金丝桃	*Keteleeria pubescens*	柔毛油杉
I		*Keteleeria* spp.	油杉
Idesia polycarpa	山桐子	*Khaya senegalensis*	非洲楝
Ilex cornuta	枸骨	*Kigelia africana*	吊灯树
Ilex franchetiana	康定冬青（山枇杷）	*Koelreuteria bipinnata*	复羽叶栾树
Ilex latifolia	大叶冬青	*Koelreuteria bipinnata* var. *integrifoliola*	全缘叶栾树
Ilex purpurea	冬青	*Koelreuteria elegans* subsp. *formosana*	台湾栾树
Ilex rotunda	铁冬青	*Koelreuteria paniculata*	栾树
Ilex suaveolens	香冬青	L	
Illicium verum	八角	*Lagerstroemia indica*	紫薇
Illigera grandiflora	大花青藤	*Lagerstroemia speciosa*	大花紫薇
Indocalamus longianritus	箬叶竹	*Lannea coromandelica*	厚皮树
Indocalamus tessellatus	箬竹	*Larix gmelini*	落叶松
Indosasa levigata	黄竿竹	*Larix kaempferi*	日本落叶松
Isachne globosa	柳叶箬	*Larix olgensis*	黄花落叶松
J		*Larix potaninii*	红杉
Jacaranda mimosifolia	蓝花楹	*Larix principis-rupprechtii*	华北落叶松
Jasminum floridum	探春花	*Larix sibirica*	新疆落叶松
Jasminum nudiflorum	迎春花	*Larix speciosa*	怒江红杉
Jasminum sambac	茉莉花	*Laurus nobilis*	月桂
Jatropha curcas	麻疯树	*Lepionurus sylvestris*	鳞尾木
Simmondsia chinensis	西蒙德木	*Lespedeza bicolor*	胡枝子
Juglans cathayensis	野核桃	*Lespedeza tomentosa*	绒毛胡枝子
Juglans mandshurica	核桃楸	*Lespedeza cyrtobotrya*	短梗胡枝子
Juglans regia	核桃	*Leucaena leucocephala*	银合欢
Juniperus communis	欧洲刺柏	*Ligustrum japonicum*	日本女贞
Juniperus formosana	刺柏	*Ligustrum lucidum*	女贞
Juniperus rigida	杜松	*Ligustrum obtusifolium*	水蜡树
Juniperus sibirica	西伯利亚刺柏	*Ligustrum quihoui*	小叶女贞
K		*Ligustrum sinense*	小蜡
Kaempferia galanga	山奈	*Linaria vulgaris*	柳穿鱼
Kalidium foliatum	盐爪爪	*Lindera aggregata* var. *playfairii*	乌药
Kalopanax pictus	刺楸	*Lindera communis*	香叶树
Kandelia candel	秋茄树	*Lindera glauca*	山胡椒
Kerria japonica	棣棠花	*Lindera megaphylla*	黑壳楠
Keteleeria evelyniana	云南油杉	*Liquidambar formosana*	枫香

Liriodendron chinense	鹅掌楸	*Macrocarpium officinalis*	山茱萸
Litchi chinensis	荔枝	*Madhuca hainanensis*	海南紫荆木
Lithocarpus craibianus	白穗石栎	*Madhuca pasquieri*	紫荆木
Lithocarpus fenzelianus	琼崖石栎	*Maesa japonica*	杜茎山
Lithocarpus glaber	石栎	*Magnolia delavayi*	山玉兰
Lithocarpus magneinii	白毛石栎	*Magnolia denudata*	玉兰
Litsea auriculata	天目木姜子	*Magnolia grandiflora*	荷花玉兰
Litsea cubeba	山鸡椒	*Magnolia henryi*	大叶玉兰
Litsea glutinosa	潺槁木姜子	*Magnolia liliflora*	紫玉兰
Litsea monopetala	假柿木姜子	*Magnolia officinalis*	厚朴
Litsea pungens	木姜子	*Magnolia sieboldii*	天女花
Livistona chinensis	蒲葵	*Magnolia soulangeana*	二乔木兰
Lonicera chrysantha	金花忍冬	*Magnolia* spp.	木兰
Lonicera japonica	忍冬	*Magnolia stellata*	星花木兰
Lonicera sempervirens	贯月忍冬	*Mahonia bealei*	阔叶十大功劳
Lonicera tatarica	新疆忍冬	*Mahonia fortunei*	十大功劳
Lonicera tatarinowii	华北忍冬	*Mallotus barbatus*	毛桐
Lonicera chrysantha	黄花忍冬	*Mallotus philippinensis*	粗糠柴
Loropetalum chinense	檵木	*Mallotus tenuifolius*	野桐
Loropetalum chinense var. *rubrum*	红花檵木	*Malus asiatica*	花红
Lotus corniculatus	百脉根	*Malus baccata*	山荆子
Luculiapinceana	滇丁香	*Malus halliana*	垂丝海棠
Lycium barbarum	宁夏枸杞	*Malus mandshurica*	毛山荆子
Lycium chinense	枸杞	*Malus micromalus*	西府海棠
Lyonia ovalifolia var. *elliptica*	小果南烛	*Malus prunifolia*	楸子
Lysidice rhodostegia	仪花	*Malus pumila*	苹果
M		*Malus spectabilis*	海棠花
Maackia amurensis	怀槐	*Malus* spp.	苹果
Macadamia ternifolia	澳洲坚果	*Malva crispa*	冬葵
Macaranga tanarius	血桐	*Malva sinensis*	锦葵
Machilus chinensis	华润楠	*Malvaviscus arboreus* var. *penduliflorus*	垂花悬铃花
Machilus kusanoi	大叶楠	*Mangifera indica*	杧果
Machilus pauhoi	刨花润楠	*Mangifera sylvatica*	林生杧果
Machilus pingii	润楠	*Manglietia fordiana*	木莲
Machilus salicina	柳叶润楠	*Manilkara zapota*	人心果
Machilus thunbergii	红润楠	*Matthiola incana*	紫罗兰

Meiogyne kwangtungensis	鹿茸木	*Neocinnamomum delavayi*	新樟
Melastoma candidum	野牡丹	*Neolamarckia cadamba*	团花
Melia azedarach	楝树	*Neosinocalamus affinis*	慈竹
Melia toosendan	川楝	*Nerium oleander*	夹竹桃
Meliosma angustifolia	狭叶泡花树	*Nitraria tangutorum*	白刺
Meliosma beaniana	珂楠树	*Nyssa sinensis*	蓝果树
Meliosma cuneifolia	泡花树	**O**	
Memecylon ligustrifolium	谷木	*Ochrosia borbonica*	玫瑰树
Mesua ferrea	铁力木	*Olea europaea*	油橄榄
Metaplexis japonica	萝藦	*Oligostachyum sulcatum*	少穗竹
Metasequoia glyptostroboides	水杉	*Opilia amentacea*	山柚子
Metroxylon sagu	西米棕	*Ormosia henryi*	花榈木
Michelia alba	白兰	*Ormosia hosiei*	红豆树
Michelia champaca	黄兰	*Osbeckia chinensis*	金锦香
Michelia figo	含笑花	*Osmanthus fragrans*	木犀
Michelia foveolata	金叶含笑	*Osmanthus fragrans* var. *aurantiacus*	金木犀
Michelia maudiae	深山含笑	*Osmanthus fragrans* var. *lalifolius*	银桂
Microcos paniculata	破布叶	*Osmanthus heterophyllus*	柊树
Micromelum integerrimum	小芸木	*Osteomeles anthyllidifolia*	小石积
Microstegium ciliatum	刚莠竹	*Ostrya japonica*	铁木
Microtropis discolor	异色假卫矛	*Ostryopsis davidiana*	虎榛子
Millettia dielsiana	香花崖豆藤	**P**	
Millettia reticulata	鸡血藤	*Pachira macrocarpa*	瓜栗
Mirabilis jalapa	紫茉莉	*Padus napaulensis*	粗梗稠李
Monocladus saxatilis	单枝竹	*Padus racemosa*	稠李
Moringa oleifera	辣木	*Paeonia lactiflora*	芍药
Morus alba	桑	*Paeonia suffruticosa*	牡丹
Morus mongolica	蒙桑	*Parabarium micranthum*	杜仲藤
Morus australis	鸡桑	*Paramichelia baillonii*	合果木
Mucuna sempervirens	常春油麻藤	*Parthenocissus quinquefolia*	五叶地锦
Murraya paniculata	九里香	*Parthenocissus tricuspidata*	爬山虎
Musa nana	香蕉	*Paulownia australis*	南方泡桐
Myrica rubra	杨梅	*Paulownia catalpifolia*	楸叶泡桐
Mytilaria laosensis	壳菜果	*Paulownia elongata*	兰考泡桐
N		*Paulownia fargesii*	川泡桐
Nandina domestica	南天竹	*Paulownia fortunei*	白花泡桐

Paulownia kawakamii	白桐	*Phyllostachys heterocycla* 'Tao kiang'	花毛竹
Paulownia spp.	泡桐	*Phyllostachys iridescens*	红哺鸡竹
Paulownia tomentosa	毛泡桐	*Phyllostachys nidularia*	篌竹
Paulownia tomentosa var. *tsinlingensis*	光泡桐	*Phyllostachys nigra*	紫竹
Pedicularis spp.	马先蒿	*Phyllostachys nigra* var. *henonis*	毛金竹
Peganum harmala	骆驼蓬	*Phyllostachys nuda*	灰竹
Pelargonium hortorum	天竺葵	*Phyllostachys praecox*	早竹
Peltophorum pterocarpum	盾柱木	*Phyllostachys promineus*	高节竹
Peperomia pellucida	草胡椒	*Phyllostachys propinqua*	早园竹
Pericallis hybrida	瓜叶菊	*Phyllostachys propinqua* f. *lanuginosa*	望江哺鸡竹
Periploca sepium	杠柳	*Phyllostachys rubromarginata*	红竹
Persea americana	鳄梨	*Phyllostachys sulphurea*	金竹
Phellodendron amurense	黄檗	*Phyllostachys viridis*	胖竹
Phellodendron chinense	川黄檗	*Phyllostachys vivax*	乌哺鸡竹
Philadelphus incanus	山梅花	*Phyllostachys vivax* 'Aureocaulis'	黄竿乌哺鸡竹
Phlogacanthus curviflorus	火焰花	*Picea asperata*	云杉
Plumeria rubra	鸡蛋花	*Picea balfouriana*	川西云杉
Phoebe bournei	闽楠	*Picea brachytyla*	麦吊云杉
Phoebe faberi	竹叶楠	*Picea crassifolia*	青海云杉
Phoebe nanmu	滇楠	*Picea jezoensis* var. *microsperma*	鱼鳞云杉
Phoebe sheareri	紫楠	*Picea koraiensis*	红皮云杉
Phoebe spp.	楠	*Picea likiangensis*	丽江云杉
Phoebe zhennan	桢楠	*Picea obovata*	新疆云杉
Phoenix hanceana	刺葵	*Picea retroflexa*	鳞皮云杉
Photinia beauverdiana	中华石楠	*Picea schrenkiana* var. *tianshanica*	天山云杉
Photinia davidsoniae	椤木石楠	*Picea* spp.	云杉
Photinia serrulata	石楠	*Picea wilsonii*	青杆
Phyla nodiflora	过江藤	*Pinus armandi*	华山松
Phyllostachys aurea	罗汉竹	*Pinus bungeana*	白皮松
Phyllostachys aureosulcata 'Aureocarlis'	黄竿京竹	*Pinus caribaea*	加勒比松
Phyllostachys bambusoides	桂竹	*Pinus dabeshanensis*	大别山五针松
Phyllostachys bambusoides 'Tankae'	斑竹	*Pinus densiflora*	赤松
Phyllostachys flexuosa	甜竹	*Pinus echinata*	萌芽松
Phyllostachys heteroclada f. *heteroclada*	水竹	*Pinus elliottii*	湿地松
Phyllostachys heterocycla	毛竹	*Pinus griffithii*	乔松
Phyllostachys heterocycla 'Heterocycla'	龟甲竹	*Pinus kesiya* var. *langbianensis*	思茅松

Pinus koraiensis	红松	*Populus alba* var. *pyramidalis*	新疆杨
Pinus kwangtungensis	华南五针松	*Populus beijingensis*	北京杨
Pinus latteri	南亚松	*Populus berolinensis*	中东杨
Pinus massoniana	马尾松	*Populus canadensis*	加杨
Pinus palustris	长叶松	*Populus canadensis* 'Robusta'	健杨
Pinus parviflora	日本五针松	*Populus canadensis* 'Sacrau 79'	沙兰杨
Pinus pumila	偃松	*Populus canescens*	银灰杨
Pinus radiata	辐射松	*Populus cathayana*	青杨
Pinus spp.	松	*Populus davidiana*	山杨
Pinus sylvestris var. *mongolica*	樟子松	*Populus deltoides*	美洲杨
Pinus tabulaeformis	油松	*Populus euphratica*	胡杨
Pinus tabulaeformis var. *mukdensis*	黑皮油松	*Populus gansuensis*	二白杨
Pinus taeda	火炬松	*Populus hopeiensis*	河北杨
Pinus taiwanensis	黄山松	*Populus lasiocarpa*	大叶杨
Pinus takahasii	兴凯湖松	*Populus laurifolia*	苦杨
Pinus thunbergii	黑松	*Populus maximowiczii*	辽杨
Pinus virginiana	矮松	*Populus nigra*	黑杨
Pinus wangii	毛枝五针松	*Populus nigra* var. *italica*	钻天杨（美国白杨）
Pinus yunnanensis	云南松	*Populus nigra* var. *thevestina*	箭杆杨
Piptanthus concolor	黄花木	*Populus pilosa*	柔毛杨
Pistacia chinensis	黄连木	*Populus pruinosa*	灰胡杨
Pistacia weinmannifolia	清香木	*Populus pseudo-simonii*	小青杨
Pittosporum tobira	海桐	*Populus simonii*	小叶杨
Platanus hispanica	二球悬铃木	*Populus simonii* f. *fastigiata*	塔形小叶杨
Platanus occidentalis	一球悬铃木	*Populus* spp.	杨树
Platanus orientalis	三球悬铃木	*Populus suaveolens*	甜杨
Platycarya strobilacea	化香树	*Populus szechuanica*	川杨
Platycladus orientalis	侧柏	*Populus szechuanica* var. *tibetica*	藏川杨
Pleioblastus amarus	苦竹	*Populus talassica*	密叶杨
Podocarpus macrophyllus	罗汉松	*Populus tomentosa*	毛白杨
Podocarpus nagi	竹柏	*Populus tomentosa* var. *fastigiata*	抱头毛白杨
Poliothyrsis sinensis	山拐枣	*Populus tomentosa* var. *truncata*	截叶毛白杨
Poncirus trifoliata	枳	*Populus ussuriensis*	大青杨
Pongamia pinnata	水黄皮	*Populus xiaohei*	小黑杨
Populus adenopoda	响叶杨	*Populus xiaozhuanica*	小钻杨
Populus alba	银白杨	*Populus yunnanensis*	滇杨

Potentilla fruticosa	金露梅	*Pyrus pyrifolia*	沙梨
Potentilla parvifolia	小叶金露梅	*Pyrus sinkiangensis*	新疆梨
Pouteria annamensis	桃榄	*Pyrus* spp.	梨
Procris laevigata	台湾藤麻	*Pyrus ussuriensis*	秋子梨
Prunus amygdalus	巴旦杏	**Q**	
Prunus cerasifera	樱桃李	*Qiongzhuea tumidinoda*	筇竹
Prunus cerasifera var. *atropurpurea*	红叶李	*Quercus acutissima*	麻栎
Prunus davidiana	山桃	*Quercus aliena*	槲栎
Prunus domestica	洋李	*Quercus aliena* var. *acuteserrata*	锐齿槲栎
Prunus persica var. *nectarina*	油桃	*Quercus aquifolioides*	川滇高山栎
Prunus pseudocerasus	樱桃	*Quercus chenii*	小叶栎
Prunus salicina	李	*Quercus dentata*	波罗栎
Prunus spinosa	黑刺李	*Quercus fabri*	白栎
Prunus mandshurica	东北杏	*Quercus glandulifera*	枹栎
Psammochloa villosa	沙鞭	*Quercus liaotungensis*	辽东栎
Pseudolarix kaempferi	金钱松	*Quercus mongolica*	蒙古栎
Pseudosasa amabilis	茶秆竹	*Quercus pannosa*	黄背栎
Pseudosasa cantori	托竹	*Quercus robur*	夏栎
Pseudotsuga sinensis	黄杉	*Quercus semicarpifolia*	高山栎
Psidium guajava	番石榴	*Quercus spinosa*	刺叶栎
Psychotria rubra	九节	*Quercus* spp.	栎
Pterocarpus indicus	紫檀	*Quercus variabilis*	栓皮栎
Pterocarya stenoptera	枫杨	**R**	
Pteroceltis tatarinowii	青檀	*Radermachera pentandra*	豇豆树
Pterolobium punctatum	老虎刺	*Radermachera sinica*	菜豆树
Pterospermum heterophyllum	异翅木	*Randia jasminoidesellis*	桅子
Punica granatum	石榴	*Rapanea linearis*	打铁树
Pyracantha fortuneana	火棘	*Rapanea neriifolia*	密花树
Pyrenocarpa hainanensis	多核果	*Raphia vinifera*	酒椰
Pyrus betulaefolia	杜梨	*Raphiolepis indica*	石斑木
Pyrus bretschneideri	白梨	*Reaumuria soongarica*	红砂
Pyrus calleryana	豆梨	*Reinwardtiodendron dubium*	雷楝
Pyrus communis	西洋梨	*Rhamnus davurica*	鼠李
Pyrus hopeiensis	河北梨	*Rhamnus dumetorum*	刺鼠李
Pyrus pashia	川梨	*Rhamnus erythroxylon*	柳叶鼠李
Pyrus pseudopashia	滇梨	*Rhamnus maximovicziana*	黑桦鼠李

Rhapis excelsa	棕竹	*Roystonea regia*	王棕
Rheum officinale	药用大黄	*Rubus corchorifolius*	山莓
Rhizophora apiculata	红树	*Rubus crataegifolius*	牛叠肚
Rhodamnia dumetorum	玫瑰木	*Rubus mesogaeus*	黑树莓
Rhododendron decorum	大白杜鹃	*Rubus* spp.	悬钩子
Rhododendron fastigiatum	密枝杜鹃	*Rubus swinhoei*	木莓
Rhododendron fortunei	云锦杜鹃	*Rubus idaeus*	复盆子
Rhododendron hybridumKer	西洋杜鹃	*Rumex acetosa*	酸模
Rhododendron lapponicum	高山杜鹃	S	
Rhododendron mariesii	满山红	*Sabia japonica*	清风藤
Rhododendron simsii	杜鹃	*Sabina chinensis*	圆柏
Rhododendron simiarum	猴头杜鹃	*Sabina komarovii*	塔枝圆柏
Rhodoleia championii	红花荷	*Sabina pingii*	垂枝香柏
Rhodomyrtus tomentosa	桃金娘	*Sabina procumbens*	铺地柏
Rhoiptelea chiliantha	马尾树	*Sabina przewalskii*	祁连圆柏
Rhus chinensis	盐肤木	*Sabina squamata*	高山柏
Rhus potaninii	青麸杨	*Sabina tibetica*	大果圆柏
Rhus punjabensis var. *sinica*	红麸杨	*Sabina virginiana*	北美圆柏
Rhus typhina	火炬树	*Sabina vulgaris*	叉子圆柏
Rhus verniciflua	漆树	*Salix alba*	白柳
Ribes burejense	刺果茶藨子	*Salix argyracea*	银柳
Ribes nigrum	黑果茶藨	*Salix babylonica*	垂柳
Ribes spp.	茶藨子	*Salix babylonica* f. *tortuosa*	曲枝垂柳
Robinia hispida	毛刺槐	*Salix caprea*	黄花柳
Robinia pseudoacacia	刺槐	*Salix chaenomeloides*	腺柳
Robinia pseudoacacia f. *decaisneana*	红花刺槐	*Salix cheilophila*	乌柳
Rosa acicularis	刺蔷薇	*Salix cheilophila* var. *microstachyoides*	大红柳
Rosa alba	白蔷薇	*Salix cupularis*	杯腺柳
Rosa banksiae	木香花	*Salix dissa*	异型柳
Rosa chinensis	月季	*Salix dunnii*	长柄柳
Rosa cymosa	小果蔷薇	*Salix fragilis*	爆竹柳
Rosa davurica	山刺玫	*Salix gordejevii*	黄柳
Rosa multiflora	野蔷薇（多花蔷薇）	*Salix gracilior*	细枝柳
Rosa rugosa	玫瑰	*Salix himalayensis*	喜马拉雅山柳
Rosa spp.	蔷薇	*Salix inamoena* var. *glabra*	无毛丑柳
Rosa xanthina	黄刺玫	*Salix integra*	杞柳

Salix koreensis	朝鲜柳	*Schima superba*	木荷
Salix koreensis var. *shandongensis*	山东柳	*Schisandra chinensis*	五味子
Salix leucopithecia	棉花柳	*Schoepfia jasminodora*	青皮木
Salix magnifica	大叶柳	*Scleropyrum wallichianum*	硬核
Salix matsudana	旱柳	*Scyphiphora hydrophyllacea*	瓶花木
Salix matsudana f. *pendula*	绦柳	*Secamone lanceolata*	鲫鱼藤
Salix matsudana f. *tortuosa*	龙爪柳	*Serissa japonica*	六月雪
Salix matsudana f. *umbraculifera*	馒头柳	*Shibataea kumasasa*	倭竹
Salix mesnyi	粤柳	*Sinarundinaria chungii*	大箭竹
Salix microstachya var. *bordensis*	小红柳	*Sinarundinaria fangiana*	冷箭竹
Salix mongolica	沙柳	*Sinobambusa intermedia*	绵竹
Salix oritrepha	山生柳	*Sinobambusa tootsik*	唐竹
Salix paraplesia	康定柳	*Sinocrassula indica*	石莲
Salix psammophila	北沙柳	*Sinopanax formosanus*	华参
Salix pseudotangii	山柳	*Sinopodophyllum poiretii*	细叶小檗
Salix rehderiana	川滇柳	*Sinopodophyllum thunbergii*	日本小檗
Salix spp.	柳树	*Sinowilsonia henryi*	山白树
Salix suchowensis	簸箕柳	*Siraitia grosvenorii*	罗汉果
Salix triandra var. *angustifolia*	细叶蒿柳	*Smilax polycolea*	红果菝葜
Salix wallichiana	皂柳	*Smilax china*	菝葜
Salix wilsonii	紫柳	*Sonneratia caseolaris*	海桑
Sambucus williamsii	接骨木	*Sophora davidii*	白刺花
Sambucus manshurica	东北接骨木	*Sophora flavescens*	苦参
Sanguisorba officinalis	地榆	*Sophora japonica*	槐树
Santalum album	檀香	*Sophora japonica* var. *pendula*	龙爪槐
Sapindus delavayi	川滇无患子	*Sorbus alnifolia*	水榆花楸
Sapindus mukorossi	无患子	*Sorbus pohuashanensis*	花楸树
Sapindus tomentosus	绒毛无患子	*Spathodea campanulata*	火焰树
Sapium baccatum	浆果乌桕	*Spiraea cantoniensis*	麻叶绣线菊
Sapium discolor	山乌桕	*Spiraea japonica*	粉花绣线菊
Sapium sebiferum	乌桕	*Spiraea prunifolia*	李叶绣线菊
Sarcococca ruscifolia	野扇花	*Spiraea salicifolia*	绣线菊
Sasa longiligulata	赤竹	*Stephanandra incisa*	小米空木
Sassafras tsumu	檫木	*Stephania japonica*	千金藤
Schefflera octophylla	鹅掌柴	*Sterculia lanceolata*	假苹婆
Schima noronhae	滇木荷	*Sterculia nobilis*	苹婆

Stranvaesia davidiana	红果树	*Taxus mairei*	南方红豆杉
Strophanthus divaricatus	羊角拗	*Tectona grandis*	柚木
Styrax japonicus	野茉莉	*Terminalia catappa*	榄仁树
Suregada glomerulata	白树	*Terminalia chebula*	诃子
Swida macrophylla	梾木	*Ternstroemia gymnanthera*	厚皮香
Swietenia macrophylla	大叶桃花心木	*Tetraena mongolica*	四合木
Swietenia mahagoni	桃花心木	*Theobroma cacao*	可可
Symplocos chinensis	华山矾	*Thespesia populnea*	桐棉
Symplocos paniculata	白檀	*Thevetia ahouai*	阔叶夹竹桃
Symplocos pilosa	柔毛山矾	*Thevetia peruviana*	黄花夹竹桃
Symplocos sumuntia	山矾	*Thuja occidentalis*	北美香柏
Symplocos wikstroemiifolia	微毛山矾	*Thuja sutchuenensis*	崖柏
Syndiclis chinensis	油果樟	*Tilia amurensis*	紫椴
Syringa × *persica*	花叶丁香	*Tilia amurensis* var. *taquetii*	小叶紫椴
Syringa oblata	紫丁香	*Tilia mandshurica*	糠椴
Syringa oblate var. *alba*	白丁香	*Tilia tuan*	椴树
Syringa reticulate subsp. *amurensis*	暴马丁香	*Tilia tuan* var. *chinensis*	毛芽椴
Syringa spp.	丁香	*Toddalia asiatica*	飞龙掌血
Syringa wolfii	辽东丁香	*Toona ciliata*	红椿
Syzygium balsameum	香胶蒲桃	*Toona ciliata* var. *pubescens*	毛红椿
Syzygium buxifolium	赤楠	*Toona sinensis*	香椿
Syzygium cumini	乌墨	*Torreya grandis*	榧树
Syzygium jambos	蒲桃	*Toxicodendron succedaneum*	野漆树
Syzygium samarangense	洋蒲桃	*Toxicodendron sylvestre*	木蜡树
T		*Toxicodendron trichocarpum*	毛漆树
Taiwania cryptomerioides	台湾杉	*Trachelospermum jasminoides*	络石
Taiwania flousiana	秃杉	*Trachycarpus fortunei*	棕榈
Talauma hodgsoni	盖裂木	*Trema tomentosa*	异色山黄麻
Tamarix chinensis	柽柳	*Trewia nudiflora*	滑桃树
Tamarix ramosissima	多枝柽柳	*Trifidacanthus unifoliolatus*	三叉刺
Tanacetum vulgare	菊蒿	*Tsoongiodendron odorum*	观光木
Taxodium ascendens	池杉	*Tsuga chinensis*	铁杉
Taxodium distichum	落羽杉	*Tsuga longibracteata*	长苞铁杉
Taxodium mucronatum	墨西哥落羽杉	*Turpinia montana*	山香圆
Taxus chinensis	红豆杉	*Tutcheria championi*	石笔木
Taxus cuspidata	东北红豆杉		

U

Ulmus davidiana	黑榆
Ulmus davidiana var. *japonica*	春榆
Ulmus glaucescens	旱榆
Ulmus lanceaefolia	常绿榆
Ulmus macrocarpa	大果榆
Ulmus parvifolia	榔榆
Ulmus pumila	榆树
Uncaria rhynchophylla	钩藤
Urobotrya latisquama	尾球木
Urophyllum chinense	尖叶木

V

Vaccinium japonicum var. *sinicum*	扁枝越橘
Vaccinium vitis–idaea	越橘
Vatica mangachapoi	青梅
Vernicia fordii	油桐
Vernicia montana	千年桐
Viburnum awabuki	珊瑚树
Viburnum dilatatum	荚蒾
Viburnum macrocephalum	绣球琼花
Viburnum odoratissimum	早禾树
Viburnum opulus	欧洲荚蒾
Viburnum opulus var. *calvescens*	鸡树条荚蒾
Viburnum parvifolium	小叶荚蒾
Vitex negundo	黄荆
Vitex negundo var. *cannabifolia*	牡荆
Vitex negundo var. *heterophylla*	荆条
Vitex quinata	山牡荆
Vitis amurensis	山葡萄
Vitis balanseana	小果野葡萄
Vitis davidii	刺葡萄

Vitis rotundifolia	圆叶葡萄
Vitis vinifera	葡萄

W

Washingtonia filifera	丝葵
Wendlandia salicifolia	柳叶水锦树
Wendlandia uvariifolia	水锦树
Wisteria floribunda	多花紫藤
Wisteria sinensis	紫藤

X

Xanthoceras sorbifolia	文冠果
Xerospermum bonii	干果木
Ximenia americana	海檀木
Xylosma japonicum	柞木

Y

Yushania niitakayamensis	玉山竹

Z

Zanthoxylum armatum	竹叶花椒
Zanthoxylum bungeanum	花椒
Zanthoxylum esquirolii	岩椒
Zanthoxylum nitidum	光叶花椒
Zanthoxylum simulans	野花椒
Zanthoxylum acanthopodium	刺花椒
Zelkova serrata	榉树
Zelkova sinica	大果榉
Ziziphus fungii	褐果枣
Ziziphus jujuphus	枣树
Ziziphus jujuphus var. *spinosa*	酸枣
Ziziphus mairei	大果枣
Ziziphus montana	山枣
Ziziphus oenoplia	小果枣

3.林业有害生物中文名称索引

4.林业有害生物拉丁名称索引

Cinara tujafilina（Del Guercio） 194

Circobotys aurealis（Leech） 928

Circobotys heterogenalis（Bremer） 928

Cirrhia ocellaris（Borkhausen） 1269

Cirrhia siphuncula Hampson 1269

Cirrhia tunicata Graeser 1269

Cirrhochrista brizoalis（Walker） 928

Cirrhochrista sp. 928

Cirsium setosum（Willd.）MB. 1389

Cistelomorpha nigripilis Borchmann 492

Cladius magnoliae Xiao 384

Cladius pectinicornis（Geoffroy） 384

Cladosporium carpophilum Thüm. 1538

Cladosporium epiphyllum（Pers.） 1538

Cladosporium herbarum（Pers.）Link. 1538

Cladosporium oxysporum Berkeley 1539

Cladosporium paeoniae Pass. 1539

Cladosporium tenuissimum Cooke 1539

Clania minuscula Butler 710

Clanis bilineata bilineata（Walker） 1011

Clanis bilineata tsingtauica Mell 1012

Clanis deucalion（Walker） 1013

Clanis undulosa Moore 1013

Clasterosporium carpophilum（Lév.）Aderh 1539

Clasterosporium eriobotryae Hara 1539

Clasterosporium mori Syd. 1540

Clematis intricata Bunge 1362

Clematis kirilowii Maxim. 1362

Clematis rehderiana Craib 1362

Cleonis freyi Zumpt 648

Cleonis pigra（Scopoli） 648

Cleoporus variabilis（Baly） 625

Cleora cinctaria（Denis et Schiffermüller） 1056

Cleora repulsaria（Walker） 1056

Cleorina aeneomicans（Baly） 623

Clepsis pallidana（Fabricius） 750

Clepsis rurinana（Linnaeus） 750

Cleroclytus semirufus collaris Kraatz 537

Cleroclytus strigicollis Jakovlev 537

Clethrionomys rufocanus Sundevall 49

Clethrionomys rutilus（Pallas） 50

Cletus punctiger（Dallas） 346

Cletus punctulatus（Westwood） 347

Cletus schmidti Kiritshenko 347

Cletus trigonus（Thunberg） 348

Clinterocera mandarina（Westwood） 456

Clinterocera scabrosa（Motschulsky） 456

Clitea metallica Chen 609

Clitenella fulminans（Faldermann） 596

Cloresmus modestus Distant 348

Cloresmus pulchellus Hsiao 348

Clostera anachoreta Fabricius 1108

Clostera anastomosis（Linnaeus） 1111

Clostera curtula canescens（Graeser） 1112

Clostera curtuloides Erschoff 1112

Clostera modesta Staudinger 1112

Clostera pallida（Walker） 1112

Clostera pigra（Hufnagel） 1112

Clostera restitura（Walker） 1112

Clovia bipunctata Kirby 111

Clovia conifera（Walker） 111

Clovia quadrangularis Metcalf et Horton 111

Clupeosoma cinerea（Warren） 928

Clytobius davidis（Fairmaire） 537

Clytra atraphaxidis（Pallas） 618

Clytra laeviuscula Ratzeburg 618

Clytra quadripunctata（Linnaeus） 618

Clytrasoma palliatum（Fabricius） 618

Clytus hypocrita Plavilstshikov 538

Clytus raddensis Pic 538

Clytus validus Fairmaire 538

Cnaphalocrocis medinalis（Guenée） 928

Cnemidanomia lugubris（Lethierry） 111

Cneorane violaceipennis Allard 596

Cnestus mutilatus（Blandford） 676

Cnethodonta grisescens Staudinger 1113

Coccostroma arundinariae（Hara）Teng 1460

Coccotorus beijingensis Lin et Li 648

Coccotorus chaoi Chen 648

Cocculus orbiculatus（Linn.）DC. 1362

Coccura suwakoensis（Kuwana et Toyada） 262

Coccura ussuriensis（Borchaenius） 262

Coccus hesperidum Linnaeus 217

Coccus pseudomagnoliarum（Kuwana） 217

Cocytodes coerulea Guenée 1138

Codocera ferrugineus（Eschscholtz） 412

G

Nectria cinnabarina（Tobe）Fr. 1452

Nectria coccinea（Pers.）Fr. 1453

Nectria ochracea（Grev. et Fr.）Fr. 1452

Necydalis lateralis Pic 557

Nematus frenalis Thomson 390

Nematus hequensis Xiao 391

Nematus melanaspis Hartig 390

Nematus papillosus Retzius 390

Nematus prunivorous Xiao 391

Nematus ruyanus Wei 391

Nematus salicis（Linnaeus）391

Nematus trochanteratus（Malaise）391

Nemophora amurensis Alphéraky 707

Nemophora raddei（Rebel）707

Nemophora staudingerella（Christoph）707

Neoanalthes contortalis（Hampson）944

Neoasterodiaspis castaneae（Russell）212

Neobarbara olivacea Liu et Nasu 763

Neocapnodium tanakae（Shirai et Hara）Yamam. 1422

Neocerambyx grandis Gahan 557

Neoceratitis asiatica（Becker）1315

Neocerura wisei（Swinhoe）1122

Neodiprion dailingensis Xiao et Zhou 381

Neodiprion guangxiicus Xiao et Zhou 381

Neodiprion huizeensis Xiao et Zhou 381

Neodiprion sertifer（Geoffroy）381

Neodiprion xiangyunicus Xiao et Zhou 382

Neodrymonia coreana Matsumura 1122

Neogurelca himachala（Butler）1023

Neogurelca himachala sangaica（Bulter）1023

Neogurelca hyas（Walker）1024

Neohipparchus vallata（Butler）1080

Neojurtina typica Distant 336

Neolethaeus dallasi（Scott）363

Neolucanus castanopterus（Hope）409

Neolucanus sinicus（Saunders）409

Neolycaena davidi（Oberthür）857

Neolycaena tengstroemi（Erschoff）857

Neomyllocerus hedini（Marshall）664

Neope armandii（Oberthür）898

Neope bremeri（Felder）898

Neope christi Oberthür 898

Neope muirheadii（Felder）898

Neope pulaha（Moore）899

Neope yama（Moore）899

Neope yama serica（Leech）899

Neopheosia fasciata（Moure）1122

Neophyllaphis podocarpi Takahashi 196

Neophyta costalis Moore 1103

Neoplocaederus obesus（Gahan）557

Neorina patria（Leech）899

Neoris haraldj Schawerda 1000

Neospastis sinensis Bradley 732

Neothoracaphis hangzhouensis Zhang 197

Neotoxoptera oliveri（Essig）180

Nephopteryx mikadella（Ragonot）918

Nephopteryx shantungella Roesler 918

Nephotettix virescens（Distant）141

Nephrotoma appendiculata（Pierre）1307

Nephrotoma scalaris pavinotata（Brunetti）1307

Nepiodes costipennis（White）558

Neptis alwina（Bremer et Grey）878

Neptis ananta Moore 879

Neptis antilope Leech 879

Neptis arachne Leech 879

Neptis armandia（Oberthür）879

Neptis beroe Leech 879

Neptis choui Yuan et Wang 879

Neptis clinia Moore 880

Neptis clinioides De Niceville 880

Neptis cydippe Leech 880

Neptis dejeani（Oberthür）880

Neptis divisa Oberthür 880

Neptis guia Chou et Wang 880

Neptis hylas（Linnaeus）880

Neptis leucoporos Fruhstorfer 881

Neptis manasa Moore 881

Neptis miah Moore 881

Neptis nata Moore 881

Neptis nycteus ilos Fruhstorfer 881

Neptis philyra Ménétriès 881

Neptis philyroides Staudinger 882

Neptis pryeri Butler 882

Neptis reducta Fruhstorfer 882

Neptis rivularis（Scopoli）882

Neptis sankara（Kollar）882

Pestalotiopsis zahlbruckneriana（Bers.）**P. L. Zhu，Ge et T. Xu** 1590

Petalocephala manchurica **Kato** 142

Petalocephala ochracea **Cai et Kuoh** 142

Petalocephala rubromarginata **Kato** 142

Petalocephala rufa **Cen et Cai** 143

Petaphora maritima（Matsumura） 113

Petaurista yunnanensis 55

Phacephorus unbratus **Faldermann** 665

Phaedon brassicae **Baly** 638

Phaeoisariopsis vitis（Lév.）Sawada 1619

Phaeolus schweinitzii（Fr.）**Pat.** 1486

Phaeoramularia dissiliens（Duby）**Deighton** 1591

Phaeosaccardinula javanica（Zimm.）**Yamam.** 1422

Phaeoseptoria eucalypti **Hansf.** 1591

Phakopsora cheoana **Cummins** 1504

Phakopsora fici-erectaes **S. Ito et Otani** 1504

Phakopsora ziziphi-vulgaris（Henn.）**Dietel** 1504

Phalanta phalantha（Drury） 885

Phalera alpherakyi **Leech** 1127

Phalera angustipennis **Matsumura** 1127

Phalera assimilis（Bremer et Grey） 1127

Phalera bucephala（Linnaeus） 1128

Phalera flavescens（Bremer et Grey） 1128

Phalera fuscescens **Butler** 1129

Phalera grotei **Moore** 1130

Phalera ordgara **Schaus** 1130

Phalera parivala **Moore** 1130

Phalera raya **Moore** 1131

Phalerodonta albibasis（Chiang） 1131

Phalerodonta bombycina（Oberthür） 1131

Phaneroptera falcata（Poda） 66

Pharbitis nil（Linn.）**Choisy.** 1379

Pharbitis purpurea（Linn.）**Voisgt** 1379

Pharsalia subgemmata（Thomson） 564

Phassus giganodus Chu et Wang 704

Phassus **sp.** 706

Phauda flammans（Walker） 812

Phauda triadum（Walker） 813

Phellinus baumii **Pilát** 1481

Phellinus gilvus（Schwein.）**Pat.** 1482

Phellinus hartigii（Allesch. et Schnabl）Bondartsev. 1481

Phellinus igniarius（L. ex Fr.）**Quél.** 1482

Phellinus linteus（Berk. et M. A. Curt.）Teng 1481

Phellinus lonicericola **Parmasto** 1482

Phellinus nigricans（Fr.）**Pat.** 1482

Phellinus pini（Brot. : Fr.）**A. Ames** 1482

Phellinus pomaceus（Pers. et Gray）Maire 1482

Phellinus setulosus（Lloyd）**Imazeki** 1482

Phellinus tuberculosus（Baumg.）**Niemelä** 1482

Phellinus yamanoi（Imazeki）**Parmasto** 1483

Phenacoccus aceris（Signoret） 265

Phenacoccus arthrophyti **Archangelskaya** 265

Phenacoccus azaleae **Kuwana** 265

Phenacoccus fraxinus **Tang** 266

Phenacoccus pergandei **Cockerell** 267

Phenacoccus solenopsis **Tinsley** 267

Phenacoccus transcaucasicus **Hadzibejli** 268

Pheosia fusiformis **Matsumura** 1131

Pheosia tremula（Clerck） 1131

Phigalia djakonovi **Moltrecht** 1087

Philus antennatus（Gyllenhal） 564

Philus pallescens **Bates** 564

Phimodera fumosa（Fieber） 313

Phimodera laevilinea（Stål） 313

Phlaeoba angustidorsis **Bolívar** 91

Phlaeoba antennata **Brunner von Wattenwyl** 91

Phlaeoba infumata **Brunner von Wattenwyl** 91

Phlaeoba sinensis **Bolívar** 91

Phlegetonia delatrix（Guenée） 1293

Phloeomyzus passerinii zhangwuensis **Zhang** 207

Phloeosinus abietis **Tsai et Yin** 685

Phloeosinus aubei（Perris） 685

Phloeosinus hopchi **Schedi** 686

Phloeosinus perlatus **Chapuis** 686

Phloeosinus shensi **Tsai et Yin** 686

Phloeosinus sinensis **Schedl** 686

Phlogotettix cyclops（Mulsant et Rey） 143

Phlossa conjuncta（Walker） 801

Phlossa jianningana **Yang et Jiang** 802

Phocoderma velutina（Kollar） 802

Phodopus roborovskii（Satunin） 50

Phola octodecimguttata（Fabricius） 639

Phoma cryptomeriae **Kasai** 1592

Phoma diospyri **Sacc.** 1592

Phoma eucalyptica（Thüm.）**Sacc.** 1592

Sphinx morio arestus（Jordan） 1032

Sphinx morio Rothschild et Jordan 1032

Sphragifera biplagiata（Walker） 1298

Sphragifera sigillata（Ménétriès） 1299

Spilarctia alba（Bremer et Grey） 1184

Spilarctia casigneta（Kollar） 1185

Spilarctia obliqua（Walker） 1185

Spilarctia obusta（Leech） 1185

Spilarctia rhodophila（Walker） 1186

Spilarctia seriatopunctata（Motschulsky） 1186

Spilarctia subcarnea（Walker） 1186

Spilocaea oleaginea（Cast.） Hugh. 1630

Spilocaea pomi Fr. 1630

Spilonota albicana（Motschulsky） 769

Spilonota laricana（Hemnemann） 769

Spilonota lechriaspis Meyrick 769

Spilonota ocellana（Denia et Schiffermüller） 770

Spilopera divaricata（Moore） 1097

Spilosoma alba（Bremer et Grey） 1187

Spilosoma jordansi Daniel 1187

Spilosoma lubricipeda（Linnaeus） 1188

Spilosoma lutea（Hufnagel） 1188

Spilosoma menthastri（Esper） 1188

Spilosoma ningyuenfui Daniel 1188

Spilosoma punctarium（Stoll） 1189

Spilosoma urticae（Esper） 1189

Spindasis lohita（Horsfield） 860

Spirama helicina（Hübner） 1159

Spirama retorta（Clerck） 1159

Spiris striata（Linnaeus） 1189

Spodoptera exigua（Hübner） 1299

Spodoptera litura（Fabricius） 1299

Spoladea recurvalis（Fabricius） 951

Spondoptera depravata（Butler） 1300

Spondylis buprestoides（Linnaeus） 575

Spongipellis litschaueri Lohw. 1487

Spulerina astaurota（Meyrick） 722

Statherotis leucaspis（Meyrick） 770

Stathmopoda auriferella（Walker） 727

Stathmopoda masinissa Meyrick 727

Stauronematus compressicornis（Fabricius） 394

Stauropus alternus Walker 1134

Stauropus basalis Moore 1134

Stauropus fagi（Linnaeus） 1134

Stauropus teikichiana Matsumura 1134

Stegania cararia（Hübner） 1097

Stegophora oharana（Nishikado et Matsumoto） Petrak 1407

Stelorrhinoides freyi（Zumpt） 673

Stenhomalus taiwanus Matsushita 575

Stenocatantops splendens（Thunberg） 92

Stenocephus fraxini Wei 368

Stenodema（*Stenodema*）*turanica* Reuter 292

Stenopsylla sp. 277

Stenozygum speciosum（Dallas） 342

Stenygrinum quadrinotutum Bates 575

Stephanitis aperta Horváth 297

Stephanitis chinensis Drake 297

Stephanitis illicii Jing 297

Stephanitis laudata Drake et Poor 297

Stephanitis macaona Drake 298

Stephanitis nashi Esaki at Takeya 298

Stephanitis pyrioides（Scott） 300

Stephanitis svensoni Drake 301

Stereostratum corticioides（Berk. et Broome） Magnus 1512

Stereum gausapatum Fr. 1491

Stereum versicolor（Schwein） Fr. 1491

Stericta flavopuncta Inoue et Sasaki 923

Sternotrigon setosa setosa（Bates） 497

Sternuchopsis erro Pascoe 673

Sternuchopsis juglans（Chao） 673

Sternuchopsis sauteri Heller 674

Sternuchopsis scenicus Faust 674

Sternuchopsis trifidus（Pascoe） 674

Sthenias fransciscanus Thomson 576

Stibochiona nicea（Gray） 888

Stichophthalma howqua（Westwood） 905

Stichophthalma howqua suffusa Leech 905

Stichophthalma neumogeni Leech 905

Stictoleptura rubra dichroa（Blanchard） 576

Stictoleptura succedanea（Lewis） 576

Stictoleptura variicornis（Dalman） 576

Stictopleurus crassicornis（Linnaeus） 358

Stictopleurus punctatonervosus（Goeze） 358

Stigmatijanus armeniacae Wu 368